Código Genético

segunda posição

	U	C	A	G	
U	UUU UUC Phe UUA UUG Leu	UCU UCC UCA UCG Ser	UAU UAC Tyr UAA* término UAG* término	UGU UGC Cys UGA* término UGG Trp	U C A G
C	CUU CUC CUA CUG Leu	CCU CCC CCA CCG Pro	CAU CAC His CAA CAG Gln	CGU CGC CGA CGG Arg	U C A G
A	AUU AUC AUA Ile AUG† Met	ACU ACC ACA ACG Thr	AAU AAC Asn AAA AAG Lys	AGU AGC Ser AGA AGG Arg	U C A G
G	GUU GUC GUA GUG Val	GCU GCC GCA GCG Ala	GAU GAC Asp GAA GAG Glu	GGU GGC GGA GGG Gly	U C A G

primeira posição (extremidade 5') — terceira posição (extremidade 3')

* Término da cadeia ou códon *nonsense*.
† Também usado em bactérias para especificar o iniciador formil-Met-tRNA^fMet.

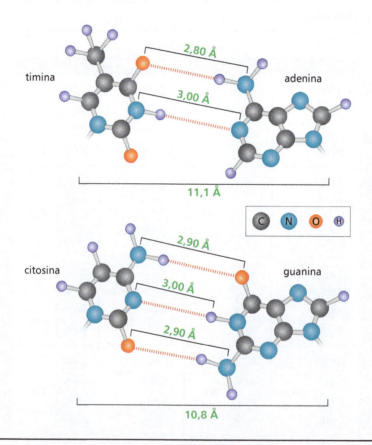

A posição e o tamanho das ligações de hidrogênio entre os pares de bases.

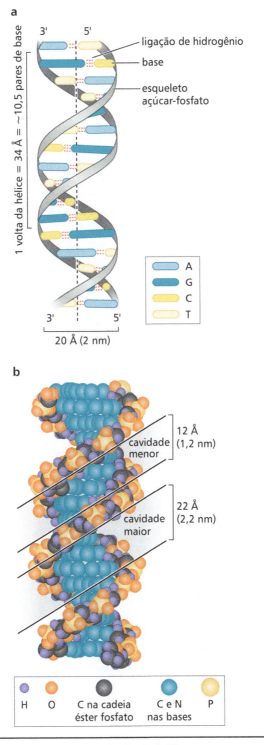

(a) Modelo esquemático da dupla-hélice.
(b) Modelo da dupla-hélice com preenchimento do espaço.

Nomes e Abreviaturas dos Aminoácidos Comuns

Aminoácido	Abreviatura de Três Letras	Abreviatura de Uma Letra
Alanina	Ala	A
Arginina	Arg	R
Asparagina	Asn	N
Ácido aspártico	Asp	D
Asparagina ou ácido aspártico	Asx	B
Cisteína	Cys	C
Glutamina	Gln	Q
Ácido glutâmico	Glu	E
Glutamina ou ácido glutâmico	Glx	Z
Glicina	Gly	G
Histidina	His	H
Isoleucina	Ile	I
Leucina	Leu	L
Lisina	Lys	K
Metionina	Met	M
Fenilalanina	Phe	F
Prolina	Pro	P
Serina	Ser	S
Treonina	Thr	T
Triptofano	Trp	W
Tirosina	Tyr	Y
Valina	Val	V

BIOLOGIA MOLECULAR DO GENE

Tradução

Andréia Escosteguy Vargas
Bióloga. Doutora em Genética e Biologia Molecular pela Universidade Federal do Rio Grande do Sul (UFRGS). Visiting Researcher no Diabetes Research Group, Diabetes and Nutritional Sciences Division, King's College London.

Luciane M. P. Passaglia
Professora titular do Departamento de Genética da UFRGS.
Doutora em Genética e Biologia Molecular pela UFRGS

Rivo Fischer
Licenciado em História Natural. Mestre em Genética. Doutor em Ciências.
Professor Adjunto Aposentado, Instituto de Biociências, UFRGS.

Revisão técnica desta edição

José Artur Bogo Chies
Biólogo. Professor titular do Departamento de Genética da Universidade Federal do Rio Grande do Sul (UFRGS).
Mestre em Genética e Biologia Molecular pela UFRGS.
Doutor em Sciences de La Vie Specialité en Immunologie – Université de Paris VI (Pierre et Marie Curie).

```
B615    Biologia molecular do gene / James D. Watson ... [et al.] ;
        [tradução : Andréia Escosteguy Vargas, Luciane M. P.
        Passaglia, Rivo Fischer ; revisão técnica :
        José Artur Bogo Chies]. – 7. ed. – Porto Alegre : Artmed,
        2015.
        xxxiv, 878 p. il. color. ; 28 cm.

        ISBN 978-85-8271-208-5

        1. Biologia molecular. 2. Genética. I. Watson, James D.

                                                    CDU 577.21
```

Catalogação na publicação: Poliana Sanchez de Araujo – CRB 10/2094

JAMES D. WATSON
Cold Spring Harbor Laboratory

ALEXANDER GANN
Cold Spring Harbor Laboratory

TANIA A. BAKER
Massachusetts Institute of Technology

MICHAEL LEVINE
University of California, Berkeley

STEPHEN P. BELL
Massachusetts Institute of Technology

RICHARD LOSICK
Harvard University

Com

STEPHEN C. HARRISON
Harvard Medical School
(Capítulo 6: A estrutura das proteínas)

BIOLOGIA MOLECULAR DO GENE

7ª EDIÇÃO

Reimpressão 2017

2015

Obra originalmente publicada sob o título *Molecular biology of the gene*, 7th edition
ISBN 9780321762436

Authorized translation from the English language edition, entitled MOLECULAR BIOLOGY OF THE GENE, 7th Edition by JAMES WATSON; TANIA BAKER; STEPHEN BELL; ALEXANDER GANN; MICHAEL LEVINE; RICHARD LOSICK, published by Pearson Education,Inc., publishing as Benjamin Cummings, Copyright © 2014. All rights reserved. No part of this book may be reproduced or transmitted in any form or by any means, electronic or mechanical, including photocopying, recording or by any information storage retrieval system, without permission from Pearson Education,Inc. Portuguese language edition published by Grupo A Educação S.A.,Copyright © 2015.

Tradução autorizada a partir do original em língua inglesa da obra intitulada MOLECULAR BIOLOGY OF THE GENE, 7ª Edição, autoria de JAMES WATSON; TANIA BAKER; STEPHEN BELL; ALEXANDER GANN; MICHAEL LEVINE; RICHARD LOSICK, publicado por Pearson Education, Inc., sob o selo de Benjamin Cummings, Copyright © 2014. Todos os direitos reservados. Este livro não poderá ser reproduzido nem em parte nem na íntegra, nem ter partes ou sua íntegra armazenado em qualquer meio, seja mecânico ou eletrônico, inclusive fotoreprogravação, sem permissão da Pearson Education,Inc. A edição em língua portuguesa desta obra é publicada por Grupo A Educação S.A., Copyright © 2015.

Gerente editorial: *Letícia Bispo de Lima*

Colaboraram nesta edição:

Editora: *Simone de Fraga*

Preparação de originais: *Caroline Castilhos de Melo*

Leitura final: *Carine Garcia Prates*

Editoração: *Techbooks*

Capa: *Márcio Monticelli*

Imagens da capa: 1. Esboço de Francis Crick, que propôs o modelo de dupla-hélice do DNA com James Watson. Este desenho é talvez a primeira representação da forma de dupla-hélice, agora clássica, e está armazenado nos arquivos de Crick no Wellcome Trust em Londres. 2. Ilustração de Odile, esposa de Crick, também feita à mão, utilizada na publicação original do modelo de dupla-hélice – um artigo de uma página de autoria de Watson e Crick publicado na revista científica *Nature* em 25 de abril de 1953, juntamente com artigos correlatos de Maurice Wilkins, Rosalind Franklin e colegas, contendo os dados estruturais que sustentavam aspectos críticos do modelo. 3. Ilustração de 1984 por Irving Geis, um grande ilustrador de livros científicos especialmente admirado por suas representações – em pinturas e desenhos – de estruturas moleculares. Suas imagens originais, agora armazenadas nos arquivos do Howard Hughes Medical Institute, ainda se equivalem a versões modernas produzidas por computador, sendo ainda utilizadas – por exemplo, duas delas estão no capítulo sobre estrutura das proteínas neste livro. 4. Imagem computadorizada moderna: este exemplo elegante foi produzido a partir do programa *open-source* PyMOL por Leemor Joshua-Tor, cristalógrafa no Cold Spring Harbor Laboratory, que também produziu diversas imagens moleculares para este livro.

Nota

As ciências biológicas estão em constante evolução. À medida que novas pesquisas e a própria experiência ampliam o nosso conhecimento, novas descobertas são realizadas. Os autores desta obra consultaram as fontes consideradas confiáveis, num esforço para oferecer informações completas e, geralmente, de acordo com os padrões aceitos à época da sua publicação.

Reservados todos os direitos de publicação, em língua portuguesa, à
ARTMED EDITORA LTDA., uma empresa do GRUPO A EDUCAÇÃO S.A.
Av. Jerônimo de Ornelas, 670 – Santana
90040-340 – Porto Alegre – RS
Fone: (51) 3027-7000   Fax: (51) 3027-7070

É proibida a duplicação ou reprodução deste volume, no todo ou em parte, sob quaisquer formas ou por quaisquer meios (eletrônico, mecânico, gravação, fotocópia, distribuição na Web e outros), sem permissão expressa da Editora.

Unidade São Paulo
Av. Embaixador Macedo Soares, 10.735 – Pavilhão 5 – Cond. Espace Center
Vila Anastácio – 05095-035 – São Paulo – SP
Fone: (11) 3665-1100   Fax: (11) 3667-1333

SAC 0800 703-3444 – www.grupoa.com.br

IMPRESSO NO BRASIL
PRINTED IN BRAZIL

Sobre os Autores

JAMES D. WATSON é Chanceler Emérito do Cold Spring Harbor Laboratory, onde foi previamente Diretor de 1968 a 1993, Presidente de 1994 a 2003 e Chanceler de 2003 a 2007. Cursou a graduação na University of Chicago e defendeu o doutorado (Ph.D.) em 1950, na Indiana University. Entre 1950 e 1953, fez pós-doutorado em Copenhague e em Cambridge, na Inglaterra. Em Cambridge, iniciou a colaboração que resultou na elucidação da estrutura de dupla-hélice do DNA em 1953. (Por esta descoberta, Watson, Francis Crick e Maurice Wilkins receberam o Prêmio Nobel em 1962.) Mais tarde, em 1953, foi para o California Institute of Technology. Mudou-se para Harvard em 1955, onde lecionou e pesquisou sobre síntese de RNA e de proteínas até 1976. Foi o primeiro Diretor do National Center for Genome Research, do National Institutes of Health, de 1989 a 1992. O Dr. Watson foi o único autor das três primeiras edições de *Biologia molecular do gene*, e coautor da 4ª a 6ª edições. As seis edições foram publicadas em 1965, 1970, 1976, 1987, 2003 e 2007, respectivamente. Ele também é coautor de outros dois livros-texto, *Biologia molecular da célula* e *DNA recombinante: genes e genomas*, bem como autor da celebrada autobiografia de 1968, *A dupla-hélice*, a qual, em 2012, foi listada pela Library of Congress como um dos 88 Livros que Moldaram a América.

TANIA A. BAKER é Chefe de Departamento e Whitehead Professor of Biology do Massachusetts Institute of Technology e Pesquisadora do Howard Hughes Medical Institute. É Bacharel em Bioquímica pela University of Wisconsin, Madison, e completou o doutorado (Ph.D.) em Bioquímica pela Stanford University, em 1988. Seu trabalho de pós-graduação foi realizado no laboratório do Professor Arthur Kornberg e tinha como foco os mecanismos do início da replicação do DNA. Ela foi pesquisadora de pós-doutorado no laboratório do Dr. Kiyoshi Mizuuchi no National Institutes of Health, estudando o mecanismo e a regulação da transposição do DNA. Sua pesquisa atual explora os mecanismos e a regulação da recombinação genética, o desdobramento de proteínas catalisado por enzimas e a degradação proteica dependente de ATP. A Profa. Baker recebeu o Eli Lilly Research Award em 2001 da American Society of Microbiology e o MIT School of Science Teaching Prize for Undergraduate Education em 2000. Ela é Membro da American Academy of Arts and Sciences desde 2004 e foi eleita para a National Academy of Sciences em 2007. É coautora (juntamente com Arthur Kornberg) da segunda edição do livro *DNA replication*.

STEPHEN P. BELL é Professor de Biologia no Massachusetts Institute of Technology e Pesquisador no Howard Hughes Medical Institute. Tem títulos de Bacharel do Departamento de Bioquímica, Biologia Molecular e Biologia Celular e do Programa de Ciências Integradas da Northwestern University, e doutorado (Ph.D.) em Bioquímica pela University of California, Berkeley, em 1991. Seu trabalho de pós-graduação foi realizado no laboratório do Dr. Robert Tjian e tinha como foco a transcrição eucariótica. Fez pós-doutorado no laboratório do Dr. Bruce Stillman no Cold Spring Harbor Laboratory, trabalhando no início da replicação do DNA eucariótico. Sua pesquisa atual concentra-se nos mecanismos que controlam a duplicação dos cromossomos eucarióticos. O Professor Bell recebeu o ASBMB-Schering Plough Scientific Achievement Award em 2001, o Everett Moore Baker Memorial Award por Excelência no Ensino de Graduação no MIT em 1998, o MIT School of Science Teaching Award em 2006 e o National Academy of Sciences Molecular Biology Award em 2009.

ALEXANDER GANN é o Lita Annenberg Hazen Dean and Professor na Watson School of Biological Sciences do Cold Spring Harbor Laboratory. Ele também é Editor Sênior do Cold Spring Harbor Laboratory Press. É Bacharel em Microbiologia pela University College London e concluiu o doutorado (Ph.D.) em Biologia Molecular pela University of Edinburgh, em 1989. Seu trabalho de pós-graduação foi desenvolvido no Laboratório de Norren Murray, onde abordou o reconhecimento do DNA pelas enzimas de restrição. Fez pesquisa de pós-doutorado no laboratório de Mark Ptashne, em Harvard, estudando a regulação da transcrição; no laboratório de Jeremy Brockes no Ludwig Institute of Cancer Research da University College London, ele trabalhou com a regeneração dos membros de salamandra. Foi Professor na Lancaster University, na Inglaterra, de 1996 a 1999, antes de mudar-se para o Cold Spring Harbor Laboratory. É coautor (com Mark Ptashne) do livro *Genes & signals* (2002), e coeditor (com Jan Witkowski) de *The Annotated and Illustrated Double Helix* (2012).

MICHAEL LEVINE é Professor de Genética, Genômica e Desenvolvimento na University of California, Berkeley, e também Codiretor do Center for Integrative Genomics. Recebeu seu grau de Bacharel no Departamento de Genética da University of California, Berkeley, e fez seu doutorado (Ph.D.) com Alan Garen no Departamento de Bioquímica e Biofísica Molecular da Yale University em 1981. Como estudante de pós-doutorado, com Walter Gehring e Gerry Rubin, de 1982 a 1984, ele estudou a genética molecular do desenvolvimento de *Drosophila*. O grupo de pesquisa do Professor Levine estuda, atualmente, as redes genéticas responsáveis pela gastrulação dos embriões de *Drosophila* e *Ciona* (ascídia). Ele ocupa a posição de F.Williams Chair in Genetics and Development na University of California, Berkeley. Foi premiado com o Monsanto Prize in Molecular Biology da National Academy of Sciences em 1996, tendo sido eleito para a American Academy of Arts and Sciences em 1996 e para a National Academy of Sciences em 1998.

RICHARD LOSICK é o Maria Moors Cabot Professor of Biology, Professor no Harvard College e no Howard Hughes Medical Institute, na Faculty of Arts and Sciences da Harvard University. Graduou-se em química na Princeton University e fez doutorado (Ph.D.) em Bioquímica no Massachusetts Institute of Technology. Ao finalizar seu trabalho de graduação, o Professor Losick foi nomeado Pesquisador Júnior da Harvard Society of Fellows, quando iniciou seus estudos sobre RNA-polimerase e regulação da transcrição gênica em bactérias. Foi Chefe dos Departamentos de Biologia Celular e do Desenvolvimento e de Biologia Molecular e Celular na Harvard University. Recebeu o prêmio Camille and Henry Dreyfus Teacher-Scholar Award, é membro da National Academy of Sciences, da American Academy of Arts and Sciences, da American Association for the Advancement of Science, da American Academy of Microbiology, e da American Philosophical Society; foi Professor visitante da Phi Beta Kappa Society. O Professor Losick ganhou o Selman A. Waksman Award da National Academy of Sciences em 2007, o Canada Gairdner Award em 2009, o Louisa Gross Horwitz Prize for Biology or Biochemistry da Columbia University em 2012 e o Harvard University Fannie Cox Award for Excellence in Science Teaching em 2012.

Revisores e Colaboradores Acadêmicos

Agradecemos a todos os profissionais a seguir por suas atenciosas sugestões e comentários sobre versões de muitos dos capítulos deste livro.

Revisores dos capítulos

Aaron Cassill, *University of Texas at San Antonio*

Akif Uzman, *University of Houston, Downtown*

Allen Gathman, *Southeast Missouri State University*

Ann Aguanno, *Marymount Manhattan College*

Anne Cordon, *University of Toronto*

Ann Grens, *Indiana University, South Bend*

Ann Kleinschmidt, *Allegheny College*

Anthony D.M. Glass, *University of British Columbia*

Anthony J. Otsuka, *Illinois State University*

Bob Zimmermann, *University of Massachusetts*

Bruce C. Wightman, *Muhlenberg College*

Charles F. Austerberry, *Creighton University*

Curtis Loer, *University of San Diego*

Dan Krane, *Wright State University*

David C. Higgs, *University of Wisconsin, Parkside*

David Frick, *University of Wisconsin*

David G. Bear, *University of New Mexico Health Sciences Center*

David Mullin, *Tulane University*

David P. Aiello, *Austin College*

Debra Pires, *University of California, Los Angeles*

Dragana Miskovic, *University of Waterloo*

Elizabeth A. Shephard, *University College, London*

Elliott S. Goldstein, *Arizona State University*

Erica L. Shelley, *University of Toronto at Mississauga*

Eva Sapi, *University of New Haven*

Gail S. Begley, *Northeastern University*

Gary J. Lindquester, *Rhodes College*

Gregory B. Hecht, *Rowan University*

Gregory M. Kelly, *University of Western Ontario*

Ian R. Phillips, *Queen Mary, University of London*

James B. Olesen, *Ball State University*

James G. Patton, *Vanderbilt University*

James Lodolce, *Loyola University Chicago*

Jeff DeJong, *University of Texas at Dallas*

Jeffrey D. Newman, *Lycoming College*

Jeffrey M. Voight, *Albany College of Pharmacy*

John Boyle, *Mississippi State University*

John G. Burr, *University of Texas at Dallas*

Jon B. Scales, *Midwestern State University*

Jurgen Denecke, *University of Leeds*

Karen Palter, *Temple University*

Lori L. Wallrath, *University of Iowa*

Margaret E. Beard, *College of the Holy Cross*

Margaret E. Stevens, *Ripon College*

Mark Kainz, *Colgate University*

Mark Levinthal, *Purdue University*

Michael A. Campbell, *Pennsylvania State University, Erie, The Behrend College*

Michael Blaber, *Florida State University*

Michael J. McPherson, *University of Leeds*

Michael Schultze, *University of York*

Nicole Bournias, *California State University, San Bernardino*

Phillip E. Ryals, *The University of West Florida*

Quinn Vega, *Montclair State University*

Robert B. Helling, *University of Michigan*

Robert J. Duronio, *University of North Carolina, Chapel Hill*

Robert Wiggers, *Stephen F. Austin State University*

Sanford Bernstein, *San Diego State University*

Santosh R. D'Mello, *University of Texas at Dallas*

Shirley Coomber, *King's College, University of London*

viii   Revisores e Colaboradores Acadêmicos

Steven W. Edwards, *University of Liverpool*
Steve Picksley, *University of Bradford*
Sumana Datta, *Texas A&M University*
Susan M. DiBartolomeis, *Millersville University*
Suzanne Bradshaw, *University of Cincinnati*
Todd P. Primm, *University of Texas at El Paso*
Venkat Sharma, *University of West Florida*
Victoria Meller, *Tufts University*
Virginia McDonough, *Hope College*
William L. Miller, *North Carolina State University*

Colaboradores acadêmicos

Anthony J. Otsuka, *Illinois State University*
Astrid Helfant, *Hamilton College*
Charles F. Austerberry, *Creighton University*
Charles Polson, *Florida Institute of Technology*
Christine E. Bezotté, *Elmira College*
Cran Lucas, *Louisiana State University in Shreveport*
Gerald Joyce, *The Scripps Research Institute*
Jocelyn Krebs, *University of Alaska, Anchorage*
Ming-Che Shih, *University of Iowa*

Prefácio

A NOVA EDIÇÃO DE *BIOLOGIA MOLECULAR DO GENE* surge aqui, em sua 7ª edição, cerca de seis décadas após a descoberta da estrutura do DNA, em 1953. A estrutura de dupla-hélice, mantida pelo pareamento específico entre as bases das duas fitas, tornou-se uma das imagens icônicas da ciência. A imagem do microscópio talvez tenha sido o ícone da ciência no fim do século XIX, substituído na metade do século XX pela representação gráfica do átomo com sua órbita de elétrons. No entanto, no fim do século, esta imagem, por sua vez, deu lugar à dupla-hélice.

O campo da biologia molecular como o conhecemos hoje nasceu da descoberta da estrutura do DNA e da agenda para pesquisa que esta estrutura imediatamente forneceu. O artigo de Watson e Crick terminava com uma frase hoje famosa: "Não escapou à nossa atenção que o pareamento específico que postulamos sugere imediatamente um possível mecanismo de cópia para o material genético". A estrutura sugeria como o DNA poderia replicar, abrindo caminho para investigar, em termos moleculares, como os genes são transmitidos ao longo das gerações. Também ficou imediatamente aparente que a ordem das bases ao longo de uma molécula de DNA poderia representar um "código genético" e, portanto, um ataque a este segundo grande mistério da genética – como os genes codificam características – também poderia ser lançado.

Quando a 1ª edição de *Biologia molecular do gene* foi publicada, apenas 12 anos depois, em 1965, havia sido confirmado que o DNA replicava da maneira sugerida pelo modelo, o código genético já havia sido desvendado, e o mecanismo pelo qual os genes são expressos, e como esta expressão é regulada, haviam sido estabelecidos pelo menos como esboços. O campo da biologia molecular estava pronto para seu primeiro livro-texto, definindo pela primeira vez o currículo para cursos de gradução neste assunto.

Nosso conhecimento acerca dos mecanismos subjacentes a estes processos aumentou enormemente ao longo dos anos desde a 1ª edição, geralmente dirigido por avanços tecnológicos, incluindo o sequenciamento de DNA e o Projeto Genoma Humano. A edição atual de *Biologia molecular do gene* comemora as bases intelectuais da área, definidas na 1ª edição, e o extraordinário conhecimento mecanístico, biológico e evolutivo que se alcançou desde então.

Novidades desta edição

Existem grandes alterações na nova edição. Além de atualizações abrangentes, as mudanças incluem alterações na organização, adição de capítulos completamente novos e adição de novos tópicos em capítulo preexistente.

- *Nova Parte 2 sobre Estrutura e estudo de macromoléculas.* Nesta nova parte, cada uma das três principais macromoléculas ganha o seu próprio capítulo. O capítulo sobre DNA foi mantido como na edição anterior, mas o que antes era apenas uma curta seção no fim deste capítulo foi agora expandido em um novo capítulo inteiro sobre a estrutura do RNA. O capítulo sobre a estrutura das proteínas é completamente novo e foi escrito para esta edição por Stephen Harrison (Harvard University).

- *Capítulo sobre Técnicas transferido do fim do livro para a Parte 2.* Este capítulo revisado e realocado introduz as técnicas importantes que serão citadas ao longo do livro. Além de muitas das técnicas básicas de biologia molecular, este capítulo inclui agora uma seção atualizada sobre várias técnicas de genômica empregadas rotineiramente por biólogos moleculares. Técnicas mais especializadas para determinados capítulos aparecem como quadros nos capítulos relevantes.

- *Capítulo inteiramente novo sobre Origem e evolução inicial da vida.* Este capítulo mostra como as técnicas de biologia molecular e bioquímica nos permitem considerar – e até mesmo reconstruir – como a vida pode ter surgido e aborda a perspectiva de criar vida em um tubo de ensaio (biologia sintética). O capítulo também revela como, mesmo nos primeiros estágios da vida, os processos moleculares estavam sujeitos à evolução.

- *Novos tópicos sobre vários aspectos da regulação gênica.* A Parte 5 do livro refere-se à regulação gênica. Nesta edição, introduzimos novos tópicos significativos, como sensoriamento de quórum em populações bacterianas, o sistema de defesa bacteriano CRISPR e os piRNAs em animais, a função de Polycomb e uma maior discussão sobre outros mecanismos de regulação gênica, chamados mecanismos "epigenéticos", em eucariotos complexos. A regulação da "polimerase bloqueada" em vários genes durante o desenvolvimento animal e o envolvimento crucial do posicionamento e do remodelamento de nucleossomos nos promotores durante a ativação gênica também são novos tópicos desta edição.

- *Questões no fim dos capítulos.* Aparecendo pela primeira vez nesta edição, incluem tanto questões de respostas curtas quanto questões de análise de dados. As respostas das perguntas de número par podem ser encontradas no Apêndice 2, no fim do livro.

- *Novos experimentos e abordagens experimentais que refletem avanços recentes na pesquisa.* Integrados ao texto, estão novas abordagens experimentais e aplicações que ampliam os horizontes da pesquisa. Estas incluem, por exemplo, uma descrição de como o código genético pode ser experimentalmente expandido para gerar novas proteínas, a criação de um genoma sintético mínimo para identificar as características necessárias para a vida, a discussão de novas análises de genomas completos sobre o posicionamento de nucleossomos, experimentos em comutadores bimodais em bactérias, e como novos fármacos antibacterianos estão sendo projetados para atacar as vias de sensoriamento de quórum necessárias para a patogênese.

Agradecimentos

Partes da edição atual originaram-se a partir de um curso introdutório sobre biologia molecular lecionado por um de nós (Richard Losick) na Harvard University, e este autor agradece a Steve Harrison e Jim Wang, que contribuíram neste curso em anos anteriores. No caso de Steve Harrison, estamos ainda mais agradecidos a ele por ter escrito e ilustrado um novo capítulo sobre a estrutura das proteínas especialmente para esta nova edição. Ninguém poderia ser mais bem qualificado para tal tarefa, e nós somos os beneficiários – pois o livro ficou muito melhor – de sua contribuição.

Também agradecemos a Craig Hunter, que anteriormente escreveu a seção sobre o verme para o Apêndice 1, e a Rob Martienssen, que escreveu a seção sobre plantas para o mesmo apêndice.

Mostramos seções do original para vários colegas e seus comentários foram extremamente úteis. Agradecemos especificamente a Katsura Asano, Stephen Blacklow, Jamie Cate, Amy Caudy, Irene Chen, Victoria D'Souza, Richard Ebright, Mike Eisen, Chris Fromme, Brenton Graveley, Chris Hammell, Steve Hahn, Oliver Hobert, Ann Hochschild, Jim Hu, David Jerulzalmi, Leemor Joshua-Tor, Sandy Johnson, Andrew Knoll, Adrian Krainer, Julian Lewis, Sue Lovett, Karolin Luger, Kristen Lynch, Rob Martienssen, Bill McGinnis, Matt Michael, Lily Mirels, Nipam Patel, Mark Ptashne, Danny Reinberg, Dimitar Sasselov, David Shechner, Sarah T. Stewart-Mukhopadhyay, Bruce Stillman e Jack Szostak.

Também somos gratos aos que nos forneceram as figuras ou os recursos para criá-las, incluindo: Sean Carroll, Seth Darst, Paul Fransz, Brenton Graveley, Ann Hochschild, Julian Lewis, Bill McGinnis, Phoebe Rice, Dan Rokhsar, Nori Satoh, Matt Scott, Ali Shilatifard, Peter Sorger, Tom Steitz, Andrzej Stasiak, Dan Voytas e Steve West.

As questões do fim dos capítulos são novas nesta edição, e foram fornecidas por Mary Ellen Wiltrout. Agradecemos a ela por estes esforços que aperfeiçoaram a nova edição. Além disso, Mary Ellen também ajudou a revisar o capítulo sobre reparo de DNA.

Somos gratos a Leemor Joshua-Tor, que maravilhosamente renderizou a maioria das figuras estruturais ao longo do livro. Sua habilidade e paciência são muito apreciadas.

Também agradecemos aos que forneceram seus *softwares*:[1] Per Kraulis, Robert Esnouf, Ethan Merritt, Barry Honig e Warren Delano. As coordenadas foram obtidas a partir do Protein Data Bank (Banco de Dados de Proteínas – www.rcsb.org/pdb/), e citações aos que resolveram cada estrutura estão incluídas nas legendas das figuras.

Nosso projeto gráfico foi novamente executado pela equipe da Dragonfly Media Group, liderada por Craig Durant. Denise Weiss e Mike Albano produziram um belo projeto de capa. Agradecemos a Clare Bunce e ao Arquivo do CSHL por fornecer as fotografias para o início de cada parte do livro e pela grande ajuda ao rastreá-las.

Agradecemos a Josh Frost, da Pearson, que supervisionou nossos esforços e esteve sempre à disposição para nos ajudar ou aconselhar. No desenvolvimento da CSHL Press, Jan Argentine forneceu grande apoio, orientação e perspectiva ao longo do processo. Nossos sinceros agradecimentos a Kaaren Janssen, que foi mais uma vez nossa salvadora – de edição e organização, incentivo e compreensão – e generosamente bem-humorada mesmo nos dias mais sombrios. Inez Sialiano acompanhou nosso rendimento, e Carol Brown lidou com as permissões de maneira eficiente, como sempre. Na produção, dependemos muito dos esforços extraordinários e da paciência de Kathleen Bubbeo, pelos quais somos muito gratos. Também devemos agradecer a Denise Weiss, que supervisionou a produção e assegurou a qualidade do projeto gráfico. John Inglis, como sempre, criou o ambiente para que tudo isso pudesse acontecer.

Mais uma vez, agradecemos as nossas famílias por serem pacientes com este livro pela terceira vez!

James D. Watson
Tania A. Baker
Stephen P. Bell
Alexander Gann
Michael Levine
Richard Losick

---

[1] Per Kraulis concedeu permissão para o uso de MolScript (Kraulis P.J. 1991. MOLSCRIPT: A program to produce both detailed and schematic plots of protein structures. *J. Appl. Cryst.* **24**: 946-950). Robert Esnouf concedeu permissão para o uso de BobScript (Esnouf R.M. 1997. *J. Mol. Graph.* **15**: 132-134). Além disso, Ethan Merritt permitiu que utilizássemos o Raster3D (Merritt E.A. e Bacon D.J. 1997. Raster3D: Photorealistic molecular graphics. *Methods Enzymol.* **277**: 505-524), e Barry Honig forneceu permissão para usar GRASP (Nicolls A., Sharp K.A. e Honig B. 1991. Protein folding and association: Insights from the interfacial and thermodynamic properties of hydrocarbons. *Proteins* **11**: 281-296). Warren DeLano concordou com o uso de PyMOL (DeLano W.L. 2002. *The PyMOL Molecular Graphics System.* DeLano Scientific, Palo Alto, California).

Sumário Resumido

PARTE 1

HISTÓRIA 1

1 A Visão Mendeliana do Mundo 5
2 Os Ácidos Nucleicos Transportam as Informações Genéticas 21

PARTE 2

ESTRUTURA E ESTUDO DE MACROMOLÉCULAS 45

3 A Importância das Ligações Químicas Fracas e Fortes 51
4 A Estrutura do DNA 77
5 A Estrutura e a Versatilidade do RNA 107
6 A Estrutura das Proteínas 121
7 Técnicas de Biologia Molecular 147

PARTE 3

MANUTENÇÃO DO GENOMA 193

8 Estrutura do Genoma, Cromatina e Nucleossomo 199
9 Replicação do DNA 257
10 Mutabilidade e Reparo do DNA 313
11 Recombinação Homóloga em Nível Molecular 341
12 Recombinação Sítio-específica e Transposição do DNA 377

PARTE 4

EXPRESSÃO DO GENOMA 423

13 Mecanismos de Transcrição 429
14 Processamento do RNA 467
15 Tradução 509
16 Código Genético 573
17 Origem e Evolução Inicial da Vida 593

PARTE 5

REGULAÇÃO 609

18 Regulação Transcricional em Procariotos 615
19 Regulação Transcricional em Eucariotos 657
20 RNAs Reguladores 701
21 Regulação Gênica no Desenvolvimento e na Evolução 733
22 Biologia de Sistemas 775

PARTE 6

APÊNDICES 793

1 Organismos-modelo 797
2 Respostas 831

Índice 845

Sumário Detalhado

PARTE 1: HISTÓRIA 1

1 A Visão Mendeliana do Mundo 5

AS DESCOBERTAS DE MENDEL 6
- O princípio da segregação independente dos fatores 6
- *CONCEITOS AVANÇADOS QUADRO 1-1* Leis de Mendel 6
- Alguns alelos não são dominantes nem recessivos 7
- Princípio da distribuição aleatória 8

TEORIA CROMOSSÔMICA DA HEREDITARIEDADE 8

LIGAÇÃO GÊNICA E *CROSSING OVER* (RECOMBINAÇÃO) 9
- *EXPERIMENTOS-CHAVE QUADRO 1-2* Os genes estão ligados a cromossomos 10

MAPEAMENTO CROMOSSÔMICO 11

A ORIGEM DA VARIABILIDADE GENÉTICA POR MEIO DE MUTAÇÕES 13

ESPECULAÇÕES INICIAIS SOBRE O QUE SÃO OS GENES E COMO ELES ATUAM 15

TENTATIVAS PRELIMINARES PARA ENCONTRAR UMA RELAÇÃO ENTRE GENE E PROTEÍNA 16

RESUMO 17

BIBLIOGRAFIA 17

QUESTÕES 18

2 Os Ácidos Nucleicos Transportam as Informações Genéticas 21

A INFORMAÇÃO BOMBÁSTICA DE AVERY: O DNA PODE TRANSPORTAR A ESPECIFICIDADE GENÉTICA 22
- Genes virais também são ácidos nucleicos 23

A DUPLA-HÉLICE 24
- *EXPERIMENTOS-CHAVE QUADRO 2-1* Regras de Chargaff 26
- Buscando as polimerases que sintetizam o DNA 26
- Evidências experimentais sugerem que ocorre a separação das fitas durante a replicação do DNA 27

A INFORMAÇÃO GENÉTICA DO DNA É DEFINIDA PELA SEQUÊNCIA DE SEUS QUATRO NUCLEOTÍDEOS 30
- *EXPERIMENTOS-CHAVE QUADRO 2-2* Evidência de que os genes controlam a sequência de aminoácidos das proteínas 31
- O DNA não pode ser o molde que ordena diretamente os aminoácidos durante a síntese proteica 32
- O RNA é quimicamente muito semelhante ao DNA 32

O DOGMA CENTRAL 33
- Hipótese do adaptador de Crick 34
- A descoberta do RNA transportador (tRNA) 34
- O paradoxo da aparência não específica dos ribossomos 35
- A descoberta do RNA mensageiro (mRNA) 35
- Síntese enzimática de RNA sobre moldes de DNA 36
- Estabelecimento do código genético 37

ESTABELECIMENTO DA DIREÇÃO DA SÍNTESE PROTEICA 38
- Sinais de início e de término também são codificados no DNA 40

A ERA DA GENÔMICA 40

RESUMO 41

BIBLIOGRAFIA 42

QUESTÕES 42

xvi   Sumário Detalhado

PARTE 2: ESTRUTURA E ESTUDO DE MACROMOLÉCULAS 45

3 A Importância das Ligações Químicas Fracas e Fortes 51

CARACTERÍSTICAS DAS LIGAÇÕES QUÍMICAS 51

   Ligações químicas são explicadas pela mecânica quântica 52

   A formação de ligações químicas envolve uma alteração na forma de energia 53

   Equilíbrio entre a formação e a quebra de ligações 53

O CONCEITO DE ENERGIA LIVRE 54

   K_{eq} está exponencialmente relacionada ao ΔG 54

   Ligações covalentes são muito fortes 54

LIGAÇÕES FRACAS EM SISTEMAS BIOLÓGICOS 55

   Ligações fracas têm energia entre 1 e 7 kcal/mol 55

   Ligações fracas são constantemente formadas e rompidas em temperaturas fisiológicas 55

   Diferenças entre moléculas polares e apolares 55

   Forças de van der Waals 56

   Ligações de hidrogênio 57

   Algumas ligações iônicas são ligações de hidrogênio 58

   Interações fracas necessitam de superfícies moleculares complementares 58

   Moléculas de água formam ligações de hidrogênio 59

   Ligações fracas entre moléculas em soluções aquosas 59

   Moléculas orgânicas que tendem a formar as ligações de hidrogênio são hidrossolúveis 60

   "Ligações" hidrofóbicas estabilizam as macromoléculas 60

   CONCEITOS AVANÇADOS QUADRO 3.1
   A singularidade das formas moleculares e o conceito de viscosidade seletiva 61

Vantagem de ΔG entre 2 e 5 kcal/mol 62

   Ligações fracas unem as enzimas aos substratos 62

   Ligações fracas promovem a maioria das interações proteína-DNA e proteína-proteína 63

LIGAÇÕES DE ALTA ENERGIA 63

MOLÉCULAS QUE DOAM ENERGIA SÃO TERMODINAMICAMENTE INSTÁVEIS 63

ENZIMAS REDUZEM A ENERGIA DE ATIVAÇÃO NAS REAÇÕES BIOQUÍMICAS 65

ENERGIA LIVRE NAS BIOMOLÉCULAS 66

   Ligações de alta energia são hidrolisadas com alto ΔG negativo 66

LIGAÇÕES DE ALTA ENERGIA NAS REAÇÕES BIOSSINTÉTICAS 67

   Ligações peptídicas hidrolisam espontaneamente 68

   Acoplamento de ΔG negativo a ΔG positivo 69

ATIVAÇÃO DE PRECURSORES NAS REAÇÕES DE TRANSFERÊNCIA DE GRUPOS 69

   Versatilidade do ATP na transferência de grupos 70

   Ativação de aminoácidos pela ligação de AMP 70

   Precursores de ácidos nucleicos são ativados pela presença de ⓟ ~ ⓟ 71

   O valor da liberação de ⓟ ~ ⓟ na síntese dos ácidos nucleicos 72

   A quebra da ligação ⓟ ~ ⓟ caracteriza a maioria das reações biossintéticas 73

RESUMO 74

BIBLIOGRAFIA 75

QUESTÕES 75

4 A Estrutura do DNA 77

ESTRUTURA DO DNA 78

   O DNA é composto por cadeias polinucleotídicas 78

   Cada base apresenta uma forma tautomérica preferencial 80

   As duas fitas da dupla-hélice são enroladas uma na outra em orientação antiparalela 81

   As duas cadeias da dupla-hélice apresentam sequências complementares 81

   A dupla-hélice é estabilizada por pareamento de bases e empilhamento de bases 82

   A formação de ligações de hidrogênio é importante para a especificidade do pareamento de bases 83

   As bases podem ser deslocadas da dupla-hélice 83

   Normalmente, o DNA é uma dupla-hélice dextrógira, voltada para a direita 83

   EXPERIMENTOS-CHAVE QUADRO 4-1 O DNA tem 10,5 pares de bases por volta da hélice em solução: o experimento de mica 84

Sumário Detalhado   xvii

A dupla-hélice possui fendas menor e maior 84
A fenda maior é rica em informação química 85
A dupla-hélice existe em múltiplas conformações 86
O DNA pode formar uma hélice levógira, voltada para a esquerda 87
EXPERIMENTOS-CHAVE QUADRO 4-2 *Como pontos em um filme de raios X revelam a estrutura do DNA* 88
As fitas do DNA podem ser separadas (desnaturadas) e reassociadas 89
Algumas moléculas de DNA são circulares 92

TOPOLOGIA DO DNA 93

O número de ligação é uma propriedade topológica invariável do DNA circular covalentemente fechado 93
O número de ligação é composto por torções e supertorções 93
Lk^0 é o número de ligação de um cccDNA totalmente relaxado sob condições fisiológicas 94
O DNA nas células está supertorcido negativamente 95

Os nucleossomos introduzem superenrolamento negativo nos eucariotos 96
As topoisomerases podem relaxar o DNA supertorcido 97
Os procariotos possuem uma topoisomerase especial que introduz supertorções no DNA 97
As topoisomerases também desenlaçam e desembaraçam as moléculas de DNA 98
As topoisomerases utilizam uma ligação covalente proteína-DNA para clivar e religar as fitas do DNA 99
As topoisomerases formam uma ponte enzimática e passam segmentos de DNA de um lado para outro 100
Topoisômeros de DNA podem ser separados por eletroforese 102
Íons de etídeo fazem o DNA se desenrolar 102
EXPERIMENTOS-CHAVE QUADRO 4-3 *Prova de que o DNA apresenta uma periodicidade helicoidal de cerca de 10,5 pares de bases por volta a partir das propriedades topológicas de anéis de DNA* 103

RESUMO 103
BIBLIOGRAFIA 104
QUESTÕES 104

5 A Estrutura e a Versatilidade do RNA 107

O RNA CONTÉM RIBOSE E URACILA E NORMALMENTE É COMPOSTO POR FITA SIMPLES 107

CADEIAS DE RNA DOBRAM-SE SOBRE SI PARA FORMAR REGIÕES LOCALIZADAS DE DUPLA-HÉLICE SIMILARES À FORMA A DO DNA 108

O RNA PODE ENOVELAR-SE EM ESTRUTURAS TERCIÁRIAS COMPLEXAS 110

SUBSTITUIÇÕES NUCLEOTÍDICAS E SONDAS QUÍMICAS REVELAM A ESTRUTURA DO RNA 111

CONEXÕES CLÍNICAS QUADRO 5-1 Um riboswitch *controla a síntese de proteínas pelo vírus da leucemia murina* 112

A EVOLUÇÃO DIRIGIDA SELECIONA RNAS QUE SE LIGAM A MOLÉCULAS PEQUENAS 114

ALGUNS RNAS SÃO ENZIMAS 114

TÉCNICAS QUADRO 5-2 Criação de um RNA que mimetiza a proteína fluorescente verde por evolução dirigida 115

A ribozima *hammerhead* (cabeça de martelo) cliva o RNA pela formação de um 2',3'-fosfato cíclico 116

Uma ribozima no coração do ribossomo atua como um centro de carbono 118

RESUMO 118
BIBLIOGRAFIA 118
QUESTÕES 118

6 A Estrutura das Proteínas 121

NOÇÕES BÁSICAS 121

Aminoácidos 121
A ligação peptídica 122
Cadeias polipeptídicas 123

Três aminoácidos com propriedades conformacionais especiais 124

CONCEITOS AVANÇADOS QUADRO 6-1 Gráfico de Ramachandran: combinações permitidas de ângulos de torsão ϕ e ψ da cadeia principal 124

A IMPORTÂNCIA DA ÁGUA 125

A ESTRUTURA PROTEICA PODE SER DESCRITA EM QUATRO NÍVEIS 126

DOMÍNIOS PROTEICOS 129

    Cadeias polipeptídicas geralmente enovelam-se em um ou mais domínios 129

    CONCEITOS AVANÇADOS QUADRO 6-2
        Glossário de termos 130

    Lições básicas a partir de estudos das estruturas proteicas 131

    Classes de domínios proteicos 132

    Conectores e dobradiças 133

    Modificações pós-traducionais 133

    CONCEITOS AVANÇADOS QUADRO 6-3
        A molécula de anticorpo como ilustração dos domínios proteicos 133

DA SEQUÊNCIA DE AMINOÁCIDOS À ESTRUTURA TRIDIMENSIONAL 134

    Enovelamento proteico 134

    EXPERIMENTOS-CHAVE QUADRO 6-4
        A estrutura tridimensional de uma proteína é especificada por sua sequência de aminoácidos (experimento de Anfinsen) 135

    Predição da estrutura proteica a partir da sequência de aminoácidos 135

ALTERAÇÕES CONFORMACIONAIS NAS PROTEÍNAS 136

PROTEÍNAS COMO AGENTES DE RECONHECIMENTO MOLECULAR ESPECÍFICO 137

    Proteínas que reconhecem sequências de DNA 137

    Interfaces proteína-proteína 140

    Proteínas que reconhecem RNA 141

ENZIMAS: PROTEÍNAS COMO AGENTES CATALISADORES 141

REGULAÇÃO DA ATIVIDADE PROTEICA 142

RESUMO 143

BIBLIOGRAFIA 144

QUESTÕES 144

7 Técnicas de Biologia Molecular 147

ÁCIDOS NUCLEICOS: MÉTODOS BÁSICOS 148

    A eletroforese em gel separa as moléculas de DNA e de RNA de acordo com o seu tamanho 148

    As endonucleases de restrição clivam as moléculas de DNA em sítios específicos 149

    A hibridização de DNA pode ser utilizada para identificação de moléculas de DNA específicas 151

    Sondas de hibridização podem identificar segmentos de DNA e RNA separados por eletroforese 151

    Isolamento de segmentos específicos de DNA 153

    Clonagem de DNA 154

    Um vetor de DNA pode ser introduzido em organismos hospedeiros por transformação 155

    Bibliotecas de moléculas de DNA podem ser originadas por clonagem 156

    A hibridização pode ser utilizada para identificar um clone específico em uma biblioteca de DNA 156

    Síntese química de sequências de DNA definidas 157

    A reação em cadeia da polimerase amplifica segmentos de DNA por ciclos repetidos de replicação de DNA *in vitro* 158

    Subconjuntos de fragmentos de DNA revelam as sequências de nucleotídeos 159

    TÉCNICAS QUADRO 7-1 Análise forense e a reação em cadeia da polimerase 160

    Sequenciamento de um genoma bacteriano pelo método de *shotgun* 162

    EXPERIMENTOS-CHAVE QUADRO 7-2
        Os sequenciadores são utilizados para o sequenciamento em larga escala 163

    A estratégia de *shotgun* permite a montagem parcial de grandes sequências genômicas 163

    A estratégia de extremidades pareadas permite a montagem de longas estruturas genômicas 165

    O genoma humano de US$ 1.000 está ao nosso alcance 167

GENÔMICA 168

    Ferramentas de bioinformática facilitam a identificação de genes codificadores de proteína no genoma inteiro 169

    Arranjos em grades (*tiling arrays*) de todo o genoma são utilizados para visualizar o transcriptoma 169

    Sequências de DNA reguladoras podem ser identificadas pelo uso de ferramentas de alinhamento especializadas 171

    A edição genômica é utilizada para alterar pontualmente genomas complexos 172

PROTEÍNAS 173

Proteínas específicas podem ser purificadas a partir de extratos celulares 173

A purificação de uma proteína requer um protocolo específico 173

Preparação de extratos celulares contendo proteínas ativas 174

As proteínas podem ser separadas umas das outras por cromatografia em coluna 174

Separação de proteínas em géis de poliacrilamida 176

Anticorpos evidenciam as proteínas separadas por eletroforese 177

As moléculas proteicas podem ser diretamente sequenciadas 177

PROTEÔMICA 179

A combinação de cromatografia líquida com a espectrometria de massa identifica proteínas individuais em um extrato complexo 179

Comparações entre proteomas identificam diferenças importantes entre as células 181

A espectrometria de massa também pode monitorar estados de modificação proteica 181

Interações proteína-proteína podem fornecer informações sobre a função proteica 182

INTERAÇÕES ÁCIDO NUCLEICO-PROTEÍNA 182

A mobilidade eletroforética do DNA é alterada por ligação a proteínas 183

Proteínas ligadas ao DNA o protegem da ação de nucleases e de modificações químicas 184

A imunoprecipitação da cromatina pode detectar a associação da proteína com o DNA na célula 185

Ensaios de captura de conformação cromossômica são utilizados para analisar interações de longo alcance 187

A seleção *in vitro* pode ser utilizada para identificar um sítio de ligação de proteína no DNA ou no RNA 189

BIBLIOGRAFIA 190

QUESTÕES 190

PARTE 3: MANUTENÇÃO DO GENOMA 193

 ## 8 Estrutura do Genoma, Cromatina e Nucleossomo 199

SEQUÊNCIA DO GENOMA E DIVERSIDADE CROMOSSÔMICA 200

Os cromossomos podem ser circulares ou lineares 200

Cada célula mantém um número característico de cromossomos 201

O tamanho do genoma está relacionado com a complexidade do organismo 202

O genoma de *E. coli* é quase inteiramente composto por genes 203

Organismos mais complexos apresentam densidade gênica menor 204

Os genes correspondem apenas a uma pequena porção do DNA cromossômico de eucariotos 205

A maioria das sequências intergênicas humanas é composta por DNA repetitivo 207

DUPLICAÇÃO E SEGREGAÇÃO CROMOSSÔMICA 208

Cromossomos eucarióticos necessitam que centrômeros, telômeros e origens de replicação sejam mantidos durante a divisão celular 208

A duplicação e a segregação de cromossomos eucarióticos ocorrem em fases separadas do ciclo celular 210

A estrutura cromossômica altera-se à medida que a célula se divide 212

A coesão das cromátides-irmãs e a condensação cromossômica são promovidas pelas proteínas SMC 214

A mitose mantém o número cromossômico parental 214

Durante as fases de parada (G), as células preparam-se para o próximo estágio do ciclo celular e verificam se o estágio anterior foi corretamente concluído 217

A meiose reduz o número de cromossomos parentais 217

Diferentes níveis de estrutura cromossômica podem ser observados por microscopia 219

NUCLEOSSOMO 220

Os nucleossomos são os blocos construtores dos cromossomos 220

Histonas são pequenas proteínas com carga positiva 221

Estrutura atômica do nucleossomo 224

As histonas ligam-se a regiões específicas do DNA no nucleossomo 224

EXPERIMENTOS-CHAVE QUADRO 8-1
A nuclease de micrococos e o DNA associado ao nucleossomo 226

Muitos contatos independentes da sequência de DNA promovem a interação entre o núcleo de histonas e o DNA 227

As caudas N-terminais das histonas estabilizam o DNA enrolado ao redor do octâmero 227

O enrolamento do DNA em torno do núcleo de histonas armazena a supertorção negativa 228

ESTRUTURA DE ORDEM SUPERIOR DA CROMATINA 229

Heterocromatina e eucromatina 229

EXPERIMENTOS-CHAVE QUADRO 8-2
Nucleossomos e densidade super-helicoidal 230

A histona H1 liga-se ao DNA de ligação entre os nucleossomos 232

Os arranjos de nucleossomos podem formar estruturas mais complexas: a fibra de 30 nm 232

As caudas N-terminais das histonas são necessárias para a formação da fibra de 30 nm 234

A compactação adicional do DNA envolve grandes alças de DNA nucleossomal 234

As variantes de histonas alteram a função do nucleossomo 234

REGULAÇÃO DA ESTRUTURA DA CROMATINA 236

A interação do DNA com o octâmero de histonas é dinâmica 236

Complexos que remodelam o nucleossomo facilitam seu movimento 237

Alguns nucleossomos são encontrados em posições específicas: posicionamento do nucleossomo 240

As caudas aminoterminais das histonas são frequentemente modificadas 242

Domínios proteicos em complexos remodeladores e modificadores de nucleossomo reconhecem histonas modificadas 244

EXPERIMENTOS-CHAVE QUADRO 8-3
Determinação do posicionamento do nucleossomo na célula 245

Enzimas específicas são responsáveis pelas modificações das histonas 248

A modificação e o remodelamento do nucleossomo atuam juntos para aumentar o acesso ao DNA 249

MONTAGEM DO NUCLEOSSOMO 249

Os nucleossomos são formados imediatamente após a replicação do DNA 249

A montagem dos nucleossomos requer "chaperonas" de histonas 253

RESUMO 254

BIBLIOGRAFIA 255

QUESTÕES 255

9 Replicação do DNA 257

QUÍMICA DA SÍNTESE DE DNA 258

A síntese de DNA requer desoxinucleosídeos trifosfatados e uma junção iniciador:molde 258

O DNA é sintetizado pela extensão da extremidade 3' do iniciador 259

A hidrólise de pirofosfato é a força promotora da síntese de DNA 260

MECANISMO DA DNA-POLIMERASE 260

As DNA-polimerases utilizam um único sítio ativo para catalisar a síntese de DNA 260

TÉCNICAS QUADRO 9-1 Ensaios de incorporação podem ser usados para medir a síntese de ácidos nucleicos e de proteínas 261

As DNA-polimerases assemelham-se a uma mão que segura a junção iniciador:molde 263

As DNA-polimerases são enzimas processivas 265

Exonucleases realizam uma revisão de leitura no DNA recém-sintetizado 267

CONEXÕES CLÍNICAS QUADRO 9-2 Agentes anticancerígenos e antivirais atuam sobre a replicação do DNA 268

FORQUILHA DE REPLICAÇÃO 269

Ambas as fitas do DNA são sintetizadas juntas na forquilha de replicação 269

A iniciação de uma nova fita de DNA requer um iniciador de RNA 270

Os iniciadores de RNA devem ser removidos para finalizar a replicação do DNA 271

As DNA-helicases desenrolam a dupla-hélice à frente da forquilha de replicação 272

A DNA-helicase puxa o DNA de fita simples através de um poro proteico central 273

Proteínas de ligação ao DNA de fita simples estabilizam o ssDNA antes da replicação 273

As topoisomerases removem as supertorções produzidas pelo desenrolamento do DNA na forquilha de replicação 275

Enzimas da forquilha de replicação expandem a amplitude de substratos da DNA-polimerase 275

ESPECIALIZAÇÃO DAS DNA-POLIMERASES 277

As DNA-polimerases são especializadas em diferentes funções na célula 277

Sumário Detalhado xxi

Os grampos deslizantes aumentam significativamente a processividade da DNA-polimerase 278

Os grampos deslizantes são abertos e posicionados no DNA por carregadores do grampo 281

CONCEITOS AVANÇADOS QUADRO 9-3 *Controle da função proteica pelo ATP: adição do grampo deslizante* 282

SÍNTESE DE DNA NA FORQUILHA DE REPLICAÇÃO 283

As interações entre as proteínas da forquilha de replicação formam o replissomo de *E. coli* 286

INICIAÇÃO DA REPLICAÇÃO DO DNA 288

Sequências de DNA genômicas específicas promovem a iniciação da replicação do DNA 288

Modelo de replicon para a iniciação da replicação 288

As sequências do replicador incluem sítios de ligação ao iniciador e um DNA fácil de desenrolar 289

EXPERIMENTOS-CHAVE QUADRO 9-4 *Identificação de origens de replicação e replicadores* 290

LIGAÇÃO E DESENROLAMENTO: SELEÇÃO E ATIVAÇÃO DA ORIGEM PELA PROTEÍNA INICIADORA 293

Interações proteína-proteína e proteína-DNA promovem a iniciação 293

CONCEITOS AVANÇADOS QUADRO 9-5 *A replicação do DNA de E. coli é regulada pelos níveis de DnaA·ATP e SeqA* 294

Os cromossomos eucarióticos são replicados exatamente uma única vez por ciclo celular 297

O carregamento da helicase é o primeiro passo para a iniciação da replicação em eucariotos 298

O carregamento e a ativação da helicase são regulados para permitir apenas um único ciclo de replicação por ciclo celular 300

Semelhanças entre a iniciação da replicação do DNA em procariotos e eucariotos 301

TÉRMINO DA REPLICAÇÃO 302

Topoisomerases tipo II são necessárias para separar moléculas-filhas de DNA 303

A síntese da fita tardia é incapaz de copiar as regiões finais das extremidades de cromossomos lineares 303

A telomerase é uma nova DNA-polimerase que não requer um molde exógeno 305

A telomerase resolve o problema da replicação das extremidades por meio da extensão da extremidade 3' do cromossomo 305

CONEXÕES CLÍNICAS QUADRO 9-6 *Envelhecimento, câncer e a hipótese do telômero* 307

Proteínas de ligação ao telômero regulam a atividade da telomerase e o comprimento do telômero 307

Proteínas de ligação ao telômero protegem as extremidades dos cromossomos 308

RESUMO 310
BIBLIOGRAFIA 311
QUESTÕES 312

10 Mutabilidade e Reparo do DNA 313

ERROS DE REPLICAÇÃO E SEU REPARO 314

A natureza das mutações 314

Alguns erros de replicação escapam da revisão de leitura 315

CONEXÕES CLÍNICAS QUADRO 10-1 *A expansão de repetições em trincas provoca doenças* 316

O reparo de malpareamentos remove os erros que escapam da revisão de leitura 316

LESÕES NO DNA 320

O DNA sofre lesões espontâneas por hidrólise e por desaminação 320

CONEXÕES CLÍNICAS QUADRO 10-2 *Teste de Ames* 321

O DNA é danificado por alquilação, oxidação e radiação 322

CONCEITOS AVANÇADOS QUADRO 10-3 *Quantificação do dano ao DNA e seus efeitos sobre a sobrevivência e a mutagênese celulares* 323

As mutações também são causadas por análogos de base e agentes intercalantes 323

REPARO E TOLERÂNCIA DE LESÕES NO DNA 324

Reversão direta da lesão no DNA 325

As enzimas de reparo por excisão de bases removem as bases danificadas por um mecanismo de deslocamento 326

As enzimas de reparo por excisão de nucleotídeos clivam o DNA danificado em ambos os lados da lesão 328

CONEXÕES CLÍNICAS QUADRO 10-4 *Conectando o reparo por excisão de nucleotídeo e a síntese translesão a uma doença genética em seres humanos* 330

A recombinação corrige quebras no DNA recuperando a informação da sequência a partir de um DNA não danificado 330

As DSBs no DNA também são reparadas por ligação direta de extremidades quebradas 331

CONEXÕES CLÍNICAS QUADRO 10-5 Junção de extremidades não homólogas 332

A síntese de DNA translesão permite que a replicação prossiga pela lesão do DNA 333

CONCEITOS AVANÇADOS QUADRO 10-6 DNA-polimerases da família Y 336

RESUMO 338

BIBLIOGRAFIA 338

QUESTÕES 339

11 Recombinação Homóloga em Nível Molecular 341

QUEBRAS NO DNA SÃO COMUNS E INICIAM A RECOMBINAÇÃO 342

MODELOS DE RECOMBINAÇÃO HOMÓLOGA 342

A invasão de fita é um passo inicial fundamental na recombinação homóloga 344

A resolução de junções de Holliday é um passo essencial para finalizar a troca genética 346

O modelo de reparo de quebras de dupla-fita descreve vários eventos de recombinação 346

MÁQUINAS PROTEICAS DA RECOMBINAÇÃO HOMÓLOGA 349

CONCEITOS AVANÇADOS QUADRO 11-1 Como resolver um intermediário de recombinação com duas junções de Holliday 350

A helicase/nuclease RecBCD processa moléculas de DNA quebradas para a recombinação 351

Sítios Chi controlam RecBCD 354

A proteína RecA organiza-se sobre o DNA de fita simples e promove a invasão de fita 355

Novas parcerias de pareamento de bases são estabelecidas no filamento de RecA 356

Homólogos de RecA estão presentes em todos os organismos 359

O complexo RuvAB reconhece especificamente as junções de Holliday e promove a migração de ramificação 359

RuvC cliva fitas de DNA específicas na junção de Holliday para finalizar a recombinação 361

RECOMBINAÇÃO HOMÓLOGA EM EUCARIOTOS 362

A recombinação homóloga apresenta funções adicionais em eucariotos 362

A recombinação homóloga é necessária para a segregação cromossômica durante a meiose 362

A geração programada de quebras na dupla-fita de DNA ocorre durante a meiose 363

A proteína MRX processa as extremidades clivadas do DNA, permitindo a adição de proteínas de permuta de fitas semelhantes à RecA 364

Dmc1 é uma proteína semelhante à RecA que funciona especificamente na recombinação meiótica 366

Diversas proteínas atuam em conjunto para promover a recombinação meiótica 366

CONEXÕES CLÍNICAS QUADRO 11-2 O produto do gene supressor de tumor BRCA2 interage com a proteína Rad51 e controla a estabilidade do genoma 367

CONEXÕES CLÍNICAS QUADRO 11-3 Proteínas associadas ao envelhecimento precoce e ao câncer promovem uma via alternativa para o processamento da junção de Holliday 368

ALTERNÂNCIA DE TIPOS DE ACASALANTES (DE ACASALAMENTOS) 369

A alternância de tipos acasalantes é iniciada por uma quebra de dupla-fita sítio-específica 370

A alternância de tipos acasalantes é um evento de conversão gênica não associado ao *crossing over* 370

CONSEQUÊNCIAS GENÉTICAS DO MECANISMO DE RECOMBINAÇÃO HOMÓLOGA 371

Uma causa da conversão gênica é o reparo do DNA durante a recombinação 373

RESUMO 374

BIBLIOGRAFIA 375

QUESTÕES 376

12 Recombinação Sítio-específica e Transposição do DNA 377

RECOMBINAÇÃO SÍTIO-ESPECÍFICA CONSERVATIVA 378

A recombinação sítio-específica ocorre em sequências específicas no DNA-alvo 378

Recombinases sítio-específicas clivam e religam o DNA por meio de um intermediário proteína-DNA covalente 380

As serino-recombinases introduzem quebras de dupla-fita no DNA e permutam as fitas para realizar a recombinação 382

A estrutura do complexo serino-recombinase-DNA indica que as subunidades giram para realizar a permuta de fita 383

Tirosino-recombinases quebram e religam um par de fitas de DNA por vez   383

As estruturas de tirosino-recombinases ligadas ao DNA revelam o mecanismo de permuta de DNA   384

CONEXÕES CLÍNICAS QUADRO 12-1 Aplicação da recombinação sítio-específica na engenharia genética   386

FUNÇÕES BIOLÓGICAS DA RECOMBINAÇÃO SÍTIO-ESPECÍFICA   386

A integrase λ promove a integração e a excisão de um genoma viral em um cromossomo da célula hospedeira   386

A excisão do bacteriófago λ requer uma nova proteína para dobrar o DNA   389

A recombinase Hin inverte um segmento de DNA, permitindo a expressão de genes alternativos   389

A recombinação por Hin requer um reforçador de DNA   390

As recombinases convertem moléculas multiméricas de DNA circular em monômeros   391

Existem outros mecanismos para promover a recombinação em segmentos específicos do DNA   391

CONCEITOS AVANÇADOS QUADRO 12-2 A recombinase Xer catalisa a monomerização de cromossomos bacterianos e de muitos plasmídeos bacterianos   392

TRANSPOSIÇÃO   393

Alguns elementos genéticos deslocam-se para novos locais do cromossomo por transposição   393

Existem três classes principais de elementos de transposição   395

Os transposons de DNA possuem um gene de transposase flanqueado por sítios de recombinação   395

Os transposons podem ser elementos autônomos ou não autônomos   396

Os retrotransposons semelhantes a vírus e os retrovírus possuem sequências terminais repetidas e dois genes importantes para a recombinação   396

Os retrotransposons com poli(A) assemelham-se a genes   396

Transposição de DNA pelo mecanismo de corte e colagem   397

O intermediário na transposição por corte e colagem é finalizado pelo reparo da lacuna   398

Existem vários mecanismos para a clivagem da fita não transferida durante a transposição de DNA   399

Transposição de DNA por um mecanismo replicativo   401

Os retrotransposons semelhantes a vírus e os retrovírus deslocam-se utilizando um intermediário de RNA   403

As transposases de DNA e as integrases de retrovírus são membros de uma superfamília de proteínas   403

Os retrotransposons com poli(A) deslocam-se por um mecanismo de "processamento reverso"   405

EXEMPLOS DE ELEMENTOS DE TRANSPOSIÇÃO E SUA REGULAÇÃO   406

EXPERIMENTOS-CHAVE QUADRO 12-3 Elementos do milho e descoberta de transposons   408

Transposons da família IS4 são elementos compactos com múltiplos mecanismos para o controle do número de cópias   409

O fago Mu é um transposon extremamente robusto   411

Mu utiliza a imunidade do alvo para evitar a transposição em seu próprio DNA   411

Os elementos Tc1/*mariner* são elementos de DNA muito bem-sucedidos em eucariotos   411

CONCEITOS AVANÇADOS QUADRO 12-4 Mecanismo da imunidade do alvo da transposição   413

Os elementos Ty de levedura transpõem-se para refúgios seguros no genoma   414

LINEs promovem a sua própria transposição e até a transposição de RNAs celulares   414

RECOMBINAÇÃO V(D)J   416

Os eventos iniciais da recombinação V(D)J ocorrem por um mecanismo similar à transposição por excisão   418

RESUMO   420

BIBLIOGRAFIA   420

QUESTÕES   421

PARTE 4: EXPRESSÃO DO GENOMA 423

13 Mecanismos de Transcrição 429

RNA-POLIMERASES E CICLO DE TRANSCRIÇÃO 430

Existem diferentes formas de RNA-polimerases, mas todas apresentam diversas características comuns 430

A transcrição pela RNA-polimerase ocorre em várias etapas 432

O início da transcrição envolve três etapas definidas 434

CICLO DE TRANSCRIÇÃO NAS BACTÉRIAS 434

Promotores bacterianos variam em força e sequência, mas apresentam determinadas características definidas 434

TÉCNICAS QUADRO 13-1 Sequências consenso 436

O fator σ medeia a ligação da polimerase ao promotor 437

A transição para complexo aberto envolve alterações estruturais na RNA-polimerase e no DNA do promotor 438

A transcrição é iniciada pela RNA-polimerase sem a necessidade de um iniciador 440

Durante a transcrição inicial, a RNA-polimerase permanece parada e puxa o DNA a jusante para si 441

O escape do promotor envolve a quebra das interações polimerase-promotor e polimerase-fator σ 442

A polimerase de alongamento é uma máquina processiva que sintetiza e revisa o RNA 442

CONCEITOS AVANÇADOS QUADRO 13-2 RNA-polimerases compostas por uma única subunidade 443

A RNA-polimerase pode ficar presa e necessitar de remoção 445

A transcrição é terminada por sinais na sequência de RNA 445

TRANSCRIÇÃO NOS EUCARIOTOS 448

Os promotores essenciais da RNA-polimerase II são formados pela combinação de diferentes classes de elementos de sequência 448

A RNA-polimerase II forma um complexo de pré-início com os fatores gerais de transcrição no promotor 449

O escape do promotor requer a fosforilação da "cauda" da polimerase 449

A TBP liga-se ao DNA e provoca sua distorção pela inserção de uma folha β na fenda menor 451

Os demais fatores gerais de transcrição também têm funções específicas no início 452

O início da transcrição *in vivo* requer proteínas adicionais, incluindo o complexo Mediador 453

O Mediador é composto por diversas subunidades, algumas conservadas de leveduras a seres humanos 454

Um novo conjunto de fatores estimula o alongamento pela Pol II e a revisão de leitura do RNA 455

A RNA-polimerase em alongamento deve lidar com histonas em seu caminho 456

A polimerase de alongamento está associada a um novo conjunto de fatores proteicos necessários para vários tipos de processamento de RNA 457

O término da transcrição está ligado à destruição do RNA por uma RNase de alta processividade 460

TRANSCRIÇÃO PELAS RNA-POLIMERASES I E III 462

As RNA Pol I e Pol III reconhecem promotores distintos, mas ainda requerem TBP 462

Pol I transcreve apenas genes de rRNA 462

Os promotores da Pol III são encontrados a jusante do sítio de início da transcrição 463

RESUMO 463

BIBLIOGRAFIA 464

QUESTÕES 465

14 Processamento do RNA 467

QUÍMICA DO PROCESSAMENTO DE RNA 469

Sequências no RNA determinam onde ocorre o processamento 469

À medida que éxons adjacentes são unidos, o íntron é removido na forma de laço 470

EXPERIMENTOS-CHAVE QUADRO 14-1 Os adenovírus e a descoberta do processamento 471

MAQUINARIA DO SPLICEOSSOMO 473

O processamento do RNA é executado por um grande complexo chamado spliceossomo 473

VIAS DE PROCESSAMENTO 474

Formação, rearranjo e catálise no spliceossomo: a via de processamento 474

A formação do spliceossomo é dinâmica e variável, e sua desmontagem garante que a reação de processamento não seja reversível na célula 476

Íntrons de autoprocessamento revelam que o RNA pode catalisar o processamento de RNA 477

Íntrons do grupo I liberam um íntron linear em vez de um laço 478

EXPERIMENTOS-CHAVE QUADRO 14-2
Conversão dos íntrons do grupo I em ribozimas 479

Como o spliceossomo encontra os sítios de processamento com precisão? 480

VARIANTES DO PROCESSAMENTO 482

Éxons de diferentes moléculas de RNA podem ser ligados pelo *trans*processamento 482

Um pequeno grupo de íntrons é processado por um spliceossomo alternativo composto por um conjunto diferente de snRNPs 483

PROCESSAMENTO ALTERNATIVO 483

Um mesmo gene pode originar diferentes produtos pelo processamento alternativo 483

Existem vários mecanismos para garantir o processamento mutuamente exclusivo 486

O curioso caso do gene de *Drosophila Dscam*: processamento mutuamente exclusivo em grande escala 487

O processamento mutuamente exclusivo do éxon 6 de *Dscam* não pode ser atribuído a qualquer mecanismo-padrão e, em vez disso, utiliza uma nova estratégia 488

EXPERIMENTOS-CHAVE QUADRO 14-3
A identificação do sítio de ancoragem e das sequências seletoras 490

O processamento alternativo é regulado por ativadores e repressores 491

A regulação do processamento alternativo determina o gênero das moscas 493

Uma alteração de processamento alternativo está no cerne da pluripotência 495

EMBARALHAMENTO DE ÉXONS 496

Os éxons são embaralhados por recombinação, produzindo genes que codificam novas proteínas 496

CONEXÕES CLÍNICAS QUADRO 14-4 Defeitos no processamento do pré-mRNA causam doenças humanas 497

EDIÇÃO DE RNA 500

A edição de RNA é outro modo de alterar a sequência de um mRNA 500

Os RNA-guias dirigem a inserção e a deleção de uridinas 501

CONEXÕES CLÍNICAS QUADRO 14-5
Desaminases e HIV 503

TRANSPORTE DE mRNA 503

Após o processamento, o mRNA é compactado e exportado do núcleo para o citoplasma para ser traduzido 503

RESUMO 505
BIBLIOGRAFIA 506
QUESTÕES 507

15 Tradução 509

RNA MENSAGEIRO 510

Cadeias polipeptídicas são especificadas por fases abertas de leitura 510

Os mRNAs de procariotos possuem um sítio de ligação ao ribossomo, que recruta a maquinaria de tradução 512

As extremidades 5' e 3' dos mRNAs eucarióticos são modificadas para facilitar a tradução 512

RNA TRANSPORTADOR (OU DE TRANSFERÊNCIA) 513

Os tRNAs são adaptadores entre códons e aminoácidos 513

CONCEITOS AVANÇADOS QUADRO 15-1
Enzimas de adição de CCA: síntese de RNA sem molde 513

Todos os tRNAs possuem uma estrutura secundária comum, semelhante a uma folha de trevo 514

Os tRNAs apresentam uma estrutura tridimensional em formato de L 514

LIGAÇÃO DOS AMINOÁCIDOS AO tRNA 515

Os tRNAs são carregados pela ligação de um aminoácido ao nucleotídeo adenosina da extremidade 3', por meio de uma ligação acila de alta energia 515

As aminoacil-tRNA sintetases carregam os tRNAs em duas etapas 515

Cada aminoacil-tRNA sintetase liga um único aminoácido a um ou mais tRNAs 515

As tRNA sintetases reconhecem características estruturais únicas de seus respectivos tRNAs 517

A formação do aminoacil-tRNA é muito precisa 518

Algumas aminoacil-tRNA sintetases usam um sulco de edição para carregar os tRNAs com alta precisão 518

O ribossomo é incapaz de distinguir tRNAs carregados correta ou incorretamente 519

RIBOSSOMO 519

xxvi Sumário Detalhado

CONCEITOS AVANÇADOS QUADRO 15-2
Selenocisteína 520

O ribossomo é composto por uma subunidade maior e uma menor 521

Em cada ciclo de tradução, as subunidades maior e menor associam-se e dissociam-se 522

Novos aminoácidos são ligados à extremidade carboxiterminal da cadeia polipeptídica crescente 523

As ligações peptídicas são formadas pela transferência da cadeia polipeptídica crescente de um tRNA para outro 524

Os RNAs ribossomais são determinantes estruturais e catalíticos do ribossomo 524

O ribossomo possui três sítios de ligação para tRNA 525

Canais no ribossomo possibilitam a entrada e a saída do mRNA e do polipeptídeo crescente 527

INÍCIO DA TRADUÇÃO 528

Os mRNAs procarióticos são inicialmente recrutados para a subunidade menor pelo pareamento de bases com o rRNA 528

Um tRNA especializado, carregado com uma metionina modificada, liga-se diretamente à subunidade menor dos procariotos 528

Três fatores de início direcionam a formação de um complexo de início que contém mRNA e o tRNA iniciador 529

Os ribossomos eucarióticos são recrutados para o mRNA pelo *cap* 5′ 530

Os fatores de início da tradução mantêm os mRNAs eucarióticos em círculos 532

CONCEITOS AVANÇADOS QUADRO 15-3 *uORFs e IRESs: exceções que confirmam a regra* 533

O códon de início é encontrado por meio de uma busca na região a jusante da extremidade 5′ do mRNA 535

ALONGAMENTO DA TRADUÇÃO 535

Os aminoacil-tRNAs são entregues ao sítio A pelo fator de alongamento EF-Tu 537

O ribossomo utiliza diversos mecanismos de seleção contra aminoacil-tRNAs incorretos 537

O ribossomo é uma ribozima 538

A formação da ligação peptídica inicia a translocação na subunidade maior 541

O fator EF-G conduz a translocação pela estabilização de intermediários na translocação 542

EF-Tu–GDP e EF-G–GDP precisam trocar GDP por GTP antes de participar de um novo ciclo de alongamento 543

Um ciclo de formação de ligação peptídica consome duas moléculas de GTP e uma molécula de ATP 543

TÉRMINO DA TRADUÇÃO 544

Os fatores de liberação encerram a tradução em resposta a códons de término 544

Regiões curtas dos fatores de liberação de classe I reconhecem os códons de término e desencadeiam a liberação da cadeia peptídica 544

CONCEITOS AVANÇADOS QUADRO 15-4
Proteínas de ligação ao GTP, alterações conformacionais e fidelidade e ordenamento dos eventos de tradução 546

O intercâmbio entre GDP e GTP e a hidrólise de GTP controlam a função dos fatores de liberação de classe II 547

O fator de reciclagem do ribossomo mimetiza um tRNA 548

REGULAÇÃO DA TRADUÇÃO 549

A ligação de proteína ou RNA próximo ao sítio de ligação ao ribossomo regula negativamente o início da tradução bacteriana 549

Regulação da tradução procariótica: as proteínas ribossomais são repressoras traducionais de sua própria síntese 551

CONEXÕES CLÍNICAS QUADRO 15-5 *Os antibióticos interrompem a divisão celular ao bloquear etapas específicas da tradução* 552

Reguladores globais da tradução eucariótica têm como alvo fatores fundamentais necessários para o reconhecimento do mRNA e ligação do tRNA iniciador ao ribossomo 556

Controle espacial da tradução por 4E-BPs mRNA-específicas 556

Uma proteína de ligação ao RNA, regulada pelo ferro, controla a tradução da ferritina 557

A tradução do ativador transcricional de levedura Gcn4 é controlada por curtas ORFs a montante e pela abundância de complexo ternário 558

TÉCNICAS QUADRO 15-6 *Perfil de ribossomo e polissomo* 561

REGULAÇÃO DEPENDENTE DE TRADUÇÃO DA ESTABILIDADE DO MRNA E DA PROTEÍNA 563

O SsrA RNA resgata ribossomos que traduzem mRNAs danificados 563

As células eucarióticas degradam mRNAs incompletos ou com códons de término prematuros 565

CONEXÕES CLÍNICAS QUADRO 15-7 *Um fármaco de primeira linha no tratamento da tuberculose tem como alvo a etiqueta SsrA* 565

RESUMO 567

BIBLIOGRAFIA 570

QUESTÕES 570

16 Código Genético 573

O CÓDIGO É DEGENERADO 573
   Percepção da ordem na constituição do código 575
   Oscilação no anticódon 575
   Três códons determinam o término da cadeia 577
   Como o código foi decifrado 577
   Estimulação da incorporação de aminoácidos por mRNAs sintéticos 578
   Uma poli(U) codifica uma polifenilalanina 579
   Os copolímeros mistos permitiram a identificação de códons adicionais 579
   Ligação do RNA transportador a códons definidos de trinucleotídeos 579
   Identificação de códons por meio de copolímeros de repetição 581

TRÊS REGRAS CONTROLAM O CÓDIGO GENÉTICO 582
   Três tipos de mutações de ponto alteram o código genético 582
   A prova genética de que o código é lido em unidades de três 583

AS MUTAÇÕES SUPRESSORAS PODEM ESTAR NO MESMO GENE OU EM GENES DIFERENTES 584
   A supressão intergênica envolve tRNAs mutantes 584
   Os supressores de mutações sem sentido também leem os sinais normais de término 585
   Confirmação da validade do código genético 586

O CÓDIGO GENÉTICO É QUASE UNIVERSAL 587

CONCEITOS AVANÇADOS QUADRO 16-1
Expansão do código genético 589

RESUMO 590
BIBLIOGRAFIA 590
QUESTÕES 591

17 Origem e Evolução Inicial da Vida 593

QUANDO SURGIU A VIDA NA TERRA? 594
QUAL FOI A BASE DA QUÍMICA ORGÂNICA PRÉ-BIÓTICA? 595
A VIDA EVOLUIU A PARTIR DE UM MUNDO DE RNA? 599
AS RIBOZIMAS AUTORREPLICATIVAS PODEM SER CRIADAS POR EVOLUÇÃO DIRIGIDA? 599

A EVOLUÇÃO DARWINIANA NECESSITA DE PROTOCÉLULAS AUTORREPLICATIVAS? 603
A VIDA SURGIU NA TERRA? 606
RESUMO 607
BIBLIOGRAFIA 607
QUESTÕES 607

PARTE 5: REGULAÇÃO 609

18 Regulação Transcricional em Procariotos 615

PRINCÍPIOS DA REGULAÇÃO TRANSCRICIONAL 615
   A expressão gênica é controlada por proteínas reguladoras 615
   A maioria dos ativadores e dos repressores atua em nível de início da transcrição 616
   Muitos promotores são regulados por ativadores que auxiliam na ligação da RNA-polimerase ao DNA e por repressores que bloqueiam essa ligação 616
   Alguns ativadores e repressores atuam por alosteria e regulam etapas posteriores à ligação da RNA-polimerase no início transcricional 618
   Atuação à distância e curvatura do DNA 618
   A ligação cooperativa e a alosteria têm muitas funções na regulação gênica 619

   Antitérmino e além: nem sempre o alvo da regulação gênica é o início da transcrição 620

REGULAÇÃO DO INÍCIO DA TRANSCRIÇÃO: EXEMPLOS EM PROCARIOTOS 620
   Um ativador e um repressor, juntos, controlam os genes *lac* 620
   A CAP e o repressor Lac têm efeitos opostos na ligação da RNA-polimerase ao promotor *lac* 622
   A CAP possui superfícies separadas para ativação e ligação ao DNA 622
   A CAP e o repressor Lac ligam-se ao DNA usando um motivo estrutural comum 623

EXPERIMENTOS-CHAVE QUADRO 18-1
Experimentos que dispensam o ativador 624

As atividades do repressor Lac e da CAP são controladas alostericamente por seus sinais 626

Controle combinatório: CAP também controla outros genes 627

EXPERIMENTOS-CHAVE QUADRO 18-2 Jacob, Monod e as ideias por trás da regulação gênica 628

Fatores σ alternativos direcionam a RNA-polimerase para conjuntos alternativos de promotores 630

NtrC e MerR: ativadores de transcrição que atuam por alosteria em vez de atuar por recrutamento 630

NtrC tem atividade ATPásica e atua a partir de sítios no DNA distantes do gene 631

MerR ativa a transcrição provocando uma torção no DNA do promotor 632

Alguns repressores retêm a RNA-polimerase no promotor ao invés de excluí-la 633

AraC e o controle do óperon *araBAD* por antiativação 634

CONEXÕES CLÍNICAS QUADRO 18-3 Bloqueio da virulência por vias de silenciamento da comunicação intercelular 635

O CASO DO BACTERIÓFAGO λ: CAMADAS DE REGULAÇÃO 636

Padrões alternativos de expressão gênica controlam o crescimento lítico e lisogênico 636

Proteínas reguladoras e seus sítios de ligação 638

O repressor de λ liga-se cooperativamente aos sítios do operador 639

O repressor e Cro ligam-se em padrões diferentes para controlar os crescimentos lítico e lisogênico 640

CONCEITOS AVANÇADOS QUADRO 18-4 Concentração, afinidade e ligação cooperativa 641

A indução lisogênica requer a clivagem proteolítica do repressor de λ 642

A autorregulação negativa do repressor exige interações de longa distância e uma grande alça de DNA 643

Outro ativador, λ CII, controla a decisão entre os crescimentos lítico ou lisogênico no momento da infecção de um novo hospedeiro 644

EXPERIMENTOS-CHAVE QUADRO 18-5 Evolução do comutador de λ 645

O número de partículas de fago que infecta uma dada célula determina se a infecção prossegue pela via lítica ou pela via lisogênica 647

As condições de crescimento de *E. coli* controlam a estabilidade da proteína CII e, portanto, a escolha lítica/lisogênica 648

Antitérmino da transcrição no desenvolvimento de λ 648

EXPERIMENTOS-CHAVE QUADRO 18-6 Abordagens genéticas que identificaram genes envolvidos na escolha lítico/lisogênico 649

Retrorregulação: uma interação de controles na síntese e na estabilidade do RNA determina a expressão do gene *int* 651

RESUMO 652

BIBLIOGRAFIA 653

QUESTÕES 654

19 Regulação Transcricional em Eucariotos 657

MECANISMOS DE REGULAÇÃO TRANSCRICIONAL CONSERVADOS DE LEVEDURAS A MAMÍFEROS 659

Os ativadores têm funções de ligação ao DNA e de ativação separadas 660

Os reguladores eucarióticos usam vários domínios de ligação ao DNA, mas o reconhecimento do DNA envolve os mesmos princípios encontrados nas bactérias 661

As regiões de ativação não são estruturas bem-definidas 663

TÉCNICAS QUADRO 19-1 Teste duplo-híbrido 664

RECRUTAMENTO DE COMPLEXOS PROTEICOS PARA OS GENES MEDIADO POR ATIVADORES EUCARIÓTICOS 665

Os ativadores recrutam a maquinaria de transcrição para o gene 665

TÉCNICAS QUADRO 19-2 Os ensaios de ChIP-Chip e ChIP-Seq são os melhores métodos para a identificação de reforçadores 666

Os ativadores também recrutam modificadores de nucleossomos que auxiliam a maquinaria de transcrição a ligar-se ao promotor ou a iniciar a transcrição 667

Os ativadores recrutam fatores adicionais necessários para o início ou para o alongamento eficientes em alguns promotores 669

CONEXÕES CLÍNICAS QUADRO 19-3 Modificações de histonas, alongamento da transcrição e leucemia 670

Ação à distância: alças e isoladores 672

A regulação apropriada de alguns grupos de genes exige regiões controladoras de *locus* 673

Sumário Detalhado   xxix

INTEGRAÇÃO DE SINAIS E CONTROLE COMBINATÓRIO   675

Os ativadores trabalham sinergicamente para integrar os sinais   675

Integração de sinais: o gene *HO* é controlado por dois reguladores – um recruta os modificadores de nucleossomos e o outro recruta o Mediador   675

Integração de sinais: ligação cooperativa de ativadores no gene do interferon-β humano   676

O controle combinatório tem papel central na complexidade e diversidade dos eucariotos   678

O controle combinatório dos genes de tipos acasalantes de *S. cerevisiae*   680

REPRESSORES TRANSCRICIONAIS   681

TRANSDUÇÃO DE SINAIS E CONTROLE DOS REGULADORES DA TRANSCRIÇÃO   682

Frequentemente, os sinais são comunicados para os reguladores transcricionais através de vias de transdução de sinal   682

EXPERIMENTOS-CHAVE QUADRO 19-4 Evolução de um circuito regulador   683

Os sinais controlam as atividades dos reguladores de transcrição eucarióticos de vários modos   686

"SILENCIAMENTO" GÊNICO POR MODIFICAÇÃO DAS HISTONAS E DO DNA   687

Em leveduras, o silenciamento é mediado pela desacetilação e metilação de histonas   688

Em *Drosophila*, HP1 reconhece histonas metiladas e condensa a cromatina   689

A repressão por Polycomb também usa a metilação de histonas   690

CONCEITOS AVANÇADOS QUADRO 19-5 Existe um código de histonas?   691

Em células de mamíferos, a metilação do DNA está associada a genes silenciados   692

REGULAÇÃO GÊNICA POR EPIGENÉTICA   694

Alguns estados de expressão gênica são herdados durante a divisão celular, mesmo que o sinal iniciador não esteja mais presente   694

CONEXÕES CLÍNICAS QUADRO 19-6 Repressão transcricional e doenças humanas   696

RESUMO   697

BIBLIOGRAFIA   698

QUESTÕES   699

 20 RNAs Reguladores   701

REGULAÇÃO POR RNAs EM BACTÉRIAS   701

Os ribocomutadores residem nos transcritos dos genes cuja expressão eles controlam por meio de alterações da estrutura secundária   703

RNAs como agentes de defesa em procariotos e arquebactérias   705

CRISPRs são o registro de infecções sobrevividas e resistência adquirida   706

CONCEITOS AVANÇADOS QUADRO 20-1 Óperons biossintéticos de aminoácidos são controlados por atenuação   707

Sequências espaçadoras são adquiridas de vírus infectantes   710

Uma CRISPR é transcrita como um RNA simples longo, o qual é então processado em espécies de RNA mais curtas que desencadeiam a destruição de DNA ou RNA invasores   710

OS RNAs REGULADORES ESTÃO AMPLAMENTE DISTRIBUÍDOS EM EUCARIOTOS   711

Pequenos RNAs que silenciam genes são produzidos a partir de uma variedade de fontes e dirigem o silenciamento de genes de três formas diferentes   712

SÍNTESE E FUNÇÃO DAS MOLÉCULAS DE miRNA   714

Os miRNAs possuem uma estrutura característica que ajuda na sua identificação e na de seus genes-alvo   714

Um miRNA ativo é gerado por meio de um processamento nucleolítico de duas etapas   716

Dicer é a segunda enzima de clivagem de RNA envolvida na produção de miRNA e a única necessária para a produção de siRNA   717

SILENCIAMENTO DA EXPRESSÃO GÊNICA POR PEQUENOS RNAs   718

A incorporação de uma fita de RNA-guia no RISC torna o complexo maduro, pronto para silenciar a expressão gênica   718

Pequenos RNAs podem silenciar genes em nível transcricional pela coordenação de modificações na cromatina   719

O RNAi é um mecanismo de defesa que protege contra vírus e transposons   721

EXPERIMENTOS-CHAVE QUADRO 20-2 Descoberta de miRNAs e RNAi   722

O RNAi tornou-se uma poderosa ferramenta para a manipulação da expressão gênica   725

CONEXÕES CLÍNICAS QUADRO 20-3 microRNAs e doenças humanas   727

RNAs LONGOS NÃO CODIFICADORES E INATIVAÇÃO DO X   728

Os RNAs longos não codificadores exercem vários papéis na regulação gênica, incluindo os efeitos em *cis* e *trans* da transcrição   728

A inativação do X gera indivíduos mosaicos   728

Xist é um longo RNA não codificador que inativa um único cromossomo X em fêmeas de mamíferos 729

RESUMO 730
BIBLIOGRAFIA 731
QUESTÕES 732

21 Regulação Gênica no Desenvolvimento e na Evolução 733

CONEXÕES CLÍNICAS QUADRO 21-1 *Formação de células iPS* 734

DURANTE O DESENVOLVIMENTO, AS CÉLULAS SÃO INSTRUÍDAS A EXPRESSAR CONJUNTOS ESPECÍFICOS DE GENES POR MEIO DE TRÊS ESTRATÉGIAS 735

Alguns mRNAs localizam-se em regiões específicas nos ovos e embriões devido a uma polaridade intrínseca do citoesqueleto 735

Contatos célula a célula e moléculas secretadas de sinalização celular promovem alterações na expressão gênica de células vizinhas 736

Gradientes de moléculas de sinalização secretadas podem instruir as células a seguirem vias de desenvolvimento com base em sua localização 737

EXEMPLOS DAS TRÊS ESTRATÉGIAS PARA O ESTABELECIMENTO DA EXPRESSÃO GÊNICA DIFERENCIAL 738

O repressor localizado Ash1 controla os tipos acasalantes, nas leveduras, pelo silenciamento do gene *HO* 738

Um mRNA localizado inicia a diferenciação muscular no embrião da ascídia 740

CONCEITOS AVANÇADOS QUADRO 21-2 *Revisão sobre o citoesqueleto: assimetria e crescimento* 741

O contato célula a célula provoca a expressão gênica diferencial na bactéria esporulada *Bacillus subtilis* 743

O comutador da regulação nervo-pele no sistema nervoso central de insetos é controlado pela sinalização por Notch 743

Um gradiente do morfógeno Sonic hedgehog controla a formação de diferentes neurônios no tubo neural de vertebrados 744

BIOLOGIA MOLECULAR DA EMBRIOGÊNESE DE *DROSOPHILA* 746

Uma visão geral da embriogênese de *Drosophila* 746

Um gradiente regulador controla a padronização dorsoventral do embrião de *Drosophila* 747

CONCEITOS AVANÇADOS QUADRO 21-3 *Visão geral do desenvolvimento de* Drosophila 748

A segmentação é iniciada por RNAs localizados nos polos anterior e posterior do óvulo não fertilizado 751

EXPERIMENTOS-CHAVE QUADRO 21-4 *Sinergia de ativadores* 752

Bicoide e Nanos regulam o gene *hunchback* 753

Múltiplos reforçadores garantem a precisão da regulação de *hunchback* 754

O gradiente do repressor Hunchback estabelece diferentes limites de expressão dos genes gap 754

CONEXÕES CLÍNICAS QUADRO 21-5 *Nicho da célula-tronco* 755

CONCEITOS AVANÇADOS QUADRO 21-6 *Limiares de gradiente* 757

As proteínas gap e Hunchback produzem faixas de segmentação de expressão gênica 758

EXPERIMENTOS-CHAVE QUADRO 21-7 *Sequências reguladoras em* cis *no desenvolvimento e evolução animal* 759

Gradientes de repressores de gap produzem diversas faixas de expressão gênica 760

Repressores transcricionais de curto alcance permitem que diferentes reforçadores atuem independentemente na complexa região reguladora de *eve* 761

GENES HOMEÓTICOS: UMA IMPORTANTE CLASSE DE REGULADORES DO DESENVOLVIMENTO 762

Alterações na expressão de genes homeóticos são responsáveis pela diversidade dos artrópodes 763

Alterações na expressão de *Ubx* explicam as modificações dos membros entre os crustáceos 763

CONCEITOS AVANÇADOS QUADRO 21-8 *Os genes homeóticos de* Drosophila *são organizados em agrupamentos cromossômicos especiais* 764

Como os insetos perderam seus membros abdominais 766

A modificação dos membros de voo pode ter surgido a partir da evolução de sequências reguladoras de DNA 767

EVOLUÇÃO DO GENOMA E ORIGEM DOS SERES HUMANOS 769

Diversos animais possuem conjuntos de genes notavelmente semelhantes 769

Muitos animais possuem genes anômalos 769

A sintenia é evolutivamente antiga 770

Sumário Detalhado   xxxi

O sequenciamento em alta escala está sendo usado para explorar as origens humanas 772
RESUMO 772
BIBLIOGRAFIA 773
QUESTÕES 774

22 Biologia de Sistemas 775

CIRCUITOS REGULADORES 776
AUTORREGULAÇÃO 776
A autorregulação negativa abafa o ruído e permite um rápido tempo de resposta 777
A expressão gênica está sujeita a muito ruído 777
A autorregulação positiva retarda a expressão gênica 779
BIESTABILIDADE 780
Alguns circuitos reguladores persistem em estados estáveis alternativos 780
Comutadores bimodais variam em sua persistência 781
EXPERIMENTOS-CHAVE QUADRO
22-1 Biestabilidade e histerese 782

CIRCUITOS DE *FEED-FORWARD* 784
Circuitos de *feed-forward* são redes com três nós que possuem propriedades benéficas 784
Circuitos de *feed-forward* são utilizados no desenvolvimento 786
CIRCUITOS OSCILANTES 786
Alguns circuitos geram padrões oscilantes de expressão gênica 786
Circuitos sintéticos mimetizam algumas das características das redes reguladoras naturais 789
RESUMO 790
BIBLIOGRAFIA 791
QUESTÕES 791

PARTE 6:   APÊNDICES   793

Apêndice 1: Organismos-modelo   797

BACTERIÓFAGOS 798
Experimentos de multiplicação de fagos 800
Curva de crescimento de uma única etapa 800
Cruzamentos com fagos e testes de complementação 801
Transdução e DNA recombinante 801
BACTÉRIAS 802
Experimentos de multiplicação bacteriana 803
As bactérias permutam DNA por conjugação sexual, transdução mediada por fagos e transformação mediada por DNA 803
Plasmídeos bacterianos podem ser utilizados como vetores de clonagem 805
Os transposons podem ser utilizados para gerar mutações por inserção e fusões de genes e óperons 805
Estudos de biologia molecular de bactérias têm sido reforçados por tecnologias de DNA recombinante, sequenciamento de genomas completos e perfil de transcrição 806
A análise bioquímica é especialmente eficaz em células simples, com ferramentas bem-desenvolvidas de genética tradicional e molecular 806

As bactérias podem ser estudadas por análise citológica 807
Os fagos e as bactérias revelaram os aspectos mais fundamentais sobre o gene 807
Circuitos sintéticos e ruído regulador 808
O FERMENTO DE PÃO, *SACCHAROMYCES CEREVISIAE* 808
A existência de células haploides e diploides facilita a análise genética de *S. cerevisiae* 809
A produção de mutações precisas em leveduras é fácil 810
S. cerevisiae tem um genoma pequeno e bem-caracterizado 810
As células de *S. cerevisiae* alteram sua forma à medida que crescem 810
ARABIDOPSIS 811
Arabidopsis possui um ciclo de vida rápido, com fases haploide e diploide 812
Arabidopsis é facilmente transformada por genética reversa 813
Arabidopsis possui um genoma pequeno que é facilmente manipulado 813
Epigenética 814
As plantas respondem ao ambiente 815

xxxii Sumário Detalhado

Desenvolvimento e formação de padrão 815

O VERME NEMATÓDEO, *CAENORHABDITIS ELEGANS* 816

C. elegans tem um ciclo de vida muito rápido 816

C. elegans é composto por relativamente poucas e bem-estudadas linhagens celulares 817

A via de morte celular foi descoberta em *C. elegans* 818

O RNAi foi descoberto em *C. elegans* 818

A MOSCA-DA-FRUTA, *DROSOPHILA MELANOGASTER* 819

Drosophila tem um ciclo de vida rápido 819

Os primeiros mapas genômicos foram produzidos em *Drosophila* 820

Mosaicos genéticos permitem a análise de genes letais em moscas adultas 822

A recombinase FLP de leveduras permite a produção eficiente de mosaicos genéticos 823

É fácil produzir moscas-da-fruta transgênicas contendo DNA exógeno 824

O CAMUNDONGO DOMÉSTICO, *MUS MUSCULUS* 825

O desenvolvimento embrionário do camundongo depende de células-tronco 826

É fácil introduzir DNA exógeno em embriões de camundongo 827

A recombinação homóloga permite a remoção seletiva de genes individuais 827

Camundongos exibem herança epigenética 829

BIBLIOGRAFIA 830

Apêndice 2: Respostas 831

CAPÍTULO 1 831

CAPÍTULO 2 831

CAPÍTULO 3 832

CAPÍTULO 4 833

CAPÍTULO 5 833

CAPÍTULO 6 834

CAPÍTULO 7 834

CAPÍTULO 8 835

CAPÍTULO 9 835

CAPÍTULO 10 836

CAPÍTULO 11 837

CAPÍTULO 12 837

CAPÍTULO 13 838

CAPÍTULO 14 839

CAPÍTULO 15 839

CAPÍTULO 16 840

CAPÍTULO 17 841

CAPÍTULO 18 841

CAPÍTULO 19 842

CAPÍTULO 20 843

CAPÍTULO 21 843

CAPÍTULO 22 844

Índice 845

Quadros

CONCEITOS AVANÇADOS

QUADRO 1-1 Leis de Mendel, 6

QUADRO 3.1 A singularidade das formas moleculares e o conceito de viscosidade seletiva, 61

QUADRO 6-1 Gráfico de Ramachandran: combinações permitidas de ângulos de torsão ϕ e ψ da cadeia principal, 124

QUADRO 6-2 Glossário de termos, 130

QUADRO 6-3 A molécula de anticorpo como ilustração dos domínios proteicos, 133

QUADRO 9-3 Controle da função proteica pelo ATP: adição do grampo deslizante, 282

QUADRO 9-5 A replicação do DNA de *E. coli* é regulada pelos níveis de DnaA·ATP e SeqA, 294

QUADRO 10-3 Quantificação do dano ao DNA e seus efeitos sobre a sobrevivência e a mutagênese celulares, 323

QUADRO 10-6 DNA-polimerases da família Y, 336

QUADRO 11-1 Como resolver um intermediário de recombinação com duas junções de Holliday, 350

QUADRO 12-2 A recombinase Xer catalisa a monomerização de cromossomos bacterianos e de muitos plasmídeos bacterianos, 392

QUADRO 12-4 Mecanismo da imunidade do alvo da transposição, 413

QUADRO 13-2 RNA-polimerases compostas por uma única subunidade, 443

QUADRO 15-1 Enzimas de adição de CCA: síntese de RNA sem molde, 513

QUADRO 15-2 Selenocisteína, 520

QUADRO 15-3 uORFs e IRESs: exceções que confirmam a regra, 533

QUADRO 15-4 Proteínas de ligação ao GTP, alterações conformacionais e fidelidade e ordenamento dos eventos de tradução, 546

QUADRO 16-1 Expansão do código genético, 589

QUADRO 18-4 Concentração, afinidade e ligação cooperativa, 641

QUADRO 19-5 Existe um código de histonas?, 691

QUADRO 20-1 Óperons biossintéticos de aminoácidos são controlados por atenuação, 707

QUADRO 21-2 Revisão sobre o citoesqueleto: assimetria e crescimento, 741

QUADRO 21-3 Visão geral do desenvolvimento de *Drosophila*, 748

QUADRO 21-6 Limiares de gradiente, 757

QUADRO 21-8 Os genes homeóticos de *Drosophila* são organizados em agrupamentos cromossômicos especiais, 764

EXPERIMENTOS-CHAVE

QUADRO 1-2 Os genes estão ligados a cromossomos, 10

QUADRO 2-1 Regras de Chargaff, 26

QUADRO 2-2 Evidência de que os genes controlam a sequência de aminoácidos das proteínas, 31

QUADRO 4-1 O DNA tem 10,5 pares de bases por volta da hélice em solução: o experimento de mica, 84

QUADRO 4-2 Como pontos em um filme de raios X revelam a estrutura do DNA, 88

QUADRO 4-3 Prova de que o DNA apresenta uma periodicidade helicoidal de cerca de 10,5 pares de bases por volta a partir das propriedades topológicas de anéis de DNA, 103

QUADRO 6-4 A estrutura tridimensional de uma proteína é especificada por sua sequência de aminoácidos (experimento de Anfinsen), 135

QUADRO 7-2 Os sequenciadores são utilizados para o sequenciamento em larga escala, 163

QUADRO 8-1 A nuclease de micrococos e o DNA associado ao nucleossomo, 226

QUADRO 8-2 Nucleossomos e densidade super-helicoidal, 230

QUADRO 8-3 Determinação do posicionamento do nucleossomo na célula, 245

QUADRO 9-4 Identificação de origens de replicação e replicadores, 290

xxxiv   Quadros

QUADRO 12-3 Elementos do milho e descoberta de transposons, 408

QUADRO 14-1 Os adenovírus e a descoberta do processamento, 471

QUADRO 14-2 Conversão dos íntrons do grupo I em ribozimas, 479

QUADRO 14-3 A identificação do sítio de ancoragem e das sequências seletoras, 490

QUADRO 18-1 Experimentos que dispensam o ativador, 624

QUADRO 18-2 Jacob, Monod e as ideias por trás da regulação gênica, 628

QUADRO 18-5 Evolução do comutador de λ, 645

QUADRO 18-6 Abordagens genéticas que identificaram genes envolvidos na escolha lítico/lisogênico, 649

QUADRO 19-4 Evolução de um circuito regulador, 683

QUADRO 20-2 Descoberta de miRNAs e RNAi, 722

QUADRO 21-4 Sinergia de ativadores, 752

QUADRO 21-7 Sequências reguladoras em *cis* no desenvolvimento e evolução animal, 759

QUADRO 22-1 Biestabilidade e histerese, 782

CONEXÕES CLÍNICAS

QUADRO 5-1 Um *riboswitch* controla a síntese de proteínas pelo vírus da leucemia murina, 112

QUADRO 9-2 Agentes anticancerígenos e antivirais atuam sobre a replicação do DNA, 268

QUADRO 9-6 Envelhecimento, câncer e a hipótese do telômero, 307

QUADRO 10-1 A expansão de repetições em trincas provoca doenças, 316

QUADRO 10-2 Teste de Ames, 321

QUADRO 10-4 Conectando o reparo por excisão de nucleotídeo e a síntese translesão a uma doença genética em seres humanos, 330

QUADRO 10-5 Junção de extremidades não homólogas, 332

QUADRO 11-2 O produto do gene supressor de tumor *BRCA2* interage com a proteína Rad51 e controla a estabilidade do genoma, 367

QUADRO 11-3 Proteínas associadas ao envelhecimento precoce e ao câncer promovem uma via alternativa para o processamento da junção de Holliday, 368

QUADRO 12-1 Aplicação da recombinação sítio-específica na engenharia genética, 386

QUADRO 14-4 Defeitos no processamento do pré-mRNA causam doenças humanas, 497

QUADRO 14-5 Desaminases e HIV, 503

QUADRO 15-5 Os antibióticos interrompem a divisão celular ao bloquear etapas específicas da tradução, 552

QUADRO 15-7 Um fármaco de primeira linha no tratamento da tuberculose tem como alvo a etiqueta SsrA, 565

QUADRO 18-3 Bloqueio da virulência por vias de silenciamento da comunicação intercelular, 635

QUADRO 19-3 Modificações de histonas, alongamento da transcrição e leucemia, 670

QUADRO 19-6 Repressão transcricional e doenças humanas, 696

QUADRO 20-3 microRNAs e doenças humanas, 727

QUADRO 21-1 Formação de células iPS, 734

QUADRO 21-5 Nicho da célula-tronco, 755

TÉCNICAS

QUADRO 5-2 Criação de um RNA que mimetiza a proteína fluorescente verde por evolução dirigida, 115

QUADRO 7-1 Análise forense e a reação em cadeia da polimerase, 160

QUADRO 9-1 Ensaios de incorporação podem ser usados para medir a síntese de ácidos nucleicos e de proteínas, 261

QUADRO 13-1 Sequências consenso, 436

QUADRO 15-6 Perfil de ribossomo e polissomo, 561

QUADRO 19-1 Teste duplo-híbrido, 664

QUADRO 19-2 Os ensaios de ChIP-Chip e ChIP-Seq são os melhores métodos para a identificação de reforçadores, 666

PARTE 1

HISTÓRIA

 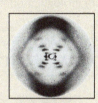

SUMÁRIO

CAPÍTULO 1
A Visão Mendeliana
do Mundo, 5

CAPÍTULO 2
Os Ácidos Nucleicos
Transportam as Informações
Genéticas, 21

Parte 1 História

AO CONTRÁRIO DO RESTANTE DESTE LIVRO, os dois capítulos que compõem a Parte 1 contêm material praticamente inalterado em relação às edições anteriores. Mesmo assim, esses capítulos foram mantidos porque o material continua sendo importante. Especificamente, os Capítulos 1 e 2 nos fornecem uma visão histórica de como foram estabelecidos o campo da genética e suas bases moleculares. Neles, são descritos as ideias e os experimentos básicos desta área.

O Capítulo 1 aborda os eventos que formam a base da história da genética. Será discutido desde os famosos experimentos de Mendel com ervilhas, os quais revelaram as leis básicas da hereditariedade, até a hipótese de Garrod de que um gene codifica uma enzima. O Capítulo 2 descreve o desenvolvimento revolucionário da biologia molecular, iniciando com a descoberta de Avery de que o DNA é o material genético, continuando com a proposta da estrutura de dupla-hélice de DNA de James Watson e Francis Crick, até a elucidação do código genético e o "dogma central" (DNA "produz" RNA, que "produz" proteínas). Esse capítulo termina com uma discussão sobre os recentes progressos originados pelo sequenciamento completo de genomas de diversos organismos e seu impacto na biologia moderna.

FOTOGRAFIAS DOS ARQUIVOS DO COLD SPRING HARBOR LABORATORY

Vernon Ingram, Marshall W. Nirenberg e Matthias Staehelin, 1963 Simpósio sobre a síntese e a estrutura de macromoléculas. Ingram demonstrou que os genes controlam a sequência de aminoácidos das proteínas; a mutação que causa a anemia falciforme gera a alteração de um único aminoácido na molécula de hemoglobina (Cap. 2). Nirenberg foi crucial para desvendar o código genético, utilizando a síntese de proteínas dirigida por moldes artificiais de RNA *in vitro* (Caps. 2 e 16). Por esse trabalho, ele dividiu, em 1968, o Prêmio Nobel de Fisiologia ou Medicina. Staehelin trabalhou com as pequenas moléculas de RNA que traduzem o código genético em sequências de aminoácidos de proteínas, os tRNAs (Caps. 2 e 16).

Melvin Calvin, Francis Crick, George Gamow e James Watson, 1963 Simpósio sobre a síntese e a estrutura de macromoléculas. Calvin ganhou o Prêmio Nobel de Química em 1961 por seu trabalho sobre a assimilação de CO_2 pelas plantas. Por sua proposta de estrutura do DNA, Crick e Watson dividiram o Prêmio Nobel de Fisiologia ou Medicina, em 1962 (Caps. 2 e 4). Gamow, médico interessado na questão do código genético (Caps. 2 e 16), fundou um grupo informal de cientistas com interesses comuns chamado de *RNA Tie Club*. (Nesta foto, ele está usando a gravata do clube, que foi desenhada por ele.)

Parte 1 História 3

Raymond Appleyard, George Bowen e Martha Chase, 1953 Simpósio sobre vírus. Appleyard e Bowen, ambos geneticistas de fagos, são mostrados aqui com Chase, que em 1952, juntamente com Alfred Hershey, realizou um experimento simples que finalmente convenceu a maioria das pessoas de que o material genético é o DNA (Cap. 2).

Max Perutz, 1971 Simpósio sobre a estrutura e a função de proteínas em nível tridimensional. Perutz dividiu o Prêmio Nobel de Química, em 1962, com John Kendrew; utilizando cristalografia por raios X, e após 25 anos de esforços, eles foram os primeiros a resolver a estrutura atômica de proteínas – hemoglobina e mioglobina, respectivamente (Cap. 6).

Sydney Brenner e James Watson, 1975 Simpósio sobre a sinapse. Brenner, mostrado aqui com Watson, contribuiu para a descoberta do mRNA e da natureza do código genético (Caps. 2 e 16); entretanto, sua parte no Prêmio Nobel de 2002 foi pelo estabelecimento do verme *Caenorhabditis elegans* como sistema-modelo para o estudo da biologia do desenvolvimento (Apêndice 1).

Francis Crick, 1963 Simpósio sobre a síntese e a estrutura de macromoléculas. Além de sua participação na descoberta da estrutura do DNA, Crick foi a força intelectual que impulsionou o desenvolvimento da biologia molecular em seus primeiros e decisivos anos. Sua "hipótese do adaptador" (em nota publicada no informativo do *RNA Tie Club*) previa a existência de moléculas necessárias à tradução do código genético do RNA para a sequência de aminoácidos das proteínas. Todavia, somente mais tarde constatou-se que os tRNAs realizam justamente essa função (Cap. 15).

Seymour Benzer, 1975 Simpósio sobre a sinapse. Utilizando a genética de fagos, Benzer definiu a menor unidade de mutação, que mais tarde provou ser um único nucleotídeo (Cap. 1 e Apêndice 1). Este mesmo trabalho também forneceu uma definição experimental para o gene – que ele chamou de cístron – por meio de testes de complementação funcional. Posteriormente, o foco de seus estudos foi o comportamento, usando a mosca-da-fruta como modelo.

Calvin Bridges, 1934 Simpósio sobre os aspectos do crescimento. Bridges (na fotografia, lendo o jornal) fez parte do famoso "grupo da mosca", de T.H. Morgan, que foi pioneiro no desenvolvimento da mosca-da-fruta *Drosophila* como organismo-modelo em genética (Cap. 1 e Apêndice 1). Com ele, aparece John T. Buchholtz, um geneticista de plantas que estava visitando o Cold Spring Harbor Laboratory (CSHL [Laboratório de Cold Spring Harbor]) na época, e que se tornou presidente da Botanical Society of America (Sociedade de Botânica da América) em 1941.

Charles Yanofsky, 1966 Simpósio sobre o código genético. Yanofsky (à direita), juntamente com Sydney Brenner, provou a colinearidade do gene – ou seja, que grupos sucessivos de nucleotídeos codificavam aminoácidos sucessivos no produto proteico (Cap. 2). Mais tarde, ele descobriu o primeiro exemplo de regulação transcricional pela estrutura do RNA em sua análise detalhada da atenuação do óperon triptofano de *Escherichia coli* (Cap. 20). Na fotografia, ele aparece conversando com Michael Chamberlin, que estudou o início da transcrição pela RNA-polimerase.

Edwin Chargaff, 1947 Simpósio sobre ácidos nucleicos e nucleoproteínas. As famosas proporções do célebre bioquímico de ácidos nucleicos Chargaff – de que a quantidade de adenina em uma amostra de DNA é correspondente à de timina, e que a quantidade de citosina é correspondente à de guanina – foram posteriormente compreendidas no contexto da estrutura de dupla-hélice do DNA de Watson e Crick. Talvez um tanto frustrado por não ter, ele próprio, sugerido o pareamento das bases, Chargaff tornou-se um crítico ácido da biologia molecular, ocupação que ele descreveu como "essencialmente a prática da bioquímica sem um diploma".

CAPÍTULO 1

A Visão Mendeliana do Mundo

SUMÁRIO

As Descobertas de Mendel, 6

Teoria Cromossômica da Hereditariedade, 8

Ligação Gênica e *Crossing Over* (Recombinação), 9

Mapeamento Cromossômico, 11

A Origem da Variabilidade Genética por meio de Mutações, 13

Especulações Iniciais Sobre o que são os Genes e Como eles Atuam, 15

Tentativas Preliminares para Encontrar uma Relação entre Gene e Proteína, 16

É FÁCIL CONSIDERAR O SER HUMANO COMO UM SER ÚNICO entre os organismos vivos. Apenas os humanos desenvolveram linguagens complicadas que permitem interações complexas e significativas de ideias e emoções. Grandes civilizações desenvolveram e alteraram o ambiente global de maneiras inconcebíveis para qualquer outra forma de vida. Em vista disso, sempre existiu uma tendência de imaginar que algo especial diferencia os seres humanos de cada uma das outras espécies. Essa crença encontrou expressão nas muitas formas de religião pelas quais se buscam as razões de nossa existência e, ao fazer isto, tentamos criar regras viáveis para conduzir nossas vidas. Pouco mais de um século atrás, parecia natural pensar que, assim como toda vida humana começa e termina em um tempo fixo, a espécie humana e todas as outras formas de vida deveriam ter sido criadas em um momento exato.

Essa crença foi seriamente questionada pela primeira vez há quase 150 anos, quando Charles Darwin e Alfred R. Wallace propuseram suas teorias da evolução, com base na seleção do mais adaptado. Eles sugeriram que as diversas formas de vida não seriam constantes, mas que, continuamente, dariam origem a plantas e animais ligeiramente diferentes, alguns dos quais se adaptariam para sobreviver e se multiplicariam de forma mais eficiente. Na época dessa teoria, eles não conheciam a origem dessa variação contínua, mas perceberam corretamente que para formar as bases da evolução essas novas características deveriam persistir na progênie.

No início, houve uma grande fúria contra Darwin, a maior parte dela vinda de pessoas que não queriam acreditar que os seres humanos e macacos de aparência grotesca poderiam ter um ancestral comum, mesmo que este ancestral tivesse vivido há cerca de 10 milhões de anos. Houve também uma oposição inicial de vários biólogos que não estavam convencidos pelas evidências de Darwin. Entre eles estava o famoso naturalista Jean L. Agassiz, na época em Harvard, que passou muitos anos escrevendo contra Darwin e seu defensor, Thomas H. Huxley, o mais bem-sucedido popularizador da evolução. Contudo, no fim do século XIX, a discussão científica estava praticamente concluída; tanto a distribuição geográfica atual de plantas e animais como sua ocorrência seletiva em registros fósseis do passado geológico apenas podiam ser explicadas admitindo-se que grupos de organismos sofreram evolução contínua e descendiam de um ancestral comum. Atualmente, a evolução é aceita como fato, exceto por uma minoria fundamentalista, cujas objeções baseiam-se em doutrinas e princípios religiosos e não em conhecimento científico.

Uma consequência imediata da teoria darwiniana é a constatação de que a vida surgiu na Terra há mais de 4 bilhões de anos como uma forma simples,

6 **Parte 1** História

possivelmente semelhante às bactérias – a forma de vida mais simples conhecida atualmente. A existência dessas pequenas bactérias nos comprova que a essência da vida é encontrada em organismos muito pequenos. A teoria evolutiva sugere, também, que os princípios básicos da vida se aplicam a todas as formas de vida.

AS DESCOBERTAS DE MENDEL

Os experimentos de Gregor Mendel baseavam-se nos resultados de cruzamentos experimentais (cruzamentos genéticos) entre linhagens de ervilhas que diferiam em características bem-definidas, como o formato da semente (liso ou rugoso), a coloração da semente (amarela ou verde), a forma da vagem (cheia ou enrugada) e o comprimento da haste (longo ou curto). Sua concentração em diferenças bem-definidas foi de grande importância; muitos criadores já haviam tentado seguir a herança de aspectos mais genéricos, como o peso do corpo, e não haviam sido capazes de identificar regras simples sobre a transmissão dessas características dos progenitores para a descendência (ver Quadro 1-1, Leis de Mendel).

O princípio da segregação independente dos fatores

Após definir linhagens parentais que produziam uma progênie verdadeira – isto é, sempre originava uma progênie com características particulares idênticas às dos progenitores – Mendel realizou diversos cruzamentos entre progenitores (P) que diferiam entre si em apenas uma característica (como o formato ou a coloração da semente). Todos os descendentes (F_1 = primeira geração filial) tinham a aparência de apenas *um* dos genitores. Por exemplo, em um cruzamento entre ervilhas com sementes amarelas e ervilhas com sementes verdes, toda a progênie apresentava sementes amarelas. A característica que aparece na geração F_1 é chamada de **dominante**, enquanto o traço que não aparece em F_1 é chamado de **recessivo**.

> **CONCEITOS AVANÇADOS**

Quadro 1-1 Leis de Mendel

A qualidade mais impressionante de uma célula viva é sua habilidade para transmitir propriedades hereditárias de uma geração celular para outra. A existência da hereditariedade deve ter sido observada pelos primeiros seres humanos, que testemunharam a transmissão de características, como cor dos olhos ou dos cabelos, de genitores para descendentes. Sua base física, no entanto, só veio a ser compreendida nos primeiros anos do século XX, quando, durante um período excepcional de atividade criativa, a teoria cromossômica da hereditariedade foi estabelecida.

A transmissão hereditária pelo espermatozoide e pelo óvulo tornou-se conhecida em 1860, e em 1868 Ernst Haeckel, notando que o espermatozoide é composto basicamente por material nuclear, postulou que o núcleo era responsável pela hereditariedade. Quase 20 anos se passaram antes que os cromossomos fossem identificados como os fatores ativos, porque os detalhes da mitose, da meiose e da fertilização precisaram ser compreendidos primeiro. Quando isso foi feito, pôde-se notar que, ao contrário de outros componentes celulares, os cromossomos são igualmente divididos entre as células-filhas. Além disso, as complicadas alterações cromossômicas que reduzem o número cromossômico de espermatozoides e óvulos para o número haploide

durante a meiose foram identificadas como necessárias para a manutenção do número cromossômico constante. Esses fatos, no entanto, meramente sugeriam que os cromossomos eram portadores da hereditariedade.

A prova veio na virada do século com a descoberta das regras básicas da hereditariedade. Os conceitos foram primeiramente propostos por Gregor Mendel em 1865 em um artigo entitulado "Experiments in Plant Hybridization" ("Experimentos em Hibridização de Plantas") apresentado à Natural Science Society em Brno. Em sua apresentação, Mendel descreveu em detalhes os padrões de transmissão das características em plantas de ervilha, suas conclusões sobre os princípios da hereditariedade, e sua relevância para as controversas teorias da evolução. O clima da opinião científica, no entanto, não foi favorável, e essas ideias foram completamente ignoradas, apesar dos esforços iniciais de Mendel para chamar a atenção dos biólogos notórios de seu tempo. Em 1900, 16 anos após a morte de Mendel, três melhoristas de plantas trabalhando de maneira independente em diferentes sistemas confirmaram o significado do trabalho esquecido de Mendel. Hugo de Vries, Karl Correns e Erich von Tschermak-Seysenegg, todos fazendo experimentos semelhantes aos de Mendel, chegaram a conclusões similares antes de conhecer o trabalho de Mendel.

O significado desses resultados tornou-se claro quando Mendel realizou cruzamentos genéticos entre os indivíduos da F₁. Esses cruzamentos mostraram um importante resultado – a característica recessiva reaparecia em aproximadamente 25% da geração F₂, enquanto a característica dominante aparecia em 75% dos descendentes. Para cada um dos sete traços que ele acompanhou, a proporção de dominantes para recessivos na F₂ era sempre de aproximadamente 3:1. Quando esses experimentos foram realizados até uma terceira geração (F₃), todas as ervilhas de F₂ com traços recessivos geraram progênie pura (produziram descendentes com traços recessivos). As com traços dominantes dividiram-se em dois grupos: um terço era puro (produzia apenas descendentes com o traço dominante) e os dois terços restantes produziam uma progênie mista, na proporção de 3:1 de dominantes para recessivos.

Mendel interpretou seus resultados corretamente da seguinte maneira (Fig. 1-1): as diversas características são controladas por pares de fatores (os quais agora são chamados de **genes**), um fator proveniente do progenitor masculino e o outro proveniente do progenitor feminino. Por exemplo, as linhagens puras de ervilhas lisas contêm duas versões (ou **alelos**) do gene para aparência lisa (*RR, roundness*), enquanto as linhagens puras de ervilhas rugosas apresentam duas cópias do alelo para aparência rugosa (*rr*). Cada um dos gametas da linhagem lisa possui um alelo para a aparência lisa (R); cada um dos gametas da linhagem rugosa possui um alelo para a aparência rugosa (*r*). Em um cruzamento entre *RR* e *rr*, a fertilização gera uma planta com ambos os alelos (*Rr*) em F₁. As sementes terão aparência lisa porque *R* é dominante sobre *r*. Refere-se à aparência ou à estrutura física de um indivíduo como seu **fenótipo**, e à sua composição genética como seu **genótipo**. Indivíduos com fenótipos idênticos podem apresentar genótipos diferentes; dessa forma, para determinar o genótipo de um organismo, com frequência é necessário realizar cruzamentos genéticos por várias gerações. O termo **homozigoto** refere-se a genes nos quais ambos os alelos, materno e paterno, são idênticos (p. ex., *RR* ou *rr*). Em contrapartida, os genes nos quais os alelos paterno e materno são diferentes (p. ex., *Rr*) são chamados de **heterozigotos**.

Um determinado gene pode ser representado por uma ou várias letras ou símbolos. O alelo dominante do gene pode ser indicado por uma letra maiúscula (*R*), por um sinal de + sobrescrito (*r⁺*), ou por um sinal de + sozinho. Nas discussões apresentadas aqui, será utilizada a primeira convenção na qual o alelo dominante é representado por uma letra maiúscula e o alelo recessivo por uma letra minúscula.

É importante observar que um determinado gameta contém apenas uma das duas cópias (um alelo) dos genes presentes no organismo original (p. ex., *R* ou *r*, mas nunca ambos) e que os dois tipos de gametas são produzidos em números iguais. Portanto, há chance de 50:50 de um dado gameta de uma ervilha de F₁ possuir um determinado alelo (*R* ou *r*). Essa escolha é puramente aleatória. Não se espera encontrar proporções *exatas* de 3:1 ao examinar um número limitado de descendendentes em F₂. A proporção será às vezes levemente maior e, outras vezes, levemente menor. Porém, à medida que o tamanho da amostra aumenta, espera-se que a proporção de ervilhas com a característica dominante em relação às ervilhas com a característica recessiva se aproxime de 3:1.

O reaparecimento da característica recessiva na geração F₂ indica que os alelos recessivos não são modificados nem perdidos na geração F₁ (*Rr*), mas que os genes dominante e recessivo são transmitidos de forma independente e, portanto, são capazes de segregar de maneira independente durante a formação das células sexuais. Esse **princípio da segregação independente** dos fatores é frequentemente citado como a primeira lei de Mendel.

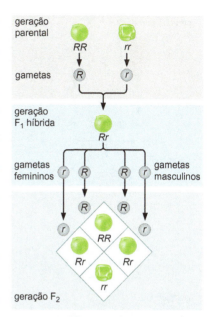

FIGURA 1-1 Como a primeira lei de Mendel (segregação independente dos fatores) explica a proporção de 3:1 de fenótipos dominante para recessivo entre os descendentes da F₂. *R* representa o gene dominante e *r*, o gene recessivo. A semente lisa representa o fenótipo dominante, a semente rugosa, o fenótipo recessivo.

Alguns alelos não são dominantes nem recessivos

Nos cruzamentos relatados por Mendel, um membro de cada par de genes era claramente dominante sobre o outro. Esse comportamento, entretanto, não

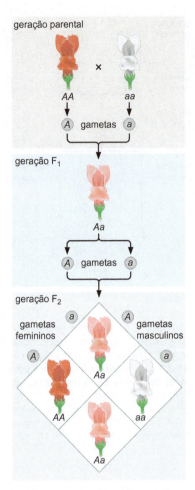

FIGURA 1-2 **Herança da cor da flor boca-de-leão.** Um parental é homozigoto para flores vermelhas (*AA*) e o outro é homozigoto para flores brancas (*aa*). Não há dominância presente, e as flores heterozigotas de F$_1$ são cor-de-rosa. A proporção de 1:2:1 de flores vermelhas, cor-de-rosa e brancas na geração F$_2$ é ilustrada pela coloração adequada.

é universal. Às vezes, o fenótipo heterozigoto é intermediário entre os dois fenótipos homozigotos. Por exemplo, o cruzamento entre uma boca-de-leão (*Antirrhinum*) vermelha pura e uma variedade branca pura gera uma progênie cor-de-rosa intermediária em F$_1$. Se esses descendentes F$_1$ forem cruzados entre si, a progênie F$_2$ resultante apresentará flores vermelhas, cor-de-rosa e brancas, na proporção de 1:2:1 (Fig. 1-2). Desse modo, torna-se possível distinguir os heterozigotos dos homozigotos pelos seus fenótipos. Nota-se, também, que as leis de herdabilidade de Mendel não dependem da dominância de um alelo do gene sobre o outro.

Princípio da distribuição aleatória

Mendel estendeu seus experimentos de cruzamento para ervilhas que diferiam em mais de uma característica. Como antes, ele iniciou com duas linhagens de ervilhas, cada uma delas pura quando cruzada entre si. Uma das linhagens apresentava sementes lisas e amarelas; a outra, sementes verdes e rugosas. Uma vez que liso e amarelo são dominantes sobre rugoso e verde, a totalidade da geração F$_1$ produziu sementes lisas e amarelas. As sementes da geração F$_1$ foram, então, cruzadas entre si, produzindo uma progênie F$_2$ numerosa, cujos indivíduos foram examinados pela aparência da semente (fenótipo). Além dos dois fenótipos originais (liso e amarelo; rugoso e verde), dois novos tipos (**recombinantes**) surgiram: rugoso e amarelo, e liso e verde.

Novamente, Mendel achou que poderia interpretar os resultados pelo postulado dos genes, se ele assumisse que cada par de genes era transmitido independentemente para o gameta durante a formação das células da linhagem germinativa. Essa interpretação é ilustrada na Figura 1-3. Qualquer gameta irá conter apenas um tipo de alelo de cada gene. Assim, os gametas produzidos por uma F$_1$ (*RrYy*) terão as composições *RY*, *Ry*, *rY* ou *ry*, mas nunca *Rr*, *Yy*, *YY* ou *RR*. Além disso, nesse exemplo, todos os quatro gametas possíveis são produzidos com frequências iguais. Não existe uma tendência de os alelos originados de um mesmo progenitor ficarem juntos. Consequentemente, os fenótipos da progênie F$_2$ aparecem na proporção de 9 lisas e amarelas, 3 lisas e verdes, 3 rugosas e amarelas, e 1 rugosa e verde, conforme representado no diagrama de Punnett, cujo nome foi dado em homenagem ao matemático britânico que o introduziu (na porção inferior da Fig. 1-3). Esse **princípio da distribuição aleatória ou di-hibridismo** é frequentemente chamado de segunda lei de Mendel.

TEORIA CROMOSSÔMICA DA HEREDITARIEDADE

Um dos principais motivos para a falta de valorização original da descoberta de Mendel foi a ausência de fatos consistentes sobre o comportamento dos cromossomos durante a meiose e a mitose. Esse conhecimento, no entanto, estava disponível quando as leis de Mendel foram confirmadas, em 1900, e foi aplicado em 1903 pelo biólogo norte-americano Walter S. Sutton. Em seu artigo clássico "The Chromosomes in Heredity" (Os cromossomos na hereditariedade), Sutton destacou a importância de o conjunto cromossômico ser diploide, isto é, conter dois conjuntos morfologicamente semelhantes, e que, durante a meiose, cada gameta recebe apenas um cromossomo de cada par de homólogos. Ele, então, usou esse fato para explicar os resultados de Mendel, assumindo que os genes faziam parte do cromossomo, e propôs que os genes para sementes amarelas e verdes eram carregados por um determinado par de cromossomos e que os genes para as sementes lisas e rugosas eram carregados por um par diferente. Essa hipótese explica, prontamente, as proporções de segregação 9:3:3:1 observadas experimentalmente. Embora o artigo de Sutton não tenha provado a teoria cromossômica da hereditariedade, foi de extrema importância porque reuniu, pela primeira vez, disciplinas independentes de genética (o estudo dos experimentos de cruzamentos) e citologia (o estudo da estrutura celular).

Capítulo 1 A Visão Mendeliana do Mundo 9

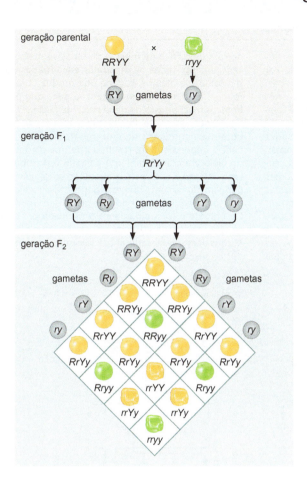

FIGURA 1-3 **Como a segunda lei de Mendel (distribuição aleatória) atua.** Neste exemplo, a herança da cor da semente amarela (Y) e verde (y) é seguida juntamente com a herança do formato da semente lisa (R) e rugosa (r). Os alelos R e Y são dominantes sobre r e y. Os genótipos dos vários parentais e descendentes estão indicados pelas combinações de letras, e quatro diferentes fenótipos são distinguidos pelo sombreamento apropriado.

LIGAÇÃO GÊNICA E *CROSSING OVER* (RECOMBINAÇÃO)

O princípio da distribuição aleatória de Mendel está baseado no fato de que genes localizados em cromossomos diferentes se comportam de maneira independente durante a meiose. Entretanto, frequentemente, dois genes não são distribuídos de forma independente, porque estão localizados no mesmo cromossomo (**genes ligados**; ver Quadro 1-2, Os genes estão ligados a cromossomos). Diversos exemplos de distribuição não aleatória foram encontrados assim que foi possível a identificação de um grande número de genes mutantes nas análises de cruzamentos. Em todos os casos bem estudados, o número de grupos de ligação foi idêntico ao número de cromossomos haploides. Por exemplo, existem quatro grupos de genes ligados na *Drosophila*, e quatro cromossomos morfologicamente distintos em uma célula haploide.

A ligação, entretanto, nunca é realmente completa. A probabilidade de dois genes do mesmo cromossomo permanecerem juntos durante a meiose varia desde pouco menos de 100% até quase 50%. Essa variação na ligação sugere a existência de um mecanismo para a permuta de genes entre os cromossomos homólogos. Esse mecanismo é chamado de ***crossing over*** (recombinação). Sua base citológica foi primeiramente descrita pelo citologista belga F.A. Janssens. No início da meiose, por meio do processo de **sinapse**, os cromossomos homólogos formam pares dispostos paralelamente aos seus eixos longos. Nesse estágio, cada cromossomo já foi duplicado, formando duas cromátides. Assim, a sinapse alinha quatro cromátides (uma tétrade), que se entrelaçam entre si. Janssens imaginou que, possivelmente devido às tensões resultantes desses enrolamentos, ocorra a quebra ocasional de duas das cromátides em

EXPERIMENTOS-CHAVE

Quadro 1-2 Os genes estão ligados a cromossomos

Inicialmente, todos os experimentos com cruzamentos utilizavam diferenças genéticas já existentes na natureza. Por exemplo, Mendel usou sementes obtidas comercialmente, que, por sua vez, devem ter sido obtidas de agricultores. A existência de formas alternativas de um mesmo gene (alelos) levanta a questão sobre como elas surgiram. Uma hipótese óbvia afirma que os genes podem se alterar (sofrer mutação) para dar origem a novos genes (**genes mutantes**). Essa hipótese foi seriamente testada pela primeira vez, começando em 1908, pelo grande biólogo americano Thomas Hunt Morgan e seus jovens colaboradores, os geneticistas Calvin B. Bridges, Hermann J. Muller e Alfred H. Sturtevant. Eles trabalhavam com a mosca-da-fruta *Drosophila melanogaster*. O primeiro mutante encontrado foi um macho com olhos brancos em vez dos olhos vermelhos normais. A variante de olhos brancos apareceu espontaneamente em uma garrafa de cultivo de moscas de olhos vermelhos. Como essencialmente todas as drosófilas encontradas na natureza têm olhos vermelhos, o gene que produz olhos vermelhos foi chamado de **gene selvagem**; o gene que produz olhos brancos foi chamado de gene mutante (alelo).

O gene mutante do olho branco foi imediatamente usado em experimentos de cruzamento (Quadro 1-2, Fig. 1), com o impressionante resultado de que o comportamento do alelo era completamente paralelo à distribuição de um cromossomo X (i.e., estava ligado ao sexo). Esse achado sugeriu imediatamente que esse gene estava localizado no cromossomo X, juntamente com os genes que controlam o sexo. Essa hipótese foi rapidamente confirmada por cruzamentos genéticos adicionais usando genes mutantes recém-isolados. Muitos desses genes mutantes adicionais também eram ligados ao sexo.

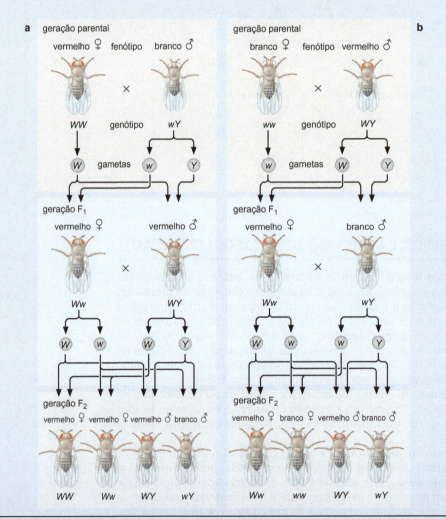

QUADRO 1-2 FIGURA 1 Herança de um gene ligado ao sexo em *Drosophila*. Genes localizados em cromossomos sexuais podem expressar-se de forma diferente em descendentes masculinos e femininos, porque se houver apenas um cromossomo X presente, genes recessivos nesse cromossomo serão sempre expressos. Aqui estão dois cruzamentos, ambos envolvendo um gene recessivo (*w*, para olho branco) localizado no cromossomo X. (a) O parental masculino é uma mosca de olho branco (*wY*), e o feminino é homozigoto para olho vermelho (*WW*). (b) O macho possui olhos vermelhos (*WY*) e a fêmea, olhos brancos (*ww*). A letra *Y* aqui não representa um alelo, mas sim o cromossomo Y, presente nos machos de *Drosophila* no lugar de um cromossomo X homólogo. Não há nenhum gene no cromossomo Y correspondente aos genes *w* ou *W* do cromossomo X.

um local correspondente. Esses eventos poderiam criar quatro extremidades, as quais poderiam se religar de forma cruzada, de maneira que o segmento de uma das duas cromátides seria ligado ao segmento da outra (Fig. 1-4). Dessa maneira, seriam produzidas cromátides recombinantes contendo um segmento derivado de cada um dos cromossomos homólogos originais. A prova definitiva da hipótese de Janssens de que os cromossomos trocam material fisicamente durante a sinapse veio 20 anos mais tarde, quando, em 1931, Barbara McClintock e Harriet B. Creighton, trabalhando na Cornell University com a planta do milho *Zea mays*, projetaram uma notável demonstração citológica de quebra e religação cromossômica (Fig. 1-5).

MAPEAMENTO CROMOSSÔMICO

Thomas Hunt Morgan e seus alunos, no entanto, não esperaram por provas citológicas formais do *crossing over* (recombinação) para explorar as implicações da hipótese de Janssens. Eles deduziram que genes próximos entre si em um mesmo cromossomo segregariam juntos mais frequentemente (maior ligação) se comparados a genes afastados entre si em um mesmo cromossomo. Eles imediatamente viram isso como uma maneira de localizar (mapear) as posições relativas dos genes nos cromossomos e, assim, produzir um **mapa genético**. A maneira como eles utilizaram as frequências das várias classes recombinantes é bastante simples. Considere a segregação de três genes, todos localizados no mesmo cromossomo. A disposição desses genes pode ser determinada por três cruzamentos, em cada um dos quais dois genes são seguidos (cruzamentos de dois fatores). Um cruzamento entre *AB* e *ab* gera quatro tipos de descendentes: os dois genótipos parentais (*AB* e *ab*) e dois genótipos recombinantes (*Ab* e *aB*). Um cruzamento entre *AC* e *ac*, da mesma forma, origina duas combinações parentais, bem como as combinações recombinantes *Ac* e *aC*, e um cruzamento entre *BC* e *bc* produz os tipos parentais e os recombinantes *Bc* e *bC*. Cada cruzamento produzirá uma proporção específica da progênie parental em relação à recombinante. Considere, por exemplo, o fato de

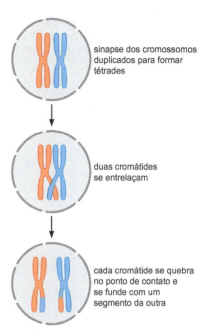

FIGURA 1-4 Hipótese do *crossing over* de Janssens.

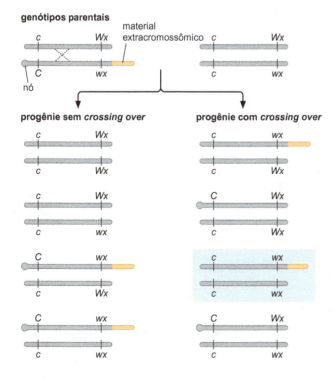

FIGURA 1-5 Demonstração de trocas físicas entre cromossomos homólogos. Na maioria dos organismos, pares de cromossomos homólogos têm formas idênticas. Ocasionalmente, no entanto, os dois membros de um par não são idênticos; um é marcado pela presença de material extracromossômico ou regiões compactadas que formam, de maneira reprodutível, estruturas semelhantes a um botão, ou nó. McClintock e Creighton encontraram um par assim e utilizaram-no para mostrar que o *crossing over* envolve trocas realmente físicas entre os cromossomos pareados. No experimento mostrado aqui, o descendente homozigoto *c*, *wx* teria de surgir pelo *crossing over* entre os *loci C* e *wx*. Quando essa progênie *c*, *wx* foi citologicamente examinada, observou-se cromossomos com nós, mostrando que uma região *Wx* sem nó havia sido fisicamente substituída por uma região *wx* com nó. A caixa colorida na figura identifica os cromossomos dos descendentes homozigotos *c*, *wx*.

FIGURA 1-6 Indicação experimental da ordem de três genes com base em três cruzamentos de dois fatores.

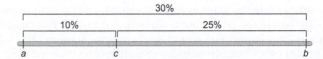

o primeiro cruzamento gerar 30% de recombinantes, o segundo cruzamento, 10% e o terceiro cruzamento, 25%. Isso mostra que os genes *a* e *c* estão mais próximos do que *a* e *b* ou *b* e *c* e que as distâncias genéticas entre *a* e *b* e *b* e *c* são mais semelhantes. A disposição dos genes que melhor se enquadra nesses dados é *a-c-b* (Fig. 1-6).

A precisão da ordem genética sugerida por cruzamentos de dois fatores gênicos pode ser normalmente confirmada por cruzamentos de três fatores. Quando os três genes utilizados no exemplo anterior são seguidos nos cruzamentos *ABC* × *abc*, seis genótipos recombinantes são encontrados (Fig. 1-7) e recaem em três grupos de pares recíprocos. O mais raro desses grupos surge a partir de um *crossing over* duplo. A análise da classe menos frequente geralmente possibilita a imediata confirmação (ou rejeição) de uma ordem sugerida. Os resultados na Figura 1-7 confirmam imediatamente a ordem sugerida pelos cruzamentos de dois fatores. O fato de os recombinantes raros serem *AcB* e *aCb* só fará sentido se a ordem for *a-c-b*.

A existência de múltiplos *crossovers* significa que a quantidade de recombinação entre os marcadores externos *a* e *b* (*ab*) é geralmente menor do que a soma das frequências de recombinação entre *a* e *c* (*ac*) e *c* e *b* (*cb*). Para obter uma aproximação mais precisa da distância entre os marcadores externos, pode-se calcular a probabilidade (*ac* × *cb*) de que quando um *crossing over* ocorrer entre *c* e *b*, outro ocorrerá entre *a* e *c*, e vice-versa (*cb* × *ac*). Essa probabilidade, subtraída do somatório das frequências, expressa de forma mais precisa a quantidade de recombinação. A fórmula simples

$$ab = ac + cb - 2(ac)(cb)$$

pode ser aplicada em todos os casos em que a ocorrência de um *crossing over* não afeta a probabilidade de ocorrência de outro *crossing over*. Infelizmente, um mapeamento preciso é frequentemente perturbado pelo fenômeno de *interferência*, o qual pode tanto aumentar como diminuir a probabilidade de *crossing overs* correlacionados.

FIGURA 1-7 Utilização de cruzamentos de três fatores para determinar a ordem dos genes. O par de recombinantes recíprocos menos frequente deve surgir a partir de um *crossover* duplo. As porcentagens listadas para as várias classes são os valores teóricos esperados para uma amostra infinitamente grande. Quando números finitos de descendentes são registrados, os valores exatos estão sujeitos a flutuações estatísticas aleatórias.

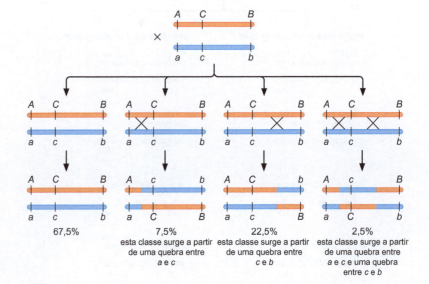

Utilizando esse raciocínio, o grupo da Columbia University liderado por Morgan havia determinado, em 1915, a localização de mais de 85 genes mutantes em *Drosophila* (Tab. 1-1), colocando cada um deles em pontos distintos dos quatro grupos de ligação, ou cromossomos. É importante ressaltar que todos os genes em um determinado cromossomo foram localizados sobre uma linha. O arranjo dos genes era estritamente linear e nunca ramificado. O mapa genético de um dos cromossomos de *Drosophila* é apresentado na Figura 1-8. As distâncias entre os genes, nesse mapa, são medidas em **unidades de mapa**, as quais estão relacionadas à frequência de recombinação entre os genes. Assim, se a frequência de recombinação encontrada entre dois genes foi 5%, diz-se que esses genes estão separados por cinco unidades de mapa. Devida à alta probabilidade de *crossing overs* duplos entre genes bastante afastados, essas indicações de unidades de mapa podem ser consideradas precisas apenas para a recombinação entre genes próximos.

Mesmo quando dois genes estão nas extremidades de um cromossomo muito longo, eles segregam juntos em pelo menos 50% das vezes, devido aos múltiplos *crossing overs*. Os dois genes serão separados se um número ímpar de *crossing overs* ocorrer entre eles e permanecerão juntos se ocorrer um número par de *crossing overs*. Assim, no início da análise genética de *Drosophila*, era geralmente impossível determinar se dois genes estavam em cromossomos diferentes ou nas extremidades opostas de um mesmo cromossomo longo. Somente após o mapeamento de um grande número de genes foi possível demonstrar, de forma convincente, que o número de grupos de ligação era equivalente ao número de cromossomos visíveis citologicamente. Em 1915, Morgan e seus alunos Alfred H. Sturtevant, Hermann J. Muller e Calvin B. Bridges publicaram o livro *The Mechanism of Mendelian Heredity*, no qual foi relatada, pela primeira vez, a validade geral das bases cromossômicas da hereditariedade. Atualmente, considera-se esse conceito, assim como as teorias da evolução e da célula, como uma das realizações mais importantes na busca do entendimento da natureza dos seres vivos.

A ORIGEM DA VARIABILIDADE GENÉTICA POR MEIO DE MUTAÇÕES

Hoje é possível entender a variação de hereditariedade que é encontrada no mundo biológico e que forma a base da teoria da evolução. Os genes são geralmente copiados de maneira exata durante a duplicação dos cromossomos. Raramente, entretanto, ocorrem alterações (**mutações**) nos genes, originando formas alteradas; a maioria – *mas não todas* – atua de modo menos satisfatório que os alelos do tipo selvagem. Esse processo é necessariamente raro; de outra forma, muitos genes seriam alterados a cada ciclo celular, e os descendentes não seriam semelhantes aos seus progenitores. Existe, porém, uma grande vantagem na ocorrência de uma pequena e finita taxa de mutação; ela fornece uma fonte constante de novas variantes, necessárias para permitir que as plantas e os animais se ajustem aos ambientes físicos e biológicos em constante alteração.

Surpreendentemente, no entanto, os resultados dos geneticistas mendelianos não foram prontamente aceitos pelos biólogos clássicos, que então eram as autoridades respeitadas no que concernia às relações evolutivas entre as várias formas de vida. Diversas dúvidas foram suscitadas a respeito de as trocas genéticas, pesquisadas por Morgan e seus alunos, não serem suficientes para permitir a evolução de estruturas totalmente novas, como asas ou olhos. Ao contrário, esses biólogos acreditavam na ocorrência de "macromutações" importantes, que seriam os eventos que permitiriam os grandes avanços evolutivos.

14 Parte 1 História

TABELA 1-1 Os 85 genes mutantes relatados em *Drosophila melanogaster* em 1915

Nome	Região afetada	Nome	Região afetada
Grupo 1			
Abnormal	abdome	*Lethal, 13*	corpo, morte
Bar	olho	*Miniature*	asa
Bifid	nervação	*Notch*	nervação
Bow	asa	*Reduplicated*	cor do olho
Cherry	cor do olho	*Ruby*	pata
Chrome	cor do corpo	*Rudimentary*	asa
Cleft	nervação	*Sable*	cor do corpo
Club	asa	*Shifted*	nervação
Depressed	asa	*Short*	asa
Dotted	tórax	*Skee*	asa
Eosin	cor do olho	*Spoon*	asa
Facet	omatídeos	*Spot*	cor do corpo
Forked	cerdas	*Tan*	antena
Furrowed	olho	*Truncate*	asa
Fused	nervação	*Vermilion*	cor do olho
Green	cor do corpo	*White*	cor do olho
Jaunty	asa	*Yellow*	cor do corpo
Lemon	cor do corpo		
Grupo 2			
Antlered	asa	*Jaunty*	asa
Apterous	asa	*Limited*	bandas abdominais
Arc	asa	*Little crossover*	cromossomo 2
Balloon	nervação	*Morula*	omatídeos
Black	cor do corpo	*Olive*	cor do corpo
Blistered	asa	*Plexus*	nervação
Comma	marca do tórax	*Purple*	cor do olho
Confluent	nervação	*Speck*	marca do tórax
Cream II	cor do olho	*Strap*	asa
Curved	asa	*Streak*	padrão
Dachs	pata	*Trefoil*	padrão
Extra vein	nervação	*Truncate*	asa
Fringed	asa	*Vestigial*	asa
Grupo 3			
Band	padrão	*Pink*	cor do olho
Beaded	asa	*Rough*	olho
Cream III	cor do olho	*Safranin*	cor do olho
Deformed	olho	*Sepia*	cor do olho
Dwarf	tamanho corporal	*Sooty*	cor do corpo
Ebony	cor do corpo	*Spineless*	cerdas
Giant	tamanho corporal	*Spread*	asa
Kidney	olho	*Trident*	padrão
Low crossing over	cromossomo 3	*Truncate*	asa
Maroon	cor do olho	*Whitehead*	padrão
Peach	cor do olho	*White ocelli*	olho simples
Grupo 4			
Bent	asa	*Eyeless*	olho

As mutações dividem-se em quatro grupos de ligação. Como quatro cromossomos foram citologicamente observados, isso indicou que os genes estão situados nos cromossomos. Observe que mutações em vários genes podem alterar uma única característica, como cor do corpo, de maneiras diferentes.

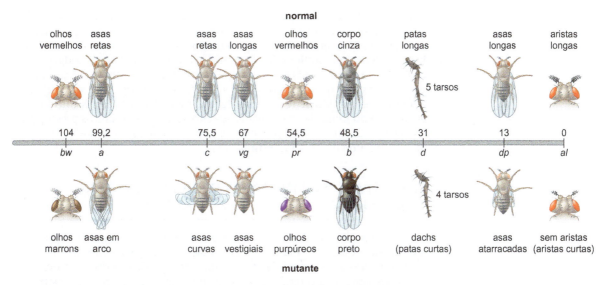

FIGURA 1-8 Mapa genético do cromossomo 2 de *Drosophila melanogaster*.

Gradualmente, entretanto, as dúvidas foram desaparecendo, principalmente como resultado dos esforços dos geneticistas matemáticos Sewall Wright, Ronald A. Fisher e John Burden Sanderson Haldane. Eles mostraram que, considerando a avançada idade da Terra, as taxas de mutação relativamente baixas encontradas nos genes de *Drosophila*, juntamente com vantagens seletivas apenas brandas, já seriam suficientes para permitir o acúmulo gradual de novos atributos favoráveis. Na década de 1930, os biólogos começaram a reavaliar seus conhecimentos sobre a origem das espécies e a entender o trabalho dos geneticistas matemáticos. Entre esses novos darwinianos estavam o biólogo Julian Huxley (neto do defensor original de Darwin, Thomas Huxley), o geneticista Theodosius Dobzhansky, o paleontólogo George Gaylord Simpson e o ornitologista Ernst Mayr. Na década de 1940, os quatro escreveram trabalhos importantes, cada um demonstrando, sob seu ponto de vista específico, como o mendelismo e o darwinismo eram compatíveis.

ESPECULAÇÕES INICIAIS SOBRE O QUE SÃO OS GENES E COMO ELES ATUAM

Quase imediatamente após a redescoberta das leis de Mendel, os geneticistas começaram a especular tanto sobre a estrutura química do gene como sobre a maneira como ele atua. Nenhum progresso real pôde ser feito, entretanto, porque a identidade química do material genético permanecia desconhecida. Mesmo o fato de saber que ácidos nucleicos e proteínas faziam parte dos cromossomos não auxiliava, pois se desconhecia também a estrutura desses componentes. As investigações mais produtivas concentraram a atenção no fato de que os genes deveriam ser, de algum modo, autoduplicantes. Suas estruturas devem ser copiadas de forma exata cada vez que um cromossomo forma duas cromátides. Esse fato impôs, imediatamente, uma profunda questão química: como uma molécula complexa poderia ser precisamente copiada originando réplicas exatas.

Alguns físicos também ficaram intrigados com o gene, e quando a mecânica quântica entrou em cena no fim da década de 1920, pareceu que, para entender os genes, seria necessário, em primeiro lugar, dominar as sutilezas das teorias físicas mais avançadas. Essas ideias, no entanto, nunca criaram raízes, já que era óbvio que mesmo os melhores físicos ou químicos teóricos não se preocupariam com uma substância cuja estrutura ainda aguardava elucidação. Havia apenas um fato que eles poderiam considerar: as descobertas independentes de Muller e L.J. Stadler em 1927 de que raios X induzem mutações. Uma vez que existe uma maior probabilidade de um raio X atingir um gene extenso do que um gene pequeno, a frequência de mutações induzidas em um determinado gene por uma determinada dose de raios X fornece uma estimativa do tamanho desse gene. Mesmo aqui, porém, tantos pressupostos especiais eram necessários que praticamente ninguém, nem mesmo Muller e Stadler, deram crédito a tais estimativas.

TENTATIVAS PRELIMINARES PARA ENCONTRAR UMA RELAÇÃO ENTRE GENE E PROTEÍNA

Os trabalhos mais produtivos na busca da relação entre os genes e as proteínas analisaram as formas pelas quais as alterações gênicas afetam determinadas proteínas presentes na célula. No início, esse tipo de estudo era difícil, pois ninguém sabia quais eram as proteínas que estavam presentes em estruturas como olhos ou asas. Logo ficou claro que os genes com funções metabólicas simples seriam mais fáceis de estudar do que os genes que afetavam estruturas complexas. Um dos primeiros exemplos veio do estudo de uma doença hereditária que afetava o metabolismo dos aminoácidos. Mutações espontâneas que ocorrem em seres humanos podem afetar a capacidade de metabolização do aminoácido fenilalanina. Quando indivíduos homozigotos para a característica mutante consomem alimentos contendo fenilalanina, sua incapacidade de converter fenilalanina em aminoácidos tirosina provoca um acúmulo, em níveis tóxicos, de ácido fenil pirúvico na corrente sanguínea. Essas doenças são exemplos de "erros inatos do metabolismo", e sugeriram ao médico inglês Archibald E. Garrod, em 1909, que o gene tipo selvagem é o responsável pela presença de uma determinada enzima e que no mutante homozigoto há deficiência congênita dessa enzima.

A hipótese geral de Garrod sobre a relação gene-enzima foi estendida, na década de 1930, com os trabalhos em pigmentos florais de Haldane e Rose Scott-Moncrieff, na Inglaterra, com estudos dos pigmentos dos pelos de cobaias, de Wright, nos Estados Unidos, e pesquisas sobre os pigmentos dos olhos de insetos, de A. Kuhn, na Alemanha, e Boris Ephrussi e George W. Beadle, primeiro na França e, depois, na Califórnia. Em todos os casos, as evidências revelaram que um determinado gene afetava uma específica etapa na formação do respectivo pigmento cuja ausência, por exemplo, alterava a cor dos olhos de uma mosca de vermelho para rubi. Entretanto, a falta de conhecimento básico sobre a estrutura das enzimas em questão não permitia uma análise mais detalhada da relação gene-enzima e não se podia afirmar se a maioria dos genes controlava a síntese de proteínas (nessa época suspeitava-se que todas as enzimas eram proteínas) ou se todas as proteínas estavam sob o controle de genes.

Já em 1936, estava claro para os geneticistas mendelianos que essas experiências que traziam algum sucesso na elucidação das características básicas da genética mendeliana provavelmente não explicariam como os genes atuavam. Seria necessário, então, encontrar objetos biológicos mais adequados à análise química. Além disso, os geneticistas estavam cientes de que o conhecimento da química dos ácidos nucleicos e das proteínas, na época, era completamente inadequado para permitir uma argumentação química fundamentada, mesmo nos sistemas biológicos mais adequados. Felizmente, essas limitações da área química não os impediram de realizar experimentos genéticos com organismos quimicamente simples, como fungos, bactérias e vírus. Como será visto, as evidências químicas necessárias surgiram praticamente no momento em que os geneticistas estavam preparados para utilizá-las.

RESUMO

A hereditariedade é controlada pelos cromossomos, os quais são os transportadores celulares dos genes. Os fatores hereditários foram primeiramente descobertos e descritos por Mendel, em 1865, mas sua importância não foi reconhecida até o início do século XX. Cada gene pode apresentar várias formas diferentes, chamadas alelos. Mendel propôs que, para cada característica hereditária, um fator de hereditariedade (um gene) é dado, por cada progenitor, a seus descendentes. A base física para esse comportamento é a distribuição dos cromossomos homólogos durante a meiose: um cromossomo (escolhido ao acaso) de cada par de homólogos é distribuído para cada célula haploide. Quando dois genes estão no mesmo cromossomo eles tendem a ser herdados juntos (ligados). Genes que afetam características diferentes podem ser herdados de forma independente, porque estão localizados em cromossomos diferentes. De qualquer forma, a ligação entre os genes raramente é absoluta, pois cromossomos homólogos formam pares durante a meiose e, normalmente, quebram-se em locais idênticos e religam-se de forma cruzada (*crossing over*). O *crossing over* (recombinação) transfere genes inicialmente localizados no cromossomo de origem paterna para um grupo de genes do cromossomo materno.

Os alelos diferentes do mesmo gene surgem por meio de alterações (mutações) herdáveis no próprio gene. Normalmente, os genes são extremamente estáveis e são copiados de maneira precisa durante a duplicação cromossômica; as mutações são raras e, normalmente, são prejudiciais. Contudo, as mutações desempenham um papel positivo, uma vez que o acúmulo de mutações favoráveis raras fornece a base para a variabilidade genética necessária e pressuposta pela teoria da evolução.

Durante muitos anos, a estrutura dos genes e o mecanismo químico de controle das características celulares eram um mistério. Assim que um grande número de mutações espontâneas foi descrito, tornou-se óbvio que a relação um gene para uma característica não existia e que todas as características complexas estão sob o controle de diversos genes. A ideia mais sensata, postulada por Garrod em 1909, foi a de que os genes afetavam a síntese de enzimas. Entretanto, as ferramentas dos geneticistas mendelianos – organismos como o milho, o camundongo, e mesmo a mosca-da-fruta *Drosophila* – não eram adequadas para investigações químicas detalhadas sobre as relações gene-proteína. Para esse tipo de análise, tornou-se indispensável trabalhar com organismos muito mais simples.

BIBLIOGRAFIA

Ayala F.J. and Kiger J.A., Jr. 1984. *Modern genetics*, 2nd ed. Benjamin Cummings, Menlo Park, California.

Beadle G.W. and Ephrussi B. 1937. Development of eye color in Drosophila: Diffusible substances and their inter-relations. *Genetics* **22:** 76–86.

Carlson E.A. 1966. *The gene*: A critical history. Saunders, Philadelphia.

———. 1981. *Genes, radiation, and society: The life and work of HJ. Muller*. Cornell University Press, Ithaca, New York.

Caspari E. 1948. Cytoplasmic inheritance. *Adv Genet* **2:** 1–66.

Correns C. 1937. *Nicht Mendelnde vererbung* (ed F. von Wettstein). Borntraeger, Berlin.

Dobzhansky T. 1941. *Genetics and the origin of species*, 2nd ed. Columbia University Press, New York.

Fisher R.A. 1930. *The genetical theory of natural selection*. Clarendon Press, Oxford.

Garrod A.E. 1908. Inborn errors of metabolism. *Lancet* **2:** 1–7, 73–79, 142–148, 214–220.

Haldane J.B.S. 1932. *The courses of evolution*. Harper & Row, New York.

Huxley J. 1943. *Evolution: The modern synthesis*. Harper & Row, New York.

Lea D.E. 1947. *Actions of radiations on living cells*. Macmillan, New York.

Mayr E. 1942. *Systematics and the origin of species*. Columbia University Press, New York.

———. 1982. *The growth of biological thought: Diversity, evolution, and inheritance*. Harvard University Press, Cambridge, Massachusetts.

McClintock B. 1951. Chromosome organization and gene expression. *Cold Spring Harbor Symp. Quant. Biol.* **16:** 13–57.

———. 1984. The significance of responses of genome to challenge. *Science* **226:** 792–800.

McClintock B. and Creighton H.B. 1931. A correlation of cytological and genetical crossing over in *Zea mays. Proc. Natl. Acad. Sci.* **17:** 492–497.

Moore J. 1972a. *Heredity and development*, 2nd ed. Oxford University Press, Oxford.

———.1972b. *Readings in heredity and development*. Oxford University Press, Oxford.

Morgan T.H. 1910. Sex-linked inheritance in *Drosophila. Science* **32:** 120–122.

Morgan T.H., Sturtevant A.H., Muller H.J., and Bridges C.B. 1915. *The mechanism of Mendelian heredity*. Holt, Rinehart & Winston, New York.

Muller H.J. 1927. Artificial transmutation of the gene. *Science* **46:** 84–87.

Olby R.C. 1966. Origins of Mendelism. Constable and Company Ltd., London. The Mendelian View of the World 17

Peters J.A. 1959. *Classic papers in genetics*. Prentice-Hall, Englewood Cliffs, New Jersey.

Rhoades M.M. 1946. Plastid mutations. *Cold Spring Harbor Symp. Quant. Biol.* **11:** 202–207.

Sager R. 1972. *Cytoplasmic genes and organelles*. Academic Press, New York.

Scott-Moncrieff R. 1936. A biochemical survey of some Mendelian factors for flower color. *J. Genetics 32:* 117–170.

Simpson G.G. 1944. *Tempo and mode in evolution*. Columbia University Press, New York.

Sonneborn T.M. 1950. *The cytoplasm in heredity. Heredity* **4:** 11–36.

Stadler L.J. 1928. Mutations in barley induced by X-rays and radium. *Science* **110:** 543–548.

Sturtevant A.H. 1913. The linear arrangement of six sex-linked factors in *Drosophila* as shown by mode of association. *J. Exp. Zool.* **14:** 39–45.

Sturtevant A.H. and Beadle G.W. 1962. *An introduction to genetics*. Dover, New York.

Sutton W.S. 1903. The chromosome in heredity. *Biol. Bull.* **4:** 231–251.

Wilson E.B. 1925. *The cell in development and heredity*, 3rd ed. Macmillan, New York.

Wright S. 1931. Evolution in Mendelian populations. *Genetics* **16:** 97–159.

———. 1941. The physiology of the gene. Physiol. Rev. 21: 487–527.

18 Parte 1 História

QUESTÕES

Para respostas de questões de número par, ver Apêndice 2: Respostas.

Questão 1. Você está comparando dois alelos do Gene X. O que define os dois alelos como alelos distintos?

Questão 2. Verdadeiro ou falso. Justifique sua escolha. Um gene possui apenas dois alelos.

Questão 3. Verdadeiro ou falso. Justifique sua escolha. Uma característica é sempre determinada por um gene.

Questão 4. Verdadeiro ou falso. Justifique sua escolha. Para um determinado gene, pode-se sempre definir os alelos como dominantes ou recessivos.

Questão 5. Você quer identificar a relação de dominante/recessivo para cor da pele em uma nova espécie de sapos que você encontrou na floresta tropical. Suponha que um gene autossômico controla a cor da pele nessa espécie. Todos os sapos que você encontrou para a espécie são azul-brilhante ou amarelos. Uma fêmea azul-brilhante e um macho azul-brilhante acasalam e produzem uma progênie toda azul-brilhante. Uma fêmea amarela e um macho amarelo acasalam e produzem uma mistura de descendentes azuis-brilhantes e amarelos. Identifique cada traço (cor da pele azul-brilhante e cor da pele amarela) como dominante ou recessivo. Justifique suas escolhas. Identifique o genótipo de cada genitor nos dois cruzamentos. Use a letra B para se referir ao gene que confere cor da pele.

Questão 6.

A. Após cruzar plantas de ervilha puras com sementes amarelas e plantas de ervilhas puras com sementes verdes, como fez Mendel, que fenótipo você espera para as plantas de ervilha na geração F_1 se as sementes amarelas forem dominantes sobre as sementes verdes?

B. Você faz a autofecundação da geração F_1. Dê a proporção fenotípica esperada na geração F_2.

C. Dê a proporção genotípica esperada na geração F_2.

D. Dê a proporção esperada de heterozigotos para homozigotos na geração F_2.

Questão 7. Mendel estudou sete características distintas para plantas de ervilha. Seis destes traços estavam em cromossomos diferentes, e dois traços estavam separados por uma grande distância em um cromossomo. Se Mendel selecionasse dois traços controlados por genes ligados em seus estudos iniciais, que lei seria afetada (a primeira ou a segunda lei de Mendel)? Justifique sua escolha.

Questão 8. Você quer mapear a posição de três genes (X, Y e Z) encontrados em um cromossomo em *Drosophila*. Cada gene possui um alelo dominante e um alelo recessivo. Você realiza os três cruzamentos diferentes com dois fatores (Cruzamento 1: XY e xy, Cruzamento 2: YZ e yz, e Cruzamento 3: XZ e xz). Suponha que todos os cruzamentos são entre moscas diploides homozigotas para os alelos destes genes. Você observa 7% de recombinantes no primeiro cruzamento, 20% de recombinantes no segundo cruzamento, e 13% de recombinantes no

terceiro cruzamento. Desenhe um mapa colocando os genes na ordem correta e dê a distância entre cada gene em unidades de mapa (u.m.).

Questão 9. Você quer confirmar sua ordenação da Questão 8 usando um cruzamento de três fatores (cruzamento XYZ/xyz e xyz/xyz). Seus recombinantes menos frequentes são xYZ e Xyz. Isso confirma seu ordenamento da Questão 8? Justifique sua resposta.

Questão 10. Você quer novamente mapear as posições de três genes em drosófila (L, M e N). Cada gene possui um alelo dominante e um alelo recessivo. Você realiza os três cruzamentos diferentes com dois fatores (Cruzamento 1: LM e lm, Cruzamento 2: MN e mn, e Cruzamento 3: LN e ln). Suponha que todos os cruzamentos são entre moscas diploides homozigotas para os alelos desses genes. Você observa 5% de recombinantes no primeiro cruzamento, 50% de recombinantes no segundo cruzamento, e 50% de recombinantes no terceiro cruzamento. Com base nos dados fornecidos, o que você pode determinar para a ordem dos genes e para a distância entre eles?

Questão 11. Seguindo as observações da Questão 10, você realiza novos cruzamentos usando o gene O. Você observa 30% de recombinação no cruzamento entre MO e mo, 35% de recombinação no cruzamento entre LO e lo, e 25% de recombinação no cruzamento entre NO e no. Suponha que todos os cruzamentos são entre moscas diploides homozigotas para os alelos desses genes. Considerando as informações das Questões 10 e 11, desenhe um mapa colocando os genes na ordem correta e dê a distância entre cada gene em unidades de mapa.

Questão 12. Defina mutação. A célula possui vários mecanismos para prevenir mutações. Explique como uma taxa de mutação muito baixa pode ser vantajosa em relação à inexistência de mutações em um organismo.

Questão 13. Diferencie cromossomos e cromátides.

Questão 14. Você está mapeando o cromossomo 6 da mosca-varejeira *Lucilia cuprina* e quer testar como seus cálculos se comparam a um mapa publicado. Em um cruzamento recente, você estudou as mutações *tri*, *pk* e *y* que se relacionam a junções venosas espessadas, corpo cor-de-rosa e olhos amarelos, respectivamente. A partir de um cruzamento entre um macho homozigoto para as três mutações e uma fêmea heterozigota (*tri pk y*/+++), você registra os números da progênie. No mapa publicado, a distância entre *y* e *pk* é de 23,0 u.m., a distância entre *pk* e *tri* é de 18,4 u.m., e a distância entre *y* e *tri* é de 41,4 u.m. Com base no mapa publicado e considerando os valores a seguir, calcule os valores esperados para a progênie observada que representam um *crossover* simples ou duplo. Lembre-se de que valores observados são dados que incluem algumas flutuações estatísticas.

Número total de descendentes: 1.000

Total de recombinantes que representam um *crossover* duplo: 15

Informações do mapa publicado de Weller e Foster (1993. *Genome* **36**: 495-506).

Questão 15. Você está estudando uma nova espécie de aves. Você sabe que a espécie possui cromossomos sexuais semelhantes aos da galinha. Os machos possuem dois cromossomos Z, enquanto as fêmeas possuem apenas um cromossomo Z e um cromossomo W. Como o genoma ainda não foi sequenciado, você realizará cruzamentos para obter mais informações genéticas. Você está interessado na cor dos olhos das aves. Você obtém aves puras com olhos pretos ou verdes. Você cruza um macho de olhos pretos com uma fêmea de olhos verdes. Suponha que esta característica é determinada por um gene.

A. Considerando uma relação dominante/recessivo, você quer determinar se preto é recessivo ao verde ou se verde é recessivo ao preto. Como você poderia utilizar os fenótipos de F_1 e F_2 para ajudá-lo a responder esta questão?

B. Se o traço for ligado ao sexo, refine sua resposta em A com respeito à relação dominante/recessivo de um traço ligado ao sexo no cromossomo Z para a geração F_1.

C. Suponha que preto é dominante sobre verde. Você cruza um macho de olhos pretos da geração F_1 com uma fêmea de olhos pretos da geração F_1. Se o traço for ligado ao sexo, estime as proporções genotípicas e fenotípicas para a geração F_2.

CAPÍTULO 2

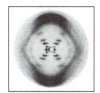

Os Ácidos Nucleicos Transportam as Informações Genéticas

SUMÁRIO

A Informação Bombástica de Avery: o DNA pode Transportar a Especificidade Genética, 22

A Dupla-hélice, 24

A Informação Genética do DNA é Definida pela Sequência de seus Quatro Nucleotídeos, 30

O Dogma Central, 33

Estabelecimento da Direção da Síntese Proteica, 38

A Era da Genômica, 40

O FATO DE QUE MOLÉCULAS ESPECIAIS DEVERIAM TRANSPORTAR a informação genética foi percebido pelos geneticistas muito antes que o problema atraísse a atenção dos químicos. Na década de 1930, geneticistas começaram a pesquisar que tipos de moléculas poderiam apresentar o nível de estabilidade exigido pelos genes e, ainda, ser capaz de modificar-se, de modo estável e repentino, gerando formas mutantes, para sustentar a evolução. Até meados da década de 1940, parecia não existir uma maneira direta para se estudar a essência química dos genes. Sabia-se que os cromossomos possuíam um componente molecular característico, o ácido desoxirribonucleico (DNA). Apesar disso, não havia uma maneira de demonstrar se o DNA carregava a informação genética ou se atuava apenas como um arcabouço molecular para uma classe ainda não descoberta de proteínas, especialmente desenvolvidas para transportar a informação genética. Supunha-se que os genes seriam compostos por aminoácidos porque, naquela época, eles pareciam ser as únicas moléculas suficientemente complexas para transportar as informações genéticas.

Dessa forma, fazia sentido abordar a natureza do gene investigando-se como eles atuam nas células. No início da década de 1940, as pesquisas com o fungo *Neurospora*, lideradas por George W. Beadle e Edward Tatum, geraram evidências progressivamente mais fortes que sustentavam a hipótese de Archibald E. Garrod, de 30 anos antes, de que os genes atuam controlando a síntese de enzimas específicas (a hipótese de um gene – uma enzima). Assim, como todas as enzimas conhecidas na época eram proteínas, o problema central era como os genes participavam na síntese de proteínas. Desde a fase inicial das investigações, a hipótese mais simples sugeria que a informação genética contida nos genes determinava a ordem dos 20 diferentes aminoácidos contidos nas cadeias polipeptídicas das proteínas.

Na tentativa de testar essa proposta, a intuição não auxiliava nem mesmo os melhores bioquímicos, uma vez que não existia uma maneira lógica de utilizar as enzimas como ferramentas para determinar a ordem de cada aminoácido adicionado a uma cadeia polipeptídica. Esses esquemas necessitariam de tantas enzimas organizadoras quanto o número de aminoácidos existentes na proteína. Todavia, uma vez que todas as enzimas conhecidas na época eram proteínas (hoje se sabe que o RNA também pode atuar como enzima), ainda seriam necessárias enzimas organizadoras adicionais para sintetizar as enzimas organizadoras. Essa situação estabelecia claramente um paradoxo, exceto se houvesse uma série fantástica de sínteses inter-relacionadas, em que uma determinada proteína apresentasse diversas especificidades enzimáticas diferentes. Com esse pressuposto, seria possível (com grande dificuldade) visualizar uma célula manejável. Não parecia provável, entretanto, que a maioria das proteínas realizasse múltiplas tarefas. Na verdade, todo o conhecimento daquela época apontava para a conclusão oposta de uma proteína, uma função.

A INFORMAÇÃO BOMBÁSTICA DE AVERY: O DNA PODE TRANSPORTAR A ESPECIFICIDADE GENÉTICA

A ideia de que o DNA poderia ser a principal molécula genética surgiu de forma inesperada, a partir de estudos com a bactéria causadora da pneumonia. Em 1928, o microbiologista inglês Frederick Griffith fez a surpreendente observação de que linhagens de bactérias não virulentas se tornavam virulentas quando misturadas a bactérias patogênicas mortas por calor. Demonstrou-se que tais **transformações** de linhagens não virulentas em virulentas representavam alterações hereditárias, utilizando-se descendentes das novas linhagens patogênicas para transformar outras bactérias não patogênicas. Isso levantou a possibilidade de que, quando as células patogênicas eram inativadas pelo calor, seus componentes genéticos permaneciam intactos. Além disso, uma vez liberados das células inativadas pelo calor, esses componentes podiam atravessar a parede celular de células receptoras vivas e sofrer subsequentes recombinações genéticas com o aparato genético da receptora (Fig. 2-1). As pesquisas subsequentes confirmaram essa interpretação genética. A patogenicidade reflete a ação do gene da cápsula, o qual codifica uma importante enzima envolvida na síntese da cápsula que contém carboidratos e que envolve a maioria das bactérias causadoras de pneumonia. Quando o alelo S (do inglês, *smooth* [liso]) do gene da cápsula está presente, uma cápsula, necessária para a patogênese, é formada em torno da célula (a formação de

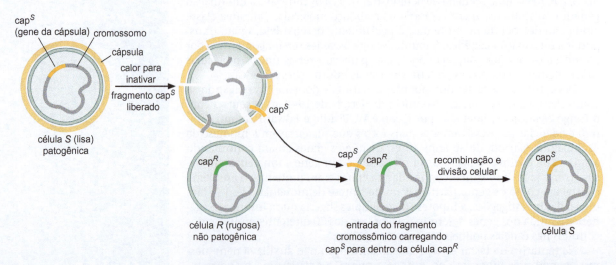

FIGURA 2-1 Transformação de uma característica genética de uma célula bacteriana (*Streptococcus pneumoniae*) pela adição de células de uma linhagem geneticamente diferente mortas por calor. Aqui é mostrada uma célula R recebendo um fragmento cromossômico contendo o gene da cápsula de uma célula S tratada com calor. Como a maioria das células R recebe outros fragmentos cromossômicos, a eficiência da transformação para um dado gene é geralmente inferior a 1%.

uma cápsula também fornece uma aparência lisa às colônias formadas a partir dessas células). Quando o alelo *R* (do inglês, *rough* [rugoso]) desse gene está presente, não há formação de cápsula, as células respectivas não são patogênicas, e as colônias dessas células possuem bordas arredondadas.

Vários anos após a observação original de Griffith, observou-se que extratos das bactérias mortas eram capazes de induzir transformações hereditárias, e iniciou-se uma busca pela identidade química do agente transformador. Naquela época, a grande maioria dos bioquímicos ainda acreditava que os genes eram proteínas. Portanto, foi uma grande surpresa quando, em 1944, após 10 anos de pesquisas, o microbiologista norte-americano Oswald T. Avery e seus colegas do Rockefeller Institute, em Nova Iorque, Colin M. MacLeod e Maclyn McCarty, fizeram a grandiosa comunicação revelando que o princípio ativo genético era o DNA (Fig. 2-2). Para corroborar suas conclusões, havia experimentos mostrando que a atividade transformadora de suas frações ativas altamente purificadas era destruída pela desoxirribonuclease, uma enzima recém-purificada que degradava especificamente moléculas de DNA, reduzindo-as a seus blocos, os nucleotídeos, mas que não exerce nenhum efeito sobre a integridade de moléculas de proteína ou RNA. Em contrapartida, a adição de ribonuclease (que degrada RNA) ou de várias enzimas proteolíticas (que degradam proteínas) não apresentava qualquer influência sobre a atividade transformadora.

Genes virais também são ácidos nucleicos

Evidências confirmatórias igualmente importantes vieram por meio de estudos químicos com vírus e células infectadas por vírus. Em 1950, já era possível obter um grande número de partículas virais puras e determinar que tipo de moléculas estavam presentes. Esses trabalhos resultaram em uma observação muito importante – todos os vírus continham ácidos nucleicos. Como existia, na época, uma percepção crescente de que os vírus continham material genético, questionou-se imediatamente se o componente de ácido nucleico seria o transportador dos genes virais. Um teste essencial dessa questão veio de estudos isotópicos da multiplicação de T2, um vírus de bactéria (geralmente chamado de **bacteriófago**, ou **fago**) que continha DNA e um invólucro protetor composto pela agregação de diversas proteínas diferentes. Nesses experimentos, realizados em 1952 por Alfred D. Hershey e Martha Chase, no Laboratório de Cold Spring Harbor, em Long Island, a capa proteica foi marcada com o isótopo radioativo ^{35}S e o DNA com o isótopo radioativo ^{32}P. O vírus marcado foi então utilizado para acompanhar o destino das proteínas e do ácido nucleico, à medida que o fago se replicava, particularmente para observar quais os átomos marcados do fago parental que entravam na célula hospedeira e estariam presentes mais tarde na progênie do fago.

Esses experimentos produziram resultados bem-definidos; grande parte do ácido nucleico parental, mas nenhuma proteína parental, foi detectada na progênie do fago (Fig. 2-3). Além disso, foi possível mostrar que muito pouco da proteína parental entrava na célula; em vez disso, ela permanecia ligada no lado de fora da célula bacteriana, não desempenhando qualquer função após o componente de DNA ter entrado na bactéria. Esse ponto foi habilmente demonstrado por meio da agitação violenta da cultura de bactérias infectadas após a entrada do DNA; as capas proteicas foram removidas sem afetar a capacidade de formação de novas partículas fágicas.

É possível realizar experimentos ainda mais convincentes com alguns vírus. Por exemplo, DNA purificado do vírus polioma de camundongo pode entrar nas células de camundongo e iniciar um ciclo de multiplicação viral, produzindo milhares de novas partículas de vírus polioma. Assim, a função principal da proteína viral é proteger e transportar seu componente genético/ácido nucleico durante sua movimentação de uma célula para outra.

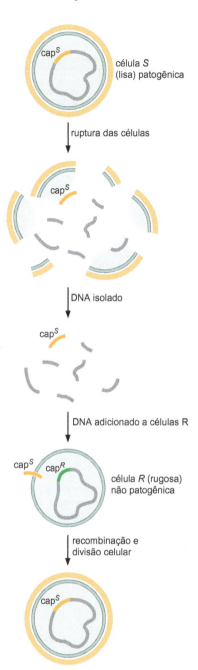

FIGURA 2-2 Isolamento de um agente transformador quimicamente puro. (Adaptada, com permissão, de Stahl F.W. 1964. *The mechanics of inheritance*, Fig. 2.3. © Pearson Education, Inc.)

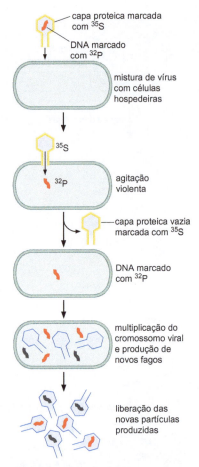

FIGURA 2-3 Demonstração de que apenas o componente de DNA do bacteriófago T2 carrega a informação genética e de que a cobertura proteica serve apenas como uma capa protetora.

A DUPLA-HÉLICE

Enquanto vários grupos investigavam a estrutura das proteínas por meio de análises por raios X, um pequeno número de cientistas tentava resolver o padrão de difração por raios X do DNA. Os primeiros padrões de difração foram obtidos em 1938 por William Astbury, utilizando DNA fornecido por Ola Hammarsten e Torbjörn Caspersson. No entanto, fotografias de difração de raios X de alta qualidade só foram feitas por Maurice Wilkins e Rosalind Franklin no início da década de 1950 (Fig. 2-4). Essas fotografias sugeriam não apenas que a estrutura básica do DNA era helicoidal, mas também que ela era composta por mais de uma cadeia polinucleotídica – duas ou três. Nessa mesma época, as ligações covalentes do DNA estavam sendo compreendidas de forma clara. Em 1952, um grupo de químicos orgânicos que trabalhava no laboratório de Alexander Todd mostrou que os nucleotídeos do DNA eram unidos por ligações fosfodiéster 3'-5' (Fig. 2-5).

Em 1951, devido ao interesse de Linus Pauling pelo motivo proteico da α-hélice (que será discutido no Cap. 6), uma elegante teoria sobre a difração de moléculas helicoidais foi desenvolvida por William Cochran, Francis H. Crick e Vladimir Vand. Essa teoria permitiu testar as possíveis estruturas do DNA em um sistema de tentativa e erro. A solução correta, uma dupla-hélice complementar (ver Cap. 4), foi encontrada em 1953 por Crick e James D. Watson, então trabalhando no laboratório de Max Perutz e John Kendrew em Cambridge, no Reino Unido. A dedução da estrutura correta apoiou-se, em grande parte, na dedução da configuração estereoquímica mais favorável compatível com os dados de difração de raios X de Wilkins e Franklin.

Na dupla-hélice, as duas cadeias do DNA são mantidas unidas por ligações de hidrogênio (uma ligação química não covalente fraca; ver Cap. 3) entre pares de bases das fitas opostas (Fig. 2-6). Esse pareamento de bases é muito específico: a purina adenina realiza o pareamento apenas com a pirimidina timina, enquanto a purina guanina realiza o pareamento apenas com a pirimidina citosina. Na dupla-hélice de DNA, o número de resíduos

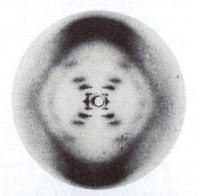

FIGURA 2-4 **A imagem de raios-X que permitiu a elucidação da estrutura do DNA.** Esta fotografia, feita por Rosalind Franklin no King's College, em Londres, no inverno de 1952-1953, confirmou a suposição de que o DNA era helicoidal. A forma de hélice é indicada pelo padrão de cruzamentos dos reflexos dos raios X (medido fotograficamente pelo escurecimento do filme de raios X) no centro da fotografia. As regiões muito escuras no topo e na base revelam que as bases purina e pirimidina com 3.4-Å de espessura estão regularmente empilhadas uma ao lado da outra, perpendicularmente ao eixo da hélice. (Reproduzida, com permissão, de Franklin R.E. e Gosling R.G. 1953. *Nature* **171**: 740–741. © Macmillan.)

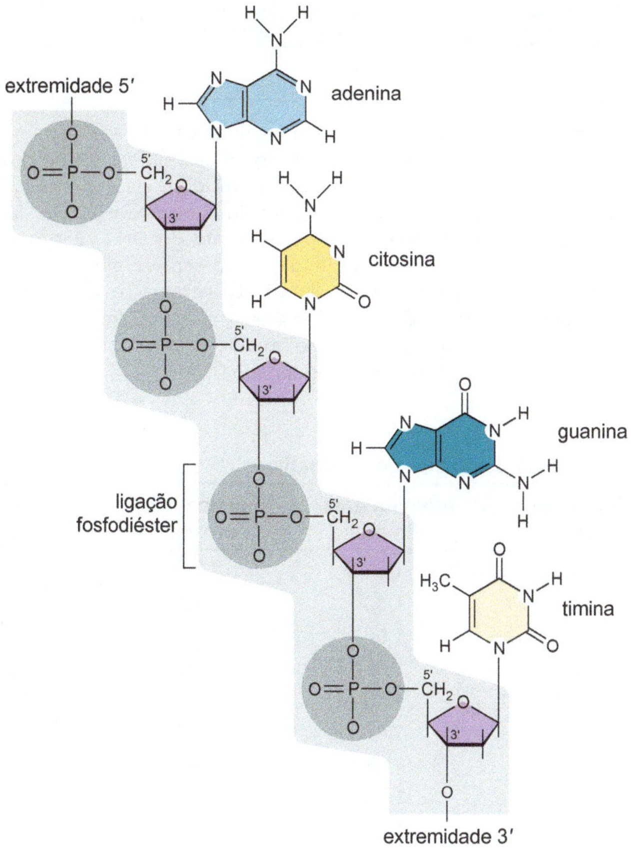

FIGURA 2-5 Segmento de uma cadeia polinucleotídica de DNA, mostrando a ligação fosfodiéster 3'→5' que conecta os nucleotídeos. Grupos fosfato conectam o carbono 3' de um nucleotídeo ao carbono 5' do nucleotídeo seguinte.

A deve ser igual ao número de resíduos T, e o número de resíduos G e C devem, da mesma forma, ser iguais (ver Quadro 2-1, Regras de Chargaff). Como resultado, a sequência de bases das duas cadeias de uma determinada dupla-hélice apresenta uma relação de complementaridade, e a sequência de qualquer fita de DNA define, exatamente, a sequência de sua fita complementar.

A descoberta da dupla-hélice revolucionou totalmente a maneira de os geneticistas analisarem seus dados. O gene não era mais uma entidade misteriosa, cujo comportamento só poderia ser investigado por experimentos genéticos. Em vez disso, tornou-se rapidamente um objeto molecular real sobre o qual os químicos podiam pensar objetivamente, como o faziam a respeito de moléculas menores como o piruvato e o ATP. Grande parte do entusiasmo, entretanto, não veio simplesmente da resolução da estrutura, mas também da sua natureza. Antes que a resposta fosse conhecida, sempre houve a preocupação de que ela pudesse ser vaga, nada revelando a respeito de como os genes replicam e atuam. Felizmente, entretanto, a resposta foi extremamente interessante. As duas fitas entrelaçadas de estruturas complementares sugeriam que uma fita servia como a base específica (molde) sobre a qual a outra fita era sintetizada (Fig. 2-6). Se essa hipótese fosse verdadeira, então, o problema fundamental da replicação gênica, que intrigara os geneticistas por tantos anos, estaria conceitualmente resolvido.

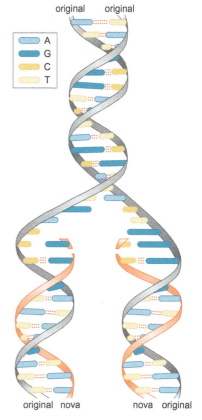

FIGURA 2-6 Replicação do DNA. As fitas recém-sintetizadas estão representadas em cor de laranja.

26   **Parte 1**   História

> **EXPERIMENTOS-CHAVE**

Quadro 2-1   Regras de Chargaff

O bioquímico Erwin Chargaff utilizou uma técnica chamada "cromatografia em papel" para analisar a composição nucleotídica do DNA. Em 1949, seus dados mostraram não apenas que os quatro diferentes nucleotídeos não estavam presentes em quantidades iguais, mas também que as proporções exatas dos quatro nucleotídeos variam de uma espécie para outra (Quadro 2-1, Tab. 1). Esses achados abriram a possibilidade de que é o arranjo preciso dos nucleotídeos em uma molécula de DNA que confere sua especificidade genética.

Os experimentos de Chargaff também mostraram que as proporções relativas das quatro bases não eram aleatórias. O número de resíduos de adenina (A) em todas as amostras de DNA era igual ao número de resíduos de timina (T), e o número de resíduos de guanina (G) igualava-se ao número de resíduos de citosina (C). Além disso, independentemente da fonte do DNA, a proporção de purinas para pirimidinas era sempre aproximadamente 1 (purinas = pirimidinas). No entanto, o significado fundamental das relações A = T e G = C (regras de Chargaff) só foi compreendido quando se deu considerável atenção à estrutura tridimensional do DNA.

QUADRO 2-1 TABELA 1   Dados que levaram à formulação das regras de Chargaff

Fonte	Adenina para guanina	Timina para citosina	Adenina para timina	Guanina para citosina	Purinas para pirimidinas
Gado	1,29	1,43	1,04	1,00	1,1
Ser humano	1,56	1,75	1,00	1,00	1,0
Galinha	1,45	1,29	1,06	0,91	0,99
Salmão	1,43	1,43	1,02	1,02	1,02
Trigo	1,22	1,18	1,00	0,97	0,99
Levedura	1,67	1,92	1,03	1,20	1,0
Haemophilus influenzae	1,74	1,54	1,07	0,91	1,0
Escherichia coli K2	1,05	0,95	1,09	0,99	1,0
Bacilo da tuberculose aviária	0,4	0,4	1,09	1,08	1,1
Serratia marcescens	0,7	0,7	0,95	0,86	0,9
Bacillus schatz	0,7	0,6	1,12	0,89	1,0

De Chargaff E. et al. 1949. *J. Biol. Chem.* **177**: 405.

Buscando as polimerases que sintetizam o DNA

A prova concreta de que uma cadeia de DNA é o molde que direciona a síntese da cadeia de DNA complementar teve de esperar pelo desenvolvimento de sistemas para a síntese de DNA em tubos de ensaio (*in vitro*). Estes surgiram muito mais rápido do que o previsto pelos geneticistas moleculares, cujo mundo até então estava bem distante do universo dos bioquímicos mais experientes nos procedimentos de isolamento de enzimas. Liderando o ataque bioquímico à replicação do DNA estava o bioquímico americano Arthur Kornberg, que em 1956 havia demonstrado a síntese de DNA em extratos de bactérias livres de células. Durante os vários anos seguintes, Kornberg dedicou-se a mostrar que era necessária uma enzima polimerizadora específica para catalisar a ligação dos blocos que compõem o DNA. Os estudos de Kornberg revelaram que os nucleotídeos componentes do DNA são precursores ricos em energia (dATP, dGTP, dCTP e dTTP; Fig. 2-7). Estudos adicionais identificaram um único polipeptídeo, a DNA-polimerase I (DNA Pol I), capaz de catalisar a síntese de novas fitas de DNA. A DNA Pol I promove a união dos nucleotídeos precursores por meio de ligações fosfodiéster 3'–5' (Fig. 2-8). Além disso, ela atua apenas na presença de DNA, o qual é necessário para ditar a ordem dos quatro nucleotídeos no produto polinucleotídico.

A DNA Pol I depende de um molde de DNA para determinar a sequência do DNA que ela está sintetizando. Isso foi primeiramente demonstrado ao per-

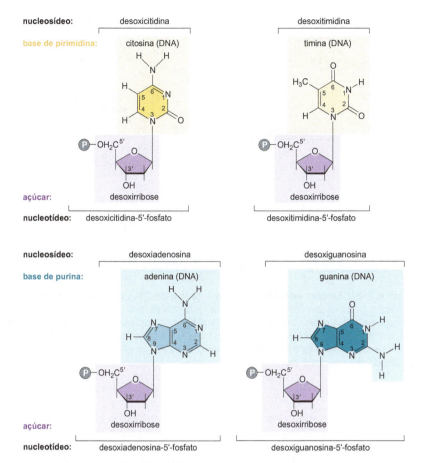

FIGURA 2-7 Nucleotídeos do DNA. As estruturas dos diferentes componentes de cada um dos quatro nucleotídeos são representadas.

mitir que a enzima atuasse na presença de moléculas de DNA que continham quantidades variadas de pares de bases A:T e G:C. Em cada um dos casos, o produto sintetizado enzimaticamente apresentou uma relação entre as bases semelhante à existente no DNA-molde (Tab. 2-1). Durante essa síntese em extratos livres de células, nenhuma síntese de proteínas ou de qualquer outra classe de moléculas ocorre, eliminando, definitivamente, qualquer composto que não seja o DNA como carregador intermediário da especificidade genética. Assim, não há dúvida de que o DNA é o molde que promove sua própria formação.

Evidências experimentais sugerem que ocorre a separação das fitas durante a replicação do DNA

Simultaneamente à pesquisa de Kornberg, em 1958, Matthew Meselson e Franklin W. Stahl, então no California Institute of Technology, realizaram um experimento notável, no qual separaram as moléculas-filhas de DNA e, ao fazer isso, mostraram que as duas fitas da dupla-hélice serão permanentemente separadas uma da outra durante a replicação do DNA (Fig. 2-9). Seu sucesso foi, em parte, devido à utilização do isótopo pesado ^{15}N como marcador diferencial para fitas de DNA parentais e filhas. Bactérias cultivadas em um meio contendo o isótopo pesado ^{15}N apresentam DNA mais denso do que bactérias cultivadas sob condições normais com ^{14}N. O desenvolvimento de procedimentos de separação de DNA pesado e leve em gradientes de densidade de sais pesados, como o cloreto de césio, também contribuiu

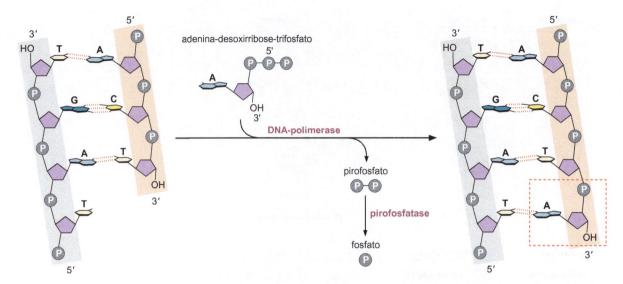

FIGURA 2-8 Síntese enzimática de uma cadeia de DNA catalisada pela DNA-polimerase I. Esta imagem ilustra a adição de um nucleotídeo a uma cadeia crescente de DNA catalisada pela DNA-polimerase. Embora a DNA-polimerase possa catalisar sozinha a síntese de DNA, a molécula de pirofosfato liberada na célula é rapidamente convertida em dois fosfatos por uma enzima chamada de pirofosfatase, tornando a reação progressiva de adição de nucleotídeos ainda mais favorável.

para o sucesso do experimento. Quando são utilizadas forças centrífugas elevadas, a solução torna-se mais densa na base do tubo de centrífuga (que durante a centrifugação está mais distante do eixo de rotação). Quando a densidade da solução inicial é escolhida corretamente, as moléculas individuais de DNA se deslocarão para a região central do tubo, onde sua densidade iguala-se à da solução salina. Nessa situação, moléculas de DNA nas quais ambas as fitas são inteiramente compostas por precursores ^{15}N (pesado-pesado, ou DNA HH [*heavy-heavy*]) formarão uma banda em uma densidade maior (mais próxima ao fundo do tubo) do que moléculas de DNA nas quais ambas as fitas são inteiramente compostas por precursores ^{14}N (leve-leve, ou DNA LL [*light-light*]). Se as bactérias contendo DNA pesado forem transferidas para um meio leve (contendo ^{14}N) e incubadas, os nucleotídeos precursores disponíveis para a utilização na síntese de DNA serão leves; assim, o DNA sintetizado após a transferência poderá ser distinguido do DNA sintetizado antes da transferência.

TABELA 2-1 Comparação da composição de bases de DNAs enzimaticamente sintetizados e seus moldes de DNA

Fonte do molde de DNA	Composição de bases do produto enzimático				$\frac{A + T}{G + C}$ No produto	$\frac{A + T}{G + C}$ No molde
	Adenina	Timina	Guanina	Citosina		
Micrococcus lysodeikticus (uma bactéria)	0,15	0,15	0,35	0,35	0,41	0,39
Aerobacter aerogenes (uma bactéria)	0,22	0,22	0,28	0,28	0,80	0,82
Escherichia coli	0,25	0,25	0,25	0,25	1,00	0,97
Timo fetal bovino	0,29	0,28	0,21	0,22	1,32	1,35
Fago T2	0,32	0,32	0,18	0,18	1,78	1,84

Capítulo 2 Os Ácidos Nucleicos Transportam as Informações Genéticas

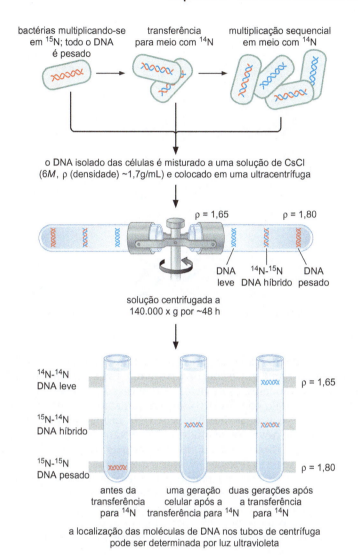

FIGURA 2-9 Uso de gradiente de cloreto de césio (CsCl) para demonstrar a separação de fitas complementares durante a replicação do DNA.

Se a replicação do DNA envolver a separação das fitas, é possível prever a densidade das moléculas de DNA encontradas após intervalos definidos de multiplicação em um meio leve. Após uma geração de crescimento, todas as moléculas de DNA devem ser constituídas por uma fita pesada e uma fita leve e, dessa forma, devem apresentar uma densidade intermediária (pesada-leve ou DNA HL). Esse resultado foi exatamente o que Meselson e Stahl observaram. Da mesma forma, após duas gerações de multiplicação, metade das moléculas de DNA era leve e metade híbrida, exatamente como previsto pela separação das fitas. É importante observar que durante o isolamento do DNA a partir de bactérias, ele foi quebrado em pequenos fragmentos, assegurando que a grande maioria do DNA fosse ou totalmente replicado ou não replicado. Se o genoma bacteriano inteiro tivesse sido mantido intacto, haveria muitas moléculas de densidade intermediária (nem HH, HL ou LL) que teriam sido apenas parcialmente replicadas.

Assim, os experimentos de Meselson e Stahl mostraram que a **replicação** do DNA é um processo semiconservativo no qual as fitas da dupla-hélice permanecem intactas (são conservadas) durante um processo de replicação

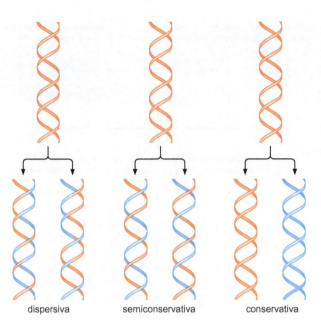

FIGURA 2-10 Três possíveis mecanismos para a replicação do DNA. Quando a estrutura do DNA foi descoberta, vários modelos foram propostos para explicar sua replicação; três deles estão ilustrados aqui. Os experimentos propostos por Meselson e Stahl distinguiam claramente estes modelos, demonstrando que o DNA era replicado de maneira semiconservativa.

que distribui uma fita parental para cada uma das duas moléculas-filhas (por isso a partícula "semi" em "semiconservativo"). Esses experimentos derrubaram outros dois modelos: os modelos de replicação conservativa e dispersiva (Fig. 2-10). O modelo conservativo sugeria que ambas as fitas parentais permaneciam juntas e as duas fitas novas de DNA formariam uma molécula de DNA inteiramente nova. Nesse modelo, DNA totalmente leve deveria ser formado após uma geração celular. O modelo dispersivo, preferido por muitos, na época, sugeria que as fitas de DNA eram quebradas frequentemente a cada 10 pares de bases e utilizadas para iniciar a síntese de regiões de DNA também curtas. Esses pequenos fragmentos de DNA seriam subsequentemente ligados, formando as fitas de DNA completas. Esse modelo complexo originaria fitas de DNA compostas tanto por DNA parental como por DNA novo (portanto, não conservativo) e só produziria DNA totalmente leve após muitas gerações.

A INFORMAÇÃO GENÉTICA DO DNA É DEFINIDA PELA SEQUÊNCIA DE SEUS QUATRO NUCLEOTÍDEOS

A descoberta da dupla-hélice pôs fim, definitivamente, a qualquer controvérsia a respeito de o DNA ser a substância genética fundamental. Mesmo antes da separação das fitas na replicação ser verificada experimentalmente, a principal preocupação dos geneticistas moleculares voltou-se para como a informação genética do DNA atuava para ordenar os aminoácidos, durante a síntese proteica (ver Quadro 2-2, Evidência de que os genes controlam a sequência de aminoácidos das proteínas). Com todas as cadeias de DNA capazes de formar dupla-hélice, a essência de sua especificidade genética deveria residir nas sequências lineares de seus quatro nucleotídeos componentes. Assim, entendidas como entidades que contêm a informação, as moléculas de DNA foram então consideradas como palavras muito longas (adiante, será visto que hoje são consideradas mais como sentenças muito longas) compostas a partir de um alfabeto de quatro letras (A, G, C e T). Mesmo com apenas quatro letras, o número de sequências de DNA possíveis (4^N, em que N é o número de letras na sequência) é muito, muito grande, mesmo para as menores moléculas de DNA; pode existir um número praticamente infinito de mensagens genéticas diferentes. Sabe-se agora que um gene bacteriano típico é composto por aproximadamente 1.000 pares de bases. O número de genes potenciais com esse tamanho é $4^{1.000}$, um número que é ordens de magnitude maior do que o número de genes conhecidos em qualquer organismo.

> **EXPERIMENTOS-CHAVE**

Quadro 2-2 Evidência de que os genes controlam a sequência de aminoácidos das proteínas

A primeira evidência experimental de que os genes (DNA) controlam as sequências de aminoácidos veio do estudo da hemoglobina presente em seres humanos com a doença genética anemia falciforme. Se um indivíduo possui o alelo S do gene da β-globina (o qual codifica um dos dois polipeptídeos que juntos formam a hemoglobina) em ambos os cromossomos homólogos (SS), isso resulta em uma anemia grave, caracterizada pela forma de foice das hemácias. Se apenas um dos dois alelos da β-globina for do tipo S (+S), a anemia é menos grave e as hemácias parecem ter formato quase normal. O tipo de hemoglobina das hemácias está correlacionado com o padrão genético. No caso do SS, a hemoglobina é anormal, caracterizada por uma solubilidade diferente daquela da hemoglobina normal, enquanto na condição +S, metade da hemoglobina é normal e metade é anormal.

Moléculas de hemoglobina do tipo selvagem são construídas a partir de dois tipos de cadeias polipeptídicas: cadeias α e cadeias β (ver Quadro 2-2, Fig. 1). Cada cadeia possui uma massa molecular de cerca de 16.100 dáltons (D). Duas cadeias α e duas cadeias β estão presentes em cada molécula, dando à hemoglobina uma massa molecular de cerca de 64.400 D. As cadeias α e β são controladas por genes diferentes de modo que uma mutação única afetará a cadeia α ou a cadeia β, mas não ambas. Em 1957, Vernon M. Ingram mostrou, na Cambridge University, que a hemoglobina falcêmica difere da hemoglobina normal pela mudan-

ça de um aminoácido na cadeia β: na posição 6, o resíduo de ácido glutâmico encontrado na hemoglobina selvagem é substituído por valina. Com exceção dessa alteração, toda a sequência de aminoácidos é idêntica nas hemoglobinas normal e mutante. Como essa alteração de aminoácido foi observada apenas em pacientes com o alelo S do gene da β-globina, a hipótese mais simples é a de que o alelo S do gene codifica a alteração da β-globina. Estudos posteriores da sequência de aminoácidos de hemoglobinas isoladas de outras formas de anemia corroboraram totalmente essa proposta; análises de sequência mostraram que cada anemia específica é caracterizada por uma substituição única de aminoácido em um ponto específico ao longo da cadeia polipeptídica (Quadro 2-2, Fig. 2).

QUADRO 2-2 FIGURA 1 Formação das hemoglobinas selvagem e falcêmica. (Fonte das estruturas da hemoglobina: ilustração, Irving Geis. Direitos autorais de propriedade de Howard Hughes Medical Institute. Não pode ser reproduzida sem permissão.)

cadeia α									
posição	1	2	16	30	57	58	68	141	
aminoácido	Val	Leu	Lys+	Glu−	Gly	His+	AspN	Arg	
variante da Hb									
Hb I			Asp−						
Hb G Honolulu				GluN					
Hb Norfolk				Asp−					
Hb M Boston						Tyr			
Hb G Philadelphia							Lys+		

cadeia β										
posição	1	2	3	6	7	26	63	67	125	150
aminoácido	Val	His+	Leu	Glu−	Glu−	Glu−	His+	Val	Glu	His+
variante da Hb										
Hb S				Val						
Hb C				Lys+						
Hb G San José					Gly					
Hb E						Lys+				
Hb M Saskatoon							Tyr			
Hb Zürich							Arg+			
Hb M Milwaukee-1								Glu−		
Hb D β Punjab										GluN

QUADRO 2-2 FIGURA 2 Resumo de algumas substituições de aminoácidos identificadas em variantes de hemoglobina humanas.

O DNA não pode ser o molde que ordena diretamente os aminoácidos durante a síntese proteica

Embora o DNA contenha a informação para o sequenciamento dos aminoácidos, estava claro que a dupla-hélice não poderia ser o molde para a síntese proteica. Experimentos mostrando que a síntese proteica ocorria em locais onde não havia DNA excluíam um papel direto do DNA neste processo. Em todas as células eucarióticas, a síntese de proteínas ocorre no citoplasma, que está separado do DNA cromossômico pela membrana nuclear.

Portanto, pelo menos em células eucarióticas, uma segunda molécula portadora de informações que obtém sua especificidade genética a partir do DNA precisava existir. Essa molécula seria então transportada para o citoplasma para atuar como molde na síntese proteica. Desde o início, as atenções concentraram-se sobre uma segunda classe de ácidos nucleicos, ainda funcionalmente obscura, o RNA. Torbjörn Caspersson e Jean Brachet haviam demonstrado que o RNA localizava-se basicamente no citoplasma; e foi fácil imaginar fitas simples de DNA atuando como moldes para cadeias complementares de RNA, quando não estavam servindo como molde para as fitas complementares de DNA.

O RNA é quimicamente muito semelhante ao DNA

Uma simples análise da estrutura do RNA revela como ele pode ser sintetizado a partir de um molde de DNA. Quimicamente, ele é muito semelhante ao DNA. Ele também é uma molécula longa e não ramificada, contendo quatro tipos de nucleotídeos unidos por ligações fosfodiéster $3'$–$5'$ (Fig. 2-11). Duas diferenças em seus grupos químicos distinguem o RNA do DNA. A primeira é uma discreta modificação no componente açúcar

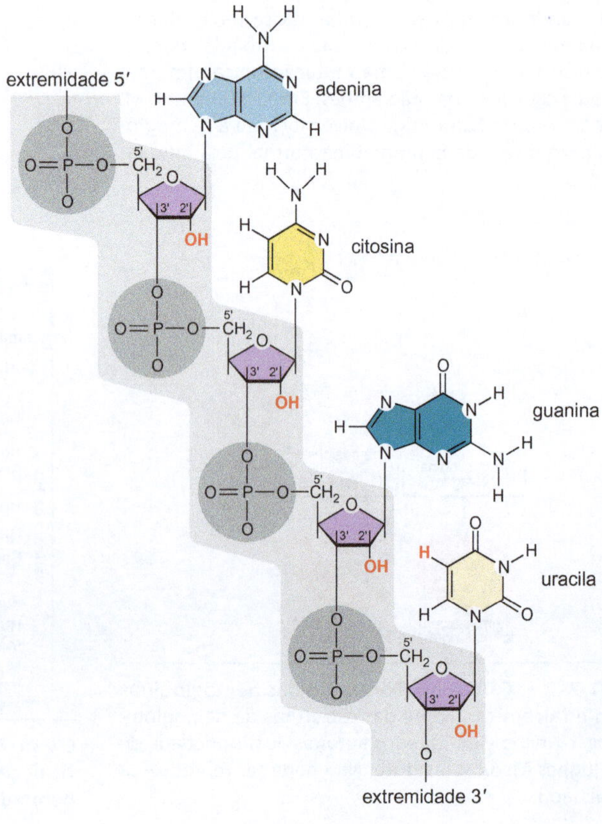

FIGURA 2-11 **Segmento de uma cadeia polirribonucleotídica (RNA).** Os elementos em vermelho são diferentes em relação à molécula de DNA.

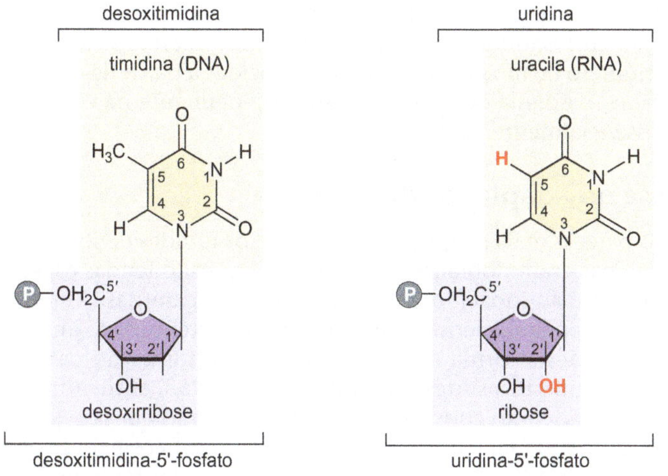

Capítulo 2 Os Ácidos Nucleicos Transportam as Informações Genéticas **33**

FIGURA 2-12 **Diferenças entre os nucleotídeos do RNA e do DNA.** Um nucleotídeo do DNA é apresentado ao lado de um nucleotídeo do RNA. Todos os nucleotídeos do RNA possuem o açúcar ribose (em vez da desoxirribose do DNA), o qual apresenta um grupo hidroxila no carbono 2' (representado em vermelho). Além disso, o RNA possui a base pirimidínica uracila em vez da timina. A uracila possui um hidrogênio na posição 5 do anel da pirimidina (representado em vermelho) em vez do grupo metila encontrado na timina, nesta posição. As outras três bases que ocorrem no DNA e no RNA são idênticas.

(Fig. 2-12). O açúcar do DNA é a desoxirribose, enquanto o RNA contém ribose, idêntica à desoxirribose exceto pela presença de um grupo OH (hidroxila) extra no carbono 2'. A segunda diferença é que o RNA contém a pirimidina uracila, extremamante similar à timina, no lugar da timina do DNA. Apesar dessas diferenças, entretanto, os polirribonucletídeos podem formar hélices complementares como a dupla-hélice do DNA. Nem o grupo hidroxila adicional, nem a ausência do grupo metila, encontrado na timina, mas ausente na uracila, afetam a capacidade do RNA de formar estruturas dupla-hélice, mantidas pelo pareamento de bases. Ao contrário do DNA, porém, o RNA é normalmente encontrado como uma molécula de fita simples. Caso o RNA forme hélices de dupla-fita, é provável que essas duplas-fitas sejam compostas por duas partes da mesma molécula de RNA de fita simples.

O DOGMA CENTRAL

No outono de 1953, a hipótese vigente era de que o DNA cromossômico funcionava como molde para a síntese de moléculas de RNA, as quais, subsequentemente, deslocavam-se para o citoplasma e determinavam a sequência dos aminoácidos nas proteínas. Em 1956, Francis Crick referiu-se a esse processo de transmissão da informação genética como **dogma central**:

duplicação ⟲ DNA —transcrição→ RNA —tradução→ proteína

No diagrama, as setas indicam a direção proposta para o fluxo da informação genética. A seta circundando o DNA significa que o DNA é o molde para a sua própria replicação. A seta entre o DNA e o RNA indica que a síntese de RNA (chamada de **transcrição**) é promovida a partir de um molde de DNA. Da mesma forma, a síntese de proteínas (chamada **tradução**) é coordenada por um molde de RNA. É importante ressaltar que as duas últimas setas foram apresentadas de maneira unidirecional; isto é, as sequências de RNA nunca são determinadas por moldes de proteínas, nem se imaginava, na época, que o DNA pudesse ser sintetizado a partir de um molde de RNA. A premissa de que as proteínas nunca servem como moldes para o RNA tem se mantido ao longo do tempo. Entretanto, como será visto no Capítulo 12, algumas vezes, as cadeias de RNA atuam como molde para a síntese de cadeias de DNA de sequência complementar. Essa reversão do fluxo normal da informação corresponde a eventos muito raros, quando comparados com o enorme número de moléculas de RNA produzidas a partir de moldes de DNA. Dessa forma, o dogma central, proposto originalmente há cerca de 50 anos, ainda é essencialmente válido.

Hipótese do adaptador de Crick

No início parecia mais simples acreditar que os moldes de RNA para a síntese de proteínas eram dobrados ou moldados, criando fendas específicas para os 20 diferentes aminoácidos em suas superfícies externas. As fendas seriam formadas de maneira a permitir que apenas um determinado aminoácido encaixasse ali, e desta forma o RNA forneceria a informação para ordenar os aminoácidos durante a síntese de proteínas. Em 1955, entretanto, Crick desiludiu-se com essa visão convencional, argumentando que isso jamais funcionaria. Em primeiro lugar, os grupos químicos específicos para as quatro bases do RNA (A, U, G e C) deveriam interagir, predominantemente, com grupos solúveis em água. Na verdade, os grupos laterais específicos de vários aminoácidos (como leucina, valina e fenilalanina) demonstram uma forte preferência por interações com grupos insolúveis em água (hidrofóbicos). Em segundo lugar, mesmo que de alguma forma a molécula de RNA pudesse sofrer um dobramento para expor superfícies hidrofóbicas, parecia improvável, naquela época, que um molde de RNA pudesse distinguir, com precisão, aminoácidos quimicamente muito semelhantes, como a glicina e a alanina ou a valina e a isoleucina, ambos os pares diferindo apenas pela presença de grupos metila (CH_3). Crick propôs que antes da sua incorporação às proteínas, os aminoácidos seriam ligados a moléculas adaptadoras específicas, as quais, por sua vez, teriam superfícies características, capazes de ligar-se especificamente às bases nos moldes de RNA.

A descoberta do RNA transportador (tRNA)

A elucidação do processo de síntese proteica necessitou do desenvolvimento de extratos livres de células, capazes de gerar proteínas a partir de aminoácidos precursores com o direcionamento de moléculas de RNA fornecidas. Estes foram efetivamente desenvolvidos pela primeira vez em 1953, por Paul C. Zamecnik e seus colaboradores. Os aminoácidos marcados radioativamente recém-disponibilizados, os quais foram utilizados para marcar as pequeníssimas quantidades de proteínas recém-sintetizadas, foram essenciais para seu sucesso, assim como o foram as ultracentrífugas de alta qualidade, fáceis de usar, para o fracionamento de seus extratos celulares. Logo, os ribossomos, pequenas partículas contendo RNA no citoplasma de todas as células e ativamente envolvidas na síntese proteica, foram identificados como o sítio celular de síntese proteica (Fig. 2-13).

Muitos anos depois, Zamecnik, então trabalhando com Mahlon B. Hoagland, fez a descoberta seminal de que antes de sua incorporação às proteínas, os aminoácidos são primeiramente ligados ao que hoje se chama de moléculas de **RNA transportadores (tRNA)**. Os tRNAs correspondem a aproximadamente 10% de todo o conteúdo de RNA em uma célula (Fig. 2-14).

Para praticamente todos os pesquisadores, com exceção de Crick, essa descoberta foi totalmente inusitada. Obviamente, Crick já havia especulado que seus supostos "adaptadores" poderiam ser cadeias curtas de RNA, uma vez que suas bases deveriam ser capazes de parear e "ler" os grupos de bases presentes nas moléculas de RNA que atuam como moldes para a síntese proteica. Como será detalhado mais adiante (Cap. 15), as moléculas de tRNA de Zamecnik e Hoagland são, de fato, as moléculas adaptadoras postuladas por Crick. Cada tRNA contém uma sequência de bases adjacentes (o anticódon) que se liga especificamente a sequências sucessivas de bases (códons) sobre o molde de RNA, durante a síntese proteica.

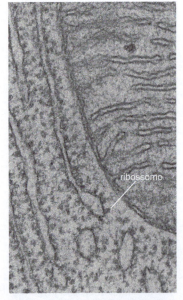

FIGURA 2-13 Microfotografia eletrônica de ribossomos ligados ao retículo endoplasmático. Esta microfotografia eletrônica (105.000×) mostra uma fração de uma célula pancreática. A região superior direita mostra parte de uma mitocôndria e a inferior esquerda mostra um grande número de ribossomos (pequenos círculos de densidade eletrônica) ligados ao retículo endoplasmático. Alguns ribossomos ficam livres no citoplasma; outros estão ligados ao retículo endoplasmático rugoso. (Cortesia de K.R. Porter.)

O paradoxo da aparência não específica dos ribossomos

Os ribossomos contêm cerca de 85% do RNA celular, e como sua quantidade absoluta é muito aumentada em células envolvidas na síntese proteica em grande escala (p. ex., células do pâncreas e bactérias em fase de multiplicação rápida), imaginou-se, primeiramente, que o **RNA ribossomal (rRNA)** seria o molde capaz de direcionar a ordem dos aminoácidos. Mas assim que os ribossomos de *Escherichia coli* foram cuidadosamente analisados, várias características inquietantes emergiram. Primeiro, todos os ribossomos de *E. coli*, bem como os de todos os organismos, são compostos por duas subunidades de tamanhos diferentes, cada uma delas contendo RNA, que se unem e se separam de maneira reversível, dependendo da concentração iônica do ambiente. Segundo, todas as cadeias rRNA pertencentes às subunidades pequenas apresentam tamanho semelhante (de aproximadamente 1.500 bases, em *E. coli*) e, da mesma forma, todas as cadeias rRNA das subunidades apresentam aproximadamente 3.000 bases. Terceiro, a composição de bases de ambas as cadeias de rRNA das subunidades pequena e grande é aproximadamente a mesma (alto conteúdo G e C) em todas as bactérias, plantas e animais conhecidos, apesar das enormes variações nas proporções AT/GC existente em seus DNAs respectivos. Esse fato não seria esperado, se realmente as cadeias de rRNA fossem uma grande coleção de diferentes moldes de RNA produzidos a partir de um grande número de genes diferentes. Portanto, nenhum dos rRNAs, fosse o pequeno ou o grande, apresentava características de um molde de RNA.

A descoberta do RNA mensageiro (mRNA)

Células infectadas com o fago T4 forneceram um sistema ideal para encontrar o verdadeiro molde. Após a infecção por esse vírus, as células param de sintetizar RNA de *E. coli*, e o único RNA sintetizado é transcrito a partir do DNA T4. O mais surpreendente é que além de o RNA de T4 apresentar uma composição de bases muito semelhante ao DNA de T4, ele não se liga às proteínas ribossomais que normalmente se associam ao rRNA, formando os ribossomos. Em vez disso, após se ligar aos ribossomos já existentes, o RNA de T4 se desloca através de sua superfície, posicionando suas bases de modo que possam se ligar aos tRNA-aminoácidos precursores apropriados para a síntese proteica (Fig. 2-15). Assim, o RNA de T4 ordena os aminoácidos, e é a tão procurada molécula que serve como molde de RNA para a síntese proteica. Visto que essa molécula carreia a informação existente no DNA até os ribossomos, locais da síntese proteica, ela é denominada **RNA mensageiro (mRNA)**. A observação de que o RNA de T4 se liga aos ribossomos de *E. coli*, feita pela primeira vez na primavera de 1960, foi logo seguida por evidências obtidas em uma classe separada de RNA mensageiro em células de *E. coli* não infectadas, descartando, definitivamente, o rRNA como molécula molde. Na verdade, como será visto extensivamente no Capítulo 15, os rRNAs componentes do ribossomo, junto com cerca de 50 proteínas ribossomais diferentes, atuam como fábricas para a síntese proteica, mantendo os tRNA-aminoácidos precursores nas posições corretas, para que possam "ler" a informação contida nos moldes de mRNAs.

Apenas uma pequena porcentagem do RNA celular total é mRNA. Esse RNA apresenta grande variação de tamanho e a composição nucleotídica necessária para codificar as várias diferentes proteínas encontradas em uma determinada célula. Portanto, é fácil entender por que o mRNA foi inicialmente ignorado. Como apenas uma pequena porção do mRNA está ligada em um determinado momento a um ribossomo, uma única molécula de mRNA pode ser lida simultaneamente por vários ribossomos. A maioria dos ribossomos é encontrada como parte de **polirribossomos** (conjuntos de ribossomos traduzindo o mesmo mRNA), os quais podem conter mais de 50 unidades ribossomais (Fig. 2-16).

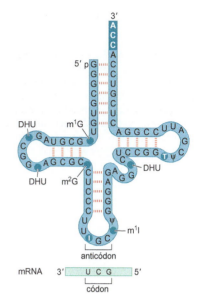

FIGURA 2-14 Estrutura do tRNA de alanina em leveduras, determinada por Robert W. Holley e seus colaboradores. O anticódon deste tRNA reconhece o códon para alanina no mRNA. Existem vários nucleosídeos modificados na estrutura: ψ = pseudouridina, T = ribotimidina, DHU = 5,6-di-hidrouridina, I = inosina, m¹G = 1-metilguanosina, m¹I = 1-metilinosina, e m²G = *N,N*-dimetilguanosina.

FIGURA 2-15 Transcrição e tradução. Os nucleotídeos do mRNA são unidos para formar uma cópia complementar de uma fita de DNA. Cada grupo de três é um códon complementar a um grupo de três nucleotídeos na região do anticódon de uma molécula de tRNA específica. Quando ocorre o pareamento de bases, um aminoácido carregado pela outra extremidade da molécula de tRNA é adicionado à cadeia crescente de proteína.

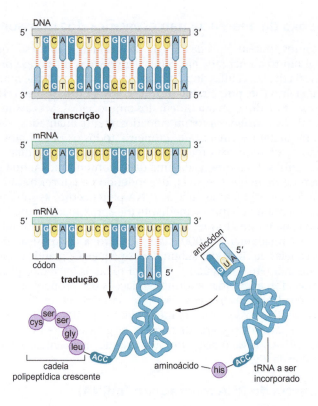

Síntese enzimática de RNA sobre moldes de DNA

Ao mesmo tempo em que se descobria o mRNA, a primeira das enzimas que sintetizavam (ou transcreviam) RNA a partir de moldes de DNA foi independentemente isolada nos laboratórios dos bioquímicos Jerard Hurwitz e Samuel B. Weiss. Denominadas **RNA-polimerases**, essas enzimas atuam somente na presença de DNA, que serve como molde para a síntese das cadeias de RNA de fita simples, e utilizam os nucleotídeos ATP, GTP, CTP e UTP como precursores (Fig. 2-17). Essas enzimas fazem o RNA utilizar os segmentos apropriados do DNA cromossômico como seus moldes. Evidências diretas de que o DNA posiciona os ribonucleotídeos precursores foram obtidas pela observação de como a composição de bases de RNA variava em função da adição de moléculas de DNA com proporções variáveis de

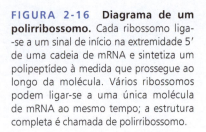

FIGURA 2-16 Diagrama de um polirribossomo. Cada ribossomo liga-se a um sinal de início na extremidade 5' de uma cadeia de mRNA e sintetiza um polipeptídeo à medida que prossegue ao longo da molécula. Vários ribossomos podem ligar-se a uma única molécula de mRNA ao mesmo tempo; a estrutura completa é chamada de polirribossomo.

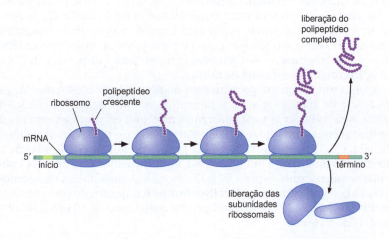

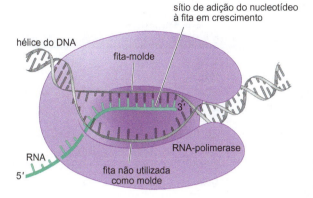

FIGURA 2-17 **Síntese enzimática de RNA sobre um molde de DNA, catalisada pela RNA-polimerase.**

AT/GC. Em cada síntese enzimática, a razão AU/GC do RNA era aproximadamente similar à razão AT/GC do DNA (Tab. 2-2).

Durante a transcrição, somente uma das duas fitas de DNA é utilizada como molde para a síntese do RNA. Isso faz sentido, porque se espera que as mensagens transportadas pelas duas fitas, sendo complementares, porém, não idênticas, codifiquem polipeptídeos completamente diferentes. A síntese de RNA sempre ocorre em uma direção fixa, iniciando na extremidade 5' e terminando em um nucleotídeo da extremidade 3' (ver Fig. 2-17).

Na época, existiam fortes evidências para o suposto deslocamento do RNA do núcleo, que contém o DNA, para o citoplasma, que contém os ribossomos nas células eucarióticas. Por meio da breve exposição de células a precursores marcados radioativamente, seguida da adição de uma quantidade grande de aminoácidos não marcados (um experimento de "pulso e caça"), ocorre a marcação do mRNA sintetizado durante essa curta "janela". Esses estudos mostraram que o mRNA é sintetizado no núcleo. Após uma hora, a maior parte desse RNA já deixou o núcleo, podendo ser observado no citoplasma (Fig. 2-18).

Estabelecimento do código genético

Dada a existência de 20 aminoácidos e apenas quatro bases, grupos de nucleotídeos deveriam, de alguma forma, especificar um determinado aminoácido. Grupos de dois, entretanto, especificariam apenas 16 (4 × 4) aminoácidos. Assim, a partir de 1954, quando se começou a pensar seriamente sobre o código genético, a atenção foi voltada para trincas (grupos de três) e como essas trincas poderiam atuar, mesmo que fornecessem mais permutações (4 × 4 × 4) do que o necessário, caso cada aminoácido fosse especificado por uma única trinca. O pressuposto de colinearidade foi então muito importante. Ele argumentava que grupos de nucleotídeos sucessivos ao longo de uma cadeia

TABELA 2-2 Comparação da composição de bases de RNAs enzimaticamente sintetizados com a composição de bases de seus moldes de DNA de dupla-hélice

	Composição de bases do RNA				$\frac{A+U}{G+C}$	$\frac{A+T}{G+C}$
Fonte do DNA-molde	Adenina	Uracila	Guanina	Citosina	Observado	No DNA
T2	0,31	0,34	0,18	0,17	1,86	1,84
Timo fetal bovino	0,31	0,29	0,19	0,21	1,50	1,35
Escherichia coli	0,24	0,24	0,26	0,26	0,92	0,97
Micrococcus lysodeikticus (uma bactéria)	0,17	0,16	0,33	0,34	0,49	0,39

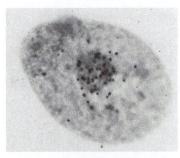

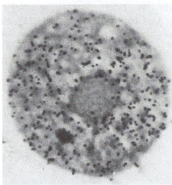

FIGURA 2-18 Demonstração de que o RNA é sintetizado no núcleo e transportado para o citoplasma. (Imagem superior) Autorradiografia de uma célula (*Tetrahymena*) exposta à citidina radioativa por 15 minutos. Sobreposta a uma fotografia de uma fina secção da célula está uma fotografia de uma emulsão de prata exposta. Cada ponto escuro representa a origem de um elétron emitido a partir de um átomo de ^{3}H (trítio) que foi incorporado ao RNA. Quase todo o RNA recém-sintetizado é encontrado no núcleo. (Imagem inferior) Autorradiografia de uma célula semelhantemente exposta à citidina radioativa por 12 minutos e cultivada por 88 minutos na presença de citidina não radioativa. Praticamente toda a marcação incorporada no RNA nos primeiros 12 minutos deixou o núcleo e migrou para o citoplasma. (Cortesia de D.M. Prescott, University of Colorado Medical School; reproduzida, com permissão, de Prescott D.M. 1964. *Progr. Nucleic Acid Res. Mol. Biol.* **3**: 35. © Elsevier.)

TABELA 2-3 O código genético

		segunda posição			
primeira posição	**U**	**C**	**A**	**G**	terceira posição
U	UUU Phe / UUC Phe / UUA Leu / UUG Leu	UCU / UCC / UCA / UCG Ser	UAU Tyr / UAC Tyr / UAA término / UAG término	UGU Cys / UGC Cys / UGA término / UGG Trp	U / C / A / G
C	CUU / CUC / CUA / CUG Leu	CCU / CCC / CCA / CCG Pro	CAU His / CAC His / CAA Gln / CAG Gln	CGU / CGC / CGA / CGG Arg	U / C / A / G
A	AUU Ile / AUC Ile / AUA Ile / AUG Met	ACU / ACC / ACA / ACG Thr	AAU Asn / AAC Asn / AAA Lys / AAG Lys	AGU Ser / AGC Ser / AGA Arg / AGG Arg	U / C / A / G
G	GUU / GUC / GUA / GUG Val	GCU / GCC / GCA / GCG Ala	GAU Asp / GAC Asp / GAA Glu / GAG Glu	GGU / GGC / GGA / GGG Gly	U / C / A / G

de DNA codificavam aminoácidos sucessivos ao longo de uma determinada cadeia polipeptídica. Uma elegante análise mutacional em proteínas bacterianas, realizada no início da década de 1960 por Charles Yanofsky e Sydney Brenner, mostrou que a colinearidade de fato existe. Igualmente importantes foram as análises feitas por Brenner e Crick, que em 1961 relataram pela primeira vez que grupos de três nucleotídeos eram usados para especificar aminoácidos individuais.

A exata correspondência entre os grupos específicos de três bases (códons) e os aminoácidos específicos somente seria descoberta por meio de análises bioquímicas. O grande avanço aconteceu em 1961, quando Marshall Nirenberg e Heinrich Matthaei, então trabalhando juntos, observaram que a adição do polinucleotídeo sintético poli U (UUUUU...) a um sistema livre de células capaz de sintetizar proteínas resultava na síntese de cadeias polipeptídicas contendo apenas o aminoácido fenilalanina. Os grupos de nucleotídeos UUU, assim, devem especificar fenilalanina. O uso de polinucleotídeos cada vez mais complexos como RNAs mensageiros sintéticos levou à rápida identificação de outros códons. Particularmente importante para completar o código foi o uso de polinucleotídeos como AGUAGU, sintetizados pelo químico orgânico Har Gobind Khorana. Esses polinucleotídeos adicionais foram fundamentais para testar novos conjuntos de códons específicos. A finalização do código, em 1966, revelou que 61 dos 64 possíveis grupos permutáveis correspondiam a aminoácidos, com a maioria dos aminoácidos sendo codificada por mais de uma trinca de nucleotídeos (Tab. 2-3).

ESTABELECIMENTO DA DIREÇÃO DA SÍNTESE PROTEICA

Uma vez determinada, a natureza do código genético gerou outras questões sobre como uma cadeia polinucleotídica comanda a síntese de um polipeptídeo. Como foi visto até agora e será discutido em mais detalhes no Capítulo 9, as cadeias polinucleotídicas (DNA e RNA) são sintetizadas por adição à extremidade 3' da cadeia crescente (crescimento na direção 5'→3'). Mas, e quanto à cadeia polipeptídica em crescimento? Ela é montada na direção aminoterminal para carboxiterminal, ou na direção oposta?

Esta questão foi respondida com o uso de um sistema de síntese de proteínas livre de células semelhante ao utilizado para identificar os códons dos aminoácidos. Em vez de fornecer mRNAs sintéticos, no entanto, os pesquisadores forneceram mRNA de β-globina para direcionar a síntese de proteínas. Alguns minutos após o início da síntese proteica, esse sistema foi tratado com um aminoácido radioativo por alguns segundos (tempo menor que o necessário para a síntese completa de uma cadeia de globina) e, logo após, a síntese proteica foi interrompida. Essa técnica de marcação radioativa por um breve período é conhecida como **marcação pulsada**. A seguir, as cadeias de β-globina que tiveram seu crescimento *concluído* durante o período da marcação pulsada foram separadas das cadeias incompletas por eletroforese em gel (Cap. 7). Assim, todas as proteínas analisadas teriam completado a sua síntese na presença de precursores radioativamente marcados. Os polipeptídeos completos foram tratados com a protease tripsina, uma enzima que cliva proteínas em sítios específicos da cadeia polipeptídica, gerando, assim, uma série de fragmentos peptídicos. Na etapa final do experimento, foi medida a quantidade de radioatividade incorporada em cada fragmento peptídico (Fig. 2-19).

Como nesse experimento todas as proteínas concluíram sua síntese na presença de precursores radioativos, os peptídeos a serem sintetizados por último terão a maior densidade de precursores radioativamente marcados (Fig. 2-19a). Em contrapartida, peptídeos com menor quantidade de aminoácidos radioativos (normalizados pelo tamanho do peptídeo) seriam derivados de regiões da proteína β-globina que foram primeiramente sintetizadas. Os pesquisadores observaram que a marcação radioativa foi menor nos peptídeos da região aminoterminal da globina e maior para peptídeos da região carboxiterminal (Fig. 2-19b). Isso levou à conclusão de que a síntese proteica ocorre na direção da extremidade amino para a extremidade carboxiterminal. Em outras palavras, novos aminoácidos são adicionados à extremidade carboxila da cadeia polipeptídica crescente.

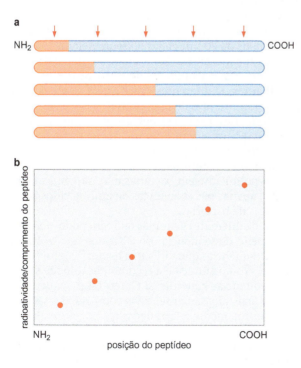

FIGURA 2-19 Incorporação de aminoácidos marcados radioativamente em uma cadeia polipeptídica crescente. (a) Distribuição da radioatividade (representada em azul) entre cadeias concluídas após um curto período de marcação. Os sítios de clivagem de tripsina da proteína β-globina estão indicados por setas vermelhas. (b) A incorporação de marcação normalizada pelo tamanho de cada peptídeo é plotada como função da posição do peptídeo na cadeia completa.

Sinais de início e de término também são codificados no DNA

Inicialmente, imaginou-se que a tradução de uma molécula de mRNA começaria em uma extremidade e terminaria quando a mensagem inteira no mRNA tivesse sido decifrada em aminoácidos. Na verdade, porém, a tradução inicia e termina em posições internas do mRNA. Assim, deve haver sinais no DNA (e nos mRNAs produzidos) para iniciar e terminar a tradução. Os primeiros a serem desvendados foram os sinais de parada ou término. Três códons distintos (UAA, UAG e UGA), inicialmente conhecidos como **códons sem sentido** (*nonsense codons*), não promovem a adição de aminoácidos específicos. Ao contrário, esses códons atuam como sinais de parada da tradução (algumas vezes chamados de códons de terminação ou de término). A maneira como os sinais de início da tradução são codificados é mais complexa. Todas as cadeias polipeptídicas são iniciadas pelo aminoácido metionina, mas a trinca (AUG) que codifica essas metioninas iniciais também codifica os resíduos de metionina localizados em posições internas da proteína. Em procariotos, os códons AUG que iniciam novas cadeias polipeptídicas são precedidos por blocos específicos de nucleotídeos ricos em purinas que servem para ligar o mRNA nos ribossomos (ver Cap. 15). Em eucariotos, a posição do AUG em relação ao início do mRNA é o determinante essencial, com o primeiro AUG sempre sendo selecionado como o sítio de início da tradução.

A ERA DA GENÔMICA

Com a elucidação do dogma central, tornou-se claro, em meados da década de 1960, como a matriz genética representada pela sequência nucleotídica poderia determinar o fenótipo. Essa constatação significa que informações essenciais em relação à natureza das coisas vivas e a sua evolução podem ser reveladas a partir das sequências de DNA. Nos últimos anos, o surgimento de métodos rápidos e automatizados para o sequenciamento do DNA permitiu a determinação de sequências genômicas completas de centenas de organismos. Até mesmo o genoma humano, que em uma única cópia é composto por mais de 3 bilhões de pares de bases, foi desvendado e demonstrou conter mais de 20 mil genes. O sequenciamento dos genomas de vários organismos tornou muito útil a análise comparativa de sequências genômicas. Ao comparar as sequências de aminoácidos preditas codificadas por genes semelhantes de diferentes organismos, pode-se frequentemente identificar regiões importantes de uma proteína. Por exemplo, os aminoácidos nas DNA-polimerases que são essenciais para a ligação ao nucleotídeo a ser incorporado ou que catalisam diretamente a adição do nucleotídeo são bastante conservados nas DNA-polimerases de vários organismos diferentes. De maneira semelhante, os aminoácidos que são importantes para o funcionamento da DNA-polimerase em bactérias mas não em células eucarióticas serão conservados apenas nas sequências de aminoácidos preditas pelas sequências genômicas de bactérias.

A comparação de diferentes genomas também pode oferecer informações importantes a respeito de sequências de DNA que não codificam proteínas. A identificação de sequências que dirigem a expressão gênica, a replicação do DNA, a segregação cromossômica e a recombinação pode ser facilitada pela comparação de sequências genômicas. Como essas sequências reguladoras tendem a divergir mais rapidamente, essas comparações são geralmente feitas entre espécies intimamente relacionadas (p. ex., entre diferentes bactérias ou entre seres humanos e outros primatas). O valor das comparações entre espécies relacionadas levou a esforços para sequenciar os genomas de organismos de relação próxima com organismos-modelo bem-estudados, como

Capítulo 2 Os Ácidos Nucleicos Transportam as Informações Genéticas **41**

a mosca-da-fruta *Drosophila melanogaster*, a levedura *Saccharomyces cerevisiae*, ou vários primatas.

A genômica comparativa entre diferentes indivíduos do mesmo organismo tem o potencial de identificar mutações que levam a doenças. Por exemplo, esforços recentes levaram ao desenvolvimento de métodos para comparar rapidamente as sequências de uma fração do genoma humano entre vários indivíduos diferentes, em um esforço para identificar genes de doenças. Finalmente, é possível antever o dia em que as análises de genômica comparativa revelarão informações fundamentais da origem de comportamentos humanos complexos, como a aquisição da linguagem, bem como mecanismos subjacentes à diversificação evolutiva dos planos corporais animais.

O objetivo dos capítulos seguintes é fornecer uma base sólida para o entendimento do funcionamento do DNA como molde para a complexidade biológica. Os capítulos da Parte 2 revisam a química básica e as estruturas bioquímicas relevantes para os principais temas deste livro. O capítulo final da Parte 2 apresenta várias técnicas de laboratório comumente utilizadas para investigar estruturas e problemas biológicos. Os capítulos iniciais da Parte 3, Manutenção do genoma, descrevem a estrutura do material genético e a exatidão de sua duplicação. Os capítulos seguintes apresentam os processos que fornecem um meio para gerar variação genética bem como o reparo de regiões danificadas do genoma. A Parte 4, Expressão do genoma, mostra como as instruções genéticas contidas no DNA são convertidas em proteínas. A Parte 5, Regulação, descreve as estratégias para a atividade gênica diferencial utilizadas para gerar a complexidade dos organismos (p. ex., embriogênese) e a diversidade entre os organismos (p. ex., evolução). O último capítulo da Parte 5, sobre biologia de sistemas, apresenta abordagens interdisciplinares para investigar níveis mais complexos da organização biológica, e um apêndice descreve vários organismos-modelo que têm servido como importantes sistemas experimentais para revelar padrões biológicos gerais em vários organismos diferentes.

RESUMO

A descoberta de que o DNA é o material genético pode ser rastreada até os experimentos realizados por Griffith, que demonstraram que linhagens de bactérias não virulentas poderiam ser geneticamente transformadas com uma substância derivada das linhagens patogênicas inativadas pelo calor. Avery, McCarty e MacLeod, subsequentemente, demonstraram que a substância transformante era o DNA. Evidências adicionais de que o DNA é o material genético foram obtidas por Hershey e Chase, em experimentos com bacteriófagos marcados radioativamente. Com base nas regras de Chargaff e nos estudos de difração por raios X de Franklin e Wilkins, Watson e Crick propuseram a estrutura de dupla-hélice do DNA. Nesse modelo, duas cadeias polinucleotídicas estão enroladas uma ao redor da outra, formando uma dupla-hélice regular. As duas cadeias da dupla-hélice são mantidas unidas por ligações de hidrogênio entre os pares de bases. A adenina está sempre ligada à timina, e a guanina está sempre ligada à citosina. A existência do pareamento de bases significa que as sequências de nucleotídeos ao longo das duas cadeias não são idênticas, mas sim, complementares. A descoberta dessa relação sugeriu um mecanismo para a replicação do DNA, no qual cada fita atua como um molde para a síntese de sua fita complementar. A prova dessa hipótese veio (a) da observação de Meselson e Stahl de que as duas fitas de cada dupla-hélice são separadas a cada ciclo de replicação do DNA, e (b) da descoberta de Kornberg de

uma enzima que utiliza DNA de fita simples como molde para a síntese de uma fita complementar.

Como foi visto, de acordo com o "dogma central", o fluxo da informação segue do DNA para RNA para proteína. Essa transmissão é alcançada em duas etapas. Na primeira, o DNA é transcrito em um intermediário de RNA (RNA mensageiro) e, depois, o mRNA é traduzido em proteína. A tradução do mRNA necessita de moléculas de RNA adaptadoras, chamadas de tRNAs. A característica mais importante do código genético é que cada trinca, ou códon, é reconhecido por um tRNA, o qual está associado a um aminoácido correspondente. Dos 64 códons possíveis ($4 \times 4 \times 4$), 61 são utilizados para especificar os 20 aminoácidos que compõem as proteínas, e três são utilizados como sinais para a terminação da cadeia. O conhecimento do código genético permite predizer as sequências que codificam as proteínas a partir da sequência de DNA. O surgimento de métodos de sequenciamento rápido levou-nos à nova era da genômica, na qual sequências completas de genomas de uma grande variedade de organismos estão sendo determinadas, incluindo os seres humanos. A comparação de sequências genômicas oferece um método poderoso para identificar regiões essenciais do genoma que codificam não apenas elementos importantes das proteínas, mas também regiões reguladoras que controlam a expressão de genes e a duplicação do genoma.

42 Parte 1 História

BIBLIOGRAFIA

Brenner S., Jacob F., and Meselson M. 1961. An unstable intermediate carrying information from genes to ribosomes for protein synthesis. *Nature* **190:** 576–581.

Brenner S., Stretton A.O.W., and Kaplan S. 1965. Genetic code: The nonsense triplets for chain termination and their suppression. *Nature* **206:** 994–998.

Cairns J., Stent G.S., and Watson J.D., eds 1966. *Phage and the origins of molecular biology.* Cold Spring Harbor Laboratory, Cold Spring Harbor, New York.

Chargaff E. 1951. Structure and function of nucleic acids as cell constituents. *Fed Proc* **10:** 654–659.

Cold Spring Harbor Symposia onQuantitative Biology. 1966.Vol. 31: *The genetic code.* Cold Spring Harbor Laboratory, Cold Spring Harbor, New York.

Crick F.H.C. 1955. On degenerate template and the adaptor hypothesis. A note for the RNA Tie Club, unpublished. Mentioned in Crick's 1957 discussion, pp. 25–26, in The structure of nucleic acids and their role in protein synthesis. Biochem *Soc Symp* no. 14, Cambridge University Press, Cambridge, England.

———. 1958. On protein synthesis. *Symp. Soc. Exp. Biol.* **12:** 548–555.

———. 1963. The recent excitement in the coding problem. *Prog Nucleic Acid Res.* **1:** 164–217.

———. 1988. *What mad pursuit: A personal view of scientific discovery.* Basic Books, New York.

Crick F.H.C. and Watson J.D. 1954. The complementary structure of deoxyribonucleic acid. Proc. Roy. Soc. A 223: 80–96.

Echols H. and Gross C.A., eds 2001. Operators and promoters: The story of molecular biology and its creators. University of California Press, Berkeley, California.

Franklin R.E. and Gosling R.G. 1953. Molecular configuration in sodium thymonuclease. Nature 171: 740–741.

HersheyA.D. andChaseM.1952. Independent functionofviralproteinand nucleic acid on growth of bacteriophage. J. Gen. Physiol. 36: 39–56.

Hoagland M.B., Stephenson M.L., Scott J.F., Hecht L.I., and Zamecnik P.C. 1958. A soluble ribonucleic acid intermediate in protein synthesis. J. Biol. Chem. 231: 241–257.

Holley R.W., Apgar J., Everett G.A., Madison J.T., Marquisse M., Merrill S.H., Penswick J.R., and Zamir A. 1965. Structure of a ribonucleic acid. Science 147: 1462–1465.

Ingram V.M. 1957. Gene mutations in human hemoglobin: The chemical difference between normal and sickle cell hemoglobin. Nature 180: 326–328.

Jacob F. and Monod J. 1961. Genetic regulatory mechanisms in the synthesis of proteins. J. Mol. Biol. 3: 318–356.

Judson H.F. 1996. The eighth day of creation, expanded edition. Cold Spring Harbor Laboratory Press, Cold Spring Harbor, New York.

Kornberg A. 1960. Biological synthesis of deoxyribonucleic acid. Science 131: 1503–1508.

Kornberg A. and Baker T.A. 1992. DNA replication. W.H. Freeman, New York.

McCarty M. 1985. The transforming principle: Discovering that genes are made of DNA. Norton, New York.

Meselson M. and Stahl F.W. 1958. The replication of DNA in Escherichia coli. Proc. Natl. Acad. Sci. 44: 671–682.

Nirenberg M.W. and Matthaei J.H. 1961. The dependence of cell-free protein synthesis in E. coli upon naturally occurring or synthetic polyribonucleotides. Proc. Natl. Acad. Sci. 47: 1588–1602.

Olby R. 1975. The path to the double helix. University of Washington Press, Seattle.

Portugal F.H. and Cohen J.S. 1980. A century of DNA: A history of the discovery of the structure and function of the genetic substance. MIT Press, Cambridge, Massachusetts.

Sarabhai A.S., Stretton A.O.W., Brenner S., and Bolte A. 1964. Colinearity of the gene with the polypeptide chain. Nature 201: 13–17.

Stent G.S. and Calendar R. 1978. Molecular genetics: An introductory

narrative, 2nd ed. Freeman, San Francisco.

Volkin E. and Astrachan L. 1956. Phosphorus incorporation in E. coli ribonucleic acid after infection with bacteriophage T2. Virology 2: 146–161.

Watson J.D. 1963. Involvement of RNA in synthesis of proteins. Science 140: 17–26.

———. 1968. The double helix. Atheneum, New York.

———. 1980. The double helix: A Norton critical edition (ed. G.S. Stent). Norton, New York.

———. 2000. A passion for DNA: Genes, genomes and society. Cold Spring Harbor Laboratory Press, Cold Spring Harbor, New York.

———. 2002. Genes, girls, and Gamow: After the double helix. Knopf, New York.

Watson J.D. and Crick F.H.C. 1953a. Genetical implications of the structure of deoxyribonucleic acid. Nature 171: 964–967.

———. 1953b. Molecular structure of nucleic acids; a structure for deoxyribose nucleic acid. Nature 171: 737–738.

Wilkins M.H.F., Stokes A.R., and Wilson H.R. 1953. Molecular structure of deoxypentose nucleic acid. Nature 171: 738–740.

Yanofsky C., Carlton B.C., Guest J.R., Helinski D.R., and Henning U. 1964.

On the colinearity of gene structure and protein structure. Proc. Natl. Acad. Sci. 51: 266–272.

QUESTÕES

Para respostas de questões de número par, ver Apêndice 2: Respostas.

Questão 1. Avery, MacLeod e McCarty concluíram que o DNA continha a informação genética para transformar *Streptococcus pneumoniae R* (rugoso) não patogênico em *S. pneumoniae S* (liso) patogênico. Explique a lógica experimental por trás do tratamento da fração purificada ativa com desoxirribonuclease, ribonuclease ou enzimas proteolíticas.

Questão 2. No experimento de Hershey-Chase de 1952 (Fig. 2-3), explique por que a proteína é marcada com ^{35}S e o DNA é marcado com ^{32}P. É possível fazer a marcação inversa (DNA com ^{35}S e proteína com ^{32}P)?

Questão 3.

A. Considerando os dados de Chargaff no Quadro 2-1, explique como os dados humanos ajudaram a refutar a ideia que a timina pareia com a citosina no DNA dupla-fita.

B. Se Chargaff coletasse apenas os dados de *E. coli* K2, você teria condições de refutar com segurança que a timina pareia com a citosina no DNA dupla-fita? Explique por que ou por que não.

Questão 4. Descreva as diferenças estruturais entre uma base, um nucleosídeo e um nucleotídeo (que são válidas para qualquer base).

Questão 5. Revise os dados da Tabela 2-1. Justifique como os dados experimentais para *Aerobacter aerogenes* corroboram a hipótese de que uma DNA-polimerase utiliza um molde para direcionar a síntese de DNA novo com uma sequência específica.

Questão 6.
A. Usando a mesma configuração experimental do experimento original de Meselson e Stahl (ver Figs. 2-9 e 2-10), deduza as bandas (pesada, leve e/ou intermediária) que você observaria após um ciclo de replicação se a DNA-polimerase replicasse o genoma bacteriano pelo modelo de replicação dispersiva.
B. Usando a mesma configuração experimental do experimento original de Meselson e Stahl, deduza as bandas (pesada, leve e/ou intermediária) que você observaria após um ciclo de replicação se a DNA-polimerase replicasse o genoma bacteriano pelo modelo de replicação conservativa.
C. Quantos ciclos de replicação o experimento original de Meselson e Stahl incluiu para distinguir entre os três modelos de replicação (dispersiva, conservativa, semiconservativa)? Explique sua resposta.

Questão 7. Revise o Quadro 2-2. Explique como Vernon Ingram usou o alelo *S* e a anemia falciforme para fornecer evidências de que os genes codificam proteínas.

Questão 8. Descreva várias propriedades gerais do RNA que forneceram pistas de que o RNA intermediava as informações genéticas do DNA e da sequência de aminoácidos nas proteínas.

Questão 9. Forneça justificativas de que o rRNA não dita a sequência de aminoácidos na síntese de proteínas.

Questão 10. Como a formação de polirribossomos é vantajosa para a expressão de uma proteína específica?

Questão 11. Usando o código genético dado na Tabela 2-3, cite o(s) aminoácido(s) produzido(s) a partir do molde AGUAGU usando um sistema de tradução livre de células.

Questão 12. Descreva as etapas do Dogma Central. Liste onde cada etapa ocorre na célula. Para cada seta, cite o processo que a seta representa e a principal enzima (complexo) responsável pela conclusão da etapa. Cite a(s) etapa(s) na(s) qual(is) o mRNA, o tRNA e o rRNA exercem um dado papel e descreva brevemente o papel de cada um na(s) etapa(s) que você citou.

Questão 13.
A. Revise o experimento e os dados apresentados na Figura 2-19. Em termos de configuração experimental, explique por que os valores para radioatividade por comprimento de peptídeo não são iguais para cada pepetídeo completo isolado.
B. Deduza como os dados apresentados no gráfico mudariam se o passo de clivagem com tripsina não ocorresse.
C. Deduza como os dados apresentados no gráfico mudariam se as proteínas fossem traduzidas no sentido carboxiterminal para aminoterminal. Explique por que você veria essa mudança.

Questão 14. Tissières e Hopkins estudaram a relação entre o DNA e a síntese de proteínas. Em um experimento, eles mediram a incorporação de aminoácidos nas proteínas na presença da enzima desoxirribonuclease (DNase). Eles incubaram um extrato bruto de *E. coli* com concentrações variadas de DNase por 10 minutos antes de adicionar os componentes necessários para a reação de síntese de proteína incluindo alanina marcada com ^{14}C. A quantidade de radioatividade incorporada está representada por cpm (contagens por minuto) nos dados resumidos a seguir.

DNAse (μg/mL)	0	1	5	10	20	50
cpm	813	334	372	364	386	426
Inibição (%)		59	54	55	53	48

A. Qual é o efeito da adição de DNase na síntese de proteínas?
B. Considerando o que você conhece a respeito do dogma central, explique por que a adição de DNase causa o efeito observado na incorporação de aminoácidos.

Dados adaptados de Tissières e Hopkins (1961. *Proc. Natl. Acad. Sci.* **47**: 2015–2023).

Questão 15. Audrey Stevens mediu a incorporação de ADP marcado com ^{32}P ou ATP marcado com ^{32}P ao RNA. Ele adicionou várias misturas de nucleotídeos a um extrato de *E. coli* que catalisou a síntese de RNA. Os componentes adicionados por reação estão listados na tabela a seguir. A radioatividade observada incorporada no RNA está listada em termos de cpm (contagens por minuto).

Componentes da reação adicionados	cpm incorporada
ATP	790
ATP, UTP, CTP, GTP	3.920
ADP	690
ADP, UDP, CDP, GDP	1.800

A. Com base em seu conhecimento deste capítulo e nos dados fornecidos, qual é a enzima presente no extrato de *E. coli*?
B. Por que você acha que a segunda reação possui o maior valor de cpm comparado às outras reações?

Dados adaptados de Stevens (1960. *Biochem. Biophys. Res. Commun.* **3**: 92–96).

PARTE 2

ESTRUTURA E ESTUDO DE MACROMOLÉCULAS

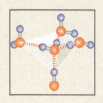
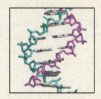

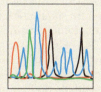

SUMÁRIO

CAPÍTULO 3
A Importância das Ligações Químicas Fracas e Fortes, 51

CAPÍTULO 4
A Estrutura do DNA, 77

CAPÍTULO 5
A Estrutura e a Versatilidade do RNA, 107

CAPÍTULO 6
A Estrutura das Proteínas, 121

CAPÍTULO 7
Técnicas de Biologia Molecular, 147

Parte 2 Estrutura e Estudo de Macromoléculas

A Parte 2 é dedicada à estrutura das macromoléculas, à química subjacente a estas estruturas e aos métodos pelos quais estas moléculas são estudadas.

A química básica apresentada no Capítulo 3 foca na natureza das ligações químicas – fracas e fortes –, descrevendo suas funções na biologia. A discussão começa com interações químicas fracas, isto é, ligações de hidrogênio, forças de van der Waals e interações hidrofóbicas. Essas forças promovem a maioria das interações entre as macromoléculas – entre proteínas, ou entre proteínas e DNA, por exemplo. As ligações fracas são fundamentais para a atividade e regulação da maioria dos processos celulares. Dessa maneira, as enzimas ligam-se aos seus substratos utilizando interações químicas fracas; e os reguladores transcricionais ligam-se a sítios no DNA para ativar ou silenciar genes, utilizando o mesmo tipo de ligações.

As interações fracas individuais são, de fato, muito fracas e, portanto, dissociam-se rapidamente após a sua formação. Essa reversibilidade é importante para a sua função biológica. Dentro das células, as moléculas devem interagir de maneira dinâmica (reversível) ou todo o sistema seria comprometido. Ao mesmo tempo, certas interações precisam ser estáveis, pelo menos em curto prazo. Para acomodar essas demandas aparentemente conflitantes, múltiplas interações fracas tendem a ser utilizadas em conjunto.

Então, nossa atenção será para as ligações fortes – ligações que mantêm unidos os componentes que constituem cada macromolécula. Dessa maneira, as proteínas são compostas por aminoácidos em uma sequência específica unidos por ligações fortes, e o DNA é composto por nucleotídeos ligados de forma semelhante. (Os átomos que compõem os aminoácidos e os nucleotídeos também são unidos por ligações fortes.)

O Capítulo 4 explora a estrutura do DNA em nível atômico, desde a química de suas bases, até as interações de pareamento de bases, e outras forças que mantêm as duas fitas unidas. Portanto, vê-se como as ligações fortes e fracas são essenciais para atribuir suas propriedades à molécula e, assim, definir suas funções. O DNA está, com frequência, topologicamente restrito, e o Capítulo 4 considera os efeitos biológicos dessas limitações, juntamente com as enzimas que alteram sua topologia.

O Capítulo 5 explora a estrutura do RNA. Apesar da grande semelhança química com o DNA, o RNA tem características e propriedades estruturais distintas, próprias, incluindo sua incrível capacidade de atuar como catalisador em vários processos celulares, tema que será retomado em capítulos posteriores do livro. A capacidade do RNA de codificar informações (como o DNA) e atuar como enzima (assim como muitas proteínas) conferiu a ele um papel fascinante na evolução inicial da vida, assunto que é tratado novamente no Capítulo 17.

No Capítulo 6, vê-se como as ligações fortes e fracas em conjunto fornecem às macromoléculas estruturas tridimensionais distintas (conferindo, assim, suas funções específicas). Da mesma maneira que as ligações fracas promovem interações entre as macromoléculas, elas também atuam, por exemplo, entre aminoácidos não adjacentes dentro de uma determinada proteína. Ao fazer isso, essas ligações determinam a conformação tridimensional da cadeia primária de aminoácidos.

Também se considera, no Capítulo 6, como as proteínas interagem umas com as outras e com outras macromoléculas, em particular o DNA e o RNA; como será visto em várias situações ao longo deste livro, as interações entre proteínas e ácidos nucleicos estão no centro da maioria dos processos e da regulação. Será considerado, ainda, como a função de uma proteína pode ser controlada. Um modo de fazer isso é a alteração da forma da proteína, um mecanismo chamado de regulação alostérica. Assim, em uma conformação, uma determinada proteína realiza uma função enzimática específica ou liga-se a uma molécula-alvo específica. Em outra conformação, entretanto, ela pode perder essa capacidade. Tal modificação na forma pode ser provocada pela ligação de outra proteína ou de uma molécula pequena, como um açúcar. Em outros casos, um efeito alostérico pode ser induzido por uma modificação covalente. Por exemplo, a ligação de um ou mais grupos fosfato a uma proteína pode provocar alteração na conformação dessa proteína. Outra maneira pela qual uma proteína pode ser controlada é pela regulação de seu contato com uma molécula-alvo. Dessa maneira, uma determinada proteína pode ser recrutada para atuar em diferentes proteínas-alvo em resposta a diferentes sinais.

A Parte 2 é finalizada com um capítulo (Cap. 7) que descreve várias das principais técnicas de biologia molecular. Estas são as técnicas amplamente utilizadas em estudos de ácidos nucleicos e proteínas, como demonstrado ao longo deste livro. Métodos e técnicas adicionais – geralmente mais especializados para determinados problemas – são apresentados em capítulos individuais, mas os reunidos no Capítulo 7 constituem o conjunto principal amplamente utilizado em biologia molecular.

FOTOGRAFIAS DOS ARQUIVOS DO COLD SPRING HARBOR LABORATORY

Joan Steitz e Fritz Lipmann, 1969 Simpósio sobre o mecanismo de síntese proteica. A pesquisa de Steitz tem como focos a estrutura e a função de moléculas de RNA, sobretudo as envolvidas no processamento do RNA (Cap. 14), e ela foi uma das autoras da quarta edição deste livro. Lipmann demonstrou que o grupo fosfato de alta energia do ATP é a fonte de energia que dirige vários processos biológicos (Cap. 3). Por esse trabalho, ele dividiu com Hans Krebs, em 1953, o Prêmio Nobel de Fisiologia ou Medicina.

Stephen Harrison e Don Wiley, 1999 Simpósio sobre sinalização e expressão gênica no sistema imunológico. Estes dois biólogos estruturais dividiram o mesmo laboratório, em Harvard, durante muitos anos, realizando projetos independentes e, às vezes, sobrepostos. Ambos estavam interessados em infecção viral. O grupo de pesquisa de Harrison foi o primeiro a determinar a estrutura atômica de uma partícula viral intacta; Wiley foi reconhecido por seu trabalho sobre os complexos entre a hemaglutinina de *influenza* e o MHC. Harrison, que escreveu o novo capítulo sobre estrutura de proteínas para esta edição (Cap. 6), também determinou, em colaboração com Mark Ptashne, a primeira estrutura de um complexo proteína:DNA sequência-específico.

Werner Arber e Daniel Nathans, 1978 Simpósio sobre DNA: replicação e recombinação. Estes dois pesquisadores dividiram com Hamilton O. Smith o Prêmio Nobel de Fisiologia ou Medicina, em 1978, pelo trabalho de caracterização das enzimas de restrição tipo II e sua aplicação na análise molecular do DNA (Cap. 7). Esta foi uma das descobertas essenciais para o desenvolvimento da tecnologia de DNA recombinante, no início da década de 1970.

Kary Mullis, 1986 Simpósio sobre a biologia molecular do *Homo sapiens*. Mullis (à direita) inventou a reação em cadeia da polimerase (PCR), uma das técnicas centrais da biologia molecular (Cap. 7), pela qual ganhou o Prêmio Nobel de Química em 1993. Aqui, ele foi fotografado com Maxine Singer (no centro), mais conhecida como a escritora e administradora que escreveu vários livros sobre genética (geralmente, junto com Paul Berg) e que recebeu a National Medal of Science em 1992. À esquerda, está Georgii Georgiev, o editor fundador do *Russian Journal of Developmental Biology*.

Paul Berg, 1963 Simpósio sobre síntese e estrutura de macromoléculas. Berg foi um pioneiro na construção de moléculas de DNA recombinante *in vitro*, trabalho que resultou no Prêmio Nobel de Química, compartilhado por ele em 1980.

Hamilton O. Smith, 1984 Simpósio sobre recombinação em nível de DNA. Smith compartilhou o Prêmio Nobel de Fisiologia ou Medicina de 1978 com Werner Arber e Daniel Nathans, pela descoberta e caracterização das enzimas de restrição tipo II (Cap. 7). Posteriormente, Smith trabalhou com Craig Venter e esteve envolvido em projetos que foram desde o sequenciamento do primeiro genoma bacteriano (*Haemophilus influenzae*) até a criação de genomas sintéticos (Cap. 17).

Leroy Hood e J. Craig Venter, 1990 Encontro sobre mapeamento e sequenciamento genômicos. Hood inventou o sequenciamento automatizado, construindo sua primeira máquina em meados da década de 1980. Mais tarde, foi Venter quem tirou a maior vantagem do sequenciamento automatizado: ao combinar o poder de sequenciamento dessas máquinas com a estratégia de *shotgun*, ele acelerou muito o sequenciamento de genomas inteiros, incluindo o genoma humano (Cap. 7).

Parte 2 Estrutura e Estudo de Macromoléculas   49

Albert Keston, Sidney Udenfriend e Frederick Sanger, 1949 Simpósio sobre aminoácidos e proteínas. Keston – o inventor das fitas de teste para detecção da glicose – e Udenfriend – desenvolvedor de triagens e testes para antimaláricos – estão aqui apresentados juntamente com Sanger, a única pessoa a ganhar dois Prêmios Nobel de Química. O primeiro, em 1958, foi pelo desenvolvimento de um método para determinar a sequência de aminoácido de uma proteína; o segundo, 22 anos depois, foi pelo desenvolvimento do método primário de sequenciamento do DNA (Cap. 7). Além da conquista tecnológica óbvia, a determinação de que uma proteína possui uma sequência definida revelou pela primeira vez que ela provavelmente teria também uma estrutura definida.

Eric S. Lander (falando), 1986 Simpósio sobre a biologia molecular do *Homo sapiens*. Lander estava prestes a se tornar um dos líderes do Projeto Genoma Humano público e primeiro autor do artigo que o Projeto gerou, relatando esta sequência em 2001 (Cap. 7). Assim como na foto a seguir, de Gilbert e Botstein, Lander está apresentando suas ideias no debate de 1986, sobre a validade de tentar sequenciar o genoma humano. Ao seu lado, parecendo pensativo, está David Page, cujo trabalho tem como foco a estrutura, a função e a evolução do cromossomo Y; em primeiro plano, Nancy Hopkins (bióloga do desenvolvimento e uma das autoras da quarta edição deste livro) e, ao fundo, James Watson, parecem estar mais descontraídos.

Francis S. Collins e Maynard V. Olson, 1992 Encontro sobre mapeamento e sequenciamento genômicos. Collins foi um dos primeiros "caçadores de genes", encontrando o tão procurado gene da fibrose cística em 1989. Em 1993, ele assumiu o cargo, até então ocupado por James Watson, de diretor do National Center for Human Genome Research e hoje, é diretor do National Institutes of Health. Aqui, ele ouve Olson em frente a um pôster sobre cromossomos artificiais de levedura (YACs), vetores que Olson havia criado alguns anos antes e que permitiram um salto de 10 vezes no tamanho de fragmentos de DNA que podiam ser clonados na época (Cap. 7).

Walter Gilbert e David Botstein, 1986 Simpósio sobre a biologia molecular do *Homo sapiens*. Gilbert, que inventou um método químico para sequenciar o DNA, é apresentado aqui com Botstein durante o debate histórico sobre a viabilidade e a sensatez de tentar sequenciar o genoma humano. Botstein, após trabalhar com fagos por muitos anos, contribuiu muito para o desenvolvimento da levedura *Saccharomyces cerevisiae* como eucarioto-modelo para biólogos moleculares; ele também foi um dos primeiros pesquisadores no emergente campo da genômica (Cap. 7 e Apêndice 1).

CAPÍTULO 3

A Importância das Ligações Químicas Fracas e Fortes

As macromoléculas que nos interessam ao longo deste livro – e as de maior importância para os biólogos moleculares – são proteínas e ácidos nucleicos. Estas são formadas por aminoácidos e nucleotídeos, respectivamente, e em ambos os casos os constituintes são unidos por ligações covalentes para gerar cadeias polipeptídicas (proteínas) e polinucleotídicas (ácidos nucleicos). As ligações covalentes são ligações fortes e estáveis, e essencialmente nunca se rompem espontaneamente em sistemas biológicos. No entanto, existem também ligações fracas, as quais são fundamentais à vida, em parte porque elas podem ser formadas e rompidas sob as condições fisiológicas presentes nas células. Ligações fracas promovem as interações entre enzimas e seus substratos, e entre as macromoléculas – especialmente, como será visto nos capítulos seguintes, entre proteínas e o DNA ou o RNA, e entre proteínas e outras proteínas. Igualmente importantes ligações fracas também medeiam interações entre as diferentes partes de uma mesma macromolécula que determinam o seu formato e, portanto, sua função biológica. Assim, embora uma proteína seja uma cadeia linear de aminoácidos ligados covalentemente, seu formato e função são determinados pela estrutura tridimensional (3D) estável por ela adotada. Esse formato é determinado pela extensa associação de várias interações fracas individuais formadas entre aminoácidos que não estão necessariamente adjacentes na sequência primária. Da mesma maneira, são as ligações fracas não covalentes que mantêm as duas cadeias de uma dupla-hélice de DNA unidas.

A primeira parte do capítulo considera a natureza das ligações químicas e o conceito de energia livre – isto é, a energia que é liberada (ou alterada) durante a formação de uma ligação química. Depois, o texto se concentra nas ligações fracas, vitais para o funcionamento adequado de todas as macromoléculas biológicas. Particularmente, descreve-se o que confere às ligações fracas este seu caráter fraco. Na última parte do capítulo, são discutidas as ligações de alta energia e considerados os aspectos termodinâmicos da ligação peptídica e da ligação fosfodiéster.

CARACTERÍSTICAS DAS LIGAÇÕES QUÍMICAS

Uma **ligação química** é uma força de atração que mantém os átomos unidos. Agregados de tamanho finito são chamados de **moléculas**. Originalmente,

SUMÁRIO

Características das Ligações Químicas, 51

O Conceito de Energia Livre, 54

Ligações Fracas em Sistemas Biológicos, 55

Ligações de Alta Energia, 63

Moléculas que Doam Energia são Termodinamicamente Instáveis, 63

Enzimas Reduzem a Energia de Ativação nas Reações Bioquímicas, 65

Energia Livre nas Biomoléculas, 66

Ligações de Alta Energia nas Reações Biossintéticas, 67

Ativação de Precursores nas Reações de Transferência de Grupos, 69

FIGURA 3-1 Rotação sobre a ligação C₅—C₆ na glicose. Esta ligação carbono-carbono é uma ligação simples e, portanto, qualquer uma das três configurações, a, b ou c, pode ocorrer.

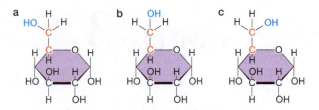

acreditava-se que apenas as ligações covalentes mantinham os átomos unidos nas moléculas; sabe-se agora que forças atrativas fracas são extremamente importantes para manter diversas macromoléculas unidas. Por exemplo, as quatro cadeias polipeptídicas da hemoglobina são unidas pela ação combinada de várias ligações fracas. Portanto, é comum hoje também chamar essas interações positivas fracas de "ligações químicas", mesmo que elas não sejam fortes o bastante para manter dois átomos unidos quando atuam isoladamente.

As ligações químicas são caracterizadas de várias maneiras. Uma característica óbvia de uma ligação é a sua força. Ligações fortes quase nunca se rompem em temperaturas fisiológicas. É por isso que os átomos unidos por ligações covalentes sempre pertencem a uma mesma molécula. As ligações fracas são facilmente rompidas e, quando isoladas, existem apenas transitoriamente. Somente quando estão presentes em arranjos ordenados é que as ligações fracas persistem por um longo período. A força de uma ligação está correlacionada com o seu comprimento, de forma que dois átomos unidos por uma ligação forte estão sempre mais próximos entre si, em comparação aos mesmos dois átomos unidos por uma ligação fraca. Por exemplo, dois átomos de hidrogênio ligados covalentemente formando uma molécula de hidrogênio (H:H) estão separados por 0,74 Å, enquanto os mesmos dois átomos unidos por forças de van der Waals estão separados por 1,2 Å.

Outra característica importante é o número máximo de ligações que um determinado átomo pode realizar. O número de ligações covalentes que um átomo pode formar é chamado de **valência**. O oxigênio, por exemplo, possui valência igual a 2: nunca poderá formar mais de duas ligações covalentes. No entanto, existe maior flexibilidade no caso das forças de van der Waals, em que o fator limitante é puramente estérico. O número de possíveis ligações é limitado apenas pelo número de átomos que podem interagir simultaneamente entre si. A formação de ligações de hidrogênio está sujeita a maiores restrições. Um átomo de hidrogênio, ligado covalentemente, em geral participa de apenas uma ligação de hidrogênio, enquanto um átomo de oxigênio raramente participa de mais de duas ligações de hidrogênio.

O ângulo formado entre duas ligações oriundas de um único átomo é chamado de **ângulo de ligação**. O ângulo entre duas ligações covalentes específicas é aproximadamente constante. Por exemplo, quando um átomo de carbono forma quatro ligações covalentes simples, estas serão ordenadas de forma tetraédrica (ângulo de ligação = 109°). Em contrapartida, os ângulos entre as ligações fracas são muito mais variáveis.

As ligações diferem também na **liberdade de rotação** que permitem. Ligações covalentes simples permitem a rotação livre dos átomos ligados (Fig. 3-1), enquanto ligações duplas e triplas são bastante rígidas. As ligações com caráter parcial de dupla-ligação, como as ligações peptídicas, também são bastante rígidas. Por isso, os grupos carbonila (C=O) e imina (N=C), unidos na ligação peptídica, devem estar no mesmo plano (Fig. 3-2). Por outro lado, as ligações iônicas, muito mais fracas, não impõem restrições quanto às orientações relativas dos átomos participantes da ligação.

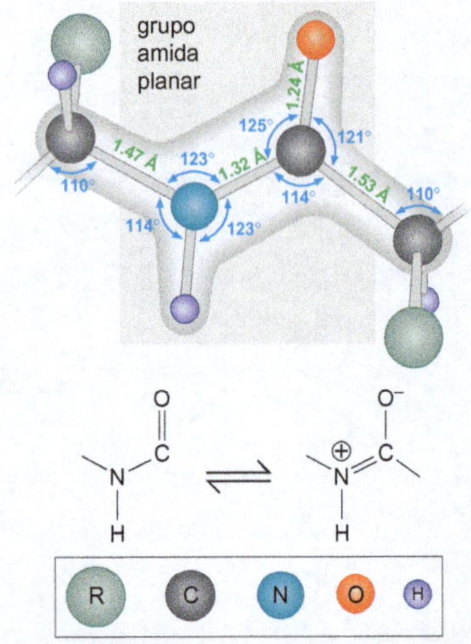

Ligações químicas são explicadas pela mecânica quântica

A natureza das forças fortes e fracas, que dá origem às ligações químicas, era um mistério para os químicos até que a teoria quântica do átomo (mecânica

FIGURA 3-2 Forma plana da ligação peptídica. Aqui está representada uma fração de uma cadeia polipeptídica estendida. Quase nenhuma rotação é possível sobre a ligação peptídica devido a sua característica de ligação dupla parcial (ver painel central). Todos os átomos da área sombreada devem situar-se no mesmo plano. A rotação é possível, no entanto, em torno das duas ligações remanescentes, que compõem as configurações polipeptídicas. (Adaptada, com permissão, de Pauling L. 1960. *The nature of the chemical bond and the structure of molecules and crystals: An introduction to modern structural chemistry*, 3rd ed., p. 495. © Cornell University.)

quântica) fosse desenvolvida, na década de 1920. Então, pela primeira vez, as diversas leis empíricas sobre a formação das ligações químicas passaram a ter uma fundamentação teórica sólida. Foi visto que as ligações químicas, sejam elas fracas ou fortes, têm como base as forças eletrostáticas. A mecânica quântica foi capaz de explicar as ligações covalentes pelo compartilhamento de elétrons e, também, a formação de ligações mais fracas.

A formação de ligações químicas envolve uma alteração na forma de energia

A formação espontânea de uma ligação entre dois átomos sempre envolve a liberação de uma parte da energia interna dos átomos que não estão ligados e sua conversão à outra forma de energia. Quanto mais forte a ligação, maior a quantidade de energia liberada durante a sua formação. A reação de ligação entre dois átomos A e B é, portanto, descrita por

$$A + B \rightarrow AB + \text{energia}, \qquad \text{[Equação 3-1]}$$

em que AB representa o agregado ligado. A taxa de reação é diretamente proporcional à frequência de colisão entre A e B. A unidade mais frequentemente usada para medir a energia é a **caloria**, a quantidade de energia necessária para aumentar a temperatura de 1 g de água de 14,5°C para 15,5°C. Como milhares de calorias estão geralmente envolvidas na quebra de um mol de ligações químicas, a maioria das alterações de energia nas reações químicas são expressas em quilocalorias por mol (kcal/mol).

Entretanto, os átomos unidos por ligações químicas não permanecem ligados para sempre, uma vez que também existem forças que rompem as ligações químicas. Sem dúvidas, a força mais importante provém do calor. A colisão com moléculas ou átomos em rápido movimento pode romper ligações químicas. Durante a colisão, uma parte da energia cinética de uma molécula em movimento é liberada à medida que ocorre a separação dos dois átomos ligados. Quanto mais rápida estiver a molécula (maior a temperatura), maior a probabilidade de ela provocar o rompimento de uma ligação durante a colisão. Portanto, à medida que a temperatura de um conjunto de moléculas aumenta, a estabilidade de suas ligações diminui. Assim, o rompimento de uma ligação é sempre indicado pela fórmula

$$AB + \text{energia} \rightarrow A + B. \qquad \text{[Equação 3-2]}$$

A quantidade de energia necessária para romper uma ligação é exatamente igual à quantidade de energia liberada durante a formação da ligação. Essa equivalência segue a primeira lei da termodinâmica, que afirma que a energia (exceto aquela que for convertida em massa) não pode ser criada nem destruída.

Equilíbrio entre a formação e a quebra de ligações

Cada ligação é, portanto, o resultado de uma ação combinada de forças de ligação e de quebra. Quando o equilíbrio é alcançado, em um sistema fechado, o número de ligações em formação por unidade de tempo será igual ao número de ligações que estão sendo rompidas. Assim, a proporção de átomos ligados é descrita pela seguinte fórmula de ação das massas:

$$K_{eq} = \frac{\text{conc}^{AB}}{\text{conc}^{A} \times \text{conc}^{B}}, \qquad \text{[Equação 3-3]}$$

em que K_{eq} é a **constante de equilíbrio**, e conc^{A}, conc^{B} e conc^{AB} são as concentrações de A, B e AB, respectivamente, em moles por litro (mol/L). Independentemente de iniciar com apenas A e B livres, somente com a molécula

AB, ou com uma combinação de AB e A e B livres, no estado de equilíbrio as proporções de A, B e AB alcançarão as concentrações dadas por K_{eq}.

O CONCEITO DE ENERGIA LIVRE

Sempre há uma alteração na forma de energia à medida que a proporção de átomos ligados se desloca em direção à **concentração de equilíbrio**. Biologicamente, a maneira mais prática de expressar essa variação de energia é por meio do conceito físico-químico de **energia livre**, representado pelo símbolo G, em homenagem ao grande físico do século XIX, Josiah Gibbs. Neste texto, não será apresentada uma descrição rigorosa da energia livre, nem como ela difere de outras formas de energia. Para tais informações, o leitor deverá consultar um livro de química que discuta a segunda lei da termodinâmica. É suficiente dizer, aqui, que *a energia livre é a energia capaz de realizar trabalho*.

A segunda lei da termodinâmica diz que *sempre ocorre uma diminuição na energia livre (ΔG é negativo) em reações espontâneas*. Quando o equilíbrio é alcançado, entretanto, não há mais alteração na quantidade de energia livre (ΔG = 0). Portanto, o estado de equilíbrio para um dado número de átomos em um sistema fechado é o estado que apresenta a menor quantidade de energia livre.

A energia livre perdida à medida que o equilíbrio é alcançado é transformada em calor ou utilizada para aumentar a entropia. Aqui não será apresentada a definição de entropia, apenas será mencionado que a quantidade de entropia é uma medida da quantidade de desordem do sistema. Quanto maior a desordem, maior a quantidade de entropia. A existência de entropia significa que várias reações químicas espontâneas (as com decréscimo líquido de energia livre) não necessitam da elevação de calor para ocorrer. Por exemplo, quando o cloreto de sódio (NaCl) é dissolvido em água, há absorção, e não liberação de calor. Existe, porém, um decréscimo na energia livre, devido ao aumento da desordem dos íons sódio e cloro, à medida que eles passam do estado sólido para um estado dissolvido.

K_{eq} está exponencialmente relacionada ao ΔG

Claramente, quanto mais forte a ligação e, portanto, quanto maior a variação na energia livre (ΔG) que acompanha sua formação, maior a proporção de átomos que devem existir na forma ligada. Essa ideia é quantitativamente expressa pela fórmula físico-química

$$\Delta G = -RT(\ln K_{eq}) \quad \text{ou} \quad K_{eq} = e^{-\Delta G/RT}, \quad \textbf{[Equação 3-4]}$$

em que R é a constante universal dos gases, T é a temperatura absoluta, ln é o logaritmo (de K_{eq}) na base e, e K_{eq} é a constante de equilíbrio, sendo e = 2,718.

A inserção dos valores apropriados de R (1,987 cal/deg-mol) e T (298 a 25°C) mostra que mesmo valores baixos de ΔG, como 2 kcal/mol, podem promover uma reação de formação de ligação até praticamente a sua conclusão, caso todos os reagentes estejam presentes em concentrações molares (Tab. 3-1).

Ligações covalentes são muito fortes

Os valores de ΔG que acompanham a formação de ligações covalentes a partir de átomos livres, como hidrogênio ou oxigênio, são muito altos e com sinal negativo, normalmente de −50 a −110 kcal/mol. A Equação 3-4 mostra que a K_{eq} da reação de ligação será correspondentemente alta e, assim, a concentração dos átomos de hidrogênio ou oxigênio livres presentes será muito baixa. Por exemplo, com um ΔG de −100 kcal/mol, se a reação iniciar com 1 mol/L

TABELA 3-1 A relação numérica entre a constante de equilíbrio e ΔG a 25°C

K_{eq}	ΔG (kcal/mol)
0,001	4,089
0,01	2,726
0,1	1,363
1,0	0
10,0	−1,363
100,0	−2,726
1.000,0	−4,089

de átomos reativos, apenas um a cada 10^{40} átomos permanecerá livre (não ligado) quando o equilíbrio for alcançado.

LIGAÇÕES FRACAS EM SISTEMAS BIOLÓGICOS

Os principais tipos de ligações fracas, importantes em sistemas biológicos, são as forças de van der Waals, as ligações hidrofóbicas, as ligações de hidrogênio e as ligações iônicas. Como será visto em breve, algumas vezes a distinção entre uma ligação de hidrogênio e uma ligação iônica é arbitrária.

Ligações fracas têm energia entre 1 e 7 kcal/mol

As ligações mais fracas são as forças de van der Waals. Essas ligações têm energias (1–2 kcal/mol) apenas ligeiramente maiores do que a energia cinética do deslocamento de calor. A energia das ligações de hidrogênio e das ligações iônicas varia entre 3 e 7 kcal/mol.

Em soluções líquidas, quase todas as moléculas formam diversas ligações fracas com os átomos mais próximos. Todas as moléculas são capazes de formar ligações por forças de van der Waals, enquanto as ligações de hidrogênio e as ligações iônicas somente podem ser formadas entre moléculas que possuem uma carga (íons) ou quando a carga está distribuída de forma desigual. Algumas moléculas, portanto, apresentam a capacidade para formar vários tipos de ligações fracas. Considerações energéticas, entretanto, mostram que as moléculas sempre tendem a formar a ligação mais forte.

Ligações fracas são constantemente formadas e rompidas em temperaturas fisiológicas

As ligações mais fracas possuem energias apenas levemente maiores do que a energia média do movimento cinético (calor) a 25°C (0,6 kcal/mol), mas mesmo a mais forte dessas ligações fracas possui apenas cerca de 10 vezes essa energia. Porém, como há uma distribuição significativa nas energias do deslocamento cinético, ainda existem várias moléculas com energia cinética suficiente para romper a mais forte das ligações fracas em temperaturas fisiológicas.

Diferenças entre moléculas polares e apolares

Todas as formas de interações fracas estão baseadas na atração entre cargas elétricas. A separação de cargas elétricas pode ser permanente ou temporária, dependendo dos átomos envolvidos. Por exemplo, a molécula de oxigênio (O:O) apresenta uma distribuição simétrica dos elétrons entre os dois átomos de oxigênio, de maneira que nenhum dos dois átomos está carregado. Em contrapartida, há uma distribuição não uniforme das cargas na molécula de água (H:O:H), na qual os elétrons ligados são compartilhados desigualmente (Fig. 3-3). Eles são mais fortemente mantidos pelo átomo de oxigênio, que então carrega uma considerável carga negativa, ao passo que os dois átomos de hidrogênio, em conjunto, possuem uma quantidade igual de carga positiva. O centro da carga positiva está em um lado do centro da carga negativa. Uma combinação de cargas positivas e negativas separadas é chamada de **momento de dipolo** elétrico. O compartilhamento desigual de elétrons reflete afinidades dissimilares dos átomos ligantes em relação a elétrons. Os átomos que apresentam uma tendência para ganhar elétrons são chamados de átomos **eletronegativos**. Átomos **eletropositivos** possuem a tendência de liberar elétrons.

Moléculas (como H_2O) que possuem um momento de dipolo são chamadas de **moléculas polares**. As **moléculas apolares** não apresentam um momento de dipolo efetivo. No metano (CH_4), por exemplo, os átomos de carbono e de hidrogênio possuem afinidade similar pelos pares de elétrons que compar-

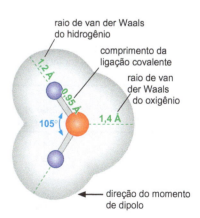

FIGURA 3-3 Estrutura de uma molécula de água. Para raios de van der Waals, ver Figura 3-5.

FIGURA 3-4 Variação das forças de van der Waals com a distância. Os átomos ilustrados neste diagrama são átomos do gás raro inerte argônio. (Adaptada de Pauling L. 1953. *General chemistry*, 2nd ed., p. 322. Cortesia Ava Helen e Linus Pauling Papers, Oregon State University Libraries.)

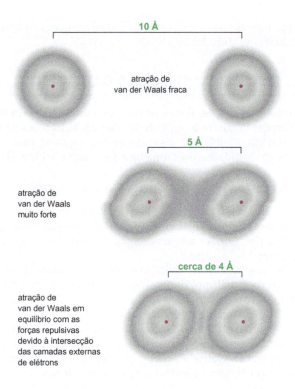

TABELA 3-2 Raios de van der Waals dos átomos em moléculas biológicas

Átomo	Raio de van der Waals (Å)
H	1,2
N	1,5
O	1,4
P	1,9
S	1,85
grupo CH$_3$	2,0
metade da espessura da molécula aromática	1,7

tilham e, dessa forma, nem o átomo de carbono e nem o átomo de hidrogênio possuem carga detectável.

A distribuição de cargas em uma molécula pode também ser afetada pela presença de proteínas adjacentes, particularmente, se a molécula afetada é polar. Esse efeito pode resultar na aquisição de uma característica levemente polar por uma molécula apolar. Se a segunda molécula não for polar, sua presença ainda alterará a molécula apolar, estabelecendo uma distribuição flutuante de cargas. Esses efeitos induzidos, no entanto, originam uma separação muito menor da carga do que a encontrada nas moléculas polares, resultando em energias de interação menores e ligações químicas correspondentemente mais fracas.

Forças de van der Waals

A **ligação de van der Waals** surge a partir de uma força atrativa não específica, originada quando dois átomos ficam próximos um do outro. Ela não está baseada na existência de separações de cargas permanentes, mas sim nas flutuações de cargas provocadas pela proximidade das moléculas. Elas ocorrem entre todos os tipos de moléculas, sejam apolares ou polares. Essas interações dependem muito da distância entre os grupos que vão interagir, uma vez que a energia de ligação é inversamente proporcional à sexta potência da distância (Fig. 3-4).

Existe, também, uma força *repulsiva* de van der Waals, mais potente, que surge em distâncias ainda menores. Essa repulsão é causada pela sobreposição das camadas externas de elétrons dos átomos envolvidos. As forças de van der Waals atrativas e repulsivas equilibram-se a uma determinada distância, específica para cada tipo de átomo. Essa distância é chamada de **raio de van der Waals** (Tab. 3-2; Fig. 3-5). A energia de ligação pelas forças de van der Waals entre dois átomos separados pela soma de seus raios de van der Waals aumenta com o tamanho dos respectivos átomos. Em dois átomos médios, ela é de somente ~1 kcal/mol, apenas levemente maior do que a energia térmica média das moléculas à temperatura ambiente (0,6 kcal/mol).

Isso significa que as forças de van der Waals são forças de ligação eficientes em temperaturas fisiológicas apenas quando vários átomos de uma determinada molécula estão ligados a vários átomos em outra molécula ou

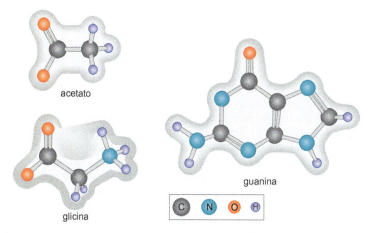

FIGURA 3-5 Desenhos de várias moléculas com os raios de van der Waals dos átomos mostrados como nuvens sombreadas.

em outra parte dessa mesma molécula. Assim, a energia de interação é muito maior do que a tendência de dissociação resultante de movimentos térmicos aleatórios. Para permitir uma interação efetiva de vários átomos, o ajuste molecular deve ser preciso, porque a distância que separa dois átomos quaisquer que interagem não deve ser muito maior do que a soma de seus raios de van der Waals (Fig. 3-6). A força da interação rapidamente se aproxima de zero quando essa distância é apenas levemente excedida. Portanto, o tipo mais forte de contato de van der Waals surge quando uma molécula contém uma fenda exatamente complementar ao formato de um grupo protuberante de outra molécula, como é o caso de um antígeno e seu anticorpo específico (Fig. 3-7). Nessa distância, algumas vezes as energias de ligação podem chegar a 20 a 30 kcal/mol, de forma que o complexo antígeno-anticorpo dificilmente se separa. O padrão de ligação das moléculas polares oficialmente é dominado por interações de van der Waals, uma vez que tais moléculas podem assumir um estado energético menor (perder mais energia livre) pela formação de outros tipos de ligações.

Ligações de hidrogênio

Uma ligação de hidrogênio é formada entre um átomo de hidrogênio covalentemente ligado, com carga positiva e que atua como doador, e um átomo receptor com carga negativa (Fig. 3-8). Por exemplo, os átomos de hidrogênio do grupo amino (—NH$_2$) são atraídos pelos átomos de oxigênio do grupo ceto (—C=O) carregados negativamente. Às vezes, os átomos de hidrogênio ligados pertencem a grupos com uma unidade de carga (como NH$_3^+$ ou COO$^-$).

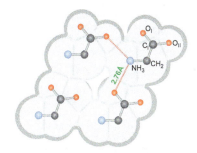

FIGURA 3-6 Arranjo de moléculas em uma camada de um cristal formado pelo aminoácido glicina. O empacotamento das moléculas é determinado pelos raios de van der Waals dos grupos, exceto pelos contatos N—H ׀ ׀ ׀ ׀ O, os quais são encurtados pela formação de ligações de hidrogênio. (Adaptada, com permissão, de Pauling L. 1960. *The nature of the chemical bond and the structure of molecules and crystals: An introduction to modern structural chemistry*, 3rd ed., p. 262. © Cornell University.)

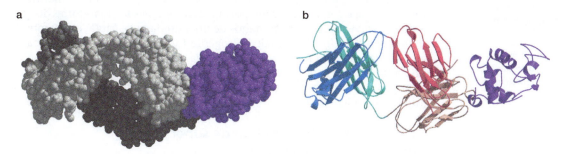

FIGURA 3-7 Interação antígeno-anticorpo. As estruturas, representadas com preenchimento (a) e fitas (b), mostram o complexo entre Fab D 1.3 e lisozima (em roxo). (Fischmann T.O. et al. 1991. *J. Biol. Chem.* **266:** 12915.) Imagens feitas com MolScript, BobScript e Raster 3D.

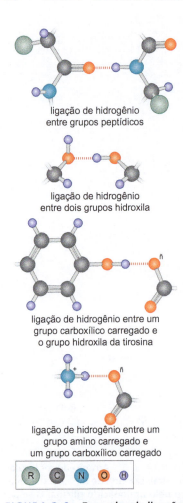

FIGURA 3-8 Exemplos de ligações de hidrogênio em moléculas biológicas.

TABELA 3-3 Comprimentos aproximados de ligações de hidrogênio biologicamente importantes

Ligação	Comprimento aproximado da ponte de H (Å)
O—H ı ı ı ı O	2,70 ± 0,10
O—H ı ı ı ı O⁻	2,63 ± 0,10
O—H ı ı ı ı N	2,88 ± 0,13
N—H ı ı ı ı O	3,04 ± 0,13
N⁺—H ı ı ı ı O	2,93 ± 0,10
N—H ı ı ı ı N	3,10 ± 0,13

Em outros casos, tanto os átomos de hidrogênio doadores quanto os átomos negativos receptores têm menos de uma unidade de carga.

As ligações de hidrogênio de maior importância biológica envolvem átomos de hidrogênio covalentemente ligados a átomos de oxigênio (O—H) ou a átomos de nitrogênio (N—H). Da mesma maneira, normalmente, os átomos receptores negativos são o nitrogênio ou o oxigênio. A Tabela 3-3 lista algumas das mais importantes ligações de hidrogênio. Na ausência de moléculas de água circundantes, as energias de ligação variam entre 3 e 7 kcal/mol, sendo as ligações mais fortes as que envolvem as maiores diferenças de cargas entre os átomos doadores e receptores. As ligações de hidrogênio são, portanto, mais fracas que as ligações covalentes, porém, significativamente mais fortes do que as forças de van der Waals. Então, uma ligação de hidrogênio mantém dois átomos mais próximos entre si do que a soma de seus raios de van der Waals, mas não tão próximos como uma ligação covalente os deixaria.

As ligações de hidrogênio, ao contrário das forças de van der Waals, são altamente direcionadas. Nas ligações de hidrogênio mais fortes, o átomo de hidrogênio orienta-se diretamente para o átomo receptor (Fig. 3-9). Caso ele se posicione a mais de 30°, a energia de ligação será muito menor. As ligações de hidrogênio são também muito mais específicas do que as forças de van der Waals, uma vez que demandam a existência de moléculas com grupos doadores de hidrogênio e grupos receptores complementares.

Algumas ligações iônicas são ligações de hidrogênio

Muitas moléculas orgânicas possuem grupos iônicos, que contêm uma ou mais unidades de carga líquida positiva ou negativa. Os mononucleotídeos negativamente carregados, por exemplo, contêm grupos fosfato, que são negativamente carregados, enquanto cada aminoácido (com exceção da prolina) possui um grupo carboxílico negativo (COO⁻) e um grupo amino positivo (NH$_3^+$), ambos contendo uma unidade de carga. Esses grupos carregados são geralmente neutralizados por grupos com cargas opostas presentes nas proximidades. As forças eletrostáticas que atuam entre grupos contendo cargas opostas são chamadas de **ligações iônicas**. A energia de ligação média, em uma solução aquosa, é ~5 kcal/mol.

Em muitos casos, um cátion inorgânico, como Na⁺, K⁺ ou Mg⁺, ou um ânion inorgânico, como Cl⁻ ou SO$_4^{2-}$, neutraliza a carga de moléculas orgânicas ionizadas. Quando isso ocorre em solução aquosa, os cátions e ânions neutralizadores não apresentam posições fixas, porque os íons inorgânicos estão normalmente circundados por camadas de moléculas de água e, portanto, não se ligam diretamente aos grupos com cargas opostas. Assim, em soluções aquosas, ligações eletrostáticas a cátions ou ânions inorgânicos adjacentes geralmente não apresentam uma importância primária na determinação da conformação de moléculas orgânicas.

Por outro lado, há o surgimento de ligações altamente direcionadas se os grupos com cargas opostas forem capazes de formar ligações de hidrogênio entre si. Por exemplo, os grupos COO⁻ e NH$_3^+$ são frequentemente mantidos unidos por ligações de hidrogênio. Como essas ligações são mais fortes do que as que envolvem grupos com menos de uma unidade de carga, elas também são mais curtas. Uma ligação de hidrogênio forte também pode ser formada entre um grupo com uma unidade de carga e um grupo com menos do que uma unidade de carga. Por exemplo, um átomo de hidrogênio pertencente a um grupo amino (NH²) liga-se fortemente a um átomo de oxigênio de um grupo carboxílico (COO⁻).

Interações fracas necessitam de superfícies moleculares complementares

As forças de ligação fracas são eficazes apenas quando as superfícies participantes da interação estão próximas. Essa proximidade é possível somente quando as superfícies moleculares apresentam **estruturas complementares**, de forma que um grupo protuberante (ou positivamente carregado) em uma superfície se encaixa em uma fenda (ou carga negativa) presente na outra. Ou seja, as moléculas que interagem devem apresentar uma **relação de chave-fechadura**. Nas células, essa necessidade frequentemente significa que algumas moléculas raramente se ligam a outras moléculas do mesmo tipo, porque tais moléculas não apresentam as propriedades de simetria necessárias para autointeração. Por exemplo, algumas moléculas polares contêm átomos de hidrogênio doadores e nenhum átomo receptor adequado, enquanto outras moléculas podem aceitar ligações de hidrogênio, mas não possuem átomos de hidrogênio para doar. Por outro lado, há várias moléculas com a simetria necessária para permitir autointerações fortes nas células. A água é o exemplo mais importante disso.

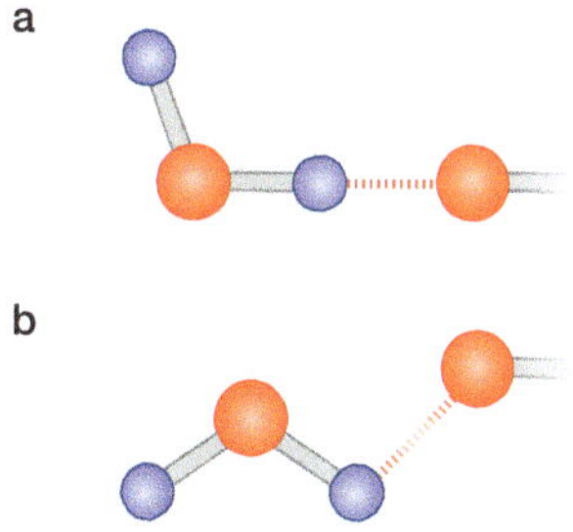

Moléculas de água formam ligações de hidrogênio

Em condições fisiológicas, as moléculas de água raramente estão ionizadas formando íons H⁺ e OH⁻. Em vez disso, elas existem como moléculas polares H—O—H com os átomos de hidrogênio e oxigênio formando ligações de hidrogênio fortes. Em cada molécula de água, o átomo de oxigênio pode ligar-se a dois átomos de hidrogênio externos, e cada átomo de hidrogênio pode ligar-se a um átomo de oxigênio adjacente. Essas ligações são ordenadas de forma tetraédrica (Fig. 3-10), de forma que nos estados sólido e líquido, cada molécula de água tende a apresentar quatro **vizinhos bem próximos**, um em cada uma das quatro direções de um tetraedro. No gelo, as ligações a esses vizinhos são bastante rígidas e a organização das moléculas é fixa. Acima da temperatura de fusão (0°C), a energia do deslocamento térmico é suficiente para romper as ligações de hidrogênio e permitir que as moléculas de água troquem continuamente seus vizinhos mais próximos. Mesmo na forma líquida, contudo, a maioria das moléculas de água sempre está ligada por quatro ligações de hidrogênio fortes.

Ligações fracas entre moléculas em soluções aquosas

A energia média de uma ligação fraca secundária, embora pequena comparada à de uma ligação covalente, é forte o suficiente (se comparada à energia do

FIGURA 3-9 Propriedades direcionais das ligações de hidrogênio. (a) O vetor ao longo da ligação covalente O—H aponta diretamente para o oxigênio aceptor, formando, assim, uma ligação forte. (b) O vetor aponta para longe do átomo de oxigênio, resultando em uma ligação muito mais fraca.

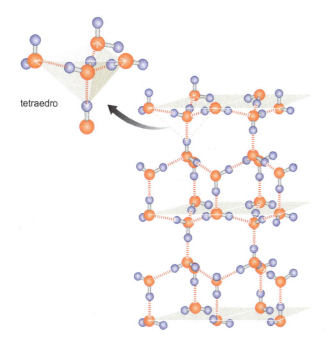

FIGURA 3-10 Diagrama de uma rede formada por moléculas de água. A energia ganha pela formação de ligações de hidrogênio específicas entre moléculas de água favorece o arranjo das moléculas em tetraedros adjacentes. (Esferas vermelhas) Átomos de oxigênio; (esferas roxas) átomos de hidrogênio. Embora a rigidez do arranjo dependa da temperatura das moléculas, a estrutura representada é, ainda assim, predominante tanto na água quanto no gelo. (Adaptada, com permissão, de Pauling L. 1960. *The nature of the chemical bond and the structure of molecules and crystals: An introduction to modern structural chemistry*, 3rd ed., p. 262. © Cornell University.)

calor) para assegurar que a maioria das moléculas em solução aquosa formará ligações secundárias com outras moléculas. A proporção de arranjos ligados e não ligados é dada pela Equação 3-4, corrigida para levar em conta a elevada concentração de moléculas em um líquido. Ela mostra que energias de interação de apenas 2 a 3 kcal/mol são suficientes, em temperaturas fisiológicas, para forçar a maioria das moléculas a formar a maior quantidade possível de ligações secundárias fortes.

A estrutura específica de uma solução em um determinado momento é muito influenciada pelo tipo de moléculas de soluto presentes, não apenas porque as moléculas apresentam formas específicas, mas também porque as moléculas diferem quanto aos tipos de ligações secundárias que podem formar. Assim, uma molécula tenderá a se deslocar até se aproximar de uma molécula com a qual ela possa formar a ligação mais forte possível.

As soluções, obviamente, não são estáticas. Devido à influência do calor no rompimento das ligações, a configuração específica de uma solução varia constantemente de um arranjo para outro com conteúdo similar de energia. Igualmente importante em sistemas biológicos é o fato de o metabolismo estar continuamente transformando uma molécula em outra e, assim, automaticamente alterando a natureza das ligações secundárias que podem ser formadas. Portanto, a estrutura das células em solução é constantemente alterada não apenas pelo calor, mas também pelas transformações metabólicas das moléculas solúveis presentes na célula.

Moléculas orgânicas que tendem a formar as ligações de hidrogênio são hidrossolúveis

A energia das ligações de hidrogênio por grupo atômico é muito maior se comparada às interações de van der Waals; assim, moléculas formarão preferencialmente ligações de hidrogênio e não interações de van der Waals. Por exemplo, se for feita a tentativa de misturar água com um composto incapaz de formar ligações de hidrogênio, como benzeno, as moléculas de água e benzeno separam-se rapidamente umas das outras; as moléculas de água formarão ligações de hidrogênio entre elas, enquanto as moléculas de benzeno se ligarão umas às outras por forças de van der Waals. Dessa forma, é impossível inserir na água uma molécula orgânica que não faz ligações de hidrogênio.

Por outro lado, as moléculas polares, como glicose e piruvato, que contêm um grande número de grupos que formam excelentes ligações de hidrogênio (como =O ou OH), são solúveis em água (i.e., são **hidrofílicas**, em oposição a **hidrofóbicas**). Embora a inserção desses grupos em uma rede de moléculas de água quebre as ligações de hidrogênio água-água, ela resulta simultaneamente na formação de ligações de hidrogênio entre a molécula orgânica polar e a água. Energeticamente, porém, essas combinações alternativas normalmente não são tão satisfatórias como as interações água-água, de forma que mesmo as moléculas mais polares geralmente apresentam solubilidade limitada (ver Quadro 3-1).

Assim, quase todas as moléculas que as células adquirem, tanto pela ingestão de alimentos como pela biossíntese, são, em certo grau, insolúveis em água. Por meio de movimentos térmicos, essas moléculas colidem aleatoriamente com outras moléculas até encontrarem superfícies moleculares complementares e se ligarem, liberando as moléculas de água para interações água-água.

"Ligações" hidrofóbicas estabilizam as macromoléculas

A forte tendência da água de excluir grupos apolares é frequentemente denominada **ligação hidrofóbica**. Alguns químicos preferem chamar todas as ligações entre grupos apolares *em solução aquosa* de **ligações hidrofóbicas** (Fig. 3-11). Na verdade, esse termo parece incorreto, uma vez que o fenômeno que ele se destina a enfatizar é a *ausência*, e não a *presença*, de ligações.

CONCEITOS AVANÇADOS

Quadro 3-1 A singularidade das formas moleculares e o conceito de viscosidade seletiva

Embora a maioria das moléculas celulares seja formada apenas por um pequeno número de grupos químicos, como OH, NH₂ e CH₃, há grande especificidade nas moléculas que tendem a ficar uma ao lado da outra. Isso ocorre porque cada molécula possui propriedades de ligação únicas. Uma clara demonstração disso vem da especificidade dos estereoisômeros. Por exemplo, proteínas são sempre construídas a partir de L-aminoácidos, nunca a partir de suas imagens-espelho, os D-aminoácidos (Quadro 3-1, Fig. 1). Embora os D e L-aminoácidos possuam ligações covalentes idênticas, suas propriedades de ligação a moléculas assimétricas são geralmente muito diferentes. Assim, a maioria das enzimas é específica para os L-aminoácidos. Se um L-aminoácido consegue se ligar a uma enzima específica, o D-aminoácido não conseguirá fazê-lo.

A maioria das moléculas das células consegue fazer boas ligações "fracas" apenas com um pequeno número de outras moléculas, em parte porque a maioria das moléculas de sistemas biológicos existe em um ambiente aquoso. A formação de uma ligação em uma célula depende, portanto, não apenas da capacidade de ligação entre as duas moléculas, mas também da formação da ligação ser mais favorável do que as ligações alternativas que podem se formar com moléculas solúveis em água.

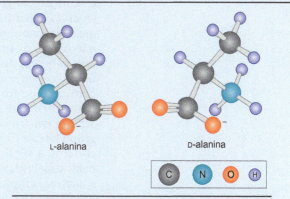

QUADRO 3-1 FIGURA 1 Os dois estereoisômeros do aminoácido alanina. (Adaptada, com permissão, de Pauling L. 1960. *The nature of the chemical bond and the structure of molecules and crystals: An introduction to modern structural chemistry*, 3rd ed., p. 465. © Cornell University; Pauling L. 1953. *General chemistry*, 2nd ed., p. 498. Cortesia Ava Helen e Linus Pauling Papers, Oregon State University Libraries.)

(As ligações que tendem a se formar entre os grupos apolares se devem às forças atrativas de van der Waals.) Por outro lado, o termo *ligação hidrofóbica* é regularmente conveniente, uma vez que destaca o fato de os grupos apolares formarem um arranjo entre si, de forma a evitar o contato com as moléculas de água. As ligações hidrofóbicas são importantes tanto na estabilização de proteínas e complexos de proteínas com outras moléculas como na distribuição das proteínas nas membranas. Elas podem ser responsáveis por até metade da energia livre total do dobramento de uma proteína.

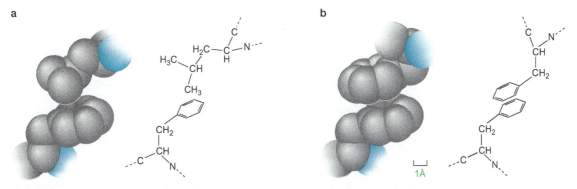

FIGURA 3-11 Exemplos de ligações de van der Waals (hidrofóbicas) entre as cadeias laterais apolares dos aminoácidos. Os hidrogênios não estão indicados individualmente. Para maior clareza, os raios de van der Waals foram reduzidos em 20%. As fórmulas estruturais adjacentes a cada desenho de preenchimento de espaço indicam o arranjo dos átomos. (a) Ligação fenilalanina-leucina. (b) Ligação fenilalanina-fenilalanina. (Adaptada, com permissão, de Scheraga H.A. 1963. *The proteins*, 2nd ed. [ed. H. Neurath], p. 527. Academic Press, New York. © Harold Scheraga.)

São consideradas, por exemplo, as diferentes quantidades de energia produzidas quando os aminoácidos alanina e glicina estão ligados, em solução aquosa, a uma terceira molécula com uma superfície complementar à alanina. Um grupo metila está presente na alanina, mas não na glicina. Quando a alanina está ligada a uma terceira molécula, as ligações de van der Waals ao redor do grupo metila geram 1 kcal/mol de energia, o que não ocorre quando a glicina estiver ligada. Pela Equação 3-4, sabe-se que essa pequena diferença de energia por si só poderia fornecer apenas um fator de 6 entre a ligação de alanina e glicina. Entretanto, esse cálculo não considera o fato de a água tentar excluir a alanina mais fortemente do que a glicina. A presença do grupo CH_3 da alanina perturba muito mais o arranjo em rede das moléculas de água do que o átomo de hidrogênio do grupo lateral da glicina. Até o momento, é difícil predizer qual o fator de correção a ser inserido para a perturbação do arranjo da água provocada pelas cadeias laterais hidrofóbicas. É provável que a água tenda a excluir a alanina, empurrando-a em direção à terceira molécula, com uma força hidrofóbica de aproximadamente 2 a 3 kcal/mol maior do que as forças que excluem a glicina.

Chega-se, então, à importante conclusão de que a diferença de energia entre a ligação, mesmo entre moléculas muito semelhantes, a uma terceira molécula (quando a diferença entre as moléculas semelhantes envolve um grupo apolar) é de pelo menos 2 a 3 kcal/mol maior no interior aquoso das células do que em condições não aquosas. Frequentemente, a diferença de energia é de 3 a 4 kcal/mol, uma vez que as moléculas envolvidas geralmente contêm grupos polares que podem formar ligações de hidrogênio.

Vantagem de ΔG entre 2 e 5 kcal/mol

Foi visto que a energia de apenas uma ligação secundária (2 a 5 kcal/mol), muitas vezes, é suficiente para garantir a ligação preferencial de uma molécula a um grupo específico de moléculas. Além disso, essas diferenças de energia não são tão grandes a ponto de provocar o desenvolvimento de arranjos entrelaçados rígidos na célula; isto é, o interior de uma célula nunca é cristalizado, como aconteceria se a energia das ligações secundárias fosse várias vezes maior. Diferenças de energia maiores implicariam em ligações secundárias difíceis de serem rompidas, resultando em baixas taxas de difusão, incompatíveis com a existência celular.

Ligações fracas unem as enzimas aos substratos

Ligações fracas são a base da associação inicial entre as enzimas e seus substratos. As enzimas não se ligam indiscriminadamente a qualquer molécula, elas apresentam afinidades perceptíveis somente a seus próprios substratos.

Como as enzimas catalisam ambas as direções de uma reação química, elas devem apresentar afinidades específicas para ambos os conjuntos de moléculas reagentes. Em alguns casos, é possível determinar uma constante de equilíbrio para a ligação de uma enzima a um dos seus substratos (Equação 3-4), o que, consequentemente, permite o cálculo de ΔG durante a ligação. Esse cálculo, por sua vez, sugere os tipos de ligações envolvidos na reação. Para valores de ΔG entre 5 e 10 kcal/mol, várias ligações secundárias fortes são a base das interações específicas enzima-substrato. É importante ressaltar, também, que o ΔG da ligação nunca é excepcionalmente elevado; portanto, os complexos enzima-substrato podem ser formados e rompidos rapidamente, em função do movimento térmico aleatório. Isso explica por que as enzimas podem atuar tão rapidamente, algumas vezes até 10^6 vezes por segundo. Se as enzimas estivessem ligadas a seus substratos ou, principalmente, a seus produtos, por ligações mais potentes, elas seriam muito mais lentas.

Ligações fracas promovem a maioria das interações proteína-DNA e proteína-proteína

Como será visto no decorrer deste livro, as interações entre as proteínas e o DNA, e entre diferentes proteínas, são centrais nos processos celulares de detecção e resposta a sinais, na expressão gênica, na replicação, no reparo e na recombinação de DNA e assim por diante. Essas interações – que obviamente possuem um papel importante na regulação desses processos celulares – são promovidas por ligações químicas fracas dos tipos descritos neste capítulo. Apesar da pequena energia envolvida em cada ligação individual, o efeito combinado das diversas ligações fracas que se estabelecem entre duas moléculas determina tanto a afinidade como a especificidade dessas interações.

No Capítulo 6, esse tema será retomado, discutindo particularmente como as proteínas são formadas, como adquirem estruturas específicas e como elas se ligam ao DNA, ao RNA e entre si.

LIGAÇÕES DE ALTA ENERGIA

Agora, serão abordadas as ligações covalentes de alta energia em sistemas biológicos. Até o momento, foi considerada a formação de ligações fracas do ponto de vista termodinâmico. Cada vez que uma ligação fraca potencial era considerada, a questão era: sua formação envolve um ganho ou uma perda de energia livre? O equilíbrio termodinâmico favorece a reação somente quando o ΔG é negativo. Essa abordagem é igualmente válida para ligações covalentes. O fato de enzimas estarem normalmente envolvidas na formação ou no rompimento de ligações covalentes não altera, de forma alguma, a necessidade de um ΔG negativo.

Em uma análise superficial, entretanto, a formação de várias ligações covalentes importantes em uma célula parece violar as leis da termodinâmica, particularmente as ligações que unem as pequenas moléculas que formam grandes moléculas poliméricas. A formação dessas ligações envolve um aumento na energia livre. Originalmente, isso sugeriu a algumas pessoas que as células tinham uma habilidade única – seu funcionamento violava as leis da termodinâmica, e essa propriedade era o verdadeiro "segredo da vida".

Atualmente, entretanto, está claro que esses processos biossintéticos não violam a termodinâmica e, na verdade, estão baseados em reações diferentes das originalmente propostas. Os ácidos nucleicos, por exemplo, não são formados pela condensação de nucleosídeos fosfatados; o glicogênio não é formado diretamente a partir de resíduos de glicose; as proteínas não são formadas pela união de aminoácidos. Ao contrário, precursores monoméricos, utilizando a energia presente no ATP, são primeiramente convertidos a precursores "ativados" altamente energéticos, os quais, espontaneamente (com auxílio de enzimas específicas), unem-se para formar moléculas maiores. A seguir, essas ideias serão ilustradas, com enfoque para a termodinâmica das ligações peptídicas (proteínas) e fosfodiéster (ácidos nucleicos). Primeiramente, no entanto, é necessário revisar rapidamente algumas propriedades termodinâmicas gerais das ligações covalentes.

MOLÉCULAS QUE DOAM ENERGIA SÃO TERMODINAMICAMENTE INSTÁVEIS

Existe uma grande variação na quantidade de energia livre contida em moléculas específicas. Isso ocorre porque nem todas as ligações covalentes apresentam a mesma energia de ligação. Por exemplo, a ligação covalente entre oxigênio e hidrogênio é muito mais forte do que a ligação covalente entre hidrogênio e hidrogênio, ou oxigênio e oxigênio. Assim, a formação de uma ligação O—H à custa de O—O ou H—H liberará energia. Portanto, considerações energéticas demonstram que uma mistura suficientemente concentrada de oxigênio e hidrogênio resultará em água.

Assim, uma molécula possui uma quantidade maior de energia livre se estiver unida por ligações covalentes fracas, e não por ligações fortes. Essa ideia parece quase paradoxal à primeira vista, porque implica que quanto mais forte for a ligação, menor será a energia que ela pode fornecer. Contudo, esse conceito automaticamente faz sentido quando se percebe que um átomo em uma ligação muito forte já perdeu uma grande quantidade de energia livre no processo. Por conseguinte, as melhores moléculas alimentares (moléculas que fornecem energia) são moléculas que contêm ligações covalentes fracas, sendo, portanto, termodinamicamente instáveis.

A glicose, por exemplo, é uma excelente molécula alimentar, uma vez que existe uma grande redução na energia livre quando ela é oxidada pelo oxigênio, formando dióxido de carbono e água. Por outro lado, o dióxido de carbono, composto por fortes ligações covalentes duplas entre carbono e oxigênio, conhecidas como **ligações carbonilas**, não é uma molécula alimentar para os animais. Na ausência do doador de energia ATP, o dióxido de carbono não pode ser transformado espontaneamente em moléculas orgânicas mais complexas, mesmo com o auxílio de enzimas específicas. O dióxido de carbono pode ser usado como fonte primária de carbono em plantas somente porque a energia fornecida pelas quantas de luz durante a fotossíntese resulta na formação de ATP.

As reações químicas nas quais as moléculas são transformadas em outras moléculas contendo menos energia livre não ocorrem em velocidades significativas em temperaturas fisiológicas na ausência de um catalisador. Isso acontece porque mesmo uma ligação covalente fraca é, na realidade, muito forte e raramente rompida pelo deslocamento térmico na célula. Para uma ligação covalente ser rompida na ausência de um catalisador, deve ser fornecida energia para afastar os átomos ligados. Quando os átomos estão parcialmente afastados, eles podem associar-se a novos parceiros formando ligações mais fortes. No processo de recombinação, a energia liberada é a soma da energia livre fornecida para romper a ligação antiga mais a diferença na energia livre entre as ligações antiga e nova (Fig. 3-12).

A energia que deve ser fornecida para romper a ligação covalente antiga em uma transformação molecular é chamada **energia de ativação**. Normalmente, a energia de ativação é menor do que a energia da ligação original, porque os rearranjos moleculares em geral não envolvem a produção de átomos completamente livres. No entanto, é necessária uma colisão entre as duas moléculas que estão reagindo, seguida pela formação temporária de um complexo molecular chamado **estado ativado**. No estado ativado, a proximidade entre as duas moléculas torna as ligações existentes mais frágeis, as quais podem ser rompidas por uma quantidade menor de energia do que na molécula livre.

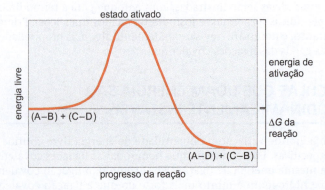

FIGURA 3-12 **Energia de ativação de uma reação química: (A—B) + (C—D) → (A—D) + (C—B).** Esta reação é acompanhada por uma redução da energia livre.

A maioria das reações envolvendo ligações covalentes nas células pode ser descrita por

$$(A—B) + (C—D) \rightarrow (A—D) + (C—B):$$ [Equação 3-5]

A expressão de ação das massas para tal reação é

$$K_{eq} = \frac{\text{conc}^{A-D} \times \text{conc}^{C-B}}{\text{conc}^{A-D} \times \text{conc}^{C-B}},$$ [Equação 3-6]

em que conc^{A-B}, conc^{C-D} e assim por diante são as concentrações dos vários reagentes em moles por litro. Aqui, também, o valor de K_{eq} está relacionado a ΔG por (ver também Tab. 3-4)

$$\Delta G = -RT \ln K_{eq} \quad \text{ou} \quad K_{eq} = e^{-\Delta G/RT}.$$ [Equação 3-7]

TABELA 3-4 Relação entre K_{eq} e ΔG [$\Delta G = -RT(\ln K_{eq})$]

K_{eq}	ΔG (kcal/mol)
10^{-6}	8,2
10^{-5}	6,8
10^{-4}	5,1
10^{-3}	4,1
10^{-2}	2,7
10^{-1}	1,4
10^{0}	0,0
10^{1}	−1,4
10^{2}	−2,7
10^{3}	−4,1

Como as energias de ativação estão geralmente entre 20 e 30 kcal/mol, estados ativados praticamente nunca ocorrem em temperaturas fisiológicas. As altas energias de ativação são, portanto, barreiras que impedem rearranjos espontâneos de ligações covalentes celulares.

Essas barreiras são extremamente importantes. A vida seria impossível sem elas, uma vez que todos os átomos já estariam no estado de menor energia possível. Não seria possível estocar energia temporariamente para trabalho futuro. Por outro lado, a vida também seria impossível se não existissem maneiras de reduzir seletivamente as energias de ativação de determinadas reações. Isso também deve ocorrer para permitir um crescimento celular suficientemente rápido, que não seja impedido por forças destrutivas aleatórias, como a ionização e a radiação ultravioleta.

ENZIMAS REDUZEM A ENERGIA DE ATIVAÇÃO NAS REAÇÕES BIOQUÍMICAS

As enzimas são absolutamente necessárias para a vida. A **função das enzimas** é acelerar a **velocidade** das reações químicas necessárias à existência celular pela diminuição da energia de ativação dos rearranjos moleculares para valores que possam ser fornecidos pelo deslocamento de calor (Fig. 3-13). Quando uma enzima específica está presente, não há mais uma barreira efetiva impedindo a formação rápida de reagentes que tenham as menores quantidades de energia livre. As enzimas nunca afetam a natureza de um equilíbrio: elas apenas aceleram a taxa com a qual ele é alcançado. Assim, se o equilíbrio termodinâmico é desfavorável para a formação de uma molécula, a presença de uma enzima não pode, de forma alguma, resultar na acumulação da molécula.

Como as enzimas devem catalisar, necessariamente, todos os rearranjos moleculares da célula, o conhecimento da energia livre de várias moléculas não permite, por si só, prever se um rearranjo energeticamente possível realmente ocorrerá. A velocidade das reações deve sempre ser considerada. Uma reação só será importante se a célula possuir uma enzima para catalisar tal reação.

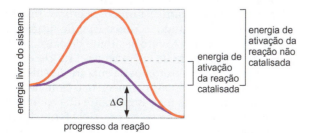

FIGURA 3-13 Enzimas reduzem as energias de ativação e aceleram a taxa da reação. A reação catalisada pela enzima está representada pela curva roxa. Observa-se que o ΔG permanece o mesmo porque a posição do equilíbrio não é alterada.

ENERGIA LIVRE NAS BIOMOLÉCULAS

A termodinâmica mostra que todas as vias bioquímicas devem ser caracterizadas por um decréscimo na energia livre. Isso é, claramente, o caso das vias de degradação, nas quais moléculas alimentares termodinamicamente instáveis são convertidas em compostos mais estáveis, como dióxido de carbono e água, com liberação de calor. Todas as vias de degradação apresentam dois propósitos básicos: (1) produzir pequenos fragmentos orgânicos, utilizados como blocos construtores para moléculas orgânicas maiores e (2) conservar uma fração significativa da energia livre da molécula alimentar original em uma forma funcional. Este último propósito é alcançado pelo acoplamento de algumas etapas do processo degradativo à formação simultânea de moléculas de alta energia capazes de armazenar energia livre, como o ATP.

Nem toda a energia livre de uma molécula alimentar é convertida em energia livre de moléculas de alta energia. Se esse fosse o caso, uma rota de degradação não seria caracterizada por uma diminuição da energia livre, e não haveria uma força motriz para favorecer a quebra de moléculas de alimentos. Em vez disso, percebe-se que todas as rotas de degradação são caracterizadas por uma conversão de pelo menos metade da energia livre da molécula de alimento em calor e/ou entropia. Por exemplo, estima-se que, nas células, cerca de 40% da energia livre da glicose seja utilizada para produzir novos compostos de alta energia; o restante é dissipado em calor e entropia.

Ligações de alta energia são hidrolisadas com alto ΔG negativo

Uma molécula de alta energia contém uma ou mais ligações cuja quebra por água, chamada de **hidrólise**, é acompanhada por uma grande diminuição da energia livre. As ligações específicas, cujas hidrólises originam esses altos valores negativos de ΔG, são chamadas de **ligações de alta energia**, um termo um tanto incorreto, uma vez que não é a energia da ligação, mas sim, a energia livre da hidrólise, que é elevada. De toda a forma, o termo *ligação de alta energia* é amplamente utilizado e, por conveniência, continuaremos usando-o, bem como o símbolo ~ para identificar ligações de alta energia.

A energia da hidrólise da ligação de alta energia média (≈ 7 kcal/mol) é muito menor do que a quantidade de energia que seria liberada se uma molécula de glicose fosse completamente degradada em uma etapa (688 kcal/mol). A quebra da glicose em uma única etapa seria ineficiente na formação de ligações de alta energia. Essa é, sem dúvida, a razão pela qual a degradação biológica da glicose necessita de tantas etapas. Dessa maneira, a quantidade de energia liberada por etapa de degradação é da mesma ordem de magnitude que a energia livre da hidrólise de uma ligação de alta energia.

O composto de alta energia mais importante é o ATP. Ele é formado a partir de fosfato inorgânico (Ⓟ) e ADP, utilizando energia obtida tanto a partir de reações de degradação como do sol, por meio de um processo conhecido como **fotossíntese**. Existem, entretanto, muitos outros compostos importantes de alta energia. Alguns são formados diretamente durante as reações de degradação; outros são formados utilizando parte da energia livre do ATP. A Tabela 3-5 lista os tipos mais importantes de ligações de alta energia. Todos envolvem fosfato ou átomos de enxofre. As ligações pirofosfato de alta energia do ATP são formadas a partir da união de grupos fosfato. A ligação pirofosfato (Ⓟ ~ Ⓟ) não é, contudo, o único tipo de ligação fosfatada de alta energia: a união de um grupo fosfato ao átomo de oxigênio de um grupo carboxílico gera uma ligação acila de alta energia. Está claro, agora, que as ligações de alta energia envolvendo átomos de enxofre desempenham um papel quase tão importante no metabolismo energético como as que envolvem fósforo. A acetil-CoA é a molécula mais importante que contém uma ligação com enxofre de alta energia. Essa ligação é a principal fonte de energia para a biossíntese de ácidos graxos.

TABELA 3-5 Classes importantes de ligações de alta energia

Classe	Exemplo molecular	Reação	ΔG da reação (kcal/mol)
Pirofosfato	ⓟ ~ ⓟ pirofosfato	ⓟ ~ ⓟ ⇌ ⓟ + ⓟ	$\Delta G = -6$
Nucleosídeo difosfatado	Adenosina—ⓟ ~ ⓟ (ADP)	ADP ⇌ AMP + ⓟ	$\Delta G = -6$
Nucleosídeo trifosfatado	Adenosina—ⓟ ~ ⓟ ~ ⓟ (ATP)	ATP ⇌ ADP + ⓟ	$\Delta G = -7$
		ATP ⇌ AMP + ⓟ ~ ⓟ	
Enol fosfatado	Fosfoenolpiruvato (PEP)	PEP ⇌ Piruvato + ⓟ	$\Delta G = -12$
Aminoacil adenilato	Adenosina—ⓟ ~ O—C(=O)—CH(R)—NH₃⁺	AMⓟ ~ AA ⇌ AMP + AA	$\Delta G = -7$
Fosfatos de guanidina	creatina-fosfato	Creatina ~ ⓟ ~ ⓟ ⇌ Creatina + ⓟ	$\Delta G = -8$
Tioésteres	acetil-CoA	Acetil CoA ⇌ CoA-SH + Acetato	$\Delta G = -8$

A ampla gama de valores de ΔG de ligações de alta energia (ver Tab. 3-5) significa que considerar uma ligação de "alta energia" é, às vezes, arbitrário. O critério comum é se sua hidrólise pode ser acoplada a outra reação para efetuar uma biossíntese importante. Por exemplo, o ΔG negativo que acompanha a hidrólise de glicose-6-fosfato está entre 3 e 4 kcal/mol. No entanto, esse ΔG não é suficiente para a síntese eficiente de ligações peptídicas, de forma que essa ligação éster fosfato não está incluída entre as ligações de alta energia.

LIGAÇÕES DE ALTA ENERGIA NAS REAÇÕES BIOSSINTÉTICAS

A construção de uma molécula grande a partir de pequenos blocos construtores necessita, normalmente, do fornecimento de energia livre. Ainda assim, uma rota biossintética, como uma rota de degradação, não existiria se não fosse caracterizada por uma redução da energia livre líquida. Dessa forma, muitas vias biossintéticas necessitam de uma fonte externa de energia livre. Essas fontes de energia livre são os compostos de alta energia. A formação de muitas ligações biossintéticas é acoplada à quebra de uma ligação de alta energia, de modo que a variação líquida de energia livre é sempre negativa. Assim, as ligações de alta energia nas células geralmente apresentam uma vida muito curta. Quase ao mesmo tempo em que são formadas em uma reação de degradação, elas são enzimaticamente rompidas para fornecer a energia necessária para o término de uma outra reação.

FIGURA 3-14 Alterações da energia livre em uma rota metabólica de múltiplas etapas, A → B → C → D → E. Duas etapas (A → B e C → D) não favorecem a direção A → E da reação, porque elas possuem pequenos valores de ΔG positivos. Entretanto, elas não são significativas devido aos grandes valores negativos de ΔG fornecidos nas etapas B → C e D → E. Assim, a reação global favorece a conversão A → E.

Nem todas as etapas de uma via biossintética necessitam do rompimento de uma ligação de alta energia. Muitas vezes, apenas uma ou duas etapas envolvem tal ligação. Às vezes, isso ocorre porque o ΔG, mesmo na ausência de uma ligação de alta energia externa adicional, favorece a direção biossintética. Em outros casos, o ΔG é efetivamente zero ou pode até mesmo ser levemente positivo. Esses pequenos valores positivos de ΔG, entretanto, não são significativos, desde que eles sejam imediatamente seguidos por uma reação caracterizada pela hidrólise de uma ligação de alta energia. Assim, é a *soma* de todas as alterações da energia livre em uma rota que é significativa, conforme mostrado na Figura 3-14. Não importa o fato de a K_{eq} de uma etapa biossintética específica ser levemente a favor (80:20) da degradação se a K_{eq} da etapa seguinte for 100:1 a favor da direção biossintética.

Da mesma forma, nem todas as etapas de uma via de degradação produzem ligações de alta energia. Por exemplo, apenas duas etapas na longa degradação glicolítica (Embden–Meyerhof) da glicose geram ATP. Além disso, existem muitas vias de degradação que apresentam uma ou mais etapas que necessitam do rompimento de ligações de alta energia. A via glicolítica é, novamente, um exemplo. Ela necessita de duas moléculas de ATP para cada quatro produzidas. Aqui, obviamente, como em cada processo de degradação que produz energia, devem ser formadas mais ligações de alta energia do que as consumidas.

Ligações peptídicas hidrolisam espontaneamente

A formação de um dipeptídeo e de uma molécula de água a partir de dois aminoácidos necessita de ΔG de 1 a 4 kcal/mol, dependendo de quais aminoácidos estão sendo ligados. Esses valores positivos de ΔG indicam, por si, que as cadeias polipeptídicas não podem ser formadas a partir de aminoácidos livres. Além disso, deve-se considerar o fato de que as moléculas de água estão em uma concentração muito maior do que quaisquer outras moléculas celulares (geralmente, mais de 100 vezes mais elevada). Todas as reações de equilíbrio nas quais as moléculas de água participam são, portanto, fortemente impelidas na direção que consome moléculas de água. Esse fato pode ser facilmente observado na definição de constantes de equilíbrio. Por exemplo, a reação de formação de um dipeptídeo,

$$\text{aminoácido (A)} + \text{aminoácido (B)} \rightarrow \text{dipeptídeo (A—B)} + H_2O, \quad \text{[Equação 3-8]}$$

tem a constante de equilíbrio

$$K_{eq} = \frac{\text{conc}^{A-B} \times \text{conc}^{H_2O}}{\text{conc}^{A} \times \text{conc}^{B}}, \quad \text{[Equação 3-9]}$$

em que as concentrações são dadas em moles por litro. Assim, para um determinado valor de K_{eq} (relacionado a ΔG pela fórmula $\Delta G = -RT[\ln K_{eq}]$), uma concentração muito maior de água implica uma concentração proporcionalmente muito menor do dipeptídeo. Dessa maneira, vê-se que as concentrações relativas são muito importantes. De fato, um simples cálculo mostra que a hidrólise pode proceder espontaneamente mesmo quando o ΔG para uma reação não hidrolítica for −3 kcal/mol.

Assim, em teoria, as proteínas são instáveis e, após determinado período, serão espontaneamente degradadas, gerando aminoácidos livres. Por outro lado, na ausência de enzimas específicas, essas velocidades espontâneas são muito baixas para surtirem efeitos significativos no metabolismo celular. Isto é, uma vez formada, a proteína permanece estável, a menos que a sua degradação seja catalisada por uma enzima específica.

Acoplamento de ΔG negativo a ΔG positivo

Para que os aminoácidos possam ser ligados formando proteínas, uma quantidade de energia livre deve ser adicionada ao sistema. A maneira como isso ocorre ficou clara com a descoberta do papel fundamental do ATP como um doador de energia. O ATP contém três grupos fosfato ligados a uma molécula de adenosina (adenosina—O—Ⓟ~Ⓟ~Ⓟ). Quando um ou dois fosfatos terminais ~Ⓟ são removidos por hidrólise, ocorre uma diminuição significativa da energia livre:

Adenosina—O—Ⓟ~Ⓟ~Ⓟ + H$_2$O → Adenosina—O—Ⓟ~Ⓟ + Ⓟ

($\Delta G = -7$ kcal/mol), [Equação 3-10]

Adenosina—O—Ⓟ~Ⓟ~Ⓟ + H$_2$O → Adenosina—O—Ⓟ + Ⓟ~Ⓟ

($\Delta G = -8$ kcal/mol), [Equação 3-11]

Adenosina—O—Ⓟ~Ⓟ + H$_2$O → Adenosina—O—Ⓟ + Ⓟ

($\Delta G = -6$ kcal/mol). [Equação 3-12]

Todas essas reações de quebra apresentam valores negativos para ΔG consideravelmente maiores em valores absolutos (valor numérico, independentemente do sinal) do que os valores positivos de ΔG que acompanham a formação de moléculas poliméricas a partir de suas unidades monoméricas. O artifício subjacente a essas reações bioquímicas, que apresentam um ΔG positivo, é seu acoplamento à quebra de ligações de alta energia caracterizadas por ΔG negativo de valor absoluto maior. Assim, durante a síntese de proteínas, a formação de cada ligação peptídica ($\Delta G = +0,5$ kcal/mol) é acoplada à quebra de ATP em AMP e pirofosfato, que tem um ΔG de -8 kcal/mol (ver Equação 3-11). O resultado é um ΔG líquido de $-7,5$ kcal/mol, mais do que suficiente para assegurar que o equilíbrio favoreça a síntese proteica, em vez de sua degradação.

ATIVAÇÃO DE PRECURSORES NAS REAÇÕES DE TRANSFERÊNCIA DE GRUPOS

Quando o ATP é hidrolisado a ADP e fosfato, a maior parte da energia livre é liberada como calor. Como a energia do calor não pode ser utilizada para gerar ligações covalentes, uma reação acoplada não pode ser o resultado de duas reações completamente separadas, uma com um ΔG positivo, e outra com um ΔG negativo. Em vez disso, uma reação acoplada é realizada por duas ou mais reações sucessivas. Estas são sempre reações de **transferência de grupos**: reações que não envolvem oxidações ou reduções, nas quais as moléculas trocam grupos funcionais. As enzimas que catalisam essas reações são chamadas de **transferases**. Considere-se a reação

$$(A-X) + (B-Y) \rightarrow (A-B) + (X-Y).$$ [Equação 3-13]

Nesse exemplo, o grupo X é permutado com o componente B. As reações de transferência de grupos são arbitrariamente definidas para excluir a água como participante. Quando a água está envolvida,

$$(A-B) + (H-OH) \rightarrow (A-OH) + (B-H):$$ [Equação 3-14]

Essa reação é chamada de hidrólise, e as enzimas envolvidas são chamadas de **hidrolases**.

As reações de transferência de grupos que interessam aqui são as que envolvem grupos unidos por ligações de alta energia. Quando um grupo de alta energia desse tipo é transferido para uma molécula receptora apropriada, ele é ligado à molécula receptora por uma ligação de alta energia. Assim, a transferência de grupos permite a transferência de ligações de alta energia de uma molécula para outra. Por exemplo, as Equações 3-15 e 3-16 mostram como a energia presente no ATP é transferida formando GTP, um dos precursores utilizados na síntese de RNA:

Adenosina—℗~℗~℗ +Guanosina—℗ →
    Adenosina—℗~℗ + Guanosina—℗~℗,   [Equação 3-15]

Adenosina—℗~℗~℗ + Guanosina—℗~℗ →
    Adenosina—℗~℗ + Guanosina—℗~℗~℗.   [Equação 3-16]

O grupo de alta energia ℗~℗ do GTP permite que ele seja espontaneamente unido a outra molécula. O GTP é, portanto, um exemplo de **molécula ativada**; da mesma maneira, o processo de transferência de um grupo de alta energia é chamado de **ativação de grupo**.

Versatilidade do ATP na transferência de grupos

A síntese de ATP desempenha uma função central no recrutamento controlado da energia oriunda das moléculas que atuam como doadoras de energia. Tanto na fosforilação oxidativa como na fosforilação fotossintética, energia é utilizada para sintetizar ATP a partir de ADP e fosfato:

Adenosina—℗~℗ + ℗ + energia →
    Adenosina—℗~℗~℗.   [Equação 3-17]

Como o ATP é o receptor biológico original dos grupos de alta energia, ele deve ser o ponto de partida para inúmeras reações em que os grupos de alta energia são transferidos a moléculas de baixa energia, fornecendo-lhes o potencial para reagir espontaneamente. A função central do ATP baseia-se no fato de ele conter duas ligações de alta energia, cuja quebra libera grupos específicos. Isso pode ser observado na Figura 3-15, que mostra três grupos importantes produzidos a partir do ATP: ℗ ~ ℗, um grupo pirofosfato; ~AMP, um grupo adenosil-monofosfato; e ~ ℗, um grupo fosfato. É importante ressaltar que esses grupos de alta energia mantêm suas qualidades de alta energia apenas quando transferidos a uma molécula receptora apropriada. Por exemplo, embora a transferência de um grupo ~ ℗ para um grupo COO$^-$ origine um grupo acilfosfato COO ~ ℗ de alta energia, a transferência do mesmo grupo para uma hidroxila de um açúcar (—C—OH), como na formação de glicose-6-fosfato, origina uma ligação de baixa energia (redução de menos de 5 kcal/mol no ΔG após a hidrólise).

Ativação de aminoácidos pela ligação de AMP

Um aminoácido é ativado pela transferência de um grupo AMP do ATP para o grupo COO$^-$ do aminoácido, como demonstrado a seguir por

[Equação 3-18]

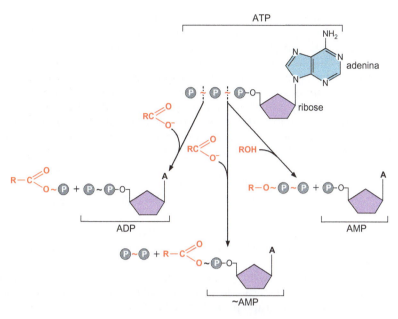

FIGURA 3-15 Importantes transferências de grupo envolvendo ATP.

(Na equação, R representa o grupo lateral específico do aminoácido.) As enzimas que catalisam esse tipo de reação são chamadas **aminoacil-sintetases**. Após a ativação, um aminoácido (AA) é termodinamicamente capaz de ser utilizado de maneira eficiente na síntese proteica. Ainda assim, os complexos AA~AMP não são os precursores diretos das proteínas. Na verdade, como será explicado no Capítulo 15, uma segunda transferência de grupo é necessária para transferir o aminoácido com o grupo carboxílico ativado à extremidade de uma molécula de tRNA:

$$AA \sim AMP + tRNA \rightarrow AA \sim tRNA + AMP. \quad \text{[Equação 3-19]}$$

A seguir, uma ligação peptídica é formada pela condensação da molécula AA~tRNA à extremidade de uma cadeia polipeptídica crescente:

AA ~ tRNA + cadeia polipeptídica crescente (com n aminoácidos) →
tRNA + cadeia polipeptídica crescente (com $n + 1$ aminoácidos).
[Equação 3-20]

A etapa final dessa "reação de acoplamento", como em todas as outras reações de acoplamento, envolve, necessariamente, a remoção do grupo ativador e a conversão de uma ligação de alta energia em uma ligação com energia livre menor de hidrólise. Essa é a origem do ΔG negativo que promove a reação na direção da síntese proteica.

Precursores de ácidos nucleicos são ativados pela presença de ⓟ ~ ⓟ

Ambos os tipos de ácidos nucleicos, DNA e RNA, são formados a partir de monômeros mononucleotídicos, também chamados **nucleosídeos fosfatados**. Mononucleotídeos, no entanto, são termodinamicamente ainda menos prováveis de se combinar do que os aminoácidos. Isso ocorre porque as ligações fosfodiéster que unem os primeiros liberam energia livre considerável com a hidrólise (-6 kcal/mol). Isso significa que os ácidos nucleicos hidrolisarão espontaneamente, sob uma taxa lenta, em mononucleotídeos. Portanto, o uso de precursores ativados na síntese de ácidos nucleicos é ainda mais importante do que na síntese proteica.

Os precursores imediatos para o DNA e o RNA são os nucleosídeos-5'-trifosfatados. Para o DNA, esses precursores são dATP, dGTP, dCTP e dTTP (d corresponde a desoxi); no RNA, os precursores são ATP, GTP, CTP e UTP. O ATP, portanto, não apenas serve como a principal fonte de grupos de alta energia em reações de transferência de grupos, como também é, ele próprio, um precursor direto para o RNA. Os outros três precursores do RNA são formados por reações de transferência de grupos, como as descritas nas Equações 3-15 e 3-16. Os desoxitrifosfatos são formados basicamente da mesma maneira: após a síntese dos desoximononucleotídeos, eles são transformados na forma trifosfatada pela transferência de grupos do ATP:

$$\text{Desoxinucleosídeo—} \mathsf{P} + \text{ATP} \rightarrow$$
$$\text{Desoxinucleosídeo—}\mathsf{P}\sim\mathsf{P} + \text{ADP,} \qquad \textbf{[Equação 3-21]}$$

$$\text{Desoxinucleosídeo—}\mathsf{P}\sim\mathsf{P} + \text{ATP} \rightarrow$$
$$\text{Desoxinucleosídeo—}\mathsf{P}\sim\mathsf{P}\sim\mathsf{P} + \text{ADP.} \qquad \textbf{[Equação 3-22]}$$

Esses trifosfatos podem, agora, ser unidos por ligações fosfodiéster, formando polinucleotídeos. Nessa reação de transferência de grupos, uma ligação pirofosfato é rompida e um grupo pirofosfato é liberado:

Desoxinucleosídeo—$\mathsf{P}\sim\mathsf{P}\sim\mathsf{P}$
+ cadeia polinucleotídica crescente (com n nucleotídeos),   **[Equação 3-23]**
$\sim \mathsf{P}\sim\mathsf{P}$ + cadeia polinucleotídica crescente ($n + 1$ nucleotídeos).

Essa reação, ao contrário da que forma ligações peptídicas, não possui um ΔG negativo. Na verdade, o ΔG é levemente positivo (~0,5 kcal/mol). Essa situação levanta imediatamente a questão, já que os polinucleotídeos obviamente são gerados: qual é a fonte de energia livre necessária?

O valor da liberação de $\mathsf{P}\sim\mathsf{P}$ na síntese dos ácidos nucleicos

A energia livre necessária é obtida a partir da separação do grupo pirofosfato de alta energia, formado simultaneamente com a ligação fosfodiéster de alta energia. Todas as células contêm uma enzima muito eficaz, a pirofosfatase, que quebra as moléculas de pirofosfato logo após sua formação:

$$\mathsf{P}\sim\mathsf{P} \rightarrow 2\,\mathsf{P}\ (\Delta G = -7\ \text{kcal=mol}): \qquad \textbf{[Equação 3-24]}$$

O alto valor negativo de ΔG significa que a reação é, efetivamente, irreversível. Isso implica que, uma vez rompida a ligação $\mathsf{P}\sim\mathsf{P}$, ela nunca mais será formada.

A união dos grupos de nucleosídeos monofosfatados (Equação 3-21), acoplada à separação dos grupos pirofosfatos (Equação 3-24), apresenta uma constante de equilíbrio determinada pelos valores combinados de ΔG das duas reações: (0,5 kcal/mol) + (−7 kcal/mol). O valor resultante ($\Delta G = -6,5$ kcal/mol) indica que os ácidos nucleicos praticamente nunca serão rompidos e, portanto, não irão restaurar os nucleosídeos trifosfatados precursores.

Observa-se aqui um ótimo exemplo de que a variação da energia livre que acompanha um *grupo de reações* é, frequentemente, o fator determinante para a ocorrência ou não de uma reação. Reações com valores de ΔG positivos e pequenos, que por si só nunca ocorreriam, são, frequentemente, parte de vias metabólicas importantes, e seguidas por reações com valores de ΔG bastante negativos. É importante lembrar sempre que uma reação simples (ou mesmo uma via simples) nunca ocorre isoladamente; e que, na verdade, a natureza do equilíbrio é constantemente alterada pela adição e remoção de metabólitos.

A quebra da ligação ⓟ ~ ⓟ caracteriza a maioria das reações biossintéticas

A síntese de ácidos nucleicos não é a única reação em que a direção é determinada pela liberação e quebra de ⓟ~ⓟ. De fato, praticamente todas as reações biossintéticas são caracterizadas por uma ou mais etapas que liberam grupos pirofosfato. Considere-se, por exemplo, a ativação de um aminoácido pela ligação de AMP. Por si só, a transferência de uma ligação de alta energia do ATP para o complexo AA ~ AMP possui um ΔG levemente positivo. Portanto, são a liberação e a separação do grupo pirofosfato terminal do ATP que fornecem o ΔG negativo necessário para dirigir a reação.

A grande vantagem da quebra do pirofosfato é nitidamente demonstrada quando são considerados os problemas que surgiriam se uma célula tentasse sintetizar ácidos nucleicos a partir de nucleosídeos difosfatados, em vez de trifosfatados (Fig. 3-16).

O fosfato, e não o pirofosfato, seria liberado à medida que as ligações fosfodiéster da cadeia fossem formadas. As ligações fosfodiéster, porém, não

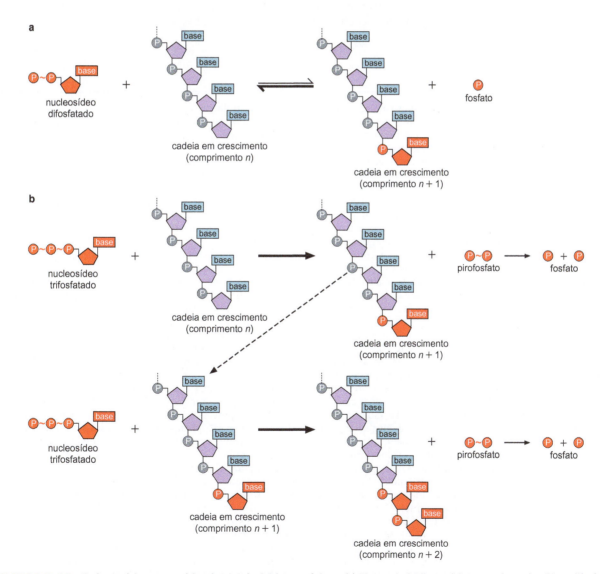

FIGURA 3-16   Dois cenários para a biossíntese de ácidos nucleicos. (a) Síntese de ácidos nucleicos usando nucleosídeos difosfatados. (b) Síntese de ácidos nucleicos usando nucleosídeos trifosfatados.

são estáveis na presença de quantidades significativas de fosfato, uma vez que são formadas sem uma liberação significativa de energia livre. Assim, a reação biossintética seria facilmente reversível; se o fosfato se acumulasse, a reação poderia ser deslocada na direção de degradação do ácido nucleico, de acordo com a lei de ação das massas. Além disso, a remoção de grupos fosfato logo após sua liberação na reação (impedindo, dessa forma, essa reação reversa) não é viável para uma célula, uma vez que todas as células necessitam de uma quantidade interna significativa de fosfato para seu crescimento. Em contrapartida, uma sequência de reações que liberam pirofosfato e logo a seguir o degradam em dois fosfatos desconecta a liberação de fosfato da reação de biossíntese de ácidos nucleicos, impedindo a possibilidade de reversão da reação biossintética (ver Fig. 3-16). Em consequência, seria muito difícil acumular fosfato em quantidade suficiente na célula para promover ambas as reações, na direção reversa ou degradativa. Está claro que o uso de nucleosídeos trifosfatados como precursores dos ácidos nucleicos não foi obra do acaso.

Esse mesmo tipo de argumento explica por que o ATP, e não o ADP, é o principal grupo doador de alta energia em todas as células. A princípio, essa preferência pareceu arbitrária aos bioquímicos. Atualmente, entretanto, vê-se que diversas reações que utilizam o ADP como doador de energia poderiam ocorrer igualmente bem em ambas as direções.

RESUMO

Diversos eventos químicos importantes nas células não envolvem a formação ou o rompimento de ligações covalentes. A localização celular da maioria das moléculas depende de forças atrativas ou repulsivas, fracas ou secundárias. Além disso, as ligações fracas são importantes na determinação do formato de muitas moléculas, especialmente das moléculas muito grandes. As forças fracas mais importantes são as ligações de hidrogênio, interações de van der Waals, ligações hidrofóbicas e ligações iônicas. Mesmo que essas forças sejam relativamente fracas, elas ainda são fortes o suficiente para garantir que moléculas (ou grupos atômicos) definidas interajam umas com as outras. Por exemplo, a superfície de uma enzima apresenta um formato único para permitir a atração específica de seus substratos.

A formação de todas as ligações químicas – sejam interações fracas ou ligações covalentes fortes – ocorre de acordo com as leis da termodinâmica. Uma ligação tenderá a ser formada quando resultar em liberação de energia livre (ΔG negativo). Para que a ligação seja rompida, deve ser fornecida essa mesma quantidade de energia livre. Como a formação de ligações covalentes entre os átomos normalmente envolve um ΔG negativo muito elevado, átomos ligados de maneira covalente raramente se separam espontaneamente. Em contrapartida, os valores de ΔG envolvidos na formação de ligações fracas são apenas algumas vezes maiores que a energia térmica média das moléculas em temperaturas fisiológicas. Ligações fracas individuais, são, portanto, continuamente formadas e rompidas nas células vivas.

As moléculas que apresentam grupos polares (carregadas) interagem de maneira diferente das moléculas apolares (nas quais a carga está simetricamente distribuída). As moléculas polares podem formar ligações de hidrogênio, enquanto as moléculas apolares formam apenas interações de van der Waals. A molécula polar mais importante é a água. Cada molécula de água pode formar quatro ligações de hidrogênio com outras moléculas de água. Enquanto as moléculas polares são normalmente solúveis em água (em vários níveis), as moléculas apolares são insolúveis, porque não podem formar ligações de hidrogênio com as moléculas de água.

Cada molécula apresenta uma forma molecular única, que limita o número de moléculas com as quais pode estabelecer ligações secundárias fortes. As interações secundárias fortes requerem uma relação complementar (chave-fechadura) entre as duas superfícies ligantes, além do envolvimento de muitos átomos. Embora moléculas unidas por uma ou duas ligações secundárias frequentemente se separem, um grupo dessas ligações fracas pode resultar em um agregado estável. O fato de a dupla-hélice de DNA nunca se separar espontaneamente ilustra a extraordinária estabilidade possível para esse tipo de arranjo.

A biossíntese de muitas moléculas parece, à primeira vista, violar a lei da termodinâmica que postula que reações espontâneas sempre envolvem uma diminuição da energia livre (ΔG é negativo). Por exemplo, a formação de proteínas a partir de aminoácidos possui um ΔG positivo. Esse paradoxo é removido quando se percebe que as reações biossintéticas não prosseguem como inicialmente postulado. As proteínas, por exemplo, não são formadas a partir de aminoácidos livres. Em vez disso, os precursores são primeiramente convertidos enzimaticamente em moléculas ativadas de alta energia, as quais, na presença de uma enzima específica, se unem de maneira espontânea para formar o produto biossintético desejado.

Muitos processos biossintéticos são, portanto, o resultado de reações "acopladas"; a primeira reação fornece a energia que permite a ocorrência espontânea da segunda reação. A fonte primária de energia nas células é o ATP. Este é formado a partir de ADP e fosfato inorgânico, durante reações de degradação (como a fermentação e a respiração) e durante a fotossíntese. O ATP contém várias ligações de alta energia, cujas hidrólises apresentam um valor elevado de ΔG negativo. Os grupos unidos por ligações de alta energia são chamados de *grupos de alta energia*. Os grupos de alta energia podem ser transferidos para outras moléculas por meio de reações de transferência de grupo, originando, assim, novos compostos de alta energia. Essas moléculas de alta energia formadas são os precursores imediatos de diversas vias biossintéticas.

Os aminoácidos são ativados pela adição de um grupo AMP, produzido a partir do ATP, formando uma molécula AA ~ AMP. A energia da ligação de alta energia na molécula AA ~ AMP é semelhante à de uma ligação de alta energia do ATP. Entretanto, a reação de transferência de grupo pode ocorrer porque a molécula ℗ ~ ℗ de alta energia, criada quando a molécula AA ~ AMP é formada, é degradada pela enzima pirofosfatase, gerando grupos de baixa energia. Assim, a reação reversa, ℗ ~ ℗ + AA ~ AMP → ATP + AA, não pode ocorrer.

Praticamente todas as reações biossintéticas resultam na liberação de ℗ ~ ℗. Quase imediatamente após a sua formação, o pirofosfato é enzimaticamente degradado em duas moléculas de fosfato, tornando impossível a reversão da reação biossintética. A grande utilidade da degradação da ligação ℗ ~ ℗ fornece uma explicação de por que o ATP, e não o ADP, é o principal doador de energia. O ADP não pode transferir um grupo de alta energia e, ao mesmo tempo, gerar grupos ℗ ~ ℗ como produtos secundários.

BIBLIOGRAFIA

Interações químicas fracas

Branden C. and Tooze J. 1999. *Introduction to protein structure*, 2nd ed. Garland Publishing, New York.

Creighton T.E. 1992. *Proteins: Structure and molecular properties*, 2nd ed. W.H. Freeman, New York.

———. 1983. *Proteins*. W.H. Freeman, San Francisco.

Donohue J. 1968. Selected topics in hydrogen bonding. In *Structural chemistry and molecular biology* (ed. A. Rich and N. Davidson), pp. 443–465. W.H. Freeman, San Francisco.

Fersht A. 1999. *Structure and mechanism in protein science: A guide to enzyme catalysis and protein folding*. W.H. Freeman, New York.

Gray H.B. 1964. *Electrons and chemical bonding*. Benjamin Cummings, Menlo Park, California.

Klotz I.M. 1967. *Energy changes in biochemical reactions*. Academic Press, New York.

Kyte J. 1995. *Mechanism in protein chemistry*. Garland Publishing, New York.

———. 1995. *Structure in protein chemistry*. Garland Publishing, New York.

Lehninger A.L. 1971. *Bioenergetics*, 3rd ed. Benjamin Cummings, Menlo Park, California.

Lesk A. 2000. *Introduction to protein architecture: The structural biology of proteins*. Oxford University Press, New York.

Marsh R.E. 1968. Some comments on hydrogen bonding in purine and pyrimidine bases. In *Structural chemistry and molecular biology* (eds. A. Richand N. Davidson), pp. 485–489. W.H.Freeman,San Francisco.

Morowitz H.J. 1970. *Entropy for biologists*. Academic Press, New York.

Pauling L. 1960. *The nature of the chemical bond*, 3rd ed. Cornell University Press, Ithaca, New York.

Tinoco I., Sauer K., Wang J.C., Puglisi J.D., and Wang J.Z. 2001. *Physical chemistry: Principles and applications in life sciences*, 4th ed. Prentice Hall College Division, Upper Saddle River, New Jersey.

Ligações químicas fortes

Berg J., Tymoczko J.L., and Stryer L. 2006. *Biochemistry*, 6th ed. W.H. Freeman, New York.

Kornberg A. 1962. On the metabolic significance of phosphorolytic and pyrophosphorolytic reactions. In *Horizons in biochemistry* (eds. M. Kasha and B. Pullman), pp. 251–264. Academic Press, New York.

Krebs H.A. and Kornberg H.L. 1957. A survey of the energy transformation in living material. *Ergeb. Physiol. Biol. Chem. Exp. Pharmakol.* **49:** 212.

Nelson D.L. and Cox M.M. 2000. *Lehninger principles of biochemistry*, 3rd ed. Worth Publishing, New York.

Nicholls D.G. and Ferguson S.J. 2002. *Bioenergetics 3*. Academic Press, San Diego.

Purich D.L., ed. 2002. *Enzyme kinetics and mechanism, Part F: Detection and characterization of enzyme reaction intermediates*. Methods in Enzymology, Vol. 354. Academic Press, San Diego.

Silverman R.B. 2002. *The organic chemistry of enzyme-catalyzed reactions*. Academic Press, San Diego.

Tinoco I., Sauer K., Wang J.C., Puglisi J.D., and Wang J.Z. 2001. *Physical chemistry: Principles and applications in life sciences*, 4th ed. Prentice Hall College Division, Upper Saddle River, New Jersey.

Voet D., Voet J.G., and Pratt C. 2002. *Fundamentals of biochemistry*. John Wiley & Sons, New York.

QUESTÕES

Para respostas de questões de número par, ver Apêndice 2: Respostas.

Questão 1. Quais são os tipos de ligações possíveis entre duas macromoléculas?

Questão 2. (Verdadeira ou Falsa. Se for falsa, reescreva a frase com a informação correta.) Enzimas reduzem o ΔG de uma reação.

Questão 3. (Verdadeira ou Falsa. Se for falsa, reescreva a frase com a informação correta.) Ligações iônicas e ligações de hidrogênio são mais fortes do que ligações de van der Waals.

Questão 4. (Verdadeira ou Falsa. Se for falsa, reescreva a frase com a informação correta.) A 25°C, uma alteração de 10 vezes na K_{eq} corresponde a uma alteração de 10 vezes no ΔG.

Questão 5. Revise a Tabela 3-5. Que processos celulares importantes envolvem a reação de quebra de um nucleosídeo trifosfato em um nucleosídeo monofosfato e pirofosfato, bem como a quebra de pirofosfato em dois fosfatos? Por que o ΔG dessas reações é significativo para esses processos?

Questão 6. Qual é o tipo primário de ligação responsável por cada uma das seguintes interações:

A. Uma fita de DNA interagindo com outra fita de DNA no DNA dupla-fita.

B. Um dipeptídeo de dois aminoácidos.

Questão 7. Descreva a estrutura geral de moléculas de água sob temperaturas abaixo de zero *versus* a 25°C, e cite os principais tipos de ligação entre as moléculas de água.

Questão 8. Defina moléculas polares e apolares em termos de momentos de dipolo. As ligações de van der Waals ocorrem entre moléculas polares ou apolares?

Questão 9. Calcule o valor de K_{eq} a 25°C, dado o ΔG de –12 kcal/mol para a hidrólise de PEP em piruvato e um fosfato.

Questão 10. Dada a equação AB + energia $\Leftrightarrow$ A + B, calcule a concentração de A no equilíbrio se $K_{eq} = 8,0 \times 10^5$ mM, [B] = 2 mM e [AB] = 0,5 mM (em que [x] significa "concentração de x").

Questão 11. A estrutura de uma base nitrogenada está representada a seguir. Considerando esta estrutura sozinha (não no contexto do DNA ou do RNA), quantas possíveis ligações de hidrogênio aceptoras estão presentes? Quantas possíveis ligações de hidrogênio doadoras estão presentes?

Questão 12. Glutamato + NH_3 $\Leftrightarrow$ glutamina + H_2O ΔG = +3,4 kcal/mol.
O acoplamento dessa reação à hidrólise de ATP permitiria o favorecimento da formação de glutamina? Explique por que ou por que não. Escreva a reação geral.

Questão 13. Explique por que são usados nucleosídeos trifosfatados, e não nucleosídeos difosfatados, na síntese de DNA.

Questão 14. Pesquisadores estudaram as interações entre proteínas e DNA em mais de 100 complexos proteína-DNA. A tabela a seguir fornece um conjunto extraído destes dados: a distribuição de ligações de hidrogênio únicas entre uma base e um aminoácido específicos.

Aminoácidos	Bases do DNA			
	Timina	Citosina	Adenina	Guanina
Arginina	5	4	7	26
Glutamato	—	11	—	1
Triptofano	—	—	—	—

A. Explique por que os pesquisadores não encontraram ligações de hidrogênio únicas entre o triptofano e qualquer das bases do DNA.

B. Explique por que os pesquisadores encontraram ligações de hidrogênio únicas entre o glutamato e algumas das bases do DNA.

C. Existe uma preferência da arginina por uma das bases do DNA?

Dados adaptados de Luscombe et al. (2001. *Nucleic Acids Res.* **29**: 2860–2874).

CAPÍTULO 4

A Estrutura do DNA

A DESCOBERTA DE QUE O DNA É A MOLÉCULA GENÉTICA PRIMORDIAL que contém toda a informação hereditária nos cromossomos atraiu imediatamente a atenção para sua estrutura. Esperava-se que o conhecimento da estrutura do DNA revelasse como ele transporta as mensagens genéticas que são replicadas quando os cromossomos se dividem produzindo duas cópias idênticas. No fim da década de 1940 e início da de 1950, vários grupos de pesquisa nos Estados Unidos e na Europa buscaram, com grande empenho – ao mesmo tempo cooperativo e competitivo –, entender como os átomos do DNA são mantidos unidos por ligações covalentes e como as moléculas resultantes estão organizadas no espaço tridimensional. Não é de surpreender que, na época, existissem ideias de que o DNA pudesse apresentar estruturas muito complicadas e talvez até bizarras, que difeririam radicalmente de um gene para outro. Foi um grande alívio, e uma alegria geral, descobrir que a estrutura fundamental do DNA é uma dupla-hélice. Essa descoberta indicava que todos os genes apresentam basicamente a mesma forma tridimensional e que as diferenças entre dois genes encontram-se na ordem e no número de seus quatro nucleotídeos constituintes ao longo das fitas complementares.

Atualmente, mais de 50 anos após a descoberta da dupla-hélice, essa descrição simples do material genético continua a ser verdadeira, e não foi necessário fazer grandes alterações para acomodar as novas descobertas. Apesar disso, constatou-se que a estrutura do DNA não é tão uniforme como primeiramente se imaginou. Por exemplo, os cromossomos de alguns vírus pequenos são moléculas de fita simples e não dupla. Além disso, a orientação precisa dos pares de bases varia levemente para cada par de base, influenciada pela sequência local de DNA. Algumas sequências de DNA até permitem que a dupla-hélice se enrole para o lado esquerdo, oposto ao lado direito originalmente formulado para a estrutura geral do DNA. E, enquanto algumas moléculas de DNA são lineares, outras são circulares. Uma complexidade adicional também resulta do superenrolamento (torção adicional) da dupla-hélice, frequentemente em torno de centros de proteínas ligadoras de DNA. Claramente, a estrutura do DNA é mais rica e mais complexa do que originalmente imaginado. De fato, não existe uma estrutura genérica para o DNA. Como será visto neste capítulo, existem, de fato, variações de temas estruturais comuns que surgem a partir de propriedades físicas, químicas e topológicas únicas da cadeia polinucleotídica.

SUMÁRIO

Estrutura do DNA, 78

•

Topologia do DNA, 93

ESTRUTURA DO DNA

O DNA é composto por cadeias polinucleotídicas

A característica mais importante do DNA é que, normalmente, ele é composto por duas **cadeias polinucleotídicas** enroladas uma ao redor da outra na forma de uma dupla-hélice (Fig. 4-1). A Figura 4-1a apresenta a estrutura da dupla-hélice de maneira esquemática. É possível notar que, se for invertida em 180° (p. ex., se o livro for virado de cabeça para baixo), a dupla-hélice parecerá superficialmente a mesma, devido à natureza complementar das duas fitas do DNA. O modelo de preenchimento de espaço da dupla-hélice, na Figura 4-1b, mostra os componentes da molécula de DNA e suas posições relativas na estrutura helicoidal. O esqueleto de cada fita da hélice é composto por resíduos alternados de açúcar e fosfato; as bases projetam-se para o interior, mas estão acessíveis através das fendas maior e menor.

Inicia-se considerando a natureza do nucleotídeo, o bloco construtor fundamental do DNA. O **nucleotídeo** consiste em um fosfato ligado a um açúcar, conhecido como **2'-desoxirribose**, ao qual uma base está ligada. O fosfato e o açúcar possuem as estruturas apresentadas na Figura 4-2. O açúcar é chamado de 2'-desoxirribose porque não possui um grupo hidroxila na posição 2' (apenas dois hidrogênios). Observe que as posições no açúcar são designadas com apóstrofos, para distingui-las das posições das bases (ver discussão a seguir).

Pode-se visualizar como as bases são ligadas à 2'-desoxirribose imaginando a remoção de uma molécula de água entre o grupo hidroxila do carbono 1' do açúcar e da base, formando uma ligação glicosídica (Fig. 4-2). Apenas o açúcar e a base, ligados, são chamados de **nucleosídeo**. Da mesma forma, pode-se imaginar a ligação do fosfato à 2'-desoxirribose pela remoção de uma molécula de água entre o fosfato e o grupo hidroxila do carbono 5', formando um 5'-fosfomonoéster. A adição de um grupo fosfato (ou mais de um) a um **nucleosídeo** dá origem a um **nucleotídeo**. Assim, um nucleotídeo é formado por uma ligação glicosídica entre a base e o açúcar, e uma ligação fosfoéster, entre o açúcar e o ácido fosfórico (Tab. 4-1).

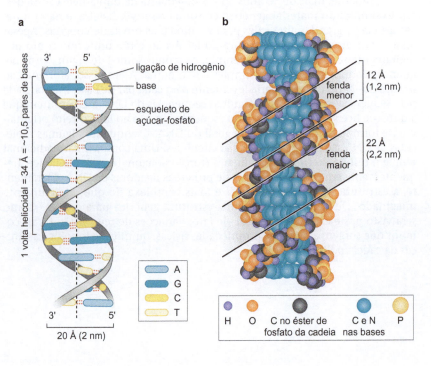

FIGURA 4-1 Estrutura helicoidal do DNA. (a) Modelo esquemático da dupla-hélice. Uma volta da hélice (34 Å ou 3,4 nm) contém aproximadamente 10,5 pares de bases. (b) Modelo de preenchimento da dupla-hélice. O açúcar e os resíduos de fosfato em cada fita formam o esqueleto, o qual está representado por círculos amarelos, cinzas e cor de laranja, mostrando a torção helicoidal geral da molécula. As bases projetam-se para o lado interno, mas estão acessíveis através das fendas maior e menor.

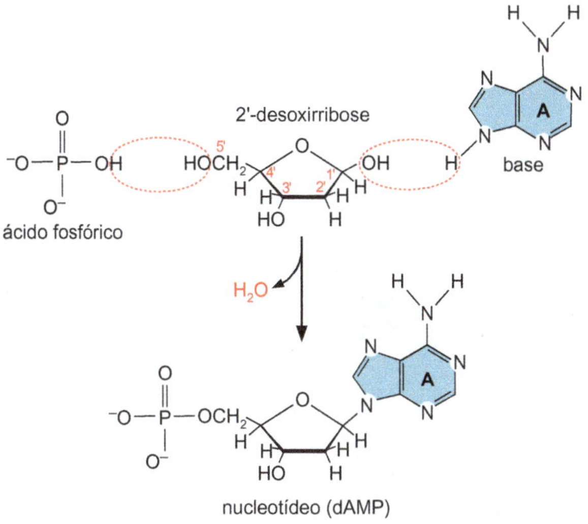

FIGURA 4-2 Formação de nucleotídeo pela remoção da água. Os números dos átomos de carbono na 2'-desoxirribose estão marcados em vermelho.

Os nucleotídeos são, por sua vez, ligados entre si nas cadeias polinucleotídicas por meio do grupo 3'-hidroxila da 2'-desoxirribose de um nucleotídeo e o fosfato ligado ao grupo 5'-hidroxila do outro nucleotídeo (Fig. 4-3). Essa é uma **ligação fosfodiéster**, na qual o grupo fosforil entre os dois nucleotídeos possui um açúcar esterificado a ele por meio de um grupo 3'-hidroxila e um segundo açúcar esterificado a ele por meio de um grupo 5'-hidroxila. As ligações fosfodiéster criam o esqueleto repetitivo de açúcar-fosfato da cadeia polinucleotídica, uma característica regular do DNA. Em contrapartida, a ordem das bases ao longo da cadeia polinucleotídica é irregular. Essa irregularidade, junto com o comprimento extenso, constituem a base do enorme conteúdo informacional do DNA.

As ligações fosfodiéster conferem uma polaridade inerente à cadeia de DNA. Essa polaridade é definida pela assimetria dos nucleotídeos e pela maneira como eles estão unidos. As cadeias de DNA apresentam um grupo 5'-fosfato ou um grupo 5'-hidroxila livre em uma extremidade, e um grupo 3'-fosfato ou 3'-hidroxila livre na outra extremidade. Convencionou-se escrever as sequências de DNA da extremidade 5' (à esquerda) para a extremidade 3', geralmente com um 5'-fosfato e uma 3'-hidroxila.

TABELA 4-1 Adenina e compostos relacionados

	Base adenina	Nucleotídeo 2'-desoxiadenosina	Nucleosídeo 2'-desoxiadenosina 5'-fosfato
Estrutura	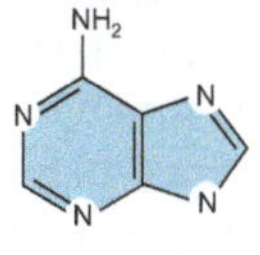	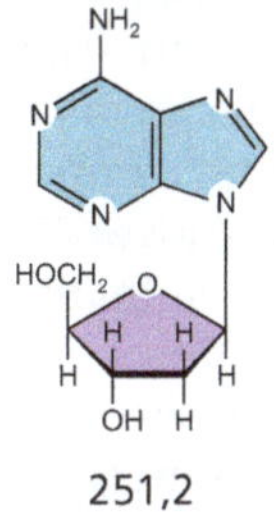	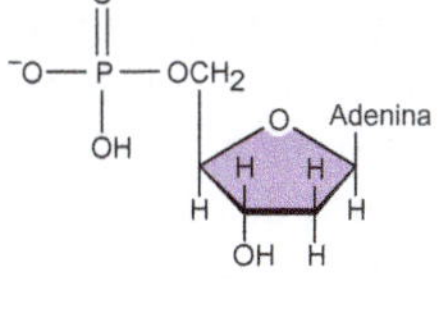
Massa molecular	135,1	251,2	331,2

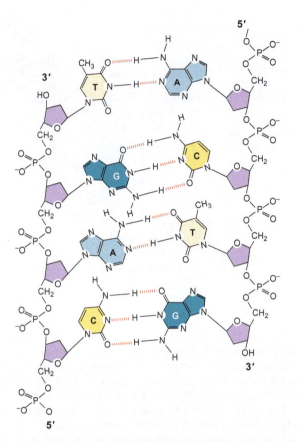

FIGURA 4-3 Estrutura detalhada do polímero polinucleotídico. A estrutura mostra o pareamento de bases entre purinas (em azul) e pirimidinas (em amarelo), e as ligações fosfodiéster do esqueleto. (Adaptada de Dickerson R.E. 1983. *Sci. Am*. **249**: 94. Ilustração de Irving Geis. Imagem de Irving Geis Collection/Howard Hughes Medical Institution. Não pode ser reproduzida sem permissão.)

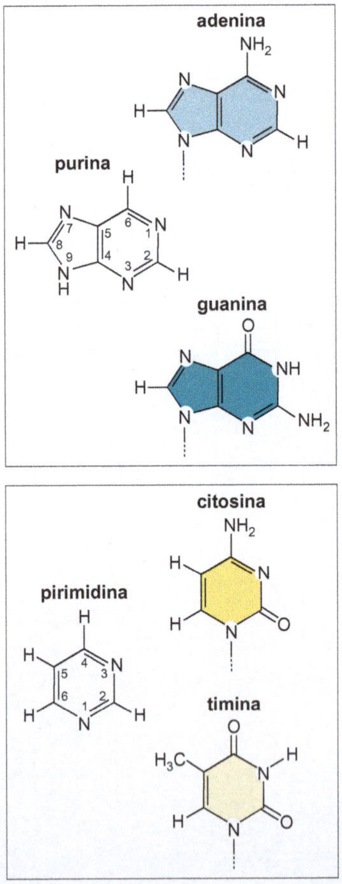

Cada base apresenta uma forma tautomérica preferencial

As bases do DNA são anéis heterocíclicos planos, compostos por átomos de carbono e hidrogênio. As bases classificam-se em dois tipos, **purinas** e **pirimidinas**. As purinas são a **adenina** e a **guanina**, e as pirimidinas são a **citosina** e a **timina**. As purinas derivam da estrutura de dois anéis, mostrada na Figura 4-4. Adenina e guanina compartilham essa estrutura essencial mas com diferentes grupos ligados. Da mesma forma, a citosina e a timina são variações da estrutura de um único anel, mostrada na Figura 4-4. A figura também apresenta a numeração das posições nos anéis de purina e de pirimidina. As bases estão ligadas à desoxirribose por uma ligação glicosídica pelo N1, nas pirimidinas, ou pelo N9, nas purinas.

Cada uma das bases existe em dois **estados tautoméricos** alternativos, os quais estão em equilíbrio entre si. O equilíbrio é bastante deslocado para o lado das estruturas convencionais mostradas na Figura 4-4, que representam os estados predominantes e importantes para o pareamento de bases. Os átomos de nitrogênio ligados aos anéis das purinas e das pirimidinas estão na forma amino no estado predominante e raramente assumem a configuração imino. Da mesma forma, os átomos de oxigênio ligados à guanina e à timina normalmente estão na forma ceto e raramente assumem a configuração enol. Como exemplos, a Figura 4-5 mostra a tautomerização da citosina na forma imino (Fig. 4-5a) e da guanina na forma enol (Fig. 4-5b). Como será visto, a

FIGURA 4-4 Purinas e pirimidinas. As linhas pontilhadas indicam os sítios de ligação das bases aos açúcares. Para simplificação, os átomos de hidrogênio foram omitidos dos açúcares e das bases nas figuras subsequentes, exceto onde eram necessários à ilustração.

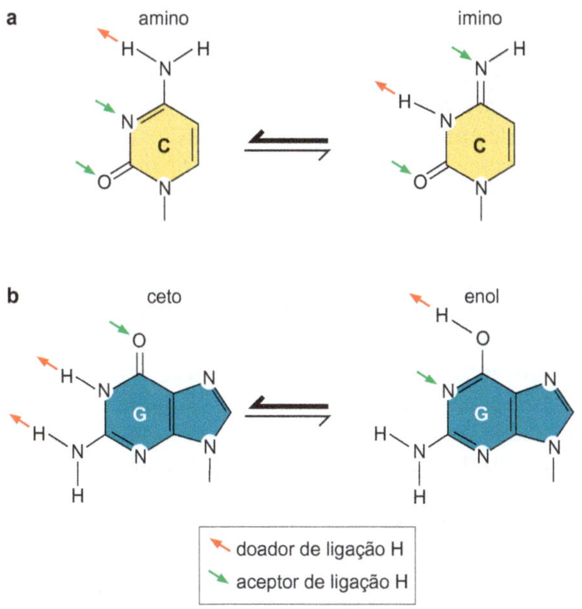

FIGURA 4-5 Tautômeros de bases. Os tautomerismos amino ⇌ imino e ceto ⇌ enol. (a) A citosina está normalmente na forma amino, e raramente assume a configuração imino. (b) A guanina está normalmente na forma ceto, e é raramente encontrada na configuração enol.

capacidade de formar tautômeros alternativos é uma frequente fonte de erros durante a síntese do DNA.

As duas fitas da dupla-hélice são enroladas uma na outra em orientação antiparalela

A dupla-hélice consiste em duas cadeias polinucleotídicas alinhadas em orientações opostas. As duas cadeias possuem a mesma geometria helicoidal, mas apresentam orientações 5'-3' opostas. Isto é, a orientação 5'-3' de uma cadeia é antiparalela à orientação 5'-3' da outra fita, como representado nas Figuras 4-1 e 4-3. As duas cadeias interagem uma com a outra pelo pareamento entre as bases, com a adenina de uma cadeia pareando com a timina da outra cadeia e, da mesma forma, a guanina pareando com a citosina. Portanto, a base na extremidade 5' de uma fita pareia com a base na extremidade 3' da outra fita. A orientação antiparalela da dupla-hélice é uma consequência estereoquímica do modo pelo qual a adenina e a timina, e a guanina e a citosina, pareiam umas com as outras.

As duas cadeias da dupla-hélice apresentam sequências complementares

O pareamento entre a adenina e a timina, e entre a guanina e a citosina, resulta em uma relação de complementaridade entre a sequência das bases nas duas cadeias entrelaçadas e fornece ao DNA seu caráter autocodificador. Por exemplo, se a sequência 5'-ATGTC-3' ocorre em uma cadeia, a cadeia oposta deverá apresentar a sequência complementar 3'-TACAG-5'.

A rigidez das regras neste pareamento de "Watson-Crick" deriva tanto da complementaridade da forma quanto das propriedades para formar ligações de hidrogênio entre a adenina e a timina e entre a guanina e a citosina (Fig. 4-6). A adenina e a timina combinam-se de maneira que uma ligação de hidrogênio pode ser formada entre o grupo amino exocíclico de C6 da adenina e o grupo carbonila de C4 da timina; e, da mesma maneira, uma ligação de hidrogênio pode ser formada entre N1 da adenina e N3 da timina. Um arranjo correspondente pode ser feito entre uma guanina e uma citosina, de maneira que há ligações de hidrogênio e complementaridade de forma nesse

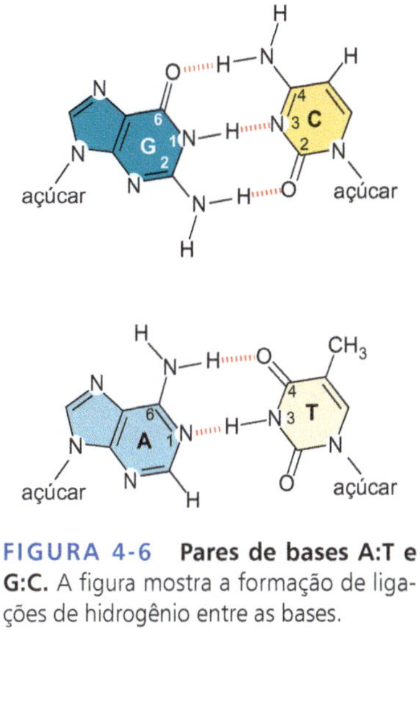

FIGURA 4-6 Pares de bases A:T e G:C. A figura mostra a formação de ligações de hidrogênio entre as bases.

par de bases também. Um par de bases G:C possui três ligações de hidrogênio, pois o NH₂ exocíclico do C2 da guanina encontra-se em posição oposta à carbonila do C2 da citosina, e pode interagir com ela formando uma ligação de hidrogênio. Da mesma maneira, uma ligação de hidrogênio pode ser formada entre o N1 da guanina e o N3 da citosina, e entre a carbonila no C6 da guanina e o NH₂ exocíclico do C4 da citosina. O pareamento de bases do tipo Watson-Crick necessita que as bases estejam em seus estados tautoméricos preferenciais.

Uma característica importante da dupla-hélice é que os dois pares de bases apresentam exatamente a mesma geometria; a presença de um par de bases A:T ou um G:C entre os dois açúcares não perturba a disposição dos açúcares, porque a distância entre os pontos de ligação do açúcar é a mesma para ambos os pares de bases. O mesmo acontece com os pares de bases T:A ou C:G. Em outras palavras, existe um eixo de simetria aproximadamente duplo que relaciona os dois açúcares, e os quatro pares de bases podem ser acomodados dentro da mesma disposição sem qualquer distorção na estrutura geral do DNA. Além disso, os pares de bases podem ser empilhados em cima uns dos outros entre os dois esqueletos helicoidais de açúcar-fosfato. Assim, a irregularidade na ordem dos pares de bases do DNA está embutida em uma arquitetura global que é relativamente regular. Isso contrasta com as proteínas (ver Cap. 6), nas quais a ordem irregular dos aminoácidos resulta em uma diversidade enorme de estruturas proteicas.

A dupla-hélice é estabilizada por pareamento de bases e empilhamento de bases

As ligações de hidrogênio entre as bases complementares são uma característica essencial da dupla-hélice, contribuindo para sua estabilidade termodinâmica e para a especificidade do pareamento de bases. Pode não parecer que as ligações de hidrogênio, à primeira vista, contribuam de maneira importante para a estabilidade do DNA pela seguinte razão: uma molécula orgânica em solução aquosa tem suas propriedades de ligação por ligações de hidrogênio satisfeitas pelas moléculas de água que vêm e vão muito rapidamente. Como resultado, para cada ligação de hidrogênio que é formada quando um par de bases é constituído, ocorre o rompimento de uma das ligações de hidrogênio já existentes, antes da formação do par de bases, com a água. Assim, a contribuição energética líquida das ligações de hidrogênio para a estabilidade da dupla-hélice poderia parecer modesta. Entretanto, quando as fitas polinucleotídicas estão separadas, moléculas de água estão alinhadas sobre as bases. Quando as fitas formam a dupla-hélice, moléculas de água são deslocadas das bases. Isso cria desordem e aumenta a entropia, dessa forma estabilizando a dupla-hélice. As ligações de hidrogênio não são a única força que estabiliza a dupla-hélice.

Uma segunda contribuição importante vem das interações de empilhamento entre as bases. As bases são moléculas planares, relativamente insolúveis em água, e tendem a se empilhar umas sobre as outras, aproximadamente em posição perpendicular à direção do eixo helicoidal. As interações das nuvens de elétrons (π-π) entre as bases nas pilhas helicoidais contribuem de forma significativa para a estabilidade da dupla-hélice. As bases empilhadas são atraídas umas às outras por dipolos transientes induzidos entre as nuvens de elétrons, um fenômeno conhecido como interações de van der Waals. O empilhamento das bases também contribui para a estabilidade da dupla-hélice, um efeito hidrofóbico. Resumidamente, moléculas de água interagem de maneira mais favorável entre si do que com as superfícies "gordurosas" ou hidrofóbicas das bases. Essas superfícies hidrofóbicas são escondidas pelo empilhamento das bases na dupla-hélice (em comparação com a relativa falta de empilhamento no DNA de fita simples), minimizando a exposição da superfície das bases a moléculas de água, e diminuindo, assim, a energia livre da dupla-hélice.

A formação de ligações de hidrogênio é importante para a especificidade do pareamento de bases

Como se viu, as ligações de hidrogênio por si só não contribuem de maneira importante para a estabilidade do DNA. Entretanto, a formação de ligações de hidrogênio é particularmente importante para a especificidade do pareamento de bases. Suponha-se que haja a tentativa de parear uma adenina com uma citosina. Sendo assim, haveria um aceptor de ligação de hidrogênio (N1 da adenina) localizado do lado oposto a um aceptor de ligação de hidrogênio (N3 da citosina) sem espaço para uma molécula de água posicionar-se entre eles e satisfazer aos dois aceptores (Fig. 4-7). De forma semelhante, dois doadores de ligações de hidrogênio, os grupos NH_2 de C6 da adenina e de C4 da citosina, estariam localizados em oposição um ao outro. Assim, um par de bases A:C seria instável, porque uma molécula de água teria de ser removida dos grupos doadores e aceptores sem que a ligação de hidrogênio formada com o par de bases fosse restaurada.

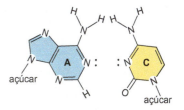

FIGURA 4-7 Incompatibilidade A:C. A estrutura mostra a incapacidade da adenina para formar ligações de hidrogênio de maneira apropriada com a citosina. Portanto, o par de bases é instável.

As bases podem ser deslocadas da dupla-hélice

Como se viu, a energética da dupla-hélice favorece o pareamento de cada base em uma fita polinucleotídica com a base complementar na outra fita. Às vezes, entretanto, algumas bases podem projetar-se para fora da dupla-hélice em um fenômeno extraordinário conhecido como **deslocamento de base** (Fig. 4-8). Como será visto no Capítulo 10, determinadas enzimas que metilam bases ou removem bases danificadas atuam sobre uma base em uma configuração extra-helicoidal, na qual ela é deslocada para fora da dupla-hélice, possibilitando o encaixe da base na fenda catalítica da enzima. Além disso, acredita-se que enzimas envolvidas na recombinação homóloga e no reparo do DNA vasculhem o DNA procurando homologias ou lesões deslocando base após base. Esse processo não é energeticamente dispendioso porque apenas uma base é deslocada de cada vez. Obviamente, o DNA é mais flexível do que se poderia imaginar em um primeiro momento.

Normalmente, o DNA é uma dupla-hélice dextrógira, voltada para a direita

Aplicando-se a regra do sentido horário/anti-horário da física, pode-se constatar que cada uma das cadeias polinucleotídicas na dupla-hélice é voltada para a direita. Tente visualizar essa orientação mantendo a sua mão direita em frente à molécula de DNA na Figura 4-9 com o polegar apontando para cima e ao longo do eixo da hélice e os dedos seguindo as fendas da hélice. Percorra o trajeto de uma das fitas da hélice na direção que o seu polegar está apontando. Observe que você fará a torção da hélice na mesma direção que os dedos estarão apontando. Isso não funcionará se você utilizar a mão esquerda. Tente!

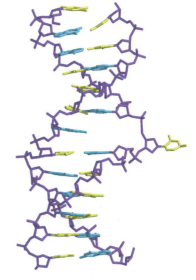

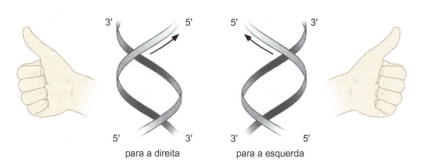

FIGURA 4-9 Hélices dextrógiras e levógiras. As duas cadeias polinucleotídicas da dupla-hélice enrolam-se uma na outra de maneira destra.

FIGURA 4-8 Deslocamentos de base. A estrutura do DNA isolado a partir da estrutura da metilase, mostrando o resíduo de citosina deslocado e as pequenas distorções dos pares de bases adjacentes. (Klimasauskas S. et al. 1994. *Cell* **76**: 357.) Imagem feita com BobScript, MolScript e Raster 3D.

EXPERIMENTOS-CHAVE

Quadro 4-1   O DNA tem 10,5 pares de bases por volta da hélice em solução: o experimento de mica

O valor de 10 pares de bases por volta varia um pouco sob diferentes condições. Um experimento clássico, realizado na década de 1970, demonstrou que o DNA absorvido em uma superfície apresenta um número um pouco maior do que 10 pares de bases por volta. Pequenos segmentos de DNA foram ligados a uma superfície com mica. Uma orientação fixa sobre a mica foi alcançada pela presença de 5´-fosfatos terminais nos DNAs. A seguir, os DNAs fixados à mica foram expostos à DNase I, uma enzima (uma desoxirribonuclease) que cliva as ligações fosfodiéster no esqueleto de DNA. Como a enzima é volumosa, ela somente é capaz de clivar as ligações fosfodiéster nas superfícies do DNA mais afastadas da mica (imagine o DNA como um cilindro deitado em uma superfície plana), devido às dificuldades estéricas para alcançar as superfícies laterais e basais do DNA. Assim, o tamanho dos fragmentos resultantes refletiria a periodicidade do DNA, o número de pares de bases por volta.

Após a exposição do DNA ligado à mica à DNase, os fragmentos obtidos foram separados por eletroforese em gel de poliacrilamida, uma matriz semelhante à gelatina (Quadro 4-1, Fig. 1; ver também Cap. 7 para uma explicação sobre eletroforese em gel). Como o DNA é negativamente carregado, ele migra ao longo do gel em direção ao polo positivo do campo elétrico. A matriz do gel retarda o movimento dos fragmentos, de modo proporcional ao seu tamanho, de tal forma que os fragmentos maiores migram mais devagar que os fragmentos menores. Quando o experimento foi realizado, observou-se agrupamentos de fragmentos de DNA de tamanhos médios de 10 e 11, 21, 31 e 32 pares de bases e assim por diante, ou seja, em múltiplos de 10,5, que é o número de pares de bases por volta. Esse valor de 10,5 pares de bases por volta é próximo ao do DNA em solução, como inferido por outros métodos (ver seção intitulada A dupla-hélice existe em múltiplas conformações, a seguir). A estratégia da utilização da DNase para avaliar a estrutura do DNA é agora utilizada para analisar a interação do DNA com proteínas (ver Cap. 7).

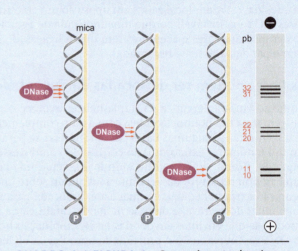

QUADRO 4-1 FIGURA 1   O experimento de mica.

Uma consequência da natureza helicoidal do DNA é a sua periodicidade. Cada par de base é deslocado (rotado) em relação ao anterior por aproximadamente 36°. Assim, na estrutura cristalográfica por raios X do DNA, um empilhamento de cerca de 10 pares de bases corresponde a uma volta completa ao redor da hélice (360°) (Fig. 4-1a). Ou seja, a periodicidade helicoidal é geralmente de 10 pares de bases por volta da hélice. (Para discussões adicionais, ver Quadro 4-1, O DNA tem 10,5 pares de bases por volta da hélice em solução: o experimento de mica.)

A dupla-hélice possui fendas menor e maior

Como resultado da estrutura helicoidal dupla das duas cadeias, a molécula de DNA é um longo polímero estendido com duas fendas que diferem em tamanho entre si. Por que existe uma fenda menor e uma maior? Essa é uma consequência simples da geometria dos pares de bases. O ângulo no qual os dois açúcares se projetam dos pares de bases (i.e., o ângulo entre as ligações glicosídicas) é cerca de 120° (para o ângulo mais estreito) ou de 240° (para o ângulo mais aberto) (ver Figs. 4-1b e 4-6). Como resultado, à medida que mais pares de bases se empilham uns sobre os outros, o ângulo mais estreito entre os açúcares em uma das extremidades dos pares de bases gera uma **fenda menor**, e o ângulo mais aberto, na outra extremidade, gera uma **fenda maior**. (Se os açúcares estivessem afastados em uma linha reta, i.e., formando um ângulo de 180°, então as duas fendas seriam de dimensões iguais e não existiriam as fendas menor e maior.)

A fenda maior é rica em informação química

As extremidades de cada par de bases estão expostas nas fendas maior e menor, criando um padrão de doadores e aceptores de ligações de hidrogênio e de grupos hidrofóbicos (permitindo a ocorrência de interações de van der Waals) que identifica o par de bases (ver Fig. 4-10). A extremidade de um par de bases A:T apresenta os seguintes grupos químicos, na seguinte ordem, na fenda maior: um aceptor de ligação de hidrogênio (o N7 da adenina), um doador de ligação de hidrogênio (o grupo amino exocíclico em C6 da adenina), um aceptor de ligação de hidrogênio (o grupo carbonila em C4 da timina) e uma superfície hidrofóbica volumosa (o grupo metila em C5 da timina). Da mesma forma, a extremidade de um par de bases G:C apresenta os seguintes grupos na fenda maior: um aceptor de ligação de hidrogênio (em N7 da guanina), um aceptor de ligação de hidrogênio (a carbonila em C6 da guanina), um doador de ligação de hidrogênio (o grupo amino exocíclico em C4 da citosina) e um pequeno hidrogênio apolar (o hidrogênio em C5 da citosina).

Assim, existem padrões característicos de formação de ligações de hidrogênio e de formato geral que são expostos na fenda maior e que distinguem um par de bases A:T de um par de bases G:C e, da mesma forma, A:T de T:A, e G:C de C:G. Pode-se pensar nessas características como um código, no qual **A** representa um **aceptor de ligações de hidrogênio**, **D** representa um **doador de ligações de hidrogênio**, **M** representa um **grupo metila**, e **H** representa um **hidrogênio apolar**. Nesse código, **ADAM** na fenda maior significa um par de bases A:T, e **AADH** representa um par de bases G:C. Da mesma forma, **MADA** representa um par de bases T:A e **HDAA** é característico de um par de bases C:G. Em todos os casos, esse código de grupos químicos na fenda maior especifica a identidade do par de bases. Esses padrões são importantes porque permitem que as proteínas reconheçam determinadas sequências de DNA, sem

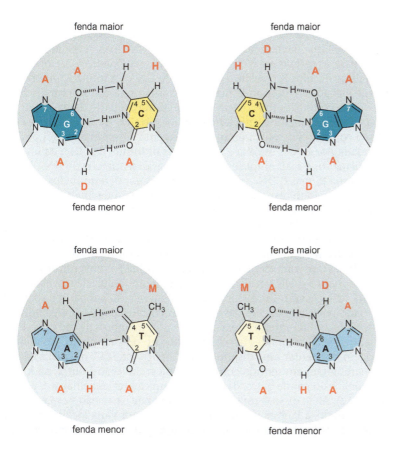

FIGURA 4-10 Grupos químicos expostos nas fendas maior e menor ao longo das extremidades dos pares de bases. As letras em vermelho identificam aceptores de ligações de hidrogênio (**A**), doadores de ligações de hidrogênio (**D**), hidrogênios apolares (**H**) e grupos metila (**M**).

que seja preciso abrir e separar a dupla-hélice. De fato, como será visto, um mecanismo de decodificação importante baseia-se na capacidade de as cadeias laterais dos aminoácidos se projetarem para dentro da fenda maior, reconhecendo e ligando-se a sequências de DNA específicas (ver Cap. 6).

A fenda menor não é tão rica em informação química, e o tipo de informação disponível é menos útil para distinguir entre os pares de bases. O reduzido tamanho da fenda menor apresenta uma menor capacidade para acomodar cadeias laterais de aminoácidos. Além disso, pares de bases A:T e T:A, bem como G:C e C:G, têm aparências semelhantes uns aos outros na fenda menor. Um par de bases A:T tem um aceptor de ligação de hidrogênio (em N3 da adenina), um hidrogênio apolar (em N2 da adenina) e um aceptor de ligação de hidrogênio (a carbonila no C2 da timina). Assim, seu código é **AHA**. No entanto, esse código é o mesmo se for lido na direção oposta e, portanto, um par de bases A:T não difere muito de um par T:A do ponto de vista de propriedades para formar ligações de hidrogênio com uma proteína que está inserindo suas cadeias laterais na fenda menor. Da mesma maneira, um par de bases G:C exibe um aceptor de ligação de hidrogênio (no N3 da guanina), um doador de ligação de hidrogênio (o grupo amino exocíclico do C2 da guanina) e um aceptor de ligação de hidrogênio (a carbonila no C2 da citosina), representando o código **ADA**. Assim, do ponto de vista das ligações de hidrogênio, pares de bases C:G e G:C também não parecem muito diferentes uns dos outros. A fenda menor *parece* diferente quando se compara um par de bases A:T com um par de bases G:C, mas G:C e C:G, ou A:T e T:A, não podem ser facilmente distinguidos (ver Fig. 4-10). Embora a fenda menor seja menos útil na distinção de um par de bases de outro, o padrão idêntico dos aceptores de ligações de hidrogênio apresentado na fenda menor de todos os pares de bases Watson-Crick é frequentemente explorado pelas proteínas para reconhecer o DNA B corretamente pareado (p. ex., DNA-polimerases; ver Cap. 9).

A dupla-hélice existe em múltiplas conformações

Estudos iniciais de difração de raios X do DNA, realizados em soluções concentradas de DNA que haviam sido alongadas em fibras finas, revelaram dois tipos de estruturas, as formas A e B do DNA (Fig. 4-11; ver Quadro 4-2, Como pontos em um filme de raios X revelam a estrutura do DNA). A forma B, observada em umidade elevada, corresponde mais rigorosamente à estrutura mais comum do DNA sob condições fisiológicas. Ela apresenta 10 pares de bases por volta, uma ampla fenda maior e uma fenda menor estreita. A forma A, que é observada sob condições de baixa umidade, apresenta 11 pares de bases por volta. Sua fenda maior é mais estreita e muito mais profunda do que a da forma B, e sua fenda menor é mais ampla e mais rasa. A grande maioria do DNA da célula está na forma B, mas o DNA *adota* a estrutura A em determinados complexos DNA-proteína. Além disso, como será visto, a forma A é semelhante à estrutura adotada pelo RNA quando na conformação de dupla-hélice.

A forma B do DNA representa uma estrutura ideal, que difere do DNA presente nas células em dois aspectos. Primeiro, o DNA em solução, como se viu, está um pouco mais torcido, em média, do que na forma B, apresentando 10,5 pares de bases por volta da hélice. Segundo, a forma B é uma estrutura proporcional, enquanto o DNA real não é perfeitamente regular. Em vez disso, ele apresenta variações em sua estrutura precisa em relação aos pares de bases. Isso foi revelado por comparações das estruturas cristalizadas de DNAs individuais com sequências diferentes. Por exemplo, os dois membros de cada par de bases nem sempre estão exatamente posicionados no mesmo plano. Ao contrário, eles podem apresentar uma disposição de "hélice torcida", na qual as duas bases planares giram em sentido contrário, uma em relação à outra, ao longo do eixo da hélice do par de bases, dando a este um caráter semelhante a uma hélice (Fig. 4-12). Além disso, a rotação exata por par de bases não é uma constante. Como resultado, a largura das fendas maior e menor varia localmente. Assim, as moléculas de DNA nunca são duplas-hélices perfeitamente regulares. Em vez

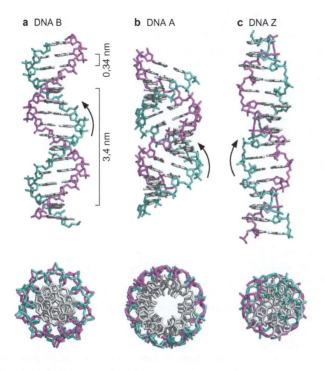

FIGURA 4-11 **Modelos das formas B, A e Z do DNA.** O esqueleto açúcar-fosfato de cada cadeia está no lado externo em todas as estruturas (um em roxo e o outro em verde), com as bases (em cinza) orientadas para dentro. As visões laterais estão mostradas na parte superior e as visões ao longo do eixo helicoidal estão mostradas na parte inferior. (a) A forma B do DNA, geralmente encontrada nas células, é caracterizada por uma volta helicoidal a cada 10 pares de bases (3,4 nm); os pares de bases adjacentes empilhados são separados por 0,34 nm. As fendas maior e menor também podem ser visualizadas. (b) A forma A do DNA, mais compacta, possui 11 pares de bases por volta e exibe uma maior inclinação dos pares de bases, em relação ao eixo da hélice. Além disso, a forma A apresenta um orifício central (parte inferior). Essa forma helicoidal é adotada pelas hélices RNA-DNA e RNA-RNA. (c) O DNA Z é uma hélice levógira voltada para a esquerda, e tem uma aparência de zigue-zague (por isso "Z"). (Cortesia de C. Kielkopf e P.B. Dervan.)

disso, sua conformação exata depende de qual par de bases (A:T, T:A, G:C ou C:G) está presente em cada posição ao longo da dupla-hélice e da identidade dos pares de bases vizinhos. Ainda assim, a forma B é, para muitos propósitos, uma boa aproximação da estrutura do DNA presente nas células.

O DNA pode formar uma hélice levógira, voltada para a esquerda

O DNA que contém resíduos de purinas e de pirimidinas alternados pode formar hélices voltadas para a esquerda (levógira) e hélices voltadas para a direita (dextrógira). Para entender como o DNA pode formar uma hélice voltada para a esquerda, é necessário considerar a ligação glicosídica que conecta a base à posição 1' da 2'-desoxirribose. Essa ligação pode estar em uma de duas conformações, denominadas *syn* e *anti* (Fig. 4-13). No DNA voltado para a direita, a ligação glicosídica está sempre na conformação *anti*. Na hélice voltada para a esquerda, a unidade repetitiva fundamental geralmente é um dinucleotídeo purina-pirimidina, com a ligação glicosídica na conformação *anti* nos resíduos

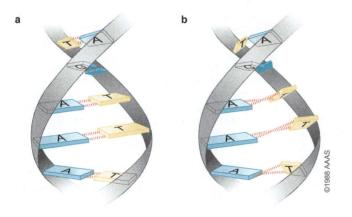

FIGURA 4-12 **Hélice torcida entre os pares de bases de purinas e de pirimidinas da hélice dextrógira.** (a) A estrutura mostra uma sequência de três pares de bases A:T consecutivos com pareamentos do tipo Watson-Crick normais. (b) Uma hélice torcida provoca a rotação das bases sobre seus eixos longos. (Adaptada, com permissão, de Aggarwal A.K. et al. 1988. *Science* **242**:899-907, Fig. 5b. © AAAS.)

EXPERIMENTOS-CHAVE

Quadro 4-2 Como pontos em um filme de raios X revelam a estrutura do DNA

Uma das mais duradouras imagens na história da biologia molecular é a famosa fotografia tirada por Rosalind Franklin do padrão de difração de raios X de uma fibra orientada de moléculas de DNA. A imagem de Franklin possui grande significado histórico porque forneceu evidências essenciais que corroboraram o modelo de Watson-Crick para a forma B do DNA. Além disso, Francis Crick, que havia ajudado a desenvolver a teoria da difração de moléculas helicoidais, conseguiu inferir a partir do padrão de pontos que as fitas do DNA estão enroladas uma na outra. À primeira vista, a imagem de Franklin não apresenta nenhuma relação reconhecível com uma dupla-hélice. Como, então, esse misterioso padrão de pontos auxiliou a desvendar a estrutura atômica do material genético?

Como apresentado na figura, a imagem de Franklin consiste em uma "cruz de Malta" central (realçada em vermelho no Quadro 4-2, Fig. 1), composta por pontos amplos (a largura dos pontos reflete distúrbios na fibra). Os pontos são uniformemente espaçados ao longo de linhas de "camadas" horizontais (numeradas na figura). Observe que contando para cima e para baixo a partir do centro da cruz, os pontos na quarta linha de camada estão ausentes. Observe também que a cruz de Malta e as regiões muito escuras no topo e na base da imagem criam uma série de quatro áreas em formato de diamante (dois exemplos disso estão realçados em azul). Como será explicado agora, pode-se entender em termos qualitativos a partir de algumas considerações simples sobre a natureza da difração de onda que este aparente padrão enigmático de pontos corresponde à estrutura da dupla-hélice.

O princípio subjacente à difração dos raios X é de que quando ondas passam por meio de um arranjo periódico, ocorre interferência entre as ondas se o seu comprimento de onda for semelhante à distância repetida do arranjo. (Por isso, os raios X, que possuem um comprimento de onda muito curto de 0,15 nm, são usados para revelar a estrutura atômica.) Se as oscilações das ondas estiverem alinhadas, as ondas reforçam umas às outras ("interferência construtiva"),

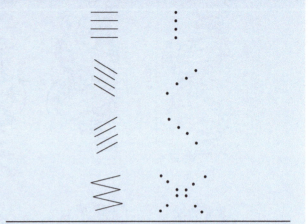

QUADRO 4-2 FIGURA 2 Padrão de difração de ondas que passam atráves de linhas paralelas.

mas se as bases de um conjunto de ondas estiverem alinhadas aos picos de outro conjunto de ondas, as ondas cancelam umas às outras ("interferência destrutiva"). Sendo assim, um feixe de ondas passando através de um arranjo que consiste em um conjunto horizontal de linhas geraria uma fileira de pontos perpendiculares (verticais) às linhas (Quadro 4-2, Fig. 2). Agora suponha-se que as linhas horizontais sejam inclinadas. Isso resultaria em uma fileira inclinada de pontos (novamente, perpendiculares à inclinação das linhas). Em seguida, suponha-se que as ondas estejam passando através de dois conjuntos de linhas inclinadas ligadas umas às outras em zigue-zague como na figura: isso resulta em uma cruz composta por duas fileiras inclinadas de pontos.

Agora a atenção é voltada para o DNA. Imagine o esqueleto de uma fita da dupla-hélice projetado em uma superfície plana. Falando livremente, isso criaria uma série conectada de zigues e zagues (ou, mais adequadamente, uma curva sinusoide). Se pensarmos nos zigues como geradores de um conjunto de linhas inclinadas e nos zagues como geradores de outro conjunto, então as ondas passando por meio de zigues e zagues gerarão duas fileiras de pontos que cruzam uma à outra como no exemplo anterior. Essa é a base da cruz de Malta da fotografia de Franklin e, portanto, a cruz revela que o DNA é helicoidal. O conhecimento do comprimento de onda dos raios X e as medidas do espaço entre as linhas de camadas revela ainda que a hélice apresenta uma periodicidade de 3,4 nm. Obviamente que o DNA consiste em dois esqueletos helicoides, e não um. Isso também é revelado na fotografia de Franklin. As hélices do DNA estão desalinhadas por três oitavos de uma repetição helicoide. Esse desalinhamento entre as hélices cria uma interferência destrutiva adicional que elimina a quarta linha de camada. Assim, a quarta linha de camada ausente mostra que o DNA é uma dupla-hélice e diz como as duas hélices estão alinhadas em relação uma à outra.

Finalmente, o esqueleto do DNA não é uma linha lisa como no exemplo imaginário. Em vez disso, ele é granular em nível atômico, consistindo em unidades de açúcar-fosfato. Essa granulosidade resulta em intensidades adicionais,

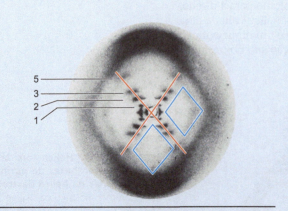

QUADRO 4-2 FIGURA 1 Imagem de difração de raio X do DNA feita por Rosalind Franklin, em que se pode observar o padrão em cruz de Malta. (Modificada, com permissão, de Franklin R.E. e Gosling R.G. 1953. *Nature* 171:740–741. © Macmillan.)

Quadro 4-2 (Continuação)

particularmente ao norte e ao sul do centro da cruz, para criar um padrão de quatro diamantes. Em fotografias de resolução maior do que a mostrada aqui, pode-se contar 10 linhas de camadas a partir do centro da cruz para os polos norte e sul. Essa característica do padrão de difração revela que a periodicidade da dupla-hélice (3,4 nm) é 10 vezes a periodicidade atômica, correspondendo a 10 unidades repetidas em um espaço de 0,34 nm. Como há um par de bases por unidade de açúcar-fosfato, a forma B do DNA consiste em 10 pares de bases por período helicoidal (volta da hélice).

Assim, um conhecimento rudimentar da difração de ondas torna possível extrair de um simples padrão de pontos em um filme de raios X as principais características da estrutura do DNA.

de pirimidinas, e na conformação *syn*, nos resíduos de purinas. A conformação *syn* nos nucleotídeos de purinas é responsável pelo sentido voltado para a esquerda da hélice. A alteração na posição *syn* nos resíduos de purinas para conformações alternadas *anti-syn* fornece ao esqueleto de DNA voltado para a esquerda uma aparência de zigue-zague (por isso sua designação **DNA Z**; ver Fig. 4-11), que a distingue das formas voltadas para a direita. A rotação que provoca a alteração de *anti* para *syn* também faz o açúcar sofrer uma mudança no seu dobramento. Observa-se, como ilustrado na Figura 4-13, que C3' e C2' podem trocar de posições. Em solução, resíduos alternados de purina-pirimidina assumem a conformação para a esquerda apenas na presença de altas concentrações de íons com carga positiva (p. ex., Na^+) que cobrem os grupos fosfato carregados negativamente. Em baixas concentrações de sal, eles formam conformações típicas voltadas para a direita. A significância fisiológica do DNA Z não está clara, e as hélices voltadas para a esquerda correspondem, quando muito, a uma pequena proporção do DNA da célula. Mais detalhes sobre as formas A, B e Z do DNA estão apresentados na Tabela 4-2.

As fitas do DNA podem ser separadas (desnaturadas) e reassociadas

Como as duas fitas da dupla-hélice são mantidas unidas por forças relativamente fracas (não covalentes), seria esperado que as duas fitas pudessem ser facilmente separadas. De fato, a estrutura original para a dupla-hélice sugeriu que a replicação do DNA poderia ocorrer dessa maneira simples. As fitas complementares da dupla-hélice também podem ser separadas quando uma solução de DNA é aquecida acima de temperaturas fisiológicas (próximas a 100°C) ou sob condições de pH elevado, em um processo conhecido como **desnaturação**. Entretanto, a separação completa das fitas do DNA por desnaturação é reversível. Quando soluções aquecidas de DNA desnaturado são resfriadas lentamente, as fitas simples frequentemente encontram suas fitas complementares e restauram as duplas-hélices regulares (Fig. 4-14). A capacidade de renaturar moléculas de DNA desnaturadas permite que sejam formadas moléculas de DNA artificiais híbridas, pelo resfriamento lento de misturas de DNA desnaturado, oriundas de duas fontes diferentes. Da mesma maneira, podem ser formados híbridos entre fitas complementares de DNA e RNA. Como será visto no Capítulo 7, a capacidade de formar híbridos entre dois ácidos nucleicos de fitas simples, chamada **hibridização**, é a base de diversas técnicas fundamentais na biologia molecular, como a hibridização por *Southern blot* e a análise de microarranjos de DNA (ver Cap. 7).

Esclarecimentos importantes em relação às propriedades da dupla-hélice foram obtidos a partir de experimentos clássicos realizados na década de 1950, nos quais a desnaturação do DNA foi estudada sob várias condições. Nesses experimentos, a desnaturação do DNA foi monitorada medindo-se a absorbância da luz ultravioleta por uma solução do DNA. A absorção máxima da luz ultravioleta pelo DNA ocorre em um comprimento de onda de cerca de 260 nm. As bases são as principais responsáveis por essa absorção. Quando a temperatura de uma solução de DNA é elevada próximo ao ponto de ebulição

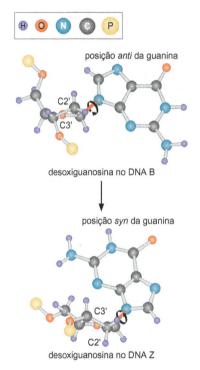

FIGURA 4-13 Posições *syn* e *anti* da guanina nas formas B e Z do DNA. No DNA B orientado para a direita, a ligação glicosídica (em vermelho) que conecta a base ao grupo desoxirribose está sempre na posição *anti*, enquanto no DNA Z orientado para a esquerda, ela roda na direção da seta, formando a conformação *syn* nos resíduos de purina (aqui, a guanina), mas permanece na posição *anti* regular (sem rotação) nos resíduos de pirimidina. (Adaptada, com permissão, de Wang A.J.H. et al. 1982. *Cold Spring Harbor Symp. Quant. Biol.* **47**:41. © Cold Spring Harbor Laboratory Press.)

TABELA 4-2 Comparação das propriedades estruturais dos DNAs A, B e Z, obtidas a partir de análises por raios X de cristais isolados

	Tipo de hélice		
	A	B	Z
Proporções gerais	Curta e larga	Mais longa e mais estreita	Alongada e delgada
Aumento por par de bases	2,3 Å	3,32 Å	3,8 Å
Diâmetro de compactação da hélice	25,5 Å	23,7 Å	18,4 Å
Sentido de rotação da hélice	Voltada para a direita	Voltada para a direita	Voltada para a esquerda
Pares de bases por repetição de hélice	1	1	2
Pares de bases por volta da hélice	~11	~10	12
Rotação por par de bases	33,6°	35,9°	−60° por 2 pb
Grau de inclinação por volta da hélice	24,6 Å	33,2 Å	45,6 Å
Inclinação das bases perpendiculares ao eixo da hélice	+19°	−1,2°	−9°
Torção helicoidal média dos pares de bases	+18°	+16°	~0°
Localização do eixo da hélice	Fenda maior	Através dos pares de bases	Fenda menor
Proporções da fenda maior	Extremamente estreita, mas muito profunda	Ampla e com profundidade intermediária	Achatada sobre a superfície da hélice
Proporções da fenda menor	Muito larga, mas rasa	Estreita e com profundidade intermediária	Extremamente estreita, mas muito profunda
Conformação das ligações glicosídicas	*anti*	*anti*	*anti* em C, *syn* em G

Adaptada, com permissão, de Dickerson R.E. et al. 1982. *Cold Spring Harbor Symp. Quant. Biol.* **47**:14. © Cold Spring Harbor Laboratory Press.

da água, a densidade óptica (chamada de **absorbância**) em 260 nm aumenta significativamente, um fenômeno conhecido como **hipercromicidade**. A explicação para esse aumento é que o DNA duplo absorve cerca de 40% menos luz ultravioleta do que as cadeias individuais de DNA. Essa hipocromicidade deve-se ao empilhamento das bases, que diminui a capacidade de absorção da luz ultravioleta pelas bases, no dúplex de DNA.

Se for registrada a densidade óptica do DNA em função da temperatura, pode-se observar que o aumento na absorção ocorre repentinamente em uma estreita variação de temperatura. O ponto médio dessa transição é o **ponto de fusão** ou T_m (do inglês, *melting point*) (Fig. 4-15). Assim como o gelo, o DNA também sofre fusão: ele passa pela transição de uma estrutura de dupla-hélice altamente organizada para uma estrutura de fitas individuais muito menos ordenada. A velocidade do aumento na absorbância na temperatura de fusão demonstra que a desnaturação e a renaturação das fitas complementares de DNA são processos altamente cooperativos, semelhantes ao fechamento de um zíper. A renaturação, por exemplo, provavelmente ocorre por um lento processo de nucleação, no qual uma porção relativamente pequena de bases em uma fita encontra e forma par com o seu complemento na outra fita (painel central da Fig. 4-14). O restante das duas fitas, então, rapidamente se pareia como um zíper a partir do sítio de nucleação, restaurando a dupla-hélice estendida (painel inferior da Fig. 4-14).

A temperatura de fusão do DNA é característica para cada DNA e é determinada, em grande parte, pelo conteúdo de G:C do DNA e pela força iônica da solução. Quanto maior a porcentagem de pares de bases G:C do DNA (e consequentemente menor o conteúdo de pares de bases A:T), maior o ponto de fusão (Fig. 4-16). Da mesma maneira, quanto maior a concentração de sal da solução, maior a temperatura na qual o DNA irá desnaturar. Como esse comportamento é explicado? Os pares de bases G:C contribuem mais para a estabilidade do DNA do que os pares de bases A:T devido ao maior número de ligações de hidrogênio dos primeiros (três em um par G:C e dois em A:T), mas

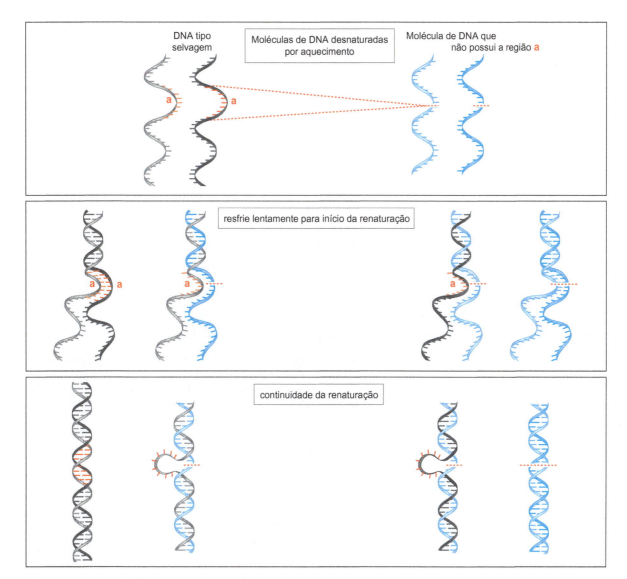

FIGURA 4-14 Reanelamento e hibridização. Uma mistura de duas moléculas de DNA de dupla-fita praticamente idênticas, uma com DNA selvagem normal e a outra, uma molécula mutante que perdeu uma pequena região de nucleotídeos (marcada como região **a** em vermelho), é desnaturada por calor. A renaturação das moléculas desnaturadas ocorre pela incubação a uma temperatura levemente abaixo da temperatura de fusão. Esse tratamento resulta em dois tipos de moléculas renaturadas. Um, composto por moléculas completamente renaturadas, no qual as duas fitas complementares de tipo selvagem restauram uma hélice, e as duas fitas complementares mutantes restauram a outra hélice. O outro tipo é formado por moléculas híbridas, compostas por uma fita de tipo selvagem e uma fita mutante, exibindo uma pequena alça de DNA não pareada (região **a**).

também porque as interações de empilhamento dos pares de bases G:C com os pares de bases adjacentes são mais favoráveis do que as interações correspondentes dos pares de bases A:T com seus pares de bases vizinhos. O efeito da força iônica reflete outra característica fundamental da dupla-hélice. Os esqueletos das duas fitas de DNA contêm grupos fosforila, que possuem carga negativa. Essas cargas negativas estão bastante próximas entre as duas fitas e, se não forem protegidas, elas tenderão a provocar uma repulsão entre as fitas, facilitando a sua separação. Em condições de força iônica elevada, as cargas negativas estão protegidas por cátions, estabilizando a hélice. Ao contrário,

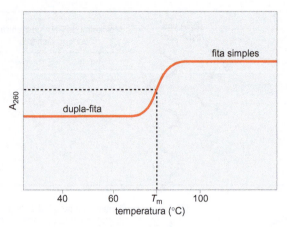

FIGURA 4-15   Curva de desnaturação do DNA.

em baixas forças iônicas, as cargas negativas desprotegidas tornam a hélice menos estável.

Algumas moléculas de DNA são circulares

Inicialmente, pensou-se que todas as moléculas de DNA eram lineares e que apresentavam duas extremidades livres. De fato, cada cromossomo das células eucarióticas contém uma única molécula de DNA (extremamente longa). Sabe-se agora que alguns DNAs são circulares. Por exemplo, o cromossomo do vírus de DNA símio 40 (SV40) é uma molécula de DNA de dupla-hélice circular com aproximadamente 5.000 pares de bases. Da mesma forma, a maioria dos cromossomos bacterianos (mas não todos) é circular; *Escherichia coli* tem um cromossomo circular de cerca de 5 milhões de pares de bases. Além disso, muitas bactérias possuem pequenos elementos genéticos capazes de replicação autônoma, conhecidos como **plasmídeos**, que em geral também são moléculas de DNA circular.

Outro aspecto interessante é que certas moléculas de DNA são algumas vezes lineares e outras vezes circulares. O exemplo mais conhecido é o do bacteriófago λ, um vírus de DNA de *E. coli*. O genoma do fago λ é uma molécula dupla-fita linear na partícula do virion. Entretanto, quando o genoma de λ é injetado em uma célula de *E. coli* durante a infecção, o DNA torna-se circular.

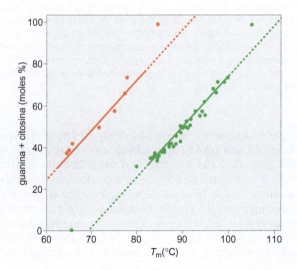

FIGURA 4-16   A desnaturação do DNA depende do conteúdo de G + C e da concentração de sal. Quanto maior o conteúdo de G + C, maior deve ser a temperatura para desnaturar a fita de DNA. DNAs de diferentes origens foram dissolvidos em soluções de baixa (linha vermelha) e elevada (linha verde) concentração de sal em pH 7,0. Os pontos representam a temperatura na qual o DNA desnaturou plotada contra o conteúdo de G + C. (Dados de Marmur J. e Doty P. 1962. *J. Mol. Biol.* **5**: 120. © Elsevier.)

Isso ocorre por meio do pareamento de bases entre as regiões de fita simples que se projetam das extremidades do DNA e que apresentam sequências complementares, também conhecidas como "extremidades coesivas".

TOPOLOGIA DO DNA

Como o DNA é uma estrutura flexível, seus parâmetros moleculares exatos são uma função do ambiente iônico que o rodeia e da natureza das proteínas que se ligam a ele, com as quais o DNA forma complexos. Como suas extremidades são livres, as moléculas lineares de DNA podem sofrer rotações livremente, acomodando as alterações no número de vezes que as duas cadeias da dupla-hélice se torcem uma sobre a outra. Porém, se as duas extremidades estão covalentemente ligadas, formando uma molécula de DNA circular, e se não existem interrupções nos esqueletos açúcar-fosfato das duas fitas, então, o número absoluto de vezes que as cadeias podem se torcer uma sobre a outra não pode variar. O **DNA circular covalentemente fechado** (**cccDNA**, *covalently closed, circular DNA*) é dito topologicamente limitado. Mesmo as moléculas lineares dos cromossomos eucarióticos estão sujeitas a limitações topológicas, devido a seus comprimentos extremos, entrelaçamentos na cromatina e interações com outros componentes celulares (ver Cap. 8). Apesar dessas limitações, o DNA participa em uma grande quantidade de processos dinâmicos na célula. Por exemplo, as duas fitas da dupla-hélice, que estão torcidas uma sobre a outra, devem ser separadas rapidamente, a fim de serem duplicadas e transcritas em RNA. Assim, o entendimento da topologia do DNA e de como a célula acomoda e explora as limitações topológicas durante a replicação, a transcrição e outras atividades cromossômicas são de fundamental importância na biologia molecular.

O número de ligação é uma propriedade topológica invariável do DNA circular covalentemente fechado

Sejam consideradas as propriedades topológicas do DNA circular covalentemente fechado, o qual é chamado cccDNA. Como não existem interrupções em qualquer das cadeias polinucleotídicas, as duas fitas do cccDNA não podem ser separadas sem que ocorra o rompimento de uma ligação covalente. Se desejarmos separar as duas fitas circulares sem o rompimento permanente de qualquer ligação nos esqueletos açúcar-fosfato, deve-se passar uma fita por sobre a outra repetidamente (existe uma enzima que pode realizar justamente essa tarefa!). O número de vezes que uma fita deverá passar por sobre a outra, a fim de que as duas fitas fiquem completamente separadas uma da outra é chamado de **número de ligação** (Fig. 4-17). O número de ligação é sempre um número inteiro e é uma propriedade topológica invariável do cccDNA, não importando o quanto a molécula de DNA esteja destorcida.

O número de ligação é composto por torções e supertorções

O número de ligação é o somatório de dois componentes geométricos chamados de **torção** e **supertorção**. Vamos considerar em primeiro lugar a torção. A torção é simplesmente o número de voltas helicoidais de uma fita por sobre a outra, ou seja, o número de vezes que uma fita se enrola completamente ao redor da outra fita. Considere um cccDNA colocado de forma estendida em um plano. Nessa conformação estendida, o número de ligação é totalmente composto por torções. Na verdade, a torção pode ser facilmente determinada por meio da contagem do número de vezes que as duas fitas se cruzam (ver Fig. 4-17a). Os cruzamentos helicoidais (torções) em uma hélice voltada para a direita são definidos como positivos, assim o número de ligação do DNA terá um valor positivo.

No entanto, o cccDNA geralmente não está estendido em um plano. Em vez disso, ele está tensionado, de forma que o eixo longo da dupla-hélice

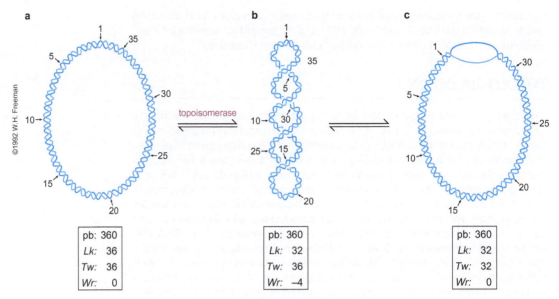

FIGURA 4-17 Estados topológicos do DNA circular covalentemente fechado (cccDNA). A figura mostra a conversão da forma do DNA relaxada (a) para a negativamente supertorcida (b). A fita na forma supertorcida pode ser obtida por supertorção (b) ou por uma interrupção local do pareamento de bases (c). (Adaptada de um diagrama fornecido pelo Dr. M. Gellert.) (Modificada, com permissão, de Kornberg A. e Baker T.A. 1992. *DNA replication*, 2nd ed., Fig. 1.21, p. 32. © W.H. Freeman.)

cruza sobre si mesmo, muitas vezes repetidamente, no espaço tridimensional (Fig. 4-17b). Isso é chamado de *supertorção*. Para visualizar as supertorções causadas pela tensão de torção, pode-se pensar no enrolamento de um fio de telefone que tenha sido supertorcido.

A supertorção pode assumir duas formas. Uma forma é a supertorção **interenrolada** ou **plectonêmica**, na qual o eixo longo está torcido ao redor de si mesmo, como mostrado nas Figuras 4-17b e 4-18a. A outra forma de supertorção é a **toroide** ou **espiral**, na qual o eixo longo está enrolado como um cilindro, como normalmente ocorre quando o DNA se enrola ao redor de proteínas (Fig. 4-18b). O **número de supertorções** (***Wr***, *writhing number*) é o número total de supertorções interenroladas e/ou espirais no cccDNA. Por exemplo, o número de supertorções da molécula mostrada na Figura 4-17b é quatro.

A supertorção interenrolada e a supertorção espiral são topologicamente equivalentes entre si e são propriedades geométricas facilmente interconversíveis do cccDNA. A torção e a supertorção também são interconversíveis. Uma molécula de cccDNA pode facilmente sofrer distorções que convertem algumas de suas torções em supertorções ou vice-versa sem rompimento de qualquer ligação covalente. A única limitação é que o somatório do **número de torções** (***Tw***, *twist number*) e do número de supertorções (*Wr*) deve permanecer igual ao **número de ligação** (***Lk***, *linking number*). Essa limitação é descrita pela equação

$$Lk = Tw + Wr.$$

Lk^0 é o número de ligação de um cccDNA totalmente relaxado sob condições fisiológicas

Considere-se um cccDNA que está livre de **superenrolamentos** (i.e., está **relaxado**) e cujas torções correspondem às da forma B do DNA em solução sob condições fisiológicas (cerca de 10,5 pares de bases por volta da hélice). O número de ligação (*Lk*) do cccDNA sob condições fisiológicas é especifica-

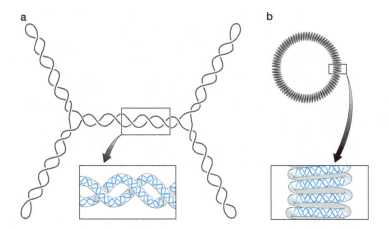

FIGURA 4-18 **Duas formas de supertorção do DNA supertorcido.** A figura mostra as supertorções interenrolada (a) e toroide (b) de cccDNAs de mesmo tamanho. (a) A supertorção interenrolada ou plectonêmica é formada pelo enrolamento da molécula de DNA dupla-hélice sobre si mesma como representado no exemplo de uma molécula ramificada. (b) A supertorção toroide ou espiral é representada neste exemplo por enrolamentos cilíndricos. (Modificada, com permissão, de Kornberg A. e Baker T.A. 1992. *DNA replication*, I 1–22, p. 33. © W.H. Freeman. Utilizada com permissão de Dr. Nicholas Cozzarelli.)

do pelo símbolo **Lk^0**. O Lk^0 para essa molécula é o número de pares de bases dividido por 10,5. Para um cccDNA de 10.500 pares de bases, o $Lk = +1.000$. (O sinal é positivo porque as torções do DNA são voltadas para a direita.) Uma maneira de visualizar isso é se imaginar esticando uma fita de cccDNA com 10.500 pares de bases em um círculo plano. Se isso for feito, então a outra fita cruzará a fita circular plana 1.000 vezes.

Como se pode remover superenrolamentos do cccDNA se ele já não estiver relaxado? Um procedimento é tratar o DNA brandamente com a enzima DNase I, de forma a romper uma ligação fosfodiéster em média (ou um pequeno número de ligações) em cada molécula de DNA. Uma vez que o DNA tenha sido "clivado" dessa maneira, ele não estará mais topologicamente limitado e as fitas poderão sofrer rotações livremente, permitindo que as supertorções se dissipem (Fig. 4-19). Se o corte for reparado a seguir, as moléculas de cccDNA resultantes estarão relaxadas e apresentarão, em média, um Lk que será igual a Lk^0. (Devido à flutuação rotacional no momento em que o corte é reparado, alguns dos cccDNAs resultantes terão um Lk um pouco maior do que Lk^0 e outros apresentarão um Lk um pouco menor. Assim, o procedimento de relaxamento gerará uma pequena variedade de cccDNAs cujo Lk médio será igual a Lk^0.)

O DNA nas células está supertorcido negativamente

A extensão do superenrolamento é medida pela diferença entre Lk e Lk^0, a qual é chamada de **diferença de ligação**:

$$\Delta Lk = Lk - Lk^0.$$

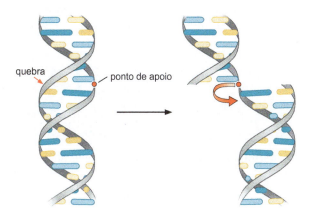

FIGURA 4-19 **Relaxamento do DNA com DNase I.**

Se o ΔLk de um cccDNA for significativamente diferente de zero, então o DNA está tensionado e torcido e, portanto, supertorcido. Se $Lk < Lk^0$ e $\Delta Lk < 0$, então o DNA está "negativamente supertorcido". Ao contrário, se $Lk > Lk^0$ e $\Delta Lk > 0$, então o DNA está "positivamente supertorcido". Por exemplo, a molécula apresentada na Figura 4-17b está negativamente supertorcida e possui uma diferença de ligação de -4 porque seu Lk (32) é menor em 4 unidades em comparação ao Lk para a forma relaxada da molécula (36) mostrada na Figura 4-17a.

Como ΔLk e Lk^0 dependem do comprimento da molécula de DNA, é mais conveniente se referir à medida normalizada do superenrolamento. Essa é a **densidade super-helicoidal**, designada pelo símbolo σ e definida como

$$\sigma = \Delta Lk/Lk^0.$$

Normalmente, as moléculas de DNA circular purificadas de bactérias e eucariotos são supertorcidas negativamente, apresentando valores de σ de cerca de $-0,06$. A microfotografia eletrônica mostrada na Figura 4-20 compara as estruturas do DNA de bacteriófago em sua forma relaxada e supertorcida.

Qual o significado biológico da densidade helicoidal? Pode-se imaginar os superenrolamentos negativos como uma fonte de energia livre que auxilia processos que requerem a separação das fitas, como a replicação e a transcrição do DNA. Como $Lk = Tw + Wr$, os superenrolamentos negativos podem ser convertidos em desenrolamentos da dupla-hélice (comparar as Figs. 4-17a e 4-17b). As regiões de DNA com superenrolamento negativo, portanto, apresentam uma tendência para desenrolamento parcial. Assim, a separação das fitas pode ser alcançada mais facilmente no DNA com superenrolamento negativo do que no DNA relaxado.

O DNA com superenrolamento positivo foi encontrado apenas em organismos denominados termófilos, microrganismos que vivem sob condições de temperaturas elevadas extremas, como as fontes termais. Nesse caso, pode-se imaginar que as supertorções positivas sejam como um estoque de energia livre que auxilia a evitar a desnaturação do DNA em temperaturas elevadas. Na medida em que as supertorções positivas podem ser convertidas em mais torções (pode-se imaginar o DNA positivamente supertorcido como superenrolado), a separação das fitas necessita de mais energia nos termófilos do que nos organismos cujos DNAs estão negativamente supertorcidos.

Os nucleossomos introduzem superenrolamento negativo nos eucariotos

Como será visto no Capítulo 8, o DNA do núcleo das células eucarióticas está compactado em pequenas partículas, os **nucleossomos**, nos quais quase duas voltas de dupla-hélice são enroladas ao redor de uma estrutura proteica. Você poderá reconhecer esse enrolamento como a forma toroide

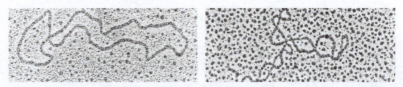

FIGURA 4-20 Microfotografia eletrônica do DNA supertorcido. A microfotografia eletrônica à esquerda é de uma molécula de DNA relaxada (não supertorcida) do bacteriófago PM2. A microfotografia eletrônica à direita mostra o DNA do fago em sua forma supertorcida. (Microfotografias eletrônicas cortesia de Wang J.C. 1982. *Sci. Am.* **247**: 97.)

ou espiral de supertorção. É importante observar que ela ocorre em orientação levógira. (Convença-se disso aplicando mentalmente a regra do sentido horário/anti-horário ao DNA enrolado ao redor do nucleossomo no Cap. 8, Fig. 8-18.) O resultado será que a supertorção na forma de espirais voltadas à esquerda é equivalente aos superenrolamentos negativos. Assim, a compactação do DNA em nucleossomos introduz uma densidade super-helicoidal negativa.

As topoisomerases podem relaxar o DNA supertorcido

Como se viu, o número de ligação é uma propriedade invariável do DNA que é topologicamente limitante. Ele só pode ser alterado pela introdução de interrupções no esqueleto açúcar-fosfato. Uma classe extraordinária de enzimas, conhecidas como **topoisomerases**, são capazes de realizar exatamente isso, pela introdução de quebras transientes de fita simples ou de dupla-fita no DNA.

As topoisomerases podem ser de dois tipos gerais. As topoisomerases de tipo II alteram o número de ligação por um fator de dois. Elas promovem quebras temporárias na dupla-fita de DNA, através das quais passa um segmento do DNA duplo não clivado, e depois religam a quebra. Esse tipo de reação está ilustrado esquematicamente na Figura 4-21. A topoisomerase tipo II necessita de energia da hidrólise do ATP para poder atuar. As topoisomerases de tipo I, em contrapartida, alteram o número de ligação do DNA em um fator de um. Elas promovem quebras temporárias de fita simples de DNA, permitindo que a fita não clivada passe através da quebra, antes de a quebra ser religada (Fig. 4-22). Ao contrário das topoisomerases de tipo II, as topoisomerases de tipo I não necessitam de ATP. A seguir, é explicado como as topoisomerases relaxam o DNA e promovem outras reações relacionadas de uma maneira controlada e coordenada.

Os procariotos possuem uma topoisomerase especial que introduz supertorções no DNA

Procariotos e eucariotos possuem topoisomerases de tipo I e de tipo II capazes de remover superenrolamentos do DNA. Além dessas, no entanto, os procariotos apresentam um tipo especial de topoisomerase de tipo II, conhecida como "DNA-girase", que introduz, em vez de remover, supertorções negativas. A DNA-girase é responsável pelo superenrolamento negativo dos cromossomos em procariotos. Esse superenrolamento negativo facilita o desenrolamento do dúplex de DNA, o que estimula muitas reações deste, incluindo sua iniciação da transcrição e da replicação.

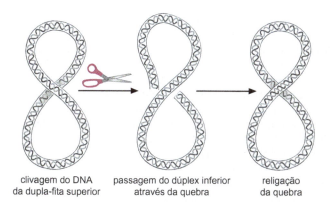

FIGURA 4-21 Esquema para a alteração no número de ligação do DNA pela topoisomerase II. A topoisomerase II liga-se ao DNA, produz uma quebra na dupla-fita, passa o DNA não clivado através da lacuna e, então, religa a quebra.

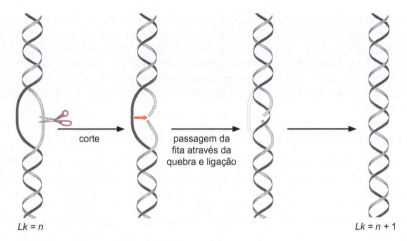

FIGURA 4-22 Mecanismo esquemático da ação da topoisomerase I. Esta enzima cliva uma fita simples do DNA dupla-fita, passa a fita não clivada pela quebra e, então, religa a quebra. O processo aumenta o número de ligação em +1.

As topoisomerases também desenlaçam e desembaraçam as moléculas de DNA

Além de promover o relaxamento do DNA supertorcido, as topoisomerases promovem várias outras reações importantes para a manutenção da estrutura adequada do DNA dentro das células. As enzimas utilizam a mesma quebra temporária do DNA e a reação de passagem de fitas utilizadas para relaxar o DNA para desempenhar essas reações.

As topoisomerases podem tanto **concatenar** (encadear) como **desconcatenar** (desencadear) moléculas circulares de DNA. As moléculas de DNA circular estão concatenadas quando estão unidas como dois anéis de uma corrente (Fig. 4-23a). Entre essas duas propriedades, a habilidade das topoisomerases para desconcatenar o DNA apresenta uma clara importância biológica. Como será visto no Capítulo 9, moléculas de DNA concatenadas são frequentemente produzidas quando um ciclo de replicação do DNA é finalizado (ver Cap. 9, Fig. 9-36). As topoisomerases desempenham o papel fundamental da separação dessas moléculas de DNA, permitindo que elas sejam segregadas nas duas células-filhas durante a divisão celular. O desencadeamento de duas moléculas de DNA circular covalentemente fechadas necessita da passagem das duas fitas do DNA de uma molécula através de uma quebra de dupla-fita na segunda molécula de DNA. Essa reação depende, portanto, de uma topoisomerase de tipo II. A necessidade do desencadeamento explica por que as topoisomerases de tipo II são proteínas celulares essenciais. Entretanto, se pelo menos uma das duas moléculas de DNA concatenadas apresenta uma quebra ou lacuna, então uma enzima de tipo I também pode separar as duas moléculas (Fig. 4-23b).

Embora em geral nos concentremos em moléculas de DNA circular quando são consideradas questões topológicas, os longos cromossomos lineares dos organismos eucariotos também experimentam problemas topológicos. Por exemplo, frequentemente ocorre o entrelaçamento de duas moléculas-filhas de DNA de dupla-fita durante um ciclo de replicação do DNA (Fig. 4-23c). Esses sítios de entrelaçamento, da mesma forma que as ligações entre moléculas de DNA concatenadas, impedem a separação dos cromossomos-filhos durante a mitose. Portanto, também é necessário "desembaraçar" o DNA, geralmente um processo catalisado por uma topoisomerase de tipo II, a cada ciclo de replicação e divisão celular em eucariotos.

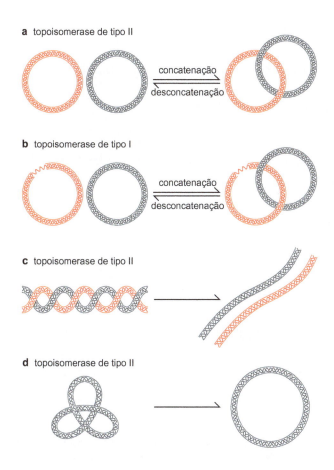

FIGURA 4-23 **As topoisomerases desencadeiam, desembaraçam e desfazem os nós do DNA.** (a) Topoisomerases de tipo II podem concatenar e desconcatenar moléculas de DNA circulares covalentemente fechadas, pela introdução de uma clivagem de dupla-fita no DNA, seguida pela passagem da outra molécula de DNA através da quebra. (b) As topoisomerases de tipo I podem concatenar e desconcatenar moléculas apenas se uma fita de DNA tiver uma quebra ou lacuna, porque essas enzimas clivam apenas uma fita de DNA por vez. (c) Moléculas de DNA lineares, longas e entrelaçadas, formadas, por exemplo, durante a replicação dos cromossomos eucarióticos, podem ser desembaraçadas por uma topoisomerase. (d) Os nós do DNA também podem ser desatados pela ação de topoisomerases.

Ocasionalmente, uma molécula de DNA pode sofrer um nó (Fig. 4-23d). Por exemplo, algumas reações de recombinação sítio-específica (discutidas em detalhes no Cap. 12) geram produtos de DNA cheios de nós. Novamente, uma topoisomerase de tipo II pode "desatar" um nó em um dúplex de DNA. Se a molécula de DNA apresentar uma quebra ou lacuna, então uma enzima de tipo I também poderá executar essa tarefa.

As topoisomerases utilizam uma ligação covalente proteína-DNA para clivar e religar as fitas do DNA

Para realizar suas funções, as topoisomerases devem clivar uma fita do DNA (ou as duas fitas) e religar a fita clivada (ou as fitas). As topoisomerases são capazes de promover tanto a clivagem como a religação do DNA sem a assistência de outras proteínas ou cofatores de alta energia (p. ex., ATP; ver também a seguir), porque utilizam um mecanismo intermediário covalente. A clivagem do DNA ocorre quando um resíduo de tirosina no sítio ativo da topoisomerase ataca uma ligação fosfodiéster no esqueleto do DNA-alvo (Fig. 4-24). Esse ataque produz uma quebra no DNA, pela qual a topoisomerase é covalentemente ligada a uma das extremidades clivadas, por meio de uma ligação fosfotirosina. A outra extremidade do DNA possui um grupo OH livre. Essa extremidade também é firmemente mantida pela enzima, como será visto a seguir.

A ligação fosfotirosina conserva a energia da ligação fosfodiéster que foi clivada. Portanto, o DNA pode ser religado simplesmente pela reversão da reação original: o grupo OH de uma extremidade rompida de DNA ataca a ligação fosfotirosina, formando novamente a ligação fosfodiéster do DNA.

100 Parte 2 Estrutura e Estudo de Macromoléculas

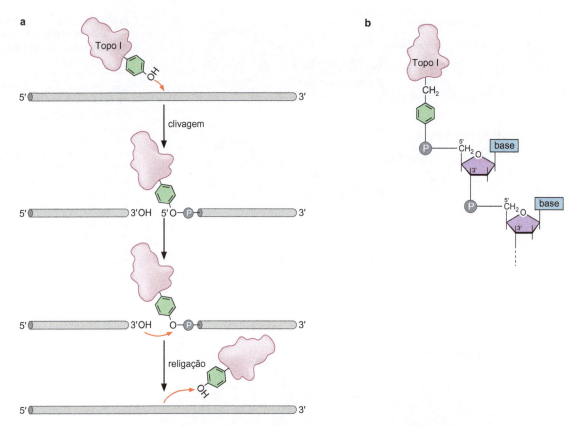

FIGURA 4-24 As topoisomerases clivam o DNA utilizando um intermediário covalente de tirosina-DNA. (a) Esquema da reação de clivagem e religação. Para simplificação, apenas uma fita simples do DNA é mostrada. Ver Figura 4-25 para uma figura mais realista. O mesmo mecanismo é utilizado pelas topoisomerases de tipo II, embora duas subunidades da enzima sejam necessárias, uma para clivar cada uma das duas fitas de DNA. As topoisomerases, às vezes, clivam no lado 5' e, às vezes, no lado 3'. (b) Diagrama ampliado do intermediário covalente de fosfotirosina.

Essa reação regenera a fita de DNA e libera a topoisomerase, a qual pode, então, catalisar outro ciclo de reação. Embora as topoisomerases de tipo II necessitem da hidrólise de ATP para a sua atividade, a energia liberada por essa hidrólise é utilizada para promover alterações conformacionais no complexo topoisomerase-DNA, em vez de clivar e religar o DNA.

As topoisomerases formam uma ponte enzimática e passam segmentos de DNA de um lado para outro

Entre as etapas de clivagem do DNA e de religação do DNA, a topoisomerase promove a passagem de um segundo segmento de DNA através da quebra. Assim, a ação da topoisomerase requer que todas as reações, de clivagem do DNA, passagem da fita e religação do DNA, ocorram de modo altamente coordenado. As estruturas de várias topoisomerases diferentes forneceram evidências de como ocorre o ciclo de reação. Aqui será apresentado um modelo de como uma topoisomerase de tipo I relaxa o DNA.

Para iniciar um ciclo de relaxamento, a topoisomerase liga-se a um segmento do dúplex de DNA, no qual as duas fitas estão separadas (Fig. 4-25a). A separação das fitas do DNA é favorecida no DNA alta e negativamente supertorcido (ver anteriormente), tornando esse DNA um excelente substrato para o relaxamento. Uma das fitas do DNA liga-se a uma fenda na enzima

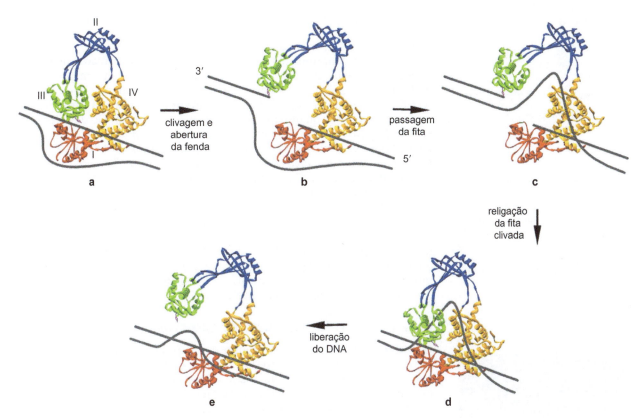

FIGURA 4-25 Modelo para o ciclo de reação catalisado por uma topoisomerase de tipo I. Uma série de etapas propostas para o relaxamento de uma volta de um plasmídeo de DNA negativamente supertorcido. As duas fitas do DNA são mostradas em cinza-escuro (não representadas em escala). Os quatro domínios da proteína estão marcados no painel a: (vermelho) Domínio I; (azul-escuro) II; (verde) III; (amarelo) IV. (Adaptada, com permissão, de Champoux J. 2001. *Annu. Rev. Biochem.* **70**: 369-413. © Annual Reviews.)

que a coloca próxima ao sítio ativo tirosina. Essa fita é clivada para gerar o intermediário covalente DNA-tirosina (Fig. 4-25b). Para o sucesso da reação, é necessário que a outra extremidade do DNA recém-clivado também esteja firmemente ligada à enzima. Após a clivagem, a topoisomerase sofre uma enorme alteração conformacional para abrir uma lacuna na fita clivada, com a enzima servindo de ponte para essa lacuna. Então, a segunda fita de DNA (não clivada) passa por meio da fenda e liga-se a um sítio de ligação ao DNA em um sulco interno da proteína com forma de anel (Fig. 4-25c). Após a passagem da fita, uma segunda alteração conformacional no complexo topoisomerase-DNA reaproxima as extremidades clivadas do DNA (Fig. 4-25d); a religação das fitas ocorre pelo ataque da extremidade OH sobre a ligação fosfotirosina (ver anteriormente). Após a religação, a enzima deve abrir-se outra vez, liberando o DNA (Fig. 4-25e). Esse produto de DNA é idêntico à molécula de DNA inicial, exceto pelo fato de o número de ligação ter sido acrescido de um.

Esse mecanismo geral, no qual a enzima forma uma "ponte proteica" para a passagem da fita, também pode ser aplicado às topoisomerases de tipo II. As enzimas de tipo II, entretanto, são diméricas (ou em alguns casos, tetraméricas). Duas subunidades da topoisomerase, com seus resíduos de tirosina no sítio ativo, são necessárias para clivar as duas fitas do DNA, produzindo a quebra da dupla-fita, uma característica fundamental do mecanismo das topoisomerases de tipo II.

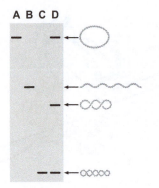

FIGURA 4-26 Esquema da separação eletroforética de topoisômeros de DNA. (coluna A) DNA circular clivado ou relaxado; (coluna B) DNA linear; (coluna C) cccDNA altamente supertorcido; (coluna D) uma escada, ou padrão, de topoisômeros.

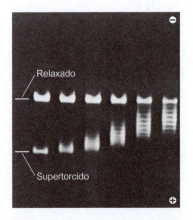

FIGURA 4-27 Separação de DNA relaxado e supertorcido pela eletroforese em gel. Topoisômeros de DNA relaxado e supertorcido são resolvidos por eletroforese em gel. A velocidade de migração das moléculas de DNA aumenta à medida que aumenta o número de voltas super-helicoidais. (Imagem cortesia de J.C. Wang.)

Topoisômeros de DNA podem ser separados por eletroforese

As moléculas de DNA circular covalentemente fechadas e de mesmo comprimento, mas com números de ligação diferentes, são chamadas de **topoisômeros de DNA**. Ainda que os topoisômeros apresentem a mesma massa molecular, eles podem ser separados por eletroforese em um gel de agarose (ver Cap. 7 para uma explicação sobre **eletroforese em gel**). A base para essa separação é que quanto maior a supertorção, mais compacto é o formato do cccDNA. Novamente, imagine como o superenrolamento de um fio de telefone faz ele se tornar mais compacto. Quanto mais compacto estiver o DNA, maior será a sua capacidade (até um determinado limite) de migrar por meio de uma matriz de gel (Fig. 4-26). Assim, um cccDNA totalmente relaxado migra mais lentamente do que um topoisômero altamente supertorcido do mesmo DNA circular. A Figura 4-27 apresenta uma "escada" de topoisômeros de DNA resolvidos por eletroforese em gel. Moléculas em degraus adjacentes da escada diferem umas das outras por uma diferença no número de ligação de apenas 1. Obviamente, a mobilidade eletroforética é altamente sensível ao estado topológico do DNA (ver Quadro 4-3, Prova de que o DNA apresenta uma periodicidade helicoidal de cerca de 10,5 pares de bases por volta a partir das propriedades topológicas de anéis de DNA).

Íons de etídeo fazem o DNA se desenrolar

O **etídeo** é um cátion planar, volumoso, composto por múltiplos anéis. Sua forma planar possibilita que o etídeo deslize, ou se intercale, entre os pares e bases empilhados do DNA (Fig. 4-28). Como ele exibe fluorescência quando exposto à luz ultravioleta, e como essa fluorescência aumenta significativamente após a inserção do íon no DNA, o etídeo é utilizado como corante para visualização do DNA.

Quando um íon de etídeo se intercala entre dois pares de bases, ele provoca o desenrolamento do DNA em 26°, reduzindo a rotação normal por par de bases de ~36° para ~10°. Em outras palavras, o etídeo diminui o enrolamento do DNA. Imagine o caso extremo de uma molécula de DNA que apresenta um íon etídeo entre cada par de bases. Em vez de 10 pares de bases por volta, ela teria 36! Quando o etídeo se liga ao DNA linear ou ao DNA circular aberto, ele causa um aumento da amplitude helicoidal. Considere-se, porém, o que acontece quando o etídeo se liga a um DNA circular covalentemente fechado. O número de ligação do cccDNA não se altera (pois nenhuma ligação covalente é clivada e religada), mas a torção diminui em 26° para cada molécula de etídeo que se inseriu no DNA. Como $Lk = Tw + Wr$, a diminuição em Tw deve

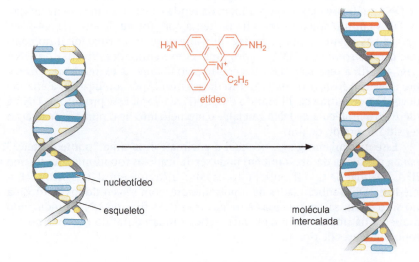

FIGURA 4-28 Intercalação do etídeo no DNA. O etídeo aumenta o espaço entre pares de bases adjacentes, distorce o esqueleto açúcar-fosfato regular e diminui o enrolamento das hélices.

Capítulo 4 A Estrutura do DNA **103**

> ▶ **EXPERIMENTOS-CHAVE**
>
> **Quadro 4-3** Prova de que o DNA apresenta uma periodicidade helicoidal de cerca de 10,5 pares de bases por volta a partir das propriedades topológicas de anéis de DNA
>
> A observação de que os topoisômeros de DNA podem ser separados por eletroforese é a base de um experimento simples, que confirma que o DNA tem periodicidade helicoidal de cerca de 10,5 pares de bases (pb) por volta, quando em solução. Considere três cccDNAs com tamanhos de 3.990, 3.995 e 4.011 pb que foram relaxados pelo tratamento com topoisomerase de tipo I. Quando submetidos à eletroforese em agarose, os DNAs com 3.990 e 4.011 pb apresentam mobilidades essencialmente idênticas. Devido à flutuação térmica, o tratamento com topoisomerases, na verdade, gera uma pequena diversidade de topoisômeros, mas, para simplificação, será considerada apenas a mobilidade do topoisômero mais abundante (que corresponde ao cccDNA no seu estado mais relaxado). As mobilidades dos topoisômeros mais abundantes dos DNAs de 3.990 e 4.011 pb são indistinguíveis, porque a diferença de 21 pb entre eles é insignificante, quando comparada aos tamanhos dos DNAs circulares relaxados (anéis). Observa-se, entretanto, que o topoisômero mais abundante no anel de 3.995 pb migra levemente mais rápido do que os outros dois anéis, mesmo sendo apenas 5 pb maior do que o anel de 3.990 pb. Como se explica esse fenômeno? Espera-se que os anéis de 3.990 e 4.011 pb, em seus estados mais relaxados, apresentem números de ligação iguais a Lk^0, ou seja, 380, no caso do anel de 4.011 pb (dividindo-se o tamanho por 10,5) e 382, no caso do anel de 3.990 pb. Como Lk é igual a Lk^0, a diferença de ligação ($Lk = Lk - Lk^0$), em ambos os casos, é zero, e não há distorção. Como o número de ligação deve ser um número inteiro, porém, o estado mais relaxado do anel de 3.995 pb seria um dos dois topoisômeros que apresentam números de ligação de 380 ou 381. Entretanto, o Lk^0 para o anel de 3.995 pb é de 380,5. Assim, mesmo em seu estado mais relaxado, um círculo covalentemente fechado de 3.995 pb teria, necessariamente, cerca de metade de uma unidade de supertorção (diferença de ligação de 0,5) e, portanto, migraria mais rápido do que os círculos de 3.990 e 4.011 pb. Em outras palavras, para explicar como anéis que diferem em tamanho por 21 pb (duas voltas da hélice) apresentam a mesma mobilidade, enquanto um anel que difere em apenas 5 pb (quase a metade de uma volta helicoidal) exibe uma mobilidade diferente, deve-se concluir que o DNA em solução apresenta uma periodicidade helicoidal de cerca de 10,5 pb por volta.

ser compensada por um aumento correspondente em *Wr*. Se o DNA circular estiver inicialmente supertorcido de maneira negativa (como é normalmente o caso, nos DNAs circulares isolados das células), então a adição de etídeo aumentará *Wr*. Isto é, a adição de etídeo relaxará o DNA. Se uma quantidade suficiente de etídeo for adicionada, o superenrolamento negativo ficará próximo de zero e, se ainda mais etídeo for adicionado, *Wr* se elevará para acima de zero e o DNA se tornará positivamente supertorcido.

Uma vez que a ligação de etídeo aumenta *Wr*, sua presença obviamente afeta muito a migração de cccDNA durante a eletroforese em gel. Na presença de quantidades não saturantes de etídeo, DNAs circulares negativamente supertorcidos estão mais relaxados e migram mais lentamente, enquanto os cccDNAs relaxados se tornam positivamente supertorcidos e migram mais rapidamente.

RESUMO

Normalmente, o DNA está na forma de uma dupla-hélice voltada para a direita. A hélice consiste em duas cadeias polinucleotídicas. Cada cadeia é um polímero de açúcares desoxirriboses e fosfatos alternados, unidos por meio de ligações fosfodiéster. Uma de quatro bases possíveis projeta-se para fora de cada açúcar: a adenina e a guanina, que são purinas, e a timina e a citosina, que são pirimidinas. Embora o esqueleto açúcar-fosfato seja regular, a ordem das bases é irregular e é a responsável pela informação contida no DNA. Cada cadeia apresenta polaridade de 5′ para 3′, e as duas cadeias da dupla-hélice estão orientadas de maneira antiparalela – ou seja, estão dispostas em direções opostas.

As cadeias polinucleotídicas são mantidas unidas pelo pareamento de bases e pelo empilhamento das bases. O pareamento é mediado por ligações de hidrogênio e resulta na liberação de moléculas de água, aumentando a entropia. O empilhamento das bases também contribui para a estabilidade da dupla-hélice por interações favoráveis de nuvens de elétrons entre as bases (forças de van der Waals) e pela ocultação das superfícies hidrofóbicas das bases (efeito hidrofóbico).

As ligações de hidrogênio são específicas: a adenina em uma cadeia sempre está ligada por pareamento de bases com a timina na outra cadeia e, da mesma forma, a guanina sempre realiza o pareamento de bases com a citosina. Esse pareamento específico entre as bases reflete a localização fixa dos átomos de hidrogênio nas bases púricas e pirimídicas nas formas em que as bases são encontradas no DNA. A adenina e a citosina quase sempre estão na forma tautomérica amino, em oposição à forma imino, enquanto a guanina e a timina quase sempre estão na forma tautomérica ceto, em oposição à forma enol.

A complementaridade entre as bases nas duas fitas fornece ao DNA o seu caráter autocodificador.

As duas fitas da dupla-hélice são separadas (desnaturam) quando expostas a temperaturas elevadas, extremos de pH ou qualquer agente que provoque o rompimento das ligações de hidrogênio. Quando ocorre um lento retorno às condições normais da célula, as fitas simples desnaturadas podem reassociar-se especificamente em duplas-hélices biologicamente ativas (renaturação ou anelamento).

O DNA em solução apresenta periodicidade helicoidal de cerca de 10,5 pares de bases por volta da hélice. O empilhamento dos pares de bases origina uma hélice com duas fendas. Como os açúcares se projetam das bases em um ângulo de cerca de 120°, as fendas são de tamanhos diferentes. As extremidades de cada par de bases estão expostas nas fendas, criando um padrão de doadores e aceptores de ligações de hidrogênio e de grupos hidrofóbicos que identifica o par de bases. A fenda mais ampla – ou *maior* – é mais rica em informação química do que a fenda mais estreita – ou *menor* – e é mais importante para o reconhecimento por proteínas que se ligam a sequências de nucleotídeos específicas.

Praticamente todo o DNA celular é formado por moléculas extremamente longas, com apenas uma molécula de DNA por cromossomo. As células eucarióticas acomodam esse imenso comprimento, em parte, pelo enrolamento do DNA ao redor de partículas proteicas, conhecidas como nucleossomos. A maioria das moléculas de DNA é linear, mas alguns DNAs são circulares, como frequentemente é o caso dos cromossomos de procariotos e de determinados vírus.

O DNA é flexível. A menos que a molécula esteja topologicamente limitada, ela pode sofrer rotações livremente para acomodar alterações no número de vezes que as duas fitas se entrelaçam uma sobre a outra. O DNA está topologicamente limitado quando ele está na forma de um círculo covalentemente fechado, ou quando está sob a forma de cromatina. O número de ligação é uma propriedade topológica invariável do DNA circular covalentemente fechado. É o número de vezes que uma fita teria de passar por meio da outra fita para separar as duas fitas circulares. O número de ligação é o somatório de duas propriedades geométricas interconversíveis: a torção, que é o número de vezes que as duas fitas estão enroladas uma ao redor da outra; e o número de supertorção, que é o número de vezes que o eixo longo do DNA cruza sobre si mesmo no espaço. O DNA está relaxado, sob condições fisiológicas, quando ele apresenta cerca de 10,5 pares de bases por volta e não está supertorcido. Se o número de ligação é diminuído, a torção do DNA torna-se mais tensa, e se diz que o DNA está negativamente supertorcido. O DNA nas células está, em geral, negativamente supertorcido em cerca de 6%.

O enovelamento do DNA voltado à esquerda ao redor dos nucleossomos introduz um superenrolamento negativo nos eucariotos. Nos procariotos, que não possuem histonas, a enzima DNA-girase é a responsável pela inserção de supertorções negativas. A DNA-girase é um membro da família de topoisomerases de tipo II. Essas enzimas alteram o número de ligação do DNA por um fator de dois, por promoverem uma quebra temporária na dupla-hélice e a passagem de uma região do dúplex de DNA por meio da quebra. Alguns tipos de topoisomerases de tipo II relaxam o DNA supertorcido, enquanto a DNA-girase promove supertorções negativas. As topoisomerases de tipo I também relaxam DNAs supertorcidos, mas por um fator de um, usando um processo no qual uma fita do DNA é passada por meio de uma quebra temporária na outra fita.

BIBLIOGRAFIA

Livros

Bloomfield V.A., Crothers D.M., Tinoco I. Jr., and Heast J.E. 2000. *Nucleic acids: Structures, properties, and functions.* University Science Books, Sausalito, California.

Watson J.D., ed. 1982. *Structures of DNA.* Cold Spring Harbor Symposium on Quantitative Biology, Vol. 47. Cold Spring Harbor Laboratory Press, Cold Spring Harbor, New York.

Estrutura do DNA

Chambers D.A., ed. 1995. DNA: The double-helix—Perspective and prospective at forty years. *Ann. N.Y. Acad. Sci.* **758:** 1–472.

Dickerson R.E. 1983. The DNA helix and how it is read. *Sci. Am.* **249:** 94–111.

Franklin R.E. and Gosling R.G. 1953. Molecular configuration in sodium thymonucleate. *Nature* **171:** 740–741.

Roberts R.J. 1995. On base flipping. *Cell* **82:** 9–12.

Watson J.D. and Crick F.H.C. 1953a. Molecular structure of nucleic acids: A structure for deoxyribonucleic acids. *Nature* **171:** 737–738.

———. 1953b. Genetical implications of the structure of deoxyribonucleic acids. *Nature* **171:** 964–967.

Wilkins M.H.F., Stokes A.R., and Wilson H.R. 1953. Molecular structure of deoxypentose nucleic acids. *Nature* **171:** 738–740.

Topologia do DNA

Dro¬ge P. and Cozzarelli N.R. 1992. Topological structure of DNA knots and catenanes. *Methods Enzymol.* **212:** 120–130.

Wang J.C. 2002. Cellular roles of DNA topoisomerases: A molecular perspective. *Nat. Rev. Mol. Cell Biol.* **3:** 430–440.

QUESTÕES

Para respostas de questões de número par, ver Apêndice 2: Respostas.

Questão 1. Explique o que significam os seguintes adjetivos atribuídos ao DNA dupla-fita ou às duas fitas que compõem o DNA.

A. Polar.

B. Antiparalela.

C. Complementar.

Questão 2.

A. Calcule o número aproximado de pares de bases em quatro voltas de hélice do DNA B (com base nos valores de estruturas de difração de raios X iniciais). Calcule o número aproximado de pares de bases em quatro voltas de hélice do DNA B (baseando-se nos valores para o DNA em solução). Calcule o comprimento vertical das quatro voltas de hélice no DNA B.

B. Calcule o número aproximado de pares de bases em quatro voltas de hélice do DNA A (com base nos valores de estruturas de difração de raios X iniciais).

Questão 3. Verdadeira ou Falsa. Se for falsa, reescreva a frase com a informação correta.

A. Uma sequência de DNA com uma porcentagem maior de pares de bases G:C do que a porcentagem de pares A:T possui uma temperatura de fusão (*melting temperature*, T_m) maior, principalmente devido às três ligações de hidrogênio encontradas nos pares de bases G:C em comparação às duas ligações de hidrogênio dos pares de bases A:T.

B. A entropia e o empilhamento de bases são os principais fatores que contribuem para a estabilidade do DNA dupla-fita.

C. O empilhamento de bases determina a especificidade do pareamento de bases no DNA.

Questão 4. Para cada conjunto de par de bases, afirme se os dois pares podem ser distinguidos usando a fenda menor, a fenda maior, ambas, ou nenhuma.

G:C *versus* C:G _____
A:T *versus* G:C _____
A:T *versus* T:A _____

Questão 5. Análogos estruturais de nucleosídeos variam levemente em estrutura química comparados aos quatro nucleosídeos primários encontrados no DNA. As estruturas de dois análogos de nucleosídeos usados em experimentos de síntese de DNA são mostradas a seguir.

A. Nas linhas marcadas com 1 e 2, cite o desoxinucleosídeo que estas estruturas mimetizam.

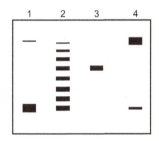

1. _____ 2. _____

B. Circule o(s) grupo(s) químico(s) em cada análogo que difere(m) do desoxinucleosídeo convencional.

Questão 6.

A. Você isola um plasmídeo supertorcido com 10.000 pb de células de *E. coli*. Suponha que o plasmídeo é um DNA circular covalentemente fechado (*covalently closed circular DNA*, cccDNA). Você trata o plasmídeo de 10.000 pb com DNase I sob condições tais que a DNase I cliva em média uma vez por molécula de DNA.

i. Cite a ligação clivada pela DNase I.

ii. Como este tratamento altera o estado topológico do plasmídeo de 10.000 pb?

B. Você então inativa a DNase I e trata o DNA com DNA-ligase mais ATP para criar uma nova população de cccDNAs. (A DNA-ligase é uma enzima que une as extremidades das quebras e que necessita de ATP para sua atividade enzimática.) Descreva brevemente o estado topológico dos cccDNAs resultantes. Explique seu raciocínio em relação ao Lk (número de ligação) e ao Lk^0.

Questão 7. Você isola um plasmídeo com 10.500 pb (supertorcido, cccDNA) de *E. coli*. O plasmídeo contém um único sítio de reconhecimento para EcoRI, uma enzima de restrição. Enzimas de restrição reconhecem uma sequência específica e clivam ambas as fitas de DNA nesta sequência (Cap. 21). Você incuba brevemente o cccDNA a 37°C em quatro reações separadas contendo os componentes listados a seguir. Você corre a reação em um gel de agarose e visualiza o DNA usando brometo de etídeo e luz UV. As reações incluíram o tampão apropriado e ATP quando necessário. Um gel de agarose contendo quatro canaletas de possíveis produtos é apresentado a seguir. Para cada reação, indique qual canaleta do gel contém os produtos que você esperaria ver em seu gel de agarose.

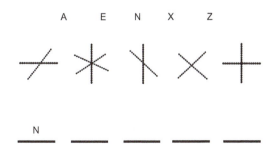

i. Apenas tampão.
ii. DNase I (tratamento breve).
iii. Topoisomerase I.
iv. EcoRI.

Questão 8. Utilize seu conhecimento sobre difração de raios X para ligar as letras a seguir a seus padrões de difração correspondentes. Suponha que o padrão de difração é baseado em um padrão repetido (ou arranjo) daquela letra, mas para simplificar apenas uma letra é representada. (*Dica:* separe cada letra em suas linhas componentes e pense no padrão de difração que cada linha geraria. Então, combine os padrões das linhas individuais para obter o padrão de difração final. Um exemplo foi completado para você.)

A   E   N   X   Z

N ___ ___ ___ ___ ___

CAPÍTULO 5

A Estrutura e a Versatilidade do RNA

À PRIMEIRA VISTA, O RNA PARECE SER MUITO SEMELHANTE AO DNA. Certamente, sua composição química difere da do DNA apenas em pequenos detalhes: um grupo hidroxila em vez de um átomo de hidrogênio em seu esqueleto e a ausência de um grupo metila em uma de suas quatro bases. De fato, por muitos anos, considerou-se que o RNA exercia apenas um papel de suporte para o DNA na transferência de informações. Alguns vírus possuem genomas de RNA, mas na grande maioria das vezes, o DNA é a molécula que armazena a informação genética na natureza. Por sua vez, o RNA era visto como o transportador que transferia a informação genética do DNA para o ribossomo, o adaptador que decodificava essa informação, e como um componente estrutural do ribossomo. Hoje se reconhece, entretanto, que o RNA é muito mais rico e mais complexo em estrutura do que o DNA e muito mais versátil em relação ao que se pensava anteriormente.

O RNA é encontrado principalmente como uma molécula de fita simples. No entanto, por meio do pareamento de bases intracadeia, o RNA assume uma característica de dupla-hélice e é capaz de se enovelar em uma ampla diversidade de estruturas terciárias. Essas estruturas são cheias de surpresas, como pareamentos de bases não convencionais, interações base-esqueleto e configurações semelhantes a nós. O mais surpreendente, e de enorme relevância evolutiva, é que algumas moléculas de RNA são enzimas que promovem reações centrais na transferência de informação dos ácidos nucleicos para as proteínas.

SUMÁRIO

O RNA Contém Ribose e Uracila e Normalmente é Composto por Fita Simples, 107

•

Cadeias de RNA Dobram-se sobre si para Formar Regiões Localizadas de Dupla-hélice Similares à Forma A do DNA, 108

•

O RNA pode Enovelar-se em Estruturas Terciárias Complexas, 110

•

Substituições Nucleotídicas e Sondas Químicas Revelam a Estrutura do RNA, 111

•

A Evolução Dirigida Seleciona RNAs que se Ligam a Moléculas Pequenas, 114

•

Alguns RNAs são Enzimas, 114

O RNA CONTÉM RIBOSE E URACILA E NORMALMENTE É COMPOSTO POR FITA SIMPLES

O RNA difere do DNA em três aspectos (Fig. 5-1). Primeiro, o esqueleto do RNA contém ribose, em vez de 2'-desoxirribose. Ou seja, a ribose apresenta um grupo hidroxila na posição 2'. Segundo, o RNA contém **uracila**, no lugar de timina. A uracila tem a mesma estrutura de um anel único da timina, exceto pela ausência do grupo metila na posição 5 (o grupo **5 metila**). A timina é, na verdade, uma **5-metila-uracila**. Além disso, como a timina, a uracila pareia com a adenina (ver Fig. 5-2). Considerando a semelhança entre as duas bases, por que a evolução selecionou a presença de um grupo metila extra no DNA? Como será visto no Capítulo 10, a base citosina sofre desaminação espontânea para gerar a uracila, a qual pode ser reconhecida por sistemas de reparo como estranha ao DNA e restaurada à citosina. Se o material genético

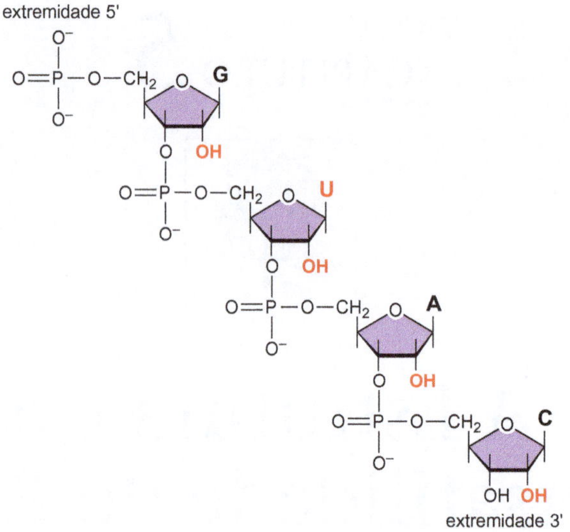

FIGURA 5-1 Características estruturais do RNA. A figura mostra a estrutura do esqueleto de RNA, composta por moléculas alternadas de fosfato e ribose. As características do RNA que o distinguem do DNA estão destacadas em vermelho.

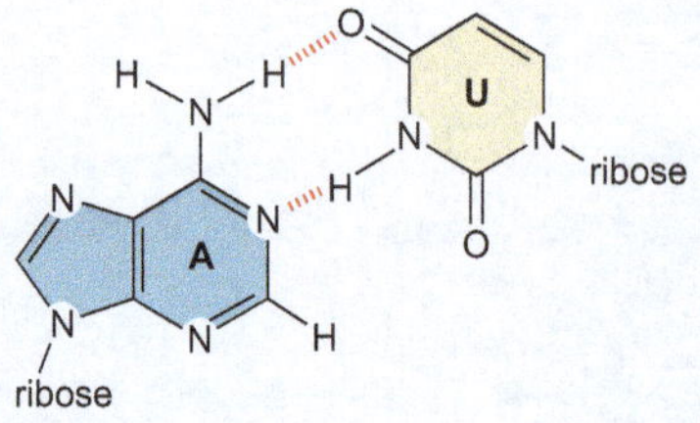

FIGURA 5-2 A uracila pareia com a adenina. Observa-se que a posição 5, na qual a uracila difere da timina, não está envolvida no pareamento das bases.

possuísse uracila, então a uracila gerada a partir da desaminação da citosina não seria detectada pelos sistemas de vigilância que mantêm o genoma.

Terceiro, o RNA é, normalmente, encontrado como uma única cadeia polinucleotídica. Exceto em determinados vírus, como os que causam gripe e Aids, o RNA não é o material genético e não precisa servir como molde para a sua própria replicação. Em vez disso, o RNA funciona como um intermediário, o RNA mensageiro (mRNA), entre o gene e a maquinaria de síntese proteica. Uma outra função do RNA é como adaptador, o RNA transportador (tRNA), entre os códons no mRNA e os aminoácidos. O RNA também desempenha um papel estrutural, como os componentes de RNA do ribossomo. Ainda outro papel para o RNA é como uma molécula reguladora que, por meio da complementaridade de sequências, liga-se a determinados mRNAs, interferindo na tradução (ver Cap. 20). Finalmente, alguns RNAs (incluindo um dos RNAs estruturais do ribossomo) são enzimas que catalisam reações essenciais na célula. Em todos esses casos, o RNA é copiado como fita simples, produzida a partir de apenas uma das duas fitas do DNA-molde, e não existe uma fita complementar a ela. O RNA é capaz de formar duplas-hélices extensas, mas estas são incomuns na natureza.

CADEIAS DE RNA DOBRAM-SE SOBRE SI PARA FORMAR REGIÕES LOCALIZADAS DE DUPLA-HÉLICE SIMILARES À FORMA A DO DNA

Apesar de serem fitas simples, as moléculas de RNA geralmente exibem características de dupla-hélice (Fig. 5-3). Isso ocorre porque as cadeias de RNA frequentemente dobram-se sobre si formando segmentos pareados entre pequenos trechos de sequências complementares. Se os dois trechos de sequências complementares estiverem próximos um do outro, o RNA poderá adotar uma **estrutura de haste-alça** (do inglês, *stem-loop*) na qual o RNA interveniente está projetado para fora da extremidade do segmento da dupla-hélice (Fig. 5-3). Trechos de RNA dupla-hélice também podem exibir **alças internas** (nucleotídeos não pareados em ambos os lados da haste), **protuberâncias** (um nucleotídeo não pareado em um lado da protuberância) ou **junções** (Fig. 5-3).

A estabilidade das estruturas de haste-alça pode ser aumentada pelas propriedades especiais da alça. Por exemplo, uma haste-alça com a sequência "tetra-alça" UUCG é mais estável do que o esperado, devido a interações espe-

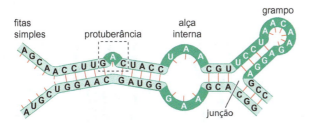

FIGURA 5-3 Características da dupla-hélice do RNA. Em uma molécula de RNA que apresenta regiões com sequências complementares, as regiões intervenientes (não complementares) de RNA podem formar "laços", como nas estruturas ilustradas na figura: uma protuberância, uma alça interna ou uma alça em forma de grampo.

ciais de empilhamento entre as bases na alça (Fig. 5-4). O pareamento de bases pode, também, ocorrer entre sequências que não são contíguas, formando estruturas complexas, apropriadamente chamadas de **pseudonós** (Fig. 5-5). As regiões de pareamento de bases no RNA podem formar uma dupla-hélice regular ou podem apresentar regiões descontínuas, como nucleotídeos não complementares que se projetam para fora da hélice.

Outra característica do RNA que aumenta a sua propensão a formar estruturas de dupla-hélice é um pareamento de bases não convencional, que não é do tipo Watson-Crick. Um exemplo disso é o par de bases G:U, que realiza ligações de hidrogênio entre o N3 da uracila e a carbonila em C6 da guanina, e entre a carbonila em C2 da uracila e o N1 da guanina (Fig. 5-6). Pares de base não convencionais podem ser encontrados em todas as combinações de RNA (GA e GU são as mais abundantes no RNA ribossomal). Como os pares de bases G:U podem ocorrer tão eficientemente quanto os dois pares de bases Watson-Crick convencionais, as cadeias de RNA apresentam uma maior capacidade à autocomplementaridade. Assim, o RNA frequentemente exibe regiões localizadas de pareamento de bases, mas não a helicoidicidade regular e extensa do DNA.

A presença de 2'-hidroxilas no esqueleto do RNA impede que ele adote uma forma de hélice B. Em vez disso, o RNA dupla-hélice lembra a forma A da estrutura do DNA. Dessa maneira, a fenda menor é mais aberta e rasa e, portanto, acessível; mas lembre-se de que a fenda menor oferece pouca informação sequência-específica. Por outro lado, a fenda maior é tão estreita e profunda que se torna pouco acessível às cadeias laterais dos aminoácidos das proteínas com as quais interage. Assim, a dupla-hélice de RNA é bastante diferente da dupla-hélice de DNA em seus detalhes de estrutura atômica e menos adequada a estabelecer interações sequência-específicas com proteínas. Entretanto, há muitos exemplos de proteínas que se ligam ao RNA de maneira sequência-específica, geralmente contando com o reconhecimento

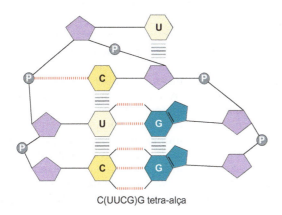

FIGURA 5-4 Tetra-alça. As interações de empilhamento de bases promovem e estabilizam a estrutura de tetra-alça. Os círculos cinzas entre as riboses mostradas em roxo representam os resíduos de fosfato do esqueleto do RNA. As linhas horizontais representam as interações de empilhamento de bases.

FIGURA 5-5 **Pseudonó.** A estrutura de pseudonó é formada pelo pareamento de bases entre sequências complementares não contíguas.

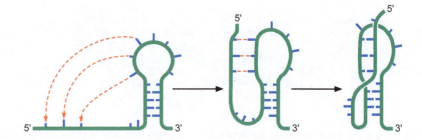

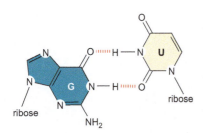

FIGURA 5-6 **Par de bases G:U.** A estrutura ilustra as ligações de hidrogênio que permitem o pareamento de bases entre a guanina e a uracila.

de alças em forma de grampo, protuberâncias e distorções causadas por pares de bases não convencionais. Exemplos disso são as tRNA sintetases com seus respectivos tRNAs; a conhecida toxina proteica vegetal ricina, que cliva uma ligação glicosídica essencial na alça "sarcina/ricina" do RNA da subunidade grande do ribossomo eucariótico; e a proteína humana U1A, que se liga ao elemento de inibição da poliadenilação de U1A, em forma de U, no mRNA, bloqueando a poli(A) polimerase e limitando o tamanho da cauda de poli(A).

Às vezes, as estruturas secundárias do RNA podem ter funções biológicas importantes sem a intervenção de proteínas. Um exemplo marcante vem do campo da patogênese bacteriana. Bactérias patogênicas expressam genes de virulência que são responsáveis por causar doenças em animais. Em geral, genes de virulência não são expressos fora do hospedeiro; em vez disso, a expressão é induzida por estímulos do animal infectado. Um desses estímulos é a temperatura, que é maior dentro do que fora do animal. Como o patógeno detecta este aumento de temperatura e como seu termômetro ativa os genes de virulência? Essa resposta é conhecida para *Listeria monocytogenes*, patógeno transmitido pelos alimentos que causa doença grave em indivíduos imunocomprometidos e gestantes. Os genes de virulência em *L. monocytogenes* são ativados por um fator de transcrição chamado de PrfA, cuja síntese é, por sua vez, controlada em nível de tradução por uma região a montante (*upstream*) em seu mRNA que contém o sítio de ligação ao ribossomo (ver Fig. 5-7). Como será visto no Capítulo 15, o sítio de ligação ao ribossomo é uma sequência reconhecida pelo ribossomo no início da síntese proteica. A região a montante dobra-se sobre si formando uma estrutura secundária de RNA sensível à temperatura que mascara o sítio de ligação ao ribossomo, de forma a deixá-lo inacessível ao ribossomo a 30°C. A 37°C, no entanto, a estrutura se desfaz, permitindo que a maquinaria de tradução acesse o sítio de ligação ao ribossomo e produza PrfA. Uma demonstração de que a estrutura secundária é necessária e suficiente para a termorregulação vem do uso de uma fusão da região a montante com o gene da proteína verde fluorescente (ver Quadro 5-2). Quando transplantada em *E. coli*, a fusão produz fluorescência a 37°C, mas não a 30°C.

O RNA PODE ENOVELAR-SE EM ESTRUTURAS TERCIÁRIAS COMPLEXAS

Livre das limitações resultantes da formação de hélices regulares longas, o RNA pode adotar uma grande variedade de estruturas terciárias. Isso acontece porque o RNA apresenta uma enorme liberdade de rotação no esqueleto de suas regiões não pareadas. Assim, o RNA pode dobrar-se em estruturas terciárias complexas, frequentemente envolvendo pareamentos não convencionais de bases, como interações triplas e interações entre base e esqueleto, observadas nos tRNAs (ver como exemplo a ilustração da trinca de bases U:A:U na Fig. 5-8). Algumas proteínas podem auxiliar a formação de estruturas terciárias compostas por grandes moléculas de RNA, como as encontradas nos ribossomos. As proteínas revestem as cargas negativas dos esqueletos de fosfato, cujas forças eletrostáticas repulsivas desestabilizariam a estrutura.

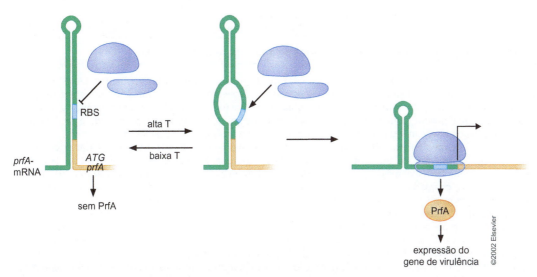

FIGURA 5-7 Um termômetro para a expressão de genes de virulência. O gene regulador *prfA* de *L. monocytogenes* é controlado em nível traducional pela disponibilização dependente de temperatura do sítio de ligação ao ribossomo (RBS, *ribosome-binding site*). As elipses azuis representam as subunidades do ribossomo. (Adaptada, com permissão, de Elsevier, de Johannson J. et al. 2002. *Cell* **110**: 551-561, Fig. 7.)

As estruturas terciárias formadas pelo RNA não são necessariamente estáticas. Ao contrário, a mesma molécula de RNA pode existir em uma ou mais conformações alternativas. Esta capacidade de alternar entre estruturas alternativas pode, às vezes, ter significado biológico importante, como no caso dos *riboswitches* (ver a seguir e no Cap. 20) e do mRNA do vírus da leucemia murina (ver Quadro 5-1).

SUBSTITUIÇÕES NUCLEOTÍDICAS E SONDAS QUÍMICAS REVELAM A ESTRUTURA DO RNA

Como foi visto, moléculas de RNA exibem estruturas diversas envolvendo extensões de hélice, protuberâncias, alças e interações terciárias de longo alcance. Como essas estruturas são determinadas? Abordagens tradicionais incluem ressonância magnética nuclear (RMN) e cristalografia por raios X, mas desvendar estruturas por esses métodos é desafiador e a RMN não pode ser usada para grandes moléculas de RNA. Uma abordagem alternativa é sondar a estrutura de uma molécula de RNA com substâncias químicas que reagem com bases não pareadas em combinação com algoritmos que predizem a estrutura a partir da energética conhecida das interações de empilhamento e de ligações de hidrogênio. Essas abordagens químicas são geralmente pouco confiáveis. Em uma inovação marcante, foi desenvolvida uma estratégia de "mutar e mapear" que permite prever estruturas de RNA com alta confiabilidade.

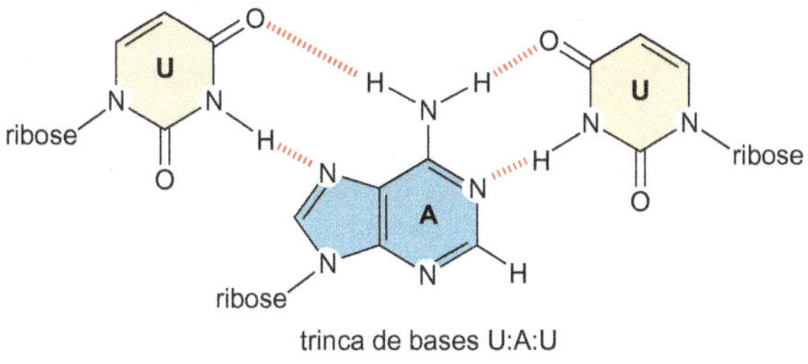

FIGURA 5-8 Trinca de bases U:A:U. A estrutura mostra um exemplo de formação de ligações de hidrogênio que permite o pareamento incomum de uma trinca de bases.

CONEXÕES CLÍNICAS

Quadro 5-1 Um *riboswitch* controla a síntese de proteínas pelo vírus da leucemia murina

O vírus da leucemia murina (*murine leukemia virus*, MLV) é um vírus de RNA que causa câncer em camundongos e outros vertebrados. Assim como o vírus da imunodeficiência humana (HIV, *human immunodeficiency virus*), ele é um membro de uma classe de vírus de RNA conhecida como **retrovírus**, que replicam via um intermediário de DNA. O genoma do RNA é copiado em DNA pela enzima transcriptase reversa. O genoma de RNA, que também é o mRNA, codifica uma proteína estrutural do vírus, chamada de Gag, e uma poliproteína composta por Gag e pela enzima transcriptase reversa, chamada de Pol. O gene da Gag está imediatamente a montante do gene para Pol. Gag pode ser produzida sozinha ou como uma proteína de fusão, Gag– Pol, pela tradução extendida do gene Pol a jusante (*downstream*). Quando Gag é produzida sozinha, o ribossomo para a tradução em um códon de parada (ver Cap. 15) localizado no fim da sequência codificadora de Gag. Quando a proteína de fusão é gerada, o ribossomo lê além do códon de parada, continuando a tradução por meio da sequência codificadora de Pol, criando Gag–Pol. Como a proteína estrutural é necessária em maior abundância do que a enzima, é importante que o vírus mantenha uma proporção adequada das duas proteínas. O vírus faz isso pela limitação da leitura contínua a 5 a 10% dos ribossomos tradutores.

Esse esquema possui muitas vantagens. Ele elimina a necessidade de elementos promotores adicionais em um genoma já compacto e conecta a produção da enzima viral à síntese do componente estrutural, permitindo a fácil incorporação no vírus durante o brotamento viral.

Como o MLV consegue controlar a leitura traducional de seu mRNA? Victoria D'Souza e Steven Goff e seus colaboradores resolveram essa questão usando a RMN para determinar a estrutura 3D da sequência do mRNA de MLV a jusante do códon de parada para Gag (Houck-Loomis et al. 2011). Eles descobriram que a sequência a jusante possui um pseudonó, e que este não possui uma estrutura única apresentando um equilíbrio dinâmico com duas conformações. Uma conformação limita a tradução à síntese de Gag – conformação inativa – e a outra permite a leitura para criar Gag–Pol – conformação ativa (ver Quadro 5-1, Fig. 1).

Para assegurar que apenas um número limitado de mRNAs seja lido além do códon de parada, o pseudonó atua como um sensor de prótons. Sob pH fisiológico, a concentração de prótons é tal que apenas 5 a 10% dos pseudonós percebem os prótons e adquirem a conformação ativa. Para efetuar isso, a molécula usa o átomo de nitrogênio N1 de uma adenina, que geralmente não é protonado, para adquirir um próton e formar uma base tripla na molécula, alterando sua conformação para a forma ativa.

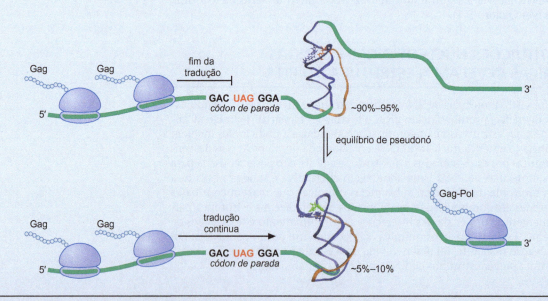

QUADRO 5-1 FIGURA 1 Um equilíbrio entre duas estruturas de pseudonós controla a tradução por meio de um códon de parada. Os ribossomos que traduzem o RNA de MLV encontram um códon de parada (UAG) imediatamente a jusante da fase aberta de leitura de Gag. Quando o pseudonó está na conformação inativa (parte superior), a tradução termina no códon de parada, resultando na síntese da proteína Gag. Entretanto, quando o pseudonó está na conformação ativa (parte inferior), o ribossomo consegue ler através do códon de parada, resultando na síntese da proteína de fusão Gag–Pol. O equilíbrio entre as duas conformações dita as proporções de Gag e Gag–Pol. As formas desprotonada e protonada da adenina estão representadas em vermelho e verde, respectivamente. (Figura gentilmente cedida por V. D'Souza.)

Mutar e mapear é um procedimento bidimensional que combina abordagens mutacionais e de modificações químicas. Primeiro, faz-se uma biblioteca de substituições nucleotídicas na qual cada nucleotídeo é substituído com seu complemento em uma sequência selecionada de RNA. Depois, cada RNA mutante é quimicamente modificado em um procedimento conhecido como SHAPE (**s**elective 2'-**h**ydroxyl **a**cylation analyzed by **p**rimer **e**xtension). No SHAPE, os RNAs são tratados com um reagente químico (p. ex., N-anidrido metil isatoico) que ocila preferencialmente o 2'-OH dos nucleotídeos que não estão pareados. A posição de nucleotídeos não pareados é, então, determinada por uma estratégia de extensão de *primers* (iniciadores), na qual *primers* de DNA são alongados com transcriptase reversa (ver Cap. 12). A transcriptase reversa interrompe o alongamento quando encontra uma modificação química, e a posição desta é, então, determinada a partir do tamanho dos produtos da extensão de *primers*.

A Figura 5-9 mostra o resultado da aplicação do mutar e mapear a um tipo de RNA conhecido como *riboswitch* (como será visto no Cap. 20, os *riboswitches* são RNAs que se ligam a pequenas moléculas específicas). O eixo horizontal indica as posições ao longo do RNA (de 5' para 3') e o eixo vertical indica a mutação de substituição nucleotídica para cada RNA mutante (com a mutação na extremidade 5' na parte superior, e a mutação na extremidade 3', na inferior). Os quadros identificam nucleotídeos que reagiram com o reagente acilante e, portanto, estão supostamente não pareados. A diagonal corresponde a nucleotídeos não pareados em posições que foram mutadas. Isto é, cada posição de acilação ao longo da diagonal corresponde a cada posição de mutação. Os quadros fora da diagonal são nucleotídeos que se tornaram não pareados como consequência direta de uma mutação em um nucleotídeo diferente. Estes geralmente representam nucleotídeos que se tornaram não pareados em consequência de uma substituição nucleotídica no membro complementar de um par de bases. Em alguns casos, no entanto, as mutações desestabilizam uma hélice inteira, causando o despareamento de vários nucleotídeos adjacentes. Em uma etapa final, os dados são analisados usando um algoritmo de modelagem de estrutura de RNA (como *RNAstructure*). O algoritmo não apenas consegue prever hélices como também interações de longo alcance envolvendo um número bastante pequeno de nucleotídeos adjacentes. Consequentemente, a estratégia de mutar e mapear possibilita prever interações secundárias e terciárias. Aplicações de mutar e mapear a RNAs cujas estruturas são independentemente conhecidas (como o exemplo do *riboswitch* mostrado na Fig. 5-9) estabeleceram a credibilidade do método.

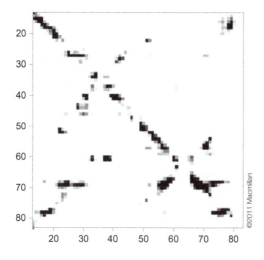

FIGURA 5-9 Estratégia bidimensional para prever as estruturas secundária e terciária do RNA. Representação de dados de experimento tipo mutar e mapear para uma ribozima, na qual o eixo horizontal mostra os sítios de acetilação ao longo do RNA e o eixo vertical, os sítios de mutação. Os sítios de acilação estão indicados por quadros cinzas e pretos (com a intensidade da cor indicando a extensão da modificação). Apenas os dados mais significativos estão representados, com base no uso de um algoritmo de análise estatística. (Adaptada, com permissão, de Kladwang W. et al. 2011. *Nat. Chem.* **3**: 954-962, Fig. 2A, p. 956 © MacMillan.)

A EVOLUÇÃO DIRIGIDA SELECIONA RNAS QUE SE LIGAM A MOLÉCULAS PEQUENAS

Os pesquisadores aproveitaram a potencial complexidade estrutural do RNA para produzir novas espécies de RNA (não encontradas na natureza) com propriedades desejáveis específicas por um processo de evolução dirigida conhecido como SELEX (do inglês, *systematic evolution of ligands by exponential enrichment* [evolução sistemática de ligantes por enriquecimento exponencial]). Por meio da síntese de moléculas de RNA com sequências aleatórias, tornou-se possível a obtenção de misturas de oligonucleotídeos representativas de uma vasta diversidade de sequências. Por exemplo, uma mistura de oligorribonucleotídeos de comprimento igual a 20 e tendo quatro nucleotídeos possíveis em cada posição teria uma complexidade potencial de 4^{20} sequências, ou 10^{12} sequências! A partir de misturas de diversos oligorribonucleotídeos, pode-se selecionar bioquimicamente moléculas de RNA (p. ex., por cromatografia de afinidade) que possuem determinadas propriedades, como afinidade por uma pequena molécula ou proteína específica. Estes RNAs são conhecidos como **aptâmeros**. Rodadas sucessivas de amplificação pela reação em cadeia da polimerase (ver Cap. 7) e a diversificação de sequência realizada pelo uso de uma polimerase mutagênica, seguidas por rodadas de seleção, podem enriquecer em aptâmeros com afinidades progressivamente maiores para a pequena molécula ou proteína ligante (Fig. 5-10). Exemplos de ligantes reconhecidos por aptâmeros de RNA são ATP, canamicina, tobramicina, neomicina, cianocobalamina, a proteína priônica PrP e o fator de coagulação X11a. Uma estratégia inteligente, baseada em rodadas de SELEX, produziu ainda outro exemplo – moléculas de RNA com alta afinidade para um fluoróforo de maneira semelhante à da proteína fluorescente verde (ver Quadro 5-2).

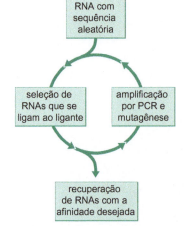

FIGURA 5-10 Ciclo para geração de RNAs que se ligam a pequenas moléculas por SELEX.

De fato, a natureza fez exatamente isso, como será visto no Capítulo 20. Óperons metabólicos de bactérias estão às vezes sob o controle de elementos de RNA reguladores conhecidos como **riboswitches**, que se ligam e respondem a pequenas moléculas ligantes no controle da transcrição gênica e da tradução. Exemplos de metabólitos que são reconhecidos por estes *riboswitches* são o aminoácido lisina, a base nucleotídica guanina, o cofator enzimático coenzima B12 e o metabólito glicosamina-6-fosfato, como será discutido a seguir.

ALGUNS RNAS SÃO ENZIMAS

Por muitos anos, acreditou-se que apenas as proteínas poderiam ser enzimas. Uma enzima deve ser capaz de se ligar a um substrato, realizar uma reação química, liberar o produto e repetir essa sequência de eventos inúmeras vezes. As proteínas são adequadas para desempenhar essa tarefa, porque elas são compostas por muitos tipos de aminoácidos diferentes (20) e elas podem adotar estruturas terciárias complexas, com os locais de ligação para o substrato e pequenas moléculas de cofatores e um sítio ativo para a catálise. Sabe-se, agora, que os RNAs, que podem da mesma forma adotar estruturas terciárias complexas, também podem atuar como catalisadores biológicos. Essas enzimas de RNA são conhecidas como **ribozimas**, e apresentam muitas das características de uma enzima clássica, como sítio ativo, sítio de ligação para substrato e sítio de ligação para cofator, como um íon metálico.

Uma das primeiras ribozimas a ser descoberta foi a **RNase P**, uma ribonuclease envolvida na produção de moléculas de tRNA a partir de longos RNAs precursores. Especificamente, a RNase P cliva um segmento-líder da extremidade 5' do RNA precursor para gerar o tRNA maduro e funcional, como representado na Figura 5-11. A RNase P é composta por RNA e proteína, mas

▶ TÉCNICAS

Quadro 5-2 Criação de um RNA que mimetiza a proteína fluorescente verde por evolução dirigida

Uma das proteínas mais úteis em biologia molecular é a proteína fluorescente verde (GFP, *green fluorescent protein*), que emite luz verde quando excitada por luz ultravioleta. A proteína fluorescente verde, que gera um fluoróforo covalentemente ligado, foi descoberta na água-viva *Aequorea victoria*. A habilidade para expressar GFP funcional em vários organismos, desde bactérias até peixes e camundongos, possibilitou que os pesquisadores utilizassem a GFP em numerosas aplicações científicas. Por exemplo, a proteína pode ser usada como um repórter para a expressão gênica em células vivas e até mesmo para a visualização das localizações celulares de proteínas às quais ela é fusionada. Como foi visto, a grande diversidade do RNA, sua capacidade de enovelar-se em estruturas terciárias complexas e a invenção do SELEX tornaram possível criar aptâmeros feitos sob medida com muitos tipos de propriedades úteis. Uma aplicação recente e particularmente marcante do SELEX é a criação de aptâmeros de RNA que se ligam a pequenas moléculas de fluoróforos para criar miméticos de GFP, desenvolvidos por Jeremy Paige e colaboradores (ver Paige et al. 2011. *Science* **333**: 642-646). Estes complexos RNA-fluoróforo são semelhantes em cor e brilho à GFP, mas possuem características úteis adicionais, como será explicado a seguir.

O fluoróforo autogerado na GFP é o 4-hidroxibenzilideno imidazolinona, cuja fluorescência é ativada por contatos específicos com a porção proteica da GFP pela supressão do movimento intramolecular, que previne a fluorescência no fluoróforo livre. Como ponto de partida, Paige e seus colaboradores usaram um derivado do fluoróforo natural da GFP (3,5-dimetoxi-4-hidroxibenzilideno imidazolinona) que, da mesma forma, necessita de supressão do movimento intramolecular para fluorescer. Dez rodadas de SELEX geraram moléculas de RNA que se ligavam à 3,5-dimetoxi-4--hidroxibenzilideno imidazolinona que havia sido imobilizada em agarose. Um dos RNAs desenvolvidos, chamado de Spinach, induzia fluorescência verde-brilhante quando ligado ao fluoróforo livre. Usando outros fluoróforos e rodadas adicionais de SELEX, os autores geraram complexos RNA--fluoróforo exibindo uma paleta de cores que variava do azul ao vermelho (Quadro 5-2, Fig. 1). Como uma demonstração da utilidade destes aptâmeros, Paige e seus colaboradores fusionaram a sequência codificadora de Spinach à extremidade 3' do gene do RNA 5*S*, um componente não codifica-

QUADRO 5-2 FIGURA 1 Complexos RNA-fluoróforo exibindo uma variedade de cores diferentes. (Reproduzida, com permissão, de Paige J.S. et al. 2011. *Science* **333**: 642-646, Fig. 2D. © AAAS.)

dor da subunidade maior do ribossomo, que é sintetizado pela RNA-polimerase III (ver Cap. 15). Usando o construto 5*S*-Spinach, os autores conseguiram visualizar o movimento do RNA ribossomal do núcleo para o citosol na célula.

Recentemente, o Spinach foi ainda mais modificado para servir como sensor para metabólitos celulares. Isso foi realizado pela junção do Spinach a um aptâmero que se liga a um metabólito, como a *S*-adenosil metionina (SAM) ou o ATP (Quadro 5-2, Fig. 2). O sensor de RNA resultante, o qual é composto pelo Spinach e por um domínio de ligação ao metabólito, é projetado de tal maneira que não consegue se ligar ao fluoróforo a menos que a estrutura seja também estabilizada pela ligação do metabólito. Um desses sensores de RNA foi utilizado para fazer imagens da SAM em células vivas de *E. coli*. Células privadas de metionina (um precursor biossintético para SAM) e contendo sensores foram tratadas com o fluoróforo, seguido pela adição de metionina ao meio de cultivo, resultando em acentuada estimulação na fluorescência celular. Sensores desse tipo podem ser uma nova e poderosa forma para monitorar alterações nos níveis de metabólitos em células vivas, em tempo real.

Esses exemplos ressaltam a notável versatilidade do RNA. A natureza explorou essa versatilidade na seleção natural para criar *riboswitches*, ribozimas, moléculas de tRNA e RNAs reguladores, que serão considerados nos Capítulos 15 e 20. Hoje os biólogos moleculares também estão começando a explorar essa versatilidade para criar uma ampla variedade de moléculas de RNA que prometem ser úteis para a humanidade.

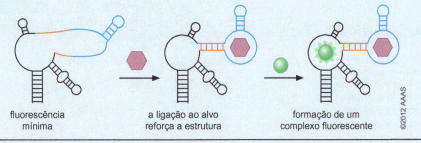

QUADRO 5-2 FIGURA 2 Uso do SELEX para criar sensores de metabólitos. O sensor de metabólito contém domínios de ligação para um fluoróforo (representado em verde) e para um metabólito (representado em cor-de-rosa). Um complexo fluorescente estável será formado apenas quando o RNA estiver ligado a ambas as moléculas. (Adaptada, com permissão, de Paige J.S. et al. 2012. *Science* **335**: 1194, Fig. 1A. © AAAS.)

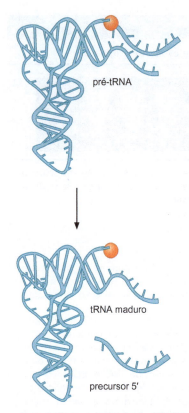

FIGURA 5-11 A RNase P cliva um segmento de RNA da extremidade 5' de um precursor de moléculas de tRNA.

a porção RNA é a que atua como catalisadora. A porção proteica da RNase P facilita a reação pela neutralização das cargas negativas do RNA, possibilitando sua ligação efetiva a seu substrato negativamente carregado. A porção RNA é capaz de catalisar a clivagem do tRNA precursor na ausência da proteína se um pequeno íon positivamente carregado, como o peptídeo espermidina, for utilizado para encobrir as cargas negativas repulsivas.

Como se vê a seguir, as moléculas de tRNA dobram-se em uma estrutura terciária em forma de L com as extremidades 5' e 3' da molécula, próximas entre si. A estrutura de cristal da RNase P revela que o sítio de clivagem do esqueleto fosfodiéster está localizado dentro do centro catalítico da porção de RNA da RNase P, com a porção proteica interagindo com o líder (Fig. 5-12).

Um exemplo de RNA que é ao mesmo tempo uma ribozima e um *riboswitch* é a estrutura encontrada na região 5' não traduzida do mRNA da proteína enzimática GlmS. A GlmS catalisa a síntese do metabólito glicosamina-6-fosfato. O RNA é uma ribozima que degrada o mRNA da GlmS, mas a atividade da ribozima é dependente da glicosamina-6-fosfato; sendo assim, ele também é um *riboswitch*. Portanto, quando os níveis de glicosamina-6-fosfato estão altos, o mRNA é degradado, reduzindo a síntese do metabólito.

Outras ribozimas realizam reações de transesterificação que participam na remoção de sequências intervenientes, conhecidas como **íntrons**, de precursores de determinados mRNAs, tRNAs e RNAs ribossômicos (rRNAs), em um processo conhecido como ***splicing* do RNA** (ver Cap. 14).

A ribozima *hammerhead* (cabeça de martelo) cliva o RNA pela formação de um 2',3'-fosfato cíclico

Vamos olhar com mais atenção para a estrutura e a função de uma ribozima em particular, chamada de **hammerhead**, ou cabeça-de-martelo. A cabeça-de-martelo é uma ribonuclease sequência-específica encontrada em determinados agentes infecciosos de RNA de plantas, conhecidos como **viroides**, os quais dependem da autoclivagem para se propagar. Quando o viroide se replica, produz múltiplas cópias em uma cadeia contínua de RNA. Os viroides individuais surgem após a clivagem, e essa reação de cli-

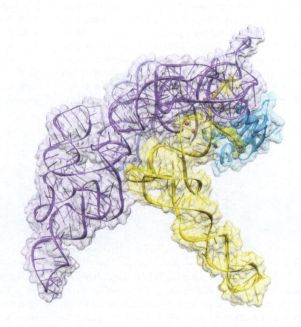

FIGURA 5-12 Estrutura da RNase P. A estrutura de cristal de uma holoenzima ribonuclease P bacteriana, aqui ilustrada, mostra a subunidade de RNA (em roxo) e a subunidade proteica (em azul) complexadas ao tRNA (em amarelo). Íons metálicos no centro catalítico estão representados como pequenas esferas vermelhas. (Esta estrutura, montada a partir de coordenadas do Protein Data Base [PDB: 3Q1R], é baseada na descrição de Reiter N.J. et al. 2010. *Nature* **468**: 784-789.)

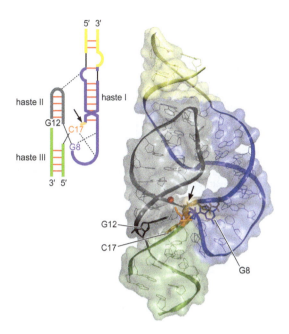

FIGURA 5-13 **Estrutura da ribozima cabeça-de-martelo.** (Parte superior à esquerda) Desenho da estrutura secundária da cabeça-de-martelo com suas três hastes realçadas em cores. (Linhas pontilhadas) Interações de pares de bases Watson-Crick; (alaranjado com seta) ligação cindível em C17. (Linhas diagonais) Interações extra-helicoidais. (Adaptada, com permissão, de McKay D.B. e Wedekind J.E. 1999. *The RNA world*, 2nd ed. [ed. Gesteland R.F. et al.], p. 267, Fig. 1A. © Cold Spring Harbor Laboratory Press.) (À direita) Estrutura da cabeça-de-martelo em 3D com um magnésio (vermelho) no centro catalítico. Esta visão da estrutura mostra a haste I (parte superior à direita), a haste II (parte central à esquerda) e a haste-alça III (parte inferior) com cores correspondentes às do desenho. Ainda não se sabe se o íon manganês participa na catálise (sítio representado em alaranjado com seta). O sítio de clivagem é a citosina 17 (C17). (Imagem gentilmente cedida por V. D'Souza utilizando PyMOL, a partir de coordenadas do Protein Data Base [PDB: 2OEU], com base na descrição de Martick M. et al. 2008. *Chem Biol*. **15**: 332-342.)

vagem é realizada pela sequência de RNA ao redor da junção. Uma dessas sequências de autoclivagem é chamada de cabeça-de-martelo, devido ao formato de sua estrutura secundária, que consiste em três hastes com bases pareadas (I, II e III) ao redor de uma região central de nucleotídeos não complementares necessários para a clivagem (Fig. 5-13). A reação de clivagem ocorre na citosina 17. A estrutura terciária da cabeça-de-martelo mostra que o centro catalítico está localizado próximo à junção das três hastes no cerne da ribozima (Fig. 5-13).

Para entender como a cabeça-de-martelo atua, será examinado inicialmente como o RNA sofre hidrólise sob condições alcalinas. Em pH elevado, a 2'-hidroxila da ribose no esqueleto de RNA pode ser desprotonada, e o oxigênio negativamente carregado resultante pode atacar o grupo fosfato pendente na posição 3' da mesma ribose. Essa reação rompe a cadeia de RNA, produzindo um 2', 3'-fosfato cíclico e um grupo 5'-hidroxila livre. Cada ribose na cadeia de RNA pode sofrer essa reação, clivando completamente a molécula original em nucleotídeos. (Por que o DNA não é suscetível à hidrólise alcalina, do mesmo modo que o RNA?) Muitas ribonucleases proteicas também clivam seus substratos de RNA por meio da formação de um 2', 3'-fosfato cíclico. No pH celular normal, essas proteínas utilizam um íon metálico, ligado ao sítio ativo, para ativar o grupo 2'-hidroxila do RNA. A ribozima cabeça-de-martelo também cliva o RNA pela formação de um 2'-3'-fosfato cíclico. É interessante notar que a estrutura tridimensional (3D) revela um íon magnésio próximo ao centro catalítico, mas o mecanismo exato da reação de clivagem e o significado do íon metálico ainda não são compreendidos.

Visto que a reação normal da cabeça-de-martelo é a autoclivagem, ela não é propriamente dita um catalisador; cada molécula promove normalmente a reação uma única vez, possuindo, portanto, um número de ciclos igual a 1. Todavia, a cabeça-de-martelo pode ser modificada para funcionar como uma verdadeira ribozima pela divisão da molécula em duas porções – uma, a ribozima, que contém o sítio catalítico, e a outra, o substrato, que contém o sítio de clivagem. O substrato liga-se na ribozima nas hastes I e III. Após a clivagem, o substrato é liberado e substituído por um novo substrato não clivado, possibilitando, assim, repetidos ciclos de clivagem.

Uma ribozima no coração do ribossomo atua como um centro de carbono

Todos os exemplos considerados até o momento são de ribozimas que atuam com centros de fósforo. Mas conforme será visto no Capítulo 15, um dos componentes de RNA do ribossomo, que se pensava ter apenas um papel estrutural, é hoje reconhecido como sendo a enzima **peptidil transferase**, responsável pela formação da ligação peptídica durante a síntese proteica. Nesse caso, a ribozima atua em um centro de carbono em vez de em um centro de fósforo na catalisação da reação. Além disso, e como será visto no Capítulo 17, a descoberta de que uma das reações enzimáticas mais importantes das células vivas é catalisada por uma molécula de RNA foi considerada como uma corroboração para a hipótese de que a vida contemporânea com base em proteínas surgiu a partir de um mundo inicial baseado em RNA.

RESUMO

O RNA difere do DNA das seguintes formas: seu esqueleto contém ribose em vez de 2'-desoxirribose; ele possui a pirimidina uracila no lugar da timina; e ele existe geralmente como uma cadeia polinucleotídica simples, sem uma cadeia complementar. Como consequência de ser uma fita simples, o RNA pode dobrar sobre si para formar pequenas regiões de dupla-hélice entre regiões complementares. O RNA possibilita uma variedade maior de pareamentos de bases do que o DNA. Assim, além dos pareamentos A:U e C:G, observa-se pares de bases não convencionais, como o pareamento de U com G. Essa capacidade para formar pares de bases não convencionais se soma à tendência do RNA em formar segmentos helicoidais duplos. Livre das limitações inerentes à formação de longas hélices regulares, o RNA pode formar estruturas terciárias complexas que são, geralmente, baseadas em interações não convencionais entre as bases e o esqueleto açúcar-fosfato.

Alguns RNAs atuam como enzimas – catalisam reações químicas na célula e *in vitro*. Essas enzimas de RNA são conhecidas como **ribozimas**. A maioria das ribozimas atua sobre centros fosfatados, como é o caso da ribonuclease RNase P. A RNase P é composta por proteína e RNA, mas a porção de RNA é a catalisadora. A cabeça-de-martelo é um RNA autoclivante, que cliva o esqueleto do RNA por meio da formação de um 2', 3'-fosfato cíclico. A peptidil transferase é um exemplo de ribozima que atua sobre um centro de carbono. Essa ribozima, a qual é responsável pela formação da ligação peptídica, é um dos componentes de RNA do ribossomo.

BIBLIOGRAFIA

Livros

Bloomfield V.A., Crothers D.M., Tinoco I., Jr., and Heast J.E. 2000. *Nucleic acids: Structures, properties, and functions.* University Science Books, Sausalito, California.

Gesteland R.F., Cech T.R., and Atkins J.F., eds. 2006. *The RNA world*, 3rd ed. Cold Spring Harbor Laboratory Press, Cold Spring Harbor, New York.

Estrutura do RNA

Darnell J.E. Jr. 1985. RNA. *Sci Am.* **253:** 68–78.

Doudna J.A. and Cech T.R. 2002. The chemical repertoire of natural ribozymes. *Nature* **418:** 222–228.

Doudna J.A. and Lorsch J.R. 2005. Ribozyme catalysis: Not different, just worse. *Nat. Struct Mol Biol.* **15:** 394–402.

Houck-Loomis B., Durney M.A., Salguero C., Shankar N., Nagle J.M., Goff S.P., and D'Souza V.M. 2011. An equilibrium-dependent retroviral mRNA switch regulates translational recoding. *Nature.* **480:** 561–564.

Nelson J.A. and Uhlenbeck O.C. 2006. When to believe what you see. *Mol Cell.* **23:** 447–450.

Kladwang W., VanLang C.C., Cordero P., and Das R. 2011. A two-dimensional mutate-and-map strategy for non-coding RNA structure. *Nat. Chem.* **3:** 954–962.

QUESTÕES

Para respostas de questões de número par, ver Apêndice 2: Respostas.

Questão 1.

A. Desenhe a estrutura da desoxiguanosina. Circule e indique os doadores (D) ou aceptores (A) de ligações de hidrogênio adequados que participam da formação de ligações hidrogênio quando um par de bases com desoxicitidina se forma no DNA.

B. Desenhe a estrutura da guanosina. Circule e indique os doadores (D) ou aceptores (A) de ligações de hidrogênio adequados que participam da formação de ligações de hidrogênio quando um par de bases com a uridina se forma no RNA.

Questão 2. Pesquisadores descobriram um novo vírus e caracterizaram seu genoma pela determinação da composição de bases e da porcentagem de cada base. Você quer categorizar o vírus por seu material genético. Lembre-se de que os vírus podem conter DNA ou RNA de fita simples ou DNA ou RNA de dupla-fita como material genético. Dada apenas a informação da sequência, proponha uma forma de distinguir se o material é RNA ou DNA. Proponha uma maneira para distinguir se a informação genética é de fita simples ou dupla.

Questão 3. Explique por que a estrutura helicoidal do DNA difere da estrutura helicoidal do RNA dupla-fita e como esta diferença em estrutura afeta a habilidade das proteínas em interagir com o RNA helicoidal.

Questão 4. Justifique a razão biológica para a presença da uracila no RNA, mas não no DNA.

Questão 5. A partir da sequência de RNA fornecida, proponha a potencial estrutura de grampo para este RNA. Indique o pareamento de bases com uma linha pontilhada.

5'-AGGACCCUUCGGGGUUCU-3'

Questão 6. O tRNA da alanina de levedura é apresentado a seguir (adaptado do Cap. 2, Fig. 2-14). Identifique o(s) tipo(s) de estrutura secundária presente(s) neste tRNA. Identifique quaisquer pares de bases não convencionais.

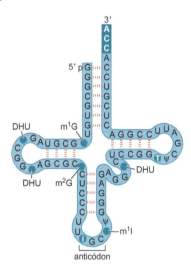

Questão 7. Pesquisadores querem encontrar uma maneira para conferir resistência a antibiótico para selecionar células bacterianas. Para fazê-lo, eles decidem identificar por SELEX uma sequência de RNA (aptâmero) que se liga especificamente ao antibiótico de interesse e expressar este aptâmero de RNA nas células selecionadas para conferir resistência ao antibiótico.

A. Considerando o que você sabe sobre RNA, formule uma hipótese indicando quais propriedades gerais do aptâmero de RNA permitem a ligação específica ao antibiótico.

B. Em vez de usar o SELEX, os pesquisadores poderiam começar com um conjunto isolado de RNAs codificados pelo genoma da bactéria e selecionar o(s) RNA(s) que se liga(m) ao antibiótico para identificar o RNA desejado. Dê duas vantagens do SELEX sobre este método.

Questão 8. Descreva as propriedades compartilhadas entre uma enzima e uma ribozima.

Questão 9. Alguns RNAs atuam como patógenos ou viroides. Alguns viroides são capazes de realizar uma reação catalítica. Você recebe uma sequência de RNA isolada como um viroide de uma determinada espécie vegetal. Identifique algumas características que poderiam indicar que este viroide atua como uma cabeça-de-martelo catalítica.

Questão 10. Cientistas projetam versões modificadas da cabeça-de-martelo com autoclivagem como uma potencial terapia. Para direcionar a clivagem de outra molécula de RNA, descreva como a estrutura projetada da cabeça de martelo é modificada. Por que esta alteração torna a cabeça-de-martelo uma ribozima verdadeira?

Questão 11. Algumas ribozimas, como as encontradas no vírus da hepatite D e a ribozima/*riboswitch* encontrada no mRNA de *glmS*, são capazes de enovelar-se em um pseudonó duplo aninhado. Discuta as várias vantagens da formação de pseudonós nas ribozimas e nos *riboswitches*.

Questão 12. A estrutura mostrada a seguir é um análogo de nucleosídeo.

A. Cite o nucleosídeo que a estrutura mimetiza.

B. Imagine uma fita de RNA contendo este análogo de nucleosídeo (ligado por ligações fosfodiéster como no RNA normal). Em um ambiente com pH alto, a fita de RNA estará sujeita à hidrólise onde o análogo de nucleosídeo estiver presente? Explique por que ou por que não.

Questão 13. O DNA serve como material genético. Cite três papéis celulares do RNA.

Questão 14. Você encontra um complexo formado por uma porção proteica e uma porção RNA que é capaz de clivar um substrato de RNA. Você quer saber qual porção é responsável pela catálise. Você realiza um ensaio de clivagem *in vitro* no tampão adequado contendo uma baixa concentração de Mg^{+2}. A tabela a seguir resume os resultados de sete reações independentes. O símbolo + indica os reagentes incluídos na reação. A espermidina é um peptídeo positivamente carregado não específico para esta reação.

Porção proteica	−	+	−	+	+	−	+
Porção RNA	−	−	+	+	−	+	+
Espermidina	−	−	−	−	+	+	+
Porcentagem de clivagem	0	0	0	90	0	50	90

A. Quem atua como catalisador nesta reação, a porção proteica ou o RNA? Explique quais reações o ajudaram a chegar a esta conclusão.

B. Proponha a função da espermidina nas duas últimas reações.

Questão 15. O genoma do bacteriófago Qβ consiste em cerca de 4.000 nucleotídeos de RNA fita simples. Dentro de seu hospedeiro *E. coli*, a replicação deste genoma necessita de uma RNA-polimerase dependente de RNA formada por proteínas do fago e da bactéria. Embora a replicase se ligue a uma região no centro do genoma de RNA, ela precisa começar a copiar a extremidade 3' do molde de RNA para produzir uma nova fita de RNA na direção 5'-3'. Pesquisadores levantaram a hipótese de que a presença de um suposto pseudonó no genoma de Qβ permitia que a replicase tivesse acesso à extremidade 3' do RNA. Para testar esta hipótese, eles mediram a eficiência de replicação *in vitro* usando replicase tipo selvagem e diferentes versões do RNA de Qβ contendo mutações em uma região essencial para a formação do suposto pseudonó. Eles focaram especificamente em uma região de 8 nucleotídeos do centro do RNA que era complementar ao grampo terminal 3'. As sequências mutante e selvagem, bem como os dados de replicação, são fornecidos a seguir.

Selvagem 5'-UAAAGCAG-3'
GUUUCGUC

Mutante A 5'-UAAA**CG**AG-3'
GUUUCGUC

Mutante B 5'-UAAAGCAG-3'
GUUU**GC**UC

Mutante C 5'-UAAA**CG**AG-3'
GUUU**GC**UC

Eficiência de replicação *in vitro* (em relação ao selvagem)
Selvagem: 100%
Mutante A: 1,6%
Mutante B: 0,6%
Mutante C: 42%

A. Proponha por que a eficiência de replicação é tão baixa no mutante A.

B. Proponha por que a eficiência de replicação é restaurada praticamente à metade dos níveis do tipo selvagem no mutante C.

C. Você acha que os resultados corroboram ou refutam a hipótese de que a presença de um pseudonó afeta a replicação?

Dados adaptados de Klovins e van Duin. 1999. *J. Mol. Biol.* **294**: 875-884.

CAPÍTULO 6

A Estrutura das Proteínas

PROTEÍNAS SÃO POLÍMEROS, isto é, moléculas que contêm várias cópias, covalentemente ligadas, de um componente menor. Estes componentes são os α-aminoácidos, dos quais 20 ocorrem de maneira regular nas proteínas dos organismos vivos e são especificados pelo código genético. Alguns desses aminoácidos podem sofrer modificações quando já são parte de uma proteína, portanto, a variedade real em proteínas isoladas de células ou de tecidos é um pouco maior.

NOÇÕES BÁSICAS

Aminoácidos

O carbono α (C_α) de um aminoácido possui quatro substituintes (Fig. 6-1), distintos uns dos outros exceto no caso do aminoácido mais simples, a glicina. Um grupo amino, um grupo carboxila e um próton são três desses substituintes em todos os aminoácidos que ocorrem naturalmente. O quarto, geralmente simbolizado por R e às vezes chamado de "grupo R", é a única característica distinta. O grupo R também é chamado de "cadeia lateral", por motivos que ficarão claros na próxima seção. Como seus quatro substituintes são distintos (exceto para a glicina), o C_α é um centro quiral. Todos os aminoácidos que ocorrem em proteínas comuns possuem a configuração em L neste centro; D-aminoácidos estão presentes em outros tipos de moléculas (incluindo polipeptídeos semelhantes a proteínas em microrganismos).

As propriedades de seu grupo R determinam as características específicas de um aminoácido. A polaridade do grupo, que está correlacionada com sua solubilidade em água, é uma propriedade essencial; o tamanho é outra. É útil agrupar os grupos R dos 20 aminoácidos geneticamente codificados nas seguintes categorias: (1) neutro (i.e., sem carga) e apolar; (2) neutro e polar; e (3) carregado (Fig. 6-2). O tamanho (volume) da cadeia lateral interfere particularmente com aminoácidos apolares porque, como será visto mais adiante, estas cadeias laterais são embaladas no interior compacto de uma proteína e, portanto, os papéis funcionais da glicina e da alanina nas proteínas são bastante diferentes dos da fenilalanina e do triptofano. Observa-se também que o triptofano, embora amplamente apolar, possui um grupo ligado por ligação de hidrogênio que lhe confere um grau de característica polar, e que a tirosina, embora classificada como polar na Figura 6-2 devido a seu grupo OH, é muito menos polar do que a serina. Em resumo, as fronteiras entre os grupos

SUMÁRIO

Noções Básicas, 121

A Importância da Água, 125

A Estrutura Proteica pode ser Descrita em Quatro Níveis, 126

Domínios Proteicos, 129

Da Sequência de Aminoácidos à Estrutura Tridimensional, 134

Alterações Conformacionais nas Proteínas, 136

Proteínas como Agentes de Reconhecimento Molecular Específico, 137

Enzimas: Proteínas como Agentes Catalisadores, 141

Regulação da Atividade Proteica, 142

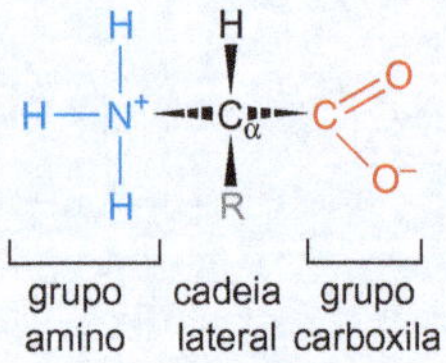

FIGURA 6-1 Características estruturais de um aminoácido.

são menos exatas do que a nomenclatura sugere. Os grupos R podem ser negativamente carregados em pH neutro (ácido aspártico e ácido glutâmico) ou positivamente carregados em pH neutro (lisina, arginina e histidina). O pK_a da histidina é cerca de 6,5, então, até mesmo em pH neutro, a histidina perde a maior parte de sua carga. Essa propriedade é particularmente importante para seu papel no sítio catalítico de várias enzimas.

A ligação peptídica

Ligações peptídicas são as ligações covalentes entre os aminoácidos de uma proteína. Uma ligação peptídica forma-se por uma reação de condensação, com a eliminação de uma molécula de água (Fig. 6-3). Trata-se de um caso especial de ligação amida. Cada aminoácido pode formar duas ligações desse tipo, de modo que ligações sucessivas do mesmo tipo podem criar uma **cadeia polipeptídica** linear (i.e., não ramificada). Como a formação de cada ligação peptídica inclui a eliminação de uma molécula de água, os componentes da cadeia são conhecidos como **resíduos de aminoácidos** ou, às vezes, apenas "resíduos" quando "aminoácido" estiver evidente pelo contexto. A ligação peptídica possui um caráter de ligação dupla parcial; os componentes carbonila e amida são praticamente coplanares e quase sempre estão em configuração *trans* (Fig. 6-4).

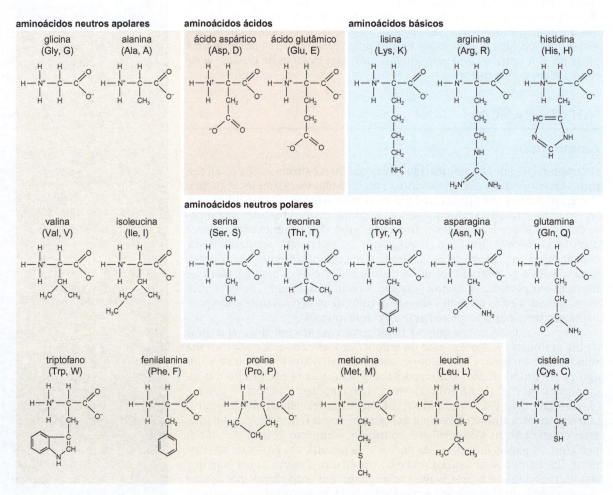

FIGURA 6-2 Os 20 diferentes aminoácidos encontrados nas proteínas. As abreviaturas comumente utilizadas para os aminoácidos, incluindo o código de uma letra, estão mostradas entre parênteses.

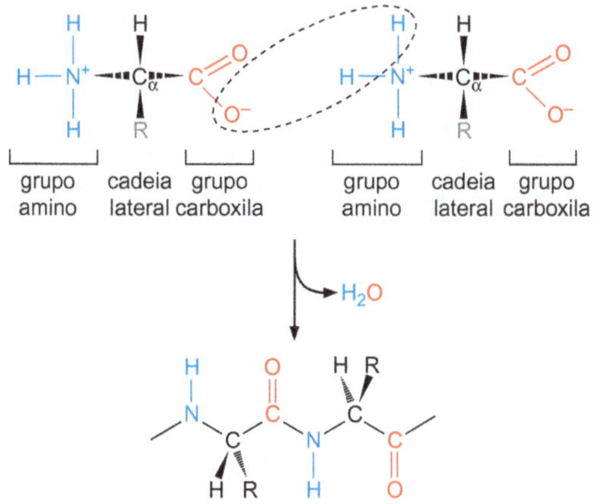

Capítulo 6 A Estrutura das Proteínas 123

FIGURA 6-3 Formação da ligação peptídica.

Cadeias polipeptídicas

A palavra **conformação** descreve um arranjo de átomos quimicamente ligados em três dimensões e, portanto, fala-se da conformação de uma cadeia polipeptídica, ou, simplesmente, de sua "estrutura enovelada" ou enovelamento. Se for seguida a sequência das ligações covalentes ao longo de uma cadeia polipeptídica, haverá três ligações por resíduo de aminoácido – uma que une o grupo NH ao C_α, outra que une o C_α à carbonila e, por fim, a ligação peptídica com o próximo resíduo da cadeia. As duas primeiras são ligações simples com rotação torsional relativamente livre em torno de si (Fig. 6-4). Mas a ligação peptídica possui liberdade rotacional muito pequena, devido a seu caráter de ligação dupla parcial. A conformação da

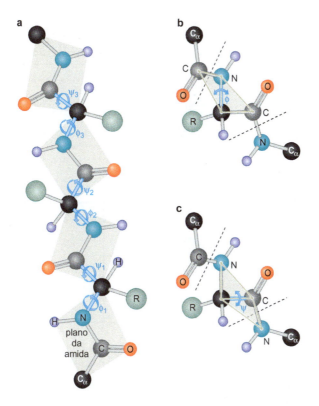

FIGURA 6-4 **Os ângulos de torsão do esqueleto ɸ e ψ.** (a) Este diagrama mostra os pontos de giro do esqueleto peptídico. (b) O ângulo de torsão ɸ corresponde à rotação sobre a ligação N—C_α; aqui a conformação corresponde a um valor de ɸ = 180°. (c) O ângulo de torsão ψ corresponde à rotação sobre a ligação C_α—C; a conformação mostrada aqui representa ψ = 0°. (Adaptada, com permissão, de Kuriyan J. et al. 2012. *The molecules of life*. © Garland Science/Taylor & Francis LLC; Branden C. e Tooze J. 1999. *An introduction to protein structure*, p. 8, Fig. 1.6. © Garland Science/Taylor & Francis LLC.)

cadeia polipeptídica, portanto, é especificada pelos valores dos ângulos de torsão das duas ligações do esqueleto de cada resíduo, mais os ângulos de torsão para cada ligação simples em cada lado da cadeia. Convencionou-se representar os dois ângulos do esqueleto como ϕ e ψ. Várias combinações desses dois ângulos levam a colisões atômicas, restringindo a liberdade conformacional de uma cadeia polipeptídica a certas faixas de cada ângulo (ver Quadro 6-1, Gráfico de Ramachandran).

Três aminoácidos com propriedades conformacionais especiais

Glicina, prolina e cisteína possuem propriedades especiais. Como seu grupo R é apenas um próton, a glicina não é quiral e possui muito mais liberdade conformacional do que qualquer outro aminoácido. Ao contrário, a prolina, na qual a cadeia lateral possui uma ligação covalente tanto com N quanto com C_α (tornando-a um *imino*ácido, estritamente falando), possui menos liberdade conformacional do que muitos outros aminoácidos. Além disso, a ausência do potencial de ligação de hidrogênio de um grupo NH restringe sua participação em estruturas secundárias (ver seção A estrutura proteica pode ser descrita em quatro níveis).

A cisteína, com um grupo sulfidrila (—SH) em sua cadeia lateral, é o único aminoácido sensível à oxidação – redução sob condições mais ou menos fisiológicas. Duas cisteínas, corretamente posicionadas uma em frente à outra em uma proteína enovelada, podem formar uma **ponte dissulfeto** pela oxidação dos dois grupos —SH a S—S (Fig. 6-5). (O par de aminoácidos resultante, ligado pela ponte covalente S—S, é às vezes chamado de *cistina*.) Proteínas da superfície celular e proteínas secretadas no espaço extracelular estão expostas a um ambiente com potencial redox que favorece a formação de dissulfeto; a maioria dessas proteínas possui pontes dissulfeto e nenhuma cisteína não oxidada. Células vivas mantêm um ambiente interno mais redutor, e as proteínas intracelulares raramente possuem pontes dissulfeto.

▶ CONCEITOS AVANÇADOS

Quadro 6-1 Gráfico de Ramachandran: combinações permitidas de ângulos de torsão ϕ e ψ da cadeia principal

G.N. Ramachandran e colaboradores (1963) estudaram todas as combinações possíveis dos ângulos de torsão ϕ e ψ (mostrados na Fig. 6-4) e determinaram quais combinações evitavam colisões atômicas ("permitidas") e quais combinações levavam a choques ("proibidas"). O gráfico bidimensional que mostra as combinações permitidas e proibidas é agora conhecido como "gráfico de Ramachandran" (Quadro 6-1, Fig. 1). As conformações do esqueleto de estruturas secundárias regulares possuem valores de ϕ e ψ indicados: α-hélice voltada para direita; folhas-β; hélice de poliprolina (estrutura em parafuso com três dobras adotada preferencialmente por trechos contínuos de prolina); hélice 3_{10} (uma hélice com 3,3 resíduos por volta, muito semelhante à α-hélice, que possui 3,6 resíduos por volta); e α-hélice voltada para a esquerda, Lα (permitida apenas para glicina, porque ela não possui cadeia lateral).

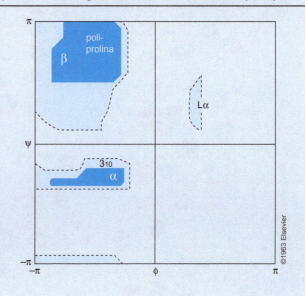

QUADRO 6-1 FIGURA 1 **Gráfico de Ramachandran.** As áreas "permitidas" estão sombreadas em azul. (Modificada, com permissão, de Ramachandran G.N., et al. 1963. Stereochemistry of polypeptide chain configurations. *J. Mol. Biol.* **7**: 95-99.)

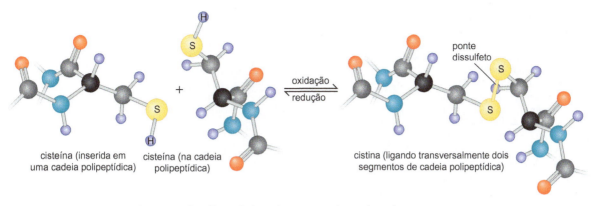

FIGURA 6-5 **Formação da ponte dissulfeto.** (Adaptada, com permissão, de Kuriyan J. et al. 2012. *The molecules of life*. © Garland Science/Taylor & Francis LLC.)

Pontes dissulfeto aumentam a estabilidade de uma proteína enovelada pela adição de ligações covalentes transversais. Elas são particularmente essenciais para a estabilização de proteínas pequenas secretadas, como hormônios, e para reforçar os domínios extracelulares de proteínas de membrana, que encaram um ambiente muito menos controlado do que as proteínas que permanecem no interior celular.

A IMPORTÂNCIA DA ÁGUA

Todos os fenômenos moleculares nos sistemas vivos dependem de seu ambiente aquoso. A importância da distinção entre as cadeias laterais de aminoácidos polares e apolares vem de sua propriedade em relação à água como solvente. Compare as cadeias laterais do ácido aspártico e da fenilalanina, que lembram o ácido acético e o tolueno, respectivamente, ligadas à cadeia peptídica principal. O ácido acético é bastante solúvel em água; o tolueno é muito insolúvel. Uma cadeia lateral de ácido aspártico, portanto, é chamada de **hidrofílica**, e uma cadeia lateral de fenilalanina, de **hidrofóbica**. Mesmo cadeias laterais hidrofílicas podem ter partes hidrofóbicas (p. ex., os três grupos metileno de uma cadeia lateral Lisil).

A água é um líquido extensamente unido por ligações de hidrogênio (Fig. 6-6). Cada molécula de água pode doar duas ligações de hidrogênio e receber duas ligações de hidrogênio. A maneira pela qual um soluto afeta as ligações de hidrogênio da água à sua volta determina seu caráter hidrofílico ou hidrofóbico. Moléculas hidrofóbicas perturbam a rede de ligações de hidrogênio; moléculas hidrofílicas participam dela. Assim, é mais favorável para as moléculas hidrofóbicas permanecerem adjacentes umas às outras (insolubilidade) do que dispersar-se em um meio aquoso (solubilidade). O caráter hidrofóbico de várias cadeias laterais de aminoácidos faz elas se agruparem longe da água, e o caráter hidrofílico de outras permite que elas se projetem para dentro da água. A sequência de aminoácidos em uma proteína real evoluiu de tal maneira que essas tendências fazem a cadeia polipeptídica se enovelar, sequestrando resíduos hidrofóbicos e expondo resíduos hidrofílicos. Muitas das inúmeras sequências possíveis para uma cadeia polipeptídica de tamanho médio não conseguem se enovelar dessa maneira – se produzidas, elas mantêm-se flutuando aleatoriamente, como cadeias estendidas em solução (às vezes chamadas de **espirais aleatórias**) ou então elas se agregam porque os grupos hidrofóbicos de uma cadeia polipeptídica se agrupam a grupos hidrofóbicos de outras cadeias.

FIGURA 6-6 Água: a estrutura do gelo em ligações de hidrogênio. No gelo, cada molécula de água doa duas ligações de hidrogênio (a partir de seus dois prótons [lilás]) para elétrons não pareados em um oxigênio da molécula vizinha (vermelho) e recebe duas ligações de hidrogênio em elétrons não pareados de seu próprio oxigênio. As ligações de hidrogênio estão representadas como linhas pontilhadas vermelhas. Quando o gelo derrete, a rede de ligações de hidrogênio flutua e quebra-se de maneira transiente, mas as moléculas de água individuais retêm (em média) a maioria das quatro ligações de hidrogênio com suas vizinhas. Portanto, a estrutura da água líquida lembra uma versão flutuante e distorcida da rede de gelo aqui representada.

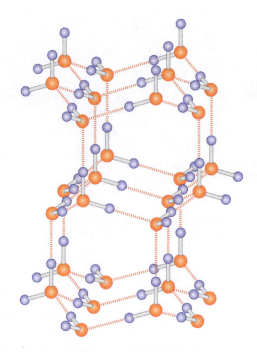

A ESTRUTURA PROTEICA PODE SER DESCRITA EM QUATRO NÍVEIS

Ao analisar e descrever a estrutura das proteínas, é útil distinguir quatro níveis de organização (Fig. 6-7). O primeiro nível, a **estrutura primária** de uma proteína, é simplesmente a sequência de resíduos de aminoácidos da cadeia polipeptídica. Como foi visto, o código genético especifica diretamente a estrutura primária de uma proteína. A estrutura primária é, portanto, apenas uma fita unidimensional (1D), especificando um padrão de ligações químicas; os três níveis restantes dependem das características tridimensionais (3D) de uma proteína.

A **estrutura secundária** de uma proteína refere-se à conformação *local* de sua cadeia polipeptídica – o arranjo em 3D de um trecho curto de resíduos de aminoácidos. Existem duas estruturas secundárias bastante regulares frequentemente encontradas em proteínas de ocorrência natural, porque estas duas conformações locais são particularmente estáveis para uma cadeia de L-aminoácidos (Quadro 6-1). Uma delas é chamada de **α-hélice** (Fig. 6-8a). O esqueleto polipeptídico espiraliza-se voltado para a direita em torno de um eixo helicoidal, de maneira que ligações de hidrogênio se formam entre o grupo carbonila de um resíduo da cadeia principal e o grupo amida de um resíduo quatro posições à frente na cadeia. A outra conformação regular é chamada de **folha β** (Fig. 6-8b). Ela é uma conformação estendida, na qual as cadeias laterais se projetam alternadamente para um dos lados do esqueleto, e os grupos amida e carbonila projetam-se lateralmente, também de maneira alternada. O esqueleto não é totalmente espichado, de forma que a folha apresenta um leve caráter de zigue-zague ou pregas. Em proteínas enoveladas, as folhas β formam folhas maiores unidas pelas ligações de hidrogênio da cadeia principal. Padrões de ligações de hidrogênio paralelos ou antiparalelos são possíveis, às vezes chamados de folhas β pregueadas paralelas ou antiparalelas, respectivamente. Em proteínas reais, são encontradas várias folhas misturadas – em vez de fitas estritamente alternando direções ou estritamente unidirecionais.

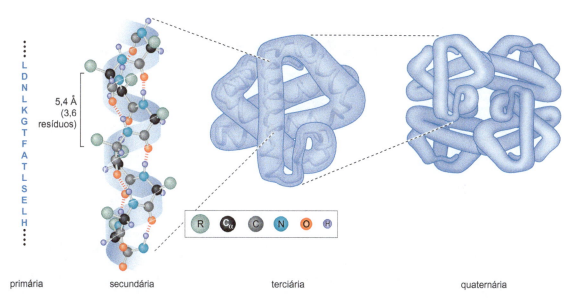

FIGURA 6-7 Níveis de estrutura proteica, ilustrados pela hemoglobina. A "estrutura primária" refere-se à sequência de aminoácidos da cadeia polipeptídica. A estrutura primária de um segmento de uma subunidade da hemoglobina é representada em código de uma única letra. A "estrutura secundária" refere-se às estruturas regulares locais, com repetidas ligações de hidrogênio do esqueleto. Aqui está representada uma parte de uma das longas α-hélices da subunidade da hemoglobina. A "estrutura terciária" refere-se à estrutura enovelada de uma cadeia polipeptídica inteira (ou de um domínio de uma proteína com múltiplos domínios). O desenho mostra uma das quatro subunidades proteicas da hemoglobina. As linhas pontilhadas demarcam o segmento de uma α-hélice correspondente às estruturas primária e secundária mostradas à esquerda. A "estrutura quaternária" refere-se ao arranjo de múltiplas subunidades proteicas em um complexo maior. A hemoglobina é um tetrâmero de duas "cadeias α" e duas "cadeias β", mas os dois tipos de cadeias possuem estruturas terciárias muito semelhantes, como se pode ver no desenho. (Modificada a partir de uma ilustração de Irving Geis. Direitos autorais de propriedade de Howard Hughes Medical Institute.)

A **estrutura terciária** de uma proteína refere-se ao arranjo enovelado tridimensional, geralmente compacto, que a cadeia polipeptídica adota sob condições fisiológicas. Segmentos da cadeia podem ser α-hélices ou folhas β; o resto possui conformações menos regulares (p. ex., voltas ou alças entre os elementos da estrutura secundária que lhes permitem empacotarem-se firmemente uns contra os outros). Em uma seção subsequente, serão listadas maneiras para descrever e classificar estruturas terciárias possíveis. Em geral, as estabilidades das estruturas secundária e terciária de uma cadeia polipeptídica dependem uma da outra.

Muitas proteínas são compostas por mais de uma cadeia polipeptídica: a **estrutura quaternária** refere-se à maneira como cadeias enoveladas individuais se associam umas às outras. Pode-se distinguir casos nos quais há um número definido de cópias de um único tipo de cadeia polipeptídica (em geral, chamada de "subunidade" neste contexto, ou de "protômero") e casos nos quais há números definidos de cada um dos diferentes tipos de subunidades. Em casos simples, a maneira pela qual as subunidades se associam não altera como os polipeptídeos individuais se enovelam. No entanto, as estruturas terciárias, ou mesmo secundárias, dos componentes de um **oligômero** proteico (i.e., uma proteína composta por um pequeno número de subunidades), geralmente, dependem de sua associação umas com as outras. Em outras palavras, as subunidades individuais adquirem estrutura secundária ou terciária à medida que adquirem também es-

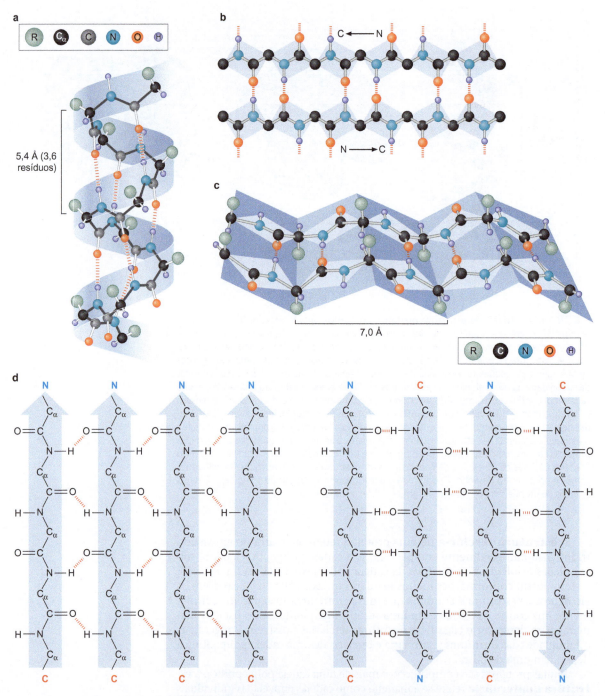

FIGURA 6-8 Estruturas secundárias das proteínas. (a) α-Hélice. As ligações de hidrogênio estão representadas por uma série de linhas vermelhas espaçadas. (b) Folhas β. Ligações de hidrogênio estão representadas por uma série de linhas vermelhas espaçadas. Na parte superior, uma Folha β é ilustrada como vista de cima. Na parte inferior, uma folha β é vista lateralmente. (c) Folha β paralela, mostrando o padrão de ligações de hidrogênio, em que as cadeias são orientadas na mesma direção amino para carboxiterminal. (d) Folha β antiparalela, mostrando o padrão de ligações de hidrogênio, no qual as cadeias correm em direções opostas. (a) Modificada a partir de ilustração de Irving Geis. b,c, Ilustrações de Irving Geis. Direitos autorais de propriedade de Howard Hughes Medical Institute. Não podem ser reproduzidas sem permissão. d, Adaptada, com permissão, de Branden C. e Tooze J. 1999. *Introduction to protein structure*, 2nd ed., p. 19, Fig. 2.6a e p. 18, Fig. 2.5b. © Garland Science/Taylor & Francis LLC.)

Capítulo 6 A Estrutura das Proteínas 129

trutura quaternária. Um exemplo comum disso é a espiral enrolada α-helicoidal: duas (ou às vezes três ou até mesmo quatro) cadeias polipeptídicas, idênticas ou diferentes, adotam conformações de α-hélice e enrolam-se sutilmente umas nas outras (Fig. 6-9a). As cadeias individuais não são, em geral, estáveis como α-hélices quando sozinhas – se a interação oligomérica for perdida, as hélices separadas desenrolam-se em cadeias polipeptídicas desordenadas.

DOMÍNIOS PROTEICOS

Cadeias polipeptídicas geralmente enovelam--se em um ou mais domínios

O enovelamento de uma cadeia polipeptídica cria regiões "interna" e "externa" e, assim, gera cadeias laterais de aminoácidos **escondidas** e **expos-**

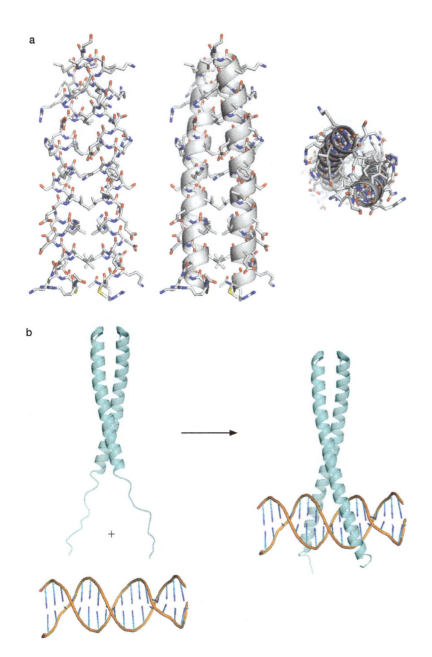

FIGURA 6-9 **Fator de transcrição GCN4 de levedura.** (a) Três imagens da estrutura espiralada de GCN4 são representadas. (À esquerda) Representação que mostra as ligações químicas como bastões e os átomos como junções, com o carbono em cinza, o oxigênio em vermelho e o nitrogênio em azul. As regiões carboxiterminais das duas cadeias polipeptídicas idênticas estão na parte superior. Observa-se a escada de cadeias laterais hidrofóbicas (predominantemente cinza) na interface entre as duas hélices. (Centro) Representação com o esqueleto polipeptídico como uma fita idealizada e as cadeias laterais como bastões. Observa-se que as cadeias se espiralizam muito sutilmente em torno uma da outra. (À direita) A mesma representação do centro, mas vista de cima. (b) Estrutura do complexo GCN4 com o DNA, ilustrando a transição de desordem para ordem da chamada "região básica" – o segmento aminoterminal para a espiral enrolada, que, ao se ligar, enovela-se em uma α-hélice na fenda maior do DNA. Imagens preparadas com PyMOL (Schrödinger, LLC).

tas, respectivamente. Se a cadeia polipeptídica for muito curta, não haverá conformações que escondam grupos hidrofóbicos o suficiente para estabilizar uma estrutura enovelada. Se a cadeia for muito longa, a complexidade do processo de enovelamento provavelmente produzirá erros. Como resultado dessas restrições, conformações enoveladas de forma mais estável incluem entre cerca de 50 e 300 resíduos de aminoácidos. Cadeias polipeptídicas mais longas geralmente enovelam-se em módulos distintos conhecidos como **domínios** (ver Quadro 6-2, Glossário de termos); cada domínio geralmente está na faixa recém-mencionada de 50 a 300 resíduos. As estruturas dos domínios individuais de uma proteína são semelhantes às estruturas de proteínas menores, com um único domínio (Fig. 6-10a).

Cada um dos dois ou mais domínios de uma cadeia polipeptídica enovelada às vezes contém uma sequência contínua de resíduos de aminoácidos. No entanto, com frequência, pelo menos um dos domínios se enovela a partir de dois (ou mais) segmentos não contíguos, e a região interveniente da cadeia forma um domínio diferente (Fig. 6-10b). O domínio interveniente,

---

▶ CONCEITOS AVANÇADOS

Quadro 6-2   Glossário de termos

Estrutura primária: sequência de aminoácidos de uma cadeia polipeptídica.

Estrutura secundária: elementos da estrutura regular da cadeia polipeptídica com as ligações de hidrogênio da cadeia principal estabelecidas. As estruturas secundárias que ocorrem frequentemente nas proteínas são a α-hélice e as folhas β paralelas e antiparalelas.

Estrutura terciária: a conformação tridimensional enovelada de uma cadeia polipeptídica.

Estrutura quaternária: organização das múltiplas subunidades de uma proteína oligomérica ou de uma reunião de proteínas.

Domínio: porção de uma cadeia polipeptídica com estrutura enovelada cuja estabilidade não depende de nenhuma outra porção da proteína.

Motivo (de sequência): sequência curta de aminoácidos com propriedades características, em geral as adequadas para a associação com um tipo específico de domínio em outra proteína. (Observa-se que o termo "domínio" é às vezes utilizado incorretamente no lugar de motivos de sequência.)

Motivo (estrutural): subestrutura de domínio que ocorre em muitas proteínas diferentes, geralmente tendo algumas propriedades de sequências de aminoácidos características (p. ex., o motivo de hélice-volta-hélice em vários domínios de reconhecimento do DNA).

Topologia (ou enovelamento): a estrutura da maioria dos domínios proteicos pode ser esquematicamente representada pela conectividade em três dimensões de seus elementos estruturais secundários constituintes e o empacotamento desses elementos uns contra os outros. Jane Richardson introduziu os "diagramas em fitas", como os vistos em várias figuras deste capítulo, como formas convenientes para visualizar o enovelamento de um domínio (ver legenda da Fig. 6-10). Nem todos os tipos de enovelamento são encontrados em proteínas de ocorrência natural (p. ex., dobras em nós não são encontradas), e alguns tipos de enovelamento são mais comuns do que outros.

Domínios homólogos (ou proteínas): domínios (ou proteínas) que derivam a partir de um ancestral comum. Eles possuem necessariamente o mesmo tipo de enovelamento, e em geral (mas nem sempre) apresentam sequências de aminoácidos reconhecidamente semelhantes.

Modelagem por homologia: modelagem da estrutura de um domínio com base na de um domínio homólogo.

Ectodomínio: parte de uma proteína de membrana de passagem única, localizada na parte externa da membrana celular.

Glicosilação: adição de uma cadeia, às vezes ramificada, de um ou mais açúcares (glicanos) à cadeia lateral de uma proteína. Os glicanos podem ser ligados a N (unidos à amida da cadeia lateral da asparagina) ou ligados a O (unidos à hidroxila da cadeia lateral da serina ou da treonina).

Desnaturação: desenovelamento de uma proteína ou de um domínio proteico, por elevação da temperatura ou por agentes como ureia, cloridrato de guanidina ou detergentes fortes ("desnaturantes").

Chaperona: proteína que aumenta a probabilidade de enovelamento nativo de outra proteína, geralmente pela prevenção de agregação ou pelo desenovelamento de uma cadeia polipeptídica mal-enovelada para que ela faça uma "nova tentativa" de enovelamento correto.

Sítio ativo (ou sítio catalítico): o sítio em uma enzima que se liga ao(s) substrato(s), geralmente em uma configuração que lembra o estado de transição da reação catalisada.

Regulação alostérica: controle da afinidade ou da taxa de uma reação enzimática por um ligante que se liga em um sítio distinto do sítio do(s) substrato(s). O mecanismo de regulação alostérica geralmente envolve alteração na estrutura quaternária — isto é, uma reorientação ou reposicionamento das subunidades em relação umas às outras.

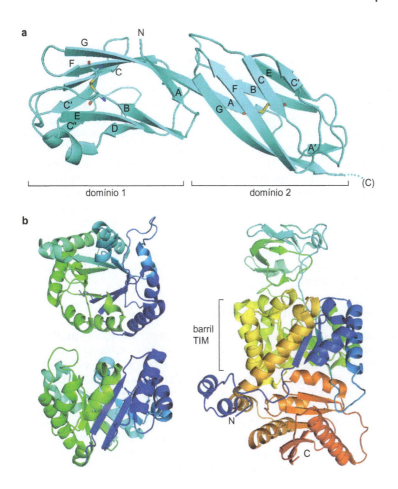

FIGURA 6-10 **Domínios proteicos.** Cadeias polipeptídicas são mostradas aqui esquematicamente como "fitas" – representação introduzida por Jane Richardson, que enfatiza o papel dos elementos da estrutura secundária na conformação enovelada de um domínio: α-hélices são fitas espiralizadas; folhas β são setas sutilmente curvadas, apontando em direção à região carboxiterminal. Alças intervenientes entre elementos da estrutura secundária são mostrados como "espaguetes". (a) Dois dos quatro domínios da proteína CD4, encontrada na superfície de algumas células T e de macrófagos. Cada um desses domínios é um sanduíche β com um enovelamento de imunoglobulina (ver Quadro 6-3); as folhas β de cada domínio são designadas por letras na ordem na qual elas ocorrem na cadeia polipeptídica. Cada domínio possui uma ponte dissulfeto simples, mostrada em representação de bastão com as ligações aos átomos de enxofre em amarelo. (b) Duas enzimas: triose fosfato isomerase (TIM; à esquerda) e piruvato quinase (PK; à direita). A figura mostra um monômero do dímero TIM. A subunidade TIM é o protótipo de um domínio chamado "barril TIM" – um cilindro curto no qual oito fitas que formam o barril interno se alternam com hélices que cobrem a periferia. A imagem superior representa uma visão superior da molécula, e a imagem inferior, uma visão lateral. As cores vão de azul-escuro na extremidade aminoterminal até verde na carboxiterminal. PK enovela-se em três domínios. O domínio central é um barril TIM (comparar com a visão lateral de TIM). O "arco-íris" de cores vai de azul-escuro na extremidade aminoterminal até vermelho na carboxiterminal. O domínio azul-claro na parte superior enovela-se a partir de resíduos que seguem a fita 3 do barril TIM. O domínio vermelho-alaranjado na parte inferior contém resíduos carboxiterminais pertencentes à última hélice do barril TIM. A comparação entre TIM e PK mostra que um domínio encontrado como uma unidade isolada em uma proteína pode se unir a domínios adicionais em outra proteína. Além disso, um ou mais destes domínios adicionais pode enovelar-se a partir de uma cadeia polipeptídica "inserida" entre os elementos estruturais secundários do domínio principal. Imagens preparadas com PyMOL (Schrödinger, LLC).

então, parece uma inserção no domínio que se enovela a partir dos segmentos flanqueadores.

Lições básicas a partir de estudos das estruturas proteicas

O grande número de estruturas de domínios que foram experimentalmente determinadas permite tirar as seguintes conclusões. Primeiro, a maioria das cadeias laterais hidrofóbicas é, de fato, escondida, e a maioria das cadeias laterais polares é exposta. Segundo, se um grupo funcional que pode doar ou receber uma ligação de hidrogênio estiver escondido, ele quase sempre terá um parceiro ligado por ligação de hidrogênio. A razão para essa propriedade é fácil de entender, quando se tem em mente que se o grupo polar estivesse exposto na superfície do domínio, ele faria uma ligação de hidrogênio semelhante com a água (que pode doar ou receber). Se a ligação de hidrogênio estivesse ausente na conformação enovelada, uma contribuição energética favorável teria sido perdida quando a água fosse afastada do grupo à medida que a cadeia polipeptídica se enovelasse. Até mesmo resíduos de aminoácidos hidrofóbicos possuem dois grupos ligados por ligações de hidrogênio, um NH e um CO, em seu esqueleto polipeptídico. Estas ligações de hidrogênio são também estabelecidas em estruturas enoveladas, em grande parte pela formação de estruturas secundárias. As α-hélices e as folhas β completam as ligações de hidrogênio da cadeia principal de todos os seus resíduos.

Satisfazer as ligações de hidrogênio da cadeia principal é provavelmente uma razão importante para a prevalência de estruturas secundárias regulares, mesmo em domínios proteicos compactamente enovelados. Como resultado, é útil classificar as estruturas de domínios observadas de acordo com os tipos de estruturas secundárias presentes nelas. Observa-se que mesmo uma cadeia polipeptídica relativamente curta poderia, a princípio, ter um número muito grande de conformações enoveladas. Apenas um número restrito delas aparece no grande catálogo de estruturas proteicas 3D conhecidas. Estas não apenas possuem uma proporção substancial de seus resíduos de aminoácidos em α-hélices ou folhas β (em vez de alças irregulares, que teriam probabilidade muito menor de permitir ligações de hidrogênio na cadeia principal), como também apresentam um padrão de enovelamento 3D relativamente simples. Por exemplo, os domínios de Ig da CD4 (Fig. 6-10a) são compostos por duas folhas β – um **sanduíche β** – com quatro ou cinco fitas em uma folha e quatro na outra. Embora pudesse haver muitas formas para que a cadeia polipeptídica passasse de uma dessas oito ou nove fitas para a próxima, o padrão observado é um no qual a cadeia faz uma volta acentuada em uma folha, ligando duas fitas adjacentes, ou passa através da parte superior ou inferior do domínio da outra folha. Uma propriedade muito importante de todas as estruturas de domínio conhecidas é que a cadeia não forma um nó – isto é, se você puxasse suas extremidades, tudo se abriria em uma linha reta.

Classes de domínios proteicos

Classificações de domínios proteicos permitem descrições simples e resumidas. Uma hierarquia de classificação amplamente utilizada, incorporada em um banco de dados chamado CATH, começa com a separação das proteínas em classes de acordo com suas principais estruturas secundárias (maioria α-hélice, maioria folha β, uma mistura das duas e uma quarta classe para os domínios geralmente pequenos com pouquíssima estrutura secundária). Os níveis mais importantes na hierarquia da classificação são **enovelamento** (também chamado de **topologia**) e **homologia**. A classe de enovelamento leva em consideração não apenas as estruturas secundárias, mas também como a cadeia passa de uma hélice ou fita para outra. Os diagramas da Figura 6-11 ilustram esse ponto. As proteínas homólogas são as com similaridades de sequência grandes o bastante para supor que possuem uma origem evolutiva comum. Uma questão não respondida diz respeito à probabilidade de todos os domínios de uma determinada classe de enovelamento terem uma origem comum – para domínios muito complexos, uma origem comum parece intuitivamente sensata.

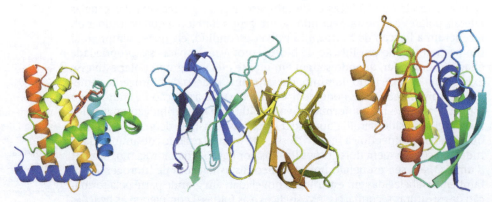

FIGURA 6-11 Exemplos das três principais classes de enovelamento. (À esquerda) Uma proteína formada inteiramente por α-hélices (mioglobina). (Centro) Um heterodímero de dois domínios inteiramente compostos por folhas β (a região variável de uma imunoglobulina – ver Quadro 6-3). (À direita) Um domínio misto α e β (a pequena GTPase Ras). As cores em cada domínio vão de azul-escuro na extremidade aminoterminal a vermelho na carboxiterminal. Imagens preparadas com PyMOL (Schrödinger, LLC).

Conectores e dobradiças

As conexões entre dois domínios de uma proteína enovelada podem ser bastante curtas, criando uma interface justa e rígida entre eles, ou bastante longas, permitindo uma considerável flexibilidade. Algumas proteínas possuem conectores longos extremamente flexíveis, porque sua função dentro da célula requer que os domínios de ambas as extremidades interajam a distâncias longas e variáveis. As sequências de aminoácidos de conectores longos geralmente não possuem grandes grupos hidrofóbicos, que sua conformação flexível e extensível não consegue sequestrar da água, e possuem outras características simplificadas.

A discussão sobre domínios e os quatro níveis da estrutura proteica é resumida com a ilustração de uma molécula de anticorpo (imunoglobulina), descrita no Quadro 6-3, A molécula de anticorpo como ilustração dos domínios proteicos.

Modificações pós-traducionais

Várias modificações das cadeias laterais de aminoácidos, introduzidas após a emergência da cadeia polipeptídica de um ribossomo, podem modular a estru-

---

▶ **CONCEITOS AVANÇADOS**

Quadro 6-3 A molécula de anticorpo como ilustração dos domínios proteicos

Os anticorpos circulantes são moléculas de imunoglobulina G (IgG), que contêm duas cadeias pesadas idênticas e duas cadeias leves idênticas. As cadeias leves possuem um domínio variável (V_L) e um domínio constante (C_L); as cadeias pesadas, um domínio variável (V_H) e três domínios constantes (C_H1, C_H2 e C_H3). Portanto, existe um total de 12 domínios independentes. V_H e V_L são "variáveis" porque há uma grande biblioteca combinatória de genes que os codifica e porque ocorrem mutações somáticas no gene selecionado durante o curso de uma resposta imunológica. Os domínios variáveis determinam a afinidade específica pelo antígeno. Os domínios C_H1 a 3 e C_L são "constantes" porque um número bem menor desses domínios é ligado com um dos muitos domínios variáveis durante o amadurecimento de uma célula produtora de anticorpos e porque eles não possuem tendência para mutação somática. Os domínios pareiam no heterotetrâmero montado como mostrado no Quadro 6-3, Figura 1: V_H com V_L e C_H1 com C_L, formando um fragmento Fab ("*antigen-binding*", fragmento de ligação ao antígeno); C_H2 e C_H3 de uma cadeia pesada com C_H2 e C_H3 da outra, respectivamente, formando um fragmento Fc. O ataque proteolítico controlado cliva seletivamente a dobradiça, permitindo a preparação de ambas porções Fab e Fc. Cada um dos domínios possui um "domínio de Ig" semelhante, ilustrado também na Figura 6-11 como exemplo de domínio inteiramente composto por folhas β. O conector curto ("cotovelo") entre os domínios variável e constante possui flexibilidade restrita. O conector bem mais longo (dobradiça) entre C_H2 e C_H3 de cada uma das cadeias pesadas possui flexibilidade muito maior, permitindo que os sítios de ligação ao antígeno (chamados de "regiões determinantes de complementaridade") nas extremidades de cada Fab se orientem e reorientem de acordo com as posições relativas de seus sítios cognatos no antígeno.

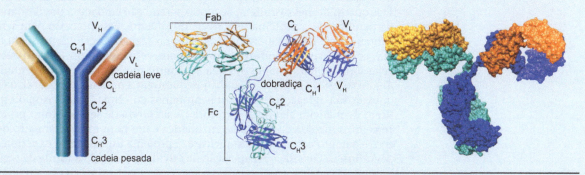

QUADRO 6-3 FIGURA 1 **Três representações diferentes da IgG.** O painel à esquerda é um diagrama esquemático do padrão semelhante a Y resultante da associação entre as quatro cadeias da IgG. No centro, um diagrama de "fitas" enfatiza a estrutura secundária da IgG. E no painel à direita, uma superfície renderizada mostra que as cadeias laterais das proteínas enoveladas se empacotam de forma eficiente para preencher o interior hidrofóbico da proteína. Imagens preparadas com PyMOL (Schrödinger, LLC) e UCSF Chimera.

tura e a função de uma proteína. Uma das mais importantes é a glicosilação – adição de um ou mais açúcares ("glicanos") à cadeia lateral de uma asparagina, serina ou treonina. Essa modificação geralmente ocorre no retículo endoplasmático das células eucarióticas e é, portanto, uma característica praticamente universal dos ectodomínios das proteínas de superfície celular e de proteínas secretadas. Proteínas contendo glicanos são chamadas de glicoproteínas. Enzimas que transferem glicanos para cadeias laterais da asparagina reconhecem um motivo de sequência curto, Asn-X-Ser/Thr, em que X pode ser qualquer resíduo de aminoácido.

A fosforilação de cadeias laterais da serina, treonina, tirosina ou histidina é outra modificação amplamente difundida e é essencial para a regulação intracelular. A fosforilação dos primeiros três resíduos ocorre comumente em células eucarióticas; a fosforilação do último é mais comum em procariotos.

DA SEQUÊNCIA DE AMINOÁCIDOS À ESTRUTURA TRIDIMENSIONAL

Enovelamento proteico

A sequência de aminoácidos de um domínio determina sua estrutura enovelada estável. Essa generalização é uma parte importante do dogma central da biologia molecular, porque significa que a sequência de nucleotídeos de um gene traduzido especifica não apenas a sequência de aminoácidos da proteína que codifica, mas também a estrutura 3D e a função da proteína. Um experimento clássico sobre o reenovelamento de uma proteína não enovelada em laboratório estabeleceu esse ponto pela primeira vez (ver Quadro 6-4, A estrutura tridimensional de uma proteína é especificada por sua sequência de aminoácidos [experimento de Anfinsen]). Ele também mostrou que uma cadeia polipeptídica pode se enovelar corretamente sem qualquer mecanismo celular adicional.

O experimento de reenovelamento de Anfinsen se apoia em vários pontos-chave. Primeiro, uma proteína purificada a partir de células ou tecidos pode ser desenovelada em solução, originando uma espiral aleatória. Esse desenovelamento é geralmente chamado de **desnaturação** e realizado, muitas vezes, pela exposição da proteína a altas concentrações de certos solutos chamados de **desnaturantes** (p. ex., ureia ou cloridrato de guanidina). Se a proteína for uma enzima, ela perderá sua atividade catalítica. Se ela tiver alguma propriedade de ligação específica (p. ex., reconhecimento de um sítio no DNA), ela perderá essa especificidade. Isto é, quase todas as propriedades funcionais das proteínas dependem de suas estruturas enoveladas. No caso da proteína que Anfinsen e colaboradores utilizaram nos experimentos descritos no Quadro 6-4, o desenovelamento completo também exigiu a redução de suas quatro pontes dissulfeto. Segundo, a remoção cuidadosa dos desnaturantes permite que a proteína se enovele novamente. Esse processo nem sempre é muito eficiente no laboratório, por muitas razões. As células possuem enzimas conhecidas como **chaperonas de enovelamento** que podem desenovelar uma proteína mal-enovelada e permitir que ela "faça outra tentativa". Algumas dessas chaperonas também sequestram a proteína desenovelada para impedir sua agregação com outras proteínas da célula, mas elas não especificam de maneira alguma a estrutura final correta de seu substrato proteico. Terceiro, a medida da atividade enzimática é um bom monitoramento do reenovelamento correto da ribonuclease, a proteína utilizada nos experimentos de Anfinsen. Ou seja, a recuperação da atividade é uma boa forma de seguir o acúmulo da enzima reenovelada em sua conformação **nativa** (i.e., funcional).

Outra conclusão de experimentos como os de Anfinsen é que a estrutura nativa de uma proteína é a conformação mais estável que sua cadeia polipeptídica pode adotar, considerando a sequência de aminoácidos específica da cadeia. Em físico-química, seria possível dizer que a estrutura nativa possui a menor energia livre de qualquer conformação possível.

Capítulo 6 A Estrutura das Proteínas

> **EXPERIMENTOS-CHAVE**
>
> **Quadro 6-4** A estrutura tridimensional de uma proteína é especificada por sua sequência de aminoácidos (experimento de Anfinsen)
>
> No início da década de 1960, Christian Anfinsen e colaboradores realizaram uma clássica série de experimentos, mostrando que a sequência de aminoácidos de uma proteína é suficiente para determinar sua estrutura enovelada correta e que nenhum "mecanismo" externo de enovelamento é necessário. Essa conclusão é fundamental para o entendimento de como a sequência nucleotídica de um gene codifica em última análise a informação necessária para especificar a função proteica.
>
> A ribonuclease A é uma enzima que cliva o esqueleto fosfodiéster do RNA. A enzima está ativa quando enovelada em sua conformação nativa mas é inativa quando desenovelada por um desnaturante, como a ureia ou o cloridrato de guanidina em concentrações de 2 a 5 M. A proteína de 124 resíduos possui oito cisteínas, que formam quatro pontes dissulfeto (ver Quadro 6-4, Fig. 1). Esses dissulfetos podem ser reduzidos a sulfidrilas pela adição de um agente redutor, como o β-mercaptoetanol. Anfinsen e colaboradores descobriram que se eles desenovelassem a ribonuclease A na presença de β-mercaptoetanol e, então, removessem ambos os agentes desnaturante e redutor por diálise, poderiam recuperar um alto nível de atividade enzimática. Supondo que apenas uma enzima apropriadamente enovelada pode catalisar a hidrólise das ligações fosfodiéster, a recuperação da atividade mostrou que a cadeia polipeptídica *per se* contém todas as informações necessárias para ditar a estrutura enovelada. Quando Anfinsen e colaboradores removeram *primeiramente* o β-mercaptoetanol, permitindo que as pontes dissulfeto se formassem novamente e *depois* removeram o desnaturante por diálise, eles não conseguiram detectar atividade. Oito cisteínas podem parear de 105 formas distintas. A formação das pontes dissulfeto na presença de desnaturante pode permitir que as cisteínas pareiem aleatoriamente, levando sobretudo a formas com pontes dissulfeto embaralhadas em vez dos pareamentos característicos encontrados na proteína nativa. Portanto, a oxidação da ribonuclease A desenovelada gerava menos de 1% da atividade recuperada pela oxidação e reenovelamento ao mesmo tempo. Essa expectativa vai ao encontro das observações, fortalecendo a conclusão fundamental de que cada cisteína encontrará seu par apropriado apenas quando contatos nativos não covalentes puderem se formar.
>
>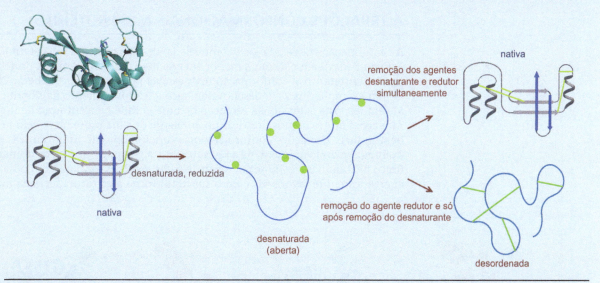
>
> **QUADRO 6-4 FIGURA 1 Experimento de Anfinsen.** A ribonuclease A está representada na parte superior esquerda como um diagrama de fita mostrando a estrutura terciária da enzima (aqui as pontes dissulfeto são mostradas em amarelo). O esquema correspondente a seguir representa os vários elementos da estrutura secundária e as localizações das quatro pontes dissulfeto. A redução dos dissulfetos na presença de um desnaturante desenovela a cadeia polipeptídica. A remoção do agente redutor na presença e na ausência de desnaturante leva a dois resultados bastante diferentes, conforme descrito no texto. Na representação esquemática, as pontes dissulfeto estão mostradas como linhas verdes, e as cisteínas, como círculos verdes.

Predição da estrutura proteica a partir da sequência de aminoácidos

A princípio, se a sequência de aminoácidos determina a estrutura enovelada de uma proteína, deveria ser possível desenvolver um método computacional para fazer o mesmo. Mas na prática, a tarefa computacional é desencorajadora.

Os comentários a seguir ilustram o porquê. Primeiro, deve-se imaginar que um computador poderia calcular a estabilidade (energia livre) de cada conformação possível da cadeia polipeptídica e então escolher a que corresponde a um mínimo. De fato, é possível computar as várias forças entre os átomos em uma proteína que determinam sua estabilidade – ligações de hidrogênio, contatos hidrofóbicos, e assim por diante. Mas considere uma proteína pequena com 100 resíduos de aminoácidos e imagine que cada resíduo pode ter apenas três configurações (p. ex., hélice, fita e outra). Então, o número de conformações possíveis é aproximadamente 3^{100} ou 10^{47}, um número astronômico, o que dificulta o uso dessa estratégia. Segundo, pode-se tentar simular o processo de enovelamento proteico com algum tipo de recurso dinâmico. Esta estratégia está dando bons resultados para pequenas proteínas e com o uso de recursos computacionais avançados; as respostas são boas aproximações para alguns propósitos, mas ainda não adequadas para entender todos os aspectos da função. Uma abordagem assim provavelmente não será uma maneira prática em um futuro próximo para predizer estruturas de proteínas complexas somente a partir de suas sequências de aminoácidos. Terceiro, se já se conhece a estrutura de uma proteína homóloga semelhante, pode-se considerar começar com ela como uma primeira aproximação e alterar computacionalmente os resíduos de aminoácidos para corresponder à nova proteína que se quer entender. Computações desse tipo, chamadas de **modelamento por homologia**, tornaram-se relativamente práticas. Sua credibilidade depende, obviamente, da semelhança entre as duas proteínas em questão e da precisão desejada da predição.

ALTERAÇÕES CONFORMACIONAIS NAS PROTEÍNAS

A conformação enovelada (ou desenovelada) de uma proteína sob determinadas condições é aquela com a menor energia livre. Se o ambiente da proteína mudar, entretanto, a conformação mais estável poderá mudar também. Viu-se um exemplo disso – o desenovelamento e reenovelamento da ribonuclease em resposta à adição e à remoção de uma grande concentração de ureia. Alterações muito menos drásticas no ambiente de uma proteína podem também induzir alterações conformacionais funcionalmente importantes. Por exemplo, quando apresentada a seu substrato, a glicose, a enzima de domínio único hexoquinase fecha-se em torno dele (Fig. 6-12). A formação de contatos energeticamente favoráveis com o substrato torna a estrutura fechada mais

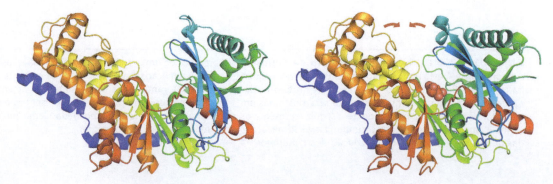

FIGURA 6-12 Fechamento de domínio na enzima hexoquinase. Os dois lóbulos da hexoquinase, enzima que transfere um fosfato para a glicose, fecham-se um sobre o outro (setas vermelhas) quando o substrato (glicose) se liga. (À esquerda) Enzima antes da ligação à glicose. (À direita) Após a ligação à glicose (mostrada em representação de superfície, em vermelho, na fenda catalítica da enzima). A cadeia polipeptídica está em cores do arco-íris que vão de azul (aminoterminal) a vermelho (carboxiterminal). Observa-se que a cadeia enovelada interliga duas vezes os dois lóbulos. Imagens preparadas com PyMOL (Schrödinger, LLC).

estável do que a aberta, alterando a posição de um equilíbrio dinâmico de principalmente aberto para principalmente fechado.

A interação entre duas proteínas pode causar uma alteração conformacional em uma ou ambas as parceiras. Às vezes, a porção interativa de uma das parceiras é desestruturada (desordenada e flexível) até que se associe com a outra parceira. Em outras palavras, a conformação apropriadamente enovelada é estável apenas na presença de seu alvo, que pode ser DNA ou RNA, ou mesmo outra proteína. As α-hélices na espiral enrolada dimérica do fator de transcrição GCN4 de levedura são estáveis apenas quando associadas umas com as outras. Quando ligadas ao DNA, um segmento adicional da proteína forma uma α-hélice na fenda maior do DNA, mas a mesma parte da proteína é desestruturada quando o GCN4 não está associado a seu sítio de ligação ao DNA (Fig. 6-9b).

PROTEÍNAS COMO AGENTES DE RECONHECIMENTO MOLECULAR ESPECÍFICO

Proteínas que reconhecem sequências de DNA

A regulação da expressão gênica depende de proteínas que se ligam a curtos segmentos de DNA com uma sequência nucleotídica específica. São considerados aqui vários exemplos que ilustram alguns dos princípios da estrutura e interação proteicas descritas anteriormente.

i. GCN4 Já foi descrito o GCN4 para ilustrar como o enovelamento de uma proteína depende às vezes de suas interações com outras proteínas (a outra cadeia do dímero, no caso do segmento de espiral enrolada do GCN4) ou com um alvo (um sítio no DNA). O GCN4 liga-se firmemente ao DNA apenas quando a sequência de bases no sítio de contato está correta. Como as α-hélices se ajustam confortavelmente à fenda maior, as suas cadeias laterais precisam ser complementares – em seus formatos, sua polaridade e suas propriedades como doadora e aceptora de ligações de hidrogênio – à superfície do DNA. Essas α-hélices também possuem vários resíduos de arginina e lisina, que as ancoram no esqueleto de DNA pela formação de pontes salinas com os fosfatos, reforçando seu ajuste confortável.

ii. O repressor do bacteriófago λ O repressor do bacteriófago λ possui seis sítios de ligação no genoma do bacteriófago, todos com sequências relacionadas, porém, um pouco diferentes; a sequência exata de cada um dos sítios determina sua afinidade pelo repressor (Fig. 6-13a). A proteína é um dímero simétrico, e os sítios possuem sequências aproximadamente simétricas (**palindrômicas**). Cada subunidade da proteína possui dois domínios enovelados: um aminoterminal, de ligação ao DNA, e um carboxiterminal, de dimerização.

O domínio de ligação ao DNA de um repressor λ é um feixe compacto de cinco α-hélices (Fig. 6-13b). Ao contrário do GCN4, esse domínio não sofre nenhuma grande alteração estrutural quando se associa ao DNA. Duas de suas hélices (a segunda e a terceira) formam um motivo estrutural, conhecido como **hélice-volta-hélice**, visto em várias outras proteínas de ligação ao DNA, especialmente as de procariotos. A maneira como esse motivo se acomoda na dupla-hélice de DNA permite que a segunda hélice, às vezes chamada de **hélice de reconhecimento**, acomode-se na fenda maior do DNA e apresente várias de suas cadeias laterais às bordas expostas dos pares de bases (Fig. 6-13c). A borda do grupo principal de cada par de bases apresenta um padrão característico de grupos doadores e aceptores de ligações de hidrogênio; os pares de bases A:T e T:A também apresentam a superfície hidrofóbica de um grupo metila na timina (Fig. 6-14). As propriedades de ligações de hidrogênio e contato apolar das cadeias laterais na hélice de reconhecimento do repressor λ correspondem às da

FIGURA 6-13 **Reconhecimento do DNA pelo repressor do bacteriófago λ.** (a) As sequências nucleotídicas dos seis sítios de DNA ("operadores") no genoma de λ que se ligam ao repressor λ. Cada sítio é aproximadamente um "palíndromo" – a sequência de bases é a mesma (com alguns desvios) quando lida de 5' para 3' a partir de qualquer uma das extremidades. O "meio sítio" à direita da sequência superior (OR1) e o meio sítio à esquerda da sequência inferior (OL3) correspondem ao melhor consenso de todos os meios sítios. Como o comprimento geral é um número ímpar (17 pares de bases), o par de bases central é necessariamente uma exceção a um palíndromo perfeito. (b) O domínio de ligação ao DNA (aminoterminal) do repressor λ, ligado ao DNA operador. Cada subunidade é um grupo de cinco α-hélices. Duas delas (em azul-claro na subunidade superior) formam um motivo de hélice-volta-hélice; a primeira das duas faz uma ponte de um lado da fenda maior para o outro, e a segunda localiza-se na fenda e quase paralelamente a sua direção principal. (c) Interações polares (ligações de hidrogênio e pontes salinas) entre os resíduos do motivo de hélice-volta-hélice e o DNA (esqueleto e pares de bases). A proteína acomoda-se perfeitamente na fenda maior apenas quando os contatos entre os pares de bases correspondem aos grupos da proteína posicionados em oposição a eles. Imagens preparadas com PyMOL (Schrödinger, LLC).

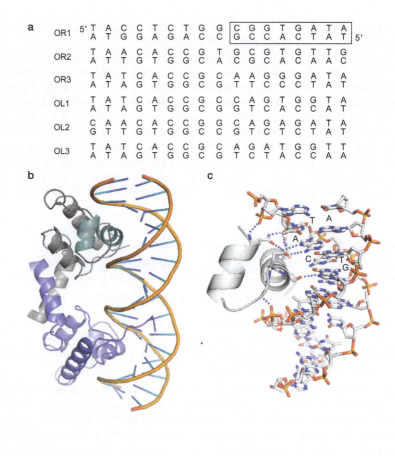

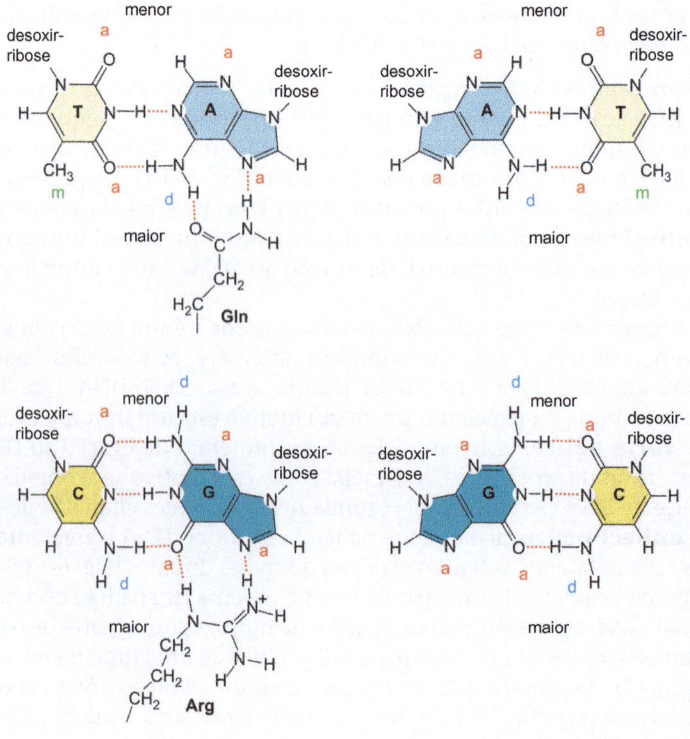

FIGURA 6-14 **Propriedades dos pares de bases do DNA nas fendas maior e menor.** Os quatro pares de bases do DNA, com identificações nos grupos nas fendas maior e menor que podem determinar contatos específicos: a, aceptor de ligações de hidrogênio; d, doador de ligações de hidrogênio; m, grupo metila (contato por van der Waals). As ligações de hidrogênio estão representadas por linhas pontilhadas. Na fenda maior, cada um dos quatro pares de bases apresenta um padrão diferente: T:A, m-a-d-a; A:T, a-d-a-m; C:G, d-a-a; G:C, a-a-d. Dois exemplos de complementaridade de cadeias laterais de aminoácidos são mostrados com os pares T:A e C:G. Essas duas formas de reconhecimento de pares de bases (apontadas em 1976 por Seeman, Rosenberg e Rich) ocorrem com alguma frequência, mas a maioria dos casos de reconhecimento específico do DNA envolve um conjunto de contatos mais complexo. Na fenda menor, T:A e A:T apresentam o mesmo padrão de contatos potenciais (a-a); da mesma maneira, C:G e G:C (a-d-a). Portanto, o reconhecimento de sequências específicas do DNA geralmente envolve contatos com a fenda maior.

sequência de bases reconhecida. Os contatos entre a proteína e o esqueleto de açúcar-fosfato do DNA posicionam e orientam as cadeias laterais da hélice de reconhecimento para assegurar esta complementaridade.

A complementaridade entre as cadeias laterais da proteína e as bases do DNA difere de uma maneira importante da complementaridade entre as duas bases em um par de bases do DNA. Cada base do DNA possui uma única base complementar, de maneira que suas ligações de hidrogênio são consistentes com a geometria de uma dupla-hélice sem distorções. Em contrapartida, há várias maneiras pelas quais as proteínas reconhecem uma determinada base ou mesmo uma determinada sequência de bases. Além disso, como ilustrado pelas diferentes sequências dos sítios de ligação ao repressor, a mesma estrutura proteica pode ajustar-se levemente para criar complementaridade com uma sequência de bases um pouco alterada (com alguma perda de afinidade). Portanto, não há um "código" para o reconhecimento do DNA pelas proteínas – apenas um conjunto de temas recorrentes, como a apresentação de cadeias laterais de proteínas por uma α-hélice inserida na fenda maior do DNA.

O repressor λ ilustra uma característica geral das proteínas que reconhecem sequências de DNA específicas: elas possuem domínios de ligação ao DNA relativamente pequenos, geralmente unidos a um ou mais domínios adicionais com funções distintas, como oligomerização ou interações com outras proteínas.

iii. Proteínas com dedo de zinco O domínio de reconhecimento do DNA mais abundante em muitos eucariotos é um módulo pequeno conhecido como **dedo de zinco** (do inglês, *zinc finger*; Fig. 6-15a). Esses domínios geralmente ocorrem em *tandem*, com curtos segmentos conectores entre eles. Os conectores são flexíveis; quando as proteínas se ligam ao DNA, eles tornam-

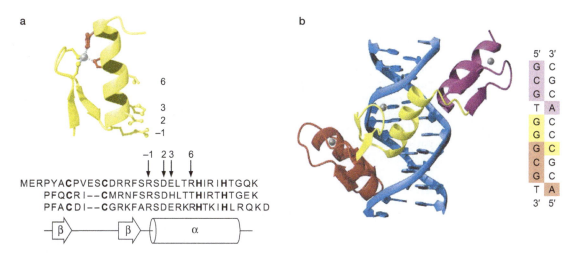

FIGURA 6-15 Motivos dedo de zinco. (a) O motivo dedo de zinco Cys2His2 e as sequências de dedo Zif268. Na parte superior, está representado um diagrama de fitas do dedo 2, incluindo as duas cadeias laterais da cisteína (em amarelo) e as duas cadeias laterais da histidina (em vermelho) que coordenam o íon zinco (esfera prateada). As cadeias laterais de resíduos essenciais fazem contatos de bases com a fenda maior do DNA (os números identificam suas posições em relação ao início da hélice de reconhecimento). A seguir, está representado o alinhamento da sequência de aminoácidos dos três dedos de zinco de Zif268 com as cisteínas e as histidinas conservadas em negrito. Elementos da estrutura secundária estão indicados na parte inferior do diagrama. (b) À esquerda, está o complexo Zif268-DNA, mostrando os três dedos de zinco de Zif268 ligados à fenda maior do DNA. Os dedos estão separados por intervalos de 3 pb; DNA (azul); dedos 1 (vermelho), 2 (amarelo) e 3 (roxo); íons zinco coordenados (esferas prateadas). A sequência de DNA do sítio de ligação de Zif268 à direita está colorida para indicar os contatos de bases para cada dedo. (Reproduzida, com permissão, de Pabo C.O. et al. 2001. *Annu. Rev. Biochem.* **70**: 313-340, a Fig. 6-15a é a Fig. 1 da p. 315; a Fig. 6-15b é a Fig. 2 da p. 316. © Annual Reviews.)

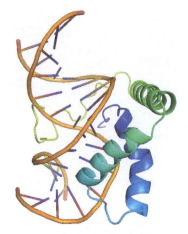

FIGURA 6-16 Proteína LEF-1 ligada ao DNA. Imagem preparada com PyMOL (Schrödinger, LLC).

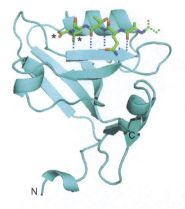

FIGURA 6-17 Reconhecimento de peptídeo. O reconhecimento específico do segmento carboxiterminal de uma proteína por um domínio PDZ – um módulo repetitivo que se associa com as "caudas" citoplasmáticas carboxiterminais de proteínas de membrana. Os contatos principais estão em bolsos (asteriscos referentes ao grupo carboxila e a cadeia lateral apolar da valina carboxiterminal) e por meio do recrutamento da folha β antiparalela para o domínio (primeiro plano) por vários resíduos do ligante que precede a valina (linhas pontilhadas azul-escuras representam as ligações de hidrogênio da folha β). Imagem preparada com PyMOL (Schrödinger, LLC).

-se ordenados. Os aproximadamente 30 resíduos de cada dedo de zinco são apenas o suficiente para criar um centro hidrofóbico, e o íon zinco no centro é necessário para manter o domínio enovelado unido. Duas cisteínas e duas histidinas coordenam o Zn^{2+}. Como as proteínas intracelulares não possuem pontes dissulfeto, a coordenação de Zn^{2+} geralmente apresenta o mesmo propósito estabilizador para domínios muito pequenos. Quando os dedos de zinco se ligam ao DNA, a curta α-hélice posiciona-se na fenda maior, e dedos de zinco sucessivos arranjados em *tandem* contactam conjuntos sucessivos de pares de bases – aproximadamente 3 pb por dedo de zinco, com alguma sobreposição (Fig. 6-15b). Existe uma regularidade considerável no padrão de contatos de pares de bases: os resíduos – 1, 2, 3 e 6 da hélice têm maior probabilidade de contato com um ou mais pares de bases (Fig. 6-15a). Devido a essa regularidade – e à maneira pela qual os dedos de zinco em *tandem* se posicionam na fenda maior do DNA – as proteínas podem ser projetadas para reconhecer sequências de pares de bases relativamente longas. Além disso, bibliotecas de módulos individuais estão agora disponíveis para gerar proteínas projetadas especificamente para sequências de DNA com 12 a 18 pb de comprimento.

iv. Fator ativador de linfócitos-1 (LEF-1, lymphocyte enhancer factor-1)

Contatos com os pares de base na fenda maior do DNA não são a única maneira de criar especificidade de sequência de bases. A sequência de bases não especifica o padrão de contatos de ligações de hidrogênio na fenda menor, porque A:T e T:A geram padrões semelhantes (aa), assim como G:C e C:G (Fig. 6-14), mas a sequência de bases também influencia a propensão da dupla-hélice do DNA de se curvar ou se torcer – ou seja, adotar conformações que se desviam de uma dupla-hélice ideal de Watson-Crick. Esta sensibilidade à influência da sequência de bases sobre a propensão do DNA em se curvar ou se torcer é às vezes chamada de "leitura indireta", para distingui-la da especificidade de sequência fornecida por contatos diretos polares e apolares com os pares de bases. O fator ativador de linfócitos-1 (LEF-1), que regula a expressão gênica em células T em conjunto com vários outros fatores, é um feixe de três hélices que se acomodam na fenda menor substancialmente alargada do DNA curvado (Fig. 6-16). A maioria das cadeias laterais dos aminoácidos voltados para a fenda menor é apolar, e uma delas insere-se parcialmente entre dois pares de bases adjacentes, ajudando a estabilizar a curvatura de quase 90° no eixo do DNA. A curvatura aproxima proteínas ligadas a montante e a jusante de LEF-1: por esse motivo, ela foi chamada de "proteína arquitetônica", já que parte de sua função é aumentar os contatos entre outros fatores de transcrição ligados ao DNA.

Interfaces proteína-proteína

Interfaces proteína-proteína tendem a ser ainda mais delicadamente complementares do que interfaces proteína-DNA. A razão para isso é que as primeiras geralmente envolvem superfícies hidrofóbicas consideráveis, enquanto as últimas são amplamente polares. A água, que é ao mesmo tempo doadora e aceptora, pode unir grupos de ligações de hidrogênio em uma interface DNA-proteína, mas uma lacuna entre superfícies apolares em uma interface proteica deixaria um buraco ou uma molécula de água isolada – ambos muito desfavoráveis. Como foi visto, um fator de transcrição como o repressor λ pode se ligar a alvos de DNA com pequenas diferenças de sequências, cada uma delas desviando levemente de um consenso. O mesmo não ocorre na maioria das interfaces proteicas. Para alguns fatores de transcrição, *ocorre* o pareamento alternativo de subunidades estruturalmente homólogas, para aumentar a diversidade combinatória. As superfícies complementares relevantes, as quais provavelmente surgem por duplicação gênica em algum ponto da história evolutiva da proteína são conservadas nesses casos.

O reconhecimento proteico específico pode depender da associação de superfícies correspondentes pré-enoveladas de duas subunidades, como as que ocorrem na formação do tetrâmero de hemoglobina (Fig. 6-7), ou do coenovelamento de duas cadeias polipeptídicas, como na dimerização do GCN4 (Fig. 6-9a), ou da ancoragem de um segmento não estruturado na superfície de reconhecimento de uma proteína parceira (Fig. 6-17). Neste último tipo de interação, o segmento em questão adota uma estrutura definida no complexo – isto é, sua conformação corretamente enovelada é estável apenas na presença da superfície-alvo. A ligação às vezes depende de uma modificação pós-traducional como fosforilação ou acetilação, de forma que a interação pode ser ligada ou desligada por sinais provenientes de outros processos celulares. O segmento ancorado da cadeia polipeptídica geralmente possui um motivo de sequência de aminoácidos reconhecível. A associação desse tipo é particularmente comum na montagem de complexos proteicos que regulam a transcrição, provavelmente porque permite uma variabilidade considerável na organização de faixas mais amplas. O segmento não estruturado ou o domínio que se liga a ele, ou ambos, podem estar inseridos em uma região maior, não estruturada, com uma composição de aminoácidos relativamente polar, de "baixa complexidade" (i.e., com muitas repetições do mesmo resíduo polar). Essas regiões de baixa complexidade conferem ampla flexibilidade, de forma que o espaçamento entre as interações específicas pode variar, e a mesma montagem pode adaptar-se a diferentes circunstâncias (p. ex., a diferentes arranjos de sítios no DNA).

Proteínas que reconhecem RNA

Ao contrário do DNA, o RNA pode ter uma grande variedade de estruturas locais, e interações terciárias estabilizam conformações 3D bem-definidas, como no tRNA. Interações proteína-RNA são, portanto, como interações proteína-proteína, em alguns aspectos. O formato do RNA e a maneira como os grupos interagentes (p. ex., fosfatos ou grupos 2'-hidroxila, ou bases) se distribuem em sua superfície são determinantes essenciais da especificidade. Duas estruturas pré-enoveladas podem se associar, como na ligação de um tRNA à enzima que transfere um aminoácido a sua extremidade 5', ou um ou ambos os parceiros podem ter pouca ou nenhuma estrutura fixa até que o complexo se forme.

O motivo de reconhecimento de RNA (*RNA-recognition motif*, RRM; também conhecido como motivo de proteína ribonuclear, RNP) é uma sequência que caracteriza um domínio envolvido no reconhecimento específico do RNA. A sequência RRM de 80 a 90 aminoácidos enovela-se em uma folha β antiparalela com quatro fitas e duas α-hélices que se agrupam. Esse arranjo confere ao domínio uma topologia αβ característica. Um exemplo desse domínio comum é encontrado na proteína U1A que interage com o pequeno RNA nuclear (*small nuclear RNA*, snRNA) U1, ambos componentes do mecanismo que processa os transcritos de RNA (Cap. 14). A estrutura do complexo U1A:U1snRNA, representado na Figura 6-18, mostra que o formato da superfície de ligação ao RNA de U1A é específica para esse determinado RNA.

ENZIMAS: PROTEÍNAS COMO AGENTES CATALISADORES

Um dos papéis mais importantes das proteínas nas células é catalisar reações bioquímicas. Quase todos os processos que ocorrem em uma célula – desde a transformação de nutrientes para a geração de energia até a polimerização de nucleotídeos para a síntese de DNA e RNA – necessitam de catálise (i.e., aumento de suas taxas), porque as taxas de reação espontânea são demasiado lentas para dar suporte à atividade e à sobrevivência normais da célula. A maioria dos catalisadores em sistemas vivos são proteínas (enzimas); o RNA é um catalisador para algumas reações bastante antigas (ribozimas).

A barreira para uma reação química é a formação de um arranjo de reagentes de alta energia, conhecido como **estado de transição**. Como o estado de transição possui uma estrutura intermediária entre as dos reagentes

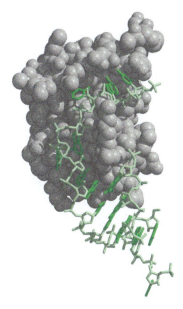

FIGURA 6-18 Estrutura do complexo proteína:RNA do espliceossomo: U1A liga-se ao grampo II do snRNA de U1. A proteína está mostrada em cinza; o snRNA de U1 está mostrado em verde. (Oubridge C. et al. 1994. *Nature* **372**: 432.) Imagem preparada com MolScript, BobScript e Raster 3D.

e dos produtos, é necessária alguma distorção dos reagentes para alcançá-lo. Uma reação pode ser acelerada – geralmente de maneira drástica – pela redução da energia necessária para distorcer os reagentes em suas configurações de estado de transição. A maioria das enzimas consegue isso por ter um **sítio ativo** – geralmente um bolso ou fenda – que é complementar em formato e propriedades de interação (p. ex., ligações de hidrogênio e contatos apolares) ao estado de transição da reação. Os contatos favoráveis que se formam quando os reagentes se associam ao sítio ativo compensam até certo ponto a distorção que eles sofrem para fazê-lo. A precisão com a qual a evolução da estrutura de uma enzima molda seu sítio ativo confere grande especificidade a este processo. Por exemplo, enzimas que catalisam a polimerização de desoxirribonucleotídeos em DNA não conseguem, em geral, catalisar a polimerização de ribonucleotídeos em RNA, porque a 2'-hidroxila da ribose colidiria com átomos do sítio ativo da polimerase.

REGULAÇÃO DA ATIVIDADE PROTEICA

Viu-se que a interação com outras moléculas – tanto moléculas pequenas, como o substrato de uma enzima, quanto macromoléculas, como proteínas e ácidos nucleicos – pode induzir as proteínas a sofrerem alterações conformacionais. Moléculas que se ligam a uma proteína (ou a qualquer outro alvo) de

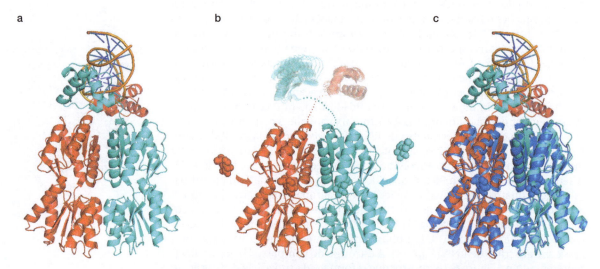

FIGURA 6-19 **Regulação alostérica da ligação do repressor Lac ao DNA.** (a) Conformação do repressor Lac dimérico ligado ao DNA. Um curto segmento de DNA, representando o sítio de ligação específico ("operador"), está na parte superior da figura. O domínio de ligação ao DNA aminoterminal, com um motivo de reconhecimento hélice-volta-hélice, interage com pares de base da fenda maior. O corpo da proteína possui um sítio, localizado entre seus dois domínios, que acomoda moléculas relacionadas à lactose; o sítio está vazio na conformação ligada ao DNA representada aqui. As duas subunidades idênticas do repressor estão em vermelho e azul-claro, respectivamente. (b) A ligação de uma molécula indutora (qualquer um dos vários galactosídeos, ilustrado em superfície renderizada, ambos do lado de fora do repressor, como se estivessem prestes a se ligar, e também no sítio de ligação específico dentro de cada subunidade do repressor) faz os dois domínios no corpo do repressor alterarem a orientação em relação um ao outro. Como resultado, os segmentos das articulações entre os domínios de ligação ao DNA e o corpo da proteína tornam-se desordenados, com os próprios domínios agora frouxamente amarrados e incapazes de se ligar fortemente aos sítios do operador. (c) Sobreposição das conformações ligada ao DNA e induzida, para mostrar como um dos domínios do repressor se altera em relação ao outro. As subunidades ligadas ao DNA estão coloridas como no painel a; o dímero do repressor induzido está em azul-escuro. Imagens preparadas com PyMOL (Schrödinger, LLC).

maneira definida são conhecidas como **ligantes**. Os ligantes podem regular a atividade de uma proteína (p. ex., uma enzima) pela estabilização de um determinado estado. Por exemplo, se a ligação de um ligante a uma enzima estabilizar uma conformação na qual o sítio ativo estiver bloqueado, o ligante terá desligado a atividade da enzima. O sítio de ligação para o ligante inibidor não precisa estar sobreposto ao sítio ativo – ele precisa apenas estar de maneira que a ligação do ligante reduza a energia de uma conformação na qual os reagentes não conseguem alcançar o sítio ativo ou na qual o sítio ativo não apresente mais a configuração correta. De forma similar, a ligação do ligante em um sítio remoto pode favorecer uma conformação na qual o sítio ativo está disponível para o substrato e é complementar ao estado de transição da reação; o ligante seria, então, um ativador. Esse tipo de regulação é conhecida como **regulação alostérica** ou alosteria, porque a estrutura do ligante (seu caráter "estérico") é diferente (em grego, *allo-*) da estrutura de qualquer um dos reagentes.

O repressor Lac (que inibe a expressão do gene bacteriano que codifica a β-galactosidase, enzima que hidrolisa β-galactosídeos como a lactose) é um bom exemplo de regulação alostérica no controle da transcrição (Fig. 6-19). O repressor Lac é um dímero. O dímero possui duas conformações distintas – uma quando ligado a um sítio específico do DNA (conhecido como seu **operador**) e outra quando ligado a um metabólito inibidor (conhecido como seu **indutor**). Como o repressor ligado ao operador impede a RNA-polimerase de sintetizar o mRNA da β-galactosidase, e como uma alta concentração do indutor favorece uma conformação que não se liga de maneira correta ao DNA, o indutor pode alterar a afinidade pelo DNA e, assim, influenciar a regulação gênica, mesmo que seu sítio ativo esteja a alguma distância da superfície de contato do repressor com o DNA. Existem interruptores alostéricos ainda mais complicados, com múltiplos ligantes e múltiplos sítios de ligação. A regulação alostérica geralmente envolve alterações na estrutura quaternária, como na transição entre as duas conformações do dímero do repressor Lac.

RESUMO

Proteínas são cadeias lineares de aminoácidos, unidos por ligações peptídicas ("cadeias polipeptídicas"). Os 20 L-aminoácidos especificados pelo código genético incluem nove com cadeias laterais apolares (hidrofóbicas), seis com cadeias laterais polares que não possuem carga em pH neutro, dois com cadeias laterais ácidas (negativamente carregadas em pH neutro) e três com cadeias laterais básicas (positivamente carregadas em pH neutro ou carregada parcialmente, no caso da histidina). Ligações peptídicas possuem caráter de ligação dupla parcial; os ângulos de torsão para as ligações N-Cα e Cα-(C=O) determinam a conformação tridimensional de um esqueleto de cadeia polipeptídica. Três aminoácidos possuem propriedades conformacionais especiais: a glicina é não quiral, com maior liberdade conformacional do que os outros; a prolina (tecnicamente, um iminoácido) possui uma ligação covalente entre a cadeia lateral e a amida, restringindo sua liberdade conformacional; e a cisteína, com um grupo sulfidrila em sua cadeia lateral, pode sofrer oxidação para formar uma ponte dissulfeto com uma segunda cisteína, interligando uma cadeia polipeptídica enovelada ou duas cadeias polipeptídicas vizinhas. O ambiente redutor do interior da célula restringe a formação de pontes dissulfeto a organelas oxidantes e ao meio extracelular.

A estrutura proteica é tradicionalmente descrita em quatro níveis: primário (a sequência de aminoácidos em uma cadeia polipeptídica – o nível determinado diretamente pelo código genético), secundário (conformações locais repetidas de esqueleto, estabilizadas por ligações de hidrogênio da cadeia principal – principalmente α-hélices e folhas β), terciário (a montagem tridimensional enovelada), e quaternário (a associação de cadeias polipeptídicas enoveladas em um arranjo de múltiplas subunidades). No nível terciário, as cadeias polipeptídicas enovelam-se em um ou mais domínios independentes, que se enovelariam de maneira semelhante mesmo se excisados do restante da proteína. A estrutura de um domínio pode ser especificada pela maneira na qual seus elementos de estrutura secundária (hélices e fitas) se apresentam em três dimensões. Conectores entre domínios de uma cadeia polipeptídica com múltiplos domínios podem ser longos e flexíveis ou curtos e rígidos. O ambiente aquoso e o conjunto diverso de aminoácidos de ocorrência natural são essenciais para a estabilidade conformacional de domínios enovelados e das interfaces entre eles que criam estrutura quaternária. Cadeias laterais apolares agrupam-se longe da água, de maneira compacta no centro hidrofóbico de um domínio enovelado, e qualquer grupo sequestrado ligado por ligações de hidrogênio, que perde uma ligação de hidrogênio com a água, deve ter um parceiro derivado de proteína. Elementos de estrutura secundária satisfazem o último requerimento para a amida e os grupos carbonila da cadeia principal, respondendo, assim, por sua importância na descrição e na classificação das estruturas de domínios.

A sequência de aminoácidos em uma cadeia polipeptídica especifica se, e como, ela irá se enovelar. Essa propriedade permite que o código genético determine não apenas a estrutura primária, mas também outros níveis e, portanto, dite a função proteica. As várias interações não covalentes em um domínio corretamente enovelado (e em domínios extracelulares, as pontes dissulfeto covalentes) criam um mínimo de energia livre global (conformação de maior estabilidade), de maneira que a cadeia possa alcançar sua conformação nativa espontaneamente. Alterações no ambiente de uma proteína, incluindo modificações pós-traducionais de uma ou mais de suas cadeias laterais ou a ligação de ligantes, podem alterar a posição desse mínimo de energia livre e induzir uma alteração conformacional. O arranjo de cadeias laterais de aminoácidos na superfície de uma proteína enovelada e, às vezes, mesmo em um segmento de cadeia polipeptídica não enovelada pode também especificar como ela reconhece uma proteína ou ácido nucleico parceiro ou uma pequena molécula ligante. As proteínas são, portanto, agentes essenciais de reconhecimento molecular específico, dentro das células e entre as células, bem como os catalisadores de reações químicas (enzimas).

BIBLIOGRAFIA

Livros

Branden C. and Tooze J. 1999. *Introduction to protein structure*, 2nd ed. Garland Publishing, New York.

Kuriyan J., Konforti B., andWemmer D. 2012. *The molecules of life*. Garland Publishing, New York.

Pauling L. 1960. *The nature of the chemical bond*, 3rd ed. Cornell University Press, Ithaca, New York.

Petsko G.A. and Ringe D. 2003. *Protein structure and function (primers in biology)*. New Science Press, Waltham, Massachusetts.

Williamson M. 2012. *How proteins work*. Garland Publishing, New York.

A estrutura proteica pode ser descrita em quatro níveis

Richardson J.S. 1981. The anatomy and taxonomy of protein structure. *Adv. Protein Chem.* **34:** 167–339.

Da sequência de aminoácidos à estrutura tridimensional

Anfinsen C.B. 1973. Principles that govern the folding of protein chains. *Science* **181:** 223–230.

QUESTÕES

Para respostas de questões de número par, ver Apêndice 2: Respostas.

Questão 1. Qual é a ligação que pode se formar entre duas cisteínas de proteínas secretadas? Por que esta ligação normalmente não se forma em proteínas intracelulares? Como esta interação se diferencia das interações que podem ocorrer entre outras cadeias laterais de aminoácidos?

Questão 2. Cite um exemplo de duas cadeias laterais de aminoácidos que podem interagir uma com a outra por meio de uma ligação iônica em pH neutro. Ver Capítulo 3 para uma revisão sobre ligações iônicas.

Questão 3. Uma mutação que ocorre no DNA pode causar uma substituição de aminoácido na proteína codificada. Substituições de aminoácidos são descritas como conservativas quando o aminoácido na proteína mutada possui propriedades químicas semelhantes às do aminoácido substituído. Referindo-se à Figura 6-2, identifique quatro exemplos diferentes de pares de aminoácidos que poderiam estar envolvidos em substituições conservativas.

Questão 4. A formação de ligações peptídicas é um exemplo de reação de condensação. Explique o que significa esta afirmação e por que a formação da ligação peptídica também é chamada de reação de desidratação.

Questão 5. Descreva como uma folha β difere de um sanduíche β.

Questão 6. As proteínas de ligação ao oxigênio hemoglobina e mioglobina diferem porque a hemoglobina atua como um tetrâmero nas hemácias, enquanto a mioglobina atua como um monômero em células musculares. A estrutura globular da mioglobina e de cada monômero da hemoglobina envolve oito segmentos α-helicoidais. A estrutura que difere mais entre essas duas proteínas é a primária, secundária, terciária ou quaternária? Explique.

Questão 7. Para os seguintes aminoácidos, indique se eles têm maior probabilidade de serem encontrados escondidos ou expostos em um domínio proteico enovelado de maneira estável: fenilalanina, arginina, glutamina, metionina. Explique suas respostas.

Questão 8. Você trata uma proteína com o desnaturante ureia. Para cada interação ou ligação a seguir, indique se a interação ou ligação é quebrada pelo tratamento com ureia.

A. Ligações iônicas.

B. Ligações de hidrogênio.

C. Pontes dissulfeto.

D. Ligações peptídicas.

E. Interações de van der Waals.

Questão 9. Considerando o que você aprendeu sobre a estrutura do DNA no Capítulo 4, explique por que o Gcn4 interage com o DNA na fenda maior em vez da fenda menor. Descreva a importância das argininas e lisinas na interação entre Gcn4 e DNA.

Questão 10. Preveja o efeito da substituição de uma ou mais das cisteínas ou histidinas conservadas por alanina em um dedo de zinco Cys2His2. Explique sua resposta.

Questão 11. Descreva as características incomuns da interação entre LEF-1 e DNA.

Questão 12. Como as enzimas aumentam a taxa de uma reação?

Questão 13. Considere um ligante que é estruturalmente semelhante ao substrato de uma enzima e que se liga fortemente ao sítio ativo, excluindo o substrato normal. Qual é a diferença entre um "inibidor competitivo" como este e um inibidor alostérico?

Questão 14. Um fator de iniciação de tradução, chamado de Tif3 ou eIRF4B em células de levedura, possui a seguinte sequência de elementos em sua cadeia polipeptídica: um domínio aminoterminal contendo um motivo de reconhecimento de RNA (RRM), um segmento central com uma sequência repetida com sete dobras rica em resíduos de aminoácidos básicos e ácidos, e uma região carboxiterminal sem evidências de homologia com qualquer motivo ou domínio conhecidos.

A. Descreva a importância dos RRMs.

A modularidade da proteína sugere a seguinte série de experimentos, para analisar os papéis de suas diferentes partes. Células com uma deleção do gene *TIF3* não crescem a 37°C, mas crescem normalmente a 30°C. Adicionando um gene que codifica um fragmento da proteína, é possível fazer um ensaio de complementação – a capacidade de o fragmento conferir crescimento do tipo selvagem a 37°C. Os resultados desses experimentos estão apresentados na tabela a seguir, em que ++, + e − indicam o grau de crescimento/complementação.

Proteína Tif3	Crescimento a 37°C
Completa	++
RRM + primeiras três repetições	++
RRM + primeira repetição	−
Todas as sete repetições + segmento carboxiterminal	+

B. A partir desses dados, qual região da proteína é necessária para o crescimento do tipo selvagem a 37°C?

Um novo conjunto de experimentos envolveu um ensaio de tradução *in vitro*, utilizando um extrato da linhagem desprovida do gene *TIF3*. A reação foi iniciada pela adição da proteína Tif3 purificada ou uma de suas formas truncadas. Os resultados estão na tabela a seguir, que mostra a porcentagem da tradução *in vitro* relativa à reação com a Tif3 completa.

Proteína Tif3	Atividade de tradução (%)
Completa	100
RRM + primeiras três repetições	43
RRM + primeira repetição	0
Todas as sete repetições + segmento carboxiterminal	0

C. Como esses resultados podem ser comparados aos resultados de complementação da parte B? Eles modificam a sua conclusão dos experimentos genéticos?

Dados adaptados de Niederberger et al. 1998. *RNA* **4**: 1259-1267.

CAPÍTULO 7

Técnicas de Biologia Molecular

A CÉLULA VIVA É UMA ENTIDADE EXTREMAMENTE complicada, que produz milhares de macromoléculas diferentes e abriga um genoma que varia em tamanho de milhões a bilhões de pares de bases. Para entender como os processos genéticos da célula funcionam, é necessária uma variedade de abordagens experimentais desafiadoras. Estas incluem métodos para separar macromoléculas individuais da miríade de misturas encontradas na célula e para dissecar o genoma em segmentos de tamanho adequado para manipulação e análise de sequências de DNA específicas, e também incluem o uso de organismos-modelo apropriados nos quais as ferramentas de análise genética estão disponíveis, como será discutido no Apêndice 1. O desenvolvimento bem-sucedido de tais métodos foi uma das forças motrizes no campo da biologia molecular durante as últimas décadas, bem como um de seus grandes triunfos.

Recentemente, tornou-se possível aplicar abordagens moleculares nas análises de grande escala do conjunto completo de DNA, RNA e proteínas da célula. Estas abordagens de genômica e proteômica e o número crescente de sequências genômicas disponíveis tornam possível realizar comparações de larga escala entre os genomas de diferentes organismos ou identificar todas as proteínas fosforiladas de um determinado tipo celular.

Neste capítulo, é fornecida uma breve introdução a alguns dos métodos modernos que possibilitam aos biólogos investigar a função de proteínas individuais, bem como realizar análises de larga escala de genomas e proteomas. Como será visto, esses métodos geralmente dependem, e foram desenvolvidos, de um conhecimento das propriedades das próprias macromoléculas biológicas. Por exemplo, as características de pareamento de bases do DNA e do RNA possibilitaram o desenvolvimento de técnicas de hibridização que hoje permitem a identificação da expressão gênica no genoma inteiro. Detalhes das atividades das DNA-polimerases, endonucleases de restrição e DNA-ligases permitiram o surgimento das técnicas de clonagem de DNA e da reação em cadeia da polimerase (PCR, *polymerase chain reaction*), as quais, por sua vez, permitem o isolamento de praticamente qualquer segmento de DNA – mesmo de algumas formas pré-históricas de vida – em quantidades ilimitadas.

Este capítulo está dividido em cinco partes: métodos para a análise de DNA e RNA; análise de larga escala do DNA genômico; análise de proteínas; análise de proteínas em larga escala; e, finalmente, a análise de interações ácidos nucleico-proteína, abordagens que ajudam a explorar como esses componentes separados se reúnem e interagem para facilitar o funcionamento interno da célula.

SUMÁRIO

Ácidos Nucleicos: Métodos Básicos, 148

•

Genômica, 168

•

Proteínas, 173

•

Proteômica, 179

•

Interações Ácido Nucleico--proteína, 182

148 Parte 2 Estrutura e Estudo de Macromoléculas

FIGURA 7-1 **Separação de DNA por eletroforese em gel.** A figura mostra um corte transversal lateral de um gel. A "canaleta" (poço no gel) onde a mistura de DNA é colocada está indicada à esquerda, na parte superior do gel. Esta também é a extremidade em que o cátodo do campo elétrico está localizado, com o ânodo localizado na base do gel. Como resultado, os fragmentos de DNA, que são carregados negativamente, deslocam-se pelo gel da esquerda para a direita (da parte superior para a base). A distância que cada DNA percorre é inversamente proporcional ao tamanho do fragmento de DNA, conforme representado. (Adaptada, com permissão, de Micklos D.A. e Freyer G.A. 2003. *DNA science: A first course*, 2nd ed., p. 114. © Cold Spring Harbor Laboratory Press.)

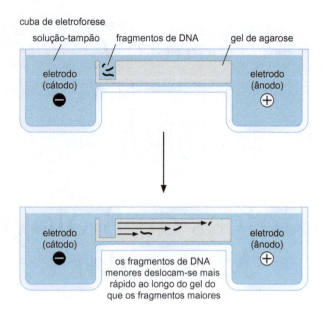

ÁCIDOS NUCLEICOS: MÉTODOS BÁSICOS

A eletroforese em gel separa as moléculas de DNA e de RNA de acordo com o seu tamanho

Primeiramente, será discutida a separação das moléculas de DNA e de RNA pela técnica de **eletroforese em gel**. As moléculas lineares de DNA são separadas de acordo com seu tamanho quando submetidas a um campo elétrico, por meio de uma **matriz de gel**, um material poroso e inerte, semelhante a uma gelatina. Como o DNA tem carga negativa, quando é submetido a um campo elétrico ele migrará através do gel em direção ao polo positivo (Fig. 7-1). As moléculas de DNA são flexíveis e ocupam um volume efetivo. A matriz de gel atua como uma peneira através da qual passam as moléculas de DNA; moléculas grandes (com um volume efetivo maior) têm mais dificuldade de passar através dos poros do gel e, portanto, migram mais lentamente através dele do que o fazem moléculas de DNA menores. Isso significa que, após um período de "migração, ou corrida, pelo gel", as moléculas de tamanhos diferentes podem ser separadas, porque elas percorrem distâncias diferentes no gel.

Após o fim da eletroforese, a molécula de DNA pode ser visualizada pela coloração do gel com corantes fluorescentes como o **etídeo**, que se liga ao DNA e se intercala entre as bases empilhadas (ver Cap. 4, Fig. 4-28). As moléculas de DNA coradas aparecem como "bandas", cada uma delas revelando a presença de uma população de moléculas de DNA de um tamanho específico.

Dois tipos alternativos de matrizes de géis são utilizados: **poliacrilamida** e **agarose**. A poliacrilamida apresenta alta capacidade de resolução, mas pode separar DNAs somente em uma faixa de tamanho limitada. Portanto, a eletroforese em gel de poliacrilamida pode resolver DNAs que diferem uns dos outros em tamanho em apenas um par de bases, mas apenas em moléculas de até 1.000 pares de bases. A agarose possui menor capacidade de resolução do que a poliacrilamida, mas pode separar moléculas de DNA com dezenas, e até centenas, de quilobases.

Os segmentos de DNA muito longos não podem penetrar nos poros, mesmo de agarose. Em vez disso, eles serpenteiam seu caminho pela matriz, com uma extremidade liderando o caminho e a outra seguindo atrás. Como consequência deste comportamento, moléculas de DNA acima de um certo tamanho (30-50 kb) migram de forma semelhante e não podem ser resolvidas. Esses DNAs muito longos podem, entretanto, ser separados uns dos outros se um campo elétrico for aplicado em pulsos com orientação ortogonal um em relação ao outro. Essa técnica é conhecida como **eletroforese em gel de campo pulsado** (Fig. 7-2). Cada vez que a orientação do campo elétrico é alterada, a molécula de DNA, que está percorrendo um caminho no gel, deve reorientar-se em direção ao novo campo. Quanto maior a molécula, mais tempo ela leva para se reorientar. A eletroforese em gel de campo pulsado pode ser utilizada para determinar o tamanho de grandes DNAs genômicos, até mesmo de genomas bacterianos e cromossomos de eucariotos inferiores inteiros, como fungos – moléculas de DNA contendo várias megabases de comprimento.

A eletroforese separa as moléculas de DNA não apenas de acordo com seu tamanho molecular, mas também de acordo com seu formato e propriedades topológicas (ver Cap. 4). Uma molécula de DNA circular relaxada ou clivada migra mais lentamente do que uma molécula linear de massa igual. Além disso, como foi visto, os DNAs supertorcidos, que estão compactados e apresentam volume efetivo menor, migram mais rapidamente durante a eletroforese do que os DNAs menos torcidos ou circulares relaxados de igual massa.

A eletroforese também é utilizada para separar moléculas de RNA. Os segmentos de DNA de dupla-fita lineares apresentam estrutura secundária uniforme e suas velocidades de migração durante a eletroforese são proporcionais a seu tamanho molecular. Como os DNAs, as moléculas de RNA apresentam carga negativa uniforme. Mas moléculas de RNA são geralmente de fita simples e possuem, como foi visto (Cap. 5), vastas estruturas secundárias e terciárias, as quais influenciam em sua mobilidade eletroforética. Para contornar esse obstáculo, os RNAs podem ser tratados com certos reagentes, como o glioxal, que reagem com o RNA e impedem a formação do pareamento de bases (o glioxal forma adutos com os grupos amino das bases, evitando o pareamento de bases). Os RNAs glioxilados não podem formar estruturas secundárias ou terciárias e, por isso, migram com mobilidade aproximadamente proporcional a seu tamanho molecular. Como será visto mais adiante, a eletroforese é utilizada de maneira similar para separar as proteínas de acordo com seu tamanho.

As endonucleases de restrição clivam as moléculas de DNA em sítios específicos

As moléculas de DNA que ocorrem naturalmente são, em geral, longas demais e não podem ser facilmente manipuladas ou analisadas em laboratório. Por exemplo, os cromossomos são moléculas únicas de DNA extremamente longas que podem conter milhares de genes e mais de 100 Mb de DNA (ver Cap. 8). Para estudar genes e sítios individuais no DNA, as longas moléculas de DNA das células devem ser clivadas em fragmentos menores que possam ser manipulados. Isso pode ser feito pelo uso de **endonucleases de restrição** que clivam o DNA em determinados sítios pelo reconhecimento de sequências específicas.

As enzimas de restrição utilizadas na biologia molecular reconhecem, em geral, pequenas sequências-alvo (4 a 8 pb), normalmente palindrômicas, e clivam em uma posição definida dentro dessas sequências. Assim, considere-se uma enzima de restrição amplamente utilizada, a EcoRI, assim denominada por ser encontrada em determinadas linhagens de *Escherichia coli*, e que foi a primeira (I) dessas enzimas encontrada nessa espécie. Essa enzima reconhece e cliva a sequência 5'-GAATTC-3'. (Como as duas fitas do DNA são complementares, é necessário especificar apenas uma fita e sua polaridade para descrever uma sequência de reconhecimento de maneira inequívoca.)

Essa sequência hexamérica (como qualquer outra) ocorre apenas uma vez em cada 4 kb, em média. (Isso acontece porque existem quatro bases possíveis que podem ocorrer em uma dada posição dentro de uma sequência de DNA e, dessa forma, as chances de encontrar uma determinada sequência de 6 pb específica é 1 em 4^6.) Assim, considere-se uma molécula de DNA linear com seis cópias da sequência GAATTC: EcoRI poderia cliválla originando sete fragmentos com tamanhos que refletem a distribuição dos sítios para a endonuclease

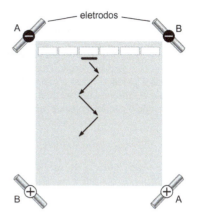

FIGURA 7-2 Eletroforese em gel de campo pulsado. Esta figura mostra o gel de agarose visto de cima, com uma série de canaletas de amostras na parte superior do gel. A e B representam dois conjuntos de eletrodos. Estes são ligados e desligados de maneira alternada, como descrito no texto. Quando A está ligado, o DNA migra em direção à porção inferior do canto direito do gel, onde o ânodo desse par está situado. Quando A é desligado e B é ligado, o DNA desloca-se em direção à porção inferior do canto esquerdo. As setas mostram, assim, o trajeto percorrido pelo DNA à medida que a eletroforese prossegue. (Adaptada, com permissão, de Sambrook J. e Russel D.W. 2001. *Molecular cloning: A laboratory manual*, 3rd ed., Fig. 5-7. © Cold Spring Harbor Laboratory Press.)

FIGURA 7-3 Digestão de um fragmento de DNA com a endonuclease EcoRI. A parte superior mostra uma molécula de DNA e as posições em que ocorre a clivagem por EcoRI. Quando a molécula digerida com essa enzima é submetida à eletroforese em gel de agarose, é observado o padrão de bandas apresentado.

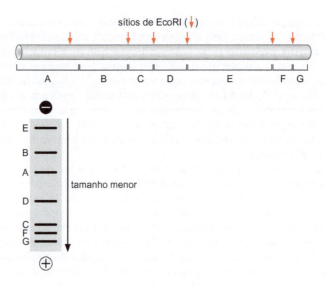

nesta molécula. A submissão de um DNA clivado com EcoRI à eletroforese separa os sete fragmentos um do outro com base em seus diferentes tamanhos (Fig. 7-3). Portanto, no experimento representado, a EcoRI dissecou o DNA em fragmentos específicos, cada um deles correspondendo a uma determinada região da molécula.

Se a mesma molécula de DNA fosse clivada com uma enzima de restrição diferente – por exemplo, HindIII, que também reconhece um alvo de 6 pb, mas com uma sequência diferente (5'-AAGCTT-3') – a molécula seria clivada em posições diferentes e geraria fragmentos de tamanhos diferentes. Portanto, o uso de múltiplas enzimas permite isolar diferentes regiões de uma molécula de DNA. Isso também permite a identificação de uma determinada molécula com base nos padrões característicos gerados quando o DNA é digerido com diferentes enzimas.

Outras enzimas de restrição, como Sau3A1 (encontrada na bactéria *Staphylococcus **aureus***) reconhecem sequências tetraméricas (5'-GATC-3') e, portanto, clivam o DNA com maior frequência, aproximadamente uma vez a cada 250 pb. Um outro extremo é NotI, que reconhece a sequência octamérica 5'-GCGGCCGC-3' e cliva, em média, apenas uma vez a cada 65 kb (Tab. 7-1). Cabe salientar que algumas enzimas de restrição são sensíveis à metilação. Ou seja, a metilação de uma base (ou bases) dentro de uma sequência de reconhecimento inibe a atividade da enzima no sítio.

As enzimas de restrição diferem não apenas em sua especificidade e extensão das sequências de reconhecimento, mas também na natureza das extremidades de DNA que elas originam. Portanto, algumas enzimas, como HpaI, geram extremidades "cegas" (*blunt*); outras, como EcoRI, HindIII e PstI, geram extremidades coesivas (Fig. 7-4). Por exemplo, EcoRI cliva as ligações covalentes (fosfodiéster) entre G e A em posições alternadas em cada fita. As ligações de hidrogênio dos 4 pb entre esses sítios de clivagem são facilmente

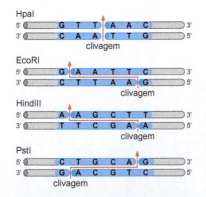

FIGURA 7-4 Sequências de reconhecimento e sítios de clivagem de várias endonucleases. Como ilustrado na figura, além de reconhecer diferentes sítios-alvo, as diferentes endonucleases também clivam em diferentes posições dentro desses sítios. Portanto, podem ser geradas moléculas com extremidades cegas (*blunt ends*), ou com extremidades coesivas 5' ou 3'.

TABELA 7-1 Algumas endonucleases de restrição e suas sequências de reconhecimento

Enzima	Sequência	Frequência de clivagem[a]
Sau3A1	5'-GATC-3'	0,25 kb
EcoRI	5'-GAATTC-3'	4 kb
NotI	5'-GCGGCCGC-3'	65 kb

[a]Frequência = $1/4n$, em que n é o número de pares de bases da sequência de reconhecimento.

rompidas, gerando extremidades 5' coesivas, com 4 nucleotídeos de extensão (Fig. 7-5). Observa-se que essas extremidades são complementares entre si. Elas são denominadas "coesivas", porque se anelam facilmente umas com as outras ou com outras moléculas de DNA clivadas com a mesma enzima, por pareamento de bases. Essa propriedade é extremamente importante e será considerada quando for discutida a clonagem de DNA.

A hibridização de DNA pode ser utilizada para identificação de moléculas de DNA específicas

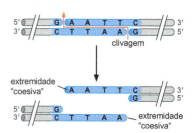

FIGURA 7-5 Clivagem de um sítio de EcoRI. A EcoRI cliva as duas fitas em seu sítio de reconhecimento, originando extremidades 5' soltas. Estas são chamadas de extremidades "coesivas" – elas aderem rapidamente a outras moléculas clivadas com a mesma enzima porque fornecem extremidades de fita simples complementares que se unem pelo pareamento de bases.

Como foi visto no Capítulo 4, a capacidade de um DNA desnaturado de reanelar (i.e., restaurar os pares de bases entre as fitas complementares) permite a formação de moléculas híbridas quando segmentos de DNA desnaturados, homólogos e com origens diferentes são misturados sob condições apropriadas de força iônica e temperatura. Esse processo de pareamento entre polinucleotídeos complementares de fita-simples é conhecido como **hibridização**.

Muitas técnicas baseiam-se na especificidade de hibridização entre duas moléculas de DNA com sequências complementares. Por exemplo, essa propriedade é a base para a identificação de sequências específicas presentes em misturas complexas de ácidos nucleicos. Nesse caso, uma das moléculas é uma **sonda** com sequência definida – um fragmento purificado ou uma molécula de DNA sintetizada quimicamente. A sonda é utilizada para procurar moléculas que contenham uma sequência complementar a ela em misturas de ácidos nucleicos. A sonda de DNA deve ser marcada para facilitar sua localização, uma vez que ela tenha encontrado sua sequência-alvo. Em geral, a mistura na qual a sonda procurou seu complementar é separada por tamanho em um gel ou distribuída como uma biblioteca em diferentes colônias (ver discussão a seguir).

Existem dois métodos básicos para a marcação de DNA. O primeiro envolve a adição de uma marcação a uma das extremidades de uma molécula de DNA intacta. Assim, por exemplo, a enzima polinucleotídeo quinase adiciona o γ-fosfato do ATP a um grupo 5'-OH do DNA. Se esse fosfato for radioativo, esse processo marca a molécula de DNA para a qual ele foi transferido.

O outro método (por incorporação) envolve a síntese de um novo DNA na presença de um precursor marcado. Essa abordagem é, frequentemente, realizada pela utilização da PCR com um precursor marcado, ou mesmo pela hibridização de pequenos oligonucleotídeos hexaméricos aleatórios ao DNA, e permitindo que a DNA-polimerase os estenda. Os precursores marcados são, normalmente, nucleotídeos modificados com uma porção fluorescente ou com átomos radioativos. Em geral, a porção fluorescente necessita apenas ser ligada à base de um dos quatro nucleotídeos utilizados como precursores para a síntese de DNA (na maioria das vezes, cerca de 25% de marcação é suficiente).

O DNA marcado com os precursores fluorescentes pode ser detectado pela irradiação da amostra de DNA com luz UV de comprimento de onda apropriado e pelo monitoramento da luz emitida em resposta (com comprimento de onda mais longo). Os precursores radioativamente marcados geralmente possuem ^{32}P ou ^{35}S incorporados no α-fosfato de um dos quatro nucleotídeos. Esse fosfato é retido no produto de DNA (ver Cap. 9). O DNA radioativo pode ser detectado pela exposição da amostra de interesse a um filme de raios X ou por fotomultiplicadores, que emitem luz em resposta à excitação pelas partículas β emitidas a partir dos isótopos ^{32}P ou ^{35}S.

Existem muitas formas de uso da hibridização para a identificação de fragmentos específicos de DNA ou RNA. As duas mais comuns serão posteriormente descritas.

Sondas de hibridização podem identificar segmentos de DNA e RNA separados por eletroforese

Muitas vezes, é desejável o monitoramento da abundância ou do tamanho de uma molécula de DNA ou RNA particular em uma população de muitas outras moléculas similares. Por exemplo, isso pode ser útil quando se determina a quantidade de um mRNA específico expresso em dois tipos celulares diferentes ou o comprimento de um fragmento de restrição que contém o gene que se deseja estudar. Esse tipo de informação pode ser obtido por meio de métodos de marcação que localizam ácidos nucleicos específicos depois que eles tiverem sido separados por eletroforese.

Suponha-se que o genoma de levedura foi clivado com a enzima de restrição EcoRI e que se deseja conhecer o tamanho do fragmento que contém um determinado gene de interesse. Quando corados com brometo de etídeo, os milhares de fragmentos de DNA gerados pela clivagem do genoma de levedura são tão numerosos que não podem ser resolvidos em bandas visíveis e separadas, e formam um padrão que se assemelha a um arraste, centralizado em torno de 4 kb. A técnica de **hibridização de *Southern blot*** (assim chamada em homenagem ao seu inventor, Edward Southern) permite a identificação, dentro desse arraste, do tamanho do fragmento específico que contém o gene de interesse.

Nesse procedimento, o DNA clivado e separado por eletroforese em gel é imerso em solução alcalina para desnaturar os fragmentos de DNA de dupla-fita. Esses fragmentos são, então, transferidos para uma membrana positivamente carregada à qual aderem, criando uma impressão ou "carimbo" (*blot*) do gel. Durante o processo de transferência, os fragmentos de DNA são ligados à membrana em posições equivalentes às que eles assumiram no gel após a eletroforese. Depois que os DNAs de interesse são ligados à membrana, a membrana carregada é incubada com uma mistura de fragmentos de DNA não específicos para saturar todos os sítios de ligação remanescentes na membrana. Como o DNA nessa mistura é distribuído aleatoriamente na membrana e, se escolhido adequadamente, não terá a sequência de interesse (p. ex., DNA de um organismo diferente da da sonda de DNA), ele não irá interferir na detecção subsequente de um gene específico.

O DNA ligado à membrana é, então, incubado com a sonda de DNA contendo uma sequência complementar a uma sequência interna ao gene de interesse. Como todos os sítios de ligação não específicos da membrana estão ocupados por DNA não relacionado, a única maneira que a sonda de DNA tem para se associar à membrana é por hibridização a qualquer DNA complementar presente na membrana. Essa sondagem é feita sob condições de concentração salina e temperatura próximas às condições de desnaturação e renaturação dos ácidos nucleicos. Sob essas condições, a sonda de DNA somente hibridizará firmemente ao seu complemento exato. Frequentemente, a sonda de DNA está em excesso, comparado ao alvo imobilizado na membrana, favorecendo a hibridização, em vez do reanelamento do DNA desnaturado. Além disso, a imobilização do DNA desnaturado na membrana tende a interferir na renaturação. O local onde a sonda hibridiza na membrana pode ser detectado por diferentes tipos de filmes ou outros métodos que sejam sensíveis à luz ou aos elétrons emitidos pelo DNA marcado. Quando, por exemplo, uma sonda de DNA radiomarcada é usada e um filme de raios X é exposto à membrana e depois revelado, é produzida uma **autorradiografia**, na qual o padrão de exposição do filme corresponde à posição dos híbridos na membrana (Fig. 7-6).

Um procedimento semelhante, denominado **hibridização de *northern blot*** (para distingui-la da hibridização de *Southern blot*) pode ser utilizado para identificar um mRNA específico em uma população de RNAs. Como os mRNAs são relativamente curtos (geralmente menores que 5 kb), não há a necessidade de digestão com enzimas (de qualquer forma, existe um número limitado de enzimas específicas que clivam RNA). Exceto por isso, a técnica é absolutamente similar à descrita para hibridização de *Southern blot*. Os mRNAs separados por eletroforese são transferidos para uma membrana positivamente carregada e incubados com a sonda de DNA radioativo. (Neste caso, os híbridos são formados pelo pareamento de bases entre fitas complementares de RNA e DNA.)

Um pesquisador pode realizar a hibridização de *northern blot* para determinar a quantidade de um mRNA em particular presente em uma amostra, em vez de seu tamanho. Essa medida reflete o nível de expressão do gene que codifica o

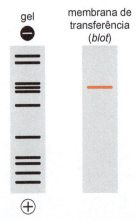

FIGURA 7-6 *Southern blot*. Fragmentos de DNA, gerados pela digestão de uma molécula de DNA por uma enzima de restrição, são submetidos à corrida em um gel de agarose. Uma vez corados, observa-se um padrão de fragmentos. Quando transferidos para uma membrana e sondados com um fragmento de DNA homólogo a apenas uma sequência na molécula digerida, observa-se uma única banda, correspondente à posição do fragmento contendo a sequência no gel.

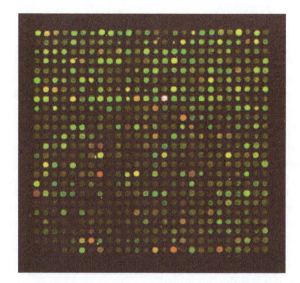

FIGURA 7-7 **Placa de microarranjos comparando os padrões de expressão em dois tecidos (músculos e neurônios) de *Caenorhabditis elegans*.** Cada círculo da placa contém um pequeno segmento de DNA da região codificante de um único gene do genoma de *C. elegans*. O RNA foi extraído de músculos e de neurônios e marcado com corantes fluorescentes (vermelho e verde, respectivamente). Assim, os círculos vermelhos indicam genes expressos nos músculos, enquanto os verdes refletem genes expressos nos neurônios. Os círculos amarelos indicam os genes expressos em ambos os tipos celulares. Está claro que as duas amostras expressam conjuntos diferentes de genes. (Cortesia de Stuart Kim, Stanford University.)

mRNA em questão. Assim, por exemplo, a hibridização de *northern blot* pode ser utilizada para investigar quanto de um determinado tipo específico de mRNA está presente em uma célula tratada com um indutor do gene em questão, comparada a uma célula não induzida. Em um outro exemplo, a hibridização de *northern blot* pode ser realizada com o objetivo de comparar os níveis relativos de um dado mRNA (e, consequentemente, os níveis de expressão do gene em questão) em diferentes tecidos de um organismo. Como esses experimentos são realizados com um excesso de sonda de DNA, a quantidade de hibridização está relacionada à quantidade de mRNA presente na amostra original, permitindo que as quantidades relativas dos mRNAs sejam determinadas.

Os princípios das hibridizações de *Southern blot* e *northern blot* também são as bases das análises por microarranjos, consideradas na seção sobre Genômica deste capítulo. A disponibilidade de informações sobre sequências completas permitiu o desenvolvimento deste experimento de "hibridização reversa". Um microarranjo é construído pela ligação de várias centenas a milhares de sequências de DNA conhecidas a uma superfície sólida, geralmente uma lâmina de vidro ou plástico (Fig. 7-7). Cada sequência é derivada de um gene diferente do organismo em estudo. Ao descrever a análise de microarranjo, os termos utilizados são o reverso de seu uso nas análises de *Southern* ou *northern*. Na análise de microarranjos, as sequências fixas não marcadas são chamadas de "sondas", porque estas são as sequências de DNA conhecidas, enquanto as sequências-"alvo" são compostas por cDNAs marcados amplificados, gerados a partir do RNA total de uma célula ou tecido. Quando as sequências-alvo são hibridizadas ao arranjo de sondas de DNA, a intensidade do sinal de hibridização a cada espécie de DNA no arranjo é uma medida do nível de expressão do gene em questão.

Isolamento de segmentos específicos de DNA

A maioria das análises moleculares de genes e de suas funções necessita da separação de segmentos de DNA específicos a partir de moléculas de DNA muito maiores e de sua amplificação seletiva. O isolamento de uma grande quantidade de uma única molécula de DNA pura facilita a análise da informação nela codificada. Dessa forma, o DNA pode ser sequenciado e analisado, ou pode ser clonado e expresso, permitindo o estudo de seu produto proteico.

A capacidade de purificar moléculas de DNA específicas em quantidades significativas também permite sua manipulação de várias outras maneiras. Por exemplo, moléculas de DNA recombinante podem ser criadas e utilizadas para alterar a expressão de um determinado gene (p. ex., pela fusão de sua sequência codificadora a um promotor heterólogo). Alternativamente, sequências de DNA purificadas podem ser recombinadas para gerar DNAs que codificam as chamadas **proteínas de fusão** – ou seja, proteínas híbridas formadas por partes derivadas de diferentes proteínas. As técnicas de clonagem e amplificação de DNA por PCR tornaram-se ferramentas essenciais quando se pesquisa o controle da expressão gênica, a manutenção do genoma e a função das proteínas.

Clonagem de DNA

A habilidade para construir moléculas de DNA recombinantes e introduzi-las nas células é chamada de **clonagem de DNA**. Esse processo geralmente envolve um vetor que fornece a informação necessária para propagar o DNA clonado na célula hospedeira em divisão. As enzimas de restrição que clivam o DNA em sequências específicas e outras enzimas que ligam segmentos de DNA clivados são fundamentais para a construção de moléculas de DNA recombinantes. A criação de moléculas de DNA recombinante, que podem ser propagadas em um organismo hospedeiro, permite que um determinado inserto de DNA possa ser purificado a partir de outros DNAs e amplificado para ser produzido em grandes quantidades.

No restante desta seção, será descrito como as moléculas de DNA são clivadas, recombinadas e propagadas. Em seguida, será discutido como podem ser produzidas grandes coleções dessas moléculas híbridas, chamadas de **bibliotecas**. Em uma biblioteca, um vetor comum contém diversos insertos alternativos. Será descrito como as bibliotecas são feitas e como segmentos de DNA específicos podem ser identificados e isolados a partir delas.

Uma vez clivado em fragmentos, o DNA precisa ser inserido em um vetor para a sua propagação. Ou seja, o fragmento de DNA deve ser inserido em uma segunda molécula de DNA (o vetor) para ser replicado em um organismo hospedeiro. Sem dúvida, o organismo hospedeiro mais utilizado para propagar o DNA é a bactéria *E. coli*. Vetores de DNA geralmente têm três características:

1. Contêm uma origem de replicação, que permite sua replicação independentemente do cromossomo do hospedeiro. (Note que alguns vetores de levedura também necessitam de um centrômero.)
2. Eles contêm uma marca de seleção que permite identificar prontamente as células que possuem o vetor (e qualquer DNA ligado a ele).
3. Eles possuem sítios únicos para uma ou mais enzimas de restrição. Isso permite inserir fragmentos de DNA em um ponto definido do vetor, de maneira que a inserção não interfira nas duas primeiras funções.

Os vetores mais comuns são moléculas pequenas (com aproximadamente 3 kb) de DNA circulares, denominadas **plasmídeos**. Essas moléculas foram originalmente derivadas de moléculas de DNA circulares extracromossômicas encontradas naturalmente em muitas bactérias e eucariotos unicelulares (Apêndice 1). Em muitos casos (embora não em leveduras), esses DNAs contêm genes que codificam a resistência a antibióticos. Portanto, plasmídeos de ocorrência natural já possuem duas das características desejadas em um vetor: eles podem propagar-se independentemente no hospedeiro, e eles carregam uma marca de seleção. Uma vantagem adicional é que esses plasmídeos estão, às vezes, presentes em múltiplas cópias por célula. Isso aumenta a quantidade de DNA que pode ser isolada de uma população de células. Plasmídeos de ocorrência natural geralmente possuem restrições quanto à quantidade de DNA que podem carregar (geralmente limitada a 1-10 kb). Para a clonagem e propagação de fragmentos grandes, em geral utilizados em análise genômica e no sequenciamento de DNA, como será discutido posteriormente, vários construtos de vetores artificiais foram criados, como cromossomos artificiais de bactérias e leveduras (BACs e YACs) que podem acomodar de 120 a mais de 500 kb de DNA.

A inserção de um fragmento de DNA em um vetor é um processo relativamente simples (Fig. 7-8). Suponha que um vetor plasmidial apresente um sítio único de restrição para EcoRI. O vetor é preparado por sua digestão com EcoRI, que lineariza o plasmídeo. Como a EcoRI gera extremidades 5' coesivas que são complementares umas às outras (ver Fig. 7-5), as extremidades coesivas são capazes de reanelamento, restaurando a molécula circular com duas quebras. O tratamento da molécula circular com a enzima **DNA-ligase** e ATP religará as quebras, regenerando um círculo covalentemente fechado. Um DNA-alvo é clivado com uma enzima de restrição, neste caso EcoRI, para gerar possíveis insertos de DNA. O vetor de DNA é misturado a um excesso de insertos de DNA clivados com EcoRI sob condições que permitem a hibridização de extremidades coesivas. A DNA-ligase é utilizada, então, para unir as extremidades compatíveis dos dois DNAs. Adicionar um excesso de inserto de DNA em relação ao DNA do plasmídeo assegura que a maioria dos vetores religue com um inserto de DNA incorporado (Fig. 7-8).

Alguns vetores não apenas permitem o isolamento e a purificação de um determinado DNA, mas também controlam a expressão dos genes no inserto de DNA. Esses plasmídeos são chamados de **vetores de expressão** e possuem promotores de transcrição, derivados da célula hospedeira, imediatamente adjacentes ao sítio de inserção. Se a região codificadora de um gene (sem o seu promotor) for colocada no sítio de inserção em uma orientação apropriada, então o gene inserido será transcrito em mRNA e traduzido em proteína pela célula hospedeira. Os vetores de expressão são frequentemente utilizados para expressar genes heterólogos ou mutantes, permitindo a análise de suas funções. Eles também podem ser utilizados para produzir grandes quantidades de uma proteína para sua posterior purificação. Além disso, o promotor em um vetor de expressão pode ser escolhido de tal forma que a expressão do inserto seja regulada pela adição de um composto simples ao meio de cultura (p. ex., um açúcar ou um aminoácido) (ver Cap. 18 para uma discussão sobre a regulação transcricional em procariotos). Essa habilidade de controlar quando o gene será expresso é especialmente útil se o produto do gene for tóxico.

Um vetor de DNA pode ser introduzido em organismos hospedeiros por transformação

A propagação do vetor com o inserto de DNA requer que essa molécula recombinante seja introduzida em uma célula hospedeira por transformação. Como discutido no Capítulo 2, a **transformação** é o processo pelo qual um organismo hospedeiro pode incorporar o DNA do ambiente. Algumas bactérias, mas não *E. coli*, podem fazer isso naturalmente e são chamadas de **geneticamente competentes**. *E. coli* pode tornar-se competente para receber DNA, entretanto, pelo tratamento com íons cálcio. Embora o mecanismo exato para a incorporação de DNA não seja conhecido, é provável que os íons Ca^{2+} mascarem a carga negativa do DNA, permitindo que ele passe através da membrana celular. As células de *E. coli* tratadas com cálcio estão, assim, competentes para serem transformadas. Um antibiótico para o qual o plasmídeo confere resistência é, então, incluído no meio de cultivo para selecionar o crescimento de células que tenham incorporado o plasmídeo – essas células são chamadas de **transformantes**. Células contendo o plasmídeo serão capazes de crescer na presença do antibiótico, enquanto as que não o possuem, não conseguirão.

A transformação é um processo relativamente ineficiente. Apenas uma pequena porcentagem das células tratadas com o DNA conterá o plasmídeo. É essa baixa eficiência de transformação que torna necessária a seleção com o antibiótico. A ineficiência da transformação também garante que, na maioria dos casos, cada célula receba apenas uma única molécula de DNA. Essa propriedade faz cada célula transformada e sua progênie carregarem uma molécula de DNA única. Portanto, a transformação purifica e amplifica efetivamente uma molécula de DNA a partir de todos os outros DNAs da mistura transformante.

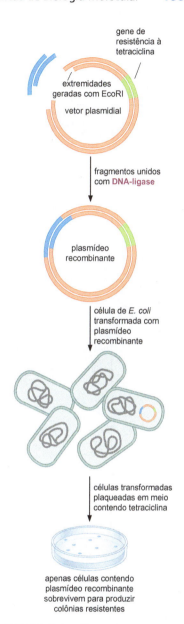

FIGURA 7-8 Clonagem em um vetor plasmidial. Um fragmento de DNA, gerado pela clivagem com EcoRI, é inserido em um vetor plasmidial linearizado com a mesma enzima. Uma vez ligado (ver texto), o plasmídeo recombinante é introduzido nas bactérias por transformação (ver texto). As células contendo o plasmídeo podem ser selecionadas pelo crescimento em placas de ágar que contêm meio de cultura e o antibiótico para o qual o plasmídeo confere resistência. (Adaptada, com permissão, de Micklos D.A. e Freyer G.A. 2003. *DNA science: A first course*, 2nd ed., p. 129. © Cold Spring Harbor Laboratory Press.)

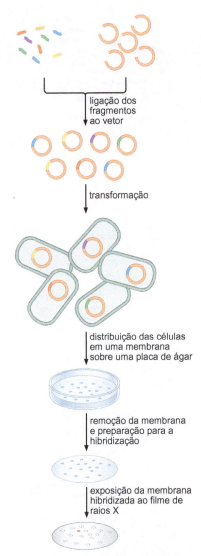

FIGURA 7-9 Construção e sondagem de uma biblioteca de DNA. Para construir a biblioteca, o DNA genômico e o DNA do vetor são digeridos com a mesma enzima de restrição, misturados e incubados com a DNA-ligase. A coleção ou biblioteca de vetores híbridos resultante (cada vetor contendo um inserto diferente do DNA genômico, representado por uma cor diferente) é, então, introduzida em *E. coli* e as células são plaqueadas em uma membrana colocada sobre o meio com ágar. Quando houver colônias crescidas, a membrana será removida da placa e preparada para hibridização: as células são lisadas, o DNA é desnaturado e a membrana será incubada com uma sonda marcada. O clone de interesse é identificado por autorradiografia.

Bibliotecas de moléculas de DNA podem ser originadas por clonagem

Uma **biblioteca de DNA** é uma população de vetores idênticos, em que cada um contém um inserto de DNA diferente (Fig. 7-9). Para construir uma biblioteca de DNA, o DNA-alvo (p. ex., o DNA genômico humano) é digerido com uma enzima de restrição que origina insertos de diversos tamanhos médios, variando de < 100 pb a > 1 Mb (para insertos muito grandes, o DNA é parcialmente clivado com a enzima de restrição). O DNA clivado é, então, misturado ao vetor apropriado, anteriormente clivado com a mesma enzima de restrição e é submetido à ação de ligase. Esse procedimento cria uma grande coleção de vetores com insertos de DNA diferentes.

Bibliotecas de diferentes tipos são produzidas utilizando-se insertos de DNA de diferentes origens. As mais simples são derivadas do DNA genômico total, clivado com uma enzima de restrição; elas são as chamadas **bibliotecas genômicas**. Esse tipo de biblioteca é mais útil quando se deseja DNA para o sequenciamento genômico. Por outro lado, se o objetivo for clonar um fragmento de DNA que codifica um determinado gene, uma biblioteca genômica pode ser utilizada de maneira eficiente apenas quando o organismo em questão apresenta uma quantidade relativamente pequena de DNA não codificador. Esse tipo de biblioteca não é adequado para um organismo com um genoma mais complexo, porque muitos insertos de DNA não conterão sequências codificadoras.

Para enriquecer a biblioteca em sequências codificadoras, cria-se uma **biblioteca de cDNA**. Isso é feito como demonstrado na Figura 7-10. Em vez de iniciar com DNA genômico, mRNAs são convertidos em sequências de DNA. O processo que permite essa conversão é chamado de **transcrição reversa** e é realizado por uma DNA-polimerase especial (a transcriptase reversa), capaz de sintetizar DNA a partir de um molde de RNA (ver Cap. 12). Quando tratadas com a transcriptase reversa, as sequências de mRNA originam cópias de DNA de dupla-fita, chamadas de **cDNAs** (DNAs complementares). Deste ponto em diante, a construção da biblioteca segue a mesma estratégia utilizada para a construção de uma biblioteca genômica – os produtos de cDNA e o vetor são tratados com a mesma enzima de restrição, e os fragmentos resultantes são ligados ao vetor.

O isolamento de insertos individuais de uma biblioteca é realizado após a transformação de células hospedeiras (na maioria das vezes, de *E. coli*) com a biblioteca inteira. Cada célula transformada contém, em geral, apenas um único vetor com seu inserto de DNA associado. Assim, cada célula que se propagar após a transformação conterá múltiplas cópias de apenas um dos possíveis clones da biblioteca. As colônias produzidas a partir das células contendo qualquer sequência de interesse clonada podem ser identificadas, e o DNA, recuperado. Existem várias maneiras de identificar um DNA clonado. Por exemplo, como será descrito a seguir, a hibridização com uma sonda específica de DNA ou RNA pode identificar uma população de células que contém um inserto de DNA particular.

A hibridização pode ser utilizada para identificar um clone específico em uma biblioteca de DNA

Para clonar um gene, é necessário identificar os fragmentos correspondentes a esse gene entre todos os clones em uma biblioteca. Isso pode ser realizado utilizando-se uma sonda de DNA cuja sequência seja complementar a uma porção do gene de interesse. Essa sonda pode ser utilizada para identificar as colônias de células transformadas com os clones contendo a região do gene, como descrito a seguir.

O processo pelo qual uma sonda de DNA marcada é utilizada para vasculhar uma biblioteca é chamado de *hibridização em colônia*. Uma biblioteca de cDNA típica conterá milhares de insertos diferentes, cada um dentro de um vetor comum (ver anteriormente). Após a transformação de uma linhagem hospedeira bacteriana apropriada com a biblioteca, as células são distribuídas sobre placas de Petri contendo meio de cultura sólido (normalmente ágar; ver Apêndice 1). Cada célula multiplica-se para originar colônias isoladas, e cada célula pertencente a uma determinada colônia contém o mesmo vetor e o mesmo inserto da biblioteca (existem, geralmente, umas poucas centenas de colônias por placa).

O mesmo tipo de membrana positivamente carregada utilizado nas técnicas de *Southern blot* e *northern blot* é, novamente, utilizado para fixar pequenas quantidades de DNA para a incubação com a sonda. Neste caso, porções da membrana são pressionadas no topo da placa de colônias, e impressões das células (incluindo o DNA contido nas células) de cada colônia são feitas na membrana (observe que algumas células de cada colônia permanecem na placa). Portanto, a membrana retém uma amostra de cada clone de DNA posicionado na membrana em um padrão que corresponde ao padrão das colônias na placa. Isso garante que, uma vez que o clone desejado tenha sido identificado pela incubação da membrana com a sonda, a colônia de células que contém esse clone pode ser facilmente identificada e o plasmídeo contendo o inserto de DNA apropriado pode ser purificado.

A incubação das membranas com a sonda é realizada da seguinte maneira: as membranas são tratadas sob condições que lisam as células na própria membrana, liberando o DNA, que se liga a essa membrana, na mesma posição em que estavam as células que contém cada DNA. As membranas são, então, incubadas com a sonda marcada sob as mesmas condições utilizadas nos experimentos de *northern blot* e *Southern blot*.

Como foi mencionado anteriormente e será discutido no Apêndice 1, os bacteriófagos (particularmente λ) também foram modificados para serem utilizados como vetores. As bibliotecas construídas utilizando um fago como vetor podem ser analisadas de maneira muito semelhante à recém-descrita para a triagem em bibliotecas de plasmídeos. A diferença é que são utilizadas placas de lise, formadas pela multiplicação do fago nas camadas bacterianas, em vez de colônias (ver Apêndice 1).

Síntese química de sequências de DNA definidas

Muitos acreditam que a era moderna da biologia molecular foi lançada pelo desenvolvimento de métodos para a síntese química de segmentos curtos e customizados de DNA fita simples (ssDNA, *single-stranded DNA*), conhecidos como **oligonucleotídeos**. Os métodos mais comuns de síntese química são realizados em suportes sólidos pela utilização de máquinas que automatizam o processo. Os precursores utilizados para a adição de nucleotídeos são moléculas quimicamente protegidas, denominadas **fosfoamidinas** (Fig. 7-11). Nesse caso, o crescimento da cadeia de DNA ocorre pela adição à extremidade 5' da molécula, ao contrário da direção de crescimento da cadeia utilizada pela DNA-polimerase (ver Cap. 9).

A síntese química de moléculas de DNA com 10 a 100 bases de comprimento é eficiente e precisa. Este é um procedimento de rotina: um pesquisador pode simplesmente programar um sintetizador de DNA para produzir qualquer sequência desejada pela digitação da sequência de bases em um computador que controla a máquina. Porém, à medida que a molécula sintética fica mais longa, o produto final é menos uniforme, devido às falhas inerentes que ocorrem durante os ciclos do processo. Assim, moléculas maiores do que 100 nucleotídeos são difíceis de ser sintetizadas na quantidade e com a precisão necessárias para a maioria das análises moleculares.

Entretanto, as moléculas de ssDNA relativamente curtas, que podem ser facilmente sintetizadas, servem muito bem a diversos propósitos. Por exemplo, um oligonucleotídeo sintético, contendo um malpareamento em relação a um segmento de DNA clonado, pode ser utilizado para gerar uma mutação direcionada no DNA clonado. Este método, chamado de **mutagênese sítio-dirigida**, é realizado da seguinte forma: o oligonucleotídeo é hibridizado ao fragmento de DNA clonado e utilizado para iniciar a síntese de DNA (um ini-

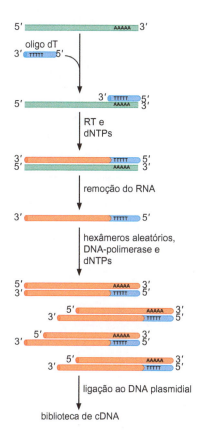

FIGURA 7-10 Construção de uma biblioteca de cDNA. A transcriptase reversa (RT), uma DNA-polimerase dependente de RNA, copia o RNA em DNA (complementar, ou cDNA). Na primeira etapa (síntese da primeira fita), os oligonucleotídeos com sequência poli(T) servem como iniciadores (*primers*), hibridizando-se às caudas poli(A) dos mRNAs. (Bibliotecas de cDNA são feitas geralmente a partir de células eucarióticas cujo mRNA possui cauda de poli(A) em sua extremidade 3'; ver Cap. 19.) A transcriptase reversa estende o iniciador oligo dT e completa uma cópia de DNA a partir do mRNA-molde. O produto é um dúplex composto por uma fita de mRNA e sua fita complementar de DNA. A fita de RNA é removida pelo tratamento com um agente básico (NaOH), e o DNA de fita simples remanescente serve, agora, como molde para a segunda etapa (síntese da segunda fita). Pequenas sequências aleatórias de DNA, normalmente com ~6 pb de comprimento (chamados de hexâmeros ou iniciadores randômicos), servem como iniciadores, porque se hibridizam a várias sequências ao longo da cópia de DNA-molde. Esses iniciadores são, então, estendidos pela DNA-polimerase, originando produtos de DNA dupla-fita que podem ser clonados em um vetor plasmidial (ver Fig. 7-8) para produzir uma biblioteca de cDNA.

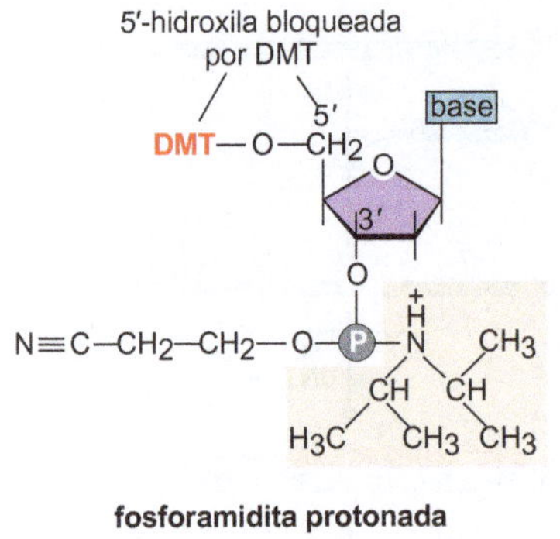

FIGURA 7-11 Fosforamidita protonada. Como mostrado, o grupo 5'-hidroxila é bloqueado pela adição de um grupo de dimetoxitritil (DMT) protetor.

ciador), utilizando o DNA clonado como molde. Dessa maneira, é sintetizada uma molécula de dupla-fita com um malpareamento. As duas fitas são, então, separadas e a fita contendo a alteração desejada é adicionalmente amplificada.

Oligonucleotídeos customizados podem ser utilizados dessa maneira para introduzir sequências de reconhecimento para enzimas de restrição, que podem ser utilizadas para criar vários DNAs recombinantes, como fusões entre as regiões codificadoras de dois genes diferentes ou a fusão de um promotor de um gene com a região codificadora de outro. Alternativamente, mutações introduzidas podem alterar a sequência que codifica um determinado aminoácido em um gene. Comparando as propriedades da proteína mutante resultante com a proteína selvagem, os pesquisadores podem testar a importância deste aminoácido específico para a função da proteína.

Além disso, os oligonucleotídeos sintéticos são fundamentais na PCR, descrita a seguir, e são um componente indispensável nas estratégias de sequenciamento de DNA que será descrito mais tarde. Dessa maneira, um aspecto fundamental, comum no planejamento dos experimentos para construção de novos clones moleculares de genes, para detecção de DNAs específicos, para amplificar DNAs e para sequenciar DNAs, é o desenho e a síntese de oligonucleotídeos sintéticos de ssDNA contendo a sequência desejada.

A reação em cadeia da polimerase amplifica segmentos de DNA por ciclos repetidos de replicação de DNA *in vitro*

Um método eficaz para amplificação de segmentos específicos de DNA, distinto da clonagem e propagação no interior de uma célula hospedeira, é a **reação em cadeia da polimerase** (**PCR**). Esse procedimento é realizado inteiramente de forma bioquímica, ou seja, *in vitro*. A PCR utiliza a enzima DNA-polimerase, responsável pela síntese de DNA a partir de substratos de desoxinucleotídeos sobre um molde de DNA de fita simples. Como será visto no Capítulo 9, a DNA-polimerase adiciona nucleotídeos à extremidade 3' de um oligonucleotídeo customizado quando ele está anelado a um molde de DNA maior. Assim, o anelamento de um oligonucleotídeo sintético a um molde de fita simples que contenha uma região complementar ao oligonucleotídeo, na presença de DNA-polimerase, pode iniciar a reação pela extensão da extremidade 3' do iniciador, gerando uma região estendida de DNA dupla-fita.

Como essa enzima e a reação são exploradas para amplificar sequências específicas de DNA? Dois oligonucleotídeos sintéticos, de fita simples, são sintetizados. Um deles tem a sequência complementar à extremidade 5' de uma das fitas do DNA a ser amplificado, e o outro é complementar à extremidade 5' da outra fita (Fig. 7-12). O DNA a ser amplificado é, então, desnaturado e os oligonucleotídeos são anelados às suas sequências-alvo. Neste momento, a DNA-polimerase e os substratos de desoxinucleotídeos são adicionados à reação, e a enzima estende os dois iniciadores. Essa reação produz DNA dupla-fita sobre a região de interesse em *ambas* as fitas de DNA. Assim, neste primeiro ciclo da PCR, são produzidas cópias de dupla-fita dos fragmentos iniciais de DNA.

A seguir, o DNA é submetido a outra rodada de desnaturação e síntese de DNA usando os mesmos iniciadores. (Observa-se que apenas a sequência entre os iniciadores é, de fato, precisamente amplificada.) Este processo gera quatro cópias do fragmento de interesse. Dessa maneira, ciclos adicionais repetidos de desnaturação e síntese de DNA comandada pelos iniciadores amplificam a região entre os dois iniciadores de maneira geométrica (2, 4, 8, 16, 32, 64 e assim por diante). Como resultado, um fragmento de DNA originalmente presente em pouquíssima quantidade é amplificado a uma quantidade relativamente grande de DNA dupla-fita (ver Fig. 7-12; Quadro 7-1, Análise forense e a reação em cadeia da polimerase). De fato, após 20 a 30 ciclos de PCR, uma sequência de DNA que é indetectável dentre milhões de outras (p. ex., uma sequência no genoma humano inteiro) pode ser prontamente identificada como uma única banda em um gel de agarose.

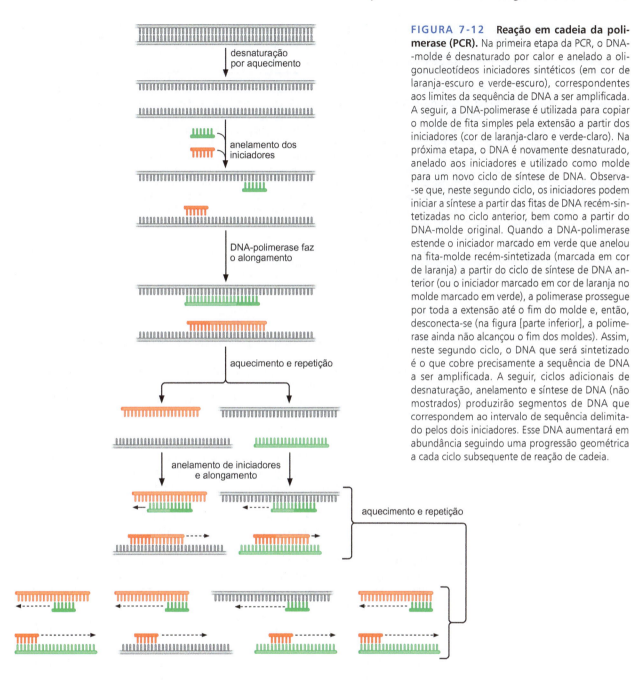

FIGURA 7-12 **Reação em cadeia da polimerase (PCR).** Na primeira etapa da PCR, o DNA-molde é desnaturado por calor e anelado a oligonucleotídeos iniciadores sintéticos (em cor de laranja-escuro e verde-escuro), correspondentes aos limites da sequência de DNA a ser amplificada. A seguir, a DNA-polimerase é utilizada para copiar o molde de fita simples pela extensão a partir dos iniciadores (cor de laranja-claro e verde-claro). Na próxima etapa, o DNA é novamente desnaturado, anelado aos iniciadores e utilizado como molde para um novo ciclo de síntese de DNA. Observa-se que, neste segundo ciclo, os iniciadores podem iniciar a síntese a partir das fitas de DNA recém-sintetizadas no ciclo anterior, bem como a partir do DNA-molde original. Quando a DNA-polimerase estende o iniciador marcado em verde que anelou na fita-molde recém-sintetizada (marcada em cor de laranja) a partir do ciclo de síntese de DNA anterior (ou o iniciador marcado em cor de laranja no molde marcado em verde), a polimerase prossegue por toda a extensão até o fim do molde e, então, desconecta-se (na figura [parte inferior], a polimerase ainda não alcançou o fim dos moldes). Assim, neste segundo ciclo, o DNA que será sintetizado é o que cobre precisamente a sequência de DNA a ser amplificada. A seguir, ciclos adicionais de desnaturação, anelamento e síntese de DNA (não mostrados) produzirão segmentos de DNA que correspondem ao intervalo de sequência delimitado pelos dois iniciadores. Esse DNA aumentará em abundância seguindo uma progressão geométrica a cada ciclo subsequente de reação de cadeia.

Subconjuntos de fragmentos de DNA revelam as sequências de nucleotídeos

Será visto, a seguir, como as sequências de nucleotídeos são determinadas. Primeiramente, serão descritos métodos "clássicos" de sequenciamento de DNA que foram utilizados para determinar a sequência de nucleotídeos de genes individuais. Em seguida, será discutido como este método foi automatizado para o sequenciamento de genomas inteiros. Finalmente, serão considerados métodos de sequenciamento de "última geração" (*next-generation*) que são utilizados atualmente para gerar genomas personalizados.

Hoje, é possível determinar a sequência inteira de nucleotídeos de um genoma, como foi feito para organismos que variam em complexidade, desde bactérias até o ser humano. Isso permite que sejam encontradas sequências

160 Parte 2 Estrutura e Estudo de Macromoléculas

> **TÉCNICAS**
>
> **Quadro 7-1 Análise forense e a reação em cadeia da polimerase**
>
> Imagine que você está em um laboratório forense e tem uma amostra de DNA de um suposto criminoso. Você deseja determinar se o DNA do suspeito contém um polimorfismo presente no DNA encontrado na cena do crime. Os polimorfismos são sequências alternativas de DNA (alelos) encontrados em uma população de organismos, em uma região comum de cromossomos homólogos, como um gene. Um polimorfismo pode ser simples, com diferença de um único par de bases no mesmo sítio do cromossomo entre membros diferentes da população, ou mais complexo, com diferenças no comprimento de uma sequência nucleotídica repetitiva simples, como CA (ver Cap. 9). É preciso amplificar um segmento de DNA que inclua o sítio do polimorfismo, de forma que se possa submetê-lo ao sequenciamento (discutido a seguir) e determinar se existe uma correlação com a sequência encontrada na cena do crime. A sequência de nucleotídeos do DNA amplificado auxilia a determinar (juntamente com verificações de polimorfismos adicionais) se as duas amostras de DNA são idênticas. Esta abordagem para definir a sequência de DNA é chamada de "perfil de DNA" ou "*fingerprinting* de DNA", uma analogia entre a identificação que utiliza DNA e a identificação que utiliza técnicas convencionais de impressões digitais (*fingerprints*). O perfil de DNA foi primeiramente utilizado em 1985 (nos Estados Unidos, o FBI [*Federal Bureau of Investigation*] começou a usar a técnica em 1988) e desde então se tornou amplamente utilizado na análise de evidências de cenas de crime, tanto para condenar como para inocentar indivíduos suspeitos (ver, p. ex., *The Innocence Project*; www.innocenceproject.org).

específicas com grande rapidez e precisão (como será discutido posteriormente neste capítulo).

O princípio básico do sequenciamento de DNA consiste na separação, por tamanho, de subconjuntos de moléculas de DNA. Cada uma dessas moléculas de DNA inicia em uma mesma extremidade 5' comum e termina em um de vários pontos finais alternativos em 3'. Todos os membros de um determinado conjunto apresentam um tipo particular de base em suas extremidades 3'. Assim, para um mesmo subconjunto, todas as moléculas terminarão com um G, para outro com C, para um terceiro com A e para o subconjunto final com um T. As moléculas produzidas em um determinado conjunto (p. ex., o conjunto de G) variam em comprimento, dependendo de onde um G especial é incorporado na extremidade 3' da sequência. Cada segmento deste conjunto, portanto, indica onde há um G na molécula de DNA a partir da qual eles foram gerados. Como esses fragmentos são gerados será explicado a seguir (e ilustrado na Fig. 7-15).

O procedimento mais comumente utilizado, que emprega **nucleotídeos terminadores de cadeia** e síntese de DNA *in vitro*, é a base para a automatização original do sequenciamento de DNA. No método de terminação de cadeia, o DNA é sintetizado pela DNA-polimerase a partir de um molde de DNA, e iniciado a partir de uma posição fixa, especificada por um oligonucleotídeo iniciador. A DNA-polimerase usa 2'-desoxinucleotídeos trifosfatos como substratos para a síntese de DNA, e esta ocorre pela extensão da extremidade 3'. (O método de terminação de cadeia baseia-se nos princípios da síntese enzimática de DNA, discutida no Cap. 9.) O método de terminação de cadeia emprega substratos especiais modificados, os 2',3'-didesoxinucleotídeos (ddNTPs), que não possuem o grupo 3'-hidroxila na sua porção açúcar, além de não possuírem o grupo 2'-hidroxila (Fig. 7-13). A DNA-polimerase é capaz de incorporar um 2',3'-didesoxinucleotídeo na extremidade 3' de uma cadeia polinucleotídica em crescimento, mas, uma vez incorporado, a ausência do grupo 3'-hidroxila

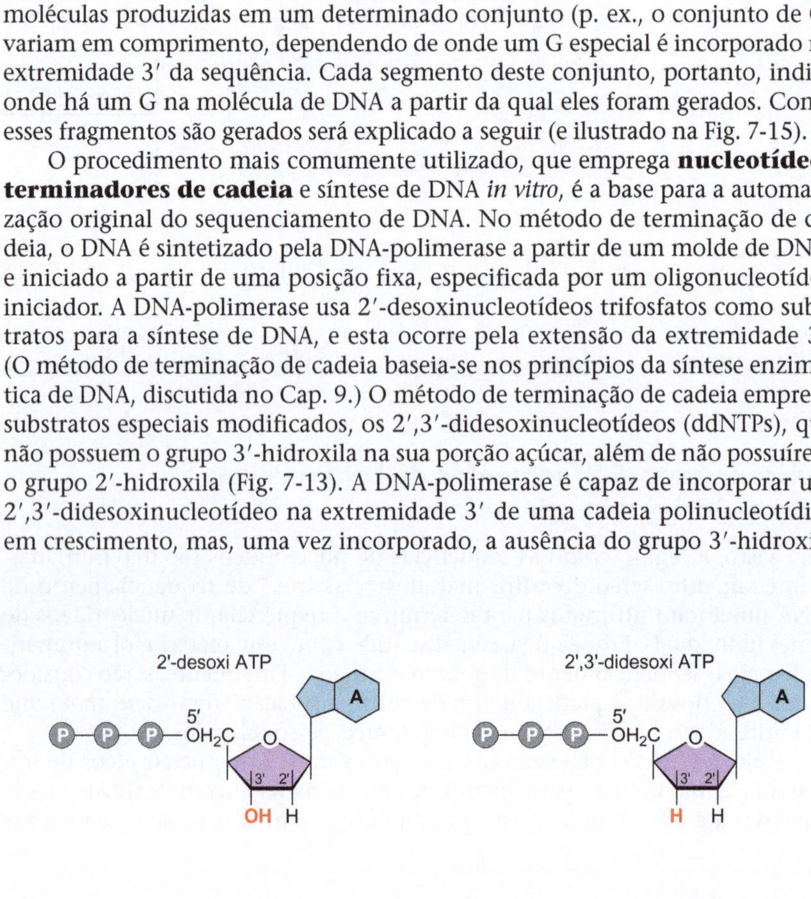

FIGURA 7-13 Didesoxinucleotídeos utilizados no sequenciamento de DNA. O 2'-desoxi ATP está mostrado à esquerda. Esse nucleotídeo pode ser incorporado em uma cadeia crescente de DNA e permite a incorporação subsequente de um outro nucleotídeo. À direita, está 2',3'-didesoxi ATP. Esse nucleotídeo pode ser incorporado em uma cadeia crescente de DNA, mas, uma vez incorporado, impede a adição de outros nucleotídeos à mesma cadeia.

Capítulo 7 Técnicas de Biologia Molecular 161

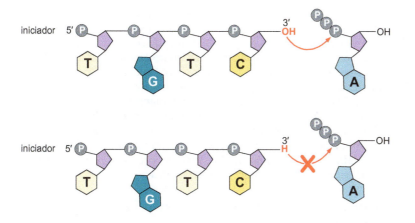

FIGURA 7-14 **Terminação de cadeia na presença de didesoxinucleotídeos.** A ilustração na parte superior mostra uma cadeia de DNA sendo estendida na extremidade 3′ pela adição de um nucleotídeo de adenina em um nucleotídeo de citosina previamente incorporado. A presença de didesoxicitosina na cadeia em crescimento (ilustração na parte inferior) bloqueia uma nova adição de nucleotídeos, terminando a cadeia, como descrito no texto.

impede a adição de novos nucleotídeos, o que provoca o término do alongamento (Fig. 7-14).

Suponha, agora, que foi adicionado um coquetel de substratos de nucleotídeos com um único substrato modificado 2′,3′-didesoxiguanosina trifosfato (ddGTP) em uma proporção de uma molécula de ddGTP para 100 moléculas de 2′-desoxi-GTP (dGTP). Isso faz a síntese de DNA ser interrompida a uma frequência de 1:100 vezes que a DNA-polimerase encontra um C na fita-molde (Fig. 7-15a). Como todas as cadeias de DNA iniciam o crescimento a partir do mesmo ponto, os nucleotídeos terminadores de cadeia gerarão um subconjunto de fragmentos polinucleotídicos, todos compartilhando a mesma extremidade 5′, mas diferindo nos comprimentos pelas suas extremidades 3′. O comprimento dos fragmentos, portanto, especifica a posição de Cs na fita-molde. Os fragmentos podem ser marcados em suas extremidades 5′ pelo uso de um iniciador radioativamente marcado ou por um iniciador que foi ligado a um aduto fluorescente, ou em suas extremidades 3′ com derivados de ddGTP fluorescentemente marcados. Após uma eletroforese em gel de poliacrilamida, o conjunto de fragmentos

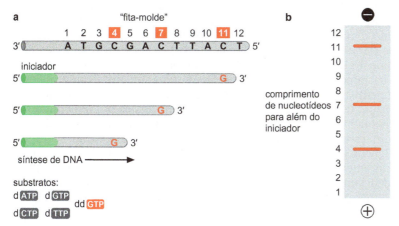

FIGURA 7-15 **Sequenciamento de DNA pelo método de terminação de cadeia.** Como descrito no texto, cadeias de diferentes comprimentos são sintetizadas na presença de didesoxinucleotídeos. O comprimento das cadeias produzidas depende da sequência do DNA-molde, e de qual didesoxinucleotídeo está incluído na reação. (a, parte superior) Sequência do molde. Nesta reação, todas as bases estão presentes como desoxinucleotídeos, mas G está presente também na forma didesoxi. Assim, quando a cadeia que está sendo alongada alcança um C no molde, ela adicionará, em uma pequena fração de moléculas, o ddGTP em vez do dGTP. Nestes casos, as cadeias terminarão neste ponto. (b) Fragmentos separados em gel de poliacrilamida. O comprimento dos fragmentos vistos no gel revela as posições de citosinas no DNA-molde que está sendo sequenciado na reação descrita.

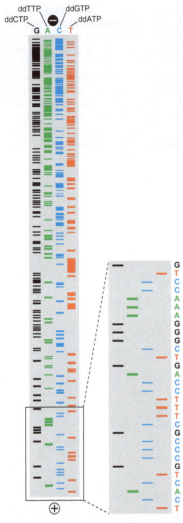

FIGURA 7-16 Gel de sequenciamento de DNA. Os comprimentos das cadeias de DNA, terminadas pelos didesoxinucleotídeos indicados na parte superior de cada linha, são determinados pela migração em gel de poliacrilamida, como mostrado. A leitura do gel, de baixo para cima, revela a sequência de 5' para 3'.

gera um padrão semelhante a uma escada de bandas, cada degrau representando um C na fita-molde (Fig. 7-15b). Se, de forma semelhante, ddCTP, ddATP e ddTTP forem adicionados às reações de síntese de DNA, um a cada subconjunto de reação, então, no total, serão gerados quatro conjuntos de fragmentos de término, que, juntos, fornecerão a sequência completa de nucleotídeos do DNA. Para permitir a leitura da sequência, os fragmentos gerados em cada uma das quatro reações são resolvidos em gel de poliacrilamida (Fig. 7-16).

Como será visto a seguir, essa abordagem conceitualmente simples, desenvolvida inicialmente para sequenciar pequenos fragmentos de DNA definidos, sofreu uma série de adaptações e aperfeiçoamentos técnicos, que permitiram a análise de genomas inteiros (ver Quadro 7-2, Os sequenciadores são utilizados para o sequenciamento em larga escala).

Sequenciamento de um genoma bacteriano pelo método de *shotgun*

A bactéria *Haemophilus influenzae* foi o primeiro organismo de vida livre a ter sua sequência genômica determinada de forma completa e anotada. Foi uma escolha lógica, uma vez que essa bactéria tem um genoma compacto e pequeno, formado por apenas 1,8 milhão de pares de bases (Mb) de DNA (menos de 1:1.000º do tamanho do genoma humano). O genoma de *H. influenzae* foi digerido em vários fragmentos aleatórios com tamanho médio de 1 kb. Essas porções de DNA genômico foram clonados em um vetor de DNA plasmidial para criar uma biblioteca. O DNA foi preparado a partir de colônias de DNA recombinantes individuais e sequenciado separadamente em Sequenciadores, utilizando-se o método dos terminadores, discutido anteriormente neste capítulo. Esse método é chamado de sequenciamento por *"shotgun"*. Colônias aleatórias de DNA recombinante são coletadas, processadas e sequenciadas. Para assegurar que cada nucleotídeo do genoma foi incluído na organização final do genoma, algo em torno de 30 mil a 40 mil clones recombinantes separados foram sequenciados. No total, cerca de 20 Mb de sequência genômica bruta foram sequenciadas (600 pb de sequência são obtidos em média por reação, e 600 pb × 33.000 colônias diferentes = 20 Mb de sequência de DNA total). Essa é chamada de uma **cobertura de sequência de 10 ×**. A princípio, isso significa que cada nucleotídeo no genoma foi sequenciado 10 vezes.

Esse método pode parecer enfadonho, mas é consideravelmente mais rápido e menos oneroso do que as técnicas originalmente desenvolvidas. Uma estratégia inicial necessitava do sequenciamento sistemático de cada fragmento de restrição de DNA definido em um mapa físico do cromossomo bacteriano. Uma desvantagem desse procedimento é que a maioria dos fragmentos de restrição conhecidos era maior do que a quantidade de informação de sequência de DNA que podia ser gerada por uma única reação. Consequentemente, seriam necessários ciclos adicionais de digestão, mapeamento e sequenciamento para que fosse obtida uma sequência completa de qualquer região determinada do genoma. Estas etapas adicionais de clonagem e mapeamento de restrição são consideravelmente mais demoradas do que o sequenciamento automatizado repetitivo de fragmentos aleatórios de DNA. Em outras palavras, o computador é muito mais rápido na organização das sequências aleatórias do que o tempo necessário para realizar um mapeamento de restrição em pequena escala do cromossomo bacteriano.

As cerca de 30.000 leituras de sequenciamento derivadas de fragmentos aleatórios de DNA genômico são diretamente inseridas no computador, e são utilizados programas para unir sequências de DNA sobrepostas. Esse processo é conceitualmente semelhante à montagem de um gigantesco jogo de palavras cruzadas denso no qual as palavras determinadas dão pistas acerca das palavras sobrepostas, porém, desconhecidas. Os fragmentos aleatórios de DNA são "encaixados" de acordo com as sequências que se emparelham. A montagem sequencial dessas pequenas sequências de DNA finalmente resulta em uma montagem contínua única, também chamada de contig (ver Fig. 7-18).

> **EXPERIMENTOS-CHAVE**

Quadro 7-2 Os sequenciadores são utilizados para o sequenciamento em larga escala

Quando o sequenciamento do genoma humano foi primeiramente imaginado, parecia ser uma iniciativa desanimadora, praticamente sem chance de êxito. Afinal, o genoma humano completo consiste em impressionantes 3 bilhões de pares de bases (3×10^9), e os primeiros métodos para a determinação da sequência de nucleotídeos, mesmo de pequenos fragmentos de DNA, eram lentos. Na década de 1980 e no início da de 1990, um único pesquisador poderia produzir apenas algumas centenas de pares de bases, talvez 500 pb, de sequência de DNA em um dia ou dois de esforço concentrado. Várias inovações tecnológicas aceleraram de forma significativa a velocidade e a confiabilidade do sequenciamento de DNA.

Como descrito na seção anterior, o método de terminação de cadeia produz subconjuntos de DNA que diferem em tamanho por apenas um nucleotídeo. Inicialmente, eram necessários longos géis de poliacrilamida para separar esses segmentos de DNA (ver Fig. 7-16). Entretanto, nos últimos anos, esses géis inconvenientes e de difícil manuseio foram substituídos por pequenas colunas, que permitem a resolução de DNA em apenas 2 a 3 horas. Essas pequenas colunas reutilizáveis permitem o fracionamento de fragmentos de DNA de 700 a 800 pb, similar à capacidade dos géis de poliacrilamida mais longos que elas substituíram.

O principal avanço técnico no sequenciamento de DNA foi resultado do uso de **nucleotídeos terminadores de cadeia fluorescentes**. A princípio, é possível marcar cada um dos segmentos de DNA de um fragmento com uma única "cor". A cor de cada fragmento de DNA depende da identificação do último nucleotídeo. Por exemplo, os DNAs que terminam com um resíduo de T na posição 50 (e em todas posições terminadas pelo T didesoxi) do DNA-molde são marcados em vermelho, enquanto os DNAs que terminam com um resíduo de G na posição 51 (e em todas posições terminadas pelo G didesoxi) poderão ser marcados em preto. Assim, cada segmento de DNA tem uma única cor e tamanho. À medida que eles são fracionados nas colunas de sequenciamento de acordo com o tamanho, sensores fluorescentes detectam a cor de cada fragmento de DNA (Quadro 7-2, Fig. 1). Dessa maneira, uma única coluna produz de 600 a 800 pb de sequência de DNA em menos de 3 horas de separação por tamanho.

As máquinas de sequenciamento automatizadas – **Sequenciadores** – foram desenvolvidas com 384 diferentes colunas de fracionamento. A princípio, essas máquinas podem gerar mais de 200.000 nucleotídeos (200 kb) de sequências brutas de DNA em poucas horas. Em um dia de 9 horas, cada máquina pode produzir três "corridas" de sequenciamento e mais de meia megabase (500 kb) de informações de sequência. Um conjunto de 100 dessas máquinas poderia gerar o equivalente a um genoma humano, 3×10^9 pb, em apenas 2 meses. Atualmente, há cinco grandes centros de sequenciamento nos Estados Unidos e no Reino Unido. Cada um deles tem grandes conjuntos de máquinas de sequenciamento automatizadas. Juntos, esses cinco centros produzem o impressionante número de 60×10^9 pb de informação de sequências brutas de DNA por ano. Isso corresponde ao equivalente a 20 genomas humanos por ano! Mas como será visto mais tarde, isso é muito pouco quando comparado aos sequenciadores de última geração que produzem rotineiramente o equivalente a um genoma humano completo em uma única corrida de apenas algumas horas.

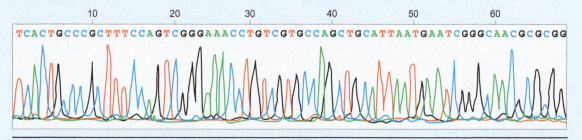

QUADRO 7-2 FIGURA 1 Leitura da sequência de DNA. Nesta reação, como descrito no texto, foram utilizados didesoxinucleotídeos marcados nas extremidades com fluorescência, e as cadeias foram separadas por cromatografia em coluna. O perfil das posições de As está representado em verde; de Ts, em vermelho; de Gs, em preto; e de Cs, em azul.

A estratégia de *shotgun* permite a montagem parcial de grandes sequências genômicas

Na discussão anterior, viu-se que o sequenciamento de fragmentos de DNA curtos, com até 600 pb, é incrivelmente rápido e eficiente. De fato, as máquinas de sequenciamento automatizadas são tão eficientes que ultrapassam em muito a capacidade de montar e anotar a informação de sequências brutas de DNA. Em outras palavras, a etapa limitante da velocidade na determinação da sequência completa de DNA de genomas complexos, como o genoma humano, é a análise dos dados e não a produção dos dados em si. Esse problema está se tornando ainda mais grave à medida que os métodos de sequenciamento se tornam mais rápidos e mais poderosos. Hoje é possível gerar informações de sequências de vários bilhões de pares de bases (pares de gigabases, Gb) de DNA em uma "corrida" de uma máquina automatizada (ver seção intitulada O genoma humano de US$ 1.000 está ao nosso alcance). Agora, será considerado como o método de sequenciamento por *shotgun*, utilizado para determinar a sequência completa do genoma de *H. influenzae*, foi adaptado para genomas animais muito maiores e complexos.

Um cromossomo humano médio é composto por 150 Mb. Assim, a sequência de DNA de 600 pb fornecida por uma reação de sequenciamento normal representa apenas 0,0004% de um cromossomo típico. Consequentemente, para determinar a sequência completa do cromossomo, é necessário gerar um grande número de leituras de sequências a partir de vários fragmentos curtos de DNA (Fig. 7-17). Para que seja atingido esse objetivo, o DNA de cada um dos 23 cromossomos humanos que compõem o genoma humano é preparado e, então, distribuído em conjuntos ou bibliotecas de pequenos fragmentos, através de agulhas pressurizadas de pequeno calibre. A coleção de fragmentos pequenos, cada um deles derivado de cromossomos individuais, é então reduzida a conjuntos. Em geral, duas ou três bibliotecas são construídas para fragmentos de diferentes (crescentes) tamanhos – por exemplo, fragmentos de 1, 5 ou 100 kb de comprimento. Esses fragmentos são, então, aleatoriamente clonados em plasmídeos bacterianos, como já foi descrito.

O DNA recombinante, contendo uma porção aleatória de um cromossomo humano, pode ser rapidamente isolado de plasmídeos bacterianos e, então, rapidamente sequenciado, utilizando-se as máquinas de sequenciamento automatizadas. Para assegurar que todas as sequências do cromossomo sejam lidas, são processados, em média, 2 milhões de fragmentos aleatórios de DNA. Com uma média de 600 pb de sequência de DNA por fragmento, esse procedimento produz mais de 1 bilhão de pares de bases (1 Gb) de dados sequenciais, ou aproximadamente 10 vezes a quantidade média de DNA de um cromossomo normal. Como discutido anteriormente para o sequenciamento do cromossomo bacteriano, a leitura de 10 vezes a quantidade de sequência de um cromossomo garante que todas as porções do cromossomo serão capturadas.

O processo de produção de bibliotecas recombinantes por *shotgun* e um imenso excesso de leituras de sequenciamento aleatórias de DNA pode parecer um desperdício. No entanto, um conjunto de 100 sequenciadores automáticos de 384 colunas cada pode gerar uma cobertura de 10× de um cromossomo hu-

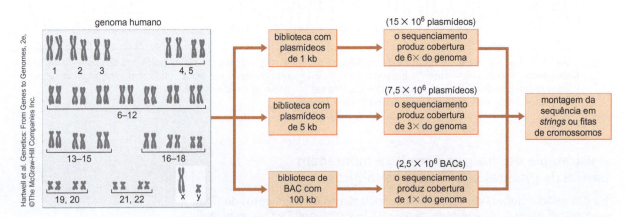

FIGURA 7-17 Estratégia para a construção e sequenciamento de bibliotecas de genomas inteiros. As sequências contíguas são determinadas pelo sequenciamento de *shotgun* de fragmentos curtos de DNA genômico. Os contigs são estendidos pela utilização das sequências terminais derivadas de fragmentos maiores nos insertos de 5 kb e 100 kb, como descrito no texto. BAC, cromossomo artificial de bactérias. (Adaptada, com permissão, de Hartwell L. et al. 2003. *Genetics: From genes to genomes*, 2nd ed., Fig. 10-13. © McGraw-Hill.)

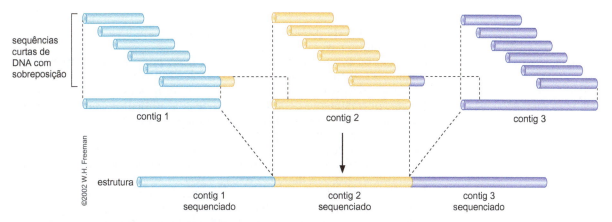

FIGURA 7-18 Os contigs são unidos pelo sequenciamento das extremidades de grandes fragmentos de DNA. Por exemplo, a extremidade de um fragmento aleatório de DNA genômico de 100 kb pode conter sequências equivalentes ao contig 1, enquanto a outra extremidade equivale a sequências no contig 2. Isso coloca os dois contigs sobre a mesma estrutura. (Adaptada, com permissão, de Griffiths A.J.F. et al. 2002. *Modern genetics*, 2nd ed., Fig. 9-29b. © W.H. Freeman.)

mano em poucas semanas. Isso é consideravelmente mais rápido do que os métodos que envolvem o isolamento de regiões conhecidas em um cromossomo e o sequenciamento de um conjunto conhecido de fragmentos de DNA que se situam lado a lado. Assim, o princípio tecnológico fundamental que facilitou o sequenciamento do genoma humano foi a confiabilidade do **sequenciamento automatizado por *shotgun*** e a subsequente utilização de computadores para a montagem dos diferentes fragmentos como um quebra-cabeça. A combinação de máquinas de sequenciamento automatizadas e computadores provou ser uma potente estratégia que permitiu a finalização do sequenciamento do genoma humano anos antes do prazo originalmente planejado.

Sofisticados programas de computador foram desenvolvidos para organizar as sequências curtas obtidas de sequências aleatórias de DNA de *shotgun* em sequências contínuas maiores, denominadas **contigs**. As sequências ou "leituras" que contêm sequências idênticas são consideradas sobreposições e são reunidas para formar contigs maiores (Fig. 7-18). Os tamanhos desses contigs dependem da quantidade de sequências obtidas – quanto maior a quantidade de sequências, maior é o contig e menor é a quantidade de lacunas na sequência.

Contigs individuais são geralmente compostos por 50.000 a 200.000 pb. Isso ainda está muito aquém de um cromossomo humano típico. Entretanto, esses contigs são úteis para a análise de genomas compactos. Por exemplo, o genoma de *Drosophila* contém, em média, um gene a cada 10 kb, de forma que um contig típico contém vários genes ligados. Infelizmente, os genomas mais complexos contêm, frequentemente, densidades gênicas muito menores (ver Cap. 8). O genoma humano contém, em média, um gene a cada 100 kb, de forma que um contig é normalmente insuficiente para acomodar um gene inteiro, e muito menos uma série de genes ligados. Será considerado, agora, como contigs relativamente curtos são montados, formando **estruturas** maiores, que apresentam de 1 a 2 Mb de comprimento.

A estratégia de extremidades pareadas permite a montagem de longas estruturas genômicas

Uma limitação importante na produção de contigs longos é a ocorrência de DNAs repetitivos (ver Cap. 8). Essas sequências dificultam o processo de montagem, uma vez que fragmentos aleatórios de DNA presentes em regiões não ligadas de um cromossomo ou genoma podem ser considerados uma sobreposição, devido à presença da mesma sequência de DNA repetitivo. Um método utilizado para superar essa dificuldade é chamado de **sequenciamento de extremidade pareada**. Esta é uma técnica simples que produziu resultados poderosos (ver Fig. 7-19).

Além da produção de bibliotecas de DNA por *shotgun*, compostas por fragmentos curtos de DNA, o mesmo DNA genômico é também utilizado para produzir bibliotecas de DNA recombinantes, compostas por fragmentos mais longos, normalmente com 3 a 100 kb de comprimento. Considere-se uma amostra de DNA de um único cromossomo humano. Uma parte do DNA é utilizada para produzir fragmentos de 1 kb, enquanto uma outra alíquota da mesma amostra é utilizada para produzir fragmentos de 5 kb. O resultado final é a construção de duas bibliotecas, uma com insertos pequenos e uma segunda com insertos maiores (ver Fig. 7-17).

Primers iniciadores universais são sintetizados para se anelarem às junções entre os plasmídeos e em ambos os lados do maior fragmento clonado. Cada sequenciamento produzirá cerca de 600 pb de informação de sequência em

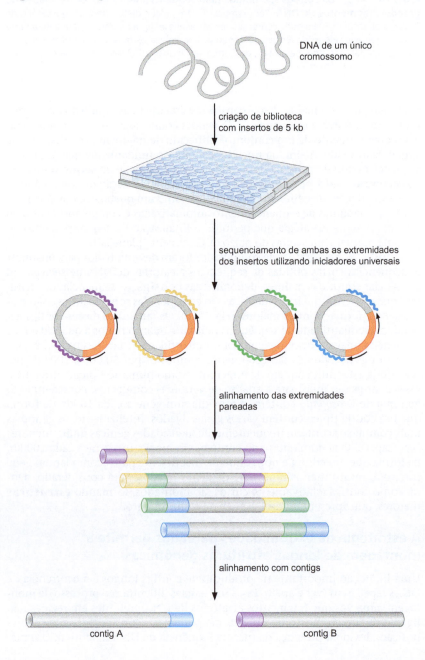

FIGURA 7-19 Biblioteca de *"shotgun"* contendo insertos aleatórios de DNA genômico de 5 kb de comprimento. Cada poço da placa contém um inserto diferente. Sequências de 600 pb de comprimento são determinadas para ambas as extremidades de cada DNA genômico (coloridos). Estas sequências de extremidades pareadas são utilizadas para alinhar diferentes contigs. Neste exemplo, o fragmento de DNA genômico de 5 kb com as sequências em azul contém sequências correspondentes ao contig A e ao contig B.

cada extremidade do inserto aleatório. É mantido um registro das sequências cujas extremidades são derivadas do mesmo fragmento inserido. Uma extremidade pode ser alinhada a sequências contidas dentro do contig A, enquanto a outra extremidade se alinha a um contig diferente, o contig B. Considera-se, agora, que os contigs A e B derivam da mesma região do cromossomo, uma vez que eles compartilham sequências com um fragmento comum de 5 kb. Como a maioria das sequências de DNA repetitivo tem menos de 2 ou 3 kb de comprimento, as sequências com as "extremidades pareadas" a partir do inserto de 5 kb são suficientes para cobrir contigs interrompidos por DNAs repetitivos.

Em geral, esses resultados produzem contigs < 500 kb de comprimento. Para obter dados de sequência mais longas, na ordem de várias megabases ou mais, é necessário obter dados de sequências de extremidades pareadas a partir de longos fragmentos de DNA com pelo menos 100 kb de comprimento. Estas podem ser obtidas usando um vetor de clonagem especial chamado de **BAC (cromossomo artificial de bactérias** [*bacterial artificial chromosome*]) que pode acomodar insertos muito grandes, de até centenas de quilobases de DNA. O princípio para produzir informação de sequência de longo alcance nesses vetores é o mesmo descrito para os insertos de 5 kb. Os iniciadores são utilizados para a obtenção de leituras de 600 pb a partir de ambas as extremidades do inserto clonado em BAC. Essas sequências são, então, alinhadas em diferentes contigs, os quais podem ser designados para a mesma estrutura, porque compartilham sequências de um inserto BAC comum. Frequentemente, a utilização de BACs permite a designação de múltiplos contigs em uma única estrutura, ou arcabouço, com várias megabases (ver Fig. 7-18).

O genoma humano de US$ 1.000 está ao nosso alcance

O sequenciamento dos dois primeiros genomas humanos (um do National Institutes of Health [NIH] e outro de uma companhia privada) custou mais de US$ 300 milhões. Hoje há uma campanha para utilizar a nanotecnologia para a produção de sequenciamento genômico rápido e barato. O objetivo é tornar a tecnologia rápida, simples e barata o suficiente para permitir o sequenciamento de genomas individuais para o diagnóstico clínico. A primeira geração de máquinas de sequenciamento por nanotecnologia de alto rendimento já está disponível.

O sequenciador 454 Life Sciences gera até 400 Mb de informações de sequência em uma "corrida" de 4 horas. O princípio básico é muito inteligente. Pequenos fragmentos de DNA (genômico, cDNA, etc.) são misturados com pequenas esferas. A mistura é suficientemente diluída para garantir que uma única molécula de DNA se ligue a uma única esfera. Em seguida, as esferas contendo DNA são dispersadas em uma placa de silicone que consiste em 400.000 poços com capacidade de picolitros, regularmente espaçados. O pequeno tamanho dos poços garante que cada um deles capture não mais do que uma única esfera. Realiza-se PCR diretamente nos DNAs acoplados às esferas para amplificar cada molécula de DNA (Fig. 7-20). Portanto, uma população homogênea de moléculas de DNA é criada em cada poço, sendo

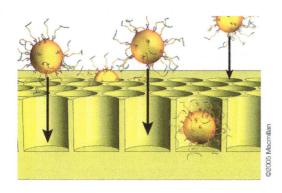

FIGURA 7-20 Desenho dos poros individuais no aparato de sequenciamento 454. Cada poro contém uma pequena esfera com uma sequência de DNA amplificada. Rodadas sequenciais de sequenciamento são detectadas pela liberação de pirofosfato e luz. Os detalhes desse método são descritos no texto. (Reproduzida, com permissão, de Margulies M. et al. 2005. *Nature* **437**: 376-380, Fig. 1a. © Macmillan.)

então utilizada como molde para uma rodada adicional de síntese de DNA. O sequenciamento é realizado por etapas com a placa sendo separadamente exposta a dATP, dGTP, dCTP e dTTP de maneira sequencial, com um ciclo de lavagem entre cada pulso de substrato de desoxinucleotídeo. A incorporação de um desoxinucleotídeo depende da presença da base complementar no molde e resulta na liberação de pirofosfato. Essa liberação promove uma reação enzimática que produz pulsos de luz, os quais são detectados por um microprocessador ligado a um computador. Os pulsos de luz indicam qual nucleotídeo é incorporado em cada poço durante cada rodada de síntese, produzindo, assim, a sequência de DNA contida em todos os 400.000 poços. A adição sequencial de cada nucleotídeo é continuada até que 200 a 250 bases tenham sido determinadas para cada fragmento de DNA.

O sequenciador 454 produziu o genoma completo do autor principal deste livro (por algum motivo, a companhia parece menos interessada nos genomas dos outros autores). A 100 Mb de sequência genômica por "corrida", a cobertura completa de 1× do genoma de Watson necessitou de apenas 30 corridas (2 a 3 semanas em uma máquina). Se iniciado agora (no momento da redação deste texto), o custo total estaria em torno de US$ 10.000 a US$ 30.000, uma pequena fração do custo da primeira sequência de genoma humano. A informação de sequência não é necessariamente suficiente para produzir uma montagem *de novo* do genoma. Em vez disso, a sequência finalizada do genoma humano produzida pelo NIH é utilizada como molde para comparações. Cada uma das leituras de sequência de 200 a 250 pb produzidas pelo sequenciador 454 são identificadas no genoma finalizado até que as variantes de cada gene de Watson sejam identificadas. Portanto, o significado do sequenciamento de um genoma humano mudou. Como tem-se uma montagem de sequência finalizada de genoma inteiro disponível, novos genomas necessitam apenas de curtas leituras de sequenciamento para obter um atlas abrangente da composição genética única de um indivíduo.

A nova geração de sequenciadores está se aproximando do objetivo do genoma de US$ 1.000. A Illumina produziu uma máquina que pode gerar centenas de milhões de leituras de sequências de 200 pb por corrida. O princípio básico é semelhante ao visto para o sequenciador 454 Life Sciences. A diferença é que moléculas de DNA individuais são ligadas a uma lâmina de vidro. Realiza-se uma amplificação limitada por PCR para produzir aproximadamente 1.000 cópias por molécula de DNA. Reações de síntese sequencial de DNA são realizadas e detectadas pela liberação de pirofosfato. Os sequenciadores Illumina produzem rotineiramente vários gigabases de informação de sequência de DNA em uma única corrida. Uma variedade de métodos de sequenciamento de alto rendimento de última geração está sendo desenvolvida, incluindo sequenciamento por semicondutor de íon, que detecta o íon hidrogênio liberado pela incorporação de um nucleotídeo durante a síntese de DNA.

GENÔMICA

Antes do advento do sequenciamento do genoma inteiro, os pesquisadores estavam muito limitados em relação à comparação de sequências de DNA. Eles conseguiam, no máximo, olhar a sequência de DNA de alguns genes individuais em um pequeno conjunto de organismos. Com o surgimento dos poderosos sequenciadores automatizados, hoje é possível obter informações completas em relação à organização e à composição genética de genomas inteiros. Na verdade, até a redação deste texto, cerca de 200 genomas animais diferentes haviam sido sequenciados e organizados. É possível, portanto, comparar a composição genética completa de vários micróbios, plantas e animais diferentes. Nesta seção, serão considerados os métodos básicos que são utilizados para a anotação de genomas – ou seja, o uso de ambos os métodos experimentais e computacionais para a identificação de cada gene (incluindo a estrutura de íntron-éxon; ver Cap. 14) e das sequências reguladoras associadas em um genoma complexo.

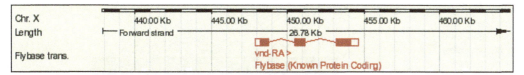

FIGURA 7-21 Estrutura do *locus vnd* em *Drosophila*. Intervalo de cerca de 25 kb no cromossomo X que contém o gene *vnd*. A unidade de transcrição de *vnd* contém três éxons e dois íntrons. As porções não preenchidas nos éxons 5' (à esquerda) e 3' (à direita) indicam sequências não codificadoras que não contribuem para o produto proteico final. FlyBase é um banco de dados padronizado, utilizado para analisar o genoma de *Drosophila*.

Ferramentas de bioinformática facilitam a identificação de genes codificadores de proteína no genoma inteiro

Montagens de sequências genômicas correspondem a blocos contíguos de milhões de As, Gs, Cs e Ts sequenciais que abrangem cada cromossomo do organismo em questão. Elas são grandes, tediosas e não informativas, a não ser que sejam "anotadas". Como descrito nas próximas páginas, **anotação** é a identificação sistemática de cada trecho de DNA genômico que contém informações de codificação de proteínas ou sequências não codificadoras que especificam RNAs reguladores, como os microRNAs (miRNAs; ver Cap. 20). A estrutura detalhada de íntron-éxon de cada unidade de transcrição é identificada, e nos casos em que o genoma em questão corresponde a um organismo-modelo (p. ex., levedura e mosca-da-fruta), é possível atribuir funções potenciais ou conhecidas à maioria dos genes do genoma. Apenas quando essa informação está disponível é possível catalogar a capacidade codificadora completa do genoma e comparar seu conteúdo aos de outros genomas.

Nos genomas de bactérias e de eucariotos simples, o processo de anotação de genes codificadores de proteínas é relativamente direto e corresponde, basicamente, à identificação de fases abertas de leitura (ORFs, *open reading frames*). Embora nem todas as ORFs – especialmente as pequenas – sejam genes codificadores de proteínas, este processo é bastante efetivo, e o desafio principal está em atribuir corretamente as funções dos genes.

Nos genomas animais, com estruturas complexas de íntron-éxon, o desafio é muito maior. Neste caso, diversas ferramentas de bioinformática são necessárias para a identificação de genes e a determinação da composição genética dos genomas complexos. Vários programas de computação foram desenvolvidos e são capazes de identificar genes codificadores potenciais, por meio de vários critérios de sequência (Fig. 7-21), incluindo a ocorrência de ORFs estendidas, flanqueadas por sítios de *splice* apropriados em 5' e 3'. Conforme discutido no Capítulo 14, sítios de *splice* doadores e aceptores são sequências curtas e, de certa maneira, degeneradas, mas ainda assim ajudam a identificar as fronteiras entre éxon e íntron quando considerados no contexto de informações adicionais, como os dados de sequências de etiquetas de sequências expressas (EST, *expressed sequence tag*), que serão considerados mais adiante. Entretanto, esses métodos ainda não foram ajustados para atingir 100% de precisão. Talvez cerca de 75% de todos os genes possam ser identificados dessa maneira, mas ainda restam muitos sem identificação, e, mesmo entre os genes preditos que são identificados, pequenos éxons – particularmente éxons não codificadores – passam despercebidos.

Arranjos em grades (*tiling arrays*) de todo o genoma são utilizados para visualizar o transcriptoma

Uma vez que a sequência de um genoma inteiro tenha sido montada para um organismo, ela pode ser utilizada para revelar amplamente todas as sequências codificadoras de proteínas e não codificadoras (p. ex., íntrons e genes de miRNA) que são expressas em células ou tecidos específicos.

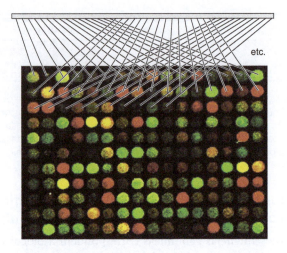

FIGURA 7-22 **Microarranjo do genoma inteiro.** A imagem representa uma porção de um microarranjo em grade que foi hibridizado com sondas fluorescentes. A grade inclui um grande número de sondas de DNA uniformemente espaçadas através de uma região de interesse (p. ex., um genoma inteiro).

A porção do genoma de um organismo que atua como molde para a síntese de RNA é conhecida como **transcriptoma**. Para identificar essa porção do genoma, DNAs de fita simples sintéticos com 50 nucleotídeos de comprimento são plotados em uma lâmina de vidro ou silicone. Geralmente, um oligonucleotídeo é produzido para cada 100 a 150 pb de sequência de DNA de maneira sequencial ao longo do genoma, resultando em um arranjo de sequências de DNA (microarranjos ou *tiling array*). A tecnologia de *tiling array* para o genoma inteiro está avançando rapidamente, e hoje é possível produzir arranjos completos em uma única lâmina de vidro ou *chip* de silicone com apenas 1 cm^2 de área. Por exemplo, 1 milhão de sequências de 50 nucleotídeos abrangem o genoma inteiro de *Drosophila*, e todos estes oligonucleotídeos podem ser plotados em um único *chip* de DNA. Cada ponto no *chip* (i.e., cada sequência de oligonucleotídeo) é tão pequeno que os sinais de hibridização são detectados por microssensores ligados a um microscópio, como será descrito mais adiante.

Para visualizar o transcriptoma, os microarranjos são hibridizados com sondas de RNA (ou cDNA) fluorescentemente marcadas (ver Fig. 7-22). Essas sondas podem ser derivadas de um tipo celular específico, como os músculos caudais da larva de ascídia ou células de levedura crescidas em um determinado meio de cultivo. O resultado final é uma série de sinais de hibridização sobrepostos em todas as sequências codificadoras de proteínas preditas ao longo do genoma (Fig. 7-23). Uma estratégia alternativa para o perfil de transcriptoma é o sequenciamento de alto rendimento de cDNA preparado a partir de células cultivadas ou de tecidos isolados.

Microarranjos de genoma inteiro fornecem informações imediatas em relação à estrutura de íntron-éxon de unidades de transcrição individuais (Fig. 7-23). Isso deve-se à natureza instável dos transcritos intrônicos. Embora o RNA total seja geralmente utilizado para estes experimentos, as sequências exônicas são mais estáveis que os íntrons, que decaem rapidamente após sua remoção dos transcritos primários (ver Cap. 14). Após a marcação e a hibridização ao *chip* de microarranjos, as sequências exônicas apresentam sinais mais intensos do que os íntrons.

Outra característica útil dos microarranjos de genoma inteiro é que eles detectam genes não codificadores, como os que especificam miRNAs. Esses RNAs são geralmente processados a partir de grandes RNAs precursores (pri-RNAs) derivados de unidades de transcrição que possuem 1 a 10 kb de

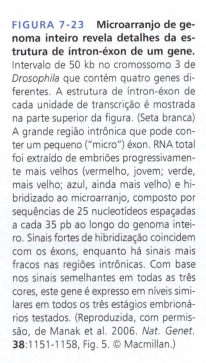

FIGURA 7-23 **Microarranjo de genoma inteiro revela detalhes da estrutura de íntron-éxon de um gene.** Intervalo de 50 kb no cromossomo 3 de *Drosophila* que contém quatro genes diferentes. A estrutura de íntron-éxon de cada unidade de transcrição é mostrada na parte superior da figura. (Seta branca) A grande região intrônica que pode conter um pequeno ("micro") éxon. RNA total foi extraído de embriões progressivamente mais velhos (vermelho, jovem; verde, mais velho; azul, ainda mais velho) e hibridizado ao microarranjo, composto por sequências de 25 nucleotídeos espaçadas a cada 35 pb ao longo do genoma inteiro. Sinais fortes de hibridização coincidem com os éxons, enquanto há sinais mais fracos nas regiões intrônicas. Com base nos sinais semelhantes em todas as três cores, este gene é expresso em níveis similares em todos os três estágios embrionários testados. (Reproduzida, com permissão, de Manak et al. 2006. *Nat. Genet.* **38**:1151-1158, Fig. 5. © Macmillan.)

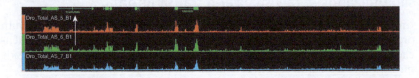

comprimento (ver Cap. 20). As unidades de transcrição de pri-RNA são facilmente detectadas por hibridização em microarranjos. Em alguns casos, genes de miRNA contêm íntrons que precisam ser processados antes da produção final do miRNA maduro. Outros tipos de transcritos não codificadores também são detectados, incluindo RNAs "antissenso" dentro de íntrons de genes codificadores de proteínas. É possível que esses RNAs atuem como reguladores para controlar a expressão ou a função de genes codificadores de proteínas.

Os microarranjos levaram a uma observação um tanto surpreendente: cerca de um terço de um genoma típico é transcrito, embora apenas uma fração dessa transcrição corresponda a sequências codificadoras de proteína (apenas 5% no caso do genoma humano). Aparentemente, a maioria da transcrição adicional deve-se a amplas extensões de sequências de DNA intrônico. Vários genes possuem éxons 5' remotos não codificadores que residem longe (às vezes, 1 megabase ou mais) do corpo principal da sequência codificadora. Em alguns casos, essas regiões intrônicas produzem miRNAs e tipos adicionais de RNAs não codificadores. UTRs (Regiões não traduzidas – *Untranslated regions*) 3' estendidas representam outra fonte de transcrição não codificadora.

Sequências de DNA reguladoras podem ser identificadas pelo uso de ferramentas de alinhamento especializadas

Tecnologias genômicas são eficazes para identificar genes e determinar a estrutura de suas unidades de transcrição. Uma vez identificadas, uma ampla gama de métodos de bioinformática permite a determinação da estrutura e da função proteica potenciais, por exemplo, se a proteína contém quaisquer domínios ou motivos conhecidos ou se compartilha outras características com proteínas conhecidas. Em especial, o algoritmo BLAST (*Basic Local Alignment Search Tool*) fornece uma abordagem poderosa para buscar, comparar e alinhar sequências de proteínas ou ácidos nucleicos. Buscas com BLAST permitem a rápida comparação de uma determinada sequência exônica com um vasto banco de dados de informações codificadoras de proteínas. Alinhamentos significativos com sequências codificadoras de proteínas de função conhecida (p. ex., proteína de ligação ao DNA, fator de replicação ou receptor de membrana) fornecem pistas imediatas sobre as potenciais atividades do gene e de seus supostos produtos proteicos. Buscas simples com BLAST também podem revelar a identidade de transcritos não codificadores que produzem miRNAs (ver Cap. 20).

Ao contrário de sequências codificadoras de proteínas, a identificação e a caracterização de sequências reguladoras – os trechos do DNA que controlam onde e quando os genes associados estão ligados ou desligados em um organismo – são extremamente desafiadoras, como será visto no Capítulo 19. Na verdade, alguns chamam as sequências reguladoras de "matéria negra" do genoma. Métodos de genoma inteiro estão apenas agora se tornando disponíveis para a identificação desta classe importante de sequência de DNA.

Um subconjunto de sequências reguladoras de vertebrados pode ser identificado usando variações nas buscas de BLAST desenvolvidas para caracterizar sequências codificadoras de proteínas. Reforçadores (ou *enhancers*) célula-específicos contêm sítios de ligação agrupados para uma ou mais proteínas de ligação ao DNA sequência-específicas (ver Cap. 19). Em alguns casos, esse agrupamento é suficiente para a identificação de trechos curtos de alinhamentos de sequências de DNA. Um *software* chamado VISTA alinha as sequências contidas nos genomas de diferentes organismos relacionados em segmentos curtos, de 10 a 20 pb e, assim, identifica sequências não codificadoras imperfeitamente conservadas em trechos de apenas 50 a 75 pb (Fig. 7-24). O peixe baiacu e o camundongo compartilham aproximadamente 10.000 sequências curtas não codificadoras. Imagina-se que muitas dessas sequências correspondam a reforçadores tecido-específicos. Entretanto, é provável que ambos os animais, particularmente os camundongos, tenham pelo menos 100.000 reforçadores. Sendo assim, estes simples alinhamentos de sequências não conseguem capturar a vasta maioria das sequências reguladoras.

172 Parte 2 Estrutura e Estudo de Macromoléculas

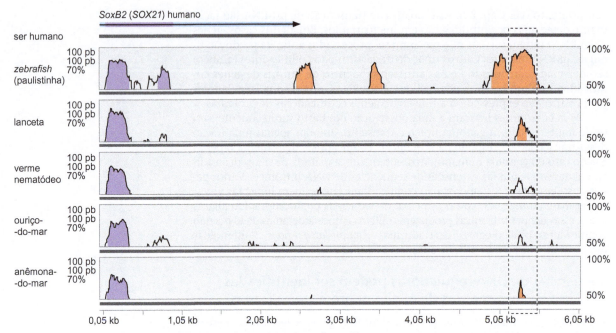

FIGURA 7-24 Comparação do gene *SoxB2* em animais divergentes. Os sinais em lilás correspondem a sequências conservadas na UTR 3' da unidade de transcrição de SoxB2. Os sinais em cor-de-rosa indicam sequências conservadas que mapeiam a jusante do gene. O retângulo pontilhado identifica reforçadores (*enhancers*) envolvidos na expressão do gene no sistema nervoso. (Adaptada, com permissão, de Royo J.L. et al. 2011. *Proc. Natl. Acad. Sci.* **108**: 14186-14191, Fig. 1A, p. 14187.)

Reforçadores tecido-específicos também podem ser identificados pela triagem de sequências de DNA genômico em busca de potenciais sítios de ligação para proteínas reguladoras conhecidas. Considere-se o caso do gene da α-catenina, que codifica uma molécula de adesão celular. O gene é expresso em vários tecidos diferentes, mas apresenta expressão particularmente forte em células cardíacas precursoras chamadas de cardiomiócitos. Foi possível identificar um reforçador cardíaco-específico pela inspeção de sequências flanqueadoras e intrônicas de α-catenina em busca de sítios de ligação semelhantes aos de proteínas reguladoras conhecidas de células cardíacas, incluindo MEF2C, GATA-4 e E47/HAND (Fig. 7-25). Cada uma dessas proteínas reconhece um espectro de motivos de sequências curtas com 6 a 10 pb. O espectro de sítios de ligação para cada fator é descrito por uma matriz de peso posicional (PWM, *position-weighted matrix*), que pode ser determinada usando diferentes métodos computacionais e experimentais como os ensaios de SELEX (seleção *in vitro*), que serão discutidos em detalhes mais adiante neste capítulo. Quando estas PWMs foram utilizadas para investigar o *locus* de α-catenina, um único agrupamento de supostos sítios para MEF2C, GATA-4 e E47/HAND foi identificado. Estudos experimentais confirmaram que este agrupamento de sítios de ligação, localizado na região flanqueadora 5' do gene, atua como um autêntico reforçador.

A edição genômica é utilizada para alterar pontualmente genomas complexos

Os métodos anteriores, montagens e anotação genômicas, são descritivos. Eles fornecem atlas detalhados de mapas genômicos inteiros mas não fornecem o tipo de informação funcional que os biólogos moleculares tanto desejam. Entretanto, um método recentemente desenvolvido, a edição genô-

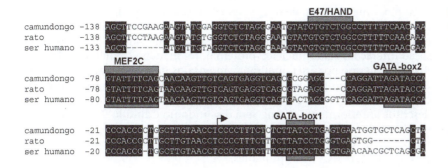

FIGURA 7-25 **Identificação de um reforçador cardíaco *in silico*.** Uma sequência de ~140 pb na região flanqueadora 5' do gene da α-catenina é conservada nos genomas do camundongo, do rato e de seres humanos. A sequência conservada contém sítios de ligação para três reguladores cruciais da diferenciação cardíaca: E47/HAND, MEF2C e GATA. A sequência do camundongo atua como um autêntico reforçador cardíaco-específico. A princípio, ele poderia ser identificado por alinhamentos em VISTA (ver Cap. 20, Fig. 20-4) ou pelo agrupamento de proteínas reguladoras cardíacas. (Porção reproduzida, com permissão, de Vanpoucke G. et al. 2004. *Nucleic Acids Res.* **32**: 4155-4165, Fig. 1 © Oxford University Press.)

mica, permite a remoção ou a modificação de segmentos de DNA específicos em um genoma intacto. Essa abordagem envolve a indução de uma quebra de dupla-fita (DSB, *double-strand break*) em um sequência-alvo específica de DNA que estimula a recombinação homóloga para reparar a quebra usando DNA modificado introduzido. Durante o evento de reparo da quebra, alterações desejadas são introduzidas especificamente para modificar a sequência genômica. A clivagem direcionada é realizada por nucleases especialmente customizadas, geralmente nucleases dedo de zinco e "meganucleases", projetadas para clivar em um determinado sítio-alvo no genoma. Entretanto, uma nova classe de nucleases "projetadas" – as nucleases efetoras semelhantes a ativadores transcricionais (TALENs, *transcriptional activator-like effector nucleases*) – apresenta maior eficiência. As TALENs estão emergindo como uma ferramenta importante para a edição genômica direcionada tanto em diferentes organismos-modelo quanto em células-tronco humanas.

PROTEÍNAS

Proteínas específicas podem ser purificadas a partir de extratos celulares

A purificação de proteínas individuais é fundamental para o entendimento de sua função. Embora em alguns momentos a função de uma proteína possa ser estudada em uma mistura complexa, esses estudos podem, com frequência, gerar ambiguidades. Por exemplo, o estudo da atividade de uma DNA-polimerase específica em uma mistura de proteínas totais (como um lisado celular) pode ser mascarado por outras DNA-polimerases e proteínas acessórias parcial ou completamente responsáveis pelas atividades de síntese de DNA observadas. Por essa razão, a purificação de proteínas é uma parte importante nos estudos da sua função.

Cada proteína apresenta propriedades características que tornam a sua purificação relativamente diferente. Isso contrasta com os diferentes DNAs, pois todos apresentam a mesma estrutura helicoidal e são distinguidos somente por sua sequência específica. A purificação de uma proteína procura explorar suas características únicas, incluindo tamanho, carga, formato e, em muitos casos, função.

A purificação de uma proteína requer um protocolo específico

A purificação das proteínas requer uma técnica específica para cada proteína. Na purificação de um DNA, quase sempre a mesma estratégia é utilizada, a hibridização à sua sequência complementar. Como será visto na discussão sobre *imunoblotting*, um anticorpo pode ser utilizado para detectar proteínas específicas da mesma maneira. No entanto, em muitos casos, é mais conveniente utilizar uma medida mais direta para o funcionamento da proteína. Por

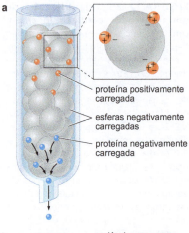

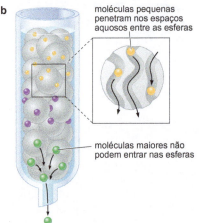

FIGURA 7-26 Cromatografias de troca iônica e de gel filtração. Como descrito no texto, essas duas formas de cromatografia comumente utilizadas separam as proteínas de acordo com sua carga e tamanho, respectivamente. Assim, em cada caso, um tubo de vidro é empacotado com esferas, e a mistura de proteínas é passada por essa matriz. A natureza das esferas determina a base da separação de proteínas. (a) Cromatografia de troca iônica. Neste exemplo, as esferas são negativamente carregadas. Assim, as proteínas positivamente carregadas são ligadas e retidas na coluna, enquanto as proteínas negativamente carregadas passam livres. Aumentando a concentração de sal no tampão, pode-se eluir proteínas ligadas por competição pelas cargas negativas da coluna. (b) Cromatografia de gel filtração. As esferas contêm espaços aquosos pelos quais as proteínas pequenas podem passar, diminuindo a sua velocidade de deslocamento ao longo da coluna. As proteínas maiores não podem penetrar nas esferas e passam rapidamente pela coluna.

exemplo, uma proteína de ligação ao DNA específica pode ser analisada pela determinação de sua interação com o DNA apropriado (p. ex., utilizando um experimento de alteração de mobilidade em gel de eletroforese, descrito na seção Interações ácido nucleico-proteína). De maneira similar, uma DNA- ou RNA-polimerase pode ser analisada em ensaios de incorporação pela adição de um molde apropriado e de um nucleotídeo precursor radioativo em um extrato bruto, semelhante aos métodos utilizados para a marcação de DNA descritos anteriormente. Como será discutido no Capítulo 9, Quadro 9-1, os ensaios de incorporação são úteis para o monitoramento do grau de pureza e função de diversas enzimas diferentes que catalisam a síntese de polímeros, como o DNA, o RNA ou as proteínas.

Preparação de extratos celulares contendo proteínas ativas

O material de partida para a purificação de quase todas as proteínas são os extratos derivados de células. Ao contrário do DNA, que é muito resiliente à temperatura, mesmo temperaturas moderadas desnaturam prontamente proteínas uma vez que elas tenham sido liberadas de uma célula. Por isso, a maioria das preparações de extratos e purificações de proteínas é realizada a 4°C. Os extratos celulares são preparados de várias maneiras. As células podem ser lisadas por detergentes, quebradas por forças físicas, por tratamentos com baixas concentrações iônicas de sais (que provocam aumento da pressão osmótica interna; as células absorvem muita água e "estouram" facilmente) ou por rápidas alterações na pressão. Em cada caso, o objetivo é enfraquecer e romper as membranas que envolvem a célula, permitindo que as proteínas sejam liberadas. Em alguns casos, isso é realizado em temperaturas muito baixas, pelo congelamento das células antes da aplicação de forças de fragmentação (muitas vezes utiliza-se um triturador ou liquidificador, semelhantes aos utilizados na cozinha).

As proteínas podem ser separadas umas das outras por cromatografia em coluna

O método mais comum para a purificação de proteínas é a **cromatografia em coluna**. Nessa estratégia de purificação de proteínas, as frações proteicas atravessam colunas de vidro preenchidas com pequenas esferas de agarose ou de acrilamida modificadas. Existem várias maneiras pelas quais as colunas podem ser utilizadas para separar proteínas. Cada técnica de separação explora diferentes propriedades das proteínas. Três abordagens básicas são descritas aqui. As duas primeiras, nesta seção, separam proteínas de acordo com suas cargas ou tamanhos, respectivamente. Esses métodos estão resumidos na Figura 7-26.

Cromatografia de troca iônica Nessa técnica, as proteínas são separadas com base em suas cargas iônicas superficiais, por meio de esferas modificadas por grupos químicos com carga positiva ou negativa. As proteínas que interagem fracamente com as esferas (como as proteínas com cargas positivas fracas que passam pelas esferas modificadas com um grupo de carga negativa) são liberadas das esferas (ou eluídas) com um tampão de baixa concentração salina. Proteínas que interagem mais fortemente necessitam de mais sal para serem eluídas. Em ambos os casos, o sal mascara as regiões carregadas, permitindo que a proteína seja liberada das esferas. Como cada proteína possui uma carga diferente em sua superfície, cada uma delas será eluída da coluna em uma concentração de sal característica. Pelo aumento gradativo da concentração de sal no tampão de eluição, mesmo proteínas com características de carga bastante semelhantes podem ser separadas em frações diferentes à medida que elas são eluídas da coluna.

Cromatografia de filtração em gel Essa técnica separa as proteínas de acordo com seus tamanhos e formatos. As esferas utilizadas para este tipo de cromatografia não possuem grupos químicos carregados ligados. Em vez disso, cada esfera possui um padrão de tamanhos diferentes de poros em sua superfície (semelhantes aos poros que o DNA atravessa em géis de agarose ou acrilamida). As proteínas pequenas podem penetrar em todos os poros e, portanto, percorrem um caminho maior na coluna e levam mais tempo para serem eluídas (em outras palavras, elas têm mais "espaços" para explorar). As proteínas maiores têm acesso limitado aos poros da coluna e são eluídas mais rapidamente.

Para cada tipo de coluna, as frações cromatográficas são coletadas em diferentes concentrações de sal ou tempos de eluição e testadas para a presença da proteína de interesse. As frações com maior atividade são agrupadas e submetidas a purificações adicionais.

As proteínas são purificadas progressivamente pela passagem por várias colunas diferentes. Embora seja raro que uma única coluna purifique uma proteína até a homogeneidade, uma série de etapas cromatográficas pode resultar em uma fração que contém muitas moléculas de uma proteína específica pela separação repetida das frações que contêm a proteína de interesse (como determinado pelo teste). Por exemplo, embora existam muitas proteínas que são eluídas em uma coluna positivamente carregada por altas concentrações de sal (indicando carga altamente negativa) ou lentamente, em uma coluna de filtração em gel (indicando tamanho relativamente pequeno), haverá um número reduzido de proteínas que satisfaça ambos os critérios.

Cromatografia de afinidade Esse método permite que a purificação de proteínas seja mais rápida. Muitas vezes, o conhecimento específico de uma proteína pode ser explorado para purificar uma proteína mais rapidamente. Por exemplo, se uma proteína se liga ao ATP para exercer a sua função, a proteína pode ser aplicada em uma coluna contendo ATP acoplado às esferas. Apenas as proteínas que se ligam ao ATP se ligarão à coluna, permitindo que a grande maioria das proteínas que não se liga ao ATP atravesse a coluna livremente. As proteínas de ligação ao ATP podem ser posteriormente separadas pela adição sequencial de soluções com concentrações crescentes de ATP, que irão eluir as proteínas de acordo com sua afinidade pelo ATP (quanto mais ATP for necessário para a eluição, maior a afinidade). Essa abordagem para a purificação é chamada de **cromatografia de afinidade**. Outros reagentes podem ser ligados às colunas para permitir a rápida purificação de proteínas; eles incluem sequências de DNA específicas (para purificar proteínas que se ligam ao DNA) ou até mesmo proteínas específicas suspeitas de interagir com a proteína a ser purificada. Assim, antes de iniciar uma purificação, é importante reunir as informações sobre a proteína-alvo e tentar explorar esse conhecimento.

Uma forma muito comum de cromatografia de afinidade de proteínas é a **cromatografia de imunoafinidade**. Nessa abordagem, um anticorpo específico para a proteína-alvo é ligado às esferas. Idealmente, esse anticorpo irá interagir apenas com a proteína-alvo desejada e permitir que todas as demais proteínas passem pelas esferas. A proteína ligada pode, então, ser eluída da coluna por solução salina, por um gradiente de pH ou, em alguns casos, detergente moderado. A principal dificuldade dessa abordagem é que, frequentemente, o anticorpo liga-se à proteína-alvo de maneira tão firme que a proteína precisa ser completamente desnaturada antes que possa ser eluída. Como a desnaturação de proteínas é, frequentemente, irreversível, a proteína-alvo obtida dessa maneira pode ser inativada e, portanto, ser menos útil para estudos.

As proteínas podem ser facilmente modificadas para facilitar a sua purificação. Essa modificação normalmente envolve a adição de pequenas sequências de aminoácidos extras no início da proteína (N-terminal) ou no fim (C-terminal) de uma proteína-alvo. Essas adições, ou "etiquetas", podem ser criadas por métodos de clonagem molecular. As etiquetas peptídicas conferem propriedades conhecidas às proteínas modificadas, que auxiliam na sua purificação. Por exemplo, a adição de seis resíduos sucessivos de histidina ao início ou ao fim de uma proteína fará a proteína modificada se ligar fortemente a uma coluna com íons Ni^{2+} imobilizados ligados às esferas – uma propriedade incomum entre as proteínas em geral. Além disso, existem **epítopos** específicos (sequência de 7 a 10 aminoácidos reconhecida por um anticorpo) que foram definidos e podem ser ligados a qualquer proteína. Esse procedimento permite que a proteína modificada seja purificada utilizando-se a imunoafinidade e um anticorpo heterólogo, específico para o epítopo adicionado. Mais importante, esses anticorpos e epítopos podem ser escolhidos de maneira que se liguem com alta afinidade em uma determinada condição (p. ex., na presença de Ca^{2+}), mas sejam facilmente eluídos em uma segunda condição (p. ex., na ausência de Ca^{2+}). Isso evita a necessidade de utilizar condições desnaturantes para a eluição.

A cromatografia por imunoafinidade também pode ser utilizada para precipitar rapidamente uma proteína específica (e qualquer outra proteína fortemente associada a ela) a partir de um extrato bruto. Neste caso, a precipitação é obtida pela ligação do anticorpo ao mesmo tipo de esfera utilizada na cromatografia em coluna. Como essas esferas são relativamente grandes, elas se depositam rapidamente no fundo do tubo de ensaio, junto com o anticorpo e quaisquer proteínas ligadas a ele. Esse processo, chamado de **imunoprecipitação**, é utilizado para a purificação rápida de proteínas ou complexos de proteínas a partir de extratos brutos. Embora seja muito incomum que a proteína esteja completamente pura nesta etapa, este método é, com frequência, útil para determinar quais são as proteínas ou outras moléculas (p. ex., DNA; ver seção sobre imunoprecipitação da cromatina neste capítulo) que estão associadas com a proteína-alvo.

Separação de proteínas em géis de poliacrilamida

As proteínas não apresentam carga negativa uniforme, nem estrutura secundária uniforme. Isso ocorre pois elas são construídas a partir de 20 aminoácidos distintos; alguns deles não são carregados, outros são positivamente carregados e ainda outros são negativamente carregados (Cap. 6, Fig. 6-2). Além disso, como discutido no Capítulo 6, as proteínas apresentam extensivas estruturas secundárias e terciárias e estão, normalmente, presentes em complexos multiméricos (estruturas quaternárias). Entretanto, se as proteínas forem tratadas com o detergente iônico forte **dodecil sulfato de sódio** (**SDS**, *sodium dodecyl sulfate*) e um agente redutor, como o mercaptoetanol, as suas estruturas secundárias, terciárias e quaternárias serão, geralmente, eliminadas. Uma vez cobertas com SDS, as proteínas comportam-se como polímeros não estruturados. Os íons do SDS recobrem a cadeia polipeptídica, conferindo carga negativa uniforme para toda a proteína. O mercaptoetanol reduz as pontes dissulfídricas e, assim, quebra as pontes dissulfídricas intramoleculares e intermoleculares formadas entre os resíduos de cisteína. Assim, como no caso de misturas de DNA e RNA, a eletroforese na presença de SDS pode ser utilizada para separar as misturas de proteínas de acordo com o tamanho de suas cadeias polipeptídicas (Fig. 7-27). Após a eletroforese, as proteínas podem ser visualizadas com um corante, como o **azul-brilhante de Coomassie** (ou simplesmente, azul de Coomassie), que se liga às proteínas de maneira não específica. Quando o SDS é omitido, a eletroforese pode ser utilizada para separar as proteínas de acordo

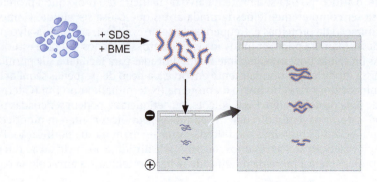

FIGURA 7-27 Eletroforese em gel com SDS. Uma mistura de três proteínas de diferentes tamanhos está representada (misturas muito mais complexas são geralmente analisadas). A adição de dodecil sulfato de sódio (SDS) (em vermelho) e de β-mercaptoetanol (BME) desnatura as proteínas e fornece a cada uma delas uma carga negativa uniforme. A separação em função do tamanho é realizada por eletroforese.

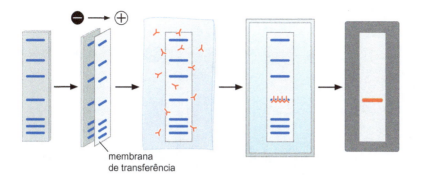

FIGURA 7-28 *Immunoblotting.* Após sua separação por eletroforese, as proteínas são transferidas para uma membrana (novamente pelo uso de campo elétrico) de maneira que mantêm a mesma posição relativa ocupada no gel. Após o bloqueio não específico de sítios de ligação para proteínas, é adicionado anticorpo que se liga à proteína de interesse. O local de ligação do anticorpo é detectado usando-se uma enzima ligada que é capaz de gerar luz quando age sobre seu substrato.

com outras propriedades além da massa molecular, como a carga líquida e o ponto isoelétrico (ver discussão a seguir).

Anticorpos evidenciam as proteínas separadas por eletroforese

As proteínas são, obviamente, bastante diferentes do DNA e do RNA, mas o procedimento conhecido como **imunoblotting**, pelo qual uma única proteína é visualizada entre milhares de outras proteínas, é análogo em conceito às hibridizações de *Southern blot* e *northern blot* (Fig. 7-28). De fato, outro nome para o *imunoblotting* é *"western blotting"*, em referência à sua semelhança com as técnicas anteriores. No *imunoblotting*, as proteínas separadas por eletroforese são transferidas e ligadas a uma membrana. Como no *Southern blot*, as proteínas são transferidas para a membrana de maneira que suas posições nela sejam o espelho de suas posições no gel original. Uma vez que as proteínas são ligadas à membrana, todos os sítios de ligação não específicos remanescentes são bloqueados por incubação com uma solução de proteínas não relacionadas às que estão sendo estudadas (geralmente, usa-se leite em pó, que contém principalmente albumina). A membrana é, a seguir, incubada com uma solução que contém um anticorpo produzido contra uma determinada proteína de interesse. O anticorpo pode ligar-se à membrana apenas se encontrar sua proteína-alvo. Por fim, uma enzima cromogênica artificialmente ligada ao anticorpo (ou a um anticorpo secundário que se liga ao primeiro anticorpo) é utilizada para visualizar o anticorpo ligado à membrana. Os experimentos de *Southern*, *northern* e *imunoblotting* têm em comum a utilização de **reagentes seletivos** para a visualização de moléculas particulares em misturas complexas.

As moléculas proteicas podem ser diretamente sequenciadas

Embora mais complexo do que o sequenciamento de ácidos nucleicos, as moléculas de proteína também podem ser sequenciadas: ou seja, a ordem linear dos aminoácidos em uma cadeia proteica pode ser diretamente determinada. Dois métodos amplamente utilizados para determinar a sequência proteica são a degradação de Edman, usando um sequenciador automático de proteínas, e a espectometria de massas em *tandem*. A habilidade para determinar a sequência de uma proteína é muito valiosa para a identificação proteica. Além disso, devido à grande quantidade disponível de sequências genômicas completas ou semicompletas, a determinação de apenas um pequeno trecho de sequência proteica é geralmente suficiente para identificar o gene que codificou a proteína pela busca de uma sequência codificadora correspondente.

Degradação de Edman A degradação de Edman é uma reação química na qual os resíduos de aminoácidos são sequencialmente liberados da extremidade N-terminal de uma cadeia polipeptídica (Fig. 7-29). Uma característica importante desse método é que o aminoácido mais N-terminal em uma cadeia polipeptídica pode ser especificamente modificado por um reagente químico

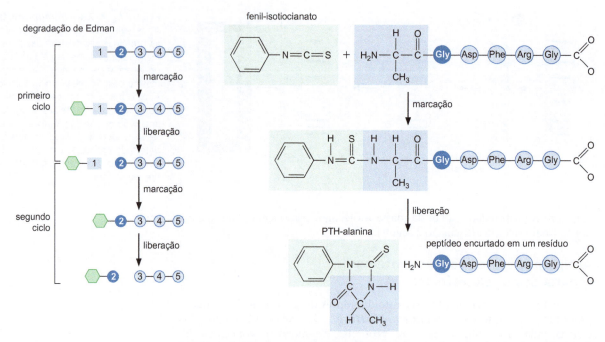

FIGURA 7-29 Sequenciamento de proteínas pelo método de degradação de Edman. O resíduo N-terminal está marcado e pode ser removido sem hidrolisar o restante do peptídeo. Assim, em cada ciclo, um resíduo é identificado e representa o próximo na sequência do peptídeo.

chamado de **fenil-isotiocianato** (**PITC**, *phenylisothiocyanate*), que modifica o grupo α-amino livre. Esse aminoácido modificado é, então, removido do polipeptídeo pelo tratamento com ácido, em condições que não alteram as demais ligações peptídicas. A identidade do aminoácido modificado liberado é facilmente determinada pelo seu perfil de eluição em um método de cromatografia de coluna chamado de cromatografia líquida de alto rendimento (HPLC, *high-performance liquid chromatography*) (cada um dos aminoácidos apresenta um tempo de retenção característico). Cada ciclo de clivagem peptídica regenera uma extremidade N-terminal normal, com um grupo α-amino livre. Assim, a degradação de Edman é repetida por vários ciclos, revelando a sequência a partir da extremidade N-terminal da proteína. Na prática, são realizados de 8 a 15 ciclos de degradação para a identificação de proteínas. Esse número de ciclos é quase sempre suficiente para identificar inequivocamente uma determinada proteína.

O sequenciamento N-terminal pela degradação de Edman automatizada é uma técnica amplamente utilizada e robusta. Entretanto, surgem problemas quando a região aminoterminal de uma proteína é quimicamente modificada (p. ex., por grupos formila ou acetila). Este bloqueio pode ocorrer *in vivo* ou durante o processo de isolamento de proteína. Quando a proteína está com a extremidade N-terminal bloqueada, ela pode ser sequenciada após a digestão com uma protease, que expõe uma região interna para o sequenciamento.

Espectometria de massa em tandem *(MS/MS)*   A espectometria de massa em *tandem* (MS/MS, *tandem mass spectrometry*) também pode ser utilizada para determinar a sequência proteica e é o método mais utilizado atualmente. A espectrometria de massa é um método pelo qual a massa de amostras muito pequenas de um material pode ser determinada com alta precisão. Em poucas palavras, o princípio consiste em o material passar pelo aparelho (sob vácuo) de modo sensível à sua proporção entre massa e carga. A massa de macromoléculas biológicas pequenas, como peptídeos e pequenas proteínas, pode ser determinada com a precisão de um único dálton.

Para utilizar a MS/MS a fim de determinar a sequência de uma proteína, a proteína de interesse é normalmente digerida, originando pequenos peptídeos (geralmente com menos de 20 aminoácidos) pela digestão com uma protease específica, como a tripsina. Essa mistura de peptídeos é submetida à espectrometria de massa e cada peptídeo é separado dos demais pela sua razão massa/carga. Cada peptídeo é, então, capturado e fragmentado em todos os seus componentes, e a massa de cada um desses componentes do fragmento é determinada (Fig. 7-30). A interpretação desses dados revela uma sequência precisa do peptídeo inicial. Como na degradação de Edman, a sequência de um único peptídeo de aproximadamente 15 aminoácidos de uma proteína é quase sempre suficiente para identificar a proteína, pela comparação da sequência prevista pelas sequências de DNA. Ao contrário da degradação de Edman, a MS/MS geralmente determinará a sequência de vários peptídeos derivados de uma proteína individual.

A MS/MS revolucionou o sequenciamento e a identificação de proteínas. Necessita-se apenas de uma pequena quantidade de material, e misturas complexas de proteínas podem ser analisadas simultaneamente.

PROTEÔMICA

Determinar os níveis globais de expressão gênica fornece uma visão rápida da atividade de uma célula; entretanto, há níveis adicionais importantes de regulação que não podem ser monitorados dessa maneira. De fato, o nível de transcrição de um gene fornece apenas uma estimativa aproximada do nível de expressão da proteína codificada. Se o mRNA for de curta duração ou traduzido de maneira deficiente, então mesmo um mRNA abundante produzirá relativamente pouca proteína. Além disso, muitas proteínas sofrem modificações pós-traducionais que afetam profundamente suas atividades, e o perfil de transcrição não fornece dados em relação a este nível de regulação.

A disponibilidade de sequências genômicas completas, associada aos métodos analíticos de separação e identificação de proteínas, abriu o caminho para a proteômica. A proteômica trata da identificação do conjunto completo de proteínas produzido por uma célula ou tecido em um conjunto particular de condições (chamado de proteoma), suas abundâncias relativas, suas modificações e suas interações com outras proteínas. Enquanto a análise de microarranjos torna possível a visualização da transcrição gênica ou o conteúdo de DNA em nível de um genoma completo, as ferramentas da proteômica objetivam capturar uma figura similar no que diz respeito ao repertório completo de proteínas de uma célula e suas modificações (p. ex., sítios de fosforilação).

A combinação de cromatografia líquida com a espectrometria de massa identifica proteínas individuais em um extrato complexo

Um método poderoso para identificar todas as proteínas de uma mistura complexa, como um extrato celular bruto, utiliza uma combinação de cromatografia líquida com espectrometria de massa (descrita na seção anterior deste capítulo). Embora idealmente fosse possível analisar todas as proteínas de um extrato celular simplesmente por espectrometria de massa, na prática, o número excessivamente alto de proteínas presentes em uma mistura como essa resulta em mais peptídeos do que podem ser resolvidos. Assim, os pesquisadores desenvolveram métodos poderosos nos quais os peptídeos são separados por dois tipos de cromatografia líquida antes que sejam analisados por espectrometria de massa (LC-MS) (Fig. 7-31). Nesta abordagem, um extrato celular bruto é primeiramente digerido com uma protease sequência-específica (p. ex., a tripsina, que cliva proteínas após resíduos de Arg e Lys) para gerar peptídeos. A mistura de peptídeos resultante é fracionada por cromatografia de troca iônica (os peptídeos são separados com base em interações iônicas com o material carregado

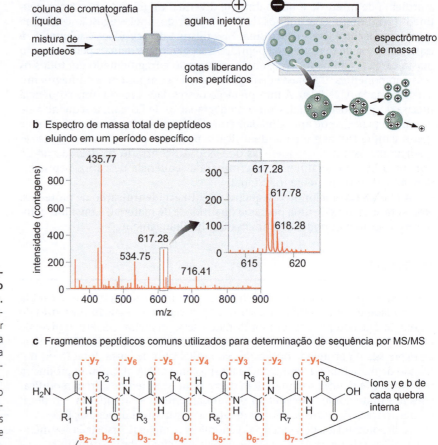
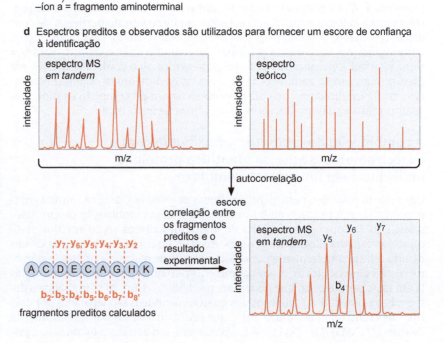

FIGURA 7-30 Uso de cromatografia líquida – MS/MS para analisar o conteúdo de uma mistura proteica. (a) Uma mistura de peptídeos é submetida à cromatografia líquida seguida por espectrometria de massa. (b) À medida que conjuntos de peptídeos eluem da coluna de cromatografia, eles são separados por massa e os resultados são apresentados de acordo com sua proporção de massa/carga (m/z). Conjuntos selecionados de peptídeos relacionados (as diferenças entre estes picos fortemente relacionados devem-se à presença de isótopos atômicos diferentes no peptídeo) são fragmentados, e os fragmentos peptídicos resultantes são analisados em uma segunda rodada de espectrometria de massa. (c) A fragmentação do peptídeo geralmente quebra o peptídeo nos sítios mostrados na figura. Os subpeptídeos possíveis que são gerados são chamados de peptídeos b (fragmentos aminoterminais), peptídeos y (fragmentos carboxiterminais) e peptídeos a_2 (o fragmento aminoterminal mais curto). (d) Os espectros observados são comparados com todos os espectros teóricos possíveis que são gerados a partir das sequências de aminoácidos das proteínas codificadas pelo organismo a partir do qual as proteínas foram isoladas. Em geral, apenas um conjunto de peptídeos pode ser identificado de maneira inequívoca. Por exemplo, Ile e Leu possuem massas idênticas. Ainda assim, a identificação clara de apenas três ou quatro fragmentos peptídicos a partir de um peptídeo parental é geralmente suficiente para identificar a proteína.

da coluna) e por cromatografia de fase reversa (os peptídeos são separados com base em interações hidrofóbicas com o material da coluna). Este procedimento separa a coleção inicial altamente complexa de peptídeos em várias misturas de peptídeos de complexidade menor que podem ser distinguidas umas das outras e sequenciadas mais facilmente. Cada subconjunto de peptídeos é submetido à espectrometria de massa em *tandem* (MS/MS, discutida anteriormente) para sequenciar a maior quantidade possível de peptídeos da população. Por fim, considerando-se a existência da sequência genômica completa do organismo que está sendo pesquisado e as sequências peptídicas determinadas, ferramentas de bioinformática permitem correlacionar cada peptídeo a uma determinada sequência codificadora de proteína (gene) no genoma.

Na prática, esse método detecta apenas um conjunto das proteínas de uma mistura proteica complexa, como a derivada de uma célula inteira. Uma análise típica pode detectar aproximadamente 1.000 proteínas diferentes. Ainda assim, métodos adicionais de fracionamento e a sensibilidade aumentada da espectrometria de massa podem aumentar a performance desses perfis proteicos no futuro. Embora a análise de LC-MS seja muito boa para identificar as proteínas que estão presentes em um extrato celular, atualmente é mais difícil determinar a abundância relativa das proteínas por meio dessa abordagem. Para resolver esse ponto fraco, novas tecnologias quantitativas estão sendo desenvolvidas e têm sido utilizadas em alguns casos.

Comparações entre proteomas identificam diferenças importantes entre as células

Embora o conhecimento da composição completa de proteínas de uma célula tenha um valor intrínseco, na maioria dos casos, são as diferenças entre dois tipos celulares ou entre células expostas a duas condições de crescimento diferentes que têm valor maior. Ao determinar o proteoma de cada situação, as diferenças nas proteínas presentes podem ser determinadas. Esta análise, por sua vez, pode identificar proteínas que provavelmente são responsáveis por diferenças celulares e, portanto, representam boas candidatas para estudos posteriores.

O valor da proteômica comparativa pode ser visto na análise de diferentes células cancerígenas. Com frequência, observa-se que indivíduos diferentes com aparentemente o mesmo tipo de câncer respondem de maneira bastante diferente ao mesmo tratamento quimioterápico. Ao comparar os proteomas de diferentes amostras tumorais, observa-se que células aparentemente semelhantes possuem diferenças importantes nas proteínas que expressam. Essas diferenças podem tornar-se marcadores valiosos para distinguir entre diferentes tipos de tumores. Mais importante do que isso, esses marcadores podem ser utilizados para selecionar as quimioterapias mais efetivas para cada paciente.

A espectrometria de massa também pode monitorar estados de modificação proteica

Como o estado de modificação de uma proteína pode afetar profundamente sua função, esforços também estão sendo feitos para identificar amplamente o estado de modificação de proteínas na célula. Modificações específicas são comumente utilizadas para alterar a atividade ou a estabilidade de uma proteína. Por exemplo, a fosforilação de proteínas é muito utilizada para controlar sua atividade. A fosforilação pode causar a alteração da conformação de uma proteína de maneira funcionalmente importante (p. ex., várias proteino-quinases estão ativas apenas após serem fosforiladas). Alternativamente, a ligação de um fosfato pode criar um novo sítio de ligação para outra proteína na superfície da proteína, levando à montagem de novos complexos proteicos. Outras modificações proteicas incluem metilação, acetilação e ubiquitinação. A última envolve a ligação da proteína ubiquitina, de 76 aminoácidos, a um resíduo de lisina via ligação pseudopeptídica. A modificação da proteína com múltiplas ubiquitinas geralmente marca a proteína para degradação.

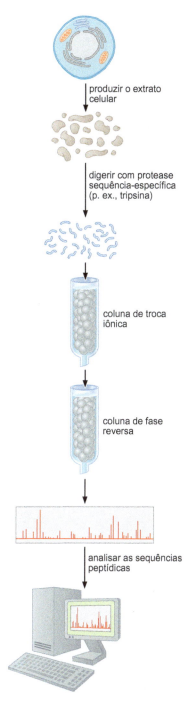

FIGURA 7-31 Separação de proteínas por cromatografia líquida seguida por análise de espectrometria de massa. As etapas do método estão ilustradas na figura e descritas no texto.

Cada tipo de modificação causa uma alteração discreta na massa molecular da proteína. Isso pode ser monitorado por espectrometria de massa, e foram desenvolvidos métodos para identificar proteomas que incluem apenas as proteínas com uma determinada modificação. Por exemplo, o conjunto completo de proteínas fosforiladas da célula é chamado de "fosfoproteoma". Métodos para identificar o conjunto de proteínas que inclui uma determinada modificação foram desenvolvidos e geralmente empregam resinas de afinidade que se ligarão especificamente à modificação de interesse. Por exemplo, resinas que possuem Fe^{3+} imobilizado (também chamado de cromatografia por afinidade a metal imobilizado [IMAC, *immobilized metal affinity chromatography*]) ligam-se especificamente a peptídeos fosforilados. Misturas de peptídeos derivadas de extratos celulares brutos podem ser incubadas com essa resina, e a pequena proporção de peptídeos que se liga a ela é enriquecida em fosfopeptídeos. Esses peptídeos podem, então, ser analisados por LC-MS para identificar as proteínas que estão modificadas e os sítios de modificação. Esta informação é uma ferramenta valiosa para identificar a quinase que modificou a proteína e para testar a importância da modificação pela geração de proteínas mutantes que não podem ser modificadas.

Interações proteína-proteína podem fornecer informações sobre a função proteica

A proteômica também se preocupa em identificar todas as proteínas que se associam à outra proteína em uma célula para gerar o que se chama de **interatoma**. Um interatoma completo de uma célula indica todas as interações entre as proteínas da célula. Essas interações, por sua vez, podem ser utilizadas para determinar em que processos uma proteína pode estar envolvida. Proteínas que fazem parte do mesmo complexo proteico geralmente estarão envolvidas no mesmo processo celular.

Um método para determinar as interações proteína-proteína é o sistema de ensaio de duplo-híbrido em leveduras (ver Cap. 19, Quadro 19-1), em que a proteína de interesse atua como "isca" e uma biblioteca de proteínas pode ser testada como "presa" potencial. Uma segunda abordagem é usar resinas de afinidade ou imunoprecipitação para purificar rapidamente uma proteína de interesse juntamente com quaisquer proteínas associadas. A mistura de proteínas resultante pode, então, ser analisada por LC-MS para identificar as proteínas associadas. Repetindo esse procedimento com todas as proteínas de uma célula, é possível obter um diagrama de interação completo das interações proteína-proteína nessa célula.

Esta última abordagem foi aplicada à levedura *Saccharomyces cerevisiae*. Mais de 6.000 proteínas de *S. cerevisiae* foram purificadas por cromatografia de afinidade (o gene para cada proteína foi geneticamente modificado ou "etiquetado" para acrescentar uma extensão carboxiterminal curta que se liga a duas resinas de afinidade), e a espectrometria de massa foi utilizada para identificar quaisquer proteínas adicionais que foram copurificadas com as proteínas etiquetadas. A comparação desses dados identificou centenas de complexos proteicos presentes na célula – muitos deles já eram conhecidos, mas alguns eram novos. A efetividade deste estudo pode ser vista pela detecção de um grande número de complexos proteicos bem-documentados (p. ex., RNA-polimerase II) (Fig. 7-32).

INTERAÇÕES ÁCIDO NUCLEICO-PROTEÍNA

Agora a atenção é voltada para os vários métodos que podem ser utilizados para detectar interações entre ácidos nucleicos e proteínas. Essas interações são essenciais para a determinação da especificidade e da precisão dos eventos descritos neste livro. Sejam eles transcrição, recombinação, replicação do DNA, reparo do DNA, *splicing* do mRNA ou tradução, as proteínas que atuam nesses eventos precisam reconhecer estruturas ou sequências específicas de ácidos nucleicos para assegurar que esses eventos ocorram no local e no momento corretos na célula.

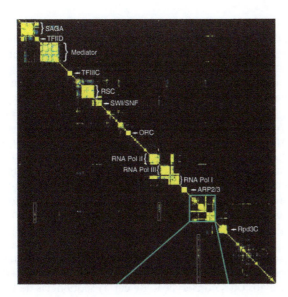

FIGURA 7-32 **Mapa de interatoma físico de *S. cerevisiae*.** Aqui estão representados os resultados dos estudos de purificação por afinidade/espectrometria de massa de todas as proteínas de *S. cerevisiae*. A figura é, na verdade, composta por uma série de colunas de quadros indicando quais proteínas coprecipitam com uma dada proteína. Se uma proteína coprecipitar com a proteína "etiquetada", o quadro será amarelo. Se não, o quadro será preto. Nesta visão, as proteínas que estão em um mesmo complexo foram agrupadas em ambos os eixos, vertical e horizontal; portanto, os complexos são observados na diagonal. Um subconjunto de todos os complexos (muitos são discutidos em outras partes do texto) está marcado e representado na imagem aqui fornecida. (Reproduzida, com permissão, de Collins S.R. et al. 2007. *Mol. Cell. Proteom.* **6**: 439-450, Fig. 3b. © American Society for Biochemistry and Molecular Biology.)

Considerando a importância de entender a interação ácido nucleico-proteína, há vários ensaios robustos que podem ser utilizados para medir esses eventos tanto *in vivo* quanto *in vitro*. Nas seções seguintes, serão abordados vários ensaios, comparando seus pontos fortes e fracos.

A mobilidade eletroforética do DNA é alterada por ligação a proteínas

Assim como pode ser utilizada para determinar o tamanho relativo de moléculas de DNA, RNA ou proteínas, a mobilidade eletroforética também pode ser utilizada para detectar interações proteína-DNA. Se uma determinada molécula de DNA estiver ligada a uma proteína, a migração do complexo DNA-proteína no gel será retardada em comparação com a molécula de DNA não ligada a proteínas. Esse é o fundamento de um método de detecção de atividades de ligação específicas do DNA. A estratégia geral é a seguinte: um pequeno fragmento de DNA dupla-fita (dsDNA) contendo o sítio de ligação de interesse é marcado radioativamente, de modo a permitir sua detecção em pequenas quantidades por eletroforese em gel de poliacrilamida e por autorradiografia. Uma marcação fluorescente também pode ser utilizada, mas é importante que o fluoróforo (ver Cap. 9, Quadro 9-1, Fig. 1b) não esteja em uma posição que interfira na ligação ao DNA. A seguir, essa "sonda" de DNA é misturada à proteína de interesse e a mistura é separada em um gel sob condições não desnaturantes. Se a proteína se ligar à sonda de DNA, o complexo proteína-DNA migrará mais lentamente, resultando em uma mudança na localização do DNA marcado (Fig. 7-33). Por esse motivo, este ensaio é chamado de **ensaio de alteração de mobilidade eletroforética** (EMSA, *electrophoretic mobility-shift assay*), ou de maneira mais coloquial, de ensaio de alteração de banda ou gel. Esse ensaio foi descrito para um fragmento de dsDNA; entretanto, a mesma abordagem pode ser utilizada para detectar a ligação a uma molécula de DNA de fita simples (ssDNA) ou ao RNA.

O EMSA também pode ser utilizado para monitorar a associação de múltiplas proteínas ao mesmo DNA. Cada uma dessas interações pode ser devida à ligação em uma sequência específica de DNA. Alternativamente, após uma interação inicial sequência-específica, a proteína subsequente pode ligar-se à primeira proteína ligada ao DNA. Em ambos os casos, quando uma proteína adicional se liga, ela reduz ainda mais a mobilidade do fragmento de DNA. Utilizar o EMSA desta maneira pode ser um método poderoso para identificar como uma série de proteínas interage de maneira interdependente com o DNA. Proteínas diferentes que se ligam à mesma sonda de DNA também po-

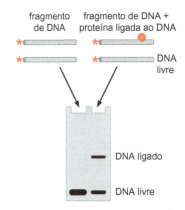

FIGURA 7-33 **Ensaio de alteração de mobilidade eletroforética.** O princípio do ensaio da alteração da mobilidade está demonstrado esquematicamente. Uma proteína é misturada a uma sonda de DNA marcada radioativamente que contém um sítio de ligação para essa proteína. A mistura é resolvida por eletroforese em gel de poliacrilamida e visualizada por autorradiografia. O DNA não misturado à proteína migra como uma única banda, correspondente ao tamanho do fragmento de DNA (canaleta da esquerda). Na mistura DNA e proteína, uma proporção das moléculas de DNA (mas nem todas, em função das concentrações utilizadas) liga-se à molécula proteica. Assim, duas bandas são visualizadas na canaleta da direita, uma corresponde ao DNA livre e a outra corresponde aos fragmentos de DNA complexados à proteína.

dem ser distinguidas porque proteínas de tamanhos diferentes afetarão a mobilidade do DNA de formas diferentes – quanto maior a proteína, mais lenta a migração. Se duas proteínas causarem uma alteração igual, então um segundo método pode ser utilizado para distinguir qual delas está ligada. A adição de um anticorpo contra uma proteína causará uma "superalteração" se essa proteína estiver associada com o DNA. Portanto, ao adicionar um anticorpo contra uma potencial proteína ligante, a presença da proteína no complexo proteína-DNA poderá ser avaliada.

Um ponto fraco do EMSA é que ele não revela intrinsecamente em que sequência do DNA a proteína se liga. Dois tipos de experimentos adicionais podem ser realizados para identificar o sítio de ligação da proteína na sonda de DNA. Uma abordagem é adicionar um excesso de oligômeros curtos de dsDNA à proteína antes de sua incubação com a sonda de DNA. Se o sítio de ligação da proteína estiver presente no oligômero, então a proteína se ligará ao oligômero de dsDNA em vez de se ligar à sonda de DNA específica. Alternativamente, pode-se introduzir mutações na sonda de DNA para avaliar seus efeitos na ligação da proteína. Embora essas abordagens possam ser realizadas sem o conhecimento de potenciais sítios de ligação, na maioria dos casos, experimentos prévios ou a conservação de certas sequências de DNA na sonda de DNA ajudam a simplificar a escolha das sequências a serem testadas.

Proteínas ligadas ao DNA o protegem da ação de nucleases e de modificações químicas

Como um sítio de ligação de uma proteína ao DNA, pode ser mais facilmente identificado? Uma série de estratégias eficazes permite a identificação dos sítios em que as proteínas se ligam sobre o DNA e dos grupos químicos do DNA (metil, amino ou fosfato) que interagem com a proteína. O princípio básico desses métodos é o seguinte: se um fragmento de DNA for marcado com um átomo radioativo em uma extremidade de apenas uma fita, a localização de qualquer quebra nessa fita pode ser deduzida pelo tamanho do fragmento marcado resultante. O tamanho, por sua vez, pode ser determinado por eletroforese desnaturante de alta resolução em gel de poliacrilamida (semelhante aos géis utilizados para analisar os produtos do sequenciamento de DNA) seguida por detecção dos fragmentos de ssDNA marcados. Por razões que ficarão claras em seguida, esses métodos são geralmente chamados de *footprinting* de DNA.

A mais comum dessas abordagens é o *footprinting* com proteção contra nuclease. Após a incubação do DNA com o DNA de extremidade marcada, os complexos resultantes são brevemente expostos a uma nuclease de DNA (geralmente a DNase I, que cliva uma fita do dsDNA-alvo). Sítios de DNA ligados a proteínas estão protegidos da clivagem pela nuclease, criando uma região de DNA sem sítios de clivagem (Fig. 7-34). O "*footprint*" resultante é revelado pela ausência de bandas de tamanhos que correspondam ao sítio de ligação à proteína. O método de *footprinting* com proteção química baseia-se na capacidade de uma proteína ligada a um sítio de ligação no DNA protegê-lo contra reagentes químicos base-específicos que (após uma reação adicional) originam quebras no esqueleto de DNA. Em ambos os métodos, é importante que o número de sítios de clivagem de nuclease ou de modificações químicas seja titulado para ficar em torno de um por sonda de DNA. Isso ocorre porque apenas o sítio de clivagem que está mais próximo da extremidade marcada do DNA será detectado após a eletroforese em gel e a detecção do DNA marcado.

A alteração da ordem dos dois primeiros passos origina um terceiro método, o *footprinting* com interferência química, que determina quais características da estrutura do DNA são *necessárias* para a ligação da proteína. Antes da adição da proteína ao DNA, realiza-se uma média de uma alteração química por DNA. O DNA modificado é incubado com a proteína de ligação

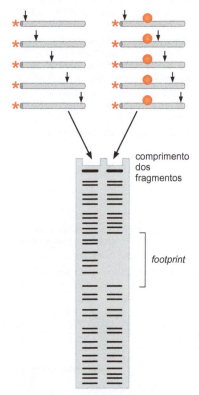

FIGURA 7-34 *Footprinting* com proteção contra nuclease. Os asteriscos representam as marcações radioativas nas extremidades dos fragmentos de DNA, as setas indicam os sítios de clivagem pela DNase e os círculos vermelhos representam o repressor *Lac* ligado ao operador. À esquerda, as moléculas de DNA, clivadas ao acaso pela DNase, estão separadas de acordo com seu tamanho, por eletroforese em gel. À direita, as moléculas de DNA são inicialmente ligadas ao repressor e só então são submetidas ao tratamento com DNAse. A proteção (*footprint*) está indicada à direita e corresponde ao conjunto de fragmentos gerados, após a clivagem pela DNase no DNA livre, mas não no DNA ligado ao repressor. No segundo caso, esses sítios estão inacessíveis, pois fazem parte da sequência do operador e, portanto, estão cobertos pelo repressor.

ao DNA, e os complexos proteína-DNA são isolados. Um método popular para separar o DNA ligado à proteína do DNA não ligado é utilizar o EMSA. Após a detecção do DNA marcado no gel de EMSA, o DNA alterado (ligado à proteína) e o não alterado (não ligado) podem ser facilmente separados. Se uma modificação em um determinado sítio não impedir a ligação da proteína, o DNA isolado do complexo irá conter essa modificação. Se, por outro lado, uma modificação impedir que a proteína reconheça o DNA, então nenhum DNA modificado no sítio será encontrado na amostra de DNA ligado à proteína. Assim como no ensaio de proteção química, os sítios de modificação química são detectados pelo tratamento do DNA com reagentes que clivam o DNA em sítios de modificação química.

Os reagentes utilizados para modificação química podem abordar aspectos muito específicos do DNA. Por exemplo, a substância química etilnitrossoureia (ENU) modifica especificamente os resíduos de fosfato no esqueleto de DNA. Outras substâncias químicas modificam especificamente certas bases nas fendas maior ou menor. Empregando diversos reagentes químicos, é possível conhecer as interações específicas entre uma proteína e as bases e entre os fosfatos do esqueleto de açúcar-fosfato do DNA.

O *footprinting* é um abordagem poderosa que identifica imediatamente o sítio do DNA ao qual uma proteína se liga; entretanto, como um grupo, esses métodos necessitam da ligação forte de uma proteína ao DNA. Em geral, para que um ensaio de *footprinting* de DNA seja efetivo, > 90% da sonda de DNA deve estar ligada à proteína. Este nível de ligação é necessário porque o ensaio de *footprinting* detecta a *falta* de um sinal (devido à proteção contra clivagem ou modificação do DNA) em vez do surgimento de uma nova banda. Esta situação é contrária à que ocorre no método de EMSA, mais sensível, no qual a ligação da proteína ao DNA marcado resulta na formação de uma nova banda em uma região do gel que, na ausência de ligação da proteína, é desprovida de qualquer molécula de DNA.

A imunoprecipitação da cromatina pode detectar a associação da proteína com o DNA na célula

Embora os ensaios *in vitro* para a ligação entre proteína e DNA possam ser informativos, é geralmente importante determinar se uma proteína se liga a um determinado sítio do DNA em uma célula viva. Para qualquer proteína de ligação ao DNA, há vários sítios potenciais de ligação no genoma inteiro de uma célula. Apesar disso, em muitos casos, apenas um conjunto desses sítios será ocupado. Em algumas situações, a ligação de outras proteínas pode inibir a associação da proteína com um sítio potencial de ligação ao DNA. Em outros casos, a ligação de proteínas adjacentes pode ser necessária para uma ligação forte. Em ambos os casos, saber se uma proteína (p. ex., um regulador transcricional; ver Cap. 19) está ligada a um determinado sítio (p. ex., uma determinada região promotora) na célula pode ser uma evidência importante de que ela atua na regulação de algum evento ocorrendo nessa região (p. ex., ativação transcricional).

A imunoprecipitação da cromatina, muitas vezes chamada simplesmente de ChIP (Ch*romatin* I*mmuno* P*recipitation*), é uma poderosa técnica para monitorar interações entre proteínas e ácidos nucleicos na célula. Em suma, a técnica é realizada da seguinte forma: adiciona-se formaldeído a células vivas, interligando o DNA a qualquer proteína ligada a ele e interligando proteínas fortemente ligadas a outras proteínas. A seguir, as células são lisadas e o DNA é fragmentado em segmentos pequenos (de 200 a 300 pb cada) por sonicação. Usando-se um anticorpo específico para a proteína de interesse (p. ex., um regulador de transcrição), os fragmentos de DNA ligados a ela podem ser separados da maior parte do DNA da célula por imunoprecipitação (ou IP). Quando a imunoprecipitação é concluída, a interligação entre proteína e DNA é revertida, permitindo a análise das sequências de DNA que estão presentes na IP (Fig. 7-35).

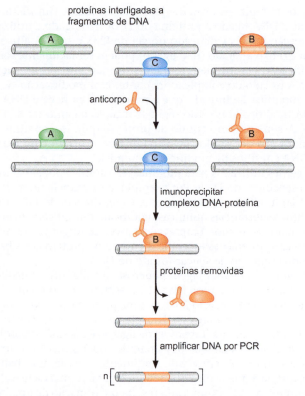

FIGURA 7-35 **Imunoprecipitação da cromatina (ChIP).**

A etapa mais importante de um experimento de ChIP é determinar se uma determinada região do DNA está ligada à proteína e, portanto, presente na IP. Isso pode ser realizado por uma de duas abordagens básicas. Para determinar se uma dada região de DNA (p. ex., um promotor) liga-se à proteína, é feita uma PCR, utilizando-se iniciadores destinados a amplificar a região alvo. Se a proteína estava ligada ao DNA no momento da interligação, a sequência estará presente na IP e será amplificada. Existem dois controles importantes que são geralmente incluídos neste ensaio. Primeiro, são utilizados iniciadores de PCR complementares a uma outra região do DNA (uma região à qual se sabe que a proteína não se liga); nesse caso, não deve haver amplificação de DNA (Fig. 7-35). Segundo, antes de realizar a IP, uma pequena quantidade do DNA total é reservada, e os iniciadores teste e controle são utilizados para amplificar o DNA desta amostra não fracionada. Se os iniciadores da PCR amplificarem com a mesma eficiência, ambas as sequências deverão ser igualmente amplificadas a partir desta população inicial de DNA. Este controle garante que quaisquer diferenças na extensão da amplificação por PCR do DNA da ChIP usando os dois conjuntos diferentes de iniciadores se devem a uma diferença em abundância e não à diferença na eficiência da PCR.

Uma segunda abordagem para identificar as sequências de DNA associadas a uma determinada proteína da célula consiste em utilizar microarranjos de DNA. Nesta abordagem, o DNA que está fixado, interligado, à proteína e o DNA total isolado da célula são marcados com dois fluoróforos diferentes (neste exemplo, vamos chamá-los de vermelho e verde, respectivamente). As duas populações são misturadas e hibridizadas ao microarranjo. Regiões com alta proporção de vermelho:verde representam sítios de ligação da proteína; as com baixa proporção de vermelho:verde são regiões que não estão ligadas. Esta abordagem é particularmente poderosa porque permite a investigação simultânea de genomas inteiros, e não é necessário qualquer conhecimento prévio sobre os potenciais sítios de ligação. Como esta abordagem analisa amostras de DNA fracionadas por ChIP usando *chips* de DNA tipo microarranjos, ela é comumente chamada de ChIP-Chip.

Embora essa técnica seja muito eficaz e utilizada rotineiramente, ela apresenta limitações que exigem atenção do pesquisador. Primeiro, como também acontece com o EMSA, a resolução da ChIP é limitada. Não é possível demonstrar que uma proteína está ligada em um determinado sítio curto específico, mas sim que ela está ligada em um sítio localizado em um fragmento de 200 a 300 pb. Portanto, a ChIP é adequada para demonstrar que uma proteína reguladora está ligada a montante de um gene e não de outro, mas isso não mostra exatamente em que local, a montante do gene, a proteína está ligada. Assim como acontece no EMSA, serão necessárias mutações no DNA para testar se uma proteína se liga a um sítio específico. Segundo, apenas proteínas para as quais há anticorpos disponíveis podem ser estudadas por ChIP. Ainda mais importante, as proteínas só podem ser identificadas se o epítopo (a região específica de uma proteína reconhecida por um anticorpo) relevante ficar exposto quando a proteína em questão é fixada junto com o DNA (e talvez com outras proteínas com as quais ela interage no gene). Um aspecto que aumenta ainda mais a complexidade é que, se uma determinada proteína não for detectada em um ambiente ou condição fisiológica, mas for identificada em outras condições, a interpretação óbvia é de que a proteína em questão se liga na região do DNA em resposta a modificações nas condições ambientais. Mas uma explicação alternativa pode ser a de que a proteína em questão está ligada o tempo inteiro, mas ainda assim seu epítopo está escondido por outra proteína, presente sob um determinado conjunto de condições mas não em outro.

Tecnologias de genoma inteiro estão evoluindo rapidamente, e há um grande número de variações emergentes nos ensaios básicos de ChIP aqui descritos. Por exemplo, em uma abordagem chamada ChIP-Seq, o DNA imunoprecipitado derivado de cromatina fixada e fragmentada é submetido ao sequenciamento direto de DNA, e as leituras de sequências de DNA são, então, alinhadas na ordem genômica correspondente. A identificação frequente de sequências em um determinado sítio genômico é evidência para a ligação de proteína neste sítio. A ChIP-Seq é semelhante ao método de ChIP-Chip, mas às vezes é mais fácil porque evita a etapa de geração de microarranjos de genoma inteiro. É preciso apenas saber a sequência genômica do organismo/ célula sob investigação para mapear os sítios de ligação ao DNA. No Capítulo 19, serão abordados esses métodos mais especializados de maneira mais detalhada no contexto de sua aplicação na identificação de reforçadores.

Ensaios de captura de conformação cromossômica são utilizados para analisar interações de longo alcance

Os cromossomos enovelam-se em várias formas tridimensionais, e essas estruturas influenciam na estabilidade do genoma (Cap. 10), na segregação cromossômica (Cap. 8) e na regulação e atividade gênicas (Cap. 19). Interações de longo alcance ocorrem entre genes amplamente espaçados e seus elementos reguladores correspondentes, alguns dos quais podem ser encontrados até várias megabases de distância. Em um exemplo, descrito de maneira mais detalhada no Capítulo 21, o reforçador que controla a expressão do gene Sonic hedgehog no desenvolvimento de membros de embriões de mamíferos está localizado a cerca de 1 Mb de distância do sítio de início da transcrição do gene. A expressão depende da habilidade do reforçador remoto de transpor longas distâncias até o promotor do Sonic hedgehog. Ensaios de captura de conformação cromossômica (3C) podem ser utilizados para detectar tais interações. O método, ilustrado na Figura 7-36, funciona como descrito a seguir: o tratamento de células intactas com formaldeído serve para ligar regiões genômicas que interagem pela fixação das proteínas ao DNA e de proteínas a outras proteínas. A cromatina é, então, fragmentada pela clivagem com endonucleases de restrição ou por ruptura física, como a sonicação. O DNA

FIGURA 7-36 Esquema da captura de conformação cromossômica. Ensaios de 3C envolvem três etapas básicas: (1) segmentos cromossômicos interagentes são fixados com formaldeído, (2) o DNA é digerido, e (3) fragmentos de DNA fixados são ligados para gerar produtos que são amplificados e podem ser analisados posteriormente.

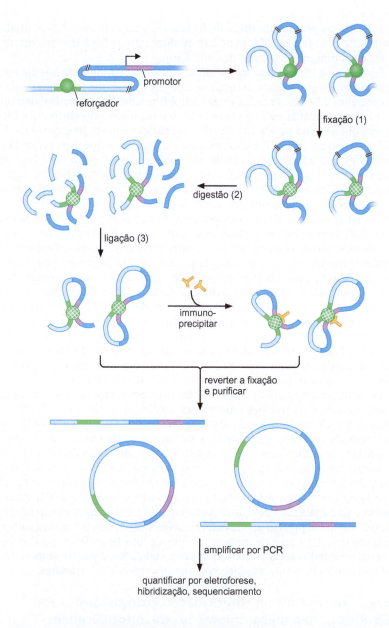

resultante é submetido à ligação sob condições que favorecem a ligação intramolecular dos fragmentos de DNA associados. Neste ponto, a fixação é revertida e a mistura da ligação é purificada. Alternativamente, após a ligação, a mistura pode ser imunoprecipitada com um anticorpo específico que reconhece a proteína de interesse, como discutido na seção anterior.

Ensaios de 4C e 5C são variações do método de 3C que permitem detectar todas as interações cromossômicas com um ponto de ancoragem fixo no genoma. Em um exemplo marcante, essas abordagens foram utilizadas para estudar o "arquipélago de reforçadores" que regula o *locus Hoxd*. O agrupamento gênico *HoxD* está envolvido na organização de padrões de crescimento, em particular, de membros em desenvolvimento. A transcrição desses genes é coordenada em ondas, ativadas por sequências reguladoras localizadas a centenas de quilobases do agrupamento gênico. A primeira onda de expressão ocorre durante o desenvolvimento inicial dos membros, controlada por um conjunto de reforçadores, enquanto um segundo conjunto de genes é expresso em uma onda posterior de transcrição que ocorre com a formação dos dígitos, controlada por outro conjunto de reforçadores. Usando técnicas relacionadas à 3C, pesquisadores determinaram que vários reforçadores, distribuídos em um intervalo de 800 kb, interagem com o promotor de *Hoxd13*.

A seleção *in vitro* pode ser utilizada para identificar um sítio de ligação de proteína no DNA ou no RNA

À medida que mais proteínas de ligação ao DNA são identificadas e compreendidas, os motivos de aminoácidos associados à ligação em sequências específicas do DNA tornam-se relativamente fáceis de identificar (p. ex., motivos de hélice-volta-hélice; ver Cap. 6). Apesar desses achados, o conhecimento acerca destes domínios proteicos de ligação a ácidos nucleicos não evoluiu ao ponto de a sequência primária de aminoácidos de uma proteína ser suficiente para revelar a sequência de DNA à qual ela se liga. Ainda assim, essa informação é muito importante para identificar regiões potencialmente reguladoras que podem ser alvo de análises subsequentes.

Como é possível identificar a sequência de DNA reconhecida por uma determinada proteína? Uma abordagem poderosa, chamada de **seleção *in vitro*** ou **SELEX** (*Systematic Evolution of Ligands by Exponential Enrichment*), envolve o uso da especificidade de sequência da proteína para triar uma biblioteca diversa de oligonucleotídeos. Ao caracterizar o DNA enriquecido, as sequências que se ligam fortemente à proteína podem ser identificadas.

A primeira etapa desse método é a produção de uma grande biblioteca de oligonucleotídeos de ssDNA usando a síntese química de DNA (que foi descrita na primeira parte deste capítulo). É importante observar que as 10 a 12 bases centrais desses oligonucleotídeos são randomizadas (pela adição de uma mistura de todos os quatro precursores de nucleotídeo a estas etapas da síntese de oligonucleotídeos). A região randomizada de cada nucleotídeo é flanqueada em ambos os lados por sequências definidas. Após a síntese da biblioteca de oligonucleotídeos, um iniciador curto é anelado à extremidade 3' definida dos oligonucleotídeos e estendido para converter a biblioteca de ssDNA randomizado em uma biblioteca de dsDNA randomizado.

O enriquecimento em oligonucleotídeos que se ligam à proteína de interesse pode ser realizado pelo uso de métodos semelhantes aos já discutidos. Após a incubação da proteína com a biblioteca de oligonucleotídeos, a reação inteira pode ser separada em um EMSA. O DNA no complexo de migração alterada estará altamente enriquecido para sequências de DNA que se ligam fortemente à proteína. Alternativamente, se um anticorpo que reconhece a proteína de interesse estiver disponível, uma imunoprecipitação semelhante ao ensaio de ChIP pode ser utilizada para separar proteína e DNA ligado de DNA não ligado. Independentemente do mecanismo de enriquecimento, a PCR é, então, utilizada para amplificar o DNA ligado (usando oligonucleotídeos curtos que hibridizam às regiões terminais não randomizadas da biblioteca de dsDNA). Esta etapa de amplificação é necessária porque apenas uma pequena porcentagem dos oligonucleotídeos iniciais se ligará à proteína. A repetição das etapas de enriquecimento e amplificação enriquecerá ainda mais para sequências que estão mais fortemente ligadas à proteína de interesse (Fig. 7-37). Em geral, são realizadas de três a cinco rodadas de enriquecimento para identificar sequências de DNA que estão mais fortemente associadas à proteína de interesse.

A especificidade da proteína pela sequência de DNA pode ser determinada pelo sequenciamento de um conjunto dos DNAs enriquecidos. Geralmente, apenas um conjunto de sequências de uma região randomizada será conservado, porque a maioria das proteínas de ligação ao DNA não reconhece mais do que seis ou sete nucleotídeos. A análise computacional geralmente é utilizada para auxiliar na identificação das sequências mais conservadas. A sequência final de bases pode ser representada por um logotipo de sequência, no qual o tamanho dos caracteres G, A, T ou C representa a frequência da ocorrência de cada nucleotídeo na biblioteca de oligonucleotídeos enriquecidos (Fig. 7-38).

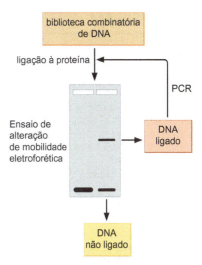

FIGURA 7-37 Esquema da seleção *in vitro*. Uma biblioteca combinatória de DNA, na qual as 10 a 12 bases centrais são randomizadas, é ligada à proteína de interesse. O DNA ligado à proteína é separado do DNA não ligado usando um EMSA. O DNA ligado é eluído do gel e submetido à PCR com iniciadores direcionados contra as regiões constantes que flanqueiam as regiões randomizadas do DNA. Estas sequências são submetidas a mais dois a cinco ciclos de ligação e enriquecimento para identificar a maior afinidade.

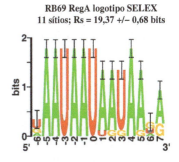

FIGURA 7-38 Logotipo de sequência SELEX. A seleção *in vitro* foi utilizada para isolar RNAs que se ligam à proteína repressora da transcrição RB69 RegA. A imagem mostra o logotipo de sequências selecionadas. A altura da letra é proporcional à frequência de cada base na posição, com a base de maior frequência no topo. (Reproduzida, com permissão, de Dean T.R. et al. 2005. *Virology* **336**:26-36, Fig. 4a. © Elsevier.)

BIBLIOGRAFIA

Livros

Green M. and Sambrook J. 2012. *Molecular cloning:Alaboratory manual*, 4th ed. Cold Spring Harbor Laboratory Press, Cold Spring Harbor, New York.

Griffiths A.J.F., GelbartW.M., Lewontin R.C., and Miller J.H. 2002. *Modern genetic analysis*, 2nd ed. W.H. Freeman, New York.

Hartwell L., Hood L., Goldberg M.L., Reynolds A.E., Silver L.M., and Veres R.C. 2003. *Genetics: From genes to genomes*, 2nd ed. McGraw-Hill, New York.

Snustad D.P. and Simmons M.J. 2002. Principles of genetics, 3rd ed. Wiley, New York.

Análise genômica

Frazer K.A., Pachter L., Poliakov A., Rubin E.M., and Dubchak I. 2004. VISTA: Computational tools for comparative genomics. *Nucleic Acids Res.* **32:** W273–W279.

Human Genome. 2001. *Nature* **409:** 813–960.

Human Genome. 2001. *Science* **291:** 1145–1434.

International Human Genome Sequencing Consortium. 2004. Finishing the euchromatic sequence of the human genome. *Nature* **431:** 931–945.

Mouse Genome. 2002. *Nature* **420:** 509–590.

Osoegawa K., Mammoser A.G., Wu C., Frengen E., Zeng C., Catanese J.J., and de Jong P.J. 2001. A bacterial artificial chromosome library for sequencing the complete human genome. *Genome Res.* **11:**483–496.

The Human Genome at Ten. 2011. *Nature* **464:** 649–671.

Análise proteômica

Yates J.R. III, Gilchrist A., Howell K.E., and Bergeron J.J. 2005. Proteomics of organelles and large cellular structures. *Nat. Rev. Mol. Cell. Biol.* **6:**702–714.

QUESTÕES

Para respostas de questões de número par, ver Apêndice 2: Respostas.

Questão 1. Como o DNA migra através de um gel quando um campo elétrico é aplicado para eletroforese? Explique sua resposta e como o DNA é visualizado após a eletroforese.

Questão 2. A endonuclease de restrição, XhoI, reconhece a sequência 5'-CTCGAG-3' e cliva entre C e T em cada uma das fitas.

A. Qual é a frequência calculada da ocorrência dessa sequência em um genoma?

B. A endonuclease de restrição, SalI, reconhece a sequência 5'-GTCGAC-3' e cliva entre G e T em cada uma das fitas. Você acha que as extremidades coesivas geradas após a clivagem por XhoI e SalI poderiam ligar-se umas às outras? Explique sua resposta.

Questão 3. Descreva resumidamente dois métodos para a marcação de uma sonda de DNA.

Questão 4. Compare e trace um paralelo entre *Southern blot* e *northern blot*.

Questão 5. Vetores de clonagem plasmidiais são especialmente projetados para conter várias características que são úteis para clonagem e expressão. Em uma ou duas frases, descreva o papel de cada uma das seguintes características: origem de replicação, sítios de reconhecimento de enzimas de restrição, marca de seleção e promotor.

Questão 6. Explique como uma biblioteca de DNA genômico difere de uma biblioteca de cDNA. Qual é a vantagem de utilizar uma biblioteca de cDNA?

Questão 7. Os períodos de tempo e as temperaturas a seguir são um exemplo das etapas da PCR. Você pode usar a Figura 7-12 para ajudá-lo a responder as seguintes questões:

94°C ⇒ 10 min | 94°C ⇒ 30 s | 55°C ⇒ 30 s | 72°C ⇒ 1:30 s | 72°C ⇒ 10 min | 4°C ∞

(× 25 ciclos)

A. Por que a primeira etapa é realizada a 94°C?

B. O que acontece na reação quando a temperatura é alterada para 55°C durante a ciclagem?

C. Durante a ciclagem, o que ocorre quando a temperatura está em 72°C?

Questão 8. Descreva a base para a separação de proteínas por cromatografias de troca iônica, de gel filtração e coluna de afinidade.

Questão 9. Explique o motivo para a adição de SDS a amostras de proteínas para eletroforese em gel de poliacrilamida.

Questão 10. Três ensaios para testar as interações entre proteínas e DNA são o ensaio de alteração de mobilidade eletroforética (EMSA), o *footprinting* de DNA e a imunoprecipitação de cromatina (ChIP).

A. Em um ensaio de *footprinting* de DNA, explique por que apenas uma das fitas do DNA pode ser marcada em sua extremidade para que o experimento funcione.

B. Seguindo a etapa de imunoprecipitação em uma imunoprecipitação de cromatina (ChIP), explique como identificar as sequências de DNA que permanecem ligadas à proteína de interesse.

Questão 11. Você decide realizar o sequenciamento didesoxi em um produto de PCR. Você adiciona o iniciador adequado, marcado com ^{32}P, DNA-polimerase, molde de DNA (o produto para a PCR), tampão, mistura de dNTPs e uma pequena quantidade de um dos quatro ddNTPs a quatro tubos de reação. Você corre as reações no termociclador, aplica cada reação em uma canaleta separada de gel de poliacrilamida e separa os produtos por eletroforese em gel. Na figura a seguir, as canaletas estão marcadas de acordo com o ddNTP adicionado.

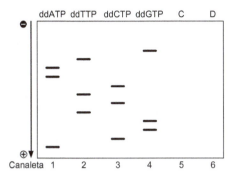

A. Qual é a sequência da fita-**molde**? Identifique as extremidades 5' e 3'.
B. Suponha que você adicionou acidentalmente 10 vezes mais ddGTP à reação da canaleta 4. Que efeito isso teria no padrão de bandas dessa canaleta?
C. Na canaleta 5, desenhe o que você esperaria ver se preparasse uma reação usando uma mistura de nucleotídeos contendo apenas dATP, dTTP, dCTP e dGTP.
D. Na canaleta 6, desenhe o que você esperaria ver se preparasse uma reação usando uma mistura de nucleotídeos contendo apenas ddATP, dTTP, dCTP e dGTP.

Questão 12. Você quer caracterizar a expressão de um gene de *Drosophila melanogaster* durante o desenvolvimento. Você isola o mRNA de embriões e moscas adultas e realiza um *northern blot* usando uma sonda de DNA marcada especificamente para o mRNA do Gene Z, um gene necessário para o desenvolvimento. Os resultados estão apresentados a seguir:

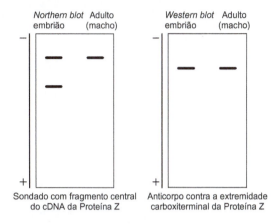

Intrigado, você isola a proteína Z de embriões e moscas adultas e realiza um *western blot* usando um anticorpo contra a extremidade carboxiterminal da proteína. Os resultados estão apresentados no gel acima, à direita. Você se surpreende ao encontrar apenas uma banda do mesmo tamanho molecular em embriões e moscas adultas.

A. Proponha uma hipótese para explicar esses resultados.
B. Proponha uma modificação para a estratégia experimental de *western blot* que permitiria que você testasse a sua hipótese. Suponha que você tem acesso a todos os reagentes necessários.

PARTE 3

MANUTENÇÃO DO GENOMA

SUMÁRIO

CAPÍTULO 8
Estrutura do Genoma,
Cromatina e Nucleossomo, 199

CAPÍTULO 9
Replicação do DNA, 257

CAPÍTULO 10
Mutabilidade e Reparo
do DNA, 313

CAPÍTULO 11
Recombinação Homóloga
em Nível Molecular, 341

CAPÍTULO 12
Recombinação Sítio-específica
e Transposição do DNA, 377

A Parte 3 é dedicada aos processos que propagam, mantêm e alteram o genoma de uma geração celular para outra. Nos Capítulos 8 a 12, vamos examinar o seguinte:

- Como as grandes moléculas de DNA, que compõem os cromossomos de organismos eucariotos, são compactadas no núcleo?
- Como o DNA é totalmente replicado durante o ciclo celular, e como isso é realizado com alta fidelidade?
- Como o DNA é protegido de danos espontâneos e ambientais, e como uma lesão, uma vez estabelecida, é revertida?
- Como as sequências de DNA são trocadas entre os cromossomos em processos conhecidos como recombinação e transposição, e quais são os papéis biológicos desses processos?

Ao responder essas questões, será visto que a molécula de DNA está sujeita tanto a processos conservativos, que atuam para mantê-la inalterada de geração a geração, como a outros processos que geram alterações profundas no material genético, ajudando a guiar a diversidade e a evolução dos organismos.

Inicia-se, no Capítulo 8, pela descrição de como as grandes moléculas de DNA que compõem os cromossomos variam em sua organização e tamanho entre diferentes organismos. O grande comprimento do DNA cromossômico requer que ele seja empacotado em um formato mais compacto para se acomodar dentro da célula. A forma compactada do DNA é chamada cromatina. Ser compactado dessa maneira reduz o comprimento dos cromossomos, mas ao mesmo tempo altera a acessibilidade e o comportamento do DNA. Além disso, a cromatina pode ser modificada para aumentar ou diminuir o acesso ao DNA. Essas alterações contribuem para assegurar que o DNA replique, recombine e seja transcrito no momento exato e no local correto. O Capítulo 8 introduz os componentes histônicos e não histônicos da cromatina, a estrutura da cromatina e as enzimas que ajustam a acessibilidade do DNA cromossômico.

A estrutura do DNA sugeriu um mecanismo de como o material genético é duplicado. O Capítulo 9 descreve esse mecanismo de duplicação de maneira detalhada. São descritas as enzimas que sintetizam o DNA e as maquinarias moleculares complexas que permitem a replicação simultânea de ambas as fitas do DNA. Discute-se, também, como o processo de replicação do DNA é iniciado, e como esse evento é cuidadosamente regulado pelas células para garantir que o número cromossômico correto seja mantido.

No entanto, o mecanismo de replicação não é infalível. Cada ciclo de replicação insere erros que, se não forem corrigidos, resultarão em mutações nas moléculas-filhas de DNA. Além disso, o DNA é uma molécula frágil que sofre lesões espontâneas ou provocadas por produtos químicos e radiação. Essas lesões devem ser detectadas e corrigidas, a fim de evitar o rápido acúmulo de uma carga inaceitável de mutações. O Capítulo 10 é dedicado aos mecanismos que detectam e corrigem as lesões no DNA. Os organismos, desde as bactérias até os seres humanos, possuem mecanismos semelhantes e, com frequência, altamente conservados, para preservar a integridade de seu DNA. As falhas nesses sistemas resultam em consequências catastróficas, como o câncer.

Os dois capítulos finais da Parte 3 revelam um aspecto complementar do metabolismo do DNA. Ao contrário dos processos conservativos de replicação e reparo, que preservam o material genético com alterações mínimas, os processos considerados nesses capítulos provocam novos rearranjos nas sequências de DNA. O Capítulo 11 dedica-se à recombinação homóloga – processo de quebra e religação pelo qual cromossomos bastante semelhantes (homólogos) trocam segmentos equivalentes de DNA. A recombinação homóloga, que permite a geração de diversidade genética e a substituição de sequências perdidas ou defeituosas, é um dos principais mecanismos de reparo de moléculas de DNA rompidas. São descritos modelos de processos de recombinação homóloga, bem como o fascinante conjunto de motores moleculares que buscam sequências homólogas entre as moléculas de DNA para, então, criar e resolver os intermediários previstos pelos modelos propostos.

Por fim, o Capítulo 12 apresenta dois tipos especializados de recombinação, conhecidos como recombinação sítio-específica e transposição. Esses processos levam ao acúmulo de uma enorme quantidade de determinadas sequências no genoma de diversos organismos, incluindo seres humanos. Serão discutidos os mecanismos moleculares e as consequências biológicas dessas formas de permuta de material genético.

FOTOGRAFIAS DOS ARQUIVOS DO COLD SPRING HARBOR LABORATORY

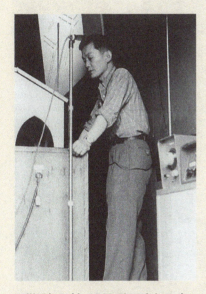

Reiji Okazaki, 1968 Simpósio sobre replicação do DNA em microrganismos. Okazaki havia, nessa época, demonstrado como uma das novas fitas durante a replicação do DNA era sintetizada em fragmentos curtos, os quais eram unidos mais tarde. A existência desses "fragmentos de Okazaki" explicou como uma enzima que sintetiza DNA em apenas uma direção era capaz de sintetizar duas fitas de polaridades opostas ao mesmo tempo (Cap. 9).

Paul Modrich, 1993 Simpósio sobre DNA e cromossomos. Um pioneiro na área de reparo do DNA (Cap. 10), Modrich estabeleceu muitos dos mecanismos básicos de reparo de maus pareamentos.

Carol Greider, Titia de Lange e Elizabeth Blackburn, 2001 Encontros sobre telômeros. Blackburn descobriu as sequências repetidas características dos telômeros, nas extremidades dos cromossomos. Mais tarde, como aluna de graduação no laboratório de Blackburn, Greider descobriu a telomerase, enzima que mantém os telômeros (Cap. 9). Entre elas, está de Lange, cujo trabalho está centrado em proteínas que se ligam aos telômeros e os protegem no interior da célula. Blackburn e Greider, juntamente com Jack Szostak, ganharam o Prêmio Nobel de Fisiologia ou Medicina em 2009.

Arthur Kornberg, 1978 Simpósio sobre o DNA: replicação e recombinação. As imensas contribuições de Kornberg para o estudo da replicação do DNA (Cap. 9) começaram com a purificação da primeira enzima capaz de sintetizar DNA, uma DNA-polimerase de *E. coli*. Seus experimentos demonstraram que um molde de DNA era necessário para a síntese de um novo DNA, confirmando o modelo para a replicação do DNA proposto por James Watson e Francis Crick. Por esse trabalho, Kornberg dividiu com Severo Ochoa o Prêmio Nobel de Fisiologia ou Medicina de 1959.

Matthew Meselson, 1968 Simpósio sobre replicação do DNA em microrganismos. Meselson foi parceiro de Stahl no experimento que mostrou que a replicação do DNA é semiconservativa (ver fotografia na próxima página, e o Cap. 2). Posteriormente, Meselson fez grandes contribuições em diferentes áreas, incluindo a purificação da primeira enzima de restrição, publicada no ano em que esta foto foi tirada. Além disso, ele é muito conhecido por seu trabalho voltado para a prevenção da produção e do uso de armas químicas e biológicas.

Parte 3 Manutenção do Genoma 197

Barbara McClintock e Robin Holliday, 1984 Simpósio sobre recombinação em nível de DNA. McClintock propôs a existência de transposons para justificar os resultados de seus estudos genéticos com milho, realizados durante a década de 1940 (Cap. 12); o Prêmio Nobel de Fisiologia ou Medicina em reconhecimento ao seu trabalho veio mais de 30 anos depois, em 1983. Holliday propôs o modelo fundamental de recombinação homóloga que leva seu nome (Cap. 11).

Franklin Stahl e Max Delbrück, 1958 Simpósio sobre a troca de material genético: mecanismos e consequências. Stahl, juntamente com Matt Meselson (ver fotografia na página anterior), demonstrou que o DNA é replicado por um mecanismo semiconservativo. Este famoso experimento foi também conhecido como "o experimento mais belo em biologia" (Cap. 2). Posteriormente, Stahl contribuiu muito para o conhecimento sobre a recombinação homóloga (Cap. 11). Delbrück foi o influente cofundador do chamado "Grupo dos Fagos" – um grupo de cientistas que passava os verões no Cold Spring Harbor Laboratory e desenvolveu o bacteriófago como o primeiro sistema-modelo de biologia molecular (Apêndice 1).

CAPÍTULO 8

Estrutura do Genoma, Cromatina e Nucleossomo

No Capítulo 4, a estrutura do DNA foi considerada isoladamente. Dentro da célula, no entanto, o DNA está associado a proteínas, e cada molécula de DNA com suas proteínas associadas é chamada de **cromossomo**. Essa organização é válida para células procarióticas, eucarióticas e, até mesmo, para os vírus. A compactação do DNA em cromossomos serve para várias funções importantes. Primeiro, o cromossomo é uma forma compactada do DNA que se ajusta dentro da célula. Segundo, a compactação do DNA em cromossomos serve para proteger o DNA de lesões. As moléculas de DNA completamente expostas são relativamente instáveis nas células. Em contrapartida, o DNA cromossômico é extremamente estável. Terceiro, apenas o DNA compactado em um cromossomo pode ser transmitido de maneira eficiente para ambas as células-filhas quando uma célula se divide. Por fim, o cromossomo confere organização geral para cada molécula de DNA. Essa organização regula a acessibilidade do DNA e, consequentemente, todos os eventos da célula que envolvem o DNA.

Metade da massa molecular de um cromossomo eucariótico é proteína. Em células eucarióticas, uma determinada região de DNA com suas proteínas associadas é chamada de **cromatina**, e a maioria das proteínas associadas consiste em pequenas proteínas básicas chamadas **histonas**. Embora bem menos abundantes, outras proteínas, com frequência denominadas **proteínas não histônicas**, também estão associadas aos cromossomos eucarióticos. Essas proteínas incluem diversas proteínas de ligação ao DNA que regulam a transcrição, a replicação, o reparo e a recombinação do DNA celular. Cada um desses tópicos será discutido de maneira detalhada nos próximos cinco capítulos.

O componente proteico da cromatina realiza outra função essencial: a compactação do DNA. O cálculo a seguir esclarece a importância dessa função. Uma célula humana contém 3×10^9 pb por **conjunto haploide** de cromossomos. Como se aprendeu no Capítulo 4, a espessura média de cada par de bases é de 3,4 Å. Portanto, se as moléculas de DNA de um conjunto haploide de cromossomos fossem esticadas de ponta a ponta, o comprimento total do DNA seria de cerca de 10^{10} Å, ou 1 m! Para uma célula diploide (como são, em geral, as células humanas), esse comprimento é duplicado para 2 m. Como o diâmetro de um núcleo típico de célula humana é de apenas 10 a 15 μm, é óbvio que o DNA deve ser compactado em várias ordens de magnitude para se acomodar em um espaço tão pequeno. Como se consegue isso?

SUMÁRIO

Sequência do Genoma e Diversidade Cromossômica, 200

•

Duplicação e Segregação Cromossômica, 208

•

Nucleossomo, 220

•

Estrutura de Ordem Superior da Cromatina, 229

•

Regulação da Estrutura da Cromatina, 236

•

Montagem do Nucleossomo, 249

Grande parte da compactação nas células humanas (e em todas as demais células eucarióticas) é resultado da associação regular do DNA com as histonas, formando estruturas denominadas **nucleossomos**. A formação de nucleossomos é a primeira etapa em um processo que permite o dobramento do DNA em estruturas muito mais compactas, que reduzem o comprimento linear em cerca de 10.000 vezes. No entanto, a compactação do DNA possui um custo associado. A associação do DNA às histonas e a outras proteínas de empacotamento reduz o acesso ao DNA. Essa acessibilidade reduzida pode interferir nas proteínas que direcionam a replicação, o reparo, a recombinação e, talvez mais significativamente, a transcrição do DNA. As células eucarióticas exploram as propriedades inibidoras da cromatina para regular a expressão gênica e muitos outros eventos que envolvem o DNA. Alterações em nucleossomos individuais permitem a interação de regiões específicas do DNA cromossômico com outras proteínas. Essas alterações são promovidas por enzimas que modificam e remodelam o nucleossomo. Esses processos são dinâmicos e localizados, permitindo que as enzimas e as proteínas reguladoras acessem diferentes regiões do cromossomo em momentos diferentes. Portanto, o entendimento da estrutura dos nucleossomos e da regulação de suas associações ao DNA é fundamental para a compreensão da regulação da maioria dos eventos que envolvem o DNA das células eucarióticas.

Embora as células procarióticas tenham genomas menores, a necessidade de compactar seu DNA ainda é significativa. A bactéria *Escherichia coli* deve compactar seu cromossomo, de aproximadamente 1 mm, em uma célula que apresenta apenas 1 μm de extensão. A compactação do DNA procariótico está menos clara. As bactérias não possuem histonas ou nucleossomos, por exemplo, mas possuem outras proteínas, pequenas e de caráter básico, que podem desempenhar funções semelhantes. Neste capítulo, serão discutidos os cromossomos e a cromatina de células eucarióticas, que já foram bem estudadas. Em primeiro lugar, serão consideradas as sequências de DNA presentes nos cromossomos de diferentes organismos, dando particular atenção às alterações no conteúdo de material codificador. A seguir, serão discutidos os mecanismos gerais que asseguram a precisão na transmissão dos cromossomos no momento da divisão celular. O restante do capítulo apresentará a estrutura e a regulação da cromatina eucariótica e sua unidade fundamental, o nucleossomo.

SEQUÊNCIA DO GENOMA E DIVERSIDADE CROMOSSÔMICA

Antes de discutir a estrutura dos cromossomos de maneira detalhada, é importante entender as características das moléculas de DNA, que constituem o alicerce dos cromossomos. O sequenciamento recente dos genomas de milhares de organismos forneceu uma imensa quantidade de informações sobre a constituição dos DNAs cromossômicos e sobre como suas características foram modificadas, à medida que a complexidade dos organismos aumentou.

Os cromossomos podem ser circulares ou lineares

A visão tradicional diz que as células procarióticas têm um cromossomo circular único, enquanto as células eucarióticas têm múltiplos cromossomos lineares (Tab. 8-1). No entanto, essa visão foi desafiada conforme se estudou mais organismos procarióticos. Embora os procariotos mais estudados (como *E. coli* e *Bacillus subtilis*) possuam, de fato, um cromossomo circular, hoje há inúmeros exemplos de células procarióticas que possuem múltiplos cromossomos, cromossomos lineares ou, até mesmo, ambos. Em contrapartida, todas as células eucarióticas têm cromossomos múltiplos e lineares. Dependendo do organismo eucariótico, o número de cromossomos varia de 2 até quase 50 e, em raras ocasiões, pode chegar a milhares (p. ex., no macronúcleo do protozoário *Tetrahymena*) (ver Tab. 8-1).

TABELA 8-1 Variação na composição cromossômica em diferentes organismos

Espécies	Número de cromossomos	Número de cópias dos cromossomos	Formato do(s) cromossomo(s)	Tamanho do genoma (Mb)
Procariotos				
Mycoplasma genitalium	1	1	Circular	0,58
Escherichia coli K-12	1	1	Circular	4,6
Agrobacterium tumefaciens	4	1	3 circulares, 1 linear	5,67
Sinorhizobium meliloti	3	1	Circular	6,7
Eucariotos				
Saccharomyces cerevisiae (levedura de brotamento)	16	1 ou 2	Lineares	12,1
Schizosaccharomyces pombe (levedura de fissão)	3	1 ou 2	Lineares	12,5
Caenorhabditis elegans (nematódeo)	6	2	Lineares	97
Arabidopsis thaliana (planta)	5	2	Lineares	125
Drosophila melanogaster (mosca-da-fruta)	4	2	Lineares	180
Tetrahymena thermophilus (protozoário) Micronúcleo	5	2	Lineares	125
Macronúcleo	225	10 a 10.000	Lineares	
Fugu rubripes (peixe)	22	2	Lineares	393
Mus musculus (camundongo)	19+X e Y	2	Lineares	2.600
Homo sapiens	22+X e Y	2	Lineares	3.200

Cromossomos circulares e lineares apresentam desafios específicos que devem ser superados para permitir a manutenção e a replicação do genoma. Cromossomos circulares necessitam de topoisomerases para separar as moléculas-filhas após sua replicação. Sem essas enzimas, as duas moléculas-filhas continuariam entrelaçadas, ou concatenadas, uma com a outra após a replicação (ver Cap. 4, Fig. 4-23). Por outro lado, o DNA das extremidades dos cromossomos eucarióticos lineares deve ser protegido de enzimas que normalmente degradam as extremidades do DNA e sofrem uma série de dificuldades durante a replicação do DNA, como será visto no Capítulo 9.

Cada célula mantém um número característico de cromossomos

Em geral, as células procarióticas possuem apenas uma cópia *completa* de seu(s) cromossomo(s), que está empacotada em uma estrutura chamada **nucleoide** (Fig. 8-1b). Entretanto, quando as células procarióticas estão se dividindo rapidamente, porções do cromossomo em processo de replicação estão presentes em duas e, algumas vezes, até em quatro cópias. Frequentemente, os procariotos também apresentam um ou mais DNAs circulares independentes e menores, chamados **plasmídeos**. Ao contrário do DNA cromossômico, que é maior, os plasmídeos, normalmente, não são essenciais para a multiplicação bacteriana. Em vez disso, eles possuem genes que conferem características desejáveis à bactéria, como a resistência a antibióticos. Pode-se dizer também que, ao contrário do DNA cromossômico, os plasmídeos estão presentes com frequência em várias cópias completas por célula.

A maioria das células eucarióticas é **diploide**; ou seja, elas contêm duas cópias de cada cromossomo (ver Fig. 8-1c). As duas cópias de um determinado cromossomo são chamadas de **homólogos** – cada um derivado de um parental. No entanto, nem todas as células em um organismo eucariótico são diploides; um subconjunto de células eucarióticas pode ser haploide ou poliploide. Células **haploides** contêm uma única cópia de cada cromossomo e estão envolvidas na reprodução sexual (p. ex., espermatozoides e óvulos são células haploides).

FIGURA 8-1 Comparação entre células procarióticas e eucarióticas típicas. (a) O diâmetro das células eucarióticas pode variar entre 10 e 100 μm. A célula procariótica típica possui cerca de 1 μm de comprimento. (b) O DNA cromossômico procariótico está localizado no nucleoide e ocupa uma porção significativa da região interna da célula. Ao contrário do núcleo eucariótico, o nucleoide não está separado do restante da célula por uma membrana. Os DNAs plasmidiais estão mostrados em vermelho. (c) Os cromossomos eucarióticos estão localizados no núcleo que é delimitado por uma membrana. Células haploides (1 cópia) e diploides (2 cópias) são distinguidas pelo número de cópias de cada cromossomo presente no núcleo. (Adaptada, com permissão, de Brown T.A. 2002. *Genomes*, 2nd ed., p. 32, Fig. 2.1. © BIOS Scientific Publishers com permissão de Taylor & Francis.)

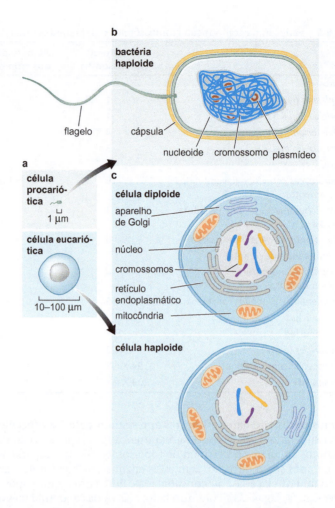

Células **poliploides** possuem mais de duas cópias de cada cromossomo. Na verdade, alguns organismos mantêm a maioria de suas células adultas em estado poliploide. Em casos extremos, pode haver centenas ou até milhares de cópias de cada cromossomo. Este tipo de amplificação global do genoma permite que a célula produza grandes quantidades de RNA e, consequentemente, de proteína. Por exemplo, os megacariócitos são células poliploides especializadas (com cerca de 28 cópias de cada cromossomo) que produzem milhares de plaquetas, as quais são desprovidas de cromossomos mas são um componente essencial do sangue humano (há cerca de 200.000 plaquetas por mililitro de sangue). Ao se tornarem poliploides, os megacariócitos podem manter o alto nível metabólico necessário para produzir grandes quantidades de plaquetas. A segregação de um número tão grande de cromossomos é difícil; portanto, as células poliploides normalmente não sofrem divisão celular. Independentemente do número, os cromossomos eucarióticos estão sempre confinados dentro de uma organela delimitada por uma membrana, chamada **núcleo** (ver Fig. 8-1c).

O tamanho do genoma está relacionado com a complexidade do organismo

O tamanho do genoma (o comprimento do DNA associado a um conjunto haploide de cromossomos) varia muito entre diferentes organismos (Tab. 8-2). Como um número maior de genes é necessário para direcionar a formação de organismos mais complexos (pelo menos quando são comparados bactérias, eucariotos unicelulares e eucariotos multicelulares; ver Cap. 21), não surpreende que o tamanho do genoma esteja relativamente relacionado à comple-

TABELA 8-2 Comparação da densidade gênica dos genomas de diferentes organismos

Espécies	Tamanho do genoma (Mb)	Número aproximado de genes	Densidade gênica (genes/Mb)
Procariotos (bactérias)			
Mycoplasma genitalium	0,58	500	860
Streptococcus pneumoniae	2,2	2.300	1.060
Escherichia coli K-12	4,6	4.400	950
Agrobacterium tumefaciens	5,7	5.400	960
Sinorhizobium meliloti	6,7	6.200	930
Eucariotos			
Fungos			
Saccharomyces cerevisiae	12	5.800	480
Schizosaccharomyces pombe	12	4.900	410
Protozoários			
Tetrahymena thermophila	125	27.000	220
Invertebrados			
Caenorhabditis elegans	103	20.000	190
Drosophila melanogaster	180	14.700	82
Ciona intestinalis	160	16.000	100
Locusta migratoria	5.000	nd	nd
Vertebrados			
Fugu rubripes (baiacu)	393	22.000	56
Homo sapiens	3.200	20.000	6,25
Mus musculus (camundongo)	2.600	22.000	8,5
Plantas			
Arabidopsis thaliana	120	26.500	220
Oryza sativa (arroz)	430	~45.000	~100
Zea mays (milho)	2.200	> 45.000	> 20
Triticum aestivum (trigo)	16.000	nd	nd
Fritillaria assyriaca (tulipa)	~120.000	nd	nd

nd, não determinado.

xidade aparente do organismo. Assim, em geral, células procarióticas têm genomas menores do que 10 Mb. Os genomas de eucariotos unicelulares são, normalmente, menores que 50 Mb, embora os protozoários mais complexos possam apresentar genomas maiores que 200 Mb. Os organismos multicelulares apresentam genomas ainda maiores, que podem alcançar tamanhos superiores a 100.000 Mb.

Embora exista uma correlação relativa entre o tamanho do genoma e a complexidade do organismo, ela está longe de ser perfeita. Vários organismos de complexidades aparentemente semelhantes possuem genomas com tamanhos muito diferentes: uma mosca-da-fruta tem um genoma aproximadamente 25 vezes menor que o de um gafanhoto, e o genoma do arroz é cerca de 40 vezes menor que o genoma do trigo (ver Tab. 8-2). Esses exemplos destacam que o número de genes, em vez do tamanho dos genomas, está mais correlacionado à complexidade do organismo. Isso fica claro quando a densidade gênica relativa de diferentes genomas é analisada.

O genoma de *E. coli* é quase inteiramente composto por genes

Grande parte do único cromossomo da bactéria *E. coli* codifica proteínas ou RNAs estruturais (Fig. 8-2). A maioria das sequências não codificadoras está envolvida na regulação da transcrição dos genes (como será visto no Cap. 18). Como frequentemente um único sítio de iniciação da transcrição é utilizado para controlar a expressão de vários genes, até mesmo essas regiões reguladoras

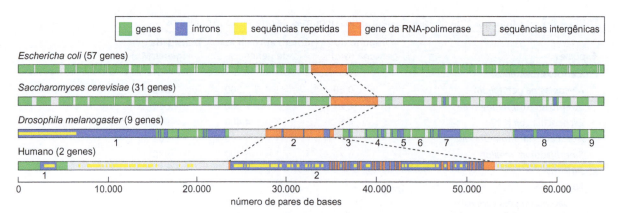

FIGURA 8-2 Comparação da densidade gênica cromossômica para diferentes organismos. Uma região de 65 kb de DNA, incluindo o gene da subunidade maior da RNA-polimerase (RNA-polimerase II para as células eucarióticas), está ilustrada para cada organismo. Em cada caso, o DNA que codifica a RNA-polimerase está indicado em vermelho. O DNA codificador de outros genes está indicado em verde, os íntrons de DNA, em roxo, o DNA repetitivo, em amarelo, e o DNA intergênico único, em cinza. Observa-se que o número de genes incluídos na região de 65 kb diminui à medida que a complexidade do organismo aumenta.

são mantidas em uma quantidade mínima no genoma. Um elemento fundamental do genoma de *E. coli* não faz parte de um gene ou de uma sequência que regula a expressão gênica. A origem de replicação de *E. coli* é dedicada a direcionar a montagem da maquinaria de replicação (como será discutido no Cap. 9). Apesar de seu papel importante, essa região é muito pequena, ocupando apenas poucas centenas de pares de bases do genoma de 4,6 Mb de *E. coli*.

Organismos mais complexos apresentam densidade gênica menor

Como se explica a diferença drástica de tamanho do genoma nos organismos de complexidade aparentemente semelhante (como a mosca-da-fruta e o gafanhoto)? As diferenças estão amplamente relacionadas à densidade gênica. Uma medida simples de densidade gênica é o número médio de genes por megabase de DNA genômico. Por exemplo, se um organismo possui 5.000 genes e um genoma com 50 Mb, então, a densidade gênica desse organismo é de 100 genes/Mb. Quando as densidades gênicas de organismos diferentes são comparadas, fica claro que organismos diferentes utilizam o potencial codificador gênico do DNA com eficiências variáveis. Existe uma correlação inversa entre a complexidade do organismo e sua densidade gênica: quanto menos complexo o organismo, maior a sua densidade gênica. Por exemplo, as densidades gênicas mais elevadas são encontradas nos vírus, os quais, em alguns momentos, utilizam ambas as fitas do DNA para codificar genes sobrepostos. Embora a sobreposição de genes seja rara, a densidade gênica das bactérias é constantemente próxima a 1.000 genes/Mb.

A densidade gênica nos organismos eucariotos é, de maneira consistente, menor e mais variável do que nos seus correspondentes procarióticos (ver Tab. 8-2). Entre os eucariotos, há tendência geral para a diminuição da densidade gênica à medida que aumenta a complexidade do organismo. O eucarioto unicelular simples *Saccharomyces cerevisiae* possui uma densidade gênica próxima à dos procariotos (cerca de 500 genes/Mb). Em contrapartida, estima-se que o genoma humano apresente uma densidade gênica 50 vezes menor. Na Figura 8-2, a quantidade de sequências de DNA destinadas à expressão de um determinado gene conservado entre todos os organismos (a subunidade maior da RNA-polimerase) é comparada. Como se pode ver, há grande diferença na quantidade de DNA destinada à expressão de um gene, apesar do tamanho semelhante da proteína codificada. O que provoca esta redução na densidade gênica?

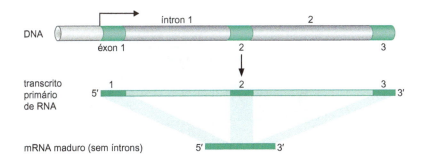

FIGURA 8-3 Representação esquemática do processamento do RNA. A transcrição do pré-mRNA inicia na seta mostrada acima do éxon 1. Este transcrito primário é, então, processado (por *splicing*) para remover os íntrons não codificadores e gerar um RNA mensageiro (mRNA).

Os genes correspondem apenas a uma pequena porção do DNA cromossômico de eucariotos

Dois fatores contribuem para a reduzida densidade gênica observada em células eucarióticas: aumento do tamanho gênico e aumento das regiões de DNA entre os genes, chamadas **sequências intergênicas**. A principal razão para que o gene seja maior em organismos mais complexos não está relacionada ao fato de a proteína ser, em média, maior ou de mais DNA ser necessário para codificar a mesma proteína; em vez disso, os genes que codificam as proteínas em eucariotos normalmente apresentam regiões codificadoras descontínuas. Essas regiões interespaçadas que não codificam proteínas, chamadas **íntrons**, são removidas do RNA após a transcrição em um processo chamado ***splicing* do RNA** (Fig. 8-3); o *splicing* do RNA será analisado de maneira detalhada no Capítulo 14. A presença de íntrons pode aumentar drasticamente o comprimento de DNA necessário para a codificação de um gene (Tabela 8-3). Por exemplo, o tamanho médio de uma região transcrita de um gene humano é de aproximadamente 27 kb (não confundir com densidade gênica), enquanto o tamanho médio de uma região codificadora de proteínas de um gene humano é de 1,3 kb. Um cálculo simples revela que apenas 5% do tamanho médio de um gene humano codifica diretamente a proteína desejada. Os 95% restantes são compostos por íntrons. Em concordância com uma densidade gênica maior, os eucariotos mais simples apresentam quantidade de íntrons significativamente menor. Por exemplo, na levedura *S. cerevisiae*, apenas 3,5% dos genes possuem íntrons, e nenhum deles tem mais de 1 kb (ver Tab. 8-3).

TABELA 8-3 Contribuição de íntrons e sequências repetidas para os diferentes genomas

Espécies	Densidade gênica (genes/Mb)	Número médio de íntrons por gene	% de DNA repetitivo
Procariotos (bactérias)			
Escherichia coli K-12	950	0	< 1
Eucariotos			
Fungos			
Saccharomyces cerevisiae	480	0,04	3,4
Invertebrados			
Caenorhabditis elegans	190	5	6,3
Drosophila melanogaster	82	3	12
Vertebrados			
Fugu rubripes	56	5	2,7
Homo sapiens	6,25	6	46
Plantas			
Arabidopsis thaliana	220	3	nd
Oryza sativa (arroz)	~100	nd	42

nd, não determinado.

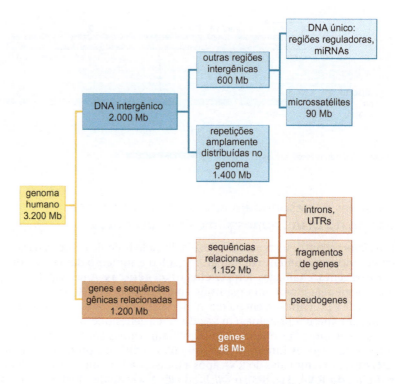

FIGURA 8-4 **Organização e conteúdo do genoma humano.** O genoma humano é composto por vários tipos diferentes de sequências de DNA, e a maioria não codifica proteínas. Estão representadas a distribuição e a quantidade de cada um dos vários tipos de sequências. (Adaptada de Brown T.A. 2002. *Genomes*, 2nd ed., p. 23, Quadro 1.4. © BIOS Scientific Publishers com permissão de Taylor & Francis.)

Uma enorme amplificação na quantidade de sequências intergênicas em organismos mais complexos é responsável pelo restante da diminuição da densidade gênica. O DNA intergênico constitui uma parte do genoma que não está associada à expressão de proteínas ou a RNAs estruturais. Mais de 60% do genoma humano é composto por sequências intergênicas, e a maior parte deste DNA não apresenta função conhecida (Fig. 8-4). Existem dois tipos de DNAs intergênicos: únicos e repetitivos. Cerca de 25% do DNA intergênico são únicos. Um fator que contribui para aumento nas sequências intergênicas únicas é o aumento nas regiões de DNA necessárias para direcionar e regular a transcrição, chamadas **sequências reguladoras**. À medida que os organismos se tornam mais complexos e codificam mais genes, as sequências reguladoras necessárias para coordenar a expressão gênica também aumentam em complexidade e tamanho. As regiões únicas do DNA intergênico humano também compreendem diversas relíquias aparentemente não funcionais, incluindo genes mutantes não funcionais, fragmentos de genes e pseudogenes. Os genes mutantes e os fragmentos de genes surgem da mutagênese aleatória simples ou de erros de recombinação do DNA. Os pseudogenes surgem da ação da enzima **transcriptase reversa** (Fig. 8-5; ver Cap. 12). Essa enzima copia o RNA em DNA dupla-fita (chamado **DNA complementar**, ou **cDNA**). A transcriptase reversa é expressa somente por determinados tipos de vírus que necessitam dessa enzima para se reproduzir. Porém, como efeito secundário da infecção por um vírus desse tipo, os mRNAs celulares também podem ser copiados em DNA, e esses fragmentos de DNA produzidos podem ser reintegrados no genoma a uma frequência baixa. No entanto, essas cópias não são expressas, porque não apresentam as sequências capazes de promover sua expressão (em geral, essas sequências não fazem parte do produto de transcrição de um gene; ver Cap. 13).

Finalmente, está claro que é provável que haja funções para as regiões intergênicas únicas de células eucarióticas que ainda não são compreendidas. Um exemplo disso é a identificação recente de microRNAs, geralmente chamados de **miRNAs**. Esses pequenos RNAs estruturais regulam a expressão de outros genes pela alteração da estabilidade de seu produto de mRNA ou de sua habilidade em ser traduzido (a regulação gênica por pequenos

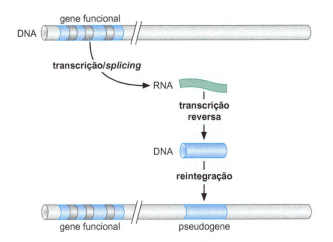

FIGURA 8-5 **Pseudogenes processados surgem a partir da integração de mRNAs que sofreram transcrição reversa.** Quando a transcriptase reversa está presente em uma célula, as moléculas de mRNA podem ser copiadas em dsDNA. Em raras ocasiões, essas moléculas de DNA podem se integrar no genoma, originando os pseudogenes. Como os íntrons são rapidamente removidos dos RNAs recém-transcritos, esses pseudogenes não possuem íntrons. Isso distingue os pseudogenes das cópias dos genes dos quais eles derivam. Além disso, os pseudogenes não possuem sequências promotoras apropriadas para direcionar sua transcrição, uma vez que elas não faziam parte dos mRNAs utilizados como molde.

RNAs é considerada no Cap. 20). Como essas sequências ainda estão sendo descritas e caracterizadas, não foram incluídas na Tabela 8-2; entretanto, estima-se que as células humanas podem ter mais de 500 genes de miRNAs. Da mesma maneira, milhares de RNAs não codificadores intervenientes longos (lincRNAs) também foram identificados. Embora esses RNAs não codifiquem nenhuma proteína de tamanho significativo, estudos recentes sugerem que eles atuam na regulação da expressão gênica tanto positiva quanto negativamente, de uma maneira que ainda requer estudos. Outra função provavelmente codificada nas regiões intergênicas únicas são as origens de replicação, que ainda precisam ser identificadas na maioria dos organismos eucarióticos.

A maioria das sequências intergênicas humanas é composta por DNA repetitivo

Quase metade do genoma humano é composta por sequências de DNA repetidas várias vezes no genoma. Existem duas classes gerais de DNA repetitivo: microssatélites de DNA e repetições espalhadas pelo genoma. O **microssatélite de DNA** é composto por sequências muito curtas (com menos de 13 pb), repetidas e consecutivas. As sequências microssatélites mais comuns são as repetições de dinucleotídeos (p. ex., CACACACACACACACA). Essas repetições surgem de dificuldades na duplicação exata do DNA e constituem aproximadamente 3% do genoma humano.

As **repetições distribuídas pelo genoma** são muito maiores que os microssatélites. Cada unidade de repetição distribuída no genoma possui mais de 100 pb de comprimento e muitas são maiores que 1 kb. Essas sequências podem ser encontradas como cópias únicas distribuídas pelo genoma ou agrupadas. Embora existam várias classes de repetições, a característica comum é que todas são formas de **elementos de transposição**.

Elementos de transposição são sequências que podem se "mover" de um lugar para outro no genoma. Na **transposição**, nome dado a esse movimento, o elemento desloca-se para uma nova posição no genoma, normalmente deixando uma cópia original no lugar anterior. Assim, essas sequências multiplicam-se e acumulam-se por todo o genoma. O deslocamento de elementos de transposição é um evento relativamente raro nas células humanas. No entanto, considerando-se longos períodos, em escala de tempo evolutiva, esses elementos foram tão bem-sucedidos na sua propagação que atualmente compreendem cerca de 45% do genoma humano. No Capítulo 12, serão analisados o mecanismo de deslocamento utilizado pelos elementos de transposição e como o deslocamento desses elementos é controlado para impedir sua integração nos genes.

Embora tenha sido discutida a natureza das sequências intergênicas no contexto do genoma humano, muitas dessas mesmas características são encontradas em outros organismos. Por exemplo, a comparação de sequências de regiões de várias plantas com genomas muito extensos (como o milho) indica que, provavelmente, os elementos de transposição compreendem uma porcentagem ainda maior desses genomas. Da mesma maneira, mesmo nos genomas compactos de *E. coli* e de *S. cerevisiae*, existem exemplos de elementos de transposição e repetições microssatélites (ver Fig. 8-2). A diferença é que esses elementos tiveram menos sucesso na ocupação dos genomas dos organismos mais simples. Provavelmente, esse insucesso reflete uma combinação de duplicação ineficiente e uma eliminação mais eficiente (por meio de eventos de reparo ou pela eliminação de organismos nos quais a duplicação tenha ocorrido).

Embora seja tentador se referir ao DNA repetitivo como "DNA lixo", a manutenção estável dessas sequências durante milhares de gerações sugere que o DNA intergênico atribui algum valor positivo (ou vantagem seletiva) ao organismo hospedeiro.

DUPLICAÇÃO E SEGREGAÇÃO CROMOSSÔMICA

Cromossomos eucarióticos necessitam que centrômeros, telômeros e origens de replicação sejam mantidos durante a divisão celular

Existem vários elementos importantes no DNA nos cromossomos eucarióticos que não são genes e não estão envolvidos na regulação da expressão de genes (Fig. 8-6). Esses elementos incluem as origens de replicação, que promovem a duplicação do DNA cromossômico; os centrômeros, que atuam como "cabos" para o movimento dos cromossomos nas células-filhas; e os telômeros, que

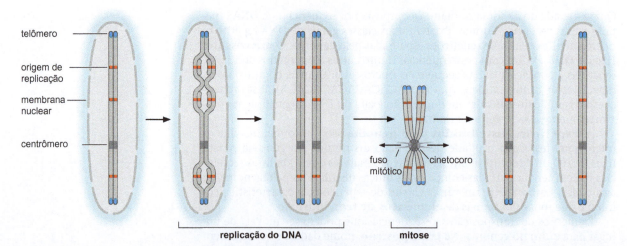

FIGURA 8-6 Os centrômeros, as origens de replicação e os telômeros são necessários para a manutenção dos cromossomos eucarióticos. Cada cromossomo eucariótico contém dois telômeros, um centrômero e muitas origens de replicação. Os telômeros estão localizados em cada uma das extremidades dos cromossomos. Ao contrário dos telômeros, um único centrômero é encontrado em cada cromossomo, e não tem uma posição definida. Alguns centrômeros estão próximos da metade do cromossomo e outros estão próximos do telômero. As origens de replicação estão localizadas em toda a extensão de cada cromossomo (p. ex., aproximadamente a cada 30 kb na levedura de brotamento *S. cerevisiae*).

protegem e replicam as extremidades dos cromossomos lineares. Todas essas características são essenciais para a correta duplicação e segregação dos cromossomos durante a divisão celular. A seguir, cada um desses elementos será discutido de maneira mais detalhada.

As **origens de replicação** são os sítios nos quais a maquinaria de replicação do DNA se organiza para iniciar a replicação. Elas são encontradas espaçadas em cerca de 30 a 40 kb ao longo de toda a extensão de cada cromossomo eucariótico. Cromossomos procarióticos também necessitam de origens de replicação. Ao contrário de seus homólogos eucarióticos, na maioria das vezes, os cromossomos procarióticos possuem um único sítio de início de replicação. Em geral, as origens de replicação localizam-se em regiões não codificadoras. As sequências de DNA reconhecidas como origens de replicação são discutidas de maneira detalhada no Capítulo 9.

Os **centrômeros** são necessários para a segregação correta dos cromossomos após a replicação do DNA. As duas cópias de cada cromossomo replicado, os **cromossomos-irmãos**, devem ser separados e distribuídos para cada célula-filha. Assim como as origens de replicação, os centrômeros promovem a formação de um complexo proteico elaborado, chamado **cinetocoro**. O cinetocoro forma-se em cada centrômero de DNA e, antes da segregação cromossômica, ele liga-se a filamentos proteicos chamados **microtúbulos**, que separam os cromossomos uns dos outros, direcionando-os para cada uma das duas células-filhas. Diferentemente das muitas origens de replicação encontradas em cada cromossomo eucariótico, é imprescindível que cada cromossomo possua *apenas um* centrômero (Fig. 8-7a). Na ausência de um centrômero, os cromossomos replicados são segregados de maneira aleatória, o que leva à ocorrência de células-filhas onde haverá ausência ou duas cópias de um dado cromossomo (Fig. 8-7b). A presença de mais de um centrômero em cada cromossomo é igualmente desastrosa. Se os cinetocoros associados estiverem ligados a filamentos que separam os cromossomos em direções opostas, pode ocorrer quebra cromossômica (Fig. 8-7c). Os centrômeros variam bastante em tamanho. Na levedura *S. cerevisiae*, os centrômeros são compostos por sequências únicas e apresentam menos de 200 pb de comprimento. Por outro lado, a maioria dos eucariotos apresenta centrômeros com mais de 40 kb, compostos principalmente por sequências de DNA repetitivo (Fig. 8-8).

Os **telômeros** estão localizados nas duas extremidades de um cromossomo linear. Assim como as origens de replicação e os centrômeros, os telômeros também estão ligados a diversas proteínas. Neste caso, as proteínas desempenham duas funções importantes. Primeira: as proteínas teloméricas diferenciam as extremidades naturais do cromossomo de sítios de quebra cromossômica e outras quebras do DNA na célula. Em geral, as extremidades do DNA são sítios de frequentes recombinações e de degradação do DNA. As proteínas que se ligam aos telômeros formam uma estrutura resistente a esses dois eventos. Segunda: os telômeros atuam como uma origem de replicação especializada, que permite à célula replicar as extremidades dos cromossomos. Por razões que serão descritas de maneira detalhada no Capítulo 9, a maquinaria-padrão de replicação do DNA não pode replicar completamente as extremidades de um cromossomo linear. Os telômeros facilitam a replicação das extremidades, por meio de uma DNA-polimerase incomum, a **telomerase**.

Ao contrário da maior parte do cromossomo, uma porção substancial do telômero é mantida na forma de fita simples (Fig. 8-9). A maioria dos telômeros apresenta uma sequência repetitiva simples, que varia de organismo para organismo. Essa repetição é geralmente composta por uma região rica em TG. Por exemplo, os telômeros humanos possuem a sequência repetitiva 5'-TTAGGG-3'. Como será visto no Capítulo 9, a natureza repetitiva dos telômeros é uma consequência de seu método único de replicação.

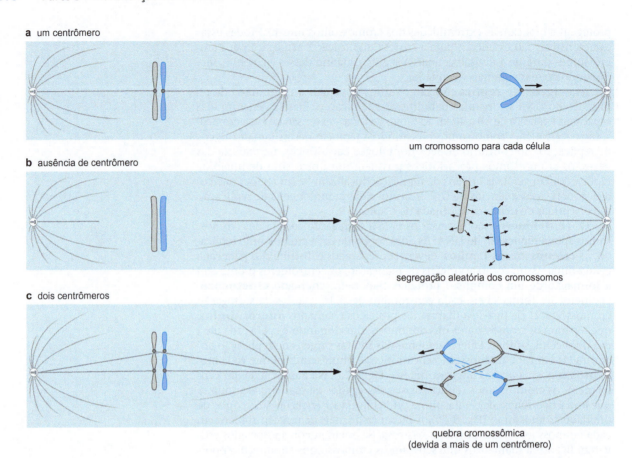

FIGURA 8-7 Um número maior ou menor do que um centrômero por cromossomo ocasiona perda ou quebra cromossômica. (a) Cromossomos normais possuem um centrômero. Após a replicação de um cromossomo, cada cópia do centrômero direciona a formação de um cinetocoro. Os dois cinetocoros ligam-se a polos opostos do fuso mitótico e são puxados para lados opostos da célula, antes da divisão celular. (b) Os cromossomos que não possuem centrômeros são rapidamente perdidos das células. Na ausência do centrômero, os cromossomos não se ligam ao fuso e são aleatoriamente distribuídos para as duas células-filhas. Isso origina eventos em que uma célula-filha recebe duas cópias de um cromossomo e a outra célula-filha não recebe nenhuma cópia. (c) Os cromossomos com dois ou mais centrômeros são, com frequência, quebrados durante a segregação. Caso um cromossomo possua mais do que um centrômero, ele pode ligar-se simultaneamente aos dois polos do fuso mitótico. Quando a segregação é iniciada, as forças opositoras do fuso mitótico quebram os cromossomos ligados a ambos os polos.

A duplicação e a segregação de cromossomos eucarióticos ocorrem em fases separadas do ciclo celular

Durante a divisão celular, os cromossomos devem ser duplicados e segregar para as células-filhas. Em células bacterianas, esses eventos ocorrem de maneira simultânea; ou seja, à medida que o DNA é replicado, as duas cópias resultantes são separadas para lados opostos da célula. Embora esteja claro que esses eventos são fortemente regulados nas bactérias, os detalhes de como essa regulação ocorre não são bem conhecidos. Em contrapartida, as células eucarióticas duplicam e segregam seus cromossomos em momentos distintos durante a divisão celular. Esses eventos serão o foco do restante da discussão sobre os cromossomos.

Os eventos necessários para um único ciclo de divisão celular são coletivamente chamados de **ciclo celular**. A maior parte das divisões celulares eucarióticas mantém o mesmo número de cromossomos nas células-filhas que

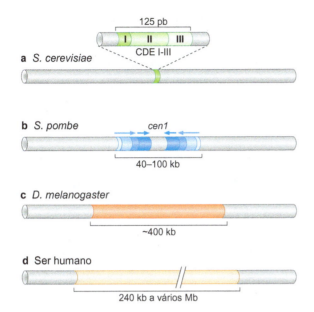

FIGURA 8-8 **O tamanho e a composição do centrômero variam muito entre organismos diferentes.** Os centrômeros de *Saccharomyces cerevisiae* são pequenos e compostos por sequências não repetitivas. Em contrapartida, os centrômeros de outros organismos, como a mosca-da-fruta, *Drosophila melanogaster*, e a levedura de fissão, *Schizosaccharomyces pombe*, são muito maiores e predominantemente compostos por sequências repetitivas. Apenas a região central de 4 a 7 kb do centrômero de *S. pombe* não é repetitiva, e a maior parte dos centrômeros de *Drosophila* e humanos é formada por DNA repetitivo.

estava presente na célula parental. Esse tipo de divisão é chamado de **divisão celular mitótica**.

O ciclo celular mitótico pode ser dividido em quatro fases: G_1, S, G_2 e M (Fig. 8-10). A replicação do cromossomo ocorre durante a fase de **síntese**, ou **fase S**, do ciclo celular, resultando na duplicação de cada cromossomo (Fig. 8-11). Cada cromossomo do par duplicado é chamado **cromátide**, e as duas cromátides de um determinado par são chamadas **cromátides-irmãs**. As cromátides-irmãs são mantidas unidas após a duplicação por um processo chamado **coesão de cromátides-irmãs**, e esse estado é mantido até que os cromossomos segreguem uns dos outros. A coesão das cromátides-irmãs é mediada por uma proteína chamada **coesina**, que será posteriormente descrita.

A segregação cromossômica ocorre durante a **mitose**, ou **fase M**, do ciclo celular. A seguir, será considerado o processo geral da mitose, mas agora serão destacadas três etapas fundamentais no processo (Fig. 8-12). Primeiro, cada par de cromátides-irmãs está ligado a uma estrutura chamada **fuso mitótico**. Essa estrutura é composta por longas fibras proteicas, os **microtúbulos**, que estão ligadas a um de dois **centros organizadores de microtúbulos** (também chamados **centrossomos** nas células animais, ou **corpúsculos polares do fuso** nas leveduras e em outros fungos). Os centros organizadores de microtúbulos estão localizados em lados opostos da célula, formando "polos", para os quais os microtúbulos puxam as cromátides. A união das cromátides aos microtúbulos é mediada pelo **cinetocoro** montado em cada centrômero (ver Fig. 8-6). Segundo, a coesão entre as cromátides é dissolvida por proteólise de coesina. Porém, antes de a coesão ser dissolvida, ela resiste às forças de tração do fuso mitótico. Após a dissolução da coesão, o terceiro principal evento da mitose pode acontecer: a **separação das cromátides-irmãs**. Na ausência de uma força para contrabalançar a coesão das cromá-

FIGURA 8-9 **Estrutura de um telômero típico.** A sequência repetida (das células humanas) está indicada por um retângulo representativo. Observa-se que a região de DNA de fita simples na extremidade 3' do cromossomo pode se estender por centenas de bases.

212 Parte 3 Manutenção do Genoma

FIGURA 8-10 Ciclo celular mitótico eucariótico. Existem quatro etapas no ciclo celular eucariótico. A replicação cromossômica ocorre durante a fase S, e a segregação cromossômica, durante a fase M. As fases G_1 e G_2 permitem que a célula se prepare para o próximo evento do ciclo celular. Por exemplo, várias células eucarióticas usam a fase G_1 do ciclo celular para estabelecer que o nível de nutrientes é suficientemente alto para permitir a conclusão da divisão celular.

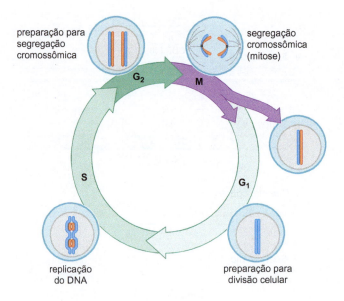

tides, estas são rapidamente puxadas em direção aos polos opostos do fuso mitótico. Assim, a coesão entre as cromátides-irmãs e a ligação dos cinetocoros das cromátides-irmãs aos polos opostos do fuso mitótico desempenham papéis opostos, que devem ser cuidadosamente coordenados para que a segregação cromossômica ocorra de maneira apropriada.

A estrutura cromossômica altera-se à medida que a célula se divide

À medida que os cromossomos prosseguem pelo ciclo de divisão celular, suas estruturas são alteradas inúmeras vezes; no entanto, existem dois estados principais para os cromossomos (Fig. 8-13). Os cromossomos estão na forma mais compacta no momento da segregação cromossômica. O processo que gera essa forma compactada é chamado **condensação cromossômica**. No estado condensado, os cromossomos estão completamente isolados, desembaraçados entre si, facilitando muito o processo de segregação.

Durante as fases do ciclo celular nas quais a segregação cromossômica não está ocorrendo (coletivamente referidas como **interfase**), os cromos-

FIGURA 8-11 Eventos da fase S. Dois eventos cromossômicos principais ocorrem durante a fase S. A replicação do DNA copia completamente cada cromossomo, e logo após a replicação, a coesão entre as cromátides-irmãs é estabelecida por moléculas de coesina em forma de anel. Acredita-se que elas circundem ambas as cópias do DNA recém-replicado. Cada "tubo" azul ou vermelho representa uma molécula de DNA de fita simples, sendo o DNA vermelho a cópia recém-sintetizada.

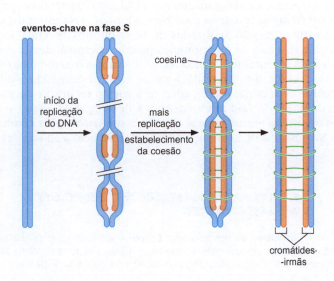

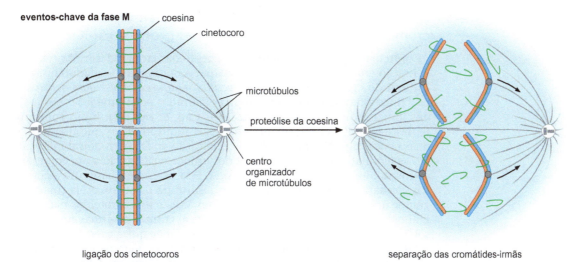

FIGURA 8-12 Eventos da mitose (fase M). Três eventos principais ocorrem durante a mitose. Primeiro, os dois cinetocoros de cada par de cromátides-irmãs unidas ligam-se a polos opostos do fuso mitótico. Uma vez que todos os cinetocoros estejam ligados a polos opostos, a coesão das cromátides-irmãs é eliminada pela destruição do anel de coesina. Por fim, após a eliminação da coesão, as cromátides-irmãs são segregadas para polos opostos do fuso mitótico.

somos estão significativamente menos compactados. Na verdade, nesses estágios do ciclo celular, é provável que os cromossomos estejam altamente entrelaçados, assemelhando-se mais a um prato (uma esfera) de espaguete do que ao aspecto organizado dos cromossomos visto durante a mitose. Apesar disso, mesmo durante esses estágios, a estrutura dos cromossomos altera-se. A replicação do DNA requer a quase completa desorganização e reorganização das proteínas associadas a cada cromossomo. Imediatamente após a replicação do DNA, a coesão das cromátides-irmãs é estabelecida, ligando as cromátides recém-replicadas. Como a transcrição de genes individuais é ativada e desativada ou induzida e reprimida, as alterações associadas à estrutura dos cromossomos nessas regiões estão ocorrendo durante todo o ciclo celular. Assim, o cromossomo tem uma estrutura em constante mudança, tornando-o mais semelhante a uma organela do que a uma fita simples de DNA.

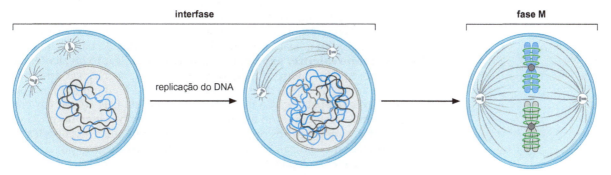

FIGURA 8-13 Alterações na estrutura da cromatina. Os cromossomos estão condensados ao máximo na fase M e bem menos condensados em todo o restante do ciclo celular (G_1, S e G_2 nas células mitóticas). Juntas, essas etapas menos condensadas são referidas como interfase.

A coesão das cromátides-irmãs e a condensação cromossômica são promovidas pelas proteínas SMC

As proteínas-chave que promovem a coesão das cromátides-irmãs e a condensação cromossômica são relacionadas. As proteínas de manutenção estrutural do cromossomo (SMC, *structural maintenance of chromosome*) são proteínas estendidas que formam pares definidos pelas interações por meio dos longos domínios supertorcidos (ver Cap. 6, Fig. 6-9). Junto com proteínas não SMC, elas formam complexos multiproteicos que mantêm as duas hélices de DNA unidas. Após a replicação do DNA, os dois dúplices de DNAs (cromátides-irmãs) são mantidos unidos pela ligação a um complexo contendo uma proteína SMC, a coesina. Essa ligação é a base para a coesão das cromátides-irmãs. Acredita-se que a estrutura da coesina seja como um grande anel composto por duas proteínas SMC e duas proteínas não SMC. Embora o mecanismo exato de coesão entre as cromátides-irmãs ainda esteja sob investigação, um modelo proeminente propõe que a coesão das cromátides ocorre como resultado da passagem de ambas as cromátides-irmãs pelo centro do anel de proteína coesina (Fig. 8-14). Neste modelo, a clivagem proteolítica da subunidade não SMC da coesina resulta em abertura do anel, perda da coesão entre as cromátides-irmãs e o movimento dos cromossomos para polos opostos da célula.

A condensação cromossômica que acompanha a segregação cromossômica também necessita de um complexo semelhante contendo SMC chamado **condensina**. A condensina compartilha muitas características do complexo de coesina, sugerindo que este também seja um complexo em formato de anel. Se assim o for, ele pode utilizar sua natureza em formato de anel para induzir a condensação cromossômica. Por exemplo, ao ligar diferentes regiões de um mesmo cromossomo, a condensina poderia reduzir rapidamente o comprimento linear total do cromossomo (Fig. 8-14).

A mitose mantém o número cromossômico parental

Retorna-se, agora, ao processo geral da mitose. A mitose ocorre em várias etapas (Fig. 8-15). Durante a **prófase**, a ação da condensina e das topoisomerases tipo II (para auxiliar a desembaraçar os cromossomos) leva à condensação dos cromossomos na forma altamente compacta necessária para a segregação. No fim da prófase, na maioria das células o envelope nuclear rompe-se e a célula entra na metáfase.

Durante a metáfase, o fuso mitótico é formado e os cinetocoros das cromátides-irmãs ligam-se aos microtúbulos. A correta ligação das cromátides é obtida somente quando os dois cinetocoros de um par de cromátides-irmãs são ligados aos microtúbulos que se originam de centros organizadores de microtúbulos opostos. Esse tipo de ligação é chamada **ligação bivalente** (ver Fig. 8-15) e resulta nos microtúbulos exercendo uma tensão sobre o par de cromátides, puxando as irmãs em direções opostas. A ligação de ambas as cromátides aos microtúbulos que se originam do mesmo centro organizador de microtúbulos ou a ligação de apenas uma cromátide do par, a chamada **ligação monovalente**, não resulta em tensão. Se a ligação bivalente não ocorrer subsequentemente, a ligação monovalente poderá levar ao movimento de ambas as cópias de um cromossomo para a mesma célula-filha. A tensão exercida pela ligação bivalente é contraposta pela coesão das cromátides-irmãs, resultando no alinhamento dos cromossomos no meio da célula, entre os dois centros organizadores de microtúbulos (essa posição é chamada placa metafásica). É importante observar que a segregação cromossômica inicia apenas depois que todos os pares de cromátides-irmãs tiverem feito a ligação bivalente.

Capítulo 8 Estrutura do Genoma, Cromatina e Nucleossomo

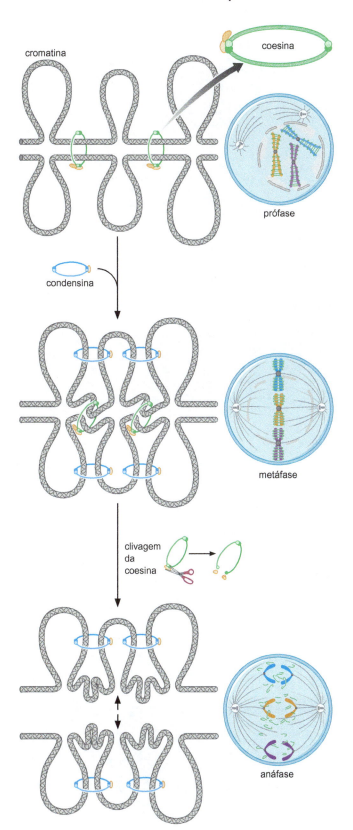

FIGURA 8-14 Modelo para a estrutura e a função de coesinas e condensinas. Coesinas e condensinas são complexos proteicos em formato de anel que incluem duas proteínas SMC que possuem papel importante na aproximação de regiões distantes ou diferentes de DNA. A estrutura em formato de anel proposta para essas proteínas permitiria uma ligação flexível, porém, forte, entre duas regiões de DNA. Nesta ilustração, as proteínas SMC são mostradas em verde (coesina) ou azul (condensina). (Adaptada, com permissão, de Haering C.H. et al. 2002. *Mol. Cell* **9**: 773-788, Fig. 8, p. 785. © Elsevier.)

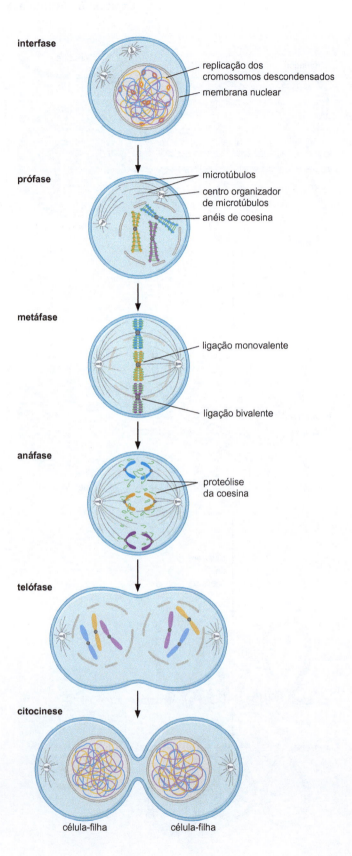

FIGURA 8-15 A mitose em detalhes. Antes da mitose, os cromossomos estão em um estado não condensado, chamado interfase. Durante a prófase, os cromossomos são condensados e desembaraçados em preparação para a segregação, e a membrana nuclear que circunda os cromossomos é rompida na maioria dos eucariotos. Durante a metáfase, cada par de cromátides-irmãs liga-se a polos opostos do fuso mitótico. A anáfase é iniciada pela perda da coesão entre as cromátides-irmãs, resultando na sua separação. A telófase é distinguida pela perda da condensação cromossômica e pela restauração da membrana nuclear ao redor das duas populações de cromossomos segregados. A citocinese é o evento final do ciclo celular, durante o qual a membrana celular que envolve os dois núcleos forma uma constrição que resulta na separação completa das duas células-filhas. Todas as moléculas de DNA são de dupla-fita.

A segregação cromossômica é desencadeada pela destruição proteolítica das moléculas de coesina, resultando na perda de coesão das cromátides-irmãs. Essa perda ocorre à medida que a célula entra na **anáfase**, durante a qual as cromátides-irmãs são separadas e levadas para lados opostos da célula. Uma vez que as cromátides-irmãs não estejam mais unidas, não há como resistir à força de tração do fuso de microtúbulos. A ligação bivalente garante que os membros de um par de cromátides-irmãs sejam puxados em direção a polos opostos e que cada célula-filha receba uma cópia de cada cromossomo duplicado.

A etapa final da mitose é a **telófase**, durante a qual o envelope nuclear é restaurado ao redor de cada conjunto de cromossomos segregados. Nesta etapa, a divisão celular é finalizada pela separação física do citoplasma, até então compartilhado pelas duas células-filhas, em um processo denominado **citocinese**.

Durante as fases de parada (G), as células preparam-se para o próximo estágio do ciclo celular e verificam se o estágio anterior foi corretamente concluído

As duas fases restantes do ciclo celular mitótico são fases de parada, ou intervalos. G_1 ocorre antes da síntese de DNA, e G_2 ocorre entre as fases S e M. As fases de parada do ciclo celular fornecem tempo para que a célula alcance dois objetivos: (1) preparar-se para a próxima fase do ciclo celular e (2) verificar se a fase anterior do ciclo celular foi adequadamente concluída. Por exemplo, antes de entrar na fase S, a maioria das células deve atingir um determinado tamanho e um nível de síntese proteica capazes de garantir que existirão proteínas e nutrientes suficientes para completar todo o ciclo de síntese de DNA. Caso exista algum problema em uma etapa anterior do ciclo celular, os **pontos de checagem** (ou pontos de verificação) **do ciclo celular** interrompem o ciclo celular, dando tempo para que a célula complete a etapa. Por exemplo, as células com DNA danificado param o ciclo celular em G_1, antes da síntese do DNA, ou em G_2, antes da mitose, para impedir que esses eventos ocorram com cromossomos danificados. Essas paradas fornecem tempo para que a lesão seja corrigida, antes que a célula prossiga no ciclo celular.

A meiose reduz o número de cromossomos parentais

Um segundo tipo de divisão celular eucariótica é especializado na produção de células que contenham a metade do número de cromossomos da célula parental. Essas células formarão os óvulos e os espermatozoides envolvidos na reprodução. Isso é alcançado pela realização de duas rodadas de segregação cromossômica após a replicação do DNA. Como no ciclo celular mitótico, o **ciclo celular meiótico** inclui as fases G_1, S e uma fase G_2 prolongada (Fig. 8-16). Durante a fase S meiótica, cada cromossomo é replicado e as cromátides-filhas permanecem associadas da mesma maneira que na fase S mitótica. As células que entram em meiose devem ser diploides e, portanto, conter duas cópias de cada cromossomo, cada uma derivada de cada progenitor. Após a replicação do DNA, os pares de cromátides-irmãs relacionados, chamados **homólogos**, realizam um pareamento entre si, seguido de recombinação. A recombinação cria uma ligação física entre os dois homólogos, necessária para unir as duas cromátides-irmãs dos pares relacionados, durante a segregação dos cromossomos. Os detalhes da recombinação meiótica serão discutidos no Capítulo 11.

A diferença mais significativa entre os ciclos celulares mitótico e meiótico ocorre durante a segregação cromossômica. Ao contrário da mitose, na

218 Parte 3 Manutenção do Genoma

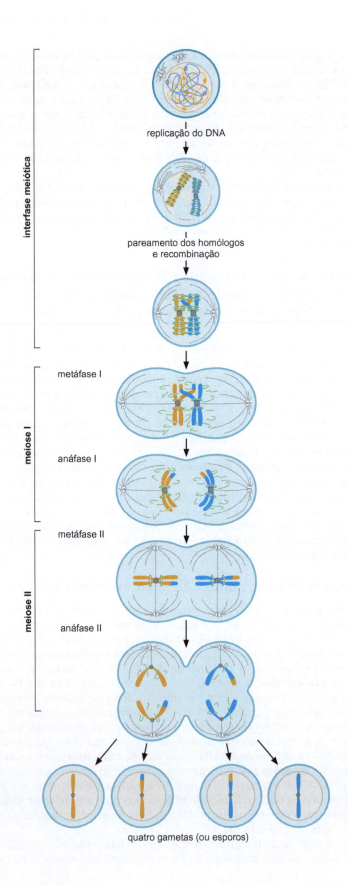

FIGURA 8-16 A meiose em detalhes. Como a mitose, a meiose pode ser dividida em diferentes etapas. Após a replicação do DNA, as cromátides-irmãs homólogas pareiam entre si, formando estruturas com quatro cromossomos relacionados. Por simplificação, um único cromossomo é mostrado segregando, com as cópias azuis vindo de um progenitor e as cópias amarelas, do outro. Durante o pareamento, as cromátides de diferentes homólogos recombinam, formando uma ligação entre os cromossomos homólogos chamada quiasma. Durante a metáfase I, os dois cinetocoros de cada par de cromátides-irmãs ligam-se a um dos polos do fuso mitótico. Os cinetocoros das cromátides-irmãs homólogas ligam-se a polos opostos, criando uma tensão contraposta pelo quiasma entre os homólogos e a coesão entre os braços das cromátides-irmãs. A anáfase I é iniciada pela perda da coesão das cromátides-irmãs, resultando na sua separação. A perda de coesão entre os braços permite que os homólogos recombinados se separem uns dos outros. As cromátides-irmãs permanecem unidas, por meio da coesão, no centrômero. A meiose II é muito similar à mitose. Durante a metáfase II meiótica, os dois fusos meióticos são formados. Como na metáfase mitótica, os cinetocoros associados com cada par de cromátides-irmãs ligam-se a polos opostos dos fusos meióticos. Durante a anáfase II, a coesão remanescente entre as irmãs é perdida, e as cromátides-irmãs são separadas. Os quatro conjuntos separados de cromossomos são, então, empacotados em núcleos e separados em quatro células, originando quatro esporos ou gametas. Todas as moléculas de DNA são de dupla-fita. (Adaptada, com permissão, de Murray A. e Hunt T. 1993. *The cell cycle: An introduction,* Fig. 10.2. © Oxford University Press, Inc.)

qual existe uma única etapa de segregação cromossômica após a replicação do DNA, os cromossomos que participam da meiose passam por dois ciclos de segregação, conhecidos como meioses I e II. Como na mitose, cada um desses eventos de segregação inclui uma etapa de prófase, metáfase e anáfase. Durante a metáfase da **meiose I**, também chamada metáfase I, os homólogos ligam-se a polos opostos do fuso composto por microtúbulos. Essa ligação é mediada pelo cinetocoro. Como ambos os cinetocoros de cada par de cromátides-irmãs estão ligados ao mesmo polo do fuso de microtúbulos, essa interação é denominada **ligação monovalente** (ao contrário da ligação bivalente vista na mitose, na qual os cinetocoros de cada par de cromátides-irmãs se ligam a polos opostos do fuso). Como na mitose, os homólogos pareados inicialmente resistem à tensão do fuso, que força a sua separação. No caso da meiose I, essa resistência é mediada pelas conexões físicas entre os homólogos, chamadas quiasmas ou sobrecruzamentos (*crossovers*), induzidos pela recombinação. Essa resistência também necessita da coesão ao longo dos braços das cromátides-irmãs. Quando a coesão ao longo dos braços é eliminada durante a anáfase I, os homólogos recombinados são liberados e migram para os polos opostos da célula. É importante salientar que a coesão entre as cromátides-irmãs é mantida próxima ao centrômero, portanto, as cromátides-irmãs permanecem pareadas.

A segunda etapa de segregação durante a meiose, a **meiose II**, é muito similar à mitose. A principal diferença é que esse evento de segregação não é precedido por um ciclo de replicação do DNA. Em vez disso, um fuso forma-se e associa-se diretamente a cada um dos pares de cromátides-irmãs recentemente separados. Como na mitose, durante a **metáfase II**, esses fusos formam uma ligação bivalente com os cinetocoros de cada par de cromátides-irmãs. A coesão que permanece nos centrômeros após a meiose I é essencial para se opor à força de tração do fuso. A segunda etapa da segregação cromossômica ocorre na **anáfase II** e é iniciada pela eliminação da coesão no centrômero. Nesta etapa, existem quatro conjuntos de cromossomos na célula, e cada um contém apenas uma cópia de cada cromossomo. Um núcleo é formado ao redor de cada conjunto de cromossomos e, então, o citoplasma é dividido, formando quatro células haploides. Essas células estão prontas para se unir a outra célula haploide e formar novas células diploides.

Diferentes níveis de estrutura cromossômica podem ser observados por microscopia

A microscopia vem sendo utilizada há bastante tempo para se observar a estrutura e a função dos cromossomos. Na verdade, bem antes de estar claro que os cromossomos eram a fonte da informação genética na célula, seus movimentos e alterações durante a divisão celular já eram bem entendidos. A natureza compacta dos cromossomos mitóticos ou meióticos condensados torna a sua visualização relativamente fácil, mesmo em microscópios ópticos simples. A análise microscópica dos cromossomos condensados é utilizada para determinar a constituição cromossômica de células humanas e detectar anormalidades, como deleções cromossômicas ou identificar indivíduos com deficiência ou com cópias extras de um cromossomo.

O DNA cromossômico que não está em mitose (i.e., está na interfase) é menos compacto (Fig. 8-17a). No microscópio eletrônico, são observados dois estados da cromatina: fibras com diâmetro de 30 nm ou 10 nm (Fig. 8-17b). A fibra de 30 nm é uma versão mais compacta da cromatina, frequentemente dobrada em alças maiores, que se projetam de uma estrutura proteica ou suporte. Em contrapartida, a fibra de 10 nm é uma forma menos compacta da cromatina, que se assemelha a um "colar de contas" regular. Essas esferas são os nucleossomos, e essas estruturas de proteína-DNA desempenham um papel

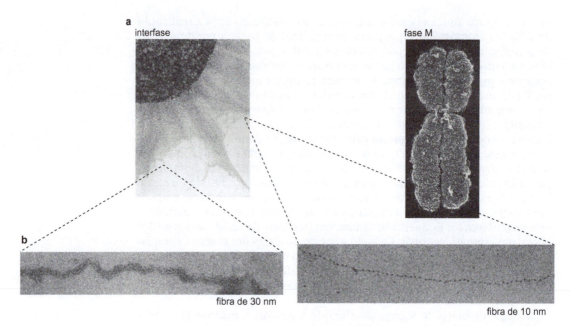

FIGURA 8-17 Formas da estrutura da cromatina vistas no microscópio eletrônico.
(a) Micrografias eletrônicas do DNA na fase M e na interfase mostram as alterações na estrutura da cromatina. (b) Micrografias eletrônicas de diferentes formas da cromatina nas células em interfase mostram as fibras de 30 nm e 10 nm (colar de contas da cromatina). (a, Reproduzida, com permissão, de Alberts B. et al. 2002. *Molecular biology of the cell*, 4th ed., Figs. 4-21 e 4-23. Garland Science/Taylor & Francis LLC. © V. Foe.)

essencial na regulação da estrutura e da função dos cromossomos. No restante do capítulo, em primeiro lugar será discutida a natureza dos nucleossomos, incluindo como são formados e, depois, será descrito como as estruturas dependentes de nucleossomo são reguladas e como controlam a acessibilidade ao DNA nuclear.

NUCLEOSSOMO

Os nucleossomos são os blocos construtores dos cromossomos

A maioria do DNA nas células eucarióticas está empacotada em nucleossomos. Cada nucleossomo é composto por um núcleo de oito proteínas histônicas com DNA enrolado em torno desse núcleo. O DNA entre cada nucleossomo (imagem de "cordão" do "colar de contas" na Fig. 8-17b) é chamado **DNA de ligação**. O DNA organizado em nucleossomos é compactado aproximadamente seis vezes. Esse fator está bem longe das 1.000 a 10.000 vezes de compactação do DNA observada nas células eucarióticas. Mesmo assim, esse primeiro estágio de empacotamento do DNA é essencial para todos os níveis subsequentes de compactação do DNA.

O DNA mais fortemente associado ao nucleossomo, o **DNA nucleossomal**, circunda a parte externa do núcleo octamérico de histonas aproximadamente 1,65 vez, como um fio ao redor de um carretel (Fig. 8-18). O comprimento do DNA associado a cada nucleossomo pode ser determinado utilizando-se o tratamento com nuclease (Quadro 8-1, A nuclease de micrococos e o DNA associado ao nucleossomo). Os aproximadamente 147 pb de comprimento desse DNA é uma característica invariável dos nucleossomos em todas as células eucarióticas. Em contrapartida, o comprimento do DNA de

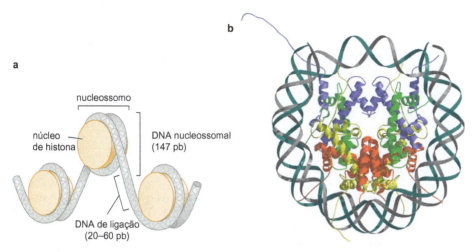

FIGURA 8-18 DNA empacotado em nucleossomos. (a) Esquema de empacotamento e organização dos nucleossomos. (b) Estrutura obtida por cristalografia por raios X de um nucleossomo, mostrando o DNA enrolado ao redor do núcleo proteico de histonas. (Vermelho) H2A; (amarelo) H2B; (lilás) H3; (verde) H4. Nota-se que as cores das diferentes proteínas histônicas mostradas aqui e nas estruturas seguintes são as mesmas. (Luger K. et al. 1997. *Nature* **389**: 251-260.) Imagem feita com MolScript, BobScript e Raster 3D.

ligação entre os nucleossomos é variável. Normalmente, essa distância é de 20 a 60 pb e cada eucarioto apresenta um tamanho médio característico de seu DNA de ligação (Tab. 8-4). A diferença no comprimento médio do DNA de ligação parece refletir as diferenças na natureza de estruturas maiores, formadas pelo DNA nucleossomal em cada organismo, em vez de diferenças nos próprios nucleossomos (ver a seção Estrutura de ordem superior da cromatina).

Em qualquer célula, existem regiões de DNA que não estão compactadas em nucleossomos. Em geral, são regiões de DNA envolvidas na expressão gênica, na replicação ou na recombinação. Embora não estejam ligados aos nucleossomos, esses sítios estão associados a proteínas não histônicas que regulam ou participam desses eventos. Os mecanismos que removem os nucleossomos do DNA e que mantêm essas regiões livres de nucleossomos serão discutidos a seguir e no Capítulo 19.

Histonas são pequenas proteínas com carga positiva

As histonas são, sem dúvida, as proteínas mais abundantes associadas ao DNA eucariótico. As células eucarióticas contêm cinco histonas abundantes: H1, H2A, H2B, H3 e H4. As histonas H2A, H2B, H3 e H4 são as **histonas do núcleo** e duas cópias de cada uma dessas histonas formam o núcleo de proteína, ao redor do qual o DNA nucleossomal é enrolado. A histona H1 não faz parte do núcleo de histonas deste nucleossomo. Em vez disso, ela liga-se ao DNA de

TABELA 8-4 Comprimentos médios do DNA de ligação em vários organismos

Espécies	Comprimento da repetição do nucleossomo (pb)	Comprimento médio do DNA de ligação (pb)
Saccharomyces cerevisiae	160-165	13-18
Ouriço-do-mar (espermatozoide)	~260	~110
Drosophila melanogaster	~180	~33
Ser humano	185-200	38-53

TABELA 8-5 Propriedades gerais das histonas

Tipo de histona	Histona	Massa molecular (M_r)	Resíduos de lisina e arginina (%)
Histonas do núcleo	H2A	14.000	20
	H2B	13.900	22
	H3	15.400	23
	H4	11.400	24
Histona de ligação	H1	20.800	32

ligação e é denominada **histona de ligação**. As quatro histonas do núcleo estão presentes em quantidades iguais na célula. A histona H1 aparece com metade da quantidade das demais histonas, corroborando o achado de que apenas uma molécula de H1 pode se associar a um nucleossomo.

Consistente com sua estreita associação com a molécula de DNA de carga negativa, as histonas apresentam um elevado conteúdo de aminoácidos carregados positivamente (Tab. 8-5). Pelo menos 20% dos resíduos em cada histona são lisina ou arginina. As histonas do núcleo também são proteínas relativamente pequenas, variando de 11 a 15 quilodáltons (kDa) em seus tamanhos. A histona H1 é um pouco maior, com aproximadamente 21 kDa.

O núcleo de proteína do nucleossomo é uma estrutura em forma de disco que se organiza de maneira ordenada apenas na presença de DNA. Sem DNA, as histonas do núcleo formam estruturas intermediárias em solução. Uma região conservada, encontrada em todas as histonas, chamada **domínio de dobra da histona**, promove o arranjo dos intermediários formados apenas por histonas (Fig. 8-19). O domínio de dobra da histona é composto por três regiões de α-hélices, separadas por duas alças curtas sem estrutura definida. Em cada caso, a dobra da histona promove a formação de heterodímeros cabeça-cauda de pares de histonas específicas. As histonas H3 e H4, primeiramente, formam heterodímeros que se agrupam, formando um tetrâmero com duas moléculas de H3 e duas de H4. Em contrapartida, H2A e H2B formam heterodímeros em solução, mas não tetrâmeros.

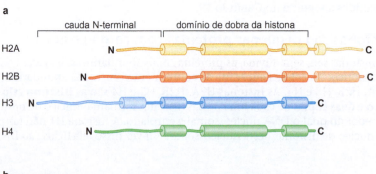
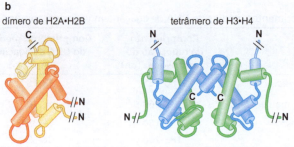

FIGURA 8-19 As histonas do núcleo compartilham uma estrutura de dobra comum. (a) As quatro histonas estão representadas esquematicamente como moléculas lineares. As regiões do motivo de dobra da histona que formam α-hélices estão indicadas como cilindros. Observa-se que existem regiões adjacentes, estruturalmente distintas, em cada histona, incluindo regiões adicionais de α-hélices. (b) As regiões helicoidais de duas histonas (aqui H2A e H2B) associam-se, formando um dímero. H3 e H4 também utilizam uma interação semelhante para formar os tetrâmeros de H3$_2$·H4$_2$. (Adaptada, com permissão, de Alberts B. et al. 2002. *Molecular biology of the cell*, 4th ed., p. 209, Fig. 4-26. © Garland Science/Taylor & Francis LLC.)

Capítulo 8 Estrutura do Genoma, Cromatina e Nucleossomo 223

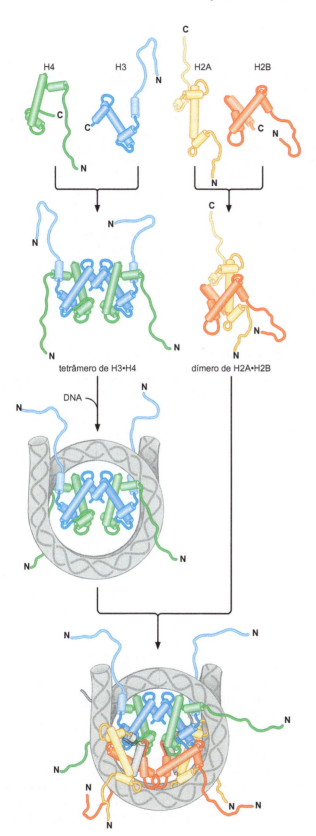

FIGURA 8-20 Montagem de um nucleossomo. A montagem de um nucleossomo começa pela formação de um tetrâmero H3$_2$·H4$_2$, que se liga ao dsDNA. O tetrâmero H3$_2$·H4$_2$ ligado ao DNA recruta duas cópias do dímero H2A·H2B para completar a montagem do nucleossomo. (Adaptada, com permissão, de Alberts B. et al. 2002. *Molecular biology of the cell*, 4th ed., p. 210, Fig. 4-27. Garland Science/Taylor & Francis LLC. © J. Waterborg.)

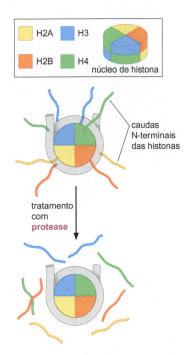

FIGURA 8-21 As caudas N-terminais das histonas do núcleo são acessíveis às proteases. O tratamento dos nucleossomos com quantidades limitantes de proteases que clivam após aminoácidos básicos (p. ex., tripsina) remove, especificamente, as "caudas" N-terminais, deixando o núcleo de histonas intacto.

A montagem de um nucleossomo envolve a associação ordenada desses blocos construtores com o DNA (Fig. 8-20). Primeiro, o tetrâmero de H3·H4 liga-se ao DNA; então, dois dímeros de H2A·H2B unem-se ao complexo H3·H4-DNA, completando o nucleossomo. Mais adiante, neste capítulo, será discutido como esse processo de montagem é efetuado na célula.

Cada uma das histonas do núcleo possui uma extensão N-terminal, chamada "**cauda**", porque não tem estrutura definida e está acessível no nucleossomo intacto. Essa acessibilidade pode ser detectada pelo tratamento dos nucleossomos com a protease tripsina (a qual cliva proteínas especificamente após aminoácidos positivamente carregados). O tratamento dos nucleossomos com tripsina remove rapidamente as caudas N-terminais acessíveis das histonas, mas não pode clivar as regiões dobradas altamente compactadas das histonas (Fig. 8-21). As caudas aminoterminais expostas não são necessárias para a associação do DNA com o octâmero de histonas, porque o DNA ainda está fortemente associado ao nucleossomo após o tratamento com protease. No entanto, as caudas são os sítios das grandes modificações que alteram a função de nucleossomos individuais. Essas modificações incluem a fosforilação, a acetilação e a metilação de resíduos de serina, lisina e arginina. O papel da modificação nas caudas das histonas no nucleossomo será retomado mais adiante. Agora, será discutida a estrutura detalhada do nucleossomo.

Estrutura atômica do nucleossomo

A estrutura tridimensional de alta resolução da partícula central do nucleossomo (ver Fig. 8-18b) (147 pb de DNA mais um octâmero intacto de histonas) revelou muito sobre a sua função. A alta afinidade do nucleossomo pelo DNA, a distorção do DNA quando ligado ao nucleossomo e a falta de especificidade por uma sequência de DNA podem, cada uma, ser explicadas pela natureza das interações entre as histonas e o DNA. A estrutura também forneceu informações importantes sobre a função e a localização das caudas N-terminais. Por fim, a interação entre o DNA e o octâmero de histonas permite um entendimento da natureza dinâmica do nucleossomo e do processo de montagem do nucleossomo. Nas próximas seções, cada uma dessas características será apresentada brevemente.

As histonas ligam-se a regiões específicas do DNA no nucleossomo

Embora não seja perfeitamente simétrico, o nucleossomo apresenta um eixo de simetria bilateral aproximado, chamado **eixo díade**. Ele pode ser visualizado imaginando-se a face do disco do octâmero como um relógio, com o ponto central do DNA de 147 pb localizado na posição 12 horas (Fig. 8-22). Isso coloca as extremidades do DNA exatamente nas posições 11 horas e 1 hora. Uma linha traçada da posição 12 horas à posição 6 horas, através do disco, define o eixo díade. A rotação do nucleossomo ao redor desse eixo em 180° revela uma vista do nucleossomo praticamente idêntica à observada anteriormente à rotação.

Cada um dos tetrâmeros de H3·H4 e dos dímeros de H2A·H2B interage com uma determinada região do DNA dentro do nucleossomo (Fig. 8-23). Dos 147 pb de DNA presentes na estrutura, as regiões de dobra da histona do tetrâmero de H3·H4 interagem com os 60 pb centrais. A região N-terminal de H3 mais próxima à região de dobra da histona forma uma quarta α-hélice, que interage com os 13 pb finais de cada extremidade do DNA ligado (essa α-hélice é diferente da cauda N-terminal não estruturada de H3 descrita anteriormente). Se o nucleossomo for imaginado como a face de um relógio, como supradescrito, o tetrâmero de H3·H4 forma a metade superior do octâmero de histonas. Os tetrâmeros de histonas H3·H4 ocupam uma posição central no nucleossomo, por se ligarem no meio *e* em ambas

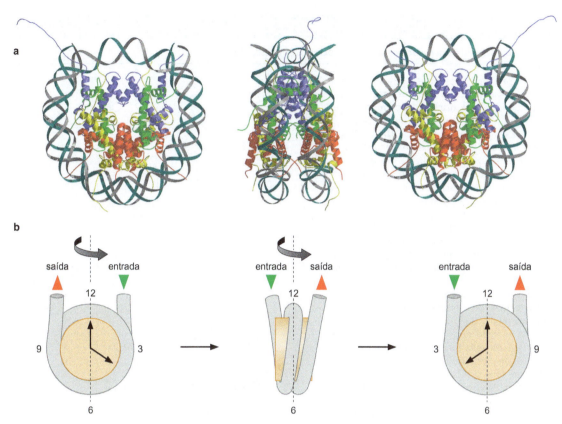

FIGURA 8-22 O nucleossomo apresenta um eixo de simetria quase bilateral. (a) Estrutura tridimensional. (b) Desenho ilustrando a analogia do nucleossomo com a "face do relógio". Três visões do nucleossomo são mostradas em cada representação. Cada visão mostra uma rotação de 90° em torno do eixo entre as posições 12 e 6 horas, ilustradas no primeiro painel de b. (a, Luger K. et al. 1997. *Nature* **389**: 251-260.) Imagens feitas com MolScript, BobScript e Raster 3D.

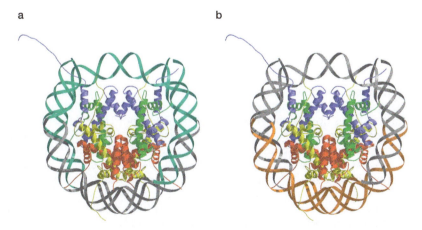

FIGURA 8-23 Interações entre histonas e DNA nucleossomal. (a) H3·H4 liga-se no centro e nas extremidades do DNA. (b) H2A·H2B liga-se a 30 pb de DNA em um dos lados do nucleossomo (em cor de laranja). (Luger K. et al. 1997. *Nature* **389**: 251-260.) Imagens feitas com MolScript, BobScript e Raster 3D.

EXPERIMENTOS-CHAVE

Quadro 8-1 A nuclease de micrococos e o DNA associado ao nucleossomo

Os nucleossomos foram primeiramente purificados pelo tratamento dos cromossomos com uma nuclease não sequência-específica denominada **nuclease de micrococos (MNase)**. A capacidade dessa enzima em clivar o DNA é – principalmente – determinada pelo acesso ao DNA. A MNase cliva sequências de DNA livres de proteínas de maneira muito rápida, e as sequências de DNA associadas a proteínas são pouco clivadas. O tratamento limitado de cromossomos com essa enzima resulta em uma população de moléculas de DNA resistentes à nuclease, que está associada principalmente às histonas. Essas moléculas de DNA apresentam de 160 a 220 pb e estão associadas com duas cópias de cada uma das histonas H2A, H2B, H3 e H4. Em média, essas partículas incluem um DNA fortemente associado ao nucleossomo assim como uma unidade de DNA de ligação. Um tratamento mais extenso com a MNase degrada todo o DNA de ligação. O nucleossomo mínimo restante inclui apenas o DNA de 147 pb e é chamado **partícula central do nucleossomo**.

O comprimento médio do DNA associado a cada nucleossomo pode ser medido em um experimento simples (Quadro 8-1, Fig. 1). Trata-se, agora muito brandamente, a cromatina com a MNase. Isso resulta em quebras simples em parte, mas não em todo o DNA de ligação. Após o tratamento com nuclease, o DNA é extraído de todas as proteínas (incluindo as histonas) e sujeito à eletroforese em gel para separar o DNA por tamanho. A eletroforese revela uma "escada" de fragmentos com tamanhos que são múltiplos da distância média de nucleossomo a nucleossomo. Uma escada de fragmentos é observada porque a cromatina tratada com a MNase foi parcialmente digerida. Assim, às vezes, múltiplos nucleossomos permanecerão ligados após a digestão, originando fragmentos de DNA com tamanhos equivalentes ao DNA total ligado por esses nucleossomos. Digestões adicionais resultarão na clivagem de todo o DNA de ligação e na formação de partículas centrais do nucleossomo, com um único fragmento de aproximadamente 147 pb.

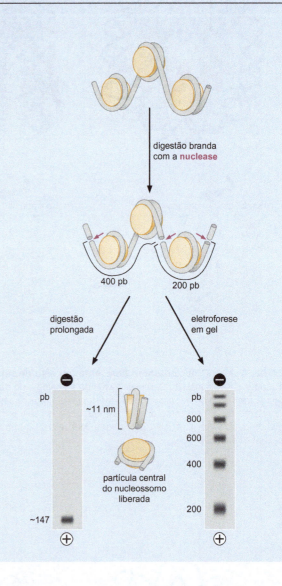

QUADRO 8-1 FIGURA 1 Digestão progressiva do DNA nucleossomal com MNase. (Cortesia de R.D. Kornberg.)

as extremidades do DNA (DNA turquesa na Fig. 8-23a). Cada um dos dois dímeros de H2A·H2B associa-se com aproximadamente 30 pb de DNA, em ambos os lados dos 60 pb centrais do DNA ligado por H3 e H4. Utilizando novamente a analogia do relógio, o DNA associado a H2A·H2B está localizado aproximadamente entre a posição 5 horas e a posição 9 horas em ambas as faces do disco nucleossomal. Juntos, os dois dímeros de H2A·H2B formam a parte inferior do octâmero de histonas localizado na região oposta às extremidades do DNA no disco (DNA em cor de laranja na Fig. 8-23b).

A interação extensiva entre o tetrâmero de H3·H4 e o DNA ajuda a explicar a montagem ordenada do nucleossomo (Fig. 8-24). A associação do tetrâmero de H3·H4 com a metade e as extremidades do DNA ligado resulta no DNA sendo extensivamente dobrado e limitado, tornando a associação dos dímeros de H2A·H2B relativamente fácil. Em contrapartida, o comprimento relativamente curto do DNA ligado pelos dímeros de H2A·H2B não é suficiente para preparar o DNA para a ligação dos tetrâmeros de H3·H4.

Muitos contatos independentes da sequência de DNA promovem a interação entre o núcleo de histonas e o DNA

Uma observação mais detalhada das interações entre as histonas e o DNA do nucleossomo revela a base estrutural para a ligação e o dobramento do DNA no nucleossomo. Foram observados 14 sítios de contato distintos, um para cada momento em que a fenda menor do DNA defronta-se com o octâmero de histonas (Fig. 8-25). A associação do DNA com o nucleossomo é mediada por um grande número (~40) de ligações de hidrogênio entre as histonas e o DNA. A maioria dessas ligações de hidrogênio ocorre entre as proteínas e os átomos de oxigênio do esqueleto fosfodiéster, próximo à fenda menor do DNA. Apenas sete ligações de hidrogênio são formadas entre as cadeias laterais das proteínas e as bases na fenda menor do DNA.

O grande número de ligações de hidrogênio (uma proteína de ligação ao DNA sequência-específica forma apenas cerca de 20 ligações de hidrogênio com o DNA) fornece a energia que promove o dobramento do DNA. A natureza altamente básica das histonas facilita ainda mais a curvatura do DNA pelo mascaramento da carga negativa dos fosfatos, que geralmente resistem à curvatura do DNA. Isso ocorre porque quando o DNA se curva, os fosfatos da parte interna da curvatura são desfavoravelmente aproximados. A natureza positivamente carregada das histonas também facilita a justaposição das duas hélices de DNA adjacentes, necessária para enrolar o DNA mais de uma vez ao redor do octâmero de histonas.

A descoberta de que todos os sítios de contato entre as histonas e o DNA envolvem a fenda menor e o esqueleto de fosfato é consistente com a natureza independente de especificidade de sequência da associação entre o octâmero de histonas e o DNA. Nem o esqueleto de fosfato, nem a fenda menor são ricos em informação base-específica. Além disso, das sete ligações de hidrogênio formadas com as bases na fenda menor, *nenhuma* ocorre com elementos que distinguem entre pares de bases G:C e A:T (ver Cap. 4, Fig. 4-10).

As caudas N-terminais das histonas estabilizam o DNA enrolado ao redor do octâmero

A estrutura do nucleossomo também fornece informações sobre as caudas N-terminais das histonas. As quatro caudas de H2B e H3 emergem entre as duas hélices de DNA. Seus trajetos de saída são formados por duas fendas

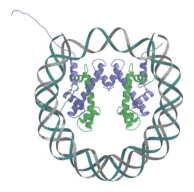

FIGURA 8-24 Nucleossomo desprovido de H2A e H2B. As histonas H2A e H2B foram artificialmente removidas do nucleossomo. É provável que essa estrutura se assemelhe ao tetrâmero intermediário H3$_2$·H4$_2$ do DNA na montagem de um nucleossomo (ver Fig. 8-20). (Luger K. et al. 1997. *Nature* **389**: 251-260.) Imagem feita com MolScript, BobScript e Raster 3D.

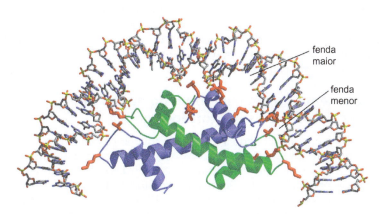

FIGURA 8-25 Sítios de contato entre histonas e DNA. Por simplificação, apenas as interações entre um único dímero de H3·H4 estão mostradas. Um subconjunto de partes das histonas que interage com o DNA está indicado em vermelho. Observa-se que essas regiões se agrupam ao redor da fenda menor do DNA. (Luger K. et al. 1997. *Nature* **389**: 251-260.) Imagem feita com MolScript, BobScript e Raster 3D.

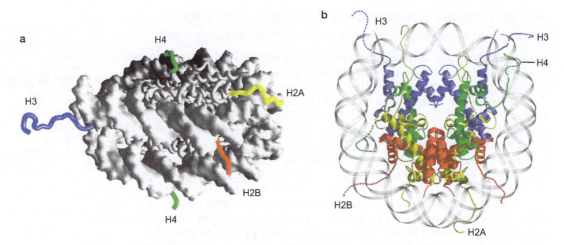

FIGURA 8-26 As caudas das histonas emergem do núcleo do nucleossomo em posições específicas. (a) Visão lateral ilustrando como as caudas de H3 e H2B se projetam entre as duas hélices de DNA. Em contrapartida, as caudas de H4 e H2A emergem ou da parte superior ou da parte inferior de ambas as hélices de DNA. (Luger K. et al. 1997. *Nature* **389**: 251-260.) Imagem feita com GRASP. (b) Posição das caudas em relação à entrada e à saída do DNA. Esta imagem revela que as caudas das histonas emergem de várias posições em relação ao DNA. (Davey C. A. et al. 2002. *J. Mol. Biol.* **319**: 1097-1113.) Imagem feita com MolScript, BobScript e Raster 3D.

menores adjacentes, formando uma "falha" entre as duas hélices de DNA, grande o suficiente para uma cadeia polipeptídica (Fig. 8-26a). Surpreendentemente, as caudas de H2B e H3 emergem de distâncias aproximadamente iguais ao redor do disco do octâmero (~ as posições 1 hora e 11 horas para as caudas de H3 e 4 horas e 8 horas para H2B). Em vez de emergir entre as duas hélices de DNA, as caudas aminoterminais de H2A e H4 emergem de cima ou de baixo de ambas as hélices de DNA (Fig. 8-26a). Essas caudas também estão distribuídas pela face do nucleossomo, com as caudas de H2A emergindo nas posições 5 horas e 7 horas, e as caudas de H4, nas posições 3 horas e 9 horas (Fig. 8-26b). Por emergirem tanto entre quanto em ambos os lados das hélices de DNA, as caudas das histonas funcionam como os sulcos de um parafuso, direcionando o DNA para se enrolar ao redor do disco do octâmero de histonas, com orientação voltada à esquerda. Como foi discutido no Capítulo 4, a natureza levógira da compactação do DNA introduz supertorções negativas no DNA. As porções das caudas mais próximas ao disco de histonas (portanto, não sujeitas à clivagem com protease, discutida anteriormente) também realizam algumas das diversas ligações de hidrogênio entre histonas e DNA, à medida que passam pelo DNA.

O enrolamento do DNA em torno do núcleo de histonas armazena a supertorção negativa

Cada nucleossomo adicionado a um molde circular covalentemente fechado altera o número de ligação do DNA associado em aproximadamente –1,2. Como o DNA remanescente é mantido relaxado pelas topoisomerases, o DNA que é empacotado em nucleossomos se tornaria negativamente superenrolado se os nucleossomos fossem removidos do DNA. Portanto, os nucleossomos podem ser vistos como armazenadores ou estabilizadores da super-helicoidização, ou supertorção, negativa. Por que a célula mantém um estoque de super-helicoidização negativa? Existem muitas situações nas quais é útil direcionar o desenrolamento do DNA na célula, incluindo o início da replicação do DNA, transcrição e recombinação. É importante observar que o DNA negativamente supertorcido favorece o desenrolamento do DNA (ver Cap. 4, Fig. 4-17). Portanto, a remoção de um nucleossomo não apenas permite o maior acesso ao DNA, mas também facilita o desenrolamento de sequências próximas de DNA (Quadro 8-2, Nucleossomos e densidade super-helicoidal).

Se os nucleossomos estocam super-helicoidização negativa em células eucarióticas, o que faz a função equivalente em células procarióticas? A resposta para muitos organismos procarióticos é que o genoma inteiro é mantido em um estado negativamente supertorcido. Isso é realizado por uma topoisomerase especializada, chamada **girase**, que tem a capacidade de introduzir super-helicoidização negativa no DNA relaxado pela redução do número de ligação. Por exemplo, em células de *E. coli*, a atuação da girase resulta em uma densidade super-helicoidal média do genoma de aproximadamente – 0,07. A adição de supertorções negativas no DNA relaxado é uma reação que requer energia. Corroborando isso, a girase necessita de ATP para introduzir supertorções negativas. Na ausência de ATP, a girase só consegue relaxar o DNA (p. ex., reduzir o número de ligação do DNA positivamente supertorcido).

Nem todas as bactérias precisam manter seu DNA em um estado negativamente supertorcido. Bactérias que preferem crescer em temperaturas muito altas (> 80°C) devem gastar energia para *evitar* que seu DNA se desenrole devido à desnaturação térmica. Esses organismos possuem uma topoisomerase diferente, chamada **girase reversa**. Como o nome sugere, a girase reversa aumenta o número de ligação do DNA relaxado na presença de ATP. Ao manter o genoma positivamente supertorcido, a girase reversa neutraliza o efeito da desnaturação térmica, que normalmente resultaria no desenrolamento de várias regiões do genoma.

ESTRUTURA DE ORDEM SUPERIOR DA CROMATINA

Heterocromatina e eucromatina

Desde as primeiras observações dos cromossomos no microscópio óptico, ficou claro que eles não eram estruturas uniformes. Estudos iniciais dos cromossomos dividiram as regiões cromossômicas em duas categorias: **eucromatina** e **heterocromatina**. A heterocromatina era caracterizada pela densa coloração com uma variedade de corantes e uma aparência mais condensada, enquanto a eucromatina tinha as características opostas, com fraca coloração e estrutura relativamente mais aberta. À medida que o conhecimento molecular sobre os genes e sua expressão avançou, ficou claro que as regiões heterocromáticas dos cromossomos apresentavam expressão gênica muito limitada. Ao contrário, as regiões eucromáticas possuíam altos níveis de expressão gênica, sugerindo que essas diferentes estruturas estavam conectadas aos níveis globais de expressão gênica.

Regiões heterocromáticas apresentam pouca expressão gênica, mas isso não significa que essas regiões não sejam importantes. Como será visto na discussão sobre expressão gênica, manter um gene desativado pode ser tão importante quanto ativar um gene. Além disso, a heterocromatina frequentemente está associada com regiões específicas do cromossomo, especialmente com os telômeros e com os centrômeros, sendo importante para o funcionamento destes dois elementos cromossômicos essenciais.

Ao longo dos anos, os pesquisadores adquiriram um conhecimento molecular mais completo sobre as estruturas da heterocromatina e da eucromatina. Está claro que o DNA em ambos os tipos de cromatina está empacotado em nucleossomos. A diferença entre a estrutura da heterocromatina e a estrutura da eucromatina é como os nucleossomos nessas diferentes regiões cromossômicas são (ou não são) organizados em estruturas maiores. Ficou claro que as regiões heterocromáticas são compostas por DNA nucleossomal organizado em estruturas de ordem maior que resultam em uma barreira à expressão gênica. Em contrapartida, os nucleossomos eucromáticos são encontrados em montagens

EXPERIMENTOS-CHAVE

Quadro 8-2 Nucleossomos e densidade super-helicoidal

Por que os nucleossomos alteram o estado topológico do DNA? Como descrito no Capítulo 4, há duas formas de torção que podem contribuir para a formação do DNA supertorcido: a toroide e a plectonêmica. O enrolamento do DNA em torno do octâmero de histonas é uma forma de torção toroide. A orientação da torção determina se há a introdução de supertorções positivas ou negativas (i.e., se aumenta ou diminui o número de ligação do DNA associado). Para a torção toroide, o enrolamento para a esquerda induz a super-helicoidização negativa (para a torção plectonêmica, o oposto é verdadeiro; a orientação para a direita está associada à super-helicoidização negativa). Portanto, o enrolamento toroide para a esquerda do DNA em torno do nucleossomo diminui o número de ligação do DNA associado. Por essa razão, os nucleossomos são preferencialmente formados com DNA que apresenta densidade super-helicoidal negativa. Em contrapartida, a montagem de nucleossomos no DNA que possui densidade super-helicoidal positiva é muito difícil.

A montagem de vários nucleossomos no DNA circular covalentemente fechado (cccDNA) necessita da presença de uma topoisomerase para acomodar alterações no número de ligação do DNA ligado às histonas (ver Quadro 8-2, Fig. 1). Sem a presença de uma topoisomerase, para cada nucleossomo formado com o cccDNA, o DNA não ligado (não associado aos nucleossomos) teria de acomodar um *aumento* equivalente no número de ligação (deve-se ter em mente que o número de ligação geral de um cccDNA é fixo na ausência de uma topoisomerase). Portanto, o DNA não ligado acumularia um número de ligação aumentado e uma densidade super-helicoidal positiva. Quanto mais positivamente supertorcido for o DNA não ligado, mais difícil será a montagem de nucleossomos adicionais nesse DNA.

A adição de uma topoisomerase facilita muito a associação do nucleossomo com o cccDNA. Quando uma topoisomerase está presente durante a montagem do nucleossomo, ela não consegue agir sobre o DNA ligado ao nucleossomo. Em vez disso, a topoisomerase relaxa o DNA não incluído nos nucleossomos, reduzindo a densidade super-helicoidal positiva nestas regiões pela diminuição do número de ligação. Mantendo o DNA não ligado em um estado relaxado, as topoisomerases facilitam a ligação das histonas ao DNA e a formação de nucleossomos adicionais. É importante ob-

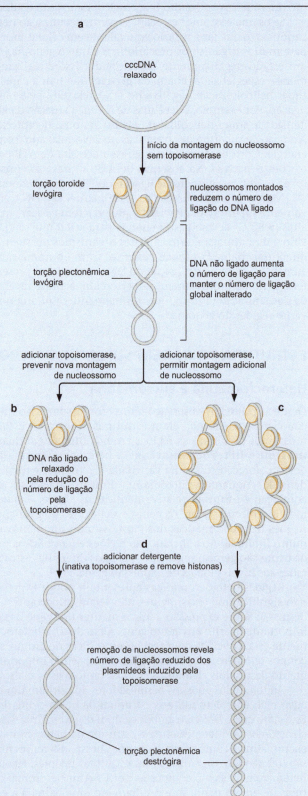

QUADRO 8-2 FIGURA 1 A topoisomerase é necessária para a montagem do nucleossomo usando DNA circular covalentemente fechado (cccDNA). (a) A montagem de nucleossomos usando cccDNA na ausência de topoisomerase é limitada pelo acúmulo de super-helicoidização positiva no DNA não associado aos nucleossomos. (b) A adição de topoisomerase sem montagem de nucleossomos adicionais ilustra como a topoisomerase reduz o número de ligação para relaxar o DNA não incorporado nos nucleossomos. (c) Montagem de nucleossomos adicionais na presença de topoisomerase. (d) A simultânea remoção de histonas e inativação da topoisomerase (p. ex., pela adição de um detergente forte) revela o reduzido número de ligação associado ao DNA nucleossomal.

Quadro 8-2 (Continuação)

servar que o efeito global no plasmídeo é a diminuição do número de ligação à medida que mais nucleossomos são montados.

A diminuição do número de ligação causada pela topoisomerase durante a montagem de nucleossomos pode ser usada como um ensaio para este evento. O ensaio tira vantagem da habilidade da eletroforese em gel para distinguir entre moléculas de cccDNA relaxadas e supertorcidas (ver Cap. 4, Fig. 4-27). O primeiro passo é montar os nucleossomos em um cccDNA na presença de uma topoisomerase. Em momentos apropriados, um detergente forte (p. ex., SDS [dodecil sulfato de sódio]) é adicionado à reação de montagem, inativando rapidamente a topoisomerase e removendo as histonas do DNA. O DNA resultante é, então, separado por eletroforese em gel para determinar a natureza supertorcida do DNA. Como o detergente inativa a topoisomerase ao mesmo tempo em que remove as histonas do DNA, o número de ligação do DNA organizado nos nucleossomos é preservado. Em média, a topoisomerase diminui o número de ligação em −1,2 para cada nucleossomo montado no cccDNA. Portanto, quanto mais nucleossomos forem montados no cccDNA, mais negativamente supertorcido será o cccDNA (Quadro 8-2, Fig. 1c,d). Isso pode ser facilmente observado pela migração mais rápida do DNA supertorcido durante a eletroforese em gel (Quadro 8-2, Fig. 2).

Como o DNA nucleossomal se enrola em torno da histona 1,65 vez, a formação de um único nucleossomo usando plasmídeo circular covalentemente fechado criaria uma torção de −1,65 e, assim, alteraria o número de ligação em quantidade equivalente. Como supradescrito, quando a alteração do número de ligação associado a cada nucleossomo foi medida, o número foi menor: cerca de −1,2 para cada nucleossomo adicionado. Esta discrepância é chamada de "paradoxo do número de ligação nucleossomal", e a solução para este enigma foi revelada quando a estrutura de cristal de alta resolução do nucleossomo foi resolvida. A análise cuidadosa do DNA associado ao núcleo de histonas mostrou que o número de bases por volta havia sido reduzido em comparação ao DNA nu (de 10,5 para 10,2 pb/volta). A redução no número de pares de bases por volta resulta em aumento no número de ligação para oDNA. Considere-se o exemplo de um cccDNA de 10.500 pb descrito no Capítulo 4. O DNA B normal terá 10,5 pb/volta, resultando em um número de ligação de +1.000 para o plasmídeo (10.500/10,5). Em contrapartida, o mesmo DNA com um valor de 10,2 pb/volta terá um número de ligação de aproximadamente +1.029 (10.500/10,2). Portanto, ao diminuir o número de pares de bases por volta da hélice, a ligação ao octâmero de histonas causa um leve aumento no número de ligação ao longo do comprimento do DNA ligado ao nucleossomo. Essa alteração reduz a mudança do número de ligação por nucleossomo montado de −1,65 para −1,2. A diferença de aproximadamente +0,4 por nucleossomo pode ser calculada usando a diferença no número de pares de bases por volta e o comprimento do DNA associado a um nucleossomo.

Essas questões são relevantes para os cromossomos lineares eucarióticos? Para fragmentos lineares curtos, a super-helicoidização não é relevante porque as extremidades do DNA podem rodar para acomodar alterações no número de ligação. Mas isso não é verdadeiro para os grandes cromossomos lineares das células eucarióticas. Primeiro, o grande tamanho desses cromossomos não permite uma rotação rápida o suficiente para dissipar facilmente alterações na super-helicoidização do DNA. Mais importante do que isso, como será discutido posteriormente, o cromossomo não é uma simples fita linear de DNA. Cada DNA cromossômico é dobrado em uma estrutura mais compacta composta por grandes alças que são amarradas a uma estrutura proteica chamada de **arcabouço nuclear**. Essas ligações servem para isolar topologicamente uma alça da outra e prevenir a rotação livre do DNA cromossômico.

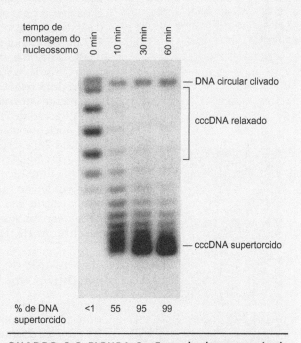

QUADRO 8-2 FIGURA 2 **Exemplo de um ensaio de montagem de nucleossomo que mede a diminuição associada do número de ligação.** A montagem do nucleossomo foi realizada em um cccDNA relaxado na presença de uma topoisomerase. Antes do início da montagem (0 min), ou em vários momentos durante a reação de montagem do nucleossomo, adicionou-se detergente e o DNA foi separado em um gel de agarose não desnaturante, sendo visualizado por coloração com brometo de etídeo. Embora um gel de agarose não permita distinguir entre moléculas de cccDNA positiva ou negativamente supertorcidas, a habilidade dos intercalantes de DNA em aumentar o número de ligação e direcionar o DNA em direção ao topo do gel (e conferir um estado mais relaxado) pode ser usada para mostrar que se tratam de cccDNAs negativamente supertorcidos (não mostrados). (Reproduzida, com permissão, de Ito T. et al. 1997. *Cell* **90**: 145-155, Fig. 2c. ©. Elsevier.)

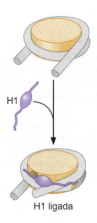

FIGURA 8-27 **A histona H1 liga duas hélices de DNA.** Durante a interação com o nucleossomo, a histona H1 liga-se ao DNA de ligação em uma extremidade do nucleossomo e à hélice central do DNA nucleossomal (a metade dos 147 pb ligados pelo octâmero do núcleo de histonas).

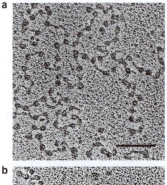

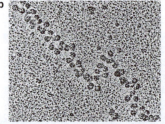

FIGURA 8-28 **A adição de H1 resulta em um DNA nucleossomal mais compacto.** As duas imagens mostram uma microfotografia eletrônica do DNA nucleossomal na ausência (a) e na presença (b) da histona H1. Nota-se a estrutura mais compacta e definida do DNA na presença da histona H1. (Reproduzida, com permissão, de Thoma F. et al. 1979. *J. Cell Biol.* **83**: 403-427, Figs. 4 e 6. © Rockefeller University Press.)

bem menos organizadas. Nas seções seguintes, discute-se o que se conhece em relação à montagem dos nucleossomos em estruturas de ordem superior.

A histona H1 liga-se ao DNA de ligação entre os nucleossomos

Uma vez que os nucleossomos estejam formados, a próxima etapa no empacotamento do DNA é a ligação da histona H1. Como as histonas do núcleo, H1 é uma proteína pequena e positivamente carregada (ver Tab. 8-5). H1 interage com o DNA de ligação entre os nucleossomos, estreitando ainda mais a associação do DNA com o nucleossomo. Essa interação pode ser detectada pela proteção aumentada do DNA nucleossomal após digestão pela nuclease de micrococos (MNase). Assim, além dos 147 pb protegidos pelo núcleo de histonas, a adição da histona H1 ao nucleossomo protege 20 pb adicionais do DNA da digestão.

A histona H1 possui a propriedade incomum de se ligar a duas regiões distintas do DNA dupla-fita. Normalmente, essas duas regiões são parte da mesma molécula de DNA associada a um nucleossomo (Fig. 8-27). Os sítios de ligação de H1 estão localizados assimetricamente em relação ao nucleossomo. Uma dessas duas regiões ligadas pela H1 é o DNA de ligação em *uma* extremidade do nucleossomo. O segundo sítio de ligação ao DNA está na metade dos 147 pb associados (o único dúplex de DNA presente no eixo díade). Portanto, o DNA adicional protegido da digestão pela nuclease supradescrito está restrito ao DNA de ligação em apenas *um* lado do nucleossomo. Pela aproximação dessas duas regiões do DNA, a ligação de H1 aumenta a extensão do DNA fortemente enrolado ao redor do octâmero de histonas.

A ligação de H1 produz um ângulo mais definido de entrada e saída do DNA nucleossomal. Esse efeito pode ser visualizado por microscopia eletrônica (Fig. 8-28) e resulta no DNA nucleossomal, assumindo aparência em zigue-zague. Os ângulos de entrada e saída variam muito, dependendo das condições (incluindo concentração de sal, pH e presença de outras proteínas). Se for considerado que esses ângulos estão a aproximadamente 20° em relação ao eixo díade, isso resultaria em um padrão no qual os nucleossomos se alternariam em ambos os lados de uma região central do DNA de ligação unidos pela histona H1 (Fig. 8-29).

Os arranjos de nucleossomos podem formar estruturas mais complexas: a fibra de 30 nm

A ligação de H1 estabiliza as estruturas de ordem superior da cromatina. *In vitro*, à medida que a concentração de sais é aumentada, a adição da histona H1 provoca a formação de uma **fibra de 30 nm** de DNA nucleossomal. Essa estrutura, que pode ser observada *in vivo*, representa o nível seguinte de compactação do DNA. É importante ressaltar que a incorporação do DNA nessa fibra o torna menos acessível a muitas enzimas dependentes de DNA (como as RNA-polimerases).

Existem dois modelos para a estrutura da fibra de 30 nm. No **modelo solenoide**, o DNA nucleossomal forma uma super-hélice contendo aproximadamente seis nucleossomos por volta (Fig. 8-30a). Essa estrutura está apoiada por estudos de microscopia eletrônica e de difração de raios X, os quais indicam que a fibra de 30 nm apresenta uma amplitude helicoidal de aproximadamente 11 nm. Este é também o diâmetro aproximado do disco do nucleossomo, sugerindo que a fibra de 30 nm é composta por discos de nucleossomos empilhados nas extremidades em formato de hélice (ver Fig. 8-30a). Neste modelo, as superfícies planas de ambas as faces do disco do octâmero de histonas estão adjacentes entre si, e a superfície do DNA dos nucleossomos forma a superfície da parte externa acessível da super-hélice. O DNA de ligação está escondido no centro da super-hélice, mas nunca passa através do eixo da fibra. Em vez disso, o DNA de ligação forma

Capítulo 8 Estrutura do Genoma, Cromatina e Nucleossomo   233

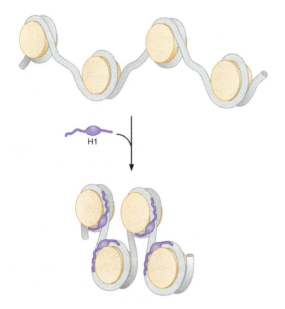

FIGURA 8-29 **A histona H1 induz uma compactação mais forte do DNA em torno do nucleossomo.** As duas ilustrações mostram uma comparação do enrolamento do DNA ao redor do nucleossomo na presença e na ausência da histona H1. Uma histona H1 pode associar-se a cada nucleossomo.

um círculo ao redor do eixo central à medida que o DNA se desloca de um nucleossomo para o outro.

Um modelo alternativo para a fibra de 30 nm é o modelo de "zigue-zague" (Fig. 8-30b). Esse modelo é baseado no padrão de zigue-zague dos nucleossomos formado após a adição de H1. Neste caso, a fibra de 30 nm é uma forma compactada dos arranjos de nucleossomos em zigue-zague. Uma estrutura recente de raios X de uma única molécula de DNA participando de quatro nucleossomos e estudos biofísicos da natureza semelhante à mola de fibras de 30 nm isoladas corroboram o modelo de zigue-zague. Ao contrário do modelo solenoide, a conformação em zigue-zague requer que o DNA de ligação passe diretamente através do eixo central da fibra (ver Fig. 8-30b). Portanto, o DNA de ligação mais longo favorece essa conformação. Como o comprimento médio do DNA de ligação varia entre as diferentes espécies (ver Tab. 8-4), o formato da fibra de 30 nm pode não ser sempre o mesmo, e ambas formas da fibra de 30 nm poderiam ser encontradas nas células, dependendo do comprimento do DNA de ligação local.

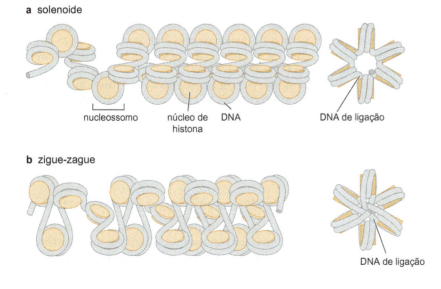

FIGURA 8-30 **Dois modelos para a fibra de cromatina de 30 nm.** Em cada painel, a região à esquerda mostra a lateral da fibra, e à direita, vê-se a fibra a partir de seu eixo central. (a) Modelo solenoide. Observa-se que o DNA de ligação não passa através do eixo central da super-hélice e que os lados e os locais de entrada e saída dos nucleossomos são relativamente inacessíveis. (b) Modelo de "zigue-zague". Neste modelo, o DNA de ligação frequentemente passa através do eixo central da fibra, e os lados e os pontos de entrada e saída são mais acessíveis. (Reproduzida, com permissão, de Pollard T. e Earnshaw W. 2002. *Cell biology*, 1st ed., Fig. 13-6. © Elsevier.)

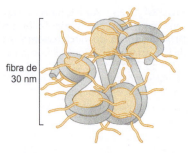

FIGURA 8-31 Modelo especulativo para a estabilização da fibra de 30 nm pelas caudas N-terminais das histonas. Neste modelo, a fibra de 30 nm está ilustrada utilizando-se o modelo de "zigue-zague". Várias interações diferentes entre as caudas e as histonas do núcleo são possíveis. Aqui, as interações são mostradas entre histonas alternadas, mas também poderiam ocorrer com histonas adjacentes ou histonas mais distantes.

As caudas N-terminais das histonas são necessárias para a formação da fibra de 30 nm

As histonas do núcleo que não apresentam caudas N-terminais não podem formar a fibra de 30 nm. A função mais provável das caudas é estabilizar a fibra de 30 nm, por meio de interações entre os nucleossomos adjacentes. Esse modelo é sustentado pela estrutura tridimensional do nucleossomo, que mostra que cada uma das caudas N-terminais de H2A, H3 e H4 interage com nucleossomos adjacentes na estrutura cristalizada (Fig. 8-31). Estudos recentes indicam que a interação entre a região aminoterminal positivamente carregada da histona H4 e uma região negativamente carregada do domínio de dobramento de histona da H2A é particularmente importante para a formação da fibra de 30 nm. Confirmando a importância dessa interação, os resíduos de H2A que interagem com a cauda de H4 são conservados em muitos organismos eucarióticos, mas não estão envolvidos na ligação ao DNA ou na formação do octâmero de histonas. É possível que essas regiões de H2A sejam conservadas para promover interações internucleossomais com a cauda de H4. Como será visto a seguir, as caudas das histonas são alvos frequentes de modificações na célula. É provável que algumas dessas modificações influenciem na capacidade de formar a fibra de 30 nm e outras estruturas nucleossomais de ordem superior.

A compactação adicional do DNA envolve grandes alças de DNA nucleossomal

Juntos, o empacotamento do DNA em nucleossomos e a fibra de 30 nm resultam na compactação do comprimento linear do DNA em aproximadamente 40 vezes. Essa compactação ainda é insuficiente para acomodar de 1 a 2 metros de DNA em um núcleo de aproximadamente 10^{-5} metros de diâmetro. Dobramentos adicionais da fibra de 30 nm são necessários para compactar ainda mais o DNA. Embora a natureza exata da estrutura dobrada permaneça imprecisa, um modelo popular propõe que a fibra de 30 nm forme alças de 40 a 90 kb, que são unidas em suas bases por estruturas proteicas, denominadas **arcabouço nuclear** (Fig. 8-32). Vários métodos foram desenvolvidos para identificar as proteínas que fazem parte dessa estrutura, embora a verdadeira natureza do arcabouço nuclear continue a ser um mistério.

Duas classes de proteínas que contribuem para o arcabouço nuclear foram identificadas. Uma é a topoisomerase II (Topo II), abundante tanto em preparações de arcabouço como nos cromossomos mitóticos purificados. O tratamento de células com fármacos que levam a quebras no DNA em sítios de ligação de Topo II ao DNA gera fragmentos de DNA de aproximadamente 50 kb. Esse tamanho é semelhante à variação média observada para a digestão limitada de cromossomos pela nuclease e sugere que a Topo II possa ser parte do mecanismo que mantém o DNA na base destas alças. Além disso, a presença de Topo II na parte inferior de cada alça asseguraria que as alças ficassem topologicamente isoladas umas das outras.

As proteínas SMC também são componentes abundantes do arcabouço nuclear. Como discutido antes (ver seção Duplicação e segregação cromossômica), essas proteínas são componentes fundamentais da maquinaria que condensa e mantêm as cromátides-irmãs unidas após a duplicação cromossômica. A associação dessas proteínas com o arcabouço nuclear pode servir para reforçar suas funções, fornecendo um alicerce fundamental para as suas interações com o DNA cromossômico.

As variantes de histonas alteram a função do nucleossomo

As histonas do núcleo estão entre as proteínas eucarióticas mais conservadas; portanto, os nucleossomos formados por essas proteínas são muito semelhantes em todos os eucariotos. Existem, porém, diversas variantes de histonas en-

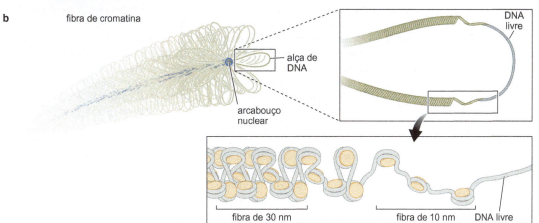

FIGURA 8-32 Estrutura de ordem superior da cromatina. (a) Uma micrografia eletrônica de transmissão mostra a cromatina emergindo da estrutura central do cromossomo. As regiões eletrodensas correspondem ao arcabouço nuclear, que serve para organizar as enormes quantidades de DNA encontradas nos cromossomos eucarióticos. (b) Um modelo para a estrutura de um cromossomo eucariótico propõe que a maior parte do DNA esteja empacotada em grandes alças de fibras de 30 nm conectadas pela base ao arcabouço nuclear. Os sítios de manipulação de DNA ativa (p. ex., sítios de transcrição ou replicação do DNA) apresentam-se como fibras de 10 nm ou como DNA livre (também referido como "DNA nu"). (a, Cortesia de J.R. Paulson e U.K. Laemmli.)

contradas nas células eucarióticas. Essas histonas incomuns podem substituir uma das quatro histonas comuns, formando nucleossomos alternativos. Tais nucleossomos podem demarcar determinadas regiões de cromossomos ou conferir funções especializadas ao nucleossomo ao qual foram incorporadas. Por exemplo, H2A.X é uma variante de H2A amplamente distribuída em nucleossomos eucarióticos. Quando o DNA cromossômico é rompido (situação descrita como quebra de dupla-fita), a H2A.X adjacente à quebra é fosforilada em um resíduo de serina que não está presente na H2A. A H2A.X fosforilada é reconhecida de maneira específica por enzimas de reparo do DNA, levando à localização do sítio de dano ao DNA.

Uma segunda variante da histona H3, a CENP-A, está associada aos nucleossomos que incluem o DNA centromérico. Nessa região cromossômica, a CENP-A substitui as subunidades da histona H3 nos nucleossomos. Esses nucleossomos são incorporados ao cinetocoro que medeia a ligação do cromossomo ao fuso mitótico (ver Fig. 8-12). Comparada à H3, a CENP-A inclui uma região caudal aminoterminal estendida, mas apresenta uma região de dobra de histona semelhante. Assim, é improvável que a incorporação de CENP-A altere a estrutura do núcleo do nucleossomo. No entanto, a cauda estendida de CENP-A pode fornecer novos sítios de ligação para outro componente proteico do cinetocoro, chamado CENP-C (Fig. 8-33). Confirmando que essa interação é fundamental para a formação do cinetocoro, a perda de CENP-A interfere na associação dos componentes do cinetocoro com o DNA centromérico.

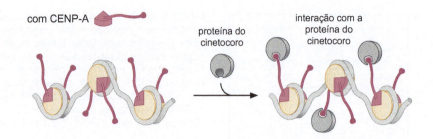

FIGURA 8-33 **Alteração da cromatina pela incorporação de variantes de histonas.** A incorporação de CENP-A no lugar da histona H3 parece atuar como um sítio de ligação para um ou mais componentes proteicos do cinetocoro.

REGULAÇÃO DA ESTRUTURA DA CROMATINA

A interação do DNA com o octâmero de histonas é dinâmica

Como será discutido de maneira detalhada no Capítulo 19, a incorporação do DNA nos nucleossomos pode causar profundo impacto na expressão do genoma. Em muitos casos, é fundamental que os nucleossomos possam ser deslocados ou que a sua ligação ao DNA possa ser relaxada para permitir o acesso de outras proteínas a determinadas regiões do DNA. Consistentemente com essa necessidade, a associação do octâmero de histonas ao DNA é inerentemente dinâmica. Além disso, há fatores que atuam no nucleossomo e aumentam ou diminuem a natureza dinâmica dessa associação. Juntas, essas propriedades permitem alterações na posição do nucleossomo e na associação com o DNA, em resposta às necessidades de acesso ao DNA.

Como acontece em todas as interações mediadas por ligações não covalentes, a associação de uma região qualquer do DNA com o octâmero de histonas não é permanente: qualquer região individual do DNA será transientemente liberada da interação forte com o octâmero de vez em quando. Essa liberação é similar à abertura ocasional da dupla-hélice de DNA (como discutido no Cap. 4). A natureza dinâmica do DNA ligado à estrutura do núcleo de histonas é importante, porque muitas proteínas de ligação ao DNA preferem muito mais ligar-se ao DNA livre de histonas. Tais proteínas podem reconhecer seus sítios de ligação apenas quando estes estão liberados do octâmero ou estão localizados no DNA de ligação ou no DNA livre de nucleossomos.

Devido ao desenrolamento intermitente e espontâneo do DNA do nucleossomo, uma proteína pode obter o acesso aos sítios de ligação ao DNA com probabilidade de 1:50 a 1:100.000, dependendo de onde o sítio de ligação se localiza no nucleossomo. Quanto mais central estiver o sítio de ligação, menos frequente será o acesso a ele. Assim, um sítio de ligação próximo à posição 73 dos 147 pb fortemente associados ao nucleossomo estará raramente acessível, enquanto os sítios de ligação próximos às extremidades (posições 1 ou 147) do DNA nucleossomal estarão mais frequentemente acessíveis. Essas descobertas indicam que o mecanismo de exposição se deve ao desenrolamento do DNA do nucleossomo, e não à breve exposição do DNA na superfície do octâmero de histonas (Fig. 8-34). É importante observar que esses estudos foram realizados em uma população de nucleossomos isolados, em um tubo de ensaio: a capacidade do DNA de se desenrolar de um nucleossomo pode ser diferente para grandes trechos de DNA que participam de vários nucleossomos adjacentes (chamados de **arranjos nucleossomais**) presentes nas células. A associação de H1 e a incorporação dos nucleossomos na fibra de 30 nm também alterarão essas probabilidades. Ainda assim, a natureza dinâmica da estrutura do nucleossomo indica que os nucleossomos apenas se parecem com a estrutura revelada nos estudos de cristalografia por raios X por curtos períodos de tempo e que, na verdade, passam a maior parte do tempo em outras conformações.

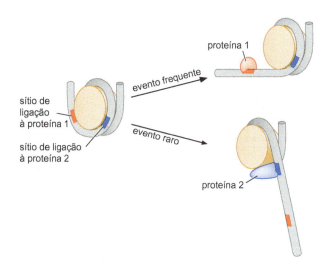

FIGURA 8-34 **Modelo para obtenção de acesso ao DNA nucleossomal.** Os estudos sobre a capacidade de proteínas que se ligam a sequências específicas do DNA (proteínas de ligação ao DNA) de se ligarem aos nucleossomos sugere que o desenrolamento do DNA nucleossomal seja o responsável pela acessibilidade do DNA. Sítios de DNA próximos aos pontos de entrada e saída são mais acessíveis, ao passo que sítios de ligação próximos à região central do DNA ligado são menos acessíveis.

Complexos que remodelam o nucleossomo facilitam seu movimento

Além da dinâmica intrínseca demonstrada pelo nucleossomo, a estabilidade da interação do octâmero de histonas-DNA é influenciada por grandes complexos proteicos, denominados **complexos remodeladores do nucleossomo**. Esses complexos de múltiplas proteínas facilitam as alterações no posicionamento do nucleossomo ou a interação com o DNA, utilizando a energia da hidrólise de ATP. Existem três tipos básicos de alterações nucleossomais mediadas por essas enzimas (Fig. 8-35). Todos os complexos remodeladores do nucleossomo podem catalisar o "**deslizamento**" do DNA ao longo da superfície do octâmero de histonas. Um conjunto de complexos remodeladores do nucleossomo pode catalisar uma segunda alteração, mais extrema, na qual um octâmero de histonas é ejetado em solução ou "**transferido**" de uma hélice de DNA para outra. Por fim, algumas dessas enzimas podem facilitar a troca do dímero H2A/H2B de um nucleossomo por variantes do dímero (p. ex., H2A.X/H2B trocado por H2A/H2B em quebras de dupla-fita).

Estudos recentes começaram a revelar como os complexos remodeladores do nucleossomo movem o DNA na superfície do octâmero de histonas (Fig. 8-36). Cada uma dessas enzimas com múltiplas subunidades contém uma subunidade de DNA-translocase que hidrolisa ATP, capaz de se movimentar de maneira direcional (evento também chamado de *translocação*) sobre o DNA dupla-fita quando separada do restante do complexo remodelador do nucleossomo. Modelos atuais sugerem que os complexos remodeladores do nucleossomo se ligam fortemente ao octâmero de histonas e posicionam a subunidade de DNA-translocase adjacentemente ao DNA nucleossomal. Ao segurar a translocase no lugar, em relação ao octâmero de histonas, o resultado da hidrólise de ATP pelo complexo remodelador do nucleossomo é o movimento do DNA em relação à superfície do octâmero de histonas. A translocação do DNA gera uma alça de DNA que é liberada da superfície do nucleossomo próximo ao sítio de translocação. Acredita-se que essa alça se propague na superfície do octâmero de histonas até que alcance a outra extremidade do DNA nucleossomal. Embora esse movimento da alça pudesse prosseguir potencialmente em qualquer direção, acredita-se que outras interações entre o complexo remodelador do nucleossomo e o DNA nucleossomal previnem a propagação em direção ao DNA de ligação proximal (o que resultaria na ausência de alteração do posicionamento nucleossomal).

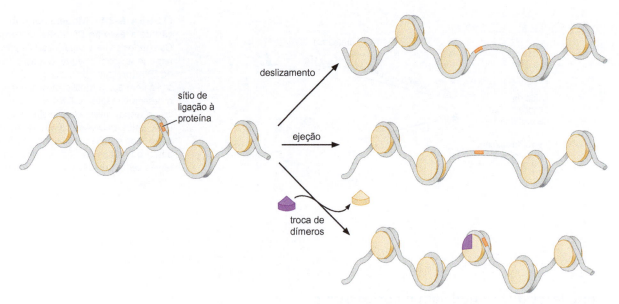

FIGURA 8-35 Movimento nucleossomal catalisado pelas atividades do remodelamento de nucleossomo. (Parte superior) O movimento nucleossomal pelo deslizamento ao longo de uma molécula de DNA expõe sítios de ligação de proteínas ao DNA. (Centro) Complexos remodeladores de nucleossomo também podem ejetar um nucleossomo do DNA, criando regiões maiores de DNA livre de nucleossomos. (Parte inferior) Um conjunto de complexos remodeladores do nucleossomo catalisa a troca de dímeros H2A/H2B por dímeros não modificados ou dímeros H2A/H2B variantes (p. ex., H2A-X).

É importante observar que esta abordagem não exige que todas as interações entre o octâmero de histonas e o DNA nucleossomal sejam quebradas simultaneamente. Em vez disso, um movimento semelhante ao de uma lagarta do DNA sobre a superfície do octâmero de histonas permite que a maioria das interações entre o DNA e as histonas seja mantida ao longo do processo de remodelamento. Deve-se ter em mente que diferentes sequências de DNA interagem com o octâmero de histonas com afinidades mais ou menos iguais. Portanto, uma molécula de DNA que está deslizando através do octâmero de histonas pode ser vista como ligada ao octâmero em vários diferentes estados energéticos equivalentes e o complexo remodelador do nucleossomo permite que o DNA acesse esses diferentes estados mais facilmente.

Existem diversos tipos de complexos remodeladores de nucleossomos em uma determinada célula (Tab. 8-6). Eles podem ter de duas até mais de 10 subunidades. Cada um desses complexos contém uma subunidade hidrolisadora de ATP que catalisa o movimento do DNA descrito anteriormente e na Figura 8-36. Embora a subunidade hidrolisadora de ATP seja semelhante dentre os diferentes complexos remodeladores do nucleossomo, as outras subunidades associadas a cada complexo modulam suas funções. Por exemplo, esses complexos podem incluir subunidades que os direcionem a sítios cromossômicos específicos. Em alguns casos, esse direcionamento é mediado por interações entre as subunidades do complexo de remodelamento e fatores de transcrição ligados ao DNA. Em outros casos, os complexos remodeladores do nucleossomo são localizados pelas subunidades que se ligam a modificações específicas das caudas de histonas (via cromodomínios ou bromodomínios, como será discutido adiante).

Capítulo 8 Estrutura do Genoma, Cromatina e Nucleossomo 239

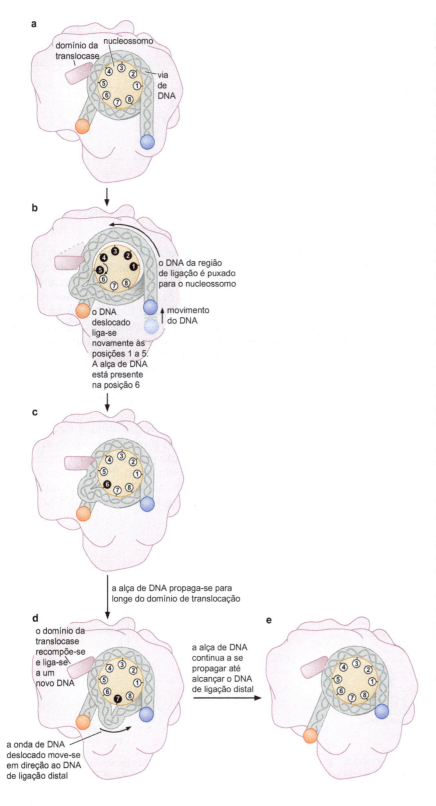

FIGURA 8-36 Modelo para o deslizamento do DNA nucleossomal catalisado pelos complexos remodeladores do nucleossomo. (a) O modelo propõe que um domínio de translocação do DNA da subunidade hidrolisadora de ATP do complexo remodelador do nucleossomo liga-se ao DNA nucleossomal a duas voltas de hélice da díade central (p. ex., na posição 52 do total de 147 pb associados com o nucleossomo). Outras subunidades do complexo remodelador do nucleossomo ligam-se fortemente às histonas. A ilustração mostra cada um dos contatos entre o DNA e as histonas desde a díade até o DNA não ligado mais próximo (um contato por volta de hélice, sete do total de 14). (b) Usando a atividade de translocação do DNA dependente de ATP, o complexo remodelador do nucleossomo primeiramente puxa o DNA do domínio de ligação mais próximo para o nucleossomo. Isso rompe os cinco contatos histona-DNA entre a subunidade hidrolisadora de ATP e o DNA de ligação (os contatos rompidos estão representados em preto, e os intactos, em branco) e cria uma alça de DNA no lado oposto do domínio da translocase. (c) Os contatos rompidos são restabelecidos com o DNA translocado (posições 1 a 5), deixando a alça de DNA próxima à subunidade hidrolisadora de ATP (rompendo os contatos na posição 6). (d) Para remover a alça de DNA, o modelo propõe que a alça se mova como uma "onda" através da superfície das histonas, rompendo um ou dois contatos de cada vez (primeiro o contato 6, depois o 7, etc.) até que todos os contatos tenham sido restabelecidos com a quantidade apropriada de DNA entre eles, ponto no qual o DNA em excesso não estará mais presente no DNA associado às histonas e o nucleossomo terá alterado sua posição no DNA. (e) Após a propagação da alça de DNA até o DNA de ligação distal, a alteração da posição do nucleossomo no DNA está concluída. (Adaptada, com permissão, de Saha A. et al. 2006. *Nat. Rev. Mol. Cell Biol.* **7**: 437-447, Fig. 4a. © Macmillan.)

TABELA 8-6 Complexos remodeladores do nucleossomo dependentes de ATP

Tipo	Número de subunidades	Domínios de ligação à histona	Delizamento	Troca
SWI/SNF	8 a 14	Bromodomínio	Sim	Sim
ISWI	2 a 4	Bromodomínio, domínio SANT, dedo de PHD	Sim	Não
CHD	1 a 10	Cromodomínio, dedo de PHD, domínio SANT	Sim	Sim
INO80	10 a 16	Bromodomínio	Sim	nd

nd, não determinado.

Alguns nucleossomos são encontrados em posições específicas: posicionamento do nucleossomo

Devido às suas interações dinâmicas não sequência-específicas com o DNA, a maioria dos nucleossomos não está fixa em sua posição. Existem, porém, ocasiões em que a limitação da localização do nucleossomo, ou o chamado **posicionamento** dos nucleossomos, é benéfico. Em geral, o posicionamento de um nucleossomo permite que o sítio de ligação ao DNA de uma proteína reguladora permaneça na região acessível do DNA de ligação. Em muitos casos, essas regiões livres de nucleossomos são maiores para permitir que regiões reguladoras extensas permaneçam acessíveis. Por exemplo, as regiões a montante dos sítios de início da transcrição estão frequentemente associadas a grandes regiões livres de nucleossomos.

O posicionamento dos nucleossomos pode ser direcionado por proteínas de ligação ao DNA ou por sequências específicas de DNA. Na célula, uma forma frequente envolve a competição entre os nucleossomos e as proteínas ligantes ao DNA. Da mesma forma que muitas proteínas não podem se ligar ao DNA associado a um nucleossomo, a ligação prévia de uma proteína a um sítio no DNA pode impedir a associação do núcleo de histonas com a região de DNA. Se duas dessas proteínas de ligação ao DNA estiverem ligadas em sítios posicionados mais próximos do que a região mínima de DNA necessária

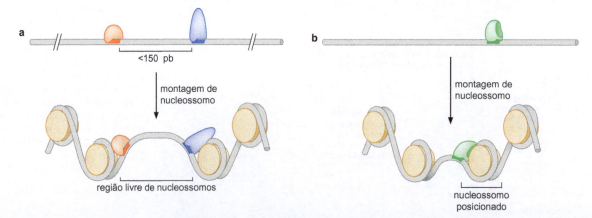

FIGURA 8-37 Dois modelos de posicionamento de nucleossomo dependentes de proteína de ligação ao DNA. (a) A associação de várias proteínas de ligação ao DNA é incompatível com a associação do mesmo DNA ao octâmero de histonas. Como o nucleossomo necessita de um segmento maior do que 147 pb para ser formado, se dois destes fatores se ligarem ao DNA, separados por uma distância menor que 147 pb, o DNA interveniente não poderá participar de um nucleossomo. (b) Um subconjunto de proteínas de ligação ao DNA apresenta a capacidade de se ligar aos nucleossomos. Uma vez ligadas ao DNA, essas proteínas facilitarão a montagem de nucleossomos em regiões imediatamente adjacentes ao sítio de ligação das proteínas ao DNA.

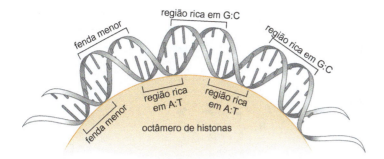

FIGURA 8-38 Os nucleossomos preferem se ligar a um DNA curvado. Sequências específicas de DNA podem posicionar os nucleossomos. Como o DNA está extremamente curvado quando associado ao nucleossomo, as sequências de DNA que posicionam o nucleossomo estão intrinsecamente curvadas. Os pares de bases A:T apresentam tendência natural para dobramento em direção à fenda menor, e os pares de bases G:C apresentam a tendência oposta. Sequências que alternam regiões ricas em A:T e em G:C com periodicidade de ~5 pb atuarão como sítios preferenciais de ligação aos nucleossomos. (Adaptada, com permissão, de Alberts B. et al. 2002. *Molecular biology of the cell*, 4th ed., Fig. 4-28. © Garland Science/Taylor & Francis LLC.)

para montar um nucleossomo (~150 pb), o DNA entre as proteínas permanecerá livre de nucleossomos (Fig. 8-37a). A ligação de proteínas adicionais ao DNA adjacente pode, ainda, aumentar o tamanho da região livre de nucleossomos. Além desse mecanismo inibidor do posicionamento do nucleossomo dependente de proteína, algumas proteínas de ligação ao DNA interagem firmemente com nucleossomos adjacentes, fazendo os nucleossomos serem *preferencialmente* montados logo após essas proteínas (Fig. 8-37b).

Uma segunda maneira de posicionamento do nucleossomo envolve sequências específicas de DNA que apresentam elevada afinidade pelo nucleossomo. Como o DNA ligado em um nucleossomo está curvado, os nucleossomos formam-se preferencialmente sobre o DNA que se dobra com facilidade. Um DNA rico em A:T tem tendência intrínseca a se curvar em direção à fenda menor. Assim, uma região de DNA rica em A:T é favorecida em posições em que a fenda menor está em face do octâmero de histonas. O DNA rico em G:C apresenta a tendência oposta e, portanto, é preferido quando a fenda menor fica oposta ao octâmero de histonas (Fig. 8-38). Cada nucleossomo tentará maximizar essa disposição de sequências ricas em A:T e em G:C. Estudos recentes sobre o posicionamento dos nucleossomos na levedura *S. cerevisiae* sugerem que 50% dos nucleossomos fortemente posicionados podem ser atribuídos à ligação preferencial do núcleo de histonas às sequências que ele inclui. É importante observar que, apesar de serem favorecidas, essas sequências não são necessárias para a montagem do nucleossomo, e a ação de outras proteínas, incluindo remodeladoras de cromatina e fatores de transcrição, podem mover os nucleossomos de tais posições preferenciais.

Esses mecanismos de posicionamento do nucleossomo influenciam a organização dos nucleossomos no genoma. Apesar disso, a maioria dos nucleossomos não está firmemente posicionada. Como será discutido nos capítulos sobre transcrição eucariótica (Caps. 13 e 19), nucleossomos firmemente posicionados são mais frequentemente encontrados em sítios que promovem a iniciação da transcrição. Embora tenha-se discutido o posicionamento primeiramente como um método para garantir que uma sequência de DNA reguladora esteja acessível, um nucleossomo posicionado pode justamente impedir o acesso a sítios específicos do DNA por estar posicionado sobreposto a esta mesma sequência. Assim, os nucleossomos posicionados podem apresentar efeitos positivos ou negativos em relação à acessibilidade de sequências de DNA. Uma abordagem para o mapeamento

FIGURA 8-39 Modificações nas caudas N-terminais das histonas alteram o funcionamento da cromatina. Os sítios de modificações conhecidos estão ilustrados em cada histona. Apesar de novos tipos de modificações de histonas estarem sendo descritos, para fins de simplificação estão ilustrados apenas sítios de acetilação, metilação, fosforilação e ubiquitinação. A maioria dessas modificações ocorre nas regiões das caudas, mas existem algumas modificações ocasionais na dobra da histona (p. ex., metilação da lisina 79 da histona H3). (Adaptada, com permissão, de Alberts B. et al. 2002. *Molecular biology of the cell*, 4th ed., Fig. 4-35. © Garland Science/ Taylor & Francis LLC; e, com permissão, de Jenuwein T. e Allis C.D. 2001. *Science* **293**: 1074-1080, Figs. 2 e 3. © AAAS.)

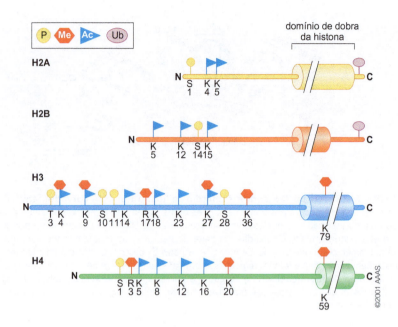

de localizações de nucleossomos é descrita no Quadro 8-3, Determinação do posicionamento do nucleossomo na célula.

As caudas aminoterminais das histonas são frequentemente modificadas

Quando as histonas são isoladas das células, na maioria das vezes, suas caudas aminoterminais estão modificadas por várias pequenas moléculas (Fig. 8-39). As lisinas das caudas são frequentemente modificadas por um único grupo acetil ou metil, e as argininas são modificadas com um, dois ou três grupos metil (Fig. 8-40). Da mesma maneira, serinas e treoninas (e uma tirosina) estão sujeitas à modificação com fosfato. Embora menos comuns, outras modificações com grupos maiores, incluindo ADP-ribose e as pequenas proteínas ubiquitina e sumo, são também encontradas em histonas.

É importante observar que modificações específicas estão associadas a histonas envolvidas em diferentes eventos celulares. Por exemplo, a acetilação das lisinas nas posições 8 e 16 da cauda aminoterminal da histona H4 está associada aos sítios de início dos genes expressos, mas a acetilação das lisinas 5 e 12 não está. Em vez disso, a acetilação dessas outras lisinas (5 e 12) marca moléculas de H4 recém-sintetizadas que estão prontas para serem depositadas no DNA como parte de um novo nucleossomo. De maneira semelhante, a metilação das lisinas 4, 36 ou 79 da histona H3 normalmente está associada a genes expressos, enquanto a metilação das lisinas 9 ou 27 da mesma histona geralmente está associada à repressão transcricional. A observação de que determinadas modificações de histonas possuem alta probabilidade de ocorrer em regiões funcionais específicas da cromatina (p. ex., sítios de início da transcrição) levou à hipótese de que as modificações das caudas de histonas constituem um código biológico que pode ser escrito, lido e apagado por proteínas específicas da célula. Para uma discussão completa sobre essa hipótese, ver Quadro 19-5.

Como as modificações nas histonas alteram a função do nucleossomo? Uma alteração óbvia é que tanto a acetilação como a fosforilação atuam reduzindo a carga positiva geral das caudas das histonas; a acetilação de resíduos de lisina neutraliza suas cargas positivas (Fig. 8-41). Essa perda de carga positiva reduz a afinidade das caudas pelo esqueleto de carga negativa do DNA. Igualmente importante, a modificação das caudas das histonas afeta a capacidade dos arranjos de nucleossomos para formarem estruturas mais repressivas

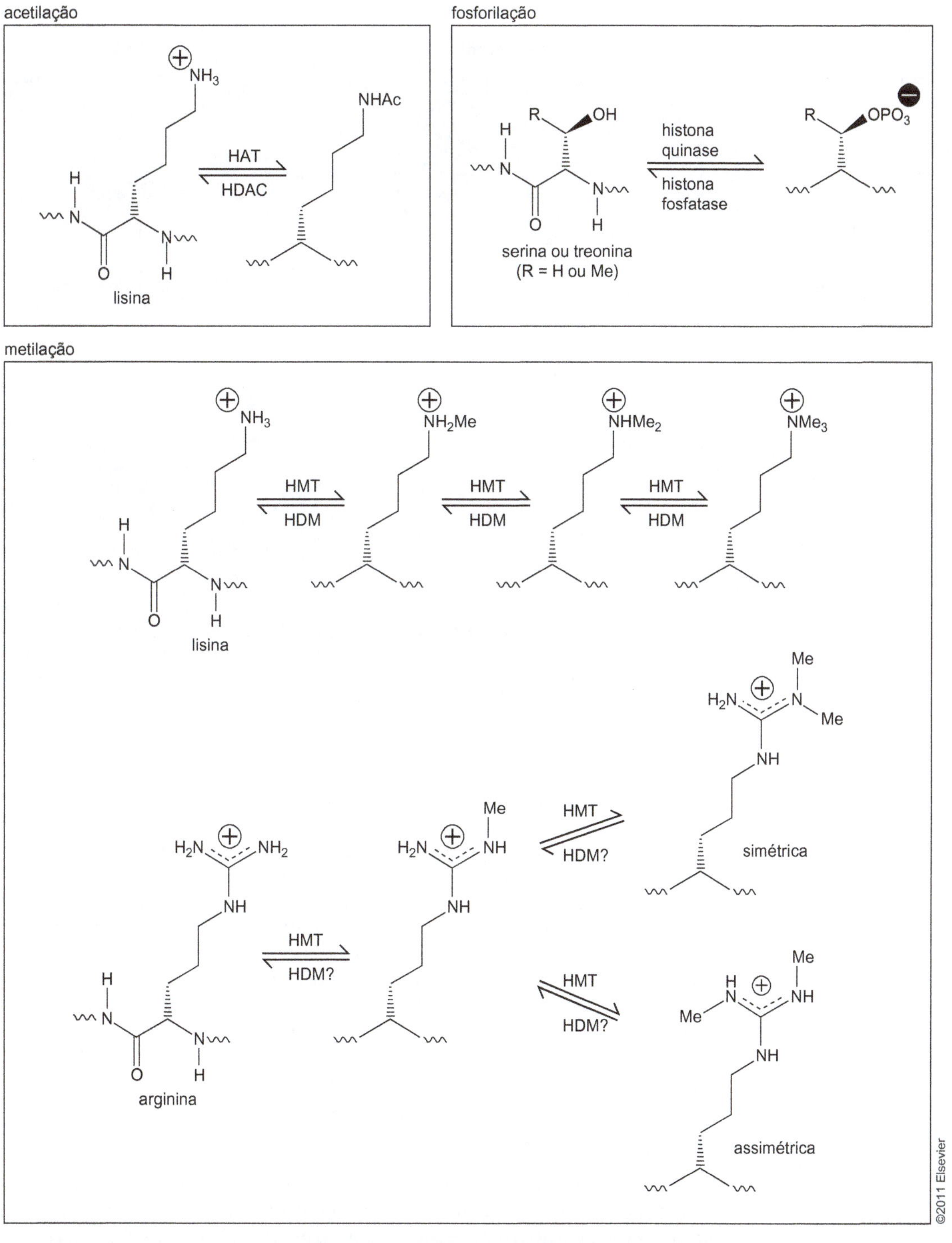

FIGURA 8-40 Estrutura das modificações da cauda de histonas. A estrutura molecular das modificações de histona por pequenas moléculas e a classe da enzima responsável estão ilustradas (acetiltransferase de histona [HAT]; desacetilase de histona [HDAc]; metiltransferase de histona [HMT]; desmetilase de histona [HDM]). Apenas o aminoácido afetado é mostrado. Atualmente, não se conhece nenhuma desmetilase de histona para a metilação da arginina, sugerindo que esta marca é perdida apenas quando a histona é removida do DNA. (Adaptada, com permissão, de Lohse B. et al. 2011. *Bioorg. Med. Chem.* **19**: 3625-3636, Fig. 1. © Elsevier.)

244 Parte 3 Manutenção do Genoma

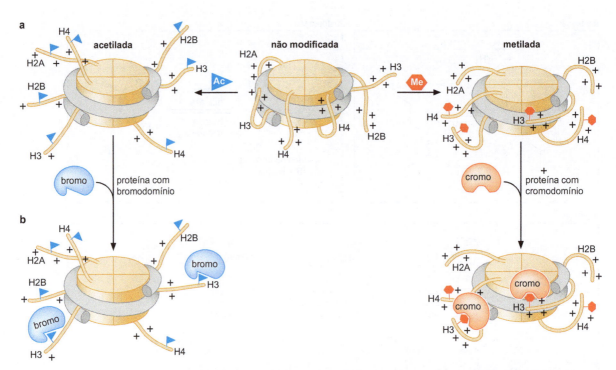

FIGURA 8-41 Efeitos das modificações nas caudas das histonas. (a) Efeito na associação do DNA ligado ao nucleossomo. Acredita-se que as caudas de histonas não modificadas e metiladas se associem mais fortemente ao DNA do nucleossomo do que as caudas de histonas acetiladas. (b) A modificação das caudas das histonas origina sítios de ligação para enzimas que modificam a cromatina.

de ordem superior da cromatina. Como foi descrito, as caudas N-terminais são necessárias para a formação da fibra de 30 nm, e a modificação das caudas altera essa função. Por exemplo, em concordância com a associação de alguns tipos de histonas acetiladas a regiões expressas do genoma, a acetilação da cauda aminoterminal da histona H4 interfere na capacidade dos nucleossomos de serem incorporados em uma fibra de 30 nm repressiva. Como anteriormente descrito, a formação da fibra de 30 nm é facilitada por uma interação entre a cauda aminoterminal positivamente carregada de H4 e a superfície negativamente carregada do domínio de dobra de histona de H2A. A acetilação interfere na associação pela alteração da carga da cauda de H4.

Domínios proteicos em complexos remodeladores e modificadores de nucleossomo reconhecem histonas modificadas

Caudas modificadas de histonas também podem atuar no recrutamento de proteínas específicas para a cromatina (Fig. 8-41b). Domínios proteicos chamados **bromodomínios**, **cromodomínios**, **domínios TUDOR** e **dedos de PHD** (homeodomínio de planta) reconhecem especificamente formas modificadas de caudas de histonas. As proteínas que contêm bromodomínios interagem com as caudas acetiladas das histonas, e as proteínas que contêm domínios TUDOR – cromodomínios e dedos de PHD interagem com as caudas metiladas das histonas. Outro domínio proteico, chamado **domínio SANT**, possui a propriedade oposta. Proteínas com o domínio SANT interagem preferencialmente com caudas não modificadas de histonas. Confirmando a importância desses domínios proteicos para a interpretação das modificações de histonas, em várias ocasiões, proteínas que contêm esses domínios reconhecem especificamente a forma modificada de apenas um dos muitos sítios possíveis da modificação da histona. Por exemplo, a proteína HP1 contém um cromodomínio que se ligará à lisina 9 metilada da histona H3, mas não se ligará a nenhum outro sítio de metilação na histona. Um fato intrigante é a existência de proteínas que possuem mais de um domínio desse tipo, sugerindo sua especialização no reconhecimento das caudas de histonas com modificações múltiplas. Por exemplo, há proteínas que contêm um dedo de PHD específico para a lisina 4 metilada da histona H3 localizado imediatamente ao lado de um bromodomínio capaz de reconhecer uma lisina acetilada.

Como os domínios que reconhecem histonas modificadas alteram a função dos nucleossomos associados? Uma maneira importante é a em que as histonas modificadas recrutam enzimas que modificarão ainda mais os nucleossomos adjacentes. Por exemplo, muitas das enzimas que acetilam as caudas das histonas (chamadas acetiltransferases de histonas ou HATs) possuem bromodomínios que reconhecem as mesmas modificações de histona que criam (Tab. 8-7). Neste caso, o bromodomínio facilita a manutenção e a propagação das histonas acetiladas pela modificação dos nucleossomos adjacentes às histonas já acetiladas (como será discutido adiante).

▸ EXPERIMENTOS-CHAVE

Quadro 8-3 Determinação do posicionamento do nucleossomo na célula

A significância da localização de nucleossomos adjacentes a sequências reguladoras importantes levou ao desenvolvimento de métodos para monitorar a localização de nucleossomos nas células. Muitos desses métodos exploram a capacidade dos nucleossomos de proteger o DNA da digestão pela nuclease de micrococos (MNase). Como descrito no Quadro 8-1, a MNase apresenta acentuada preferência para clivar DNA entre os nucleossomos, em vez de clivar o DNA fortemente associado aos nucleossomos. Essa propriedade pode ser utilizada para mapear os nucleossomos associados à mesma posição em toda uma população celular (Quadro 8-3, Fig. 1).

Para mapear a localização dos nucleossomos de maneira precisa, é importante isolar a cromatina celular e tratá-la com uma concentração apropriada de MNase, com rompimento mínimo da estrutura geral da cromatina. Isso pode ser obtido pela lise branda das células, mantendo os núcleos intactos. Os núcleos, então, são rapidamente tratados (em geral, durante 1 minuto) com várias concentrações diferentes de MNase, uma proteína pequena o bastante para se difundir rapidamente para dentro do núcleo. O objetivo da titulação é clivar a região de interesse, com a MNase, apenas uma vez em cada célula. Após o DNA ter sido digerido, os núcleos podem ser lisados e todas as proteínas podem ser removidas do DNA. Os sítios de clivagem (e, principalmente, os sítios não clivados) deixam um registro das proteínas ligadas ao DNA.

Para identificar os sítios de clivagem em uma determinada região, é necessário criar um ponto final definido para todos os fragmentos clivados e explorar a especificidade da hibridização de DNA. Para criar um ponto final definido, o DNA purificado de cada amostra é clivado com uma enzima de restrição capaz de clivar os sítios adjacentes ao sítio de interesse. Após a separação por tamanho usando eletroforese em gel de agarose, o DNA é desnaturado e transferido para uma membrana de nitrocelulose, de maneira que sua posição em relação ao gel é mantida. Isso permite que uma sonda de DNA marcada e com sequência específica hibridize com o DNA ligado à nitrocelulose (método chamado de *Southern blot*, descrito de maneira detalhada no Cap. 7). Neste caso, a sonda de DNA é escolhida para hibridizar imediatamente após o sítio de clivagem da enzima de restrição no sítio de interesse. Após a hibridização e uma série de lavagens, a sonda de DNA mostrará o tamanho dos fragmentos gerados pela MNase na região de interesse.

Como os tamanhos dos fragmentos revelam a localização dos nucleossomos posicionados? O DNA associado aos nucleossomos posicionados será resistente à digestão pela MNase, deixando uma região de DNA de ~160 a 200 pb que não foi clivada. Isso aparecerá como uma grande lacuna na escada de bandas de DNA detectada pelo *Southern blot*. A localização dessas lacunas revela a posição dos nucleossomos adjacentes ao sítio de restrição/sonda de DNA marcada.

Mais recentemente, uma abordagem relacionada foi desenvolvida para identificar nucleossomos posicionados ao longo de genomas inteiros. Este método começa pela fixação das histonas no DNA pelo tratamento das células de interesse com formaldeído (Quadro 8-3, Fig. 2a). A seguir, as células são lisadas, e a cromatina é isolada e tratada com MNase até que a maior parte do DNA esteja do tamanho de um mononucleossomo (~147 pb). Após reverter a fixação, o DNA é separado usando eletroforese em gel, e os fragmentos de 147 pb resultantes são purificados e submetidos ao sequenciamento de extremidades pareadas. Este método de sequenciamento não apenas sequencia ambas as extremidades de cada fragmento de DNA, como também controla quais extremidades são do mesmo fragmento de DNA. Portanto, o sequenciamento de extremidades pareadas revela tanto a localização genômica como o comprimento do fragmento de DNA sequenciado. Os fragmentos de DNA sequenciados, com tamanho definido de um nucleossomo, revelam a localização desse nucleossomo. Essas localizações podem, então, ser plotadas ao longo do comprimento de cada cromossomo. A localização dos nucleossomos posicionados é revelada por sítios com vários fragmentos de DNA derivados da mesma região de 147 pb (Quadro 8-3, Fig. 2b). Usando esta abordagem, todos os nucleossomos posicionados ao longo de um genoma inteiro podem ser mapeados.

(continua)

246 Parte 3 Manutenção do Genoma

Quadro 8-3 *(Continuação)*

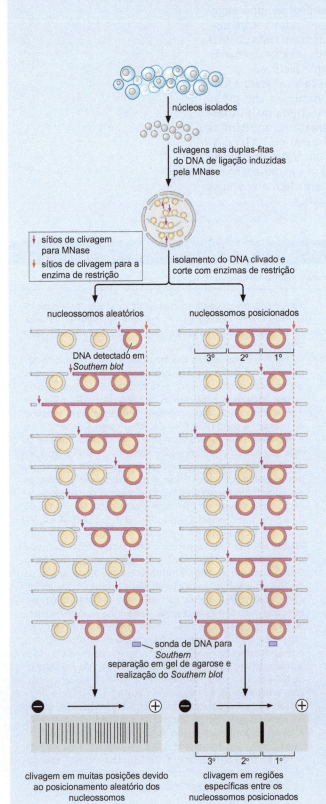

QUADRO 8-3 FIGURA 1 Análise do posicionamento dos nucleossomos em uma posição cromossômica definida. As etapas experimentais na determinação do posicionamento dos nucleossomos na célula estão ilustradas. Ver o texto do quadro para detalhes.

Quadro 8-3 *(Continuação)*

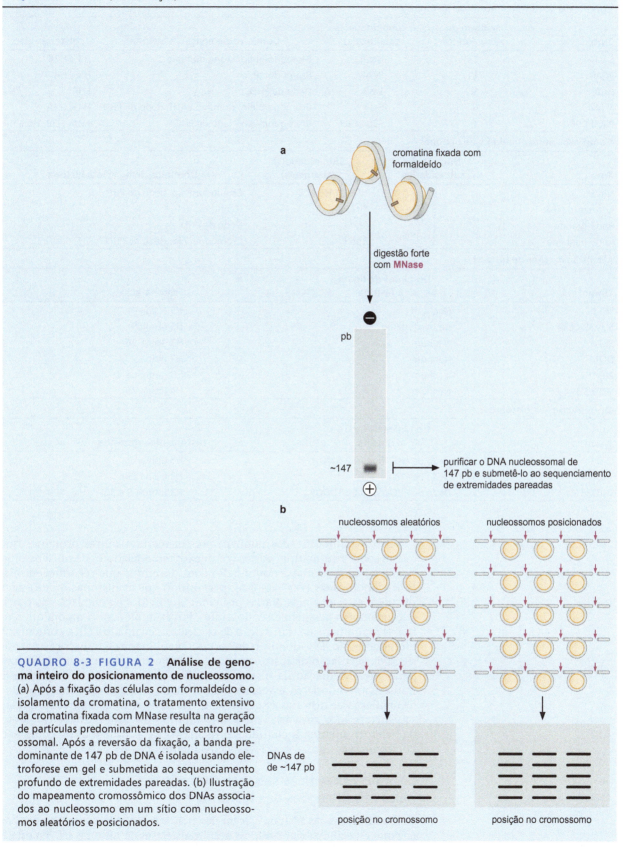

QUADRO 8-3 FIGURA 2 Análise de genoma inteiro do posicionamento de nucleossomo. (a) Após a fixação das células com formaldeído e o isolamento da cromatina, o tratamento extensivo da cromatina fixada com MNase resulta na geração de partículas predominantemente de centro nucleossomal. Após a reversão da fixação, a banda predominante de 147 pb de DNA é isolada usando eletroforese em gel e submetida ao sequenciamento profundo de extremidades pareadas. (b) Ilustração do mapeamento cromossômico dos DNAs associados ao nucleossomo em um sítio com nucleossomos aleatórios e posicionados.

TABELA 8-7 Enzimas modificadoras de histonas

Complexos acetiltransferases de histonas

Tipo	Número de subunidades	Subunidade(s) catalítica(s)	Domínios de ligação à histona	Histonas-alvo
SAGA	15	Gcn5	Bromodomínio, cromodomínio	H3 e H2B
PCAF	11	PCAF	Bromodomínio	H3 e H4
NuA3	5	Sas3	Dedo de PHD	H3
NuA4	6	Esa1	Cromodomínio, domínio SANT, dedo de PHD	H4 e H2A
P300/CBP	1	P300/CBP	Bromodomínio, dedo de PHD	H2A, H2B, H3 e H4

Complexos desacetiladores de histonas

Tipo	Número de subunidades	Subunidade(s) catalítica(s)	Domínios de ligação à histona
NuRD	9	HDAC1/HDAC2	Cromodomínio, dedo de PHD
Complexo SIR2	3	Sir2	Nenhum
Rpd3 grande	12	Rpd3	Dedo de PHD
Rpd3 pequeno	5	Rpd3	Cromodomínio, dedo de PHD

Metiltransferases de histona

Nome	Domínios de ligação à histona	Histona-alvo
SET1	Nenhum	H3 (lisina 4)
SUV39/CLR4	Cromodomínio	H3 (lisina 9)
SET2	Nenhum	H3 (lisina 36)
DOT1	Nenhum	H3 (lisina 79)
PRMT	Nenhum	H3 (arginina 3)
SET9/SUV4-20	Nenhum	H4 (lisina 20)

Desmetilases de histonas

Nome	Domínios de ligação à histona	Histona-alvo metilada
LSD1	Dedo de PHD, domínio SANT	H3 (lisina 4)
JHDM1	Dedo de PHD	H3 (lisina 36)
JHDM3	Dedo de PHD, domínio TUDOR	H3 (lisinas 9 e 36)

Histonas modificadas também podem recrutar outras proteínas que atuam sobre a cromatina. Vários complexos remodeladores de nucleossomo possuem uma ou mais subunidades com domínios que reconhecem histonas modificadas (ver Tab. 8-6), permitindo que as histonas modificadas recrutem essas enzimas. Várias proteínas envolvidas na regulação da transcrição também possuem esses domínios. Por exemplo, um componente central da maquinaria de transcrição de eucariotos, chamado TFIID, contém um bromodomínio. Esse domínio direciona a maquinaria de transcrição para os sítios de acetilação de histonas, o que consiste em uma maneira adicional para que a acetilação da histona contribua para o aumento da atividade transcricional do DNA associado. Cromodomínios que reconhecem sítios de metilação de histonas associados a genes transcricionalmente reprimidos são encontrados em várias proteínas importantes para o estabelecimento da heterocromatina, incluindo a proteína HP1 e as proteínas do complexo Polycomb (ver Caps. 19 e 21, respectivamente).

Enzimas específicas são responsáveis pelas modificações das histonas

As modificações das histonas recém-descritas são dinâmicas e catalisadas por enzimas específicas (Fig. 8-40). As acetiltransferases de histonas (HATs) catalisam a adição de grupos acetil às histonas, enquanto desacetilases de histonas (HDACs) removem essas modificações. Da mesma maneira, as metiltransferases de histonas adicionam grupos metil às histonas, e as desmetilases de histonas (HDMs) removem essas modificações. Um grande número de acetiltransferases e desacetilases de histonas diferentes foi identificado, e elas são distinguidas pela sua capacidade de modificar diferentes subgrupos de histonas ou, em alguns casos específicos, diferentes resíduos de lisina na mesma cauda de histona. As metiltransferases e desmetilases de histonas parecem ser muito mais específicas, sempre atuando em apenas uma das muitas lisinas ou argininas de uma histona específica (Tab. 8-7). Como modificações diferentes apresentam efeitos diferentes sobre a função do nucleossomo, a modificação de um nucleossomo com diferentes acetiltransferases ou metiltransferases de histona (ou a remoção de modificações pelas desacetilases ou desmetilases de histonas) pode modular a estrutura da cromatina e influenciar uma ampla gama de ações do DNA.

Assim como os complexos remodeladores de nucleossomos correspondentes, essas enzimas modificadoras fazem parte de grandes complexos multiproteicos. Subunidades adicionais desempenham funções importantes no recrutamento dessas enzimas para regiões específicas do DNA. Da mesma maneira que os complexos remodeladores de nucleossomos, essas interações podem acontecer com fatores de transcrição ligados ao DNA ou diretamente com os nucleossomos modificados de maneira específica. O recrutamento dessas enzimas para determinadas regiões de DNA é responsável pelos padrões distintos de modificações de histonas observados ao longo da cromatina e é um dos mecanismos principais para a modulação dos níveis de expressão gênica ao longo dos cromossomos eucarióticos (ver Cap. 19).

A modificação e o remodelamento do nucleossomo atuam juntos para aumentar o acesso ao DNA

A combinação das modificações das caudas N-terminais e o remodelamento dos nucleossomos podem alterar significativamente o acesso ao DNA. Como será visto nos Capítulos 13 e 19, os complexos proteicos envolvidos nessas modificações são frequentemente recrutados para sítios de transcrição ativa. Embora a ordem de sua atuação não seja sempre a mesma, a ação combinada resulta em alteração, profunda e localizada, no acesso ao DNA. A modificação das caudas aminoterminais pode reduzir a capacidade de arranjos de nucleossomos de formar estruturas repressivas. Essa alteração cria sítios que podem recrutar outras proteínas, incluindo remodeladores de nucleossomo. O remodelamento dos nucleossomos pode aumentar ainda mais o acesso do DNA nucleossomal, permitindo que proteínas de ligação ao DNA interajam com seus sítios de ligação. Essas alterações, combinadas às proteínas de ligação ao DNA ou a sequências de DNA apropriadas, podem resultar no posicionamento ou na liberação de nucleossomos em sítios específicos do DNA (Fig. 8-42).

MONTAGEM DO NUCLEOSSOMO

Os nucleossomos são formados imediatamente após a replicação do DNA

A duplicação de um cromossomo requer a replicação do DNA *e* o reagrupamento das proteínas associadas a cada molécula-filha de DNA. Este último processo é intimamente ligado à replicação do DNA para assegurar que o DNA recém-replicado seja rapidamente empacotado em nucleossomos. No Capítulo 9, serão discutidos os mecanismos da replicação do DNA de maneira detalhada. Aqui, são discutidos os mecanismos que promovem a formação dos nucleossomos após o DNA ter sido replicado.

Embora a replicação do DNA necessite da desmontagem parcial do nucleossomo, o DNA é rapidamente recompactado em uma série ordenada de

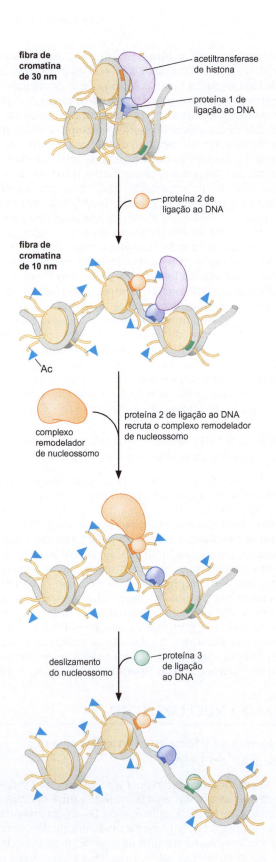

FIGURA 8-42 Complexos remodeladores da cromatina e modificadores de histonas atuam em conjunto para alterar a estrutura da cromatina. As proteínas de ligação ao DNA sequência-específicas recrutam essas enzimas para regiões específicas do cromossomo. Na ilustração, a proteína de ligação ao DNA (azul) recruta uma acetiltransferase de histona que altera os nucleossomos adjacentes, aumentando a acessibilidade ao DNA associado, pela conversão local da fibra de cromatina de 30 nm para a forma de 10 nm, que é mais acessível. Isso permite a ligação de uma segunda proteína de ligação ao DNA (cor de laranja), que recruta um complexo remodelador de nucleossomo. A localização do complexo remodelador de nucleossomo facilita o deslizamento dos nucleossomos adjacentes, o que permite a exposição de um sítio de ligação para uma terceira proteína de ligação ao DNA (verde). Por exemplo, este poderia ser o sítio de ligação para a proteína de ligação ao TATA *box* em um sítio de início da transcrição. Embora a ordem mostrada seja a de associação de um complexo de acetilação de histona e, depois, a do complexo remodelador de nucleossomo, ambas as ordens são observadas e podem ser igualmente eficientes. Também é verdade que o recrutamento de um diferente complexo modificador da histona poderia resultar na formação de uma cromatina mais compacta e inacessível.

eventos. Como já foi discutido, o primeiro passo na montagem do nucleossomo é a ligação de um tetrâmero de H3·H4 ao DNA. Após a ligação do tetrâmero, dois dímeros de H2A·H2B associam-se, formando o nucleossomo completo. H1 une-se a esse complexo por último, provavelmente durante a formação de arranjos de ordem superior da cromatina.

Para duplicar um cromossomo, pelo menos metade dos nucleossomos dos cromossomos-filhos deve ser sintetizado. Todas as histonas antigas são descartadas e apenas histonas novas são usadas nos nucleossomos? Se não, como as histonas antigas são distribuídas entre os dois cromossomos-filhos? O destino das histonas antigas é uma questão importante, devido ao efeito que a modificação das histonas pode ter sobre a acessibilidade da cromatina resultante. Se as histonas antigas fossem completamente descartadas, a duplicação dos cromossomos apagaria qualquer "memória" dos nucleossomos previamente modificados. Por outro lado, se as histonas antigas fossem retidas em um único cromossomo, esse cromossomo teria um conjunto de modificações distinto em relação à outra cópia do cromossomo.

Os experimentos utilizando marcação diferencial de histonas antigas e novas demonstraram que as histonas antigas estavam presentes em ambos os cromossomos-filhos (Fig. 8-43). Entretanto, a mistura não ocorre completamente ao acaso. Os tetrâmeros de H3·H4 e os dímeros de H2A·H2B são compostos por histonas, ou todas novas ou todas antigas. Assim, à medida que a forquilha de replicação passa, os nucleossomos são desmembrados em seus componentes parcialmente montados. Os tetrâmeros de H3·H4 parecem permanecer ligados a um dos dois dúplices-filhos aleatoriamente, e nunca são liberados do DNA para fazer parte do estoque de histonas livres. Em contrapartida, os dímeros de H2A·H2B são liberados e juntam-se ao estoque livre de histonas disponíveis para a formação de novos nucleossomos.

A herança de distribuição das histonas antigas durante a duplicação dos cromossomos fornece um mecanismo para a propagação do padrão de modificação de histonas parental. Por esse mecanismo, histonas modificadas antigas tendem a se religar a um dos cromossomos-filhos em uma posição próxima à sua posição prévia no cromossomo parental (Fig. 8-44). As histo-

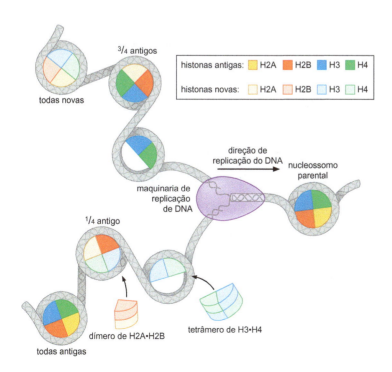

FIGURA 8-43 Herança das histonas após a replicação do DNA. Conforme o cromossomo é replicado, as histonas que estavam associadas ao cromossomo parental são distribuídas de maneira diferente. Os tetrâmeros de histonas H3·H4 são transferidos de maneira aleatória para uma das duas fitas-filhas, mas não entram no conjunto solúvel de tetrâmeros de H3·H4. Os tetrâmeros de H3·H4 recém-sintetizados formam a base dos nucleossomos na fita que não herdou o tetrâmero parental. Em contrapartida, os dímeros de H2A e H2B são liberados no conjunto solúvel e competem pela associação com H3·H4 com as histonas H2A e H2B recém-sintetizadas. Como consequência desse tipo de distribuição, em média, cada segundo tetrâmero de H3·H4 sobre o DNA recém-sintetizado será derivado do cromossomo parental. Esses tetrâmeros conterão todas as modificações adicionadas aos nucleossomos parentais. É mais provável que os dímeros de H2A·H2B sejam derivados de proteínas recém-sintetizadas.

252 Parte 3 Manutenção do Genoma

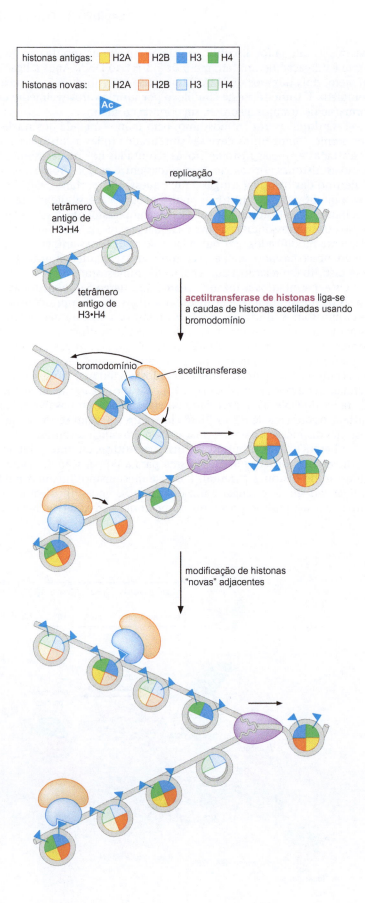

FIGURA 8-44 A herança dos tetrâmeros parentais de H3·H4 facilita a herança dos estados da cromatina. À medida que um cromossomo é replicado, a distribuição dos tetrâmeros parentais de H3·H4 resulta no recebimento, pelo cromossomo-filho, das mesmas modificações presentes no cromossomo parental. Essas modificações são capazes de recrutar as enzimas que realizam as mesmas modificações, facilitando a propagação correta do mesmo estado de modificação para os dois cromossomos-filhos. Para simplificar, a acetilação é mostrada nas regiões do núcleo das histonas. Na verdade, essa modificação ocorre geralmente nas caudas N-terminais.

nas antigas possuem uma probabilidade igual de se ligarem a qualquer dos cromossomos-filhos. Essa herança de localização de histonas modificadas garante que um subconjunto de histonas modificadas esteja posicionado em posições similares em cada cromossomo-filho. A capacidade dessas modificações em recrutar enzimas que executam modificações semelhantes nos nucleossomos adjacentes (ver a discussão anterior a respeito de domínios de ligação a histonas modificadas) oferece um mecanismo simples para a manutenção dos estados, ou padrões, de modificação após a replicação do DNA (ver Fig. 8-44). É provável que esses mecanismos desempenhem um papel fundamental na herança dos estados da cromatina de uma geração a outra. Considerando a importância da modificação de histonas no controle da expressão gênica (ver Cap. 19), bem como outras transações no DNA, a manutenção de tais estados de modificação é fundamental para manter a identidade celular à medida que as células replicam seu DNA e se dividem.

A montagem dos nucleossomos requer "chaperonas" de histonas

A formação dos nucleossomos não é um processo espontâneo. Os primeiros estudos demonstraram que a simples adição de histonas purificadas ao DNA resultava em pouca ou nenhuma formação de nucleossomos. Além disso, a maioria das histonas agregava em um arranjo não-funcional. Para a correta montagem dos nucleossomos, era necessário aumentar as concentrações de sais para níveis muito elevados (> 1 M de NaCl) e, então, reduzir lentamente a concentração durante muitas horas. Embora útil para os estudos sobre a formação de nucleossomos *in vitro* (como os estudos estruturais dos nucleossomos, descritos anteriormente), concentrações elevadas de sais não estão envolvidas na montagem do nucleossomo *in vivo*.

Os estudos de formação de nucleossomos sob concentrações fisiológicas de sais identificaram os fatores necessários para direcionar a montagem das histonas sobre o DNA. Esses fatores são proteínas negativamente carregadas que formam complexos ou com os tetrâmeros de H3·H4 ou com os dímeros de H2A·H2B (ver Tab. 8-8) e os direcionam para os sítios de montagem de nucleossomos. Como eles atuam impedindo a interação improdutiva das histonas com o DNA, esses fatores foram denominados **chaperonas de histonas** (ver Fig. 8-45).

Como as chaperonas de histonas direcionam a formação do nucleossomo para os sítios de síntese de novas moléculas de DNA? Estudos da chaperona CAF-I do tetrâmero de histonas H3·H4 sugerem uma resposta. A montagem do nucleossomo direcionada por CAF-I requer que o DNA-alvo esteja replicando. Assim, o DNA que está replicando é marcado de alguma maneira para a montagem de nucleossomos. É interessante notar que essa marca é gradativamente perdida após a finalização da replicação. Estudos de montagem dependente de CAF-I determinaram que a "marca" é uma proteína do tipo grampo deslizante em formato de anel, chamada PCNA. Como será discutido de maneira detalhada no Capítulo 9, esse fator forma um anel ao redor do dúplex de DNA, e é o responsável pela manutenção da DNA-polimerase sobre o DNA durante a síntese de DNA. Após a polimerase ter finalizado, a

TABELA 8-8 Propriedades das chaperonas de histonas

Nome	Número de subunidades	Histonas ligadas	Interação com o grampo deslizante
CAF-I	4	H3·H4	Sim
HIRA	4	H3·H4	Não
RCAF	1	H3·H4	Não
NAP-I	1	H2A·H2B	Não

FIGURA 8-45 Os fatores de montagem da cromatina facilitam a formação dos nucleossomos. Após a forquilha de replicação ter passado, os fatores (chaperonas) de montagem da cromatina conduzem os tetrâmeros de H3·H4 (p. ex., CAF-I) e os dímeros de H2A·H2B (NAP-I) para o sítio de DNA recém-replicado. Uma vez sobre o DNA recém-replicado, esses fatores transferem seu conteúdo de histonas para o DNA. Os fatores CAF-I são recrutados para o DNA recém-replicado por meio de interações com os grampos deslizantes do DNA. Esses fatores de replicação auxiliares em formato de anel circundam o DNA e são liberados da maquinaria de replicação à medida que a forquilha de replicação se desloca. Para uma descrição mais detalhada dos grampos deslizantes do DNA e sua função na replicação do DNA, ver Capítulo 9.

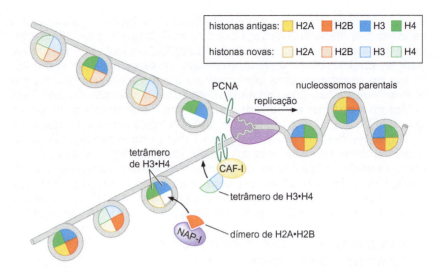

PCNA é liberada da DNA-polimerase, mas ainda permanece ligada ao DNA. Nesta condição, a PCNA está disponível para interagir com outras proteínas. A CAF-I associa-se à PCNA liberada e monta os tetrâmeros de H3·H4, preferencialmente, sobre o DNA ligado ao PCNA. Assim, ao se associar a um componente da maquinaria de replicação do DNA, a CAF-I é direcionada para a formação de nucleossomos em sítios de replicação do DNA recentes.

RESUMO

Dentro da célula, o DNA está organizado em grandes estruturas, chamadas cromossomos. Embora o DNA seja a base de cada cromossomo, cerca de metade de cada cromossomo é composta por proteínas. Os cromossomos podem ser circulares ou lineares; entretanto, cada célula apresenta um número e composição cromossômica característicos. Hoje é conhecida a sequência do genoma inteiro de milhares de organismos. Essas sequências revelaram que o DNA subjacente do cromossomo de cada organismo é usado de maneira mais ou menos eficiente para codificar proteínas. Os organismos simples tendem a utilizar a maior parte do DNA para codificar proteínas; no entanto, organismos mais complexos utilizam apenas uma pequena porção de seu DNA para efetivamente codificar proteínas. A complexidade aumentada das sequências reguladoras, o surgimento dos íntrons e a presença de RNAs reguladores adicionais (p. ex., miRNAs) contribuem para a expansão das regiões não codificadoras dos genomas dos organismos mais complexos.

As células devem manter seus conjuntos de cromossomos cuidadosamente à medida que se dividem. Cada cromossomo deve ter elementos de DNA que promovam a manutenção dos cromossomos durante a divisão celular. Todos os cromossomos devem possuir uma ou mais origens de replicação. Nas células eucarióticas, os centrômeros desempenham papel fundamental na segregação cromossômica, e os telômeros auxiliam na proteção e na replicação das extremidades dos cromossomos lineares. As células eucarióticas separam cuidadosamente os eventos que duplicam e segregam os cromossomos à medida que a divisão celular prossegue. A segregação cromossômica pode ocorrer de duas maneiras. Durante a mitose, um aparato altamente especializado garante que uma cópia de cada cromossomo duplicado seja distribuída para cada célula-filha. Durante a meiose, um ciclo adicional de segregação cromossômica (sem duplicação do DNA) reduz à metade o número de cromossomos nas células-filhas para gerar gametas haploides.

A combinação de DNA eucariótico e suas proteínas associadas é denominada cromatina. A unidade fundamental da cromatina é o nucleossomo, o qual é composto por duas cópias de cada histona do núcleo (H2A, H2B, H3 e H4) e por um segmento de DNA de aproximadamente 147 pb. Esse complexo de proteína e DNA desempenha duas funções importantes na célula: compacta o DNA, permitindo que ele seja alocado dentro do núcleo, e restringe o acesso ao DNA. Esta última função é extensivamente explorada pela célula para regular muitas operações diferentes no DNA, incluindo a expressão gênica.

A estrutura atômica do nucleossomo mostra que o DNA está enrolado cerca de 1,7 vez ao redor de um núcleo proteico de histonas em formato de disco. Existem muitas interações entre o DNA e as histonas, mas, invariavelmente, não são base-específicas. A natureza dessas interações explica o dobramento do DNA ao redor do octâmero de histonas, e a capacidade de praticamente todas as sequências de DNA serem incorporadas em um nucleossomo. Essa estrutura também revela a localização das caudas N-terminais das histonas e sua função no direcionamento do trajeto do DNA ao redor das histonas.

Uma vez empacotado em nucleossomos, o DNA forma estruturas mais complexas, que permitem sua compactação adicional. Esse processo é facilitado por uma quinta histona, chamada H1. Por se ligar ao DNA tanto associado ao nucleossomo quanto no DNA de ligação, H1 faz o DNA se enrolar mais firmemente ao redor do octâmero. Uma forma mais compacta de cromatina, a fibra de 30 nm origina-se de arranjos de nucleossomos ligados pela histona H1. Essa estrutura é mais repressiva do que o DNA empacotado apenas nos nucleossomos. A incorporação do DNA nessa estrutura resulta na redução drástica do seu acesso a enzimas e proteínas envolvidas na transcrição do DNA.

A interação DNA-histonas do nucleossomo é dinâmica, permitindo um acesso intermitente das proteínas que se ligam ao DNA. Os complexos remodeladores dos nucleossomos aumentam a acessibilidade do DNA incorporado nos nucleossomos, porque aumentam a mobilidade dos nucleossomos. Duas formas de mobilidade podem ser observadas: o deslizamento do octâmero de histonas ao longo do DNA ou a liberação completa do octâmero de histonas do DNA. Além disso, esses complexos facilitam a troca de dímeros H2A/H2B. Os complexos remodeladores dos nucleossomos são recrutados para determinadas regiões do genoma, facilitando alterações no acesso à cromatina. Um subconjunto de nucleossomos está restrito a posições fixas no genoma, os chamados nucleossomos "posicionados". O posicionamento dos nucleossomos pode ser direcionado por proteínas de ligação ao DNA ou por sequências específicas de DNA.

A modificação das caudas N-terminais das histonas também altera a acessibilidade da cromatina. Os tipos de modificações incluem acetilação e metilação de resíduos de lisina, metilação de argininas e fosforilação de serinas, treoninas e tirosinas. A acetilação das caudas N-terminais é frequentemente associada a regiões de expressão gênica ativa e inibe a formação da fibra de 30 nm. As modificações nas histonas alteram as propriedades do próprio nucleossomo e atuam como sítios de ligação para proteínas que influenciam a acessibilidade da cromatina. Além disso, essas modificações recrutam enzimas que realizam a mesma modificação, levando a uma modificação semelhante dos nucleossomos adjacentes e facilitando a propagação estável de regiões modificadas de nucleossomos/cromatina à medida que os cromossomos são duplicados.

Os nucleossomos são formados imediatamente após o DNA ter sido replicado, deixando o DNA não empacotado apenas por um breve período. Isso envolve a função de chaperonas de histonas especializadas, que acompanham os tetrâmeros de H3·H4 e os dímeros de H2A·H2B à forquilha de replicação. Durante a replicação do DNA, os nucleossomos são temporariamente desmontados. Os tetrâmeros de histonas H3·H4 e os dímeros de H2A·H2B são distribuídos de maneira aleatória entre as moléculas-filhas. Em média, cada nova molécula de DNA recebe metade das histonas antigas e metade das histonas novas. Assim, ambos os cromossomos herdam histonas modificadas, as quais atuam como "sementes" para modificações semelhantes das histonas adjacentes.

BIBLIOGRAFIA

Livros

Allis C.D., Jenuwein T., Reinberg D., and Caparros M.-L., eds. 2007. *Epigenetics*. Cold Spring Harbor Laboratory Press, Cold Spring Harbor, New York.

Brown T.A. 2007. *Genomes 3*, 2nd ed. Garland Science, New York.

Morgan D.O. 2007. *The cell cycle: Principles of control*. New Science Press Ltd., London.

Cromossomos

Bendich A.J. and Drlica K. 2000. Prokaryotic and eukaryotic chromosomes: What's the difference? *Bioessays* **22**: 481–486.

Thanbichler M., Wang S.C., and Shapiro L. 2005. The bacterial nucleoid: A highly organized and dynamic structure. *J. Cell Biochem.* **96**: 506–521.

Nucleossomos

Clapier C.R. and Cairns B.R. 2009. The biology of chromatin remodeling complexes. *Annu. Rev. Biochem.* **78**: 273–304.

Gardner K.E., Allis C.D., and Strahl B.D. 2011. Operating on chromatin, a colorful language where context matters. *J. Mol. Biol.* **409**: 36–46.

Li G. and Reinberg D. 2011. Chromatin higher-order structures and gene regulation. *Curr. Opin. Genet. Dev.* **21**: 175–186.

Luger K., Madev A.W., and Richmond R.K. 1997. Crystal structure of the nucleosome core particle at 2.8 A° resolution. *Nature* **389**: 251–260.

Narliker G.J., Fan H.-Y., and Kingston R.E. 2002. Cooperation between complexes that regulate chromatin structure and transcription. *Cell* **108**: 475–487.

Rando O. 2012. Combinatorial complexity in chromatin structure and function: Revisiting the histone code. *Curr. Opin. Genet. Dev.* **22**: 148–155.

Shahbazian M.D. and Grunstein M. 2007. Functions of site-specific histone acetylation and deacetylation. *Annu. Rev. Biochem.* **76**: 75–100.

Thiriet C. and Hayes J.J. 2005. Chromatin in need of a fix: Phosphorylation of H2AX connects chromatin to DNA repair. *Mol. Cell* **18**: 617–622.

QUESTÕES

Para respostas de questões de número par, ver Apêndice 2: Respostas.

Questão 1. Liste pelo menos três propriedades que diferem entre a constituição do cromossomo em *E. coli* e em células humanas.

Questão 2. Explique onde o DNA cromossômico está localizado em células procarióticas e em células eucarióticas.

Questão 3. O tamanho do genoma está diretamente correlacionado à complexidade do organismo? Explique sua resposta.

Questão 4. Sequências intergênicas constituem > 60% do genoma humano. De onde vêm essas sequências intergênicas e quais são algumas de suas funções?

Questão 5. Explique por que cada cromossomo de uma célula eucariótica possui múltiplas origens de replicação mas tem apenas um único centrômero.

Questão 6. Como a coesão de cromátides-irmãs garante que cada célula-filha receba uma cópia de cada cromossomo?

Questão 7. Para uma célula humana diploide, cite quantas cópias de cada cromossomo estão presentes em cada célula (ou célula-filha).

Início da mitose

Fim da mitose

Início da meiose

Fim da meiose I

Fim da meiose II

Questão 8. Em seres humanos, quais células sofrem mitose? Quais células sofrem meiose?

Questão 9. Descreva os componentes de um nucleossomo.

Questão 10. Cite os tipos de ligação que ocorrem entre as histonas e o DNA e a região do DNA onde essas ligações se formam. Essas interações são sequência-específicas? Justifique sua resposta.

Questão 11. Explique por que o estoque de super-helicoidização negativa no empacotamento do DNA em nucleossomos é vantajoso para as funções celulares.

Questão 12. Qual(is) domínio(s) proteico(s) reconhece(m) a acetilação das caudas aminoterminais de histonas? Qual(is) domínio(s) proteico(s) reconhece(m) caudas aminoterminais metiladas de histonas?

Questão 13. Revise o Quadro 8-2, Figura 1. Para cada um dos DNAs descritos a seguir, preveja para onde o DNA migraria em um gel de agarose. Use a imagem do gel a seguir como guia.

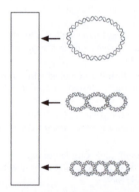

A. cccDNA relaxado (como mostrado no Quadro 8-2, Fig. 1a).
B. Iniciar montagem do nucleossomo sem topoisomerase (como mostrado no Quadro 8-2, Fig. 1a), tratar com detergente antes de correr os produtos em um gel de agarose.
C. Adicionar topoisomerase à reação anterior mas evitar montagem adicional do nucleossomo (como mostrado no Quadro 8-2, Fig. 1b). Adicionar detergente antes de correr os produtos em um gel de agarose.
D. Adicionar topoisomerase à reação descrita em B e permitir montagem adicional de nucleossomo (como mostrado no Quadro 8-2, Fig. 1c). Adicionar detergente antes de correr os produtos em um gel de agarose.

Questão 14. Você quer estudar a potencial interação entre o DNA ligado ao nucleossomo e uma desacetilase de histona específica, e decide realizar um ensaio de alteração de mobilidade eletroforética (EMSA). Para uma revisão dessa técnica, ver Capítulo 7. Você utiliza como molde um DNA linear com extremidades marcadas com ^{32}P que contém dois sítios de posicionamento de nucleossomo. Você monta dois nucleossomos no molde de DNA antes da incubação com e sem a desacetilase de histona. Para algumas reações, você utiliza nucleossomos não modificados e, para outras, nucleossomos que são metilados na lisina 36 da histona H3.

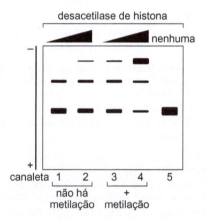

A. Com base nesses dados, proponha um modelo para a interação entre a desacetilase de histona e o DNA ligado ao nucleossomo.
B. Qual tipo de domínio proteico você prevê que permitirá a interação entre a desacetilase de histona e os nucleossomos?

Adaptada de Huh et al. (2012. *EMBO J.* **31**: 3564–3574).

CAPÍTULO 9

Replicação do DNA

QUANDO A DUPLA-HÉLICE DO DNA FOI DESCOBERTA, a característica que mais surpreendeu os pesquisadores foi a relação de complementaridade entre as bases nas suas cadeias polinucleotídicas entrelaçadas. Claramente, essa estrutura complementar deveria ser utilizada como base para a replicação do DNA. De fato, foi a natureza autocomplementar, revelada pela estrutura do DNA, que finalmente convenceu muitos pesquisadores a aceitarem a conclusão de Oswald T. Avery de que o DNA, e não alguma forma de proteína, era o responsável pela informação genética (Cap. 2).

Na discussão sobre a função dos moldes (Cap. 4), enfatizou-se que duas superfícies idênticas não se atraem. De fato, é muito mais fácil visualizar a atração de grupos com cargas ou formatos opostos. Portanto, sem um conhecimento estrutural detalhado, poderia se prever que uma molécula tão complicada como o gene não poderia ser copiada de maneira direta. Em vez disso, a replicação envolveria a formação de uma molécula com formato complementar, e esta, por sua vez, serviria como molde para produzir uma réplica da molécula original. Portanto, no período que antecedeu a compreensão detalhada das estruturas de proteínas e ácidos nucleicos, alguns geneticistas se perguntaram se o DNA serviria como molde para alguma proteína específica que, por sua vez, seria o molde para uma molécula de DNA correspondente.

Porém, assim que a natureza da autocomplementaridade do DNA se tornou conhecida, a ideia de que os moldes de proteínas poderiam desempenhar um papel na replicação do DNA foi descartada. Era imensamente mais simples pressupor que cada uma das duas fitas da molécula de DNA parental serviria como molde para a formação de uma fita-filha complementar. Embora desde o início essa hipótese parecesse muito adequada e verdadeira, eram necessárias evidências experimentais para confirmá-la. Felizmente, cinco anos após a descoberta da dupla-hélice, evidências decisivas confirmaram a separação das fitas complementares durante a replicação do DNA (ver discussão sobre o experimento de Meselson e Stahl, no Cap. 2) e foram fornecidas provas enzimáticas reais de que o DNA, *per se*, poderia atuar como molde para a síntese de novas fitas de DNA.

Com esses resultados, a questão da replicação dos genes foi, em parte, resolvida. Por outro lado, o estudo da replicação do DNA havia apenas iniciado. Como inicia a replicação do DNA? Como são separadas as fitas entrelaçadas do DNA, para que possam ser usadas como molde? O que regula a extensão da replicação para que as células-filhas não acumulem nem percam cromossomos? Estudos sobre essas e outras questões revelaram que mesmo a replicação da molécula de DNA mais simples é um processo complexo, de múltiplas etapas, que envolve muito mais enzimas do que foi inicialmente previsto após a descoberta da primeira enzima de polimerização de DNA. A replicação dos cromossomos eucarióticos, lineares e mais extensos, é ainda mais complexa. Esses cromossomos necessitam de diversos sítios de

SUMÁRIO

Química da Síntese de DNA, 258

•

Mecanismo da DNA-
-polimerase, 260

•

Forquilha de Replicação, 269

•

Especialização das DNA-
-polimerases, 277

•

Síntese de DNA na Forquilha de Replicação, 283

•

Iniciação da Replicação do DNA, 288

•

Ligação e Desenrolamento: Seleção e Ativação da Origem pela Proteína Iniciadora, 293

•

Término da Replicação, 302

início de replicação para sintetizar todo o cromossomo de forma ordenada, e o início da replicação deve ser cuidadosamente coordenado para garantir que todas as sequências sejam replicadas exatamente uma vez. Além disso, como a replicação convencional do DNA não pode replicar completamente as extremidades dos cromossomos (chamadas telômeros), as células desenvolveram um novo método para manter a integridade dessa porção dos cromossomos.

Neste capítulo, serão descritas, em primeiro lugar, as bases químicas da síntese de DNA e a função das enzimas que catalisam essa reação. A seguir, será discutida a síntese de DNA no contexto do cromossomo intacto em estruturas chamadas "forquilhas de replicação". A seguir, o foco será a iniciação da replicação do DNA. A replicação do DNA é fortemente controlada em todas as células, e esse controle é mais fortemente exercido na iniciação. Será descrito como as proteínas de iniciação da replicação desenrolam o dúplex de DNA em sítios específicos no genoma, chamados "origens de replicação" e como as proteínas da forquilha de replicação são recrutadas para esses sítios e organizadas nos replissomos. Por fim, serão descritos como a replicação do DNA é terminada e os problemas especiais da replicação das extremidades dos cromossomos lineares. O estudo sobre a replicação do DNA revela como múltiplas proteínas juntas constituem uma máquina multienzimática complexa que realiza esse processo fundamental com velocidade, precisão e perfeição surpreendentes.

QUÍMICA DA SÍNTESE DE DNA

A síntese de DNA requer desoxinucleosídeos trifosfatados e uma junção iniciador:molde

A síntese de DNA necessita de dois substratos fundamentais. Primeiro, uma nova síntese necessita dos quatro desoxinucleosídeos trifosfatados – dGTP, dCTP, dATP e dTTP (Fig. 9-1a). Os nucleosídeos trifosfatados possuem três grupos fosforil ou fosfato, ligados ao grupo 5'-hidroxila da 2'-desoxirribose. O grupo fosfato mais interno (ou seja, mais próximo à desoxirribose) é chamado α-fosfato, enquanto os fosfatos do meio e o mais externo são chamados β-fosfato e γ-fosfato, respectivamente.

O segundo substrato essencial para a síntese de DNA é um arranjo particular de DNA de fita simples (ssDNA) e DNA dupla-fita (dsDNA) chamado **junção iniciador:molde** (Fig. 9-1b). Como o nome sugere, a junção iniciador:molde possui dois componentes principais. O **molde** fornece o ssDNA que dirige a adição de cada desoxinucleotídeo complementar. O **iniciador** é um segmento curto de DNA complementar ao molde. O iniciador

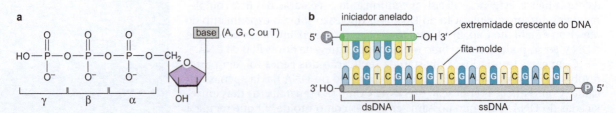

FIGURA 9-1 Substratos necessários para a síntese de DNA. (a) A estrutura geral dos 2'-desoxinucleosídeos trifosfatados. As posições dos α, β e γ-fosfatos estão marcadas. (b) Estrutura geral de uma junção iniciador:molde. A fita iniciadora (mais curta) está completamente anelada à fita de DNA-molde (mais longa) e deve apresentar um 3'-OH livre adjacente a uma região de ssDNA do molde. A fita de DNA mais longa inclui uma região anelada ao iniciador e uma região de ssDNA adjacente que atua como molde para a síntese do novo DNA. A síntese do novo DNA ocorre a partir da extremidade 3' do iniciador.

deve possuir, também, um grupo 3'-OH adjacente exposto para a região de fita simples do molde. É este grupo 3'-OH que será estendido à medida que os nucleotídeos forem adicionados.

Formalmente, apenas a porção do iniciador da junção iniciador:molde é um substrato para a síntese de DNA, uma vez que apenas o iniciador é quimicamente modificado durante a síntese de DNA. O molde apenas fornece a informação necessária para selecionar os nucleotídeos que serão adicionados. Porém, tanto o iniciador como o molde são essenciais para a síntese de DNA.

O DNA é sintetizado pela extensão da extremidade 3' do iniciador

As bases químicas da síntese de DNA permitem que a extensão da nova cadeia ocorra apenas pela extremidade 3' do iniciador (Fig. 9-2). Na verdade, essa é uma característica das sínteses de DNA e de RNA. A ligação fosfodiéster é formada em uma reação S_N2, na qual o grupo hidroxila da extremidade 3' da fita do iniciador ataca o grupo α-fosforil do nucleosídeo trifosfatado que será adicionado. O outro produto da reação é o pirofosfato, que se origina a partir da liberação dos β e γ-fosfatos do substrato nucleotídico.

A fita-molde orienta qual dos quatro nucleosídeos trifosfatados será adicionado. O nucleosídeo trifosfatado que realizar o pareamento de bases com a fita-molde é altamente favorecido para ser adicionado à fita do iniciador. Deve-se ter em mente que as duas fitas da dupla-hélice apresentam orientação antiparalela. Essa disposição significa que a fita-molde para a síntese de DNA tem orientação oposta à da fita de DNA que está sendo sintetizada.

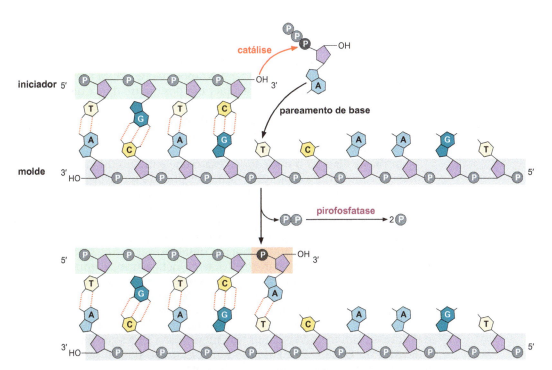

FIGURA 9-2 Diagrama do mecanismo de síntese de DNA. A síntese de DNA é iniciada quando o 3'OH do iniciador promove o ataque nucleofílico do α-fosfato do dNTP que será incorporado. Esse ataque resulta na extensão da extremidade 3' do iniciador em um nucleotídeo e a liberação de uma molécula de pirofosfato. A pirofosfatase rapidamente hidrolisa o pirofosfato liberado em duas moléculas de fosfato.

A hidrólise de pirofosfato é a força promotora da síntese de DNA

A adição de um nucleotídeo a uma cadeia polinucleotídica crescente de comprimento n é indicada pela seguinte reação:

$$XTP + (XMP)_n \rightarrow (XMP)_{n+1} + ⓟ \sim ⓟ.$$

No entanto, a energia livre para essa reação é relativamente pequena ($\Delta G = -3,5$ kcal/mol). Qual é, então, a força que impulsiona a polimerização de nucleotídeos no DNA? A energia livre adicional é fornecida pela rápida hidrólise do pirofosfato em dois grupos fosfatos pela enzima pirofosfatase:

$$ⓟ \sim ⓟ \rightarrow 2ⓟ_i.$$

O resultado líquido da adição de um nucleotídeo e da hidrólise do pirofosfato é a quebra de duas ligações fosfato de alta energia. Portanto, a síntese de DNA é um processo acoplado, com a seguinte reação geral:

$$XTP + (XMP)_n \rightarrow (XMP)_{n+1} + 2ⓟ_i.$$

Essa é uma reação altamente favorável com um ΔG de -7 kcal/mol, o que corresponde a uma constante de equilíbrio (K_{eq}) de $\sim 10^5$. Uma K_{eq} alta assim significa que a reação de síntese de DNA é efetivamente irreversível.

MECANISMO DA DNA-POLIMERASE

As DNA-polimerases utilizam um único sítio ativo para catalisar a síntese de DNA

A síntese de DNA é catalisada por uma classe de enzimas chamada **DNA-polimerase**. Ao contrário da maioria das enzimas, que possuem um sítio ativo dedicado a uma única reação, a DNA-polimerase utiliza um único sítio ativo para catalisar a adição de qualquer um dos quatro desoxinucleosídeos trifosfatados. A DNA-polimerase apresenta essa flexibilidade catalítica porque explora as geometrias praticamente idênticas dos pares de bases A:T e G:C (deve-se ter em mente que as dimensões da hélice de DNA são amplamente independentes da sequência de DNA).

Em vez de detectar o nucleotídeo exato que entra no sítio ativo, a DNA-polimerase monitora a capacidade de o nucleotídeo a ser incorporado formar um par de bases A:T ou G:C (Fig. 9-3). *Apenas* quando um par de bases correto é formado, o grupo 3'-OH do iniciador e o grupo α-fosfato do nucleosídeo trifosfatado estão em posição ótima para a catálise. Os pareamentos de bases incorretos provocam reduções drásticas nas taxas de adição de nucleotídeos, devido ao alinhamento cataliticamente desfavorável desses substratos (ver Fig. 9-3b). Este é um exemplo de seletividade cinética, na qual uma enzima favorece a catálise utilizando um entre vários possíveis substratos por aumentar de maneira significativa a taxa de formação de ligação apenas quando o substrato correto está presente. De fato, a taxa de incorporação de um nucleotídeo incorreto é até 10.000 vezes mais lenta do que quando o pareamento de bases está correto. Um método comum para monitorar a síntese de um novo DNA é descrito no Quadro 9-1, Ensaios de incorporação podem ser usados para medir a síntese de ácidos nucleicos e de proteínas.

As DNA-polimerases apresentam uma capacidade impressionante para distinguir entre ribonucleosídeos e desorribonucleosídeos trifosfatados (rNTPs e dNTPs). Embora os rNTPs estejam presentes em concentração cerca de 10 vezes superior na célula, são incorporados a uma taxa mais de 1.000 vezes menor do

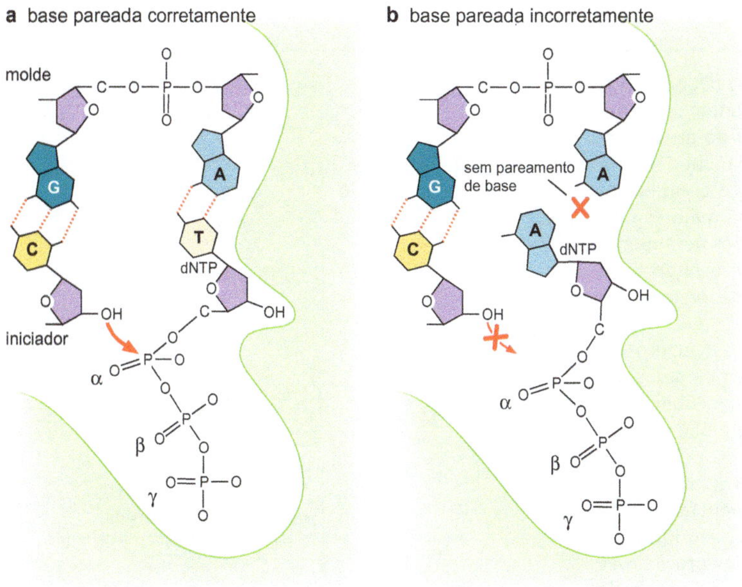

Capítulo 9 Replicação do DNA

a base pareada corretamente   **b** base pareada incorretamente

FIGURA 9-3 Bases corretamente pareadas são necessárias para a adição de nucleotídeos catalisada pela DNA-polimerase. (a) Diagrama esquemático do ataque de uma extremidade 3'-OH do iniciador a um dNTP com base corretamente pareada. (b) Diagrama esquemático da consequência do pareamento incorreto de bases para a catálise feita pela DNA-polimerase. No exemplo mostrado, o par de bases incorreto A:A desloca o α-fosfato do nucleotídeo que será incorporado. Esse alinhamento incorreto reduz drasticamente a taxa de catálise, resultando na adição preferencial de dNTPs corretamente pareados pela DNA-polimerase. (Adaptada, com permissão, de Brautigam C.A. e Steitz T.A. 1998. *Curr. Opin. Struct. Biol.* **8**: 54-63, Fig. 4d. © Elsevier.)

▶ **TÉCNICAS**

Quadro 9-1 Ensaios de incorporação podem ser usados para medir a síntese de ácidos nucleicos e de proteínas

Como se pode medir a atividade de uma DNA-polimerase? O ensaio mais simples usado para medir a síntese de um polímero é um ensaio de incorporação. No caso da DNA-polimerase, esse tipo de ensaio mede a incorporação de dNTPs precursores marcados em moléculas de DNA. Normalmente, os dNTPs são marcados pela inclusão de átomos radioativos em uma porção do nucleotídeo que será retida no produto de DNA final (p. ex., pela substituição do átomo de fós-

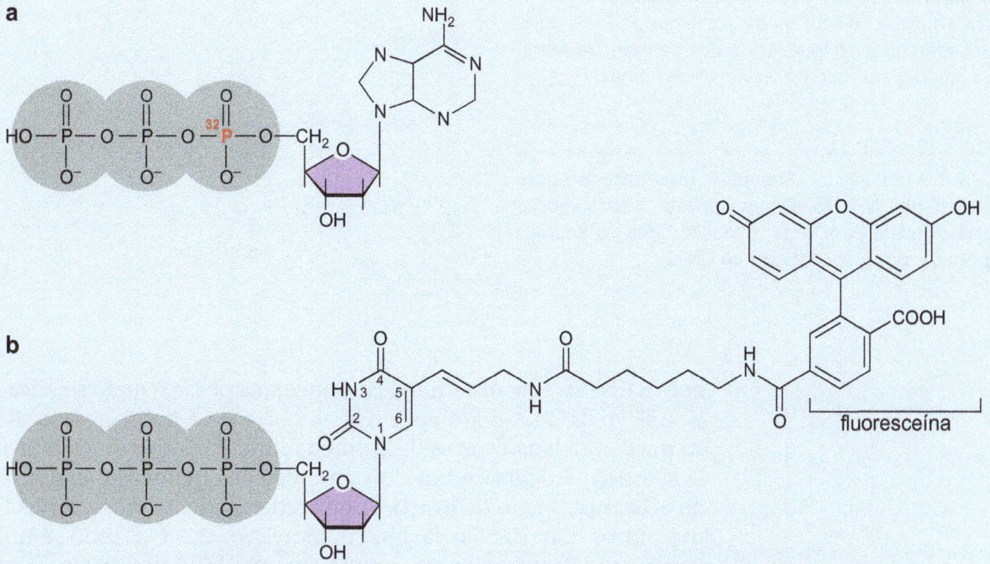

QUADRO 9-1 FIGURA 1 **Duas formas de desoxinucleotídeos trifosfato marcados.** (a) [α-^{32}P]dATP. Neste nucleotídeo, o α-fósforo é substituído pelo isótopo radioativo ^{32}P. Observa-se que apenas este átomo de fósforo se tornará parte do DNA após a incorporação do nucleotídeo. (b) Análogo de timidina trifosfato fluorescentemente marcado. Neste precursor marcado, o composto fluorescente fluoresceína foi ligado por um conector à posição 5 do anel da timina, que é normalmente ligada a um grupo metil.

(continua)

Quadro 9-1 (*Continuação*)

foro no α-fosfato pelo isótopo radioativo ^{32}P) (Quadro 9-1, Fig. 1a). Alternativamente, os nucleotídeos podem ser sintetizados com moléculas fluorescentes no lugar do grupo metil do dTTP (Quadro 9-1, Fig. 1b). Esse grupo metil não está envolvido no pareamento de bases, e as DNA-polimerases podem acomodar prontamente grupos muito maiores neste local. Em ambos os casos, essas modificações permitem o fácil monitoramento do nucleotídeo marcado usando filme ou fotomultiplicadores sensíveis para detectar elétrons ou fótons emitidos.

Um ensaio de incorporação requer duas etapas (Quadro 9-1, Fig. 2). Primeiro, o precursor é incorporado aos polímeros. No caso da DNA-polimerase, isso é realizado pela incubação da polimerase com uma junção iniciador:molde e o(s) dNTP(s) precursor(es) marcado(s) por um determinado período de tempo. Na maioria dos casos, apenas um dos quatro dNTPs é marcado, porque isso em geral fornece níveis facilmente detectáveis dos nucleotídeos incorporados. Segundo, os polímeros resultantes devem ser separados dos precursores incorporados. No caso do DNA, isso pode ser realizado de duas maneiras. A reação da DNA-polimerase pode ser passada através de uma membrana positivamente carregada na presença de concentrações de sal que permitem a ligação do esqueleto de DNA de alta carga negativa, mas não dos nucleotídeos, que têm carga bem menor. Alternativamente, a eletroforese em gel pode ser usada para separar os produtos de DNA por tamanho, porque os nucleotídeos não incorporados migrarão muito mais rápido do que o produto de DNA. Em ambos os casos, a quantidade de DNA sintetizado pode ser medida pela determinação da quantidade de nucleotídeo marcado incorporado no polímero de DNA.

Foi descrito um ensaio de incorporação no contexto de uma reação da DNA-polimerase; entretanto, abordagens semelhantes são usadas para medir as atividades das enzimas que dirigem a síntese de RNA ou de proteínas. Por exemplo, aminoácidos marcados podem ser usados de maneira semelhante para analisar sua incorporação nas proteínas.

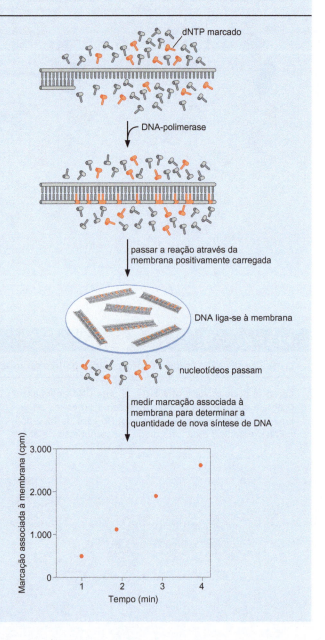

QUADRO 9-1 FIGURA 2 Ensaio de incorporação para medir a síntese de DNA. No exemplo apresentado, a ligação à membrana é usada para separar nucleotídeos marcados não incorporados dos incorporados ao DNA.

---

que os dNTPs. Essa discriminação é mediada pela exclusão estérica de rNTPs do sítio ativo da DNA-polimerase (Fig. 9-4). Na DNA-polimerase, o sítio de ligação ao nucleotídeo não consegue acomodar uma 2′-OH no nucleotídeo que chega. Esse espaço é ocupado por dois aminoácidos que fazem contato com o anel do açúcar por meio de ligações de van der Waals. A troca desses aminoácidos por outros com cadeias laterais menores (p. ex., trocando-se um resíduo de glutamato por uma alanina) resulta em uma DNA-polimerase com capacidade reduzida de discriminação entre dNTPs e rNTPs. Os nucleotídeos que apresentam alguns, mas não todos, os requerimentos para serem usados pela DNA-polimerase podem inibir a síntese de DNA pela terminação do alongamento. Esses nucleotídeos representam uma classe importante de fármacos usados para tratar câncer e infecções virais (ver Quadro 9-2, Agentes anticancerígenos e antivirais atuam sobre a replicação do DNA).

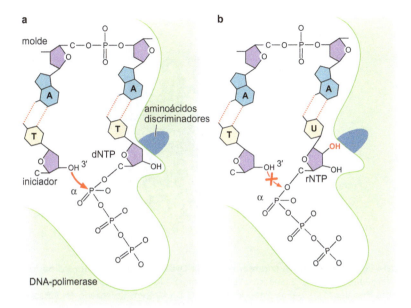

FIGURA 9-4 Ilustração esquemática das restrições estéricas que previnem o uso de precursores rNTP pela DNA-polimerase. (a) Ligação de um dNTP corretamente pareado à DNA-polimerase. Nestas condições, a extremidade 3'-OH do iniciador e o α-fosfato do dNTP estão bastante próximos. (b) A adição de um 2'-OH resulta em conflito estérico com os aminoácidos (aminoácidos discriminadores) no sítio de ligação ao nucleotídeo. Isso resulta no deslocamento do α-fosfato do dNTP. Sob essas condições, o α-fosfato é alinhado de maneira incorreta com a 3'-OH do iniciador, reduzindo drasticamente a taxa de catálise.

As DNA-polimerases assemelham-se a uma mão que segura a junção iniciador:molde

A compreensão do mecanismo molecular de como as DNA-polimerases catalisam a síntese de DNA surgiu de estudos da estrutura atômica de várias DNA-polimerases ligadas às junções iniciador:molde. Essas estruturas revelaram que o substrato de DNA se encaixa em uma grande fenda que se assemelha a uma mão direita parcialmente fechada (Fig. 9-5). Com base na analogia com a mão, os três domínios da polimerase são chamados de polegar, dedos e palma.

O domínio da palma é composto por uma folha β e contém os elementos principais do sítio catalítico. Particularmente, essa região da DNA-polimerase liga-se a dois íons metálicos divalentes (em geral, Mg^{2+} ou Zn^{2+}) que alteram o ambiente químico em torno do dNTP corretamente pareado e a 3'-OH do iniciador (Fig. 9-6). Um íon metálico reduz a afinidade da 3'-OH por seu hidrogênio. Isso gera um 3'O$^-$ que é preparado para o ataque nucleofílico do α-fosfato do dNTP a ser incorporado. O segundo íon metálico coordena as cargas negativas do β-fosfato e do γ-fosfato do dNTP e estabiliza o pirofosfato produzido pela junção do iniciador com o nucleotídeo a ser incorporado.

Além de seu papel na catálise, o domínio de palma também verifica a precisão do pareamento entre nucleotídeos recém-adicionados. Essa região da polimerase efetua inúmeros contatos por ligações de hidrogênio com pares de bases na fenda menor do DNA recém-sintetizado. Esses contatos não são base-específicos (ver Fig. 4-10), mas são formados apenas se os nucleotídeos recentemente adicionados (quaisquer que eles sejam) estiverem corretamente pareados. Um malpareamento de DNA nessa região interfere com os contatos da fenda menor e causa redução considerável na velocidade de catálise. A combinação de catálise lenta e afinidade reduzida pelo DNA recém-sintetizado permite a liberação do iniciador do sítio ativo da polimerase e, em muitos casos, esta fita liga-se a e sofre a ação de uma nuclease de revisão que remove o DNA malpareado (como será discutido posteriormente).

Quais são as funções dos dedos e do polegar? Os dedos também são importantes para a catálise. Vários resíduos localizados nos dedos ligam-se ao dNTP que será incorporado. Uma vez que o par de bases correto entre o dNTP e o molde é formado, o domínio dos dedos desloca-se, envolvendo o dNTP (Fig. 9-7). Essa forma de "mão" fechada da polimerase estimula a catálise porque aproxima o nucleotídeo que será incorporado dos íons metálicos catalíticos.

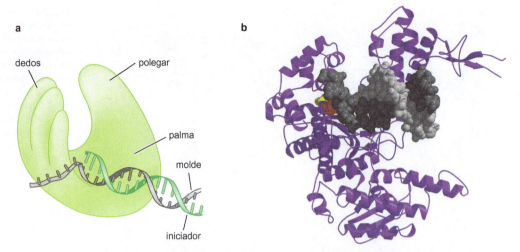

FIGURA 9-5 **A estrutura tridimensional da DNA-polimerase lembra uma mão direita.** (a) Representação esquemática da DNA-polimerase ligada a uma junção iniciador:molde. Os dedos, o polegar e a palma estão marcados. O DNA recém-sintetizado está associado à palma e o sítio de catálise de DNA está localizado na fenda entre os dedos e o polegar. A região de fita simples da fita-molde está nitidamente curvada e não passa entre o polegar e os dedos. (b) Imagem similar da DNA-polimerase de T7 ligada ao DNA. O DNA é apresentado de maneira espacial, e a proteína, como um diagrama de fitas. Os dedos e o polegar são compostos por α-hélices. O domínio de palma está encoberto pelo DNA. O dNTP que será incorporado está mostrado em vermelho (base e desoxirribose) e em amarelo (porção trifosfato). A fita-molde do DNA está mostrada em cinza-escuro, e a fita do iniciador está mostrada em cinza-claro. (Adaptada de Doublié S. et al., 1998. *Nature* **391**: 251-258. Imagem preparada com MolScript, BobScript e Raster3D.)

O domínio dos dedos também se associa à região do molde, levando a uma volta de quase 90° do esqueleto de fosfodiéster entre a primeira e a segunda bases do molde. Essa conformação do molde serve para expor apenas a primeira base do molde, após o iniciador, no sítio catalítico e evita qualquer dúvida a respeito da base que efetuará o pareamento com o próximo nucleotídeo a ser adicionado (Fig. 9-8).

Ao contrário dos dedos e da palma, o domínio do polegar não está intimamente envolvido na catálise. Em vez disso, o polegar interage com o DNA recém-sintetizado (ver Fig. 9-5). Isso tem dois objetivos. Primeiro, manter a posição correta do iniciador e do sítio ativo. Segundo, o polegar auxilia na manutenção da forte associação entre a DNA-polimerase e seu substrato. Essa associação contribui para a capacidade de adição de vários dNTPs cada vez que a DNA-polimerase se liga a uma junção iniciador:molde (ver discussão a seguir).

Em resumo, uma série ordenada de eventos ocorre cada vez que a DNA-polimerase adiciona um nucleotídeo na cadeia de DNA em crescimento. O nucleotídeo a ser incorporado pareia com a próxima base disponível do molde. Essa interação faz os dedos da polimerase se fecharem em torno do dNTP pareado. Essa conformação da enzima posiciona os íons metálicos catalíticos essenciais à catálise, ocorrendo a formação da próxima ligação fosfodiéster. A ligação do nucleotídeo pareado ao iniciador leva à reabertura dos dedos e à movimentação da junção iniciador:molde em um par de bases. A polimerase está, então, pronta para o próximo ciclo de adição. É importante ressaltar que cada um desses eventos é fortemente estimulado pelo pareamento correto das bases do dNTP que será incorporado e do molde.

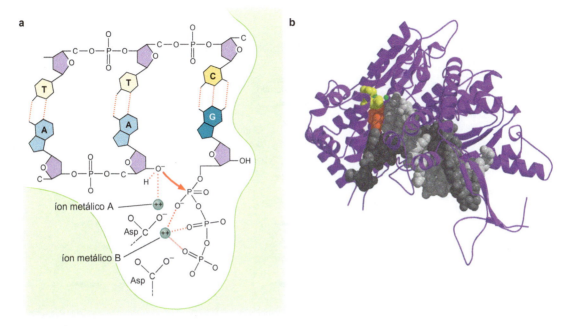

FIGURA 9-6 Dois íons metálicos ligados à DNA-polimerase catalisam a adição de nucleotídeos. (a) Ilustração do sítio ativo de uma DNA-polimerase. Os dois íons metálicos (mostrados em verde) são mantidos em seus lugares por interações com dois resíduos de aspartato altamente conservados. O íon metálico A interage, primeiro, com o 3'-OH, resultando na associação reduzida entre O e H. Isso cria um grupo 3'O⁻ nucleofílico. O íon metálico B interage com os trifosfatos do dNTP que será incorporado, neutralizando suas cargas negativas. Após a catálise, o produto de pirofosfato é estabilizado por meio de reações similares com o íon metálico B (não mostrado). (b) Estrutura tridimensional do sítio ativo dos íons metálicos associado à DNA-polimerase de T7, a extremidade 3'-OH do iniciador e o nucleotídeo que será incorporado. Os íons metálicos são mostrados em verde, e os demais elementos são mostrados nas mesmas cores da Figura 9-5b. A imagem da polimerase mostrada aqui é aproximadamente equivalente à imagem mostrada na Figura 9-5b após uma rotação de ~180° ao redor do eixo da hélice do DNA. (Adaptada de Doublié S. et al. 1998. *Nature* **391**: 251-258. Imagem preparada com MolScript, BobScript e Raster 3D.)

As DNA-polimerases são enzimas processivas

A catálise pela DNA-polimerase é rápida. As DNA-polimerases são capazes de adicionar cerca de 1.000 nucleotídeos/s a uma fita de iniciador. Essa alta velocidade de síntese de DNA deve-se em grande parte à natureza processiva da DNA-polimerase. A **processividade** é uma característica das enzimas que atuam sobre substratos poliméricos. Nos caso das DNA-polimerases, o **grau de processividade** é definido como o *número médio de nucleotídeos adicionados cada vez que a enzima se liga à junção iniciador:molde*. Cada DNA-polimerase apresenta uma processividade característica, que pode variar de alguns poucos nucleotídeos até mais de 50.000 bases adicionadas por evento de ligação (Fig. 9-9).

A velocidade de síntese de DNA é muito aumentada pela adição de múltiplos nucleotídeos por evento de ligação. A etapa limitante da síntese de DNA é a ligação inicial da polimerase à junção iniciador:molde. Em uma reação normal da DNA-polimerase, a localização e ligação a uma junção iniciador:molde leva ~1 segundo. Uma vez ligada, a adição de um nucleotídeo é muito rápida (na faixa de milissegundos). Assim, uma DNA-polimerase

FIGURA 9-7 A DNA-polimerase "prende" o molde e o nucleotídeo que será incorporado quando um par de bases correto é formado. (a) Ilustração das alterações na estrutura da DNA-polimerase após o pareamento correto entre o nucleotídeo que será incorporado e o molde de DNA. A primeira alteração é uma rotação de 40° de uma das hélices no domínio dos dedos, chamada hélice O. Na conformação aberta, essa hélice está distante do nucleotídeo que será incorporado. Quando a polimerase está na conformação fechada, essa hélice desloca-se e realiza várias interações importantes com o dNTP. Um resíduo de tirosina realiza interações de empilhamento com a base do dNTP, e dois resíduos carregados associam-se ao trifosfato. A combinação dessas interações posiciona o dNTP para a catálise mediada pelos dois íons metálicos ligados à DNA-polimerase. (Com base em Doublié S. et al. 1998. *Nature* **391**: 251-258, Fig. 5. © 1998.) (b) Estrutura da DNA-polimerase de T7 ligada a seu substrato na conformação fechada. (Roxo) Hélice O; o resto da estrutura proteica é mostrada em transparente para maior clareza. (Cor-de-rosa) Os resíduos tirosina, lisina e arginina essenciais podem ser vistos atrás da hélice O. (Vermelho) Base e desoxirribose do dNTP a ser incorporado; (cinza-claro) iniciador; (cinza-escuro) fita-molde; (verde) os dois íons metálicos catalíticos; (amarelo) fosfatos. (Adaptada de Doublié S. et al. 1998. *Nature* **391**: 251-258. Imagem preparada com MolScript, BobScript e Raster 3D.)

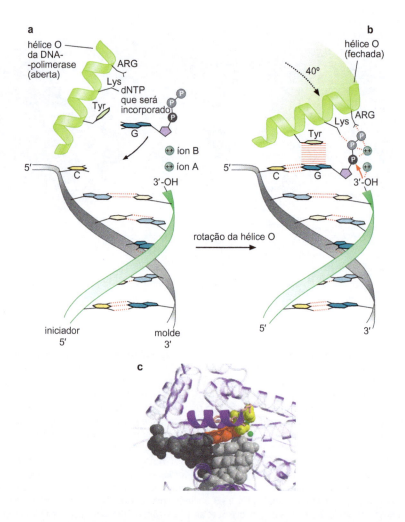

totalmente não processiva adicionaria 1pb por segundo. Em contrapartida, as DNA-polimerases mais rápidas adicionam até 1.000 nucleotídeos/s, porque permanecem associadas ao molde durante milhares de ciclos de adição de dNTPs. Consequentemente, uma polimerase altamente processiva aumenta a velocidade total de síntese de DNA em cerca de 1.000 vezes, em comparação a uma enzima completamente não processiva.

O aumento da processividade é facilitado pela capacidade de as DNA-polimerases deslizarem ao longo do molde de DNA. Uma vez ligada a uma

FIGURA 9-8 Ilustração do trajeto do molde de DNA na DNA-polimerase. O DNA recém-replicado está associado à região da palma da DNA-polimerase. No sítio ativo, a primeira base da região de fita simples do molde está em uma posição esperada para um DNA de dupla-fita. À medida que se segue a fita-molde em direção à sua extremidade 5', o esqueleto de fosfodiéster curva-se abruptamente em 90°. Dessa maneira, a segunda base e todas as bases subsequentes de fita simples são posicionadas de modo a impedir qualquer pareamento de bases com um dNTP ligado ao sítio ativo.

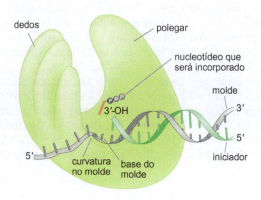

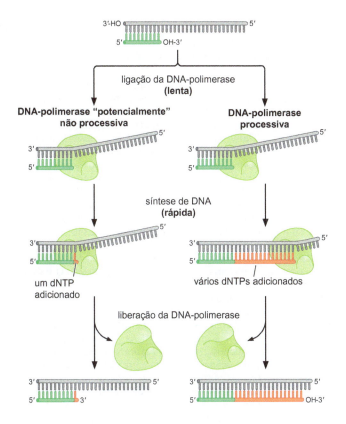

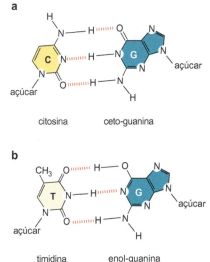

FIGURA 9-9 As DNA-polimerases sintetizam o DNA de maneira processiva. Esta ilustração mostra a diferença entre uma DNA-polimerase processiva e uma não processiva. Ambas as DNA-polimerases ligam-se à junção iniciador:molde. Após a ligação, a enzima não processiva adiciona um único dNTP à extremidade 3' do iniciador e é liberada da junção iniciador:molde. Em contrapartida, uma DNA-polimerase processiva adiciona vários dNTPs cada vez que se liga ao molde.

FIGURA 9-10 A alteração tautomérica da guanina resulta em um malpareamento com a timidina. (a) Pareamento de bases entre a forma ceto normal da guanina com a citosina. (b) Na rara ocasião em que a guanina assume a forma de tautômero enol, ela pareia com a timidina em vez de parear com a citosina. Embora tenha sido ilustrado o malpareamento do tautômero alternativo da guanina, cada uma das outras bases pode formar tautômeros alternativos que mudam sua especificidade de pareamento de bases.

junção iniciador:molde, a DNA-polimerase interage firmemente com grande parte da região de dupla-fita do DNA de maneira não sequência específica. Essas interações incluem interações eletrostáticas entre o esqueleto fosfatado e o domínio de polegar, e interações entre a fenda menor do DNA e o domínio de palma (descrito anteriormente). A natureza independente de sequência dessas interações permite o movimento fácil do DNA, mesmo após sua ligação à polimerase. Cada vez que um nucleotídeo é adicionado à fita do iniciador, o DNA libera-se parcialmente da polimerase. (As ligações de hidrogênio com a fenda menor são rompidas, mas as interações eletrostáticas com o polegar são mantidas.) O DNA, então, é rapidamente religado à polimerase, mas agora em uma posição alterada em 1 pb, utilizando o mesmo mecanismo não específico por sequência. Aumentos adicionais na processividade são alcançados por meio de interações entre a DNA-polimerase e proteínas acessórias, que serão discutidas adiante.

Exonucleases realizam uma revisão de leitura no DNA recém-sintetizado

Um sistema baseado apenas na geometria do pareamento de bases e na complementaridade entre as bases é incapaz de alcançar o extraordinário nível de precisão observado na síntese de DNA de uma célula (aproximadamente um erro a cada 10^{10} pb adicionados). A principal limitação na precisão da DNA-polimerase é a oscilação ocasional (aproximadamente $1:10^5$ vezes) das bases para a forma tautomérica "incorreta" (imino ou enol) (ver Cap. 4, Fig. 4-5). Essas formas alternadas das bases permitem que pares de bases incorretos sejam posicionados corretamente para a catálise (Fig. 9-10). Quando o nucleotídeo retorna a seu estado "correto", o nucleotídeo incorporado é mal-pareado com o molde e deve ser eliminado.

CONEXÕES CLÍNICAS

Quadro 9-2 Agentes anticancerígenos e antivirais atuam sobre a replicação do DNA

O papel central da replicação do DNA durante a divisão celular faz dela um alvo comum para fármacos quimioterápicos que visam prevenir o crescimento de tumores. Esses fármacos atuam em vários estágios da replicação do DNA.

Vários agentes quimioterápicos comuns atuam sobre a biossíntese de precursores de nucleotídeos para o DNA, deixando a DNA-polimerase desprovida de novos blocos de construção. Por exemplo, os fármacos 5-fluoruracil (5-FU) e 6-mercaptopurina (6-MP) são análogos de precursores de nucleotídeos que inibem a síntese de pirimidinas e purinas, respectivamente (Quadro 9-2, Fig. 1a,b). A 5-FU é o principal agente usado no tratamento de câncer colorretal e também no tratamento de cânceres de estômago, pâncreas e de mama avançado. A 6-MP é usada sobretudo para tratar pacientes com leucemia aguda (tumor de células sanguíneas).

Outros fármacos anticâncer atuam mais diretamente sobre a síntese de DNA. A citosina-arabinosídeo (AraC) é um análogo de desoxicitidina que, após ser convertida em nucleosídeo trifosfato, é incorporada ao DNA no lugar da dCTP (Quadro 9-2, Fig. 1c). Uma vez incorporada ao DNA, a diferença entre a desoxirribose da dCTP e a arabinose da AraCTP leva ao posicionamento incorreto da 3'-OH do iniciador de DNA e à terminação do alongamento. Como a 6-MP, a AraC é usada principalmente no tratamento da leucemia aguda.

Uma terceira classe de quimioterápicos danifica o DNA e bloqueia sua replicação. A cisplatina e a 1,3-bis-(2--cloroetil)-1-nitrosureia (BCNU) causam ligações intra e intercadeias no DNA quando há resíduos de G adjacentes uns aos outros (Quadro 9-2, Fig. 1d,e). Essas ligações (particularmente o tipo intercadeia) interferem no alongamento do DNA. A cisplatina é um dos principais fármacos usados para tratar câncer testicular metastático, e a BCNU é usada no tratamento de tumores cerebrais e leucemias. Da mesma maneira, a camptotecina e o etoposide são inibidores de topoisomerases que bloqueiam a habilidade dessas proteínas de reestabelecerem uma ligação fosfodiéster após a clivagem do esqueleto de DNA (ver Cap. 4, Fig. 4-24). O tratamento com qualquer um desses inibidores deixa uma quebra no DNA que termina a replicação do DNA quando a DNA-polimerase tenta usá-lo como molde.

Como classe, esses fármacos têm como alvo células que estão replicando o seu DNA e, portanto, que se dividem com frequência. Embora a natureza de divisão rápida das células cancerígenas as tornem particularmente suscetíveis a tais fármacos, outras células do corpo também são afetadas. Não surpreende que esses inibidores da replicação do DNA também sejam tóxicos para células do hospedeiro que crescem rapidamente, como hemácias e leucócitos, pelos e células da mucosa gastrintestinal. A inibição do crescimento dessas células leva aos efeitos colaterais, hoje bem conhecidos, de vários quimioterápicos, incluindo imunossupressão (devida à perda de leucócitos), anemia (pela perda de hemácias), diarreia (devida a defeitos gastrintestinais) e queda de cabelos.

Os inibidores da replicação também têm sido usados como agentes antivirais. O primeiro fármaco que demonstrou ser efetivo contra o HIV foi a azidotimidina (AZT), um análogo de timidina que inibe a DNA-polimerase especializada (chamada transcriptase reversa) (ver Cap. 12) que copia o genoma de RNA do HIV em DNA, após a infecção. Posteriormente, um análogo do nucleosídeo guanina, chamado aciclovir, substituiu o AZT como o inibidor de preferência para a DNA-polimerase de HIV. Nesse análogo, a ribose do nucleosídeo normal é substituída por uma estrutura de cadeia aberta que lembra a porção da ribose mais próxima à base (Quadro 9-2, Fig. 1f,g). Ainda assim, esse análogo pode ser modificado para uma forma de trifosfato que pode ser incorporada pela DNA-polimerase viral no DNA. Uma vez incorporados, esses análogos atuam como terminadores de cadeia, porque são desprovidos de ribose e, portanto, de uma 3'-OH necessária para a adição do nucleotídeo seguinte. É importante notar que esses fármacos são pouco reconhecidos pelas DNA-polimerases celulares e, assim, possuem efeitos colaterais menores do que os dos análogos de nucleotídeos usados como quimioterápicos.

QUADRO 9-2 FIGURA 1 Estruturas de reagentes quimioterápicos comuns que atuam sobre a replicação do DNA. (a) 5-fluoruracil, (b) 6-mercaptopurina, (c) citosina--arabinosídeo, (d) cisplatina, (e) 1,3-bis-(2-cloroetil)-1-nitrosureia, (f) azidotimidina e (g) aciclovir.

A remoção desses nucleotídeos malpareados é mediada por um tipo de nuclease que foi originalmente identificada no mesmo polipeptídeo que a DNA-polimerase. Chamadas de **exonucleases de revisão de leitura**, essas enzimas degradam o DNA a partir de uma extremidade 3' de DNA (i.e., a partir da extremidade crescente de uma nova fita de DNA).

(As nucleases capazes de degradar o DNA apenas a partir de uma extremidade são chamadas **exonucleases**; as nucleases capazes de clivar no meio de uma fita de DNA são chamadas **endonucleases**.)

Inicialmente, a presença de uma exonuclease 3' no mesmo polipeptídeo que uma DNA-polimerase fez pouco sentido. Por que haveria necessidade de a DNA-polimerase degradar o DNA que ela havia recém-sintetizado? O papel dessa exonuclease tornou-se claro quando foi determinado que ela apresenta enorme preferência em degradar o DNA com pareamento de bases incorreto. Assim, na ocorrência da adição de um nucleotídeo incorreto à fita iniciadora, a exonuclease de revisão de leitura remove esse nucleotídeo da extremidade 3' da fita. Essa "revisão de leitura" do DNA recém-adicionado fornece à DNA-polimerase uma segunda chance para adicionar o nucleotídeo correto.

A remoção de nucleotídeos malpareados é facilitada pela capacidade reduzida de a DNA-polimerase adicionar um nucleotídeo adjacente a um iniciador contendo um par de bases incorreto. O DNA malpareado altera a geometria entre a 3'-OH e o nucleotídeo a ser incorporado, devido a interações fracas com a região da palma. Essa geometria alterada reduz a velocidade de adição do nucleotídeo da mesma maneira que a adição de um dNTP incorretamente pareado reduz a catálise. Assim, quando um nucleotídeo malpareado é adicionado, ele diminui a velocidade de adição de novos nucleotídeos e aumenta a velocidade da atividade da exonuclease de revisão de leitura.

Da mesma maneira que a síntese processiva de DNA, a revisão de leitura pode ocorrer sem a dissociação do DNA da polimerase (Fig. 9-11). Quando um par de bases malpareado está presente no sítio ativo da polimerase, a junção iniciador:molde é desestabilizada, criando vários pares de bases de DNA não pareado. O sítio ativo da DNA-polimerase liga-se muito mal a esse molde malpareado, mas o sítio ativo da exonuclease possui uma afinidade 10 vezes maior por extremidades 3' de fita simples. Portanto, a extremidade 3' recém-despareada move-se do sítio ativo da polimerase para o sítio ativo da exonuclease. O nucleotídeo incorreto é removido pela exonuclease (um nucleotídeo adicional também pode ser removido). A remoção da base malpareada possibilita o restabelecimento da junção iniciador:molde e sua ligação ao sítio ativo da polimerase, permitindo que a síntese de DNA continue.

Essencialmente, as exonucleases de revisão de leitura funcionam como a "tecla de deletar" de um teclado, removendo apenas os erros mais recentes. A presença da exonuclease de revisão de leitura aumenta muito a precisão da síntese de DNA. Em média, a DNA-polimerase insere um nucleotídeo incorreto a cada 10^5 nucleotídeos adicionados. As exonucleases de revisão de leitura diminuem a ocorrência de uma base incorreta para cada 10^7 nucleotídeos adicionados. Essa taxa de erro ainda é consideravelmente alta em comparação à taxa de mutação observada em uma célula típica (aproximadamente um erro a cada 10^{10} nucleotídeos adicionados). O nível adicional de precisão é fornecido pelo sistema de reparo de maus pareamentos pós-replicação, descrito no Capítulo 10.

FORQUILHA DE REPLICAÇÃO

Ambas as fitas do DNA são sintetizadas juntas na forquilha de replicação

Até agora, discutiu-se a síntese de DNA em um contexto relativamente artificial, isto é, em uma junção iniciador:molde que está produzindo apenas uma fita de DNA. Na célula, ambas as fitas do dúplex de DNA são replicadas ao mesmo tempo. Isso requer a separação das duas fitas da dupla-hélice, formando dois moldes de DNA. A junção entre as duas fitas-molde recém-separadas e o dúplex de DNA não replicado é conhecida como **forquilha de replicação** (Fig. 9-12). A forquilha de replicação desloca-se continuamente em

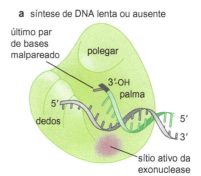

a síntese de DNA lenta ou ausente

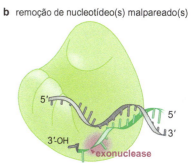

b remoção de nucleotídeo(s) malpareado(s)

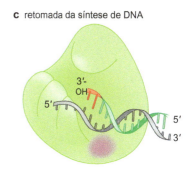

c retomada da síntese de DNA

FIGURA 9-11 As exonucleases de revisão de leitura removem as bases malpareadas da extremidade 3' do DNA. (a) Quando um nucleotídeo incorreto é incorporado ao DNA, a taxa de síntese de DNA é reduzida devido ao posicionamento incorreto da 3'-OH. (b) Na presença de uma extremidade 3' malpareada, os últimos 3 a 4 nucleotídeos do iniciador tornam-se fita simples, resultando em maior afinidade pelo sítio ativo da exonuclease. Uma vez ligado a esse sítio ativo, o nucleotídeo malpareado (e, com frequência, algum nucleotídeo adicional) é removido. (c) Após a remoção do nucleotídeo malpareado, uma junção iniciador:molde adequadamente pareada é restabelecida, e a polimerização é retomada (o DNA recém-sintetizado está representado em vermelho). (Adaptada, com permissão, de Baker T.A. e Bell S.P. 1998. *Cell* **92**: 295-305, Fig. 1b. © Elsevier.)

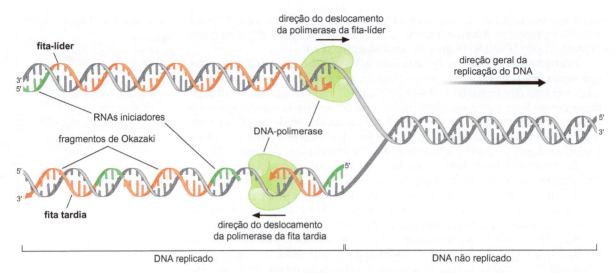

FIGURA 9-12 Forquilha de replicação. (Vermelho) DNA recém-sintetizado; (verde) iniciadores de RNA. Os fragmentos de Okazaki estão representados bem mais curtos do que realmente ocorrem, por propósitos ilustrativos. Na célula, os fragmentos de Okazaki podem ter de 100 a 2.000 bases, dependendo do organismo.

direção à região do dúplex de DNA não replicado, deixando em seu trajeto dois moldes de ssDNA que coordenam, cada um, a síntese de uma fita de DNA complementar.

A natureza antiparalela do DNA é uma dificuldade à replicação simultânea dos dois moldes expostos pela forquilha de replicação. Como o DNA é sintetizado apenas pelo alongamento da extremidade 3', apenas um dos dois moldes expostos pode ser replicado de forma contínua à medida que a forquilha de replicação se movimenta. Sobre essa fita-molde, a polimerase simplesmente "segue" a forquilha de replicação. A fita de DNA recém-sintetizada, coordenada por esse molde, é conhecida como **fita-líder**.

A síntese da nova fita de DNA coordenada pelo outro molde de ssDNA é mais problemática. Esse molde faz a DNA-polimerase se deslocar em direção oposta à forquilha de replicação. A fita de DNA sintetizada a partir desse molde é chamada **fita tardia**, ou fita retardada. Como mostrado na Figura 9-12, essa fita de DNA deve ser sintetizada de maneira descontínua.

A DNA-polimerase na fita-líder pode sintetizar o DNA assim que seu molde for exposto, porém, a síntese da fita tardia precisa esperar que o deslocamento da forquilha de replicação exponha uma extensão considerável do molde antes que este possa ser replicado. Cada vez que uma extensão considerável do molde para uma nova fita tardia é exposta, a síntese de DNA é iniciada e continua até que ela alcance a extremidade 5' de uma região recém-sintetizada de DNA da fita tardia.

Os pequenos fragmentos de DNA recém-sintetizados, formados na fita tardia, são chamados **fragmentos de Okazaki** e variam de 1.000 a 2.000 nucleotídeos de comprimento nas bactérias, e de 100 a 400 nucleotídeos nos eucariotos. Logo após a sua síntese, os fragmentos de Okazaki são covalentemente ligados, produzindo uma nova fita de DNA contínua e intacta (ver discussão a seguir). Os fragmentos de Okazaki são, portanto, intermediários temporários na replicação do DNA.

A iniciação de uma nova fita de DNA requer um iniciador de RNA

Como descrito anteriormente, todas as DNA-polimerases necessitam de um iniciador com uma extremidade 3'-OH livre. Elas não podem iniciar uma nova fita de DNA *de novo*. Então, como inicia a síntese de novas fitas de DNA? Para realizar isso, a célula aproveita-se da habilidade das RNA-polimerases em fazer o que as DNA-polimerases não conseguem: iniciar novas cadeias de RNA *de novo*. A **primase** é uma RNA-polimerase especializada em sintetizar pequenos iniciadores de RNA (com 5 a 10 nucleotídeos) sobre um molde de ssDNA. Esses iniciadores são, subsequentemente, estendidos pela DNA-polimerase. Embora as DNA-polimerases incorporem somente desoxirribonucleotídeos no DNA, elas podem iniciar a síntese utilizando um iniciador de RNA ou de DNA anelado ao molde de DNA.

Embora ambas as fitas, líder e tardia, necessitem da primase para iniciar a síntese de DNA, a frequência de funcionamento da primase sobre as duas fitas é bastante diferente (ver Fig. 9-12). Cada fita-líder necessita apenas de um único iniciador de RNA. Em contrapartida, a síntese descontínua da fita tardia requer a síntese de um novo iniciador para cada fragmento de Okazaki. Como uma única forquilha de replicação pode replicar milhões de pares de bases, a síntese da fita tardia pode necessitar de centenas de fragmentos de Okazaki e de iniciadores de RNA correspondentes.

Ao contrário das RNA-polimerases envolvidas na síntese de RNA mensageiro (mRNA), RNA ribossômico (rRNA) e RNA transportador (tRNA) (ver Cap. 15), a primase não necessita de uma sequência de DNA estendida para iniciar a síntese de RNA. Em vez disso, as primases preferem iniciar a síntese de RNA usando um molde de ssDNA contendo um trímero específico (GTA, no caso da primase de *Escherichia coli*). Corroborando essa preferência, a análise da sequência do genoma de *E. coli* mostra que a sequência-alvo GTA para a primase de *E. coli* está super-representada nas porções do genoma que servirão de molde para a síntese da fita tardia de DNA.

A atividade da primase é drasticamente aumentada quando ela se associa a outra proteína que atua na forquilha de replicação, chamada **DNA-helicase**. Essa proteína desenrola o DNA na forquilha de replicação, criando um molde de ssDNA onde a primase pode atuar. A função da DNA-helicase será considerada de maneira detalhada adiante. A necessidade de um molde de ssDNA e da associação com a DNA-helicase garantem que a primase esteja ativa apenas na forquilha de replicação.

Os iniciadores de RNA devem ser removidos para finalizar a replicação do DNA

Para completar a replicação do DNA, os iniciadores de RNA, utilizados para a iniciação, devem ser removidos e substituídos por DNA (Fig. 9-13). A remoção dos iniciadores de RNA pode ser considerada um evento de reparo do DNA e apresenta muitas propriedades do reparo do DNA por excisão, explicado de maneira detalhada no Capítulo 10.

Para substituir os iniciadores de RNA por DNA, uma enzima denominada **RNase H** reconhece e remove a maior parte de cada iniciador de RNA. Essa enzima degrada especificamente o RNA que está realizando pareamento de bases com DNA (por isso, o "H" do nome, que corresponde a "híbrido" em uma molécula híbrida de RNA:DNA). A RNase H remove todo o iniciador de RNA, exceto o ribonucleotídeo diretamente ligado à extremidade do DNA. Isso ocorre porque a RNase H só consegue clivar ligações entre dois ribonucleotídeos. O ribonucleotídeo final é removido por uma exonuclease 5′ que degrada RNA ou DNA a partir de suas extremidades 5′.

A remoção do iniciador de RNA deixa uma lacuna no DNA dupla-fita que funciona como um substrato ideal para a DNA-polimerase – uma junção iniciador:molde (ver Figura 9-13). A DNA-polimerase preenche essa lacuna por meio do pareamento de cada nucleotídeo, deixando uma molécula de DNA completa, exceto por uma quebra no esqueleto fosfodiéster entre a extremidade 3′-OH e o 5′-fosfato da fita reparada. Essa "quebra" no DNA é reparada por uma enzima chamada **DNA-ligase**. A DNA-ligase utiliza um cofator de alta energia (como ATP) para formar uma ligação fosfodiéster entre uma extre-

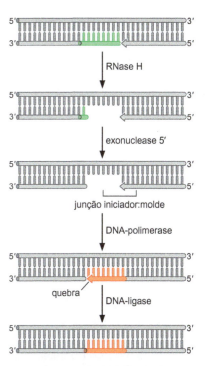

FIGURA 9-13 Remoção dos iniciadores de RNA a partir do DNA recém-sintetizado. As funções sequenciais da RNase H, da exonuclease 5′, da DNA-polimerase e da DNA-ligase durante a remoção dos iniciadores de RNA estão ilustradas. (Cinza) DNA presente antes da remoção do iniciador de RNA; (verde) iniciador de RNA; (vermelho) DNA recém-sintetizado que substitui o iniciador de RNA.

midade 5'-fosfato e uma 3'-OH adjacentes. A síntese de DNA estará completa somente após a substituição de todos os iniciadores de RNA e a ligação de todas as quebras.

As DNA-helicases desenrolam a dupla-hélice à frente da forquilha de replicação

As DNA-polimerases em geral não são eficientes em promover a separação das duas fitas do dúplex de DNA. Portanto, na forquilha de replicação, uma terceira classe de enzimas, denominadas **DNA-helicases**, catalisa a separação das duas fitas do dúplex de DNA. Essas enzimas ligam-se ao ssDNA e deslocam-se unidirecionalmente sobre este, utilizando a energia da hidrólise de nucleosídeos trifosfatados (normalmente ATP) para deslocar qualquer fita de DNA que esteja anelada ao ssDNA. Em geral, as DNA-helicases que atuam na forquilha de replicação são proteínas hexaméricas que assumem o formato de anel (Fig. 9-14). Esses complexos proteicos em formato de anel circundam uma das duas fitas simples na forquilha de replicação, próximo à junção de fita simples:dupla-fita.

Assim como as DNA-polimerases, as DNA-helicases atuam de maneira processiva. Uma vez associadas ao substrato, são capazes de desenrolar vários pares de bases de DNA. As DNA-helicases em formato de anel, encontradas na forquilha de replicação, apresentam processividade elevada justamente porque circundam o DNA. A liberação da helicase do seu substrato de DNA requer a abertura do anel proteico hexamérico, o que é um evento raro. Por outro lado, a helicase dissocia-se do DNA quando alcança a extremidade da fita de DNA que ela está envolvendo.

Obviamente, essa interação entre a enzima e o DNA apresenta problemas para a ligação da DNA-helicase ao substrato de DNA em um primeiro momento. Esse problema é mais óbvio para cromossomos circulares, onde não há extremidade de DNA sobre a qual a DNA-helicase possa atuar. Entretanto, como as helicases são quase sempre incorporadas em sítios internos do DNA nos cromossomos lineares, o mesmo problema existe durante a replicação desses DNAs. Assim, há mecanismos especializados que abrem o anel da DNA helicase e a posicionam em torno do DNA antes do restabelecimento do anel (ver seção sobre Início da replicação do DNA). Essa ligação topológica entre as proteínas envolvidas na replicação de DNA e seus substratos de DNA é um mecanismo comum para aumentar a processividade.

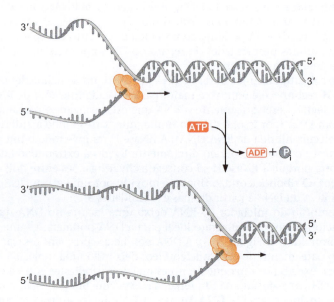

FIGURA 9-14 As DNA-helicases separam as duas fitas da dupla-hélice. Quando ATP é adicionado a uma DNA-helicase ligada ao ssDNA, a helicase desloca-se com polaridade definida sobre o ssDNA. No exemplo dado, a helicase apresenta uma polaridade 5' → 3'. Essa polaridade significa que a DNA-helicase está usando a fita tardia como molde na forquilha de replicação.

Cada DNA-helicase desloca-se ao longo do ssDNA em uma direção definida. Essa propriedade é chamada de **polaridade** da DNA-helicase. As DNA-helicases podem ter polaridade de 5' → 3' ou de 3' → 5'. Essa direção sempre é definida de acordo com a fita de DNA ligada (ou circundada, no caso de uma helicase em formato de anel), em vez da fita que é deslocada. Uma DNA-helicase que atua sobre o molde da fita tardia da forquilha de replicação exibe polaridade de 5' → 3' para permitir que a DNA-helicase prossiga em direção à região de dúplex da forquilha de replicação (ver Fig. 9-14). Assim como acontece em todas as enzimas com deslocamento direcional sobre o DNA, o movimento da helicase requer o fornecimento de energia química, que, neste caso, é fornecida pela hidrólise de ATP.

A DNA-helicase puxa o DNA de fita simples através de um poro proteico central

Como uma DNA-helicase hexamérica usa a energia da hidrólise do ATP para se mover ao longo do DNA? A determinação da estrutura atômica de uma helicase hexamérica viral ligada a um substrato de ssDNA forneceu informações valiosas sobre essa questão. Nessa estrutura, o ssDNA é circundado pelas seis subunidades da helicase (Fig. 9-15). Cada subunidade possui uma alça proteica em formato de "grampo" que se liga a um fosfato do esqueleto de DNA e às suas duas riboses adjacentes. É interessante notar que essas alças de ligação ao DNA são encontradas em formato de escada espiral voltada para a direita, cada uma delas ligada ao fosfato seguinte ao longo do ssDNA. Como mostrado na Figura 9-15, o topo da escada está associado à extremidade 5' e sua base, à extremidade 3' do ssDNA.

A estrutura atômica é apenas uma fotografia; entretanto, cada uma das seis diferentes subunidades está em um estágio diferente no processo de translocação do DNA. Juntas, as interações das diferentes subunidades com o DNA e com ATP/ADP revelam como o movimento coordenado desses grampos proteicos consegue puxar o ssDNA através do poro central da helicase. Uma subunidade liga-se primeiro ao ssDNA no topo da estrutura (Fig. 9-15b), e a alça de ligação ao DNA move-se através de sucessivas conformações em direção à base, trazendo consigo o DNA ligado. É importante notar que cada uma dessas conformações está associada a um diferente estado de ligação ao nucleotídeo; a conformação do topo está em um estado ligado ao ATP, a central está em um estado ligado ao ADP, e a da base é desprovida de ligação a um nucleotídeo. Assim, à medida que uma única subunidade se liga, hidrolisa e libera ATP, ela passa através das conformações do topo, do centro e da base. De maneira geral, pode-se pensar na helicase como tendo seis mãos que puxam uma corda de mão em mão.

Além de se translocar ao longo do ssDNA, uma helicase precisa também deslocar a fita complementar para desenrolar o DNA. No caso dessa helicase hexamérica, a estrutura do canal central mostra que o deslocamento da fita deve ocorrer para que o DNA passe através do canal. Em seu ponto mais estreito, o canal central possui um diâmetro de 13 Å, grande o suficiente para acomodar o ssDNA, mas muito pequeno para acomodar os 20 Å de diâmetro do dsDNA.

Proteínas de ligação ao DNA de fita simples estabilizam o ssDNA antes da replicação

Após a passagem das DNA-helicases, a ssDNA recém-gerada deve permanecer livre de pareamentos para ser utilizada como molde na síntese de DNA. Para estabilizar as fitas separadas, as **proteínas de ligação ao ssDNA** (SSBs, *ssDNA-binding proteins*) ligam-se rapidamente a essas fitas. A ligação de uma SSB promove a ligação de outra SSB ao ssDNA imediatamente adjacente

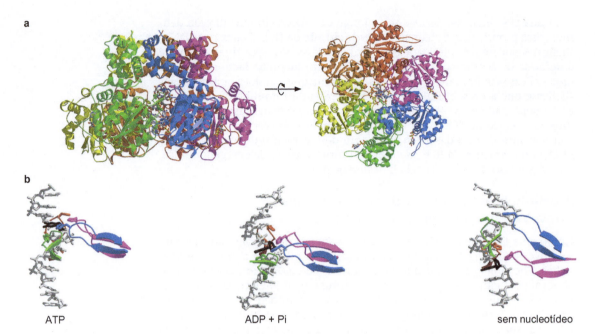

FIGURA 9-15 Estrutura e mecanismos propostos para uma DNA-helicase. (a) Estrutura geral da helicase hexamérica E1 do papilomavírus bovino. Cada subunidade é apresentada em uma cor diferente, e o complexo é mostrado em visão lateral (à esquerda) e em uma visão de cima do canal central do hexâmero (à direita). As subunidades proteicas são mostradas em forma de fita e o ssDNA, como um diagrama de palitos. (b) Ilustração do movimento proposto para os grampos de ligação ao DNA. Nestas imagens, são mostrados apenas o ssDNA no canal central da helicase e dois dos seis grampos proteicos essenciais que se ligam ao DNA durante a translocação. As três visões mostram o grampo roxo interagindo com o fosfato associado ao nucleotídeo preto que se move a partir do estado do topo (a subunidade associada ao grampo está ligada ao ATP) para o estado central (ligado ao ADP) e para o estado da base (desligado do nucleotídeo). Observa-se como a base preta do ssDNA se move com os grampos azuis do ATP e do ADP + Pi, mas é liberada na imagem sem nucleotídeo. A religação do ATP move a alça de ligação ao DNA de volta para a posição no topo, permitindo a ligação a um novo fosfato (como visto para o grampo azul – que está um passo à frente do grampo roxo – no painel "sem nucleotídeo"; os cabeçalhos dos painéis referem-se à subunidade do grampo roxo). Observa-se que as outras quatro alças de ligação ao DNA também estão se movendo através dos mesmos intermediários. (Reproduzida de Enemark E.J. e Joshua-Tor L. 2006. *Nature* **442**: 270-275. Código PDB: 2GXA. Imagem preparada com MolScript, BobScript e Raster 3D.)

(Fig. 9-16). Essa ligação é denominada **ligação cooperativa** e ocorre porque as moléculas de SSB ligadas a regiões de ssDNA imediatamente adjacentes também podem interagir entre si. As interações SSB-SSB estabilizam fortemente a interação das SSBs com o ssDNA, fazendo os sítios ocupados por uma ou mais moléculas de SSB se tornarem sítios preferenciais de ligação para outras SSB.

A ligação cooperativa assegura que o ssDNA seja rapidamente coberto por SSB à medida que ele é liberado da DNA-helicase. (A ligação cooperativa é uma propriedade de várias proteínas de ligação ao DNA. Ver Cap. 18, Quadro 18-4, Concentração, afinidade e ligação cooperativa.) Uma vez coberto com SSB, o ssDNA é mantido alongado, o que facilita sua utilização como molde para a síntese do DNA ou para a síntese do iniciador de RNA.

A SSB interage com o ssDNA de maneira independente de sequência. As SSBs interagem principalmente com o ssDNA por meio de interações eletrostáticas com o esqueleto fosfatado e interações de empilhamento com as bases do DNA. Ao contrário das proteínas de ligação ao DNA sequência-específicas, as SSBs formam poucas, ou nenhuma, ligações de hidrogênio com as bases do ssDNA.

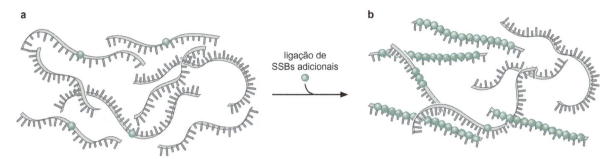

FIGURA 9-16 Ligação da proteína de ligação ao DNA de fita simples (SSB) ao DNA. (a) Uma quantidade limitada de SSB é ligada a quatro das nove moléculas de ssDNA mostradas. (b) À medida que mais moléculas de SSB se ligam ao DNA, elas ligam-se preferencialmente adjacentes às moléculas de SSB já ligadas. Ocorrerá ligação às outras moléculas de ssDNA somente após as moléculas de SSB terem coberto completamente as moléculas de ssDNA já ligadas. Nota-se que quando o ssDNA está coberto com SSB, ele assume uma conformação mais estendida, que impede a formação de pares de bases intramoleculares.

As topoisomerases removem as supertorções produzidas pelo desenrolamento do DNA na forquilha de replicação

À medida que as fitas do DNA são separadas na forquilha de replicação, o dsDNA em frente à forquilha torna-se progressivamente supertorcido (supertorção positiva, Fig. 9-17). Esse acúmulo de supertorções é o resultado da ação da DNA-helicase que rompe o pareamento das bases entre as duas fitas. Se as fitas de DNA não sofrerem quebras, não há como reduzir o número de ligação (o número de vezes que as duas fitas do DNA passam uma sobre a outra) para acomodar esse desenrolamento do dúplex de DNA (ver Cap. 4). Assim, à medida que a DNA-helicase avança, o DNA deve acomodar o mesmo número de ligação em um número de pares de bases cada vez menor. Na verdade, para que o DNA à frente da forquilha de replicação permaneça relaxado, uma laçada do DNA deve ser removida a cada cerca de 10 pb de DNA desenrolado. Se não existisse um mecanismo para aliviar o excesso de superenrolamentos, a maquinaria de replicação giraria como uma manivela até parar, em função do aumento de pressão no DNA existente antes da forquilha.

O problema é mais claro nos cromossomos circulares das bactérias, mas também se aplica aos cromossomos eucarióticos. Como os cromossomos eucarióticos não são círculos fechados, eles poderiam, a princípio, sofrer rotações em toda a sua extensão para dissipar as supertorções introduzidas. Porém, nem sempre é assim: é simplesmente impossível rodar uma molécula de DNA, com milhões de pares de bases de comprimento, cada vez que uma volta da hélice é desenrolada.

As supertorções introduzidas pela ação da DNA-helicase são removidas por **topoisomerases** que atuam sobre o dsDNA não replicado em frente à forquilha de replicação (Fig. 9-17). Essas enzimas provocam a quebra de uma ou das duas fitas do DNA e permanecem ligadas ao DNA, passando o mesmo número de fitas de DNA através da quebra (como foi discutido no Cap. 4). Essa ação alivia o acúmulo de supertorções. Dessa maneira, as topoisomerases atuam como "relaxadoras" que rapidamente dissipam o excesso das supertorções provocadas pelo desenrolamento do DNA.

Enzimas da forquilha de replicação expandem a amplitude de substratos da DNA-polimerase

A DNA-polimerase, por si só, pode estender de forma eficiente apenas iniciadores com uma extremidade 3'-OH anelados a moldes de ssDNA. A adição da primase, da DNA-helicase e da topoisomerase amplia, consideravelmen-

FIGURA 9-17 Ação da topoisomerase na forquilha de replicação. À medida que as supertorções positivas se acumulam à frente da forquilha de replicação, são rapidamente removidas pelas topoisomerases. Neste diagrama, a ação de Topo II remove a supertorção positiva induzida pela forquilha de replicação. Ao passar uma parte do dsDNA não replicado através da quebra na dupla-fita em uma região próxima não replicada, as supertorções positivas são removidas. Vale ressaltar que essa alteração reduz o número de ligação em duas unidades e, assim, deve ocorrer apenas uma vez a cada 20 pb replicados. Embora a ação de uma topoisomerase tipo II esteja aqui ilustrada, as topoisomerases tipo I também podem remover as supertorções positivas geradas pela forquilha de replicação. Observa-se que a super-helicoidização positiva à frente da forquilha de replicação é mostrada como uma supertorção toroide voltada para a direita (uma volta completa é igual a uma supertorção positiva de +1). A passagem de uma molécula de dsDNA através de outra no sítio da supertorção altera isso para uma supertorção toroide completa voltada para a esquerda (igual a uma supertorção de −1). Isso ilustra como o número de ligação é alterado em 2 unidades por uma topoisomerase tipo II (para mais informações sobre topologia e supertorção do DNA, ver Cap. 4, Topologia do DNA, e o Cap. 8, Quadro 8-2).

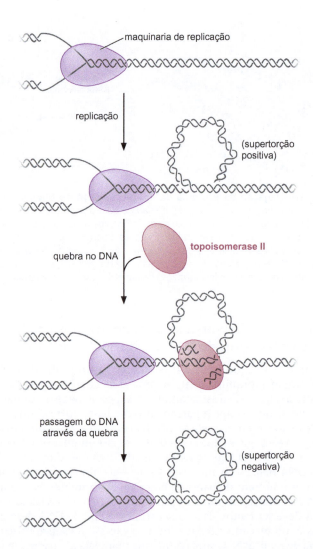

te, os possíveis substratos para a DNA-polimerase. A primase possibilita que novas fitas de DNA sejam iniciadas sobre qualquer segmento de ssDNA. Obviamente, a utilização da primase também impõe a necessidade de remoção dos iniciadores de RNAs para completar a replicação. Da mesma maneira, a separação das fitas pela DNA-helicase e a remoção de supertorções positivas pela topoisomerase permitem à DNA-polimerase replicar o dsDNA. Embora os nomes das proteínas sejam diferentes nos diferentes organismos (Tab. 9-1), o mesmo conjunto de atividades enzimáticas é utilizado desde bactérias e leveduras até seres humanos para efetuar a replicação do DNA cromossômico.

É notável que a DNA-helicase e a topoisomerase realizem suas funções sem alterar permanentemente a estrutura química do DNA ou sintetizar qualquer molécula nova. A DNA-helicase rompe apenas as ligações de hidrogênio que mantêm as duas fitas do DNA unidas, sem o rompimento de qualquer ligação covalente. Apesar das topoisomerases quebrarem uma ou duas ligações covalentes do DNA-alvo, cada ligação quebrada é precisamente refeita antes da topoisomerase se desligar do DNA (ver Cap. 4, Fig. 4-25). Em vez de alterar a estrutura química do DNA, a ação dessas enzimas resulta em uma molécula de DNA com conformação alterada. É importante ressaltar que essas alterações conformacionais são essenciais para a duplicação das enormes moléculas de dsDNA, que constituem a base dos cromossomos bacterianos e eucarióticos.

TABELA 9-1 Enzimas que atuam na forquilha de replicação

	Escherichia coli	*Saccharomyces cerevisiae*	Ser humano
Primase	DnaG	Primase (PRI 1/PRI 2)	Primase
DNA-helicase	DnaB	Complexo Mcm2-7	Complexo Mcm2-7
SSB	SSB	RPA	RPA
Topoisomerases	Topo I, girase	Topo I, II	Topo I, II

As proteínas que atuam na forquilha de replicação interagem firmemente com o DNA, mas de maneira independente da sequência. Essas interações exploram as características comuns do DNA, independentemente de um par específico de bases: a carga negativa e a estrutura do esqueleto fosfatado (p. ex., o domínio de polegar da DNA-polimerase); os resíduos que realizam ligações de hidrogênio na fenda menor (p. ex., o domínio de palma da DNA--polimerase); e as interações de empilhamento hidrofóbicas entre as bases (p. ex., SSBs). Além disso, as estruturas de algumas dessas proteínas são especializadas para encorajar sua ação processiva pelo envolvimento completo (p. ex., DNA-helicase) ou parcial (p. ex., DNA-polimerase) do DNA.

ESPECIALIZAÇÃO DAS DNA-POLIMERASES

As DNA-polimerases são especializadas em diferentes funções na célula

A importante função das DNA-polimerases na replicação eficiente e precisa do genoma exige que as células apresentem diversas DNA-polimerases especializadas. Por exemplo, *E. coli* tem pelo menos cinco DNA-polimerases, que são distinguidas por suas propriedades enzimáticas, composição de subunidades e abundância (Tab. 9-2). A **DNA-polimerase III** (DNA Pol III) é a principal enzima envolvida na replicação do cromossomo. Como todo o genoma de *E. coli*, com 4,6 Mb, é replicado por duas forquilhas de replicação, a DNA Pol III deve ser altamente processiva. Para suprir essa necessidade, a DNA Pol III é, em geral, encontrada como parte de um complexo maior, que confere uma processividade muito alta – um complexo conhecido como **holoenzima DNA Pol III**.

Em contrapartida, a **DNA-polimerase I** (DNA Pol I) é especializada na remoção dos iniciadores de RNA utilizados para iniciar a síntese de DNA. Por isso, essa DNA-polimerase apresenta uma exonuclease 5' que permite à DNA Pol I remover o RNA ou o DNA imediatamente *a montante* do sítio de síntese de DNA. Ao contrário da DNA Pol III, a DNA Pol I não apresenta alta processividade, porque adiciona apenas 20 a 100 nucleotídeos por evento de ligação. Essas propriedades são ideais para a remoção do iniciador de RNA e para a síntese de DNA sobre a lacuna de ssDNA resultante. A exonuclease 5' da DNA Pol I pode remover a ligação RNA-DNA resistente à RNAse H (ver Fig. 9-13). A baixa processividade da DNA Pol I sintetiza prontamente através da curta região ocupada previamente por um iniciador de RNA (< 10 nucleotídeos), mas é liberada antes da degradação e da ressíntese de grandes quantidades de DNA que estavam ligadas ao iniciador de RNA. Por fim, quando a DNA Pol I completa a sua função, apenas um corte está presente no DNA.

Como DNA Pol I e DNA Pol III estão envolvidas na replicação do DNA, ambas devem ser altamente precisas. Assim, as duas proteínas contêm uma exonuclease de revisão de leitura associada. As três DNA-polimerases restantes em *E. coli* são especializadas no reparo de DNA e não possuem atividade de revisão de leitura. Essas enzimas serão discutidas no Capítulo 10.

As células eucarióticas também possuem múltiplas DNA-polimerases; uma célula normal apresenta mais de 15. Destas, três DNA-polimerases são

TABELA 9-2 Atividades e funções das DNA-polimerases

	Número de subunidades	Função
Procarióticas (*E. coli*)		
Pol I	1	Remoção do iniciador de RNA, reparo do DNA
Pol II (Din A)	1	Reparo do DNA
Núcleo de Pol III	3	Replicação cromossômica
Holoenzima Pol III	9	Replicação cromossômica
Pol IV (Din B)	1	Reparo de DNA, síntese translesão (TLS)
Pol V (UmuC, UmuD$_2$'C)	3	TLS
Eucarióticas		
Pol α	4	Síntese do iniciador durante a replicação do DNA
Pol β	1	Reparo por excisão de base
Pol γ	3	Replicação e reparo de DNA mitocondrial
Pol δ	2 a 3	Síntese do DNA fita tardia; reparo por excisão de base e de nucleotídeos
Pol ε	4	Síntese do DNA fita-líder; reparo por excisão de base e de nucleotídeos
Pol θ	1	Reparo de ligações cruzadas no DNA
Pol ζ	1	TLS
Pol λ	1	Reparo de DNA associado à meiose
Pol μ	1	Hipermutação somática
Pol κ	1	TLS
Pol η	1	TLS por meio de dímeros ciclobutano *cis-sin* relativamente precisa
Pol ι	1	TLS, hipermutação somática
Rev1	1	TLS

Dados de Sutton M.D. e Walker G.C. 2001. *Proc. Natl. Acad. Sci.* **98**: 8342-8349, e referências relacionadas.

essenciais na duplicação do genoma: DNA Pol δ, DNA Pol ε e DNA Pol α/primase. Cada uma dessas DNA-polimerases eucarióticas é composta por várias subunidades (ver Tab. 9-2). A DNA Pol α/primase está especificamente envolvida na iniciação de novas fitas de DNA. Esse complexo proteico com quatro subunidades consiste em duas subunidades de DNA Pol α *e* duas subunidades de primase. Após a primase ter sintetizado um iniciador de RNA, a junção iniciador:molde resultante é imediatamente transferida à DNA Pol α associada, iniciando a síntese de DNA.

Devido à sua processividade relativamente baixa, a DNA Pol α/primase é rapidamente substituída pelas DNA Pol δ e Pol ε, de alta processividade. O processo de substituição da DNA Pol α/primase pela DNA Pol δ ou Pol ε é chamado **troca de polimerase** (Fig. 9-18) e resulta em três diferentes DNA-polimerases atuando na forquilha de replicação eucariótica. As DNA Pol δ e Pol ε são especializadas na síntese de diferentes fitas na forquilha de replicação, com a DNA Pol ε sintetizando a fita-líder, e a DNA Pol δ, a fita tardia. Assim como nas células bacterianas, a maioria das DNA-polimerases restantes está envolvida no reparo de DNA.

Os grampos deslizantes aumentam significativamente a processividade da DNA-polimerase

A alta processividade na forquilha de replicação assegura a rápida duplicação dos cromossomos. Como foi discutido, as DNA-polimerases da forquilha de replicação sintetizam milhares a milhões de pares de bases sem se libera-

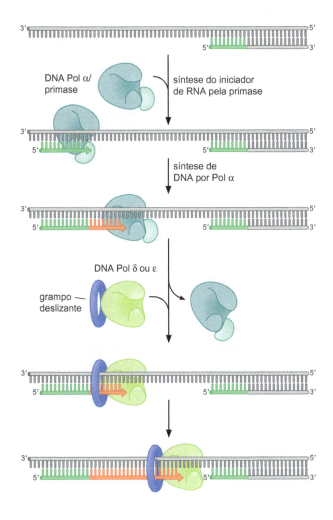

FIGURA 9-18 Alteração de DNA--polimerases durante a replicação eucariótica. A ordem de atuação das DNA-polimerases está ilustrada. Para maior clareza, o comprimento do DNA sintetizado é representado mais curto do que a realidade. Normalmente, o produto da combinação DNA Pol α/primase tem entre 50 e 100 pb, e a extensão adicional por Pol ε ou Pol δ está entre 100 e 10.000 nucleotídeos. Embora DNA Pol δ e Pol ε possam igualmente substituir a DNA Pol α/primase, estudos recentes indicam que a DNA Pol ε a substitui no molde da fita--líder, enquanto DNA Pol δ, no molde da fita tardia.

rem do molde. Na ausência de outras proteínas, porém, as DNA-polimerases que atuam na forquilha de replicação são capazes de sintetizar apenas 20 a 100 pb, antes de serem liberadas do molde. Como a processividade dessas enzimas aumenta de maneira tão drástica na forquilha de replicação?

Um evento essencial para a alta processividade das DNA-polimerases que atuam na forquilha de replicação é sua associação a proteínas chamadas **grampos deslizantes de DNA**. Essas proteínas são compostas por múltiplas subunidades idênticas que se unem em formato de "rosquinha". O orifício no centro do grampo é grande o bastante para circundar a dupla-hélice do DNA e deixar espaço para uma ou duas camadas de moléculas de água entre o DNA e a proteína (Fig. 9-19a). Essas proteínas em formato de anel deslizam ao longo do DNA sem se dissociarem dele. Os grampos deslizantes do DNA também se ligam firmemente às DNA-polimerases ligadas às junções iniciador:molde (Fig. 9-19b). Esse complexo entre a polimerase e o grampo deslizante desloca-se de maneira eficiente ao longo do molde de DNA durante a síntese de DNA.

Como a associação com o grampo deslizante altera a processividade da DNA-polimerase? Na ausência do grampo deslizante, uma DNA-polimerase dissocia-se e afasta-se do molde de DNA em média uma vez a cada 20 a 100 pb sintetizados. Na presença do grampo deslizante, a DNA-polimerase ainda desprende seu sítio ativo da extremidade 3'-OH do DNA frequentemente, mas a associação com o grampo impede que ela se difunda para longe do DNA (Fig. 9-20). Ao manter a polimerase próxima do DNA, o grampo deslizante assegura que a DNA-polimerase se religue rapidamente

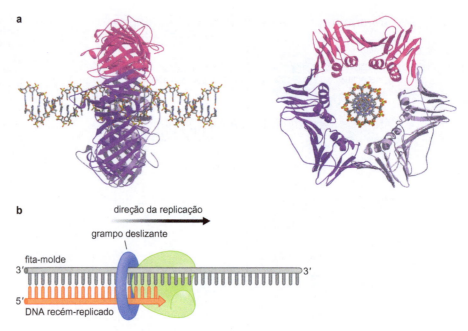

FIGURA 9-19 **Estrutura de um grampo deslizante de DNA.** (a) Estrutura tridimensional de um grampo deslizante de DNA associado ao DNA. A abertura no centro do anel é de cerca de 35 Å, e a largura da hélice do DNA é de aproximadamente 20 Å. Há espaço suficiente para permitir uma fina camada de uma ou duas moléculas de água entre o anel e o DNA. Acredita-se que isso facilite o deslizamento do anel pelo DNA. (Adaptada de Krishna T.S. et al. 1994. *Cell* **79**: 1233-1243. Imagem preparada com MolScript, BobScript e Raster 3D. DNA modelado por Leemor Joshua-Tor.) (b) Grampos deslizantes de DNA envolvem o DNA recém-replicado produzido por uma DNA-polimerase associada. O grampo deslizante interage com a porção da DNA-polimerase mais próxima ao DNA recém-sintetizado à medida que este emerge da DNA-polimerase.

à *mesma* junção iniciador:molde, aumentando muito a processividade da DNA-polimerase.

Após o molde de ssDNA ter sido totalmente copiado, a DNA-polimerase deve ser liberada do dsDNA e do grampo deslizante para atuar em uma nova junção iniciador:molde. Essa liberação é realizada por uma alteração na afinidade entre a DNA-polimerase e o grampo deslizante que depende do DNA ligado. A DNA-polimerase ligada a uma junção iniciador:molde possui alta afinidade pelo grampo. Em contrapartida, quando uma DNA-polimerase chega ao fim de um molde de ssDNA (p. ex., no fim de um fragmento de Okazaki), a presença de dsDNA em seu sítio ativo resulta em uma alteração de conformação que reduz a afinidade da polimerase pelo grampo deslizante e pelo DNA (ver Fig. 9-20). Assim, quando uma polimerase termina a replicação de uma região de DNA, ela é liberada pelo grampo deslizante e pode atuar em uma nova junção iniciador:molde.

Uma vez liberados de uma DNA-polimerase, os grampos deslizantes não são imediatamente removidos do DNA replicado. Em vez disso, outras proteínas que atuam no sítio de síntese recente de DNA interagem com as proteínas do grampo. Como descrito no Capítulo 8, as enzimas que organizam a cromatina nas células eucarióticas são recrutadas para os sítios de replicação de DNA por meio da interação com o grampo deslizante do DNA eucariótico (chamada "PCNA"). Da mesma maneira, as proteínas eucarióticas envolvidas no reparo dos fragmentos de Okazaki também interagem com as proteínas do grampo. Em ambos os casos, como interagem com os grampos deslizantes, essas proteínas acumulam-se nos sítios de síntese de novas moléculas de DNA, onde são mais necessárias.

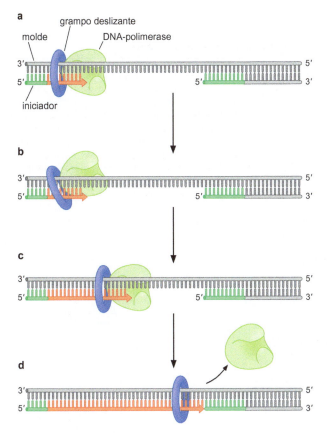

FIGURA 9-20 Os grampos deslizantes de DNA aumentam a processividade das DNA-polimerases associadas. (a) O grampo deslizante de DNA envolve o DNA e liga-se simultaneamente à DNA-polimerase. (b) A processividade relativamente baixa das DNA-polimerases leva à liberação frequente da junção iniciador:molde, mas a associação da polimerase com o grampo deslizante evita a difusão para longe do DNA. (c) A associação da DNA-polimerase com o grampo deslizante garante a religação da DNA-polimerase na mesma junção iniciador:molde e a retomada da síntese de DNA. (d) Após a síntese completa do molde pela DNA-polimerase, a ausência de uma junção iniciador:molde causa uma mudança na DNA-polimerase, que a libera do grampo deslizante.

As proteínas do grampo deslizante são uma parte conservada da maquinaria de replicação do DNA, derivada de organismos tão diversos como vírus, bactérias, leveduras e seres humanos. Assim como sua função é conservada, a estrutura dos grampos deslizantes derivados desses diferentes organismos também é conservada (Fig. 9-21). Em cada caso, o grampo apresenta o mesmo eixo de simetria sêxtupla e o mesmo diâmetro. No entanto, apesar da similaridade na estrutura geral, o número de subunidades que se associam para formar o grampo é diferente.

Os grampos deslizantes são abertos e posicionados no DNA por carregadores do grampo

O grampo deslizante é um anel fechado em solução, mas deve se abrir para envolver a dupla-hélice de DNA. Uma classe especial de complexos proteicos, denominada **carregadores do grampo deslizante**, catalisa a abertura e a colocação dos grampos deslizantes no DNA. Essas enzimas acoplam a ligação e a hidrólise do ATP ao posicionamento do grampo deslizante em torno das junções iniciador:molde no DNA (ver Quadro 9-3, Controle da função proteica pelo ATP: adição do grampo deslizante). O carregador do grampo também

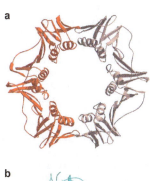
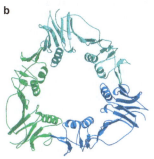
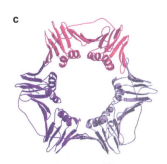

FIGURA 9-21 Estrutura tridimensional dos grampos deslizantes de DNA isolados de diferentes organismos. Grampos deslizantes de DNA são encontrados em todos os organismos e compartilham uma estrutura semelhante. (a) O grampo deslizante do DNA de *E. coli* é composto por duas cópias da proteína β. (Adaptada de Kong X.P. et al. 1992. *Cell* **69**: 425-437.) (b) O grampo deslizante do DNA do fago T4 é um trímero da proteína gp45. (Adaptada de Moarefi I. et al. 2000. *J. Mol. Biol.* **296**: 1215-1223.) (c) O grampo deslizante do DNA eucariótico é um trímero da proteína PCNA. (Adaptada de Krishna T.S. et al. 1994. *Cell* **79**: 1233-1243. Imagens preparadas com MolScript, BobScript e Raster 3D.)

> CONCEITOS AVANÇADOS

Quadro 9-3 Controle da função proteica pelo ATP: adição do grampo deslizante

As cinco subunidades que se unem para formar um carregador de grampo deslizante de DNA são membros de uma grande classe de proteínas que possuem um sítio relacionado de ligação e hidrólise de ATP chamado de proteínas AAA$^+$. Essas proteínas unem-se em arranjos com múltiplas proteínas AAA$^+$ que usam a energia da ligação e da hidrólise do ATP para alterar a estrutura de proteínas-alvo ou do DNA. Carregadores de grampos deslizantes de DNA são formados por várias proteínas AAA$^+$ diferentes, mas outros complexos de proteínas AAA$^+$ são compostos por múltiplas cópias da mesma proteína AAA$^+$. Embora as proteínas AAA$^+$ possuam sítios de ligação e hidrólise de ATP relacionados, elas realizam funções diversas. Além de carregar grampos, complexos de proteínas AAA$^+$ desenrolam o DNA, posicionam a DNA-helicase em torno do substrato de DNA (p. ex., ORC e DnaC, como será visto na discussão sobre o início da replicação do DNA), desenovelam proteínas e desmontam complexos proteicos. De fato, é a diversidade de suas funções que levou à sua denominação AAA: ATPases associadas a várias atividades.

Como a ligação e a hidrólise do ATP estão relacionadas à adição do grampo deslizante? Os eventos iniciais do carregamento do grampo requerem a ligação de ATP ao carregador. Quando ligado ao ATP, o carregador do grampo pode se ligar e abrir o anel do grampo deslizante por meio de alterações em uma das interfaces entre as subunidades, provocando sua abertura (Quadro 9-3, Fig. 1). O grampo deslizante, agora aberto, é posicionado no DNA através de um sítio de alta afinidade por DNA presente no carregador do grampo. Como na ligação do grampo deslizante, a ligação do DNA necessita que o carregador do grampo esteja ligado ao ATP. Visto que são necessários grampos deslizantes nos sítios de síntese de DNA, esse sítio de ligação ao DNA reconhece, especificamente, junções iniciador:molde. O DNA é ligado de maneira que o grampo deslizante aberto é posicionado em torno da região de dupla-fita da junção iniciador:molde.

As etapas finais no posicionamento do grampo deslizante são estimuladas pela hidrólise de ATP. A ligação do carregador do grampo à junção iniciador:molde ativa a hidrólise de ATP (pelo carregador do grampo). Como o carregador do grampo pode se ligar no grampo deslizante e no DNA apenas quando ligado ao ATP (mas não ao ADP), a hidrólise faz o carregador liberar o grampo deslizante e dissociar-se do DNA. Uma vez liberado do carregador, o grampo deslizante espontaneamente se fecha ao redor do DNA. O resultado líquido desse processo é a colocação do grampo deslizante no sítio de ação da DNA-polimerase – a junção iniciador:molde. A liberação de ADP e P$_i$ e a ligação a uma nova molécula de ATP permitem ao carregador do grampo iniciar um novo ciclo.

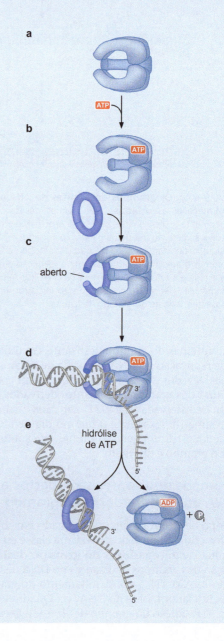

QUADRO 9-3 FIGURA 1 Controle da colocação do grampo deslizante de DNA pelo ATP. (a) Os carregadores de grampos são complexos proteicos formados por cinco subunidades, cuja atividade é controlada pela ligação e hidrólise de ATP. Em *E. coli*, o carregador do grampo é chamado complexo γ e, nas células eucarióticas, é chamado fator de replicação C (RF-C). (b) Para catalisar a abertura do grampo deslizante, o carregador deve estar ligado ao ATP. (c) Uma vez ligado ao ATP, o carregador do grampo liga-se ao anel e abre-o em uma das interfaces subunidade:subunidade. (d) O complexo resultante pode, agora, ligar-se ao DNA. A ligação ao DNA é mediada pelo carregador do grampo, o qual, liga-se preferencialmente às junções iniciador:molde. A ligação correta ao DNA apresenta duas consequências. Primeiro, o grampo aberto é posicionado de maneira que o dsDNA será o "orifício" do anel. Segundo, a ligação ao DNA estimula o carregador do grampo a hidrolisar ATP. (e) Como somente o carregador com ATP é capaz de se ligar tanto ao anel quanto ao DNA após a hidrólise, a presença de ADP no carregador do grampo provoca rapidamente sua dissociação do anel e do DNA, deixando para trás um anel fechado, posicionado ao redor da porção de dsDNA da junção iniciador:molde. (Adaptada, com permissão, de O'Donnell M. et al. 2001. *Curr. Biol.* **11**: R935-R946, Fig. 5. © Elsevier.)

> **Quadro 9-3** *(Continuação)*
>
> A função do carregador do grampo ilustra várias características gerais de acoplamento da ligação e da hidrólise de ATP a um evento molecular. A ligação do ATP a uma proteína está normalmente envolvida no **estágio de montagem** do evento: a associação da proteína com a molécula-alvo. Por exemplo, o carregador do grampo tem duas moléculas-alvo: o grampo deslizante e a junção iniciador:molde. O ATP é necessário para que o carregador do grampo se ligue a ambos os alvos. Da mesma maneira, a ligação de ATP estimula a capacidade de as DNA-helicases se ligarem ao ssDNA. Em cada caso, os eventos acoplados à ligação de ATP podem ser considerados a parte ativa do ciclo. No caso do carregador do grampo, a ligação de ATP, mas não a hidrólise, é necessária para abrir o anel do grampo deslizante. Para a DNA-helicase, a ligação ao ssDNA parece ser o evento-chave para o desenrolamento do DNA. Nesses casos, a ligação ao ATP estabiliza a conformação da enzima que favorece a interação com o substrato em uma conformação particular.
>
> Qual é o papel da hidrólise de ATP? A hidrólise do ATP normalmente leva ao **estágio de desmontagem** do evento: liberação dos alvos ligados da enzima. Após o complexo estabilizado pelo ATP ter sido formado, ele deve ser desmontado. Isso pode ocorrer por simples dissociação; entretanto, frequentemente, esse processo resultaria no retorno dos componentes às suas situações iniciais (p. ex., o grampo deslizante livre em solução), e esse processo seria lento se o complexo estabilizado por ATP estivesse fortemente associado. Para garantir que a desmontagem ocorra no tempo, local e velocidade adequados, a hidrólise de ATP é utilizada para iniciar a desmontagem. Por exemplo, a hidrólise de ATP faz o carregador do grampo reverter ao estado no qual ele não pode se ligar nem ao grampo deslizante e nem ao DNA. A reversão para esse estado basal deve ocorrer enquanto a enzima ainda estiver ligada aos produtos da hidrólise de ATP (ADP e P_i), ou pode requerer sua liberação.
>
> O mecanismo-chave final para acoplar a hidrólise de ATP à reação pertence ao **gatilho da hidrólise de ATP**. É fundamental que o fator não hidrolise o ATP até que o complexo desejado esteja montado. Em geral, a formação de um determinado complexo desencadeia a hidrólise de ATP. No caso do carregador do grampo, é um complexo terciário entre o grampo deslizante, o carregador do grampo e a junção iniciador:molde.
>
> Assim, o controle desses eventos moleculares pelo ATP está mais diretamente relacionado ao controle do momento das alterações conformacionais pela enzima. A enzima pode executar a sua função pela necessidade da alternância entre os dois estados e pela formação de um intermediário-chave para promover a hidrólise de ATP. Em contrapartida, se a enzima simplesmente se ligar e liberar ATP (sem a hidrólise), a reação pode, na mesma proporção, ir adiante ou retornar ao estado inicial, resultando em pouco ou nenhum trabalho realizado.

remove os grampos deslizantes do DNA quando eles não são mais utilizados, apesar desta etapa não necessitar a hidrólise de ATP. Como as DNA-helicases e as topoisomerases, essas enzimas alteram a conformação de seu alvo (o grampo deslizante), mas não a sua composição química.

O que controla a adição e remoção dos grampos deslizantes do DNA? O carregamento de um grampo deslizante ocorre sempre que uma junção iniciador:molde está presente na célula. Essas estruturas não são formadas apenas durante a replicação do DNA, mas também durante os vários eventos de reparo do DNA (ver Cap. 10). Um grampo deslizante pode ser removido do DNA somente se não estiver sendo utilizado por outra enzima. Os carregadores de grampos e as DNA-polimerases não podem interagir com um grampo deslizante ao mesmo tempo, porque apresentam sobreposição dos sítios de ligação no grampo deslizante. Assim, um grampo deslizante que está ligado à DNA-polimerase não poderá ser removido do DNA. Da mesma maneira, os fatores de montagem de nucleossomos, as proteínas de reparo dos fragmentos de Okazaki e outras proteínas de reparo do DNA interagem com a mesma região do grampo que interage com o carregador do grampo. Então, os grampos deslizantes são removidos do DNA apenas quando todas as enzimas que interagem com eles tiverem completado suas funções.

SÍNTESE DE DNA NA FORQUILHA DE REPLICAÇÃO

Na forquilha de replicação, as fitas líder e tardia são sintetizadas simultaneamente. A síntese simultânea tem a vantagem de limitar a quantidade de ssDNA presente na célula durante a replicação do DNA. Quando uma região de ssDNA do DNA é rompida, existe uma quebra completa no cromossomo, que é muito mais difícil de ser corrigida do que uma quebra no ssDNA em uma região de dsDNA. Além disso, o reparo desse tipo de lesão frequente-

FIGURA 9-22 **Composição da holoenzima DNA Pol III.** Existem quatro enzimas em cada cópia da holoenzima DNA Pol III: três cópias da enzima DNA Pol III do núcleo e uma cópia do fixador do grampo deslizante. O fixador do grampo deslizante inclui três cópias da proteína τ, e cada uma inclui um domínio que interage com um núcleo da DNA Pol III. A análise da sequência de aminoácidos da proteína τ indica que a região de ligação na DNA Pol III da proteína está separada da região envolvida na colocação do grampo por um espaçador flexível estendido. Acredita-se que esse espaçador permite que as polimerases se desloquem de maneira relativamente independente, o que seria necessário para uma polimerase replicar a fita-líder e para as outras duas replicarem a fita tardia. (Adaptada, com permissão, de O'Donnell M. et al. 2001. *Curr. Biol.* **11**: R935-R946, Fig. 6. © Elsevier.)

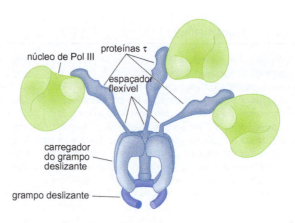

mente leva à mutação do DNA (ver Cap. 10). Assim, é fundamental limitar o período em que o DNA está no estado de fita simples. Para coordenar a replicação de ambas as fitas do DNA, diversas DNA-polimerases atuam na forquilha de replicação.

Em *E. coli*, a ação coordenada dessas polimerases é facilitada pela ligação física entre elas em um grande complexo multiproteico chamado "holoenzima DNA Pol III" (Fig. 9-22). *Holoenzima* é um nome genérico para um complexo multiproteico no qual a atividade de uma enzima central está associada a componentes adicionais que aumentam a função. A holoenzima DNA Pol III inclui três cópias do "núcleo" da enzima DNA Pol III e uma cópia do fixador do grampo deslizante de cinco subunidades. Embora presente em apenas uma cópia na holoenzima, o carregador do grampo deslizante inclui três cópias de proteína τ, e cada uma delas liga-se a uma enzima central DNA Pol III (ver Fig. 9-22).

Como as múltiplas DNA-polimerases permanecem ligadas na forquilha de replicação enquanto sintetizam DNA nos moldes das fitas líder e tardia? Um modelo para explicar isso propõe que a maquinaria de replicação explora a flexibilidade do DNA e da proteína τ (Fig. 9-23). À medida que a helicase desenrola o DNA na forquilha de replicação, o molde da fita-líder é exposto e sobre ele atua imediatamente uma enzima núcleo DNA Pol III, que sintetiza uma fita contínua de DNA complementar. Em contrapartida, o molde da fita tardia não sofre imediatamente a ação da DNA-polimerase. Em vez disso, ele é liberado como ssDNA que é rapidamente ligado por SSBs. De forma intermitente, a primase interage com a DNA-helicase e é ativada para sintetizar um

FIGURA 9-23 **Modelo de "trombone" para a coordenação da replicação por duas DNA-polimerases na forquilha de replicação de *E. coli*.** (a) A DNA-helicase na forquilha de replicação de *E. coli* desloca-se sobre o molde da fita tardia na direção 5' → 3'. A holoenzima DNA Pol III interage com a DNA-helicase por meio das subunidades τ, que também se ligam às DNA-polimerases. Um núcleo de DNA Pol III está replicando a fita-líder, enquanto os outros dois núcleos de DNA Pol III replicam a fita tardia. As moléculas de SSB cobrem as regiões de ssDNA. (Por simplificação, as SSBs sobre o molde da fita tardia são mostradas apenas na parte a.) (b) Periodicamente, a DNA-primase associa-se à DNA-helicase e sintetiza um novo iniciador de RNA sobre o molde da fita tardia. (c) Imediatamente após a síntese de um novo iniciador de RNA, o carregador de grampo de DNA monta um grampo deslizante de DNA na junção iniciador:molde resultante. (d) A "segunda" molécula de DNA-polimerase da fita tardia, que não está sendo usada, reconhece a junção iniciador:molde, com seu grampo deslizante associado, liga-se à DNA-polimerase da fita tardia, que inicia a síntese de DNA do próximo fragmento de Okazaki. (e) Quando a "primeira" polimerase da fita tardia completa um fragmento de Okazaki, ela é liberada do grampo deslizante e do DNA. Essa "primeira" DNA-polimerase da fita tardia está pronta agora para reconhecer o iniciador de RNA/grampo deslizante seguinte que é montado no molde de fita tardia. Assim, esse modelo prevê que duas DNA-polimerases de fita tardia iniciem a síntese de novos fragmentos de Okazaki alternadamente.

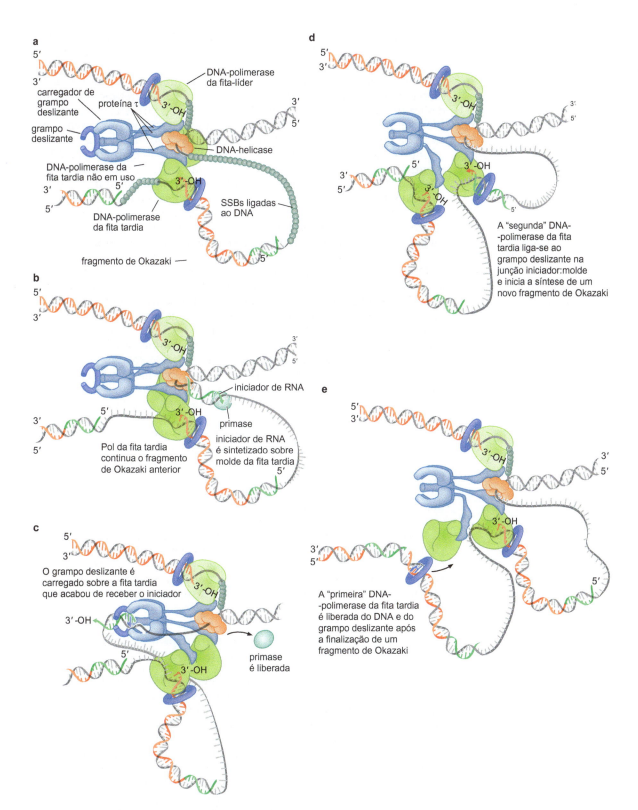

FIGURA 9-23 (Ver legenda na página ao lado)

novo iniciador de RNA sobre o molde da fita tardia. O híbrido de RNA:DNA resultante é reconhecido como uma junção iniciador:molde pelo carregador do grampo deslizante de DNA, um grampo deslizante é montado nesse sítio, e uma segunda enzima DNA Pol III inicia a síntese da fita tardia.

À medida que uma DNA-polimerase da fita tardia sintetiza um fragmento de Okazaki, ssDNA adicional é gerado pela helicase e um novo iniciador de RNA é sintetizado nesse molde. Assim como no iniciador anterior da fita tardia, o novo iniciador de RNA é reconhecido pelo carregador do grampo deslizante. Embora tenha-se pensado que há apenas duas enzimas núcleo de DNA Pol III na holoenzima DNA Pol III, estudos recentes corroboram a presença de uma terceira DNA Pol III. A terceira DNA Pol III inicia a síntese de um novo fragmento de Okazaki assim que um grampo deslizante de DNA é montado no iniciador de RNA, provavelmente antes da conclusão do fragmento de Okazaki prévio. Assim, acredita-se que um segundo fragmento de Okazaki seja iniciado antes da liberação da polimerase que está sintetizando o fragmento de Okazaki anterior. Quando cada fragmento de Okazaki é concluído, a DNA-polimerase responsável é liberada do molde. (Deve-se ter em mente que, após a DNA-polimerase completar a síntese de um fragmento de Okazaki, ela é liberada de seu grampo deslizante associado.) Como a liberação da DNA-polimerase do grampo deslizante é um processo mais lento do que a síntese de DNA, a presença de uma segunda DNA-polimerase na síntese de DNA da fita tardia garante que a fita tardia seja sintetizada continuadamente, mesmo durante esse evento lento de liberação da polimerase. Visto que a enzima DNA-polimerase III liberada permanece presa à helicase pela subunidade τ do carregador do grampo deslizante, essa polimerase está em uma posição ideal para se ligar à próxima junção iniciador de RNA:molde imediatamente após a adição de um grampo deslizante. Esse modelo é chamado de "modelo de trombone", em referência à alteração no formato da alça de DNA fita-simples formada entre a(s) DNA-polimerase(s) e a DNA-helicase no molde da fita tardia.

A replicação do DNA nas células eucarióticas também necessita de três DNA-polimerases: DNA Pol α/primase, DNA Pol δ e DNA Pol ε (ver Fig. 9-18). A DNA Pol α/primase inicia novas fitas, e as DNA Pol δ e Pol ε estendem essas fitas. Assim como em *E. coli*, uma polimerase (DNA Pol ε) é dedicada à fita-líder, e duas polimerases (DNA Pol α/primase e DNA Pol δ) são dedicadas à fita tardia (embora a DNA Pol α/primase atue também na fita-líder, ela funciona muito mais vezes na fita tardia). Várias proteínas adicionais fazem parte da forquilha de replicação eucariótica. As funções dessas proteínas adicionais são atualmente pouco conhecidas; entretanto, é provável que elas atuem na coordenação das três DNA-polimerases e acoplem sua ação à DNA helicase eucariótica (o complexo Mcm2-7). Ao contrário da situação nas células procarióticas, o carregador do grampo deslizante eucariótico, RF-C, parece não realizar essas funções.

As interações entre as proteínas da forquilha de replicação formam o replissomo de *E. coli*

As conexões entre os componentes da holoenzima DNA Pol III não são apenas interações que ocorrem entre os componentes da forquilha de replicação bacteriana. Interações adicionais entre proteínas da forquilha de replicação facilitam a rápida progressão da forquilha de replicação. A mais importante dessas interações ocorre entre a DNA-helicase (a proteína dnaB hexamérica) (ver Tab. 9-1) e a holoenzima DNA Pol III (Fig. 9-24). Essa interação, que é mediada pela subunidade τ do carregador do grampo componente da holoenzima, mantém a helicase e a holoenzima DNA Pol III juntas. Essa associação também estimula a atividade da helicase, aumentando a velocidade do movimento em 10 vezes. Assim, a DNA-helicase fica mais lenta se estiver separada da DNA-polimerase (ver Fig. 9-24). O acoplamento da atividade de helicase à

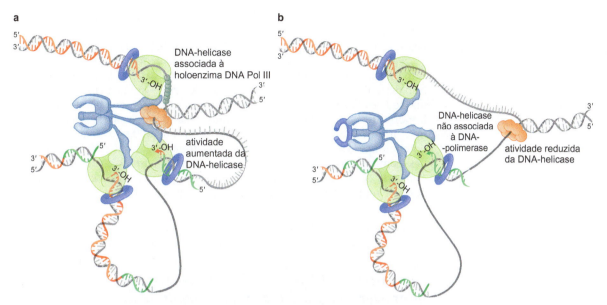

FIGURA 9-24 A ligação da DNA-helicase à holoenzima DNA Pol III estimula a velocidade de separação das fitas do DNA. A subunidade τ do carregador do grampo interage com a DNA-helicase e com a DNA-polimerase na forquilha de replicação. (a) Quando essa interação ocorre, a DNA-helicase desenrola o DNA aproximadamente na mesma velocidade que a DNA-polimerase replica o DNA. (b) Se a DNA-helicase não estiver associada à holoenzima DNA Pol III, o desenrolamento do DNA fica 10 vezes mais lento. Nessas condições, a DNA-polimerase pode replicar mais rapidamente do que a DNA-helicase pode separar as fitas do DNA não replicado. Isso permite que a holoenzima DNA Pol III "alcance" a DNA-helicase e restaure um replissomo completo.

presença da DNA Pol III impede que a helicase "escape" da holoenzima DNA Pol III e, portanto, coordena a atuação dessas duas enzimas fundamentais da forquilha de replicação.

Uma segunda interação proteína-proteína importante ocorre entre a DNA-helicase e a primase. Ao contrário da maioria das proteínas que atuam na forquilha de replicação de *E. coli*, a primase não está fortemente associada à forquilha. Em vez disso, uma vez por segundo aproximadamente, a primase associa-se à helicase e ao ssDNA coberto por SSB e sintetiza um novo iniciador de RNA. Embora a interação entre a DNA-helicase e a primase seja relativamente fraca, essa interação estimula fortemente a função da primase (aproximadamente 1.000 vezes). Após a síntese de um iniciador de RNA, a primase é liberada da DNA-helicase, ficando em solução.

A interação relativamente fraca entre a primase e a DNA-helicase de *E. coli* é importante na regulação dos comprimentos dos fragmentos de Okazaki. Uma associação mais firme resultaria em síntese mais frequente de iniciadores na fita tardia e, portanto, fragmentos de Okazaki mais curtos. Uma interação mais fraca, por sua vez, resultaria em fragmentos de Okazaki mais longos.

A combinação de todas as proteínas que atuam na forquilha de replicação é denominada **replissomo**. Juntas, essas proteínas formam uma maquinaria precisamente ajustada à síntese de DNA que contém várias máquinas interagindo entre si. Individualmente, essas máquinas desempenham funções específicas importantes. Quando combinadas, suas atividades são coordenadas pelas interações entre elas. Embora essas interações sejam particularmente bem entendidas nas células de *E. coli*, estudos sobre a maquinaria de replicação de bacteriófagos e eucariotos demonstram que há uma coordenação semelhante, envolvendo várias enzimas, também na replicação do DNA desses organismos. Na verdade, existem semelhanças claras entre as proteínas envolvidas na replicação de *E. coli* e as que atuam em outros organismos. Uma lista de fatores que desempenham funções análogas na replicação de DNA em fagos, procariotos e eucariotos é mostrada na Tabela 9-1.

Para dar uma ideia da extraordinária capacidade das enzimas que replicam o DNA, imagine uma situação em que uma base do DNA seja do tamanho deste livro. Nessas condições, o dsDNA teria ~1 m de diâmetro e o genoma de *E. coli* seria um círculo com ~800 km de circunferência. E ainda mais importante é o fato de que o replissomo seria do tamanho de uma caminhonete de entregas e estaria se deslocando a mais de 600 km/hora! A replicação do genoma de *E. coli* levaria 40 minutos, uma viagem de 400 km para duas dessas máquinas, cada uma formando um rastro com dois cabos de DNA de 1 m atrás de si. O mais impressionante é que, durante essa viagem, a maquinaria de replicação iria, em média, cometer apenas um único erro.

INICIAÇÃO DA REPLICAÇÃO DO DNA

Sequências de DNA genômicas específicas promovem a iniciação da replicação do DNA

A formação inicial de uma forquilha de replicação requer a separação das duas fitas do dúplex de DNA para produzir o ssDNA necessário para ligação à DNA-helicase e para atuar como molde para a síntese do iniciador de RNA e do novo DNA. Embora as fitas de DNA sejam mais facilmente separadas (desenroladas) nas extremidades dos cromossomos, a síntese de DNA em geral inicia em regiões internas. De fato, nos cromossomos circulares, a ausência de extremidades cromossômicas torna o desenrolamento do DNA interno essencial à iniciação da replicação.

Os sítios específicos nos quais o DNA é desenrolado e a iniciação da replicação ocorre são chamados **origens de replicação**. Dependendo do organismo, podem existir de uma a milhares de origens por cromossomo.

Modelo de replicon para a iniciação da replicação

Em 1963, François Jacob, Sydney Brenner e Jacques Cuzin propuseram um modelo para explicar os eventos que controlam a iniciação da replicação nas bactérias. Eles definiram que todo DNA replicado a partir de uma determinada origem compõe um **replicon**. Por exemplo, como o único cromossomo das células de *E. coli* apresenta apenas uma origem de replicação, o cromossomo inteiro é um único replicon. Em contrapartida, a presença de múltiplas origens de replicação divide cada cromossomo eucariótico em múltiplos replicons – um para cada origem de replicação.

O modelo de replicon propunha dois componentes que controlavam o início da replicação: o replicador e o iniciador (Fig. 9-25). O **replicador** é definido como as sequências de DNA que atuam em *cis* e são *suficientes* para dirigir o início da replicação do DNA. Isso contrasta com a origem de replicação, que é o sítio físico no DNA onde a molécula é desenrolada e a síntese de DNA começa. Embora a origem de replicação seja sempre parte do replicador, algumas vezes (especialmente nas células eucarióticas), a origem de replicação é apenas uma parte das sequências de DNA necessárias para promover a iniciação da replicação (o replicador). A mesma distinção pode ser feita entre um promotor da transcrição e o sítio de iniciação da transcrição, como será visto no Capítulo 13.

O segundo componente do modelo de replicon é a proteína **iniciadora**. Essa proteína reconhece especificamente um elemento de DNA no replicador e ativa o início da replicação (ver Fig. 9-25). As proteínas iniciadoras foram identificadas em diversos organismos diferentes, incluindo as bactérias, os vírus e as células eucarióticas. Todas as proteínas iniciadoras selecionam os sítios que se tornarão origens de replicação, embora elas sejam recrutadas para

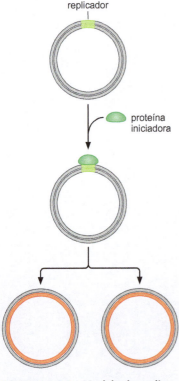

FIGURA 9-25 Modelo de replicon. A ligação da proteína iniciadora ao replicador estimula o início da replicação e a duplicação do DNA associado.

o DNA de diferentes maneiras. É interessante notar que todas as proteínas iniciadoras conhecidas são reguladas pela ligação e hidrólise do ATP, e compartilham um motivo comum de ligação a ATP no núcleo, AAA⁺, que é relacionado, mas diferente do usado pelos carregadores de grampo deslizante de DNA.

Como será visto a seguir, a proteína iniciadora é a única proteína de ligação ao DNA sequência-específica envolvida na iniciação da replicação. As demais proteínas necessárias ao início da replicação não se ligam de forma específica às sequências de DNA. Em vez disso, essas proteínas são recrutadas para o replicador por meio de uma combinação de interações proteína-proteína e por afinidades por estruturas específicas no DNA (p. ex., a ssDNA ou uma junção iniciador:molde). De fato, para muitas células eucarióticas, nem a proteína iniciadora apresenta atividade de ligação ao DNA de maneira sequência-específica.

As sequências do replicador incluem sítios de ligação ao iniciador e um DNA fácil de desenrolar

As sequências de DNA dos replicadores apresentam duas características em comum (Fig. 9-26). Primeiro, elas incluem um sítio de ligação para a proteína iniciadora que induz a montagem da maquinaria de iniciação da replicação. Segundo, elas contêm uma sequência de DNA rica em A-T que se desenrola facilmente (mas não espontaneamente). A separação das fitas de DNA nos replicadores é controlada pelas proteínas de iniciação da replicação, e a atuação dessas proteínas é fortemente regulada, na maioria dos organismos.

O único replicador necessário para a replicação do cromossomo de *E. coli* é chamado *oriC*. Existem dois motivos repetidos que são fundamentais para a função de *oriC* (Fig. 9-26a). O motivo de 9 nucleotídeos é o sítio de ligação para a proteína iniciadora de *E. coli*, DnaA, e está repetido cinco vezes na *oriC*. O motivo de 13 nucleotídeos, repetido três vezes, é o sítio inicial da formação de ssDNA durante a iniciação.

Embora as sequências específicas sejam diferentes, as estruturas gerais dos replicadores derivados de muitos vírus eucarióticos e do eucarioto unicelular *Saccharomyces cerevisiae* são semelhantes (Fig. 9-26b,c). Os métodos utilizados para identificar as origens de replicação estão descritos no Quadro 9-4, Identificação de origens de replicação e replicadores.

Os replicadores encontrados nos eucariotos multicelulares não estão bem caracterizados. Sua identificação e caracterização foi dificultada pela falta de análises genéticas que permitam a propagação estável de pequenos DNAs circulares, equivalentes aos utilizados na identificação de origens nos eucariotos unicelulares e nas bactérias (ver Quadro 9-4). Nos poucos casos em que os replicadores foram identificados, eles se apresentaram maiores do que os replicadores identificados em *S. cerevisiae* e nos cromossomos bacterianos. Ao contrário de suas contrapartidas menores, mutações simples que eliminam a

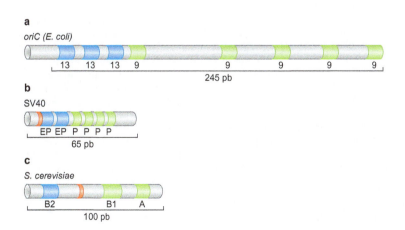

FIGURA 9-26 Estrutura dos replicadores. Os elementos de DNA que compõem três replicadores bem caracterizados são mostrados. Para cada diagrama: (verde) sítio de ligação ao DNA do iniciador; (azul) elementos de DNA que facilitam seu desenrolar; (vermelho) sítio de início da síntese de DNA. (a) *oriC* é composta por cinco sítios de ligação para DnaA de 9 nucleotídeos e três elementos repetidos de 13 nucleotídeos, que são o sítio para o desenrolamento inicial do DNA. (O sítio da *oriC* está fora da sequência apresentada.) (b) A origem do vírus eucariótico SV40 é composta por quatro sítios de ligação pentaméricos (P) para a proteína iniciadora chamada antígeno T e um palíndromo inicial (EP) de 20 pb, que é o sítio de desenrolamento do DNA. (c) Três elementos são comumente encontrados nos replicadores de *S. cerevisiae*. Os elementos A e B1 ligam-se ao iniciador ORC. O elemento B2 facilita a ligação da DNA-helicase à origem.

▶ EXPERIMENTOS-CHAVE

Quadro 9-4 Identificação de origens de replicação e replicadores

Em geral, as sequências replicadoras são identificadas utilizando-se ensaios genéticos. Por exemplo, os primeiros replicadores de leveduras foram identificados por experimentos de transformação de DNA (Quadro 9-4, Fig. 1). Nesses estudos, fragmentos de DNA genômico foram clonados aleatoriamente em plasmídeos que não possuíam um replicador, mas que tinham uma marca de seleção. Para que o plasmídeo seja mantido na célula hospedeira após a transformação celular, o fragmento de DNA clonado deve conter um replicador de levedura. Os fragmentos de DNA identificados foram chamados de **sequências de replicação autônomas** (ARSs, *autonomously replicating sequences*). Embora essas sequências atuem como replicadores no contexto artificial de um plasmídeo circular, foram necessárias outras evidências para demonstrar que essas sequências também eram replicadores em suas localizações cromossômicas originais.

Para demonstrar que essas sequências de DNA (ARS) atuavam como replicadores no cromossomo, foi necessário o desenvolvimento de métodos para identificar a localização das origens de replicação na célula. Uma abordagem para identificar as origens considera a estrutura incomum dos intermediários da replicação do DNA formados durante o início da replicação. Ao contrário do DNA completamente replicado e do DNA não replicado, o DNA que está sendo replicado não é linear. Por exemplo, um fragmento de DNA (produzido pela clivagem do DNA com uma enzima de restrição) que não contém uma origem de replicação adotará várias conformações em formato de "Y" à medida que é replicado (Quadro 9-4, Fig. 2, fragmentos de DNA em azul). Da mesma maneira, imediatamente após a iniciação da replicação, um fragmento de DNA contendo uma origem de replicação adotará o formato de "bolha". Finalmente, se a origem de replicação estiver localizada assimetricamente dentro do fragmento de DNA, o DNA iniciará com o formato de uma bolha e, então, será convertido ao formato de Y (Quadro 9-4, Fig. 2, fragmentos de DNA em vermelho). Esses DNAs de formato incomum podem ser distinguidos do DNA linear simples usando eletroforese bidimensional em gel de agarose (Quadro 9-4, Fig. 3).

Para identificar o DNA em processo de replicação, o DNA derivado de células em divisão é primeiramente clivado com uma enzima de restrição e separado em um gel bidimensional de agarose. Na primeira dimensão, o DNA é separado principalmente pelo tamanho, mas na segunda dimensão o DNA é separado por tamanho e conformação. Isso é conseguido por meio da utilização de géis com densidades e velocidades eletroforéticas diferentes para cada dimensão. Para separar por tamanho e formato, os poros do gel de agarose são pequenos (alta densidade da agarose) e a velocidade da eletroforese é rápida. Em contrapartida, para separar principalmente pelo tamanho, os poros do gel de agarose são maiores (baixa densidade da agarose) e a velocidade da eletroforese é mais lenta. Após o término da eletroforese, as moléculas de DNA são transferidas para uma membrana de nitrocelulose e detectadas por *Southern blot* (ver Cap. 7). A escolha da enzima de restrição e da sonda de DNA usada pode afetar drasticamente o resultado da análise. Em geral, esse método requer conhecimento prévio sobre a localização de uma provável origem de replicação. Recentemente, novos métodos foram desenvolvidos utilizando microarranjos de DNA para identificar a localização das origens e não requerem conhecimento prévio sobre as localizações da origem.

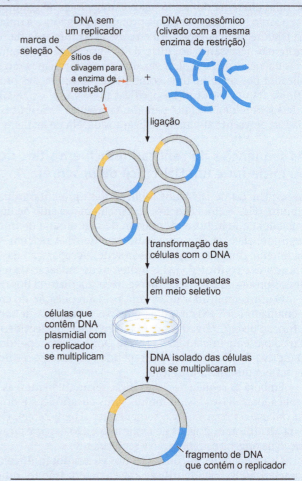

QUADRO 9-4 FIGURA 1 Identificação genética de replicadores. Um plasmídeo (uma pequena molécula de DNA circular) contendo uma marca de seleção é clivado com uma enzima de restrição, resultando na remoção do replicador normal do plasmídeo. Isso origina um fragmento de DNA que não possui um replicador. Para isolar um replicador de um determinado organismo, o DNA desse organismo é clivado com a mesma enzima de restrição e ligado ao plasmídeo clivado para regenerar plasmídeos circulares, cada um contendo um único fragmento derivado do organismo em teste. Esse DNA é transformado para o organismo hospedeiro e os plasmídeos recombinantes são selecionados, utilizando-se uma marca de seleção do plasmídeo (p. ex., se a marca conferir resistência a um determinado antibiótico, as células poderão se multiplicar na presença dele). As células que crescem são capazes de manter o plasmídeo e sua marca de seleção, indicando que o plasmídeo pode se replicar na célula e deve conter um replicador. O isolamento do plasmídeo da célula hospedeira e o sequenciamento do DNA inserido permitem a identificação da sequência do fragmento que contém o replicador. A mutagênese adicional do DNA inserido (como uma deleção de regiões específicas do DNA inserido), seguida pela repetição do experimento, permite uma definição mais exata do replicador.

Quadro 9-4 (*Continuação*)

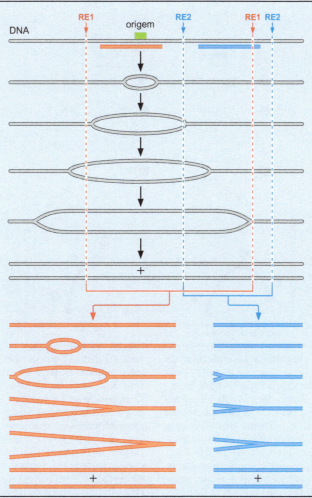

QUADRO 9-4 FIGURA 2 O DNA que está em processo de replicação apresenta uma estrutura incomum. Os resultados da clivagem do DNA em processo de replicação com enzimas de restrição (RE) são mostrados. A ilustração mostra o crescimento da "bolha de replicação" (formada por duas forquilhas de replicação afastando-se da origem de replicação). As consequências da clivagem desses intermediários de replicação são acompanhadas pela hibridização com a sonda de DNA marcada, como indicado. Se a enzima de restrição em vermelho for usada e apenas os fragmentos que hibridizam com a sonda em vermelho forem examinados, o padrão no lado esquerdo será gerado. Se a enzima de restrição em azul e a sonda de DNA em azul forem usadas para detectar os fragmentos de DNA resultantes, o padrão à direita será observado. Observa-se que o padrão do lado esquerdo inicia com um fragmento de DNA contendo uma "bolha" e progride, gerando moléculas em formato de Y. O padrão do lado direito nunca apresenta uma "bolha", mas apresenta vários intermediários em formato de Y. Apenas os fragmentos de DNA que contêm uma origem de replicação podem produzir o padrão à esquerda.

Como os géis bidimensionais podem identificar os intermediários de DNA associados a uma origem de replicação? O padrão característico de migração do DNA fornece evidências inequívocas de uma origem de replicação. As estruturas mais incomuns migram mais lentamente na primeira dimensão. Por exemplo, uma molécula com formato de Y que apresente três braços de comprimentos iguais migrará mais lentamente que todas as outras moléculas derivadas de um determinado fragmento de DNA (Quadro 9-4, Fig. 3b) e, portanto, estará na parte superior de um arco de moléculas de DNA não lineares. Em contrapartida, uma molécula com formato de Y com dois braços replicados muito curtos e uma longa região não replicada migrará de maneira muito semelhante à versão não replicada do mesmo fragmento de DNA. Finalmente, a molécula com formato de Y resultante de um fragmento quase totalmente replicado tem formato semelhante a uma molécula linear com o dobro do tamanho do fragmento não replicado. Assim, à medida que uma molécula de DNA é replicada por uma única forquilha de replicação, ela migrará em posições que variam desde um ponto próximo ao fragmento não replicado, formando um arco que atingirá uma localização equivalente à da molécula linear com o dobro de tamanho que seria esperado para a migração do DNA não replicado. Esse formato é chamado de **arco Y** e indica que uma molécula está em processo de replicação. Como todas as moléculas de DNA são replicadas a cada ciclo de replicação, a maior parte dos fragmentos de DNA apresentará esse tipo de padrão.

(*continua*)

Quadro 9-4 (Continuação)

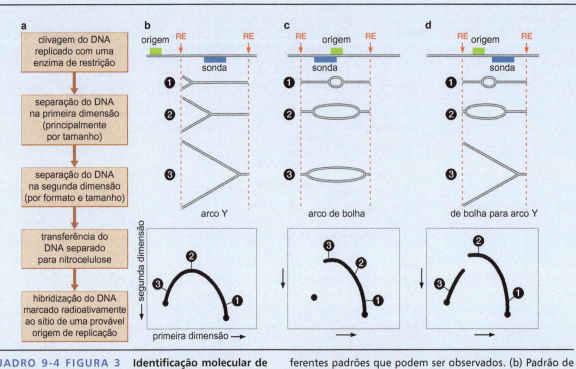

QUADRO 9-4 FIGURA 3 Identificação molecular de uma origem de replicação. (a) Um segmento de DNA em processo de replicação pode ser separado do DNA totalmente replicado e do DNA não replicado por meio da separação eletroforética bidimensional do DNA. O DNA total é isolado a partir de células em divisão (e, portanto, de células que estão se replicando). O DNA é primeiramente separado principalmente por tamanho (usando eletroforese de baixa voltagem através de poros de agarose relativamente grandes), o campo elétrico é rodado em 90°, e o DNA é, então, separado predominantemente por tamanho e formato (sob eletroforese com alta voltagem em poros de agarose menores). A análise por *Southern blot* é utilizada para detectar o DNA de interesse. As localizações da origem (verde), dos sítios de clivagem da enzima de restrição (vermelho) e da sonda de DNA do *Southern blot* (azul) estão ilustradas para três diferentes padrões que podem ser observados. (b) Padrão de intermediários observados quando a origem está localizada fora do fragmento de DNA detectado por *Southern blot*. Chamado de arco Y, todos os intermediários têm formato de Y. A molécula com três braços de tamanho igual (número 2) move-se mais vagarosamente na segunda dimensão. (c) Um arco de bolha é formado quando a origem está próxima do centro do fragmento de DNA detectado. O intermediário com a maior bolha migra mais vagarosamente na segunda dimensão. (d) Esse padrão surge quando a origem está fora do centro no fragmento de restrição. Inicialmente, intermediários em formato de bolha são detectados, mas depois os intermediários em Y (depois da passagem de uma forquilha por um sítio de restrição) são observados. Esse padrão de bolha para arco Y é considerado o mais indicativo da presença de uma origem.

As moléculas que contêm uma origem de replicação formam intermediários de replicação com formato de bolha que migram ainda mais lentamente na primeira dimensão do que as moléculas com formato de Y. Quanto maior a bolha, mais diferente é o padrão de migração dessas moléculas comparado ao padrão de migração do DNA linear (Quadro 9-4, Fig. 3c). Infelizmente, é difícil distinguir o arco de intermediários produzidos por um fragmento contendo uma bolha (chamado **arco de bolha**) do arco produzido por intermediários com formato de Y (Quadro 9-4, Fig. 3b,c). Essa dificuldade pode ser resolvida se a origem de replicação estiver localizada assimetricamente no fragmento de DNA. Neste caso, os intermediários iniciarão como bolhas, mas quando a forquilha de replicação se aproximar do fim do fragmento para completar a replicação, os intermediários em formato de bolha assumirão o formato de Y. Isso é chamado de **transição de bolha para Y**, a qual é facilmente identificada como uma descontinuidade no arco, e é altamente indicativa de uma origem (Quadro 9-4, Fig. 3d). Assim, idealmente, as enzimas de restrição escolhidas devem flanquear assimetricamente a origem de replicação a ser detectada.

função desses replicadores não foram identificadas. De fato, é provável que sequências de DNA específicas não possuam um papel importante na definição desses replicadores. Em vez disso, estudos recentes sugerem que densidade nucleossômica local reduzida e transcrição próxima são determinantes importantes para o replicador.

LIGAÇÃO E DESENROLAMENTO: SELEÇÃO E ATIVAÇÃO DA ORIGEM PELA PROTEÍNA INICIADORA

As proteínas iniciadoras desempenham pelo menos duas funções diferentes durante o início da replicação. Primeiro, essas proteínas ligam-se ao DNA replicador, em geral através de um sítio de ligação específico. Segundo, proteínas iniciadoras interagem com fatores adicionais necessários para o início da replicação, recrutando-os, assim, para o replicador. Algumas, mas não todas, as proteínas iniciadoras realizam uma terceira função: elas distorcem ou desenrolam uma região de DNA adjacente a seus sítios de ligação a fim de facilitar a abertura do dúplex de DNA.

Considere, por exemplo, a proteína iniciadora de *E. coli*, DnaA. A DnaA possui dois domínios de ligação ao DNA. Um domínio liga-se aos elementos nonâmeros repetidos na *oriC* em sua forma de dupla-fita (ver Fig. 9-26). Quando ligada ao ATP (mas não ao ADP), a DnaA também interage com o DNA nas regiões repetidas de 13 nucleotídeos de *oriC*. Essas interações adicionais resultam na separação das fitas de DNA em mais de 20 pb na região repetida de 13 nucleotídeos. É interessante observar que, uma vez ligado a DnaA, o DNA de fita simples é mantido em uma conformação que impede a formação de mais do que três pares de bases contínuos, garantindo que o DNA permaneça como fita simples. Esse DNA desenrolado fornece um molde de ssDNA para que as demais proteínas da replicação iniciem as etapas de síntese de RNA e DNA da replicação (ver discussão a seguir).

A formação de ssDNA em um sítio cromossômico não é suficiente para a associação da DNA-helicase e das outras proteínas de replicação. Para tanto, a DnaA recruta proteínas de replicação adicionais para o ssDNA formado no replicador, incluindo a DNA-helicase (ver a próxima seção). A regulação da replicação de *E. coli* está ligada ao controle da atividade de DnaA e é discutida no Quadro 9-5, A replicação do DNA de *E. coli* é regulada pelos níveis de DnaA·ATP e SeqA.

Em células eucarióticas, o iniciador é um complexo de seis proteínas chamado **complexo de reconhecimento de origem** (ORC). A função do ORC é melhor entendida em células de levedura. O complexo ORC reconhece uma sequência conservada encontrada em replicadores de leveduras, chamada "elemento A", bem como um segundo elemento, B1, menos conservado (ver Fig. 9-26). Como a DnaA, o ORC liga-se e hidrolisa ATP. A ligação ao ATP é necessária para a ligação sequência-específica de DNA na origem, e a hidrólise de ATP é necessária para que o ORC participe no carregamento da DNA-helicase eucariótica no DNA replicador (ver discussão a seguir). Ao contrário da DnaA, a ligação de ORC a replicadores de leveduras não leva à separação das fitas do DNA adjacente. Ainda assim, ORC é necessário para recrutar, direta ou indiretamente, todas as proteínas de replicação restantes para o replicador (ver seção O carregamento da helicase é o primeiro passo para a iniciação da replicação em eucariotos).

Interações proteína-proteína e proteína-DNA promovem a iniciação

Após a ligação do iniciador ao replicador, as etapas restantes na iniciação da replicação são comandadas sobretudo por interações proteína-proteína e por interações proteína-DNA independentes de sequência. O resultado final é a formação de duas forquilhas de replicação, como foi descrito anteriormente. Os eventos que originam essas maquinarias proteicas serão discutidos, em primeiro lugar, na *E. coli*, em que esses eventos são entendidos em detalhes.

Após a proteína iniciadora (DnaA) ter se ligado a *oriC* e desenrolado o segmento de 13 nucleotídeos de DNA, a combinação de ssDNA e DnaA recruta um complexo de duas proteínas: a DNA-helicase (DnaB) e a proteína carregadora da helicase (DnaC) (Fig. 9-27a-d). É importante notar que a ligação ao carregador da helicase inativa a DNA-helicase, impedindo-a de funcionar em sítios inadequados. Uma vez ligado ao ssDNA na origem, o carregador da helicase comanda

CONCEITOS AVANÇADOS

Quadro 9-5 A replicação do DNA de *E. coli* é regulada pelos níveis de DnaA·ATP e SeqA

Em todos os organismos, é fundamental que a iniciação da replicação seja extremamente controlada para garantir que o número de cromossomos e o número de células permaneçam adequadamente equilibrados. Embora esse equilíbrio seja mais fortemente regulado nas células eucarióticas, a *E. coli* também impede a duplicação cromossômica descontrolada, evitando que as origens recém-iniciadas sejam reiniciadas. Vários mecanismos diferentes realizam essa função.

Um método explora as alterações no estado de metilação do DNA antes e depois da replicação do DNA (Quadro 9-5, Fig. 1). Nas células de *E. coli*, uma enzima chamada Dam metiltransferase adiciona um grupo metil aos resíduos de A de cada sequência GATC (observa-se que essa sequência é um palíndromo). Normalmente, o genoma está totalmente metilado nas sequências GATC. Essa situação é alterada após a replicação de cada sequência GATC. Como os resíduos de A nas fitas de DNA recém-sintetizadas não estão metilados, os sítios que foram recém-replicados terão apenas uma fita metilada (referidos como hemimetilados).

O estado hemimetilado do *oriC* DNA recém-replicado é detectado por uma proteína chamada SeqA. A SeqA liga-se firmemente à sequência GATC, mas *apenas* quando ela está hemimetilada. Existe uma abundância de sequências GATC imediatamente adjacentes a *oriC*. Uma vez iniciada a replicação, a SeqA liga-se a esses sítios antes que eles possam ser completamente metilados pela Dam metiltransferase.

A ligação de SeqA tem duas consequências. Primeiro, a velocidade de metilação dos sítios GATC ligados por SeqA é muito reduzida. Segundo, quando ligada a esses sítios próximos a *oriC*, SeqA impede a associação da DnaA a *oriC*, o que iniciaria um novo ciclo de replicação. Assim, a conversão dos sítios GATC próximos a *oriC* de metilados para hemimetilados (uma consequência direta da iniciação da replicação em *oriC*) inibe a ligação de DnaA e, portanto, impede o rápido reinício da replicação a partir das duas cópias-filhas de *oriC* recém-sintetizadas.

A DnaA é alvo de outros mecanismos que inibem o rápido reinício nas cópias-filhas de *oriC* recém-sintetizadas.

QUADRO 9-5 FIGURA 1 A SeqA ligada ao DNA hemimetilado inibe o reinício a partir de origens-filhas recém-replicadas. (a) Antes da replicação do DNA, as sequências GATC ao longo do genoma de *E. coli* estão metiladas em ambas as fitas ("totalmente" metiladas). Nota-se que os grupos metil estão representados por hexágonos vermelhos em toda a figura. (b) A replicação do DNA converte esses sítios para o estado hemimetilado (apenas uma fita do DNA está metilada). (c) As sequências GATC hemimetiladas são rapidamente ligadas pela SeqA. (d) A ligação da proteína SeqA inibe a metilação completa dessas sequências e a ligação da proteína DnaA em *oriC* (para simplificação, apenas uma das duas moléculas-filhas está ilustrada nas partes d-f). (e) Quando SeqA se dissocia dos sítios GATC, o que ocorre raramente, as sequências são totalmente metiladas pela Dam metiltransferase de DNA, impedindo a religação de SeqA. (f) Quando os sítios GATC estão totalmente metilados, a DnaA pode ligar-se e promover um novo ciclo de replicação a partir dos replicadores-filhos de *oriC*.

Como descrito anteriormente, somente a DnaA ligada ao ATP pode direcionar a iniciação da replicação; no entanto, o ATP ligado é convertido em ADP durante a iniciação. Além disso, os grampos deslizantes que são carregados em consequência do início da replicação recrutam uma proteína (Hda) que estimula a hidrólise do ATP pela DnaA. Assim, o processo de promover um ciclo de iniciação de replicação resulta na inativação da DnaA, impedindo sua reutilização. A alteração do ADP

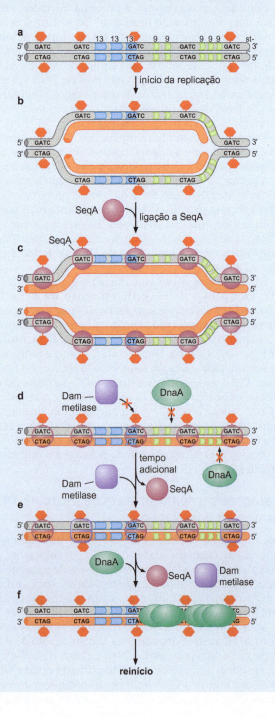

Quadro 9-5 (Continuação)

para um ATP ligado é um processo lento, retardando ainda mais o acúmulo de DnaA ligada a ATP e competente para a replicação. O processo de replicação das sequências próximas também reduz a quantidade de DnaA disponível para se ligar a *oriC*. Existem mais de 300 sítios de ligação nonâmeros de DnaA fora de *oriC* (a DnaA também atua como regulador transcricional em vários promotores) e, à medida que são replicados, esse número duplica. O aumento do número de sítios de ligação a DnaA reduz o nível de DnaA disponível.

Juntas, essas estratégias reduzem rápida e drasticamente a capacidade de *E. coli* iniciar a replicação a partir das cópias novas de *oriC*. Embora esses mecanismos impeçam o rápido reinício, essa inibição não persiste necessariamente até o término da divisão celular. Na verdade, para que as células de *E. coli* se dividam na velocidade máxima, as cópias-filhas de *oriC* devem iniciar a replicação antes do término do ciclo de replicação anterior. Isso acontece porque as células de *E. coli* podem se dividir a cada 20 minutos, mas é preciso mais de 40 minutos para replicar o genoma inteiro de *E. coli*. Assim, sob condições de proliferação rápida, as células de *E. coli* reiniciam a replicação uma, ou até duas vezes, antes de completarem o ciclo de replicação anterior (Quadro 9-5, Fig. 2). Mesmo sob condições de multiplicação rápida, a iniciação não ocorre mais de uma vez por ciclo de divisão celular. Assim, em cada ciclo de divisão celular, existe apenas um ciclo de iniciação de replicação em *oriC*.

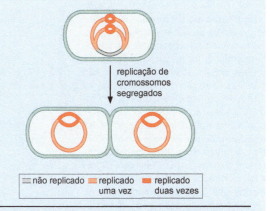

QUADRO 9-5 FIGURA 2 Origens de replicação reiniciam a replicação antes da divisão celular em células de crescimento rápido. Para permitir que o genoma seja completamente replicado antes de cada ciclo de divisão celular, as células bacterianas frequentemente devem iniciar a replicação do DNA a partir de sua única origem de replicação, antes do término da divisão celular. Isso significa que os cromossomos que estão sendo segregados para as células-filhas estão sendo ativamente replicados. Isso é o contrário do que ocorre com as células eucarióticas, que não iniciam a segregação dos cromossomos antes do término da replicação de todo o DNA.

---

a colocação de sua DNA-helicase associada ao redor do ssDNA (deve-se ter em mente que o ssDNA passa pelo orifício central do anel proteico hexamérico da helicase DnaB). Embora o mecanismo de carregamento não seja compreendido em detalhes, o processo é análogo à montagem dos grampos deslizantes de DNA em torno de uma junção iniciador:molde, necessitando da abertura do anel hexamérico da DNA-helicase para permitir o envolvimento do ssDNA-alvo (ver Quadro 9-3). É interessante observar que, como as subunidades do carregador do grampo deslizante, a DnaC é uma proteína AAA+ que também utiliza o ATP.

As interações proteína-proteína entre a helicase e outros componentes da forquilha de replicação descritas anteriormente promovem a organização do restante da maquinaria de replicação (ver Fig. 9-27e,f). A helicase recruta a DNA-primase para a origem do DNA, resultando na síntese de um iniciador de RNA sobre cada uma das fitas da origem. Além de gerar os iniciadores para as fitas de DNA-líder, este evento também provoca a liberação do carregador de helicase e, consequentemete, a ativação da helicase. A holoenzima DNA Pol III é trazida para as origens por meio de interações com a junção iniciador:molde e a helicase. Uma vez que a holoenzima esteja presente, os grampos deslizantes são colocados sobre os RNAs iniciadores e as polimerases da fita-líder são engajadas no processo. À medida que um novo ssDNA é exposto pela ação da helicase, ele é coberto por SSBs e a DNA-primase sintetiza os primeiros iniciadores da fita tardia. Essas novas junções iniciador:molde são os alvos dos carregadores dos grampos, em cada forquilha, que posicionam outros dois grampos deslizantes sobre as fitas tardias. Esses grampos são reconhecidos pelos núcleos de enzimas DNA Pol III ainda livres, resultando na iniciação da síntese de DNA da fita tardia. À medida que os primeiros fragmentos de Okazaki são estendidos e mais molde de DNA de fita tardia de ssDNA é gerado, um novo iniciador de RNA é sintetizado. Após a montagem de um grampo deslizante de DNA, o segundo fragmento de Okazaki é iniciado pela terceira enzima DNA Pol III (ver Fig. 9-27g,h). Neste ponto, duas forquilhas de replicação terão sido montadas, e o início da replicação estará concluído.

FIGURA 9-27 Modelo para a iniciação da replicação do DNA em *E. coli*. Os principais eventos da iniciação da replicação em *E. coli* estão ilustrados. (a) Múltiplas proteínas DnaA·ATP ligam-se às sequências repetidas de 9 nucleotídeos em *oriC*. (b) A ligação de DnaA·ATP a essas sequências promove a separação das fitas na região das repetições de 13 nucleotídeos. Isso é mediado por um domínio de ligação a ssDNA em DnaA·ATP que alonga e altera a estrutura do ssDNA associado, de maneira que ele não consiga hibridizar ao ssDNA complementar. (c) Um complexo da DNA-helicase (DnaB) e do carregador da DNA-helicase (DnaC) associa-se à DnaA ligada com a origem. Um domínio de ligação a ssDNA no carregador da helicase e interações proteína-proteína entre a DnaA e a helicase/carregador da helicase medeiam essas interações. (d) Os carregadores de DNA-helicase catalisam a abertura do anel proteico da DNA-helicase e a colocação do anel ao redor do ssDNA na origem. (e) Cada uma das DNA-helicases recruta uma DNA-primase, que sintetiza um iniciador de RNA em cada molde. A colocação do iniciador de RNA promove a dissociação do carregador da helicase do replicador e ativa as DNA-helicases. O movimento das DNA-helicases também remove qualquer DnaA que tenha permanecido ligada ao replicador. (f) Os iniciadores recém-sintetizados e as helicases são reconhecidos pelos componentes do carregador do grampo das duas holoenzimas DNA Pol III. Os grampos deslizantes são colocados em cada um dos RNAs iniciadores, e a síntese da fita-líder é iniciada por um dos três núcleos das enzimas DNA Pol III de cada holoenzima. (g) Após cada DNA-helicase ter se deslocado por aproximadamente 1.000 bases, um segundo iniciador de RNA é sintetizado em cada molde da fita tardia e um grampo deslizante é adicionado. A junção iniciador:molde resultante é reconhecida por um segundo núcleo da enzima DNA Pol III em cada holoenzima, resultando na iniciação da síntese da fita tardia. (h) A síntese das fitas líder e tardia está agora iniciada em cada forquilha de replicação. Como apresentado na Figura 9-23, a terceira enzima DNA Pol III participa também na síntese da fita tardia de DNA. Cada forquilha de replicação continuará até o fim do molde ou até encontrar outra forquilha de replicação movendo-se na direção oposta.

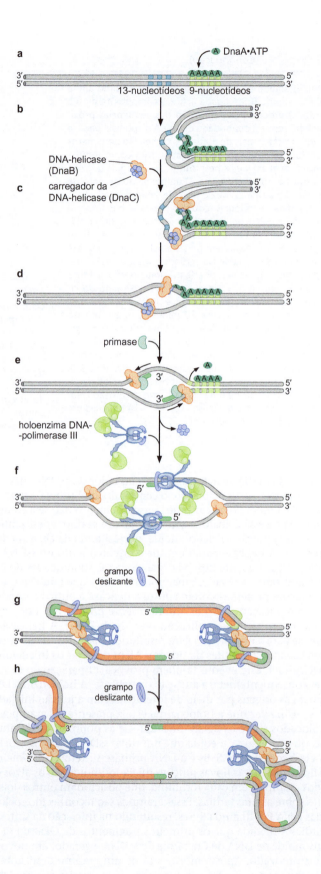

Os cromossomos eucarióticos são replicados exatamente uma única vez por ciclo celular

Como discutido no Capítulo 7, os eventos necessários para a divisão celular eucariótica ocorrem em momentos distintos durante o ciclo celular. A replicação do DNA cromossômico ocorre apenas durante a fase S do ciclo celular. Durante esse período, todo o DNA na célula deve ser duplicado exatamente uma vez. A replicação incompleta de qualquer parte de um cromossomo provoca ligações inadequadas entre os cromossomos-filhos. A segregação de cromossomos ligados provoca quebras ou perdas cromossômicas (Fig. 9-28). A dupla replicação, mesmo de quantidades limitadas de DNA eucariótico, leva a lesões de DNA que são difíceis de serem reparadas pela célula. Tentativas de reparo de tais lesões frequentemente resultam na amplificação do DNA associado, o que pode aumentar inapropriadamente a expressão dos genes associados. A adição de apenas uma ou duas cópias de genes reguladores importantes pode provocar defeitos catastróficos na expressão gênica, na divisão celular ou na resposta aos sinais ambientais. Assim, é fundamental que cada par de base em cada cromossomo seja replicado *apenas uma única vez* em cada divisão da célula eucariótica.

A necessidade de replicar o DNA apenas uma única vez é um desafio especial para os cromossomos eucarióticos, porque eles possuem muitas origens de replicação. As origens são normalmente separadas por cerca de 30 kb, e mesmo assim um cromossomo eucariótico pequeno pode ter mais de 10 origens e um cromossomo grande, milhares. Um número suficiente de origens deve ser ativado para garantir que cada cromossomo seja totalmente replicado durante cada fase S. Normalmente, nem todas as origens necessitam ser ativadas para completar a replicação, mas, se muito poucas forem ativadas, algumas regiões do genoma não serão replicadas. Por outro lado, embora algumas origens potenciais possam não ser usadas em um determinado ciclo de divisão celular, *nenhum* replicador pode iniciar após ter sido replicado. Sendo assim, se um replicador for ativado para realizar sua própria replicação ou se ele for replicado por uma forquilha de replicação derivada de um replicador adjacente, ele *deve ser inativado* até o próximo ciclo de divisão celular (Fig. 9-29). Se essas condições não fossem verdadeiras, o DNA associado a uma origem poderia ser replicado duas vezes no mesmo ciclo celular, quebrando a regra de "apenas uma única vez" da replicação do DNA eucariótico.

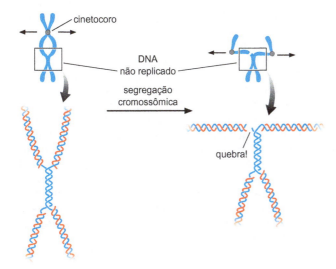

FIGURA 9-28 As quebras cromossômicas como resultado da replicação incompleta do DNA. Esta ilustração mostra as consequências da replicação incompleta seguida pela segregação dos cromossomos. A parte superior de cada ilustração mostra o cromossomo inteiro. A parte inferior mostra detalhes da quebra cromossômica no nível de DNA. (Para detalhes da segregação cromossômica, ver Cap. 7.) À medida que os cromossomos são tracionados, uma tensão é exercida sobre o DNA não replicado, resultando na quebra do cromossomo.

FIGURA 9-29 Os replicadores são inativados pela replicação do DNA. Um cromossomo eucariótico com cinco replicadores é mostrado. Os replicadores de números 3 e 5 são os primeiros a serem ativados, levando à formação de dois pares de forquilhas bidirecionais. A ativação do replicador parental resulta na inativação das cópias de cada replicador em ambas as moléculas-filhas de DNA até o próximo ciclo celular (indicado por um X vermelho). A extensão adicional das forquilhas de replicação resultantes duplica o DNA que se sobrepõe aos replicadores de números 2 e 4 antes que eles iniciem o processo. Quando um replicador é copiado por uma forquilha de replicação de origem adjacente antes de sua iniciação, diz-se que ele foi passivamente replicado. Embora esses replicadores não tenham iniciado, eles são ainda assim inativados pelo ato de replicação de seu DNA (como será discutido mais tarde, isso ocorre porque as helicases carregadas na origem são removidas pela passagem da forquilha de replicação). Em contrapartida, o replicador 1 não é alcançado por uma forquilha adjacente antes da sua iniciação e é capaz de iniciar normalmente. A presença de um número maior de replicadores do que o necessário para completar a replicação do DNA é uma maneira redundante de garantir a replicação completa de cada cromossomo.

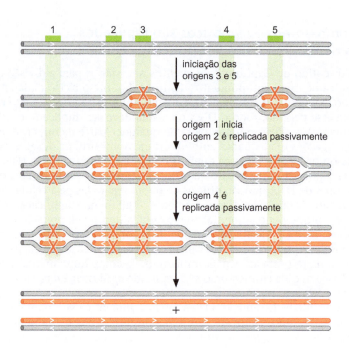

O carregamento da helicase é o primeiro passo para a iniciação da replicação em eucariotos

Os eventos da iniciação da replicação eucariótica ocorrem em momentos distintos do ciclo celular (ver Cap. 8). O carregamento da helicase ocorre em todos os replicadores durante a fase G_1 (antes da fase S). A ativação do replicador ou da origem, incluindo a ativação da helicase e a montagem do replissomo, ocorre apenas após a entrada da célula em fase S.

A separação entre o carregamento de helicase e a ativação da origem é diferente da situação das células procarióticas, nas quais o reconhecimento do replicador do DNA está intrinsecamente acoplado ao desenrolamento do DNA, ao carregamento da helicase, e à montagem do replissomo. Como será visto mais tarde, a separação temporal entre o carregamento da helicase e a montagem do replissomo durante o ciclo celular eucariótico garante que cada cromossomo seja replicado apenas uma vez durante cada ciclo celular (células bacterianas resolvem esse problema de maneira diferente; ver Quadro 9-5).

O carregamento da helicase eucariótica necessita que quatro proteínas separadas atuem em cada replicador (Fig. 9-30). A etapa inicial do carregamento da helicase é o reconhecimento do replicador pela proteína iniciadora eucariótica, ORC, ligada ao ATP. À medida que as células entram na fase G_1 do ciclo celular, o ORC ligado à origem recruta duas proteínas carregadoras de helicase (Cdc6 e Cdt1) e duas cópias da helicase Mcm2-7 para a origem. É interessante notar que várias subunidades de ORC e a proteína Cdc6 são membros da família de proteínas AAA+ como a DnaC e as subunidades dos carregadores do grampo deslizante. Como o carregador do grampo deslizante, a ligação de ORC e Cdc6 ao ATP é necessária para a ligação de ORC ao DNA e para o recrutamento estável da helicase e das proteínas carregadoras de helicase. A hidrólise de ATP por Cdc6 resulta no carregamento de um dímero cabeça a cabeça do complexo Mcm2-7, fazendo com que envolvam a origem de DNA dupla-fita. Durante esse evento, Cdt1 e Cdc6 são liberadas da origem. Acredita-se que a hidrólise de ATP por ORC restabelece o processo e permite o início de uma nova rodada de carregamento de Mcm2-7 após a ligação de ATP a ORC. Corroborando o fato de que o complexo Mcm2-7 envolve dsDNA em vez de ssDNA, o carregamento da helicase eucariótica não leva ao desenrola-

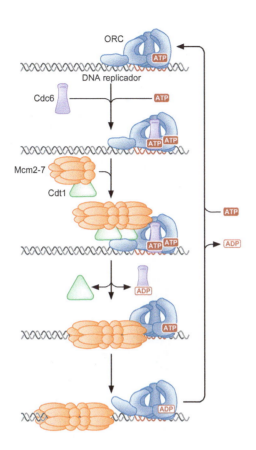

FIGURA 9-30 Carregamento da helicase eucariótica. O carregamento da DNA-helicase eucariótica de replicação é um processo ordenado iniciado pela associação do complexo de reconhecimento da origem (ORC) ligado a ATP ao replicador. Uma vez ligado ao replicador, ORC recruta Cdc6 ligada ao ATP e duas cópias da helicase Mcm2-7 ligadas a uma segunda proteína carregadora de helicase, Cdt1. Essa reunião de proteínas provoca a hidrólise de ATP por Cdc6, resultando no carregamento de um dímero cabeça a cabeça do complexo Mcm2-7 envolvendo a origem de DNA dupla-fita e a liberação de Cdc6 e Cdt1 da origem. A subsequente hidrólise de ATP por ORC é necessária para restabelecer o processo (ilustrada como liberação de Mcm2-7). A troca de ATP por ADP permite uma nova rodada de carregamento da helicase.

mento imediato da origem do DNA. Em vez disso, as helicases carregadas em G_1 são ativadas apenas para desenrolar o DNA e para iniciar a replicação após as células terem passado da fase G_1 para a fase S do ciclo celular.

As helicases carregadas são ativadas por duas proteínas quinases: CDK (quinase dependente de ciclina) e DDK (quinase dependente de Dbf4) (Fig. 9-31). As **proteínas quinases** são proteínas que ligam covalentemente grupos fosfato às suas proteínas-alvo (ver Cap. 13). Essas quinases são ativadas quando as células entram em fase S. Uma vez ativada, a DDK atua sobre a helicase carregada, e a CDK, sobre outras duas proteínas de replicação. A fosforilação dessas proteínas resulta na ligação das proteínas Cdc45 e GINS à helicase Mcm2-7 (ver Fig. 9-31). É importante notar que Cdc45 e GINS estimulam fortemente as atividades de ATPase e helicase de Mcm2-7, e juntas formam o complexo Cdc45–Mcm2-7–GINS (CMG), que é a forma ativa da DNA helicase Mcm2-7. Embora a helicase seja inicialmente carregada em torno do dsDNA como um dímero cabeça a cabeça, na forquilha de replicação acredita-se que atue como um único hexâmero de Mcm2-7 envolvendo o ssDNA. Assim, durante os eventos de ativação, uma fita de DNA deve ser ejetada do canal central de cada helicase, e as interações entre dois complexos Mcm2-7 devem ser rompidas (Fig. 9-32). As três DNA-polimerases reúnem-se na origem em uma ordem determinada. A DNA Pol ε associa-se com a origem ao mesmo tempo em que Cdc45 e GINS, antes do desenrolamento do DNA. Em contrapartida, a DNA Pol δ e a DNA Pol α/primase requerem que o DNA seja desenrolado antes que elas sejam recrutadas para a origem. Essa ordem garante que as três DNA-polimerases estejam presentes na origem antes da síntese do primeiro RNA iniciador (pela DNA Pol α/primase).

Apenas um subconjunto das proteínas que se associam na origem faz parte do replissomo eucariótico. O complexo CMG e as três DNA-polimera-

FIGURA 9-31 A ativação de helicases carregadas leva à montagem do replissomo eucariótico. À medida que as células entram na fase S do ciclo celular, duas quinases, CDK e DDK, são ativadas. A DDK fosforila a helicase Mcm2-7 carregada, e a CDK fosforila Sld2 e Sld3. Sld2 e Sld3 fosforiladas ligam-se a Dpb11 e, juntas, essas proteínas facilitam a ligação de proteínas ativadoras de helicase, Cdc45 e GINS, à helicase. Cdc45 e GINS formam um complexo estável com a helicase Mcm2-7 (chamado de complexo Cdc45/Mcm2-7/GINS, ou CMG) e ativam drasticamente a atividade da helicase Mcm2-7. A DNA-polimerase da fita-líder (ε) é recrutada para a helicase nesse estágio (antes do desenrolamento do DNA). Após a formação do complexo CMG, as proteínas Sld2, Sld3 e Dpb11 são liberadas da origem. A DNA Pol α/primase e a DNA Pol δ (que atuam sobretudo na fita tardia) são recrutadas somente depois do desenrolamento do DNA. As interações proteína-proteína que mantêm a DNA-polimerase na forquilha de replicação ainda são pouco conhecidas.

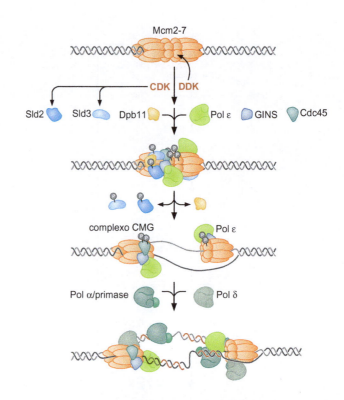

ses tornam-se parte da maquinaria da forquilha de replicação. Assim como o carregador da DNA-helicase de *E. coli* (DnaC), outros fatores são apenas necessários para a montagem das proteínas da forquilha de replicação (como Cdc6 e Cdt1) e são liberados ou destruídos após terem realizado suas funções (ver Fig. 9-31).

O carregamento e a ativação da helicase são regulados para permitir apenas um único ciclo de replicação por ciclo celular

Como as células eucarióticas controlam a atividade de centenas ou milhares de origens de replicação, de maneira que *nem mesmo uma* seja ativada mais do que uma vez durante um ciclo celular? A resposta está na oscilação entre dois estados de replicação que ocorre uma vez a cada ciclo celular. Durante a fase G_1, as células estão em fase de carregamento de helicase e são competentes para o carregamento da helicase, mas não conseguem ativar as helicases carregadas. Com a entrada na fase S e seguimento para G_2 e M, as helicases carregadas durante G_1 podem ser ativadas, mas o novo carregamento de helicase é estritamente inibido (Fig. 9-33). É importante notar que as condições para o carregamento e a ativação da helicase são incompatíveis umas com as outras. Embora os mecanismos exatos variem entre organismos diferentes,

FIGURA 9-32 A ativação da helicase altera as suas interações. Antes de sua ativação, as helicases carregadas envolvem o DNA dupla-fita e possuem forma de hexâmero duplo cabeça a cabeça (mediado por interações entre as extremidades aminoterminais de Mcm2-7). Após a ativação da helicase, acredita-se que a proteína Mcm2-7 no complexo CMG envolva o DNA fita simples, e a interação entre os dois complexos Mcm2-7 seja rompida.

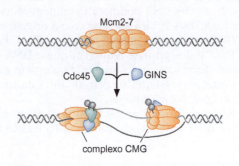

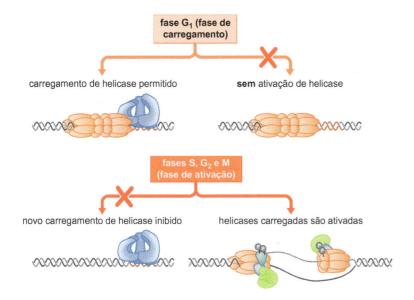

FIGURA 9-33 **O carregamento e a ativação da helicase eucariótica ocorrem durante diferentes estágios do ciclo celular.** Durante a fase G_1 do ciclo celular, o carregamento da helicase é permitido, mas sua ativação, não. Durante o restante do ciclo celular (fases S, G_2 e M), o carregamento de helicase é inibido, mas as helicases carregadas podem ser ativadas (isso somente ocorrerá durante a fase S, porque após a fase S todos os complexos Mcm2-7 carregados serão removidos do DNA; ver Fig. 9-29).

essa mesma regulação é vista em todas as células eucarióticas em divisão ativa. Assim, a cada ciclo celular existe *apenas uma única* oportunidade para que as helicases sejam carregadas em suas origens (durante G_1) e *apenas uma* oportunidade para que essas helicases carregadas sejam ativadas (durante S, G_2 e M – embora, na prática, todas as helicases carregadas sejam ativadas ou interrompidas por forquilhas de replicação na fase S). Somente após a segregação de seus cromossomos replicados e sua divisão, a célula consegue reiniciar G_1 e carregar um novo conjunto de helicases em suas origens.

Como essa regulação é atingida? Na levedura *S. cerevisiae*, a regulação é fortemente acoplada à função das CDKs (Fig. 9-34). Essas enzimas parecem exercer papéis contraditórios na regulação da replicação. Primeiro, como descrito anteriormente, elas são necessárias na ativação de helicases carregadas, iniciando a replicação do DNA. Segundo, a atividade da CDK *inibe* o carregamento da helicase. Quando considerados sob a luz da regulação descrita anteriormente, esses diferentes papéis permitem que uma enzima controle a oscilação entre os dois estados da iniciação da replicação. Os níveis de CDK são baixos durante G_1, permitindo o carregamento da helicase, mas impedindo sua ativação. A entrada na fase S do ciclo celular é acoplada a um rápido aumento da atividade de CDK, dirigindo a ativação de helicases carregadas mas, simultaneamente, impedindo o novo carregamento de helicases. Níveis elevados de CDK estão presentes durante todo o ciclo celular, exceto em G_1 (presente nas fases S, G_2 e M).

As helicases carregadas são liberadas do DNA após a conclusão da síntese de DNA pela forquilha de replicação da qual fazem parte, ou após a replicação do DNA ao qual estão ligadas (por uma forquilha de replicação derivada de uma origem adjacente; ver Fig. 9-29). Dessa maneira, esses replicadores expostos estão disponíveis para o carregamento de uma nova helicase e ligam-se rapidamente a ORC. Apesar da presença do iniciador nesses sítios, os altos níveis de atividade de CDK presentes durante as fases S, G_2 e M inibem a função de ORC, Cdc6 e Cdt1. A atividade de CDK é eliminada e novos complexos de helicase podem ser carregados somente após a segregação cromossômica e o término da divisão celular.

Semelhanças entre a iniciação da replicação do DNA em procariotos e eucariotos

Agora que foi discutida a iniciação da replicação nos eucariotos e nos procariotos, está claro que os princípios gerais da iniciação são os mesmos

FIGURA 9-34 A regulação da atividade de CDK pelo ciclo celular controla a replicação. Em células de *S. cerevisiae*, os níveis de CDK regulam fortemente o carregamento e a ativação da helicase. Durante G$_1$, os níveis de CDK são baixos, permitindo que as helicases sejam carregadas, mas estas não podem ser ativadas (devido à necessidade de CDK para esse evento). Durante a fase S, a atividade elevada de CDK inibe um novo carregamento de helicase e ativa as helicases previamente carregadas. Quando uma helicase carregada é usada para a iniciação da replicação, ela é incorporada na forquilha de replicação e deixa a origem. De maneira semelhante, a replicação passiva do DNA da origem também remove a helicase do DNA da origem (não mostrado). Como os níveis de CDK permanecem elevados até o fim da mitose, nenhuma helicase é carregada até que a segregação cromossômica tenha terminado e as células-filhas tenham retornado à fase G$_1$. Sem uma nova rodada de carregamento de helicase, é impossível reiniciar.

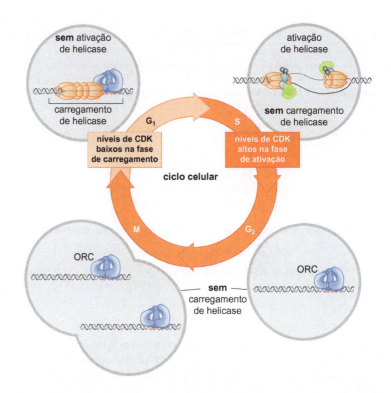

em ambos os casos. A etapa inicial é o reconhecimento do replicador pela proteína iniciadora. A proteína iniciadora, associada a uma ou mais proteínas carregadoras de helicases, recruta a DNA-helicase para o replicador. A helicase (e potencialmente outras proteínas na origem, em eucariotos) geram uma região de ssDNA que atua como molde para a síntese do iniciador de RNA. Após a síntese dos iniciadores, os demais componentes do replissomo reúnem-se por meio de interações com a junção iniciador:molde resultante.

Embora os eventos de iniciação sejam semelhantes, a regulação da replicação em bactérias e eucariotos é bastante diferente. Por exemplo, ao contrário das células eucarióticas, as células bacterianas de divisão rápida iniciam a replicação mais de uma vez por ciclo celular. A etapa mais estritamente regulada também é diferente. Células eucarióticas têm como foco a regulação no carregamento inicial da helicase MCM no DNA da origem, enquanto as células bacterianas têm como foco da regulação a ligação da proteína iniciadora DnaA ao DNA (Quadro 9-5, A replicação do DNA de *E. coli* é regulada pelos níveis de DnaA·ATP e SeqA).

TÉRMINO DA REPLICAÇÃO

A finalização da replicação do DNA requer um conjunto de eventos específicos. Esses eventos são diferentes nos cromossomos circulares e lineares. Em um cromossomo circular, a maquinaria da forquilha de replicação convencional pode replicar a molécula inteira, mas as moléculas-filhas resultantes estarão topologicamente unidas. Em contrapartida, a replicação das extremidades dos cromossomos lineares não pode ser finalizada pela maquinaria de replicação discutida até o momento. Assim, organismos que possuem cromossomos lineares desenvolveram estratégias específicas para a replicação das extremidades de seus cromossomos.

Topoisomerases tipo II são necessárias para separar moléculas-filhas de DNA

Após o término da replicação de um cromossomo circular, as moléculas-filhas de DNA resultantes permanecem ligadas ou concatenadas (Fig. 9-35; Cap. 4, Fig. 4-23). *Catenano* é o termo geral para dois círculos que estão unidos (similares a ligações em uma corrente). Para segregar esses cromossomos em células-filhas separadas, as duas moléculas de DNA circulares devem ser desembaraçadas ou "desentrelaçadas". Essa separação é realizada pela ação de **topoisomerases tipo II**. Como discutido no Capítulo 4, essas enzimas possuem a habilidade de quebrar uma molécula de dsDNA e passar uma segunda molécula de dsDNA através dessa quebra. Essa reação pode separar facilmente os dois cromossomos-filhos circulares pela quebra de um círculo de DNA e passagem do segundo pela quebra, permitindo sua segregação em células separadas.

Embora a importância da atividade de topoisomerases tipo II seja mais evidente na separação dos cromossomos circulares, ela também é fundamental para a segregação de longas moléculas lineares. Apesar de não existir uma ligação topológica inerente após a replicação de uma molécula linear, o imenso tamanho dos cromossomos eucarióticos necessita do intricado dobramento do DNA em alças, ligadas a um arcabouço proteico (ver Cap. 8, Fig. 8-32b). Essas ligações originam muitos dos mesmos problemas que os cromossomos circulares apresentam quando os dois cromossomos-filhos lineares devem ser separados. Como no caso dos cromossomos circulares, as topoisomerases tipo II permitem que esses DNAs ligados sejam separados.

A síntese da fita tardia é incapaz de copiar as regiões finais das extremidades de cromossomos lineares

A necessidade de um RNA iniciador para iniciar qualquer síntese de um novo segmento de DNA origina um dilema para a replicação das extremidades dos cromossomos lineares, o chamado **problema da replicação das extremidades** (Fig. 9-36). Esta questão não se impõe na replicação do molde da fita-líder. Neste caso, um único iniciador de RNA interno pode dirigir a iniciação de uma fita de DNA que pode ser estendida até a extremidade 5' de seu molde. Em contrapartida, a necessidade de múltiplos iniciadores para completar a síntese da fita tardia implica que uma cópia completa de seu molde não pode ser feita. Mesmo que o fim do último iniciador de RNA para a síntese do fragmento de Okazaki se anele à base final do molde da fita tardia, após a remoção dessa molécula de RNA, permanecerá uma pequena região (do tamanho do iniciador de RNA) de ssDNA não replicado no fim do cromossomo. Embora esse encurtamento fosse ocorrer apenas em uma das duas fitas da molécula-filha, após a próxima rodada de replicação ambas as fitas da molécula-filha seriam mais curtas. Com isso, a cada ciclo de replicação de DNA haveria um encurtamento de uma das duas moléculas-filhas de DNA. Obviamente, esse cenário impediria a transmissão completa do material genético de geração para geração. Com o passar das gerações, lentamente, mas certamente, os genes nas extremidades dos cromossomos seriam totalmente perdidos.

Os organismos resolvem o problema da replicação das extremidades de várias maneiras. Uma solução é utilizar uma proteína, em vez de um RNA, como iniciador para o último fragmento de Okazaki em cada extremidade do cromossomo (Fig. 9-37). Nessa situação, a "proteína iniciadora" liga-se ao molde da fita tardia e utiliza um aminoácido para fornecer um OH (em geral, uma tirosina) que substitui o 3'-OH normalmente fornecido pelo iniciador de RNA. Por iniciar a última parte da fita tardia, a proteína iniciadora torna-se covalentemente ligada à extremidade 5' do cromossomo. As proteínas de replicação ligadas às extremidades terminais desse tipo são encontradas nas extremidades de cromossomos lineares de determinadas espécies de bactérias (a maioria das

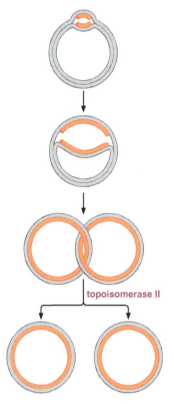

FIGURA 9-35 A topoisomerase II catalisa o desencadeamento dos produtos da replicação. Após a replicação de uma molécula de DNA circular, as moléculas-filhas de DNA completas resultantes permanecem entrelaçadas. As topoisomerases tipo II separam (ou desenlaçam) eficientemente esses círculos de DNA.

FIGURA 9-36 Problema da replicação das extremidades. À medida que a maquinaria de replicação da fita tardia atinge a extremidade do cromossomo, em algum momento, a primase não terá mais espaço para sintetizar um novo iniciador de RNA. Isso resultará na replicação incompleta de uma pequena região de ssDNA na extremidade 3' do DNA produzido na fita tardia. Quando esse produto de DNA for replicado no próximo ciclo, um dos dois produtos estará mais curto e não terá a região que foi incompletamente copiada no ciclo de replicação anterior.

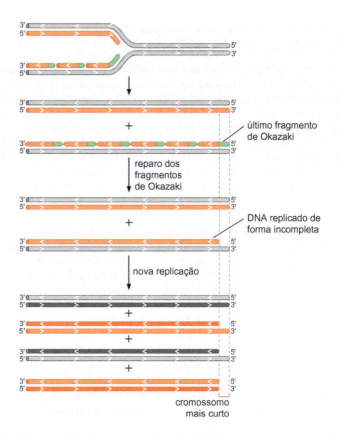

bactérias tem cromossomos circulares) e nas extremidades de cromossomos lineares de alguns vírus bacterianos e vírus que infectam animais.

Entretanto, a maioria das células eucarióticas emprega uma solução inteiramente diferente para replicar as extremidades de seus cromossomos. Como foi visto no Capítulo 8, as extremidades dos cromossomos eucarióticos são chamadas **telômeros** e são em geral compostas por repetições *in tandem* de uma sequência de DNA rica em TG. Por exemplo, os telômeros humanos consistem em várias repetições da sequência 5'-TTAGGG-3'. Embora muitas dessas repetições sejam de dupla-fita, a extremidade 3' de cada cromossomo estende-se para além da extremidade 5' como ssDNA. Essa estrutura única atua como uma nova origem de replicação que compensa o problema da replica-

FIGURA 9-37 A iniciação com proteína como uma solução para o problema da replicação das extremidades. Ao se ligar à DNA-polimerase e à extremidade 3' do molde, uma proteína fornece o grupo hidroxila iniciador para a síntese de DNA. No exemplo mostrado, uma proteína inicia a síntese de todo o DNA, como visto em diversos vírus. Nas moléculas de DNA mais longas, esse método é combinado ao da origem funcional convencional para replicar os cromossomos.

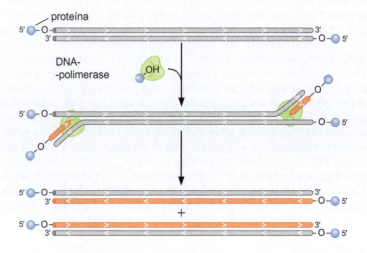

ção das extremidades. Essa origem não interage com as mesmas proteínas das demais origens eucarióticas, mas, em vez disso, recruta uma DNA-polimerase especializada, chamada **telomerase**.

A telomerase é uma nova DNA-polimerase que não requer um molde exógeno

A **telomerase** é uma enzima extraordinária, que inclui múltiplas subunidades proteicas *e* RNA (é, portanto, um exemplo de ribonucleoproteína; ver Cap. 5). Como todas as demais DNA-polimerases, a telomerase atua alongando a extremidade 3' de um substrato de DNA. Porém, ao contrário da maioria das DNA-polimerases, a telomerase não necessita de um molde de DNA exógeno para adicionar novos dNTPs. Na verdade, o componente RNA da telomerase serve como molde para a adição da sequência telomérica na extremidade 3' terminal do cromossomo. A telomerase alonga especificamente o 3'-OH das sequências de ssDNA teloméricas, utilizando o seu próprio RNA como molde. Como resultado desse mecanismo incomum, o DNA recém-sintetizado é de fita simples.

A chave para o funcionamento da telomerase é revelada pelo componente RNA da enzima, chamado de "RNA da telomerase" (TER). Dependendo do organismo, o TER varia de tamanho (entre 150 e 1.300 bases). Em todos os organismos, a sequência de RNA inclui uma região curta que codifica 1,5 cópia do complemento da sequência do telômero (nos seres humanos, essa sequência é 5'-AAUCCCAAUC-3'). Essa região de RNA anela-se ao DNA de fita simples na extremidade 3' do telômero (Fig. 9-38). O anelamento ocorre de maneira que uma parte do molde de RNA permanece como fita simples, criando uma junção iniciador:molde utilizada pela telomerase. É interessante notar que uma das subunidades proteicas da telomerase é membro de uma classe de DNA-polimerases que usa moldes de RNA, chamadas "transcriptases reversas" (essa subunidade é chamada "transcriptase reversa da telomerase", ou TERT). Como será visto no Capítulo 12, essas enzimas "transcrevem reversamente" RNA em DNA, em vez de realizar a transcrição convencional de DNA em RNA. Usando o molde de RNA associado, a TERT sintetiza DNA na extremidade da região molde TER, mas não pode prosseguir para copiar o RNA além desse ponto. Nesse momento, o molde de RNA desliga-se do produto de DNA, reanela-se aos últimos três nucleotídeos do telômero e, então, repete o processo.

As características da telomerase são distintas e, por outro lado, similares, às de outras DNA-polimerases. A inclusão de um componente de RNA, a independência de um molde exógeno e a capacidade para utilizar inteiramente um substrato de ssDNA para produzir ssDNA colocam a telomerase em uma classe separada das outras DNA-polimerases. Além disso, a telomerase deve apresentar a capacidade de deslocar seu molde de RNA do produto de DNA, permitindo repetidos ciclos de síntese direcionada pelo molde. Formalmente, isso significa que a telomerase apresenta atividade de RNA·DNA-helicase. Por outro lado, como todas as demais DNA-polimerases, a telomerase necessita de um molde para realizar a adição de nucleotídeos, pode estender apenas uma extremidade 3'-OH de um DNA, utiliza os mesmos nucleotídeos precursores e atua de maneira processiva, adicionando muitas sequências repetidas a cada vez que se liga a um substrato de DNA. Implicações intrigantes do papel da telomerase na regulação do crescimento da célula e do envelhecimento celular são discutidas no Quadro 9-6, Envelhecimento, câncer e a hipótese do telômero.

A telomerase resolve o problema da replicação das extremidades por meio da extensão da extremidade 3' do cromossomo

Quando a telomerase atua sobre a extremidade 3' do telômero, ela estende apenas uma das duas fitas do cromossomo. Como a extremidade 5' é es-

FIGURA 9-38 Replicação dos telômeros pela telomerase. A telomerase utiliza o seu componente de RNA para se anelar à extremidade 3' da região de ssDNA do telômero. A seguir, a telomerase utiliza a sua atividade de transcriptase reversa para sintetizar DNA até o fim do molde de RNA. A telomerase, então, desloca seu RNA do produto de DNA, liga-se novamente na extremidade do telômero e repete o processo.

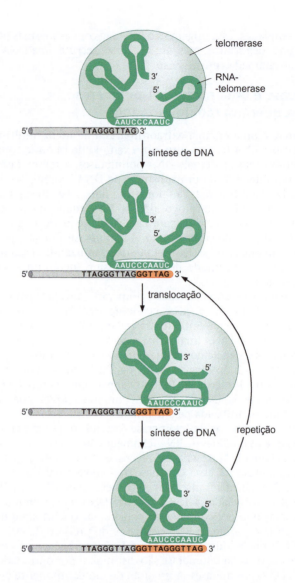

tendida? A resposta é: pela maquinaria de replicação do DNA da fita tardia (Fig. 9-39). Ao fornecer uma extremidade 3' estendida, a telomerase fornece um molde adicional para a maquinaria de replicação da fita tardia. Ao sintetizar e estender iniciadores usando a extremidade 3' estendida fornecida pela telomerase como molde, a célula pode efetivamente aumentar também o tamanho da extremidade 5' do cromossomo.

Mesmo depois da atuação da maquinaria da fita tardia, resta uma região curta de ssDNA no fim do cromossomo. De fato, a presença de um trecho 3' sobressalente pode ser importante para a função de proteção das extremidades do telômero (como será discutido adiante). A ação da telomerase e da maquinaria de replicação da fita tardia, entretanto, garantem que o telômero seja mantido em um comprimento suficiente para proteger a extremidade do cromossomo, evitando o encurtamento excessivo da extremidade. A natureza repetitiva da sequência de DNA telomérico implica que as células toleram variações no comprimento dos telômeros.

CONEXÕES CLÍNICAS

Quadro 9-6 Envelhecimento, câncer e a hipótese do telômero

Todos os organismos são mortais. Sejam os dias ou semanas vividos por muitos organismos menores, ou os vários anos que um ser humano vive em média, os organismos não podem escapar de sua mortalidade intrínseca. Não surpreende que pesquisadores (e outros) tenham estudado essas limitações por muito tempo, esperando entendê-las e, talvez, superá-las para encontrar a mítica "fonte da juventude".

Quando os pesquisadores desenvolveram maneiras para cultivar células individuais fora do corpo, eles pensavam que as células eram imortais. Isso sugeria que a mortalidade era um problema do organismo completo, e não das células. Essa hipótese foi eliminada quando Leonard Hayflick estudou a divisão celular em cultivo de maneira mais cuidadosa. Ele observou que, mesmo em isolamento, as células podiam se dividir apenas um número limitado de vezes. É interessante notar que os estudos de Hayflick mostraram que o número de divisões pelo qual uma célula passa é característico da fonte das células, hoje conhecido como "limite de Hayflick".

Os estudos de Hayflick levaram à ideia de que as células contêm um relógio de contagem regressiva interno que limita o número de divisões das quais uma célula pode participar. Quando o relógio chega a zero, a célula é impedida de se dividir novamente. Durante anos, a identidade molecular desse relógio permaneceu desconhecida; entretanto, à medida que a natureza dos telômeros e seu papel na replicação do DNA ficaram mais bem conhecidos, tornou-se claro que o telômero poderia ser o tão procurado relógio divisionário. Corroborando essa ideia, o DNA telomérico isolado de pessoas mais jovens é mais longo do que o isolado de pessoas mais velhas. Essa observação levou à hipótese de que o tamanho do DNA telomérico limitava o número de vezes que uma célula poderia se dividir.

Embora o conceito ainda seja uma hipótese, acumulam-se comprovações experimentais para a ideia de que os telômeros estão conectados ao envelhecimento celular. Por exemplo, para que a hipótese seja viável, células normais deveriam ter pouca ou nenhuma atividade de telomerase. Caso contrário, essas células simplesmente continuariam a estender seus telômeros à medida que eles encurtassem. De fato, muitas células normais possuem atividade de telomerase limitada. Em contrapartida, células que possuem capacidade proliferativa aumentada, como células-tronco e células derivadas de tumores, possuem níveis maiores de atividade de telomerase. De fato, estudos de células cancerígenas em cultivo indicam que elas podem se dividir indefinidamente. Um segundo experimento importante que corrobora esse modelo mostrou que a expressão de telomerase em células normais efetivamente imortalizava as células.

O achado de elevada atividade de telomerase em células cancerígenas levou à hipótese de que os telômeros poderiam representar um método para limitar a capacidade de crescimento das células que perderam o controle de seu crescimento normal. Se for verdadeiro, isso poderia explicar por que organismos multicelulares não permitiram que a atividade de telomerase estivesse presente em todas as células. De fato, há vários esforços para a busca de inibidores de telomerase como agentes quimioterápicos. A elevação da atividade de telomerase em células cancerígenas também sugere que a ativação global da telomerase não seria um método inteligente para buscar a imortalidade!

Proteínas de ligação ao telômero regulam a atividade da telomerase e o comprimento do telômero

Embora, teoricamente, a extensão dos telômeros pela telomerase possa prosseguir infinitamente, as proteínas que se ligam a regiões de dupla-fita do telômero regulam cuidadosamente o comprimento do telômero (Fig. 9-40). Em

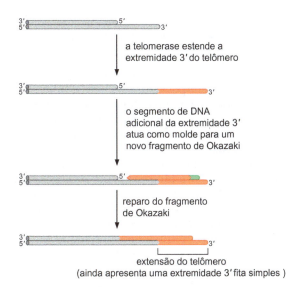

FIGURA 9-39 **A extensão da extremidade 3′ do telômero pela telomerase resolve o problema da replicação das extremidades.** Embora a telomerase promova apenas a extensão da extremidade 3′ do telômero, ao fornecer um molde adicional para a síntese da fita tardia, ambas as extremidades do cromossomo são estendidas.

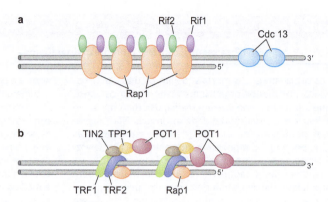

FIGURA 9-40 **Proteínas de ligação ao telômero.** Proteínas de ligação ao telômero que regulam a atividade da telomerase estão ilustradas para *S. cerevisiae* e células humanas. (a) Células de *S. cerevisiae*. Rap1 liga-se diretamente ao DNA telomérico repetitivo de dupla-fita, enquanto Rif1 e Rif2 se associam indiretamente ao telômero pela ligação a Rap1. Todas as três proteínas foram implicadas na inibição da atividade da telomerase. A Cdc13 liga-se ao DNA telomérico repetitivo de fita simples e está envolvida no recrutamento da telomerase. (b) Células de seres humanos. TRF1 e TRF2 ligam-se diretamente ao DNA telomérico repetitivo de dupla-fita. O homólogo humano de Rap1 bem como TIN2, TPP1 e POT1 associam-se a TRF1 ou TRF2. Juntas, essas proteínas formam um complexo chamado de Shelterin (*shelter* = abrigo, refúgio), devido à sua habilidade de "proteger" os telômeros da ação de enzimas de reparo do DNA. POT1 também se liga diretamente ao DNA telomérico repetitivo de fita simples e inibe a atividade da telomerase.

células de *S. cerevisiae*, proteínas ligadas ao telômero atuam como inibidores fracos da atividade da telomerase (Fig. 9-41). Quando existirem apenas poucas cópias da sequência telomérica repetida, um número reduzido dessas proteínas irá se ligar ao telômero e a telomerase poderá estender a extremidade 3′-OH do telômero. À medida que o telômero se torna mais longo, mais proteínas de ligação ao telômero acumulam-se e inibem a extensão da extremidade 3′-OH do telômero pela telomerase. Esse mecanismo simples de retroalimentação negativa (telômeros mais longos inibem a telomerase) é um método robusto para manter um tamanho de telômero semelhante nas extremidades de todos os cromossomos.

Proteínas que reconhecem a forma de fita simples do telômero também podem modular a atividade da telomerase. Em células de *S. cerevisiae*, a proteína Cdc13 liga-se a regiões de fita simples do telômero. Estudos dessa proteína indicam que ela recruta a telomerase para os telômeros. Assim, a Cdc13 é um ativador positivo da telomerase. Em contrapartida, a proteína humana que se liga ao DNA telomérico de fita simples, POT1, atua de maneira oposta – ou seja, como inibidor da atividade da telomerase. Estudos *in vitro* mostram que a ligação de POT1 ao DNA telomérico de fita simples inibe a atividade da telomerase. Células desprovidas dessa proteína apresentam comprimento de DNA telomérico extremamente aumentado. É interessante notar que essa proteína interage indiretamente com as proteínas de ligação ao telômero de dupla-fita em células humanas. Propôs-se que, à medida que os telômeros aumentam de tamanho, mais POT1 é recrutada, aumentando, assim, a probabilidade de sua ligação às extremidades de ssDNA do telômero e a inibição da telomerase.

Proteínas de ligação ao telômero protegem as extremidades dos cromossomos

Além de seu papel na regulação da função da telomerase, as proteínas de ligação ao telômero também possuem papel essencial na proteção das extremidades dos cromossomos. Em uma célula, normalmente a presença de uma extremidade de DNA é considerada o sinal de uma quebra de dupla-fita no DNA, que é alvo da maquinaria de reparo de DNA (ver Cap. 10). O resultado mais comum desse reparo é o início da recombinação com outro DNA do genoma. (Em uma célula diploide, essa recombinação é feita com a cópia intacta do cromossomo danificado.) Enquanto essa resposta é adequada para quebras aleatórias no DNA, seria desastroso se os telômeros participassem desses mesmos eventos. Tentativas de reparo dos telômeros da mesma maneira que se reparam quebras no DNA de dupla-fita levariam a eventos de fusão cromossômica, o que eventualmente resultaria em quebras cromossômicas aleatórias.

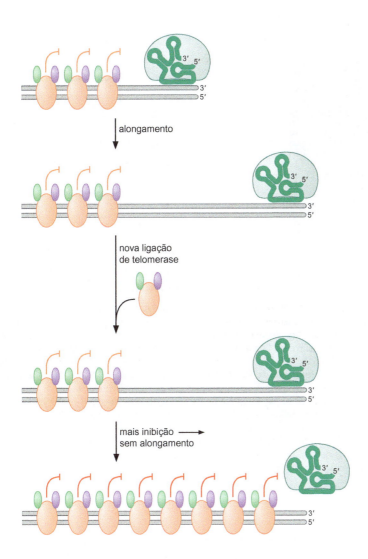

FIGURA 9-41 **Regulação do tamanho telomérico por proteínas de ligação ao telômero.** Quando os telômeros são relativamente curtos, poucas proteínas de ligação ao telômero estarão presentes, e a inibição da telomerase será fraca. Sob essas condições, a telomerase pode estender a extremidade 3' do telômero. Quando essas regiões se tornam dupla-fita pela ação da maquinaria de síntese de DNA da fita tardia, proteínas de ligação ao telômero adicionais podem se associar a ele. A ligação dessas proteínas aumenta o nível de inibição, evitando o alongamento adicional pela telomerase. (Adaptada, com permissão, de Smogorzewska A. e de Lange T. 2004. *Annu. Rev. Biochem.* **73**: 177-208, Fig. 3a. © Annual Reviews.)

O que protege os telômeros desse destino? A resposta simples é que proteínas ligadas ao telômero distinguem entre telômeros e outras extremidades de DNA na célula. A eliminação dessas proteínas leva ao reconhecimento dos telômeros como quebras de DNA. É possível que a proteção seja conferida simplesmente recobrindo-se o telômero com proteínas ligantes. Estudos da estrutura do telômero humano levaram a uma possibilidade alternativa. Telômeros isolados de células humanas foram observados por microscopia eletrônica e foi observada uma alça em vez de uma estrutura linear (Fig. 9-42a). Análises subsequentes indicaram que essa estrutura, chamada **alça t**, era formada pela extremidade 3' do ssDNA do telômero invadindo a região de dsDNA do telômero (Fig. 9-42b). Propôs-se que, ao formar uma alça t, a extremidade do telômero é mascarada e não pode ser reconhecida como uma extremidade normal de DNA. É interessante notar que a TRF2 purificada é capaz de dirigir a formação da alça t com DNA telomérico purificado.

A estrutura de alça t também pode ser relevante para o controle do tamanho do telômero. Assim como a estrutura da alça pode proteger o telômero das enzimas de reparo, é provável também que a telomerase não consiga reconhecer essa forma do telômero, porque ela é desprovida de uma extremidade 3' de fita simples aparente. Propôs-se que, quanto mais os telômeros encurtassem, maior seria sua dificuldade para formar a alça t, permitindo, assim, um maior acesso à extremidade 3' do telômero.

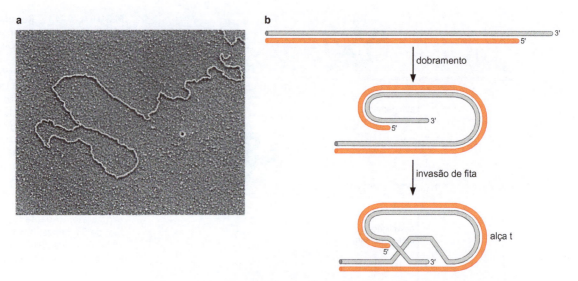

FIGURA 9-42 Os telômeros formam uma estrutura de alça na célula. (a) Micrografia eletrônica de um telômero isolado de uma célula humana. A alça encontrada no fim do DNA inclui o ssDNA na extremidade do telômero e é chamada de alça t. A extremidade do DNA no canto superior direito seria ligada ao restante do cromossomo. (Reproduzida, com permissão, de Griffith J.D. et al. 1999. *Cell* **97**: 503-514, Fig. 3f. © Elsevier.) (b) Ilustração do mecanismo proposto para a formação da alça t. A primeira etapa dobra o telômero de maneira que o ssDNA na extremidade do telômero possa acessar as repetições teloméricas de dsDNA. Assim que a extremidade de ssDNA é adequadamente posicionada, ela pode invadir as repetições de dsDNA e formar uma hélice com a fita complementar, deslocando a outra fita do dsDNA. Isso é chamado de alça de deslocamento e é um intermediário comum na recombinação homóloga (ver Cap. 11). É provável que proteínas de ligação ao telômero e outras proteínas celulares (p. ex., proteínas de recombinação) facilitem esse processo. Observa-se como o processo de dobramento seria muito mais difícil à medida que o telômero encurtasse.

RESUMO

A síntese de DNA depende da presença de dois tipos de substratos: os quatro desoxinucleotídeos trifosfato (dATP, dGTP, dCTP e dTTP) e a estrutura de molde de DNA, uma junção iniciador:molde. O DNA-molde determina a sequência dos nucleotídeos incorporados. O iniciador serve como substrato para a incorporação de desoxinucleotídeos, sucessivamente adicionados à OH em sua extremidade 3′.

A síntese de DNA é catalisada por uma enzima denominada DNA-polimerase, que utiliza um único sítio ativo para adicionar qualquer um dos quatro dNTPs precursores. Estudos estruturais de diversas DNA-polimerases revelaram que elas se assemelham a uma mão que segura o DNA e o nucleotídeo a ser incorporado no sítio catalítico. As DNA-polimerases são processivas: uma vez ligadas a um substrato, elas são capazes de adicionar muitos nucleotídeos. As exonucleases de revisão de leitura aumentam ainda mais a precisão da síntese de DNA, atuando como uma "tecla de deletar" que remove nucleotídeos incorretamente adicionados.

Na célula, ambas as fitas de um molde de DNA são duplicadas simultaneamente em uma estrutura chamada forquilha de replicação. Como as duas fitas do DNA são antiparalelas, apenas uma das fitas do molde de DNA pode ser replicada de maneira líder (a fita-líder). A outra fita de DNA (chamada fita tardia) deve ser sintetizada primeiramente como uma série de pequenos segmentos de DNA, chamados fragmentos de Okazaki. Cada fita de DNA é iniciada com um iniciador de RNA, que é sintetizado por uma enzima chamada primase. Esses iniciadores devem ser removidos para finalizar o processo de replicação. Após a substituição dos iniciadores de RNA por DNA, todos os fragmentos de DNA da fita tardia que foram iniciados em separado são unidos, formando uma fita contínua de DNA pela DNA-ligase.

Além das DNA-polimerases, diversas outras proteínas atuam coordenando e facilitando o processo de replicação do DNA. Esses fatores adicionais facilitam o desenrolamento do molde de dsDNA (DNA-helicase), estabilizam o molde de ssDNA (SSBs) e removem as supertorções geradas na frente da forquilha de replicação (topoisomerases). As DNA-polimerases são especializadas, desempenhando diferentes papéis durante a replicação do DNA. Algumas estão estruturadas para serem altamente processivas e outras apenas fracamente processivas. Os grampos deslizantes do DNA aumentam a processividade das DNA-polimerases, permitindo a replicação de extensas regiões de DNA. Essas proteínas em formato de grampos estão ligadas topologicamente ao DNA, mas são capazes de deslizar ao longo do DNA recém-sintetizado enquanto ligadas à DNA-

-polimerase. Isso impede, efetivamente, a dissociação da DNA-polimerase da junção iniciador:molde. Complexos proteicos especiais, chamados carregadores do grampo deslizante do DNA, utilizam a energia da ligação e hidrólise do ATP para posicionar os grampos deslizantes sobre o DNA próximos às junções iniciador:molde.

As interações entre as proteínas na forquilha de replicação desempenham papel importante na síntese de DNA. Em *E. coli*, as três DNA-polimerases participam de um grande complexo chamado holoenzima DNA Pol III. A ligação da holoenzima DNA Pol III à DNA-helicase estimula a velocidade de desenrolamento do DNA. De maneira similar, a ligação da primase à DNA-helicase aumenta a sua capacidade de sintetizar iniciadores de RNA. Assim, a reação de replicação é otimizada quando todo o conjunto de proteínas de replicação está presente na forquilha de replicação. Esse conjunto de proteínas, atuando de modo coordenado, forma um complexo chamado replissomo.

A iniciação da replicação do DNA é dirigida por sequências de DNA específicas, chamadas replicadores. O local onde ocorre o início da replicação é chamado origem de replicação. O replicador é ligado especificamente a uma proteína iniciadora, o que promove o recrutamento de outras proteínas necessárias à iniciação da replicação (como a DNA-helicase) e, em alguns casos, mas não sempre, o desenrolamento do DNA na origem. Os eventos subsequentes na iniciação da replicação do DNA são predominantemente comandados por interações proteína-proteína e por interações não específicas proteína-DNA.

Nas células eucarióticas, a iniciação da replicação do DNA é fortemente controlada para garantir que cada nucleotídeo de cada cromossomo seja replicado apenas uma única vez por ciclo de divisão celular. Essa regulação estrita é realizada pelo controle do carregamento e da ativação da helicase replicativa durante o ciclo celular. Durante a fase G_1 do ciclo celular, as helicases podem ser carregadas mas não podem ser ativadas. No período restante do ciclo (fases S, G_2 e M), as helicases carregadas podem ser ativadas, levando à iniciação da replicação do DNA, mas nenhum novo carregamento de helicase pode ocorrer. Assim, cada replicador pode promover apenas um ciclo de iniciação de replicação por ciclo celular, assegurando que o DNA seja replicado somente uma vez.

O término da replicação do DNA requer a ação de enzimas específicas. Nos cromossomos circulares, a DNA topoisomerase tipo II separa os produtos circulares topologicamente ligados um do outro. Os cromossomos lineares também necessitam de proteínas especiais para garantir sua completa replicação. Nas células eucarióticas, uma DNA-polimerase especializada chamada telomerase permite que as extremidades dos cromossomos (chamados telômeros) atuem como uma origem de replicação singular. Ao estender as extremidades 3' dos telômeros, a telomerase elimina a perda progressiva das extremidades cromossômicas causadas pela síntese convencional da maquinaria da forquilha de replicação. Proteínas ligadas ao DNA telomérico atuam na regulação da atividade da telomerase e protegem as extremidades dos cromossomos da degradação e da recombinação.

BIBLIOGRAFIA

Livros

DePamphilis M.L., Bell S., and Méchali M. 2012. *DNA replication*. Cold Spring Harbor Laboratory Press, Cold Spring Harbor, New York. In press.

Química da síntese de DNA

Brautigam C.A. and Steitz T.A. 1998. Structural and functional insights provided by crystal structures of DNA polymerases. *Curr. Opin. Struct. Biol.* **8**: 54–63.

Jäger J. and Pata J.D. 1999. Getting a grip: Polymerases and their substrate complexes. *Curr. Opin. Struct. Biol.* **9**: 21–28.

Mecanismo da DNA-polimerase

Doublié S. and Ellenberger T. 1998. The mechanism of action of T7 DNA polymerase. *Curr. Opin. Struct. Biol.* **8**: 704–712.

Steitz T.A. 1998. A mechanism for all polymerases. *Nature* **391**: 231–232.

———. 2006. Visualizing polynucleotide polymerase machines at work. *EMBO J.* **25**: 3458–3468.

Forquilha de replicação

Corn J.E. and Berger J.M. 2006. Regulation of bacterial priming and daughter strand synthesis through helicase–primase interactions. *Nucleic Acids Res.* **34**: 4082–4088.

McHenry C.S. 2011. DNA replicases from a bacterial perspective. *Annu. Rev. Biochem.* **80**: 403–436.

O'Donnell M. and Kuriyan J. 2006. Clamp loaders and replication initiation. *Curr. Opin. Struct. Biol.* **16**: 405–415.

Vos S.M., Tretter E.M., Schmidt B.H., and Berger J.M. 2011. All tangled up: How cells direct, manage and exploit topoisomerase function. *Nat. Rev. Mol. Cell Biol.* **12**: 827–841.

Especialização das DNA-polimerases

Lovett S.T. 2007. Polymerase switching in DNA replication. *Mol. Cell.* **27**: 523–526.

Iniciação da replicação do DNA

Arias E.E. and Walter J.C. 2007. Strength in numbers: Preventing rereplication via multiple mechanisms in eukaryotic cells. *Genes Dev.* **21**: 497–518.

Duderstadt K.E. and Berger J.M. 2008. AAA+ ATPases in the initiation of DNA replication. *Crit. Rev. Biochem. Mol. Biol.* **43**: 163–187.

Remus D. and Diffley J.F.X. 2009. Eukaryotic DNA replication control: Lock and load, then fire. *Curr. Opin. Cell Biol.* **21**: 771–777.

Robinson N.P. and Bell S.D. 2005. Origins DNA replication in the three domains of life. *FEBS J.* **272**: 3757–3766.

Término da replicação

Blackburn E.H. and Collins K. 2011. Telomerase: An RNP enzyme synthesizes DNA. *Cold Spring Harb*. Perspect. Biol. **3**: a003558. doi: 10.1101/cshperspect.a003558.

Linger B.R. and Price C.M. 2009. Conservation of telomere protein complexes: Shuffling through evolution. *Crit. Rev. Biochem. Mol. Biol.* **44**: 434–446.

QUESTÕES

Para respostas de questões de número par, ver Apêndice 2: Respostas.

Questão 1. Cite os dois substratos necessários para a síntese de DNA. Explique o porquê da necessidade de cada um deles.

Questão 2. Liste as etapas da síntese de DNA, começando pelo molde com iniciador e os desoxinucleotídeos trifosfato.

Questão 3. Explique por que a síntese de DNA está acoplada à hidrólise de pirofosfato.

Questão 4. O fármaco antiviral Aciclovir (estrutura representada a seguir) é usado para tratar infecções causadas por vírus de DNA dupla-fita, como o herpes-vírus simples. O Aciclovir atua em nível de síntese de DNA.

A. O Aciclovir atua como análogo de qual desoxinucleotídeo?

B. O Aciclovir não pode ser incorporado ao DNA a menos que seja modificado por uma quinase codificada pelo vírus. Explique por que a atividade de uma quinase é necessária para que o aciclovir seja incorporado durante a síntese de DNA.

Questão 5. Explique por que o cloreto de magnésio é adicionado ao tampão usado para PCR (reação em cadeia da polimerase).

Questão 6. Formule uma hipótese especulando por que algumas DNA-polimerases são desprovidas de atividade de exonuclease sem que isso contribua significativamente para o número de malpareamentos introduzidos durante a replicação do DNA.

Questão 7. A seguir, está representada uma longa fita-molde de DNA na qual está ocorrendo a síntese de DNA da fita tardia. As linhas horizontais curtas representam dois fragmentos de Okazaki que já foram sintetizados. No contexto da forquilha de replicação, selecione a letra (a-d) que indica onde a primase sintetizará o próximo iniciador de RNA. Por que você escolheu essa localização?

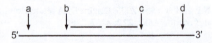

Questão 8. A seguir, está uma figura de uma única origem de replicação em uma célula eucariótica.

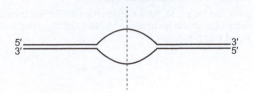

A. Em relação à linha pontilhada, em qual(is) direção(ões) – direita, esquerda ou ambas – a replicação prossegue?

B. Do lado direito da linha pontilhada, a replicação de qual fita-molde (de cima ou de baixo) será contínua?

C. Do lado esquerdo da linha pontilhada, a replicação completa de qual fita-molde (de cima ou de baixo) será mais afetada por uma mutação que faz a DNA-ligase ser parcialmente funcional?

Questão 9. Você quer montar um ensaio começando com um grampo deslizante ligado ao DNA. Qual propriedade especial o DNA deve ter para estabelecer a ligação entre o grampo deslizante e o DNA? Quais outros componentes proteicos devem estar na reação para garantir a ligação?

Questão 10.

A. Explique como o tempo necessário para completar a replicação do genoma de *E. coli* é de 40 minutos, mas mesmo assim as células podem se dividir a cada 20 minutos.

B. Por que a telomerase não é necessária em células de *E. coli*?

Questão 11.

A. Descreva o papel de uma DNA-helicase em uma forquilha de replicação.

B. Como resultado da atividade da DNA-helicase, as topoisomerases também são necessárias durante a replicação. Explique como as topoisomerases ajudam as DNA-helicases a funcionarem de maneira mais eficiente.

C. Durante a PCR, você não precisa adicionar DNA-helicase à reação. Explique por que não.

Questão 12. Em *E. coli*, a DNA-polimerase I possui atividades de exonuclease 5' e 3', enquanto a DNA-polimerase III possui atividade de exonuclease 3'. Explique a funcionalidade por trás das diferenças em atividade de exonuclease associada a essas duas DNA-polimerases.

Questão 13. Pesquisadores mapearam mutações associadas a doenças como disqueratose congênita ao DNA que codifica o componente de RNA da telomerase. Descreva por que defeitos no componente de RNA da telomerase estão associados a doenças.

Questão 14. Revise o Quadro 9-1. Ensaios de incorporação medem a síntese de DNA usando dNTPs marcados com ^{32}P (em que ^{32}P substitui o α-fosfato do dNTP).

A. Se você usar dNTPs marcados nos β ou γ-fosfatos, você não detectará nenhuma radioatividade no DNA recém-sintetizado. Explique o porquê.

B. Após a incorporação dos dNTPs marcados com ^{32}P, você precisa separar os dNTPs marcados com ^{32}P não incorporados da fita de DNA recém-sintetizada antes de medir a quantidade de ^{32}P incorporado. Explique como a eletroforese em gel separa os dNTPs marcados com ^{32}P não incorporados da fita de DNA recém-sintetizada.

C. Para a ligação à membrana mostrada no Quadro 8-1, Figura 2, descreva um controle negativo que asseguraria que sua membrana estivesse separando os dNTPs marcados com ^{32}P não incorporados do DNA.

CAPÍTULO 10

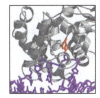

Mutabilidade e Reparo do DNA

SUMÁRIO

Erros de Replicação e seu Reparo, 314

Lesões no DNA, 320

Reparo e Tolerância de Lesões no DNA, 324

A PERPETUAÇÃO DO MATERIAL GENÉTICO de geração para geração depende da manutenção das taxas de mutação em níveis mínimos. As taxas de mutação elevadas na linhagem germinativa destruiriam a espécie, e as taxas de mutação elevadas na linhagem somática destruiriam o indivíduo. As células vivas dependem do funcionamento correto de milhares de genes, e cada um deles pode ser danificado por uma mutação nos diversos sítios da sequência que codifica as suas proteínas, ou nas regiões flanqueadoras que promovem sua expressão ou o processamento de seu RNA mensageiro (mRNA).

Se os descendentes tiverem boas chances de sobrevivência, as sequências de DNA devem ser transmitidas de maneira exata e inalteradas à linhagem germinativa. Da mesma maneira, as células especializadas do organismo adulto não conseguiriam realizar sua missão se as taxas de mutação somáticas fossem altas. O câncer, por exemplo, surge em células que perderam a capacidade de crescimento e divisão controladas em consequência de lesões nos genes que controlam o ciclo celular. Se as taxas de mutação nas células somáticas forem elevadas, a incidência de câncer será catastrófica e insustentável.

Ao mesmo tempo, se o material genético fosse perpetuado com fidelidade perfeita, a variação genética necessária para permitir a evolução seria perdida, e novas espécies, incluindo a humana, não teriam surgido. Assim, a vida e a biodiversidade dependem de um delicado equilíbrio entre a ocorrência de uma mutação e seu reparo. Neste capítulo, serão considerados as causas das mutações e os sistemas responsáveis por sua reversão ou correção, que minimizam as lesões no material genético.

Duas fontes importantes de mutação são as falhas na replicação do DNA e as lesões químicas no material genético. Os erros de replicação surgem da tautomerização, a qual, como foi visto no Capítulo 9, impõe um limite na precisão do pareamento de bases durante a replicação do DNA. A maquinaria enzimática de replicação do DNA tenta compensar a incorporação de nucleotídeos incorretos por meio de um mecanismo de revisão de leitura, mas alguns erros escapam da detecção. Além disso, o DNA é uma molécula orgânica complexa e frágil, de estabilidade química limitada. Ele não apenas sofre lesões espontâneas, como perdas de bases, mas também é atingido por substâncias químicas naturais e artificiais e pela radiação, que quebram seu esqueleto e alteram quimicamente suas bases. Em poucas palavras, os erros na replicação e lesões no material genético por causas ambientais são inevitáveis. Uma terceira fonte importante de mutações é a classe de inserções geradas por elementos de DNA conhecidos como **transposons**. A transposição é um assunto importante por si só, e será considerado de maneira detalhada no Capítulo 12.

Os erros na replicação e as lesões no DNA têm duas consequências. Uma, obviamente, consiste nas alterações permanentes no DNA (**mutações**), que alteram a sequência codificadora de um gene ou suas sequências reguladoras. A segunda consequência é que algumas alterações químicas no DNA impedem sua utilização como molde para a replicação e a transcrição. Os efeitos das mutações geralmente se manifestam apenas na progênie da célula na qual a alteração da sequência ocorreu, mas as **lesões** no DNA ou alterações na estrutura do DNA que impedem a replicação ou a transcrição podem ter efeitos imediatos no funcionamento e na sobrevivência celular.

O desafio para a célula é duplo. Primeiro, ela deve vasculhar o genoma para detectar erros de síntese e lesões no DNA. Segundo, ela deve corrigir as lesões de maneira que, se possível, restaure a sequência de DNA original. Aqui, serão discutidos os erros originados durante a replicação, as lesões que surgem a partir de danos espontâneos no DNA e os danos provocados por agentes químicos e radiação. Em cada caso, será considerado como a alteração no material genético é detectada e como pode ser adequadamente corrigida ou tolerada. Entre as questões que serão abordadas estão as seguintes: como o DNA é corrigido de maneira suficientemente rápida para impedir que os erros se incorporem no material genético como mutações? Como a célula distingue a fita parental da fita-filha na correção dos erros de replicação? Como a célula restaura uma sequência de DNA quando – devido a uma quebra ou lesão grave – a sequência original não pode mais ser lida? Como a célula enfrenta lesões que bloqueiam a replicação? As respostas para essas questões dependem do tipo de erro ou lesão que necessita de reparo.

Primeiramente, serão considerados os erros que ocorrem durante a replicação e como eles são corrigidos, e depois, vários tipos de lesões que surgem espontaneamente ou a partir de agressões ambientais, antes de discutir os múltiplos mecanismos de reparo que permitem à célula corrigir erros de replicação e danos ao DNA. Por último, será feita uma revisão das vias que permitem que o dano no DNA seja tolerado durante a replicação para prevenir a morte celular e permitir que a lesão de DNA seja subsequentemente reparada. Será visto que vários sistemas sobrepostos permitem que a célula enfrente uma ampla gama de danos no DNA, ressaltando o investimento que os organismos vivos fazem na preservação do material genético.

ERROS DE REPLICAÇÃO E SEU REPARO

A natureza das mutações

As mutações incluem praticamente todas as alterações permanentes concebíveis na sequência de DNA. As mutações mais simples são as substituições de uma base por outra. Existem dois tipos: as **transições**, que são substituições de uma pirimidina por outra, e de uma purina por outra, como T por C e A por G; e as **transversões**, que são substituições de uma pirimidina por uma purina, e de uma purina por uma pirimidina, como T por G ou A, e A por C ou T (Fig. 10-1). Outras mutações simples são as inserções ou deleções de um nucleotídeo ou de um número reduzido de nucleotídeos. As mutações que alteram um único nucleotídeo são chamadas **mutações de ponto**, ou mutações pontuais.

Outros tipos de mutações causam alterações mais drásticas no DNA, como inserções extensas e deleções e rearranjos grosseiros da estrutura cromossômica. Essas alterações podem ser causadas, por exemplo, pela inserção de um transposon, que geralmente posiciona vários milhares de nucleotídeos de DNA exógeno nas sequências codificadora ou reguladora de um gene (ver Cap. 12) ou pelas ações aberrantes dos processos de recombinação celular. A taxa geral na qual surgem novas mutações espontaneamente em

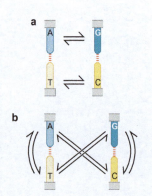

FIGURA 10-1 Substituições do tipo troca de bases. (a) Transições. (b) Transversões.

um sítio qualquer do cromossomo varia de cerca de 10^{-6} a 10^{-11} por ciclo de replicação do DNA, sendo que alguns sítios do cromossomo são "*hot spots*" (pontos quentes), onde as mutações surgem com uma frequência maior, e outros sítios sofrem alterações com frequência relativamente menor.

Um tipo de sequência particularmente sujeita à mutação merece um comentário especial, devido à sua importância na genética humana e nas doenças. Essas sequências propensas à mutação são repetições de sequências simples de di-, tri- ou tetranucleotídeos, conhecidas como **microssatélites de DNA**. Um exemplo bem-conhecido envolve repetições da sequência dinucleotídica CA. As regiões de repetições CA são encontradas em inúmeros locais amplamente dispersos nos cromossomos de seres humanos e de outros eucariotos. A maquinaria de replicação tem dificuldade em copiar essas repetições com precisão, frequentemente cometendo "deslizes". Esses deslizes aumentam ou reduzem o número de cópias da sequência repetida. Como resultado, o comprimento da repetição CA em um determinado sítio cromossômico é frequentemente polimórfico na população. Esse polimorfismo fornece um marcador físico conveniente para o mapeamento de mutações hereditárias, como as mutações que aumentam a propensão para determinadas doenças nos seres humanos (ver Quadro 10-1, A expansão de repetições em trincas provoca doenças).

Alguns erros de replicação escapam da revisão de leitura

Como foi visto, a maquinaria de replicação alcança um grau de precisão surpreendentemente elevado ao utilizar um mecanismo de revisão de leitura, o componente de exonuclease 3' → 5' do replissomo, que remove os nucleotídeos incorporados erroneamente (como discutido no Cap. 9). A revisão de leitura aumenta a fidelidade da replicação do DNA por um fator de aproximadamente 100. Alguns nucleotídeos erroneamente incorporados escapam da detecção e geram um malpareamento entre a fita recém-sintetizada e a fita-molde. Três nucleotídeos diferentes podem ser erroneamente incorporados em oposição a cada um dos quatro tipos de nucleotídeos da fita-molde (p. ex., T, G ou C em oposição a T no molde), o que resulta em um total de 12 possíveis malpareamentos (T:T, T:G, T:C e assim por diante). Se o nucleotídeo mal-incorporado não for subsequentemente detectado e substituído, a alteração de sequência se tornará permanente no genoma: durante um segundo ciclo de replicação, o nucleotídeo mal-incorporado, agora parte da fita-molde, dirigirá a incorporação de seu nucleotídeo complementar na fita recém-sintetizada (Fig. 10-2). A esta altura, o malpareamento não existirá mais; em vez disso, ele terá resultado em uma alteração permanente (uma mutação) na sequência de DNA.

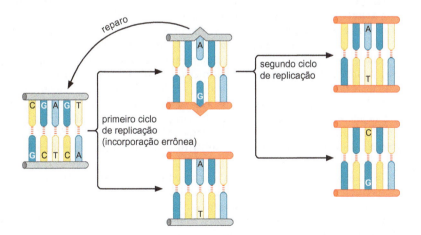

FIGURA 10-2 A replicação pode transformar uma base mal-incorporada em uma mutação permanente. Uma mutação potencial pode ser introduzida pela incorporação errônea de uma base em um primeiro ciclo de replicação. No segundo ciclo de replicação, a mutação torna-se permanentemente incorporada na sequência de DNA.

> CONEXÕES CLÍNICAS

Quadro 10-1 A expansão de repetições em trincas provoca doenças

Outro exemplo bem-conhecido de sequências sujeitas a erros são as repetições de trincas de sequências de nucleotídeos CGG e CAG em determinados genes. Nos seres humanos, são frequentemente encontradas expansões do número de repetições em trinca de uma geração para a outra, resultando em doenças que são progressivamente mais graves nos filhos e netos dos indivíduos afetados. Exemplos de doenças que são causadas pela expansão de trincas são a distrofia muscular adulta (miotônica); a síndrome do X frágil, que causa retardo mental; e a doença de Huntington, que causa neurodegeneração. CAG é o códon que corresponde ao resíduo de glutamina, e a sua expansão na sequência codificadora da proteína de Huntington resulta em uma repetição de resíduos de glutamina na proteína mutante em pacientes com a doença de Huntington. Pesquisas recentes indicam que esse trecho de poliglutamina interfere na interação normal entre uma sequência rica em glutamina de um fator de transcrição chamado Sp1 e uma sequência rica em glutamina correspondente em TAFII130, uma subunidade de um componente da maquinaria de transcrição chamado TFIID (ver Cap. 13). Essa interferência prejudica a transcrição nos neurônios do cérebro, incluindo a transcrição do gene para o receptor de um neurotransmissor. Da mesma maneira, os segmentos repetidos de poliglutamina gerados pelas expansões CAG em outros genes também exercem seus efeitos interferindo nas interações entre fatores de transcrição e TAFII130.

O reparo de malpareamentos remove os erros que escapam da revisão de leitura

Felizmente, existe um mecanismo para detectar os malpareamentos e corrigi-los. A responsabilidade final da fidelidade da replicação do DNA se apoia nesse **sistema de reparo de malpareamentos**, o qual aumenta a precisão da síntese de DNA em duas ou três ordens de magnitude adicionais. O sistema de reparo de malpareamentos defronta-se com dois desafios. Primeiro, ele deve verificar o genoma por malpareamentos. Como os malpareamentos são temporários (eles desaparecem no ciclo de replicação subsequente, quando resultam em mutações), o sistema de reparo deve encontrar e reparar logo os malpareamentos. Segundo, o sistema deve corrigir o malpareamento de maneira precisa; ou seja, ele deve substituir o nucleotídeo erroneamente incorporado da fita recém-sintetizada e não o nucleotídeo correto da fita parental.

Em *Escherichia coli*, os malpareamentos são detectados por um dímero da proteína de reparo de malpareamento **MutS** (Fig. 10-3). A MutS escaneia o DNA, reconhecendo malpareamentos a partir da distorção que eles causam no esqueleto de DNA. Essa proteína envolve o DNA que contém o malpareamento, induzindo uma acentuada dobra no DNA e uma alteração conformacional na própria MutS (Fig. 10-4). A chave para a especificidade de MutS é que o DNA que contém um malpareamento pode ser muito mais facilmente torcido do que o DNA corretamente pareado. A MutS possui uma atividade de ATPase que é necessária para o reparo de malpareamento, mas seu papel exato no reparo não é conhecido. Esse complexo de MutS e DNA que contém o malpareamento recruta **MutL**, uma segunda proteína que compõe o sistema de reparo. A MutL, por sua vez, ativa **MutH**, uma enzima que promove uma quebra em uma das fitas, próximo ao sítio do malpareamento. A clivagem é seguida pela ação de uma helicase específica (UvrD) e de uma de três exonucleases (ver discussão a seguir). A helicase desenrola o DNA, começando pela incisão e movendo-se na direção do sítio de malpareamento, e a exonuclease digere progressivamente a fita simples deslocada, estendendo para além do sítio do nucleotídeo malpareado. Essa ação produz uma lacuna de fita simples, que é, a seguir, preenchida pela DNA-polimerase III (Pol III) e fechada pela DNA-ligase. O efeito geral é a remoção do malpareamento e sua substituição pelo nucleotídeo que forma corretamente o par de bases.

Mas como o sistema de reparo de malpareamentos de *E. coli* sabe qual dos dois nucleotídeos do par deve ser substituído? Se o reparo ocorresse aleatoriamente, então, na metade das vezes o erro poderia ser permanentemente incorporado ao DNA. A resposta é que *E. coli* marca a fita parental pela hemimetilação temporária, como será discutido a seguir.

Capítulo 10 Mutabilidade e Reparo do DNA 317

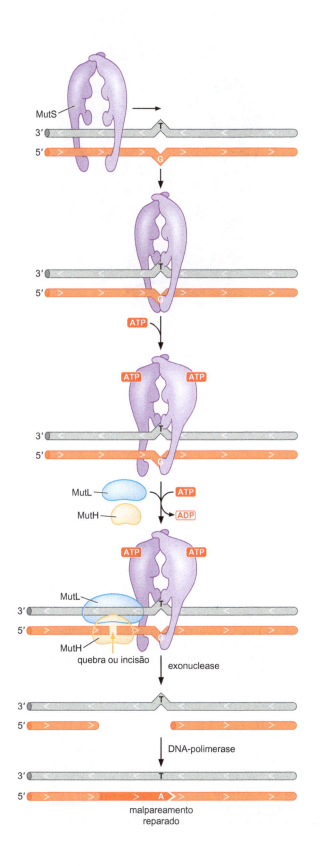

FIGURA 10-3 Via de reparo de malpareamento para o reparo de erros de replicação. A MutS circunda o DNA que contém o malpareamento, induzindo uma torção ou dobra (não mostrada, mas ver Fig. 10-4). Em etapas subsequentes, a MutS recruta MutL e MutH, e a atividade de ATPase de MutS catalisa a hidrólise de ATP. MutH é uma endonuclease que cria uma quebra no DNA próximo ao sítio de malpareamento. A seguir, uma exonuclease digere a fita quebrada movendo-se para além do malpareamento. Por fim, a lacuna de fita simples resultante é preenchida pela DNA-polimerase, eliminando o malpareamento. (Adaptada, com permissão, de Junop M.S. et al. 2001. *Mol. Cell* **7**: 1-12, Fig. 6b. © Elsevier.)

FIGURA 10-4 Estrutura de cristal do complexo MutS-DNA. Observa-se a dobra no DNA, representado na parte inferior da estrutura. Além disso, próximo à parte superior da estrutura da enzima está o ATP, mostrado em amarelo, verde e vermelho. O DNA está representado no modelo de preenchimento, com o esqueleto de açúcar-fosfato em vermelho e as bases em cinza. (Junop M.S. et al. 2002. *Mol. Cell* **7**: 1-12.) Imagem preparada com MolScript, BobScript e Raster 3D.

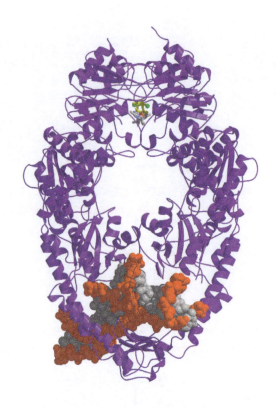

A enzima de *E. coli* **Dam metilase** metila resíduos A em ambas as fitas da sequência 5'-GATC-3'. A sequência GATC é amplamente distribuída ao longo de todo o genoma (ocorrendo aproximadamente a cada 256 pb [4^4]), e todos esses sítios são metilados pela Dam metilase. Quando a forquilha de replicação passa pelo DNA que está metilado nos sítios GATC de ambas as fitas (DNA totalmente metilado), os dúplices de DNAs-filhos resultantes estarão hemimetilados (i.e., metilados somente na fita parental). Assim, por alguns minutos, até que a Dam metilase alcance e metile a fita recém-sintetizada, os dúplices de DNAs-filhos estarão metilados apenas na fita que serviu como molde (Fig. 10-5a). Dessa maneira, a fita recém-sintetizada está marcada (pois não possui o grupo metil) e, portanto, pode ser reconhecida como a fita para o reparo.

A proteína MutH liga-se a esses sítios hemimetilados, mas a sua atividade de endonuclease está normalmente latente. A MutH torna-se ativa, como descrito anteriormente, apenas após o contato com a MutL e a MutS, posicionadas em um malpareamento próximo (provavelmente em uma distância de até poucas centenas de pares de bases). Não se sabe exatamente como essa interação ocorre por distâncias de até vários milhares de pares de bases, mas evidências recentes indicam que o complexo MutS-MutL deixa o malpareamento e se move ao longo do DNA para alcançar MutH no sítio de hemimetilação. Uma vez ativada, MutH cliva seletivamente a fita não metilada, de maneira que apenas o DNA recém-sintetizado nas proximidades do malpareamento seja removido e substituído (Fig. 10-5b). A metilação é, portanto, um dispositivo de "memória", que possibilita que o sistema de reparo de *E. coli* encontre a sequência correta a partir da fita parental, caso tenha sido cometido um erro durante a replicação.

Diferentes exonucleases são utilizadas para remover o DNA de fita simples entre a clivagem originada pela MutH e o malpareamento, dependendo de a MutH clivar o DNA no lado 5' ou no lado 3' do nucleotídeo errôneo. Se o DNA for clivado no lado 5' do malpareamento, então a exonuclease VII ou RecJ, que degrada o DNA na direção 5' → 3', remove a porção de DNA desde a quebra induzida pela MutH, passando pelo nucleotídeo erroneamente incorporado. Reciprocamente, se a quebra estiver no lado 3' do malpareamen-

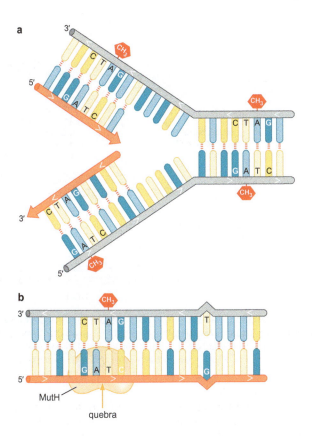

FIGURA 10-5 **Metilação Dam na forquilha de replicação.** (a) A replicação gera DNA hemimetilado em *E. coli*. (b) MutH faz uma incisão na fita-filha não metilada.

to, o DNA será removido pela exonuclease I, que degrada o DNA na direção 3′ → 5′. Como foi visto, após a remoção da base malpareada, a DNA Pol III preenche a sequência que foi removida (Fig. 10-6).

As células eucarióticas apresentam proteínas homólogas à MutS (chamadas proteínas MSH para "homólogas da MutS") e MutL (chamadas MLH e PMS) para corrigir malpareamentos. Na verdade, os eucariotos apresentam diversas proteínas semelhantes à MutS, com especificidades diferentes. Por exemplo, uma proteína é específica para malpareamentos simples, ao passo que outra recohece pequenas inserções ou deleções derivadas de "deslizes"durante a replicação do DNA. Uma evidência fundamental de que o reparo de malpareamentos desempenha uma função essencial nos organismos superiores surgiu da descoberta de que a predisposição genética para o câncer de colo (câncer colorretal não polipoide hereditário) se deve a uma mutação nos genes humanos homólogos de MutS (especificamente o homólogo MSH2) e MutL.

Embora as células eucarióticas possuam sistemas de reparo de malpareamentos, elas não têm MutH nem o truque inteligente de usar a hemimetilação para marcar a fita parental, encontrados em *E. coli*. (De fato, a maioria das bactérias é desprovida de Dam metilase e também é incapaz de usar a hemimetilação para marcar a fita recém-sintetizada.) Como, então, o sistema de reparo sabe qual das duas fitas deve ser corrigida? A síntese da fita tardia, como foi visto no Capítulo 9, ocorre de maneira descontínua, com a formação dos fragmentos de Okazaki que são unidos ao DNA previamente sintetizado pela DNA-ligase. Antes da etapa de ligação, os fragmentos de Okazaki estão separados do DNA já sintetizado por uma quebra, que pode ser considerada equivalente à quebra gerada pela MutH na fita recém-sintetizada na *E. coli*. Na verdade, extratos de células eucarióticas efetuam o reparo de malpareamentos em moldes artificiais que contenham uma quebra de forma seletiva na fita que contém a clivagem. Resultados recentes indicam que os homólogos hu-

320 Parte 3 Manutenção do Genoma

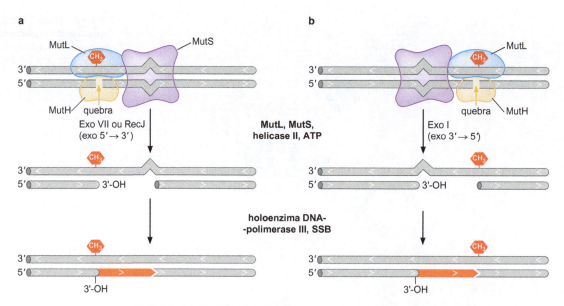

FIGURA 10-6 Direcionalidade no reparo de malpareamentos: remoção do DNA malpareado por exonuclease. Para simplificar, a MutH ligada ao DNA é mostrada imediatamente adjacente a MutS no malpareamento. (a) A sequência GATC não metilada está no lado 5' da mutação. (b) A sequência GATC não metilada está no lado 3' da mutação.

manos de MutS (MSH) interagem com um componente do grampo deslizante no replissomo (PCNA, discutido no Cap. 9) e poderiam, portanto, ser recrutados para o sítio de síntese descontínua de DNA na fita tardia. A interação com o grampo deslizante recrutaria também as proteínas de reparo de malpareamentos para a extremidade 3' (crescente) da fita-líder.

LESÕES NO DNA

O DNA sofre lesões espontâneas por hidrólise e por desaminação

As mutações surgem não apenas por erros na replicação, mas também por lesões no DNA. Algumas lesões são causadas, como será visto, por fatores ambientais, como a radiação e os agentes químicos, chamados **agentes mutagênicos**, que aumentam a taxa de mutação (ver Quadro 10-2, Teste de Ames). No entanto, o DNA também sofre lesões espontâneas pela ação da água. (O que é uma ironia, uma vez que a própria estrutura da dupla-hélice depende do ambiente aquoso.)

O tipo mais frequente e importante de lesão hidrolítica é a desaminação da base citosina (Fig. 10-7a). Sob condições fisiológicas normais, a citosina sofre desaminação espontânea, originando a base que não é natural (no DNA), a uracila. A uracila realiza pareamento preferencialmente com a adenina, introduzindo a base na fita oposta após a replicação, em vez de G, que deveria ter sido pareada como C. A adenina e a guanina também estão sujeitas à desaminação espontânea. A desaminação converte a adenina em hipoxantina, que faz ligações de hidrogênio com a citosina, em vez da timina; a guanina é convertida em xantina, que continua a parear com a citosina, embora apenas por duas ligações de hidrogênio. O DNA também sofre **depurinação** pela hidrólise espontânea da ligação N-glicosílica, e isso produz um sítio abásico (i.e., uma desoxirribose que não possui uma base) no DNA (Fig. 10-7b).

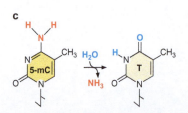

FIGURA 10-7 Tipos comuns de dano hidrolítico ao DNA. (a) A desaminação da citosina origina uracila. (b) A depurinação da guanina por hidrólise origina uma desoxirribose apurínica. (c) A desaminação de 5-metilcitosina gera a timina, uma base natural no DNA.

CONEXÕES CLÍNICAS

Quadro 10-2 Teste de Ames

A determinação do efeito carcinogênico potencial de produtos químicos em animais é lenta e dispendiosa. Entretanto, como a maioria dos agentes causadores de tumores é mutagênica, o efeito carcinogênico potencial de produtos químicos pode ser convenientemente avaliado pela sua capacidade de causar mutações. Bruce Ames, da University of California em Berkeley, desenvolveu um teste simples para avaliar os efeitos carcinogênicos potenciais de produtos químicos, com base na capacidade de provocar mutações na bactéria *Salmonella typhimurium*. O teste de Ames utiliza uma linhagem de *S. typhimurium* com uma mutação no óperon responsável pela biossíntese do aminoácido histidina. Por exemplo, o óperon mutante pode conter uma mutação sem sentido ou uma mutação que altere a fase de leitura em um dos genes da biossíntese de histidina. Como consequência, as células da linhagem mutante não são capazes de se multiplicar e formar colônias em meio sólido na ausência de histidina (Quadro 10-2, Fig. 1). Entretanto, se as células mutantes forem tratadas com um produto químico mutagênico (e, portanto, potencialmente carcinogênico), o produto químico provocará a reversão da mutação sem sentido ou da mutação que alterou a fase de leitura (dependendo da natureza do mutagênico) em um pequeno número de células mutantes. Essa reversão regenera a capacidade das células se multiplicarem, formando colônias em meio sólido sem histidina. Quanto mais potente for o mutagênico, maior será o número de colônias. Alguns produtos químicos que causam câncer não são mutagênicos por si, mas são convertidos em mutagênicos no fígado, que metaboliza substâncias exógenas. Para identificar produtos químicos convertidos em mutagênicos no fígado, o teste de Ames trata os potenciais mutagênicos com uma mistura de enzimas hepáticas. Os potenciais efeitos carcinogênicos de produtos químicos identificados como mutagênicos no teste de Ames podem ser, então, avaliados em animais.

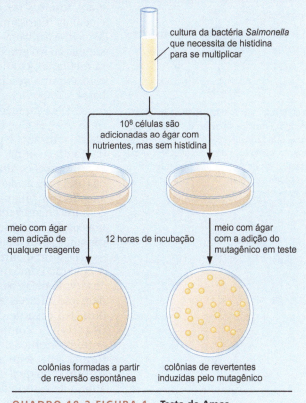

QUADRO 10-2 FIGURA 1 Teste de Ames.

Observa-se que, ao contrário dos erros de replicação discutidos anteriormente, todas essas reações hidrolíticas resultam em alterações que não são naturais no DNA. Sítios apurínicos não são, obviamente, naturais, e cada uma das reações de desaminação gera uma base anormal. Essa situação permite que as alterações sejam reconhecidas pelos sistemas de reparo descritos mais tarde. Isso também fornece uma explicação para o uso da timina, em vez da uracila, pelo DNA. Se o DNA possuísse naturalmente a uracila, em vez da timina, a desaminação da citosina produziria uma base natural, dificilmente reconhecida pelos sistemas de reparo.

O dano gerado pela formação de uma base de ocorrência natural por desaminação é ilustrado pelo problema causado pela presença de 5-metilcitosina. O DNA dos vertebrados frequentemente contém 5-metilcitosina no lugar de citosina, como resultado da ação de metiltransferases. Essa base modificada possui um papel no silenciamento transcricional (ver Cap. 19). A desaminação da 5-metilcitosina gera timina (Fig. 10-7c), que obviamente não será reconhecida como uma base anormal e, após um ciclo de replicação do DNA, pode fixar uma transição de C para T. De fato, Cs metiladas são *hot spots* para mutações espontâneas no DNA de vertebrados.

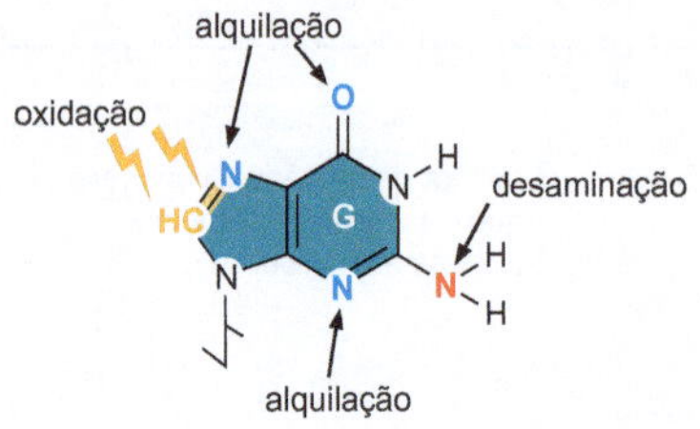

FIGURA 10-8 Modificação de G. A figura mostra sítios específicos da guanina que são vulneráveis a dano por tratamento químico, como alquilação ou oxidação, e por radiação. Frequentemente, os produtos dessas modificações são altamente mutagênicos.

O DNA é danificado por alquilação, oxidação e radiação

O DNA é vulnerável a danos por alquilação, oxidação e radiação. Na alquilação, grupos metil ou etil são transferidos aos sítios reativos das bases e aos fosfatos no esqueleto do DNA. Reagentes químicos alquilantes incluem as nitrosaminas e um agente mutagênico artificial muito potente, a N-metil-N^1-nitro-N-nitrosoguanidina. Um dos sítios mais vulneráveis para a alquilação é o grupo ceto do carbono 6 da guanina (Fig. 10-8). O produto dessa metilação, O^6-metilguanina, frequentemente realiza pareamento errôneo com a timina, resultando na alteração de um par de bases G:C para um par de bases A:T após a replicação do DNA danificado.

O DNA também está sujeito ao ataque por espécies reativas de oxigênio (p. ex., O_2^-, H_2O_2 e OH•). Esses agentes oxidantes potentes são gerados por radiação ionizante e por agentes químicos que produzem radicais livres. A oxidação da guanina, por exemplo, gera 7,8-di-hidro-8-oxoguanina, ou oxoG. O aduto oxoG é altamente mutagênico porque pode realizar um pareamento de bases com a adenina e com a citosina. Se ele parear com a adenina durante a replicação, originará uma transversão G:C para T:A, uma das mutações mais comuns encontradas nos cânceres humanos. Assim, talvez os efeitos carcinogênicos da radiação ionizante e dos agentes oxidantes sejam parcialmente causados pelos radicais livres que convertem guanina em oxoG.

Há, ainda, outro tipo de lesão de bases provocado pela luz ultravioleta. A radiação com comprimento de onda de cerca de 260 nm é intensamente absorvida pelas bases, e uma consequência disso é a fusão fotoquímica de duas pirimidinas em posições adjacentes na mesma cadeia polinucleotídica. No caso de duas timinas, a fusão é chamada **dímero de timina** (Fig. 10-9), e compreende um anel de **ciclobutano** gerado pelas ligações entre os átomos de carbono 5 e 6 de timinas adjacentes. No caso de uma timina adjacente a uma citosina, a fusão resultante é um aduto timina-citosina, no qual a timina é ligada por meio de seu átomo de carbono 6 ao átomo de carbono 4 da citosina. Essas bases ligadas são incapazes de realizar pareamento de bases e provocam a parada da DNA-polimerase durante a replicação. Existem ensaios para medir a quantidade de dano ao DNA, como dímeros de timina, e os efeitos do dano ao DNA sobre a habilidade de a célula sobreviver ou manter sua fidelidade genômica (ver Quadro 10-3, Quantificação do dano ao DNA e seus efeitos sobre a sobrevivência e a mutagênese celulares).

Finalmente, a radiação γ e os raios X (radiação ionizante) são particularmente perigosos, porque provocam quebras na dupla-fita do DNA, as quais são difíceis de corrigir. Se estas quebras não forem corrigidas, as quebras de dupla-fita poderão ser letais para a célula. A radiação ionizante pode atacar diretamente (ionizar) a desoxirribose no esqueleto de DNA. Alternativamente, essa radiação pode exercer efeitos de maneira indireta, por meio da geração de espécies reativas de oxigênio (descrita anteriormente), as quais, por sua vez, reagem com as subunidades de desoxirriboses. Como as células necessitam de cromossomos intactos para replicar seu DNA, a radiação ionizante

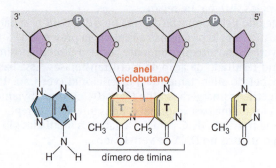

FIGURA 10-9 Dímero de timina. A luz UV induz a formação de um anel ciclobutano entre timinas adjacentes.

> CONCEITOS AVANÇADOS

Quadro 10-3   Quantificação do dano ao DNA e seus efeitos sobre a sobrevivência e a mutagênese celulares

Para estudar dano, reparo e mutagênese do DNA, os pesquisadores usam ensaios para medir o dano ao DNA e seus efeitos sobre as células. A princípio, a habilidade para medir o dano ao DNA parece desafiadora. Como é possível ver quais modificações no DNA estão presentes dentro de uma célula? Os cientistas desenvolveram várias técnicas para realizar isso. Em um ensaio, os pesquisadores usam anticorpos contra um tipo específico de dano ao DNA, como um dímero de timina. Eles medem o nível de dímeros de timina em uma amostra de DNA genômico de maneira semelhante ao uso de anticorpos na medida de níveis proteicos na análise de *immunoblot* (ver Cap. 7). Outro ensaio, o cometa ou ensaio de eletroforese de célula única em gel de agarose, detecta a presença de quebras de fitas simples e dupla, bem como outros tipos de dano ao DNA de células individuais por meio de alterações nos padrões de migração durante a eletroforese em gel. O DNA danificado apresenta aparência semelhante a um cometa quando observado por microscopia de fluorescência. O desenvolvimento contínuo de novas tecnologias promete fornecer métodos mais precisos e específicos para detectar danos ao DNA.

Como se mede o impacto do dano ao DNA sobre a viabilidade celular? Para organismos unicelulares, como bactérias ou leveduras, um ensaio de sobrevivência pode ser tão simples quanto plaquear as células em um meio sólido e comparar o número de colônias (unidades formadoras de colônias) que crescem para células tratadas *versus* células não tratadas. A relação entre mortalidade e um agente ou condição que induz dano ao DNA (a curva de mortalidade) é determinada pela plotagem do percentual de células sobreviventes em cada dose do agente de dano ao DNA ao longo de uma faixa de doses. Um mutante de uma via necessária para reparar um tipo específico de dano produzido pelo tratamento apresentará um percentual menor de sobrevivência do que células selvagens ao longo da mesma faixa de tratamentos. Uma abordagem diferente é utilizada para medir os efeitos dos agentes de dano ao DNA sobre a viabilidade de células de mamíferos. Neste caso, um corante fluorescente é utilizado para distinguir células vivas de células mortas. O percentual de sobrevivência celular como função do tratamento com o agente de dano ao DNA é determinado pela contagem das células que foram ou não marcadas pelo corante, com o uso de um microscópio de fluorescência.

Estudos quantitativos de agentes ou condições que danificam o DNA envolvem medidas de mutagênese, bem como de sobrevivência celular. Semelhantes ao teste de Ames (ver Quadro 10-2), os ensaios de mutagênese podem usar medidas de reversão de uma mutação específica por meio da habilidade de as células mutantes crescerem em um meio sólido desprovido do produto do gene mutado ou do produto gerado por ele. Ensaios de mutagênese também podem envolver mutações diretas (de selvagem para mutante) em um gene específico e crescimento em um meio seletivo, permitindo que apenas células mutantes cresçam. Semelhantes aos ensaios de sobrevivência, os ensaios de mutagênese envolvem o tratamento de células com várias doses de um agente que danifica o DNA. A frequência de mutagênese é determinada a partir do percentual de revertentes ou de mutantes diretos como uma função da dose do agente relativa à sobrevivência celular.

é utilizada de maneira terapêutica para matar células em rápida proliferação no tratamento do câncer. Determinados fármacos anticancerígenos, como a bleomicina, também provocam quebras no DNA. A radiação ionizante e agentes como a bleomicina, que provocam quebras no DNA, são chamados **clastogênicos** (do grego, *klastos*, que significa "quebrado").

As mutações também são causadas por análogos de base e agentes intercalantes

As mutações também são causadas por compostos que substituem as bases normais (**análogos de base**) ou se inserem entre as bases (**agentes intercalantes**), provocando erros na replicação (Fig. 10-10). Os análogos de base são estruturalmente semelhantes às bases corretas, mas diferem em determinadas maneiras que os tornam prejudiciais às células. Portanto, os análogos de base são semelhantes o suficiente para serem absorvidos pelas células, convertidos em nucleosídeos trifosfatados e incorporados ao DNA durante a replicação. No entanto, devido às diferenças estruturais entre esses análogos e as bases corretas, os análogos realizam um pareamento de bases errôneo, levando a erros frequentes durante a replicação. Um dos análogos de base mais mutagênico é a **5-bromouracila**, um análogo da timina. A presença do substituinte bromo permite à base parear erroneamente com a guanina, por meio do tautômero enol (ver Fig. 10-10a). Como foi visto no Capítulo 4, o tautômero ceto é fortemente favorecido em relação ao tautômero enol, mas esta preferência é mais evidente para a timina do que para o análogo 5-bromouracila.

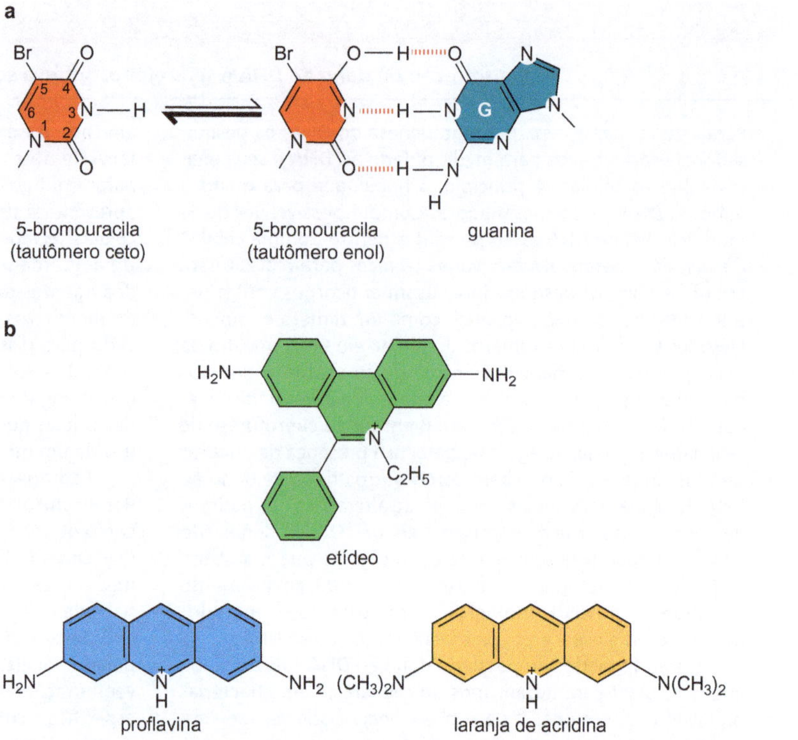

FIGURA 10-10 Análogos de base e agentes intercalantes que causam mutações no DNA. (a) O análogo de base da timina, 5-bromouracila, pode parear erroneamente com a guanina. (b) Agentes intercalantes.

Como foi discutido para o etídeo no Capítulo 4, os **agentes intercalantes** são moléculas planas contendo vários anéis policíclicos que se ligam às bases purina ou pirimidina, igualmente planas, do DNA, assim como as bases se ligam ou se empilham umas às outras na dupla-hélice. Os agentes intercalantes, como a proflavina, a acridina e o etídeo, provocam a deleção ou a adição de um par de bases, ou de uns poucos pares de bases. Essas deleções ou adições podem causar profundas consequências na tradução do mRNA de um gene, devido ao deslocamento da sequência codificadora de sua fase de leitura apropriada, como será visto quando o código genético for considerado, no Capítulo 16.

Como os agentes intercalantes provocam pequenas inserções ou deleções? Uma possibilidade no caso de inserções é que, por deslizarem entre as bases na fita-molde, esses agentes mutagênicos façam a DNA-polimerase inserir um nucleotídeo extra oposto à posição da molécula intercalada. (Quando intercaladas, estas moléculas aproximadamente duplicam o espaço entre duas bases.) Ao contrário, no caso de deleções, a distorção do molde causada pela presença de uma molécula intercalada pode fazer a polimerase "pular" um nucleotídeo.

REPARO E TOLERÂNCIA DE LESÕES NO DNA

Como foi visto, as lesões no DNA podem apresentar duas consequências. Alguns tipos de lesões, como os dímeros de timina ou quebras no esqueleto do DNA, criam impedimentos para a replicação e a transcrição. Outros tipos de lesões criam bases alteradas que não apresentam consequência estrutural imediata para a replicação, mas provocam malpareamentos; estes, por sua vez, resultam na alteração permanente da sequência de DNA após a replicação. Por exemplo, a conversão de citosina em uracila pela desaminação cria um malpareamento U:G, o qual, após um ciclo de replicação, torna-se uma mutação do tipo transição C:G para T:A em um cromossomo-filho. Essas consi-

TABELA 10-1 Sistemas de reparo e tolerância de danos ao DNA

Tipo	Lesão	Enzima
Reparo de malpareamentos	Erros de replicação	MutS, MutL e MutH em *E. coli*; MSH, MLH e PMS em seres humanos
Fotorreativação	Dímeros de pirimidinas	DNA-fotoliase
Reparo por excisão de base	Base danificada	DNA-glicosilase
Reparo por excisão de nucleotídeos	Dímero de pirimidina; aduto volumoso na base	UvrA, UvrB, UvrC e UvrD em *E. coli*; XPC, XPA, XPD, ERCCI-XPF e XPG em seres humanos
Reparo de quebras de dupla-fita	Quebras de dupla-fita	RecA e RecBCD em *E. coli*
Síntese de DNA translesão	Dímero de pirimidina, sítio apurínico ou aduto volumoso na base	DNA-polimerases da família Y, como UmuC em *E. coli*

derações explicam por que as células desenvolveram mecanismos elaborados para identificar e corrigir as lesões antes que elas provoquem o bloqueio da replicação ou causem uma mutação. As células não sobreviveriam por muito tempo sem tais mecanismos.

Nesta seção, serão considerados os sistemas que reparam as lesões no DNA além do sistema de reparo de malpareamentos que corrige estes malpareamentos ocorridos durante a replicação (Tab. 10-1). No mais direto desses sistemas (que representa um reparo verdadeiro), uma enzima de reparo simplesmente reverte (desfaz) a lesão. Um sistema mais elaborado é o **reparo por excisão**, no qual o nucleotídeo danificado não é corrigido, mas sim removido do DNA. Nos sistemas de reparo por excisão, a outra fita, que não foi danificada, serve como molde para a reincorporação do nucleotídeo correto pela DNA-polimerase. Como será visto, existem dois tipos de reparo por excisão, um que envolve a remoção apenas do nucleotídeo danificado e o outro, a remoção de um pequeno segmento de DNA de fita simples que contém a lesão.

Ainda mais sofisticado é o **reparo por recombinação**, que é utilizado quando ambas as fitas estão danificadas, como acontece quando o DNA é quebrado. Nessa situação, uma fita não pode servir de molde para o reparo da outra. Por isso, no reparo por recombinação (conhecido como **reparo de quebras na dupla-fita**), a informação da sequência é extraída de uma segunda cópia, não danificada, do cromossomo. Finalmente, quando a progressão de uma DNA-polimerase durante a replicação é bloqueada por bases danificadas, uma polimerase especial translesão (**polimerase translesão**) copia sobre o sítio da lesão, independentemente do pareamento de bases entre a fita-molde e a fita de DNA recém-sintetizada. Esse mecanismo é um exemplo de tolerância ao dano no DNA, um sistema de último recurso, visto que a síntese pela translesão é fatalmente sujeita a erros (mutagênica).

Reversão direta da lesão no DNA

Um exemplo de reparo pela simples reversão da lesão é a **fotorreativação**. A fotorreativação reverte diretamente a formação dos dímeros de pirimidinas que resultam da irradiação ultravioleta. Na fotorreativação, a enzima DNA-fotoliase captura a energia luminosa e a utiliza para quebrar as ligações covalentes que ligam as duas pirimidinas adjacentes (Fig. 10-11). Em outras palavras, as bases danificadas são corrigidas diretamente.

Outro exemplo de reversão direta é a remoção do grupo metil da base O^6-metilguanina metilada (ver anteriormente). Neste caso, uma metiltransferase remove o grupo metil do resíduo de guanina transferindo-o para um de seus próprios resíduos de cisteína (Fig. 10-12). Isso é dispendioso para a

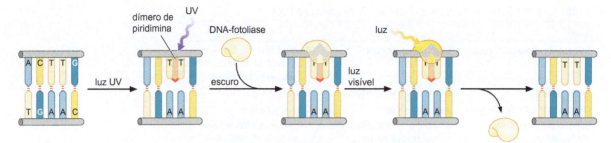

FIGURA 10-11 Fotorreativação. A irradiação UV provoca a formação de dímeros de timinas. Após a exposição à luz, a DNA-fotoliase quebra o anel formado entre os dímeros, restaurando os dois resíduos de timina.

célula, porque a metiltransferase não é catalítica; após ter aceitado um grupo metil uma vez, ela não pode ser usada novamente.

As enzimas de reparo por excisão de bases removem as bases danificadas por um mecanismo de deslocamento

As bases danificadas do DNA são removidas, principalmente, por meio dos sistemas de reparo que removem e substituem as bases alteradas. Os dois principais sistemas são o **reparo por excisão de base** e o **reparo por excisão de nucleotídeos**. No reparo por excisão de bases, uma enzima chamada **glicosilase** reconhece e remove a base danificada pela hidrólise da ligação glicosídica (Fig. 10-13). O açúcar abásico resultante é removido do esqueleto de DNA em uma etapa posterior endonucleolítica. A clivagem endonucleolítica também remove açúcares apurínicos ou apirimidínicos que surgem pela hidrólise espontânea. Após a remoção completa do nucleotídeo danificado do esqueleto, uma DNA-polimerase de reparo e a DNA-ligase restabelecem uma fita intacta usando a fita não danificada como molde.

As DNA-glicosilases são específicas para as lesões, e as células apresentam várias DNA-glicosilases com especificidades diferentes. Assim, uma glicosilase específica reconhece a uracila (produzida em consequência da desaminação da citosina), e outra é responsável pela remoção de oxoG (resultante da oxidação da guanina). Um total de 11 DNA-glicosilases diferentes foram identificadas nas células humanas.

A retirada de bases danificadas do genoma é um problema extraordinário, porque as bases estão localizadas na parte interna da hélice de DNA. Como a DNA-glicosilase detecta as bases danificadas ao verificar o genoma? As evidências indicam que essas enzimas se difundem lateralmente ao longo da fenda menor do DNA até que um tipo específico de lesão seja detectado.

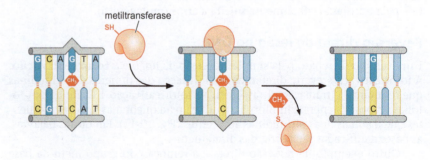

FIGURA 10-12 Remoção de grupo metil. A metiltransferase catalisa a transferência do grupo metil da O^6-metilguanina para um resíduo de cisteína da enzima, restaurando a base G normal no DNA.

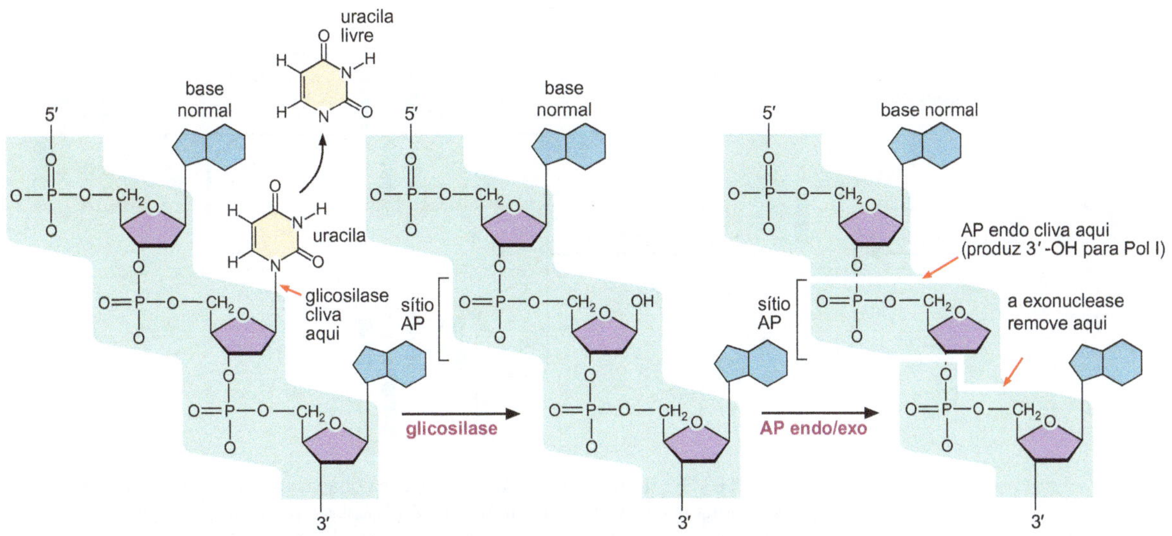

FIGURA 10-13 Sistema de excisão de base: a reação da uracila glicosilase. A uracila glicosilase hidrolisa a ligação glicosídica, liberando a uracila do esqueleto de DNA e criando um sítio AP (um sítio apurínico ou, neste caso, apirimidínico). A endonuclease AP cliva o esqueleto de DNA na posição 5' do sítio AP, deixando uma 3'-OH; a exonuclease cliva na posição 3' do sítio AP, deixando um 5'-fosfato. A lacuna resultante é fechada pela DNA Pol I.

Mas como a enzima pode agir sobre a base se esta está embutida na hélice? A resposta para esta charada reside na incrível flexibilidade do DNA. Estudos cristalográficos de raios X revelaram que a base danificada é deslocada, de maneira que ela se projeta para fora da dupla-hélice, onde se encaixa especificamente na fenda da glicosilase (Fig. 10-14). A dupla-hélice pode permitir o deslocamento da base com apenas uma pequena distorção em sua estrutura, portanto, o custo energético desse deslocamento de base não deve ser alto (ver Cap. 4 e Fig. 4-8). Apesar disso, é muito pouco provável que a glicosilase desloque cada base para identificar as anormalidades à medida que se difunde ao longo do DNA. Assim, o mecanismo pelo qual essas enzimas procuram as bases danificadas ainda é desconhecido.

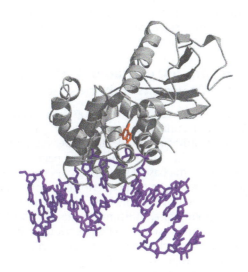

FIGURA 10-14 Estrutura de um complexo DNA-glicosilase. A enzima está mostrada em cinza e o DNA, em lilás. A base danificada, neste caso, oxoG (mostrada em vermelho), está deslocada da hélice e dentro do centro catalítico da enzima. (Bruner S.D. et al. 2000. *Nature* **403**: 859-866.) Imagem preparada com MolScript, BobScript e Raster 3D.

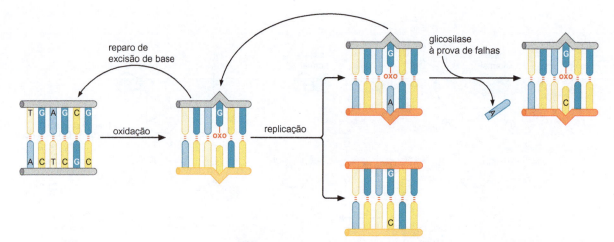

FIGURA 10-15   Reparo oxoG:A. A oxidação da guanina produz oxoG. A base modificada pode ser corrigida antes da replicação pela DNA-glicosilase, por meio do sistema de excisão de base. Se a replicação ocorrer antes de a oxoG ser removida, resultando na incorporação errônea de um A, então uma glicosilase à prova de falhas pode remover o A, permitindo que este seja substituído por um C. Isso fornece uma segunda oportunidade para que a DNA-glicosilase remova a base modificada.

E se a base danificada não for removida pela excisão de bases antes da replicação do DNA? Isso significa inevitavelmente que a lesão provocará uma mutação? No caso de oxoG, que apresenta a tendência em parear erroneamente com A, existe um sistema à prova de falhas (Fig. 10-15). Uma glicosilase específica reconhece os pares de bases oxoG:A gerados pela incorporação errônea de A em oposição a oxoG na fita-molde. Neste caso, entretanto, a glicosilase remove o resíduo A. Assim, a enzima de reparo reconhece um A em oposição a um oxoG como uma mutação e remove a base não danificada, porém, incorreta.

Outro exemplo de sistema à prova de falhas é uma glicosilase que remove T em oposição a G. O malpareamento T:G pode surgir, como já foi visto, pela desaminação espontânea da 5-metilcitosina, que ocorre frequentemente no DNA dos vertebrados. Como a célula pode reconhecer qual é a base incorreta, se T e G são bases normais? O sistema de glicosilase, por assim dizer, supõe que o resíduo T em um malpareamento T:G surgiu da desaminação de 5-metilcitosina e o remove seletivamente, de maneira que possa ser substituído por um C.

As enzimas de reparo por excisão de nucleotídeos clivam o DNA danificado em ambos os lados da lesão

Ao contrário do reparo por excisão de bases, as enzimas de reparo por excisão de nucleotídeos não reconhecem uma lesão em particular. Em vez disso, esse sistema utiliza o reconhecimento de distorções na dupla-hélice, como as distorções causadas por um dímero de timinas ou pela presença de um aduto químico volumoso sobre uma base. Essas distorções desencadeiam uma série de eventos que levam à remoção do pequeno segmento de fita simples que inclui a lesão. Essa remoção origina uma lacuna de fita simples no DNA, que é preenchida pela DNA-polimerase, utilizando a fita não danificada como molde, restaurando, desta forma, a sequência nucleotídica original.

O reparo por excisão de nucleotídeos na *E. coli* é realizado basicamente por quatro proteínas: UvrA, UvrB, UvrC e UvrD (Fig. 10-16). Um complexo de duas moléculas de UvrA e duas moléculas de UvrB verifica o DNA; as duas moléculas de UvrA são responsáveis pela detecção de distorções na hélice. Após encontrar uma distorção, UvrA sai do complexo e UvrB separa o DNA, criando uma bolha

FIGURA 10-16 Via de reparo por excisão de nucleotídeo. (a) A hidrólise de ATP promove a formação de dímero por UvrA, que forma um complexo com um dímero de UvrB. UvrA e UvrB percorrem o DNA para identificar uma distorção. (b) UvrA deixa o complexo, e o dímero de UvrB separa as fitas de DNA ao redor da distorção. (c) UvrC forma um complexo com UvrB e promove clivagens nos lados 5' e 3' da lesão. (d) A DNA-helicase UvrD libera o fragmento de fita simples do dúplex, e a DNA Pol I e a ligase reparam e fecham a lacuna. (Adaptada, com permissão, de Zou Y. e Van Houten B. 1999. *EMBO J.* **18**: 4898, Fig. 7. © Macmillan.)

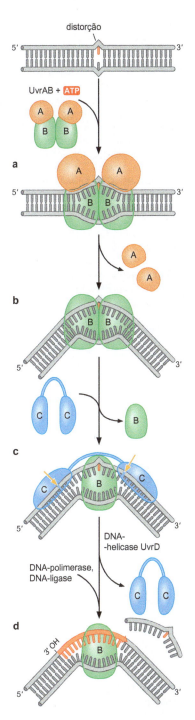

de fita simples ao redor da lesão. A seguir, o dímero UvrB recruta UvrC, e UvrC cria duas incisões: uma localizada a quatro ou cinco nucleotídeos da lesão, na extremidade 3', e outra, a oito nucleotídeos, na extremidade 5'. Essas clivagens criam uma fita de DNA com 12 a 13 resíduos de comprimento que contém a lesão. Essa fita contendo a lesão é removida do resto do DNA pela ação da DNA-helicase UvrD, resultando em uma lacuna de 12 a 13 nucleotídeos. Finalmente, a DNA Pol I e a DNA-ligase preenchem a lacuna resultante.

O princípio do reparo por excisão de nucleotídeos em células de organismos superiores é muito parecido com o de *E. coli*, mas a maquinaria para a detecção, excisão e reparo da lesão é mais complicada, envolvendo 25 ou mais polipeptídeos. Entre estes está o XPC, que é responsável pela detecção de distorções na hélice, uma função correspondente à da UvrA em *E. coli*. Como na *E. coli*, o DNA é aberto formando uma bolha ao redor da lesão. A formação dessa bolha envolve as atividades de helicase das proteínas XPA e XPD (equivalentes à UvrB em *E. coli*) e da proteína de ligação à fita simples RPA. A bolha cria sítios de clivagem na extremidade 5' da lesão para a nuclease conhecida como ERCC1-XPF e na extremidade 3' da lesão para a nuclease XPG (representando a função de UvrC). Nas células superiores, o segmento de DNA de fita simples resultante tem de 24 a 32 nucleotídeos. Da mesma maneira que nas bactérias, o segmento de DNA é liberado, deixando uma lacuna que é preenchida pela ação da DNA-polimerase e ligase.

Como indicado por seus nomes, as proteínas UVR são necessárias para corrigir as lesões provocadas pela luz ultravioleta; os mutantes dos genes *uvr* são sensíveis à luz ultravioleta e não são capazes de remover adutos timina-timina e timina-citosina. Na verdade, essas proteínas reconhecem e corrigem muitos tipos de adutos volumosos. O reparo por excisão de nucleotídeos é importante também para os seres humanos. Os seres humanos podem apresentar uma doença genética chamada de xeroderma pigmentosa, na qual os indivíduos afetados são altamente sensíveis à luz solar, resultando em lesões na pele, incluindo câncer de pele (ver Quadro 10-4, Conectando o reparo por excisão de nucleotídeo e a síntese translesão a uma doença genética em seres humanos).

O reparo por excisão de nucleotídeos não apenas é capaz de corrigir lesões por todo o genoma, mas também pode resgatar uma RNA-polimerase cuja progressão tenha sido suspensa pela presença de uma lesão na fita transcrita (molde) de um gene. Este fenômeno, conhecido como **reparo acoplado à transcrição**, envolve o recrutamento de proteínas de reparo por excisão de nucleotídeos para a RNA-polimerase que se encontra bloqueada (Fig. 10-17). A importância do reparo acoplado à transcrição é que ele concentra enzimas de reparo sobre o DNA (genes) que está sendo ativamente transcrito. De fato, a RNA-polimerase atua como outra proteína capaz de identificar lesões na célula. O componente central do reparo acoplado à transcrição, nos eucariotos, é o fator geral de transcrição TFIIH. Como será visto no Capítulo 13, TFIIH desenrola o DNA-molde durante a iniciação da transcrição. As subunidades de TFIIH incluem as proteínas de abertura da hélice de DNA XPA e XPD, discutidas anteriormente. Assim, TFIIH é responsável por duas funções separadas: suas helicases separadoras de fitas desnaturam o DNA em torno de uma lesão durante o reparo por excisão de nucleotídeo (incluindo o reparo acoplado à transcrição) e também ajudam a abrir o molde de DNA durante o processo de transcrição gênica. Sistemas que acoplam o reparo à transcrição também estão presentes nos procariotos.

▶ CONEXÕES CLÍNICAS

Quadro 10-4 Conectando o reparo por excisão de nucleotídeo e a síntese translesão a uma doença genética em seres humanos

Os seres humanos podem apresentar uma doença genética chamada xeroderma pigmentosa (XP), uma doença autossômica-recessiva na qual os indivíduos afetados são altamente sensíveis à luz solar, resultando em lesões na pele, incluindo câncer de pele. Foram identificados sete genes em que as mutações originam a XP. Esses genes correspondem a proteínas (como XPA, XPC, XPD, XPF e XPG; ver texto) do sistema humano de reparo por excisão de nucleotídeos (NER, *nucleotide excision repair*), ressaltando a importância do NER na correção de lesões provocadas pela luz ultravioleta (UV). Além das proteínas envolvidas no NER, uma forma variante da XP chamada XP-V é causada por um defeito na DNA-polimerase translesão, a Pol η (ver discussão posterior sobre polimerases translesão). O gene que codifica a Pol η é chamado, às vezes, de *XPV*. Indivíduos com XP-V apresentam uma forma mais branda de XP.

O que acontece em nível celular, nos indivíduos com XP? Na presença de NER defeituoso, as células possuem capacidade limitada de reparar danos ao DNA induzidos por UV, como os dímeros de timina. Após a exposição à luz solar, a quantidade de dano ao DNA aumenta nas células dos indivíduos com XP, causando aumento na mutagênese e na morte celular. Células que possuem uma Pol η mutante não conseguem ultrapassar dímeros de timina durante a replicação e precisam utilizar outra polimerase translesão para isso, evitando um bloqueio da replicação. Como a Pol η (mas não outras polimerases translesão) insere As corretamente em frente a um dímero de timina, o uso de outras polimerases translesão pode aumentar a frequência de mutagênese.

A recombinação corrige quebras no DNA recuperando a informação da sequência a partir de um DNA não danificado

O reparo por excisão utiliza a fita de DNA não danificada como molde para substituir um segmento de DNA danificado na outra fita. Como as células reparam as quebras de dupla-fita no DNA quando ambas as fitas do dúplex estão quebradas? Isso é feito por vias de reparo de quebra de dupla-fita (DSB,

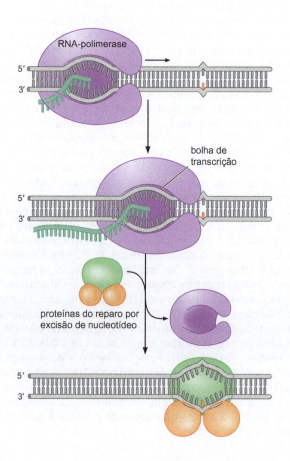

FIGURA 10-17 Reparo de DNA acoplado à transcrição. (Parte superior) A RNA-polimerase transcreve o DNA, normalmente a montante da lesão. (Parte central) Após encontrar uma lesão no DNA, a RNA-polimerase é bloqueada e a transcrição é interrompida. (Parte inferior) A RNA-polimerase recruta as proteínas do reparo por excisão de nucleotídeo para o sítio da lesão e, então, ela retrocede ou disassocia-se do DNA para permitir que as proteínas de reparo acessem a lesão. (Adaptada, com permissão, de Zou Y. e Van Houten B. 1999. *EMBO J.* **18**: 4898, Fig. 7. © Macmillan.)

double-strand break). Uma via com base em recombinação retira informações de sequência do cromossomo homólogo. Devido ao seu papel central na recombinação homóloga geral e no reparo, o sistema de reparo de DSB é um tópico importante por si só e será estudado de maneira detalhada no Capítulo 11.

A recombinação do DNA também ajuda a corrigir erros na replicação do DNA. Considere uma forquilha de replicação que encontra uma lesão no DNA (como um dímero de timinas) que não tenha sido corrigida pelo reparo por excisão de nucleotídeos. A DNA-polimerase fará, por vezes, uma pausa, na tentativa de replicar sobre a lesão. Embora a fita-molde não possa ser utilizada, a informação da sequência pode ser obtida da outra molécula-filha da forquilha de replicação por recombinação (ver Cap. 11). Após a conclusão deste reparo por recombinação, a via de excisão de nucleotídeos terá uma nova oportunidade para reparar o dímero de timina. De fato, sabe-se que os mutantes defectivos em recombinação são sensíveis à luz ultravioleta. Considere, também, uma situação em que a forquilha de replicação encontra uma quebra no molde de DNA. A passagem da forquilha sobre a quebra produzirá um DNA quebrado, cujo reparo poderá ser realizado apenas pelo sistema de reparo de quebras de dupla-fita. Embora geralmente a recombinação seja considerada uma estratégia evolutiva para explorar novas combinações de sequências, é possível que sua função original tenha sido a de reparar danos no DNA.

As DSBs no DNA também são reparadas por ligação direta de extremidades quebradas

Uma DSB é o tipo mais citotóxico de todos os danos ao DNA. Se não for corrigida, uma quebra no DNA pode ter múltiplas consequências deletérias, como o bloqueio da replicação e a perda cromossômica, que resultam em morte celular ou transformação neoplásica. As células normalmente possuem múltiplas vias sobrepostas para lidar com o dano ao DNA. Não deveria surpreender, portanto, que as células não dependem apenas da recombinação para corrigir DSBs. Como foi visto, e como será considerado de maneira mais detalhada no Capítulo 11, a via de reparo de DSB com base em recombinação depende das informações de sequência de DNA de um cromossomo homólogo para reparar moléculas de DNA quebradas. Essa é uma estratégia efetiva porque o cromossomo homólogo fornece um molde para o restabelecimento preciso da sequência original ao longo do sítio da quebra. Em células de levedura, o reparo de DSB com base em recombinação é a principal via pela qual as quebras são corrigidas. Mas o que acontece quando um cromossomo é quebrado no início do ciclo celular, antes que a replicação do DNA tenha produzido o seu homólogo? Se um cromossomo ainda não replicado sofrer uma quebra, então nenhum cromossomo homólogo estará presente para servir como molde na via de reparo de DSB com base em recombinação. Sob essas condições, entra em ação um sistema de reparo de DSB alternativo, conhecido como **junção de extremidades não homólogas**, ou **NHEJ** (do inglês, *non-homologous end joining*). O NHEJ é um sistema de *backup*, ou resgate, em leveduras, mas em organismos mais complexos, ele é a principal via pela qual as quebras são reparadas (ver Quadro 10-5, Junção de extremidades não homólogas).

A maquinaria para realização da NHEJ protege e processa as extremidades quebradas e, então, une-as, como será explicado a seguir. Como a informação da sequência é perdida nas extremidades quebradas, a sequência original ao longo da quebra não é fielmente restabelecida durante a NHEJ; assim, a NHEJ é mutagênica. Obviamente, as consequências mutagênicas da junção de extremidades do DNA mediada por NHEJ são muito menos perigosas para a célula do que as consequências de deixar o DNA quebrado sem reparo!

Qual é o mecanismo que une as extremidades do DNA na NHEJ? Como seu nome sugere, a NHEJ não envolve recombinação homóloga. Em vez disso, as duas extremidades do DNA quebrado são diretamente unidas por meio de alinhamentos desiguais entre as fitas simples presentes nas extremidades que-

Parte 3 Manutenção do Genoma

> **CONEXÕES CLÍNICAS**
>
> **Quadro 10-5   Junção de extremidades não homólogas**
>
> A NHEJ pode reparar DSBs que surgem pela exposição a agentes exógenos, como a radiação ionizante, e de insultos intrínsecos da célula, como falhas na replicação do DNA. Extraordinariamente, a NHEJ também é usada no processo celular intrínseco e totalmente normal de imunidade adaptativa. O sistema imunológico produz um conjunto extremamente diverso de moléculas de anticorpos, que são compostas pelas chamadas cadeias polipeptídicas leves e pesadas. As cadeias leves e pesadas são geradas por um processo de recombinação que envolve a junção, em um número impressionante de combinações, de um grande repertório de elementos de DNA codificadores de proteínas, conhecidos como segmentos V e J (e, no caso da cadeia pesada do anticorpo, um segmento D). Como será discutido no Capítulo 12, este processo é conhecido como **recombinação V(D)J**. A recombinação V(D)J é iniciada pela introdução de quebras no DNA, por um processo que é específico de linfócitos e envolve uma enzima composta pelas proteínas RAG1 e RAG2. Assim que as quebras são geradas, a via NHEJ, que não é específica de linfócitos, une as extremidades. Neste caso, entretanto, as extremidades dos segmentos codificadores de proteínas não são unidos novamente a seus parceiros originais. Em vez disso, as extremidades são unidas a novos parceiros para criar as sequências codificadoras compostas para as cadeias pesada e leve. A NHEJ também participa de um segundo exemplo de recombinação V(D)J que rege a produção de uma categoria adicional de polipeptídeos imunológicos chamados receptores de células T, como será discutido no Capítulo 12.
>
> Ressaltando a importância da NHEJ na biologia humana estão síndromes hereditárias raras caracterizadas pela hipersensibilidade à radiação ionizante e a agentes que danificam o DNA e por imunodeficiência, que é atribuída à recombinação V(D)J defeituosa. É revelador que pacientes com esta síndrome abriguem mutações nos genes para Artemis, Ligase IV ou Cernunnos-XLF, membros da via NHEJ.

bradas. Acredita-se que esse alinhamento não exato ocorra pelo pareamento entre diminutos segmentos (de até 1 pb) de bases complementares (micro-homologias aleatórias bem-sucedidas). Nucleases removem caudas de DNA fita simples, e a DNA-polimerase preenche as lacunas.

Um grande número de proteínas que medeiam a NHEJ tem sido identificado. Até o momento, sete componentes da via NHEJ foram descobertos em células de mamíferos. Estas proteínas, que possuem nomes formidavelmente sonoros, são Ku70, Ku80, DNA-PKcs, Artemis, XRCC4, Cernunnos-XLF e DNA-ligase IV (Fig. 10-18). Ku70 e Ku80 são os componentes mais fundamentais da NHEJ. Elas constituem um heterodímero que se liga às extremidades do DNA e recruta DNA-PKcs, que é uma proteína quinase. A DNA-PKcs, por sua vez, forma um complexo com Artemis. Artemis é tanto uma exonuclease 5'-3' como uma endonuclease latente, ativada pela fosforilação por DNA-PKcs. Essas atividades nucleolíticas processam as extremidades quebradas e preparam-nas para a ligação. A Ligase IV realiza a ligação em um complexo com XRCC4 e Cernunnos-XLF.

A NHEJ é comum em organismos eucarióticos, mas ocorre também em bactérias, apesar de ser menos frequente. Ainda assim, um exemplo especializado fascinante foi descoberto em esporos da bactéria *Bacillus subtilis*. *B. subtilis* produz uma proteína semelhante a Ku e uma DNA-ligase quando esporula e empacota as proteínas no esporo maduro. A Ku e a DNA-ligase, representando um sistema de NHEJ simples, com duas proteínas, reparam as quebras de DNA quando o esporo germina. Esporos mutantes desprovidos dessas proteínas são altamente suscetíveis ao calor seco, condição que causa quebras no DNA. Após a germinação, esporos mutantes aquecidos não conseguem continuar a crescer porque são incapazes de reparar as quebras induzidas pelo calor.

Faz sentido que os esporos germinantes dependam da NHEJ, em vez de contar com a via de reparo de DSB com base em recombinação, para corrigir quebras. Esporos possuem apenas um cromossomo. Portanto, eles não podem depender de um cromossomo homólogo para usar como molde no reparo da quebra. É interessante notar que o cromossomo do esporo é fortemente enrolado em uma estrutura em formato de rosquinha que pode manter as extremidades das quebras do DNA muito próximas umas das outras. Essa proximidade poderia facilitar a união correta das extremidades, mesmo se o cro-

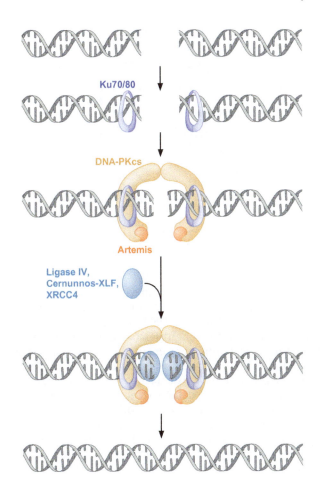

FIGURA 10-18 Via de NHEJ em mamíferos. Um heterodímero de Ku70 e Ku80 liga-se às extremidades quebradas do DNA e recruta a proteína quinase DNA-PKcs. A DNA-PKcs, por sua vez, recruta Artemis, uma enzima com atividades de exonuclease e endonuclease, que processa as extremidades quebradas. Por fim, um complexo de Ligase IV com XRCC4 e Cernunnos-XLF une as extremidades quebradas uma com a outra. (Adaptada, com permissão, de Sekiguchi J.M. e Ferguson D.O. 2006. *Cell* **124**: 260-262. © Elsevier.)

mossomo tivesse sofrido múltiplas quebras. Esporos de *B. subtilis* e bactérias relacionadas conseguem sobreviver a ambientes extremos de maneira muito mais efetiva do que qualquer outro tipo de célula latente. A NHEJ é parte da base dessa extraordinária robustez.

A síntese de DNA translesão permite que a replicação prossiga pela lesão do DNA

Em muitos exemplos discutidos até este momento, a lesão no DNA era corrigida pela excisão, seguida pela ressíntese, utilizando um molde que não foi danificado. No entanto, esses sistemas não operam com completa eficiência e, às vezes, uma polimerase que está replicando encontra uma lesão, como um dímero de pirimidina ou um sítio apurínico que não foi corrigido. Como essas lesões são obstáculos para a progressão da DNA-polimerase, a maquinaria de replicação tentar copiar sobre a lesão ou é forçada a parar a replicação. Mesmo que as células não consigam reparar essas lesões, existe um mecanismo livre de falhas que permite que a maquinaria de replicação desvie desses sítios de lesão ou tolere o dano ao DNA. Um mecanismo de tolerância de dano ao DNA é a **síntese translesão**. Embora esse mecanismo seja, como será visto, altamente sujeito a erros e, portanto, capaz de introduzir mutações, a síntese translesão poupa a célula de um destino pior, causado por um cromossomo replicado incompletamente. Uma característica essencial da tolerância ao dano no DNA é que a lesão no DNA permanece no genoma. As vias de reparo do DNA podem, subsequentemente, corrigir a lesão (Fig. 10-19).

FIGURA 10-19 Defesas celulares contra o dano no DNA. As células utilizam as vias de reparo do DNA para restaurar o DNA a seu estado não danificado. Se o dano ao DNA estiver presente quando o genoma estiver sendo replicado, a célula deverá usar a tolerância ao dano no DNA para evitar um bloqueio na replicação e uma quebra de dupla-fita potencialmente letal. A síntese translesão replica ao longo da lesão de DNA, mas a lesão permanece no genoma até que uma via de reparo de DNA possa subsequentemente corrigir o dano.

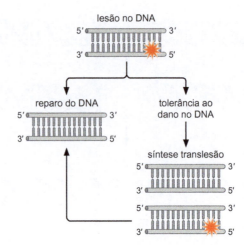

A síntese translesão é catalisada por uma classe especializada de DNA-polimerases que sintetizam DNA diretamente através do sítio de dano (Fig. 10-20). Em *E. coli*, a DNA Pol IV (DinB) ou a DNA Pol V (um complexo das proteínas UmuC e UmuD') realiza a síntese translesão. DinB e UmuC pertencem a uma família distinta de DNA-polimerases encontradas em diversos organismos e conhecidas como DNA-polimerases da família Y (Fig. 10-21; ver Quadro 10-6, DNA-polimerases da família Y). Existem cinco polimerases translesão conhecidas em seres humanos, e quatro delas pertencem à família Y.

Uma característica importante dessas polimerases é que, embora elas dependam de um molde, elas podem incorporar nucleotídeos independentemente do pareamento de bases. Isso explica como as enzimas podem sintetizar DNA sobre a lesão da fita-molde. Porém, como a enzima não está "lendo" a informação a partir do molde, a síntese translesão é muitas vezes altamente

FIGURA 10-20 Síntese de DNA translesão. Após encontrar uma lesão no molde durante a replicação, a DNA Pol III e seu grampo deslizante desassociam-se do DNA e são substituídos pela DNA-polimerase translesão, que continua a síntese do DNA sobre o dímero de timinas na fita-molde (parte superior). A polimerase translesão é, então, substituída pela DNA Pol III. (Adaptada, com permissão, de Woodgate R. 1999. *Genes Dev.* **13**: 2191-2195, Fig. 1. © Cold Spring Harbor Laboratory Press.)

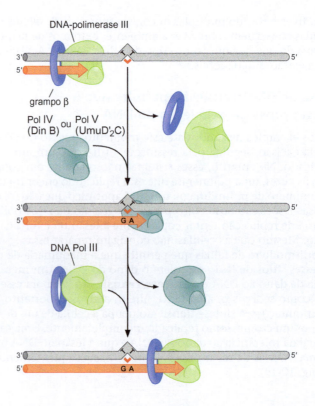

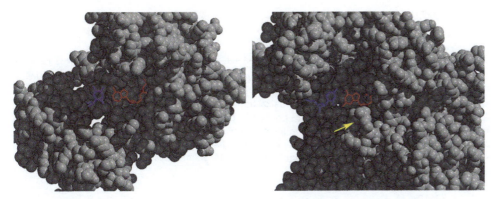

FIGURA 10-21 Estrutura de cristal de uma polimerase translesão. As estruturas aqui mostradas representam dois tipos diferentes de DNA-polimerases. A estrutura à esquerda é uma polimerase da família Y (ultrapassa a lesão); a estrutura à direita é uma DNA-polimerase típica do bacteriófago T7. Observa-se a estrutura mais aberta em torno do sítio ativo na estrutura da polimerase Y e a ausência da região proteica que fecha o canal (indicada pela seta amarela). Os nucleotídeos que estão entrando são representados em vermelho e os nucleotídeos do molde, em roxo. (Y polimerase, Ling H. et al. 2001. *Cell* **107**: 91. Código PDB: 1JX4. T7 polimerase, Doublié S. et al. 1998. *Nature* **391**: 251. Código PDB: 1T7P.) Imagens preparadas com MolScript, BobScript e Raster 3D.

sujeita a erros. Considere o caso de um sítio apurínico ou apirimidínico, no qual a lesão não contém informação específica sobre a base. A polimerase translesão sintetiza sobre a lesão, inserindo nucleotídeos de uma maneira que não é dirigida pelo pareamento de bases. Entretanto, a incorporação do nucleotídeo pode não ser aleatória – algumas polimerases translesão incorporam nucleotídeos específicos. Por exemplo, um membro da família Y de polimerases translesão (DNA Pol η), presente nos humanos, insere corretamente dois resíduos A em oposição a um dímero de timinas. Estudos estruturais mostram que o sítio ativo da DNA Pol η acomoda melhor um dímero de timina do que o sítio ativo de outra DNA-polimerase translesão (DNA Pol κ) (Fig. 10-22).

Devido à sua alta taxa de erro, a síntese translesão (como a NHEJ) pode ser considerada um sistema de último recurso. Ela possibilita que a célula resista a um catastrófico bloqueio à replicação, mas a consequência é um alto nível de **mutagênese**. Mutagênese é o processo pelo qual mutações são introduzidas e permanecem no genoma. Por esse motivo, as DNA-polimerases translesão devem ser fortemente reguladas. Em *E. coli*, a polimerase translesão não está presente em circunstâncias normais. Em vez disso, sua síntese é induzida apenas em resposta a lesões no DNA. Assim, os genes que codificam as polimerases translesão são expressos como parte de uma via conhecida como **resposta SOS**. O dano leva à destruição proteolítica de um repressor transcricional (o repressor LexA) que controla a expressão dos genes envolvidos na resposta SOS, incluindo os genes para DinB, UmuC e UmuD, o precursor inativo da UmuD'. É interessante ressaltar que o mesmo sistema também é responsável pela conversão proteolítica de UmuD em UmuD'. Tanto a clivagem de LexA quanto a de UmuD são estimuladas por uma proteína chamada RecA, a qual é ativada por DNA de fita simples, resultante de lesões no DNA. A RecA é uma proteína com dupla função, que também está envolvida na recombinação do DNA, como será visto no Capítulo 11.

A seguir, será abordada a questão de como uma polimerase translesão ganha acesso à maquinaria de replicação bloqueada no sítio de dano ao DNA. Em células de mamíferos, a entrada na via de síntese translesão é desencadeada por uma modificação química do grampo deslizante. Como foi visto no Capítulo 9, o grampo deslizante, conhecido como PCNA em eucariotos, ancora a polimerase replicativa ao molde de DNA. A modificação química

> CONCEITOS AVANÇADOS

Quadro 10-6 DNA-polimerases da família Y

As DNA-polimerases podem ser agrupadas em famílias, mostradas em várias cores na Figura 1 deste quadro, com base nas similaridades entre as suas sequências de aminoácidos. Recentemente, descobriu-se que UmuC e algumas outras DNA-polimerases translesão são membros fundadores de uma família grande e distinta de DNA-polimerases, conhecida como família Y, encontrada nos três domínios da vida: bactérias, *Archaea* e eucariotos. Membros da família Y de DNA-polimerases realizam, caracteristicamente, a síntese de DNA com baixa fidelidade em moldes de DNA não danificados, mas possuem a capacidade de ultrapassar lesões de DNA que bloqueiam a replicação por membros de outras famílias de DNA-polimerases. No Quadro 10-6, a Figura 1 mostra a árvore filogenética das DNA-polimerases translesão da família Y.

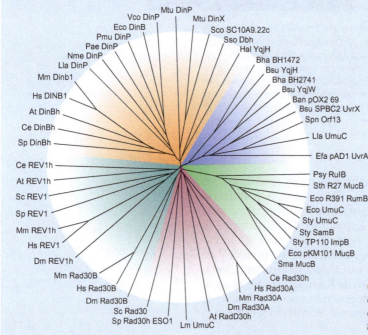

QUADRO 10-6 FIGURA 1 Árvore filogenética das DNA-polimerases da família Y. (Adaptada, com permissão, de Ohmori H. et al. 2001. *Mol. Cell* **8**: 7, Fig. 1. © Elsevier.)

é a ligação covalente do grampo deslizante a um peptídeo conhecido como ubiquitina em um processo chamado **ubiquitinação**. A ubiquitinação é amplamente utilizada em células eucarióticas para marcar proteínas para vários processos, como a degradação. Seu uso no desencadeamento da síntese translesão agrega à crescente lista de processos celulares regidos pela marcação de proteínas com a ubiquitina. Uma vez ubiquitinado, o grampo deslizante recruta uma polimerase translesão, que contém domínios que reconhecem e se ligam à ubiquitina. A polimerase translesão, por sua vez, desloca, de alguma maneira, a polimerase replicativa da extremidade 3' da cadeia crescente e a estende por sobre o sítio do dano (Fig. 10-23a). A ubiquitinação do grampo deslizante é, portanto, um sinal de perigo que recruta uma polimerase translesão para resgatar uma maquinaria de replicação que está bloqueada em um sítio de DNA danificado. Além de um mecanismo de troca de polimerase, dados indicam que a síntese translesão também utiliza um mecanismo de preenchimento de lacuna. Após a replicação, uma lacuna resulta do pulo da DNA-polimerase replicativa sobre a lesão do DNA e a continuação da replicação depende de eventos de reiniciação ou pelo início de um novo fragmento de Okazaki (Fig. 10-23b).

Capítulo 10 Mutabilidade e Reparo do DNA 337

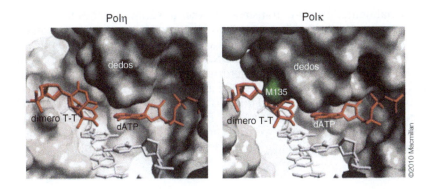

FIGURA 10-22 As polimerases translesão favorecem determinados tipos de dano. (À esquerda) Um dímero de timina acomoda-se bem no sítio ativo da DNA Pol η, permitindo que a polimerase insira corretamente dois As em frente ao dímero. (À direita) Imagem sobreposta de como um dímero de timina não cabe no sítio ativo de outra DNA-polimerase translesão (DNA Pol κ), que é mais adequada para reparar outros tipos de lesão do DNA. (Reproduzida de Silverstein T.D. et al. 2010. *Nature* **465**: 1039-1043, Fig. 4b, p. 1042. © Macmillan.)

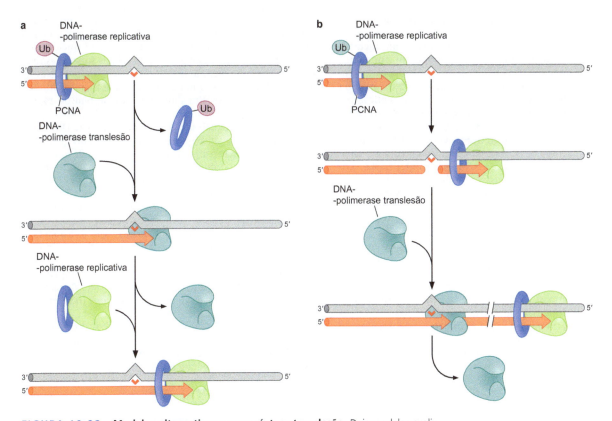

FIGURA 10-23 Modelos alternativos para a síntese translesão. Dois modelos explicam o mecanismo da síntese translesão, cada um deles com probabilidade de ser verdadeiro sob determinadas circunstâncias. (a) No modelo de troca de polimerase, a DNA-polimerase replicativa processiva sintetiza DNA até encontrar uma lesão na molécula. A DNA-polimerase para e é deslocada por uma ou mais polimerases de síntese de translesão, que surgem para replicar através, e logo depois, da lesão. Após esse desvio da replicação, a polimerase replicativa volta para deslocar a polimerase translesão e continuar o processo de replicação. (b) No modelo de preenchimento de lacuna, a DNA-polimerase replicativa processiva sintetiza DNA até encontrar uma lesão na molécula. Em vez de parar na lesão do DNA, a polimerase pula à frente, continuando a síntese de DNA a jusante do DNA danificado e deixando uma lacuna para trás. Subsequentemente, uma ou mais polimerases de síntese translesão sintetizam através da lesão para preencher a lacuna. (Adaptada de Waters L.S. et al. 2009. *Microbiol. Mol. Biol. Rev.* **73**: 134-154, Fig. 4, p. 146.)

Finalmente, a síntese translesão apresenta várias questões fascinantes, mas que ainda não foram respondidas. Como exatamente a enzima translesão substitui a polimerase replicativa normal no complexo de replicação do DNA? Uma vez que a síntese do DNA sobre a lesão tenha ocorrido, como a polimerase replicativa normal retorna e substitui a enzima translesão na forquilha de replicação? Uma vez que as polimerases translesão apresentam baixa processividade, é possível que elas simplesmente se dissociem do molde logo após terem copiado sobre a lesão. Entretanto, essa explicação ainda não responde a questão de como a enzima processiva normal é capaz de reassumir sua posição na maquinaria de replicação.

RESUMO

Os organismos podem sobreviver apenas se o seu DNA for replicado precisamente e se for protegido de lesões químicas e físicas que possam alterar suas propriedades codificadoras. Os limites para a replicação precisa e para o reparo das lesões são revelados pela taxa de mutação natural. Assim, um nucleotídeo tem probabilidade de ser trocado por um erro, em média, apenas cerca de uma a cada 10^9 vezes em que é replicado, embora as taxas de erro para bases individuais possam variar em uma faixa de 10.000 vezes. Muito da precisão da replicação é inerente à maneira pela qual a DNA-polimerase copia um molde. A seleção inicial da base correta é dirigida pelo pareamento por complementaridade. A precisão é elevada pela atividade de revisão de leitura da DNA-polimerase. Finalmente, no reparo de malpareamentos, a fita de DNA recém-sintetizada é verificada por uma enzima que realiza a substituição do DNA que contém pares de bases incorretamente pareados. Apesar desses mecanismos protetores, erros de todos os tipos ocorrem: substituições de bases, adições e deleções pequenas e grandes, e rearranjos grosseiros das sequências de DNA.

As células apresentam um grande repertório de enzimas destinadas a corrigir o DNA danificado que, se não for corrigido, pode ser letal ou alterar o DNA, produzindo mutações prejudiciais. Algumas enzimas revertem diretamente o DNA danificado, como as fotoliases, que revertem a formação de dímeros de pirimidinas. Uma estratégia mais versátil é o reparo por excisão, no qual um segmento danificado é removido e substituído por meio de nova síntese de DNA, para qual a fita não danificada atua como molde. No reparo por excisão de base, as DNA-glicosilases e as endonucleases removem apenas o nucleotídeo danificado, enquanto no reparo por excisão de nucleotídeo, um pequeno trecho de DNA de fita simples contendo a lesão é removido. Em *E. coli*, o reparo por excisão é iniciado pela endonuclease UvrABC, que cria uma bolha sobre o sítio do dano e corta um segmento de 12 nucleotídeos da fita de DNA que inclui a lesão. As células superiores realizam o reparo por excisão de nucleotídeos de maneira similar, mas um número muito maior de proteínas é envolvido, e o segmento de DNA de fita simples removido tem de 24 a 32 nucleotídeos.

O tipo de dano mais perigoso é uma quebra do DNA. O reparo de DSB por recombinação é uma via que corrige quebras onde a sequência ao longo da quebra é copiada de um dúplex diferente, porém, homólogo. Se não houver nenhum molde para a síntese de reparo disponível, as quebras no DNA são corrigidas por NHEJ, que une as extremidades, mas de maneira sujeita a erro. Se a célula precisar replicar DNA danificado, a síntese translesão permite que a célula tolere a lesão. A síntese translesão possibilita que a replicação prossiga sobre uma lesão que esteja bloqueando a progressão de uma DNA-polimerase em processo de replicação. A síntese translesão é predominantemente mediada por uma família distinta e amplamente difundida de DNA-polimerases, que são capazes de realizar a síntese de DNA de uma maneira sujeita a erros e independente do pareamento de bases.

A mutagênese e seu reparo são questões preocupantes, porque afetam permanentemente os genes herdados pelos organismos e porque o câncer é frequentemente causado por mutações nas células somáticas.

BIBLIOGRAFIA

Livros

Friedberg E.C., Walker G.C., Siede W., Wood R.D., Schultz R.A., and Ellenberger T. 2005. *DNA repair and mutagenesis*. ASM Press, Washington, DC.

Kornberg A. and Baker T.A. 1992. *DNA replication*, 2nd ed. W.H. Freeman, New York.

Erros de replicação e seu reparo

Kunkel T.A. and Erie D.A. 2005. DNA mismatch repair. *Annu. Rev. Biochem.* **76**: 681–710.

Reparo de lesões no DNA

Bridges B.A. 1999. DNA repair: Polymerases for passing lesions. *Curr. Biol.* **9**: R475–R477.

Citterio E., Vermeulen W., and Hoeijmakers J.H. 2000. Transcriptional healing. *Cell* **101**: 447–450.

Daley J.M., Palmbos P.L., Wu D., and Wilson T.E. 2005. Nonhomologous end joining in yeast. *Annu. Rev. Genet.* **39**: 431–451.

de Laat W.L., Jaspers N.G., and Hoeijmakers J.H. 1999. Molecular mechanism of excision nucleotide repair. *Genes Dev.* **13**: 768–785.

Drapkin R., Reardon J.T., Ansari A., Huang J.C., Zawel L., Ahn K., Sancar A., and Reinberg D. 1994. Dual role of TFIIH in DNA excision repair and in transcription by RNA polymerase II. *Nature* **368**: 769-772.

Kleczkowska H.E., Marra G., Lettieri T., and Jiricny J. 2001. hMSH3 and hMSH6 interact with PCNA and colocalize with it to replication foci. *Genes Dev.* **15**: 724-736.

Lehmann A.R., McGibbon D., and Orphanet M.S. 2011. Xeroderma pigmentosum. *J Rare Dis* **6**: 70.

Sekiguchi J.M. and Ferguson D.O. 2006. DNA double-strand break repair: A relentless hunt uncovers new prey. *Cell* **124**: 260-262.

Silverstein T.D., Johnson R.E., Jain R., Prakash L., Prakash S., and Aggarwal A.K. 2010. Structural basis for the suppression of skin cancers by DNA polymerase η. *Nature* **465**: 1039-1043.

Verhoeven E.E., Wyman C., Moolenaar G.F., and Goosen N. 2002. The presence of two UvrB subunits in the UvrAB complex ensures damage detection in both DNA strands. *EMBO J.* **21**: 4196-4205.

Waters L.S., Minesinger B.K., Wiltrout M.E., D'Souza S., Woodruff R.V., and Walker G.C. 2009. Eukaryotic translesion polymerases and their roles and regulation in DNA damage tolerance. *Microbiol. Mol. Biol. Rev.* **73**: 134-154.

Webster M.P., Jukes R., Zamfir V.S., Kay C.W., Bagnéris C., and Barrett T. 2012. Crystal structure of the UvrB dimer: Insights into the nature and functioning of the UvrAB damage engagement and UvrB–DNA complexes. *Nucleic Acids Res.* doi: 10.1093/nar/gks633.

QUESTÕES

Para respostas de questões de número par, ver Apêndice 2: Respostas.

Questão 1. A DNA-polimerase insere erroneamente um C em frente a um T durante a replicação. Assumindo que as atividades de revisão de leitura e de reparo de malpareamento não corrigem o erro, a mutação resultante após o próximo ciclo de replicação será uma transição ou uma transversão? Explique sua resposta.

Questão 2. Explique por que a desaminação da 5-metilcitosina leva a *hot spots* para mutações espontâneas com mais frequência do que a desaminação da citosina no DNA.

Questão 3. Considerando a estrutura da base danificada a seguir, circule a(s) modificação(ões) presente(s) em relação à base normalmente encontrada no DNA. Cite o processo que produz esse tipo de modificação. Cite a via de reparo do DNA que você esperaria que reconhecesse e corrigisse esse tipo de dano ao DNA.

Questão 4. Os termos a seguir descrevem as etapas gerais de uma via de reparo do DNA. Posicione as etapas na ordem correta. Cite a(s) proteína(s) que completa(m) cada uma das etapas em *E. coli* para as vias de reparo de malpareamento, reparo por excisão de base e reparo por excisão de nucleotídeo.

Ligação, Síntese de DNA, Reconhecimento, Excisão

Questão 5.
A. Calcule o número de malpareamentos que poderiam ocorrer em uma célula humana durante um ciclo de replicação. Assuma que o tamanho do genoma humano é de 3,2 bilhões de pares de bases.
B. Calcule o número de malpareamentos que poderiam ocorrer em uma célula humana durante um ciclo de replicação na *ausência de reparo de malpareamento*.

Questão 6. Considerando um mutante de perda de função para *dam* (o gene que codifica a Dam metilase) em *E. coli*, preveja o fenótipo que seria observado em relação à mutagênese espontânea. Explique brevemente sua resposta.

Questão 7. Descreva uma possível vantagem e uma desvantagem de reparar a 3-metiladenina por meio do reparo por excisão de base em comparação ao uso de O^6-metilguanina por meio de reversão direta por uma metiltransferase.

Questão 8. A exposição do DNA ao quimioterápico cisplatina causa a formação de ligações transversais intrafitas entre duas guaninas adjacentes no DNA. Explique por que a ligação transversal intrafitas entre duas guaninas adjacentes é um candidato melhor para o reparo por excisão de nucleotídeo do que para o reparo por excisão de base.

Questão 9. Preveja as consequências imediatas para uma célula na qual o sistema de reparo por excisão de nucleotídeo acoplado à transcrição parou de funcionar adequadamente.

Questão 10. Com exceção da tolerância ao dano no DNA, cite a via de reparo que potencialmente introduz mutações. Descreva como essa via introduz mutações.

Questão 11. Explique a diferença entre reparo do DNA e tolerância ao dano no DNA.

Questão 12. Considere um mutante de perda de função nas vias de reparo por excisão de nucleotídeo e de síntese translesão. Preveja o nível de dano ao DNA, o percentual de sobrevivência e o nível de mutagênese em comparação ao tipo selvagem para cada mutante após a exposição à luz UV. Na tabela a seguir, preencha as lacunas com "aumento", "diminuição" ou "não altera".

Via mutante	Lesão no DNA	Percentual de sobrevivência	Mutagênese
NER	___	___	___
Síntese translesão	___	___	___

Questão 13. Você quer testar duas linhagens de *E. coli* quanto à sensibilidade ao agente de dano ao DNA MMS (metilmetanossulfato), um agente alquilante que metila bases específicas no DNA. Após tratar as células com diferentes doses de MMS (incubando-as com MMS em cultivo líquido por vários períodos), você plaqueia as células em meio sólido para contar os sobreviventes (fornecidos a seguir). Plote os dados para as duas linhagens (percentual de sobrevivência *vs.* tempo de exposição ao MMS). Qual é a linhagem mais sensível ao MMS? (Observe que, para contar colônias individuais, você teria de fazer uma

diluição seriada da cultura. Para este exemplo, vamos ignorar esta etapa de diluição serial.)

Linhagem	0 minuto em MMS	5 minutos em MMS	10 minutos em MMS
Linhagem A	254	251	249
Linhagem B	325	253	189

Questão 14. Existem várias alegações de que determinadas substâncias químicas que encontramos em nossa vida diária são mutagênicas. Você quer saber se as substâncias que normalmente utiliza são mutagênicas.

Para investigar isso, você opta por usar o teste de Ames para testar quanto à reversão de uma mutação de ponto no gene *HisG* em *Salmonella typhimurium*. Você adiciona uma substância química ao meio de crescimento da bactéria. Assuma que você plaqueou um número igual de células para cada placa de mutagênese. Você também calculou o percentual de sobrevivência das células tratadas em comparação às células não tratadas. Lembre-se de que o meio de plaqueamento para sobrevivência não é seletivo. Um resumo dos resultados é apresentado a seguir.

Substância química	Percentual de sobrevivência	Número de revertentes (número de colônias His⁺/placa seletiva)
Sem substância química	100	28
Substância química A	50	1.400
Substância química B	70	20
Substância química C	100	7

A. Qual deve ser o meio usado na placa seletiva como parte do teste de Ames? Explique como uma mutação origina um revertente neste experimento. Seja específico.

B. Inicialmente, você fica surpreso ao ver revertentes na ausência de qualquer substância química que está sendo testada, mas percebe que isso é normal. Dê um exemplo específico de como um revertente pode surgir na ausência de um mutagênico.

C. Qual(is) substância(s) química(s) você identificaria como mutagênica(s)? Explique seu raciocínio.

D. Qual(is) substância(s) química(s) você identificaria como potencialmente antimutagênica(s)? Explique seu raciocínio.

Questão 15. Você realiza um experimento de acompanhamento para o experimento discutido nas questões do Capítulo 9. Apresentamos aqui uma revisão do cenário para este experimento. Você acaba de descobrir duas novas DNA-polimerases eucarióticas e quer saber mais sobre suas propriedades. Para começar, você obtém proteína purificada de cada uma das DNA-polimerases e realiza ensaios de processividade de polimerase. Você usa um iniciador curto marcado com ^{32}P na extremidade 5' e que se liga a um molde de ssDNA circular (mostrado a seguir). Você completa as seguintes etapas para obter os resultados do ensaio de processividade para a DNA-polimerase #1 (Pol #1) e a DNA-polimerase #2 (Pol #2).

1. Sob condições de tamponamento apropriadas, você pré-incuba o ssDNA circular ligado ao iniciador com Pol #1 ou Pol #2 por 5 minutos a 37°C.

2. Você adiciona dNTPs e um grande excesso de ssDNA para iniciar a reação.

3. Você deixa que a reação prossiga por 10 minutos, interrompe as reações com a adição de SDS e corre as amostras em um gel de poliacrilamida (que resolve nucleotídeos únicos) sob condições desnaturantes.

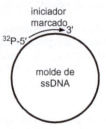

Você realiza um experimento de acompanhamento, e os resultados são mostrados a seguir. Neste experimento, você incuba separadamente cada DNA-polimerase com as proteínas acessórias (PCNA, RFC e RPA) e um molde de DNA que agora inclui uma ligação transversal intrafitas entre duas guaninas (induzida por cisplatina). A ligação transversal é adjacente à extremidade 3' do iniciador, como indicado por uma estrela (representada a seguir à direita).

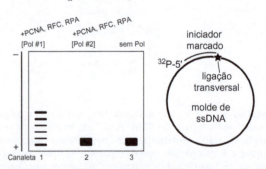

A. Descreva a processividade para cada DNA-polimerase na presença de um molde com uma ligação transversal induzida por cisplatina.

B. Proponha um papel celular para a DNA-polimerase #1, considerando os dados que foram fornecidos. Seja específico.

CAPÍTULO 11

Recombinação Homóloga em Nível Molecular

SUMÁRIO

Quebras no DNA são Comuns e Iniciam a Recombinação, 342

•

Modelos de Recombinação Homóloga, 342

•

Máquinas Proteicas da Recombinação Homóloga, 349

•

Recombinação Homóloga em Eucariotos, 362

•

Alternância de Tipos Acasalantes (de Acasalamento), 369

•

Consequências Genéticas do Mecanismo de Recombinação Homóloga, 371

Todo DNA é DNA recombinante. As permutações genéticas atuam constantemente para misturar e rearranjar cromossomos, mais obviamente durante a meiose, quando os cromossomos homólogos são pareados antes da primeira divisão nuclear. Durante esse pareamento, ocorre uma permuta genética entre os cromossomos. Essa permuta, classicamente denominada *crossing over*, é um dos resultados da **recombinação homóloga**. A recombinação envolve a permuta física de sequências de DNA entre os cromossomos. A frequência de *crossing overs* entre dois genes no mesmo cromossomo depende da distância física entre esses genes; quanto maior o afastamento entre eles, maior a frequência de permuta. Na verdade, os mapas genéticos derivados das primeiras determinações de frequências de *crossing overs* forneceram a primeira informação real sobre a estrutura cromossômica, ao revelar que os genes estão dispostos em uma ordem linear fixa.

Às vezes, no entanto, a ordem dos genes *muda*: por exemplo, segmentos móveis de DNA chamados **transposons** ocasionalmente "pulam" ao longo dos cromossomos e promovem rearranjos no DNA, alterando a organização cromossômica. Os mecanismos de recombinação responsáveis pela transposição e outros rearranjos genômicos são diferentes daqueles da recombinação homóloga. Esses mecanismos são discutidos em detalhes no Capítulo 12.

A recombinação homóloga é um processo celular essencial, catalisado por enzimas sintetizadas e reguladas especificamente para essa finalidade. Além de gerar variações genéticas, a recombinação permite que as células recuperem sequências perdidas por lesões no DNA, por meio da substituição da região danificada por uma fita de DNA que não foi danificada proveniente de um cromossomo homólogo. A recombinação também fornece um mecanismo para reiniciar as forquilhas de replicação interrompidas ou danificadas (*replication restart*). Além disso, tipos especiais de recombinação regulam a expressão de alguns genes. Por exemplo, pela alteração de segmentos cromossômicos específicos, as células podem posicionar genes dormentes em sítios onde eles serão expressos.

Além de explicar os processos genéticos, a elucidação dos mecanismos moleculares da recombinação proporcionou o desenvolvimento de métodos para a manipulação de genes. Atualmente, a geração de variantes "nocautes" e "transgênicas" em muitos organismos experimentais é rotineira (ver Apêndice 1). Esses métodos, que permitem a remoção ou a introdução de genes no contexto de um organismo inteiro, baseiam-se na recombinação e são extraordinariamente eficazes para a determinação da função gênica.

QUEBRAS NO DNA SÃO COMUNS E INICIAM A RECOMBINAÇÃO

As quebras de dupla-fita (DSBs) no DNA são relativamente frequentes. Se essas quebras não forem corrigidas, as consequências para a célula serão desastrosas. Por exemplo, uma única DSB no cromossomo de *Escherichia coli* é letal, se a célula for incapaz de corrigi-la. O principal mecanismo utilizado para corrigir DSBs na maioria das células é a **recombinação homóloga**. Alguns tipos celulares também usam um mecanismo mais simples, como a **junção de extremidades não homólogas** (NHEJ), para consertar seus cromossomos. Esse processo é descrito no Capítulo 10 (ver texto e Quadro 10-5).

Nas bactérias, a principal função biológica da recombinação homóloga é o reparo de DSBs. Essas extremidades quebradas de DNA surgem por vários meios (ver também Cap. 10). A radiação ionizante e outros agentes de dano podem quebrar diretamente ambas as fitas do esqueleto de DNA. Muitos tipos de dano ao DNA também podem originar DSBs indiretamente, ao interferir no progresso de uma forquilha de replicação. Por exemplo, um corte não reparado em uma fita do DNA levará ao colapso uma forquilha de replicação de passagem (Fig. 11-1). Da mesma maneira, uma lesão no DNA que impossibilite uma fita de servir como molde irá parar uma forquilha de replicação. Esse tipo de forquilha bloqueada pode ser processado por diversas vias diferentes (p. ex., regressão de forquilha ou digestão por nuclease) (ver Fig. 11-1) que originam uma extremidade de DNA com uma DSB. Essas extremidades quebradas de DNA iniciam a recombinação com uma molécula homóloga de DNA, um processo que resolverá a quebra.

Além do reparo de DSBs no DNA cromossômico, a recombinação homóloga promove a permuta genética nas bactérias. Essa permuta ocorre entre os cromossomos de uma célula e o DNA inserido na célula pela transdução mediada por fagos ou pela conjugação célula-célula (como foi visto no Cap. 7). Nesses casos, a molécula de DNA inserida na célula está na forma linear e, portanto, fornece a extremidade "quebrada" de DNA necessária para o início da recombinação.

Em células eucarióticas, a recombinação homóloga é essencial para o reparo de quebras no DNA e de forquilhas de replicação em colapso. Esse papel de reparo cromossômico e reinício da replicação é a principal função da recombinação homóloga na maioria das células somáticas de organismos complexos, bem como em eucariotos unicelulares de crescimento vegetativo. Entretanto, há outras situações nas quais a recombinação para troca de material genético e manutenção cromossômica é especificamente necessária. Como será descrito a seguir, a recombinação é *essencial* para o processo de pareamento dos cromossomos durante a meiose. Neste caso, à medida que as células entram em meiose, elas produzem uma proteína específica para introduzir DSBs no DNA e, dessa maneira, iniciar essa via de recombinação. Assim, embora as DSBs tenham diferentes origens, sua ocorrência no DNA é um evento inicial fundamental na recombinação homóloga.

MODELOS DE RECOMBINAÇÃO HOMÓLOGA

Experimentos iniciais notáveis, utilizando isótopos pesados de átomos incorporados no DNA, forneceram a primeira visão molecular do processo de recombinação homóloga. Essa é a mesma abordagem utilizada por Matthew Meselson e Franklin W. Stahl para mostrar que o DNA replica de maneira se-

Capítulo 11 Recombinação Homóloga em Nível Molecular 343

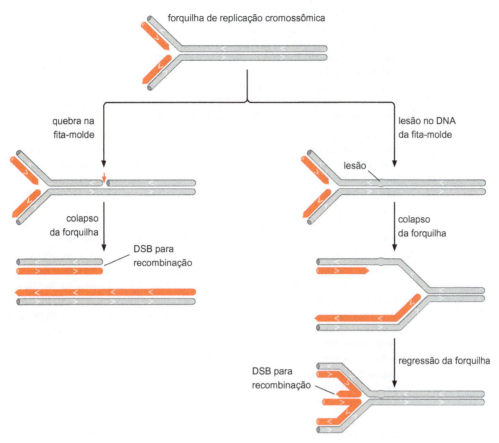

FIGURA 11-1 Uma lesão no molde de DNA pode provocar a formação de DSB durante a replicação do DNA. Isto é mais facilmente visualizado quando o molde contém uma quebra (painel esquerdo), mas também ocorre quando o molde contém uma lesão que interrompe a forquilha (painel direito). Neste caso, as duas fitas recém-sintetizadas (mostradas em vermelho) podem parear e a forquilha pode regressar. Essa estrutura pode ser processada mais adiante de várias maneiras. A extremidade quebrada pode ser utilizada para iniciar a recombinação.

miconservativa (ver Cap. 2). Em seus experimentos, Meselson e Stahl demonstraram que os produtos da replicação contêm uma fita de DNA antiga e uma recém-sintetizada. Em contrapartida, essa mesma abordagem experimental revelou que o processo de recombinação sob investigação envolvia a quebra direta e a união de moléculas de DNA. Como será visto nas próximas seções, entende-se agora que a quebra e a religação do DNA é um aspecto central da recombinação homóloga. A recombinação, porém, frequentemente envolve uma destruição limitada e a ressíntese de fitas de DNA. Nos anos seguintes a esses primeiros experimentos, diversos modelos para explicar o mecanismo molecular da permuta genética foram propostos. As etapas fundamentais da recombinação homóloga, que aparecem em todos esses modelos, incluem:

1. *Alinhamento de duas moléculas de DNA homólogas.* A "homologia" refere-se a sequências de DNA idênticas ou praticamente idênticas em uma região de pelo menos 100 pb. Apesar do alto grau de similaridade, as moléculas de DNA podem ter pequenas regiões de sequências diferentes e podem, por exemplo, carregar diferentes variantes de sequências, conhecidas como **alelos**, para o mesmo gene.
2. *Introdução de quebras no DNA.* Assim que as quebras são formadas, as extremidades das quebras são processadas para gerar regiões de DNA de fita simples.

3. *Invasão de fita.* Pequenas regiões iniciais de pareamento de bases são formadas entre as duas moléculas de DNA recombinantes. Esse pareamento ocorre quando uma região de DNA de fita simples, originária de uma molécula parental, pareia com a sua fita complementar da molécula de DNA de dupla-fita homóloga. Esse evento é chamado **invasão de fita**. Como resultado do processo de invasão de fita, regiões de DNA dúplex novo são geradas; este DNA, que frequentemente contém algumas bases malpareadas, é chamado **heterodúplex de DNA**.

4. *Formação da junção de Holliday.* Uma vez que o pareamento tenha ocorrido, as duas moléculas de DNA ficam unidas pela formação de um cruzamento das fitas de DNA, em uma estrutura chamada **junção de Holliday**. Uma junção de Holliday pode se mover ao longo do DNA pela repetição de quebra e formação de pares de bases. A cada vez que a junção se movimenta, pares de bases são rompidos nas moléculas de DNA parentais, enquanto pares de bases idênticos são formados na molécula intermediária recombinante. Esse processo é chamado **migração de ramificação**.

5. *Resolução da junção de Holliday.* O processo para regenerar moléculas de DNA e, portanto, finalizar a troca genética é chamado **resolução**. A resolução pode ser realizada de duas maneiras, por clivagem da junção de Holliday ou (em eucariotos) por um processo de "dissolução". No primeiro, o corte das fitas de DNA na junção de Holliday regenera dois dúplices separados. Como será visto, a escolha de qual dos pares de fitas de DNA na junção de Holliday será clivado durante a resolução tem grande impacto sobre a extensão da permuta de DNA que ocorre entre as duas moléculas recombinantes. No segundo processo (alternativo), a resolução é alcançada pela dissolução, um tipo de mecanismo de convergência/colapso, que será descrito de maneira mais detalhada a seguir.

A invasão de fita é um passo inicial fundamental na recombinação homóloga

Ao ilustrar as etapas da recombinação homóloga, é útil visualizar as duas moléculas de DNA de dupla-fita homólogas alinhadas, como mostra a Figura 11-2a. Essas moléculas, embora praticamente idênticas, contêm alelos diferentes do mesmo gene (como representado pelos símbolos *A/a*, *B/b* e *C/c* na Fig. 11-2), os quais são úteis para compreendermos os resultados da recombinação.

A recombinação é iniciada pela presença de uma DSB em uma das moléculas de DNA (Fig. 11-2b). As fitas de DNA próximas ao local da quebra podem, então, ser separadas de suas fitas complementares, liberando essas fitas para invadir e realizar o pareamento de bases com o dúplex homólogo (Fig. 11-2c). O processamento das fitas próximas ao sítio de quebra é descrito de maneira mais detalhada a seguir. A invasão de fita é o passo central na recombinação homóloga, porque são a invasão e o posterior pareamento das fitas complementares entre os dois dúplices homólogos que estabelecem o pareamento estável entre as moléculas. Esse processo também inicia a permuta de fitas de DNA entre os dois DNAs "parentais". Como será visto adiante, as enzimas que catalisam a invasão de fita são chamadas **proteínas de permuta de fitas** porque promovem essa reação fundamental.

A junção de Holliday gerada pela invasão de fita desloca-se ao longo do DNA por meio da migração de ramificação. Essa migração aumenta a extensão de DNA que é permutada. Se as duas moléculas de DNA não forem idênticas – mas apresentarem, por exemplo, um pequeno número de diferenças de sequências, como ocorre frequentemente com dois alelos do mesmo gene –, a migração de ramificação por essas regiões de sequências diferentes gera dúplices de DNA contendo um ou alguns malpareamentos na sequência (ver alelos *B* e *b* na Fig. 11-2d e o detalhe). A correção desses malpareamentos pode apresentar importantes consequências genéticas, uma questão que será retomada ao fim do capítulo.

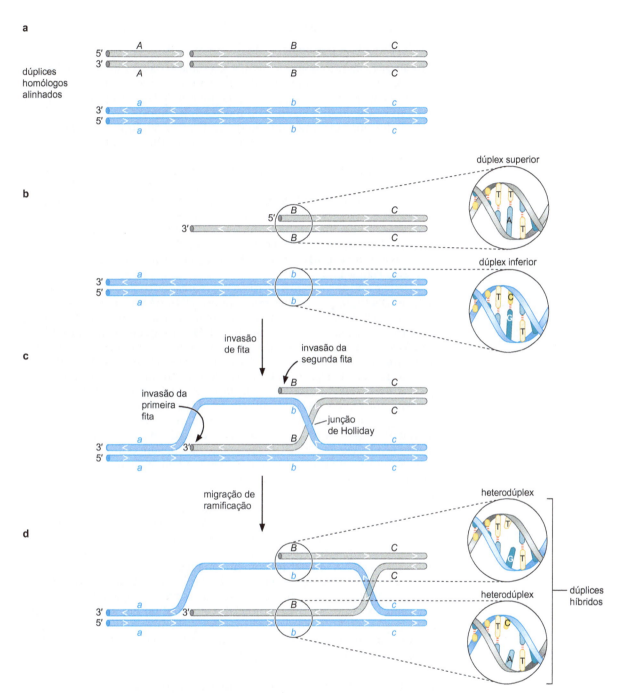

FIGURA 11-2 Modelo de Holliday ao longo das etapas da migração de ramificação. As cabeças de seta pequenas nas fitas simples de DNA indicam a direção 5' para 3'. Observa-se que A e a, B e b e C e c especificam alelos diferentes e possuem sequências de DNA ligeiramente diferentes. Dessa maneira, o DNA heterodúplex que contiver esses genes (ver seção expandida no painel d) apresentará alguns malpareamentos.

A resolução de junções de Holliday é um passo essencial para finalizar a troca genética

A finalização da recombinação requer a resolução da junção de Holliday, por meio da clivagem das fitas de DNA próximas ao sítio de cruzamento; esta reação separa as duas moléculas recombinantes de DNA e, desta forma, finaliza a troca genética. A Figura 11-3 mostra dois dúplices de DNA homólogos conectados por uma única junção de Holliday. A resolução pode ocorrer de duas maneiras e, portanto, fornece duas classes distintas de produtos de DNA, como descrito a seguir.

A Figura 11-3 ilustra onde os pares alternativos de sítios de clivagem no DNA ocorrem durante a resolução dessa ramificação simples de DNA gerada pela troca entre duas moléculas de DNA dúplex semelhantes. Para tornar esses sítios de clivagem mais fáceis de serem visualizados, a junção de Holliday é "girada", originando uma estrutura plana quadrangular, sem fitas cruzadas. As duas fitas com mesma sequência e polaridade devem ser clivadas; as duas escolhas alternativas para os sítios de clivagem estão marcadas como sítio 1 e sítio 2 na Figura 11-3.

Neste exemplo, os sítios de clivagem marcados com 1 ocorrem nas duas fitas de DNA compostas inteiramente por DNA de uma das duas fitas parentais de DNA (p. ex., as fitas sólidas azul e cinza). Caso essas fitas sejam clivadas e, a seguir, covalentemente ligadas (a segunda reação, catalisada pela DNA-ligase, como será discutido a seguir), as moléculas resultantes apresentarão a estrutura e a sequência mostradas à esquerda, na parte inferior da figura. Esses produtos são referidos como produtos de recombinação "entrelaçados", porque os dois dúplices originais estão conectados, de maneira que regiões das moléculas de DNA parentais estão covalentemente unidas por uma região de dúplex híbrida. Como observado pelo acompanhamento dos marcadores alélicos, a geração de produtos desse entrelaçamento resulta no rearranjo dos genes que flanqueiam o sítio de recombinação. Portanto, esse tipo de recombinante também é chamado de **produto de *crossing over***, uma vez que, nesta molécula de DNA, o *crossing over* ocorreu entre os genes A e C.

Em contrapartida, o par alternativo de sítios de clivagem na junção de Holliday (marcados com 2 na Fig. 11-3) está nas duas fitas de DNA que *contêm regiões de sequência de ambas as moléculas parentais* (p. ex., ambos os segmentos azul e cinza). Após a resolução e a junção covalente das fitas nesses sítios, as moléculas de DNA resultantes contêm uma região ou "emenda" de DNA híbrido. Essas moléculas são, então, conhecidas como **produtos emendados**. Nestes produtos, a recombinação não resulta no reagrupamento dos genes adjacentes ao sítio de clivagem inicial (ver o destino dos alelos marcadores A/a e C/c na Fig. 11-3). Essas moléculas são, portanto, conhecidas como **produtos sem *crossing over***. Os fatores que influenciam o sítio e a polaridade da resolução serão discutidos a seguir.

O modelo de reparo de quebras de dupla-fita descreve vários eventos de recombinação

A recombinação homóloga é, frequentemente, iniciada por DSBs no DNA. Um modelo comum que descreve esse tipo de troca genética é a **via de reparo de quebra de dupla-fita** (Fig. 11-4). Essa via começa com a introdução de uma DSB em uma das duas moléculas de DNA homólogas do dúplex (Fig. 11-4a). O outro dúplex de DNA permanece intacto. A quebra assimétrica inicial das duas moléculas de DNA no modelo de reparo de DSB requer que os últimos estágios no processo de recombinação também sejam assimétricos (i.e., os dois dúplices são tratados de maneira distinta, como será visto).

Após a introdução da DSB, uma enzima que cliva o DNA degrada a molécula de DNA quebrada, gerando regiões de DNA de fita simples (ssDNA)

Capítulo 11 Recombinação Homóloga em Nível Molecular 347

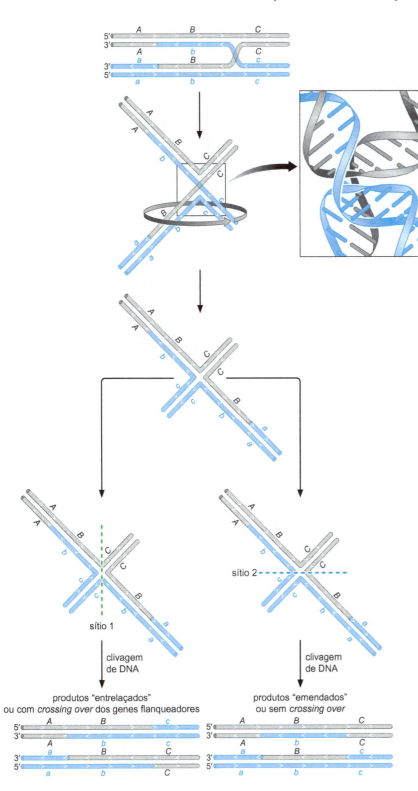

FIGURA 11-3 Clivagem da junção de Holliday. Dois pares de sítios alternativos de DNA podem ser clivados durante a resolução. A clivagem em um par gera os produtos "entrelaçados" ou com *crossing over*. A clivagem no segundo par de sítios origina produtos "emendados" ou sem *crossing over*. (Detalhe) Estrutura do DNA em uma junção de Holliday. Observa-se que o DNA está completamente pareado nesta estrutura.

(Fig. 11-4b). Esse processamento produz extensões de fita simples, conhecidas como caudas de ssDNA, nas moléculas quebradas de DNA; essas caudas de ssDNA terminam em extremidades 3'. Em alguns casos, ambas as fitas em uma DSB são processadas; em outros casos, apenas a fita que termina em 5' é degradada.

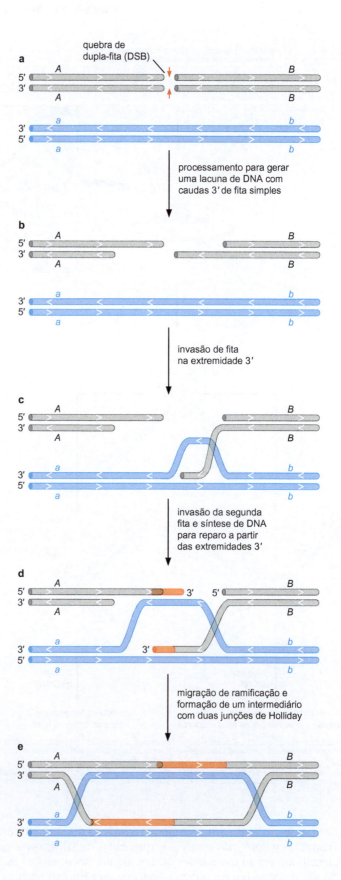

FIGURA 11-4 Modelo de reparo de DSB para recombinação homóloga. A figura mostra as etapas que originam um intermediário de recombinação contendo duas junções de Holliday.

A seguir, as caudas de ssDNA geradas dessa maneira invadem o dúplex de DNA homólogo que não foi clivado (Fig. 11-4c). Essa parte da figura mostra uma invasão de fita, como normalmente ocorre no início do processo, enquanto a próxima parte da figura mostra as duas fitas invadindo. Em cada caso, a fita invasora realiza um pareamento de bases com a sua fita complementar na outra molécula de DNA. Como as fitas invasoras terminam com uma extremidade 3', elas podem servir como iniciadores para a síntese de DNA. O alongamento dessas extremidades do DNA – utilizando a fita complementar do dúplex homólogo como molde – serve para restaurar as regiões de DNA que foram degradadas durante o processamento das fitas no sítio de quebra (Fig. 11-4d,e).

Se os dois dúplices de DNA originais não apresentarem sequências idênticas próximas ao sítio da quebra (p. ex., se apresentarem alterações de um único par de bases, como descrito anteriormente), a informação de sequência pode ser perdida durante a recombinação pelo sistema de reparo de DSB. Na recombinação mostrada na Figura 11-4, a informação perdida da molécula de DNA mostrada em cinza, resultante do processamento, é substituída pela sequência presente no dúplex em azul, resultante da síntese de DNA. Essa etapa não recíproca no reparo de DSB resulta, algumas vezes, em um resquício genético – originando um evento de **conversão gênica** –, tema que será discutido ao fim do capítulo.

As duas junções de Holliday encontradas nos intermediários da recombinação gerados por esse modelo deslocam-se por meio da migração de ramificação e são, finalmente, resolvidas, completando a recombinação. Novamente, as fitas que foram clivadas durante a resolução dessas junções de Holliday determinam se os produtos das moléculas de DNA irão, ou não, conter genes rearranjados nas regiões que flanqueiam o sítio de recombinação (i.e., resultando em *crossing over*). As diferentes maneiras de resolver um intermediário de recombinação contendo duas junções de Holliday são explicadas no Quadro 11-1, Como resolver um intermediário de recombinação com duas junções de Holliday.

MÁQUINAS PROTEICAS DA RECOMBINAÇÃO HOMÓLOGA

Os organismos de todos os tipos codificam enzimas que catalisam as etapas bioquímicas da recombinação. Em alguns casos, membros de famílias de proteínas homólogas desempenham a mesma função em todos os organismos. Em contrapartida, outras etapas da recombinação são catalisadas por classes diferentes de proteínas em diferentes organismos, mas com o mesmo resultado geral. Nosso conhecimento mais detalhado do mecanismo de recombinação é proveniente dos estudos sobre *E. coli* e seus fagos. Assim, nas seções seguintes, nos concentraremos, primeiramente, nas proteínas que promovem a recombinação na *E. coli* por meio da principal via de reparo de DSB, conhecida como **sistema RecBCD**. A recombinação homóloga nas células eucarióticas e as proteínas envolvidas nesses eventos serão consideradas nas seções posteriores.

A Tabela 11-1 lista as proteínas que catalisam as etapas essenciais da recombinação nas bactérias e seus correspondentes nos eucariotos (a levedura de brotamento *Saccharomyces cerevisiae* é o exemplo mais estudado). Essas proteínas fornecem as atividades necessárias para completar as etapas importantes no sistema de reparo de DSB. Além dessas proteínas dedicadas à recombinação, as DNA-polimerases, as proteínas de ligação ao ssDNA, as topoisomerases e as ligases também são fundamentais no processo de permuta genética.

Observa-se que uma proteína de *E. coli* que introduza DSBs no DNA está ausente da lista da Tabela 11-1, embora a recombinação pelo sistema RecBCD necessite de uma DSB em uma das duas moléculas de DNA recombinante. Como discutido anteriormente, nenhuma proteína específica que realize essa

CONCEITOS AVANÇADOS

Quadro 11-1 Como resolver um intermediário de recombinação com duas junções de Holliday

A maneira como as junções de Holliday presentes em um intermediário de recombinação são clivadas tem um grande impacto na estrutura dos produtos das moléculas de DNA. Os produtos terão o DNA que flanqueia o sítio de recombinação rearranjado (nos produtos de entrelaçamento/*crossing over*) ou não (nos produtos emendados/sem *crossing over*), dependendo de como a resolução é realizada. Como os intermediários gerados pelo sistema de reparo de DSB contêm duas junções de Holliday, pode ser difícil visualizar os produtos que serão gerados pelas diferentes combinações possíveis para a clivagem da junção de Holliday. De fato, existe um padrão simples que determina se serão formados produtos com ou sem *crossing over*.

Para explicar as diferentes maneiras possíveis de resolução desses intermediários, deve-se considerar as duas junções (marcadas como x e y) na Figura 1 deste quadro. A regra simples que determina se a resolução resultará ou não em produtos de *crossing over versus* sem *crossing over* é a que segue. Se ambas as junções forem clivadas *da mesma maneira*, isto é, ambas no sítio 1 ou ambas no sítio 2, então serão gerados produtos sem *crossing over*. Um exemplo desse tipo de produto é mostrado no painel b da figura; estas são as moléculas geradas quando ambas as junções de Holliday forem clivadas no sítio 2. Observa-se que os alelos marcadores A/B e a/b continuam nas mesmas moléculas de DNA em que estavam nos cromossomos parentais. A clivagem de ambas as junções no sítio 1 também gera produtos sem *crossing over*.

Em contrapartida, quando as duas junções são clivadas *usando sítios diferentes*, são gerados os produtos com *crossing over*. Um exemplo desse tipo de resolução está mostrado na Figura 1c deste quadro. Aqui, a junção x foi clivada no sítio 1, enquanto a junção y foi clivada no sítio 2. Observa-se que agora o gene A está ligado ao gene b, enquanto o gene a está ligado ao gene B; portanto, ocorreu o rearranjo dos genes flanqueadores. A clivagem da junção x no sítio 2 e da junção y no sítio 1 também gera produtos com *crossing over*.

Por que essa regra simples é verdadeira? Para entender o que ocorre, compare as junções aqui ilustradas com a junção de Holliday única da Figura 11-3. Pode-se ver que, em uma única junção, a clivagem no sítio 1 pode dar origem a produtos entrelaçados, enquanto a clivagem no sítio 2 pode gerar produtos emendados. Portanto, quando os resultados da clivagem nas duas junções forem combinados, ocorrerá o seguinte:

- A clivagem de ambas as junções no sítio 2 dará origem a produtos emendados (emendado + emendado = produtos emendados, sem *crossing over*).
- A clivagem de ambas as junções no sítio 1 também dará origem a produtos emendados (entrelaçado + entrelaçado = produtos emendados) porque a segunda resolução de tipo entrelaçado essencialmente "desfaz" o rearranjo causado pela primeira clivagem.
- A clivagem de uma junção no sítio 1, mas de outra no sítio 2, gera, portanto, produtos com *crossing over* (entrelaçado + emendado = entrelaçado) porque o rearranjo causado pela clivagem do sítio 1 é retido no produto final.

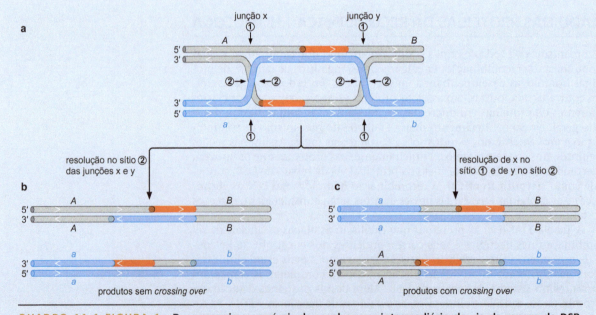

QUADRO 11-1 FIGURA 1 Duas maneiras possíveis de resolver um intermediário da via de reparo de DSB. As moléculas de DNA parentais eram como as da Figura 11-4. As regiões de DNA em vermelho são as que foram ressintetizadas durante a recombinação.

TABELA 11-1 Fatores procarióticos e eucarióticos que catalisam as etapas da recombinação

Etapa de recombinação	Proteína catalisadora de *E. coli*	Proteína catalisadora eucariótica
Pareamento de DNAs homólogos e invasão de fita	Proteína RecA	Rad51 Dmc1 (na meiose)
Introdução de DSB	Nenhuma	Spo11 (na meiose) HO (na alteração de tipos acasalantes)
Processamento de quebras do DNA para gerar fitas simples para invasão	Helicase/nuclease RecBCD	Proteína MRX (também chamada de nuclease Rad50/58/60)
Montagem de proteínas de permuta de fitas	RecBCD e RecFOR	Rad52 e Rad59
Reconhecimento da junção de Holliday e migração de ramificação	Complexo RuvAB	Não está bem caracterizada
Resolução das junções de Holliday	RuvC	Complexo Rad51c-XRCC3, WRN e BLM

tarefa foi encontrada nas bactérias. Em vez disso, as quebras geradas como resultado de dano ao DNA, erros no reparo de DNA ou colapso de uma forquilha de replicação são as principais fontes dos eventos de iniciação no DNA cromossômico. Alternativamente, durante reações de troca genética, como a transdução mediada por fago (que será considerada no Apêndice 1), o segmento de DNA infectante carrega extremidades de DNA quebradas.

As seções seguintes descrevem as proteínas de recombinação de *E. coli* e como elas desempenham suas funções durante a recombinação pelo sistema de reparo de DSB. Essas proteínas são apresentadas na ordem de sua atuação no sistema. Primeiro, será visto como a enzima RecBCD processa o DNA no sítio da DSB, para gerar regiões de fita simples. A seguir, são descritos a estrutura e o mecanismo da RecA, a proteína de permuta de fitas. Após se associar ao ssDNA, a RecA encontra regiões de homologia de sequência nas moléculas de DNA e gera novos pareamentos de bases entre essas regiões. Depois, serão descritas as proteínas RuvA e RuvB, que comandam a migração de ramificação. Finalmente, a enzima que resolve a junção de Holliday, RuvC, será considerada.

A helicase/nuclease RecBCD processa moléculas de DNA quebradas para a recombinação

As moléculas de DNA com extensões ou caudas de ssDNA são o substrato preferido para iniciar a permuta de fitas entre as regiões com sequências homólogas. A **enzima RecBCD** processa moléculas de DNA quebradas para gerar essas regiões de ssDNA. A RecBCD também auxilia a posicionar a proteína de permuta de fitas RecA sobre essas extremidades de ssDNA. Além disso, como será visto, as múltiplas atividades enzimáticas de RecBCD permitem uma "chance de escolha" à bactéria – recombinar com ou destruir as moléculas de DNA que entram na célula.

A RecBCD é composta por três subunidades (os produtos dos genes *recB*, *recC* e *recD*) e apresenta as atividades de DNA-helicase e nuclease. Esse complexo liga-se às moléculas de DNA no sítio de quebra de dupla-fita e percorre o DNA, utilizando a energia da hidrólise de ATP. Como resultado de sua ação, o DNA é desenrolado, com ou sem o acompanhamento da destruição nucleolítica de uma ou de ambas as fitas de DNA. As atividades de RecBCD são controladas por elementos de sequência de DNA específicos conhecidos como **sítios Chi** (do inglês, *crossover hot spot instigator*). Os sítios Chi foram descobertos porque estimulam a frequência de recombinação homóloga.

As subunidades RecB e RecD são DNA-helicases, ou seja, enzimas que usam a hidrólise do ATP para desnaturar e desenrolar os pares de base do DNA (ver Cap. 9). A subunidade RecB contém uma helicase 3'-5' e possui também um domínio de nuclease multifuncional que digere o DNA à medida que se move. RecD é uma helicase 5'-3', e RecC atua no reconhecimento de sítios Chi. Mas como as várias subunidades dessa máquina multifuncional complexa trabalham juntas para se mover ao longo do DNA, e o que ocorre de fato quando o complexo encontra um sítio Chi?

Vários estudos, incluindo os baseados em técnicas de molécula única, mostraram que os "motores" helicases RecB e RecD se movem de maneira independente ao longo de fitas opostas do dúplex de DNA e com velocidades diferentes. Juntos, eles são capazes de "dirigir" o complexo RecBCD ao longo do DNA em velocidade superior a 1.000 pb por segundo! Sítios Chi no DNA atuam como uma "válvula molecular" para regular as atividades das helicases e, portanto, a velocidade de translocação do DNA. A Figura 11-5 mostra um esquema geral de RecBCD que processa uma molécula de DNA contendo um único sítio Chi para ativar esse DNA para recombinação. A RecBCD entra no DNA no sítio da DSB e desloca-se ao longo do DNA, desenrolando as fitas. Mas durante esta fase inicial, os dois motores do complexo não se movem com taxas iguais – a subunidade RecD corre mais rápido que RecB e, portanto, lidera o complexo. Como RecB tenta manter o passo, uma alça de ssDNA da extremidade 3' projeta-se para fora à frente do complexo.

Ao encontrar a sequência Chi, o complexo para por alguns segundos, então continua com cerca de metade da velocidade inicial. Durante a pau-

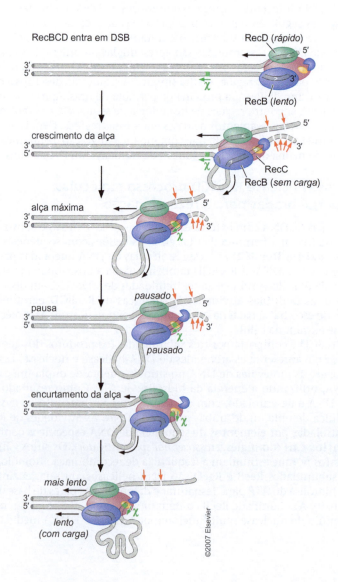

FIGURA 11-5 Etapas do processamento do DNA pela RecBCD. Observa-se que a proteína RecBCD poderia ter entrado nessa molécula de DNA por qualquer uma das duas extremidades quebradas. Entretanto, os sítios Chi funcionam apenas em uma orientação. Na molécula de DNA mostrada, o sítio Chi está orientado de maneira a somente modificar a enzima RecBCD que estiver se movendo da direita para a esquerda. A enzima RecBCD possui duas DNA-helicases: RecD (em verde), que se move rapidamente na fita da extremidade 5' (fita superior), e RecB (em roxo), que se move vagarosamente na fita da extremidade 3' (fita inferior). Como essas duas subunidades se deslocam com velocidades diferentes, RecB acumula uma alça de DNA fita simples na fita inferior, durante o desenrolamento. Depois que a enzima encontra o sítio Chi, essa alça é "rebobinada" e sua extremidade 3', agora contendo Chi, fica disponível para a montagem de RecA. (Adaptada, com permissão, de Spies et al. 2007. *Cell* **131**: 694-705, Fig. 5, p. 701. © Elsevier.)

sa, ocorrem três eventos para mudar a atividade do complexo. Primeiro, o ssDNA da alça é puxado, ou enrolado de volta para dentro, pela subunidade RecB, e esta torna-se o principal motor que agora lidera o complexo; segundo, provavelmente ocorre uma alteração conformacional, resultando no desacoplamento da subunidade RecD; e terceiro, a atividade de nuclease do complexo RecBCD é alterada. À medida que RecBCD se move pela sequência após o sítio Chi, a nuclease não cliva mais o DNA com a polaridade 3' → 5'. Além disso, a fita de DNA oposta é clivada mais frequentemente do que era antes do encontro com o sítio Chi. Como resultado dessa alteração de atividade, a molécula de DNA de dupla-fita apresenta agora uma extensão de fita simples 3', terminando com a sequência Chi na extremidade 3'. Essa estrutura é ideal para a montagem de RecA e a iniciação da permuta de fitas (ver a seguir). Agora, será considerada a base molecular da alteração da atividade enzimática de RecBCD após o encontro com um sítio Chi e a mudança na maneira como o DNA atravessa o complexo de múltiplas subunidades de RecBCD.

A estrutura do complexo RecBCD ligado ao DNA fornece maiores informações sobre como essa máquina com três subunidades funciona e como sua atividade muda com o encontro de um sítio Chi. Como mostrado na Figura 11-6, o complexo proteico possui um formato geral triangular, com o dúplex de DNA entrando na proteína pelo ponto superior do triângulo. Aqui, o DNA encontra uma estrutura de "alfinete" projetando-se para fora da subunidade RecC que divide o dúplex e guia as duas fitas individuais de DNA para os dois motores no interior da enzima. A subunidade RecC canaliza a extremidade 3' para o motor RecB e a extremidade 5' para o motor RecD. Dessa maneira, RecC, que não é por si uma helicase, contribui para a eficiência geral da atividade de helicase do complexo. A organização dos canais da enzima faz a cauda 3' do DNA ser disposta ao longo de uma fenda que emerge no sítio ativo da nuclease na subunidade RecB. Como resultado, antes que o complexo enzimático encontre um sítio Chi, essa fita é eficiente e processivamente degradada. A cauda 5' do DNA também se move para além do sítio ativo da nuclease ao deixar o motor RecD, mas é digerida com menor frequência do que a cauda 3', porque precisa competir com a fita 3', posicionada mais favoravelmente. Entretanto, ao encontrar um sítio Chi, a situação muda. RecC reconhece e liga-se fortemente a esse sítio do DNA, e uma vez que a extremidade 3' esteja ligada, ela é impedida de entrar na nuclease. Essa ligação, portanto, evita maior digestão da cauda 3', ao mesmo tempo em que promove a digestão da cauda 5', ao remover seu competidor.

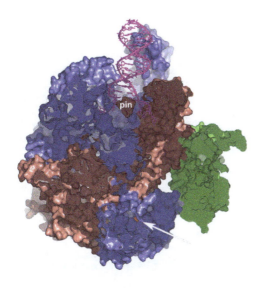

FIGURA 11-6 Estrutura do complexo RecBCD-DNA. Aqui, RecB está apresentada em roxo, RecC em magenta, e RecD, em verde. O DNA ligado (em bordô) entra através do "topo" do complexo, e a seta branca aponta para um íon de cálcio (em vermelho) ligado ao sítio ativo da nuclease de RecB. A estrutura mostra uma visão em corte para revelar o DNA. RecC entra em contato com ambas as fitas de DNA e as separa, dirigindo a fita 3' para RecB à esquerda e a cauda 5' para RecD à direita. (Singleton M.R. et al. 2004. *Nature* **432**: 7015; Código PDB: 1W36.) Imagem preparada com PyMOL (DeLano W.L. 2002. *The PyMOL molecular graphics system*. DeLano Scientific, Palo Alto, California. www.pymol.org).

A cauda de ssDNA gerada pela RecBCD deve ser coberta pela proteína RecA para que a recombinação ocorra. Entretanto, as células também contêm proteínas de ligação ao DNA de fita simples (SSB), que podem se ligar a esse DNA. Para garantir que RecA, em vez de SSB, ligue-se a essas caudas de ssDNA, o RecBCD interage diretamente com RecA e promove sua montagem. Essa atividade de carregamento envolve uma interação proteína-proteína direta entre o domínio da nuclease da subunidade RecB e a proteína RecA, e serve para carregar RecA no DNA com a cauda 3'.

Sítios Chi controlam RecBCD

Os sítios Chi aumentam a frequência de recombinação em aproximadamente 10 vezes. Esse estímulo é mais pronunciado nas adjacências diretas ao sítio Chi. Embora frequências elevadas de recombinação sejam observadas a 10 kb de distância do sítio Chi, elas diminuem gradualmente a partir dessa distância (Fig. 11-7). A observação de que a recombinação é especificamente estimulada em apenas um "lado" do sítio Chi era inicialmente intrigante. Entretanto, agora está claro por que esse padrão é observado: o DNA entre a DSB (por onde a RecBCD entra) e o sítio Chi é clivado em pequenos pedaços pela enzima e está, portanto, indisponível para a recombinação. Por outro lado, as sequências de DNA encontradas pela RecBCD após o encontro com Chi são preservadas em forma de fita simples recombinogênica e são especificamente cobertas com RecA.

A capacidade de os sítios Chi controlarem a atividade de nuclease da RecBCD também auxilia as células bacterianas a protegerem a sua integridade de algum DNA exógeno, que pode entrar pela infecção de um fago ou por conjugação. O sítio Chi de oito nucleotídeos (GCTGGTGG) está altamente super-representado no genoma de *E. coli*. Embora seja previsto, matematicamente, que ele ocorra uma vez a cada 65 kb, ou cerca de 80 vezes, a sequência cromossômica revela a presença de 1.009 sítios Chi! Devido a essa super-representatividade, é provável que o DNA de *E. coli* incorporado em uma célula de *E. coli* seja processado por RecBCD de maneira a originar as caudas de ssDNA 3', sendo, portanto, ativado para a recombinação. Por outro lado, o DNA de um bacteriófago ou de outras espécies (nas quais os sítios Chi de *E. coli* não estão super-representados) não apresentará sítios Chi com frequência. A ação de RecBCD sobre esse DNA provocará a sua ampla degradação, em vez de ativá-lo para a recombinação.

Em resumo, a atividade de degradação de DNA de RecBCD tem diversas consequências: essa degradação é necessária para processar o DNA no sítio da quebra para as etapas subsequentes de posicionamento da RecA e da invasão de fita. Dessa maneira, a RecBCD promove a recombinação. Entretanto, como a

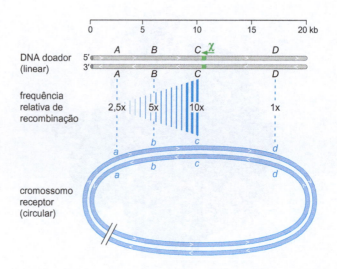

FIGURA 11-7 Ação polar de Chi. Esta representação esquemática mostra que um sítio Chi eleva as frequências de recombinação diretamente nas sequências no sítio, bem como nas sequências distais. O evento de recombinação mostrado representa a permuta entre um segmento de DNA linear transferido, introduzido na célula por transdução ou conjugação, e o cromossomo bacteriano. Os segmentos de DNA participantes podem ser muito mais extensos. Por exemplo, a transdução por fago frequentemente insere um segmento de DNA de aproximadamente 80 kb. O cromossomo de *E. coli* tem aproximadamente 5 Mb.

RecBCD degrada o DNA para ativá-lo, o processo geral de recombinação homóloga também deve envolver a síntese de DNA para restaurar as fitas degradadas. Além disso, às vezes, a RecBCD atua simplesmente destruindo o DNA – como ocorre quando DNAs exógenos, que não apresentam sítios Chi frequentes, entram na célula. Dessa maneira, a RecBCD pode proteger a célula das consequências potencialmente prejudiciais da incorporação de sequências estranhas que podem, por exemplo, conter um bacteriófago ou outro agente prejudicial.

A proteína RecA organiza-se sobre o DNA de fita simples e promove a invasão de fita

RecA é a proteína central da recombinação homóloga. Ela é o membro fundador de uma família de enzimas denominada **proteínas de permuta de fitas**. Essas proteínas catalisam o pareamento de moléculas de DNA homólogas. O pareamento envolve a procura por combinações de sequências entre duas moléculas, bem como a geração de regiões de pareamento de bases entre essas moléculas.

As atividades de pareamento e permuta de fitas de DNA de RecA podem ser observadas usando substratos simples de DNA *in vitro*; exemplos de reações de pareamento e permuta de fitas de DNA úteis para mostrar as atividades bioquímicas de RecA são mostrados na Figura 11-8. As características importantes dessas moléculas de DNA são (1) complementaridades de sequência de DNA entre as duas moléculas parceiras, (2) uma região de ssDNA em pelo menos uma molécula para permitir a montagem de RecA, e (3) presença de uma extremidade de DNA na região de complementaridade, permitindo que as fitas de DNA do dúplex recém-formado se entrelacem.

A forma ativa de RecA é um filamento de proteína-DNA (Fig. 11-9). Ao contrário da maioria das proteínas envolvidas em biologia molecular que atuam em subunidades proteicas discretas e menores, como monômeros, dímeros ou hexâmeros, o filamento de RecA é enorme e de tamanho variável; filamentos que contêm aproximadamente 100 subunidades de RecA e 300 nucleotídeos de DNA são comuns. O filamento pode acomodar uma, duas, três ou até quatro fitas de DNA. Como descrito a seguir, os filamentos com uma ou com três fitas são os mais comuns nos intermediários da recombinação.

A estrutura do DNA no filamento é altamente estendida se comparada com o ssDNA não coberto ou com uma hélice-padrão de forma B. Em média, a distância entre bases adjacentes é de 5 Å, em vez do espaçamento de 3,4 Å normalmente observado (Cap. 4). Assim, após a ligação de RecA, o com-

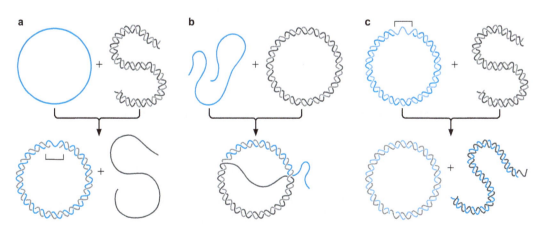

FIGURA 11-8 Substratos para permuta de fitas por RecA. Aqui, estão apresentadas três possíveis combinações de estruturas que participam no pareamento e na permuta de fitas de DNA. Observa-se que os colchetes nas partes a e c mostram a localização de uma lacuna em uma das fitas.

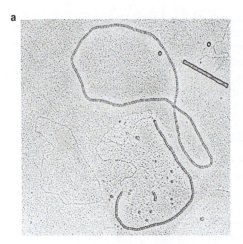
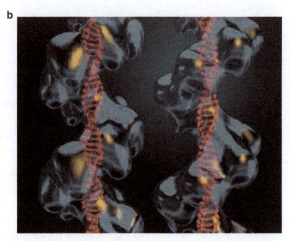
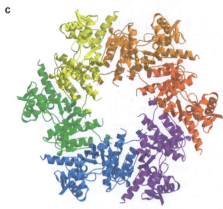

FIGURA 11-9 Três visões do filamento de RecA. (a) Micrografia eletrônica de moléculas de DNA circulares que estão completamente ou parcialmente cobertas com RecA. Uma molécula de DNA não coberta está mostrada para ilustrar como o DNA é estendido quando ligado a RecA. (Reproduzida, com permissão, de Stasiak A. e Egelman E.H. 1988. *Genetic recombination* [ed. R. Kucherlapati e G. Smith], pp. 265-307, Fig. 3. © ASM Press.) (b) Figura com alta resolução do filamento gerado pela média de diversas imagens de micrografia eletrônica. A figura à esquerda é a RecA de *E. coli*, e a figura à direita é a proteína de permuta de fitas Rad51 de levedura. (Imagem fornecida por Edward Egelman, University of Virginia.) (c) Visão de alta resolução gerada por cristalografia por raios X. Aqui, uma volta do filamento helicoidal é mostrada como vista do topo. Cada subunidade está colorida de maneira diferente; a subunidade em vermelho está mais próxima do observador. (Story R.M. et al. 1992. *Nature* **355**: 318-325.) Imagem preparada com MolScript, BobScript e Raster3D.

primento de uma molécula de DNA é incrementado em aproximadamente 1,5 vez (Fig. 11-9a). É dentro desse filamento RecA que ocorre a procura pelas sequências de DNA homólogas e que a permuta das fitas de DNA é realizada.

Para formar um filamento, as subunidades de RecA ligam-se cooperativamente ao DNA. A ligação e a montagem de RecA são muito mais rápidas no ssDNA do que no DNA de dupla-fita, explicando, assim, a necessidade de regiões de ssDNA em substratos de permuta de fitas. O filamento cresce pela adição de subunidades de RecA na direção 5'-3', de maneira que uma fita de DNA que termina nas extremidades 3' tem maior chance de ser coberta por RecA (Fig. 11-10). Observa-se que no modelo de reparo de DSB para recombinação, apenas moléculas de DNA com essa configuração participam da invasão de fita.

Novas parcerias de pareamento de bases são estabelecidas no filamento de RecA

A permuta de fitas catalisada por RecA pode ser dividida em distintos estágios de reação. Primeiro, o filamento de RecA deve ser montado em uma das fitas de DNA participantes. A montagem ocorre sobre uma molécula que contém uma região de DNA de fita simples, como uma cauda de ssDNA. Esse complexo RecA-ssDNA é a forma ativa que participa na busca de homologia. Durante essa busca, a RecA "verifica" complementaridades de pares de bases entre o DNA do filamento e uma segunda molécula de DNA. As estruturas de RecA

Capítulo 11 Recombinação Homóloga em Nível Molecular 357

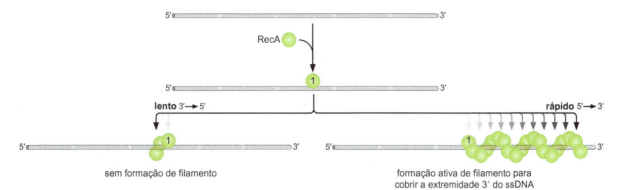

FIGURA 11-10 Polaridade da montagem de RecA. Observa-se que novas subunidades de RecA se ligam ao filamento pelo lado 3' do DNA a uma subunidade existente muito mais rapidamente do que ao lado 5'. Devido a essa polaridade de adição, as moléculas de DNA com extensões de ssDNA 3' serão cobertas com RecA de maneira eficiente. Em contrapartida, moléculas com extensões de ssDNA 5' não servirão como substratos para a formação do filamento.

com ssDNA e com dsDNA revelam alongamento variado do DNA e sugerem um mecanismo para permuta de fitas (Fig. 11-11).

Essa busca de homologia é promovida por RecA porque a estrutura do filamento possui dois sítios distintos de ligação ao DNA: um sítio primário (ligado pela primeira molécula de DNA) e um sítio secundário (Fig. 11-12). Este sítio de ligação ao DNA secundário pode ser ocupado por DNA de dupla-fita. A ligação a esse sítio é rápida, fraca, temporária e – muito importante – independente da sequência de DNA. Dessa maneira, o filamento de RecA pode ligar-se e rapidamente "verificar" vastas regiões de DNA à procura de homologias de sequência.

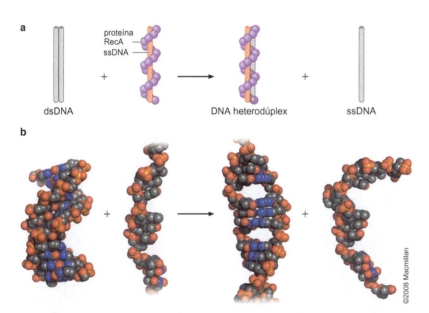

FIGURA 11-11 Visão do DNA da reação de permuta de fitas promovida por RecA. (a) O dsDNA pareia com o filamento de RecA pré-sináptico que consiste em RecA e ssDNA, para produzir o heterodúplex DNA-RecA e ssDNA. (b) As estruturas das moléculas de DNA participantes são mostradas: DNA em formato B; ssDNA no filamento pré-sináptico; dsDNA no filamento; e ssDNA aleatoriamente enrolado. (Adaptada, com permissão, de Kowalczykowski S.C. 2008. *Nature* **453**: 463, Fig. 1, p. 465. © Macmillan.)

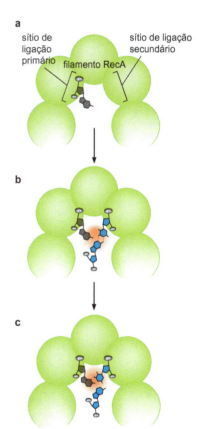

FIGURA 11-12 Modelo de duas etapas da busca por homologia e permuta de fitas de DNA dentro do filamento de RecA. Aqui, é apresentada uma visão de topo do filamento de RecA, como na Figura 11-9c. O dúplex de DNA que está chegando está mostrado em azul. (a) Corte transversal de um DNA de fita simples ligado à proteína RecA. (b) O DNA no sítio secundário é verificado quanto à complementaridade. (c) O pareamento de bases entre as fitas é alterado. (Adaptada de Howard-Flanders et al. 1984. *Nature* **309**: 215-220.)

Como o filamento de RecA percebe a homologia de sequência? Os detalhes desse mecanismo ainda não estão totalmente esclarecidos, mas o que se sabe hoje, em grande parte a partir de estudos estruturais, é como o ssDNA e o ATP se ligam a RecA para formar um filamento "pré-sináptico" helicoidal. O ssDNA do filamento torna-se menos enrolado e estendido, uma mudança que provavelmente permite mais pareamentos de base ótimos de Watson-Crick com o dsDNA, para formar um filamento sináptico que procura por homologia entre o ssDNA e o dsDNA (compare as estruturas mostradas na Fig. 11-13). No filamento pré-sináptico, o ssDNA liga-se com uma estequiometria de exatamente três nucleotídeos por RecA, arranjados em uma conformação semelhante ao DNA B – deve-se lembrar, do Capítulo 4, que a unidade repetida da estrutura do DNA consiste em três nucleotídeos, uma "trinca, ou triplet, de nucleotídeos" (ver Fig. 11-14). Após cada unidade de três nucleotídeos do DNA semelhante ao B no filamento pré-sináptico há um grande "espaço" antes da próxima base; esses grandes espaços são os principais responsáveis pela hélice estendida comparada ao DNA nu (Figs. 11-13 e 11-14).

O DNA no sítio de ligação secundário está temporariamente aberto e é verificado quanto à complementaridade com o ssDNA no sítio primário. Esse "teste" ocorre via interações de pareamento de bases, embora inicialmente ele ocorra sem perturbar o pareamento de bases global entre as duas fitas de DNA no sítio secundário. Experimentos *in vitro* indicam que uma combinação de sequência de apenas 15 pares de bases fornece um sinal suficiente para o filamento de RecA de que uma combinação foi encontrada, desencadeando a permuta de fitas.

Uma vez encontrada uma região de complementaridade de bases, a RecA promove a formação de um complexo estável com ligações de hidrogênio tipo Watson-Crick completas entre essas duas moléculas de DNA (Fig. 11-15a). A unidade repetida é, agora, uma trinca de pares de bases empilhados (a trinca de pares de bases) que é bastante semelhante ao DNA B (Fig. 11-15b). Essa estrutura de três fitas ligada a RecA é chamada **junção de moléculas** e, normalmente, contém várias centenas de pares de bases de DNA híbrido. É nesta junção de moléculas que ocorre a permuta de fitas de DNA. A fita de DNA no sítio de ligação primário realiza um pareamento de bases com a fita com-

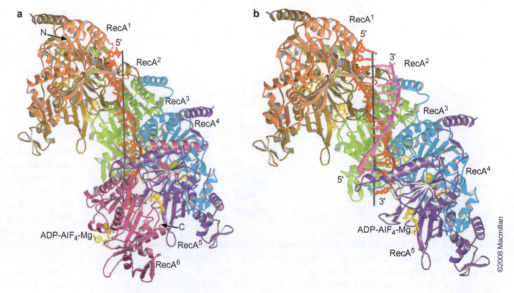

FIGURA 11-13 Estruturas de ssDNA e dsDNA de RecA. (a) Estrutura do filamento de nucleoproteína pré-sináptico. (b) Estrutura do filamento de nucleoproteína pós-sináptico. (Reproduzida, com permissão, de Chen et al. 2008. *Nature* **453**: 489. A parte a é a Fig. 1A, p. 490; a parte b é a Fig. 4A, p. 492. © Macmillan.)

Capítulo 11 Recombinação Homóloga em Nível Molecular

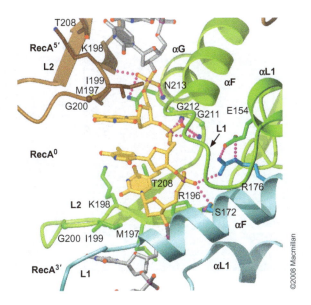

FIGURA 11-14 **Visão aproximada do ssDNA em RecA.** Cada trinca de nucleotídeos é ligada por três unidades de RecA. (Reproduzida, com permissão, de Chen et al. 2008. *Nature* **453**: 489, Fig. 2, p. 491. © Macmillan.)

plementar no dúplex de DNA ligado no sítio secundário. A permuta de fitas requer a quebra de um conjunto de pares de bases e a formação de um novo conjunto de pares de bases idênticos. A finalização da permuta de fitas também requer que as duas fitas recém-pareadas se entrelacem, formando uma dupla-hélice apropriada. A RecA liga-se preferencialmente aos produtos de DNA após a permuta de fitas ter ocorrido, e é essa energia de ligação que efetivamente promove a reação de permuta em direção à nova configuração do DNA.

Homólogos de RecA estão presentes em todos os organismos

As proteínas de permuta de fitas da família RecA estão presentes em todas as formas de vida. Os membros mais bem caracterizados são RecA de eubactérias, RadA de *Archaea*, Rad51 e Dmc1 de eucariotos, e a proteína UvsX do bacteriófago T4. Essas proteínas formam filamentos similares aos de RecA (Fig. 11-16) e, provavelmente, atuam de maneira similar (embora algumas características das proteínas sejam especificamente adaptadas às suas funções celulares e a parceiros específicos). O papel das proteínas Rad51 e Dmc1 na recombinação de células eucarióticas será discutido mais adiante, neste capítulo.

O complexo RuvAB reconhece especificamente as junções de Holliday e promove a migração de ramificação

Após o término da etapa de invasão de fita, as duas moléculas de DNA recombinantes estão conectadas por uma ramificação no DNA conhecida como junção de Holliday (ver anteriormente). O deslocamento do sítio dessa ramificação requer a permuta de pares de bases do DNA entre os dois dúplices de DNA homólogos. As células codificam proteínas que estimulam muito a velocidade da migração de ramificação.

A proteína RuvA é uma proteína de ligação ao DNA específica para a junção de Holliday, que reconhece a estrutura da junção de DNA independentemente de sua sequência. A RuvA reconhece e liga-se às junções de Holliday e recruta a proteína RuvB para o local. A RuvB é uma ATPase hexamérica, semelhante às helicases hexaméricas envolvidas na replicação do DNA (ver Cap. 9). A ATPase RuvB fornece a energia para promover a permuta de pares de bases que movimenta o ponto de ramificação do DNA. Essa energia é necessária para

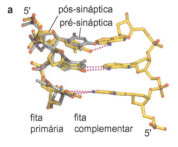

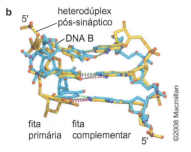

FIGURA 11-15 **A estrutura do DNA no filamento não sofre grandes alterações.** (a) A trinca de nucleotídeos pré-sináptica (cinza) é sobreposta à trinca de pares de bases pós-sináptica (amarelo). Ligações de hidrogênio de Watson-Crick estão indicadas por linhas pontilhadas. (b) A trinca de pares de bases pós-sináptica (amarelo) é sobreposta ao DNA tipo B (ciano). Ligações de hidrogênio de Watson-Crick estão indicadas por linhas pontilhadas, em magenta para o heterodúplex e em verde para o DNA B. (Reproduzida, com permissão, de Chen et al. 2008. *Nature* **453**: 489, Fig. 5a,b, p. 491. © Macmillan).

FIGURA 11-16 Proteínas semelhantes a RecA nos três ramos biológicos. Filamentos de nucleoproteína são mostrados para as proteínas (a) Rad51 humana, (b) RecA de *E. coli* e (c) RadA de *Archaeoglobus fulgidus*. As proteínas Rad51 e RecA também são mostradas na Figura 11-8. Observa-se a estrutura helicoidal semelhante dos filamentos, revelada pelas listras, nestas imagens de micrografia eletrônica. (Reproduzida, com permissão, de West S.C. et al. 2003. *Nat. Rev. Mol. Cell Biol.* **4**: 435-445. © Macmillan. Imagens fornecidas por A. Stasiak, University of Lausanne, Switzerland.)

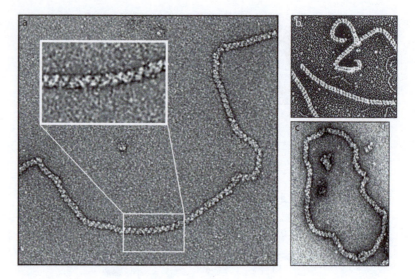

mover a ramificação rapidamente e em uma direção. Os modelos estruturais dos complexos RuvAB na junção de Holliday mostram um tetrâmero de RuvA e dois hexâmeros de RuvB que atuam juntos, potencializando o processo de permuta de DNA (Fig. 11-17).

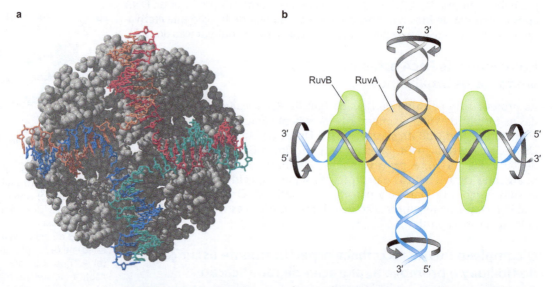

FIGURA 11-17 Estrutura em alta resolução de RuvA e modelo esquemático do complexo RuvAB ligado à junção de Holliday do DNA. (a) A estrutura cristalográfica do tetrâmero de RuvA mostra a simetria tetraédrica da proteína. (Ariyoshi M. et al. 2000. *Proc. Natl. Acad. Sci.* **97**: 8257-8262.) Imagem preparada com MolScript, BobScript e Raster3D. (b) Um modelo esquemático da estrutura cristalográfica é mostrado com dois hexâmeros de RuvB. Observa-se como um tetrâmero de RuvA se liga com simetria tetraédrica à junção. Dois hexâmeros de RuvB ligam-se em lados opostos de RuvA e atuam como um motor para impulsionar o DNA através da junção. Os hexâmeros de RuvB estão mostrados em cortes transversais, de maneira que o DNA inserido nesses complexos pode ser visualizado. (Redesenhada de Yamada K. et al. 2002. *Mol. Cell* **10**: 671-681, Fig. 4.)

RuvC cliva fitas de DNA específicas na junção de Holliday para finalizar a recombinação

A recombinação é finalizada pela resolução da junção (ou junções) de Holliday entre as duas moléculas de DNA recombinantes. Nas bactérias, a principal endonuclease que resolve as junções de Holliday é a RuvC. A RuvC foi descoberta e purificada com base na sua capacidade de clivar junções de DNA construídas pela RecA, *in vitro*. Evidências indicam que ela atua em conjunto com RuvA e RuvB.

A resolução por RuvC ocorre quando esta reconhece a junção de Holliday (provavelmente complexada a RuvA e a RuvB) e cliva especificamente as duas fitas de DNA homólogas que apresentam a mesma polaridade. Essa clivagem resulta em extremidades de DNA que terminam com grupos 5'-fosfato e 3'-OH que podem ser diretamente unidos pela DNA-ligase. Dependendo do par de fitas que foi clivado pela RuvC, os produtos de recombinação ligados resultantes serão do tipo "entrelaçados" (com *crossing over*) ou "emendados" (sem *crossing over*). A estrutura da RuvC e um modelo esquemático de sua interação com a junção de DNA são apresentados na Figura 11-18.

Apesar de reconhecer uma estrutura em vez de uma sequência específica, RuvC cliva o DNA com uma certa especificidade de sequência. A clivagem ocorre apenas em sítios conforme o consenso 5'-A/T-T-T-G/C. A clivagem ocorre após o segundo T da sequência. Sequências com esse consenso são frequentemente encontradas no DNA, com uma média de uma vez a cada 64 nucleotídeos. Essa modesta seletividade de sequência assegura que pelo menos alguma migração de ramificação ocorra antes da resolução. Sem essa seletividade de sequência, a RuvC poderia simplesmente clivar as junções de Holliday logo após a sua formação, limitando a região de DNA que participa na permuta de fitas.

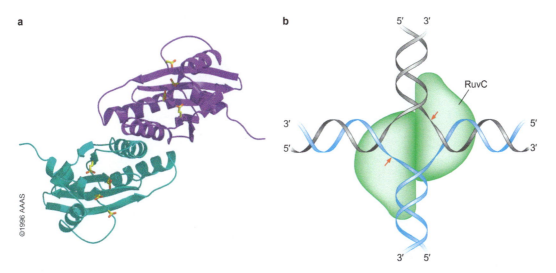

FIGURA 11-18 Estrutura em alta resolução da resolvase RuvC e modelo esquemático do dímero RuvC ligado à junção de Holliday do DNA. (a) Estrutura cristalográfica da proteína RuvC. (Ariyoshi M. et al. 1994. *Cell* **78**:1063-1072.) Imagem preparada com MolScript, BobScript e Raster3D. (b) Modelo para ligação de um dímero de RuvC a uma junção de Holliday. Observa-se, neste modelo, como um dímero de RuvC pode se ligar à junção de Holliday e introduzir clivagens simétricas nas duas fitas idênticas de DNA. (Adaptada, com permissão, de Rafferty J.B. et al. 1996. *Science* **274**: 415-421, Fig. 1b. © AAAS.)

RECOMBINAÇÃO HOMÓLOGA EM EUCARIOTOS

A recombinação homóloga apresenta funções adicionais em eucariotos

Como já descrito, em bactérias, a recombinação homóloga é necessária para corrigir as DSBs no DNA, para reiniciar as forquilhas de replicação obstruídas e para permitir que o DNA cromossômico da célula recombine com o DNA inserido por infecção por fago ou conjugação. A recombinação homóloga também é necessária para o reparo do DNA e para a reiniciação de forquilhas de replicação obstruídas nas células eucarióticas. Essa necessidade é ilustrada pelo fato de as células com defeitos em proteínas que promovem a recombinação serem hipersensíveis a agentes de dano ao DNA, sobretudo os que quebram as fitas de DNA. Além disso, os animais com mutações que interferem na recombinação homóloga apresentam predisposição a determinados tipos de câncer, bem como características de envelhecimento precoce. Entretanto, como será discutido a seguir, a recombinação homóloga desempenha funções adicionais importantes nos organismos eucariotos. O mais importante é que a recombinação homóloga é fundamental para a meiose. Durante a meiose, a recombinação homóloga é *necessária* para o correto pareamento dos cromossomos e, portanto, para a manutenção da integridade do genoma. Essa recombinação também redistribui os genes entre os cromossomos parentais, garantindo a diversidade nos conjuntos de genes que são passados à próxima geração.

A recombinação homóloga é necessária para a segregação cromossômica durante a meiose

Como visto no Capítulo 9, a **meiose** envolve dois ciclos de divisão nuclear, resultando na redução do conteúdo de DNA a partir do conteúdo normal de células diploides (2N) para o conteúdo presente nos gametas (1N). A Figura 11-19 mostra esquematicamente como os cromossomos estão configurados durante

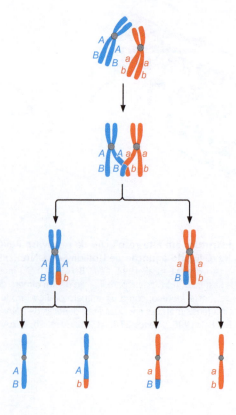

FIGURA 11-19 Dinâmica do DNA durante a meiose. Aqui, para simplificar, apenas um tipo de cromossomo é mostrado. Os dois homólogos preparando-os estão representados, em vermelho e azul, após terem sido duplicados em um ciclo de replicação de DNA. A recombinação homóloga é necessária para parear esses cromossomos homólogos preparando-os para a primeira divisão nuclear. Essa recombinação também pode originar um *crossing over*, como é mostrado para os genes *A* e *B*.

esses dois ciclos de divisão. Antes da divisão, a célula apresenta duas cópias de cada cromossomo (os **homólogos**), cada uma herdada de cada progenitor. Durante a fase S, esses cromossomos são replicados, originando um conteúdo total de DNA de 4N (Fig. 11-20). Os produtos da replicação – ou seja, as **cromátides-irmãs** – permanecem juntos. Então, na preparação para o primeiro ciclo de divisão nuclear, os *cromossomos homólogos duplicados devem parear* e alinhar-se no centro da célula. É esse pareamento de homólogos que requer a recombinação homóloga (Fig. 11-19). Esses eventos são cuidadosamente programados. A recombinação deve estar completa antes da primeira divisão nuclear para permitir que os homólogos se alinhem de forma adequada e, então, sejam separados. Durante este processo, as cromátides-irmãs permanecem pareadas (Fig. 11-20; ver também Cap. 8, Fig. 8-16). A seguir, na segunda divisão, são as cromátides-irmãs que se separam. Os produtos dessa divisão são os quatro gametas, cada um com uma cópia de cada cromossomo (i.e., seu conteúdo de DNA é 1N).

Sem a recombinação, os cromossomos não conseguem se alinhar corretamente para a primeira divisão meiótica, o que resulta em elevada incidência de perda cromossômica. Essa segregação incorreta de cromossomos, denominada **não disjunção**, origina um grande número de gametas sem o conjunto cromossômico correto. Os gametas com um número maior ou menor de cromossomos não podem se desenvolver após a fertilização, de modo que uma falha na recombinação homóloga pode se refletir em baixa fertilidade. Os eventos de recombinação homóloga que ocorrem durante a meiose são chamados **recombinação meiótica**.

A recombinação meiótica também frequentemente origina *crossing overs* entre os genes dos dois cromossomos parentais homólogos. Essa permuta genética, mostrada esquematicamente na Figura 11-20, pode ser observada citologicamente (Fig. 11-21a). Uma consequência importante é que os alelos presentes nas moléculas parentais são rearranjados para a próxima geração.

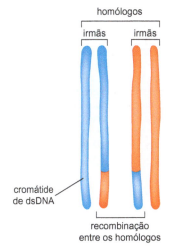

FIGURA 11-20 Recombinação meiótica entre cromátides-irmãs. Cada estrutura corresponde a uma molécula de DNA de dupla-fita replicada, chamada cromátide. Os pares são chamados de cromátides-irmãs, e a recombinação mediada por Dmc1 ocorre entre pares de cromátides não irmãs (ver Fig. 11-19).

A geração programada de quebras na dupla-fita de DNA ocorre durante a meiose

O programa de desenvolvimento necessário para que as células completem adequadamente a meiose envolve a ativação da expressão de vários genes que não são necessários para o crescimento normal. Um deles é o *SPO11*. Este gene codifica uma proteína que introduz DSBs no DNA cromossômico para iniciar a recombinação meiótica.

A proteína Spo11 cliva o DNA em vários locais cromossômicos, com pouca seletividade de sequência, mas em um período bastante específico durante a meiose. A clivagem de DNA mediada por Spo11 ocorre exatamente quando os cromossomos homólogos replicados começam a parear. Os sítios de clivagem de Spo11, embora frequentes, não estão aleatoriamente distribuídos ao longo do DNA. Em vez disso, em geral esses sítios estão localizados em regiões cromossômicas que não estão fortemente compactadas nos nucleossomos, como os promotores que controlam a transcrição gênica (ver Caps. 8 e 19). As regiões de DNA que são submetidas a uma alta frequência de DSBs também apresentam elevada frequência de recombinação. Assim, os sítios de clivagem

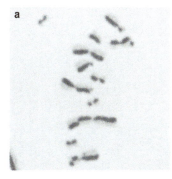

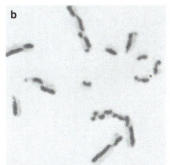

FIGURA 11-21 Visualização citológica do *crossing over*. *Crossing over* recíproco visualizado diretamente em células de *hamster* em cultivo. Cromossomos cujo DNA contém bromodesoxiuridina em vez de timidina em ambas as fitas aparecem mais claros após o tratamento com corante de Giemsa, enquanto os que contêm DNA substituído em apenas uma fita aparecem mais escuros. Após duas gerações de crescimento em bromodesoxiuridina, uma cromátide recém-replicada possui apenas uma de suas fitas substituída, enquanto sua irmã tem as duas substituídas. Assim, cromátides-irmãs podem ser distinguidas por coloração. Dessa maneira, os *crossing overs* são facilmente visualizados como extensões alternadas de claro e escuro (a). Cromossomos recombinantes semelhantes também são vistos quando células em crescimento mitótico são tratadas com um agente de dano ao DNA (b). (Cortesia de Sheldon Wolff e Jody Bodycote.)

FIGURA 11-22 Mecanismo de clivagem por Spo11. O grupo OH de um resíduo de tirosina na proteína Spo11 ataca o DNA, formando uma ligação covalente proteína-DNA. Duas subunidades de Spo11 são necessárias para gerar uma quebra de dupla-fita no DNA, e cada uma ataca uma das duas fitas do DNA. Observa-se que devido a esse mecanismo de clivagem, a DSB pode ser religada pela simples reversão da reação de clivagem.

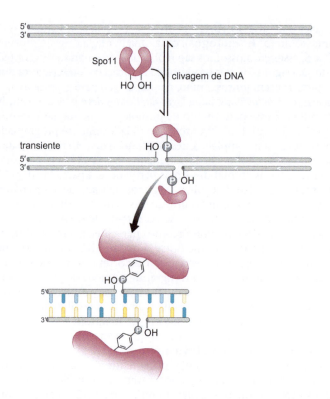

de DNA de Spo11 mais utilizados, da mesma forma que os sítios Chi, são sítios preferenciais para a recombinação.

O mecanismo de clivagem do DNA por Spo11 é o seguinte: uma cadeia lateral de tirosina específica na proteína Spo11 ataca o esqueleto de fosfodiéster para clivar o DNA e gerar um complexo covalente entre a proteína e a fita de DNA rompida (Fig. 11-22). As duas subunidades de Spo11 clivam o DNA com dois nucleotídeos de distância entre as duas fitas de DNA, formando uma DSB coesiva. Spo11 compartilha esse mecanismo de clivagem do DNA com as DNA topoisomerases e as recombinases sítio-específicas (ver Caps. 4 e 12). Comparações de sequências proteicas revelam que a Spo11 parece ter uma relação distante com essas enzimas.

O fato de a clivagem de Spo11 envolver um complexo covalente proteína-DNA apresenta duas consequências. Primeiro, as extremidades 5' do DNA no sítio de clivagem da Spo11 estão covalentemente ligadas à enzima. Essas extremidades 5' de DNA ligadas a Spo11 são os sítios iniciais do processamento de DNA para criar as caudas de ssDNA necessárias para o posicionamento de proteínas semelhantes a RecA e a iniciação da invasão de fita do DNA (ver a seguir). Segundo, a energia da ligação fosfodiéster clivada do DNA é armazenada na ligação proteína-DNA e, assim, as fitas de DNA podem ser religadas por uma reversão simples da reação de clivagem (ver Fig. 12-5 para o mecanismo químico). Essa religação ocorre quando as células recebem um sinal para interromper a meiose.

A proteína MRX processa as extremidades clivadas do DNA, permitindo a adição de proteínas de permuta de fitas semelhantes à RecA

O DNA do sítio da clivagem da DSB catalisada por Spo11 é processado para gerar regiões de fita simples, necessárias para a adição de proteínas de permu-

Capítulo 11 Recombinação Homóloga em Nível Molecular

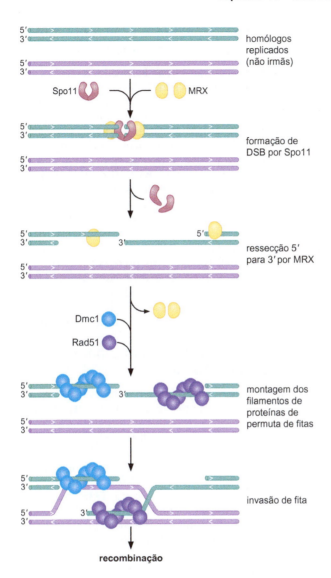

FIGURA 11-23 Visão geral da via de recombinação meiótica. A formação de DSBs durante a meiose requer a presença de Spo11 e do complexo MRX. Essa observação sugere que a formação de DSB e o subsequente processamento das fitas são normalmente acoplados pela ação coordenada de várias proteínas. A proteína MRX é responsável pela ressecção das fitas que terminam por 5' no sítio da quebra. Então, as proteínas de permuta de fitas Dmc1 e Rad51 são posicionadas sobre as caudas de ssDNA. Ambas as proteínas participam na recombinação, mas o mecanismo de atuação conjunto não é conhecido. Na figura, essas proteínas estão mostradas formando filamentos separados para simplificação. (Redesenhada, com permissão, de Lichten M. 2001. *Curr. Biol.* **11**: R253-R256, Fig. 2. © Elsevier.)

ta de fitas semelhantes à RecA. Como observado no sistema RecBCD de bactérias, esse processamento produz longos segmentos de DNA de fita simples que terminam em extremidades 3' (Fig. 11-23). Durante a recombinação meiótica, o complexo enzima-MRX é responsável por esse evento de processamento do DNA. Esse complexo, embora não seja homólogo a RecBCD, também é uma nuclease de DNA de múltiplas subunidades. MRX é composta por subunidades proteicas chamadas Mre11, Rad50 e Xrs2; as primeiras letras dessas subunidades dão nome ao complexo.

O processamento do DNA no sítio da quebra ocorre exclusivamente na fita de DNA que termina em uma extremidade 5' – ou seja, nas fitas que estão covalentemente ligadas à proteína Spo11 (como descrito anteriormente). As fitas que terminam com extremidades 3' não são degradadas. Essa reação de processamento do DNA é, por isso, denominada ressecção 5' para 3'. A ressecção 5' para 3' dependente de MRX gera caudas longas de ssDNA com extremidades 3' que, frequentemente, têm 1 kb ou mais. Acredita-se que o complexo MRX também remova a Spo11 ligada ao DNA.

Dmc1 é uma proteína semelhante à RecA que funciona especificamente na recombinação meiótica

Os eucariotos codificam duas proteínas bem-caracterizadas, homólogas da proteína RecA bacteriana: Rad51 e Dmc1. Ambas as proteínas atuam na recombinação meiótica. Enquanto Rad51 é amplamente expressa em células que se dividem por mitose e por meiose, Dmc1 é expressa apenas quando as células entram em meiose.

A permuta de fitas durante a meiose ocorre entre um tipo particular de parceiro de DNA homólogo. Deve-se ter em mente de que a recombinação meiótica ocorre em um período em que há quatro moléculas de DNA de dupla-fita completas representando cada cromossomo: cada um dos dois homólogos foi copiado para gerar duas cromátides-irmãs (ver Fig. 11-20). Embora os dois homólogos provavelmente apresentem pequenas diferenças de sequência e tenham alelos distintos para vários genes, a maior parte da sequência de DNA entre essas quatro cópias do cromossomo será idêntica. No entanto, a recombinação dependente de Dmc1 ocorre preferencialmente entre as cromátides homólogas *não irmãs*, ao invés de ocorrer entre as irmãs (ver Fig. 11-20). Embora o mecanismo básico dessa seletividade seja desconhecido, há um raciocínio biológico claro: a recombinação meiótica promove conexões inter-homólogas para auxiliar no alinhamento dos cromossomos para a divisão.

Diversas proteínas atuam em conjunto para promover a recombinação meiótica

Como descrito anteriormente, proteínas envolvidas nas etapas essenciais de formação de DSB, de processamento de DNA para gerar caudas de ssDNA 3' e de permuta de fitas durante a recombinação meiótica foram identificadas e caracterizadas. Experimentos genéticos indicam que várias outras proteínas também participam desse processo. Além disso, muitas proteínas parecem interagir com as enzimas de recombinação já conhecidas e é provável que atuem como grandes complexos de múltiplos componentes. Esses grandes complexos de proteína-DNA, conhecidos como **fábricas de recombinação**, podem ser visualizados nas células. Por exemplo, a colocalização de Rad51 e Dmc1 nessas fábricas, durante a meiose, é mostrada na Figura 11-24.

Várias outras proteínas estão envolvidas com Rad51 para auxiliar a promover a recombinação e o reparo de DSB. Rad52 é outra proteína essencial de recombinação que interage com Rad51. Rad52 atua na promoção da montagem de filamentos de DNA de Rad51, a forma ativa de Rad51. Ela realiza isso ao antagonizar a atuação de RPA, a principal proteína de ligação ao ssDNA presente nas células eucarióticas. Neste aspecto, Rad52 assemelha-se à proteína RecBCD de *E. coli*, a qual, como se viu, auxilia no posicionamento de RecA no ssDNA que poderia, de outra maneira, ser ocupado por SSB. A pro-

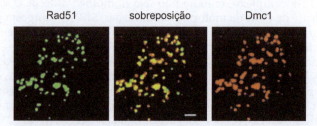

FIGURA 11-24 Colocalização das proteínas Rad51 e Dmc1 nas "fábricas de recombinação" de células em meiose. As proteínas foram detectadas por imunofluorescência com anticorpos marcados contra Rad51 (verde) e Dmc1 (vermelho). Quando há colocalização das duas proteínas, as imagens sobrepostas formam uma figura amarela. (Reproduzida, com permissão, de Shinohara M. et al. 2000. *Proc. Natl. Acad. Sci.* **97**: 10814-10819, Fig. 1A. © National Academy of Sciences.)

CONEXÕES CLÍNICAS

Quadro 11-2 O produto do gene supressor de tumor *BRCA2* interage com a proteína Rad51 e controla a estabilidade do genoma

O gene *BRCA2* é importante para a manutenção da estabilidade do genoma. Em seres humanos, mutações em *BRCA2* são consideradas responsáveis por metade dos tumores de mama familiais. Essa predisposição ao câncer parece ser atribuída, pelo menos em parte, ao papel direto da proteína BRCA2 no reparo de DSB mediado por Rad51. Quando as células são submetidas a agentes que danificam o DNA, focos de Rad51 são montados como pré-requisito aparente para a ativação das funções de reparo. Células com defeitos em BRCA2 não conseguem montar esses focos nos núcleos das células danificadas e apresentam um defeito correspondente no reparo de quebras no DNA. BRCA2 faz contatos diretos proteína-proteína com Rad51 (ver Fig. 1, neste quadro), e essas interações são provavelmente importantes para o recrutamento de Rad51 para a localização celular adequada para o reparo, bem como para a modulação da atividade da proteína. Portanto, o forte fenótipo associado a mutações em *BRCA2* ilustra a importância central do reparo de DSB e da recombinação homóloga dependente de Rad51 em eucariotos, incluindo seres humanos.

QUADRO 11-2 FIGURA 1 Estrutura do complexo entre Rad51 e motivos repetidos de BRCA2. Vários estudos bioquímicos e estruturais mostraram que regiões específicas de BRCA2, sequências repetidas conservadas conhecidas como motivos BRC, são os principais sítios de interação com Rad51. Um desses motivos, a repetição 4 de BRC (BRC4), liga-se a Rad51 com alta afinidade. Análises estruturais revelaram mais precisamente como BRC4 forma um complexo com Rad51. Nesta visão, as α-hélices de Rad51 são mostradas em roxo e as folhas β, em azul, enquanto o peptídeo de sequências repetidas BRC é mostrado em verde. As extremidades amino e carboxi terminais estão marcadas em cada sequência. (Reproduzida, com permissão, de Pellegrini L. et al. 2002. *Nature* **420**: 287-293, Fig. 1a. © Macmillan.)

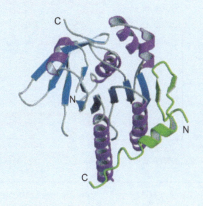

teína Rad52 também promove o anelamento e o pareamento de bases de moléculas de ssDNA complementares, e essa atividade também pode contribuir para as reações de pareamento de fitas que ocorrem durante a iniciação da recombinação. O produto do gene *BRCA2* também participa do reparo de DSB mediado por Rad51 (ver Quadro 11-2, O produto do gene supressor de tumor *BRCA2* interage com a proteína Rad51 e controla a estabilidade do genoma).

Por analogia com as bactérias, acredita-se que as células eucarióticas codifiquem proteínas que promovem as etapas de migração de ramificação e resolução da junção de Holliday da recombinação. De fato, as enzimas capazes de realizar essas reações estão sendo identificadas e caracterizadas. Um complexo contendo uma proteína semelhante a Rad51, chamada Rad51C, e uma segunda proteína, chamada XRCC3, mostrou ter atividade de resolvase de junção de Holliday. Da mesma maneira, membros de uma família de enzimas – as helicases RecQ – exercem papéis fundamentais na recombinação homóloga durante o reparo de DSB e estão provavelmente envolvidos na meiose. Em seres humanos, por exemplo, um processo alternativo para resolver uma junção de Holliday dupla envolve uma helicase RecQ atuando em conjunto com uma topoisomerase. Esse mecanismo, chamado dissolução de junção dupla, previne a permuta de sequências flanqueadoras. Três dessas helicases encontradas em seres humanos (BLM, WRN, RTS/RECQ4) estão associadas às síndromes de Bloom, de Werner e de Rothmund-Thomson, respectivamente, que causam predisposição ao envelhecimento precoce e/ou tumorigênese (ver Quadro 11-3, Proteínas associadas ao envelhecimento precoce e ao câncer promovem uma via alternativa para o processamento da junção de Holliday).

Como visto, a recombinação meiótica alinha os cromossomos homólogos e promove a permuta genética entre eles. Essas reações de recombinação frequentemente promovem o *crossing over* entre os cromossomos parentais.

CONEXÕES CLÍNICAS

Quadro 11-3 Proteínas associadas ao envelhecimento precoce e ao câncer promovem uma via alternativa para o processamento da junção de Holliday

As DNA-helicases RecQ, conservadas desde bactérias até seres humanos, exercem papéis importantes nos estágios iniciais e tardios da recombinação homóloga. Especificamente, essas helicases podem processar e editar intermediários da recombinação, em geral resultando no colapso de moléculas ligadas antes do estabelecimento do intermediário da junção de Holliday dupla. Como resultado, as helicases promovem recombinação sem *crossing over* à custa da classe de eventos de *crossing over* (Fig. 1, neste quadro). Em seres humanos, o envelhecimento grave precoce e tumores variados estão associados a mutações de perda de função nos genes que codificam três dessas helicases – WRN, BLM e RTS/RECQ4 (ver Tab. 1, neste quadro).

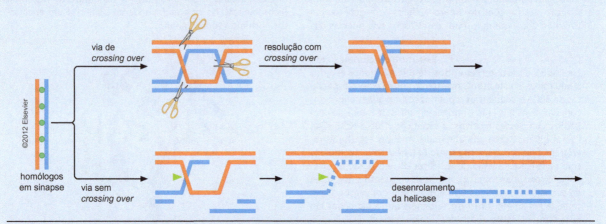

QUADRO 11-3 FIGURA 1 Vias de recombinação com e sem *crossing over*. Na via com *crossing over* (via superior apresentada aqui), a resolvase de junção de Holliday (mostrada como uma tesoura) é montada na junção e cliva de maneira assimétrica para produzir os produtos de *crossing over*. Em contrapartida, na via sem *crossing over* (via inferior), a helicase da família RecQ (apontada pela seta verde) promove o anelamento de fita e a resolução dependentes de síntese. O mecanismo de ação parece ser que a atividade de helicase dessas enzimas separa as moléculas unidas inicialmente por proteínas de permuta de fita. Essa ação também pode deslizar a alça D ao longo do DNA e permitir que a fita invasora seja estendida pela DNA-polimerase antes do colapso da molécula unida. (Adaptada e modificada, com permissão, de Zakharyevich K. et al. 2012. *Cell* 149: 334-347, Fig. 7. © Elsevier.)

QUADRO 11-3 TABELA 1 Características clínicas de distúrbios de RecQ

Síndrome (gene)	Principais características clínicas	Predisposição ao câncer
Síndrome de Bloom (BLM)	Nanismo, nariz adunco, rosto fino, pigmentação, vermelhidão e vasos sanguíneos dilatados na pele, retardo mental, diabetes tipo II, imunodeficiência, problemas pulmonares, fertilidade baixa ou ausente	Início precoce com distribuição normal de tecido e tipo
Síndrome de Werner (WRN)	Cataratas bilaterais, rouquidão, alterações na pele, membros finos, despigmentação/perda de cabelo precoce, características faciais tensas, baixa estatura, osteoporose, hipogonadismo, diabetes, calcificação de tecidos moles	Início precoce de sarcomas primários e tumores mesenquimais
Síndrome de Rothmund-Thomson (RECQ4)	Poiquilodermia, catarata juvenil, retardo do crescimento, displasia esquelética, cabelo escasso, hipogonadismo	Início precoce de osteossarcomas

Adaptada, com permissão, de Bernstein K.A. et al. 2010. *Annu. Rev. Genet.* 44: 393-417, Tab. 1, p. 395. © Annual Reviews.

Entretanto, deve-se ter em mente que, dependendo de como os intermediários de recombinação nas junções de Holliday são resolvidos, a recombinação pelo sistema de reparo de DSB pode, também, originar produtos sem *crossing over* (ver anteriormente). Esses eventos também podem fornecer a função essencial de pareamento cromossômico, necessária para uma divisão meiótica bem-sucedida e, ainda, não deixar alterações detectáveis na constituição genética dos cromossomos.

Porém, a recombinação sem *crossing overs* também pode apresentar consequências genéticas, como originar eventos de **conversão gênica**. A conversão gênica ocorre quando um alelo de um gene é perdido e substituído por um alelo alternativo. Exemplos de como a conversão gênica ocorre, tanto em células em crescimento mitótico como durante a meiose, são descritos nas seções seguintes.

ALTERNÂNCIA DE TIPOS ACASALANTES (DE ACASALAMENTO)

Além de promover o pareamento do DNA, o reparo do DNA e a permuta genética, a recombinação homóloga também pode servir para alterar uma sequência de DNA em um local específico do cromossomo. Algumas vezes, esse tipo de recombinação é utilizado para controlar a expressão gênica. Por exemplo, a recombinação controla os tipos acasalantes da levedura de brotamento *S. cerevisiae* pela alternância dos genes de acasalamento presentes em um local específico do genoma do organismo que está sendo expresso.

S. cerevisiae é um eucarioto unicelular que exibe três diferentes tipos celulares (ver Apêndice 1). Células haploides de *S. cerevisiae* podem ser de dois tipos acasalantes, **a** ou α. Além disso, quando uma célula do tipo **a** se aproxima de uma célula do tipo α, elas podem fusionar (i.e., "acasalar") para formar uma célula diploide **a**/α. A célula **a**/α pode, por sua vez, ser direcionada à meiose, formando duas células **a** haploides e duas células α haploides.

Os genes de tipos acasalantes codificam reguladores de transcrição. Esses reguladores controlam a expressão de genes-alvo, cujos produtos definem cada tipo celular. Os genes de tipos acasalantes expressos em uma determinada célula são encontrados no *locus* de tipo acasalante (***locus* MAT**, *mating-type locus*) dessa célula (Fig. 11-25). Assim, em células tipo **a**, o gene ***a**1* está presente no *locus MAT*, enquanto em células do tipo α, os genes *α1* e *α2* estão presentes no *locus MAT*. Nas células diplóides, ambos os conjuntos de genes que controlam os tipos acasalantes são expressos. Os reguladores codificados pelos genes de tipos acasalantes, junto com outros encontrados nos três tipos celulares, atuam em várias combinações para garantir que o padrão correto de genes seja expresso em cada tipo celular (ver Cap. 19).

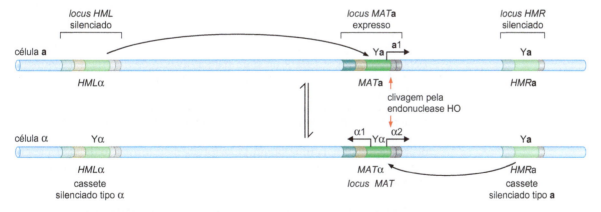

FIGURA 11-25 *Loci* genéticos que codificam a informação de tipos acasalantes. Apesar de existirem três *loci* para tipos acasalantes no cromossomo III, apenas os genes do *locus MAT* são expressos. *HML* codifica uma cópia silenciosa dos genes α, enquanto *HMR* codifica uma cópia silenciosa dos genes **a**. Quando há recombinação entre *MAT* e *HML*, células **a** tornam-se α. Quando há recombinação entre *MAT* e *HMR*, células α tornam-se células **a**. (Adaptada, com permissão, de Haber J.E. 1998. *Annu. Rev. Genet.* **32**: 561-599, Fig. 3. © Annual Reviews.)

As células podem alternar seus tipos acasalantes por recombinação, como será descrito a seguir. Além dos genes **a** ou α presentes no *locus MAT* em cada célula, há ainda uma cópia adicional dos genes **a** e α presente (mas não expressa) em algum local do genoma. Essas cópias silenciosas adicionais são encontradas em *loci* chamados *HMR* e *HML* (Fig. 11-25).

Esses *loci HMR* e *HML* são, portanto, conhecidos como **cassetes silenciados**. Sua função é atuar como um "depósito" de informação genética, que pode ser utilizado para alternar o tipo acasalante de uma célula. Essa alternância requer a transferência da informação genética dos sítios *HM* para o *locus MAT*, por meio de recombinação homóloga.

A alternância de tipos acasalantes é iniciada por uma quebra de dupla-fita sítio-específica

A alteração de tipos acasalantes é iniciada pela introdução de uma DSB no *locus MAT*. Essa reação é realizada por uma enzima de clivagem do DNA especializada, chamada **endonuclease HO**. A expressão do gene HO é extremamente regulada para assegurar que a alternância ocorra apenas no momento adequado. Os mecanismos responsáveis por esta regulação são discutidos no Capítulo 19.

A HO é uma endonuclease sequência-específica; os únicos sítios no cromossomo de levedura que contêm as sequências de reconhecimento de HO são os *loci* de tipos acasalantes. A clivagem por HO introduz uma quebra coesiva no cromossomo. Ao contrário da clivagem de Spo11, a HO simplesmente hidrolisa o DNA e não permanece covalentemente ligada às fitas clivadas.

A ressecção 5' para 3' do DNA no sítio de quebra induzida por HO ocorre pelo mesmo mecanismo utilizado na recombinação meiótica. Assim, a ressecção depende do complexo proteína-MRX e é específica para fitas com extremidades 5'. Em contrapartida, as fitas com extremidades 3' são muito estáveis e não são submetidas à digestão de nuclease. Uma vez que as longas caudas de ssDNA 3' tenham sido geradas, elas associam-se às proteínas Rad51 e Rad52 (e a outras proteínas que auxiliam na montagem do complexo proteína-DNA recombinogênico). Essas fitas cobertas com a proteína Rad51, então, procuram regiões de homologia cromossômica para iniciar a invasão de fita e a permuta genética.

A alteração de tipos acasalantes é unidirecional. Ou seja, a informação da sequência (mas não o segmento de DNA) é "movida" para o *locus MAT*, a partir de *HMR* e *HML*, mas a informação nunca é transferida na outra direção. Assim, o *locus MAT* clivado é sempre o "receptor" durante a recombinação, e os sítios *HMR* e *HML* permanecem inalterados no processo de recombinação. Essa direcionalidade origina-se do fato de que a endonuclease HO não pode clivar a sequência de reconhecimento em *HML* nem em *HMR*, porque a estrutura da cromatina torna esses sítios inacessíveis a essa enzima.

As caudas de ssDNA 3' cobertas com Rad51 do *locus MAT* "escolhem" o DNA em um dos *loci HMR* ou *HML* para a invasão de fita. Caso a sequência de DNA em *MAT* seja **a**, a invasão ocorrerá em *HML*, o qual contém as cópias em "estoque" de sequências α. Em contrapartida, se os genes α estiverem presentes em *MAT*, a invasão de fita ocorrerá em *HMR*, o *locus* que contém as sequências **a** armazenadas. Após a recombinação, a informação genética escolhida nos *loci HM* está presente também no *locus MAT*. Essa permuta genética ocorre sem que haja uma permuta recíproca de informação de *MAT* para os *loci HR*. Esse tipo de evento de recombinação não recíproco é um exemplo especializado de conversão gênica.

A alternância de tipos acasalantes é um evento de conversão gênica não associado ao *crossing over*

Embora o sistema de reparo de DSB pudesse explicar o mecanismo de alteração por recombinação de tipos acasalantes, evidências atuais indicam que, após a etapa de invasão de fita, esse sistema de recombinação diverge do mecanismo de reparo de DSB. Um sinal de que o mecanismo é diferente é o fato de a classe de produtos de recombinação com *crossing over* nunca ser observada durante a alteração de tipos acasalantes. Deve-se ter em mente que, na via de reparo de DSB, a resolução de intermediários com junção de Holliday origina duas classes de produtos: os entrelaçados, ou produtos com *crossing over*, e os emendados, ou produtos sem *crossing over* (ver Fig. 11-3). De acordo com o modelo de reparo de DSB, pode-se prever que esses dois tipos de produtos ocorram em uma frequência semelhante; no entanto, os produtos com *crossing over* nunca são observados na alternância de tipos acasalantes. Consequentemente, modelos de recombinação que não envolvem a resolução de intermediários de junções de Holliday são mais adequados para explicar a alternância de tipos acasalantes.

Para explicar a conversão gênica sem o *crossing over*, foi proposto um novo modelo de recombinação denominado **anelamento de fita dependente de síntese (SDSA**, *synthesis-dependent strand annealing*). A Figura 11-26 mostra como a alternância de tipos acasalantes pode ocorrer por esse mecanismo. O evento iniciador é a introdução de uma DSB no sítio de recombinação (Fig. 11-26a). Após a ressecção 5' para 3' e a invasão de fita (Fig. 11-26b,c), a extremidade 3' invasora serve como iniciadora de uma nova síntese de DNA em uma região de homologia flanqueando Ya e continua copiando a sequência Ya (Fig. 11-26c,d). É notável que, ao contrário do que ocorre durante a via de reparo de DSB, uma forquilha de replicação completa é montada nesse sítio.

Ao contrário da replicação de DNA normal, entretanto, as fitas recém-sintetizadas são deslocadas do molde e anelam com a segunda extremidade 5' clivada. Assim que a etapa de anelamento ocorre, a longa cauda 3' correspondente (fita inferior na Fig. 11-26d) é cortada por uma endonuclease, e a nova extremidade 3' é usada para iniciar, estender e copiar a segunda fita de sequências Ya (Fig. 11-26e,f). Como resultado, um novo segmento de DNA de dupla-fita é sintetizado, ligado ao sítio de DNA originalmente clivado por HO e resseccionado por MRX. Esse novo segmento possui a sequência do segmento de DNA usado como molde (*HMR***a** na Fig. 11-26).

A seguir, o DNA recém-sintetizado – uma cópia exata da informação na molécula de DNA parceira – substitui a informação original. Esse mecanismo explica muito bem como a conversão gênica ocorre sem a necessidade de clivar a junção de Holliday. Com esse modelo, a ausência de produtos com *crossing over* durante a recombinação de tipos acasalantes não é mais um mistério.

CONSEQUÊNCIAS GENÉTICAS DO MECANISMO DE RECOMBINAÇÃO HOMÓLOGA

Como foi discutido no início deste capítulo, os primeiros modelos do mecanismo de recombinação homóloga foram formulados com o objetivo principal de explicar as consequências genéticas do processo. Agora que foram compreendidas as etapas básicas envolvidas na recombinação, é interessante revisar como o processo de recombinação homóloga altera as moléculas de DNA, gerando alterações genéticas específicas.

Uma característica central da recombinação homóloga é que ela pode ocorrer entre duas regiões de DNA quaisquer, independentemente da sequência, desde que essas regiões sejam suficientemente semelhantes. Atualmente sabemos porque isto acontece: nenhuma das etapas da recombinação homóloga requer o reconhecimento de uma sequência de DNA altamente específica. Para etapas que possuem alguma preferência de sequência (como a transformação de RecBCD por sítios Chi e a clivagem do DNA pela proteína RuvC), as sequências preferidas são bastante comuns. A etapa determinante da recombinação entre duas moléculas de DNA ocorre quando uma proteína de permuta de fitas da família de RecA realiza o pareamento bem-sucedido entre essas moléculas, um processo comandado apenas pela capacidade normal de as fitas de DNA formarem pares de bases apropriados.

372 Parte 3 Manutenção do Genoma

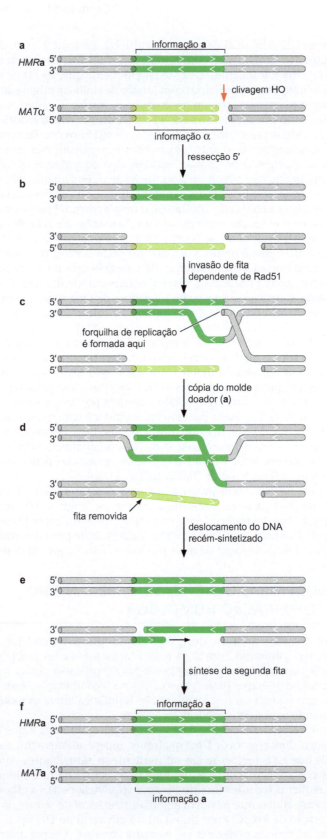

FIGURA 11-26 Modelo de recombinação para troca de tipos acasalantes: anelamento de fita dependente de síntese (SDSA). A sequência de etapas que levam à conversão gênica no *locus MAT* é mostrada (ver texto para detalhes). As regiões *HMR* e *MAT* são mostradas em verde; a região de *HMR* que codifica a informação de a está representada em verde-escuro; e a região de *MAT* que codifica a informação de α está representada em verde-claro. Após a finalização do processo de SDSA, a região α originalmente presente em *MAT* foi substituída pela (convertida para a) informação **a**, presente na região *HMR*.

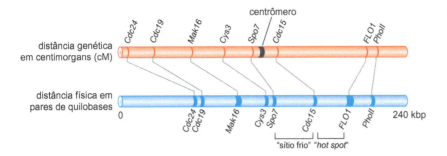

FIGURA 11-27 Comparação entre os mapas genético e físico de uma região cromossômica típica de levedura. Os marcadores mostram a localização de vários genes. Observa-se que o mapa genético é contraído na região entre *Spo7* e *Cdc15* devido a uma baixa frequência de *crossing over*. Em contrapartida, na região entre *Cdc15* e *FLO1*, o mapa genético é expandido devido a uma alta frequência de *crossing over*. (Adaptada, com permissão, de Alberts B. et al. 2002. *Molecular biology of the cell*, 4th ed., p. 1138, Fig. 20-14. © Garland Science/Taylor & Francis LLC.)

Uma consequência do fato de a recombinação ser em geral independente da sequência é que a frequência da recombinação entre dois genes quaisquer é, na maioria das vezes, proporcional à distância entre esses genes. Essa proporcionalidade é observada porque as diferentes regiões de DNA têm a mesma probabilidade de serem usadas como iniciadoras em um evento de recombinação. Esse aspecto fundamental da recombinação homóloga é o que possibilita utilizar as frequências de recombinação para gerar mapas genéticos úteis que apresentem a ordem e o espaçamento dos genes ao longo de um cromossomo.

As distorções nos mapas genéticos, em comparação aos mapas físicos, ocorrem quando uma região de DNA não apresenta a probabilidade "média" de participar da recombinação (Fig. 11-27). As regiões com probabilidade mais elevada do que a média são "sítios preferenciais" (ou "*hot spots*"), enquanto as regiões que participam em proporções abaixo da média são "frias". Portanto, dois genes que apresentam um sítio preferencial entre eles estarão mais distantes em um mapa genético do que na realidade estão no mapa físico da mesma região. Em contrapartida, genes separados por uma região "fria" parecem mais próximos pelo mapeamento genético do que realmente estão pelas distâncias físicas. Foram encontrados dois exemplos para a explicação molecular de sítios quentes e frios nos cromossomos. As regiões próximas aos sítios de clivagem Chi e de Spo11 apresentam probabilidade maior do que a média de iniciar um evento de recombinação e são "quentes", enquanto as regiões que apresentam poucos destes sítios são correspondentemente "frias".

Uma causa da conversão gênica é o reparo do DNA durante a recombinação

Outra consequência genética da recombinação homóloga é a **conversão gênica**. O conceito de conversão gênica foi introduzido durante o estudo dos eventos especializados de recombinação, responsáveis pela alternância de tipos acasalantes da levedura. Entretanto, a conversão gênica também é comumente observada durante os eventos normais de recombinação homóloga, como a permuta genética em bactérias e o pareamento cromossômico durante a meiose.

Para ilustrar a conversão gênica durante a recombinação meiótica, considere uma célula em meiose que apresenta o alelo *A* em um homólogo e o alelo *a* no outro. Após a replicação do DNA, quatro cópias desse gene estarão presentes, e o genótipo seria *AAaa*. Na ausência de conversão gênica, dois gametas carregando o alelo *A* e dois gametas carregando o alelo *a* seriam gerados. Se, em vez disso, gametas com o genótipo *A a a a* (ou *A A A a*) forem formados, então um evento de conversão gênica terá ocorrido, no qual uma cópia do gene *A* foi convertido em *a* (ou vice-versa). Como isso ocorre?

Existem duas maneiras pelas quais a conversão gênica pode ocorrer durante o sistema de reparo de DSB. Primeiro, considere o que aconteceria se o gene *A* estivesse muito próximo do sítio de DSB. Neste caso, quando as caudas de ssDNA 3' invadissem os dúplices homólogos e fossem alongadas, elas

FIGURA 11-28 O reparo de malpareamentos do heterodúplex de DNA nos intermediários de recombinação pode levar à conversão gênica.

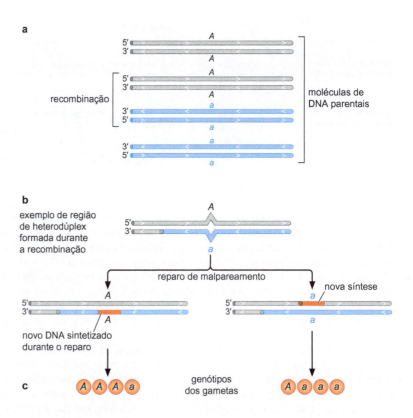

poderiam copiar a informação *a*, que substituiria a informação *A* no produto cromossômico após o término da recombinação (ver Fig. 11-4d).

O segundo mecanismo de conversão gênica envolve o reparo de bases malpareadas que ocorre nos intermediários de recombinação. Por exemplo, se a invasão de fita ou a migração de ramificação incluírem o gene *A/a*, será formado um segmento de DNA heterodúplex contendo a sequência *A* em uma fita e a sequência *a* na outra fita (Fig. 11-28; ver também Fig. 11-2d, detalhe). Essa região de DNA contendo bases malpareadas poderia ser reconhecida e sofrer a ação das enzimas de reparo de malpareamento (discutidas no Cap. 10). Essas enzimas são especializadas na correção de malpareamentos entre as bases do DNA. Quando elas detectam um par de bases errôneo, removem uma pequena região de DNA de uma das duas fitas. A seguir, uma DNA-polimerase de reparo preenche a lacuna, agora com a sequência corretamente pareada. Quando atuam sobre intermediários de recombinação, as enzimas de reparo de malpareamentos escolherão, de forma aleatória, a fita a ser corrigida. Portanto, após sua ação, ambas as fitas irão conter a sequência que codifica a informação *A* ou a informação *a* (dependendo de qual das fitas foi "corrigida" pelas enzimas de reparo), e a conversão gênica será observada.

RESUMO

A recombinação homóloga ocorre em todos os organismos, permitindo a permuta genética, o rearranjo de genes ao longo dos cromossomos e o reparo de fitas de DNA clivadas e de forquilhas de replicação obstruídas. O processo de recombinação envolve a quebra e a religação de moléculas de DNA. O sistema de reparo de dupla-fita da recombinação homóloga descreve bem muitos eventos de recombinação. Segundo esse modelo, a iniciação da permuta requer que uma das duas moléculas de

DNA homólogas apresente uma quebra de dupla-fita. As extremidades de DNA quebradas são processadas por enzimas que degradam o DNA, gerando segmentos de DNA de fita simples. Essas regiões de fita simples participam do pareamento com o parceiro de DNA homólogo. Uma vez que o pareamento tenha ocorrido, as duas moléculas de DNA são unidas por uma estrutura ramificada no DNA, chamada junção de Holliday. A clivagem do DNA na junção de Holliday resolve a junção e finaliza a recombinação. As junções de Holliday podem ser clivadas de duas maneiras alternativas. Uma delas gera produtos com *crossing over*, nos quais regiões das duas moléculas de DNA parentais são covalentemente ligadas. A maneira alternativa de clivagem da junção gera uma "emenda" de DNA recombinado, mas não resulta em *crossing over*.

As células codificam enzimas que catalisam todas as etapas da recombinação homóloga. As enzimas fundamentais são as proteínas de permuta de fitas. Destas, a RecA de *E. coli* é o exemplo principal; proteínas semelhantes à RecA são encontradas em todos os organismos. As proteínas de permuta de fitas semelhantes à RecA promovem a busca por sequências homólogas entre duas moléculas de DNA e a permuta de fitas de DNA dentro dos intermediários de recombinação. A RecA atua como um grande complexo proteína-DNA, conhecido como filamento de RecA. As células eucarióticas codificam duas proteínas de permuta de fitas, chamadas Rad51 e Dmc1.

Outras enzimas de recombinação importantes são as que clivam o DNA, gerando quebras de dupla-fita no DNA para iniciar a recombinação; essas proteínas parecem ser encontradas apenas em eucariotos e incluem Spo11 e HO. As nucleases que processam o DNA no sítio da quebra para gerar as regiões de fita simples necessárias ao processo incluem a enzima RecBCD dos procariotos e o complexo enzima-MRX dos eucariotos. Outras enzimas promovem o deslocamento (migração de ramificação) e a clivagem (resolução) das junções de Holliday.

Durante a meiose, a recombinação é essencial para o pareamento correto dos cromossomos homólogos antes da primeira divisão nuclear. Portanto, a recombinação é altamente regulada para assegurar que ocorra em todos os cromossomos. A enzima de clivagem de DNA Spo11 e a proteína de permuta de fitas Dmc1 estão envolvidas especificamente nessas reações de recombinação. Algumas vezes, a recombinação homóloga também é utilizada para controlar a expressão gênica. A alternância de tipos acasalantes de levedura é um excelente exemplo desse tipo de regulação; ela também é um exemplo de conversão gênica. A análise do mecanismo de alteração de tipos acasalantes revelou uma nova classe de modelos para descrever alguns eventos de recombinação homóloga chamados anelamento de fita dependente de síntese. Esse mecanismo dá origem a produtos de troca genética do tipo conversão gênica, mas não resulta em *crossing over*.

BIBLIOGRAFIA

Livros

Brown T.A. 2007. *Genomes*, 3rd ed. Garland Science, New York.

Griffiths A.J.F., Miller J.H., Suzuki D.T., Lewontin R.C., and GelbartW.M. 2000. *An introduction to genetic analysis*, 7th ed. W.H. Freeman, New York.

Recombinação em bactérias

Chen Z., Yang H., and Pavletich N.P. 2008. Mechanism of homologous recombination from the RecA-ssDNA/dsDNA structures. *Nature* **453:** 489–494.

Court D.L., Sawitzke J.A., and Thomason L.C. 2002. Genetic engineering using homologous recombination. *Annu. Rev. Genet.* **36:** 361–388.

Cox M.M. 2001. Recombinational DNA repair of damaged replication forks in *Escherichia coli:* Questions. *Annu. Rev. Genet.* **35:** 53–82.

Kowalczykowski S.C., Dixon D.A., Eggleston A.K., Lauder S.D., and Rehrauer W.M. 1994. Biochemistry of homologous recombination in *Escherichia coli. Microbiol. Rev.* **58:** 401–465.

Lusetti S.L. and Cox M.M. 2002. The bacterial RecA protein and the recombinatorial DNA repair of stalled replication forks. *Annu. Rev. Biochem.* **71:** 71–100.

Smith G.R. 2001. Homologous recombination near and far from DNA breaks: Alternative roles and contrasting views. *Annu. Rev. Genet.* **35:** 243–274.

Recombinação em eucariotos

Bernstein K.A., Gangloff S., and Rothstein R. 2010. The RecQ DNA helicases in DNA repair. *Annu. Rev. Genet.* **44:** 393–417.

Eichler E.E. and Sankoff D. 2003. Structural dynamics of eukaryotic chromosome evolution. *Science* **301:** 793–797.

Keeney S. 2001. Mechanismand control of meiotic recombination initiation. *Curr. Top. Dev. Biol.* **52:** 1–53.

Page S.L. and Hawley R.S. 2003. Chromosome choreography: The meiotic ballet. *Science* **301:** 785–789.

Pâques F. and Haber J.E. 1999. Multiple pathways of recombination induced by double-strand breaks in *Saccharomyces cerevisiae. Microbiol. Mol. Biol. Rev.* **63:** 349–404.

Pastink A., Eeken J.C., and Lohman P.H. 2001. Genomic integrity and the repair of double-strand DNA breaks. *Mutat. Res.* **480–481:** 37–50.

Prado F., Cortes-Ledesma F., Huertas P., and Aguilera A. 2003. Mitotic recombination in *Saccharomyces cerevisiae. Curr. Genet.* **42:** 185–198.

Stracker T.H. and Petrini J.H.J. 2011. The MRE11 complex: Starting from the ends. *Nat. Rev.* **12:** 90–103.

Symington L.S. 2002. Role of RAD52 epistasis group genes in homologous recombination and double-strand break repair. *Microbiol. Mol. Biol. Rev.* **66:** 630–670.

van den Bosch M., Lohman P.H., and Pastink A. 2002.DNAdouble-strand break repair by homologous recombination. *Biol. Chem.* **383:** 873–892.

West S.C. 2003. Molecular views of recombination proteins and their control. *Nat. Rev. Mol. Cell Biol.* **4:** 435–445.

Alternância de tipos acasalantes em leveduras

Haber J.E. 2002. Switching of *Saccharomyces cerevisiae* mating-type genes. In *Mobile DNA II* (ed. N.L. Craig, et al.), pp. 927–952. ASM Press, Washington, D.C.

Haber J.E. 2012. Mating-type genes and MAT switching in *Saccharomyces cerevisiae*. Genetics **191:** 33–64.

QUESTÕES

Para respostas de questões de número par, ver Apêndice 2: Respostas.

Questão 1. Explique duas maneiras pelas quais a replicação do DNA pode introduzir quebras de dupla-fita (DSBs) em um molde de DNA.

Questão 2. Você está considerando dois alelos de um gene específico. Descreva qual característica em relação ao DNA distingue um alelo do outro. Os dois alelos são homólogos?

Questão 3. Após a formação de uma DSB, enzimas processam o DNA de dupla-fita formando um DNA de fita simples, como mostrado na Figura 11-4b. Existe alguma diferença se a ressecção ocorrer na direção 5' para 3' ou na direção 3' para 5'? Explique sua resposta.

Questão 4. A figura a seguir mostra as três primeiras etapas do reparo de DSB por recombinação homóloga com alguns erros. Liste o(s) erro(s), explique por que cada erro é um problema, e diga como o(s) erro(s) deveria(m) (ou poderia[m]) ser corrigido(s).

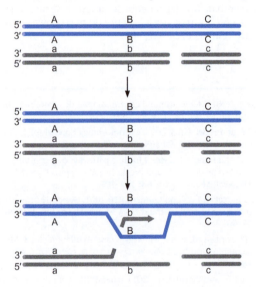

Questão 5. O que significa o termo heterodúplex de DNA?

Questão 6. Liste as diferentes atividades enzimáticas catalisadas por RecBCD e descreva o significado de cada atividade nas etapas da recombinação homóloga (pela via de reparo de DSB).

Questão 7. Explique por que a permuta de fita dependente de RecA não pode ocorrer entre duas moléculas de DNA de dupla-fita, homólogas, circulares e covalentemente fechadas (cccDNAs), mas pode ocorrer entre as duas moléculas de DNA de dupla-fita representadas na Figura 11-8c.

Questão 8. Usando o substrato de DNA da junção de Holliday apresentada a seguir (com extremidade 5' marcada com ^{32}P), proponha um ensaio que possa ter sido utilizado por pesquisadores para determinar a ligação da proteína RuvA ao substrato de DNA. Proponha uma modificação no substrato de DNA para usar como controle negativo que demonstre um aspecto da especificidade da ligação de RuvA. (A, B, C e D são marcadores para os fragmentos de ssDNA únicos que foram usados para montar o substrato.)

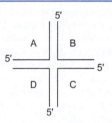

Questão 9. Explique o papel mais significativo da recombinação homóloga em eucariotos que não é encontrado em procariotos.

Questão 10. Descreva brevemente como as células geram a DSB necessária para iniciar a recombinação homóloga meiótica em eucariotos.

Questão 11. Defina conversão gênica e dê um exemplo de um mecanismo que explique como a conversão gênica ocorre.

Questão 12. Compare o anelamento de fita dependente de síntese (SDSA) usado na troca de tipos acasalantes com a recombinação homóloga para reparo de DSB.

Questão 13. Explique por que a recombinação homóloga por reparo de DSB pode ocorrer entre duas moléculas de DNA quaisquer que compartilham homologia em vez de apenas entre duas moléculas de DNA que possuem uma sequência específica.

Questão 14. Pesquisadores caracterizaram uma proteína humana que contribui para a resolução de junções de Holliday. Eles purificaram e utilizaram a proteína em um ensaio com o substrato de DNA apresentado a seguir, à esquerda. Cada uma das quatro fitas de DNA (A, B, C, D) possui 60 nucleotídeos (nt), e apenas a fita de DNA A possui a extremidade 5' marcada com ^{32}P. Os pesquisadores montaram três reações com o substrato de DNA, incubando-o (1) sem proteína, (2) com a proteína purificada (Proteína X), e (3) com RecA (como controle). Os produtos de cada reação foram corridos em canaletas separadas de um gel de poliacrilamida em condições desnaturantes. Um autorradiograma do gel é apresentado a seguir, à direita.

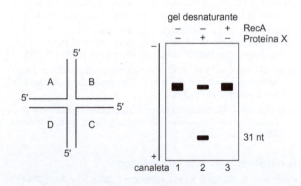

A. Considerando esses dados, proponha uma função para a Proteína X.

B. Com base em sua resposta para **A**, essa proteína possui atividade semelhante a qual proteína de *E. coli*?

Dados adaptados de Rass et al. (2010. *Genes Dev.* **24**: 1559-1569).

CAPÍTULO 12

Recombinação Sítio-específica e Transposição do DNA

SUMÁRIO

Recombinação Sítio-específica Conservativa, 378

•

Funções Biológicas da Recombinação Sítio-específica, 386

•

Transposição, 393

•

Exemplos de Elementos de Transposição e sua Regulação, 406

•

Recombinação V(D)J, 416

O DNA É UMA MOLÉCULA MUITO ESTÁVEL. Como foi discutido nos capítulos anteriores, a replicação, o reparo e a recombinação homóloga do DNA ocorrem com alta fidelidade. Esse processos asseguram que o genoma de um organismo permaneça praticamente idêntico de uma geração para outra. Entretanto, existem outros processos genéticos igualmente importantes que rearranjam as sequências de DNA, originando uma estrutura genômica mais dinâmica. Esses processos são o tema deste capítulo.

Duas classes de recombinação genética – a **recombinação sítio-específica conservativa** (**CSSR**, *conservative site-specific recombination*) e a **recombinação por transposição** (geralmente chamada **transposição**) – são responsáveis por muitos rearranjos importantes no DNA. A CSSR é a recombinação entre dois elementos com sequências definidas (Fig. 12-1). A transposição, em contrapartida, é a recombinação entre sequências específicas e sítios não específicos no DNA. Os processos biológicos promovidos por essas reações de recombinação incluem a inserção de genomas virais no DNA da célula hospedeira durante a infecção, a inversão de segmentos de DNA para alterar sua estrutura gênica e o deslocamento de **elementos de transposição** – frequentemente chamados de genes "saltadores" – de um sítio cromossômico para outro.

O impacto desses rearranjos de DNA sobre a estrutura e a função dos cromossomos é profundo. Em muitos organismos, a transposição é a principal causa de mutações espontâneas, e praticamente metade do genoma humano consiste em sequências derivadas de elementos de transposição (embora a maioria dos elementos esteja inativo atualmente). Além disso, como será visto, tanto a infecção viral quanto o desenvolvimento do sistema imunológico de vertebrados dependem decisivamente desses rearranjos de DNA especializados.

A recombinação sítio-específica conservativa e a transposição compartilham características mecanísticas fundamentais. As proteínas conhecidas como **recombinases** reconhecem, na molécula de DNA, as sequências específicas nas quais ocorrerá recombinação genética. A recombinase aproxima esses sítios específicos, formando um complexo proteína-DNA como uma ponte que une os dois sítios de DNA, conhecido como **complexo sináptico**. No complexo sináptico, a recombinase catalisa a clivagem e a religação das moléculas de DNA, invertendo um segmento de DNA ou deslocando um segmento para um novo sítio. Normalmente, uma única proteína recombinase é

378 Parte 3 Manutenção do Genoma

FIGURA 12-1 As duas classes de recombinação genética. (Painel superior) Exemplo de recombinação sítio-específica. Aqui, a recombinação entre os sítios de recombinação azul e vermelho leva à inversão do segmento de DNA que contém os genes A e B. (Painel inferior) Exemplo de transposição em que o elemento de transposição vermelho sai do DNA cinza e insere-se em um sítio não relacionado, no DNA azul.

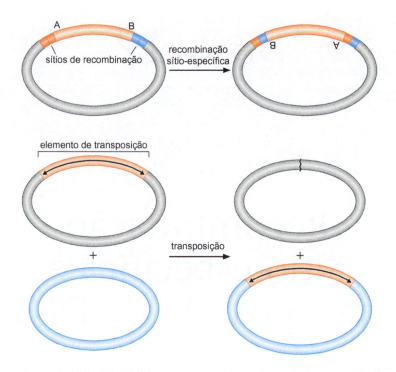

responsável por todas essas etapas. Ambos os tipos de recombinação também são cuidadosamente controlados, de maneira que o risco de introdução de quebras no DNA e o rearranjo de segmentos de DNA de maneira distinta daquela pretendida são minimizados. Como será visto, entretanto, os dois tipos de recombinação também apresentam diferenças mecanísticas fundamentais.

Nas seções seguintes, serão discutidas, primeiramente, as reações de recombinação sítio-específicas mais simples, seguidas pela discussão sobre transposição. Cada uma dessas seções está organizada para descrever as características gerais do mecanismo e, a seguir, fornecer alguns exemplos específicos.

RECOMBINAÇÃO SÍTIO-ESPECÍFICA CONSERVATIVA

A recombinação sítio-específica ocorre em sequências específicas no DNA-alvo

A recombinação sítio-específica conservativa (CSSR) é responsável por muitas reações nas quais um segmento definido de DNA é rearranjado. Uma característica fundamental dessas reações é que o segmento de DNA que será deslocado contém elementos de sequência curtos, chamados **sítios de recombinação**, onde ocorre a troca de DNA. Um exemplo desse tipo de recombinação é a integração do genoma do bacteriófago λ no DNA cromossômico bacteriano (Fig. 12-2 e Apêndice 1).

Durante a integração λ, a recombinação sempre ocorre exatamente na mesma sequência nucleotídica nos dois sítios de recombinação, um no DNA do fago e o outro no DNA da bactéria. Os sítios de recombinação contêm duas classes de elementos de sequência: sequências especificamente ligadas pelas recombinases e sequências onde ocorre a clivagem e a religação do DNA. Os sítios de recombinação são, frequentemente, muito curtos – com 20 pb ou menos –, embora, às vezes, possam ser muito mais longos e apresentar sequências adicionais, nas quais se ligam proteínas. Os exemplos de sítios de recombinação mais complexos serão discutidos quando forem discutidos exemplos específicos de recombinação.

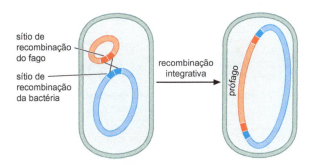

FIGURA 12-2 Integração do genoma de λ no cromossomo da célula hospedeira. A troca de DNA ocorre especificamente entre os sítios de recombinação nas duas moléculas de DNA. Os comprimentos relativos dos cromossomos de λ e da célula não estão mostrados em escala.

A CSSR pode gerar três tipos diferentes de rearranjos de DNA (Fig. 12-3): (1) inserção de um segmento de DNA em um sítio específico (como ocorre durante a integração do DNA do bacteriófago λ), (2) remoção, ou deleção, de um segmento de DNA, ou (3) inversão de um segmento de DNA. O resultado da recombinação – inserção, remoção ou inversão do DNA – depende da organização dos sítios de reconhecimento da recombinase na molécula (ou moléculas) de DNA que participa(m) do processo.

Para entender como a organização dos sítios de recombinação determina o tipo de rearranjo de DNA, deve-se analisar os elementos de sequência dos sítios de recombinação de maneira mais detalhada (Fig. 12-4). Cada sítio de recombinação está organizado como um par de **sequências de reconhecimento da recombinase**, posicionadas de forma simétrica. Essas sequências de reconhecimento flanqueiam uma pequena sequência assimétrica central, conhecida como **região de *crossing over***, onde ocorrem a clivagem e a religação do DNA.

Como a região de *crossing over* é assimétrica, um determinado sítio de recombinação sempre apresenta uma polaridade definida. As orientações dos dois sítios presentes em uma única molécula de DNA serão relacionadas entre si como uma **repetição invertida** ou uma **repetição direta**. A recombinação entre dois sítios invertidos inverterá o segmento de DNA entre os dois sítios (Fig. 12-3, painel à direita). Em contrapartida, a recombinação pelo mesmo mecanismo, porém, entre sítios de repetição direta, removerá o segmento

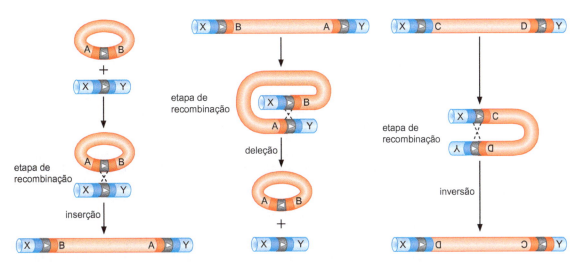

FIGURA 12-3 Os três tipos de recombinação CSSR. Em cada caso, o segmento de DNA em vermelho é movido ou rearranjado durante a recombinação. A, B, C, D, X e Y representam os genes presentes nos diferentes segmentos de DNA. Os segmentos em vermelho-escuro e azul-escuro são as sequências de reconhecimento da recombinase, e os segmentos pretos com pontas de seta brancas são as regiões de *crossing over*. Juntos, esses elementos de sequência formam os sítios de recombinação.

FIGURA 12-4 Estruturas envolvidas na CSSR. O par de sequências simétricas de reconhecimento da recombinase flanqueia a região de *crossing over*, onde ocorre a recombinação. As subunidades da recombinase ligam-se nesses sítios de reconhecimento. Pode-se observar que a sequência da região de *crossing over* não é palindrômica, resultando em uma assimetria intrínseca dos sítios de recombinação. (Adaptada, com permissão, de Craig N. et al. 2002. *Mobile DNA II*, p. 4, Fig. 1. © ASM Press.)

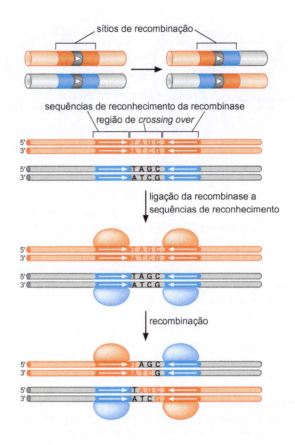

de DNA entre esses dois sítios (Fig. 12-3, painel do centro). Finalmente, a inserção ocorre especificamente quando os sítios de recombinação de duas moléculas diferentes são aproximados para a troca de DNA (Fig. 12-3, painel à esquerda). Os exemplos desses três tipos de rearranjos serão considerados a seguir, após uma discussão geral sobre as recombinases.

Recombinases sítio-específicas clivam e religam o DNA por meio de um intermediário proteína-DNA covalente

Existem duas famílias de recombinases sítio-específicas conservativas: as **serino-recombinases** e as **tirosino-recombinases**. A formação de um intermediário proteína-DNA covalente durante a clivagem do DNA é fundamental para o mecanismo utilizado por ambas as famílias. Nas serino-recombinases, a cadeia lateral de um resíduo de serina, presente no sítio ativo da proteína, ataca uma ligação fosfodiéster específica no sítio de recombinação (Fig. 12-5). Essa reação introduz uma quebra de fita simples no DNA e, simultaneamente, origina uma ligação covalente entre o resíduo de serina e um fosfato desse sítio de clivagem do DNA. Da mesma maneira, nas tirosino-recombinases, é a cadeia lateral de um resíduo de tirosina do sítio ativo que ataca e se liga ao DNA. A Tabela 12-1 classifica várias recombinases importantes por família e função biológica.

O intermediário proteína-DNA covalente conserva a energia da ligação fosfodiéster clivada na ligação proteína-DNA. Como resultado, as fitas de DNA podem ser religadas pela reversão do processo de clivagem. Para a reversão, um grupo OH do DNA clivado ataca a ligação covalente entre a proteína e o DNA. Esse processo liga covalentemente a quebra do DNA e restaura a recombinase livre (não ligada ao DNA) (ver Fig. 12-5).

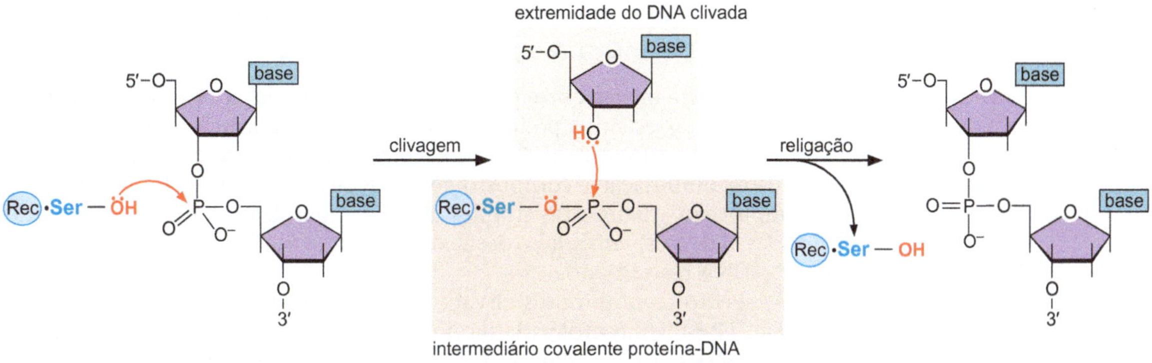

FIGURA 12-5 Mecanismo do intermediário covalente utilizado pelas serino e tirosino-recombinases. Aqui, é mostrado um grupo OH de uma serina do sítio ativo da enzima que ataca o fosfato, introduzindo uma quebra de fita simples no sítio de recombinação. O grupo OH liberado na quebra do DNA pode atacar novamente a ligação covalente proteína-DNA para reverter essa reação de clivagem, religar o DNA e liberar a proteína. (Azul) Recombinase, marcada como Rec.

Essa característica mecanicista é que contribui com o termo "conservativa" no nome CSSR: ela é chamada de conservativa porque cada ligação do DNA que é quebrada durante a reação é restabelecida pela recombinase. Nenhuma energia externa, como a liberada pela hidrólise de ATP, é necessária para a clivagem e a religação do DNA por essas proteínas. Esse mecanismo de clivagem, com o intermediário covalente, não é exclusivo das recombinases. As DNA topoisomerases (ver Cap. 4) e a Spo11, a proteína que introduz quebras de dupla-fita no DNA para iniciar a recombinação homóloga durante a meiose (ver Cap. 11), utilizam esse mecanismo.

TABELA 12-1 Recombinases classificadas por família e por função

Recombinase	Função
Família serina	
Invertase Hin de *Salmonella*	Inverte uma região cromossômica para deslocar um promotor gênico pelo reconhecimento dos sítios *hix*. Permite a expressão de dois antígenos de superfície distintos.
Resolvases do transposon Tn*3* e γδ	Promovem uma reação de deleção de DNA para resolver o evento de fusão que resulta da transposição replicativa. Os sítios de recombinação são chamados sítios *res*.
Família tirosina	
Integrase do bacteriófago λ	Promove a integração e a excisão de DNA do genoma do fago λ para uma sequência específica do cromossomo de *E. coli*. Os sítios de recombinação são chamados sítios *att*.
Cre do fago P1	Promove a circularização do DNA do fago durante a infecção pelo reconhecimento de sítios (chamados sítios *lox*) no DNA do fago.
XerC e XerD de *E. coli*	Promovem várias reações de deleção de DNA que convertem moléculas diméricas de DNA circular em monômeros. Reconhecem os sítios localizados nos plasmídeos (*cer*) e no cromossomo (*dif*).
FLP de levedura	Inverte uma região do plasmídeo 2 μ de levedura para permitir uma reação de amplificação de DNA, chamada replicação por círculo rolante. Os sítios de recombinação são chamados sítios *frt*.

As serino-recombinases introduzem quebras de dupla-fita no DNA e permutam as fitas para realizar a recombinação

A CSSR sempre ocorre entre dois sítios de recombinação. Como foi visto anteriormente, esses sítios podem estar na mesma molécula de DNA (para inversão ou remoção) ou em duas moléculas diferentes (para integração). Cada sítio de recombinação é composto por DNA de dupla-fita. Portanto, durante a recombinação, quatro fitas simples de DNA (duas de cada dúplex) devem ser clivadas e, depois, religadas – desta vez com uma fita parceira diferente – para gerar o DNA rearranjado.

As serino-recombinases clivam as quatro fitas antes da permuta de fitas (Fig. 12-6). Uma molécula da proteína recombinase promove cada uma dessas reações de clivagem; portanto, são necessárias quatro subunidades de recombinase.

Essas quebras de dupla-fita nas moléculas de DNA parentais geram quatro segmentos de DNA de dupla-fita (marcados pelas proteínas ligadas a eles como R1, R2, R3 e R4 na Fig. 12-6). Para que a recombinação ocorra, o segmento R2 da molécula de DNA da parte superior deve recombinar com o segmento R3 da molécula de DNA inferior. Da mesma maneira, o segmento R1 da molécula superior deve recombinar com o segmento R4 da molécula de DNA da parte inferior. Uma vez que essa "permuta" de DNA tenha ocorrido,

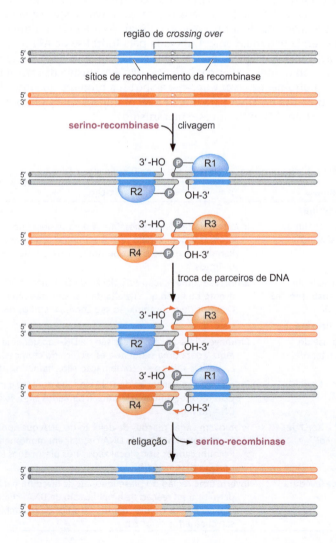

FIGURA 12-6 Recombinação por uma serino-recombinase. Cada uma das quatro fitas de DNA é clivada dentro da região de *crossing over* por uma subunidade da proteína. Essas subunidades são marcadas por R1, R2, R3 e R4. A clivagem de cada uma das duas fitas de um dúplex é alternada por duas bases. Essa região de duas bases forma um dúplex híbrido nos produtos recombinantes. Os sítios de recombinação são similares aos mostrados na Figura 12-4.

as extremidades 3'-OH de cada uma das fitas de DNA clivadas podem atacar a ligação recombinase-DNA em seu novo segmento parceiro. Como discutido anteriormente, essa reação libera a recombinase e liga covalentemente as fitas de DNA, originando um produto de DNA rearranjado.

A estrutura do complexo serino-recombinase-DNA indica que as subunidades giram para realizar a permuta de fita

A estrutura de um complexo serino-recombinase-DNA no processo de recombinação fornece uma visão de como a permuta de fitas de DNA é fisicamente coordenada. O complexo contém quatro subunidades da recombinase, e duas moléculas de DNA dupla-fita clivadas. A ligação covalente entre a serina do sítio ativo de cada subunidade da recombinase e os fosfatos 5' do DNA de cada meio sítio de recombinação é claramente visível. Cada uma dessas ligações, por sua vez, deixa uma extremidade 3'-OH livre no DNA que pode participar da permuta de fita.

A característica mais drástica da estrutura é a grande interface plana entre os dímeros "superior" e "inferior" da recombinase (Fig. 12-7a). Essa estrutura é amplamente hidrofóbica e escorregadia, fornecendo pouca resistência para impedir a rotação das metades superior e inferior do complexo ao redor uma da outra. Entretanto, algumas regiões de cargas negativa e positiva complementares podem servir para estabilizar a estrutura especificamente nas orientações inicial e girada em 180°. Assim, a análise desse complexo corrobora fortemente o modelo de que o mecanismo de recombinação é (1) a clivagem do DNA para formar o intermediário covalente enzima-DNA, (2) uma rotação em 180° dos dímeros do complexo proteína-DNA, e (3) o ataque das extremidades 3'-OH do DNA nas ligações resolvase-DNA para unir as fitas na nova configuração recombinada. À medida que novos experimentos estruturais e mecanísticos são concluídos, mais dados sobre essa drástica rotação proteica emergem (Fig. 12-7b).

Tirosino-recombinases quebram e religam um par de fitas de DNA por vez

Ao contrário das serino-recombinases, as tirosino-recombinases clivam e religam primeiramente duas fitas de DNA e, em uma segunda etapa, elas clivam e religam as outras duas fitas (Fig. 12-8). Considere duas moléculas de DNA com seus sítios de recombinação alinhados. Aqui também são necessárias quatro moléculas de recombinase, uma para clivar cada uma das quatro fitas individuais de DNA. Para iniciar a recombinação, cada uma das subunidades da recombinase ligadas aos sítios de recombinação do lado esquerdo (marcados como R1 e R3 na Fig. 12-8a) clivam a fita superior da molécula de DNA a que estão ligadas. Essa clivagem ocorre no primeiro nucleotídeo da região de *crossing over*. Em seguida, a fita superior direita da molécula de DNA superior (em cinza) e a fita superior da molécula de DNA inferior (em vermelho) "trocam" de parceiras. Assim, essas duas fitas são unidas na configuração recombinada. Essa reação de permuta das "primeiras fitas" gera um intermediário de DNA ramificado, conhecido como junção de Holliday (ver Cap. 11) (Fig. 12-8b).

Uma vez terminada a primeira permuta de fitas, duas outras subunidades da recombinase (marcadas por R2 e R4) clivam as fitas inferiores de cada molécula de DNA (Fig. 12-8c). Essas fitas, mais uma vez, trocam de parceiras e, então, são ligadas pela reversão da reação de clivagem. Essa reação de permuta das "segundas fitas" "desfaz" (i.e., resolve; ver Cap. 11) a junção de Holliday, originando os produtos de DNA rearranjados. Na próxima seção, discute-se como essas etapas químicas ocorrem no contexto do complexo proteína recombinase-DNA.

384 Parte 3 Manutenção do Genoma

FIGURA 12-7 **Estrutura da serino- -recombinase.** (a) A estrutura mostra a grande interface tetramérica plana que é o sítio de rotação. Esse tetrâmero de recombinase é construído a partir de um dímero das subunidades azul-esverdeadas (topo) e de um segundo dímero das subunidades em cinza (base). Cada subunidade desse tetrâmero é ligado de maneira sítio-específica a um dos quatro "braços de DNA" na estrutura (observa-se os contatos de DNA fornecidos por α-hélices das subunidades proteicas nas faces externas das moléculas de DNA). Para a reação de recombinação completa, as quatro fitas do DNA devem ser clivadas (como na Fig. 12-6). Nesta estrutura, entretanto, apenas duas fitas estão clivadas. (Li W. et al. 2005. *Science* **309**: 1210. Código PDB: 1ZR4.) Imagem preparada com MolScript, BobScript e Raster3D. (b) Na sequência superior, as visões laterais são mostradas olhando-se a interface do tetrâmero que é o sítio de rotação; na sequência inferior, as estruturas são giradas em 90° para mostrar as visões superiores, revelando os ângulos de alinhamento dos pares de subunidades dos tetrâmeros (mostrados como barras coloridas). Nesta sequência, a estrutura é mostrada nas diferentes conformações rotacionais dos tetrâmeros de serino-recombinase durante o processo de clivagem do DNA. A conformação tetramérica inicial à esquerda (a forma parental) está pronta para a clivagem; as α-hélices de cada par de subunidades girantes estão orientadas em um ângulo de ∼50°. A primeira rotação em sentido horário de ∼35° gera a conformação na qual as hélices dos pares de subunidades estão agora em um ângulo de cruzamento de ∼85°. Uma rotação adicional de ∼90° gera a conformação alinhada, e uma rotação final de ∼55° completa um ciclo de troca de subunidade e alinha as fitas de DNA para ligação na configuração recombinante. (Imagem modificada, com permissão, de Johnson R.C. e McLean M.M. 2011. *Structure* **19**: 751-753; Fig. 2, p. 752. © Elsevier.)

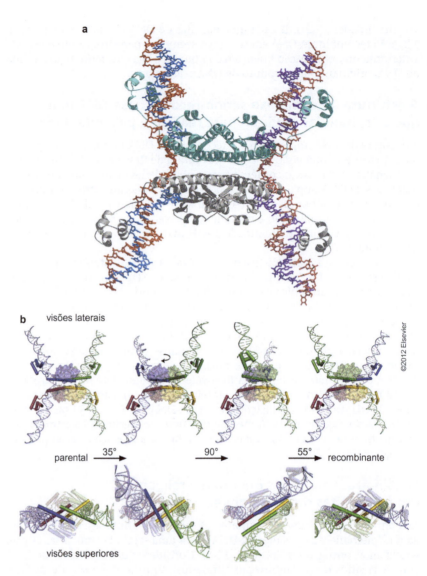

As estruturas de tirosino-recombinases ligadas ao DNA revelam o mecanismo de permuta de DNA

O mecanismo de recombinação sítio-específica é melhor compreendido para as tirosino-recombinases. As estruturas de vários membros dessa família foram obtidas e revelaram as recombinases "no ato" da realização da recombinação. Um belo exemplo é a estrutura da recombinase Cre ligada a duas configurações diferentes do DNA que está recombinando. Detalhes do mecanismo deduzido a partir dessas estruturas são explicados a seguir. Cre é uma enzima codificada pelo fago P1, que atua na circularização do genoma linear do fago durante a infecção. Os sítios de recombinação no DNA, onde a Cre atua, são chamados de sítios *lox*. Cre-*lox* é um exemplo de recombinação simples efetuado pela família das tirosino-recombinases; somente a proteína Cre e os sítios *lox* são necessários para toda a recombinação. A Cre também é

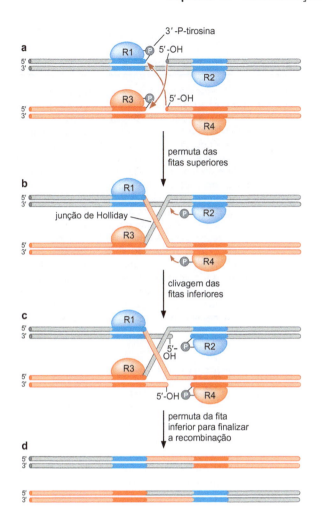

FIGURA 12-8 **Recombinação por uma tirosino-recombinase.** Aqui, as subunidades R1 e R3 clivam o DNA na primeira etapa (a); no exemplo mostrado, a proteína fica ligada ao DNA clivado por uma ligação 3'-P-tirosina. (b) A troca do primeiro par de fitas ocorre quando cada um dos dois grupos 5'-OH nos sítios de quebra atacam a ligação proteína-DNA na outra molécula de DNA. (c, d) A segunda troca de fitas ocorre pelo mesmo mecanismo, utilizando as subunidades R2 e R4. (Adaptada de Craig N. et al. 2002. *Mobile DNA II*, Prancha 1, Cap. 2. © ASM Press.)

muito utilizada como ferramenta de engenharia genética (ver Quadro 12-1, Aplicação da recombinação sítio-específica na engenharia genética).

As estruturas de Cre-*lox* revelaram que a recombinação requer quatro subunidades de Cre, com cada molécula ligada a um sítio de ligação nas moléculas de DNA (Fig. 12-9). A conformação do DNA é, geralmente, a de uma junção de quatro braços quadrada plana (ver discussão sobre as junções de Holliday no Cap. 11), com cada "braço" ligado a uma subunidade de Cre. Embora à primeira vista as estruturas pareçam ter uma simetria tetraédrica, isso não é verdade. A Cre existe em duas conformações distintas: com um par de subunidades na conformação 1, mostrada em verde, e o outro par na conformação 2, mostrada em roxo (Fig. 12-9b). No entanto, Cre pode clivar e religar o DNA somente em uma dessas conformações (as subunidades em verde na figura). Assim, somente um par de subunidades está na conformação ativa em um determinado momento. O par de subunidades nessa conformação ativa altera-se à medida que a reação progride. Essa alteração é essencial para o controle do processo de recombinação e garante o mecanismo de troca sequencial de "uma fita por vez".

> **CONEXÕES CLÍNICAS**

Quadro 12-1 Aplicação da recombinação sítio-específica na engenharia genética

Alguns sistemas de recombinação sítio-específica são tão simples que passaram a ser amplamente utilizados como ferramentas na genética experimental. A recombinase Cre e sua parente próxima a recombinase FLP são utilizadas experimentalmente para remover genes em organismos eucarióticos (ver também o exemplo no Apêndice 1).

A utilidade dessa estratégia pode ser evidenciada pelo exemplo hipotético a seguir. Um pesquisador está interessado na função de um gene específico no desenvolvimento de câncer de pulmão e deseja estudar esse processo utilizando o camundongo como organismo-modelo (ver Apêndice 1). Entretanto, quando a sequência do gene de interesse é interrompida ("nocaute gênico") (ver Fig. A-27), todos os camundongos morrem durante a embriogênese. Aparentemente, o gene é necessário no início do desenvolvimento. Como é possível estudar seu papel no câncer pulmonar no animal adulto?

Frequentemente, a recombinação sítio-específica pode fornecer a resposta. Utilizando métodos rotineiros, os pesquisadores podem introduzir sítios de recombinação reconhecidos por Cre (ou FLP) flanqueando o gene de interesse. Esses sítios não apresentam efeitos na função do gene, a menos que a recombinase também esteja presente. Portanto, a proteína Cre (ou FLP) pode ser introduzida no mesmo organismo, sob o controle de um promotor que pode ser cuidadosamente regulado (ver Cap. 19). Assim, o camundongo pode desenvolver-se na ausência da recombinase e, após o nascimento, a expressão de Cre pode ser "ligada". A presença da recombinase promove a deleção do gene de interesse. Neste caso, a propensão do camundongo tratado com Cre (no qual o gene é deletado) para o câncer de pulmão pode, agora, ser comparada a seus irmãos "normais", nos quais o gene de interesse ainda está intacto. Assim, a recombinação utilizando Cre permite a investigação das possíveis funções dos genes em diferentes estágios de desenvolvimento.

FUNÇÕES BIOLÓGICAS DA RECOMBINAÇÃO SÍTIO-ESPECÍFICA

As células e os vírus utilizam a CSSR para uma grande variedade de funções biológicas. Algumas dessas funções são discutidas nas seções seguintes. Muitos fagos inserem seus DNAs no cromossomo hospedeiro durante a infecção utilizando esse mecanismo de recombinação. Em outros casos, a recombinação sítio-específica é utilizada para alterar a expressão gênica. Por exemplo, a inversão de um segmento de DNA pode possibilitar a expressão de dois genes alternativos. A recombinação sítio-específica também é amplamente utilizada para auxiliar na manutenção da integridade estrutural de moléculas de DNA circulares durante os ciclos de replicação do DNA, a recombinação homóloga e a divisão celular.

Uma comparação entre os sistemas de recombinação sítio-específica revela algumas características gerais. Todas as reações dependem, fundamentalmente, do posicionamento da proteína recombinase sobre o DNA e da aproximação dos dois sítios de recombinação. Em algumas reações de recombinação essa organização é muito simples, necessitando apenas da recombinase e de suas sequências de reconhecimento no DNA, como descrito para Cre. Em contrapartida, outras reações necessitam de proteínas acessórias. Essas proteínas acessórias incluem as chamadas **proteínas de arquitetura**, que se ligam a sequências de DNA específicas, dobrando-as. Elas dobram o DNA em uma conformação específica, que favorece a recombinação. As proteínas de arquitetura também podem controlar a direção de uma reação de recombinação, por exemplo, para assegurar a integração de um segmento de DNA e, ao mesmo tempo, impedir a reação inversa – a excisão do DNA. Claramente, esse tipo de regulação é essencial para um resultado biológico lógico. Finalmente, também será visto que as recombinases podem ser reguladas por outras proteínas para controlar a ocorrência de um determinado rearranjo de DNA e coordená-la com outros eventos celulares.

A integrase λ promove a integração e a excisão de um genoma viral em um cromossomo da célula hospedeira

Quando o bacteriófago λ infecta uma bactéria hospedeira, uma série de eventos reguladores resulta no estabelecimento de um **estado lisogênico** quies-

Capítulo 12 Recombinação Sítio-específica e Transposição do DNA

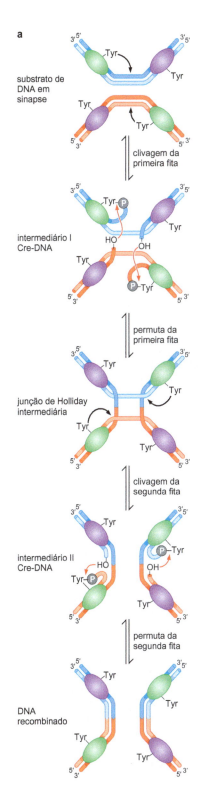

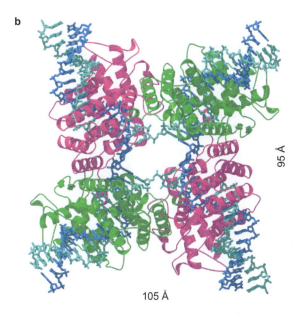

FIGURA 12-9 Mecanismo de recombinação sítio-específica pela recombinase Cre.
(a) Série de estruturas intermediárias Cre-DNA que reflete o mecanismo de troca sequencial de "uma fita por vez". Em cada um dos painéis, apenas as duas subunidades coloridas em verde estão na conformação ativa. Observa-se que após a clivagem da primeira fita, as cores das subunidades mudam à medida que o segundo par de subunidades Cre se torna ativo para recombinação. (Adaptada, com permissão, de Guo F. et al. 1997. *Nature* **389**: 41. © Macmillan.)
(b) Estrutura cristalográfica de Cre ligada à junção de Holliday intermediária (corresponde ao terceiro painel na parte a). As duas subunidades em verde apresentam uma conformação diferente das subunidades coloridas em roxo. Portanto, o complexo não apresenta uma simetria tetraédrica; observa-se, por exemplo, que dois dos pares de "braços" de DNA adjacentes na estrutura estão muito mais próximos do que os outros pares. (Gopaul D.N. et al. 1998. *EMBO J.* **17**: 4175.) Imagem preparada com MolScript, BobScript e Raster3D.

cente ou na multiplicação do fago, um processo chamado **ciclo lítico** (ver Cap. 18 e Apêndice 1). O estabelecimento da lisogenia requer a integração do DNA do fago no cromossomo da célula hospedeira. Da mesma maneira, quando o fago deixa o estado lisogênico para replicar e formar novas partículas fágicas, ele deve remover seu DNA do cromossomo hospedeiro. A análise dessa reação de integração/excisão forneceu as primeiras evidências moleculares sobre a recombinação sítio-específica.

Para integrar, a proteína λ-integrase (λInt) catalisa a recombinação entre dois sítios específicos, conhecidos como sítios *att* (do inglês, *attachment* [ligação]). O sítio *attP* está no DNA do fago (*P*, do inglês, *phage* [fago]), e o sítio *attB* está no cromossomo bacteriano (*B*, de bactéria) (ver Fig. 12-2). A λInt é uma tirosino-recombinase, e o mecanismo de permuta de fita segue a via anteriormente descrita para a proteína Cre. Ao contrário da recombinação mediada por Cre, entretanto, a integração de λ requer proteínas acessórias para auxiliar na formação do complexo proteína-DNA. Essas proteínas controlam a reação para garantir que a integração e a excisão do DNA ocorram no momento correto do ciclo de vida do fago. Primeiramente, será considerado o processo de integração e, a seguir, o de excisão.

A organização altamente assimétrica dos sítios *attP* e *attB* é importante para a regulação da integração de λ (Fig. 12-10). Ambos os sítios apresentam um segmento central (~ 30 pb). Cada um desses sítios centrais de recombinação é constituído por dois sítios de ligação de λInt e uma região de *crossing over*, onde ocorre a permuta de fitas (como descrito anteriormente). Enquanto *attB*

FIGURA 12-10 Sítios de recombinação envolvidos na integração e excisão de λ, mostrando os elementos de sequência importantes. C, C', B e B' são os sítios centrais de ligação de λInt. Os sítios de ligação de proteínas adicionais estão em *attP* e flanqueiam os sítios C e C'. Essas regiões são chamadas de "braços"; as sequências no lado esquerdo são chamadas de braço P e as no lado direito são chamadas de braço P'. Os pequenos quadrados em roxo marcados com P_1, P_2 e P_1' são o braço de sítios de ligação de λInt. Os sítios marcados com H são os sítios de ligação ao fator de integração ao hospedeiro (IHF) e os marcados com X indicam os sítios de ligação à proteína Xis. F é o sítio de ligação à Fis, outra proteína de arquitetura não discutida aqui. (Cinza) Regiões de *crossing over*. Por simplificação, λInt não está mostrada ligada aos sítios do centro. Observa-se que nem todos os sítios de ligação a proteínas são preenchidos durante a recombinação integrativa ou de excisão. Após a recombinação, o braço P faz parte de *attR*, enquanto o braço P' se torna parte de *attL*.

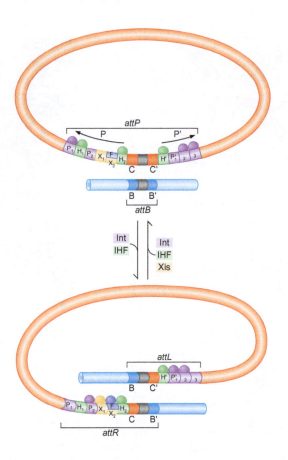

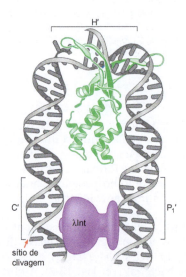

FIGURA 12-11 Modelo do dobramento do DNA induzido por IHF para aproximar os sítios de ligação ao DNA. Os sítios de ligação a λInt e IHF do braço P' de *attP* estão mostrados. IHF ligada ao sítio H' dobra o DNA, permitindo que uma molécula de λInt se ligue aos sítios P_1' e C'. A quebra no DNA no sítio H' reflete um corte presente no DNA utilizado na análise estrutural do complexo IHF-DNA. (Adaptada, com permissão, de Rice P. et al. 1996. *Cell* **87**: 1295-1306, Fig. 8. © Elsevier.)

consiste apenas dessa região central no sítio, *attP* é muito mais longo (240 pb) e apresenta vários outros sítios de ligação a proteínas.

A região central de *attP* é flanqueada por duas regiões de DNA conhecidas como "braços". Esses braços carregam uma variedade de sítios de ligação a proteínas, incluindo sítios adicionais ligados por λInt (marcados como P_1, P_2 e P' na Fig. 12-10). λInt é uma proteína incomum porque possui dois domínios envolvidos na ligação a sequências específicas de DNA: um domínio liga-se aos sítios de reconhecimento da recombinase do braço, e o outro liga-se aos sítios de reconhecimento do núcleo. Além disso, os braços de *attP* possuem sítios ligados por várias proteínas de arquitetura. A ligação dessas proteínas comanda a direção e a eficiência da recombinação.

A integração necessita de *attB*, *attP*, λInt e de uma proteína de arquitetura, chamada **fator de integração do hospedeiro** (**IHF**, *integration host factor*). IHF é uma proteína de ligação ao DNA dependente de sequência que introduz grandes curvaturas (> 160°) no DNA (Fig. 12-11). Os braços de *attP* carregam três sítios de ligação a IHF (marcados como H_1, H_2 e H' na Fig. 12-10). A função de IHF é aproximar os sítios de λInt nos braços do DNA (onde λInt se liga fortemente) dos sítios presentes na região central (onde λInt se liga fracamente). Assim, a curvatura do DNA, mediada por IHF, permite que λInt encontre os sítios fracos do núcleo e catalise a recombinação.

Quando a recombinação está completa, o genoma circular do fago está estavelmente integrado no cromossomo da célula hospedeira. Como resultado, dois novos sítios híbridos são gerados nas junções entre os DNAs do fago e da célula hospedeira. Esses sítios são chamados de *attL* (L, do inglês, *left* [esquerda]) e *attR* (R, do inglês, *right* [direita]) (ver Fig. 12-10). Ambos os sítios contêm a região central, mas as duas regiões dos braços estão, agora, separadas uma da outra (ver as localizações das regiões P e P' na Fig. 12-10). Assim, nenhuma das duas regiões centrais, nessa nova organização, é capaz de formar um complexo da recombinase λInt ativo por meio do mecanismo que foi utilizado para gerar o complexo na integração; os sítios do DNA que são importantes para a formação do complexo simplesmente não estão no local correto.

A excisão do bacteriófago λ requer uma nova proteína para dobrar o DNA

Como λ é removido? Uma proteína de arquitetura adicional, codificada pelo fago, é essencial para a recombinação excisiva. Essa proteína, chamada Xis (para "excisão"), liga-se a sequências específicas no DNA e introduz dobras ou curvaturas neste DNA. Dessa maneira, Xis é similar em função ao IHF. Xis reconhece dois motivos presentes em um braço de *attR* (e também presentes em *attP* – marcados por X_1 e X_2 na Fig. 12-10). A ligação a esses sítios introduz uma grande curvatura (> 140°) e, juntas, Xis, λInt e IHF estimulam a excisão pela montagem de um complexo ativo proteína-DNA em *attR*. Esse complexo, então, interage produtivamente com proteínas presentes em *attL* e a recombinação ocorre.

Além de favorecer a excisão (a recombinação entre *attL* e *attR*), a ligação de Xis ao DNA também inibe a integração (a recombinação entre *attP* e *attB*). A estrutura de DNA resultante da ligação de Xis a *attP* é incompatível com a montagem correta de λInt e IHF sobre esse sítio. Xis é uma proteína codificada pelo fago e somente é produzida quando o fago é estimulado a entrar no ciclo de multiplicação lítico. A expressão de Xis é descrita de maneira detalhada no Capítulo 18. Sua dupla ação, como cofator que promove a excisão e como inibidor da integração, assegura que o genoma do fago será removido, e permanecerá livre, do cromossomo da célula hospedeira enquanto Xis estiver presente.

A recombinase Hin inverte um segmento de DNA, permitindo a expressão de genes alternativos

A recombinase Hin de *Salmonella* inverte um segmento do cromossomo bacteriano para permitir a expressão de dois conjuntos de genes alternativos. A recombinação por Hin é um exemplo de uma classe de reações de recombinação, relativamente comuns em bactérias, conhecidas como rearranjos programados. Essas reações ocorrem normalmente para "pré-adaptar" uma parte de uma população a uma alteração repentina no ambiente. No caso da inversão por Hin, a recombinação é utilizada para auxiliar as bactérias a "escaparem" do sistema imunológico do hospedeiro, como discutido a seguir.

Os genes controlados pelo processo de inversão codificam duas formas alternativas da flagelina (denominadas formas H1 e H2), o componente proteico do filamento flagelar. Os flagelos estão na superfície da bactéria e são, por isso, um alvo comum para o sistema imunológico (Fig. 12-12). A alternância entre essas duas formas, promovida por Hin, permite que pelo menos alguns indivíduos da população bacteriana evitem o reconhecimento dessa estrutura pelo sistema imunológico.

A região do cromossomo que sofre inversão tem cerca de 1.000 pb e é flanqueada por sítios de recombinação específicos, chamados *hixL* (no lado esquerdo) e *hixR* (no lado direito) (Fig. 12-13). Essas sequências apresentam orientações invertidas uma em relação à outra. Hin, uma serino-recombinase, promove a inversão utilizando o mecanismo básico descrito anteriormente para essa família de enzimas. O segmento invertido contém o gene que codifica Hin e um promotor que, em uma orientação, está posicionado para expressar os genes localizados externamente ao segmento invertido, diretamente adjacentes ao sítio *hixR*. Quando o segmento invertível está dentro da orientação *ON* (ligada), esses genes adjacentes são expressos, e quando o segmento é virado na orientação *OFF* (desligada), os genes não podem ser transcritos, porque não possuem um promotor funcional.

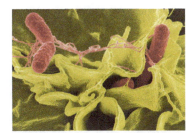

FIGURA 12-12 Micrografia de bactéria (*Salmonella*), mostrando os flagelos. A micrografia eletrônica de varredura colorida mostra *Salmonella typhimurium* (em vermelho) invadindo células humanas em cultivo. As protuberâncias semelhantes a pelos nas bactérias são os flagelos. (Cortesia de Rocky Mountain Laboratories, NIAID, NIH.)

390 Parte 3 Manutenção do Genoma

FIGURA 12-13 **Inversão de DNA pela recombinase Hin de *Salmonella*.** A inversão do segmento de DNA entre os sítios *hix* inverte um promotor (*P*), originando dois padrões alternativos de expressão do gene da flagelina.

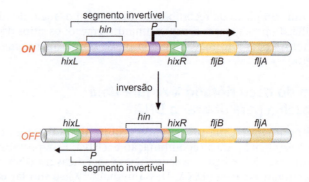

Os dois genes sob controle desse promotor que "vira" são *fljB*, que codifica a flagelina H2, e *fljA*, que codifica um repressor transcricional do gene da flagelina H1. O gene da flagelina H1 está localizado em um sítio afastado. Assim, na orientação *ON*, a flagelina H2 e o repressor de H1 são expressos. Essas células apresentam exclusivamente flagelos tipo H2 na sua superfície. Ao contrário, na orientação *OFF*, não há síntese de H2 nem do repressor de H1, portanto, apenas os flagelos tipo H1 estão presentes.

A recombinação por Hin requer um reforçador de DNA

A recombinação por Hin necessita de uma sequência além dos sítios *hix*. Essa sequência curta (~60 pb) é um reforçador (*enhancer*) que estimula a velocidade de recombinação em aproximadamente 1.000 vezes. Assim como as sequências reforçadoras que estimulam a transcrição (ver Cap. 19), essa sequência pode atuar mesmo distante dos sítios de recombinação. A função de reforçador requer a proteína bacteriana **Fis** (assim chamada porque foi descoberta como um **fator para o estímulo da inversão** [do inglês, *factor for inversion stimulation*]). Como IHF, Fis é uma proteína que provoca uma dobra sítio-específica no DNA. Além disso, ela promove contatos proteína-proteína com Hin que são importantes para a recombinação.

O complexo Fis-reforçador ativa as etapas catalíticas da recombinação. Na verdade, Hin pode posicionar e parear os sítios de recombinação *hix*, formando um complexo sináptico na ausência do complexo Fis-reforçador (Fig. 12-14). Isso difere da função de IHF na integração de λ, em que a proteína acessória é essencial para a formação do complexo recombinase-DNA. A ativação de Hin por Fis requer que os três sítios do DNA (*hixL*, *hixR* e o refor-

FIGURA 12-14 **Complexos formados durante a recombinação catalisada por Hin.** A proteína Hin sozinha reconhece e pareia os dois sítios *hix*. Quando a proteína Fis também está presente, o complexo de três segmentos é formado. Esse complexo é chamado invertassomo e é o complexo mais ativo para promover a recombinação. (Adaptada, com permissão, de Craig N. et al. 2002. *Mobile DNA II*, p. 246, Fig. 9. © ASM Press.)

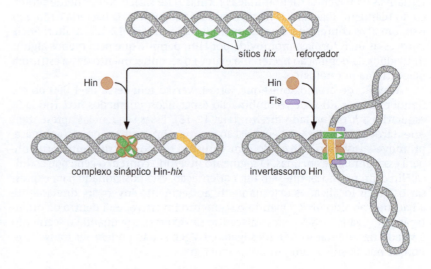

çador) estejam unidos. A formação desse complexo ternário é facilitada pela supertorção negativa do DNA (ver Cap. 4), que estabiliza a associação de sítios distantes no DNA. Outra proteína de arquitetura bacteriana, HU, também facilita a formação desse complexo de inversão (ou invertassomo). HU é uma homóloga estrutural muito próxima de IHF, embora, ao contrário desta, HU ligue-se ao DNA de maneira independente de sequência.

Qual é o significado biológico para o controle da inversão por Hin pelo complexo Fis-reforçador? A principal função é assegurar que a recombinação ocorra apenas entre sítios *hix* presentes na mesma molécula de DNA. Essa seletividade garante que o segmento reversível seja frequentemente invertido, enquanto são evitados os rearranjos intermoleculares do DNA, os quais poderiam comprometer a integridade do cromossomo bacteriano.

Em contrapartida à integração e à excisão do bacteriófago λ, a inversão catalisada por Hin não é estritamente regulada. Em vez disso, a inversão ocorre de maneira estocástica, de modo que dentro de uma população de células sempre haverá uma parte destas que apresentam o segmento reversível em cada uma das orientações.

As recombinases convertem moléculas multiméricas de DNA circular em monômeros

A recombinação sítio-específica é essencial para a manutenção de moléculas de DNA circular dentro das células. Os cromossomos da maioria das bactérias são circulares, assim como os plasmídeos das células procarióticas e eucarióticas. Alguns genomas virais também são circulares. Um problema intrínseco das moléculas circulares de DNA é que elas podem formar dímeros, ou mesmo formas multiméricas superiores, durante a recombinação homóloga. A recombinação sítio-específica pode ser utilizada para converter esses DNAs multiméricos novamente à sua forma monomérica.

Considere o caso de um *crossing over* de DNA entre duas moléculas circulares idênticas. Esse processo é ilustrado ocorrendo entre duas cópias de um cromossomo bacteriano durante a replicação na Figura 12-15 (ver Cap. 11 para a discussão sobre recombinação homóloga). Um único evento de recombinação pode produzir um cromossomo circular grande com duas cópias de todos os genes (i.e., um cromossomo dimérico). No momento da divisão celular, esse dímero causará um grande problema, uma vez que apenas uma molécula de DNA, em vez de duas, deverá ser segregada para cada uma das células-filhas.

Devido a esse problema de multimerização, muitas moléculas de DNA circular possuem sequências que são reconhecidas pelas recombinases sítio-específicas. As proteínas que atuam nessas sequências são, algumas vezes, denominadas **resolvases**, uma vez que elas "resolvem" os dímeros (e multímeros maiores) em monômeros. Obviamente, é fundamental que essas proteínas catalisem especificamente a resolução (uma reação de remoção de DNA), mas não a reação reversa (a conversão de monômeros em dímeros), o que poderia piorar o problema da multimerização. Existem mecanismos específicos para promover essa seletividade direcional no processo de recombinação (ver Quadro 12-2, A recombinase Xer catalisa a monomerização de cromossomos bacterianos e de vários plasmídeos bacterianos).

Existem outros mecanismos para promover a recombinação em segmentos específicos do DNA

Embora a discussão tenha sido limitada à CSSR, existem outros eventos de recombinação que ocorrem em sequências específicas e desempenham funções biológicas semelhantes. Algumas destas reações, por exemplo, a troca de tipo de acasalamento em leveduras, ocorrem por um evento de conversão gênica direcionado, como foi descrito no Capítulo 11. Os rearranjos gênicos responsáveis pela organização de segmentos gênicos que codificam proteínas importantes do sistema imunológico de vertebrados – conhecidos como re-

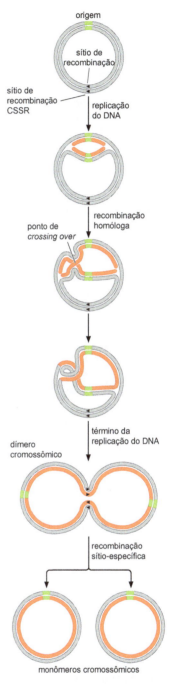

FIGURA 12-15 Moléculas circulares de DNA podem formar multímeros. A recombinação homóloga entre as duas moléculas-filhas de DNA durante a replicação do DNA gera um cromossomo (ou plasmídeo) dimérico. A recombinação sítio-específica mediada pela recombinase XerCD é, então, necessária para produzir as moléculas monoméricas de DNA, essenciais para a divisão celular.

> **CONCEITOS AVANÇADOS**

Quadro 12-2 A recombinase Xer catalisa a monomerização de cromossomos bacterianos e de muitos plasmídeos bacterianos

Xer pertence à família das tirosino-recombinases, e seu mecanismo para promover a recombinação é muito semelhante ao descrito anteriormente para a proteína Cre. Xer é um heterotetrâmero, contendo duas subunidades de uma proteína chamada XerC e duas subunidades de uma proteína chamada XerD. XerC e XerD são tirosino-recombinases, mas reconhecem sequências diferentes de DNA. Portanto, os sítios de recombinação utilizados pela recombinase Xer devem apresentar sequências de reconhecimento para cada uma dessas proteínas. Os sítios de recombinação nos cromossomos bacterianos, chamados sítios *dif*, possuem uma sequência de reconhecimento para XerC em um lado e uma sequência de reconhecimento para XerD no outro lado da região de *crossing over* (Fig. 1 deste quadro). Existe um sítio *dif* no cromossomo. Ele está localizado na região onde termina a replicação do DNA (ver Cap. 9). Quando o cromossomo forma um dímero, este terá, obviamente, dois sítios *dif* (ver Fig. 12-15).

Como as células asseguram que a recombinação mediada por Xer nos sítios *dif* converta um cromossomo dimérico em monômeros, sem que ocorra a reação inversa? Essa regulação direcional é alcançada por meio da interação entre a recombinase Xer e uma proteína da divisão celular chamada FtsK. Essa regulação está ilustrada na Figura 2 deste quadro e é explicada a seguir. Quando FtsK não está disponível para interagir com o complexo XerCD no sítio *dif*, o complexo da recombinase adota uma conformação na qual somente as duas subunidades de XerC estão ativas. Assim, XerC promove a permuta de um par de fitas de DNA, formando a junção de Holliday intermediária (ver a discussão prévia sobre o mecanismo da tirosino-recombinase). Como XerD nunca é ativada, a recombinação nunca é finalizada. No entanto, frequentemente ocorre a reversão da reação de clivagem de XerC. Essa reversão simplesmente regenera o arranjo original do DNA (ver Fig. 1 deste quadro).

Em contrapartida, quando a proteína FtsK está presente e interage com o complexo XerCD, ela altera a conformação do complexo e ativa a proteína XerD. Neste caso, XerD promove a recombinação do primeiro par de fitas para gerar a junção de Holliday intermediária. Uma vez finalizada essa reação, XerC promove as reações de permuta de fitas do segundo par, criando produtos de DNA recombinados (ver Fig. 1 deste quadro).

FtsK é uma ATPase que se desloca ao longo do DNA. Ela atua como uma "máquina proteica de bombeamento de DNA" semelhante à proteína RuvB que promove a migração da ramificação de DNA durante a recombinação homóloga (discutida no Cap. 11). FtsK é também uma proteína ligada à membrana, localizada no local em que ocorre a divisão celular. Ela atua afastando o DNA do centro da célula antes da divisão para que a célula possa se dividir neste local.

Essa localização de FtsK no local de divisão é fundamental para garantir às células que XerD seja ativada especificamente na presença de um cromossomo dimérico. Neste caso, o cromossomo ficará "preso" no meio da célula em divisão, porque cada metade do dímero cromossômico será movida para cada célula-filha. FtsK também interage com sequências polares específicas de DNA (chamadas de KOPS) que são arranjadas assimetricamente em torno do sítio *dif*. Como resultado, FtsK transloca sítios *dif* em direção ao septo e um em direção ao outro. Assim sendo, esse movimento facilita o seu pareamento e a ativação da recombinação XerD. Desta maneira, a recombinação sítio-específica é regulada para ocorrer no momento e local corretos no ciclo de divisão celular.

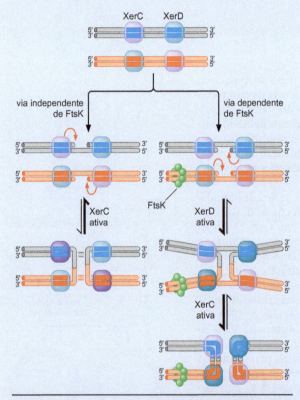

QUADRO 12-2 FIGURA 1 Vias de recombinação mediada por Xer em *dif*. Na ausência de FtsK (via independente de FtsK, mostrada no painel à esquerda), apenas XerC está ativada para promover a permuta de fitas e formar uma junção de Holliday intermediária. Neste caso (porque XerD não está ativa), a recombinação não é finalizada e, em geral, a reação de XerC é revertida. Na presença de FtsK (via dependente de FtsK, mostrada no painel à direita), XerD, agora ativa, catalisa a formação da junção de Holliday intermediária, e XerC promove a segunda permuta de fitas e completa o evento de recombinação, gerando cromossomos monoméricos. (Adaptada, com permissão, de Aussel L. et al. 2002. *Cell* **108**: 195-205, Fig. 6. © Elsevier.)

combinação V(D)J – também ocorrem em sítios específicos. Essa reação apresenta um mecanismo semelhante à transposição e, por isso, será considerada ao fim deste capítulo.

TRANSPOSIÇÃO

Alguns elementos genéticos deslocam-se para novos locais do cromossomo por transposição

A **transposição** é uma forma particular de recombinação genética que desloca determinados elementos genéticos de um local do DNA para outro. Esses elementos genéticos móveis são chamados **elementos de transposição** ou **transposons**. O deslocamento ocorre pela recombinação entre as sequências de DNA posicionadas nas extremidades do elemento de transposição e uma sequência no DNA da célula hospedeira (Fig. 12-16); o deslocamento pode ocorrer com ou sem a duplicação do elemento. Em alguns casos, a reação de recombinação envolve um intermediário temporário de RNA.

Em geral, quando os elementos de transposição de deslocam, eles apresentam pouca seletividade de sequência na escolha dos sítios de inserção. Como resultado, os transposons podem se inserir dentro de genes, alterando completamente a função destes na maioria das vezes. Eles também podem se inserir dentro de sequências gênicas reguladoras, onde sua presença pode provocar alterações na expressão do gene. Essas perdas de função e alterações na expressão gênica levaram à descoberta dos elementos de transposição (ver Quadro 12-3, Elementos do milho e descoberta de transposons). Não surpreende, portanto, que os elementos de transposição estejam entre as causas mais comuns de novas mutações em diversos organismos. Na verdade, esses elementos são uma causa importante de mutações que resultam em doenças genéticas nos seres humanos. A capacidade de se inserir tão indiscriminadamente no DNA exibida pelos elementos de transposição também levou a sua modificação e utilização como agentes mutagênicos e vetores de integração de DNA na biologia experimental.

Os elementos de transposição estão presentes nos genomas de todas as formas de vida. A análise comparativa de sequências genômicas revelou duas questões fascinantes. A primeira é que as sequências relacionadas aos transposons podem compreender enormes frações do genoma de um organismo. Por exemplo, mais de 50% dos genomas de seres humanos e do milho são compostos por sequências de DNA relacionadas aos transposons (incluindo-se fragmentos de transposons, ou elementos "mortos", que foram inativados por mutações). Em um contraste extraordinário, apenas uma pequena por-

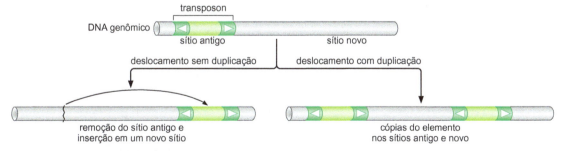

FIGURA 12-16 Transposição de um elemento genético móvel para um novo sítio no DNA da célula hospedeira. A recombinação, em alguns casos, envolve a excisão do transposon da localização antiga no DNA (à esquerda). Em outros casos, uma cópia do transposon permanece na localização antiga, e outra cópia é inserida em um novo sítio de DNA (à direita).

centagem de sequências (< 2% em seres humanos) realmente codifica as proteínas celulares. Segundo, o conteúdo de transposons em diferentes genomas é altamente variável (Fig. 12-17). Por exemplo, em comparação, os genomas de moscas e leveduras são muito mais "ricos em genes" e "pobres em transposons" do que os genomas de seres humanos ou do milho.

Existem muitos tipos diferentes de elementos de transposição. Eles podem ser divididos em famílias que compartilham características comuns de estrutura e de mecanismos de recombinação. Nas seções seguintes, serão apresentadas as três principais famílias de elementos de transposição, bem como o mecanismo de recombinação associado a cada uma. Alguns dos elementos individuais mais bem estudados serão, então, descritos. Na descrição dos elementos individuais, é dado enfoque à maneira como a transposição é regulada para equilibrar a manutenção e a propagação desses elementos com seu potencial para interromper ou desregular genes do organismo hospedeiro.

Os mecanismos de recombinação genética responsáveis pela transposição também são utilizados para outras funções além da mobilização de transposons. Por exemplo, diversos vírus utilizam um sistema de recombinação quase idêntico à transposição para integrar seus genomas no genoma da célula hospedeira durante a infecção. Essas reações de integração viral serão, portanto, consideradas juntamente com a transposição. Da mesma maneira, alguns rearranjos de DNA utilizados para alterar os padrões de expressão gênica ocorrem utilizando um mecanismo muito semelhante ao da transposição de DNA. A recombinação V(D)J, reação necessária para o desenvolvimento de um sistema imunológico funcional em vertebrados, é um exemplo bem-compreendido. A recombinação V(D)J será discutida no fim deste capítulo.

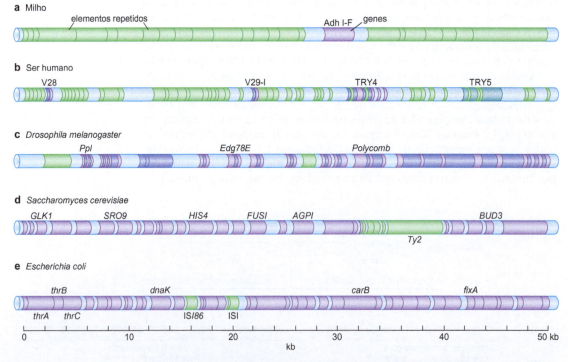

FIGURA 12-17 **Transposons nos genomas: ocorrência e distribuição.** Os elementos repetidos, em sua maioria compostos por transposons ou sequências relacionadas aos transposons (como elementos truncados), estão mostrados em verde; em roxo, estão mostrados os genes celulares. (a) Milho; (b) ser humano; (c) *Drosophila*; (d) levedura; (e) *Escherichia coli*. (Reproduzida, com permissão, de Brown T.A. 2002. *Genomes*, 2nd ed., p. 34, Fig. 2.2, e referências. © Taylor & Francis.)

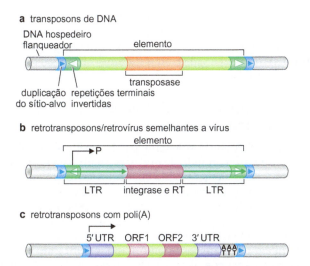

FIGURA 12-18 Organização genética de três classes de elementos de transposição. (a) Transposons de DNA. O elemento móvel inclui as sequências terminais repetidas invertidas (pontas de seta brancas nos segmentos em verde), que são os sítios de recombinação, e um gene que codifica a transposase. (b) Retrotransposons e retrovírus semelhantes a vírus. O elemento móvel inclui duas sequências LTR que flanqueiam uma região que codifica duas enzimas: a integrase e a transcriptase reversa (RT). (c) Retrotransposons com poli(A). O elemento termina nas sequências 5'-UTR e 3'-UTR e codifica duas enzimas: uma enzima de ligação ao RNA (ORF1) e uma enzima com atividades de transcriptase reversa e de endonuclease (ORF2). UTR, região não traduzida.

Existem três classes principais de elementos de transposição

Os transposons podem ser divididos nas três famílias a seguir, com base na sua organização geral e mecanismo de transposição:

1. *Transposons de DNA*.
2. *Retrotransposons semelhantes a vírus*. Essa classe inclui os retrovírus. Esses elementos móveis também são chamados de retrotransposons de **repetição terminal longa** (**LTR**, *long terminal repeat*).
3. *Retrotransposons com poli(A)*. Esses elementos também são chamados de retrotransposons não virais.

A Figura 12-18 mostra um diagrama da organização genética geral de cada uma das famílias desses elementos móveis. Os transposons de DNA permanecem como DNA do começo ao fim de um ciclo de recombinação. Eles deslocam-se utilizando mecanismos que envolvem a clivagem e a religação das fitas de DNA, sendo, portanto, muito semelhantes aos elementos que se deslocam pela CSSR. Os dois tipos de retrotransposons deslocam-se para novos locais do DNA utilizando um intermediário temporário de RNA.

Os transposons de DNA possuem um gene de transposase flanqueado por sítios de recombinação

Os transposons de DNA possuem sequências de DNA que atuam como sítios de recombinação e genes que codificam proteínas que participam na recombinação (Fig. 12-18a). Os sítios de recombinação estão situados nas duas extremidades do elemento de transposição e estão organizados como sequências repetidas invertidas. Essas sequências repetidas invertidas terminais variam, em tamanho, de 25 pb a algumas centenas de pares de bases, não são repetições exatas de sequências e carregam as sequências de reconhecimento de recombinase. As recombinases responsáveis pela transposição são normalmente chamadas de **transposases** (ou, algumas vezes, de **integrases**).

Os transposons de DNA possuem um gene que codifica a sua própria transposase. Eles podem apresentar genes adicionais que codificam proteínas que regulam a transposição ou que fornecem uma vantagem para o próprio transposon ou para a célula hospedeira. Por exemplo, diversos transposons de DNA bacterianos contêm genes que codificam proteínas que conferem resistência a um ou mais antibióticos. A presença do transposon, portanto, torna a célula hospedeira resistente a esse antibiótico.

As sequências de DNA que flanqueiam imediatamente o transposon apresentam um pequeno segmento (2 a 20 pb) de sequência duplicada. Esses segmentos estão organizados como repetições diretas, são denominados **duplicações do sítio-alvo** e são gerados durante o processo de recombinação, como será discutido a seguir.

Os transposons podem ser elementos autônomos ou não autônomos

Os transposons de DNA que possuem um par de repetições terminais invertidas e o gene da transposase têm tudo de que necessitam para promover a sua própria transposição. Esses elementos são chamados **transposons autônomos**. Entretanto, os genomas também apresentam muitos segmentos de DNA móveis, ainda mais simples, conhecidos como **transposons não autônomos**. Estes elementos possuem apenas as repetições invertidas terminais, ou seja, as sequências que atuam em *cis*, necessárias para a transposição. Em uma célula que tenha também um transposon autônomo, codificando uma transposase que reconhecerá as repetições terminais invertidas, o elemento não autônomo poderá sofrer transposição. Entretanto, na ausência desse transposon "auxiliar" (para fornecer a transposase), os elementos não autônomos permanecem estáticos, incapazes de deslocar-se.

Os retrotransposons semelhantes a vírus e os retrovírus possuem sequências terminais repetidas e dois genes importantes para a recombinação

Os retrotransposons semelhantes a vírus e os retrovírus também carregam sequências terminais repetidas que são os sítios de ligação e atuação da recombinase (Fig. 12-18b). As repetições terminais invertidas estão inseridas em sequências repetidas mais longas; essas sequências estão organizadas nas duas extremidades do elemento como repetições diretas e são denominadas repetições terminais longas (LTRs). Os retrotransposons semelhantes a vírus codificam duas proteínas necessárias para sua mobilidade: a integrase (transposase) e a transcriptase reversa.

A **transcriptase reversa** (**RT**) é um tipo especial de DNA-polimerase que utiliza um molde de RNA para sintetizar DNA. Essa enzima é necessária para a transposição, porque esta ocorre por meio de um intermediário de RNA. Como esses elementos convertem RNA em DNA, o reverso do trajeto normal do fluxo da informação biológica (DNA para RNA), eles são conhecidos como "retroelementos". A distinção entre retrotransposons semelhantes a vírus e retrovírus é que o genoma de um retrovírus é empacotado em uma partícula viral, é liberado de sua célula hospedeira e infecta uma nova célula. Em contrapartida, os retrotransposons podem se deslocar apenas para novos sítios do DNA dentro de uma mesma célula, mas nunca deixam esta célula. Assim como os transposons de DNA, esses elementos são flanqueados por pequenas duplicações do sítio-alvo, geradas durante a recombinação.

Os retrotransposons com poli(A) assemelham-se a genes

Os retrotransposons com poli(A) não apresentam as repetições terminais invertidas que estão presentes nas outras classes de transposons. Em vez disso, as duas extremidades do elemento possuem sequências distintas (Fig. 12-18c). Uma extremidade é chamada 5'-UTR, enquanto a outra possui uma região chamada 3'-UTR, seguida por um trecho de pares de base A:T chamada **sequência poli(A)**. Esses elementos também são flanqueados por duplicações curtas do sítio-alvo.

Os retrotransposons possuem dois genes, conhecidos como *ORF1* e *ORF2*. *ORF1* codifica uma proteína de ligação ao RNA. *ORF2* codifica uma proteína com atividade de transcriptase reversa e de endonuclease. Essa proteína, embora diferente das transposases e integrases codificadas por outras classes de elementos móveis, desempenha papéis fundamentais durante a recombinação. Em geral, os retrotransposons com poli(A) apresentam-se em ambas as formas, autônoma e não autônoma, assim como os transposons de DNA e os transposons semelhantes aos vírus. Além disso, as análises de sequências genômicas revelam que existem muitos elementos truncados que não apresentam a sequência completa de 5'-UTR e perderam a capacidade de efetuar a transposição.

Transposição de DNA pelo mecanismo de corte e colagem

Os transposons de DNA, os retrotransposons semelhantes a vírus e os retrovírus utilizam um mecanismo de recombinação semelhante para inserir seus DNAs em um novo sítio. Primeiro, será considerada a reação de transposição mais simples: o movimento de um transposon de DNA por um mecanismo não replicativo. Esse processo de recombinação envolve a remoção do transposon de sua localização inicial no DNA hospedeiro, seguida pela integração do transposon removido em um novo sítio no DNA. Esse mecanismo é denominado **transposição por corte e colagem** (Fig. 12-19).

Para iniciar a recombinação, a transposase liga-se às repetições terminais invertidas na extremidade do transposon. O reconhecimento dessas sequências pela transposase aproxima as duas extremidades do DNA do transposon, formando um complexo estável proteína-DNA. Esse complexo é chamado **complexo sináptico** ou **transpososossomo**. Ele contém um multímero da transposase – normalmente duas ou quatro subunidades – e as duas extremidades do DNA (ver discussão a seguir). Esse complexo assegura que as reações de clivagem e religação do DNA, necessárias para o deslocamento do transposon, ocorram simultaneamente nas duas extremidades do DNA do elemento móvel. Além disso, ele protege as extremidades do DNA de enzimas celulares durante a recombinação. A próxima etapa é a remoção do DNA do transposon de sua localização original no genoma. Para isso, as subunidades da transposase do transpososossomo clivam, primeiramente, uma fita de DNA em cada uma das extremidades do transposon exatamente na junção entre o DNA do transposon e a sequência hospedeira na qual ele está inserido (uma região chamada **DNA hospedeiro limite**). A transposase cliva o DNA de maneira que cada extremidade do DNA do transposon tenha um grupo 3'-OH livre. Para finalizar a excisão, a outra fita de DNA de cada extremidade do elemento também deve ser clivada. Transposons diferentes utilizam mecanismos diferentes para clivar as "segundas" fitas de DNA (fitas que terminam com extremidades 5' na junção do DNA hospedeiro com o transposon). Esses mecanismos estão descritos na seção seguinte.

Após a excisão do transpóson, as extremidades 3'-OH do DNA do transposon – as primeiras extremidades liberadas pela transposase – atacam as ligações fosfodiéster do DNA no local da nova inserção. Esse segmento de DNA é chamado **DNA-alvo**. Deve-se ter em mente que, na maioria dos transposons, o DNA-alvo pode apresentar qualquer sequência. Como resultado desse ataque, o DNA do transposon é covalentemente ligado ao DNA no sítio-alvo. Para cada reação de ligação de DNA, há a introdução de uma quebra no DNA-alvo (Fig. 12-19). Essa reação de ligação do DNA ocorre por uma reação de transesterificação em uma única etapa chamada **transferência de fita de DNA** (Fig. 12-20). Um mecanismo semelhante para a ligação de fitas de ácidos nucleicos é utilizado no processamento do RNA (ver Cap. 14).

O transpososossomo garante que as duas extremidades do DNA do transposon ataquem as duas fitas de DNA do mesmo sítio-alvo em conjunto. Os sítios de ataque nas duas fitas estão normalmente separados por poucos nucleotídeos (p. ex., são comuns 2, 5 e 9 nucleotídeos de espaçamento). Essa distância é fixa para cada tipo de transposon e dá origem às pequenas duplicações do sítio-alvo que delimitam as cópias transpostas do elemento (como explicado na próxima seção). Uma vez que a transferência da fita de DNA esteja completa, o trabalho do transpososossomo também está terminado. As etapas remanescentes da recombinação são executadas por proteínas celulares de reparo de DNA.

FIGURA 12-19 Mecanismo de corte e colagem da transposição. A figura mostra o deslocamento de um transposon de um sítio-alvo no DNA hospedeiro (em cinza) para um novo sítio no DNA (em azul). Observam-se os sítios de clivagem escalonados no DNA-alvo durante a reação de transferência de fita de DNA que origina sequências repetidas curtas no novo sítio-alvo (duplicações de sítio-alvo). A excisão do transposon resulta em quebra no DNA de dupla-fita no sítio de inserção original (aqui, em cinza). Essa quebra pode ser reparada por recombinação homóloga ou por junção de extremidades não homólogas (ver Caps. 10 e 11). As etapas químicas são mostradas sem a proteína ligada para maior clareza.

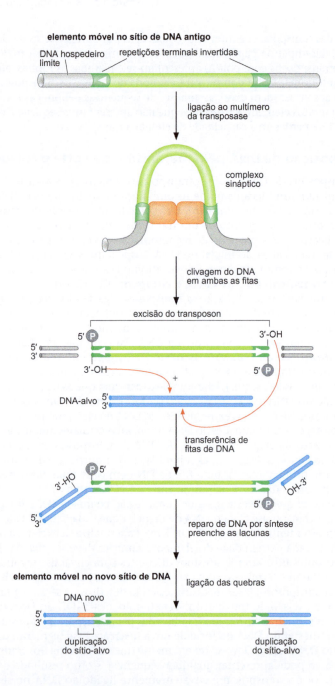

O intermediário na transposição por corte e colagem é finalizado pelo reparo da lacuna

A estrutura do intermediário de DNA gerado após a transferência das fitas de DNA apresenta as extremidades 3' do DNA do transposon ligadas ao DNA-alvo. Essa estrutura também contém duas quebras no DNA-alvo, geradas durante a transferência de fitas de DNA. Como os dois sítios de transferência de fitas de DNA nas duas fitas estão separados por alguns nucleotídeos, pequenas lacunas de ssDNA são formadas nas regiões que flanqueiam o transposon ligado. Essas lacunas são preenchidas por uma DNA-polimerase de reparo de DNA codificada pela célula hospedeira. Deve-se observar que o DNA-alvo é clivado durante a etapa de transferência de fitas de DNA para gerar as extre-

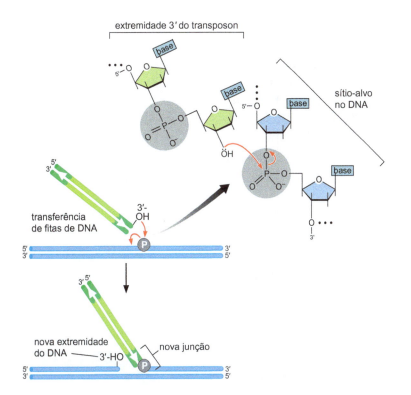

FIGURA 12-20 **Visão detalhada da etapa química de transferência da fita de DNA.** No detalhe, apenas uma fita é mostrada para o transposon e para o DNA-alvo para maior clareza.

midades 3'-OH, as quais atuam como iniciadores para a síntese de DNA pelo sistema de reparo (ver Fig. 12-18). O preenchimento das lacunas origina as duplicações no sítio-alvo que flanqueia os transposons (ver anteriormente). Assim, a extensão da duplicação do sítio-alvo revela a distância entre os sítios atacados nas duas fitas do DNA-alvo durante a transferência de fita de DNA. Após a síntese de reparo da lacuna, a DNA-ligase é necessária para unir as fitas de DNA.

A transposição por corte e colagem também deixa uma quebra de dupla-fita no DNA no sítio da inserção "antiga", a qual deve ser corrigida para manter a integridade do genoma da célula hospedeira. O reparo de quebras no DNA de dupla-fita por recombinação homóloga é descrito no Capítulo 11. Às vezes, essas quebras também são religadas mais diretamente, como será visto adiante na discussão sobre a família de transposons Tc1/*mariner*.

Existem vários mecanismos para a clivagem da fita não transferida durante a transposição de DNA

Como descrito anteriormente, a transposase cliva as extremidades 3' do DNA do transposon e promove a transferência de fitas de DNA para catalisar a transposição por corte e colagem. Entretanto, os transposons que se deslocam por esse mecanismo também necessitam clivar as fitas que terminam por 5' nas junções entre o transposon e o DNA do hospedeiro. Essas fitas de DNA também são chamadas de **fitas não transferidas**, uma vez que suas extremidades 5' não são diretamente ligadas ao DNA-alvo durante a reação de transferência de fitas. Diferentes transposons utilizam diferentes mecanismos para catalisar essa segunda reação de clivagem de fitas (Fig. 12-21). Dois métodos são descritos aqui.

Uma enzima diferente da transposase pode ser utilizada para clivar a fita não transferida (Fig. 12-21). Por exemplo, o transposon bacteriano Tn7 codifica uma proteína específica (chamada TnsA) que faz esse trabalho

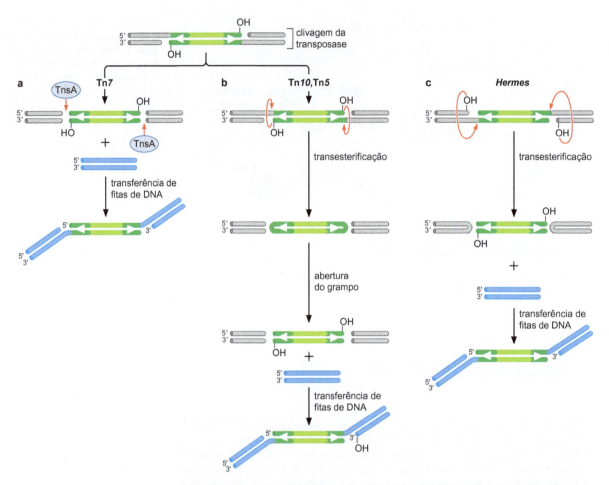

FIGURA 12-21 Três mecanismos para a clivagem da fita não transferida. (a) Utiliza-se outra enzima, em vez da transposase. (b) A transposase catalisa o ataque de uma fita de DNA na fita oposta, formando um intermediário de DNA em formato de grampo. Neste caso, o ataque é da fita transferida sobre a fita não transferida. As duas extremidades em formato de grampo são, subsequentemente, hidrolisadas pela transposase. (c) O transposon *Hermes* usa um segundo mecanismo de clivagem da segunda fita pela formação de grampo. Neste caso, a clivagem da fita superior (fita não transferida) ocorre primeiro, e os grampos são gerados no sítio de inserção original no DNA, em vez de nas extremidades do transposon.

(Fig. 12-21a). A TnsA possui uma estrutura muito semelhante à de uma endonuclease de restrição. A TnsA une-se à transposase codificada por Tn*7* (a proteína TnsB). Ao atuarem em conjunto, a transposase e a TnsA removem o transposon de seu sítio-alvo original.

A outra maneira de clivar a fita não transferida é promovida pela própria transposase, por meio de um mecanismo de transesterificação de DNA, similar à transferência de fitas de DNA. Por exemplo, os transposons Tn*5* e Tn*10* clivam a fita não transferida pela formação de uma estrutura conhecida como "grampo de DNA". Para formar esse grampo, a transposase usa a extremidade 3'-OH do transposon de DNA, inicialmente clivada, para atacar uma ligação fosfodiéster diretamente em frente ao dúplex de DNA na fita oposta (Fig. 12-21b). Essa reação cliva a fita de DNA atacada e também liga covalentemente a extremidade 3' do DNA do transposon a um lado da quebra. Como resultado, as duas fitas de DNA são covalentemente unidas por uma extremidade em alça fechada, lembrando o formato de um grampo de cabelo.

Esse grampo na extremidade do DNA é, então, clivado (i.e., "aberto") pelas transposases, gerando uma quebra de dupla-fita no DNA. Essa reação de abertura ocorre em ambas as extremidades do DNA do transposon. Uma vez que essas etapas estejam concluídas, as extremidades 3'-OH do DNA estão prontas para serem unidas ao novo DNA-alvo pela reação de transferência de fitas de DNA.

O transposon *Hermes*, um membro da família de elementos *hAT*, também usa intermediários de grampo de DNA para excisar o transposon do antigo sítio de inserção no DNA. Entretanto, neste caso, a ordem das reações de clivagem e transesterificação é diferente, de maneira que os grampos de DNA são formados no DNA da célula hospedeira, em vez de nas extremidades do elemento de transposição (Fig. 12-21c). Como será visto adiante neste capítulo, essa via de reações de clivagem e junção do DNA é bastante semelhante à observada durante as etapas iniciais da recombinação V(D)J. Essa semelhança mecanística corrobora fortemente a hipótese de que a recombinação V(D)J surgiu a partir da captura e "domesticação" de um transposon por um organismo hospedeiro durante a evolução dos vertebrados.

Embora não seja mostrado na Figura 12-21, a clivagem do DNA por uma reação de transesterificação também pode ocorrer *entre* as duas extremidades do transposon. Neste caso, uma extremidade 3'-OH clivada ataca a fita de DNA na extremidade oposta do elemento de DNA e o intermediário de DNA resultante é posteriormente processado para gerar o transposon excisado. A família de transposons IS*3* utiliza esse mecanismo.

Por que as transposases utilizam a transesterificação como um mecanismo de clivagem? Provavelmente, esta seja uma solução econômica. As transposases têm a capacidade intrínseca de promover (1) a hidrólise sítio-específica das extremidades 3' do DNA do transposon e (2) a transesterificação dessa extremidade em um sítio não específico de DNA. Essas mesmas atividades, com a reação de transesterificação aplicada em um novo sítio no DNA (i.e., à fita oposta ao sítio inicial de clivagem), podem permitir que a transposase promova a excisão do transposon. Esse mecanismo, portanto, torna desnecessária a codificação de uma segunda enzima para clivar a fita não transferida no transposon.

Transposição de DNA por um mecanismo replicativo

Alguns transposons de DNA deslocam-se utilizando um mecanismo chamado **transposição replicativa**, no qual o DNA do elemento móvel é duplicado a cada ciclo de transposição. Embora os produtos da reação de transposição sejam claramente diferentes, como veremos a seguir, o mecanismo de recombinação é muito semelhante ao utilizado pela transposição por corte e colagem (Fig. 12-22).

A primeira etapa da transposição replicativa é o posicionamento da proteína transposase nas duas extremidades do DNA do transposon para gerar um transpossossomo. Como foi visto no caso da transposição por corte e colagem, a formação do transpossossomo é essencial para coordenar as reações de clivagem e ligação do DNA nas duas extremidades do DNA do transposon.

A próxima etapa é a clivagem do DNA nas extremidades do DNA do transposon. Essa reação é catalisada pela transposase do transpossossomo. A transposase induz uma quebra no DNA em cada uma das junções entre a sequência do transposon e do DNA hospedeiro limite (ver Fig. 12-22). Essa clivagem libera duas extremidades 3'-OH de DNA na sequência do transposon. Ao contrário da transposição por corte e colagem, o DNA do transposon não é removido das sequências hospedeiras nesta etapa. Essa é a principal diferença entre a transposição por corte e colagem e a transposição replicativa.

A seguir, as extremidades 3'-OH do DNA do transposon são unidas ao sítio do DNA-alvo pela reação de transferência de fitas. O mecanismo é o mesmo visto anteriormente para a transposição por corte e colagem. Entretanto,

FIGURA 12-22 Mecanismo de transposição replicativa. O transpososomo introduz uma quebra de fita simples em cada uma das extremidades do DNA do transposon. Essa clivagem gera um grupo 3'-OH em cada extremidade. A seguir, esses grupos OH atacam o DNA-alvo e ligam-se ao alvo pela transferência de fitas de DNA. Observe que apenas uma fita é transferida para o alvo em cada extremidade do transposon, resultando na formação de uma estrutura de DNA duplamente ramificada. A maquinaria de replicação é posicionada em uma dessas "forquilhas" (parte esquerda na figura). A replicação prossegue por toda a sequência do transposon. O produto resultante, chamado cointegrado, possui as duas moléculas de DNA circular que iniciaram o processo unidas por duas cópias do transposon. As lacunas de ssDNA no intermediário ramificado originam as duplicações do sítio-alvo. Essas duplicações não estão mostradas no cointegrado, por simplificação.

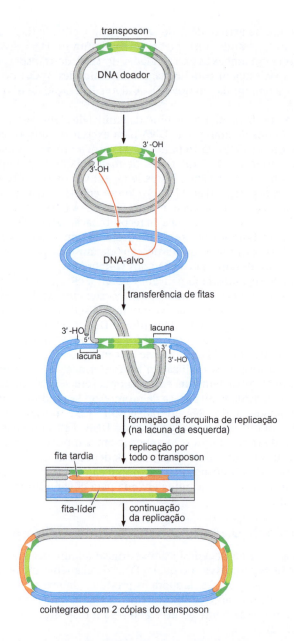

o intermediário gerado pela transferência de fitas de DNA é, neste caso, uma molécula de DNA duplamente ramificada (ver Fig. 12-22). Neste intermediário, as extremidades 3' do transposon são covalentemente ligadas ao novo sítio-alvo, enquanto as extremidades 5' da sequência do transposon permanecem ligadas ao DNA flanqueador original.

As duas ramificações de DNA neste intermediário apresentam a estrutura de uma forquilha de replicação (ver Cap. 9). Após a transferência de fitas de DNA, as proteínas de replicação de DNA da célula hospedeira podem se posicionar nessas forquilhas. No exemplo mais bem entendido de transposição replicativa (do fago Mu, o qual será discutido a seguir), essa formação ocorre especificamente em apenas uma das duas forquilhas (ver Fig. 12-22, painéis inferiores). A extremidade 3'-OH clivada do DNA-alvo atua como iniciador para a síntese de DNA. A replicação prossegue por toda a sequência do transposon e termina na segunda forquilha. Essa reação de replicação gera duas cópias do DNA do transposon. Essas cópias são flanqueadas por pequenas duplicações diretas do DNA-alvo.

A transposição replicativa frequentemente provoca inversões e deleções cromossômicas que podem ser altamente prejudiciais para a célula hospedeira. Essa tendência de provocar rearranjos confere uma desvantagem seletiva aos transposons replicativos. Talvez seja por isso que tantos elementos desenvolveram maneiras de se excisar completamente de suas localizações originais no DNA antes de se ligarem a um novo sítio no DNA. Pela excisão, os transposons evitam a geração dessas interrupções mais severas no genoma do hospedeiro. Como será descrito adiante, a transposição via intermediário de RNA também evita a geração desses rearranjos disruptivos.

Os retrotransposons semelhantes a vírus e os retrovírus deslocam-se utilizando um intermediário de RNA

Os retrotransposons semelhantes a vírus e os retrovírus inserem-se em novos sítios no genoma da célula hospedeira utilizando as mesmas etapas de clivagem de DNA e transferência de fita de DNA descritas para os transposons de DNA. Ao contrário dos transposons de DNA, entretanto, a recombinação nesses elementos envolve um intermediário de RNA.

Um ciclo de transposição inicia com a transcrição da sequência de DNA do retrotransposon (ou do retrovírus) em RNA, realizada por uma RNA-polimerase celular. A transcrição inicia em uma sequência promotora dentro de uma das LTRs (Fig. 12-23) e continua por todo o elemento, originando uma cópia de RNA quase completa do DNA do transposon. O RNA, então, serve de molde para a transcrição reversa, gerando uma molécula de DNA de dupla-fita. Essa molécula de DNA é chamada **cDNA** (para "DNA complementar") e não possui nenhuma sequência do DNA hospedeiro em suas extremidades.

Esse cDNA é reconhecido pela proteína integrase (uma proteína altamente relacionada às transposases dos elementos de DNA, como será visto a seguir) para se recombinar em um novo sítio de DNA-alvo. A integrase é colocada nas extremidades do cDNA e remove alguns nucleotídeos da extremidade 3' de cada fita. Essa clivagem é idêntica à etapa de clivagem de DNA na transposição. Como o precursor de DNA direto para integração é gerado a partir do molde de RNA por transcrição reversa, ele já está na forma de transposon excisado. Portanto, esses elementos não necessitam de um mecanismo para clivar a segunda fita. A seguir, a integrase catalisa a inserção dessas extremidades 3' clivadas no sítio de DNA-alvo no genoma da célula hospedeira, utilizando a reação de transferência de fitas de DNA. Como discutido anteriormente, esse sítio-alvo pode apresentar praticamente qualquer sequência de DNA. As proteínas de reparo de DNA da célula hospedeira preenchem as lacunas no sítio-alvo geradas pela transferência de fitas, completando a recombinação. As duplicações no sítio-alvo são causadas pela reação de reparo de lacunas.

Como a transcrição para gerar o intermediário de RNA inicia no interior de uma das LTRs, o RNA não possui a sequência inteira dessa LTR; a sequência entre o sítio de início da transcrição e a extremidade da LTR fica faltando. Portanto, é necessário um mecanismo especial para regenerar a sequência completa do elemento durante a transcrição reversa. A via de transcrição reversa envolve dois eventos internos de formação de iniciadores e duas trocas de fita. Esses eventos de troca resultam na duplicação de sequências nas extremidades do cDNA. Assim, o cDNA apresenta sequências LTRs reconstruídas e completas, para compensar as sequências perdidas durante a transcrição. Essa reconstrução das LTRs é essencial para que a integrase possa reconhecer o cDNA e para recombinações subsequentes.

As transposases de DNA e as integrases de retrovírus são membros de uma superfamília de proteínas

Como foi visto, a clivagem do DNA das extremidades 3' do DNA do transposon (ou do cDNA) e a transferência de fitas de DNA são etapas comuns, utilizadas para a transposição de DNA e para o deslocamento de retrotrans-

FIGURA 12-23 Mecanismo de integração de retrovírus e transposição de retrotransposons semelhantes a vírus. O painel superior mostra um provírus integrado. Para uma visão mais detalhada das sequências LTR, ver as figuras no Quadro 12-3. O promotor para a transcrição do RNA viral está inserido na LTR à esquerda, como mostrado. A síntese de cDNA a partir desse RNA viral é explicada no Quadro 12-3. As etapas de clivagem e transferência de fita do DNA catalisadas pela integrase estão mostradas.

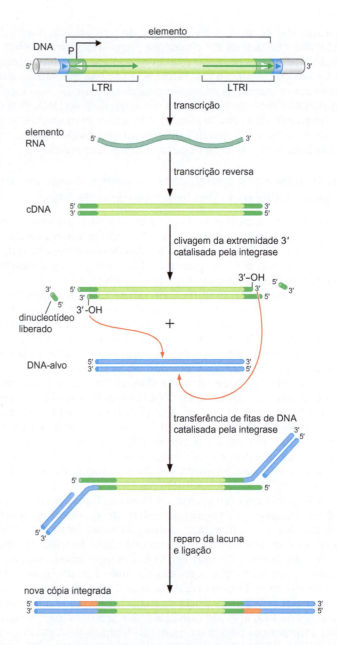

posons semelhantes a vírus e retrovírus. Esse mecanismo conservado de recombinação reflete-se na estrutura das proteínas transposase/integrase (Fig. 12-24). As estruturas de alta resolução revelam que diversas transposases e integrases diferentes apresentam um domínio catalítico com formato tridimensional comum. Esse domínio catalítico contém três aminoácidos ácidos evolutivamente conservados: dois aspartatos (D) e um glutamato (E). Portanto, as recombinases dessa classe são chamadas proteínas transposase/integrase com motivos DDE. Esses aminoácidos ácidos formam parte do sítio ativo e coordenam íons metálicos divalentes (como Mg^{2+} ou Mn^{2+}) que são necessários para a atividade (como descrito para as DNA-polimerases, ver Cap. 9). Uma característica incomum das proteínas transposases/integrases é que elas utilizam esse mesmo sítio ativo para catalisar as reações de clivagem de DNA e de transferência de fitas de DNA, em vez de apresentar dois sítios ativos, cada um especializado em uma reação química.

Ao contrário da estrutura altamente conservada dos domínios catalíticos, as demais regiões das proteínas dessa família não são conservadas.

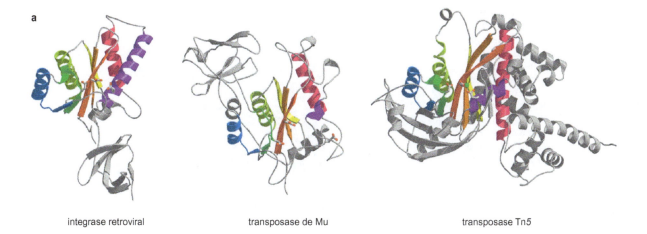

FIGURA 12-24 Similaridades entre os domínios catalíticos de transposases e de integrases. (a) Estruturas dos domínios centrais conservados (mostrados da direita para a esquerda) da transposase Tn5 (Davies D.R. et al. 2000. *Science* **289**: 77-85), da transposase do fago Mu (Rice P. e Mizuuchi K. 1995. *Cell* **82**: 209-220), e da integrase RSV (Chook Y.M. et al. 1994. *J. Mol. Biol.* **240**: 476-500). Os elementos com a mesma estrutura secundária estão mostrados nas mesmas cores. Os resíduos do sítio ativo do motivo DDE estão mostrados em formato de bastão. Imagens preparadas com MolScript, BobScript e Raster3D. (b) Representação esquemática da organização do domínio das três proteínas mostradas na parte a. Os domínios aminoterminais ligam-se ao DNA do elemento móvel. Os domínios centrais contêm as regiões catalíticas mostradas em a. Os domínios carboxiterminais estão envolvidos nos contatos proteína-proteína necessários para montar o transpossomo e/ou para interagir com outras proteínas que regulam a transposição. (Adaptada de Rice P.A. e Baker T.A. 2001. *Nat. Struct. Biol.* **8**: 302-307.)

Essas regiões codificam domínios de ligação ao DNA sítios-específicos e regiões envolvidas em interações proteína-proteína necessárias para a formação do complexo proteína-DNA específico para cada elemento móvel. Assim, esses domínios característicos garantem que as transposases e as integrases catalisem especificamente a recombinação do elemento que as codifica ou de um elemento altamente relacionado.

As transposases e as integrases são ativadas apenas quando estão dispostas em um complexo sináptico, também chamado de transpossomo, no DNA (ver anteriormente). A estrutura cocristalizada da transposase do Tn5 ligada a um par de segmentos terminais do DNA do transposon fornece evidências a respeito desta questão de ativação (Fig. 12-25). A subunidade da transposase que está ligada às sequências de reconhecimento da recombinase em uma das extremidades do DNA do transposon doa o domínio catalítico que promove a clivagem do DNA e a transferência de fitas de DNA na outra extremidade do transposon. Essa organização das subunidades permite o posicionamento correto da transposase para a recombinação somente quando duas subunidades e um par de extremidades de DNA estiverem presentes no complexo ao mesmo tempo.

Os retrotransposons com poli(A) deslocam-se por um mecanismo de "processamento reverso"

Os retrotransposons com poli(A), como os elementos LINE humanos, deslocam-se utilizando um intermediário de RNA, mas utilizam um mecanismo diferente do utilizado pelos elementos semelhantes a vírus. Esse mecanismo é chamado **transcrição reversa iniciada pelo sítio-alvo** (Fig. 12-26). A primeira etapa é a transcrição do DNA de um elemento integrado por uma RNA-polimerase celular (Fig. 12-26a). Embora o promotor esteja inserido na

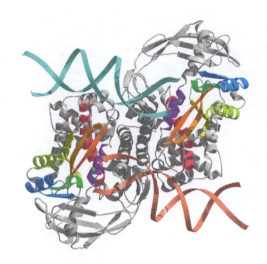

FIGURA 12-25 **Cocristalização de Tn5 ligada ao substrato de DNA.** O complexo contém um dímero da transposase. Os domínios catalíticos estão coloridos como na Figura 12-24. As esferas em verde correspondem aos íons metálicos divalentes ligados no sítio ativo da proteína. Observe que a subunidade ligada via seu domínio de ligação ao DNA a uma extremidade do transposon doa o domínio catalítico para recombinação na outra extremidade do DNA. O DNA está representado em azul-claro e cor-de-rosa. (Davies D.R. et al. 2000. *Science* **289**: 77-85.) Imagem preparada com MolScript, BobScript e Raster3D, com modelamento adicional do DNA por Leemor Joshua-Tor.

5'-UTR, neste caso ele pode promover o início da síntese de RNA no primeiro nucleotídeo da sequência do elemento.

Esse RNA recém-sintetizado é exportado para o citoplasma e traduzido, produzindo as proteínas ORF1 e ORF2 (ver anteriormente). Essas proteínas permanecem associadas ao RNA que as codifica (Fig. 12-26b). Dessa maneira, um elemento promove a sua própria transposição e não fornece suas proteínas para elementos competidores.

Então, o complexo proteína-RNA entra novamente no núcleo e associa-se ao DNA celular (Fig. 12-26c). Deve-se ter em mente que a proteína ORF2 tem as atividades de endonuclease de DNA e de transcriptase reversa. A endonuclease inicia a reação de integração pela introdução de um corte no DNA cromossômico (ver Fig. 12-26d). As sequências ricas em T são sítios preferenciais de clivagem. A presença de bases T no sítio de clivagem permite que o DNA realize o pareamento de bases com a sequência da cauda poli(A) do RNA do elemento. A extremidade 3'-OH do DNA-alvo atua como iniciador para a transcrição reversa do RNA do elemento móvel (Fig. 12-26e). A proteína ORF2 também catalisa essa síntese de DNA. As etapas restantes da transposição, embora não sejam muito bem compreendidas, incluem a síntese da segunda fita do cDNA, o reparo das lacunas de DNA no sítio de inserção e a ligação para fechar as fitas de DNA.

Muitos retrotransposons com poli(A) detectados pelo sequenciamento genômico em larga escala são elementos truncados. A maioria apresenta perdas na extremidade 5' e não possui cópias completas dos genes codificadores do elemento ou um promotor intacto. Esses elementos truncados, portanto, perderam a capacidade de realizar a transposição.

EXEMPLOS DE ELEMENTOS DE TRANSPOSIÇÃO E SUA REGULAÇÃO

Os transposons tiveram grande sucesso na invasão e colonização dos genomas de todas as formas de vida. Obviamente, eles são entidades biológicas bastante robustas. Parte desse sucesso pode ser atribuído à regulação da transposição, realizada de maneira a auxiliar o estabelecimento de uma coexistência harmoniosa com a célula hospedeira. Essa coexistência é essencial para a sobrevivência do transposon, uma vez que este não pode existir sem um organismo hospedeiro. Por outro lado, como já foi mencionado, os transposons podem danificar a célula, causando mutações de inserção e alteração da expressão gênica e promovendo rearranjos de DNA em grande escala. Esses danos são observados particularmente nas plantas, uma característica que

Capítulo 12 Recombinação Sítio-específica e Transposição do DNA 407

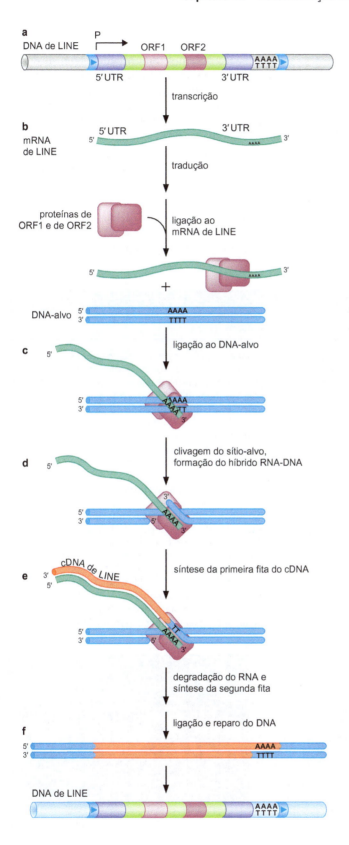

FIGURA 12-26 **Transposição de um retrotransposon com poli(A) pela transcrição reversa iniciada pelo sítio-alvo.** Um modelo para a movimentação de um elemento LINE. (a) Uma RNA-polimerase celular inicia a transcrição de uma sequência LINE integrada. (b) O mRNA resultante é traduzido para gerar os produtos das duas ORFs codificadas que se ligam, então, à extremidade 3' de seu mRNA. (c) O complexo proteína-mRNA liga-se a um sítio rico em T no DNA-alvo. (d) As proteínas iniciam a clivagem do DNA-alvo, deixando um 3'-OH na extremidade do DNA e formando um híbrido RNA:DNA. (e) A extremidade 3'-OH do DNA-alvo atua como iniciador para a transcrição reversa do RNA do elemento móvel, produzindo cDNA (síntese da primeira fita). (f) As etapas finais da reação de transposição incluem a síntese da segunda fita, a ligação do DNA e o reparo para criar um elemento LINE recém-inserido.

levou à descoberta dos transposons no milho (Quadro 12-3, Elementos do milho e descoberta de transposons).

Nas seções seguintes, serão descritos, brevemente, alguns dos transposons mais bem entendidos e famílias de transposons. (Uma grande lista de transposons com algumas de suas características importantes está resumida na Tab. 12-2.) Cada subseção apresenta uma breve visão geral de um elemento específico e um exemplo de regulação que é de particular importância para tal elemento. Como será visto, dois tipos de regulação aparecem como temas recorrentes.

- Os transposons controlam o seu próprio número de cópias presente em uma determinada célula. Por meio da **regulação do número de cópias**, esses elementos restringem seu impacto prejudicial no genoma da célula hospedeira.
- Os transposons controlam a escolha do sítio-alvo. Dois tipos gerais de regulação do sítio-alvo são observados. No primeiro, alguns elementos inserem-se preferencialmente em regiões do cromossomo que tendem a

> **EXPERIMENTOS-CHAVE**

Quadro 12-3   Elementos do milho e descoberta de transposons

Os genomas das plantas são muito ricos em transposons. Além disso, a capacidade de os elementos de transposição alterarem a expressão gênica pode, com frequência, ser facilmente observada como uma variação drástica na coloração da planta (Figs. 1 e 2 deste quadro). Assim, não surpreende o fato de os elementos de transposição e muitas de suas características marcantes terem sido descobertas em plantas.

Barbara McClintock descobriu os "elementos controladores" no milho, no fim da década de 1940. Na verdade, a capacidade de os elementos de transposição provocarem quebras cromossômicas foi o fator que, inicialmente, chamou a atenção de McClintock. Ela observou que algumas linhagens apresentavam quebras cromossômicas muito frequentes e nomeou como *Ds* (dissociador) o elemento genético responsável por essas quebras cromossômicas. Surpreendentemente, ela observou que os locais desses "hot spots" (ou "sítios preferenciais") para quebras cromossômicas variavam entre linhagens diferentes e entre os mesmos cromossomos nos descendentes de uma mesma planta. Essa observação forneceu a primeira evidência de que os elementos genéticos poderiam mover-se (i.e., "transpor-se") nos cromossomos.

Na verdade, *Ds* é um transposon de DNA não autônomo que se desloca pela transposição por corte e colagem. O deslocamento de *Ds* requer que um elemento *Ac* (ativador) – também descoberto por McClintock – esteja presente na mesma célula e forneça a proteína transposase. Hoje, *Ac* é reconhecido como parte de uma grande família de transposons de DNA chamados família *hAT*, denominados a partir dos elementos *hobo* de drosófilas, dos elementos *Ac* do milho e dos elementos *Tam* da boca-de-leão. O elemento *Hermes* da mosca-doméstica também é membro dessa família e revelou-se um interessante modelo para análise mecanicista.

QUADRO 12-3 FIGURA 1 Exemplos de variegação de cor em flores de boca-de-leão devida à transposição de Tam3. O tamanho das manchas brancas está relacionado à frequência de transposição. (Reproduzida, com permissão, de Chatterjee M. e Martin C. 1997. *Plant J.* **11**: 759-771, Fig. 2a. © Blackwell Publishing.)

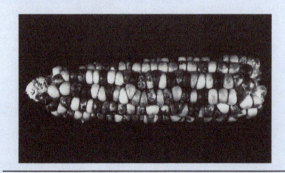

QUADRO 12-3 FIGURA 2 Exemplo da espiga de milho mostrando variegação de cor devida à transposição. (Fotografia de Barbara McClintock; cortesia de Cold Spring Harbor Laboratory Archives.)

Capítulo 12 Recombinação Sítio-específica e Transposição do DNA

TABELA 12-2 Principais tipos de elementos de transposição

Tipo	Características estruturais	Mecanismo de deslocamento	Exemplos
Transposição mediada por DNA			
Transposons bacterianos replicativos	Repetições terminais invertidas que flanqueiam genes da transposase e de resistência a antibióticos	Uma cópia do DNA do elemento acompanha cada ciclo de inserção em um novo sítio-alvo	Tn*3*, γδ, fago Mu
Transposons bacterianos de corte e colagem	Repetições terminais invertidas que flanqueiam genes da transposase e de resistência a antibióticos	Excisão de DNA de um sítio antigo e inserção em um novo sítio	Tn*5*, Tn*10*, Tn*7*, IS*911*, Tn*917*
Transposons eucarióticos	Repetições invertidas que flanqueiam uma região codificadora com íntrons	Excisão de DNA de um sítio antigo e inserção em um novo sítio	Elementos P (*Drosophila*), família de elementos *hAT*, elementos Tc1/*Mariner*
Transposição mediada por RNA			
Retrotransposons semelhantes a vírus	Repetições terminais diretas (LTRs) com ~250 a 600 pb, flanqueando genes da transcriptase reversa, integrase e proteína Gag semelhante a retrovírus	Transcrição em RNA a partir do promotor da LTR esquerda pela RNA-polimerase II, seguida pela transcrição reversa e inserção no sítio-alvo	Elementos Ty (levedura), elementos *Copia* (*Drosophila*)
Retrotransposons com poli(A)	Sequência 3' rica em A-T e 5'-UTR flanqueando genes que codificam uma proteína de ligação ao RNA e transcriptase reversa	Transcrição em RNA a partir de promotor interno; transcrição reversa iniciada pelo sítio alvo mediada por clivagem com endonuclease	Elementos F e G (*Drosophila*) elementos LINE e SINE (mamíferos), sequências *Alu* (seres humanos)

ser menos prejudiciais à célula hospedeira. Essas regiões são chamadas **refúgios seguros** para transposons. No segundo tipo de regulação, alguns transposons especificamente evitam a transposição em seu próprio DNA. Esse fenômeno é chamado **imunidade do alvo da transposição**.

Transposons da família IS*4* são elementos compactos com múltiplos mecanismos para o controle do número de cópias

O transposon bacteriano Tn*10* é um representante bem-caracterizado da família IS*4*, que também inclui o Tn*5*. O Tn*10* é um elemento compacto de 9 kb que codifica um gene para sua própria transposase, além de genes que conferem resistência ao antibiótico tetraciclina (Fig. 12-27).

O Tn*10* transpõe-se pelo mecanismo de corte e colagem (descrito anteriormente), utilizando a estratégia de grampo de DNA para clivar as fitas não

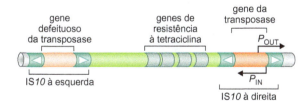

FIGURA 12-27 Organização gênica do transposon bacteriano Tn*10*. O mapa mostra os elementos funcionais no transposon bacteriano Tn*10*. O Tn*10*, como muitos transposons bacterianos, contém, na verdade, dois "minitransposons" em suas extremidades. No Tn*10*, esses elementos são chamados IS*10*L (do inglês, *left* [à esquerda]) e IS*10*R (do inglês, *right* [à direita]). Os dois tipos de elementos IS*10* podem transpor-se e são encontrados no DNA separados do Tn*10*. Os triângulos em branco mostram as sequências repetidas invertidas nas extremidades dos elementos IS e Tn*10*. Embora essas quatro cópias não sejam exatamente iguais na sequência, todas são reconhecidas pela transposase de Tn*10* e são utilizadas como sítios de recombinação.

transferidas (Figs. 12-18 e 12-21). O Tn*10* está organizado em três módulos funcionais. Essa organização é relativamente comum, e os elementos que a apresentam são chamados **transposons compostos**. Os dois módulos mais externos, chamados IS*10L* (L, do inglês, *left* [esquerda]) e IS*10R* (R, do inglês, *right* [direita]), são, na verdade, minitransposons. ("IS" corresponde à **sequência de inserção** [do inglês, i*nsertion sequence*].) IS*10R* codifica o gene para a transposase que reconhece as sequências repetidas invertidas terminais de IS*10R*, IS*10L* e Tn*10*. A IS*10L*, embora com sequência muito similar à IS*10R*, não codifica uma transposase funcional. Assim, tanto IS*10R* como Tn*10* são autônomos, enquanto IS*10L* é um transposon não autônomo. Como esperado, considerando sua mobilidade, ambos os tipos de elementos IS*10* são também encontrados dissociados de Tn*10* em genomas.

Tn*10* limita seu número de cópias em uma determinada célula por estratégias que restringem a sua frequência de transposição. Por exemplo, um dos mecanismos é a utilização de um **RNA antissenso** para controlar a expressão do gene da transposase (ver Fig. 12-29) (para uma discussão sobre regulação por RNA antissenso, ver Caps. 19 e 20). Dois promotores, situados próximos à extremidade da IS*10R*, comandam a síntese de RNA pela RNA-polimerase da célula hospedeira. O promotor que promove a transcrição para o lado interno (P_{IN}) é o responsável pela expressão do gene da transposase. O promotor que promove a transcrição para o lado externo (P_{OUT}), em contrapartida, atua na regulação da expressão da transposase pela produção de RNA antissenso.

Por esse mecanismo, as células que contêm muitas cópias de Tn*10* transcreverão uma quantidade maior de RNA antissenso que, por sua vez, limitará a expressão do gene da transposase (Fig. 12-28; ver legenda para mais detalhes). Portanto, a frequência de transposição será muito baixa em uma linhagem desse tipo. Em contrapartida, se existir apenas uma cópia de Tn*10* na célula, o nível de RNA antissenso será baixo, a síntese da proteína transposase será eficiente, e a transposição ocorrerá em uma frequência elevada.

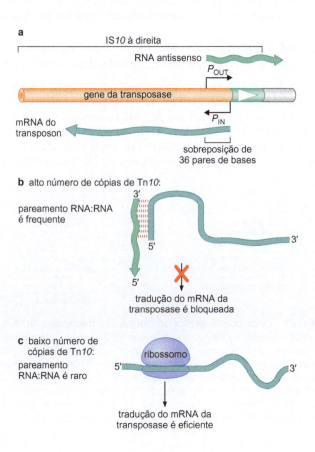

FIGURA 12-28 Regulação da expressão de Tn*10* por RNA antissenso. (a) Um mapa das regiões promotoras que se sobrepõem é mostrado. O promotor de transcrição para a esquerda (P_{IN}) promove a expressão do gene da transposase; o promotor de transcrição para a direita (P_{OUT}), situado a 36 bases à esquerda de P_{IN}, promove a expressão de um RNA antissenso. As primeiras 36 bases de cada transcrito são complementares entre si. Nas células, o transcrito antissenso iniciado em P_{OUT} é mais estável que o mRNA iniciado em P_{IN}. (b) Nas células com alto número de cópias de Tn*10*, o pareamento RNA:RNA ocorre frequentemente e bloqueia a tradução do mRNA da transposase (reduzindo o número de cópias do elemento de transposição). (c) Nas células com baixo número de cópias do transposon, o pareamento RNA:RNA ocorre raramente; portanto, a tradução do mRNA da transposase é eficiente, e o número de cópias nas células é aumentado.

O fago Mu é um transposon extremamente robusto

O fago Mu, assim como o bacteriófago λ, é um bacteriófago lisogênico (ver Apêndice 1). Mu é também um grande transposon de DNA. Mu utiliza a transposição para inserir seu DNA no genoma da célula hospedeira durante a infecção, e, desta forma, é semelhante aos retrovírus (discutidos anteriormente). Mu também utiliza múltiplos ciclos de transposição replicativa para amplificar o seu DNA durante a multiplicação lítica. Durante o ciclo lítico, esse fago realiza cerca de 100 ciclos de transposição por hora, o que o torna o mais eficiente dos transposons conhecidos. Além disso, mesmo quando presente na forma lisogênica quiescente, a transposição de seu genoma é bastante frequente, em comparação com a frequência de transposons tradicionais como o Tn*10*. O nome *Mu* vem de "*mutator*" (modificador), e deve-se à sua habilidade de se transpor de maneira promíscua: as células que possuem uma cópia do DNA de Mu inserida acumulam frequentemente mutações novas devido à inserção do DNA do fago em genes celulares.

O genoma do fago Mu tem cerca de 40 kb e contém mais de 35 genes, mas apenas dois codificam proteínas com funções específicas à transposição. Estes são os genes *A* e *B*, que codificam as proteínas MuA e MuB. MuA é a transposase e pertence à superfamília de proteínas DDE, discutida anteriormente. MuB é uma ATPase que estimula a atividade da MuA e controla a escolha do sítio-alvo de DNA (Fig. 12-29). Esse processo é explicado na próxima seção.

Mu utiliza a imunidade do alvo para evitar a transposição em seu próprio DNA

Mu, como muitos outros transposons, mostra pouca preferência por sequências específicas em seus sítios-alvos. Como resultado, há uma grande quantidade de sítios-alvo "satisfatórios" no DNA, incluindo o DNA do próprio genoma de Mu. Uma vez que a escolha do sítio-alvo é praticamente aleatória, como Mu evita a transposição em seu próprio DNA, situação que poderia resultar em severas interrupções nos genes do fago?

Esse problema é resolvido porque a transposição de Mu é regulada por um processo chamado **imunidade do alvo da transposição** (ver Quadro 12-4, Mecanismo da imunidade do alvo da transposição). Os sítios de DNA que cercam uma cópia do elemento Mu, incluindo o DNA do próprio elemento, são transformados em alvos muito fracos para um novo evento de transposição.

A imunidade do alvo da transposição é observada em inúmeros elementos de transposição diferentes e pode atuar em distâncias muito longas. Para Mu, sequências localizadas a aproximadamente 15 kb de distância de uma inserção de Mu preexistente são imunes a novas inserções. Para alguns elementos móveis – por exemplo, Tn*3* e Tn*7* – a imunidade do alvo estende-se a até mais de 100 kb. A imunidade do alvo protege um elemento de se transpor para dentro de si ou de ter outra nova cópia de um elemento do mesmo tipo inserida dentro de seu genoma. Além disso, esse tipo de regulação da seleção do DNA-alvo também incentiva o deslocamento e a inserção dos elementos em locais novos e "distantes" dos locais em que estavam inicialmente inseridos, uma característica que também pode ser vantajosa para a sua propagação e sobrevivência.

Os elementos Tc*1*/*mariner* são elementos de DNA muito bem-sucedidos em eucariotos

Os membros da família de elementos Tc*1*/*mariner* são amplamente difundidos, tanto em invertebrados como em vertebrados. Os elementos dessa família são os transposons de DNA mais comuns encontrados nos eucariotos. Embora esses transposons sejam claramente relacionados, os membros isolados de organismos diferentes apresentam características distinguíveis e são nomeados de maneiras diferentes. Por exemplo, elementos provenientes do nematódeo *Caenorhabditis elegans* são chamados de elementos Tc, ao passo que os elementos originalmente denominados de *Mariner* foram isolados de espécies de *Drosophila*.

412 Parte 3 Manutenção do Genoma

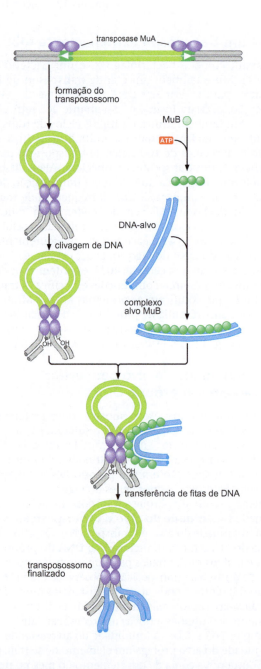

FIGURA 12-29 Visão geral das etapas iniciais da transposição de Mu. As quatro subunidades da transposase MuA associam-se às extremidades do DNA de Mu. MuB liga-se ao ATP e, a seguir, a qualquer sequência de DNA. Uma interação proteína-proteína entre MuA e MuB leva o complexo MuA DNA-transpossossomo para um novo sítio-alvo no DNA. MuB não está mostrada no último painel porque, após a transferência de fitas de DNA, ela não é mais necessária e, provavelmente, dissocia-se do complexo.

Os elementos Tc1/*mariner* estão entre os mais simples transposons autônomos conhecidos. Em geral, eles possuem entre 1,5 e 2,5 kb de comprimento e carregam apenas um par de sequências repetidas invertidas terminais (o sítio de ligação da transposase) e um gene codificando uma proteína transposase da superfamília de transposase DDE (ver anteriormente). Ao contrário de muitos transposons, nenhuma proteína acessória é necessária para a transposição, embora as etapas finais de recombinação necessitem das proteínas celulares de reparo de DNA. Essa simplicidade de estrutura e de mecanismo é provavelmente responsável pelo enorme sucesso desses elementos em uma variedade tão grande de organismos hospedeiros.

Os elementos Tc1/*mariner* deslocam-se pelo mecanismo de corte e colagem (Fig. 12-19). O DNA do transposon é removido do local anterior do DNA hospedeiro por pares de clivagens espaçadas por dois pares de bases. Esses elementos apresentam uma forte preferência de inserção em sítios de DNA com a sequência 5'-TA (que é, obviamente, muito comum).

Capítulo 12 Recombinação Sítio-específica e Transposição do DNA

▶ CONCEITOS AVANÇADOS

Quadro 12-4 Mecanismo da imunidade do alvo da transposição

A interação entre a transposase MuA e a ATPase MuB é a parte central do mecanismo da imunidade do alvo da transposição. As interações entre MuA e MuB impedem a ligação de MuB a uma região no DNA próxima ao local em que MuA está ligada. As interações responsáveis por essa ação recíproca entre MuA e MuB são:

- MuA inibe a ligação de MuB aos sítios de DNA próximos. Essa inibição requer a hidrólise de ATP.
- MuB auxilia MuA a encontrar um sítio-alvo para a transposição.

Para ver como as interações individuais proteína-proteína e proteína-DNA funcionam em conjunto para gerar imunidade do alvo, considere-se a transposição em dois segmentos candidatos de DNA: um é qualquer segmento representativo de DNA, enquanto o segundo possui uma cópia de Mu já inserida (ver Fig. 1 deste quadro). O primeiro segmento de DNA será chamado de região não protegida (virgem) e o segundo segmento de DNA, de região imune (com Mu).

O que acontece em cada região de DNA à medida que Mu se prepara para a transposição? Primeiro, serão considerados os eventos na região virgem. MuB, em complexo com ATP (MuB-ATP), irá se ligar ao DNA, utilizando sua atividade de ligação não específica ao DNA. Ao mesmo tempo, a transposase MuA formará um transpososomo no DNA de Mu. MuA do transpososomo pode realizar contatos proteína-proteína com o complexo MuB-DNA na região virgem. Como resultado dessa interação, MuB libera esse DNA para que MuA possa utilizá-lo como sítio-alvo.

Em contrapartida, tanto MuA como MuB se ligam ao DNA na região imune. MuA interage com seus sítios de ligação específicos que já estão presentes no genoma de Mu; MuB-ATP liga-se novamente, utilizando sua afinidade por qualquer sequência de DNA. Porém, quando MuA e MuB estão ligadas a essa região, elas interagem. Como resultado, MuA estimula a hidrólise de ATP pela MuB e a dissociação da MuB deste DNA. Portanto, MuB não se acumula sobre esse segmento de DNA imune. Desta maneira, as proteínas de transposição de Mu utilizam a energia armazenada no ATP para evitar que o genoma de Mu se torne um alvo para a transposição. Como esperado, segundo esse mecanismo, mesmo um único sítio de ligação de MuA em uma molécula de DNA é o suficiente para conferir a imunidade do alvo.

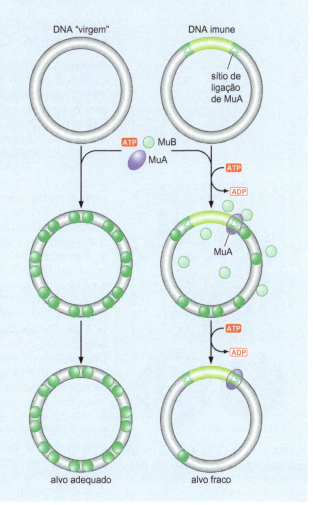

QUADRO 12-4 FIGURA 1 As interações entre MuA e MuB no DNA resultam no desenvolvimento de um alvo de DNA imune. Os sítios da ligação de MuA localizam-se nas repetições terminais invertidas das extremidades do transposon (verde-escuro). Por simplificação, MuA está ilustrada como ligada a apenas uma das duas regiões repetidas. Cada vez que MuB hidrolisa ATP, ela dissocia-se do DNA (MuB ligada ao ATP está mostrada em verde mais escuro); essa reação de hidrólise é estimulada pelo contato MuA-MuB. Embora a figura mostre a interação de MuA apenas com duas moléculas de MuB, ela irá interagir com todas as MuBs ligadas situadas próximas ao seu sítio de ligação ao DNA. Segmentos de DNA de 5 a 15 kb podem tornar-se "imunes" por uma única sequência repetida terminal invertida ligada pela MuA.

O que acontece com o sítio "vazio" no cromossomo hospedeiro quando um transposon é excisado? No caso dos elementos Tc1/mariner, as análises de sequência de DNA que já tiveram um transposon excisado revelam que, às vezes, essas extremidades clivadas do DNA são preenchidas (pela síntese de reparo de DNA) e ligadas diretamente (ver discussão sobre junção de extremidades não homólogas no Cap. 10). Essas reações de reparo resultam na incorporação de alguns pares de bases de DNA extras no antigo sítio de inserção. Essas pequenas inserções de DNA são conhecidas como pegadas (*footprints*), uma vez que são vestígios deixados por um transposon que se deslocou em direção a um novo sítio no genoma.

Em contrapartida a muitos transposons, a transposição dos elementos Tc1/*mariner* não é bem controlada. Talvez devido a essa falta de controle, diversos elementos encontrados pelo sequenciamento genômico estão "mortos" (i.e., incapazes de realizar a transposição). Por exemplo, muitos elementos contêm mutações no gene da transposase que o inativam. Usando um grande número de sequências dos elementos inativos e ativos, os pesquisadores construíram um elemento Tc1/*mariner* artificial hiperativo. Esse elemento, denominado *Sleeping Beauty* ("Bela Adormecida"), transpõe-se com muito mais frequência do que os elementos isolados naturalmente. O *Sleeping Beauty* é uma ferramenta promissora para estudos e experimentos de mutagênese e inserção de DNA em muitos organismos eucarióticos. Além disso, essa reconstrução experimental revela que a frequência de transposição por elementos Tc1/*mariner* é naturalmente mantida em níveis basais devido à atividade subótima de suas enzimas transposases.

Os elementos Ty de levedura transpõem-se para refúgios seguros no genoma

Os elementos Ty (do inglês, t*ransposons in y*east), proeminentes transposons em leveduras, são retrotransposons semelhantes a vírus. De fato, sua semelhança com os retrovírus estende-se para além de seu mecanismo de transposição: Ty RNA é encontrado em células em partículas empacotadas semelhantes a vírus (Fig. 12-30). Assim, esses elementos parecem ser vírus, mas não podem sair de uma célula para infectar novas células. Existem muitos tipos de elementos Ty bem-estudados; por exemplo, *S. cerevisiae* contém membros das classes Ty1, Ty3, Ty4 e Ty5 (embora todos os elementos Ty5 nessa espécie de levedura pareçam estar inativos). Cada uma das classes de elementos Ty promove a sua própria mobilidade, mas não mobiliza elementos de outras classes.

Os elementos Ty integram-se, preferencialmente, em regiões cromossômicas específicas (Fig. 12-31). Por exemplo, os elementos Ty1 quase sempre se transpõem no DNA a até cerca de 200 pb a montante de um sítio de iniciação de transcrição pela enzima RNA-polimerase III (Pol III) da célula hospedeira (ver Cap. 13). A RNA Pol III transcreve especificamente os genes de tRNA, e a maioria das inserções de Ty1 ocorrem próximo desses genes. A integração de Ty3 também está muito relacionada aos promotores de Pol III. Neste caso, a integração é precisamente direcionada ao sítio de iniciação da transcrição (± 2 pb). Em contrapartida, Ty5 integra-se, preferencialmente, em regiões do genoma que estão em estado quiescente de transcrição, silenciado. A regiões silenciadas preferidas por Ty5 incluem os telômeros e as cópias silenciadas dos *loci* de tipos acasalantes (ver Cap. 11). Em todos esses casos, o mecanismo de seleção regional do sítio-alvo envolve a formação de complexos proteína-proteína específicos entre a integrase do elemento – ligada em um complexo ao cDNA – e proteínas específicas da célula hospedeira ligadas a esses sítios cromossômicos. Por exemplo, a integrase Ty5 forma um complexo específico com a proteína silenciadora de DNA Sir4 (ver Cap. 19).

Por que os elementos Ty apresentam essa preferência regional pelo sítio-alvo? Acredita-se que essa especificidade pelo alvo permita a manutenção do transposon no organismo hospedeiro, pois concentra a maioria de suas inserções em regiões afastadas das regiões importantes do genoma que estão envolvidas diretamente na síntese de proteínas. O uso desse tipo de transposição pode ser especificamente importante em organismos com genomas pequenos ricos em genes, como a levedura.

LINEs promovem a sua própria transposição e até a transposição de RNAs celulares

Os retrotransposons com poli(A) autônomos, conhecidos como LINEs, são abundantes nos genomas de vertebrados. Na verdade, as sequências LINE correspondem a cerca de 20% do genoma humano. Estes elementos foram

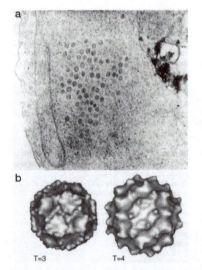

FIGURA 12-30 Elementos Ty de levedura empacotados nas partículas virais. (a) Micrografia eletrônica de células de *Saccharomyces cerevisiae* com superexpressão de partículas de Ty1 semelhantes a vírus. As partículas são visualizadas como estruturas ovais eletrodensas. (b) Microscopia crioeletrônica mostrando as reconstruções tridimensionais dos virions de Ty1. Esses elementos de Ty1 contêm uma proteína Gag truncada que forma a carapaça espinhosa de unidades triméricas das partículas. (Reproduzida, com permissão, de Craig N. et al. 2002. *Mobile DNA II*, © ASM Press. b, Também cortesia de H. Saibil.)

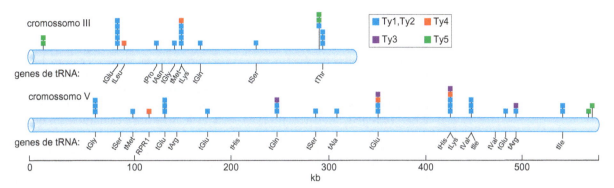

FIGURA 12-31 Sítios de integração agrupados, observados para elementos Ty.
Cada quadrado colorido representa um sítio conhecido para a inserção do transposon. Observa-se que as inserções de Ty1, Ty2, Ty3 e Ty4 estão próximas aos genes de tRNA, os quais são transcritos pela RNA-polimerase III celular. A inserção ocorre a montante do gene e portanto não interfere na sua expressão. Ty1 e Ty2 são elementos altamente relacionados e, portanto, estão agrupados. Ty5 é encontrado próximo às extremidades dos cromossomos e próximo aos *loci* de tipos acasalantes (ver Cap. 11) que estão "silenciados" (i.e., não estão sendo altamente transcritos). (Cortesia de Dan Voytas.)

inicialmente reconhecidos como uma família de sequências repetitivas. Seu nome é derivado desta identificação inicial: **LINE** é o acrônimo para *"long interspersed nuclear element"* (elemento nuclear intercalado longo). O elemento L1 é um dos LINEs mais bem conhecidos do genoma humano. Além de promover sua própria mobilidade, os LINEs também fornecem as proteínas necessárias para a transcrição reversa e para a integração de outras classes de sequências repetidas relacionadas, os retrotransposons com poli(A) não autônomos, conhecidos como elementos nucleares intercalados curtos (**SINEs**, *short interspersed nuclear elements*). O sequenciamento genômico revelou, mais uma vez, a presença de uma enorme quantidade desses elementos, os quais, normalmente, apresentam entre 100 e 400 pb. A sequência *Alu* é um exemplo de SINE altamente difundido no genoma humano. Uma comparação das estruturas típicas de elementos LINE e SINE pode ser vista na Figura 12-32. As sequências LINEs e SINEs se assemelham a genes simples. Na verdade, as sequências *cis*-atuantes, importantes para a transposição, incluem simplesmente um promotor – para promover a transcrição do elemento em RNA – e uma sequência poli(A). Deve-se ter em mente que esses resíduos A hibridizam-se ao DNA no sítio-alvo, gerando a extremidade iniciadora para a transcrição reversa (ver Fig. 12-23).

Essas necessidades de sequência simples para a transposição representam um problema para as LINEs: como elas evitam a transposição de moléculas de mRNA celulares? Todos os genes possuem um promotor, e a maioria deles é transcrita em um mRNA com uma sequência poli(A) na extremidade 3' da molécula (Cap. 13). Assim, qualquer mRNA poderia ser um substrato "atraente" para a transposição. Na verdade, o sequenciamento genômico forneceu evidências claras de que a transposição de RNAs celulares é realizada pelo mecanismo de transcrição reversa iniciada pelo alvo.

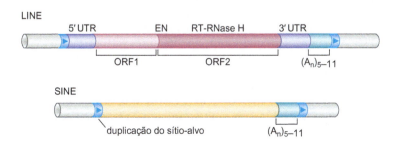

FIGURA 12-32 Organização genética característica de LINE e SINE. Observa-se o comprimento variável da sequência poli(A) na extremidade direita dos elementos. Essa é uma característica que define os retrotransposons com poli(A). Esses elementos também são flanqueados por duplicações do sítio-alvo com comprimentos variáveis (pontas de seta azuis). Os elementos e sequências não estão mostrados em escala. Os dois tipos de elemento também possuem sequências promotoras. Ver Figuras 12-20 e 12-28. (Adaptada, com permissão, de Bushman F. 2002. *Lateral DNA transfer*, p. 251, Fig. 8.4. © Cold Spring Harbor Laboratory Press.)

Existem cópias adicionais de sequências altamente relacionadas a diversos genes celulares dispersas no genoma. Essas cópias parecem ter perdido seus promotores e íntrons (regiões de sequência presentes no gene, mas que foram removidas do mRNA pelo processamento de RNA) (ver Cap. 14), e, frequentemente, contêm interrupções próximas das extremidades 5'. Essas sequências são conhecidas como **pseudogenes processados** e, em geral, não são expressos na célula. Esses pseudogenes são frequentemente flanqueados por repetições curtas no DNA-alvo. Essa estrutura é exatamente o que se espera da transposição de um mRNA celular promovida por LINE.

Embora a transposição de RNAs celulares possa ocorrer, é um evento raro. O principal mecanismo utilizado para evitar esse processo é a ligação das proteínas codificadas por LINE rapidamente aos seus próprios RNAs durante a tradução (ver Fig. 12-23). Assim, elas apresentam uma forte tendência em catalisar a transcrição reversa e a integração do RNA que as codifica.

RECOMBINAÇÃO V(D)J

Viu-se que a transposição está envolvida no deslocamento de vários elementos genéticos diferentes. As células, entretanto, também aproveitam esse mecanismo de recombinação para funções que auxiliam diretamente o organismo. O melhor exemplo é a recombinação V(D)J, que ocorre nas células do sistema imunológico dos vertebrados.

O sistema imunológico dos vertebrados tem a função de reconhecer e agir defensivamente contra os organismos invasores, incluindo vírus, bactérias e eucariotos patogênicos. Os vertebrados possuem dois tipos celulares especializados dedicados ao reconhecimento desses invasores: células B e células T. As células B produzem **anticorpos** que circulam na corrente sanguínea, e as células T produzem proteínas receptoras ligadas a sua membrana (chamadas de **receptores de células T**). O reconhecimento de uma molécula "estranha" por qualquer uma dessas classes de proteínas desencadeia uma série de eventos cujo propósito é a destruição do invasor. Para desempenhar corretamente suas funções, os anticorpos e os receptores de células T devem ser capazes de reconhecer um conjunto extremamente diverso de moléculas. O principal mecanismo utilizado para gerar anticorpos e receptores de células T com tamanha diversidade baseia-se em um conjunto especializado de rearranjos de DNA, conhecido como **recombinação V(D)J**.

Os genes que codificam os anticorpos e os receptores de células T são compostos por segmentos gênicos que serão organizados por uma série de rearranjos sequência-específicos de DNA. Para entender como essa recombinação gera a diversidade necessária, é preciso analisar a estrutura de uma molécula de anticorpo (Fig. 12-33); os receptores de células T possuem uma estrutura modular semelhante. A Figura 12-34 ilustra uma região genômica que codifica uma meolécula de anticorpo. Os anticorpos são formados por duas cópias de uma cadeia leve e duas cópias de uma cadeia pesada. A porção da proteína que interage com as moléculas estranhas é chamada **sítio de ligação ao antígeno**. Essa região de ligação é construída a partir dos domínios V_L e V_H da molécula de anticorpo, mostrados na Figura 12-33. O "V" significa que a sequência proteica nesta região é altamente variável. Os outros domínios do anticorpo são chamados regiões "C", ou constantes, e não diferem entre diferentes moléculas de anticorpos.

A Figura 12-34a mostra a região genômica que codifica uma cadeia leve de anticorpo (de um camundongo), chamada *locus* κ. Essa região carrega cerca de 300 segmentos gênicos que codificam diferentes versões da região proteica V_L da cadeia leve. Também existem quatro segmentos gênicos que codificam uma pequena região de sequência proteica chamada região J, seguidos por uma única região codificadora para o domínio C_L. Pelo mecanismo que será descrito adiante, a recombinação V(D)J pode fusionar o DNA entre quaisquer pares de segmentos V e J. Assim, como resultado da recombinação, 1.200 va-

Capítulo 12 Recombinação Sítio-específica e Transposição do DNA 417

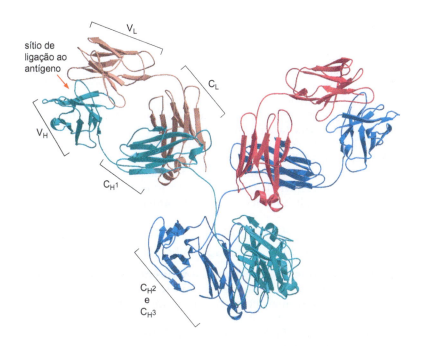

FIGURA 12-33 Estrutura de uma molécula de anticorpo. As duas cadeias leves estão mostradas em cor-de-rosa; as cadeias pesadas estão mostradas em azul. A região variável e a região constante estão marcadas apenas no lado esquerdo da molécula. Observa-se que a região de ligação ao antígeno é formada na interface entre os domínios V_L e V_H. (Harris L.J. et al. 1998. *J. Mol. Biol.* **275**: 861-872.) Imagem preparada com MolScript, BobScript e Raster3D.

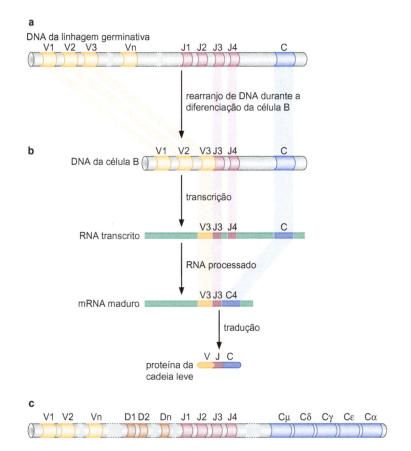

FIGURA 12-34 Visão geral do processo de recombinação V(D)J. (Painéis superiores) Etapas envolvidas na produção da cadeia leve de uma molécula de anticorpo. (a) Organização genética da porção do DNA da cadeia leve em células que não sofreram recombinação V(D)J (DNA da linhagem germinativa). (b) Recombinação entre dois segmentos gênicos específicos (V3 e J3) que ocorre durante o desenvolvimento de células B. Este é apenas um dos muitos tipos de eventos de recombinação que podem ocorrer em diferentes células pré-B. O *locus* recombinado é, então, transcrito e o RNA é processado (Cap. 14) para justapor um segmento gênico de região constante. O mRNA resultante é traduzido, gerando a proteína da cadeia leve. (c) Representação esquemática da região genética ainda mais complexa da cadeia pesada, com seus segmentos gênicos "D" adicionais e múltiplos tipos de segmentos de região constante ($C\mu$, $C\gamma$, etc.). (Adaptada, com permissão, de Bushman F. 2002. *Lateral DNA transfer*, p. 345, Fig. 11.3. © Cold Spring Harbor Laboratory Press.)

riantes de cadeia leve do anticorpo podem ser produzidas a partir dessa única região genômica. Esses segmentos são então unidos à região codificadora de C_L pelo processamento de RNA (Cap. 14).

A construção dos segmentos gênicos que codificam a cadeia pesada dos anticorpos é semelhante. Neste caso, entretanto, há um tipo adicional de segmento gênico, chamado de D (para "diversidade") (Fig. 12-34c). Genes de cadeia pesada podem ser bastante complexos. Por exemplo, um *locus* específico de cadeia pesada em um camundongo pode ter mais de 100 regiões V, 12 regiões D e quatro regiões J. A recombinação V(D)J pode montar esse gene para gerar mais de 4.800 sequências proteicas diferentes. Como os anticorpos funcionais podem ser construídos a partir de qualquer par de cadeias leves e pesadas, a diversidade gerada pela recombinação nos *loci* leve e pesado apresenta impacto multiplicativo na estrutura da proteína.

Os eventos iniciais da recombinação V(D)J ocorrem por um mecanismo similar à transposição por excisão

As sequências de recombinação, chamadas **sequências-sinais de recombinação**, flanqueiam os segmentos gênicos que são montados pela recombinação V(D)J. Todos esses sinais possuem dois motivos de sequência altamente conservados, um com 7 pb de comprimento (o heptâmero) e outro com 9 pb (o nonâmero) (Fig. 12-35). Esses motivos são ligados pela recombinase (ver discussão a seguir). As sequências-sinais de recombinação estão incluídas em duas classes. Uma classe apresenta os motivos de 7 e 9 pb espaçados por uma sequência de 12 pb, enquanto a segunda classe apresenta esses motivos espaçados por 23 pb (Fig. 12-35a). A recombinação sempre ocorre entre um par de sequências-sinais de recombinação, nas quais uma parceira possui o "espaçador" de 12 pb e a outra possui o "espaçador" de 23 pb. Esses pares de sequências-sinais de recombinação estão organizados como repetições invertidas flanqueando os segmentos de DNA que estão destinados a ser unidos (Fig. 12-35b).

A recombinase responsável pelo reconhecimento e clivagem das sequências-sinais de recombinação é composta por duas subunidades proteicas chamadas **RAG1** e **RAG2** (RAG, *recombination-activating gene* [gene ativador da recombinação]). Essas proteínas atuam de modo muito semelhante à transposase (Fig. 12-36). Elas reconhecem as sequências-sinais de recombinação e pareiam os dois sítios, formando um complexo sináptico proteína-DNA.

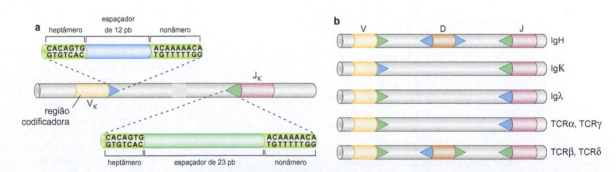

FIGURA 12-35 Sequências-sinais de recombinação reconhecidas na recombinação V(D)J. (a) Visão detalhada dos dois tipos de sequências-sinais de recombinação (RSSs). O espaçador de 12 pb está mostrado em azul; o espaçador de 23 pb está mostrado em verde e os elementos de sequência conservados heptâmeros e nonâmeros, compartilhados pelos dois tipos de sequências, estão em verde-claro. A sequência de nucleotídeos na região do espaçador não é importante. O comprimento, entretanto, é fundamental. (b) Exemplos de rearranjos RSS nas regiões gênicas que codificam os anticorpos (genes de Ig) e proteínas de receptores de células T (genes de TCR). (a, Adaptada, com permissão, de Bushman F. 2002. *Lateral DNA transfer*, p. 346, Fig. 11.5. © Cold Spring Harbor Laboratory Press.)

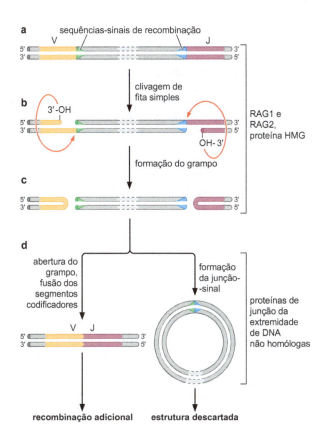

FIGURA 12-36 Via de recombinação V(D)J: as clivagens ocorrem por um mecanismo semelhante à excisão de transposon. As recombinases catalisam as clivagens de fita simples nas extremidades das sequências-sinais, deixando um 3'-OH livre. Cada 3'-OH inicia, então, um ataque às fitas opostas para formar um grampo intermediário (ver Fig. 12-23b). A seguir, as estruturas em formato de grampo são hidrolisadas e unidas para formar uma junção codificadora entre as regiões V e J. As duas extremidades que contêm as sequências-sinais de recombinação também são unidas, formando uma junção-sinal. A primeira estrutura sofre recombinação adicional, enquanto a última é descartada. (Adaptada, com permissão, de Bushman F. 2002. *Lateral DNA transfer*, p. 348, Fig. 11.6. © Cold Spring Harbor Laboratory Press.)

A seguir, as proteínas RAG1 desse complexo introduzem quebras de fita simples no DNA em cada uma dessas junções, entre a sequência-sinal de recombinação e o segmento gênico que será rearranjado (Fig. 12-36a). O sítio de clivagem é tal que o segmento codificador da proteína possui agora uma extremidade 3'-OH de DNA livre (Fig. 12-36b). Então, como foi visto anteriormente para algumas reações de excisão de transposon (especialmente na via de *Hermes*) (ver Fig. 12-21), essa extremidade 3'-OH do DNA ataca a fita oposta da dupla-hélice de DNA. Esse ataque resulta nas reações acopladas de clivagem e ligação de DNA, que geram uma extremidade de DNA em formato de grampo. São os segmentos de sequências codificadoras de proteína que possuem as extremidades de DNA em formato de grampo, enquanto as sequências-sinais de recombinação agora têm quebras de dupla-fita normais em suas extremidades (Fig. 12-36c). Esse mesmo mecanismo gera um grampo de DNA em cada um dos dois segmentos de DNA recombinante.

Assim que as duas sequências de DNA no complexo sináptico tiverem sido cortadas e "transformadas em grampo" pela recombinase RAG, proteínas celulares de reparo do DNA assumem o controle e finalizam a reação de recombinação (Fig. 12-36d). As extremidades de DNA em formato de grampo dos dois segmentos codificadores de proteína devem ser abertos, e essas extremidades devem, então, ser unidas. As proteínas de junção de extremidades não homólogas (ver Cap. 10) participam dessa reação. Além disso, a ligação do DNA é frequentemente acompanhada pela adição (ou deleção) de alguns nucleotídeos. Essas adições são análogas às "pegadas" deixadas no DNA-alvo antigo quando transposons são removidos, como descrito para os transposons Tc1/*mariner*. Os nucleotídeos adicionados fornecem um componente extra para diversidade de sequência da molécula proteica resultante. O par de sequências-sinais de recombinação clivadas também é unido durante a recombinação. Esse evento gera uma molécula de DNA circular que é normalmente descartada pela célula.

As semelhanças entre o mecanismo de clivagem de DNA para iniciar a recombinação V(D)J e a excisão do transposon são notáveis. De fato, as sequências-sinais de recombinação também são muito parecidas com as repetições terminais invertidas encontradas nas extremidades dos transposons, e a proteína RAG1 parece apresentar algumas semelhanças com a família DDE de transposases. De fato, a análise genômica recentemente revelou uma família de transposons chamada *Transib* que provavelmente foi a fonte de RAG1 e das sequências-sinais de recombinação. Essas observações, assim como muitas outras, forneceram fortes evidências para a hipótese de que a recombinação V(D)J, agora uma característica fundamental do sistema imunológico de animais superiores, evoluiu a partir de um transposon de DNA. Essa conclusão exprime a importância essencial dos elementos de transposição na evolução dos genomas celulares.

RESUMO

Embora o DNA seja normalmente considerado uma molécula bastante estática que arquiva o material genético, ele também está sujeito a vários tipos de rearranjos. Duas classes de recombinação genética – a recombinação sítio-específica conservativa e a transposição – são responsáveis por muitos desses eventos.

A recombinação sítio-específica conservativa ocorre em elementos de sequência definidos no DNA. As proteínas recombinases reconhecem esses elementos de sequência e atuam clivando e ligando fitas de DNA para reorganizar os segmentos de DNA que contêm os sítios de recombinação. Três tipos de rearranjos são comuns: inserção de DNA, deleção de DNA e inversão de DNA. Esses rearranjos desempenham muitas funções, incluindo a inserção de um genoma viral no genoma da célula hospedeira durante a infecção, a resolução de DNAs multiméricos e a alteração da expressão gênica.

A organização dos sítios de recombinação no DNA, bem como a participação de proteínas de arquitetura do DNA, controlam o resultado de uma reação específica de recombinação. As proteínas de arquitetura provocam curvaturas nos segmentos de DNA e têm grande influência nas reações que ocorrem em uma região específica de DNA.

Existem duas famílias de recombinases sítio-específicas conservativas. Ambas as famílias clivam o DNA utilizando um intermediário covalente proteína-DNA. Nas serino-recombinases, essa ligação ocorre por meio de um resíduo de serina no sítio ativo; nas tirosino-recombinases, ela ocorre via resíduo de tirosina. As estruturas das tirosino-recombinases forneceram valiosos dados sobre os detalhes do mecanismo de recombinação.

A transposição é uma classe de recombinação que envolve o deslocamento de elementos genéticos móveis, chamados transposons, para novos sítios genômicos. Existem três classes principais de transposons: os transposons de DNA, os retrotransposons semelhantes a vírus e os retrotransposons com poli(A). Os transposons de DNA mantêm-se como DNA durante todo o ciclo de transposição. Eles deslocam-se tanto por um mecanismo de recombinação por corte e colagem, que envolve um transposon intermediário removido, como por um mecanismo replicativo. As duas classes de retrotransposons deslocam-se utilizando um intermediário de RNA. Esses "retroelementos" requerem uma polimerase de DNA dependente de RNA, chamada transcriptase reversa, e uma proteína recombinase para efetuar o seu deslocamento.

Os transposons estão presentes nos genomas de todos os organismos, onde podem constituir uma grande fração da sequência total de DNA. Eles constituem uma das principais causas de mutações e de rearranjos genômicos. Em geral, a transposição é regulada para reduzir os efeitos prejudiciais provocados pelos transposons devido a interrupções muito frequentes no genoma da célula hospedeira. O controle da transposição pelo número de cópias e pela regulação da escolha dos sítios de novas inserções são comumente observados.

Finalmente, um mecanismo semelhante à transposição é utilizado para outros tipos de reações de rearranjo de DNA. O principal exemplo é a reação de recombinação V(D)J, responsável pela formação de uma enorme variedade de fragmentos gênicos durante o desenvolvimento do sistema imunológico dos vertebrados.

BIBLIOGRAFIA

Livros

Bushman F. 2002. *Lateral DNA transfer: Mechanisms and consequences.* Cold Spring Harbor Laboratory Press, Cold Spring Harbor, New York.

Craig N.L., Craigie R., Gellert M., and Lambowitz A.M. eds. 2002. *Mobile DNA II.* American Society for Microbiology, Washington, D.C.

Recombinação sítio-específica

Chen Y. and Rice P.A. 2003. New insight into site-specific recombination fromFLP recombinase–DNAstructures. *Annu. Rev. Biophys. Biomol. Struct.* **32:** 135–159.

Grindley N.D.F., Whiteson K.L., and Rice P.A. 2006. Mechanisms of site-specific recombination. *Annu. Rev. Biochem.* **75:** 567–605.

Hallet B. and Sherratt D.J. 1997. Transposition and site-specific recombination: Adapting DNA cut-and-paste mechanisms to a variety of genetic rearrangements. *FEMS Microbiol. Rev.* **21:** 157–178.

Matthews A.G. and Oettinger M.A. 2009. RAG: A recombinase diversified. *Nat. Immunol.* **10:** 817–821.

Smith M.C. and Thorpe H.M. 2002. Diversity in the serine recombinases. *Mol. Microbiol.* **44:** 299–307.

Yang W. 2010. Topoisomerases and site-specific recombinases: Similarities in structure and mechanism. *Crit. Rev. Biochem. Mol. Biol.* **45:** 520–534.

Transposição

Gueguen E., Rousseau P., Duval-Valentin G., and Chandler M. 2005. The transpososome: Control of transposition at the level of catalysis. *Trends Microbiol.* **13:** 543–549.

Haren L., Ton-Hoang B., and Chandler M. 1999. Integrating DNA: Transposases and viral integrases. *Annu. Rev. Microbiol.* **53:** 245–281.

Plasterck R. 1995. The Tc1/mariner transposon family. *Curr. Top. Microbiol. Immunol.* **204:** 125–143.

Prak E.T.L. and Kazazian H.H. Jr. 2000. Mobile elements in the human genome. *Nat. Rev. Genet.* **1:** 134–144.

Rebollo R., Romanish M.T., and Mager D.L. 2012. Transposable elements: An abundant and natural source of regulatory sequences for host genes. *Annu. Rev. Genet.* (in press). doi: 10.1146/annurev-genet-110711-155621.

Rice P.A. and Baker T.A. 2001. Comparative architecture of transposase and integrative complexes. *Nat. Struct. Biol.* **8:** 302–307.

Smit A.F.A. 1999. Interspersed repeats and other mementos of transposable elements in mammalian genomes. *Curr. Opin. Genet. Dev.* **9:** 657–663.

Recombinação V(D)J

Fugmann S.D., Lee A.I., Schockett P.E., Villey I.J., and Schatz D.G. 2000. The RAG proteins and V(D)J recombination: Complexes, ends, and transposition. *Annu. Rev. Immunol.* **18:** 495–527.

Gellert M. 2002. V(D)J recombination: RAG proteins, repair factors, and regulation. *Annu. Rev. Biochem.* **71:** 101–132.

Oettinger M.A. 2004. Hairpins at split ends in DNA. *Nature* **432:** 960–961.

QUESTÕES

Para respostas de questões de número par, ver Apêndice 2: Respostas.

Questão 1. Considerando um trecho linear de DNA dupla-fita que inclui duas regiões separadas de *crossing over* circundadas por sítios de reconhecimento para recombinase, descreva o alinhamento dos sítios de recombinação que determina se o resultado da recombinação é uma deleção ou uma inversão. Explique por que esta organização determina o resultado da reação.

Questão 2. Explique por que as serino-recombinases e tirosino-recombinases não requerem uma fonte externa de energia, como a hidrólise de ATP, para a catálise.

Questão 3. Explique uma das principais diferenças entre a recombinação sítio-específica e a transposição.

Questão 4. Liste as semelhanças e diferenças entre os mecanismos da tirosino-recombinase e da serino-recombinase durante a recombinação sítio-específica conservativa.

Questão 5. Descreva vantagens do uso da recombinase Cre para a engenharia genética em células eucarióticas.

Questão 6. A infecção de *E. coli* com o bacteriófago λ envolve recombinação integrativa para que o fago entre no estado lisogênico e recombinação excisiva para que ele entre em crescimento lítico. λInt contribui na recombinação integrativa, na recombinação excisiva ou em ambas? Explique o seu raciocínio.

Questão 7. Descreva a relevância biológica da catálise da inversão de DNA pela recombinase Hin no genoma de *Salmonella typhimurium*.

Questão 8. Explique a principal característica no ciclo da recombinação que distingue transposons de DNA de retrotransposons.

Questão 9. Forneça uma explicação para o dado de que o genoma humano pode conter mais de 50% de sequências relacionadas a transposons, porém, sem apresentar instabilidade genética importante em consequência do movimento dos transposons.

Questão 10. Explique por que os cientistas utilizam transposons como o Tn5 como ferramenta de engenharia genética para triagem de uma população de bactérias ou de leveduras em busca de mutantes para um determinado fenótipo. Por que a presença do transposon no mutante facilita uma triagem genética, quando comparado a mutações geradas por mutagênese química?

Questão 11. Pesquisadores observaram que o tratamento de linhagens celulares tumorais humanas com um inibidor de transcriptase reversa reduz a taxa de proliferação das células tumorais. Especule por que a transcriptase reversa é expressa em células humanas. Formule uma hipótese contendo uma razão geral pela qual a atividade da transcriptase reversa poderia estar associada às células tumorais.

Questão 12. Compare o mecanismo de corte e colagem da transposição com o mecanismo replicativo da transposição.

Questão 13. Descreva o papel da recombinação V(D)J na diversificação dos anticorpos. Explique por que a junção de extremidades não homólogas é um mecanismo vantajoso para reparar quebras de dupla-fita no DNA (fusão dos segmentos codificadores após a hidrólise dos grampos) na via de recombinação V(D)J.

Questão 14. Uma deficiência no fator VIII causa hemofilia A, uma doença sanguínea. Pesquisadores que estudam a hemofilia A avaliaram o DNA de um paciente afetado e de sua mãe, não afetada. Eles analisaram o gene do fator VIII, com

186 kb de comprimento, que inclui 26 éxons (ver Cap. 14). Após digerir o DNA genômico com *Kpn*I ou *Sst*I e separar os produtos por eletroforese em gel, os pesquisadores hibridizaram o DNA com uma sonda de cDNA radioativamente marcada que se ligava ao gene do fator VIII em uma região que inclui os éxons 14-26. O tamanho dos fragmentos e do(s) éxon(s) correspondente(s) são mostrados à direita dos autorradiogramas. Os pesquisadores concluíram que há um transposon inserido em um dos éxons do fator VIII.

A. Descreva as diferenças entre os resultados da digestão com *Sst*I do paciente e de sua mãe. Seja específico.
B. Descreva as diferenças entre os resultados da digestão com *Kpn*I do paciente e de sua mãe. Seja específico.
C. Proponha uma hipótese explicando as diferenças observadas, incluindo qual éxon do gene do fator VIII contém o transposon.

Dados adaptados de Kazazian Jr. et al. (1988. *Nature* **332**: 164-166).

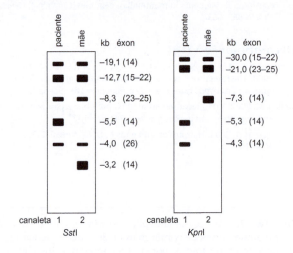

PARTE 4

EXPRESSÃO DO GENOMA

SUMÁRIO

CAPÍTULO 13
Mecanismos de Transcrição, 429

CAPÍTULO 14
Processamento do RNA, 467

CAPÍTULO 15
Tradução, 509

CAPÍTULO 16
Código Genético, 573

CAPÍTULO 17
Origem e Evolução
Inicial da Vida, 593

A Parte 4 aborda principalmente como a informação na forma da sequência linear de nucleotídeos na cadeia polinucleotídica (DNA) é convertida na sequência linear de aminoácidos em uma cadeia polipeptídica (proteína). Também será considerado como esses processos surgiram e evoluíram a partir de procedimentos iniciais mais simples.

Os Capítulos 13 a 16 acompanham o fluxo de informação, desde a cópia do gene em uma réplica de RNA, conhecida como RNA mensageiro, até a decodificação do RNA mensageiro em uma cadeia polipeptídica. O processo pelo qual a informação de uma sequência de nucleotídeos é transferida do DNA para o RNA é conhecido como transcrição, que é o tema do Capítulo 13.

A enzima RNA-polimerase desenrola um pequeno trecho de DNA localmente e utiliza uma das duas fitas de DNA, temporariamente separadas, como um molde para a síntese progressiva de uma cópia complementar de RNA, por meio do pareamento de bases, em uma reação química muito semelhante à síntese de DNA. Embora a enzima básica que produz o RNA seja muito parecida em todas as células, os demais componentes da maquinaria envolvida na transcrição de eucariotos são mais complexos do que aqueles dos procariotos.

Nos procariotos, o RNA mensageiro recém-sintetizado já está pronto para a próxima etapa do fluxo de informação, na qual ele é utilizado como molde para a síntese de proteínas. Entretanto, o mesmo não ocorre nos eucariotos: nestes, o RNA produzido pela transcrição precisa sofrer uma série de eventos de maturação antes de estar pronto para atuar como RNA mensageiro. O evento mais drástico é chamado processamento do mRNA, o qual está descrito no Capítulo 14. Os genes das células eucarióticas são frequentemente interrompidos por segmentos não codificadores de proteínas, conhecidos como íntrons. O número de íntrons encontrado dentro de uma sequência codificadora varia para cada gene, de somente um a vários. Quando o gene é transcrito em uma cópia de RNA, esses íntrons devem ser removidos para que os segmentos codificadores de proteína, conhecidos como éxons, possam ser unidos entre si, formando uma sequência codificadora de proteína contínua. O Capítulo 14 descreve a elaborada máquina molecular responsável pela remoção extremamente precisa dos íntrons.

Os detalhes do intricado processo conhecido como tradução são discutidos nos Capítulos 15 e 16. A tradução é o processo pelo qual a informação genética, na forma de uma sequência de nucleotídeos no RNA mensageiro, é utilizada para comandar a incorporação organizada dos aminoácidos na cadeia polipeptídica de uma proteína. O Capítulo 15 descreve os principais participantes da tradução: a sequência codificadora do RNA mensageiro; as moléculas adaptadoras, conhecidas como tRNAs; as enzimas que ligam os aminoácidos nos tRNAs adaptadores; e a fábrica da síntese proteica propriamente dita, o ribossomo, que é composto por RNA e proteína.

O Capítulo 16 descreve os experimentos clássicos que levaram à elucidação do código genético e apresenta as regras para a sua tradução. A informação contida na sequência de nucleotídeos baseia-se em um código de três letras, enquanto a informação na sequência de proteínas baseia-se em 20 aminoácidos diferentes. O código é degenerado; isto é, dois ou mais códons especificam um mesmo aminoácido (na maioria dos casos). Também existem códons específicos para indicar os locais de início e de término da tradução.

Finalmente, no Capítulo 17, será considerado como a vida surgiu, e como os mecanismos iniciais para codificação, replicação e expressão da informação genética evoluíram até chegar aos sistemas elaborados que são vistos hoje, como descrito nas Partes 3 e 4.

FOTOGRAFIAS DOS ARQUIVOS DO COLD SPRING HARBOR LABORATORY

David Baltimore, François Jacob e Walter Gilbert, 1985 Simpósio sobre biologia molecular do desenvolvimento. Baltimore descobriu, juntamente com Howard Temin, a enzima transcriptase reversa, que sintetiza DNA usando RNA como molde (Cap. 12). Jacob, com Jacques Monod, propôs o modelo básico de regulação da expressão gênica (Cap. 18) e também propôs um modelo para a regulação da replicação do DNA (Cap. 9). Gilbert validou bioquimicamente alguns aspectos do modelo de regulação gênica de Jacob e Monod; ele também desenvolveu um método químico de sequenciamento de DNA (Cap. 7). Todos eles, separadamente, compartilharam Prêmios Nobel em 1975 (de Fisiologia ou Medicina), em 1965 (de Fisiologia ou Medicina) e em 1980 (de Química), respectivamente.

Ada Yonath, 2001 Simpósio sobre o ribossomo. Inspirada pelo fato de os ribossomos formarem cristais bidimensionais nas células de ursos em hibernação, Yonath produziu cristais de ribossomo na tentativa de resolver sua estrutura, objeto de sua pesquisa desde muito antes de a maioria das pessoas acreditar que sua estrutura poderia ser resolvida. Por suas contribuições nessa área, ela dividiu o Prêmio Nobel de Química em 2009 com Venki Ramakrishnan e Tom Steitz.

David Allis e Emily Bernstein, 2004 Simpósio sobre epigenética. Allis foi o primeiro a identificar uma enzima que modifica histonas – uma histona acetiltransferase de *Tetrahymena* (Cap. 8). Desde essa descoberta, um campo inteiro cresceu em torno da investigação das diferentes modificações de histonas existentes e seus efeitos sobre a expressão gênica. Allis aparece aqui com Bernstein, pós-doutoranda em seu laboratório na época em que esta fotografia foi tirada e, anteriormente, estudante de graduação no laboratório de Greg Hannon, onde ela identificou a enzima Dicer envolvida no RNAi (Cap. 20).

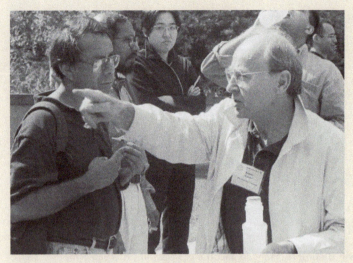

Robert Roeder, 1998 Simpósio sobre os mecanismos da transcrição. Roeder descobriu as três RNA-polimerases eucarióticas – Pol I, II e III – e purificou as três enzimas e outros fatores necessários para iniciar a transcrição a partir de seus respectivos promotores (Cap. 13). À esquerda, olhando ceticamente, está Camilo Parada, pós-doutorando no laboratório de Roeder na época em que esta fotografia foi tirada.

Roger D. Kornberg, 1977 Simpósio sobre a cromatina. Tendo anteriormente trabalhado na estrutura do nucleossomo (Cap. 8), Kornberg ganhou o Prêmio Nobel de Química em 2006 por seus estudos estruturais da RNA-polimerase II (Cap. 13). Seu pai é Arthur Kornberg, cuja fotografia está na página 196.

Phillip Sharp, 1974 Simpósio sobre vírus tumorais. Sharp e Richard Roberts dividiram o Prêmio Nobel de Fisiologia ou Medicina em 1993 pela descoberta de que muitos genes eucarióticos são "descontínuos" – isto é, suas regiões codificadoras são interrompidas por segmentos de DNA não codificadores. As regiões não codificadoras são removidas da cópia de RNA pelo *splicing* (Cap. 14). Sharp aparece aqui com sua esposa, Ann.

Paul Zamecnik, 1969 Simpósio sobre o mecanismo da síntese proteica. Zamecnik desenvolveu sistemas de síntese proteica *in vitro*, fundamentais para a compreensão do funcionamento do código genético e da síntese de proteínas (Caps. 2 e 15). Juntamente com Mahlon Hoagland, ele também decobriu os tRNAs, componentes-chave nesse processo (Cap. 15).

Parte 4 Expressão do Genoma   427

Richard Roberts, 1977 Simpósio sobre a cromatina. Grande parte das pesquisas de Roberts concentrava-se na função e na diversidade das enzimas de restrição (Cap. 7), mas ele também participou da descoberta dos "genes descontínuos", pela qual ele dividiu o Prêmio Nobel de Fisiologia ou Medicina em 1993 com Phillip Sharp. Com ele, aparecem nesta fotografia, da esquerda para a direita, Yasha Gluzman, virologista tumoral; Ahmad Bukhari, que trabalhou na transposição de fagos Mu (Cap. 12); e James Darnell, cujo trabalho se concentrou na transdução de sinais da regulação gênica (Cap. 19).

Venki Ramakrishnan e Jack Szostak, 2009 Simpósio sobre evolução. Ramakrishnan (à esquerda) dividiu o Prêmio Nobel de Química em 2009 com Ada Yonath e Tom Steitz, por seu trabalho sobre a estrutura cristalográfica do ribossomo, enquanto Szostak (no centro) dividiu o Prêmio Nobel de Fisiologia ou Medicina, também em 2009, com Elizabeth Blackburn e Carol Greider, por seu trabalho sobre telômeros. Aqui, eles aparecem no piquenique do simpósio com Alex Gann, um dos autores deste livro.

CAPÍTULO 13

Mecanismos de Transcrição

SUMÁRIO

RNA-polimerases e Ciclo de Transcrição, 430

•

Ciclo de Transcrição nas Bactérias, 434

•

Transcrição nos Eucariotos, 448

•

Transcrição pelas RNA-polimerases I e III, 462

A TÉ AQUI, CONSIDEROU-SE a manutenção do genoma – isto é, a organização, a proteção e a replicação do material genético. Agora será discutido como o material genético é *expresso* – isto é, como a sequência de bases no DNA controla a produção dos RNAs e das proteínas que desempenham as funções celulares e definem a identidade celular. Nos próximos capítulos, serão descritos os processos básicos responsáveis pela expressão gênica: a transcrição, o processamento do RNA e a tradução.

A transcrição é, química e enzimaticamente, muito semelhante à replicação do DNA (Cap. 9). Ambas envolvem enzimas que sintetizam uma nova fita de ácidos nucleicos complementar à fita-molde de DNA. Naturalmente, existem algumas diferenças importantes – a mais marcante é que, no caso da transcrição, a nova cadeia é formada por *ribonucleotídeos*, em vez de *desoxirribonucleotídeos* (ver Cap. 5). Outras características que diferem entre os mecanismos de transcrição e replicação incluem as que seguem.

- A **RNA-polimerase** (enzima que catalisa a síntese do RNA) não requer um iniciador; ela pode iniciar a transcrição *de novo* (porém, o início *in vivo* é possível apenas em certas sequências, como será visto).
- O produto de RNA não permanece pareado à fita-molde de DNA: a enzima desloca a cadeia crescente a uma pequena distância (uns poucos nucleotídeos) do ponto de adição do novo nucleotídeo (Fig. 13-1). Essa liberação é fundamental para que o RNA realize suas funções (p. ex., na maioria dos casos, ser traduzido para produzir seu produto proteico). Além disso, como a liberação ocorre muito próxima ao sítio de polimerização, várias moléculas de RNA-polimerase podem transcrever o mesmo gene ao mesmo tempo, cada uma delas seguindo rigorosamente a enzima anterior. Dessa maneira, em pouco tempo uma célula pode sintetizar um grande número de transcritos a partir de um único gene (ou de outra sequência de DNA). É importante observar que à medida que o produto de RNA se dissocia do molde de DNA logo após a passagem da RNA-polimerase que avança, as duas fitas de DNA reanelam (Fig. 13-1).
- A transcrição, embora bastante precisa, é menos exata do que a replicação (ocorre 1 erro a cada 10 mil nucleotídeos adicionados, em comparação a 1 em 10 milhões para a replicação). Essa diferença reflete a ausência de mecanismos gerais de revisão de leitura na transcrição, embora existam duas formas de revisão de leitura na síntese de RNA.

FIGURA 13-1 Transcrição do DNA em RNA. A figura mostra, na ausência das enzimas envolvidas, como a dupla-hélice de DNA é desenrolada e uma fita de RNA é sintetizada a partir da fita-molde. Ela também mostra como o transcrito de RNA se dissocia do molde de DNA alguns nucleotídeos atrás do ponto de síntese, e como as fitas de DNA se reanelam. Na figura, a transcrição prossegue da esquerda para a direita.

Para a célula, é mais importante ter uma maior precisão na replicação do que na transcrição. O DNA é a molécula que armazena o material genético, e a replicação do DNA é o processo de transmissão desse material genético. Qualquer erro que surge durante a replicação pode, portanto, facilmente ser catastrófico: ele torna-se permanente no genoma do indivíduo e é transmitido para as gerações subsequentes. A transcrição, por sua vez, produz apenas cópias transitórias e, normalmente, várias cópias de cada região transcrita. Assim, um erro de transcrição raramente resultará em um dano maior do que produzir um transcrito transitório defeituoso entre muitos outros normais.

Além dessas diferenças de mecanismo entre a replicação e a transcrição do DNA, há uma diferença profunda que reflete os distintos objetivos atendidos por esses processos. A transcrição copia seletivamente determinadas partes do genoma e pode produzir de uma até centenas ou milhares de cópias, de qualquer segmento. Já a replicação precisa copiar o genoma inteiro de uma só vez (e apenas uma vez) em cada divisão celular (como foi visto no Cap. 9). A escolha das regiões a serem transcritas não é aleatória: há sequências de DNA específicas que direcionam o início da transcrição no começo de cada região e outras no fim, que terminam a transcrição.

Cabe salientar que diferentes partes do genoma são transcritas em quantidades distintas, e mecanismos de regulação controlam a escolha das porções a serem transcritas e a quantidade de cópias a ser produzida. Assim, diferentes conjuntos de genes podem ser transcritos em diferentes células, ou na mesma célula, em momentos diferentes. Por exemplo, em muitos casos, duas células humanas geneticamente idênticas transcreverão diferentes conjuntos de genes, resultando em diferenças de características e de funções entre elas (p. ex., uma pode ser uma célula muscular e a outra, um neurônio); ou uma determinada célula bacteriana transcreverá um conjunto de genes diferente, dependendo do meio de crescimento. Essas questões sobre a regulação são abordadas na Parte 4.

RNA-POLIMERASES E CICLO DE TRANSCRIÇÃO

Existem diferentes formas de RNA-polimerases, mas todas apresentam diversas características comuns

Essencialmente, a RNA-polimerase realiza a mesma tarefa em todas as células, de bactérias a seres humanos. Por isso, não surpreende o fato de as enzimas desses organismos terem muitas características em comum, especialmente nas regiões da enzima diretamente envolvidas na catálise da síntese do RNA. De bactérias a mamíferos, as RNA-polimerases celulares são compostas por múltiplas subunidades (embora alguns fagos e organelas codifiquem enzimas de apenas uma subunidade que realizam a mesma função, como será visto no Quadro 13-2). A Tabela 13-1 apresenta o número e os tamanhos das subunidades encontrados em cada caso e indica quais subunidades têm suas sequências conservadas nas diferentes enzimas.

TABELA 13-1   Subunidades das RNA-polimerases

Procarióticas		Eucarióticas		
Parte central em bactérias	Parte central em *archaea*	RNAP I (Pol I)	RNAP II (Pol II)	RNAP III (Pol III)
β′	A′/A″	RPA1	RPB1	RPC1
β	B	RPA2	RPB2	RPC2
α^I	D	RPC5	RPB3	RPC5
α^{II}	L	RPC9	RPB11	RPC9
ω	K	RPB6	RPB6	RPB6
	[+ outras 6]	[+ outras 9]	[+ outras 7]	[+ outras 11]

Em cada coluna, as subunidades estão listadas em ordem decrescente de massa molecular. (Adaptada, com permissão, de Ebright R.H. 2000. *J. Mol. Biol.* **304**: 687-698, Fig. 1, p. 688. © Elsevier.)

Como é possível ver a partir da tabela, as bactérias possuem apenas uma RNA-polimerase, enquanto as células eucarióticas possuem três: RNA-polimerases I, II e III (RNA Pol I, II e III). A enzima que será discutida na segunda metade deste capítulo, quando se tratar da transcrição em eucariotos, é a **Pol II**, pois esta é a mais estudada das enzimas RNA-polimerases de eucariotos. Ela também é a polimerase responsável pela transcrição da maioria dos genes – na verdade, essencialmente todos os genes codificadores de proteínas. **Pol I** e **Pol III** estão envolvidas na transcrição de genes especializados, que codificam RNA. Pol I transcreve, especificamente, o gene do precursor do RNA ribossomal (rRNA) maior, enquanto Pol III transcreve os genes de tRNA, alguns genes de pequenos RNAs nucleares e o gene do rRNA 5S. Essas enzimas serão retomadas no fim do capítulo. Finalmente, duas outras RNA-polimerases dependentes de DNA foram identificadas nos últimos anos, e foram chamadas **Pol IV** e **Pol V**. Elas são encontradas apenas em plantas, onde transcrevem **pequenos RNAs de interferência** envolvidos no silenciamento transcricional (ver Cap. 20). Elas são relacionadas à Pol II e claramente evoluíram a partir dessa enzima relativamente há pouco tempo: algumas de suas subunidades são idênticas às de Pol II e codificadas pelos mesmos genes, e as outras são de cópias recentemente duplicadas.

A **parte central da enzima** RNA-polimerase bacteriana, sozinha, é capaz de sintetizar RNA e compreende duas cópias da subunidade α e uma cópia de cada uma das subunidades β, β′ e ω. Essa enzima é relacionada às polimerases eucarióticas (ver Tab. 13-1). Especificamente, as duas subunidades maiores, β e β′, são homólogas às duas subunidades maiores encontradas em RNA Pol II (RPB1 e RPB2). As subunidades α são homólogas a RPB3 e RPB11, e ω é homóloga a RPB6. A estrutura de uma RNA-polimerase bacteriana é semelhante à da enzima Pol II de levedura. Estas RNA-polimerases estão ilustradas lado a lado na Figura 13-2. Mais adiante, serão descritos alguns detalhes estruturais que esclareceram o modo de atuação dessas enzimas. Por enquanto, serão destacadas apenas algumas características gerais.

As enzimas de bactérias e de leveduras têm em comum o formato geral e a organização – na verdade, elas assemelham-se mais do que o previsto pela comparação das sequências de suas subunidades. Isso é verdadeiro sobretudo para as partes internas, próximas ao sítio ativo e, menos, para as regiões periféricas. Essa distribuição de semelhanças e diferenças faz sentido: as partes internas da enzima estão envolvidas na síntese de RNA a partir de um substrato de DNA – o mesmo em todos os organismos; entretanto, muitas das regiões periféricas da enzima estão envolvidas em interações com outras proteínas, e estas diferem em células eucarióticas se comparadas a células procarióticas, como será visto adiante.

Em geral, o formato de cada enzima assemelha-se a uma pinça (garra) de caranguejo. Essa estrutura é uma reminiscência da estrutura em formato de "mão" da DNA-polimerase, descrita no Capítulo 9 (Fig. 9-5). As duas pinças de cada garra são formadas, principalmente, pelas duas maiores subunida-

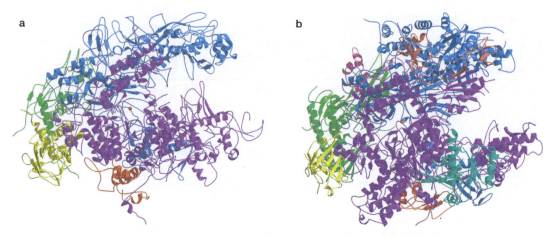

FIGURA 13-2 Comparação entre as estruturas cristalográficas das RNA-polimerases procariótica e eucariótica. (a) Estrutura da parte central da enzima da RNA-polimerase de *Thermus aquaticus*. As subunidades estão coloridas da seguinte maneira: (azul) β; (roxo) β'; (amarelo e verde) as duas subunidades α; (vermelho) ω. O íon Mg^{2+} (esferas vermelhas) marca o sítio ativo (Seth Darst, The Rockefeller University, comunicação pessoal). (b) Estrutura da RNA Pol II da levedura *Saccharomyces cerevisiae*. As subunidades estão coloridas para indicar sua relação com as da enzima bacteriana (ver Tab. 13-1). Assim, RPB1 (roxo); RPB2 (azul); RPB3 (verde); RPB11 (amarelo); RPB6 (vermelho). (Reproduzida de Cramer P. et al. 2001. *Science* **292**: 1863.) Imagens preparadas com MolScript, BobScript e Raster3D.

des de cada enzima (β' e β, no caso das bactérias, e RPB1 e RPB2, na enzima de eucariotos). O sítio ativo, formado por partes dessas duas subunidades, localiza-se na base das pinças, em uma região chamada "fenda do sítio ativo" (ver Fig. 13-2). O sítio ativo trabalha de acordo com o mecanismo catalítico de dois íons metálicos para a adição de nucleotídeos, como proposto para todos os tipos de polimerases (ver Cap. 9). Neste caso, entretanto, o sítio ativo contém apenas um íon Mg^{2+} fortemente ligado, e o segundo Mg^{2+} é trazido com cada novo nucleotídeo no ciclo de adição e liberado com o pirofosfato.

Diversos canais permitem que o DNA, o RNA e os ribonucleotídeos tenham acesso para entrar e sair da fenda do sítio ativo da enzima. Eles serão discutidos mais adiante, quando forem abordados os mecanismos de transcrição.

A transcrição pela RNA-polimerase ocorre em várias etapas

Para transcrever um gene, a RNA-polimerase prossegue por meio de uma série de etapas bem-definidas, agrupadas em três fases: **início**, **alongamento** e **término**. As características básicas de cada fase são resumidas a seguir e na Figura 13-3.

Início Um **promotor** é a sequência de DNA à qual a RNA-polimerase é inicialmente ligada (juntamente com os fatores de início necessários). Uma vez formado, o complexo promotor-polimerase sofre alterações estruturais, necessárias à continuação do início. Assim como no início da replicação, o DNA desenrola-se em torno do ponto em que a transcrição começará. Os pares de bases são rompidos, produzindo uma "bolha de transcrição" de DNA de fita simples. A transcrição sempre ocorre na direção de 5' para 3', como a replicação; isto é, o novo ribonucleotídeo é adicionado à extremidade 3' da cadeia crescente. Entretanto, ao contrário da replicação, apenas uma das fitas de DNA atua como molde para a síntese da fita de RNA. Como a RNA-polimerase liga-se aos promotores sob uma orientação definida, a fita transcrita a partir de um mesmo promotor será sempre a mesma.

A escolha do promotor determina o segmento de DNA que será transcrito e é o principal modo de regulação.

Capítulo 13 Mecanismos de Transcrição 433

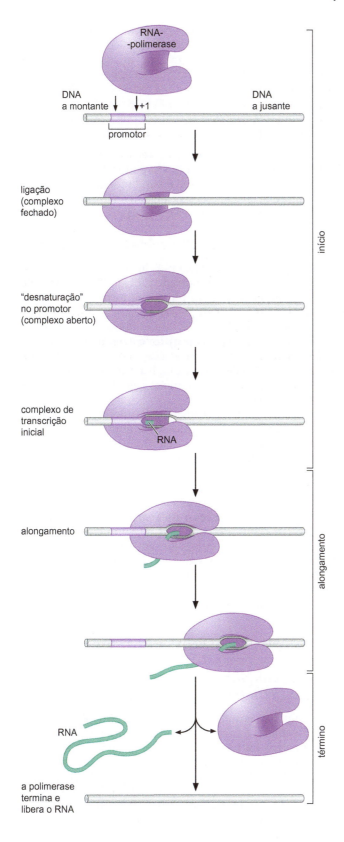

FIGURA 13-3 Fases do ciclo de transcrição: início, alongamento e término. A figura mostra o esquema geral para o ciclo de transcrição. As características mostradas valem tanto para bactérias quanto para eucariotos. Outros fatores necessários para início, alongamento e término não são mostrados aqui, mas estão descritos no texto. O nucleotídeo, no DNA, que codifica o início da cadeia de RNA, é chamado sítio de início da transcrição e é designado pela posição "+1". As sequências situadas na direção da progressão da transcrição são referidas como a jusante do ponto de início. Da mesma maneira, as sequências situadas na região anterior ao sítio de início são referidas como sequências a montante. As posições específicas da sequência anterior ao início da transcrição, portanto, a montante, são indicadas com sinal negativo. Sequências a jusante recebem sinal positivo.

Alongamento Após a síntese de um pequeno segmento de RNA pela RNA-polimerase (aproximadamente 10 bases), a fase de alongamento inicia. Durante o alongamento, a enzima realiza uma variedade extraordinária de tarefas, além de catalisar a síntese do RNA. Ela também desenrola o DNA à sua frente e o recompõe atrás de si; dissocia a cadeia crescente de RNA e o molde à medida que se desloca; e realiza funções de revisão de leitura. Deve-se ter em mente que, durante a replicação, em contrapartida, são necessárias várias enzimas diferentes para catalisar uma gama semelhante de funções.

Término Após a transcrição de toda a extensão do gene (ou genes) pela polimerase, ela precisa parar e liberar o RNA produzido (além de dissociar-se do DNA-molde). Essa fase é chamada *término*. Em algumas células, sequências específicas e bem-caracterizadas desencadeiam o término. Em outras, não está claro o que instrui a enzima a cessar a transcrição e dissociar-se do molde.

O início da transcrição envolve três etapas definidas

A primeira fase do ciclo de transcrição – o início – pode ser dividida em uma série de etapas definidas (como indicado na Fig. 13-3). A primeira etapa é a ligação inicial da polimerase a um promotor, formando um **complexo fechado**. Neste momento, o DNA permanece como dupla-fita, e a enzima é ligada a uma das faces da hélice. Na segunda etapa do início, o complexo fechado sofre uma transição para **complexo aberto**, em que as fitas de DNA são separadas em uma extensão de cerca de 13 pb, nas imediações do sítio de início, formando a bolha de transcrição. Na próxima etapa do início, a polimerase entra na fase de transcrição inicial seguida pelo escape do promotor, como será descrito a seguir.

A abertura da hélice de DNA libera a fita-molde. Os dois primeiros ribonucleotídeos são trazidos para o sítio ativo, alinhados sobre a fita-molde e ligados entre si. Da mesma maneira, os ribonucleotídeos subsequentes são incorporados à cadeia de RNA crescente. A incorporação dos primeiros 10 ribonucleotídeos é um processo um tanto ineficiente e, neste estágio, a enzima geralmente libera transcritos curtos (cada um deles com menos de 10 nucleotídeos) e então inicia a síntese novamente. Nesta fase, o complexo polimerase-promotor é chamado **complexo de transcrição inicial**. Quando uma enzima produz um transcrito com mais de 10 nucleotídeos, diz-se que ela **escapou** do promotor. A esta altura, ela terá formado um complexo ternário estável, contendo enzima, DNA e RNA. Esse complexo ternário estável marca a transição para a fase de alongamento.

No restante deste capítulo, o ciclo de transcrição será descrito de maneira mais detalhada – primeiro, em bactérias e, depois, em sistemas eucarióticos.

CICLO DE TRANSCRIÇÃO NAS BACTÉRIAS

Promotores bacterianos variam em força e sequência, mas apresentam determinadas características definidas

Em princípio, a parte central (ou núcleo) da enzima RNA-polimerase bacteriana é capaz de iniciar a transcrição em qualquer local de uma molécula de DNA, e esta característica pode ser demonstrada *in vitro* com o uso de núcleos de enzima purificados. Porém, nas células ela só inicia a transcrição sobre os promotores. A adição de um fator de início chamado sigma (σ) converte a enzima central ($\alpha_2\,\beta\,\beta'\,\omega$) na forma que inicia apenas nos promotores. Esta forma da enzima é chamada **holoenzima** RNA-polimerase (Fig. 13-4).

No caso de *Escherichia coli*, o fator σ predominante é chamado σ^{70} (outros fatores alternativos de σ e seus papéis na regulação transcricional serão considerados nos Caps. 18 e 22). Os promotores reconhecidos pela polimerase contendo σ^{70} compartilham a seguinte estrutura característica: duas sequências conservadas, cada uma com 6 nucleotídeos, separadas por um trecho não

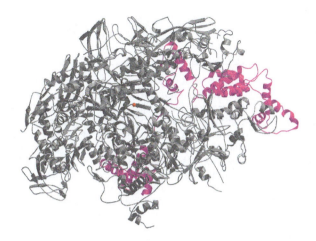

FIGURA 13-4 Holoenzima RNA-polimerase de *Thermus aquaticus*. A parte central da enzima é apresentada em cinza (é a mesma enzima apresentada na Fig. 13-2a). A subunidade σ^{70} está mostrada em roxo (regiões 2, 3 e 4; ver Fig. 13-6). À direita, está a região 2; no topo, a região 3; e, na base, a região 4. Como será descrito mais adiante no texto, são as regiões 2 e 4 de σ que reconhecem respectivamente as regiões −10 e −35 do promotor. (Reproduzida de Murakami K.S. et al. 2002. *Science* **296**: 1280.) Imagem preparada com MolScript, BobScript e Raster3D.

específico de 17 a 19 nucleotídeos (Fig. 13-5a). As duas sequências definidas são centradas, respectivamente, a cerca de 10 e 35 pb a montante do sítio de início da síntese de RNA. Por isso, as sequências são chamadas de **regiões**, ou **elementos**, **−35** (menos 35) e **−10** (menos dez), de acordo com a sistemática de numeração descrita na Figura 13-3, em que o nucleotídeo de DNA que codifica o começo da cadeia de RNA é denominado +1.

Embora a grande maioria dos promotores σ^{70} apresente regiões reconhecidas como −35 e −10, suas sequências não são idênticas. A comparação de vários promotores diferentes permite deduzir uma **sequência consenso** (para uma discussão sobre como a derivação acontece, ver Quadro 13-1, Sequências consenso). A sequência consenso reflete as regiões preferenciais −10 e −35 com espaçamento ótimo (17 pb). Poucos promotores têm exatamente essa sequência, mas a maioria difere da sequência consenso em apenas alguns nucleotídeos.

Os promotores cujas sequências são mais semelhantes à sequência consenso geralmente são "mais fortes" do que os que diferem mais. A força de um promotor está relacionada ao número de transcritos que ele pode iniciar por unidade de tempo. Essa medida é influenciada pela qualidade da ligação inicial entre o promotor e a polimerase, pela eficiência com que ele mantém a isomerização e pela rapidez com que a polimerase consegue escapar. A correlação entre a força do promotor e sua sequência explica por que os promo-

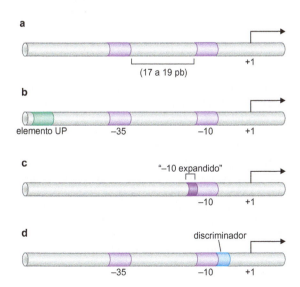

FIGURA 13-5 Características dos promotores bacterianos. Diversas combinações de elementos promotores bacterianos são apresentadas. Os detalhes de como cada elemento contribui para a ligação e o funcionamento da polimerase são descritos no texto.

▶ TÉCNICAS

Quadro 13-1 Sequências consenso

As sequências de DNA dos sítios de ligação reconhecidos por uma determinada proteína nem sempre são exatamente as mesmas. Da mesma maneira, um segmento de aminoácidos que confere determinada função a uma proteína pode ser ligeiramente diferente em proteínas diferentes. Em ambos os casos, a sequência consenso é uma versão da sequência que possui, para cada posição, o nucleotídeo (ou aminoácido) mais frequentemente encontrado em diferentes exemplos. Assim, a sequência consenso para os promotores de *E. coli* reconhecida pela RNA-polimerase com σ^{70} é a apresentada na Figura 1 deste quadro. Essa sequência consenso foi deduzida por meio do alinhamento de 300 sequências que reconhecidamente atuavam como promotores para σ^{70} e da verificação da base encontrada com mais frequência em cada posição dos hexâmeros -35 e -10. O nucleotídeo predominante foi escolhido para ocupar a sequência consenso para a posição; a sua frequência relativa e as frequências com que os outros três nucleotídeos ocorrem em cada posição são registradas no gráfico. Observa-se que não há consenso significativo entre os 17 a 19 nucleotídeos que se situam na região entre -35 e -10.

Neste exemplo, a sequência individual de cada promotor já havia sido identificada previamente, de modo que o alinhamento de sequências foi fácil. Considere, porém, um exemplo bastante diferente: um caso em que nenhum sítio de ligação de uma proteína de ligação ao DNA tenha sido identificado. No entanto, várias regiões de um cromossomo contêm sítios de ligação em algum ponto. Um algoritmo computacional é utilizado para escanear cada uma das sequências dessas regiões cromossômicas, buscando um potencial sítio de ligação comum a todas elas.

Uma segunda abordagem para a dedução da sequência consenso de uma proteína de ligação ao DNA, quando o sítio de ligação ainda não é conhecido, utiliza métodos químicos para sintetizar grandes coleções de pequenos fragmentos de DNA, com sequências aleatórias. A proteína de interesse é misturada a essa população de moléculas de DNA e os fragmentos de DNA aos quais ela se liga são recuperados e sequenciados. Uma comparação entre as sequências que se ligam à proteína revela o consenso rapidamente, porque os fragmentos são muito curtos. Este último método (frequentemente, chamado de SELEX) é amplamente utilizado para definir sítios de ligação para proteínas de ligação ao DNA não caracterizadas previamente. O SELEX está descrito de maneira mais detalhada no Capítulo 7.

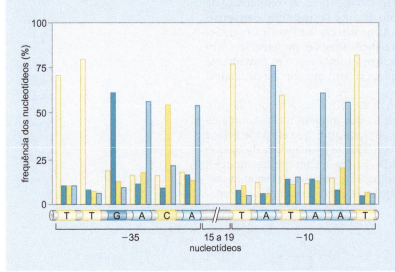

QUADRO 13-1 FIGURA 1 Sequência consenso do promotor e espaçamento de consenso. (Redesenhada, com permissão, de Alberts B. et al. 2002. *Molecular biology of the cell*, 4th ed., p. 308, Fig. 6.12. © Garland Science/Taylor & Francis Books LLC.)

tores são tão heterogêneos: os genes que precisam ser expressos com mais intensidade do que outros provavelmente terão sequências mais semelhantes à sequência consenso.

Alguns promotores fortes, como os que promovem a expressão dos genes de rRNA, por exemplo, apresentam um elemento adicional de DNA, que se liga à RNA-polimerase. Ele é chamado **elemento UP** (ver Fig. 13-5b) e intensifica a ligação da polimerase por meio de uma interação específica adicional entre a enzima e o DNA.

Outra classe de promotores de σ^{70} não apresenta a região -35 e, em vez disso, tem um elemento chamado "-10 estendido" (ver Fig. 13-5c). Este corresponde a uma região -10 padrão, com um elemento de sequência curta adicional a montante. Contatos extras entre a polimerase e o elemento de sequência adicional compensam a ausência da região −35. Os genes *gal* de *E. coli* (cujos produtos direcionam o metabolismo do açúcar galactose; ver Cap. 18) usam um promotor assim.

Um elemento de DNA final que se liga à RNA-polimerase é, às vezes, encontrado logo a jusante do elemento −10. Esse elemento é chamado **discriminador** e é mostrado na Figura 13-5d. A força da interação entre o discriminador e a polimerase influencia a estabilidade do complexo entre a enzima e o promotor.

O fator σ medeia a ligação da polimerase ao promotor

O fator σ^{70} pode ser dividido em quatro regiões, numeradas de σ 1 a σ 4 (ver Fig. 13-6). As regiões que reconhecem os elementos −10 e −35 do promotor são as regiões 2 e 4, respectivamente.

Duas hélices na região 4 formam um motivo comum de ligação ao DNA, chamado **hélice-volta-hélice**. Uma dessas hélices insere-se na fenda maior, interagindo com o esqueleto do DNA. Esse motivo estrutural é encontrado em várias proteínas de ligação ao DNA – por exemplo, quase todos os ativadores e repressores da transcrição encontrados em células bacterianas (descritos no Cap. 18) –, e foi discutido no Capítulo 6 (Fig. 6-13).

A região −10 também é reconhecida por uma α-hélice. Mas neste caso, a interação é mais complicada: enquanto a região −35 fornece apenas a energia de ligação para manter a polimerase no promotor, a região −10 tem um papel mais elaborado no início da transcrição, porque é nela que ocorre o início da separação das fitas do DNA (desnaturação), na transição do complexo fechado para o aberto. Assim, a região de σ que interage com a região −10 faz mais do que apenas se ligar ao DNA. Confirmando essa hipótese, a α-hélice envolvida no reconhecimento da região −10 contém vários aminoácidos aromáticos essenciais, capazes de interagir com as bases da fita não molde (fita complementar), de maneira a estabilizar as fitas simples de DNA. No Capítulo 9, foi descrita uma função semelhante, desempenhada pela proteína ligadora de fita simples (SSB, *single-strand binding*) durante a replicação do DNA.

Estudos estruturais recentes da região 2 de σ ligada a um elemento −10 de fita simples, e também de todo o complexo aberto intacto, revelam exatamente como a desnaturação é dirigida por meio de interações de ligação favoráveis entre σ e o DNA de fita simples. Duas bases na fita complementar são viradas e inseridas em bolsos da proteína σ, onde fazem contatos favoráveis que estabilizam o estado desenrolado da região promotora.

O elemento −10 estendido, onde está presente, é reconhecido por uma α-hélice na região 3 de σ. Essa hélice faz contato com os dois pares de bases específicos que constituem o elemento. O discriminador é reconhecido pela região 1.2 de σ.

Ao contrário dos outros elementos do promotor, o elemento UP não é reconhecido por σ, mas sim por um domínio carboxiterminal da subunidade α, chamado **αCTD** (Fig. 13-7). αCTD conecta-se a αNTD por meio de uma se-

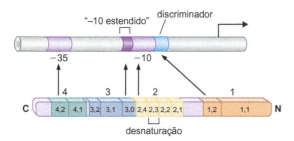

FIGURA 13-6 Regiões de σ. As regiões do fator σ que reconhecem regiões específicas do promotor estão indicadas por setas. A região 2.3 é responsável pela desnaturação do DNA. Para uma visão esquemática de como σ recruta a RNA-polimerase para um promotor-padrão, ver Figura 13-7. (Adaptada, com permissão, de Young B.A. et al. 2002. *Cell* **109**: 417-420, Fig. 1. © Elsevier.)

FIGURA 13-7 As subunidades σ e α recrutam a parte central da RNA-polimerase para o promotor. O domínio carboxiterminal da subunidade α (αCTD) reconhece o elemento UP (quando presente), enquanto as regiões 2 e 4 de σ reconhecem, respectivamente, as regiões −10 e −35, (ver Fig. 13-6). Nesta figura, a RNA-polimerase é apresentada em uma forma esquemática diferente das figuras anteriores. Essa maneira é, particularmente, conveniente para indicar as superfícies que tocam o DNA e as proteínas de regulação, e será utilizada novamente em algumas figuras do Capítulo 18, quando for considerada a regulação da transcrição em bactérias.

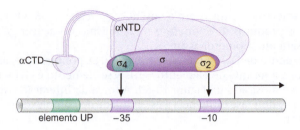

quência de ligação flexível. Por isso, apesar de αNTD estar inserido no corpo da enzima, αCTD consegue alcançar o elemento UP a montante, mesmo que ele não esteja localizado diretamente adjacente à região −35, mas certa distância a montante.

Na estrutura da holoenzima, a subunidade σ está situada de maneira a possibilitar o reconhecimento dos vários elementos promotores. Na verdade, as regiões de ligação ao DNA projetam-se para fora, em vez de estarem inseridas no corpo da enzima. Além disso, o espaçamento entre essas regiões é compatível com as distâncias entre os elementos do DNA que elas reconhecem. Assim, o distanciamento entre as regiões 2 e 4 de σ é cerca de 75 Å quando σ está ligado à holoenzima, e essa distância é equivalente à distância entre os centros dos elementos −10 e −35 de um promotor típico para $σ^{70}$ (ver Fig. 13-7). Esse espaçamento bastante grande entre os domínios proteicos é acomodado pela região entre as regiões 2 e 4 de σ, isto é, a região 3 – especialmente a região 3.2, também chamada de conector $σ_{3/4}$ (ver Figs. 13-4 e 13-6).

A transição para complexo aberto envolve alterações estruturais na RNA-polimerase e no DNA do promotor

No complexo fechado, a ligação inicial da RNA-polimerase ao DNA do promotor não altera a dupla-hélice de DNA. A fase seguinte do início requer uma maior interação entre a enzima e o promotor, no complexo aberto. A transição de complexo fechado para aberto envolve alterações estruturais na enzima e abertura da dupla-hélice de DNA para exposição das fitas molde e complementar. Essa "desnaturação" ocorre entre as posições −11 e +2, em relação ao sítio de início da transcrição.

No caso da enzima bacteriana contendo $σ^{70}$, essa transição, geralmente chamada **isomerização**, não requer energia derivada da hidrólise de ATP e, em vez disso, é o resultado de uma alteração conformacional espontânea no complexo DNA-enzima para uma forma energeticamente mais favorável. Como observado anteriormente, duas bases do elemento −10 (A_{11} e T_7), na fita complementar, deslocam-se de suas interações de empilhamento de bases e inserem-se em bolsos da proteína σ, onde fazem interações mais favoráveis. Ao estabilizar a forma de fita simples do elemento −10, essas interações dirigem a desnaturação da região promotora (ver Fig. 13-8).

A isomerização é essencialmente irreversível e, quando completa, assegura o subsequente início da transcrição (em alguns casos, porém, pode ocorrer regulação após este ponto). Em contrapartida, a formação do complexo fechado é facilmente reversível: a polimerase pode dissociar-se facilmente do promotor e fazer a transição para o complexo aberto.

Para descrever as alterações estruturais dentro da polimerase que acompanham a isomerização, é preciso examinar a estrutura da holoenzima de maneira mais detalhada. Como mencionado anteriormente (ver Fig. 13-2), há um canal entre as pinças da enzima em formato de garra de caranguejo. O sítio ativo da enzima, composto por regiões das subunidades β e β', encontra-se na base das pinças, no interior da fenda do centro ativo.

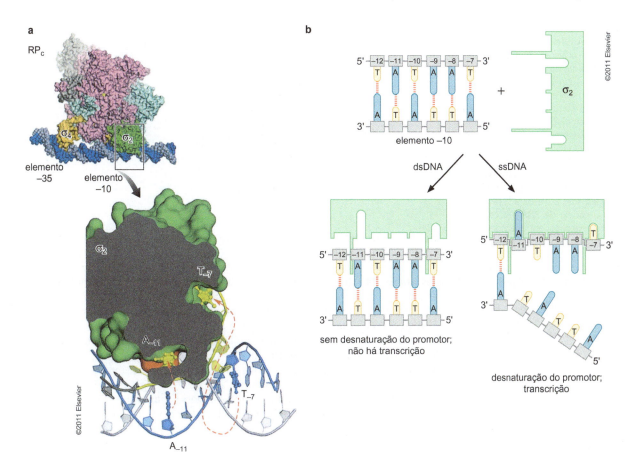

FIGURA 13-8 Reconhecimento e desnaturação dos elementos −10 pela região 2 de σ. A região 2 de σ possui dois bolsos onde se ligam cada uma das bases deslocadas da fita complementar do elemento −10. Essas reações de ligação energeticamente preferidas dirigem a desnaturação do promotor e, assim, a transição de complexo fechado para complexo aberto, sem a necessidade de hidrolisar ATP. (a) Visão ampliada de σ$_2$ da Taq RNA-polimerase, com o dsDNA do complexo fechado (azul) e a porção de ssDNA do complexo aberto (amarelo). A visão em corte revela as duas bases deslocadas, A e T (amarelo), nos bolsos de ligação. Setas vermelhas mostram como as bases deslocadas se relacionam aos mesmos nucleotídeos no complexo fechado. (Imagem reproduzida, com permissão, de Feklistov A. e Darst S.A. 2011. *Cell* **147**: 1257, Fig. 6C, p. 1265. © Elsevier.) (b) A imagem mostrada no painel a é aqui apresentada esquematicamente para mostrar mais claramente a interação entre a região 2 de σ e a fita complementar da região −10, mais especificamente as bases deslocadas que dirigem a desnaturação do DNA nessa região. (Adaptada, com permissão, de Liu X., Bushnell D.A. e Kornberg R.D. 2011. *Cell* **147**: 1218, Fig. 1, p. 1219. © Elsevier.)

Existem cinco canais na enzima, como mostrado na ilustração do complexo aberto na Figura 13-9. O canal de captação de NTP (não mostrado na figura; ver legenda) permite que ribonucleotídeos entrem no centro ativo. O canal de saída de RNA permite que a cadeia crescente de RNA seja liberada da enzima à medida que é sintetizada, durante o alongamento. Os outros três canais permitem a entrada e a saída do DNA em relação à enzima.

O DNA a jusante (i.e., o DNA a ser transcrito, à frente da enzima) ingressa na fenda do sítio ativo, como dupla-hélice, através do canal de DNA a jusante (entre as pinças). Na fenda do sítio ativo, as fitas de DNA são separadas a partir da posição +3. A fita complementar deixa a fenda do sítio ativo através do canal da fita complementar (NT, *non-template*) e desloca-se ao longo da superfície da enzima. A fita-molde, por sua vez, segue através da fenda do sítio

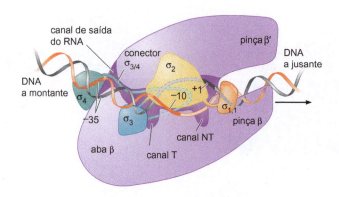

FIGURA 13-9 **Canais de entrada e saída do complexo aberto.** Esta figura mostra as posições relativas das fitas de DNA (fita-molde em cinza, fita complementar em cor de laranja), as quatro regiões de σ, as regiões −10 e −35 do promotor, e o sítio de início da transcrição (+1). Também são mostrados os canais através dos quais o DNA e o RNA entram e saem da enzima RNA-polimerase. O único canal não apresentado aqui é o de entrada dos nucleotídeos (canal de captação NTP), através do qual os nucleotídeos ingressam na fenda do sítio ativo para serem incorporados à cadeia de RNA crescente. Se mostrado, esse canal entraria no sítio ativo, atravessando a página, mais ou menos na posição indicada como "+1" no DNA. Onde o DNA passa por baixo de uma proteína, ele está representado como uma fita pontilhada. A região do conector 3/4 de σ – também chamada de $\sigma_{3.2}$ – é a região conectora entre $\sigma_{3.1}$ e σ_4. (Figura original desenhada por Richard Ebright.)

ativo e sai através do canal da fita-molde (T, *template*). A dupla-hélice de DNA é reestruturada na posição −11, na porção de trás da enzima.

Duas alterações estruturais marcantes são observadas na enzima, durante a isomerização de complexo fechado para complexo aberto. Primeiramente, as pinças frontais da enzima fecham-se firmemente sobre o DNA a jusante. Logo após, há uma grande alteração de posição da região aminoterminal de σ (região 1.1). Quando não está ligada ao DNA, a região 1.1 de σ situa-se na fenda do sítio ativo da holoenzima e bloqueia a via que, no complexo aberto, é percorrida pela fita-molde do DNA. No complexo aberto, a região 1.1 desloca-se cerca de 50 Å e, assim, fica posicionada na parte externa da enzima, permitindo acesso do DNA à fenda (ver Fig. 13-9). A região 1.1 de σ tem carga altamente negativa (assim como o DNA). Dessa maneira, na holoenzima, a região 1.1 **mimetiza a estrutura molecular** do DNA. O espaço da fenda do sítio ativo, que tanto pode ser ocupado pela região 1.1 quanto pelo DNA, tem carga altamente positiva.

A transcrição é iniciada pela RNA-polimerase sem a necessidade de um iniciador

No Capítulo 9, viu-se que a DNA-polimerase não é capaz de sintetizar fitas novas de DNA *de novo* – isto é, ela só pode estender uma cadeia polinucleotídica já existente. Por esse motivo, a replicação sempre exige uma fita iniciadora. Normalmente, o iniciador é um pequeno segmento de RNA que se liga à fita-molde de DNA, formando uma região de dupla-fita híbrida; a partir daí, a DNA-polimerase adiciona nucleotídeos à extremidade 3′ do iniciador.

A RNA-polimerase é capaz de iniciar uma nova cadeia de RNA a partir de um molde de DNA, sem a necessidade de um iniciador. Esse fato notável exige que o DNA-molde seja levado para o sítio ativo da polimerase e mantido em uma conformação helicoidal estável e que o ribonucleotídeo de início seja trazido ao sítio ativo e estabilizado sobre o molde, enquanto o NTP seguinte com a geometria correta é apresentado para que a polimerização ocorra. Isso é especialmente difícil porque a RNA-polimerase inicia a maioria dos transcritos com um A, e este ribonucleotídeo liga-se ao nucleotídeo (T) no molde por apenas duas ligações de hidrogênio (enquanto C e G formam três ligações).

Dessa maneira, a enzima precisa realizar interações específicas com a fita de DNA-molde como um todo, com o ribonucleotídeo de início e o segundo ribonucleotídeo, mantendo-os firmemente posicionados na orientação correta para permitir a abordagem química do NTP seguinte. A exigência dessas interações específicas entre a enzima e o nucleotídeo de início provavelmente explica por que a maioria dos transcritos começa com o mesmo nucleotídeo. A estrutura do complexo aberto mostra que a região do conector 3/4 de σ interage com a fita-molde, organizando-a na conformação e localização corretas para permitir o início. E, de fato, em experimentos que utilizam uma RNA-polimerase com um derivado de $σ^{70}$ do qual essa parte de σ foi removida, o início só ocorre com concentrações muito maiores do nucleotídeo de início, em comparação ao normal.

Durante a transcrição inicial, a RNA-polimerase permanece parada e puxa o DNA a jusante para si

Conforme já foi resumido, durante a transcrição inicial, a RNA-polimerase produz e libera transcritos curtos de RNA com menos de 10 nucleotídeos (síntese abortiva) antes de escapar do promotor, entrando na fase de alongamento e sintetizando o transcrito adequado. Ainda não está claro como o sítio ativo da enzima se transloca ao longo do molde de DNA durante os ciclos abortivos iniciais da transcrição. Três modelos gerais foram propostos (como mostrado na Fig. 13-10 e descrito a seguir).

1. O modelo de "excursões transientes" propõe ciclos transientes de translocação da RNA-polimerase, para a frente e para trás. Assim, a polimerase deixaria o promotor e se translocaria ao longo de um pequeno trecho do molde de DNA, sintetizando um transcrito curto antes de abortar a transcrição, liberando o transcrito e retornando ao seu local original no promotor.

2. O modelo de "lagarta" (*inchworming*) recorre a um elemento flexível no interior da polimerase que permite que um módulo anterior da enzima, contendo o sítio ativo, mova-se a jusante, sintetizando um transcrito curto antes de abortar e retrair-se ao corpo da enzima, ainda no promotor.

3. O modelo de "triturador" (*scrunching*) propõe que o DNA a jusante da polimerase estacionada, ligada ao promotor, seja desenrolado e puxado para a enzima. Assim, o DNA acumulado na enzima é acomodado como alças de fita simples.

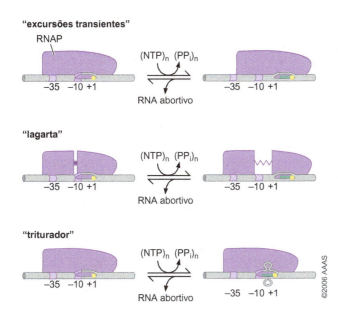

FIGURA 13-10 Mecanismo de transcrição inicial. Durante a transcrição inicial, o centro ativo da RNA-polimerase é translocado para a frente em relação ao molde de DNA e sintetiza transcritos curtos antes de abortar, então repete esse ciclo até escapar do promotor. Três modelos foram propostos para explicar isso e são mostrados na figura. De acordo com o primeiro deles – modelo de excursões transientes (mostrado no topo) –, a polimerase move-se ao longo do DNA. No segundo – modelo de lagarta (mostrado no centro) – a parte frontal da enzima move-se ao longo do DNA, mas devido a uma região flexível no interior da enzima, a parte posterior da enzima permanece estacionada no promotor. No terceiro modelo – triturador (mostrado na base) – a enzima permanece estacionada e puxa o DNA para si. As diferenças entre esses modelos estão explicadas no texto, bem como a evidência que corrobora o modelo de triturador como o que realmente acontece. (Modificada, com permissão, de Kapanidis A.N. et al. 2006. *Science* **314**: 1144-1147, Fig. 1a. © AAAS.)

Hoje se acredita que o terceiro modelo – **triturador** – reflete o que acontece de fato. Essa conclusão é baseada em diversos achados, incluindo experimentos usando análises de moléculas individuais que permitem que a posição de diferentes partes da polimerase seja medida, uma em relação à outra, e em relação ao molde de DNA, durante a transcrição inicial. Esses experimentos mostram que, durante a transcrição inicial, a polimerase permanece estacionada no promotor, desenrola o DNA a jusante e puxa o DNA para si. Apenas o modelo de triturador corrobora esses resultados.

O escape do promotor envolve a quebra das interações polimerase-promotor e polimerase-fator σ

Como se viu, durante a transcrição inicial, ocorre o processo de início abortivo, e transcritos curtos – com nove nucleotídeos ou menos – são gerados e liberados. A polimerase consegue escapar do promotor e entrar na fase de alongamento apenas quando conseguir sintetizar um transcrito cujo comprimento ultrapasse o limiar de 10 nucleotídeos. Com esse tamanho, o transcrito não pode ser acomodado na região em que hibridiza com o DNA e precisa começar a encaminhar-se para o canal de saída do RNA (Fig. 13-9). O escape do promotor está associado à quebra de todas as interações entre a polimerase e os elementos do promotor e entre a polimerase e quaisquer proteínas reguladoras operando em um determinado promotor (Cap. 18).

Não está claro por que a RNA-polimerase deve passar por esse período de iniciação abortiva antes de atingir o escape, mas, também aqui, parece haver envolvimento de uma região do fator σ atuando como mímico molecular. Neste caso, é a região do conector 3/4 que simula o RNA. No complexo aberto, essa região de σ situa-se no meio do canal de saída do RNA (ver Fig. 13-9) e precisa ser ejetada para que a cadeia de RNA possa ser alongada além de 10 nucleotídeos, processo que requer várias tentativas da enzima.

Provavelmente, a ejeção da região do conector 3/4 de σ ocorre pelo fato de σ ter uma associação mais fraca com a enzima no alongamento do que pelo complexo aberto; na verdade, frequentemente ela também se perde do complexo de alongamento.

O modelo de triturador é revertido após o escape: o DNA desenrolado durante esse processo é novamente enrolado, com o colapso concomitante da bolha de transcrição de um tamanho de 22 a 24 nucleotídeos para 12 a 14 nucleotídeos (Fig. 13-3). Acredita-se que esse processo forneça a energia necessária para que a polimerase quebre as interações polimerase-promotor e polimerase-fator σ associadas ao escape. Assim, o modelo de triturador é uma maneira de mobilizar e estocar energia durante o início da transcrição, e sua liberação após o escape é o que permite que a polimerase se libere do promotor e desaloje o fator σ da enzima.

No Quadro 13-2, RNA-polimerases compostas por uma única subunidade, vê-se como essas RNA-polimerases simples, apesar de não terem a subunidade σ, sofrem uma alteração estrutural comparável em sua transição do complexo de início para o complexo de alongamento.

A polimerase de alongamento é uma máquina processiva que sintetiza e revisa o RNA

O DNA passa pela enzima de alongamento de modo semelhante à passagem pelo complexo aberto (Fig. 13-9). O DNA de dupla-fita entra na parte dianteira da enzima, entre as pinças. Quando a fenda catalítica se abre, as fitas são separadas e seguem trajetos diferentes, através da enzima, até saírem por seus respectivos canais e reestruturarem a dupla-hélice atrás da polimerase de alongamento. Os ribonucleotídeos entram no sítio ativo através de seu canal próprio e, guiados pela sequência da fita-molde do DNA, são adicionados à cadeia cres-

> CONCEITOS AVANÇADOS

Quadro 13-2 **RNA-polimerases compostas por uma única subunidade**

No texto, foram discutidas as RNA-polimerases com múltiplas subunidades, encontradas nas bactérias e nas células eucarióticas. Porém, existem vários exemplos de RNA-polimerases com subunidades únicas, capazes de realizar as mesmas reações básicas realizadas pelas suas equivalentes mais complexas. Muitos bacteriófagos – por exemplo, o fago T7 de *E. coli* – codificam polimerases desse tipo, com as quais transcrevem a maioria de seus genes, durante as infecções. De maneira similar, a maioria dos genes mitocondriais e de cloroplastos é transcrita por polimerases estreitamente relacionadas às enzimas de subunidades únicas dos fagos. É surpreendente que a evolução tenha produzido tais enzimas, tão simples e com capacidade de realizar a transcrição, uma façanha extraordinária, mesmo para as enzimas com múltiplas subunidades, muito maiores e mais complexas.

A polimerase T7 é a mais estudada das enzimas compostas por uma subunidade única. Ela possui massa molecular de 100 kDa – comparado aos 400 kDa da enzima central bacteriana (sem o fator σ) – e a estrutura mostrada na Figura 1 deste quadro. Em geral, ela assemelha-se à família de DNA-polimerases Pol I, considerada no Capítulo 9. Assim, a RNA-polimerase T7 lembra uma mão direita, com os dedos, o polegar e a palma representando os domínios arranjados em torno de uma fenda central, na qual está o sítio ativo.

Embora não seja estruturalmente relacionada às RNA-polimerases celulares e se assemelhe mais a uma DNA-polimerase, a enzima T7 apresenta características comuns às RNA-polimerases celulares, que são mais facilmente evidentes quando as estruturas das enzimas T7 e bacterianas são comparadas complexadas a seus moldes. Como foi visto no texto, a enzima bacteriana possui vários canais de entrada e saída da fenda do sítio ativo (ver Fig. 13-8). Um deles, por exemplo, permite o acesso dos NTPs ao sítio ativo e ao molde, onde são incorporados à cadeia crescente de RNA, de acordo com o molde. Outro canal é uma saída da enzima para o RNA em crescimento. Canais semelhantes também são encontrados na estrutura da polimerase do fago.

Os complexos de início e de alongamento das polimerases bacterianas e do T7 foram comparados. Essas comparações resultaram em um exemplo formidável de como transições funcionais equivalentes podem ser atingidas por diferentes tipos de alterações estruturais. No texto, destacou-se que, no caso das bactérias, a transição do início para o alongamento envolve uma alteração significativa na posição de um domínio do fator σ. Esse movimento abre o canal de saída do RNA, permitindo a produção de transcritos com mais de 10 unidades. A enzima T7 não tem fator σ; entretanto, uma alteração estrutural equivalente no corpo dessa enzima de subunidade única promove a transição do complexo de início para o alongamento e essa alteração estrutural é necessária para a formação do canal de saída do RNA.

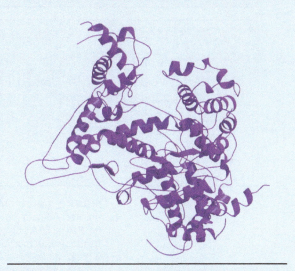

QUADRO 13-2 FIGURA 1 **RNA-polimerase do bacteriófago T7.** (Reproduzida de Jeruzalmi D. e Steitz T.A. 1998. *EMBO J.* **17**: 4101.) Imagem preparada com MolScript, BobScript e Raster3D.

cente de RNA. Apenas oito ou nove nucleotídeos da cadeia crescente de RNA ficam pareados com o DNA-molde ao mesmo tempo; o restante da cadeia de RNA está livre e é direcionado para fora da enzima pelo canal de saída de RNA. Ver Figura 13-11 para um diagrama esquemático do complexo de alongamento.

Durante o alongamento, a enzima adiciona um nucleotídeo por vez ao transcrito de RNA crescente. Ao contrário da transcrição inicial, em que a polimerase usa o modelo de triturador para puxar o DNA para si (Fig. 13-10), durante o alongamento a enzima usa um mecanismo de passo: empregando técnicas de análise de moléculas individuais, demonstrou-se que a enzima dá um passo à frente como um motor molecular, avançando em um único passo uma distância equivalente a um par de bases para cada nucleotídeo que adiciona à cadeia de RNA crescente. Além disso, o tamanho da bolha, ou seja, o comprimento do DNA que não está em dupla-hélice, permanece constante durante o alongamento: quando 1 pb é separado em frente à enzima de processamento, 1 pb é formado atrás dela.

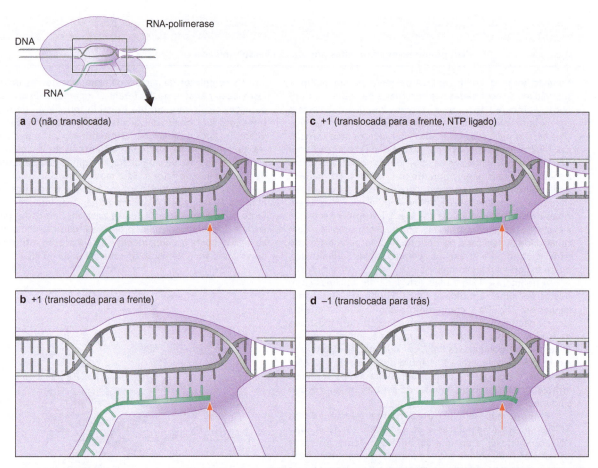

FIGURA 13-11 Molde e transcrito no complexo de alongamento da RNA-polimerase. A figura mostra diagramas esquemáticos das posições relativas do RNA e do molde de DNA na RNA-polimerase em vários estágios do processo de transcrição. (a) Polimerase não translocada (0) mostra a cadeia de RNA pareada com a fita-molde de DNA por um trecho de 9 bases. (b) Polimerase translocada para a frente (+1) mostra a situação quando a enzima estiver translocada uma base à frente. (c) Polimerase translocada para a frente com NTP ligado mostra o DNA e o RNA na mesma posição de b com o NTP ligado. (d) Polimerase translocada para trás (−1) mostra a situação quando a enzima é translocada uma base para trás, como ocorre durante a edição hidrolítica. (Seta vermelha) Uma posição determinada na polimerase, a mesma em todas as figuras. Ver texto para mais detalhes. Para maior clareza, a polimerase mostrada aqui está em orientação diferente da contida na Figura 13-9, com o canal de saída do RNA voltado para baixo. (Figuras com base em imagens por cortesia de Richard Ebright.)

Além de sintetizar o transcrito, a RNA-polimerase realiza duas funções de revisão de leitura no transcrito crescente. A primeira é chamada **edição pirofosforolítica**. Nessa função, a enzima no seu sítio ativo catalisa a remoção de um ribonucleotídeo inserido incorretamente, em uma reação reversível simples, por meio da reincorporação de PPi. A enzima pode, então, incorporar outro ribonucleotídeo em seu lugar, na cadeia de RNA em crescimento. Essa função permite a remoção tanto de bases incorretas quanto corretas; porém, a enzima fica mais tempo sobre as bases erradas do que sobre as certas e, assim, remove as primeiras mais frequentemente. No segundo mecanismo de revisão, chamado **edição hidrolítica**, a polimerase retorna um ou mais nucleotídeos (ver Fig. 13-11d) e cliva o RNA produzido, removendo a sequência que contém o erro.

A edição hidrolítica é estimulada por fatores Gre, que reforçam a edição hidrolítica e servem como fatores de estimulação do alongamento; ou seja, eles garantem que a polimerase alongue de maneira eficiente e ajudam a evitar que ela "fique presa" em sequências difíceis de transcrever. Essa combinação de funções é comparável à função do fator de transcrição TFIIS (ver a seguir neste capítulo e Fig. 13-22), na RNA-polimerase II eucariótica. Outro grupo de proteínas – as proteínas Nus – juntam-se à polimerase na fase de alongamento e promovem, por mecanismos ainda não definidos, os processos de alongamento e de término (para exemplos de regulação durante o alongamento, ver Cap. 18). Uma das proteínas Nus bacterianas – NusG – é altamente conservada em *Archaea* e eucariotos (onde é chamada de Spt5; ver discussão a seguir).

A RNA-polimerase pode ficar presa e necessitar de remoção

Sob certas circunstâncias, uma RNA-polimerase que está fazendo o alongamento pode ficar presa e parar de transcrever. Uma causa comum de parada é uma fita de DNA danificada. As consequências da parada podem ser catastróficas se o gene que está sendo transcrito for essencial, pois nenhum produto será gerado pela polimerase presa, e essa mesma enzima causará um congestionamento para outras polimerases que tentem transcrever o mesmo gene.

Para lidar com essa situação, a célula possui uma maquinaria que remove a polimerase presa e ao mesmo tempo recruta enzimas de reparo (particularmente, a endonuclease Uvr[A]BC); o reparo que se segue é chamado reparo acoplado à transcrição, que foi discutido no Capítulo 10. A remoção da polimerase e o recrutamento da enzima de reparo são realizados por uma única proteína, chamada TRCF.

A TRCF possui uma atividade de ATPase. Ela liga-se ao DNA de dupla-fita a montante da polimerase e usa o motor de ATPase para translocar-se ao longo do DNA até encontrar a RNA-polimerase parada. A colisão empurra a polimerase para a frente, permitindo que ela reinicie o alongamento ou, mais frequentemente, causando a dissociação do complexo ternário de RNA-polimerase, molde de DNA e transcrito de RNA. Isso encerra a transcrição por essa enzima, mas abre caminho para enzimas de reparo e para outra RNA-polimerase.

A transcrição é terminada por sinais na sequência de RNA

Já se viu uma maneira pela qual a transcrição pode ser terminada. Quando a RNA-polimerase fica presa durante o alongamento, ela pode ser removida do DNA pela ação do translocador TRCF (discutido anteriormente). Esse término é desencadeado por um DNA danificado ou por outros obstáculos não previstos. Mas o término é uma função normal e importante nas extremidades dos genes. Sequências denominadas **terminadores** determinam a dissociação da polimerase de alongamento do molde de DNA e liberam a cadeia de RNA produzida. Em bactérias, os terminadores são de dois tipos: **Rho-dependentes** e **Rho-independentes**. O primeiro, como o nome sugere, requer uma proteína chamada Rho para induzir o término. O segundo tipo promove o término sem o envolvimento de outros fatores. Cada um dos tipos de terminador será abordado separadamente.

Os terminadores Rho-dependentes possuem elementos de RNA ainda pouco estudados chamados sítios **rut** (discutidos adiante), e seu funcionamento requer a ação do fator Rho. O fator Rho é uma proteína em formato de anel, com seis subunidades idênticas, que se liga ao RNA de fita simples assim que este deixa a RNA-polimerase (Fig. 13-12). A proteína também tem atividade de ATPase, e depois que se liga ao transcrito Rho, usa a energia da hidrólise de ATP para induzir o término. O mecanismo preciso de término ainda não foi determinado, e os seguintes modelos foram propostos: Rho empurra a polimerase para a frente em relação ao DNA e ao RNA, resultando no término de maneira análoga ao término por TRCF (descrito anteriormente); Rho puxa o RNA para fora da polimerase, resultando no término; ou Rho induz uma

446 Parte 4 Expressão do Genoma

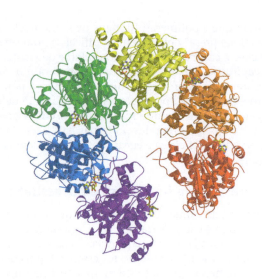

FIGURA 13-12 Fator Rho de término da transcrição. Estrutura cristalográfica do fator de término Rho, vista de cima. A estrutura consiste em um hexâmero de proteínas Rho, cada monômero sendo mostrado em uma cor diferente. Os seis monômeros formam um anel aberto. O anel não é plano – a sexta subunidade está em um plano mais abaixo do plano da página que a primeira. O espaço entre duas subunidades é de 12 Å, e o desnível helicoidal entre elas é de 45 Å. Acredita-se que o transcrito de RNA sobre o qual Rho atua (não mostrado) seja ligado à parte inferior de cada subunidade e, depois, introduzido no interior do anel. (Reproduzida de Skordalakes E. e Berger J.M. 2003. *Cell* **114**: 135.) Imagem preparada com MolScript, BobScript e Raster3D.

alteração conformacional na polimerase, causando o término pela enzima. Experimentos mais recentes sugerem que o último desses modelos é pelo menos uma parte importante da história e que a alteração conformacional causa um bloqueio do complexo de alongamento, com a dissociação seguindo de maneira mais lenta.

Estudos recentes também sugeriram que Rho se liga a RNA-polimerase durante todo o ciclo de transcrição. Assim, Rho não alcança a polimerase pela translocação ao longo de um transcrito nascente, em um transcrito que contenha rut, mas liga-se à polimerase no início da transcrição e então, em algum momento, também se liga ao transcrito de RNA que está sendo liberado da enzima que está realizando o alongamento. Assim, talvez o papel da translocação por Rho seja apertar a alça de RNA resultante que, quando suficientemente apertada, levará ao término do alongamento pela polimerase.

Como o fator Rho é direcionado a uma determinada molécula? Em primeiro lugar, existe uma especificidade nos sítios a que ele se liga (os sítios rut de utilização por Rho, mencionados anteriormente). Idealmente, esses sítios consistem em segmentos de cerca de 40 nucleotídeos que não formam estruturas secundárias (i.e., permanecem normalmente como fitas simples); eles são ricos em resíduos C.

O segundo nível de especificidade é que Rho não é capaz de se ligar a um transcrito que esteja sendo traduzido (i.e., transcritos ligados a ribossomos). Nas bactérias, a transcrição e a tradução estão intimamente associadas – a tradução inicia nos transcritos de RNA ainda em crescimento, à medida que estes saem da polimerase, enquanto ainda estão sendo sintetizados. Dessa maneira, o fator Rho só é capaz de terminar as transcrições que ainda estejam sob o processo de transcrição após o término de um gene ou óperon.

Terminadores independentes de Rho, também chamados **terminadores intrínsecos**, porque não requerem outros fatores para atuar, consistem em dois elementos de sequência: uma repetição curta invertida (de cerca de 20 nucleotídeos) seguida por um trecho com cerca de oito pares de bases A:T (Fig. 13-13). Esses elementos só afetam a polimerase após terem sido transcritos – isto é, atuam no RNA e não no DNA. Assim, quando a polimerase transcreve uma sequência de repetição invertida, o RNA resultante forma uma estrutura em forma de haste-alça (frequentemente chamada de "grampo"), devido ao pareamento entre suas bases (ver Cap. 5). A formação do grampo provoca o término pelo rompimento do complexo de alongamento. Assim como no término dependente de Rho, o mecanismo exato permanece desconhecido, e os modelos atuais são bastante semelhantes aos propostos para Rho. Ou seja, o grampo induz o término ao empurrar a polimerase para

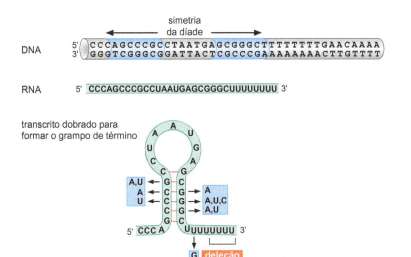

FIGURA 13-13 Sequência de um terminador Rho-independente. A parte superior mostra a sequência de DNA do terminador. Abaixo, está mostrada a sequência do RNA, a qual sofre um dobramento, originando o grampo de término, mostrado na parte inferior da figura. O terminador apresentado é do atenuador de *trp*, discutido no Capítulo 18. Os pequenos quadros mostram mutações isoladas na sequência, as quais alteram a função do terminador. (Adaptada de Yanofsky C. 1981. *Nature* **289**: 751-758.)

a frente em relação ao DNA e ao RNA, arrancando o transcrito da polimerase, ou ao induzir uma alteração conformacional na polimerase.

O grampo só atua como um terminador eficiente quando for seguido por um segmento de pares de bases A:U, como foi descrito. Isso ocorre porque, nessas circunstâncias, enquanto o grampo está se formando, a cadeia crescente de RNA será mantida sobre o molde no sítio ativo apenas pelo pareamento A:U. Como os pareamentos A:U são os mais fracos de todos os pares de bases (mais fracos até que os pares de bases A:T), serão mais facilmente rompidos pelos efeitos do grampo sobre a polimerase, e o RNA será dissociado mais facilmente (Fig. 13-14).

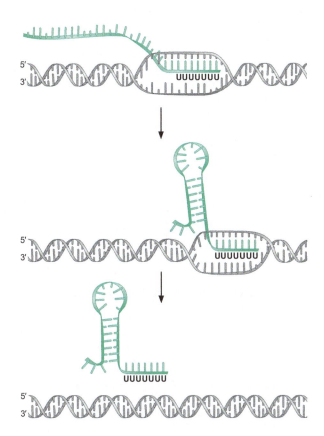

FIGURA 13-14 Término da transcrição. Modelo do mecanismo de um terminador Rho-independente. (Parte superior) O grampo no RNA é formado (Fig. 13-11) logo após a transcrição dessa região pela polimerase (enzima não mostrada). (Centro) Esta estrutura de RNA interrompe a polimerase exatamente quando ela está transcrevendo o segmento de DNA rico em AT, a jusante. (Parte inferior) Ainda não está clara a maneira exata pela qual o grampo desloca a polimerase em transcrição (ver texto para modelos alternativos), mas as fracas interações entre o transcrito e o molde de DNA (resíduos Us no transcrito e As no molde) parecem tornar mais fácil a liberação do transcrito. (Adaptada de Platt T. 1981. *Cell* **24**: 10-23.)

TRANSCRIÇÃO NOS EUCARIOTOS

Como já foi discutido, a transcrição nos eucariotos é realizada por RNA-polimerases muito relacionadas às RNA-polimerases encontradas nos procariotos. Isso não surpreende, pois o processo de transcrição é idêntico nos dois casos. No entanto, existem algumas diferenças na maquinaria utilizada em cada caso – uma delas já foi estudada aqui. Enquanto as bactérias possuem apenas uma RNA-polimerase, todos os eucariotos possuem pelo menos três enzimas diferentes (Pol I, II e III; e as plantas também possuem uma Pol IV e uma Pol V). Além disso, enquanto as bactérias requerem apenas um fator de início adicional (σ), nos eucariotos são necessários vários fatores para um início eficiente e promotor-específico. Esses fatores são chamados **fatores gerais de transcrição** (GTFs, *general transcription factors*).

Para iniciar a transcrição *in vitro* a partir de um molde de DNA (sem histonas), além da Pol II, são necessários apenas os fatores gerais de transcrição. *In vivo*, entretanto, o molde de DNA em células eucarióticas é incorporado nos nucleossomos, como foi visto no Capítulo 8. Sob essas circunstâncias, os fatores gerais de transcrição por si não são suficientes para ligar-se a sequências promotoras e induzir uma expressão significativa. Por isso, são necessários fatores adicionais, incluindo o chamado complexo Mediador, proteínas reguladoras de ligação ao DNA e, frequentemente, enzimas modificadoras de cromatina.

Primeiramente, será considerado o mecanismo básico pelo qual a Pol II e os fatores gerais de transcrição juntam-se no promotor para o início da transcrição *in vitro*. A seguir, serão considerados os componentes adicionais necessários para promover a transcrição *in vivo*.

Os promotores essenciais da RNA-polimerase II são formados pela combinação de diferentes classes de elementos de sequência

O **promotor essencial** eucariótico corresponde ao conjunto mínimo de elementos de sequência necessário ao início preciso da transcrição pela maquinaria da Pol II, como medido *in vitro*. Um promotor essencial normalmente tem 40 a 60 nucleotídeos de comprimento, estendendo-se a montante ou a jusante do sítio de início da transcrição. A Figura 13-15 mostra a localização, em relação ao sítio de início da transcrição, de elementos encontrados em promotores essenciais de Pol II. São eles: o elemento de reconhecimento TFIIB (BRE), o elemento ou sequência TATA (ou TATA *box*), o iniciador (Inr) e os elementos promotores a jusante (conhecidos como DPE, DCE e MTE). Normalmente, um promotor contém um subconjunto desses elementos. Assim, por exemplo, os promotores na maioria das vezes têm um elemento TATA ou

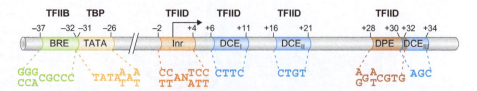

FIGURA 13-15 Promotor essencial de Pol II. A figura apresenta as posições dos vários elementos do DNA em relação ao sítio de início da transcrição (indicado pela seta acima do DNA). Esses elementos, descritos no texto, são os seguintes: o elemento de reconhecimento TFIIB (BRE), a sequência TATA (TATA), o elemento iniciador (Inr), o elemento promotor a jusante (DPE, *downstream promoter element*) e o elemento central a montante (DCE, *downstream core element*). Outro elemento, o MTE (do inglês, *motif ten element* [motivo do elemento −10]), descrito no texto, não é mostrado nesta figura, mas está localizado logo a montante de DPE. Também estão mostradas as sequências consenso para cada elemento (determinadas da mesma maneira descrita para os elementos do promotor bacteriano; ver Quadro 13-1) e (acima) o nome do fator geral de transcrição que reconhece cada elemento.

um elemento DPE, mas não ambos. Em geral, um promotor contendo TATA também possui um DCE. O Inr é o elemento mais comum, encontrado em combinação com TATA e DPEs. A sequência consenso para cada elemento e o fator geral de transcrição que se liga a ele também são mostrados, e essas características são descritas de maneira mais detalhada nas seções seguintes.

Além – e, normalmente, a montante – do promotor essencial, existem outros elementos de sequência necessários para uma transcrição *in vivo* eficiente. Em conjunto, esses elementos constituem as **sequências reguladoras** e podem ser agrupados em várias categorias conforme a sua localização, o organismo envolvido e a sua função. Esses elementos compreendem os elementos promotores proximais, as sequências ativadoras a montante (UASs, *upstream activator sequences*), os reforçadores, ou *enhancers*, e uma série de elementos repressores, chamados silenciadores, elementos de fronteira e isolantes. Todos esses elementos de DNA ligam-se a proteínas reguladoras (ativadoras e repressoras), as quais facilitam ou dificultam a transcrição do promotor essencial, objeto do Capítulo 19. Algumas dessas sequências reguladoras podem estar a mais de dezenas (ou até centenas) de quilobases de distância dos promotores essenciais sobre os quais atuam.

A RNA-polimerase II forma um complexo de pré-início com os fatores gerais de transcrição no promotor

Os fatores gerais de transcrição realizam coletivamente as funções realizadas por σ na transcrição bacteriana. Desse modo, os fatores gerais de transcrição auxiliam na ligação da polimerase ao promotor e desnaturam o DNA (equivalente à transição de complexo fechado para complexo aberto nas bactérias). Eles também auxiliam a polimerase a "escapar" do promotor e entrar na fase de alongamento. O conjunto dos fatores gerais de transcrição com a polimerase, ligados ao promotor e posicionados para o início, é denominado **complexo de pré-início**.

Como descrito anteriormente (e na Fig. 13-15), muitos promotores da Pol II contêm o elemento (ou sequência) TATA (cerca de 30 pb a montante do sítio de início da transcrição). Neste local, a formação do complexo de pré-início é iniciada. O elemento TATA é reconhecido pelo fator geral de transcrição chamado **TFIID**. (A nomenclatura "TFII" denota um fator de transcrição para Pol II, com fatores individuais distinguidos por A, B, e assim por diante.) Assim como vários dos fatores gerais de transcrição, o TFIID é, na verdade, um complexo com múltiplas subunidades. O componente do TFIID que se liga à sequência TATA do DNA é chamado **TBP** (do inglês, *TATA-binding protein* [proteína de ligação ao TATA]). As outras subunidades desse complexo são chamadas **TAFs** (do inglês, *TBP-associated factors* [fatores associados à TBP]). Alguns TAFs reconhecem outros elementos do promotor essencial, como Inr, DPE e DCE, embora a ligação mais forte seja entre TBP e TATA. Assim, TFIID é um fator essencial no reconhecimento do promotor e no estabelecimento do complexo de pré-início.

Ao ligar-se ao DNA, TBP distorce amplamente a sequência TATA (esse evento será discutido de maneira mais detalhada a seguir). O complexo TBP-DNA resultante fornece uma plataforma para o recrutamento de outros fatores gerais de transcrição e da própria polimerase ao promotor. *In vitro*, essas proteínas ligam-se no promotor na seguinte ordem (Fig. 13-16): TFIIA, TFIIB, TFIIF juntamente com a polimerase e, então, TFIIE e TFIIH. Após a formação do complexo de pré-início que contém todos esses componentes, ocorre a desnaturação do DNA do promotor. Ao contrário do que acontece nas bactérias, nos eucariotos a desnaturação do promotor requer a hidrólise de ATP e é mediada por TFIIH.

O escape do promotor requer a fosforilação da "cauda" da polimerase

Como visto nas bactérias, segue-se agora um período de início abortivo, até que a polimerase escape do promotor e ingresse na fase de alongamento.

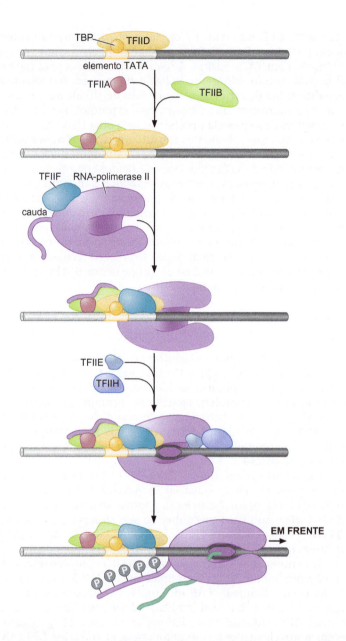

FIGURA 13-16 Início da transcrição pela RNA Pol II. As etapas da formação do complexo de pré-início da Pol II estão mostradas aqui e descritas em detalhes no texto. Uma vez montada sobre o promotor, a Pol II deixa o complexo de pré-início após a adição dos nucleotídeos precursores necessários à síntese de RNA e após a fosforilação dos resíduos de serina na "cauda" da enzima. A cauda contém várias repetições da sequência heptapeptídica: Tyr-Ser-Pro-Thr-Ser-Pro-Ser (ver Fig. 13-21).

Durante o início abortivo, a polimerase sintetiza uma série de pequenos transcritos. Em eucariotos, o escape do promotor envolve duas etapas não observadas em bactérias: uma delas é a hidrólise de ATP (além da hidrólise de ATP anterior, necessária para a desnaturação do DNA), e a outra é a fosforilação da polimerase, que será descrita agora.

A subunidade maior da Pol II possui um domínio carboxiterminal (CTD), chamado de "cauda" (ver Fig. 13-16). O CTD contém uma série de repetições da sequência heptapeptídica: Tyr-Ser-Pro-Thr-Ser-Pro-Ser. Existem 27 dessas repetições no CTD da Pol II de levedura, 32 no do nematódeo *Caenorhabditis elegans*, 45 na mosca *Drosophila*, e 52 em seres humanos. De fato, o número de repetições parece estar relacionado à complexidade do genoma. Cada repetição contém sítios de fosforilação por quinases específicas, incluindo sítios para uma subunidade do TFIIH que é uma quinase.

A forma inicial da Pol II que é recrutada para o promotor contém uma cauda predominantemente não fosforilada, mas a cauda encontrada no complexo de alongamento possui vários grupos fosfato. A adição desses fosfatos auxilia a polimerase a desconectar-se da maioria dos fatores gerais de transcrição empregados no início, que são deixados para trás pela enzima, quando esta escapa do promotor.

Como será visto, a regulação do estado de fosforilação da CTD da Pol II também controla algumas etapas seguintes – como o alongamento e mesmo o processamento do RNA. Na verdade, além da TFIIH, foram identificadas outras quinases que também atuam sobre o CTD, bem como várias fosfatases que removem os fosfatos adicionados pelas quinases.

A TBP liga-se ao DNA e provoca sua distorção pela inserção de uma folha β na fenda menor

A TBP utiliza uma grande região de folha β para reconhecer a fenda menor do elemento TATA (Fig. 13-17). Isso é incomum: em geral, as proteínas reconhecem o DNA por meio de α-hélices inseridas na fenda maior do DNA, como foi visto no Capítulo 6 e também neste capítulo, em relação ao fator σ. A razão para esse mecanismo não convencional de reconhecimento por TBP está relacionada à necessidade de provocar uma distorção na estrutura local do DNA. Mas esse modo de reconhecimento gera um problema: como a especificidade é obtida?

No Capítulo 6, viu-se que a fenda menor do DNA é mais pobre do que a fenda maior quanto à informação química que permite a identificação dos pares de bases. Por isso, para identificar a sequência TATA, a TBP depende da capacidade de essa sequência sofrer uma distorção estrutural específica, como será descrito agora.

Ao se ligar ao DNA, a TBP causa o alargamento da fenda menor a uma conformação quase plana; ela também curva o DNA em um ângulo de aproximadamente 80°. A interação entre TBP e DNA envolve apenas um número limitado de ligações de hidrogênio entre a proteína e as bordas dos pares de bases da fenda menor. Em vez disso, grande parte da especificidade é dada pelos dois pares de cadeias laterais de fenilalaninas que se intercalam entre os pares de bases em cada extremidade da sequência de reconhecimento, promovendo uma forte torção no DNA.

Assim, os pares de bases A:T são favorecidos porque eles se deformam mais facilmente, permitindo a abertura inicial da fenda menor. Também ocorrem extensas interações entre o esqueleto de fosfato e os resíduos básicos da folha β, que se somam à energia total de ligação da interação.

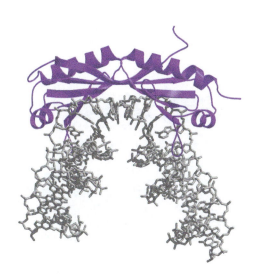

FIGURA 13-17 Complexo TBP-DNA. A proteína de ligação ao TATA (TBP) (roxo) complexada à sequência TATA do DNA (cinza) é encontrada no início de vários genes de Pol II. Os detalhes dessa interação são descritos no texto. (Reproduzida de Nikolov D.B. et al. 1995. *Nature* **377**: 119.) Imagem preparada com MolScript, BobScript e Raster3D. O DNA estendido em ambos os lados da imagem foi modelado por Leemor Joshua-Tor.

452 Parte 4 Expressão do Genoma

TABELA 13-2 Fatores gerais de transcrição (GTF) da RNA-polimerase II

GTFs	Número de subunidades
TBP	1
TFIIA	2
TFIIB	1
TFIIE	2
TFIIF	3
TFIIH	10
TAFs	11

Os números apresentados são para leveduras, mas são semelhantes em outros eucariotos, incluindo os seres humanos. No entanto, existem algumas diferenças – por exemplo, o TFIIF humano possui apenas duas subunidades, e seu TFIIA possui três.

Os demais fatores gerais de transcrição também têm funções específicas no início

Os detalhes das funções de todos os fatores gerais de transcrição não são conhecidos. Como foi visto, alguns desses fatores são, na verdade, complexos formados por duas ou mais subunidades (apresentados na Tab. 13-2). A seguir, algumas características estruturais e funcionais desses fatores são apresentadas.

TAFs A TBP está associada a cerca de 10 TAFs. Dois deles ligam-se a elementos do DNA no promotor; por exemplo, o elemento iniciador (Inr) e os elementos promotores a jusante (ver Fig. 13-15). Vários TAFs apresentam homologia estrutural às proteínas histonas, e foi proposto que eles poderiam ligar-se ao DNA de modo semelhante, embora ainda não existam evidências para tal ligação. Foi demonstrado, por exemplo, que TAF42 e TAF62 de *Drosophila* formam uma estrutura semelhante à do tetrâmero H3·H4 (ver Cap. 8). Esses TAFs semelhantes a histonas não são encontrados apenas no complexo TFIID, mas também estão associados a algumas enzimas modificadoras de histonas, como o complexo SAGA das leveduras (ver Cap. 8, Tab. 8-7).

Outro TAF parece regular a ligação de TBP ao DNA. Ele faz isso usando um prolongamento inibidor que se liga à superfície de ligação ao DNA do TBP, outro exemplo de mimetismo molecular. Esse prolongamento precisa ser removido para que a TBP se ligue ao elemento TATA.

TFIIB Essa proteína, um polipeptídeo de cadeia única, entra no complexo de pré-início após a TBP (Fig. 13-16). A estrutura cristalográfica do complexo ternário TFIIB-TBP-DNA apresenta contatos específicos entre TFIIB-TBP e TFIIB-DNA (Fig. 13-18). Esses contatos incluem interações base-específicas, com a fenda maior a montante (para o BRE) (ver Fig. 13-15) e a fenda menor a jusante do elemento TATA. A ligação assimétrica do TFIIB ao complexo TBP-TATA contribui para a assimetria resultante na formação do complexo de pré-início e para a consequente transcrição unidirecional. O TFIIB também interage com a Pol II no complexo de pré-início. Portanto, essa proteína parece servir de ponte entre a TBP ligada à TATA e a polimerase. Estudos estruturais sugerem que segmentos do TFIIB se inserem no canal de saída do RNA e na fenda do centro ativo de Pol II de maneira análoga à região do conector 3/4 de σ em bactérias. Essas regiões de TFIIB (chamadas de **conectora** e **leitora**) auxiliam na formação do complexo aberto, talvez pela estabilização do DNA desnaturado até que o híbrido RNA:DNA assuma esse papel.

TFIIF Esse fator, composto por duas subunidades (em seres humanos), associa-se à Pol II e é recrutado para o promotor juntamente com essa enzima (e com outros fatores). A ligação de Pol II-TFIIF estabiliza o complexo DNA-TBP-TFIIB e é necessária antes que TFIIE e TFIIH sejam recrutados para o

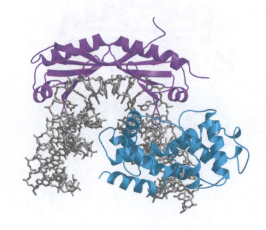

FIGURA 13-18 Complexo TFIIB-TBP-promotor. Esta estrutura apresenta a proteína TBP ligada à sequência TATA, exatamente como na figura anterior. Nesta, porém, foi adicionado o fator geral de transcrição TFIIB (azul-turquesa). Este complexo de três componentes constitui a plataforma para a qual são recrutados os outros fatores gerais de transcrição e a própria Pol II, durante a formação do complexo de pré-início. (Reproduzida de Nikolov D.B. et al. 1995. *Nature* **377**: 119.) Imagem preparada com MolScript, BobScript e Raster3D. O DNA estendido em ambos os lados da imagem foi modelado por Leemor Joshua-Tor.

complexo de pré-início (Fig. 13-16). Em leveduras, esse fator inclui uma terceira subunidade (como mostrado na Tab. 13-2), mas a função da terceira subunidade ainda é desconhecida.

TFIIE e TFIIH O TFIIE, assim como o TFIIF, é composto por duas subunidades, liga-se após TFIIF e atua no recrutamento e na regulação do TFIIH. O TFIIH controla a transição ATP-dependente do complexo de pré-início para complexo aberto. Além disso, é o maior e mais complexo dos fatores gerais de transcrição – possui 10 subunidades e uma massa molecular comparável à da polimerase. Duas subunidades do TFIIH atuam como ATPases e outra é uma proteína quinase, envolvidas na desnaturação e no escape do promotor, como já foi descrito. Juntamente com outros fatores, as subunidades da ATPase também estão envolvidas no reparo por excisão de nucleotídeo (ver Cap. 10).

Como o TFIIH medeia a desnaturação do promotor? Viu-se que, no caso das bactérias, a desnaturação do elemento −10 do promotor é mediada por bases da fita de DNA não codificadora que são deslocadas e se ligam a bolsos da subunidade σ. Isso não requer a hidrólise de ATP e é simplesmente dirigido por reações de ligação que favorecem a conformação desnaturada (ver Fig. 13-8). Em eucariotos, as coisas são mais complicadas. Hoje acredita-se que uma subunidade de TFIIH atue como translocador de DNA de dupla-fita dirigido por ATP. Essa subunidade liga-se ao DNA a jusante da polimerase (como foi mostrado na Fig. 13-16) e alimenta a fenda da polimerase com DNA de dupla-fita. Essa ação leva à desnaturação do DNA porque o DNA do promotor a montante é mantido em uma posição fixa pelo TFIID e pelo restante dos GTFs.

O início da transcrição *in vivo* requer proteínas adicionais, incluindo o complexo Mediador

Até aqui, foram descritos os elementos necessários para o início da transcrição *in vitro* pela RNA Pol II a partir de um DNA-molde livre. No entanto, transcrição em níveis altos e sob regulação *in vivo* requer, ainda, a adição do complexo Mediador, de proteínas reguladoras da transcrição e, em muitos casos, de enzimas modificadoras de nucleossomos (que frequentemente fazem parte de grandes complexos proteicos) (Fig. 13-19). (Para características de vários complexos modificadores, ver Cap. 8, Tab. 8-7.)

Um motivo para esses requisitos adicionais é que, *in vivo*, o molde de DNA está compactado em cromatina, como discutido no Capítulo 8. Esta condição dificulta a ligação da polimerase e de seus fatores associados ao promotor. Proteínas reguladoras da transcrição, chamadas **ativadores**, ajudam no recrutamento da polimerase para o promotor, estabilizando sua ligação. Esse recrutamento é mediado por interações entre os ativadores ligados ao DNA, fatores modificadores da cromatina, fatores remodeladores da cromatina e partes da maquinaria de transcrição. Uma dessas interações ocorre com o complexo Mediador (que recebe seu nome devido a esta ação). O Media-

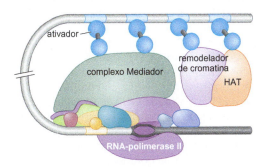

FIGURA 13-19 Formação do complexo de pré-início na presença do Mediador, dos modificadores e remodeladores de nucleossomos e de ativadores da transcrição. Além dos fatores gerais de transcrição apresentados na Figura 13-16, os ativadores transcricionais ligados a sítios próximos ao gene recrutam os complexos que modificam e remodelam os nucleossomos e o complexo Mediador que, juntos, auxiliam na formação do complexo de pré-início.

dor associa-se à maquinaria básica de transcrição provavelmente via contatos com a "cauda" do CTD da subunidade maior da polimerase, enquanto as outras superfícies interagem com os ativadores ligados ao DNA. Isso explica por que o Mediador é necessário para uma transcrição *in vivo* significativa.

Apesar do papel central na ativação da transcrição, a deleção de subunidades individuais do Mediador geralmente resulta na perda de expressão de apenas um pequeno subconjunto de genes, diferente para cada subunidade (ele é composto por muitas subunidades). É provável que esse resultado reflita uma interação diferencial, na qual diferentes ativadores interagem com diferentes subunidades do Mediador para recrutar a polimerase a diferentes genes. Além disso, o Mediador auxilia no início, regulando a quinase CTD de TFIIH.

A necessidade de modificadores e remodeladores de nucleossomos também difere em diferentes promotores, ou para um mesmo promotor em diferentes circunstâncias. Conforme a ocasião e o local em que são necessários, esses complexos também são recrutados por ativadores ligados ao DNA ou, algumas vezes, por RNAs reguladores.

O papel do Mediador e dos modificadores no estímulo à transcrição será discutido no Capítulo 19. Agora, serão consideradas algumas propriedades estruturais e funcionais do Mediador.

O Mediador é composto por diversas subunidades, algumas conservadas de leveduras a seres humanos

Como mostrado na Figura 13-20, tanto o Mediador de leveduras como o de seres humanos contêm mais de 20 subunidades, sete delas com significativa homologia de sequências entre os dois organismos. (Os nomes das subunidades eram inicialmente diferentes em cada caso, refletindo as abordagens experimentais que levaram à sua identificação, mas subsequentemente foi estabelecida uma convenção de que subunidades equivalentes em diferentes organismos empreguem o mesmo nome. São esses nomes que estão na Fig. 13-20.) Pouquíssimas subunidades têm sua função identificada. Apenas uma (Srb4/Med17) é essencial para a transcrição *in vivo* de praticamente todos os genes de Pol II. Comparações estruturais de baixa resolução sugerem que os dois Mediadores apresentam formato semelhante e são muito grandes, maiores do que a própria RNA-polimerase.

O Mediador de leveduras e o de seres humanos é organizado em módulos, cada um contendo um conjunto das subunidades mostradas na Figura 13-20. Esses módulos – chamados de cabeça, meio (ou braço) e cauda – podem ser dissociados um do outro sob certas condições *in vitro*. Essa observação, junto com o fato de o Mediador humano variar em composição (e tamanho), dependendo de como é isolado, levou à hipótese de que existam várias formas de Mediador (especialmente nos metazoários), cada uma contendo um subconjunto de subunidades do Mediador. Além disso, o envolvimento de diferentes formas na regulação dos diferentes grupos de genes ou na resposta a diferentes grupos de reguladores (ativadores e repressores) tem sido discutido. É igualmente possível que as variações observadas na composição das subunidades sejam artefatos de técnica, refletindo apenas os diferentes métodos de isolamento.

Tentativas para determinar a estrutura do Mediador beneficiaram-se da solução da estrutura cristalográfica de parte do complexo – o módulo da cabeça do Mediador de levedura. Esse módulo contém sete subunidades (Med17/Srb4, Med11, Med22/Srb6, Med6, Med8, Med18/Srb5 e Med20/Srb2) e forma uma estrutura com três domínios que se liga ao complexo de transcrição de maneira a se justapor a TFIIH e à cauda CTD da RNA-polimerase, promovendo a fosforilação desta última pelo primeiro. A fosforilação de resíduos de serina da cauda é necessária para o início e para o escape do promotor, como será discutido adiante. Particularmente, a fosforilação da serina 5 pelo próprio TFIIH leva à dissociação do Mediador da polimerase durante esse processo.

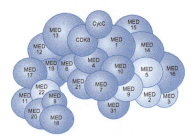

Mediador de leveduras

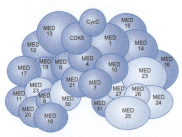

Mediador de seres humanos

FIGURA 13-20 Comparação entre os Mediadores de leveduras e de seres humanos. A maioria das subunidades é encontrada em ambos os casos, mas as diferenças estão indicadas por sombreamento mais claro. (Mediador de leveduras: figura modificada de Guglielmi B. et. al. 2004. *Nucleic Acids Res.* **32**: 5379-5391, Fig. 8B; Mediador de seres humanos: figura modificada, com permissão, de Malik S. e Roeder R.G. 2005. *Trends Biochem. Sci.* **30**: 256-263, Fig. 1a. © Elsevier.)

Um novo conjunto de fatores estimula o alongamento pela Pol II e a revisão de leitura do RNA

Após a polimerase ter escapado do promotor e iniciado a transcrição, ela entra na fase de alongamento, como já foi discutido. Essa transição envolve a liberação da maioria dos fatores de início da enzima Pol II – por exemplo, os fatores gerais de transcrição e o Mediador. Em seu lugar, entra outro conjunto de fatores. Alguns deles (como TFIIS e SPT5) são **fatores de alongamento** (i.e., fatores que estimulam o alongamento). Outros são necessários ao processamento do RNA. As enzimas envolvidas em todos esses processos (descritas em detalhes mais tarde) são, assim como vários dos fatores de início discutidos, recrutadas para a cauda carboxiterminal (CTD) da subunidade maior da Pol II (Fig. 13-21). Neste caso, porém, os fatores favorecem a forma fosforilada do CTD. Assim, a fosforilação do CTD resulta na troca dos fatores de início pelos fatores necessários ao alongamento e ao processamento do RNA.

Como evidenciado pela estrutura cristalográfica da Pol II de leveduras, o CTD da polimerase situa-se diretamente adjacente ao canal de saída do RNA recém-sintetizado. A cauda CTD também é muito longa (ela pode estender-se potencialmente a ~800 Å do corpo da enzima – i.e., cerca de sete vezes o comprimento do restante da enzima). Juntas, essas características permitem que a cauda se ligue a vários componentes da maquinaria de alongamento e processamento e conecte-os ao RNA emergente.

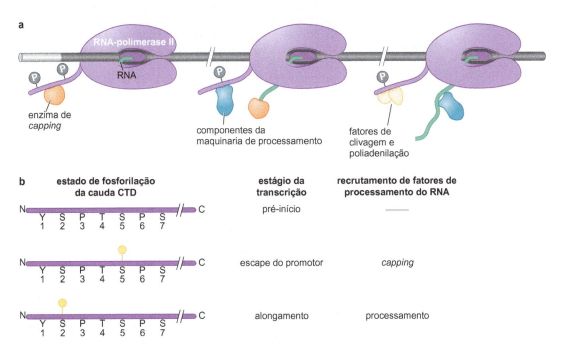

FIGURA 13-21 As enzimas de processamento do RNA são recrutadas pela cauda CTD da polimerase. (a) Vários fatores envolvidos no processamento do RNA são recrutados pela cauda CTD da polimerase. Diferentes fatores são recrutados, de acordo com o estado de fosforilação da cauda. Então, essas enzimas são transferidas para o RNA de acordo com a necessidade (ver próxima seção do texto). (b) A parte inferior da figura ilustra uma representação esquemática da cauda, mostrando uma cópia da sequência repetida do heptapeptídeo. As posições dos resíduos de serina que serão fosforilados estão indicadas nas linhas 2 e 3. A fosforilação da serina na posição 5 é vista após o escape do promotor e está associada ao recrutamento de fatores de *capping* (ou capeamento), enquanto a fosforilação da serina na posição 2 é vista durante o alongamento e está associada ao recrutamento de fatores de processamento. Os recrutamentos de fatores envolvidos no alongamento da transcrição e no processamento do RNA sobrepõem-se. Assim, o fator de alongamento hSPT5 é recrutado para a cauda fosforilada em Ser-5.

Acredita-se que várias proteínas estimulem o alongamento pela Pol II. Uma delas, a P-TEFb quinase, é recrutada à polimerase por ativadores transcricionais. Após ligar-se a Pol II, essa proteína fosforila o resíduo de serina na posição 2 das repetições CTD. Esse evento de fosforilação correlaciona-se com o alongamento (Fig. 13-21). Além disso, a P-TEFb fosforila e, assim, causa a ativação de outra proteína, chamada SPT5, a qual atua como fator de alongamento. Por fim, TAT-SF1, mais um fator de alongamento, é recrutado por P-TEFb. Portanto, P-TEFb estimula o alongamento de três modos diferentes.

SPT5 pode ser comparada ao fator de alongamento bacteriano NusG encontrado anteriormente. De fato, esse é o único fator de transcrição universalmente conservado nos três reinos da vida – desde as bactérias, passando por *Archaea*, até os eucariotos. Os fatores NusG/SPT5 ligam-se a suas respectivas RNA-polimerases na ponta do grampo, sobrepondo-se à região contactada pela região 4 de σ (em bactérias) e TFIIB (em eucariotos). Essa sobreposição – e, presumivelmente, mutuamente exclusiva – levanta a interessante possibilidade de que o deslocamento de fatores de início pode ser parte da função desses reguladores do alongamento. Isso também sugere que a regulação da taxa de alongamento é um mecanismo antigo de regulação da expressão gênica. Como será discutido no Capítulo 19, há alguns promotores em eucariotos superiores em que o complexo de pré-início é efetivamente recrutado, mas a polimerase permanece pausada logo após o início da transcrição. Esses promotores parecem estar associados a genes prontos para serem expressos rapidamente ou de maneira altamente coordenada, e sua expressão é regulada por meio do recrutamento por ativadores específicos da quinase P-TEFb que os libera desta pausa (ver Cap. 19).

Outra classe de fatores de alongamento é a chamada família ELL. Eles também se ligam à polimerase em alongamento e suprimem a pausa transiente pela enzima; por outro lado, essa pausa ocorre em vários sítios ao longo do DNA. A primeira proteína ELL humana foi originalmente identificada como produto de um gene que sofre translocações na leucemia mieloide aguda (ver Quadro 19-3).

Outro fator, que não afeta o início, mas estimula o alongamento, é o TFIIS. Esse fator, como a ELL, aumenta a velocidade total do alongamento, porque limita o período de parada da polimerase quando esta encontra sequências que tendem a desacelerar a progressão da enzima. A polimerase tem como característica não transcrever todas as sequências em velocidade constante. Na verdade, ela para periodicamente, às vezes por intervalos bastante longos, antes de retomar a transcrição. A presença da TFIIS reduz o tempo de parada em qualquer sítio.

A TFIIS tem, ainda, outra função: ela contribui para o reparo de revisão realizado pela polimerase. No começo do capítulo, viu-se que as polimerases são capazes de remover, de maneira ineficiente, as bases mal-incorporadas, usando o sítio ativo da enzima para realizar a reação reversa à de incorporação de nucleotídeos. Além disso, a TFIIS estimula, na polimerase, uma atividade inerente de RNase (que não faz parte do sítio ativo), permitindo um modo alternativo de remoção das bases que foram incorporadas incorretamente, pela degradação local e limitada do RNA. Essa característica é comparável à edição hidrolítica estimulada pelos fatores Gre, descrita para as bactérias. A Figura 13-22 mostra como TFIIS e GreB, embora estruturalmente não relacionados (e não relacionados também em sequência), ainda assim interagem com as polimerases de leveduras e bactérias, respectivamente, de maneiras equivalentes, para estimular as mesmas reações.

A RNA-polimerase em alongamento deve lidar com histonas em seu caminho

Assim como o início da transcrição, o alongamento também acontece na presença de histonas, porque o molde de DNA está incorporado em nucleossomos. Como a RNA-polimerase transcreve através dessas potenciais barreiras?

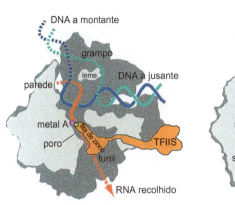 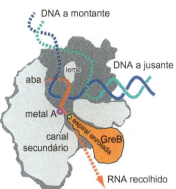

FIGURA 13-22 TFIIS e GreB atuam de maneiras análogas. Visões em corte das principais características dos complexos da RNA-polimerase II estacionada e TFIIS (à esquerda) e da RNA-polimerase bacteriana e GreB (à direita). TFIIS (cor de laranja) é inserido no centro da RNA-polimerase II, e GreB (cor de laranja) é inserido no canal da RNA-polimerase bacteriana. Em ambos os casos, o íon catalítico primário de magnésio é designado como metal A (cor-de-rosa), e as posições dos dois resíduos ácidos conservados estão indicadas (círculos verdes). Assim, vê-se que, embora as duas proteínas sejam muito diferentes, elas atuam essencialmente da mesma maneira. (Setas pontilhadas) Localizações propostas para os RNAs recolhidos (ver também Fig. 13-11). (Reproduzida, com permissão, de Conaway R.C. et al. 2003. *Cell* **114**: 272-274, Fig. 1. © Elsevier.)

Experimentos *in vitro* comparando a transcrição em DNA nu e em DNA incorporado na cromatina revelaram que a cromatina bloqueia a transcrição de maneira considerável. Esse cenário experimental forneceu o ensaio para a identificação de fatores que facilitam a transcrição na presença de cromatina. Dessa maneira, um fator chamado **FACT** (do inglês, *facilitates chromatin transcription* [facilita a transcrição de cromatina]) foi identificado em extratos de células humanas. Como seu nome sugere, esse fator torna muito mais eficiente a transcrição em moldes de cromatina. FACT é um heterodímero de duas proteínas bem-conservadas, Spt16 e SSRP1. A homóloga de levedura da primeira já havia sido ligada à modulação da cromatina a partir de estudos genéticos, e um papel para FACT no alongamento foi estabelecido por meio de interações genéticas entre esse complexo e fatores de alongamento conhecidos, incluindo TFIIS.

Como o FACT funciona? Lembre-se, a partir do Capítulo 8, que os nucleossomos são octâmeros, constituídos pelas subunidades de histonas H2A, H2B, H3 e H4 e DNA (ver Cap. 8, Fig. 8-20). Essas histonas são arranjadas em dois módulos: os dímeros H2A·H2B e o tetrâmero H3·H4. Spt16 liga-se ao primeiro, e SSRP1, ao último. Notavelmente, FACT pode desmanchar as histonas, removendo um dímero H2A·H2B, e remontá-las, restabelecendo esse dímero.

Assim, montou-se uma imagem de como FACT atua durante o alongamento (Fig. 13-23). À frente de uma RNA-polimerase que está transcrevendo, FACT remove um dímero H2A·H2B. Isso permite que a polimerase passe esse nucleossomo (*in vitro*, demonstrou-se que a remoção de H2A·H2B do molde permite a transcrição). FACT também possui atividade de chaperona de histona, que permite que ela restabeleça o dímero H2A·H2B ao hexâmero de histonas imediatamente após a passagem da polimerase. Dessa maneira, FACT permite que a polimerase alongue e, ao mesmo tempo, mantém a integridade da cromatina a qual a enzima está transcrevendo.

A polimerase de alongamento está associada a um novo conjunto de fatores proteicos necessários para vários tipos de processamento de RNA

Após a sua transcrição, o RNA eucariótico precisa ser processado de várias maneiras, antes de ser exportado do núcleo para onde possa ser traduzido. Os eventos de processamento incluem: a adição do *cap* na extremidade 5' do RNA, o processamento propriamente dito (*splicing* ou retirada de íntrons) e a poliadenilação da extremidade 3' do RNA. Desses eventos, o mais complexo é o *splicing* – processo pelo qual os íntrons não codificadores são removidos do RNA para produzir mRNA maduro. Os mecanismos e a regulação desse e de outros processos, como a edição do RNA, são o tema do Capítulo 14. A seguir, consideraremos os outros dois processos: *capping* (ou capeamento) e a poliadenilação do transcrito.

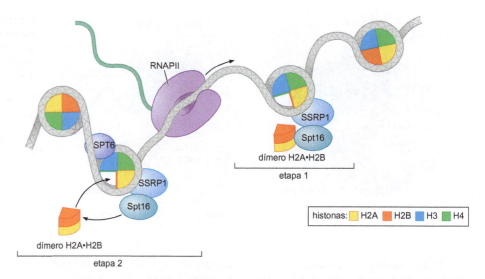

FIGURA 13-23 **Modelo para o alongamento através dos nucleossomos auxiliado por FACT.** Como descrito no texto, FACT, mostrado como um heterodímero de Spt16 e SSRP1, consegue desmanchar os nucleossomos à frente da RNA-polimerase em transcrição (etapa 1) e restabelecê-los atrás (etapa 2). Especificamente, ele remove o dímero H2A·H2B. SPT6 liga-se à histona H3 e acredita-se que auxilie no restabelecimento do nucleossomo. (Adaptada, com permissão, de Reinberg D. e Sims R. 2006. *J. Biol. Chem.* **281**: 23297-23301, Fig. 2b. © American Society for Biochemistry and Molecular Biology.)

Curiosamente, há uma sobreposição entre as proteínas envolvidas no alongamento e as necessárias ao processamento do RNA. Em um caso, por exemplo, um fator de alongamento mencionado anteriormente (SPT5) também ajuda a recrutar a enzima de *capping* 5' para a cauda CTD da polimerase (fosforilada na serina da posição 5) (Fig. 13-21b). O hSPT5 estimula a atividade da enzima de *capping* 5'. Em outro caso, o fator de alongamento TAT-SF1 recruta componentes da maquinaria de processamento para a polimerase que apresenta a Ser-2 fosforilada (Fig. 13-21b). Portanto, o alongamento, o término da transcrição e o processamento do RNA estão interligados – provavelmente para assegurar uma coordenação adequada desses processos.

O primeiro evento do processamento do RNA é a **adição do *cap*** (*capping* ou capeamento). Isso exige a colocação de uma base guanina modificada à extremidade 5' do RNA. Especificamente, ela é uma guanina metilada, e é ligada ao transcrito de RNA em uma ligação incomum 5'-5' que envolve três fosfatos (essa estrutura é mostrada na última etapa da parte inferior da Fig. 13-24).

O *cap* de 5' é formado em três etapas enzimáticas, como detalhado na Figura 13-24 e descrito em detalhes na legenda. Na primeira etapa, um grupo fosfato é removido da extremidade 5' do transcrito de RNA. Então, na segunda etapa, o grupo GMP é adicionado. Na etapa final, esse nucleotídeo é modificado pela adição de um grupo metila. O RNA recebe o *cap* assim que emerge do canal de saída de RNA da polimerase. Isso ocorre logo que o ciclo de transcrição tenha progredido até a transição entre as fases de início e alongamento. Após a adição do *cap*, a desfosforilação da Ser-5 nas repetições da cauda causa a dissociação da maquinaria de adição do *cap*, e a fosforilação subsequente (desta vez, na Ser-2 nas repetições da cauda) determina o recrutamento da maquinaria necessária para o processamento do RNA (Cap. 14) (ver Fig. 13-21b).

O evento final do processamento do RNA, a **poliadenilação** da extremidade 3' do mRNA, está intimamente relacionado ao término da transcrição (Fig. 13-25). Assim como na adição do *cap* e na remoção dos íntrons, a cauda CTD da polimerase está envolvida no recrutamento das enzimas necessárias para a poliadenilação (Fig. 13-21). Quando a polimerase chega ao fim de um

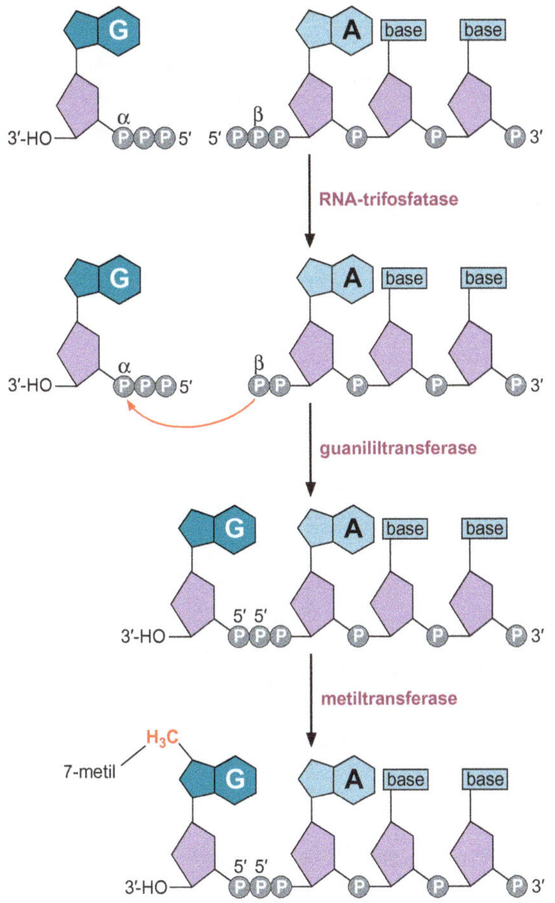

FIGURA 13-24 Estrutura e formação do *cap* 5' do RNA. Na primeira etapa, o fosfato γ na extremidade 5' do RNA é removido por uma enzima chamada RNA-trifosfatase (o nucleotídeo inicial de um transcrito inicialmente retém seus fosfatos α, β e γ). Na próxima etapa, a enzima guanililtransferase adiciona um grupo GMP ao fosfato β-terminal resultante. Esse é um processo de duas etapas: primeiro, um complexo enzima-GMP é gerado a partir de GTP com a liberação dos fosfatos β e γ e, então, o GMP da enzima é transferido para o fosfato β da extremidade 5' do RNA. Quando essa ligação é feita, a guanina e a purina recém-adicionadas à extremidade 5' original do mRNA são modificadas pela adição de grupos metil pela metiltransferase. A estrutura de *cap* 5' resultante recruta, subsequentemente, o ribossomo para o mRNA para o início da tradução (ver Cap. 15).

gene, ela encontra sequências específicas que, após serem transcritas em RNA, desencadeiam a transferência das enzimas de poliadenilação para esse RNA, levando a quatro eventos: clivagem do mensageiro; adição de vários resíduos de adenina à sua extremidade 3'; degradação do RNA remanescente associado à RNA-polimerase por uma ribonuclease 5'-3'; e, subsequentemente, término da transcrição. Essa série de eventos ocorre da maneira explicada a seguir.

Dois complexos proteicos são carregados pela CTD da polimerase quando ela se aproxima do fim de um gene: CPSF (do inglês, *cleavage and polyadenylation specificity factor* [fator de especificidade de clivagem e poliadenilação]) e CSTF (do inglês, *cleavage stimulation factor* [fator de estímulo da clivagem]). As sequências que quando transcritas em RNA desencadeiam a transferência dos fatores para o RNA são chamadas **sinais de poli(A)**, e sua operação é mostrada na Figura 13-25. Quando CPSF e CSTF estiverem ligadas ao RNA, outras proteínas também serão recrutadas, levando inicialmente à clivagem do RNA e, então, à sua poliadenilação.

A poliadenilação é mediada por uma enzima chamada poli(A) polimerase, que adiciona cerca de 200 adeninas à extremidade 3' do RNA produzida pela clivagem. Essa enzima utiliza o ATP como precursor e adiciona os nucleotídeos usando a mesma reação química que a RNA-polimerase. Mas ela faz isso sem um molde. Por isso, a longa cauda de As é encontrada no RNA, mas não no DNA. Ainda não está claro o que determina o comprimento da cauda de poli(A), mas este processo envolve outras proteínas que se ligam especificamente à sequência poli(A). O mRNA maduro é então exportado do núcleo, como será discutido no Cap. 14. É importante ressaltar que a longa cauda de As é exclusiva dos transcritos produzidos pela Pol II, uma caracte-

FIGURA 13-25 Poliadenilação e término. As várias etapas deste processo são descritas no texto.

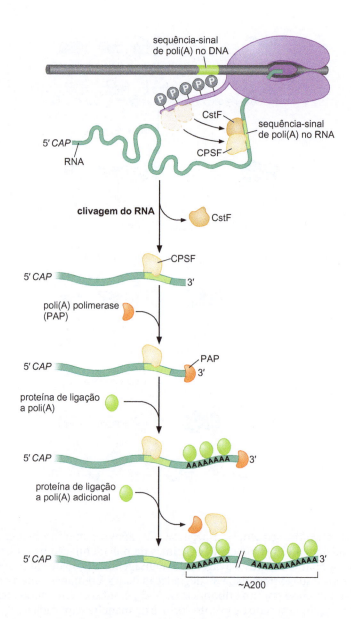

rística que permite o isolamento experimental de mRNAs codificadores de proteínas por meio de cromatografia de afinidade.

Viu-se como o mRNA maduro é liberado da polimerase após a transcrição do gene. Mas o que termina a transcrição pela polimerase? Na verdade, a enzima não para imediatamente quando o RNA é clivado e poliadenilado. Em vez disso, ela continua a deslocar-se ao longo do molde, gerando uma segunda molécula de RNA. A polimerase pode continuar transcrevendo por vários milhares de nucleotídeos antes de terminar e dissociar-se do molde. Agora serão descritos modelos atuais para o término da transcrição.

O término da transcrição está ligado à destruição do RNA por uma RNase de alta processividade

A poliadenilação está ligada ao término, embora a maneira exata ainda não esteja determinada. Entretanto, foi identificada, recentemente, uma enzima que degrada o segundo RNA assim que ele emerge da polimerase, e essa enzima pode, por si, desencadear o término. Este é o chamado modelo de torpedo para o término (Fig. 13-26a).

A extremidade livre do segundo RNA não possui *cap* e, assim, pode ser distinguida dos transcritos genuínos. Esse novo RNA é reconhecido por uma RNase chamada Rat1 em leveduras (em seres humanos, Xrn2), a qual é carregada na extremidade da RNA-polimerase por outra proteína (Rtt103) que se liga à CTD da RNA-polimerase. A enzima Rat1 é bastante processiva e degrada rapidamente o RNA na direção 5'-3', até que alcance a polimerase que ainda está transcrevendo e da qual o RNA está sendo liberado. O término pode não necessitar de qualquer interação muito específica entre Rat1 e a polimerase, e deve, na verdade, ser desencadeado de maneira bastante similar à descrita anteriormente, na seção sobre o término Rho-dependente em bactérias – isto é, a RNase de alta processividade empurra a polimerase para a frente e/ou puxa o restante do transcrito de RNA nascente da enzima. Também é possível que, além de Rat1, outros fatores sejam necessários para desalojar a polimerase, uma vez que, *in vitro*, Rat1 não consegue, sozinha, realizar essa função, mesmo depois de ter degradado o transcrito.

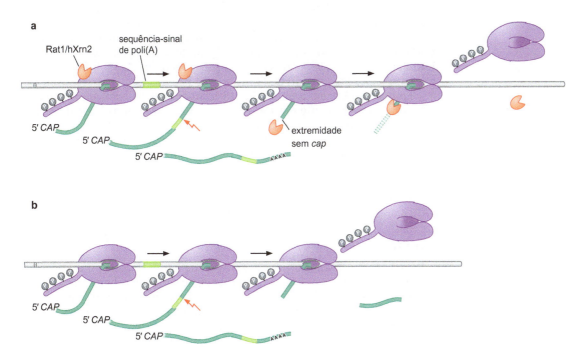

FIGURA 13-26 Modelos de término: torpedo e alostérico. Como descrito no texto, há dois modelos propostos para o término da transcrição pela RNA Pol II eucariótica após a transcrição de um gene. Na figura, o sítio de poli(A) está marcado pelo trecho em verde-claro do DNA e está localizado logo a jusante do gene. Ele também está em verde-claro no transcrito. (Linha verde pontilhada) Transcrito degradado. (a) No modelo de torpedo, o RNA transcrito a jusante do sítio de poli(A) é atacado por uma RNase 5'-3' (o torpedo), que é carregada neste transcrito pela própria polimerase. Quando a exonuclease alcança a polimerase, ela desencadeia sua dissociação do molde de DNA e o término da transcrição. (b) No modelo alostérico, a polimerase é altamente processiva no gene e, então, quando o sinal de poli(A) é ultrapassado, ela torna-se menos processiva. Essa alteração poderia ser devida a uma modificação ou uma alteração conformacional. Mesmo no modelo alostérico, o segundo RNA seria degradado pela RNase, mas esta não seria a causa do término. Neste caso, a degradação do RNA não está mostrada na figura para enfatizar os diferentes mecanismos de término nestes dois modelos. (Adaptada, com permissão, de Luo W. e Bentley D. 2004. *Cell* **119**: 911-914, Fig. 1. © Elsevier.)

Embora o modelo de torpedo para o término seja atualmente o mais provável, há uma alternativa chamada modelo alostérico (Fig. 13-26b). De acordo com esse modelo, o término depende de uma alteração conformacional na polimerase em alongamento que reduz a processividade da enzima, levando, em seguida, ao término espontâneo. Essa alteração conformacional estaria ligada à poliadenilação e poderia, por exemplo, ser desencadeada pela transferência das enzimas de processamento da extremidade 3' da cauda CTD da polimerase para o RNA ou pela ligação subsequente à cauda CTD de outros fatores que induzem uma alteração conformacional.

TRANSCRIÇÃO PELAS RNA-POLIMERASES I E III

As RNA Pol I e Pol III reconhecem promotores distintos, mas ainda requerem TBP

Já foi mencionado que, além da Pol II, os eucariotos possuem duas outras polimerases – a Pol I e a Pol III. Essas enzimas são relacionadas à Pol II e possuem várias subunidades em comum (Tab. 13-2), mas iniciam a transcrição em promotores diferentes e transcrevem genes diferentes. Esses genes codificam RNAs especializados em vez de proteínas. Cada uma dessas enzimas também trabalha com seu conjunto próprio de fatores gerais de transcrição. Entretanto, o fator TBP é universal, porque está envolvido no início da transcrição, seja por Pol I, Pol III ou Pol II.

Embora a TBP seja a única GTF utilizada por Pol I e Pol III, bem como por Pol II, recentemente revelou-se que algumas das outras GTFs discutidas anteriormente no caso de Pol II possuem, na verdade, componentes estrutural e funcionalmente equivalentes nos outros sistemas. Assim, por exemplo, o TFIIF parece ter um homólogo em duas subunidades de Pol I (A49/34.5) e também em Pol III (C37/53). Da mesma maneira, subunidades semelhantes a TFIIE são encontradas nas enzimas Pol I e Pol III. Além disso, ambos os sistemas incluem fatores adicionais que podem ser comparados a TFIIB: o fator TAF1B no sistema de Pol I, e a subunidade Brf1 de TFIIIB no caso de Pol III.

Pol I transcreve apenas genes de rRNA

A Pol I é necessária apenas para a expressão de um único gene, que codifica o precursor do rRNA. Existem várias cópias desse gene por célula e, na verdade, ele é expresso em níveis muitíssimo mais elevados do que qualquer outro gene – o que talvez explique por que ele tem sua própria polimerase.

O promotor para o gene de rRNA possui duas partes: o elemento central, ou essencial, e o UCE (do inglês, *upstream control element* [elemento de controle a montante]), como ilustrado na Figura 13-27. A primeira parte está localizada próximo ao sítio de início da transcrição, e a outra, entre 100 e 150 pb

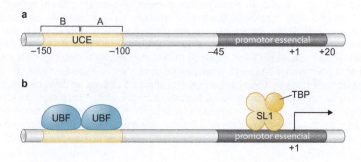

FIGURA 13-27 Região promotora de Pol I. (a) Estrutura do promotor de Pol I. (b) Fatores de transcrição de Pol I. O caso mostrado aqui aplica-se a seres humanos. O conjunto de proteínas envolvidas no auxílio à transcrição por Pol I em leveduras é um pouco diferente.

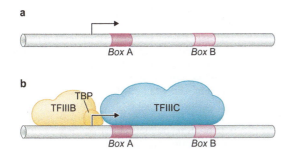

FIGURA 13-28 Promotor essencial de Pol III. Aqui, está mostrado o promotor para o gene de tRNA de levedura. A ordem dos eventos que levam ao início da transcrição está descrita no texto. Para outros genes de Pol III (como o rRNA 5S), outro fator (TFIIIA) é necessário, além de TFIIIB e TFIIIC. TFIIIA liga-se à Caixa A.

a montante do sítio de início (nos seres humanos). Além da Pol I, o início requer outros dois fatores, chamados SL1 e UBF. O SL1 compreende TBP e três TAFs específicas para a transcrição por Pol I. Esse complexo liga-se ao elemento central. SL1 liga-se apenas ao DNA na presença do UBF. Esse fator liga-se ao UCE, aproximando SL1 e estimulando a transcrição do promotor essencial pelo recrutamento da Pol I.

Os promotores da Pol III são encontrados a jusante do sítio de início da transcrição

Os promotores da Pol III apresentam formas variadas, e a grande maioria deles tem a peculiaridade de localizar-se *a jusante* do sítio de início da transcrição (i.e., no interior da região codificadora do gene). Alguns promotores da Pol III (p. ex., os dos genes de tRNA) possuem duas regiões, denominadas *Box* A e *Box* B, separadas por um elemento curto (Fig. 13-28); outros contêm a *Box* A e a *Box* C (p. ex., o gene do rRNA 5S); e outros, ainda, contêm um elemento TATA, como o da Pol II.

Do mesmo modo que a transcrição pela Pol II e pela Pol I, a transcrição pela Pol III requer, além de polimerase, fatores de transcrição. Neste caso, os fatores são chamados de TFIIIB e TFIIIC para os genes de tRNA, e estes mais TFIIIA para o gene do rRNA 5S.

A Figura 13-28 apresenta o promotor de tRNA. Aqui, o complexo TFIIIC liga-se à região do promotor. Esse complexo recruta TFIIIB para o DNA imediatamente a montante do sítio de início, onde TFIIIB, por sua vez, recruta a Pol III para o sítio de início da transcrição. Então, a enzima inicia, provavelmente deslocando o TFIIIC do molde de DNA à medida que avança. Como nas outras duas classes de polimerase, a Pol III requer TBP. Neste caso, esse fator universal é encontrado no complexo do TFIIIB.

RESUMO

A expressão gênica é o processo pelo qual a informação contida na dupla-hélice de DNA é convertida em RNAs e proteínas, cujas atividades conferem à célula sua morfologia e funções. A transcrição é a primeira etapa da expressão gênica e envolve a cópia do DNA em RNA. Essa reação é catalisada pela enzima RNA-polimerase.

As RNA-polimerases são altamente conservadas, de bactérias a seres humanos. Os eucariotos possuem pelo menos três RNA-polimerases diferentes; as bactérias possuem apenas uma. As três enzimas eucarióticas são chamadas RNA Pol I, Pol II e Pol III. Neste capítulo, o enfoque foi dado principalmente a Pol II, porque esta é a enzima que transcreve a grande maioria dos genes da célula e todos os genes que codificam proteínas. As plantas possuem duas RNA-polimerases adicionais, Pol IV e Pol V.

A parte central da enzima básica de *E. coli* tem uma cópia de cada uma das três subunidades – β, β' e ω – e duas cópias da subunidade α. Todas estas subunidades possuem homólogos nas enzimas eucarióticas. As estruturas das enzimas bacteriana e da Pol II de leveduras também são semelhantes. Ambas têm formato semelhante a uma garra de caranguejo, cuja pinça é constituída pelas subunidades maiores, no caso da enzima bacteriana, β e β'. O sítio ativo está na base das pinças, e cinco canais permitem a entrada e a saída: um canal permite o acesso de DNA de dupla-fita por entre as pinças, na parte anterior da enzima; outros dois permitem que as duas fitas simples – a molde e a complementar – saiam da enzima por trás do sítio ativo; outro canal é a via de entrada dos NTPs no sítio ativo; e o RNA produzido, separado do DNA-molde logo atrás do sítio de polimerização, abandona a enzima através do quinto canal.

A Pol II difere da enzima bacteriana em um aspecto importante. A primeira tem uma "cauda" na extremidade carboxiterminal da subunidade maior, ausente na enzima bacteriana. A cauda é composta por várias repetições de uma sequência heptapeptídica.

Um ciclo de transcrição é composto por três fases – início, alongamento e término. Embora as RNA-polimerases possam sintetizar RNA sem auxílio, outras proteínas – chamadas fatores de início – são necessárias para um início preciso e eficiente. Esses fatores asseguram que a enzima inicie a transcrição apenas em sítios apropriados do DNA, chamados promotores. Nas bactérias, há apenas um fator de início, o fator σ, enquanto nos eucariotos existem vários, coletivamente chamados fatores gerais de transcrição. Nos eucariotos, o DNA está empacotado nos nucleossomos e, frequentemente, para ser eficiente, o início *in vivo* requer proteínas adicionais, inclusive o complexo Mediador e as enzimas modificadoras do nucleossomo. Proteínas ativadoras da transcrição também são necessárias (ver Cap. 19).

Durante o início, a RNA-polimerase (juntamente com os fatores de início) liga-se ao promotor, formando um complexo fechado. Nesta condição, o DNA permanece como dupla-fita. A seguir, esse complexo fechado sofre isomerização para complexo aberto. Nessa forma, o DNA em torno do sítio de início da transcrição é desenrolado, pelo rompimento das ligações de hidrogênio entre os pares de bases, e forma uma bolha de DNA de fita simples. Essa transição permite o acesso à fita-molde, que determina a ordem das bases na nova fita de RNA. Essa fase de início é sucedida pelo escape do promotor: após a síntese de uma série de RNAs curtos, o chamado início abortivo, a enzima consegue fazer um transcrito que ultrapassa os 10 pb. Assim, a enzima deixa o promotor e ingressa na fase de alongamento. Nessa fase, a polimerase desempenha várias funções enquanto se desloca ao longo do gene: abre o DNA a jusante (à frente) e o recompõe a montante (atrás) do sítio ativo; adiciona ribonucleotídeos à extremidade 3' do transcrito em crescimento; cerca de 8 ou 9 pb atrás do sítio de polimerização, remove o RNA recém-formado da fita-molde; e corrige o transcrito, verificando (e substituindo) os nucleotídeos incorretamente inseridos.

A transcrição segue as mesmas etapas nas bactérias e nos eucariotos. Entretanto, há diferenças entre os dois casos. Por exemplo, nas bactérias, a isomerização para o complexo aberto ocorre espontaneamente e não requer hidrólise de ATP. Nos eucariotos, esse passo *exige* a hidrólise de ATP. Mais surpreendente é o fato de o escape do promotor, nos eucariotos, ser regulado pelo estado de fosforilação da cauda de CTD. A forma de Pol II que se liga ao promotor no complexo de pré-início tem um CTD não fosforilado. A fosforilação desse domínio é feita por uma ou mais quinases, inclusive uma que faz parte de um dos fatores gerais de transcrição, o TFIIH.

Uma vez fosforilada, a cauda do CTD da Pol II liberta-se das demais proteínas que estão no promotor e libera a polimerase para a fase de alongamento. O CTD liga-se aos fatores envolvidos no alongamento e no processamento do RNA. Desse modo, à medida que a polimerase vai se distanciando do promotor e transcreve o gene, os fatores de início são substituídos pelos fatores de alongamento e de processamento. Existem, também, interações entre os fatores de alongamento e os envolvidos no processamento, assegurando uma coordenação apropriada desses eventos. Outra diferença entre bactérias e eucariotos é que os últimos precisam lidar com os nucleossomos durante o alongamento. Isso requer outro complexo capaz de desmanchar os nucleossomos à frente e restabelecê-los conforme a polimerase avança.

O término também funciona de maneira diferente em bactérias e eucariotos. Nas bactérias, há dois tipos de terminadores: os intrínsecos (ou Rho-independentes) e os Rho-dependentes. Os terminadores intrínsecos consistem em dois elementos de sequência que atuam assim que são transcritos em RNA. Um elemento é uma repetição invertida que forma uma haste-alça (ou grampo) no RNA, desconectando a polimerase que está realizando o alongamento. O grampo, juntamente com uma sucessão de nucleotídeos U (que têm ligação fraca com a fita-molde), resulta na liberação do transcrito. Os terminadores Rho-dependentes requerem a ATPase Rho, uma proteína que se projeta sobre os transcritos em alongamento e se transloca sobre eles até alcançar a polimerase e provocar o término. Nos eucariotos, o término está ligado a um evento do processamento de RNA, a poliadenilação de 5'. Mas também nesses organismos acredita-se que o término envolva outra proteína – neste caso, uma enzima RNase – que se desloca ao longo de um transcrito nascente até colidir com a polimerase, desencadeando o término.

Neste capítulo, foram considerados o capeamento da extremidade 5' dos transcritos de RNA, a poliadenilação da extremidade 3' e o vínculo entre esta última e o término da transcrição. A retirada de íntrons ou *splicing* será descrita no próximo capítulo.

BIBLIOGRAFIA

Livros

Cold Spring Harbor Symposia on Quantitative Biology. 1998. Volume 63: Mechanisms of transcription. Cold Spring Harbor Laboratory Press, Cold Spring Harbor, New York.

RNA-polimerase e início da transcrição

Brueckner F., Ortiz J., and Cramer P. 2009. A movie of the RNA polymerase nucleotide addition cycle. *Curr. Opin. Struct. Biol.* **19:** 294–299.

Campbell E.A., Westblade L.F., and Darst S.A. 2008. Regulation of bacterial RNA polymerase s factor activity: A structural perspective. *Curr. Opin. Microbiol.* **11:** 121–127.

Conaway R.C. and Conaway J.W. 2011. Origins and activity of the Mediator complex. *Semin. Cell Dev. Biol.* **22:** 729–734.

Cramer P., Armache K.J., Baumli S., Benkert S., Brueckner F., Buchen C., Damsma G.E., Dengl S., Geiger S.R., Jasiak A.J., et al. 2008. Structure of eukaryotic RNA polymerases. *Annu. Rev. Biophys.* **37:** 337–352.

Ebright R.H. 2000. RNA polymerase: Structural similarities between bacterial RNA polymerase and eukaryotic RNA polymerase II. *J. Mol. Biol.* **304:** 687–698.

Hahn S. and Young E.T. 2011. Transcriptional regulation in Saccharomyces cerevisiae: Transcription factor regulation and function, mechanisms of initiation, and roles of activators and coactivators. *Genetics* **189:** 705–736.

Kornberg R.D. and Young E.T. 2007. The molecular basis of eukaryotic transcription *Proc. Natl. Acad. Sci.* **104:** 12955–12961.

Krishnamurthy S. and Hampsey M. 2009. Eukaryotic transcription initiation. *Curr. Biol.* **19:** R153–R156.

Malik S. and Roeder R.G. 2005. Dynamic regulation of Pol II transcription by the mammalian Mediator complex. *Trends Biochem. Sci.* **30:** 256–263.

Roberts J.W. 2006. RNA polymerase, a scrunching machine. *Science* **314:** 1097–1098.

Saecker R.M., Record M.T. Jr, and Dehaseth P.L. 2011. Mechanism of bacterial transcription initiation: RNA polymerasepromoter binding, isomerization to initiation-competent open complexes, and initiation of RNA synthesis. *J. Mol. Biol.* **412:** 754–771.

Sekine S., Tagami S., andYokoyama S. 2012. Structural basis of transcription by bacterial and eukaryoticRNApolymerases. *Curr. Opin. Struct. Biol.* **22:** 110–118.

Promotores

Juven-Gershon T., Hsu J.Y., Theisen J.W., and Kadonaga J.T. 2008. The RNA polymerase II core promoter—The gateway to transcription. *Curr. Opin. Cell Biol.* **20:** 253–259.

Alongamento e processamento do RNA

Herbert K.M., GreenleafW.J., and Block S.M. 2008. Single-molecule studies of RNA polymerase: Motoring along. *Annu. Rev. Biochem.* **77:** 149–176.

Maniatis T. and Reed R. 2002. An extensive network of coupling among gene expression machines. *Nature* **416:** 499–506.

Perales R. and Bentley D. 2009. "Cotranscriptionality": The transcription elongation complex as a nexus for nuclear transactions. *Mol. Cell.* **36:** 178–191.

Petesch S.J. and Lis J.T. 2012. Overcoming the nucleosome barrier during transcript elongation. *Trends Genet.* **28:** 285–294.

Reinberg D. and Smith R.J. III 2006. de FACTo nucleosome dynamics. *J. Biol. Chem.* **281:** 23297–23301.

Zhou Q., Li T., and Price D.H. 2021. RNA polymerase II elongation control. *Annu. Rev. Biochem.* **81:** 119–143.

Término

Luo W. and Bartley D. 2004. A ribonucleolytic rat torpedoes RNA polymerase II. *Cell* **119:** 911–914.

Peters J.M., Vangeloff A.D., and Landick R. 2011. Bacterial transcription terminators: The RNA 3'-end chronicles. *J. Mol. Biol.* **412:** 793–813.

Richardson J.P. 2006. How Rho exerts its muscle as RNA. *Mol. Cell* **23:** 711–712.

Rosonina E., Kaneko S., and Manley J.L. 2006. Terminating the transcript: Breaking up is hard to do. *Genes Dev.* **20:** 1050–1056.

RNA-polimerases I e III

SchrammL. and Hernandez N. 2002. Recruitment of RNA polymerase III to its target promoters. *Genes Dev.* **16:** 2593–2620.

Vannini A. and Cramer P. 2012. Conservation between the RNA polymerase I, II, and III transcription initiation machineries. *Mol. Cell* **45:** 439–446.

White R.J. 2008. RNA polymerases I and III, non-coding RNAs and cancer. *Trends Genet.* **24:** 62.

QUESTÕES

Para respostas de questões de número par, ver Apêndice 2: Respostas.

Questão 1. Exceto pela substituição de Ts por Us, o transcrito de RNA é idêntico em sequência a qual fita do DNA? Escolha um ou mais dos seguintes termos: fita-molde, fita complementar, fita codificadora, fita não codificadora. Explique sua escolha.

Questão 2. Explique por que a regulação da transcrição geralmente envolve o promotor e as interações proteicas com o promotor.

Questão 3. Descreva as três etapas do início da transcrição que ocorrem antes do início da fase de alongamento, destacando as características essenciais da RNA-polimerase em cada etapa.

Questão 4. Considere um promotor bacteriano com elementos −35 e −10. Qual ensaio é mais adequado para mostrar que a RNA-polimerase se liga a regiões centrais nas posições −35 e −10 a montante do sítio de início da transcrição? (Revisar o Cap. 7 pode ajudar.)

Questão 5. Diga se a seguinte afirmação é verdadeira ou falsa e explique sua conclusão. A sequência do elemento −35 é sempre 5'-TTGACA-3'.

Questão 6. Considerando os três modelos para a transcrição inicial em bactérias (excursões transientes, lagarta e triturador), qual modelo representa a hipótese mais corroborada pelos dados? Descreva as conclusões gerais desses experimentos.

Questão 7. Descreva as duas funções da revisão de leitura da RNA-polimerase em procariotos.

Questão 8. Considere a sequência do terminador Rho-independente 5'-CCCAGC**CCG**CCUAAUGAGC**GGG**-CUUUUUUU-3'. Por que uma mutação de ponto em qualquer um desses nucleotídeos realçados em negrito perturba o término da transcrição? Como você testaria a sua conclusão?

Questão 9. Explique por que o mediador e os modificadores de nucleossomo são necessários para altos níveis de transcrição em células eucarióticas, mas não *in vitro*.

Questão 10. Quais etapas do ciclo de transcrição eucariótico e além são estimuladas pela fosforilação do domínio carboxiterminal (CTD) da subunidade maior da RNA-polimerase II?

Questão 11. Você quer marcar radioativamente a extremidade 5' de um mRNA durante a formação do *cap* 5' de RNA. Você usaria α, β ou γ-^{32}P GTP em sua reação de *capping*? Explique o porquê.

Questão 12. Como a função da poli(A) polimerase difere da função da RNA-polimerase?

Questão 13. Para que serve a adição de *cap* e de poli(A) nos mRNAs eucarióticos?

Questão 14. Pesquisadores que estudam o modelo de torpedo para o término em eucariotos queriam verificar o posicionamento de Rtt103 e Rat1 em genes transcritos. Para fazer isto, eles realizaram um ensaio de imunoprecipitação de cromatina (ChIP, *chromatin immunoprecipitation assay*) usando a proteína Rat1 marcada. (Ver Cap. 7 para uma revisão sobre ChIP.) Após a digestão da cromatina de células selvagens, eles imunoprecipitaram Rat1 usando anticorpos específicos para a marcação. Eles amplificaram o DNA de interesse associado a Rat1 por PCR com diferentes conjuntos de iniciadores específicos para genes altamente transcritos. Mostraremos os resultados para um gene. Para o gene *ADH1*, os pesquisadores escolheram iniciadores específicos para a amplificação da região do elemento TATA a montante da fase aberta de leitura (ORF, *open reading frame*) (reação na canaleta 1), iniciadores específicos para a amplificação da região 3'da ORF (reação na canaleta 2) ou iniciadores específicos para a amplificação do DNA logo após a sequência codificadora do sinal de poli(A) (reação na canaleta 3). Os resultados da PCR das imunoprecipitações foram comparados aos resultados da PCR usando os mesmos iniciadores com a amostra de cromatina antes da imunoprecipitação. Eles incluíram uma reação usando iniciadores específicos para a amplificação de uma região não transcrita do cromossomo V em cada canaleta (banda menor em cada reação). Os dados mostrados a seguir são para as PCRs com amostras de cromatina antes e depois da imunoprecipitação.

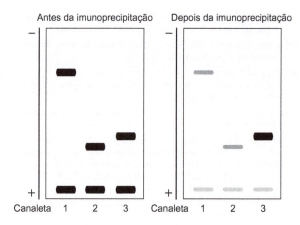

A. Explique por que todas as bandas são praticamente iguais em intensidade para as PCRs de amostras anteriores à imunoprecipitação.
B. Qual a principal conclusão dos resultados de ChIP?
C. Os dados de ChIP para os outros genes altamente transcritos foram semelhantes aos dados para Rat1 em *ADH1*. Explique como esses dados corroboram o modelo de torpedo.

Dados adaptados de Kim et al. (2004. *Nature* **432**: 517-522).

CAPÍTULO 14

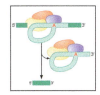

Processamento do RNA

A SEQUÊNCIA CODIFICADORA DE UM GENE CODIFICADOR DE PROTEÍNAS é uma série de códons, compostos por três nucleotídeos (trincas), que especifica a sequência linear dos aminoácidos no produto polipeptídico. Até aqui, assumiu-se que a sequência codificadora é contínua: o códon correspondente a um aminoácido está imediatamente adjacente ao códon do aminoácido seguinte na cadeia polipeptídica. Isso é verdadeiro para a grande maioria das bactérias e seus fagos. No entanto, raramente isto é verdade para os genes eucarióticos. Nestes casos, em geral, a sequência codificadora é periodicamente interrompida por segmentos com sequências não codificadoras.

Muitos genes eucarióticos são, portanto, mosaicos compostos por blocos com sequências codificadoras separadas entre si por blocos com sequências não codificadoras. As sequências codificadoras são chamadas **éxons** e as sequências intercaladas, não codificadoras, são os **íntrons**. Ao serem transcritos em uma molécula de RNA, os íntrons devem ser removidos e os éxons, unidos para criar um mRNA para o gene. Na verdade, tecnicamente, o termo *éxon* aplica-se a qualquer região mantida em um RNA maduro, sendo ou não codificadora. Éxons não codificadores incluem as regiões 5′ e 3′ não traduzidas de um mRNA; todas as porções de RNAs não codificadores estáveis e removidos, como o regulador da inativação do cromossomo X, *Xist* (Cap. 20); e regiões que dão origem a RNAs funcionais, como os micro-RNAs que serão encontrados no Capítulo 20.

A Figura 14-1 apresenta um gene eucariótico típico no qual a região codificadora é interrompida por três íntrons que fragmentam o gene em quatro éxons. O número de íntrons encontrado em um gene varia muito – desde um, no caso da maioria dos genes contendo íntrons em levedura (e alguns poucos genes humanos), a 50, no caso do gene do colágeno de galinha, *proα2*, e chegando a 363 no caso do gene humano *Titin*. A Figura 14-2 mostra o número médio de íntrons por gene em uma variedade de organismos. Fica claro que o número médio aumenta à medida que se passa dos eucariotos unicelulares simples, como as leveduras, para organismos mais complexos, como vermes e moscas, até chegar aos seres humanos.

O tamanho dos éxons e íntrons também é variável. Muito frequentemente, os íntrons são bem mais longos do que os éxons que eles separam. Assim, por exemplo, em geral, os éxons possuem cerca de 150 nucleotídeos, enquanto os íntrons – embora também possam ser curtos – podem ter até 800.000 nucleotídeos (800 kb). Como outro exemplo, o gene da enzima di-hidrofolatorredutase de mamíferos tem mais de 31 kb de comprimento, contendo seis éxons dispersos que, juntos, correspondem a 2 kb do mRNA. Assim sendo, neste caso, a região codificadora do gene corresponde a < 10% de seu comprimento total.

SUMÁRIO

Química do Processamento de RNA, 469

Maquinaria do Spliceossomo, 473

Vias de Processamento, 474

Variantes do Processamento, 482

Processamento Alternativo, 483

Embaralhamento de Éxons, 496

Edição de RNA, 500

Transporte de mRNA, 503

FIGURA 14-1 Um típico gene eucariótico. O gene representado contém quatro éxons separados por três íntrons. A transcrição a partir do promotor gera o pré-mRNA, apresentado na linha intermediária, que contém todos os éxons e íntrons. O processamento remove os íntrons e une os éxons, formando o mRNA maduro, que continua a ser modificado (ver poliadenilação, Cap. 13) e é exportado do núcleo, para ser traduzido em um produto proteico. Tecnicamente, as regiões 5' líder e 3' não codificadoras também são éxons porque elas são mantidas no mRNA maduro. Elas estão aqui representadas em lilás para indicar sua condição de éxons não codificadores.

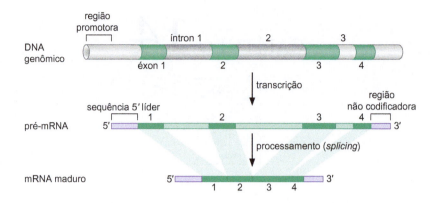

FIGURA 14-2 Número de íntrons por gene em várias espécies eucarióticas. O número médio de íntrons por gene é apresentado para uma seleção de espécies eucarióticas. Os nomes em vermelho são os dos organismos experimentais comuns (Apêndice 1): levedura (*Saccharomyces cerevisiae*), mosca-da-fruta (*Drosophila melanogaster*), nematódeo (*Caenorhabditis elegans*), planta (*Arabidopsis thaliana*) e camundongo (*Mus musculus*). As outras espécies apresentadas são: *Anopheles gambiae*; *Aspergillus nidulans*; nucleomorfo de *Bigelowiella natans*; *Caenorhabditis briggsae*; *Candida albicans*; *Chlamydomonas reinhardtii*; *Ciona intestinalis*; *Cryptococcus neoformans*; *Cryptosporidium parvum*; *Cyanidioschyzon merolae*; *Dictyostelium discoideum*; *Encephalitozoon cuniculi*; *Giardia lamblia*; nucleomorfo de *Guillardia theta*; *Homo sapiens*; *Leishmania major*; *Neurospora crassa*; *Oryza sativa*; *Paramecium aurelia*; *Phanerochaete chrysosporium*; *Plasmodium falciparum*; *Plasmodium yoelii*; *Schizosaccharomyces pombe*; *Takifugu rubripes*; *Thalassiosira pseudonana*; e *Trichomonas vaginalis*. (Redesenhada, com permissão, de Roy S.W. e Gilbert W. 2006. *Nat. Rev. Genet.* **7**: 212, Fig. 1. © Macmillan.)

Da mesma maneira que os genes contínuos dos procariotos, os genes descontínuos dos eucariotos são transcritos em uma cópia de RNA do gene inteiro – o transcrito primário para um gene eucariótico típico contém íntrons e éxons. Isso é mostrado na parte central da Figura 14-1. Devido ao comprimento e ao número de íntrons, o transcrito primário (ou **pré-mRNA**) pode ser, de fato, bastante longo. No caso extremo do gene da *distrofina* humana, a RNA-polimerase precisa percorrer 2.400 kb de DNA para copiar o gene inteiro em RNA. (Considerando que a transcrição avança a uma velocidade de 40 nucleotídeos por segundo, são necessárias 17 horas para sintetizar um único transcrito desse gene.) Isso levanta a possibilidade de que a abundância e o comprimento dos éxons podem ter efeito significativo sobre a taxa de expressão dos genes, assunto que será retomado quando for considerada a regulação gênica durante o desenvolvimento, no Capítulo 21.

Como se afirmou, os transcritos primários dos genes que contêm íntrons devem ser processados para a remoção dos íntrons antes de sua tradução em proteínas. O processo de remoção dos íntrons, chamado **processamento do RNA**, ou simplesmente *splicing*, converte o pré-mRNA em mRNA maduro e precisa ocorrer com grande precisão, evitando a perda ou adição, ainda que de apenas um nucleotídeo, nos sítios de junção de éxons. Como será visto nos Capítulos 15 e 16, os códons de trincas de nucleotídeos do mRNA são traduzidos em uma sequência (ou fase) de leitura constante, determinada pelo primeiro códon da sequência codificadora da proteína. A falta de precisão no processamento – se, por exemplo, uma base for perdida ou adicionada na fronteira entre dois éxons – deixaria as fases de leitura dos éxons fora de or-

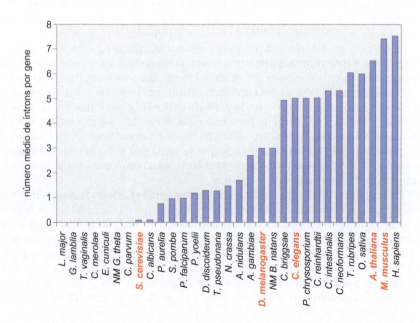

dem: os códons a jusante seriam selecionados incorretamente e aminoácidos errados seriam incorporados nas proteínas.

Alguns pré-mRNAs podem ser processados de mais de uma maneira. Assim, mRNAs contendo diferentes grupos de éxons podem ser gerados a partir de um mesmo pré-mRNA. Esse processo é denominado **processamento alternativo** e, por meio dessa estratégia, um gene pode dar origem a mais de um produto polipeptídico. Esses produtos alternativos são chamados de **isoformas**. Estima-se que 90% ou mais dos genes do genoma humano possam sofrer processamentos alternativos, gerando mais de uma isoforma.

O número de formas variantes que um determinado gene pode codificar por esse processo varia de duas a centenas ou até milhares. Por exemplo, o gene *Slo* de ratos, que codifica um canal de potássio expresso nos neurônios, tem potencial para codificar 500 formas alternativas desse produto. Como será visto, existe um gene específico de *Drosophila* que pode codificar 38 mil diferentes produtos em função do processamento alternativo. O processamento alternativo é geralmente um processo regulado, com a produção de diferentes isoformas ocorrendo em resposta a diferentes sinais ou em diferentes tipos celulares.

Neste capítulo, são discutidos não apenas os mecanismos e a regulação do processamento do RNA, mas também hipóteses sobre o porquê dos genes eucarióticos terem regiões codificadoras interrompidas. Também é descrita a edição do RNA, outro modo pelo qual os transcritos primários podem ser alterados para modificar o produto codificado.

O processamento foi descoberto em estudos de expressão gênica de adenovírus de mamíferos, como descrito no Quadro 14-1, Os adenovírus e a descoberta do processamento.

QUÍMICA DO PROCESSAMENTO DE RNA

Sequências no RNA determinam onde ocorre o processamento

Agora, serão considerados os mecanismos moleculares da reação de processamento. Como os íntrons e os éxons são distinguidos entre si? Como os íntrons são removidos? Como os éxons são emendados com alta precisão? As fronteiras entre íntrons e éxons estão marcadas por sequências nucleotídicas específicas presentes nos pré-mRNAs. Essas sequências determinam onde o processamento ocorrerá. Assim, como demonstra a Figura 14-3, a fronteira éxon-íntron – isto é, a fronteira na extremidade 5' de um íntron – é marcada por uma sequência chamada **sítio de processamento 5'** (ou sítio 5' de *splicing*). A fronteira íntron-éxon na extremidade 3' do íntron é marcada como **sítio de processamento 3'** (ou sítio 3' de *splicing*). (Os sítios de processamento 5' e 3' eram algumas vezes referidos, respectivamente, como sítios **doador** e **receptor**, mas atualmente essa nomenclatura é pouco utilizada.)

A Figura 14-3 mostra uma terceira sequência necessária para o processamento. Ela é chamada de **sítio do ponto de ramificação** (ou sequência do

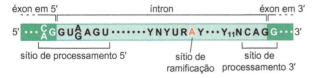

FIGURA 14-3 Sequências das fronteiras entre íntron e éxon. A figura apresenta as sequências consenso dos sítios de processamento 5' e 3' e também o resíduo de A conservado no sítio de ramificação. Como em outros casos de sequências consenso, quando duas bases alternativas são igualmente favorecidas, ambas são indicadas na posição. Nesta figura, as sequências consenso apresentadas são para seres humanos. O mesmo é válido para todas as outras figuras deste capítulo, a menos que conste o contrário.

ponto de ramificação) e localiza-se inteiramente dentro do íntron, geralmente próxima à sua extremidade 3', sendo seguida por uma série de pirimidinas (o trato de polipirimidinas ou trato Py).

A sequência consenso para cada um desses elementos é mostrada na Figura 14-3. As sequências mais bem conservadas são as GU no sítio de processamento 5', as AG no sítio de processamento 3' e o resíduo A no sítio de ramificação. Todos esses nucleotídeos altamente conservados são encontrados no próprio íntron – o que não surpreende, uma vez que as sequências da maioria dos éxons, ao contrário dos íntrons, são limitadas pela necessidade de codificar os aminoácidos específicos de um produto proteico.

À medida que éxons adjacentes são unidos, o íntron é removido na forma de laço

Inicia-se considerando a química do processamento. Um íntron é removido por meio de duas reações sucessivas de **transesterificação**, nas quais as ligações fosfodiéster do pré-mRNA são clivadas, e novas ligações são formadas (Fig. 14-4). A primeira reação é desencadeada pela 2'-OH do A conservado no sítio de ramificação. Este grupo atua como nucleófilo para atacar o grupo fosforil da G conservada no sítio de processamento 5'. (Esta é uma reação S_N2, que ocorre por meio de um intermediário de fósforo pentavalente.)

Como consequência desta primeira reação, a ligação fosfodiéster entre o açúcar e o fosfato na junção 5' entre o íntron e o éxon é clivada. A extremidade 5' liberada do íntron é unida ao A do sítio de ramificação. Assim, além das ligações 5' e 3' do esqueleto, uma terceira ligação fosfodiéster estende-se da 2'-OH do A, originando uma junção tríplice (por isso, denominada sítio de ramificação). A estrutura da junção tríplice é ilustrada na Figura 14-5.

Observa-se que o grupo que sai na primeira reação de transesterificação é o éxon de 5'. Na segunda reação, o éxon em 5' (mais precisamente, a extremidade 3'-OH recém-liberada do éxon de 5') reverte seu papel e torna-se um nucleófilo que ataca o grupo fosfato no sítio de processamento 3' (Fig. 14-4). Esta segunda reação tem duas consequências. A primeira, e mais importante, é que ela une os éxons de 5' e 3'; portanto, esta é a etapa em que as duas sequências codificadoras são efetivamente "unidas". A segunda é que esta mesma reação libera o íntron, como grupo de saída. Como a extremidade 5' do íntron foi ligada ao A do sítio de ramificação na primeira reação de transesterificação, o íntron recém-liberado tem o formato de um **laço**.

Nessas duas etapas de reação, não há ganho líquido no número de ligações químicas – duas ligações fosfodiéster são rompidas e duas novas são

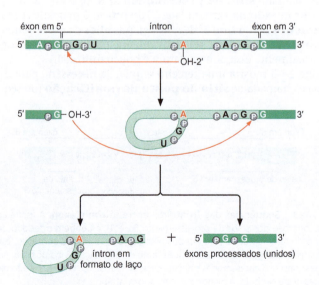

FIGURA 14-4 Reação de processamento. As duas etapas da reação de processamento descritas no texto são mostradas. Na primeira etapa, o RNA forma uma estrutura em alça, apresentada em detalhe na figura seguinte.

Capítulo 14 Processamento do RNA

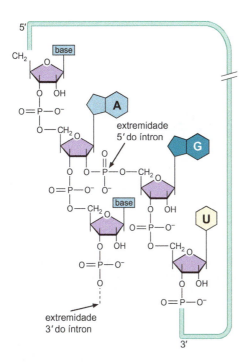

FIGURA 14-5 Estrutura da junção tríplice formada durante a reação de processamento.

▶ EXPERIMENTOS-CHAVE

Quadro 14-1 Os adenovírus e a descoberta do processamento

Estudos em bactérias e seus fagos levaram à descoberta de que, com relação à sequência de nucleotídeos, o mRNA é uma réplica exata do gene do qual foi transcrito (ver Cap. 16). Por isso, em 1977, a descoberta de que alguns (e como se sabe hoje, a maioria) mRNAs de eucariotos podem ser clivados e religados, em um trabalho de "corte e colagem", a partir de transcritos primários muito mais longos, causou espanto geral. Como essa surpreendente descoberta foi feita?

Na tentativa de entender a transcrição gênica em eucariotos, os cientistas detiveram-se em um vírus de DNA humano chamado **adenovírus**. Acreditava-se que o adenovírus pudesse servir como modelo para entender a biologia molecular dos genes eucarióticos, assim como os fagos T4 e λ haviam servido para os genes procarióticos (ver Apêndice 1). O virion do adenovírus é formado por várias proteínas diferentes, codificadas por ele, e os mRNAs para essas proteínas foram purificados, na expectativa de que suas extremidades 5′ indicassem precisamente os sítios de início da transcrição de cada gene do genoma viral. Em vez disso, todos os mRNAs, embora codificassem proteínas diferentes, apresentavam a mesma sequência 5′. Hoje se sabe que todos os mRNAs de proteínas do virion do adenovírus derivam de um promotor único, conhecido como promotor tardio principal. O início a partir desse promotor produz longos transcritos que incluem as sequências codificadoras de várias proteínas (Fig. 1 deste quadro). Então, este transcrito sofre processamento alternativo para gerar mRNAs separados para componentes de virions individuais, como as proteínas héxon e fibrila. Todos os mRNAs possuem a mesma sequência 5′, que resulta da união de três sequências curtas que não codificam proteínas, conhecida como sequência-líder tripartida. A líder sofre processamento alternativo às sequências codificadoras do héxon, das fibrilas e de outras proteínas do virion, gerando cada um dos futuros mRNAs virais.

A demonstração de que esses mensageiros são processados pela união de RNAs que se originam em diferentes regiões do genoma surgiu por meio de vários experimentos – um deles é conhecido como mapeamento pela alça R (Fig. 2 deste quadro). Em condições apropriadas, um RNA é incubado com um DNA de dupla-fita contendo um segmento com sequência idêntica ao RNA; este RNA se anelará à fita de DNA complementar, deslocando a fita de DNA não complementar, deixando-a em forma de alça (Fig. 2a deste quadro). Após a técnica de coloração utilizada para visualizar ácidos nucleicos, a alça R pode ser observada ao microscópio eletrônico, uma vez que os dúplices de RNA-DNA e DNA-DNA aparecem mais espessos do que os ácidos nucleicos de fita simples. Quando esse experimento foi realizado em mensageiros de adenovírus, observou-se que as alças R não eram totalmente contíguas a uma única região do DNA. Em vez disso, e dependendo do fragmento de DNA viral utilizado, uma ou ambas as extremidades do RNA projetavam-se das alças de RNA como caudas de fita simples (Fig. 2b deste quadro). Em outros casos, uma das caudas anela a um fragmento de DNA de uma região diferente do genoma viral (Fig. 2c deste quadro). Claramente, esses mRNAs eram moléculas compostas, oriundas de sequências complementares a regiões do genoma que não eram contíguas e que haviam sido ligadas. Esses e outros tipos de experimentos de anelamento DNA-RNA foram usados para deduzir o padrão de processamento alternativo mostrado na Figura 1 deste quadro.

(continua)

Quadro 14-1 (Continuação)

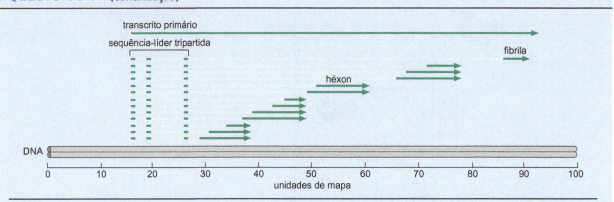

QUADRO 14-1 FIGURA 1 **Mapa do genoma do adenovírus-2 humano.** O mapa apresenta os padrões de transcrição dos mRNAs tardios, incluindo o transcrito primário (representado pela seta longa em verde-escuro na parte superior); as sequências-líderes tripartidas encontradas nas posições 16,6, 19,6 e 26,6 (representadas como barras verdes); e as posições no mapa das sequências de DNA que codificam os vários mRNAs tardios (representados pelas setas curtas em verde-escuro).

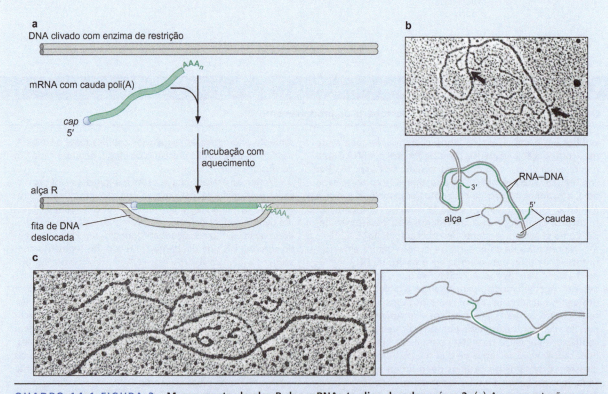

QUADRO 14-1 FIGURA 2 **Mapeamento de alça R dos mRNAs tardios do adenovírus-2.** (a) A representação esquemática mostra a formação de uma estrutura de alça R. Um fragmento de DNA de dupla-fita gerado por digestão com uma endonuclease de restrição é incubado com mRNA e aquecido um pouco acima da temperatura de desnaturação do DNA, em 80% de formamida. O híbrido formado entre o mensageiro e sua sequência complementar de DNA causa o deslocamento da segunda fita de DNA. Observa-se que a cauda poli(A) do mRNA (não codificada pelo DNA) (ver Cap. 12) projeta-se a partir do fim do dúplex híbrido. (b) Micrografia eletrônica e diagrama esquemático de uma alça R observada após a incubação do mRNA de héxon com uma sequência de DNA complementar da região tardia do genoma do adenovírus-2. Observam-se as extensões das extremidades 5´ e 3´ no mensageiro. (Linhas cinzas) DNA; (linhas verdes) RNA. (Reproduzida, com permissão, de Berget S.M. et al. 1977. *Proc. Natl. Acad. Sci.* **74**: 3171-3175. © National Academy of Sciences.) (c) Micrografia eletrônica e diagrama esquemático de uma alça R observada após a incubação do mRNA de fiber (fibrila) com dois DNAs, o genoma completo do adenovírus e um fragmento de endonuclease de restrição derivado de uma região inicial do genoma. (Reproduzida, com permissão, de Chow L.T. et al. 1977. *Cell* **12**: 1-8, p. 2. © Elsevier.)

feitas. Como se trata apenas de um rearranjo das ligações, não há necessidade do fornecimento de energia para o processo. Como será visto a seguir, porém, uma grande quantidade de ATP é consumida durante a reação de processamento. Essa energia não é necessária para a reação química, mas sim para formar e operar adequadamente a maquinaria do processamento.

Outro ponto relacionado à reação de processamento é a direção: o que assegura que o processamento ocorra apenas para a frente – isto é, na direção dos produtos ilustrados na Figura 14-4? Em princípio, as reações poderiam ocorrer na outra direção e, de fato, isso pode ocorrer de maneira forçada, sob circunstâncias especiais. Mas na prática, isso não ocorre na célula, e será descrito aqui como isso é garantido.

MAQUINARIA DO SPLICEOSSOMO

O processamento do RNA é executado por um grande complexo chamado spliceossomo

As reações de transesterificação recém-descritas são promovidas por uma grande "máquina" molecular, chamada **spliceossomo**. Este complexo compreende cerca de 150 proteínas e cinco RNAs e seu tamanho equivale ao de um ribossomo, a "máquina" que traduz o mRNA em proteína (Cap. 15). Para realizar o processamento, mesmo que apenas uma reação, o spliceossomo hidrolisa várias moléculas de ATP. Surpreendentemente, acredita-se que muitas funções do spliceossomo são realizadas pelos RNAs que o compõe e não pelas proteínas – novamente, outra semelhança com o ribossomo. São esses RNAs que localizam os elementos nas fronteiras entre íntrons e éxons e, provavelmente, participam da catálise da reação de processamento.

Os cinco RNAs (U1, U2, U4, U5 e U6) são chamados, conjuntamente, de **pequenos RNAs nucleares** (**snRNAs**, *small nuclear RNAs*). Cada um deles tem entre 100 e 300 nucleotídeos na maioria dos eucariotos e está complexado a várias proteínas. Estes complexos RNA-proteína são chamados de **pequenas proteínas ribonucleares** (**snRNPs**, *small nuclear ribonuclear proteins*). No Capítulo 6, viu-se a estrutura cristalográfica de uma seção do snRNA U1 ligada a uma das proteínas da snRNP U1 (Fig. 6-18).

O spliceossomo é o grande complexo formado por estas snRNPs, mas sua constituição exata difere em estágios distintos da reação de processamento: diferentes snRNPs vêm e vão em períodos diferentes, cada uma delas realizando funções específicas na reação. No spliceossomo, também existem várias proteínas que não fazem parte das snRNPs, e outras ligadas fracamente ao complexo.

As snRNPs desempenham três funções no processamento: elas reconhecem o sítio de processamento 5' e o sítio de ramificação; aproximam esses sítios, quando necessário; e catalisam (ou auxiliam a catálise) a clivagem do RNA e as reações de religação. As interações RNA-RNA, RNA-proteína e proteína-proteína são importantes para a realização dessas funções. Iniciaremos considerando algumas das interações RNA-RNA. Essas interações estão presentes em cada snRNP, entre snRNPs diferentes e entre snRNPs e o pré-mRNA.

A Figura 14-6a, por exemplo, mostra a interação, por meio de pareamento de bases complementares, entre o snRNA U1 e o sítio de processamento 5' do pré-mRNA. Na continuação da reação, esse sítio de processamento é reconhecido pelo snRNA U6. Outro exemplo, apresentado na Figura 14-6b, mostra o sítio de ramificação sendo reconhecido pelo snRNA U2. Um terceiro exemplo, na Figura 14-6c, mostra uma interação entre os snRNAs U2 e U6. Esta aproxima o sítio de processamento 5' e o sítio de ramificação. São essas interações e outras semelhantes, bem como os rearranjos que delas resultam, que promovem a reação de processamento e contribuem para sua precisão, com será visto adiante.

Como mencionado anteriormente, algumas não snRNPs estão envolvidas no processamento. Um exemplo disso, a U2AF (fator auxiliar U2), reco-

FIGURA 14-6 **Alguns híbridos RNA-RNA formados durante a reação de processamento.** Em alguns casos, (a) diferentes snRNPs reconhecem as mesmas sequências (ou sequências sobrepostas) no pré-mRNA, em diferentes fases da reação de processamento, como mostrado aqui para o reconhecimento do sítio de processamento 5' pela U1 e U6. (b) snRNP U2 faz o reconhecimento do sítio de ramificação. (c) O pareamento RNA:RNA das snRNPs U2 e U6 é mostrado. (d) Por fim, a mesma sequência em um pré-mRNA é reconhecida por uma proteína (que não faz parte de snRNP) em uma etapa e é substituída por uma snRNP em outra. Cada uma dessas alterações é acompanhada pela chegada ou pela saída dos componentes do spliceossomo e o rearranjo estrutural necessário para a continuação da reação de processamento. As sequências nesta figura são de levedura.

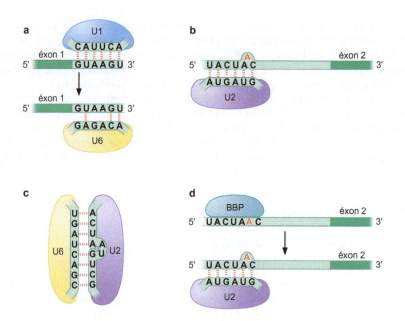

nhece o trato de polipirimidina (Py)/sítio de processamento 3' e, na etapa inicial da reação de processamento, ajuda outra proteína, a BBP (proteína de ligação ao ponto de ramificação), a ligar-se ao sítio de ramificação. A BBP (também chamada de SF1 em sistemas mamíferos) é, então, deslocada pela snRNP U2, como mostrado na Figura 14-6d. Outras proteínas envolvidas na reação de processamento incluem fatores de anelamento ao RNA, que ajudam a carregar as snRNPs no mRNA, e as proteínas helicases de *DEAD-box*. Essas proteínas usam sua atividade de ATPase para dissociar certas interações RNA-RNA, permitindo a formação de pares alternativos e, assim, promovendo os rearranjos que ocorrem durante a reação de processamento. Elas também são necessárias para remover o mRNA processado do spliceossomo e desencadear a sua desmontagem.

VIAS DE PROCESSAMENTO

Formação, rearranjo e catálise no spliceossomo: a via de processamento

As etapas do processamento são mostradas na Figura 14-7. O que está representado é uma via canônica e, em um caso qualquer, determinadas etapas podem ser levemente diferentes em sua ordem ou podem até mesmo ter ordem inversa, situações essas que serão retomadas mais tarde. Mas a via, como primeiramente apresentada, revela a série extraordinária de eventos realizados pelo dinâmico spliceossomo para dirigir a reação de processamento na célula.

Inicialmente, o sítio de processamento 5' é reconhecido pela snRNP U1 (pelo pareamento de bases entre seu snRNA e o pré-mRNA, como mostrado na Fig. 14-6). O U2AF é formado por duas subnidades, a maior delas (65) liga-se ao trato Py e a menor (35), ao sítio de processamento 3'. A primeira subunidade interage com a BBP (SF1), auxiliando em sua ligação ao sítio de ramificação. Este arranjo de proteínas e RNA é chamado de complexo inicial (E, *early*).

Capítulo 14 Processamento do RNA 475

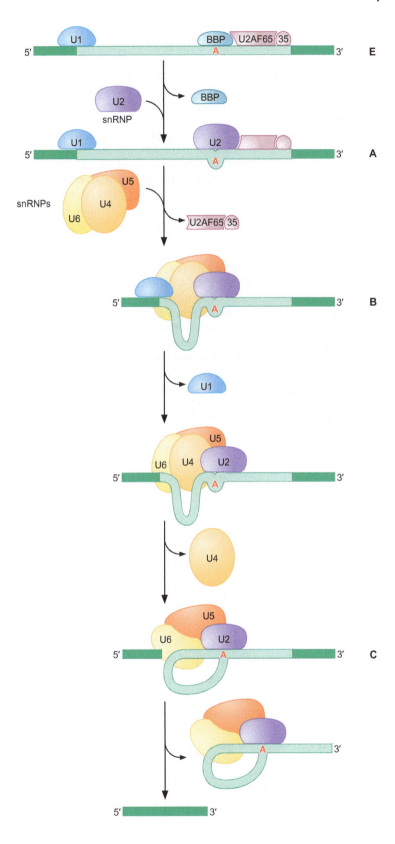

FIGURA 14-7 Etapas da reação de processamento mediada pelo spliceossomo. A formação e a atuação do spliceossomo estão ilustradas, e os detalhes de cada etapa estão descritos no texto. Determinados componentes da maquinaria de processamento entram ou saem do complexo a cada etapa, e essas alterações estão associadas aos rearranjos estruturais necessários para a sequência do processamento. Observa-se que o nome de cada complexo é mostrado à direita. As evidências sugerem que alguns dos componentes mostrados não chegam ou saem exatamente nos momentos indicados nesta figura; eles podem, por exemplo, continuar presentes, mas enfraquecer sua associação com o complexo, em vez de se dissociarem completamente. Também não é possível ter certeza da ordem de algumas alterações mostradas, sobretudo as duas etapas que envolvem alterações no pareamento de U6: quando ela substitui U1 no sítio de processamento 5′, comparado a quando ela substitui U4 na ligação a U2. Apesar dessas incertezas, o envolvimento fundamental dos diversos componentes da maquinaria, nas diferentes etapas da reação de processamento, e a natureza dinâmica geral do spliceossomo seguem o esquema ilustrado na figura.

Então, a snRNP U2 liga-se ao sítio de ramificação, com o auxílio do U2AF e desloca a BBP (SF1). Este arranjo é chamado complexo A. O pareamento de bases entre a snRNA U2 e o sítio de ramificação é tal que o resíduo A do sítio de ramificação é expulso do trecho resultante de RNA de dupla-hélice como uma protuberância de nucleotídeo único, como mostrado na Figura 14-6b. O resíduo A não pareado está, portanto, disponível para reagir com o sítio de processamento de 5'.

A próxima etapa é o rearranjo do complexo A para aproximar os três sítios de processamento. Isso é realizado da seguinte maneira: as snRNPs U4 e U6, juntamente com a snRNP U5, unem-se ao complexo. Juntas, estas três snRNPs são chamadas de **partícula tri-snRNP**, na qual as snRNPs U4 e U6 são mantidas em união por pareamentos complementares das bases dos RNAs que as compõem, e a snRNP U5 está associada mais fracamente, por meio de interações proteína-proteína. Com o ingresso da tri-snRNP, o complexo A é convertido em complexo B.

Na etapa seguinte, U1 deixa o complexo e U6 o substitui no sítio de processamento 5'. Isso exige a ruptura do pareamento de bases entre o snRNA U1 e o pré-mRNA, permitindo que o RNA U6 se hibridize a esta mesma região (na verdade, a uma sequência sobreposta, como visto na Fig. 14-6a).

Essas etapas completam a fase de formação. O rearranjo seguinte desencadeia a catálise e ocorre como segue: U4 é liberado do complexo, permitindo a interação de U6 e U2 (por meio do pareamento de bases RNA:RNA, apresentado na Fig. 14-6c). Esse arranjo, chamado complexo C, produz o sítio ativo. Isto é, o rearranjo reúne no spliceossomo estes componentes – que parecem ser regiões exclusivas dos RNAs U2 e U6 – que, juntos, formam o sítio ativo. O mesmo rearranjo também assegura que o RNA substrato esteja adequadamente posicionado para ser utilizado. É surpreendente que não apenas o sítio ativo seja formado basicamente por RNA, mas também, que ele seja formado apenas nesta fase da formação do spliceossomo. Provavelmente, essa estratégia diminui a probabilidade de processamentos aberrantes. Vincular a formação do sítio ativo à finalização correta das etapas anteriores de formação do spliceossomo torna bastante provável que o sítio ativo esteja disponível apenas em processamentos legítimos.

A formação do sítio ativo aproxima o sítio de ramificação do sítio de processamento 5' do pré-mRNA, facilitando a primeira reação de transesterificação. A segunda reação, entre os sítios de processamento 5' e 3', é facilitada pela snRNP U5, que ajuda a aproximar os dois éxons. A etapa final envolve a liberação do produto mRNA e das snRNPs. Inicialmente, as snRNPs continuam ligadas ao laço, sendo recicladas após a rápida degradação deste fragmento de RNA.

A formação do spliceossomo é dinâmica e variável, e sua desmontagem garante que a reação de processamento não seja reversível na célula

É importante enfatizar que a via recém-descrita – a ordem das etapas necessárias para a formação do spliceossomo – é a versão canônica. De fato, o processo pode ser menos rigidamente regulamentado do que essa descrição sugere. A imagem apresentada mostra a maquinaria sendo montada em torno do íntron a ser removido. Na verdade, é possível que mais frequentemente a maquinaria seja inicialmente montada em torno de um éxon, processo geralmente chamado de **definição de éxon** (serão descritos mais detalhes sobre isso quando forem consideradas as ações dos amplificadores de processamento). Além disso, a ordem precisa dos eventos provavelmente varia em alguma extensão – por exemplo, o pareamento do sítio de processamento pode ocorrer antes ou após o recrutamento de tri-snRNP: os detalhes dependerão das sequências de RNA e de fatores de limitação de taxas em um caso qualquer. Além disso, muitas etapas durante a formação do spliceossomo podem ser revertidas.

Anteriormente, mencionou-se que as duas reações principais do processamento poderiam, em princípio, ocorrer bidirecionalmente, mas que na célula isso não é observado. Esta direcionalidade é garantida pela rápida desmontagem do spliceossomo, imediatamente após a realização da segunda reação. A desmontagem é dirigida por uma das helicases DEAD-box que foi mencionada, esta chamada de Prp22. Esta proteína é necessária para a segunda etapa catalítica do processamento e também para remover o mRNA processado do spliceossomo. Mutações que eliminam esta última função também bloqueiam a desmontagem do spliceossomo e, em tal situação, as reações de processamento podem ser observadas ocorrendo em ambas as direções em spliceossomos purificados.

Pode parecer estranho que a maquinaria e o mecanismo de processamento sejam tão complexos. Por que teriam evoluído desse modo? Não teria sido mais simples ligar os éxons em uma única reação, em vez das duas reações, como recém-descrito? Para analisar essa questão, será discutido a seguir um grupo de íntrons que – ao contrário dos considerados até agora – são capazes de *autoexcisão* do pré-mRNA, sem a necessidade de spliceossomo. Eles são chamados de **íntrons de autoprocessamento**.

Íntrons de autoprocessamento revelam que o RNA pode catalisar o processamento de RNA

As três classes de processamento encontradas nas células (excluindo o processamento de tRNAs, que será discutido no Cap. 15) são apresentadas na Tabela 14-1. Até o momento, nós só discutimos o processamento de pré-mRNAs nucleares, mediado pelo spliceossomo encontrado em todos os eucariotos. A Tabela 14-1 também apresenta os chamados íntrons de autoprocessamento do **grupo I** e do **grupo II**. Por "autoprocessamento", entende-se que o próprio íntron, no RNA precursor, dobra-se em uma conformação específica e catalisa a reação química de sua própria liberação (deve-se lembrar das características gerais das enzimas de RNA que foram discutidas no Cap. 5). Em uma definição prática, a "autoexcisão" significa que esses íntrons podem realizar autorremoção dos seus RNAs, *in vitro*, na ausência de quaisquer proteínas ou moléculas de RNA. Os íntrons de autoprocessamento são agrupados em duas classes, de acordo com a sua estrutura e mecanismo de processamento. A rigor, os íntrons de autoexcisão não são enzimas ("catalisadores"), porque promovem apenas um ciclo de processamento de RNA (como será visto no Quadro 14-2, Conversão dos íntrons do grupo I em ribozimas).

No caso dos íntrons do grupo II, a química de processamento e os intermediários de RNA produzidos são iguais aos dos pré-mRNAs nucleares. Isto é, como ilustrado na Figura 14-8, o íntron usa um resíduo A do sítio de ramificação para atacar a ligação fosfodiéster na fronteira entre a sua extremidade 5' e a extremidade do éxon que está a 5'– isto é, no sítio de processamento 5'. Essa reação produz o laço ramificado, como se viu anteriormente, e é seguida por uma nova reação, em que a extremidade 3'-OH recém-liberada do éxon ataca o sítio de processamento 3', liberando o íntron na forma de um laço e ligando os éxons a 3' e a 5'.

TABELA 14-1 Três classes de processamento de RNA

Classe	Abundância	Mecanismo	Maquinaria catalítica
Pré-mRNA nuclear	Muito comum; utilizado na maioria dos genes eucarióticos	Duas reações de transesterificação; sítio de ramificação A	Spliceossomos principal e minoritário
Íntrons do grupo II	Raros; em alguns genes de organelas eucarióticas e em procariotos	Igual ao do pré-mRNA	Enzima de RNA codificada pelo íntron (ribozima)
Íntrons do grupo I	Raros; no rRNA nuclear de alguns eucariotos, em genes de organelas e em alguns genes procarióticos	Duas reações de transesterificação; sítio de ramificação G	Igual ao grupo II

478 Parte 4 Expressão do Genoma

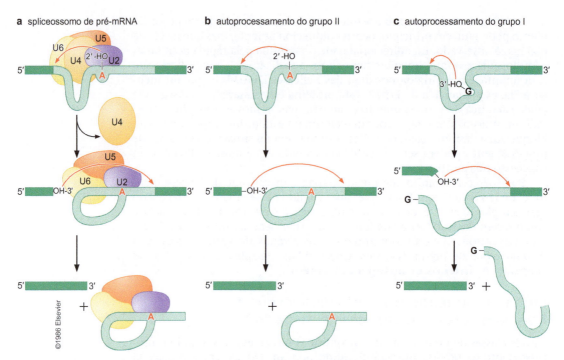

FIGURA 14-8 **Íntrons do grupo I e do grupo II.** A figura compara as reações de autoexcisão de íntrons dos grupos I e II e da reação mediada pelo spliceossomo, já descrita. No caso dos íntrons do grupo II, a reação química é essencialmente idêntica à dos spliceossomos, com uma adenina altamente reativa do íntron iniciando o processamento e levando à formação de um produto em laço. No caso do íntron do grupo I, o RNA dobra-se para formar um bolso de ligação à guanina, permitindo que a molécula se ligue a um nucleotídeo de guanina livre para iniciar o processamento. Embora, *in vitro*, esses íntrons possam realizar autorremoção do RNA sem interferência de proteínas, *in vivo*, em geral, há a necessidade de diversos componentes proteicos para estimular a reação. (Adaptada, com permissão, de Cech T.R. 1986. *Cell* **44**: 207-210, Fig. 1. © Elsevier.)

Íntrons do grupo I liberam um íntron linear em vez de um laço

Os íntrons do grupo I são processados por uma via diferente (Fig. 14-8c). Em vez de usar um resíduo A do sítio de ramificação, eles usam um nucleotídeo ou nucleosídeo G livre. Esse resíduo G liga-se ao RNA, e seu grupo 3'-OH é apresentado ao sítio de processamento 5'. O mesmo tipo de reação de transesterificação, que nos casos anteriores resultava na formação do laço, aqui liga G à extremidade 5' do íntron. Então, a segunda reação prossegue como nos exemplos anteriores: a extremidade 3' liberada do éxon ataca o sítio de processamento 3'. Isso liga os dois éxons e libera o íntron que, neste caso, é linear e não uma estrutura em laço.

Os íntrons do grupo I, que são menores que os do grupo II, possuem uma estrutura secundária conservada comum (os dobramentos do RNA foram discutidos no Cap. 5). A estrutura dos íntrons do grupo I inclui um bolso (ou fenda) de ligação que acomodará qualquer nucleotídeo ou nucleosídeo de guanina, desde que ele esteja na forma de ribose. Além desse bolso, os íntrons do grupo I contêm uma "sequência interna guia", cujas bases pareiam com as bases da sequência do sítio de processamento 5', determinando o local exato para o ataque nucleofílico pelo nucleotídeo G (ver Quadro 14-2).

Um íntron de autoprocessamento típico tem entre 400 e 1.000 nucleotídeos de comprimento e, ao contrário dos íntrons removidos por spliceossomos, grande parte da sequência de um íntron de autoprocessamento é essencial para a reação de processamento. Esta restrição na sequência existe pois o íntron deve sofrer um dobramento exato para que possa realizar a reação

> **EXPERIMENTOS-CHAVE**

Quadro 14-2 Conversão dos íntrons do grupo I em ribozimas

Uma vez que um íntron de autoprocessamento do grupo I tenha sido removido, o sítio ativo que ele contém permanece intacto. Então, o que impede a autorreversão da reação de processamento? Um fator é a alta concentração celular de nucleotídeos G, o que favorece muito um dos sentidos da reação. Além disso, o íntron sofre uma reação subsequente que o impede de participar efetivamente da reação reversa. Convenientemente, no final da extremidade 3' do íntron há um G, que pode ligar-se ao bolso de ligação a G. Enquanto isso, a extremidade 5' do íntron pode ligar-se ao longo da sequência-guia interna. Assim, uma terceira reação de transesterificação pode ocorrer para circularizar o íntron. A nova ligação formada com o G terminal é fraca e hidrolisa-se espontaneamente. Em consequência, o íntron é relinearizado, mas é truncado e, assim, impedido de realizar a reação de processamento reversa.

Conforme explicado anteriormente, os íntrons do grupo I (e do II) não são enzimas porque possuem um número de *turnover* de apenas 1. Mas eles podem ser prontamente convertidos em enzimas (ribozimas) da seguinte maneira (Fig. 1 deste quadro): o íntron relinearizado descrito retém seu sítio ativo. Se fornecermos um G livre e um substrato que contenha uma sequência complementar à sua sequência interna guia, ele catalisará, repetidamente, a clivagem de moléculas de substrato. Assim, pode-se converter um íntron de grupo I em uma ribozima, de modo semelhante ao da enzima de autoclivagem Hammerhead (cabeça-de-martelo), que pode ser convertida em ribozima ao separar-se o sítio ativo do substrato (Cap. 5). Pode-se ir um passo adiante neste processo alterando-se a sequência interna guia e, assim, produzindo ribonucleases sob medida que clivam uma molécula de RNA à escolha.

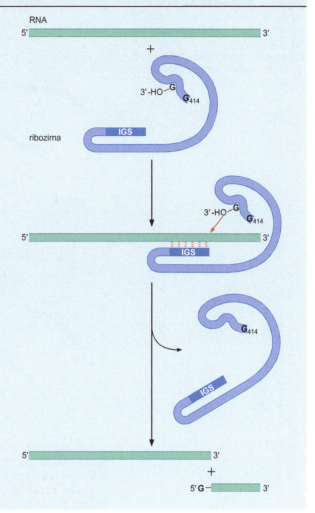

QUADRO 14-2 FIGURA 1 Os íntrons do grupo I podem ser convertidos em ribozimas verdadeiras.

química necessária. Além disso, *in vivo*, o íntron é complexado a várias proteínas que ajudam a estabilizar a estrutura correta – em parte, pelo isolamento das regiões do esqueleto umas em relação às outras. Assim, esse dobramento requer que certas seções do esqueleto do RNA estejam próximas entre si e, se não forem protegidas, as cargas negativas dos fosfatos dessas regiões seriam repelidas entre si. *In vitro*, altas concentrações salinas (e, portanto, íons positivos) compensam a ausência dessas proteínas. É por isso que se sabe que as proteínas não são necessárias para a reação de processamento propriamente dita.

Acredita-se que a semelhança entre a reação química do autoprocessamento e a do processamento mediado pelo spliceossomo seja reflexo de uma relação evolutiva. Talvez íntrons ancestrais semelhantes aos íntrons de autoexcisão do grupo II tenham sido o ponto de partida para a evolução do atual processamento do pré-mRNA. As funções catalíticas fornecidas pelo RNA foram mantidas, mas a necessidade de extensiva especificidade de sequência no íntron propriamente dito foi aliviada pela função em *trans* de snRNAs e suas proteínas associadas. Desta maneira, os íntrons precisaram apenas manter o mínimo de elementos de sequência necessários para desencadear o processamento nos locais corretos. Assim, permitiu-se a existência de muitas e variadas sequências e tamanhos de íntrons.

480 Parte 4 Expressão do Genoma

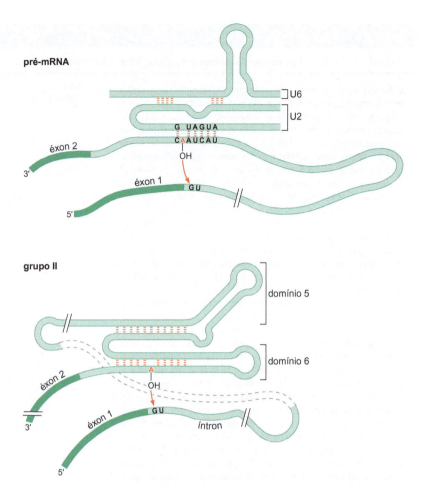

FIGURA 14-9 Dobramento das regiões catalíticas do RNA, proposto para processamentos de íntrons do grupo II e de pré-mRNAs. A região tracejada no RNA do grupo II substitui um domínio adicional com quatro dobras, não representado aqui. As semelhanças impressionantes propostas nestas estruturas foram confirmadas por meio de estudos de cristalografia por raios X.

É interessante que a estrutura da região catalítica que realiza a primeira reação de transesterificação seja muito parecida nos íntrons do grupo II e no complexo pré-mRNA/snRNP (Fig. 14-9). Essa observação, confirmada por meio de detalhados estudos de cristalografia por raios X, recentemente, fomenta a grande especulação (discutida no Cap. 17) de que, nos primórdios da evolução dos organismos modernos, muitas funções catalíticas eram realizadas por RNAs, funções essas que, em sua maioria, foram substituídas por proteínas desde então. No caso dos spliceossomos e ribossomos, entretanto, as funções não foram completamente substituídas por proteínas. Em vez disso, resquícios de mecanismos catalisados por RNA continuam a ser fundamentais na complexa maquinaria atual.

Como o spliceossomo encontra os sítios de processamento com precisão?

Um mecanismo de proteção contra processamentos impróprios já foi visto: o sítio ativo do spliceossomo é formado apenas sobre sequências de RNA que tenham sido eficientemente reconhecidas por vários elementos durante a formação do spliceossomo. Desse modo, o sítio de processamento 5', por exemplo, precisa primeiro ser reconhecido pela snRNP U1 e, depois, pela snRNP U6. É improvável que ambas reconheçam uma sequência incorreta e, por isso, a seleção é estringente. Ainda assim, o reconhecimento do sítio de processamento apropriado no pré-mRNA continua sendo importante.

Considere-se o seguinte: um gene humano médio possui sete ou oito éxons e pode ser processado de três modos alternativos. Existe, porém, um gene humano com 363 éxons e um gene de *Drosophila* que pode ser proces-

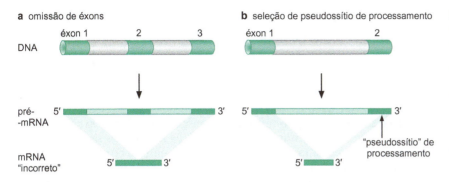

FIGURA 14-10 Erros produzidos por falhas na seleção de sítios de processamento. (a) Consequência da omissão de um éxon. Isso ocorre quando os componentes do spliceossomo ligados ao sítio de processamento 5' de um éxon interagem com componentes de um spliceossomo ligado ao sítio de processamento 3' de um éxon posterior, mas não contíguo. (b) Efeito dos componentes de spliceossomo que reconhecem um "pseudossítio" de processamento – sequências que se assemelham a (mas não são) sítios verdadeiros de processamento. No caso apresentado, o pseudossítio está localizado em um éxon e resulta na excisão incorreta das regiões próximas à extremidade 5´ deste éxon, que são removidas juntamente com o íntron.

sado de 38 mil modos alternativos, caso que será descrito de maneira detalhada na próxima seção. Se as snRNPs tivessem que encontrar e aproximar corretamente os sítios de processamento 5' e 3' apropriados ao longo de uma molécula inteira de RNA, sem nenhuma ajuda, a ocorrência de muitos erros seria inevitável. Deve-se lembrar também de que o éxon médio possui apenas 150 nucleotídeos de comprimento, enquanto o íntron médio tem cerca de 3.000 nucleotídeos (como visto, alguns íntrons podem ter até 800.000 nucleotídeos). Portanto, os éxons têm de ser identificados em meio a esse vasto oceano de íntrons.

O reconhecimento do sítio de processamento é passível de dois tipos de erros (Fig. 14-10). O primeiro é quando os sítios de processamento podem ser "omitidos" e deixados para trás, e os componentes ligam-se, por exemplo, a um determinado sítio de processamento 5' que se hibridiza a um sítio 3' adiante do sítio correto.

Segundo, outros sítios, com sequência semelhante aos sítios de processamento verdadeiros, podem ser reconhecidos erroneamente. Isso é fácil de compreender quando se recorda que as sequências de consenso dos sítios de processamento são pouco definidas. Assim, por exemplo, componentes em um dado sítio de processamento 5' podem parear com componentes incorretamente ligados neste "pseudossítio" de processamento 3' (ver Fig. 14-10b).

Existem duas maneiras de aumentar a precisão da seleção dos sítios de processamento. A primeira, como se viu no Capítulo 13, é que a RNA-polimerase II carrega várias proteínas que atuam no processamento deste RNA, durante a transcrição de um gene (ver Cap. 13, Fig. 13-19). Isso inclui as proteínas envolvidas na remoção dos íntrons. Quando um sítio de processamento 5' é encontrado em um RNA recém-sintetizado, certos componentes são transferidos da "cauda" carboxiterminal da polimerase (a parte da enzima à qual se ligam) para o RNA. Neste local, os componentes do sítio de processamento 5' estão prontos para interagir com fatores que se liguem ao próximo sítio de processamento 3' a ser sintetizado. Portanto, o sítio de processamento 3' correto pode ser reconhecido antes que outros sítios competidores a jusante tenham sido transcritos. Esse processo de carregamento cotranscricional de componentes do processamento reduz bastante a probabilidade de omissão ou salto de éxons.

(É importante ressaltar que, apesar de grande parte da maquinaria de processamento ser montada enquanto o gene está sendo transcrito, isso não significa, necessariamente, que os íntrons sejam removidos nessa ordem. Assim, contrastando com diversos outros processos – transcrição, replicação e outros –, parece não haver um mecanismo de "percurso" envolvido, o qual faça com que a maquinaria se forme em uma extremidade do gene ou mensagem e atue à medida que se desloca para a outra extremidade.)

Um segundo mecanismo que evita o uso incorreto dos sítios assegura que os sítios de processamento próximos de éxons (e, portanto, provavelmente verdadeiros) sejam reconhecidos preferencialmente. As chamadas proteínas SR (ricas em serina e arginina) ligam-se a sequências chamadas

FIGURA 14-11 **As proteínas SR recrutam componentes do spliceossomo para os sítios de processamento 5′ e 3′.** Os sítios de processamento autênticos são reconhecidos pela maquinaria de processamento por estarem próximos dos éxons. Assim, as proteínas SR ligam-se a sequências ESEs (do inglês, *exonic splicing enhancers* [amplificadores de processamento exônico]) do éxon e dali recrutam U2AF e snRNP U1, respectivamente, para os sítios de processamento 5′ a jusante e 3′ a montante. Isso dá início à formação da maquinaria de processamento nos sítios corretos, e o processamento pode prosseguir como foi descrito no texto. (Adaptada, com permissão, de Maniatis T. e Tasic B. 2002. *Nature* **418**: 236-243. © Macmillan.)

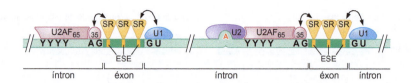

amplificadores de processamento exônico (**ESEs**, *exonic splicing enhancers*) dentro dos éxons. As proteínas SR ligadas a esses sítios interagem com componentes da maquinaria de processamento, recrutando-os para os sítios de processamento vizinhos. Assim, a maquinaria liga-se com mais eficiência a esses sítios de processamento do que a sítios incorretos, distantes de éxons. Especificamente, as proteínas SR recrutam as proteínas U2AF para o sítio de processamento 3′ e a snRNP U1 para o sítio 5′ (Fig. 14-11). Como se viu anteriormente, esses fatores demarcam os sítios de processamento, para que o restante da maquinaria se posicione corretamente (Fig. 14-7). Este recrutamento ocorre por meio da interação direta entre as proteínas SR e as proteínas do spliceossomo ou por meio da interação com, e estabilização de, híbridos de RNA:RNA formados durante a formação e a atuação do spliceossomo.

Ao recrutar fatores de processamento para cada lado de um dado éxon, este processo encoraja a chamada "definição de éxon", que foi mencionada quando se discutiu a ordem dos eventos durante a formação do spliceossomo. Ou seja, os componentes do spliceossomo são recrutados inicialmente em torno de éxons, em vez de ao redor do íntron a ser removido. Subsequentemente, os componentes próximos a um éxon irão parear com os próximos a um éxon adjacente para eliminar o íntron interveniente.

As proteínas SR são essenciais para o processamento. Elas não apenas asseguram a precisão e a eficiência do processamento constitutivo (como visto anteriormente), mas também regulam o processamento alternativo (como será visto agora). As proteínas SR apresentam uma grande diversidade: algumas são controladas por sinais fisiológicos, outras são constitutivamente ativas. Algumas são expressas preferencialmente em determinados tipos celulares, controlando o processamento de acordo com padrões específicos do tipo celular. Na seção sobre processamento alternativo, serão discutidos alguns exemplos específicos das funções das proteínas SR.

VARIANTES DO PROCESSAMENTO

Antes de abordar o processamento alternativo, serão descritas brevemente duas variantes da maquinaria de processamento e de reações de processamento discutidas até o momento. No primeiro caso, são considerados exemplos nos quais os dois éxons que estão sendo unidos residem em moléculas de RNA diferentes e, no segundo, uma versão especializada da maquinaria de processamento utilizada para processar um subconjunto de íntrons.

Éxons de diferentes moléculas de RNA podem ser ligados pelo *trans*processamento

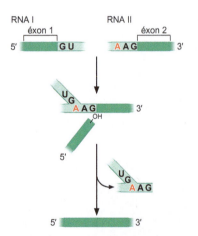

FIGURA 14-12 ***Trans*processamento.** No *trans*processamento, dois éxons localizados inicialmente em duas moléculas de DNA diferentes são processados em um mesmo mRNA. A química desta reação é a mesma do processamento-padrão descrito anteriormente, e o produto final é indistinguível. No *trans*processamento, a única diferença é que o produto normal – o laço da reação-padrão – é substituído por uma estrutura ramificada em formato de Y. Isso ocorre porque a reação inicial une duas moléculas de RNA, em vez de formar uma alça em uma única molécula.

Na descrição anterior do processamento, considerou-se que o sítio de processamento 5′ de um éxon é ligado ao sítio de processamento 3′ do éxon que o sucede imediatamente. Porém, nem sempre é assim. No **processamento alternativo**, alguns éxons podem estar ausentes, ou um determinado éxon pode ser ligado a outro situado bem mais adiante (como será visto posteriormente). Em alguns casos, dois éxons diferentes localizados em diferentes moléculas de RNA podem ser ligados em um processo denominado **trans*processamento**. Embora seja um evento geralmente raro, o *trans*processamento ocorre em quase todos os mRNAs de tripanossomos. No verme nematódeo (*Caenorhabditis elegans*), todos os mRNAs sofrem *trans*processamento (para ligar uma sequência-líder 5′), e muitos deles sofrem também *cis*processamento. A Figura 14-12 demonstra como a reação básica de processamento supradescrita é adaptada para realizar o *trans*processamento. O *trans*processamento utiliza a mesma maquinaria spliceossomal que o *cis*processamento, exceto por U1 que, pelo menos nos nematódeos, não é necessária para o *trans*processamento. Agora serão abordados casos de processamentos nos quais a maquinaria é bastante distinta.

Um pequeno grupo de íntrons é processado por um spliceossomo alternativo composto por um conjunto diferente de snRNPs

Os eucariotos superiores (incluindo mamíferos, plantas, etc.) empregam a maquinaria principal de processamento, discutida até aqui, para promover o processamento da maioria de seus pré-mRNAs. Mas nesses organismos (diferentemente de leveduras), alguns pré-mRNAs são processados por uma forma mais rara de spliceossomos. Essa forma possui alguns componentes comuns aos spliceossomos principais, mas também apresentam alguns componentes exclusivos. Assim, nessa reação de processamento, os componentes U11 e U12 do spliceossomo alternativo possuem as mesmas funções que U1 e U2 têm na forma principal, mas reconhecem sequências diferentes. U4 e U6 apresentam formas equivalentes em ambas as formas de spliceossomos – embora sejam snRNPs diferentes, elas compartilham os mesmos nomes. Finalmente, o componente U5 é idêntico no spliceossomo principal e no alternativo (chamado minoritário).

O spliceossomo minoritário reconhece íntrons de ocorrência rara com sequências consenso diferentes da maioria dos íntrons de pré-mRNAs. Deve-se enfatizar que, embora esses íntrons sejam raros, eles estão amplamente distribuídos – aproximadamente 800 genes humanos contêm pelo menos um íntron minoritário. Além disso, mutações em snRNAs minoritários foram associadas a algumas doenças genéticas humanas raras.

Essa forma minoritária também é conhecida como spliceossomo AT-AC, porque as extremidades dos íntrons raros originalmente identificados contêm AU no sítio de processamento 5' e AC no sítio 3' (no RNA, ou AT e AC no DNA). Mais tarde, verificou-se que muitos íntrons processados por essa via têm extremidades GT-AG (como os íntrons comuns), mas, no restante, suas sequências de consenso diferem das dos íntrons da via principal.

Apesar de os sítios de processamento e de ramificação reconhecidos pelos dois sistemas serem diferentes, as formas principal e minoritária dos spliceossomos removem íntrons usando a mesma reação química (Fig. 14-13). Em conformidade com a conservação desse mecanismo, as diferenças de sequências nos sítios de processamento reconhecidas por essas snRNPs são correspondidas por diferenças complementares nas sequências de seus snRNAs. Portanto, conserva-se a capacidade de pareamento de bases entre as sequências dos snRNAs e as sequências dos sítios de processamento, e não a presença de determinadas sequências nas suas estruturas.

Também é importante registrar que os íntrons AT-AC poderiam enquadrar-se no esquema evolutivo discutido anteriormente. Como já foi mencionado, tem sido proposto que os íntrons do grupo II representam a forma mais antiga de íntrons. Além disso, sugere-se que os íntrons AT-AC evoluíram dos íntrons do grupo II e, estes, por fim, originaram os íntrons do pré-mRNA principal.

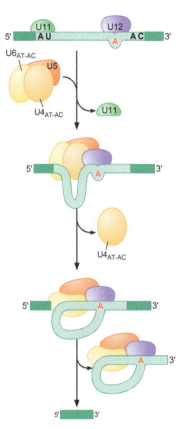

FIGURA 14-13 Processamento catalisado pelo spliceossomo AT-AC (minoritário). Esse spliceossomo funciona em uma minoria de éxons (p. ex., talvez 1:1.000 éxons de seres humanos), que têm sequências diferentes nos sítios de processamento. Apesar disso, a reação química e alguns componentes do spliceossomo são os mesmos, ao passo que outros são muito semelhantes.

PROCESSAMENTO ALTERNATIVO

Um mesmo gene pode originar diferentes produtos pelo processamento alternativo

Como descrito na introdução deste capítulo, muitos genes de eucariotos superiores codificam RNAs que podem ser processados de modos alternativos, gerando dois ou mais RNAs diferentes e, portanto, diferentes produtos

484 Parte 4 Expressão do Genoma

FIGURA 14-14 Processamento alternativo no gene da troponina T. A figura mostra uma região do gene da troponina T que codifica cinco éxons que gera duas formas alternativamente processadas, como indicado. Uma delas contém os éxons 1, 2, 4 e 5; a outra contém os éxons 1, 2, 3 e 5.

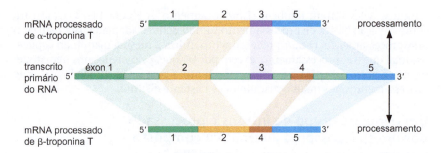

proteicos (ou isoformas). Hoje acredita-se que pelo menos 40% dos genes de *Drosophila* e até 90% dos genes humanos sofram processamento alternativo. Muitos genes alternativamente processados geram apenas dois produtos alternativos, mas em alguns casos, o número de potenciais alternativas que podem ser geradas a partir de um único gene é impressionante – centenas (p. ex., no caso do gene humano *Slo*) ou até mesmo milhares (para o gene de *Drosophila Dscam*). Às vezes, o processamento alternativo é usado como maneira de gerar diversidade, com formas alternativas sendo geradas estocasticamente. Mas em muitos casos, o processo é regulado para assegurar que diferentes produtos proteicos sejam feitos em diferentes tipos celulares ou em resposta a diferentes condições.

Para um caso simples de processamento alternativo, considere-se o gene de uma proteína muscular de mamíferos, a troponina T. A Figura 14-14 ilustra uma região de pré-mRNA produzido por esse gene, contendo cinco éxons. Esse pré-RNA é processado, formando dois mRNAs maduros alternativos, cada um contendo quatro éxons. Em cada um dos dois mRNAs, um éxon diferente é eliminado, de modo que as duas mensagens têm três éxons em comum, mas cada uma tem um éxon exclusivo.

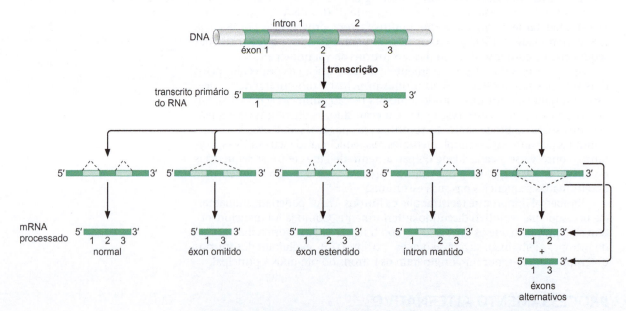

FIGURA 14-15 Cinco maneiras de realizar o processamento de um RNA. No topo, está representado um gene que codifica três éxons. Ele é transcrito em um pré-mRNA, apresentado na parte intermediária e, então, processado de cinco modos alternativos. Se todos os éxons forem incluídos, é gerado um mRNA com os três éxons. A omissão de éxon gera um mRNA que contém apenas os éxons 1 e 3. Na extensão de éxons, parte do íntron 1 é mantida junto com os três éxons. No outro caso, um íntron inteiro é mantido no mRNA maduro. Finalmente, os éxons 2 e 3 podem ser utilizados de maneira alternativa, gerando uma mistura de mRNAs, e cada um deles contém os éxons 1 e 2 ou os éxons 1 e 3.

No entanto, como mostrado na Figura 14-15, o processamento alternativo pode acontecer de várias maneiras. Assim, além de éxons alternativos, os éxons podem ser estendidos (pela seleção de um sítio de processamento alternativo 5' a jusante, ou 3' a montante). Em outros casos, os éxons podem ser "omitidos ou saltados" (deliberadamente) ou os íntrons podem ser mantidos no mensageiro maduro. Alguns processamentos alternativos resultam da transcrição de um gene a partir de promotores alternativos, permitindo que um transcrito inclua um éxon 5' ausente no outro. De maneira semelhante, sítios poli(A) alternativos permitem que éxons 3' terminais sejam estendidos ou éxons 3' terminais alternativos sejam usados em alguns transcritos de um determinado gene. Existem, ainda, casos de *trans*processamento alternativo (ver Fig. 14-12).

Em um exemplo de éxon estendido, a Figura 14-16 mostra o caso do antígeno T do vírus SV40 de símios. O gene do antígeno T codifica dois produtos proteicos: o antígeno T grande (T-ag) e o antígeno t pequeno (t-ag). As duas proteínas resultam do processamento alternativo de pré-mRNAs do mesmo gene. Assim, como ilustrado na Figura 14-16, o gene possui dois éxons, e dois mRNAs maduros diferentes resultam do uso alternativo de dois sítios diferentes de processamento 5'. No mRNA que codifica T-ag, o éxon 1 é ligado diretamente ao éxon 2, e o íntron entre eles é removido. O mRNA do t-ag, por outro lado, é formado utilizando um sítio de processamento 5' alternativo no interior do íntron. Neste caso, o mRNA inclui também uma parte do íntron. (Portanto, esse é um exemplo de "extensão de éxon" apresentada na Fig. 14-15.) A existência de um códon de terminação na fase de leitura do mRNA mais longo explica porque este codifica uma proteína mais curta.

Ambas as formas de antígenos T são feitas em uma célula infectada por SV40, mas eles possuem funções diferentes. T-ag induz a transformação e o reinício do ciclo celular, enquanto t-ag bloqueia a resposta apoptótica de células forçadas a esta via. A proporção das duas formas produzidas difere, dependendo do nível do regulador de processamento SF2/ASF. Se presente em níveis elevados, ela favorece o uso do sítio de processamento 5' que gera uma maior quantidade de mRNA de t-ag. A SF2/ASF é uma proteína SR e, quando abundante, provavelmente liga-se a sítios no interior do éxon 2 e auxilia na formação do spliceossomo no local.

Em estudos do genoma inteiro, as formas de processamento alternativo mais comumente observadas são casos nos quais éxons completos são incluídos

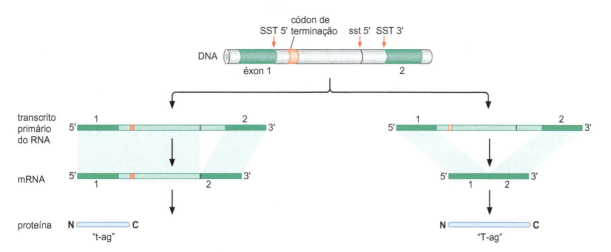

FIGURA 14-16 Processamento alternativo do antígeno T de SV40. Processamento do RNA do antígeno T de SV40. Normalmente, as duas formas de mRNA e ambas as proteínas são sintetizadas, após a infecção. O antígeno t menor é codificado pelo mais longo dos dois mRNAs; este mensageiro contém um códon de terminação em fase, a montante do éxon 2. SST 5' refere-se ao sítio de processamento 5' utilizado para gerar o mRNA de T maior; sst 5' refere-se ao sítio de processamento 5' utilizado para gerar o t menor. SST 3' é o sítio de processamento 3' utilizado para gerar ambos os mRNAs.

ou excluídos do mensageiro maduro. Estes éxons são geralmente chamados de **éxons cassete**. Em cerca de 10% dos casos, os éxons cassete ocorrem aos pares, e apenas um é incluído no mensageiro processado, assim como se viu no caso da α-troponina T (Fig. 14-14). Nestes casos, é preciso haver mecanismos que garantam que os éxons sejam processados de maneira mutuamente exclusiva.

Existem vários mecanismos para garantir o processamento mutuamente exclusivo

Existem vários mecanismos para assegurar que a seleção de éxons alternativos seja mutuamente exclusiva – ou seja, quando um é escolhido, o outro não o é (ou, para citar novamente o exemplo da α-troponina T, quando o éxon 3 é escolhido, o éxon 4 é sempre excluído, e vice-versa). Aborda-se, aqui, cada um destes mecanismos e, então, na próxima seção, discute-se um caso extremo no qual um mecanismo especial é necessário.

Impedimento estérico Considere dois éxons alternativos separados por um íntron. Se os sítios de processamento do íntron estiverem muito próximos, os fatores de processamento não poderão ligar-se a ambos os sítios ao mesmo tempo. Assim, a Figura 14-17 mostra um caso no qual a ligação da snRNP U1 ao sítio de processamento 5' do íntron entre dois éxons alternativos (éxons 2 e 3) impede a ligação da snRNP U2 ao ponto de ramificação do mesmo íntron (Fig. 14-17b). Alternativamente, a ligação da snRNP U2 ao ponto de ramificação exclui o uso do sítio de processamento 5' (Fig. 14-17c). O processamento dos éxons 3 e 4 da α-troponina é mutuamente exclusivo seguindo esse mecanismo.

Esse arranjo pode surgir por meio das posições relativas dos sítios de processamento de um íntron ou porque o íntron é simplesmente muito pequeno para funcionar; em *Drosophila*, qualquer íntron com menos de 59 nucleotídeos entra nesta categoria.

Combinações de sítios de processamento principais e minoritários Como visto anteriormente, há uma forma de spliceossomo chamada spliceossomo minoritário que reconhece sítios de processamento distintos dos reconhecidos pelo spliceossomo principal. Nenhum dos spliceossomos pode remover um íntron que contém uma combinação de sítios (i.e., um sítio de processamento 5' de um tipo e um 3', de outro tipo). Assim, pelo arranjo criterioso de sítios de processamento 5' e 3' reconhecidos pelos spliceossomos alternativos, a exclusão mútua pode ser alcançada, como mostrado na Figura 14-18a. O gene humano *JNK1* é um exemplo disso.

Decaimento mediado por nonsense Em vez de forçar a maquinaria de processamento a processar de maneira mutuamente exclusiva, este mecanismo garante que apenas os mensageiros que possuem um ou outro éxon (nunca ambos, e nunca nenhum deles) sobrevivam. Em outras palavras, embora não garanta o processamento mutuamente exclusivo, as consequências deste mecanismo são as mesmas. O decaimento mediado por *nonsense* (NMD, *nonsense-mediated decay*) resulta do fato de a inclusão de ambos os éxons

FIGURA 14-17 Processamento mutuamente exclusivo: impedimento estérico. (a) Esta visão mostra as possibilidades de processamento alternativo. (b) A ligação da snRNP U1 ao sítio de processamento 5' do segundo íntron exclui a ligação da snRNP U2 ao sítio de ramificação do mesmo íntron; a ligação de U2 ao íntron seguinte resulta na exclusão do íntron 3. (c) Aqui, a ligação da snRNP U2 ao sítio de ramificação do segundo éxon exclui a ligação de U1 ao sítio de processamento 5' do mesmo íntron. Neste caso, a ligação de U1 ao sítio de processamento 5' do primeiro íntron resulta na exclusão do éxon 2.

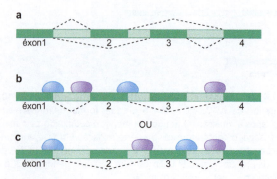

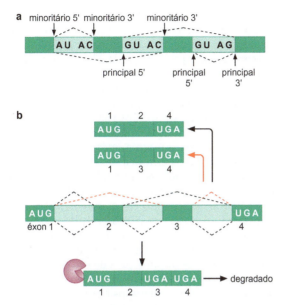

FIGURA 14-18 **Processamento mutuamente exclusivo.** (a) Sítios de processamento reconhecidos pelos spliceossomos principal e minoritário. (b) Decaimento mediado por *nonsense*.

produzir um mRNA que contém um códon de terminação prematuro (Fig. 14-18b). Estes mensageiros são destruídos pelo NMD, cujos detalhes serão descritos no Capítulo 15 (ver Fig. 15-51).

O curioso caso do gene de *Drosophila Dscam*: processamento mutuamente exclusivo em grande escala

O gene de *Drosophila Dscam* (do inglês, *Down syndrome cell-adhesion molecule* [molécula de adesão celular da síndrome de Down]) codifica potencialmente 38.016 isoformas proteicas. Como mostrado na Figura 14-19, cada mRNA possível gerado a partir do gene *Dscam* contém 24 éxons, e 20 deles são sempre os mesmos, mas quatro (éxons 4, 6, 9 e 17) existem em múltiplas formas alternativas no pré-mRNA. Assim, há 12 versões possíveis do éxon 4, 48 do éxon 6, 33 do éxon 9, e duas do éxon 17. As permutações que isso possibilita (12 × 48 × 33 × 2) dão origem ao grande número de formas possíveis.

Os produtos do gene *Dscam* são proteínas de superfície celular da superfamília das imunoglobulinas (Ig). Uma forma genérica da proteína é mostrada na parte inferior da Figura 14-19. A molécula possui um segmento trans-

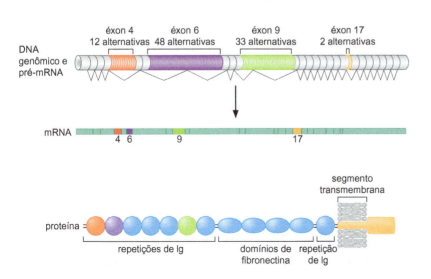

FIGURA 14-19 **Os múltiplos éxons do gene *Dscam* de *Drosophila*.** O gene *Dscam* (mostrado no topo) possui 61,2 kb; uma vez transcrito e processado, ele produz uma ou mais versões de um mRNA com 24 éxons e 7,8 kb (a figura mostra a estrutura genérica desses mRNAs). Como mostrado, há várias alternativas mutuamente exclusivas para os éxons 4, 6, 9 e 17. Assim, cada mRNA irá conter uma das 12 alternativas possíveis para o éxon 4 (vermelho), uma de 48 para o éxon 6 (roxo), uma de 33 para o éxon 9 (verde) e uma de duas para o éxon 17 (amarelo). Os éxons 4, 6 e 9 codificam partes dos três domínios de Ig, representadas nas cores correspondentes, e o éxon 17 codifica o domínio transmembrana. Se todas as combinações possíveis desses éxons forem utilizadas, o gene *Dscam* produz 38.016 mRNAs e proteínas diferentes. (Adaptada, com permissão, de Schmucker D. 2000. *Cell* **101**: 671, Fig. 8. © Elsevier.)

membrana (codificado pelo éxon 17, tendo, assim, duas formas alternativas); domínios de fibronectina que são iguais em todas as isoformas; e domínios de Ig, sendo que partes de três deles são codificadas pelos éxons altamente variáveis 4, 6 e 9. Assim, a maior parte da variabilidade entre as isoformas reside nestes domínios de Ig.

A proteína Dscam possui duas funções discrepantes na mosca: ela atua na formação de padrões neurais no cérebro e também reconhece antígenos como parte do sistema imunológico inato. Em sua função neuronal, a proteína Dscam medeia interações específicas célula-célula. Uma isoforma qualquer da proteína pode interagir com si mesma, mas não com as outras isoformas. Acredita-se que esta seletividade permita a um neurito distinguir entre outros neuritos que encontra em relação a serem "próprios" ou "não próprios" – ou seja, derivados do mesmo neurônio ou de um neurônio diferente. Durante a formação das redes neurais no cérebro em desenvolvimento, os neuritos exibem um comportamento de "autoevasão": neuritos que se projetam do mesmo neurônio evitam-se. Demonstrou-se, *in vivo*, que esse reconhecimento do próprio é mediado pelo reconhecimento homofílico do conjunto particular de isoformas DSCAM presentes na superfície de um determinado neurônio.

No sistema imunológico, as diferentes isoformas reconhecem diferentes antígenos, assim como fazem os anticorpos dos vertebrados. Acredita-se que a pressão evolutiva que controla a diversidade venha da seleção nesta função.

O processamento mutuamente exclusivo do éxon 6 de *Dscam* não pode ser atribuído a qualquer mecanismo-padrão e, em vez disso, utiliza uma nova estratégia

Como se viu, o éxon 6 é um dos quatro éxons do gene *Dscam* a serem alternativamente processados – e neste caso, há 48 formas alternativas dentre as quais se pode escolher. A escala dessa seleção está além do escopo dos mecanismos discutidos anteriormente. Por exemplo, embora o impedimento estérico pudesse ser responsável pelo processamento alternativo de éxons adjacentes, ele não pode explicar como outros éxons distantes também poderiam ser excluídos. Além disso, todos os sítios de processamento do gene *Dscam* são para o spliceossomo principal e, assim, o mecanismo duplo do spliceossomo não é uma opção. O NMD também não pode explicar o processamento mutuamente exclusivo do éxon 6: mesmo que alterações da fase de leitura resultassem da inclusão de nenhum, de dois ou de três éxons, um mRNA com, digamos, quatro éxons teria a mesma fase de leitura do mensageiro com apenas um. O mesmo ocorreria com um mRNA que incluísse sete éxons, e assim por diante.

Então, como a célula garante que apenas uma das variantes do éxon 6 seja incluída no mRNA? O novo mecanismo depende da formação de estruturas alternativas de RNA:RNA pareadas no pré-mRNA. Cada estrutura alternativa garante que uma, e somente uma, das variantes do éxon 6 seja, a qualquer momento, protegida de uma repressão geral de processamento. Agora será considerado como este mecanismo funciona, e como ele foi descoberto por meio da análise de sequência do gene *Dscam* de *Drosophila* e seus vários homólogos em outras espécies de insetos.

O modelo básico está mostrado na Figura 14-20. Duas classes de elementos de sequência conservados são apresentados. Um deles, o **sítio de ancoragem**, está localizado entre o éxon 5 e a primeira variante alternativa do éxon 6 (éxon 6.1). Uma cópia do segundo tipo de elemento – a **sequência seletora** – é encontrada em frente a cada variante do éxon 6 (na Fig. 14-20, o éxon 6.21 é mostrado como exemplo). Cada sequência seletora é diferente, mas, como mostrado na Figura 14-21, todas podem parear com o sítio de ancoragem. As regiões às quais cada uma delas se liga no sítio de ancoragem se sobrepõem e, assim, a ligação das diferentes sequências seletoras ao único sítio de ancoragem é mutuamente exclusiva – apenas uma seletora pode ligar-se por vez. A sequência seletora que se *liga* traz consigo a variante do éxon 6 associada próxima ao éxon 5, garantindo que esta seja a variante do éxon 6 escolhida.

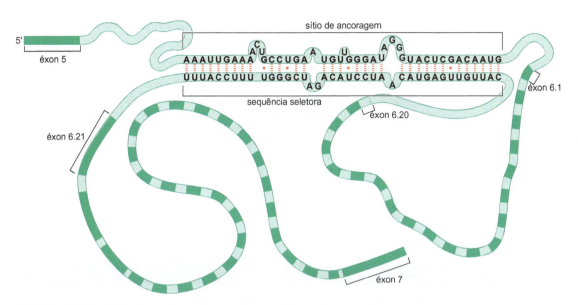

FIGURA 14-20 Sítio de ancoragem: sequências seletoras. Pareamento da sequência seletora para o éxon 6.21 com o sítio de ancoragem. (Desenho por cortesia de Brenton Graveley.)

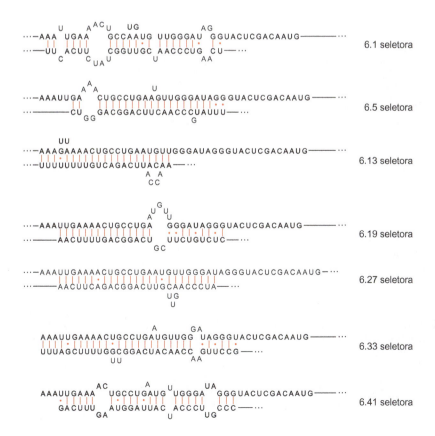

FIGURA 14-21 As sequências seletoras para seis variantes do éxon 6, cada uma delas ligada à sequência de ancoragem do éxon 6. Como fica evidente, cada sequência seletora pareia com uma região ligeiramente diferente da sequência de ancoragem, mas sua ligação é, ainda assim, mutuamente exclusiva. (Cortesia de Brenton Graveley.)

Além de trazer a variante do éxon 6 escolhida próxima ao éxon 5, a hibridização da sequência seletora ao sítio de ancoragem também assegura que a variante do éxon 6 escolhida esteja livre de um mecanismo de repressão geral que inibe o processamento de outras variantes de éxon 6 possíveis. Uma proteína (Hrp36) atua como repressor geral do processamento ao revestir os outros éxons e inibir sua inclusão no mRNA. Esta liberação local da inibição proporcionada pela hibridização do RNA pode ocorrer como resultado direto da estrutura secundária do RNA, pela criação de uma estrutura no RNA reconhecida por uma proteína que remove o repressor ou pela aproximação do éxon escolhido a ativadores no éxon 5 que podem, então, superar a repressão.

O sítio de ancoragem e as sequências seletoras foram descobertas por meio de comparações de sequências em um exemplo de análise de bioinformática, como descrito no Quadro 14-3, A identificação do sítio de ancoragem e das sequências seletoras.

▶ EXPERIMENTOS-CHAVE

Quadro 14-3 A identificação do sítio de ancoragem e das sequências seletoras

O sítio de ancoragem possui 66 nucleotídeos em *Drosophila melanogaster*. Ele é 90 a 100% conservado em outras 10 espécies de *Drosophila* estudadas. Mesmo quando a comparação inclui outras espécies de insetos – mosquito, bicho-da-seda e abelha, por exemplo –, os 24 nucleotídeos centrais do sítio de ancoragem são, ainda, bastante conservados. Na verdade, ela é a sequência mais conservada de todo o gene *Dscam* (que possui mais de 60 kb). A identificação inicial da sequência de ancoragem foi inteiramente baseada nesta conservação (Fig. 1 deste quadro).

As sequências seletoras também foram descobertas por meio de comparações de sequências, embora elas sejam menos conservadas do que o sítio de ancoragem. Assim, as sequências seletoras apresentam relativa conservação nos íntrons a montante das variantes do éxon 6. Um alinhamento das 48 sequências seletoras das variantes do éxon 6 de *D. melanogaster* revelou uma sequência consenso de 28 nucleotídeos que era complementar à sequência de ancoragem (Fig. 2 deste quadro). Quando cada sequência seletora individual foi comparada ao sítio de ancoragem, cada uma delas pareou com ele de maneira única, porém, sobreposta. Alguns exemplos estão apresentados na Figura 14-21.

QUADRO 14-3 FIGURA 1 Alinhamento da sequência de nucleotídeos dos sítios de ancoragem de 15 insetos. Os insetos analisados incluem 10 espécies de *Drosophila*; duas de mosquito, *Anopheles gambiae* (mosquito-da-malária) e *Aedes aegypti* (mosquito-da-febre-amarela); o lepidóptero *Bombyx mori* (bicho-da-seda); o himenóptero *Apis mellifera* (abelha); e o coleóptero *Tribolium castaneum* (gorgulho-da-farinha). O nucleotídeo mais comum em cada posição está sombreado, e a sequência consenso do sítio de ancoragem está representada abaixo como um pictograma. A altura de cada letra representa a frequência de cada nucleotídeo na posição. (Modificada, com permissão, de Graveley B.R. 2005. *Cell* **123**: 65-73, Fig. 2. © Elsevier.)

Quadro 14-3 (*Continuação*)

```
6.24   GTCATTGTCGAGAGCTCTT-------TACATCCAATAC--TCAGGCAGT
6.47   GGCTTTTCCAGTACCCATTATCAGGTTAGTCCAACA---TCGGGCATATC---CAATTAGACAGAGG
6.22   CAGCTCAATCGTATCC---------AATCCCAGCTT--TTAGG---TAAACACTTAAGATTTA
6.17        CAGCTGTCAGGACTT--------G-TCCCAGCAC--TTAGGCAGTAAATCG
6.34            TTCAG--CCC---------TTAGACCAACA---TCAGGC
6.10           GTGGGTTTCCC---------TTTCCCAACATCATCAGACAGTTTT
6.4             GGTAAACCC---------A-ACCCAACAC--TTAGGC
6.6             GTCAGTCCCT---------TCCCATC---TCAGGCA
6.38          GGCATTTCC---------GGTGCCAGTTT--TTAGGTTATATACAATTTTTTGGTT
6.33       G---CC---------TTGAACCAACA--TCAGGCTTGGTTTTCGATTTCCTTTTA
6.15           TGCCC---------TCCACCAACAT--TCA
6.8              TCCT---------AGGCCCAACAT--TCAAG
6.14       GTCGTTTCATTCT-ATCCCAGCAT--TCAGATAGTAGATTTT
6.35            TCCT---------ATCCCATACAT--TCCAATGTCCGCGATAGATT
6.9        TACTTTAAATTAAAATCCAAACACATTCAGTCAGTTGC--------AATAAGGGA
6.1              TCA------AGTCCCAATCG--TT-GGCTATCTTCACTTCTTA
6.41      CTCAGGCGTTCCCCGTTCCCATCATT-AGGTAAGTTTCAGCAAA---CAGGCTTCTAGGTT
6.3             CC---------TATCCCAACTG--A-AGG---TGTTC-CTTTCGA
6.31         TTGGGAATCAGTGTCAATAT--TCAGGCAGTTGTATGGAGTTGTTAGAGC
6.37            GGTAA----GCCCA--CATTCAGGCAGTT---------AGTAA
6.29         GGTGATTCTGCTCAGA--CATTCAGGGAGTTTTA--------AGTTATGGCT
6.32          TCTTTATGATTCCCACAT--TCAGACAGTT
6.39          TGTTGATAAACCCAATTT--TCAGTCAGTTTTCA
6.23       GAGTGCCCTGGTTGCCTTATTCATGTAGTTTT---CAT------GGTCT
6.7             TATCCCTGACTTTCAC-TT-CGGCAGTTTACAAT------TGAGTTAGG
6.42        GCCTTGATCCGTCGTAATCAGGCAGTTTTCATAGAGATT
6.12          TGCTCAACTTCCAACATTTGGGCAGATTTC
6.26         CCCCATCCATTTCCACTCAGGCAGTTTTC-ACTAGACTTCGGTT
6.2          ACCCAGACCA--AC-TTGCGCCAGTTTCCAAT------TGAGATTGCTCGC
6.16           CCCTGT---CCAACATTCAGGTATTTCTTAGCAT------GGC
6.19         CTCTGTCTT---CGTC-AGGCAGTTTTCAAAGTTCCTTTAGCTGATAGGT
6.25          TGTCGAGTT---CCTT-GGGCAGTTTTCAAT----CTCAG--CACGGGTT
6.20         CATTGCTGAGTACAGTCCAGGCAGGTTTTCATG-AGATTGGG
6.21         CATTGTTGAGTACAATCAGACGGGTTTTCCATTTACATAGAATGTTTAGAAGC
6.5             TTTATGCCCAACT--TCAGGCAG--GTCTAGA
6.36          ACCCCGCAAGCACATTCAGTCAGTTTAT-------TGTTTGCGTTTAGCT
6.13           AACACCAA--T--TCAGACTGTTTTTTTATTG
6.27          ATCCCAAGTTCGTTCAGGCAGA--C-------TTCAAACTGA--CTT
6.28           ATCCCTACGCATTTAGGCAGTTTTCCGGTTTACTTAG
6.44           ACCCAAACCTATTCAAGCAGTTA-------ATTAAGCGAC
6.40         ACGCTG---T--TCA-ACTGGTTCTGTTAGGGTTCAAATAGA
6.43          TTTAGCATCAGGCAGTTTTC
6.30          CCAACATTCGGGGAGTTTTCAAT
6.48          CCAACATTCAGGCAGCAAATAGCAT--TTCAAATAGGGATCTTA
6.45          GTTCAGGCAG-----------CTTAGAAGGC--T
6.18          TTCAGGCAGTTTT---------CTTAAAAAGA-TCTTCTTAAGCA
6.11          GGGCGGTATTCGAA-----TTCAG--GAC
6.46          AGGTAGCCAATA---------AGTAGA---CTTA
```

QUADRO 14-3 FIGURA 2 Sequência seletora de consenso de *D. melanogaster*. (Painel superior) As 48 sequências seletoras e sequências flanqueadoras foram alinhadas. Os nucleotídeos mais frequentes na porção central do alinhamento estão realçados. (Painel inferior) O alinhamento foi utilizado para gerar uma sequência seletora de consenso. (Reproduzida, com permissão, de Graveley B.R. 2005. *Cell* **123**: 65-73, Fig. 4. © Elsevier.)

O processamento alternativo é regulado por ativadores e repressores

Proteínas que regulam o processamento ligam-se a sítios específicos chamados **amplificadores de processamento exônico** (ou **intrônico**) (**ESE** ou **ISE**) ou **silenciadores** (**ESS** e **ISS**). Os primeiros potencializam, e os segundos reprimem, a remoção de íntrons nas proximidades dos sítios de processamento. Os ativadores e as proteínas SR que se ligam a eles já foram mencionados (Fig. 14-11). Esses elementos e proteínas são importantes no direcionamento da maquinaria de processamento para muitos éxons, mesmo quando não há envolvimento de processamento alternativo. Além disso, no exemplo do processamento do antígeno T (Fig. 14-16), a proteína SR era a responsável pela ocorrência do processamento alternativo. Entretanto, essa família de proteínas, grande e diversificada, também desempenha funções específicas no processamento alternativo *regulado*, porque direciona a maquinaria de processamento a diferentes sítios de processamento, sob condições diferentes. Desse modo, a presença ou atividade de determinada proteína SR pode determinar a utilização

FIGURA 14-22 Processamento alternativo regulado. (a) Alguns éxons alternativamente processados aparecem em mRNAs, a menos que sejam impedidos de fazê-lo por uma proteína repressora. (b) Outros aparecem apenas se um ativador específico promover a sua inclusão. Ambos os mecanismos podem ser utilizados para regular o processamento de maneira que, em um tipo celular, um determinado éxon seja incluído em um mRNA, enquanto outro, não.

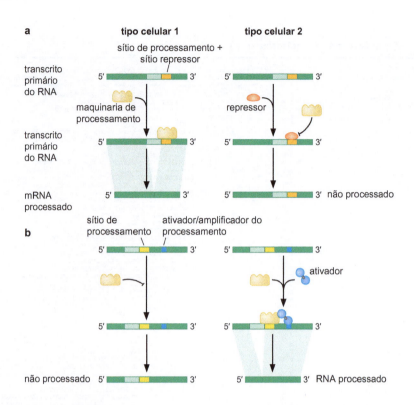

de um dado sítio de processamento em um tipo celular específico ou em uma determinada fase do desenvolvimento. A Figura 14-22 apresenta casos hipotéticos de processamento regulado por um ativador ligado a um amplificador de processamento e de um repressor ligado a um silenciador de processamento.

As proteínas SR ligam-se ao RNA usando um domínio – por exemplo, o motivo de reconhecimento do RNA (RRM) já bem caracterizado e descrito no Capítulo 6 (Fig. 6-18). Cada proteína SR tem outro domínio, rico em serina e arginina, chamado **domínio RS**. Este, encontrado na porção carboxiterminal da proteína, promove as interações entre a proteína SR e as proteínas da maquinaria de processamento, recrutando essa maquinaria para um sítio de processamento próximo.

Um exemplo de ativador que promove um determinado evento de processamento alternativo em um tecido específico é a proteína Half-pint de *Drosophila*. Este ativador regula o processamento alternativo de um conjunto de pré-mRNAs no ovário da mosca. Ele atua pela ligação a sítios próximos ao sítio de processamento 3' de éxons específicos nesses pré-mRNAs e pelo recrutamento do fator de processamento U2AF.

A maioria dos silenciadores é reconhecida por membros da família de ribonucleoproteínas nucleares heterogêneas (hnRNPs). Estas ligam-se ao RNA, mas não possuem domínios RS e, portanto, não podem recrutar a maquinaria de processamento. Em vez disso, elas bloqueiam sítios específicos de processamento, impedindo sua utilização. Viu-se uma função como essa no exemplo anterior de *Dscam*, onde Hrp36 inibe a inclusão de variantes do éxon 6 no mRNA. Outro exemplo é a hnRNPA1, que se liga a um elemento silenciador exônico localizado no interior de um éxon do pré-RNA de *tat* do vírus da imunodeficiência humana (HIV), impedindo a inclusão desse éxon no mRNA final. Esse repressor ligado bloqueia a ligação do ativador SC35 (uma proteína SR) a um elemento ativador próximo. Esse bloqueio não é direto – os dois sítios de ligação não são sobrepostos –, mas o hnRNPA1 promove a ligação cooperativa de outras moléculas de hnRNPA1 a sequências adjacentes, estendendo-se sobre o sítio do ativador (Fig. 14-23). No caso de outra proteína SR (SF2/ASF) estar presente, essa repressão pode ser evitada, porque SF2/ASF

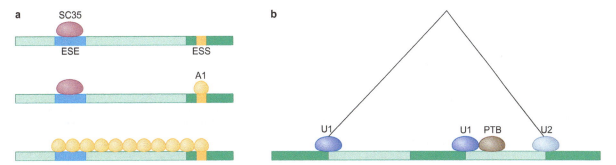

FIGURA 14-23 Dois mecanismos de ação do silenciador. (a) Mecanismo de exclusão do éxon 3 do *tat* de HIV por hnRNPA1. O amplificador do processamento SC35 liga-se ao ESE e promove a inclusão do éxon. A1 liga-se ao ESS do éxon e, de lá, através da ligação cooperativa obstrui o ESE e impede a ligação de SC35 por competição. (b) Mecanismo de exclusão de éxon pela proteína hnRNP1 (PTB). A PTB liga-se a um éxon e interage com U1 no sítio de processamento 5', como descrito no texto. Esta interação bloqueia a habilidade de U1 interagir com os componentes do sítio de processamento 3' e, assim, U1 do éxon a montante pareia com U2 do éxon a jusante.

tem afinidade maior com a sequência de amplificação/ativação do que SC35 e, assim, desloca os repressores ligados nas proximidades. Nos Capítulos 18 e 19, serão vistas situações semelhantes envolvendo ligações cooperativas e competitivas em exemplos de regulação da transcrição.

Outro repressor de processamento em mamíferos é a proteína hnRNPI (ou proteína de ligação ao trato Py, PTB). Essa proteína exclui um determinado éxon do mRNA maduro ao ligar-se a sequências adjacentes ao éxon. Mas o mecanismo pelo qual este opera não é por competição com os componentes do spliceossomo pela ligação a sítios de processamento ou de ativadores de processamento a seus sítios. Em vez disso, a hnRNPI interage com a maquinaria de processamento e inibe sua função: após a ligação de U1 ao sítio de processamento 5', a hnRNPI interage com uma região de U1 que de outra forma iria interagir com outras proteínas para facilitar o pareamento de éxon. Desta maneira, hnRNPI previne o pareamento de éxon (Fig. 14-23b).

A regulação do processamento alternativo determina o gênero das moscas

Agora será considerado um exemplo particularmente elaborado de processamento alternativo regulado – o que envolve o gene *double-sex* de *Drosophila*. O sexo de cada mosca depende de qual entre duas variantes de processamento alternativo do mRNA é produzida.

O sexo da mosca é determinado pela relação/proporção entre cromossomos X e autossomos. A fêmea resulta de uma proporção de 1 (dois X e dois conjuntos de autossomos) e o macho, de uma relação de 0,5. Inicialmente, essa relação é medida no nível da transcrição usando dois ativadores, chamados SisA e SisB (os mecanismos de regulação da transcrição são considerados em detalhe nos Cap. 18 e 19). Como ambos os genes que codificam esses reguladores estão no cromossomo X, no embrião precoce, a futura fêmea prepara duas vezes mais produtos do que o macho (Fig. 14-24).

Esses ativadores ligam-se a sítios da sequência reguladora a montante do gene *Sex-lethal* (*Sxl*). Outro regulador que se liga e controla o gene *Sxl* é um repressor chamado Dpn (Deadpan); este é codificado por um gene encontrado em um dos autossomos (cromossomo 2). Portanto, a relação entre os ativadores e os repressores difere nos dois sexos, e isso determina a diferença entre a ativação (nas fêmeas) e a repressão (nos machos) do gene *Sxl*.

O gene *Sxl* é expresso a partir de dois promotores, P_e e P_m. O primeiro (promotor para estabelecimento) é controlado por SisA e SisB (e, portanto, ex-

494 Parte 4 Expressão do Genoma

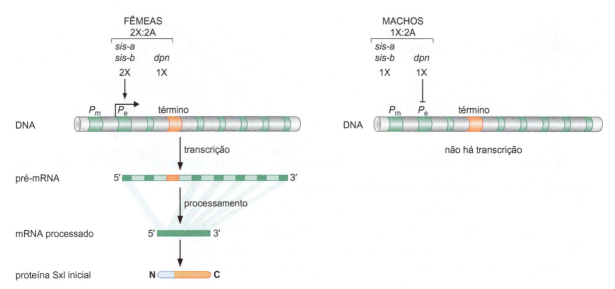

FIGURA 14-24 Regulação transcricional precoce de *Sxl* em moscas machos e fêmeas. Os genes *sisA* e *sisB* são encontrados no cromossomo X e codificam ativadores transcricionais que controlam a expressão do gene *Sxl*. Dpn, um repressor de *Sxl*, é codificado por um gene do cromossomo 2. Embora machos e fêmeas expressem a mesma quantidade de Dpn codificado de modo autossômico, as fêmeas produzem o dobro de ativadores dos machos (porque as fêmeas possuem dois cromossomos X e os machos, apenas um). A diferença na proporção entre ativadores e repressor assegura a expressão de *Sxl* nas fêmeas, mas não nos machos. Então, a proteína Sxl autorregula sua expressão, como descrito no texto e na próxima figura. (Adaptada de Estes P.A. et al. 1995. *Mol. Cell. Biol.* **15**: 904-917.)

presso apenas em fêmeas). Mais adiante no desenvolvimento, esse promotor é desligado permanentemente. Nos embriões de fêmeas, a expressão de *Sxl* é mantida pela expressão a partir do P_m (promotor de manutenção).

A transcrição a partir de P_m é constitutiva em fêmeas e machos, mas o RNA produzido a partir desse promotor contém um éxon a mais do que o transcrito produzido a partir de P_e (Fig. 14-23). Se este éxon permanecer no mensageiro maduro, ele não conseguirá produzir uma proteína ativa, que é o que ocorre no macho. Na fêmea, porém, o processamento remove esse éxon e a proteína funcional Sxl continua a ser produzida.

Como demonstrado na Figura 14-25, é a própria proteína Sxl, presente nas fêmeas, mas não nos machos (graças à expressão precoce a partir de P_e), que promove o processamento do RNA feito a partir de P_m e garante que o éxon inibidor seja excluído da cadeia. Sxl realiza essa função atuando como repressor do processamento.

Assim, a proteína Sxl funcional continua a ser produzida nas fêmeas. Essa proteína regula o processamento de outros RNAs na fêmea, além de seu próprio RNA. Um deles é o RNA produzido constitutivamente (em machos e fêmeas) pelo gene *tra* (Fig. 14-25). Novamente, na ausência do processamento dirigido por Sxl, esse RNA não produz proteínas (em machos), mas na presença de Sxl, ele é processado para formar a proteína funcional Tra (em fêmeas).

A proteína Tra também é um regulador de processamento. Enquanto Sxl é repressora do processamento, Tra é ativadora (Fig. 14-25). Um de seus alvos é o RNA produzido a partir do gene que codifica Doublesex (Dsx). Esse RNA é processado de duas formas alternativas, ambas codificadoras de proteínas reguladoras, mas com atividades diferentes. Assim, na presença de Tra, o RNA de *dsx* é processado de maneira a originar uma proteína que reprime a expressão de genes específicos de machos. Na ausência da proteína Tra, a forma de Dsx produzida reprime os genes específicos de fêmeas.

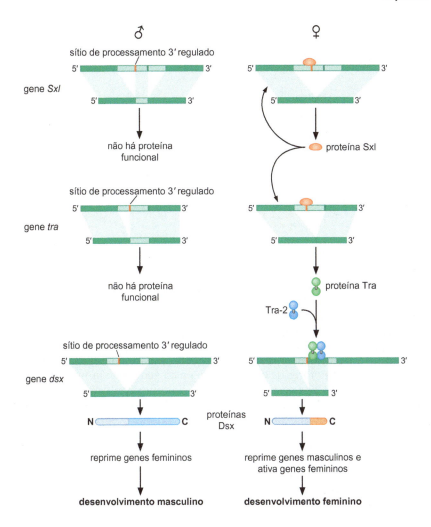

FIGURA 14-25 Uma cascata de eventos de processamento alternativo determina o sexo de uma mosca. Como descrito de maneira detalhada no texto, a proteína Sex-lethal (Sxl) é produzida em moscas que se desenvolverão em fêmeas (apresentadas à direita da figura), mas não nas que originarão machos (apresentadas à esquerda). A presença dessa proteína é mantida pela autorregulação do processamento de sua mensagem. Na ausência da regulação, a proteína funcional não é produzida (nos machos). Sxl também controla o processamento do gene *tra*, produzindo uma proteína funcional Tra nas fêmeas (mas não nos machos). A própria Tra é um regulador de processamento, e atua no pré-mRNA do gene *doublesex* (*dsx*). Quando o mRNA de *dsx* é processado em resposta à proteína Tra, uma versão da proteína Dsx é produzida (em fêmeas) com um trecho de 30 aminoácidos em sua extremidade carboxiterminal que a distingue da forma da proteína produzida na ausência da proteína reguladora Tra (em machos). A forma feminina de Dsx ativa os genes necessários ao desenvolvimento feminino e reprime os genes de desenvolvimento masculino. A forma masculina, que tem um segmento de 150 aminoácidos na extremidade carboxiterminal, reprime os genes que promovem o desenvolvimento feminino. A proteína Sxl atua como repressora do processamento ao ligar-se ao trato de pirimidina no sítio de processamento 3' (ver Fig. 14-3). A proteína Tra, em contrapartida, atua como amplificadora do processamento. Ela liga-se a uma sequência reforçadora (*enhancer*) em um dos éxons do RNA de *dsx* (ver Fig. 14-11).

Uma alteração de processamento alternativo está no cerne da pluripotência

Nenhum assunto gerou mais interesse no campo da biologia do desenvolvimento de mamíferos ou chamou mais a atenção por potenciais avanços em medicina do que o uso de células-tronco embrionárias para gerar tipos celulares especializados no laboratório. As células-tronco embrionárias são células indiferenciadas encontradas no embrião que dão origem a tecidos e tipos celulares do animal adulto e, assim, são chamadas de pluripotentes (ver Apêndice 1). De fato, as células-tronco embrionárias podem ser induzidas em laboratório a se diferenciar em tecidos muscular, nervoso, pancreático e outros tipos celulares especializados. Recentemente, tornou-se possível desencadear a desdiferenciação de células somáticas de volta ao estágio de células pluripotentes (as chamadas células-tronco pluripotentes induzidas ou **células iPS**) ao amplificar artificialmente a produção de um número relativamente pequeno de fatores de transcrição essenciais, sabidamente necessários para a manutenção da pluripotência (Quadro 21-1). Exemplos de tais fatores de transcrição incluem OCT4 e NANOG. A produção de OCT4 e NANOG (e outras proteínas reguladoras essenciais) é estimulada por um fator de transcrição conhecido como FOXP1, membro da família Forkhead de proteínas de ligação ao DNA. Na verdade, existem duas isoformas da proteína FoxP1. Uma delas é o produto de um mRNA processado para incluir um determinado éxon, o 18b, enquanto a outra variante de processamento carrega o éxon 18a (Fig. 14-26). A proteína codificada pelo mRNA que contém o éxon 18b é chamada de FOXP1-ES: ela

FIGURA 14-26 Uma alteração do processamento alternativo está no cerne da pluripotência. O fator de transcrição FOXP1 liga-se a sítios específicos do DNA por meio de um domínio conhecido como hélice Winged. A especificidade do sítio de DNA que ele reconhece pode ser alterada pelo processamento alternativo de seu mRNA. Assim, quando um determinado éxon é incluído (éxon 18a), a isoforma resultante (FOXP1) reconhece sítios de uma sequência, mas quando o processamento alternativo gera uma forma que inclui o éxon 18b em vez do 18a, a isoforma resultante (FOXP1-ES) liga-se a uma sequência diferente de DNA e, assim, controla a expressão de um conjunto diferente de genes.

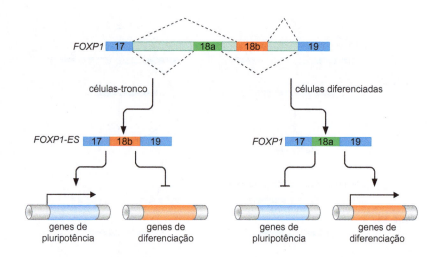

ativa genes (OCT4, NANOG, etc.) que promovem a desdiferenciação e, assim, estimula a formação de células iPS. Em contrapartida, a forma contendo o éxon 18a codifica FOXP1 propriamente dita, e esta tem o efeito oposto: ela não consegue estimular a expressão de OCT4 e NANOG e, em vez disso, ativa genes que promovem a diferenciação.

Como a troca do éxon 18a pelo éxon 18b explica a mudança de expressão de genes promotores de células-tronco para genes que promovem a diferenciação? FOXP1 liga-se ao DNA por um domínio conhecido como hélice Winged, que reconhece uma determinada sequência de DNA. A troca do éxon 18a para o éxon 18b substitui 35 resíduos na região da hélice Winged da proteína incluindo quatro aminoácidos que sabidamente contactam o DNA. Essa substituição provoca uma mudança na especificidade de sequência de DNA de FOXP1. De fato, a substituição de dois destes resíduos, uma asparagina e uma histidina por uma glicina e uma treonina, respectivamente, pode ser ligada a uma determinada diferença de par de bases entre a sequência consenso para FOXP1 e a para FOXP1-ES.

Assim, no topo da hierarquia de eventos que controlam os circuitos transcricionais para pluripotência e diferenciação, está uma troca entre formas de processamento alternativo do mRNA para FOXP1. Esta situação nos recorda o processamento alternativo do gene *Sex-lethal*, que, como visto, dispara uma cadeia de eventos que determina o sexo das moscas. No caso do *Sex-lethal*, sabe-se como a proporção entre cromossomos X e autossomos dita qual variante de processamento é produzida em machos e em fêmeas. No caso de FOXP1, entretanto, ainda não foram descobertos os fatores que determinam qual forma é produzida nas células-tronco embrionárias ou nas células em diferenciação. Ainda assim, esses exemplos de moscas e mamíferos ressaltam o papel do processamento alternativo em uma ampla e crescente variedade de eventos reguladores gênicos.

Nós consideramos as várias formas pelas quais o processamento é realizado em sistemas eucarióticos, bem como a diversidade de componentes envolvidos. A perda de função em qualquer um destes componentes pode levar a graves consequências, como é descrito no Quadro 14-4, Defeitos no processamento do pré-mRNA causam doenças humanas.

EMBARALHAMENTO DE ÉXONS

Os éxons são embaralhados por recombinação, produzindo genes que codificam novas proteínas

Como já mencionado, todos os eucariotos possuem íntrons; no entanto, estes são raros – quase inexistentes – em bactérias. Existem duas explicações plausíveis para essa situação.

Capítulo 14 Processamento do RNA

Primeiro, no chamado **modelo precoce dos íntrons**, os íntrons existiam em todos os organismos, mas foram perdidos pelas bactérias. Se, originalmente, existiam íntrons nas bactérias, por que teriam sido perdidos posteriormente? O argumento é que esses organismos "ricos em genes" (ver Caps. 8 e 12) adaptaram os seus genomas em resposta a pressões seletivas, para aumentar a velocidade da replicação cromossômica e da divisão celular. (Deve-se lembrar também de que entre os eucariotos, as leveduras – que são

▶ CONEXÕES CLÍNICAS

Quadro 14-4 Defeitos no processamento do pré-mRNA causam doenças humanas

Como discutido no texto, a grande maioria dos genes humanos contém íntrons. De fato, a grande maioria dos genes humanos contém múltiplos íntrons. Não surpreende, portanto, que muitas das mutações de ponto que causam doenças em seres humanos sejam substituições nucleotídicas que prejudicam o processamento do pré-mRNA. Na verdade, estimativas indicam que pelo menos 15% de todas as mutações de ponto que causam doenças humanas alteram sequências de reconhecimento para o processamento. Um exemplo clássico é a β-talassemia. Este distúrbio genético humano é caracterizado por um defeito na produção de β-globina, uma subunidade da hemoglobina. Um tipo de β-talassemia é causado por uma mutação no primeiro íntron do gene da β-globina que altera a sequência TTGGT para TTAGT. Essa mutação cria uma sequência que lembra um sítio de processamento 3' normal (trato Py AG/G) (ver Fig. 14-3). Como resultado, o processamento do pré-mRNA da β-globina em indivíduos afetados ocorre predominantemente no sítio de processamento 3' criado pela mutação em vez de se dar no sítio normal.

Uma doença hereditária chamada "deficiência de hormônio de crescimento isolada familial tipo II" é causada por um defeito no processamento do pré-mRNA do hormônio de crescimento, resultando em indivíduos com estatura baixa. A síndrome de Frasier é um distúrbio urogenital atribuído a um defeito no processamento do pré-mRNA de um gene importante para o desenvolvimento dos rins e das gônadas. Dois exemplos adicionais são um tipo de demência causada por um defeito de processamento no mRNA de uma proteína do citoesqueleto e uma forma de fibrose cística.

Outros distúrbios também são causados por mutações que prejudicam a própria maquinaria de processamento. Um exemplo disso é a retinite pigmentosa, caracterizada por degeneração progressiva da retina e, por fim, cegueira. Mutações em vários genes causam retinite pigmentosa, e a maioria desses genes possui funções específicas na retina. Algumas dessas mutações, no entanto, estão em genes para componentes do spliceossomo. Como os indivíduos afetados possuem uma cópia normal do gene, além da cópia mutante, a proteína do processamento é produzida, mas está presente em quantidades menores do que as normais.

Por que o efeito do nível menor do que o normal de um componente do processamento se manifesta em um tecido específico, a retina? Uma provável explicação vem do fato de um fotopigmento da retina, a rodopsina, apresentar alto nível de *turnover*. Assim, a maquinaria de processamento precisa dar conta da grande demanda de produção de opsina (o componente proteico da rodopsina) para substituir a perda por degradação. Portanto, a retina deve ser mais sensível a um processamento ineficiente do que outros tecidos que não precisam produzir altos níveis de uma proteína específica.

A atrofia muscular espinhal (SMA, *spinal muscular atrophy*) é uma das causas genéticas mais comuns de mortalidade em crianças. Essa doença, caracterizada pela perda progressiva dos neurônios espinhais, resulta de uma mutação em um gene para um componente ubíquo da maquinaria de processamento conhecido como SMN (do inglês, *survival motor neuron*), cuja função precisa ainda não está bem estabelecida. Como no caso da retinite pigmentosa, permanece o mistério sobre por que o efeito do defeito de processamento é manifestado principalmente em neurônios motores.

Os exemplos considerados até o momento são de distúrbios hereditários. Mas mutações causadoras de doenças que prejudicam o processamento também surgem somaticamente. Um exemplo disso vem dos mutantes do gene do regulador do ciclo celular p73. A proteína p73 ocorre em múltiplas formas como resultado do processamento alternativo de seu mRNA. Mutações que causam o processamento alternativo defeituoso do pré-mRNA de p73 foram implicadas em um tipo de câncer conhecido como carcinoma espinocelular. É provável que mutações somáticas que prejudicam o processamento ou causam processamento alternativo defeituoso para vários outros pré-mRNAs também contribuam para a etiologia do câncer.

Às vezes, diz-se que a medicina é a maior professora de biologia. Certamente, e conforme se viu, este adágio aplica-se perfeitamente ao campo do processamento de pré-mRNA, no qual o estudo de distúrbios genéticos humanos forneceu uma riqueza de detalhes sobre as sequências que controlam o processamento e a maquinaria que o realiza. De fato, a própria descoberta das snRNPs, os componentes mais fundamentais da maquinaria de processamento de pré-mRNA, surgiu de estudos de uma forma da doença autoimune lúpus eritematoso, na qual os indivíduos afetados produzem anticorpos contra estas ribonucleoproteínas. Parece provável que o estudo continuado de distúrbios genéticos humanos levará a descobertas adicionais sobre os mecanismos do amadurecimento do pré-mRNA.

A correção de defeitos de processamento como forma de tratar doenças

Estão em andamento tentativas de tratamento para várias destas doenças por meio da correção de seus defeitos de processamento. Aqui, é descrita a abordagem escolhida em uma delas, a SMA. Como foi descrito, a SMA é o resultado de

(continua)

Quadro 14-4 (Continuação)

mutações que eliminam, da maquinaria de processamento, o componente codificado pelo gene *SMN1*. Normalmente, o gene *SMN1* sofre processamento alternativo, de modo que 90% de seu mRNA maduro inclui um determinado éxon, o éxon 7, necessário para gerar a proteína completa. Os seres humanos possuem outro gene, chamado *SMN2*, que codifica uma proteína idêntica. Esta proteína poderia, potencialmente, substituir a função de *SMN1*, mas os transcritos de *SMN2* são processados de maneira que apenas cerca de 10% do mRNA derivado deste gene inclui o éxon 7 necessário. Assim, decidiu-se que uma forma de compensar a perda completa de *SMN1* deveria ser a manipulação do processamento de *SMN2*, de maneira que ele pudesse ser forçado a produzir mRNAs que incluíssem o éxon 7.

Uma abordagem é direcionar oligonucleotídeos antissenso contra sequências do transcrito primário de *SMN2* que regulam o processamento do éxon 7. Como mostrado na Figura 1 deste quadro, o oligo foi desenhado para reconhecer uma sequência específica do transcrito por meio do pareamento de base tipo Watson-Crick e, ao fazê-lo, excluir a ligação de um repressor de processamento, hnRNP. Esta estratégia funcionou em camundongos modificados geneticamente para expressar o gene *SMN2* humano e agora está sendo empregada em ensaios clínicos.

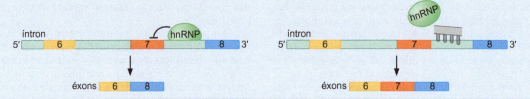

QUADRO 14-4 FIGURA 1 Modulação do processamento de *SMN2*. O oligonucleotídeo antissenso de fita simples é desenhado para ligar-se à região do transcrito de RNA onde normalmente o repressor do processamento hnRNP se liga para bloquear a inclusão do éxon 7. Ao ligar-se aí, o oligo desloca hnRNP e permite a inclusão do éxon 7 no mRNA maduro e, assim, facilita a produção da proteína SMN. (Adaptada, com permissão, de Rigo F. et. al. 2012. *J. Cell Biol.* **199**: 21-25, Fig. 2, p. 23. doi:10.1083/jcb.20127087 © Rockefeller University Press.)

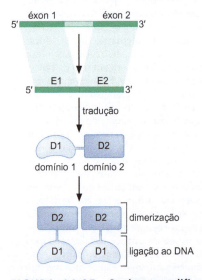

FIGURA 14-27 Os éxons codificam domínios proteicos. Neste exemplo, o domínio de ligação de uma proteína ao DNA é codificado por um éxon, enquanto o domínio de dimerização da mesma proteína é codificado por outro éxon. Esses domínios proteicos sofrem dobramentos independentes do resto da proteína e, frequentemente, desempenham uma única função (como foi discutido no Cap. 6). Portanto, éxons podem frequentemente ser permutados entre proteínas de forma produtiva.

unicelulares e têm crescimento rápido – têm menos íntrons do que os organismos pluricelulares complexos.)

Na concepção alternativa, os íntrons jamais existiram em bactérias, já que surgiram posteriormente na evolução. De acordo com esse modelo, chamado **modelo tardio dos íntrons**, estes foram inseridos em genes que anteriormente não continham íntrons, talvez por um mecanismo semelhante ao dos transposons (ver Cap. 12).

Independentemente de qual explicação seja a verdadeira – e, a esta altura, é impossível decidir sobre este assunto de maneira inequívoca –, há uma segunda questão, talvez mais interessante: por que os íntrons foram retidos nos eucariotos e, em particular, na forma extensiva e quantidade vista em eucariotos multicelulares? Uma vantagem clara é que a presença dos íntrons, e a necessidade de removê-los, permite o processamento alternativo, que pode gerar vários produtos proteicos a partir de um único gene. Porém, em uma escala ainda maior, há possivelmente outra vantagem proporcionada a estes organismos: ter a sequência codificadora dos genes dividida em vários éxons permite que novos genes sejam criados por embaralhamento de éxons. Três observações são um forte indício de que esse processo efetivamente ocorre.

• Primeiro, frequentemente, as fronteiras entre os éxons e os íntrons de um gene coincidem com os limites entre os domínios (ver Cap. 6) da proteína codificada pelo gene. Isto é, com muita frequência, um éxon codifica uma unidade proteica com estrutura independente (em geral, com função também independente). Por exemplo, considere-se a proteína de ligação ao DNA representada na Figura 14-27. Como na maioria das proteínas de ligação ao DNA, esta possui dois domínios – o domínio de reconhecimento do DNA e o domínio de dimerização. Como se vê na figura, esses domínios (D1 e D2) são codificados em éxons (E1 e E2) diferentes do gene.

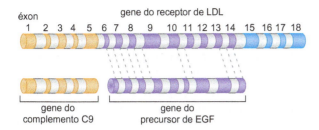

FIGURA 14-28 **Genes formados por partes de outros genes.** O gene do receptor de LDL (o receptor plasmático da lipoproteína de baixa densidade) contém um segmento de seis éxons, muito relacionado aos seis éxons do gene do complemento C9 e oito éxons estreitamente relacionados a oito éxons do gene do precursor de EGF (fator de crescimento epidérmico). Portanto, o gene do receptor de LDL é formado pelo embaralhamento de éxons de outros genes e, apesar de não mostrado aqui, estes segmentos estão também presentes em outros genes. Em muitos casos, os íntrons não estão localizados nas mesmas posições no gene do precursor do EGF e na região do gene do receptor de LDL correspondente. Quando *ocorrem* no mesmo local, há a indicação em linhas pontilhadas.

- Segundo, diversos genes, e suas proteínas codificadas, aparentemente surgiram durante a evolução, em parte por meio de duplicação e da divergência de éxons. As proteínas formadas por unidades repetidas (como as imunoglobulinas) provavelmente surgiram desse modo (ver Cap. 12, Fig. 12-35). A presença de íntrons entre os éxons torna a duplicação mais provável.

- Terceiro, éxons relacionados às vezes são encontrados em genes não relacionados. Isto é, há evidências de que os éxons realmente são reaproveitados em genes que codificam proteínas diferentes. Como exemplo, considere-se o gene do receptor da lipoproteína de baixa densidade (LDL) (Fig. 14-28). Esse gene contém alguns éxons que, evolutivamente, são claramente relacionados a éxons encontrados no gene que codifica o precursor do fator de crescimento epidérmico (EGF). Ao mesmo tempo, ele possui outros éxons claramente relacionados a éxons do gene C9 do complemento (Fig. 14-28). Exemplos mais amplos de acreção de éxons

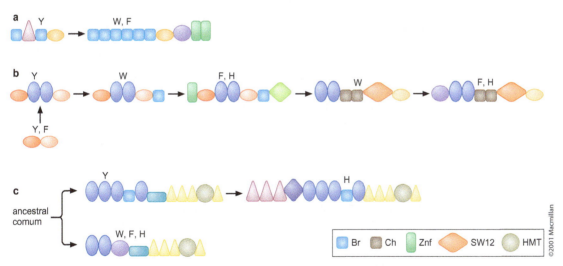

FIGURA 14-29 **Acúmulo, ganho, perda e reembaralhamento de domínios durante a evolução de uma família de proteínas.** A figura apresenta rotas propostas, por meio das quais diferentes proteínas relacionadas podem ter evoluído por ganho ou perda de domínios específicos. Três exemplos são mostrados; em todos eles, as proteínas em questão são enzimas modificadoras de cromatina (Cap. 8) de leveduras (Y), vermes (W), moscas (F) e seres humanos (H). Cada proteína está representada por uma série de domínios, com cores e formatos diferentes, e acima de cada proteína é indicado o(s) organismo(s) em que se encontra a proteína com tal arranjo. Alguns arranjos são encontrados em mais de um organismo e, em alguns casos, um organismo possui mais de um dos arranjos relacionados para domínios semelhantes. Alguns dos domínios – os com funções discutidas nos Capítulos 8 e 19 – estão identificados como segue: bromodomínio (Br); cromodomínio (Ch); domínio de metiltransferase de histona (HMT); atividade de ATPase associada a enzimas de remodelamento de cromatina (SW12); e domínio de dedo de zinco (Znf). (Adaptada, com permissão, de Lander et al. 2001. *Nature* **409**: 906, Fig. 42. © Macmillan.)

podem ser obtidos da análise de sequências genômicas completas. Como se observa na Figura 14-29, existem inúmeros exemplos de proteínas compostas por domínios altamente relacionados, utilizados em diferentes combinações, codificados por genes formados pelo embaralhamento de éxons.

Como foi visto, os éxons tendem a ser curtos (aproximadamente 150 nucleotídeos), enquanto os íntrons variam de comprimento e podem ser realmente longos (até várias centenas de kb). Essa desproporção entre os tamanhos assegura maior probabilidade de ocorrência de recombinação nos íntrons do que nos éxons em um gene médio de eucariotos superiores. Portanto, os éxons apresentam maior probabilidade de serem embaralhados do que interrompidos ou quebrados. O mecanismo de remoção dos íntrons – o uso dos sítios de processamento 5' e 3' – garante que quase todos os genes recombinantes sejam expressos, porque os sítios de processamento de diferentes genes são altamente intercambiáveis. Além disso, o processamento alternativo permite testar novas combinações de éxons, sem descartar o produto gênico original – ou seja, tanto o produto novo como o antigo original podem, a priori, ser sintetizados.

EDIÇÃO DE RNA

A edição de RNA é outro modo de alterar a sequência de um mRNA

A **edição de RNA**, assim como o processamento, pode alterar a sequência de um RNA após a sua transcrição. Assim, a proteína produzida pela tradução é diferente da prevista pela sequência gênica, mas este exemplo é, talvez, ainda mais drástico que o caso do processamento – em vez de rearranjar trechos do mRNA, durante a edição, bases individuais são inseridas, deletadas ou alteradas. Ou seja, a informação codificadora no RNA é alterada. Existem dois mecanismos que medeiam a edição: a desaminação sítio-específica de adeninas ou citosinas, e a inserção ou deleção de uridina dirigida por RNA-guia. Serão considerados um de cada vez.

Em uma forma de **desaminação** sítio-específica, um determinado resíduo de citosina do mRNA é marcado, especificamente, para ser convertido em uridina, por desaminação. Este processo, para uma dada espécie de mRNA, em geral ocorre apenas em determinados tecidos ou tipos celulares e de maneira regulada. A Figura 14-30 apresenta o gene da apolipoproteína B de mamíferos. Esse gene possui vários éxons e, em um desses éxons, existe um códon CAA alvo para edição; a base C desse códon será desaminada. A desaminação, executada pela enzima **citidina desaminase**, converte C em U (Fig. 14-31). Neste exemplo, a desaminação ocorre de maneira tecido-específica: as mensagens são editadas em células intestinais, mas não em células hepáticas.

Portanto, o códon CAA que, no fígado, é traduzido como glutamina pela mensagem não editada, é convertido em UAA – um códon de terminação – no intestino. O resultado é que, a proteína completa (com cerca de 4.500 aminoácidos) é produzida no fígado, mas um polipeptídeo truncado com apenas cerca de 2.100 aminoácidos é sintetizado no intestino (ver Fig. 14-30).

Ambas as formas de apolipoproteína B estão envolvidas no metabolismo lipídico. A forma mais longa, encontrada no fígado, está envolvida no transporte do colesterol e dos triglicerídeos produzidos por síntese endógena. A forma menor, encontrada no intestino, está envolvida no transporte dos lipídeos da dieta para os diversos tecidos.

Outros exemplos de edição de mRNA por desaminação enzimática incluem a desaminação da adenosina. Esta reação, realizada pela enzima **ADAR** (**adenosina desaminase que atua no RNA**) – da qual existem três tipos

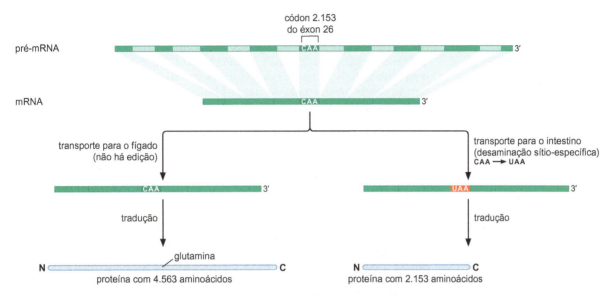

FIGURA 14-30 Edição de RNA por desaminação. O RNA produzido pelo gene da apolipoproteína humana é editado de modo tecido-específico, por desaminação de uma citidina específica, gerando uma uridina. Esse evento ocorre nos RNAs do intestino, mas não nos do fígado. O resultado, como é descrito no texto, é a introdução de um códon de terminação no mRNA do intestino, originando uma versão da proteína mais curta do que a produzida no fígado. A figura não está em escala: o éxon editado é o éxon 26, e o códon, que parece ocupá-lo completamente, na verdade, corresponde a uma parte muito pequena do éxon.

em humanos –, produz inosina. A inosina pode parear com a citosina, alterando facilmente a sequência da proteína codificada pelo mRNA. O alvo desse tipo de edição é um canal iônico expresso no cérebro de mamíferos. Essa simples modificação em seu mRNA provoca a alteração de um único aminoácido na proteína, a qual, por sua vez, altera a permeabilidade do canal ao Ca^{2+}. Na ausência dessa edição, o desenvolvimento cerebral fica gravemente comprometido.

Este tipo de edição – desaminação enzimática – parece ser bastante rara, mas importante. Em *Drosophila*, estimou-se que há apenas cerca de 20 citosinas marcadas para desaminação, mas todas estão em genes envolvidos na produção ou na atividade de neutrotransmissores.

Não está completamente esclarecido como as enzimas desaminase atuam de maneira tão específica: seus sítios ativos poderiam agir sobre qualquer citosina. Em geral, essas enzimas fazem parte de complexos nos quais outros componentes podem influenciar a especificidade da atuação da enzima. Além disso, no caso da citosina desaminase que atua na apolipoproteína B, a enzima possui um domínio de ligação ao RNA que ajuda a reconhecer o sítio específico para desaminação pelo reconhecimento de uma sequência específica ou, talvez, de uma determinada estrutura secundária no RNA.

Outro papel das enzimas desaminase na defesa celular contra a infecção por HIV está descrito no Quadro 14-5, Desaminases e HIV.

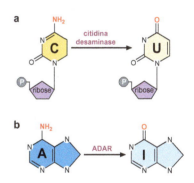

FIGURA 14-31 Desaminação de citosina e adenina para produzir uracila e inosina. (a) O grupo amino no anel nucleotídico é removido pela enzima citidina desaminase. (b) No caso da desaminação da adenina, o mesmo grupo químico é removido da adenina por ADAR para gerar inosina.

Os RNAs-guia dirigem a inserção e a deleção de uridinas

Uma forma bastante diferente de edição de RNA é realizada em transcritos de RNA que codificam as proteínas mitocondriais de tripanossomos. Neste caso, múltiplos nucleotídeos Us são inseridos em regiões específicas dos mRNAs após a transcrição (ou, em outros casos, Us podem ser deletados). Essas inserções podem ser tão extensas que, em casos extremos, correspondem a quase metade dos nucleotídeos do mRNA maduro. A adição de Us à mensagem altera códons e fases de leitura, alterando completamente o "significado" da mensagem. Como exemplo, considere-se o gene *coxII* do tripanossomo. Quatro nucleotídeos Us são inseridos em uma região específica do mRNA desse gene, entre bases adjacentes, em três sítios (um sítio com dois Us, e dois sítios adicionais com um U cada). Essas adições trocam alguns códons e causam uma alteração "−1" na fase de leitura, necessária para gerar a fase de leitura *correta*, conforme ilustrado na Figura 14-32a.

Como essas bases adicionais são inseridas? As Us são inseridas no mensageiro pelos chamados **RNAs-guia (gRNAs)**, como mostrado na Figura 14-32. Esses gRNAs variam de 40 a 80 nucleotídeos de comprimento e são codificados por genes diferentes dos que codificam os mRNAs sobre os quais eles atuam. Cada gRNA divide-se em três regiões. A primeira, na extremidade 5′, é chamada "âncora" e direciona o gRNA à região do mRNA a ser editada; a segunda, determina o local exato da inserção dos Us; e a terceira, na extremidade 3′, é um segmento poli(U). Agora será dado enfoque à maneira pela qual os gRNAs dirigem a edição.

A região-âncora do gRNA contém uma sequência cujas bases pareiam com uma região da mensagem imediatamente ao lado (em 3′) da região que será editada (Fig. 14-32b). A seguir, são dadas as "instruções" para a edição: um segmento de gRNA complementar à região da mensagem a ser editada, porém, contendo As adicionais. Os As situam-se nas posições do gRNA opostas às posições do mRNA em que serão inseridos os Us. A região

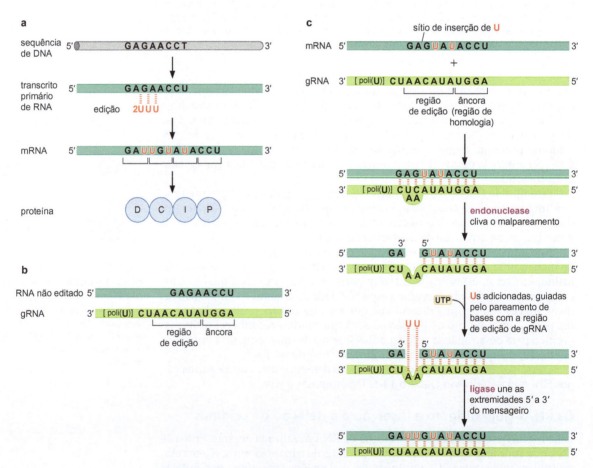

FIGURA 14-32 Edição de RNA pela inserção de Us mediada por RNA-guia. Edição do RNA do gene *coxII* de tripanossomo. (a) Posições dos quatro nucleotídeos U inseridos no pré-mRNA do gene *coxII*. Eles alteram a fase de leitura e a informação codificada no mRNA, para sua forma correta. (b) Sequência do RNA-guia (gRNA) que determina o padrão de inserção de Us e a sequência do segmento não editado de mRNA. (c) Reação de edição propriamente dita.

> CONEXÕES CLÍNICAS

Quadro 14-5 Desaminases e HIV

A desaminação do mRNA da *apolipoproteína B* humana descrita no texto é realizada por uma enzima chamada APOBEC1 (do inglês, *apolipoprotein B-editing enzyme, catalytic polypeptide-like 1* [enzima de edição de apolipoproteína B, semelhante ao polipeptídeo-1 catalítico]). Ela é membro de uma família de enzimas que dirige a desaminação de citidinas no RNA e no DNA. Outro membro da família – APOBEC3G (A3G) – é um potente inibidor da infecção por uma ampla variedade de retrovírus, incluindo o HIV.

Como partículas virais, os retrovírus como o HIV possuem genomas de RNA. Após a infecção, o RNA é convertido em uma cópia de cDNA por transcrição reversa (ver Cap. 12). A fita menos do cDNA produzido durante a transcrição reversa é atacada pela enzima A3G. A enzima desamina Cs para gerar Us na fita de DNA, levando à hipermutação em níveis que o vírus não pode suportar, ou mesmo à destruição da fita danificada pela DNA glicosilase e pela endonuclease apurínica-apirimidínica (Cap. 10).

Para contrapor-se a isso, o HIV selvagem produz uma proteína chamada Vif (do inglês, *viral infectivity factor* [fator de infectividade viral]) que dirige a degradação proteossômica da enzima A3G, excluindo-a, assim, das partículas virais e protegendo o vírus em seu próximo ciclo de infecção. A Vif é necessária para que o vírus cresça em todas as suas células-alvo biologicamente relevantes *in vivo*. Algumas linhagens celulares usadas em laboratórios para cultivar vírus conseguem suportar o crescimento de HIV desprovido de Vif. Estas células são chamadas de **permissivas**. Os heterocários (células geradas pela fusão de dois tipos celulares) produzidos a partir de células permissivas e não permissivas possuem o caráter não permissivo. Isso revelou que as células não permissivas produzem um fator que se contrapõe à replicação viral. Demonstrou-se que este fator é a desaminase A3G, e que as células permissivas poderiam tornar-se não permissivas simplesmente pela expressão de A3G.

---

poli(U) está localizada na extremidade 3' do gRNA. O papel dos nucleotídeos dessa região não está claro, embora seja proposto que eles prendem o gRNA às sequências ricas em purinas do mRNA a montante (a 5') da região editada.

Como pode ser visto na Figura 14-32c, o gRNA e o mRNA formam um dúplex de RNA-RNA, excluindo, sob forma de alças, as regiões de fitas simples opostas às em que os Us serão inseridos. Uma endonuclease reconhece e cliva o mRNA oposto a essas alças, criando uma lacuna. A edição envolve a transferência dos Us para essa lacuna na mensagem. Esse processo é catalisado pela enzima terminal 3'-uridilil-transferase (TUTase).

Após a adição das bases Us, os dois fragmentos do mRNA são ligados por uma RNA ligase, e a região "editora" do gRNA continua sua ação ao longo do mRNA, na direção 3' para 5'. Um único gRNA pode realizar a inserção de vários Us em diferentes locais (como ilustrado na Fig. 14-32). Além disso, em alguns casos, vários gRNAs diferentes editam diferentes regiões de uma mesma mensagem.

TRANSPORTE DE mRNA

Após o processamento, o mRNA é compactado e exportado do núcleo para o citoplasma para ser traduzido

Após ser completamente processado – presença de *cap*, íntrons retirados e poliadenilado – o mRNA é transportado do núcleo para o citoplasma (Fig. 14-33), onde é traduzido e origina um produto proteico (Cap. 15). O deslocamento do núcleo para o citoplasma não é um processo passivo. Na verdade, esse deslocamento precisa ser cuidadosamente regulado: os mRNAs completamente processados representam apenas uma pequena proporção dos RNAs encontrados no núcleo, e muitos dos outros RNAs seriam prejudiciais à célula se fossem exportados. Eles compreendem, por exemplo, RNAs danificados ou malprocessados e íntrons liberados (os quais, como tendem a ser bem maiores do que os éxons, representam uma população de RNA muito maior do que os mRNAs maduros).

Como são realizados a seleção e o transporte do RNA? Como foi enfatizado neste capítulo e no anterior, a partir do momento em que uma molécula de RNA começa a ser transcrita, ela associa-se a proteínas de vários tipos: primeiro, proteínas envolvidas no capeamento; depois, fatores de processamento; e por fim, proteínas que promovem a poliadenilação. Algumas dessas proteínas são substituídas nas várias etapas durante o processamento; outras, não (incluindo, p. ex., algumas proteínas SR – os reguladores de processamento ricos em serina e arginina) (Fig. 14-11); e algumas outras unem-se mais tarde. Como consequência, um mRNA maduro típico carrega uma série de proteínas que o identificam como um mRNA pronto para ser transportado. Outros RNAs, além de não possuírem o conjunto proteico correto exigido para o transporte, contêm conjuntos próprios de proteínas que bloqueiam ativamente a exportação. Assim, por exemplo, os íntrons removidos com frequência possuem hnRNPs (os repressores do processamento vistos anteriormente), os quais, provavelmente, marcam os RNAs para retenção e degradação.

Os mRNAs maduros carregam, além de proteínas SR residuais, outro grupo de proteínas que se ligam especificamente às junções éxon-éxon (naturalmente, encontradas apenas em exemplares já processados). Os mRNAs também contêm alguns hnRNPs, mas em menor número do que normalmente ligados aos íntrons e, também, em contexto diferente. Isso enfatiza que é o conjunto proteico, e não algum tipo específico de proteína, que marca os RNAs para exportação ou retenção no núcleo.

A exportação é feita através de uma estrutura especial da membrana nuclear chamada **complexo do poro nuclear**. As moléculas pequenas – com menos de 50 kDa – podem atravessar o poro sem auxílio, mas as moléculas maiores e complexos moleculares, incluindo os mRNAs e as proteínas associadas, precisam de transporte ativo. (Outras moléculas – proteínas produzidas no citoplasma, mas que atuam no núcleo, por exemplo – são transportadas na direção contrária, do citoplasma para o núcleo, através destes mesmos poros.)

Os mecanismos de transporte nuclear ultrapassam o escopo deste livro. É suficiente dizer que algumas das proteínas associadas ao RNA carregam sinais nucleares de exportação, reconhecidos por receptores de exportação que guiam o RNA através do poro. Uma vez no citoplasma, as proteínas são descartadas e reconhecidas para serem importadas outra vez para o núcleo, onde se associarão a outro mRNA e repetirão o ciclo (Fig. 14-33).

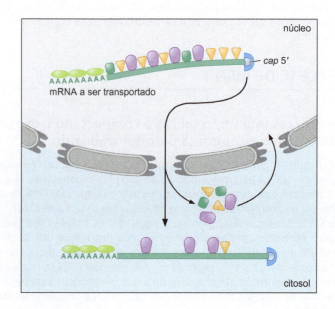

FIGURA 14-33 Transporte dos mRNAs para fora do núcleo. A exportação do RNA do núcleo é um processo ativo, e somente determinados (apropriados) RNAs são selecionados para transporte. Para ser selecionado, o RNA precisa estar ligado a um conjunto correto de proteínas. Elas o distinguirão dos outros RNAs, que devem permanecer no núcleo ou que serão destruídos. As proteínas que reconhecem as fronteiras entre éxons, por exemplo, indicam que o mRNA foi adequadamente processado, enquanto as proteínas que se ligam aos íntrons indicam um RNA que deve ficar retido no núcleo. Chegando ao citoplasma, algumas proteínas dissociam-se e outras estão prontas para serem utilizadas na tradução (Cap. 15).

A exportação requer energia, e esta é fornecida pela hidrólise de GTP por uma proteína GTPase, chamada Ran. Como outras GTPases, a Ran existe em duas conformações, dependendo da sua ligação a GTP ou GDP, e a transição de um estado para outro promove o movimento para dentro ou para fora do núcleo.

RESUMO

Em quase todos os genes de bactérias e fagos, a fase de leitura é uma simples sucessão de códons, sem interrupções. Mas a sequência codificadora de diversos genes eucarióticos é fragmentada em segmentos que têm códons interrompidos por segmentos com sequências não codificadoras.

Nesses genes descontínuos, os segmentos codificadores são chamados éxons (do inglês, *expressed sequences* [sequências expressas]) e os segmentos não codificadores são chamados íntrons (do inglês, *intervening sequences* [sequências intervenientes]). Algumas regiões não codificadoras também são incluídas nos mRNAs maduros – as regiões 5′ e 3′ não traduzidas do mRNA e RNAs inteiramente não codificadores, como os micro-RNAs (Cap. 20). Estas regiões são, portanto, classificadas como éxons. O número e o tamanho dos íntrons e dos éxons varia muito de gene para gene. Assim, nas leveduras, apenas uma proporção relativamente pequena dos genes apresenta íntrons e, quando ocorrem, estes tendem a ser curtos e em pequeno número (um ou, ocasionalmente, dois por gene). Em organismos pluricelulares, como os seres humanos, o número de genes contendo íntrons é muito maior, assim como é o número de íntrons por gene (até 362 em um caso extremo). O tamanho dos éxons varia, mas, frequentemente, possui cerca de 150 nucleotídeos; os íntrons, por sua vez, podem variar de 61 pb a até 800 kb.

Quando um gene contendo íntrons é transcrito, o RNA inicialmente contém estes íntrons. Estes são, então, removidos para gerar o mRNA maduro. O processo de remoção dos íntrons é chamado processamento ou *splicing*.

Muitos genes com íntrons originam apenas um tipo de mRNA. Isso quer dizer que os íntrons sempre são todos removidos do RNA original, resultando em um mRNA constituído por todos os éxons. Em outros casos, porém, o processamento pode produzir vários mRNAs diferentes a partir de um mesmo gene, por meio do processamento do RNA original de diferentes maneiras. Assim, por exemplo, alguns genes contêm versões alternativas de alguns éxons, em que apenas uma irá compor um dado mRNA. Em outros casos, um determinado éxon pode ser removido (juntamente com os íntrons) de algumas cópias do RNA – mais uma vez produzindo uma versão alternativa de mRNA a partir do mesmo gene. Considera-se, de maneira mais detalhada, um exemplo extremo de processamento alternativo – o gene *Dscam* de *Drosophila*. Neste caso, um de seus éxons possui 48 variantes, e todas são encontradas no pré-mRNA, mas apenas uma delas (diferente em cada um dos casos) é encontrada em cada mRNA.

Sequências encontradas na fronteira entre íntrons e éxons permitem que a célula identifique os íntrons a serem removidos. Essas sequências de processamento estão quase exclusivamente dentro dos íntrons (onde não existem restrições impostas pela necessidade de codificar aminoácidos, como ocorre nos éxons). Essas sequências são chamadas sítios de processamento 3′ e 5′, denotando suas localizações relativas em uma ou outra extremidade do íntron. Para haver a excisão de um íntron, também é necessário um elemento de sequência, chamado sítio de ramificação, próximo à extremidade 3′ do íntron.

A remoção do íntron ocorre por meio de duas reações de transesterificação. Na primeira, uma base A do sítio de ramificação ataca uma base G do sítio de processamento 5′. Na segunda, o éxon liberado em 5′ ataca o sítio de processamento em 3′. Essas reações têm duas consequências. A primeira, e mais importante, é que elas ligam os dois éxons. A segunda é que liberam o íntron como uma estrutura ramificada em formato de laço.

O processamento dos pré-mRNAs nucleossomais requer um grande complexo de proteínas e RNAs, chamado spliceossomo. Este é formado pelas chamadas snRNPs, que são de cinco tipos – U1, U2, U4, U5 e U6. Cada uma delas compreende uma molécula de RNA, a snRNA, de U1 a U6, respectivamente, e várias proteínas, a maioria diferente para cada caso. Os componentes de RNA têm papel central no reconhecimento dos íntrons e na catálise de sua remoção. O spliceossomo é uma estrutura muito dinâmica. Isto é, a constituição do spliceossomo é alterada durante as diferentes etapas do processamento – diferentes subunidades da maquinaria agregam-se ou dissociam-se do complexo, cada uma desempenhando sua função.

A natureza dinâmica do spliceossomo é tal que a ordem dos eventos nem sempre é exatamente a mesma. Assim, alguns complexos podem ir e vir em uma ordem um pouco diferente da descrita na via canônica de formação do spliceossomo, e as etapas podem, ocasionalmente, ser revertidas. É provável que isso seja resultado da cinética que dirige cada etapa, variando em diferentes RNAs e sob diferentes circunstâncias. Após catalisar a reação de processamento, o spliceossomo é desmontado, o que é importante para garantir que as reações de processamento não sejam revertidas como um todo e o mRNA processado seja prontamente liberado.

Alguns íntrons raros são capazes de promover sua própria remoção das moléculas de RNA, em um processo chamado autoexcisão. Embora não se trate de uma reação estritamente enzimática, o RNA do íntron promove a reação química da excisão. Esses íntrons com autoexcisão podem ser de dois tipos, e um deles (grupo II) é processado pela mesma via química mediada pelo spliceossomo. Esses íntrons, provavelmente representam a origem evolutiva dos íntrons atuais e a via química em duas etapas, utilizada por ambos, reflete essa relação evolutiva (e talvez explique por que os íntrons não são removidos por um mecanismo mais direto em apenas uma etapa).

Os sítios de processamento são definidos por sequências muito curtas e com baixos níveis de conservação. Portanto, reconhecer e processar apenas os sítios corretos constitui um desafio significativo para a maquinaria de processamento. Existem vários mecanismos pelos quais o spliceossomo aumenta sua precisão. Primeiro, ele liga-se aos sítios assim que estes são sintetizados. Isso assegura que eles sejam selecionados antes que os outros sítios a jusante estejam prontos para competir. Em segundo lugar, há outras proteínas – as proteínas SR – que se ligam perto de sítios de processamento legítimos e ajudam a recrutar a maquinaria de processamento para esses sítios. Desta maneira, os sítios autênticos têm, efetivamente, uma maior afinidade pela maquinaria do que os chamados pseudossítios, com sequências semelhantes.

Há uma grande variedade de proteínas SR. Cada uma liga-se ao RNA por uma superfície e interage com os componentes da maquinaria de processamento por outra. Algumas proteínas SR regulam o processamento. Isto é, uma determinada proteína SR pode ser encontrada em um único tipo celular e, neste tipo celular, promover, exclusivamente, um único tipo de evento de processamento. Outras proteínas SR são ativas apenas em presença de sinais fisiológicos específicos, de modo que um dado evento de processamento só ocorre em resposta àquele sinal. Assim, as proteínas SR atuam como ativadores de transcrição, como será visto em capítulos posteriores. De maneira semelhante à regulação da transcrição, existem repressores de processamento que impedem a excisão de íntrons específicos sob determinadas condições ou, em outros casos, interagem com componentes do spliceossomo e disrupcionam este complexo. Foi considerada, em detalhes, o caso da determinação do sexo em *Drosophila*, em que uma cascata de eventos regulados de processamento alternativo determina se uma mosca se desenvolverá como macho ou fêmea.

Juntamente com os demais eventos de processamento descritos no Cap. 13, o *splicing* (retirada de íntrons) é necessário para que os mRNAs estejam aptos a ser transportados para fora do núcleo pelos poros nucleares.

Acredita-se que determinados éxons normalmente codifiquem um domínio proteico com estrutura (e funcionamento) independente. Assim, um éxon pode funcionar imediatamente, em combinação com éxons diferentes. Isso sugere que, durante a evolução, foi relativamente fácil gerar novas proteínas por meio do embaralhamento dos éxons existentes entre genes.

A edição de RNA é outro mecanismo que permite a modificação de um RNA após sua transcrição, de modo a codificar uma proteína diferente da codificada pelo gene. São dois os mecanismos de edição: a modificação enzimática de bases e a inserção ou deleção de vários nucleotídeos de U da mensagem.

BIBLIOGRAFIA

Livros
Atkins J.F., Gesteland R.F., and Cech T.R. 2011. RNA worlds: *From life's origins to diversity in gene regulation*. Cold Spring Harbor Laboratory Press, Cold Spring Harbor, New York.

Mecanismos de processamento e o spliceossomo
Hoskins A.A. and Moore M.J. 2012. The spliceosome: A flexible, reversible macromolecular machine. *Trends Biochem. Sci.* **237:** 179–188.

Newman A.J. and Nagai K. 2010. Structural studies of the spliceosome: Blind men and an elephant. *Curr. Opin. Struct. Biol.* **20:** 82–89.

Rino J. and Carmo-Fonseca M. 2009. The spliceosome: A self-organized macromolecular machine in the nucleus? *Trends Cell Biol.* **19:** 375–384.

Semlow D.R. and Staley J.P. 2012. Staying on message: Ensuring fidelity in pre-mRNA splicing. *Trends Biochem. Sci.* **37:** 263–273.

Wachtel C. and Manley J.L. 2009. Splicing of mRNA precursors: The role of RNAs and proteins in catalysis. *Mol. Biosyst.* **5:** 311–316.

Wahl M.C., Will C.L., and Lu¨hrmann R. 2009. The spliceosome: Design principles of a dynamic RNP machine. *Cell* **136:** 701–718.

Autoprocessamento
Lambowitz A.M. and Zimmerly S. 2011. Group II introns: Mobile ribozymes that invade DNA. *Cold Spring Harb. Perspect. Biol.* **3:** a003616.

Michel F., Costa M., and Westhof E. 2009. The ribozyme core of group II introns: A structure in want of partners. *Trends Biochem. Sci.* **34:** 189–199.

Toor N., Keating K.S., and Pyle A.M. 2009. Structural insights into RNA splicing. *Curr. Opin. Struct. Biol.* **19:** 260–266.

Processamento alternativo e regulação
Heyd F. and Lynch K.W. 2011. Degrade, move, regroup: Signaling control of splicing proteins. *Trends Biochem. Sci.* **36:** 397–404.

Kalsotra A. and Cooper T.A. 2011. Functional consequences of developmentally regulated alternative splicing. *Nat. Rev. Genet.* **12:** 715–729.

Li Q., Lee J.A., and Black D.L. 2007. Neuronal regulation of alternative pre-mRNA splicing. *Nat. Rev. Neurosci.* **8:** 819–831.

Maniatis T. and Tasic B. 2002. Alternative pre-mRNA splicing and proteome expansion in metazoans. *Nature* **418:** 236–243.

McManus C.J. and Graveley B.R. 2011. RNA structure and the mechanisms of alternative splicing. *Curr. Opin. Genet. Dev.* **21:** 373–379.

Mun˜oz M.J., de la Mata M., and Kornblihtt A.R. 2010. The carboxy terminal domain of RNA polymerase II and alternative splicing. *Trends Biochem. Sci.* **35:** 497–504.

Nilsen T.W. and Graveley B.R. 2010. Expansion of the eukaryotic proteome by alternative splicing. *Nature* **463:** 457–463.

Pawlicki J.M. and Steitz J.A. 2010. Nuclear networking fashions pre-messenger RNA and primary microRNA transcripts for function. *Trends Cell Biol.* **20:** 52–61.

Transporte de mRNA
Dreyfuss G., Kim V.N., and Kataoka N. 2002. Messenger-RNA-binding proteins and the messages they carry. *Nat. Rev. Mol. Cell Biol.* **3:** 195–205.

Stewart M. 2010. Nuclear export of mRNA. *Trends Biochem. Sci.* **35:** 609–617.

Evolução
Irimia M., Penny D., and Roy S.W. 2007. Coevolution of genomic intron number and splice sites. *Trends Genet.* **23:** 321–325.

Koonin E.V. 2009. Intron-dominated genomes of early ancestors of eukaryotes. *J. Hered.* **100:** 618–623.

Roy S.W. and GilbertW. 2006. The evolution of spliceosomal introns: Patterns, puzzles and progress. *Nat. Rev. Genet.* **7:** 211–221.

Edição de RNA
Aphasizhev R. and Aphasizheva I. 2011. Uridine insertion/deletion editing in trypanosomes: A playground for RNA-guided information transfer. *Wiley Interdiscip. Rev RNA* **2:** 669–685.

Blanc V and Davidson N.O. 2010. APOBEC-1-mediated RNA editing. *Wiley Interdiscip. Rev. Syst. Biol. Med.* **2:** 594–602.

Chiu Y.L. and GreeneW.C. 2008. The APOBEC3 cytidine deaminases:An innate defensive network opposing exogenous retroviruses and endogenous retroelements. *Annu. Rev. Immunol.* **26:** 317–353.

Nishikura K. 2010. Functions and regulation of RNA editing by ADAR deaminases. *Annu. Rev. Biochem.* **79:** 321–349.

Paro S., Li X., O'Connell M.A., and Keegan L.P. 2012. Regulation and functions of ADAR in *Drosophila. Curr. Top. Microbiol. Immunol.* **353:** 221–236.

Rosenthal J.J. and Seeburg P.H. 2012. A-to-I RNA editing: Effects on proteins key to neural excitability. *Neuron* **74:** 432–439.

Stuart K.D., Schnaufer A., Ernst N.L., and Panigrahi A.K. 2004. Complex management:RNAediting in trypanosomes. *Trends Biochem. Sci.* **30:** 97–105.

Processamento e doenças

David C.J. and Manley J.L. 2010. Alternative pre-mRNA splicing regulation in cancer: Pathways and programs unhinged. *Genes Dev.* **24:** 2343–2364.

Kole R., Krainer A.R., and Altman S. 2012. RNA therapeutics: Beyond RNA interference and antisense oligonucleotides. *Nat. Rev. Drug Discov.* **11:** 125–140.

Padgett R.A. 2012. New connections between splicing and human disease. *Trends Genet.* **28:** 147–154.

QUESTÕES

Para respostas de questões de número par, ver Apêndice 2: Respostas.

Questão 1. Sugira por que o número médio de íntrons por gene na levedura *Saccharomyces cerevisiae* é muito menor do que o número médio de íntrons por gene no *Homo sapiens*.

Questão 2. Os sítios de processamento 5' e 3' são assim denominados em relação às extremidades do íntron ou dos éxons? Além dos sítios de processamento 5' e 3', qual outra sequência é necessária para o processamento? Onde está localizada esta sequência?

Questão 3. Começando com um pré-RNA não processado, descreva os intermediários produzidos após a primeira etapa na reação de processamento.

Questão 4. Considerando que as duas principais reações do processamento podem ocorrer em ambas as direções, o que evita que as reações de processamento procedam na direção reversa *in vivo*?

Questão 5. Explique a base da interação entre as snRNPs e o substrato do processamento, o pré-mRNA.

Questão 6. Se a sequência do sítio de processamento 5' mudasse de 5'-GUAAGU-3' para 5'-GUAUGU-3', qual seria o efeito desta alteração de sequência na ligação de U1 e U6 em um ensaio de ligação proteína-RNA *in vitro*?

Questão 7. Compare os mecanismos de autoprocessamento dos íntrons do grupo I e do grupo II.

Questão 8. Descreva o produto de uma reação de processamento na qual o spliceossomo reconhece um "pseudossítio" de processamento 3' no íntron ao invés do sítio de processamento 3' verdadeiro. O pseudossítio fica um pouco a montante do sítio de processamento 3' verdadeiro. Como isso poderia alterar o produto proteico após a tradução?

Questão 9. Explique como o impedimento estérico pode levar ao processamento mutuamente exclusivo.

Questão 10. Como o decaimento mediado por *nonsense* contribui na determinação dos produtos alternativamente processados finais disponíveis para a tradução?

Questão 11. Explique por que a célula pode usar o mecanismo de desaminação de citidina do mRNA mas não a desaminação de citosina do DNA para a expressão célula-específica de um determinado gene.

Questão 12. Em um experimento bioquímico, você compara os produtos das reações de processamento realizadas *in vitro* usando três substratos diferentes. Em cada caso, o substrato é um construto contendo um único íntron circundado por dois éxons e, em todos os casos, o construto possui o mesmo tamanho básico. No entanto, em um dos casos, o íntron é do grupo I, em outro, do grupo II e, no terceiro, o íntron é removido pelo spliceossomo. Cada construto é marcado de maneira a permitir que ele seja detectado após a eletroforese em gel, e cada um deles é testado em duas reações – (1) em condições que suportam o autoprocessamento e (2) na presença também de extrato nuclear. Indique o tipo de íntron aos resultados apropriados (A, B ou C) no gel apresentado a seguir. Observa-se que, para simplificar, apenas os produtos finais da reação de processamento são observados, mas antes da degradação dos íntrons.

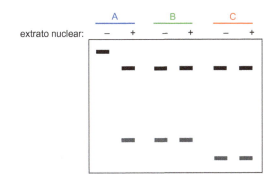

CAPÍTULO 15

Tradução

A QUESTÃO CENTRAL, TRATADA NESTE E NO PRÓXIMO CAPÍTULO, é como a informação genética contida na sequência de nucleotídeos no RNA mensageiro (mRNA) é utilizada para originar as sequências lineares de aminoácidos nas proteínas. Esse processo é conhecido como **tradução**. Dos eventos já discutidos, a tradução é um dos mais conservados em todos os organismos e um dos eventos de maior gasto energético para a célula. Em células bacterianas de crescimento rápido, até 80% da energia celular e 50% de seu peso seco destinam-se à síntese proteica. Na verdade, a síntese de uma única proteína exige a ação coordenada de mais de 100 proteínas e RNAs. Em função da natureza complexa do processo de tradução, a discussão foi dividida em dois capítulos. Neste, são descritos os eventos que permitem a decodificação do mRNA e, no Capítulo 16, será descrita a natureza do código genético e seu reconhecimento pelos RNAs transportadores (tRNAs).

A tradução é um desafio muito mais formidável, em relação à transferência da informação genética, do que a transcrição do DNA em RNA. Ao contrário da complementaridade entre o molde de DNA e os ribonucleotídeos do RNA mensageiro, as cadeias laterais dos aminoácidos têm pouca, ou nenhuma, afinidade pelas bases purínicas e pirimidínicas encontradas no RNA. Por exemplo, as cadeias laterais hidrofóbicas dos aminoácidos alanina, valina, leucina e isoleucina não formam ligações de hidrogênio com os grupos amino e cetona das bases nucleotídicas. Também é difícil imaginar que várias combinações diferentes de três bases de RNA possam formar superfícies com afinidades específicas pelos aminoácidos aromáticos fenilalanina, tirosina e triptofano. Por isso, parecia improvável que interações diretas entre o molde de mRNA e os aminoácidos fossem responsáveis pela ordem específica e precisa dos aminoácidos em um polipeptídeo.

Tendo essas considerações em mente, Francis H. Crick propôs, em 1955, que os aminoácidos deveriam se ligar a uma molécula adaptadora especial, capaz de interagir diretamente com, e reconhecer, as unidades codificadoras de três nucleotídeos do mRNA, antes de serem incorporados em polipeptídeos. Crick imaginou que o adaptador seria uma molécula de RNA, porque ele precisaria reconhecer as regras de pareamento de bases do código de Watson-Crick. Apenas dois anos mais tarde, Paul C. Zamecnik e Mahlon B. Hoagland demonstraram que, antes de sua incorporação às proteínas, os aminoácidos ligam-se a uma classe de moléculas de RNA (que constituem 15% de todo o RNA celular). Esses RNAs são chamados RNAs transportadores (ou RNAs de transferência [tRNAs]) porque o aminoácido é subsequentemente *transferido* para a cadeia polipeptídica em crescimento.

A maquinaria responsável pela tradução da linguagem do RNA mensageiro em linguagem de proteínas é composta por quatro componentes básicos: **mRNAs**, **tRNAs**, **aminoacil-tRNA sintetases** e o **ribossomo**. Juntos,

SUMÁRIO

RNA Mensageiro, 510

RNA Transportador (ou de Transferência), 513

Ligação dos Aminoácidos ao tRNA, 515

Ribossomo, 519

Início da Tradução, 528

Alongamento da Tradução, 535

Término da Tradução, 544

Regulação da Tradução, 549

Regulação Dependente de Tradução da Estabilidade do mRNA e da Proteína, 563

esses componentes executam a extraordinária tarefa de traduzir um código, escrito em um alfabeto de quatro bases, para um segundo código, escrito em um alfabeto com 20 aminoácidos. O mRNA fornece a informação que precisa ser interpretada pela maquinaria de tradução e é o molde para a tradução. A região codificadora de proteína do mRNA consiste em uma série ordenada de unidades de três nucleotídeos chamadas **códons**, que especificam a ordem dos aminoácidos. Os tRNAs fornecem a interface física entre os aminoácidos sendo adicionados à cadeia polipeptídica crescente e os códons do mRNA. Enzimas chamadas aminoacil-tRNA sintetases acoplam os aminoácidos aos seus tRNAs específicos, que reconhecem o códon apropriado. O último componente fundamental da tradução é o ribossomo, uma impressionante máquina de multimegadáltons composta por RNA e proteínas. O ribossomo coordena o correto reconhecimento do mRNA por cada um dos tRNAs e catalisa a formação de ligações peptídicas entre a cadeia polipeptídica crescente e o aminoácido ligado ao tRNA selecionado.

Primeiro, serão considerados os atributos principais de cada um desses quatro componentes. Depois, será descrito como eles trabalham juntos para realizar a tradução. Progressos recentes na elucidação da estrutura dos componentes da maquinaria de tradução tornam esta área empolgante – rica em descobertas mecanicistas. Entre as questões a serem feitas estão: como está organizada a informação de sequência nucleotídica no mRNA? Como é a estrutura dos tRNAs, e como as aminoacil-tRNA sintetases reconhecem e ligam o aminoácido correto em cada tRNA? Por fim, como o ribossomo coordena a decodificação da informação da sequência nucleotídica e a adição de aminoácidos à cadeia polipeptídica crescente?

RNA MENSAGEIRO

Cadeias polipeptídicas são especificadas por fases abertas de leitura

A maquinaria de tradução decodifica apenas uma porção de cada mRNA. Como foi visto no Capítulo 2 e será considerado de maneira detalhada no Capítulo 16, a informação para a síntese de proteínas está na forma de códons de três nucleotídeos, e cada um deles especifica um aminoácido. As regiões codificadoras de proteína de cada mRNA são compostas por uma cadeia contínua de códons não sobrepostos, chamada **fase aberta de leitura** (comumente conhecida como **ORF** [*open reading frame*]). Cada ORF especifica uma única proteína, começando e terminando em sítios internos ao mRNA. Ou seja, as extremidades de uma ORF são distintas das extremidades do mRNA.

A tradução começa na extremidade 5' da ORF e prossegue na direção da extremidade 3', um códon de cada vez. O primeiro e o último códons de uma ORF são conhecidos como **códons de início** e **de parada** (ou término). Nas bactérias, o códon de início é geralmente 5'-AUG-3', mas o códon 5'-GUG-3' e, às vezes, até mesmo o códon 5'-UUG-3' também são utilizados. Células eucarióticas sempre usam o códon de início 5'-AUG-3'. O códon de início possui duas funções importantes. Primeiro, ele especifica o primeiro aminoácido a ser incorporado na cadeia polipeptídica crescente. Segundo, ele define a fase de leitura para todos os códons subsequentes. Como cada códon é imediatamente adjacente ao próximo (porém, não sobreposto a ele) e como os códons possuem três nucleotídeos, qualquer trecho de mRNA poderia ser traduzido em três fases de leitura diferentes (Fig. 15-1). Entretanto, quando a tradução começa a fase de leitura é definida. Assim, ao determinar a localização do primeiro códon, o códon de início também determina a localização de todos os códons seguintes.

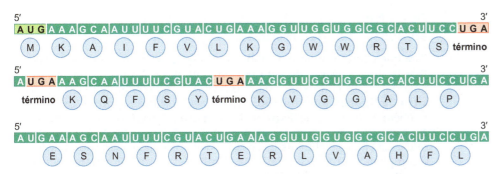

FIGURA 15-1 Três possíveis fases de leitura da sequência-líder *trp* de *Escherichia coli*. Os códons de início estão sombreados em verde, e os códons de término, em vermelho. A sequência dos aminoácidos da sequência codificadora é indicada embaixo de cada códon, pelo código de uma letra.

Os códons de parada, que são três (5'-UAG-3', 5'-UGA-3' e 5'-UAA-3'), definem o fim da ORF e sinalizam o término da síntese de polipeptídeos. Pode-se, agora, compreender a origem do termo fase *aberta* de leitura. Ela é um trecho contínuo de códons "lidos" em uma determinada fase (conforme estabelecido pelo primeiro códon) que é "aberta" para a tradução porque não possui um códon de parada (i.e., até o último códon da ORF).

Os mRNAs possuem pelo menos uma ORF. O número de ORFs por mRNA é diferente entre eucariotos e procariotos. Os mRNAs eucarióticos quase sempre possuem uma única ORF. Em contrapartida, os mRNAs procarióticos frequentemente contêm duas ou mais ORFs e, portanto, podem codificar múltiplas cadeias polipeptídicas. Os mRNAs que possuem múltiplas ORFs são conhecidos como **mRNAs policistrônicos**, e os que codificam uma única ORF são chamados **mRNAs monocistrônicos**. Como se aprendeu no Capítulo 13, os mRNAs policistrônicos encontrados nas bactérias geralmente codificam proteínas que realizam funções relacionadas, como diferentes etapas na biossíntese de um aminoácido ou nucleotídeo. As estruturas dos mRNAs típicos de eucariotos e procariotos estão mostradas na Figura 15-2.

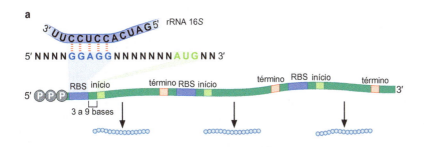

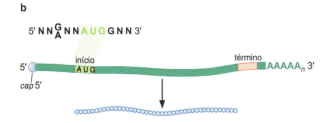

FIGURA 15-2 Estrutura do RNA mensageiro. (a) Mensageiro procariótico policistrônico com três ORFs. Cada sítio de ligação ao ribossomo é indicado por um retângulo roxo marcado com RBS (do inglês, *ribosome-binding site*). (b) Mensageiro eucariótico monocistrônico. A região do *cap* 5' é indicada por um "círculo" na extremidade do mRNA.

Os mRNAs de procariotos possuem um sítio de ligação ao ribossomo, que recruta a maquinaria de tradução

Para que ocorra tradução, o ribossomo precisa ser recrutado para o mRNA. Para facilitar a ligação de um ribossomo, muitas ORFs procarióticas contêm uma sequência curta a montante (no lado 5') do códon de início chamada **sítio de ligação ao ribossomo** (**RBS**, *ribosome-binding site*). Este elemento também é chamado de **sequência de Shine-Dalgarno**, em homenagem aos cientistas que a descreveram pela comparação de sequências de múltiplos mRNAs. O RBS, geralmente localizado 3 a 9 pb do lado 5' do códon de início, é complementar a uma sequência localizada próxima à extremidade 3' de um dos componentes de RNA do ribossomo, o RNA ribossomal (rRNA) 16*S* (ver Fig. 15-2a). O RBS pareia com este RNA, alinhando o ribossomo ao início da ORF. O centro desta região do rRNA 16*S* possui a sequência 5'-CCUCCU-3'. Não supreende que o RBS procariótico seja geralmente uma parcela da sequência 5'-AGGAGG-3'. A extensão da complementaridade e o espaçamento entre o RBS e o códon de início possui forte influência em quão ativamente uma determinada ORF é traduzida: alta complementaridade e espaçamento adequado promovem tradução ativa, enquanto complementaridade limitada e/ou pouco espaçamento geralmente sustentam baixos níveis de tradução.

Algumas ORFs procarióticas são desprovidas de um RBS forte, mas ainda assim são ativamente traduzidas. Estas ORFs não são a primeira ORF de um mRNA, mas estão localizadas logo após outra ORF em um mensageiro policistrônico (nem todos os mRNAs procarióticos são policistrônicos). Nestes casos, o códon de início da ORF seguinte sobrepõe-se à extremidade 3' da ORF anterior (na maior parte como uma sequência 5'-AUGA-3', que contém um códon de início e de término). Assim, um ribossomo que acabou de concluir a tradução da ORF a montante é posicionado para começar a traduzir a ORF a jusante a partir do códon de início. Esse arranjo contorna a necessidade de um RBS para recrutar o ribossomo. Esse fenômeno de tradução contínua entre duas fases de leitura abertas e sobrepostas é conhecido como **tradução acoplada**. É importante observar que, nesta situação, a tradução da ORF a jusante requer a tradução da ORF a montante. De fato, com dois genes traducionalmente acoplados, uma mutação que leva a um códon de parada prematuro na ORF a montante também previne a tradução da ORF a jusante.

As extremidades 5' e 3' dos mRNAs eucarióticos são modificadas para facilitar a tradução

Ao contrário de seus equivalentes procarióticos, os mRNAs eucarióticos recrutam os ribossomos por meio de uma modificação química específica, chamada *cap* **5'**, localizada na extremidade 5' do mRNA (ver Cap. 13, Fig. 13-25). O *cap* 5' é um nucleotídeo de guanina metilado, ligado à extremidade 5' do mRNA por meio de uma ligação 5' a 5' incomum. Produzido em três etapas (ver Cap. 13, Fig. 13-24), o nucleotídeo de guanina do *cap* 5' é ligado à extremidade 5' do mRNA por três grupos fosfato. Esta estrutura resultante é necessária para recrutar o ribossomo para o mRNA. Uma vez ligado ao mRNA, o ribossomo desloca-se na direção 5' → 3', até encontrar um códon de início 5'-AUG-3', em um processo chamado **rastreamento** (ou escaneamento).

Duas outras características dos mRNAs eucarióticos estimulam a tradução. Uma delas é a presença, em alguns mRNAs, de uma purina três bases a montante do códon de início e de uma guanina imediatamente a jusante (5'-G/ANNAUGG-3'). Essa sequência foi originalmente identificada por Marilyn Kozak e é chamada sequência de Kozak. Muitos mRNAs eucarióticos não têm essas bases, mas sua presença aumenta a eficiência da tradução. Ao contrário do que ocorre em procariotos, acredita-se que essas bases interajam com o tRNA iniciador, e não com um componente de RNA do ribossomo. Um segundo aspecto que contribui para a eficiência da tradução é a presença da cauda poli(A) na extremidade 3' do mRNA. Como se viu no Capítulo 13, essa cauda é adicionada enzimaticamente pela enzima poli(A) polimerase. Apesar de sua localização na extremidade 3' do mRNA, a cauda poli(A) aumenta o nível de tradução do mRNA pela amplificação do recrutamento de fatores essenciais de início da tradução. Além de seus papéis na tradução, é importante observar que estas modificações das extremidades 5' e 3' também protegem os mRNAs eucarióticos da rápida degradação (como será discutido na seção Regulação dependente de tradução da estabilidade do mRNA e da proteína).

RNA TRANSPORTADOR (OU DE TRANSFERÊNCIA)

Os tRNAs são adaptadores entre códons e aminoácidos

Central à síntese proteica, está a "tradução" da informação na sequência de nucleotídeos (os códons) para aminoácidos. Essa tarefa é executada pelas moléculas de tRNA, que atuam como adaptadores entre os códons e os aminoácidos por eles definidos. Existem vários tipos de moléculas de tRNA, mas cada uma delas se liga a um aminoácido específico e reconhece um determinado códon, ou códons, do mRNA (a maioria dos tRNAs reconhece mais de um códon, como será discutido no Cap. 16). As moléculas de tRNA possuem comprimento entre 75 e 95 ribonucleotídeos. Embora a sequência exata destes tRNAs varie, todos apresentam algumas características em comum. Primeiro, todos os tRNAs terminam com uma sequência 5'-CCA-3' na extremidade 3' (ver Quadro 15-1, Enzimas de adição de CCA: síntese de RNA sem molde). Consistente com esta conservação absoluta, a extremidade 3' desta sequência (e do tRNA) é o sítio ao qual será ligado o aminoácido cognato.

Um segundo aspecto marcante dos tRNAs é a presença de diversas bases incomuns em sua estrutura primária. Essas características incomuns são geradas após a transcrição, por meio de modificações nas bases normais da

> **CONCEITOS AVANÇADOS**
>
> **Quadro 15-1** Enzimas de adição de CCA: síntese de RNA sem molde
>
> Conforme foi descrito, a extremidade 5'-CCA-3' é universalmente conservada em todos os tRNAs e é absolutamente necessária para a síntese proteica. Curiosamente, quando os genes que codificam tRNAs foram clonados, descobriu-se que muitos deles não codificam uma extremidade CCA. Em vez disso, esses genes terminam três nucleotídeos antes das extremidades 3' encontradas no tRNA maduro. Na verdade, os genes que codificam muitos dos tRNAs bacterianos e quase todos os tRNAs eucarióticos não possuem esta sequência final de três bases. Então, como estes tRNAs adquirem suas extremidades CCA? A resposta está em uma RNA-polimerase especializada, chamada **enzima de adição de CCA**. Como o nome sugere, essa enzima adiciona o CCA terminal aos tRNAs que inicialmente são desprovidos dessa sequência. Surpreendentemente, não há um componente de ácido nucleico nessa enzima; isto é, as enzimas de adição de CCA adicionam uma sequência específica à extremidade do tRNA sem um molde de RNA ou de DNA.
>
> Como as enzimas de adição de CCA adicionam uma sequência específica sem um molde? Uma série de estruturas tridimensionais dessas enzimas começou a revelar a solução. Primeiro, como outras RNA e DNA-polimerases, as enzimas de adição de CCA possuem apenas um sítio ativo que usa um mecanismo de catálise com dois íons metálicos semelhantes (ver Cap. 9, Fig. 9-6). Dentro desse sítio ativo, um aminoácido e um fosfato do nucleotídeo terminal do tRNA formam ligações de hidrogênio com bases A e C, mas não com G ou U. Esta especificidade pode ser compreendida pela observação do padrão de doadores e receptores de ligações de hidrogênio em cada uma das bases (ver Cap. 6, Fig. 6-14). Os padrões de A e C são sobrepostos, mas os de G e U (ou T) são opostos e complementares. De fato, essa complementaridade é responsável pela especificidade do pareamento de bases na hélice de DNA de dupla-fita. Este padrão de ligações de hidrogênio explica a especificidade da enzima por C e por A.
>
> A especificidade pela adição de C *versus* A é controlada por alterações no sítio ativo à medida que cada base é adicionada. Ao contrário de outras polimerases, o molde de tRNA não altera a sua posição à medida que cada nucleotídeo é adicionado. Em vez disso, o tRNA-molde é mantido firmemente no lugar, e cada nucleotídeo adicionado altera a estrutura do sítio ativo. O resultado destas alterações é que o sítio ativo é específico para C quando um tRNA sem CCA se liga, mas é alterado para ser específico para A após a adição de dois resíduos de C. Assim que o resíduo de A é adicionado, o sítio ativo não está mais disponível para bases adicionais, e o tRNA com sua nova extremidade CCA é liberado.

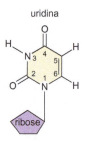
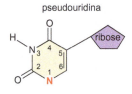
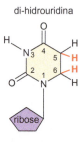

FIGURA 15-3 Alguns nucleosídeos modificados encontrados no tRNA. A uridina e dois nucleotídeos relacionados à uridina são apresentados.

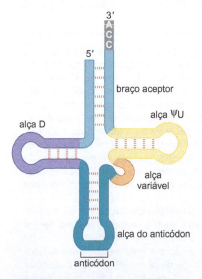

FIGURA 15-4 Representação da estrutura secundária do tRNA, em formato de folha de trevo. Nesta representação de um tRNA, o pareamento de bases entre as diferentes partes do tRNA é representado por linhas tracejadas vermelhas.

cadeia polinucleotídica. Por exemplo, a **pseudouridina** (ΨU) deriva da uridina por isomerização, na qual o sítio de ligação da base uracila com a ribose é alterado do nitrogênio na posição 1 do anel para o carbono na posição 5 (Fig. 15-3). De modo semelhante, a **di-hidrouridina** (D) deriva da uridina pela redução enzimática da ligação dupla entre os carbonos nas posições 5 e 6. Outras bases incomuns encontradas no tRNA incluem a hipoxantina, a timina e a metilguanina. Essas bases modificadas não são essenciais para a função do tRNA, mas as células que não as possuem apresentam taxas de crescimento menores. Isso sugere que as bases modificadas otimizam a função do tRNA. Como será visto no Capítulo 16, a hipoxantina, por exemplo, desempenha um papel importante no reconhecimento dos códons por determinados tRNAs.

Todos os tRNAs possuem uma estrutura secundária comum, semelhante a uma folha de trevo

Como foi visto no Capítulo 5, normalmente as moléculas de RNA contêm regiões de autocomplementaridade, que permitem a formação de pequenos segmentos de dupla-hélice, mantidos pelo pareamento entre bases. Outras regiões das moléculas de RNA não possuem complemento e, portanto, são de fita simples. As moléculas de tRNA apresentam padrão característico e altamente conservado de regiões de fita simples e de dupla-fita (estrutura secundária) que pode ser ilustrado como uma folha de trevo (Fig. 15-4). As principais características do tRNA em formato de folha de trevo são uma haste aceptora, três hastes em formato de alças (chamadas alça ΨU, alça D e alça do anticódon) e uma quarta alça variável. A seguir, encontra-se a descrição de cada uma destas estruturas:

- A **haste aceptora**, assim chamada por ser o sítio de ligação do aminoácido, é formada pelo pareamento entre as extremidades 5′ e 3′ da molécula de tRNA. A extremidade 3′ da molécula contém a sequência 5′-CCA-3′ em fita simples que se projeta para fora da dupla-fita da haste.

- A **alça ΨU** é assim chamada devido à presença característica da base incomum ΨU na alça. Frequentemente, essa base modificada é encontrada compondo a sequência 5′-TΨUCG-3′.

- A **alça D** é reconhecida pela presença característica de di-hidrouridinas na alça.

- A **alça do anticódon**, como o nome diz, contém o anticódon, um elemento decodificador formado por três nucleotídeos e responsável pelo reconhecimento do códon por meio do pareamento de suas bases com as bases do mRNA. O anticódon está sempre delimitado por uma purina em sua extremidade 3′ e uma uracila na extremidade 5′.

- A **alça variável** situa-se entre a alça do anticódon e a alça ΨU e, como o nome infere, varia em tamanho, de 3 até 21 bases.

Os tRNAs apresentam uma estrutura tridimensional em formato de L

A folha de trevo revela regiões de autocomplementaridade nos tRNAs. Qual é a verdadeira configuração tridimensional dessa molécula adaptadora? A cristalografia por raios X revelou uma estrutura terciária em formato de L, na qual a extremidade da haste aceptora situa-se em um extremo da molécula e a alça do anticódon situa-se no outro extremo, a cerca de 70 Å de distância (Fig. 15-5c). Para entender a relação desta estrutura em formato de L com a folha de trevo, considere-se o seguinte: a haste aceptora e a haste da alça ΨU formam uma hélice estendida na estrutura final do tRNA (Fig. 15-5b). De maneira semelhante, a haste do anticódon e a haste da alça D formam uma segunda hélice estendida. Essas duas hélices estendidas alinham-se formando um ângulo reto, aproximando as alças D e ΨU.

Três tipos de interações estabilizam a estrutura em formato de L. Primeiro, a formação das duas regiões estendidas de bases pareadas resulta em interações de bases empilhadas semelhantes às observadas no DNA de dupla-fita. Segundo, ligações de hidrogênio são formadas entre as bases de diferentes regiões helicoidais que são aproximadas no espaço tridimensional pela estrutura terciária. Em geral, estas interações base-base são ligações não convencionais (diferentes do tipo Watson-Crick). Finalmente, há interações entre as bases e o esqueleto de açúcar-fosfato.

LIGAÇÃO DOS AMINOÁCIDOS AO tRNA

Os tRNAs são carregados pela ligação de um aminoácido ao nucleotídeo adenosina da extremidade 3', por meio de uma ligação acila de alta energia

As moléculas de tRNA que possuem um aminoácido covalentemente ligado são denominadas moléculas de tRNAs carregadas, e diz-se que as moléculas que não têm aminoácido estão **descarregadas**. O carregamento requer uma ligação acila entre o grupo carboxila do aminoácido e o grupo hidroxila 2' ou 3' (ver discussão posterior) do nucleotídeo adenosina que se projeta para fora da haste aceptora na extremidade 3' do tRNA. Essa ligação acila é considerada de alta energia porque sua hidrólise provoca grande variação na energia livre. Isso é significativo para a síntese proteica: a energia liberada quando a ligação acila é quebrada está acoplada à formação das ligações peptídicas que unem os aminoácidos uns aos outros nas cadeias polipeptídicas.

As aminoacil-tRNA sintetases carregam os tRNAs em duas etapas

Todas as aminoacil-tRNA sintetases ligam um aminoácido a um tRNA em duas etapas enzimáticas (Fig. 15-6). A primeira é a **adenililação**, na qual o aminoácido reage com ATP para ser adenililado, com liberação concomitante de pirofosfato. A adenililação diz respeito à transferência de AMP, em oposição à adenilação, que indica a transferência de adenina. Como visto no caso da síntese de polinucleotídeos (ver Cap. 9), a principal força que direciona a reação de adenililação é a hidrólise subsequente do pirofosfato pela pirofosfatase. Como resultado da adenililação, o aminoácido é ligado ao ácido adenílico por meio de uma ligação éster de alta energia, em que o grupo carbonila do aminoácido é ligado ao grupo fosforila da AMP. A segunda etapa é o **carregamento do tRNA**, no qual o aminoácido adenililado, que permanece fortemente ligado à sintetase, reage com o tRNA. Essa reação resulta na transferência do aminoácido para a extremidade 3' do tRNA, por meio da hidroxila 2' ou 3' e com liberação concomitante da AMP.

Existem duas classes de tRNA sintetases (Tab. 15-1). As enzimas da classe I ligam o aminoácido à 2'-OH do tRNA e geralmente são monoméricas. As de classe II ligam o aminoácido à 3'-OH do tRNA e são normalmente diméricas ou tetraméricas. Embora a ligação inicial entre o tRNA e o aminoácido seja diferente, uma vez livres da sintetase, os aminoácidos rapidamente se equilibram entre a ligação a 3'-OH e 2'-OH.

Cada aminoacil-tRNA sintetase liga um único aminoácido a um ou mais tRNAs

Cada um dos 20 aminoácidos é ligado ao tRNA apropriado por uma única tRNA sintetase específica. Como a maioria dos aminoácidos é especificada

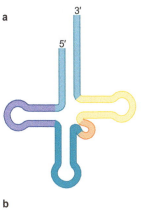

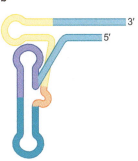

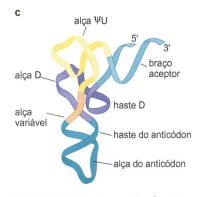

FIGURA 15-5 Conversão da estrutura em folha de trevo na estrutura tridimensional real do tRNA. (a) Representação em folha de trevo. (b) Representação em formato de L, mostrando a localização das regiões de pareamentos no tRNA na sua forma final. (c) Representação em fitas da estrutura real de um tRNA. Observa-se que, embora este diagrama ilustre a relação entre a estrutura real e a representação em folha de trevo, um tRNA não adquire sua estrutura final pareando suas bases primeiro para depois sofrer os dobramentos para o formato de L.

FIGURA 15-6 Os dois passos do carregamento do aminoacil-tRNA. (a) Adenililação do aminoácido. (b) Transferência do aminoácido adenililado para o tRNA. O processo apresentado é para uma tRNA sintetase de classe II (que liga o aminoácido à 3'-OH).

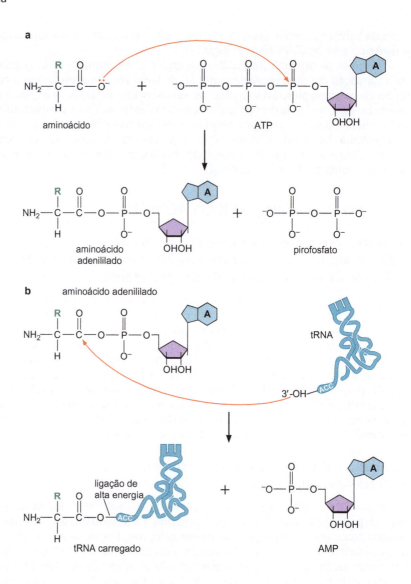

TABELA 15-1 Classes de aminoacil-tRNA sintetases

Classe II	Estrutura quaternária	Classe I	Estrutura quaternária
Gly	$(\alpha_2\beta_2)$	Glu	(α)
Ala	(α_4)	Gln	(α)
Pro	(α_2)	Arg	(α)
Ser	(α_2)	Cys	(α_2)
Thr	(α_2)	Met	(α_2)
His	(α_2)	Val	(α)
Asp	(α_2)	Ile	(α)
Asn	(α_2)	Leu	(α)
Lys	(α_2)	Tyr	(α)
Phe	$(\alpha_2\beta_2)$	Trp	(α)

Adaptada, com permissão, de Delarue M. 1995. *Curr. Opin. Struct. Biol.* **5**: 48-55, Tab. 1. © Elsevier. As enzimas da classe I geralmente são monoméricas, enquanto as de classe II são diméricas ou tetraméricas, com os resíduos das duas subunidades contribuindo para o sítio de ligação a um único tRNA. α e β referem-se a subunidades das tRNA sintetases, e os subscritos indicam sua estequiometria.

por mais de um códon (ver Cap. 16), é natural que uma mesma sintetase reconheça mais de um tRNA (conhecidos como tRNAs isoaceptores). Entretanto, a mesma tRNA sintetase é responsável pelo carregamento de um mesmo aminoácido a todos os tRNAs. Portanto, apenas uma tRNA sintetase liga cada aminoácido a todos os tRNAs apropriados.

A maioria dos organismos possui 20 tRNAs sintetases diferentes, mas isso não ocorre em todos os casos. Por exemplo, algumas bactérias não possuem uma sintetase para carregar o tRNA da glutamina (tRNA^{Gln}) com o respectivo aminoácido. Em vez disso, uma única espécie de aminoacil-tRNA sintetase carrega o tRNA^{Gln} bem como o tRNA^{Glu} com glutamato. Em uma etapa posterior, uma segunda enzima converte (por aminação) as moléculas de glutamato dos tRNA^{Gln} em glutamina. Isto é, a Glu-tRNA^{Gln} é aminada em Gln-tRNA^{Gln} (o prefixo identifica o aminoácido ligado, e o sobrescrito identifica o tipo de códon que o tRNA reconhece). A presença dessa segunda enzima dispensa a necessidade da glutamina-tRNA sintetase. Ainda assim, uma aminoacil-tRNA sintetase nunca pode ligar mais de um tipo de aminoácido a um dado tRNA.

As tRNA sintetases reconhecem características estruturais únicas de seus respectivos tRNAs

Como se pode ver a partir das considerações anteriores, as aminoacil-tRNA sintetases encaram dois desafios importantes: elas precisam reconhecer o conjunto correto de tRNAs para um determinado aminoácido, e elas devem carregar todos os tRNAs isoaceptores com o aminoácido correto. Ambos os processos precisam ser executados com alta fidelidade.

Considere-se, primeiramente, a especificidade do reconhecimento do tRNA: quais características da molécula de tRNA permitem à sintetase distinguir o conjunto correto de tRNAs isoaceptores dos tRNAs para os outros 19 aminoácidos? As evidências genéticas, bioquímicas e cristalográficas de raios X indicam que os determinantes da especificidade estão agrupados em dois sítios distantes da molécula: a haste aceptora e a alça do anticódon (Fig. 15-7). A haste aceptora é um determinante especialmente importante para a especificidade do reconhecimento pela tRNA sintetase. Em alguns casos, a alteração de uma única base na haste aceptora (conhecida como **base**

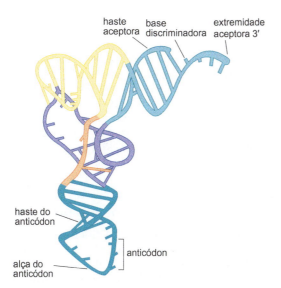

FIGURA 15-7 Estrutura do tRNA: elementos necessários para o reconhecimento da aminoacil sintetase.

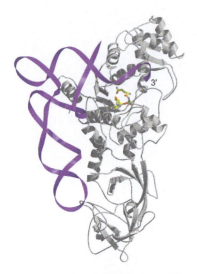

FIGURA 15-8 Estrutura cocristalográfica da glutaminil aminoacil-tRNA sintetase com o tRNA^Gln. Enzima (cinza); tRNA^Gln (roxo). A molécula amarela, vermelha e verde é a glutaminil-AMP. Observa-se a proximidade desta molécula à extremidade 3´ do tRNA e os pontos de contato entre o tRNA e a sintetase. (Rath V.L. et al. 1998. *Structure* **6**: 439-449.) Imagem preparada com MolScript, BobScript e Raster3D.

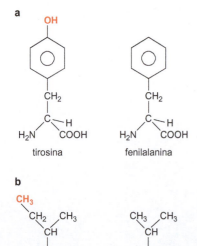

FIGURA 15-9 Características distintivas de aminoácidos semelhantes.

discriminadora) é suficiente para alterar o reconhecimento específico de uma sintetase para outra. Ainda assim, frequentemente a alça do anticódon também contribui para a distinção. A sintetase da glutamina, por exemplo, realiza inúmeros contatos com a haste aceptora e com a alça do anticódon, inclusive com o próprio anticódon (Fig. 15-8).

Seria esperado que o anticódon fosse usado normalmente no reconhecimento pela tRNA sintetase, devido à sua característica na definição de um tRNA – é o anticódon que dita o aminoácido que o tRNA deve incorporar à cadeia polipeptídica crescente. Entretanto, como um aminoácido pode ser especificado por mais de um códon, o reconhecimento do anticódon não pode ser utilizado em todos os casos. Por exemplo, o aminoácido serina é especificado por seis códons, incluindo 5'-AGC-3' e 5'-UCA-3', que são completamente diferentes entre si. Portanto, os tRNAs da serina têm, necessariamente, vários anticódons diferentes, que não poderiam ser facilmente reconhecidos por uma única tRNA sintetase. Assim, a sintetase da serina precisa basear-se em determinantes situados fora do anticódon para reconhecer seus tRNAs.

A formação do aminoacil-tRNA é muito precisa

O desafio enfrentado pelas aminoacil-tRNA sintetases para selecionar o aminoácido correto talvez seja ainda mais intimidador do que o enfrentado para reconhecer o tRNA apropriado (Fig. 15-9). O motivo é o tamanho relativamente pequeno dos aminoácidos e, em alguns casos, sua semelhança. Apesar disso, a frequência de erros de carregamento é muito baixa; em geral, menos de 1:1.000 tRNAs é carregado com um aminoácido errado. Em certos casos, é fácil entender como essa alta precisão é alcançada. Os aminoácidos cisteína e triptofano, por exemplo, diferem substancialmente em tamanho, formato e grupos químicos. Mesmo no caso de aminoácidos semelhantes, como a tirosina e a fenilalanina (ver Fig. 15-9a), a possibilidade de formação de uma ligação de hidrogênio forte e energeticamente favorável, com uma hidroxila, que o primeiro possui e o segundo não, permite que a sintetase da tirosina (tirosil-tRNA sintetase) discrimine efetivamente contra a fenilalanina.

Mais desafiador ainda é o caso da isoleucina e da valina, que diferem em apenas um grupo metileno (ver Fig. 15-9b). A valil-tRNA sintetase pode excluir, estericamente, a isoleucina de sua fenda catalítica, porque esta é maior do que a valina. Em contrapartida, a valina desliza facilmente na fenda catalítica da isoleucil-tRNA sintetase. Embora ambos os aminoácidos possam ocupar o sítio de ligação da isoleucil-tRNA sintetase com o aminoácido, as interações com o grupo metileno extra da isoleucina proporcionarão de –2 a –3 kcal/mol de energia livre (ver Cap. 3, Tab. 3-1). Como descrito no Capítulo 3, se os dois aminoácidos estiverem presentes em concentrações iguais, até essa diferença relativamente pequena de energia livre tornará a ligação com a isoleucina cerca de 100 vezes mais provável do que a ligação com a valina. Portanto, a valina se ligaria a tRNAs de isoleucina em cerca de 1% dos casos; no entanto, esta é uma taxa de erro extremamente alta e inaceitável. Como se discutiu, a frequência real de incorporações erradas é < 0,1 %. Como essa alta fidelidade é atingida?

Algumas aminoacil-tRNA sintetases usam um sulco de edição para carregar os tRNAs com alta precisão

Um mecanismo comum para aumentar a fidelidade de uma aminoacil--tRNA sintetase é usar um sistema de revisão dos produtos da reação de carregamento, semelhante ao que se viu no caso das DNA-polimerases no Capítulo 9. Por exemplo, além de sua fenda catalítica (para adenililação), a isoleucil-tRNA sintetase possui um sulco de edição próximo (uma fenda profunda na enzima) que permite que ela revise o produto da reação de adenililação. O AMP-valina (assim como os adenililatos de outros aminoácidos pequenos, como alanina) cabe nesse sulco de edição, onde é hidrolisado e liberado como valina livre e AMP. Em contrapartida, o AMP--isoleucina é muito grande para entrar no sulco de edição e, portanto, não é submetido à hidrólise. Consequentemente, a isoleucil-tRNA sintetase é capaz de discriminar a valina em dois momentos: na ligação inicial e adenililação do aminoácido (discriminando com um fator de cerca de 100) e, depois, na edição do aminoácido adenililado (discriminando novamente com um fator aproximado de 100), resultando em uma seletividade total de, aproximadamente, 10.000 vezes (i.e., uma taxa de erro de cerca de 0,01%).

O ribossomo é incapaz de distinguir tRNAs carregados correta ou incorretamente

A razão pela qual tanta responsabilidade recai sobre as aminoacil-tRNA sintetases para acoplar o aminoácido adequado a seu tRNA cognato é que o ribossomo é incapaz de distinguir entre tRNAs carregados correta ou incorretamente. Em outras palavras, o ribossomo aceita "cegamente" qualquer tRNA carregado que possua uma interação correta entre códon e anticódon, contendo ou não o aminoácido correto.

Essa conclusão é corroborada por dois tipos de experimentos: um genético e outro, bioquímico. O experimento genético envolve o isolamento de um tRNA mutante, com a substituição de um nucleotídeo no anticódon. Deve-se lembrar de que as tRNA sintetases frequentemente independem da interação com o anticódon para reconhecer os respectivos tRNAs. Deste modo, um subconjunto de tRNAs pode ter seus anticódons mutados e, mesmo assim, carregar seus respectivos aminoácidos usuais. Entretanto, em consequência da mutação no anticódon, o tRNA mutante entrega seu aminoácido ao códon errado. Em outras palavras, o ribossomo e as proteínas auxiliares que atuam em conjunto com o ribossomo (o qual será discutido em breve) verificam, basicamente, se o tRNA carregado realiza a interação códon-anticódon com o mRNA. O ribossomo e essas proteínas pouco fazem para impedir que um tRNA incorretamente carregado adicione um aminoácido impróprio ao polipeptídeo crescente.

Um experimento bioquímico clássico ilustra bem a questão do ribossomo reconhecer o tRNA e não o aminoácido transportado. Considere-se o tRNA carregado cisteína-tRNA^{Cys} (lembre que o prefixo identifica o aminoácido e o sobrescrito identifica a natureza do tRNA). A cisteína ligada à cisteína-tRNA^{Cys} pode ser convertida em alanina por redução química, gerando alanina-tRNA^{Cys} (Fig. 15-10). Quando adicionada a um sistema acelular de síntese proteica, a alanina-tRNA^{Cys} introduz alaninas nos códons que especificam posições de cisteínas. Portanto, a maquinaria da tradução depende da alta fidelidade das aminoacil-tRNA sintetases, para assegurar uma decodificação precisa de cada mRNA (ver Quadro 15-2, Selenocisteína).

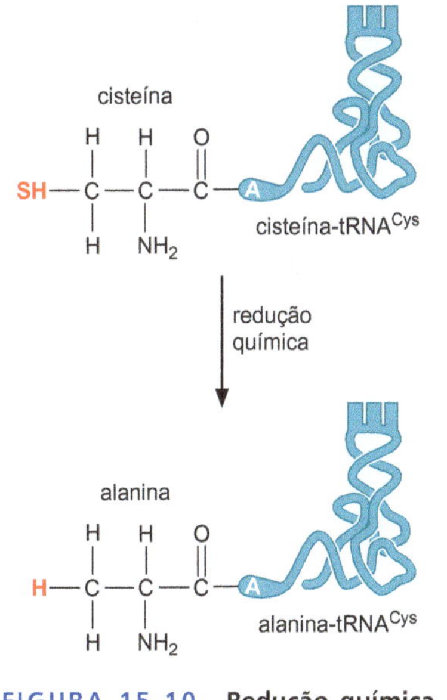

FIGURA 15-10 Redução química da cisteína-tRNA^{Cys} à alanina-tRNA^{Cys}.

RIBOSSOMO

O **ribossomo** é a máquina macromolecular que promove a síntese proteica. Assim como a tradução de um código de ácidos nucleicos em um código de aminoácidos apresenta desafios adicionais em relação à transcrição e à replicação, o ribossomo é, também, maior e mais complexo do que a maquinaria mínima necessária para a síntese do DNA ou do RNA. De fato, polipeptídeos únicos podem realizar a síntese de DNA ou RNA (embora a replicação e a transcrição do DNA sejam mais frequentemente mediadas por complexos maiores com múltiplas subunidades). Em contrapartida, a maquinaria de po-

CONCEITOS AVANÇADOS

Quadro 15-2 Selenocisteína

Certas proteínas, como as enzimas glutationa peroxidase e formato desidrogenase, contêm um aminoácido incomum, a selenocisteína, como parte de seu centro catalítico. A selenocisteína contém o microelemento selênio no lugar do átomo de enxofre da cisteína (Fig. 1 deste quadro). O interessante é que a selenocisteína não é incorporada às proteínas por modificação química após a tradução (como ocorre com alguns outros aminoácidos incomuns, como a hidroxiprolina, encontrada no colágeno). Em vez disso, ela é gerada enzimaticamente, a partir da serina carregada em um tRNA especial, carregado pela serino-tRNA sintetase. Este tRNA alterado é utilizado para incorporar a selenocisteína diretamente em enzimas como a glutationa peroxidase, no momento da sua síntese. Um fator específico de alongamento da tradução (semelhante a EF-Tu; ver a seguir) posiciona o selenocisteinil--tRNA sobre um códon do ribossomo (UGA) que normalmente seria reconhecido como códon de término. A incorporação de selenocisteína nos códons UGA requer a presença de um elemento especial de sequência em outra região do mRNA. Portanto, a selenocisteína pode ser interpretada como um 21º aminoácido, incorporado às proteínas por uma modificação da maquinaria-padrão de tradução da célula.

QUADRO 15-2 FIGURA 1 As estruturas da cisteína e da selenocisteína.

---

limerização de aminoácidos é composta por pelo menos três moléculas de RNA e mais de 50 proteínas diferentes, com massa molecular média total de mais de 2,5 megadáltons. Comparada à velocidade de replicação do DNA – de 200 a 1.000 nucleotídeos por segundo –, a tradução ocorre em uma velocidade de apenas 2 a 20 aminoácidos por segundo.

Nos procariotos, as maquinarias de transcrição e de tradução estão localizadas no mesmo compartimento. Assim, o ribossomo pode começar a tradução do mRNA logo que este emerge da RNA-polimerase. Essa situação permite que o ribossomo avance juntamente com a RNA-polimerase à medida que esta alonga o transcrito (Fig. 15-11). Deve-se lembrar de que a extremidade 5' de um RNA é sintetizada primeiro e, por isso, o ribossomo que inicia a tradução na extremidade 5' do mRNA, pode dar início à tradução sobre os transcritos nascentes logo que estes emergem da RNA-polimerase. Há certas situações

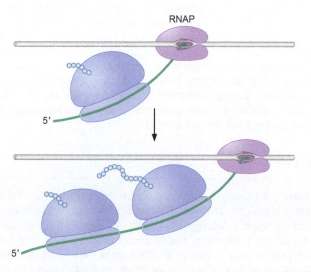

FIGURA 15-11 RNA-polimerase procariótica e ribossomos trabalhando no mesmo mRNA.

em que a concomitância da transcrição e da tradução é explorada durante a regulação da expressão gênica, como será visto no Capítulo 18.

Embora seja lento quando comparado à síntese de DNA em procariotos, o ribossomo é capaz de acompanhar a maquinaria de transcrição. A velocidade de tradução de 20 aminoácidos por segundo, característica de procariotos, corresponde a uma tradução de 60 nucleotídeos (20 códons) de mRNA por segundo. Isso se assemelha à taxa de 50 a 100 nucleotídeos por segundo sintetizados pela RNA-polimerase.

Ao contrário da situação nos procariotos, nos eucariotos a tradução é completamente separada da transcrição. Estes eventos ocorrem em compartimentos separados da célula: a transcrição ocorre no núcleo, enquanto a tradução ocorre no citoplasma. Talvez devido à sua total desvinculação da transcrição, a tradução nos eucariotos ocorre a uma velocidade mais lenta, de 2 a 4 aminoácidos por segundo.

O ribossomo é composto por uma subunidade maior e uma menor

O ribossomo é composto por dois subconjuntos de RNA e proteínas, conhecidos como subunidades maior e menor. A subunidade maior contém o **centro da peptidiltransferase**, responsável pela formação das ligações peptídicas. A subunidade menor contém o **centro de decodificação**, no qual os tRNAs carregados leem ou "decodificam" os códons do mRNA.

Convencionalmente, as subunidades maior e menor são designadas de acordo com sua velocidade de sedimentação quando submetidas à força centrífuga (Fig. 15-12). A unidade utilizada para medir a velocidade de sedimentação é o **Svedberg** (S; quanto maior o valor de S, maior é a velocidade de sedimentação e maior é a molécula), em homenagem ao inventor da ultracentrífuga e ganhador do Prêmio Nobel, Theodor Svedberg. Nas bactérias, a subunidade maior tem velocidade de sedimentação de 50 unidades Svedberg, sendo conhecida, por isso, como subunidade 50S, enquanto a subunidade menor é chamada subunidade 30S. O ribossomo procariótico completo é chamado ribossomo 70S. Observa-se que 70S é menos do que a soma de 50S e 30S. A explicação para esta aparente discrepância é que a velocidade de sedimentação é determinada pelo formato e pelo tamanho e, portanto, não é uma medida exata de massa. O ribossomo eucariótico é um pouco maior, composto por subunidades 60S e 40S, que juntas formam um ribossomo 80S.

As subunidades maior e menor são compostas por um ou mais RNAs (conhecidos como RNAs ribossômicos, RNAs ribossomais, ou rRNA), e por várias proteínas ribossomais (Fig. 15-13). Mais uma vez, usam-se as unidades Svedberg para distinguir os rRNAs. Assim, em bactérias, a subunidade 50S

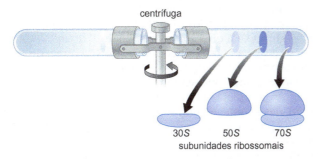

FIGURA 15-12 A sedimentação por ultracentrifugação separa as subunidades ribossomais bacterianas do ribossomo inteiro.

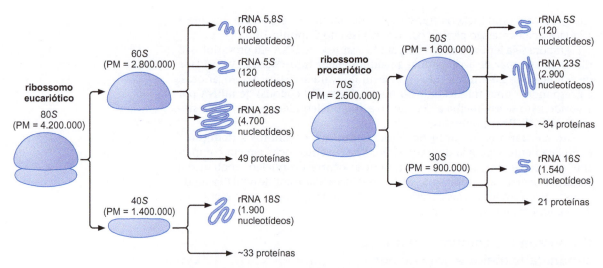

FIGURA 15-13 Composição dos ribossomos procariótico e eucariótico. A composição proteica e os rRNAs das diversas subunidades são indicadas. Também são apresentados os tamanhos dos rRNAs, o peso molecular, ou massa molecular, (PM) e o número de proteínas ribossomais de cada subunidade.

contém um rRNA 5S e um rRNA 23S, enquanto a subunidade 30S contém um único rRNA 16S. Embora existam muito mais proteínas ribossomais do que rRNAs em cada subunidade, mais de dois terços da massa do ribossomo procariótico é RNA. Isso acontece porque as proteínas ribossomais são pequenas (a massa molecular média de uma proteína ribossomal da subunidade menor de procariotos é cerca de 15 kDa). Em contrapartida, os rRNAs 16S e 23S são grandes. Deve-se lembrar de que um único nucleotídeo tem, em média, massa molecular de 330 dáltons; por isso, o rRNA 23S, com 2.900 nucleotídeos de comprimento, tem massa molecular de quase 1.000 kDa.

Em cada ciclo de tradução, as subunidades maior e menor associam-se e dissociam-se

Essencialmente, o mecanismo de tradução é um ciclo em que as subunidades maior e menor do ribossomo se associam entre si e com o mRNA, traduzem o mRNA-alvo e, então, dissociam-se ao término do ciclo de síntese proteica. Essa sequência de associação e dissociação é conhecida como **ciclo do ribossomo** (Fig. 15-14). Resumidamente, a tradução começa com a ligação do mRNA e de um tRNA de início a uma subunidade ribossomal menor livre. Então, o complexo subunidade menor-mRNA-tRNA iniciador recruta uma subunidade maior, formando um ribossomo completo com o mRNA intercalado entre as duas subunidades. A síntese proteica é iniciada na etapa seguinte, começando no códon de início da extremidade 5' da mensagem e seguindo em direção à extremidade 3' do mRNA. À medida que o ribossomo se desloca códon a códon, um tRNA carregado após outro, é encaixado no centro de decodificação e no sítio da peptidiltransferase do ribossomo. Quando o ribossomo encontra um códon de término, a cadeia polipeptídica, agora completa, é liberada e o ribossomo dissocia-se do mRNA, como subunidades maior e menor, separadas. Agora essas subunidades estão disponíveis para ligar-se a uma nova molécula de mRNA e repetir o ciclo da síntese proteica.

Embora um ribossomo só possa sintetizar um polipeptídeo por vez, cada mRNA pode ser traduzido, ao mesmo tempo, por vários ribossomos (para simplificar, considere-se uma mensagem monocistrônica). Um mRNA portando vários ribossomos é conhecido como **polirribossomo** ou **polissomo**

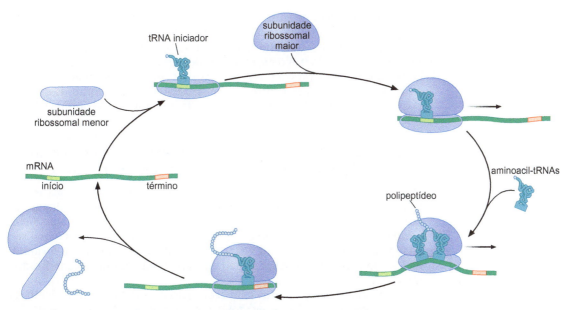

FIGURA 15-14   Visão geral dos eventos da tradução: o ciclo do ribossomo.

(Fig. 15-15). Cada ribossomo interage com aproximadamente 30 nucleotídeos de mRNA, mas, devido ao seu tamanho, a densidade permitida equivale a um ribossomo a cada 80 nucleotídeos de mRNA. Ainda assim, mesmo uma ORF pequena com 1.000 bases (que codificaria uma proteína com ~35 kDa) pode ligar-se a mais de 10 ribossomos e, portanto, dirigir a síntese simultânea de múltiplos polipeptídeos.

A capacidade de vários ribossomos agirem sobre um mesmo mRNA explica a quantidade relativamente pequena de mRNA por célula (em geral, 1 a 5% do RNA total). Se um mRNA pudesse ser traduzido apenas por um ribossomo de cada vez, apenas 10% dos ribossomos estariam simultaneamente engajados na síntese proteica. A associação de vários ribossomos em um mesmo mRNA, por sua vez, indica que a maioria dos ribossomos está envolvida na tradução, em um dado momento.

Novos aminoácidos são ligados à extremidade carboxiterminal da cadeia polipeptídica crescente

Como se sabe, as cadeias polinucleotídica e polipeptídica têm polaridades intrínsecas. Portanto, para cada caso, pode-se perguntar qual é a extremidade sintetizada primeiro na cadeia. Conforme se aprendeu nos Capítulos 9 e 13, o DNA e o RNA são sintetizados pela adição de cada novo nucleotídeo trifosfato à extremidade 3' da cadeia polinucleotídica crescente (geralmente chamada de síntese na direção 5' → 3').

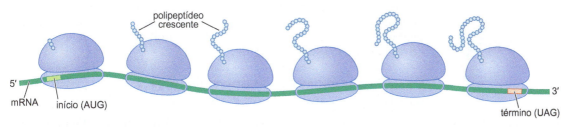

FIGURA 15-15   Polirribossomo.

Qual é a ordem de síntese de uma cadeia polipeptídica crescente? Isso foi primeiramente demonstrado em um experimento clássico realizado por Howard Dintzis, que está descrito no Capítulo 2. Esse experimento demonstrou que cada novo aminoácido deve ser adicionado à extremidade carboxiterminal da cadeia polipeptídica crescente (frequentemente referida como síntese na direção amino para carboxiterminal). Como descrito na próxima seção, este direcionamento resulta diretamente da química da síntese proteica.

As ligações peptídicas são formadas pela transferência da cadeia polipeptídica crescente de um tRNA para outro

O ribossomo catalisa apenas uma reação química: a formação da ligação peptídica. Essa reação ocorre entre o aminoácido que está na extremidade carboxiterminal do polipeptídeo crescente e o aminoácido que será adicionado à cadeia. Tanto o aminoácido da cadeia em crescimento quanto o que será adicionado estão ligados a tRNAs; consequentemente, durante a formação da ligação peptídica, o polipeptídeo crescente está continuamente ligado a um tRNA.

Os verdadeiros substratos para cada ciclo de adição de aminoácido são duas espécies de tRNAs carregados – um aminoacil-tRNA e um **peptidil-tRNA**. Como foi discutido anteriormente neste capítulo (ver seção sobre Ligação dos aminoácidos aos tRNAs), a extremidade 3' do aminoacil-tRNA está ligada ao grupo carboxila do aminoácido. O peptidil-tRNA está ligado, exatamente da mesma maneira (pela extremidade 3'), à extremidade carboxiterminal da cadeia polipeptídica crescente. A ligação entre o aminoacil-tRNA e o aminoácido *não é* rompida durante a formação da próxima ligação peptídica. Em vez disso, a ligação entre o peptidil-tRNA e a cadeia polipeptídica crescente é quebrada à medida que a cadeia crescente é ligada ao grupo amino do aminoácido ligado ao aminoacil-tRNA para formar uma nova ligação peptídica.

Para catalisar a formação da ligação peptídica, as extremidades 3' dos dois tRNAs são aproximadas pelo ribossomo. O posicionamento do tRNA resultante permite ao grupo amino do aminoácido ligado ao aminoacil-tRNA atacar o grupo carbonila do aminoácido mais carboxiterminal ligado ao peptidil-tRNA. O resultado deste ataque nucleofílico é a formação de uma nova ligação peptídica entre os aminoácidos ligados aos tRNAs e a liberação da cadeia polipeptídica do peptidil-tRNA (Fig. 15-16). Este método de síntese polipeptídica apresenta duas consequências. Primeira, este mecanismo de formação de ligação peptídica requer que a extremidade aminoterminal da proteína seja sintetizada antes da extremidade carboxiterminal. Segunda, a cadeia polipeptídica em crescimento é transferida do peptidil-tRNA para o aminoacil-tRNA. Por esta razão, a reação que forma a nova ligação peptídica é chamada **reação da peptidiltransferase**.

Curiosamente, a formação da ligação peptídica ocorre sem hidrólise simultânea de um nucleosídeo trifosfatado. Isso acontece porque a formação da ligação peptídica é promovida pela quebra da ligação da acila de alta energia que liga a cadeia polipeptídica crescente ao tRNA. Deve-se ter em mente que essa ligação foi produzida durante o carregamento do tRNA, catalisado pela tRNA sintetase. A reação de carregamento envolve a hidrólise de uma molécula de ATP. Portanto, a energia para a formação da ligação peptídica origina-se da molécula de ATP hidrolisada durante a reação de carregamento do tRNA (Fig. 15-6).

Os RNAs ribossomais são determinantes estruturais e catalíticos do ribossomo

Embora o ribossomo e suas funções básicas tenham sido descobertos há mais de 40 anos, a determinação de várias estruturas tridimensionais de alta reso-

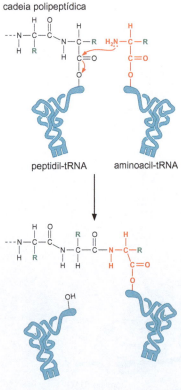

FIGURA 15-16 Reação da peptidiltransferase.

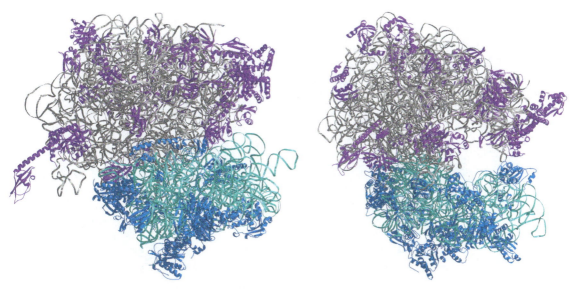

FIGURA 15-17 Duas imagens do ribossomo. Em ambas as imagens, a subunidade 50S está acima da 30S. A fenda entre as subunidades 50S e 30S, na imagem da direita, representa o sítio de associação com o tRNA (ver Fig. 15-19b). O componente de RNA da subunidade 50S é mostrado em cinza, o componente proteico da subunidade 50S é mostrado em roxo; o componente de RNA da subunidade 30S é mostrado em azul-claro; o componente proteico da subunidade 30S é mostrado em azul-escuro. (Yusupov M.M. et al. 2001. *Science* **292**: 883-896.) Imagens preparadas com MolScript, BobScript e Raster3D.

lução do ribossomo aumentou enormemente o entendimento sobre o funcionamento dessa máquina molecular (Fig. 15-17). Talvez o resultado mais importante desses estudos tenha sido o achado de que os rRNAs são muito mais do que componentes estruturais do ribossomo. Em vez disso, eles são diretamente responsáveis por funções essenciais do ribossomo. O exemplo mais óbvio disso é a demonstração de que o centro da peptidiltransferase é composto quase totalmente por RNA, como discutido de maneira detalhada mais tarde. O RNA também desempenha um papel central na função da subunidade menor do ribossomo. As alças dos anticódons dos tRNAs carregados e os códons do mRNA interagem com o rRNA 16S, e não com as proteínas ribossomais da subunidade menor.

Outra indicação da importância do RNA na estrutura e na função do ribossomo é que a maior parte das proteínas do ribossomo está localizada na periferia e não no interior do ribossomo (ver Fig. 15-17). Os domínios funcionais essenciais do ribossomo (o centro da peptidiltransferase e o centro de decodificação) são compostos, inteira ou predominantemente, por RNA. Partes de algumas proteínas ribossomais alcançam o núcleo das subunidades, onde parecem estabilizar os rRNAs compactados firmemente, protegendo as cargas negativas de seus esqueletos de açúcar-fosfato. Na verdade, é provável que o ribossomo atual tenha evoluído de uma máquina primitiva de síntese de proteínas, inteiramente composta por RNA, e que as proteínas ribossomais tenham sido adicionadas para amplificar a função dessa máquina primordial de RNA.

O ribossomo possui três sítios de ligação para tRNA

Para realizar a reação de transferência da ligação peptídica, o ribossomo deve ser capaz de ligar-se a pelo menos dois tRNAs simultaneamente. Na verdade, o ribossomo possui três sítios de ligação com o tRNA, chamados A, P e E (Figs. 15-18 e 15-19). O **sítio A** é o sítio de ligação para o aminoacil-tRNA, o **sítio P** é o sítio de ligação para o peptidil-tRNA e o **sítio E** (do inglês, *exit* [de

FIGURA 15-18 O ribossomo possui três sítios de ligação ao tRNA. Esta ilustração esquemática do ribossomo mostra os três sítios de ligação (E, P e A), que se estendem sobre as duas subunidades.

526 Parte 4 Expressão do Genoma

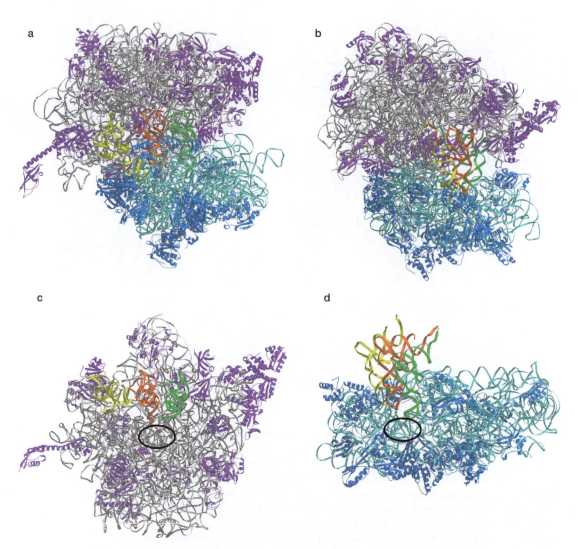

FIGURA 15-19 Imagens da estrutura tridimensional do ribossomo, incluindo os três tRNAs ligados. Os sítios E, P e A de tRNA são representados em amarelo, vermelho e verde, respectivamente. As cores que representam os componentes de RNA e de proteínas das duas subunidades do ribossomo são as mesmas utilizadas na Figura 15-17. (a, b) Duas imagens do ribossomo ligado a três tRNAs nos sítios E, P e A. Observa-se que as imagens à esquerda (a) e à direita (b) mostradas aqui correspondem às imagens do ribossomo mostradas na Figura 15-17. (c) A subunidade 50S isolada com os tRNAs, da maneira vista no ribossomo completo. (Esta imagem é a visão da subunidade maior a partir da subunidade menor.) O centro da peptidiltransferase está assinalado com um círculo. (d) A subunidade 30S isolada com os tRNAs, da maneira vista no ribossomo completo. O centro de decodificação está indicado com um círculo. (Yusupov M.M. et al. 2001. *Science* **292**: 883-896.) Imagens preparadas com MolScript, BobScript e Raster3D.

saída]) é o sítio de ligação para o tRNA que será liberado após a transferência da cadeia polipeptídica crescente para o aminoacil-tRNA.

Cada sítio de ligação ao tRNA é formado na interface entre as subunidades maior e menor do ribossomo (Fig. 15-19a,b). Desta maneira, os tRNAs ligados podem conectar o centro da peptidiltransferase na subunidade maior (Fig. 15-19c) e o centro de decodificação na subunidade menor (Fig. 15-19d). As extremidades 3′ dos tRNAs ligados aos aminoácidos ou à cadeia peptídica em crescimento estão adjacentes à subunidade maior. As alças de anticódons dos tRNAs ligados estão adjacentes à subunidade menor.

Canais no ribossomo possibilitam a entrada e a saída do mRNA e do polipeptídeo crescente

Os centros de decodificação e da peptidiltransferase estão no interior do ribossomo completo. Entretanto, durante a tradução, o mRNA precisa percorrer o centro de decodificação e a cadeia polipeptídica nascente precisa escapar do centro da peptidiltransferase. Como esses polímeros entram (no caso do mRNA) e saem do ribossomo? A resposta está na própria estrutura do ribossomo, que apresenta "túneis" de entrada e saída.

O mRNA entra e sai do centro de decodificação através de dois estreitos canais na subunidade menor. O canal de entrada tem largura suficiente apenas para passagem de mRNA não pareado. Esta característica garante que o mRNA esteja em forma de fita simples quando entra no centro de decodificação pela remoção de quaisquer interações intramoleculares de pareamento de bases que possam ter sido formadas no mRNA. Entre os dois canais, há uma região acessível aos tRNAs, na qual códons adjacentes podem ligar-se ao aminoacil-tRNA e ao peptidil-tRNA, nos sítios A e P, respectivamente. Curiosamente, há uma dobra pronunciada no mRNA entre os dois códons, que facilita a manutenção da fase de leitura correta (Fig. 15-20). Essa dobra posiciona o códon do sítio A que ficou "vago" após um ciclo de deslocamento (translocação) do ribossomo para uma posição diferente, evitando que o aminoacil-tRNA a ser incorporado tenha acesso às bases imediatamente adjacentes ao códon da vez.

Um segundo canal na subunidade maior fornece uma via de saída para a cadeia polipeptídica recém-sintetizada (Fig. 15-21). Assim como nos canais de mRNA, o calibre do canal limita os dobramentos da cadeia polipeptídica crescente. Neste caso, o polipeptídeo pode formar uma α-hélice no interior do canal, mas outras estruturas secundárias (como folhas β) e interações terciárias podem ser formadas apenas após a saída do polipeptídeo da subunidade maior do ribossomo. Por este motivo, a estrutura tridimensional final de uma proteína recém-sintetizada só é formada após a sua liberação do ribossomo.

Agora que foram descritos os quatro componentes principais do processo de tradução, o restante do capítulo se concentrará, de maneira mais

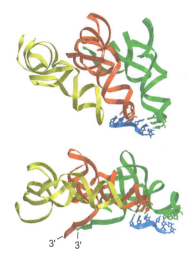

FIGURA 15-20 **Interação entre os tRNAs dos sítios A e P e o mRNA dentro do ribossomo.** Duas visões das estruturas do mRNA e dos tRNAs são apresentadas como encontradas no ribossomo. Para maior clareza, o ribossomo não está representado. Os tRNAs dos sítios E, P, e A estão representados em amarelo, vermelho e verde, respectivamente, e o mRNA está representado em azul. Apenas as bases envolvidas na interação códon-anticódon estão representadas. A forte torção no mRNA faz uma clara distinção entre os códons dos sítios A e P. A grande proximidade das extremidades 3' dos tRNAs dos sítios A e P pode ser observada na imagem inferior. (Yusupov M.M. et al. 2001. *Science* **292**: 883-896.) Imagem preparada com MolScript, BobScript e Raster3D.

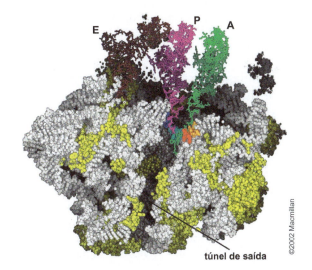

FIGURA 15-21 **Túnel de saída do polipeptídeo.** Nesta imagem, a subunidade 50S está cortada ao meio para mostrar o túnel de saída do polipeptídeo. O rRNA está em branco, e as proteínas ribossomais, em amarelo. Os três tRNAs ligados estão coloridos da seguinte maneira: sítio E (marrom), sítio P (cor-de-rosa) e sítio A (verde). As regiões vermelha e dourada do rRNA adjacente ao tRNA do sítio A são componentes do centro da peptidiltransferase. (Cortesia de T. Martin Schmeing e Thomas Steitz; adaptada, com permissão, de Schmeing T.M. et al. 2002. *Nat. Struct. Biol.* **9**: 225-230. © Macmillan.)

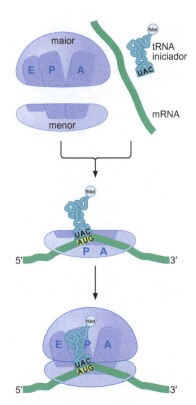

FIGURA 15-22 Visão geral dos eventos de início da tradução.

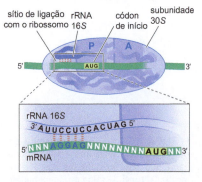

FIGURA 15-23 O rRNA 16S interage com o RBS para posicionar o AUG no sítio P. Esta ilustração mostra um mRNA com a separação ideal entre o RBS e o AUG de início. Este espaçamento coloca o AUG na região do sítio P. Muitos mRNAs não possuem espaçamentos ideais, levando a uma taxa reduzida de início da tradução. Outros mRNAs são totalmente desprovidos de RBS e recrutam o ribossomo por mecanismos distintos.

detalhada, em cada fase da tradução. A descrição seguirá a ordem das três fases da tradução: início da síntese de uma nova cadeia polipeptídica, alongamento do polipeptídeo crescente e término da síntese polipeptídica. Como será visto, há semelhanças e diferenças importantes entre os procariotos e os eucariotos quanto às estratégias empregadas para executar a síntese proteica. Nas seções seguintes, será considerada a natureza da maquinaria de tradução de ambos os tipos de células. Assim como na síntese do DNA e do RNA, embora na tradução o ribossomo seja o centro da atividade, fatores auxiliares desempenham funções essenciais em cada etapa da tradução e são necessários para que a síntese proteica ocorra de modo rápido e preciso.

INÍCIO DA TRADUÇÃO

Para que a tradução inicie com sucesso, três eventos devem ocorrer (Fig. 15-22): o ribossomo deve ser recrutado ao mRNA; um tRNA carregado deve ser posicionado no sítio P do ribossomo; e o ribossomo deve ser precisamente posicionado sobre o códon de início. O correto posicionamento do ribossomo sobre o códon de início é fundamental, porque estabelece a fase de leitura para a tradução do mRNA. Um deslocamento no ribossomo, ainda que de uma única base, resultaria na síntese de um polipeptídeo completamente diferente (ver discussão sobre o mRNA anteriormente e no Cap. 16). As diferenças nas estruturas dos mRNAs procarióticos e eucarióticos resultam em modos bastante distintos para atingir esse objetivo. Inicia-se abordando os eventos de início nos procariotos e, a seguir, discutem-se as diferenças observadas nas células eucarióticas.

Os mRNAs procarióticos são inicialmente recrutados para a subunidade menor pelo pareamento de bases com o rRNA

A montagem do ribossomo sobre o mRNA ocorre em duas etapas. Primeiro, a subunidade menor associa-se com o mRNA. Como descrito durante a discussão sobre a estrutura do mRNA em procariotos (ver Fig. 15-2), a associação da subunidade menor com o mRNA é mediada por interações de pareamentos de bases entre o RBS e o rRNA 16S (Fig. 15-23). Quando os RBSs estão na posição ideal, a subunidade menor posiciona-se sobre o mRNA, de modo que o códon de início esteja no sítio P quando a subunidade maior associar-se ao complexo. A subunidade maior só se associa à menor no fim do processo de início, imediatamente antes da formação da primeira ligação peptídica. Portanto, muitos dos eventos-chave do início da tradução ocorrem na ausência do ribossomo completo.

Um tRNA especializado, carregado com uma metionina modificada, liga-se diretamente à subunidade menor dos procariotos

O início da tradução é o único momento em que um tRNA se liga ao sítio P sem ocupar previamente o sítio A. Esse evento requer um tRNA especial conhecido como **tRNA iniciador**, que pareia com o códon de início – em geral, AUG ou GUG. Estes códons têm significados diferentes quando ocorrem dentro de uma ORF, onde são lidos por tRNAs para metionina (tRNA^{Met}) e valina (tRNA^{Val}), respectivamente (ver Cap. 16). Embora o tRNA iniciador seja primeiramente carregado com uma metionina, um grupo formil é rapidamente adicionado ao grupo amino da metionina por uma enzima específica (Met-tRNA transformilase). Assim, em vez de valina ou metionina, o tRNA

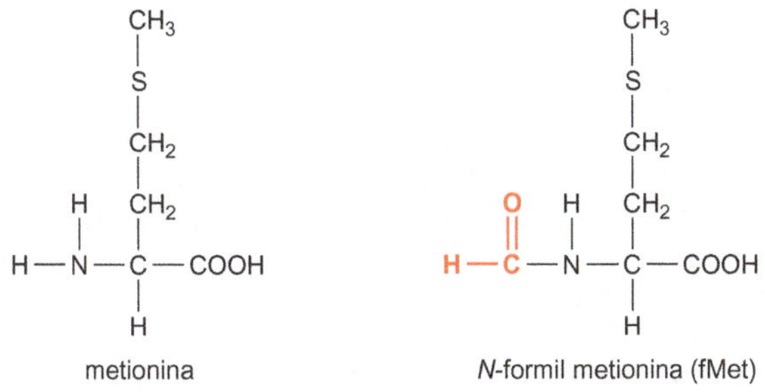

FIGURA 15-24 Metionina e *N*-formil metionina.

iniciador é acoplado à **N-formil metionina** (Fig. 15-24). O tRNA iniciador carregado é chamado de **fMet-tRNA$_i^{fMet}$**.

Seria possível pensar que, como a *N*-formil metionina é o primeiro aminoácido a ser incorporado nas cadeias polipeptídicas, todas as proteínas procarióticas teriam um grupo formila em sua extremidade aminoterminal. Entretanto, isso não ocorre, porque uma enzima conhecida como **desformilase** remove o grupo formila da extremidade aminoterminal, durante ou após a síntese da cadeia polipeptídica. Na verdade, muitas proteínas procarióticas sequer começam com metionina; frequentemente, as peptidases removem a metionina aminoterminal juntamente com mais um ou dois aminoácidos.

Três fatores de início direcionam a formação de um complexo de início que contém mRNA e o tRNA iniciador

O início da tradução em procariotos começa com a subunidade menor e é catalisado por três **fatores de início da tradução**, chamados **IF1**, **IF2** e **IF3**. Cada um facilita um passo importante do processo de início.

- **IF1** evita que os tRNAs se liguem à porção da subunidade menor que fará parte do sítio A.
- **IF2** é uma GTPase (proteína que se liga e hidrolisa GTP) que interage com três componentes essenciais da maquinaria de início: a subunidade menor, IF1, e o tRNA iniciador carregado (fMet-tRNA$_i^{fMet}$). Ao interagir com esses componentes, IF2 facilita a subsequente associação de fMet-tRNA$_i^{fMet}$ à subunidade menor e impede que outros tRNAs carregados se associem à subunidade menor.
- **IF3** liga-se à subunidade menor e bloqueia sua reassociação a uma subunidade maior. Como o início requer uma subunidade menor livre, a ligação do IF3 é essencial para um novo ciclo de tradução. IF3 associa-se à subunidade menor ao fim de um ciclo de tradução, auxiliando na dissociação do ribossomo 70S em suas subunidades maior e menor.

Todos os fatores de início ligam-se a um dos três sítios de ligação de tRNAs da subunidade menor, ou às proximidades destes. Consistente com seu papel no bloqueio da ligação de tRNAs carregados ao sítio A, IF1 liga-se diretamente à porção da subunidade menor que se tornará o sítio A. IF2 liga-se a IF1 e passa pelo sítio A chegando ao sítio P para contactar fMet-tRNA$_i^{fMet}$. Finalmente, IF3 ocupa a parte da subunidade menor que se tornará o sítio E. Assim, dos três potenciais sítios de ligação ao tRNA na subunidade menor, apenas o sítio P é capaz de ligar-se a um tRNA na presença de fatores de início.

Com os três fatores de início ligados, a subunidade menor está preparada para ligar-se ao mRNA e ao tRNA iniciador (Fig. 15-25). Esses dois RNAs

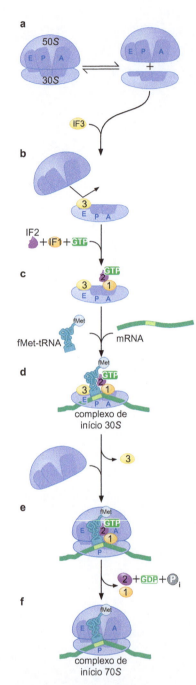

FIGURA 15-25 Resumo do início da tradução em procariotos.

podem ser ligados em qualquer ordem e independentes entre si. Como discutido anteriormente, a ligação ao mRNA envolve o pareamento de bases entre o RBS e o rRNA 16S da subunidade menor. Enquanto isso, a ligação de fMet-tRNA$_i^{fMet}$ à subunidade menor é facilitada por suas interações com o IF2 ligado ao GTP e, quando o mRNA está ligado, pelo pareamento de bases entre o anticódon e o códon de início do mRNA. De maneira semelhante, o pareamento de bases entre a fMet-tRNA$_i^{fMet}$ e o mRNA serve para posicionar o códon de início no sítio P.

A última etapa do início envolve a associação da subunidade maior, formando o **complexo de início 70S**. Quando o códon de início e o fMet-tRNA$_i^{fMet}$ pareiam suas bases, a subunidade menor sofre uma alteração conformacional. Essa nova conformação resulta na liberação do IF3. Na ausência de IF3, a subunidade maior fica livre para ligar-se à subunidade menor com sua carga de IF1, IF2, mRNA e fMet-tRNA$_i^{fMet}$. Em particular, IF2 atua como sítio de ancoragem inicial para a subunidade maior, e esta interação estimula subsequentemente a atividade de GTPase de IF2·GTP. Quando ligado ao GDP, IF2 possui afinidade reduzida pelo ribossomo e pelo tRNA iniciador, levando à liberação de IF2·GDP, bem como de IF1, do ribossomo. Assim, o resultado final do início é a montagem de um ribossomo completo (70S), formado no sítio de início do mRNA, com fMet-tRNA$_i^{fMet}$ no sítio P e o sítio A vazio. Agora, o complexo ribossomo-mRNA está preparado para receber um tRNA carregado no sítio A e começar a síntese polipeptídica.

Os ribossomos eucarióticos são recrutados para o mRNA pelo *cap* 5'

Sob muitos aspectos, o início da tradução nos eucariotos é semelhante ao dos procariotos. Ambos usam um códon de início e um tRNA iniciador específico e utilizam fatores de início que se complexam à subunidade ribossomal menor, antes da associação da subunidade maior. No entanto, os eucariotos empregam um método fundamentalmente distinto de reconhecimento do mRNA e do códon de início, o qual tem consequências importantes na tradução eucariótica.

Nos eucariotos, quando a subunidade menor é recrutada para a extremidade *cap* 5' do mRNA, ela já está associada a um tRNA iniciador. Então, ela "escaneia" o mRNA, na direção 5' → 3', até encontrar o primeiro 5'-AUG-3' (ver discussão sobre sequência de Kozak na seção precedente sobre mRNA), que ela reconhece como códon de início. Portanto, nas células eucarióticas, na maior parte das vezes, apenas o primeiro AUG pode ser utilizado como códon de início da tradução (ver Quadro 15-3, uORFs e IRESs: exceções que confirmam a regra). Esse método de início é compatível com o fato de a grande maioria dos RNAs eucarióticos serem monocistrônicos e codificarem apenas um polipeptídeo; geralmente, o reconhecimento de um códon de início interno não é possível, nem necessário.

Como visto em outros processos moleculares (como o reconhecimento do promotor durante a transcrição), as células eucarióticas precisam de muito mais proteínas auxiliares do que as procarióticas para promover o processo de início. Os eventos do início podem ser divididos em quatro etapas. Primeiro, ao contrário do que ocorre nos procariotos, nas células eucarióticas, a ligação do tRNA iniciador à subunidade menor *sempre* precede sua associação com o mRNA (Fig. 15-26a). Segundo, um conjunto separado de fatores auxiliares medeia o reconhecimento do mRNA. Terceiro, a subunidade ribossomal menor ligada ao tRNA iniciador escaneia o mRNA à procura da primeira sequência AUG. Finalmente, a subunidade maior do ribossomo é recrutada após o tRNA parear com o códon de início. Agora esses eventos serão descritos de maneira detalhada.

Quando o ribossomo eucariótico completa um ciclo de tradução, ele dissocia-se em suas subunidades maior e menor, e quatro fatores de início –

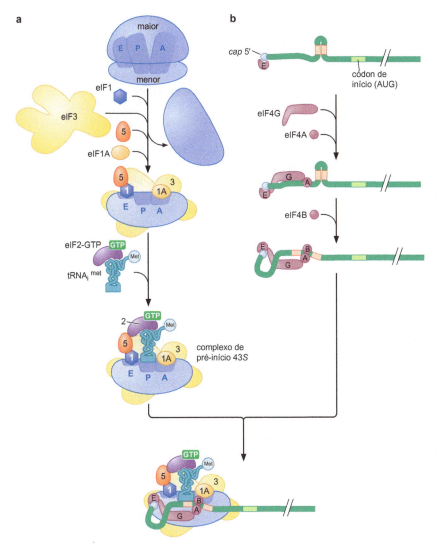

FIGURA 15-26 Associação da subunidade ribossomal menor e do tRNA iniciador sobre o mRNA de eucariotos.

eIF1, eIF1A, eIF3 e eIF5 – ligam-se à subunidade menor. Juntos, eIF1, eIF1A e eIF5 atuam de maneira análoga aos fatores de início procarióticos IF3 e IF1 para prevenir a ligação da subunidade maior e do tRNA ao sítio A. O tRNA iniciador é escoltado até a subunidade menor pela proteína de ligação a GTP de três subunidades, eIF2. Como IF2, o eIF2 se ligará ao tRNA iniciador apenas no estado ligado a GTP. O complexo entre o tRNA iniciador e eIF2 é chamado de **complexo ternário** (TC). Para os eucariotos, o tRNA iniciador (o qual, como seu homólogo bacteriano, é diferente do tRNA[Met] utilizado após o início) é carregado com metionina, e *não* com N-formil metionina, e é chamado de Met-tRNA$_i^{Met}$. O eIF2 posiciona o Met-tRNA$_i^{Met}$ no sítio P da subunidade menor ligada ao fator de início, resultando na formação do **complexo de pré-início 43S** (**PIC 43S**). Deve-se ressaltar que o eIF3 é quase tão grande quanto a subunidade 40S inteira, mas se liga principalmente à lateral da subunidade menor, próximo aos sítios de entrada e saída de RNA. Ainda assim, o eIF3 interage com todos os membros do PIC 43S, incluindo o tRNA iniciador e, assim, facilita muitas interações envolvidas na montagem do PIC 43S.

Em uma série separada de reações, o mRNA é preparado para o reconhecimento pela subunidade menor. Esse processo começa com o reconhecimento do *cap* 5' pela proteína de ligação ao *cap*, eIF4E. Uma série de fatores de início adicionais é, então, recrutada. O eIF4G liga-se ao eIF4E e ao mRNA, enquanto o eIF4A se liga ao eIF4G e ao mRNA (ver Fig. 15-26b). A associação de eIF4G com eIF4E é particularmente importante – nesta etapa, o nível geral de tradução na célula é controlado por uma família de proteínas que competem com a ligação de eIF4G, chamadas proteínas de ligação a eIF4E (ver Regulação da tradução, adiante neste capítulo). O eIF4B junta-se a este complexo, ativando a capacidade de RNA-helicase de eIF4A. A helicase remove estruturas secundárias (como grampos) que possam ter se formado na extremidade do mRNA. A remoção das estruturas secundárias é essencial, já que a extremidade 5' do mRNA precisa estar livre de interações para ligar-se à subunidade menor. Finalmente, as interações entre o eIF4G ligado ao mRNA desestruturado e os fatores de início (sobretudo, eIF3) ligados à subunidade menor recrutam o complexo de pré-início 43S para o mRNA, formando o **complexo de pré-início 48S**.

Os fatores de início da tradução mantêm os mRNAs eucarióticos em círculos

A presença de uma cauda poli(A) contribui para a eficiência da tradução eucariótica. Além de se ligarem à extremidade 5' dos mRNAs eucarióticos, os fatores de início que preparam o mRNA associam-se também à extremidade 3' do mRNA (Fig. 15-27). Estas interações são mediadas principalmente por eIF4G, que se liga diretamente à extremidade 3' do mRNA e à **proteína de ligação à cauda poli(A)** que reveste a cauda poli(A). Estas interações fazem o mRNA adquirir uma configuração circular, com as extremidades 5' e 3' da molécula ficando bastante próximas. Consistente com a contribuição da cauda poli(A) para a eficiência da tradução do mRNA, estas interações amplificam várias etapas do início, incluindo a ligação de eIF4E ao *cap* do mRNA e o recru-

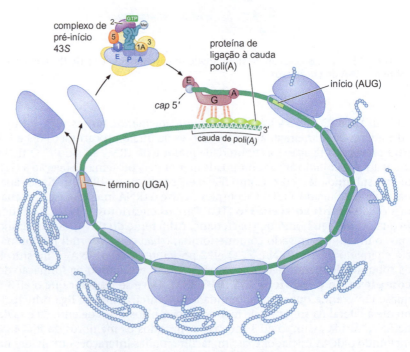

FIGURA 15-27 Modelo para a circularização do mRNA eucariótico. A circularização é mediada por interações entre eIF4G, proteína de ligação à cauda poli(A) e cauda poli(A).

> **CONCEITOS AVANÇADOS**

Quadro 15-3 uORFs e IRESs: exceções que confirmam a regra

Nem todos os polipeptídeos eucarióticos são codificados por fases de leitura que começam com o AUG mais próximo da extremidade 5'. Em alguns casos, o primeiro AUG não está em um contexto de sequência apropriado, sendo desconsiderado. Em outros casos, ORFs curtas, a montante (uORFs [u, do inglês, *upstream*], geralmente codificando peptídeos com menos de dez aminoácidos), são traduzidas, mas uma parcela (normalmente 50%) das subunidades 40S é retida no mRNA após o término da tradução da uORF. A curta extensão destas uORFs permite interações entre fatores de início (p. ex., eIF4G e eIF3) que prendem ao mRNA a subunidade 40S, a ser retida após o término (Fig. 1 deste quadro). A subunidade 40S retida continua a escanear pelo próximo AUG, mas só consegue identificar um AUG após ligar-se a um novo complexo ternário (TC; eIF2-tRNA iniciador) porque o anticódon do tRNA iniciador é necessário para detectar um AUG (ver Fig. 1 deste quadro). Em geral, as uORFs reduzem, mas não eliminam, a tradução da ORF primária. Adiante, neste capítulo, será discutido um exemplo específico de como as uORFs podem ser utilizadas para regular a tradução.

Um exemplo ainda mais extremo de início da tradução em sítios mais a jusante do AUG mais próximo da extremidade 5' é demonstrado por sítios internos de acesso do ribossomo (IRESs, *internal ribosome entry sites*). Os IRESs são sequências de RNA que atuam como sítios procarióticos de ligação do ribossomo. Eles recrutam a subunidade menor para ligação e início mesmo na ausência de *cap* 5' (Fig. 2 deste quadro). Os IRESs são geralmente codificados em mRNAs virais desprovidos de uma extremidade *cap* 5' e que necessitam explorar ao máximo as sequências em seu genoma. Ao utilizar IRESs, um mRNA viral pode codificar mais de uma proteína, diminuindo a necessidade de extensas sequências de regulação da transcrição para cada sequência codificadora de proteína. Ao evitar a necessidade de um ou mais fatores de início, um IRES pode continuar funcionando na ausência do fator. Esta necessidade distinta pode ser explorada para permitir que apenas um pequeno subconjunto de mRNAs

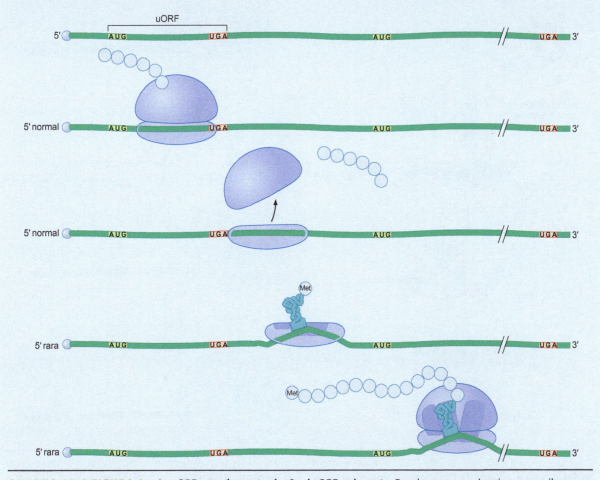

QUADRO 15-3 FIGURA 1   As uORFs regulam a tradução de ORFs a jusante. Em alguns casos, depois que um ribossomo traduz uma uORF, a subunidade menor permanece no mRNA e inicia a busca por um segundo AUG. Ela só conseguirá reconhecer um segundo AUG quando estiver ligada a um novo tRNA iniciador.

(continua)

Quadro 15-3 *(Continuação)*

portadores de IRES seja traduzido em uma célula desprovida de um fator de início. Por exemplo, durante a apoptose (ou morte celular programada), proteases recém-ativadas destroem o eIF4E, mas um subconjunto de proteínas necessárias para a apoptose continua a ser traduzido devido à presença de sequências de IRES em suas regiões 5' não traduzidas (5'-UTRs) que não necessitam de eIF4E.

Diferentes sequências de IRESs funcionam de modos diferentes. Pelo menos uma IRES viral liga-se diretamente ao eIF4G, não necessitando da proteína eIF4E de ligação ao *cap* 5' para recrutar eIF4E (Fig. 2a deste quadro). O tipo mais extremo de IRES é exemplificado pelo mRNA do vírus da paralisia do grilo. A 5'-UTR desse mRNA forma uma estrutura de RNA complexa que mimetiza um tRNA ligado a um mRNA no estado híbrido PE e se liga diretamente ao sítio P da subunidade 40S. Desta maneira, o mRNA evita a necessidade de fatores de início e de um tRNA iniciador (Fig. 2b deste quadro). É importante observar que a sequência de RNA a jusante desta estrutura está posicionada no sítio A do centro de decodificação, permitindo-a atuar como o primeiro códon. A existência de IRESs que não necessitam de fatores de início levou à hipótese de que, no início da evolução, todos os mRNAs possuíam esses IRESs e que os fatores de início evoluíram posteriormente, tornando a tradução mais eficiente e versátil.

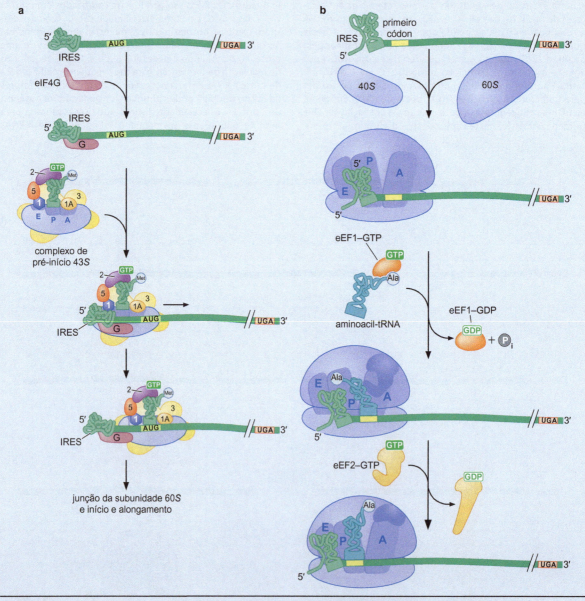

QUADRO 15-3 FIGURA 2 **Os IRESs não necessitam de fatores para o início da tradução.** Os vírus geralmente codificam sequências IRESs que se dobram em estruturas de RNA que não requerem um ou mais fatores de início eucarióticos. (a) O IRES do poliovírus evita a necessidade de um *cap* 5' ao ligar-se diretamente a eIF4G. (b) O vírus da paralisia do grilo codifica um mRNA com um IRES elaborado que se dobra de maneira semelhante a um tRNA que se liga diretamente ao sítio P das subunidades ribossomais 40S e 60S. O mRNA a jusante é posicionado no sítio A e codifica uma Ala como primeiro aminoácido.

tamento da subunidade maior. É importante salientar que as interações de eIF4G e da proteína de ligação à cauda poli(A) com o mRNA são mantidas durante vários ciclos de tradução. Além disso, esta configuração do mRNA possui o benefício adicional de posicionar ribossomos recém-terminados próximos ao AUG, presumivelmente favorecendo o reinício.

O códon de início é encontrado por meio de uma busca na região a jusante da extremidade 5' do mRNA

Uma vez montada sobre a extremidade 5' do mRNA, a subunidade menor e seus fatores associados deslocam-se sobre o mRNA na direção 5' → 3' em um processo dependente de ATP e estimulado pela RNA-helicase associada ao eIF4A/B (Fig. 15-28). Durante esse movimento, a subunidade menor "escaneia" o primeiro códon de início no mRNA. O códon de início é reconhecido por meio do pareamento de bases entre o anticódon do tRNA iniciador e o códon de início. A importância desta interação na identificação do códon de início mostra por que é essencial que o tRNA iniciador se ligue à subunidade menor *antes* de ligar-se ao mRNA. O correto pareamento de bases altera a conformação do complexo 48S, levando à liberação de eIF1 e a uma alteração na conformação de eIF5. Ambos os eventos estimulam eIF2 a hidrolisar seu GTP associado. Em seu estado ligado a GDP, o eIF2 não se liga mais ao tRNA iniciador e é liberado da subunidade menor juntamente com eIF5.

A perda de eIF2 permite a ligação de uma segunda proteína de ligação ao tRNA iniciador, regulada por GTP, chamada eIF5B. Após a ligação ao tRNA iniciador, eIF5B·GTP estimula a associação da subunidade 60S à subunidade 40S corretamente posicionada. Essa associação é possível porque os fatores que antes a preveniam (eIF1 e eIF5) foram liberados. Como nos procariotos, a ligação da subunidade maior leva à liberação dos demais fatores de início por estimulação da hidrólise de GTP por eIF5B. Como resultado desses eventos, o Met-tRNA$_i^{Met}$ é colocado no sítio P do **complexo de início 80S**, e o ribossomo eucariótico está pronto para receber um tRNA carregado em seu sítio A e estabelecer a primeira ligação peptídica.

Embora o início da tradução em células eucarióticas envolva muitos outros fatores auxiliares, há análogos claros dos fatores de início bacterianos. Os fatores IF1 e eIF1A ligam-se ao sítio A ao longo do processo de início para prevenir a interação prematura do tRNA com esta região. A função de IF2 é repartida entre eIF2 e eIF5B: eIF2 medeia o recrutamento do tRNA iniciador e detecta o pareamento com o AUG de início, e eIF5B realiza as funções de IF2 envolvidas no recrutamento da subunidade maior. Assim como IF2, os fatores eIF2 e eIF5B são regulados pelo nucleotídeo ao qual estão ligados. Finalmente, IF3 e eIF1 ligam-se ao sítio P da subunidade menor e são liberados quando o tRNA iniciador pareia com o códon AUG.

ALONGAMENTO DA TRADUÇÃO

Uma vez formado o ribossomo com o tRNA iniciador carregado no sítio P, a síntese polipeptídica pode iniciar. Existem três eventos importantes que precisam ocorrer para a adição correta de cada aminoácido (Fig. 15-29). Primeiro, o aminoacil-tRNA correto é trazido ao sítio A do ribossomo, de acordo com o códon que está nesse sítio. Segundo, uma ligação peptídica é formada entre o aminoacil-tRNA no sítio A e a cadeia peptídica ligada ao peptidil-tRNA no sítio P. Como foi visto, esta reação da peptidiltransferase resulta na transferência do polipeptídeo crescente do tRNA no sítio P para o aminoácido do tRNA carregado no sítio A. Terceiro, o peptidil-tRNA resultante no sítio A e seu códon associado devem ser **translocados** para o sítio P, para que o ribossomo esteja preparado para outro ciclo de reconhecimento de códon e formação de ligação peptídica. Assim como o posicionamento original do mRNA, esse

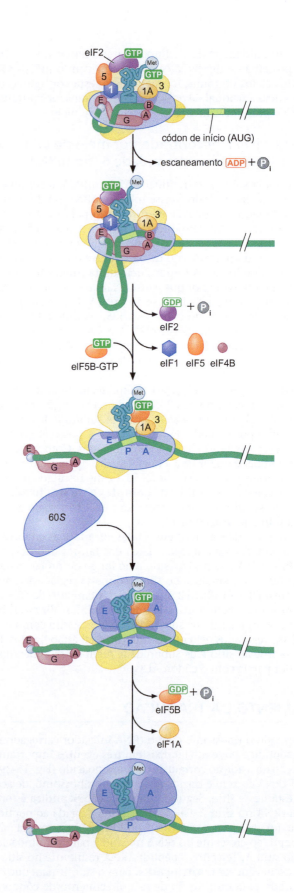

FIGURA 15-28 Identificação do AUG de início pelo PIC 48S e junção da subunidade maior durante o início da tradução eucariótica. Ver texto para uma descrição completa.

reposicionamento necessita ocorrer com exatidão, para preservar a fase de leitura correta da mensagem. Duas proteínas auxiliares, conhecidas como **fatores de alongamento**, controlam esses eventos. Os dois fatores utilizam energia da ligação e hidrólise do GTP para aumentar a velocidade e a precisão da função ribossômica.

Diferentemente do início da tradução, o mecanismo de alongamento é altamente conservado nas células procarióticas e eucarióticas. A discussão será limitada ao alongamento da tradução em procariotos, a qual é conhecida nos mínimos detalhes, pois os eventos que ocorrem nas células eucarióticas são semelhantes aos das células procarióticas quanto aos fatores envolvidos e seu mecanismo de ação.

Os aminoacil-tRNAs são entregues ao sítio A pelo fator de alongamento EF-Tu

Os aminoacil-tRNAs não se ligam diretamente ao ribossomo. Em vez disso, são "escoltados" ao ribossomo pelo fator de alongamento **EF-Tu** (Fig. 15-30). Quando um tRNA é aminoacilado, o EF-Tu liga-se à extremidade 3' do tRNA, encobrindo o aminoácido ligado. Essa interação evita que o aminoacil-tRNA participe da formação da ligação peptídica antes da liberação do EF-Tu.

Do mesmo modo que o fator de início IF2, o fator de alongamento EF-Tu liga-se e hidrolisa o GTP, e o tipo de nucleotídeo de guanina ligado determina sua função. O EF-Tu somente pode ligar-se a um aminoacil-tRNA quando associado a um GTP. Ligado ao GDP, ou livre de nucleotídeos, ele tem pouca afinidade com aminoacil-tRNAs. Portanto, quando EF-Tu hidrolisa o GTP ligado, qualquer aminoacil-tRNA associado a ele é liberado. Quando ligado a um aminoacil-tRNA, o EF-Tu sozinho não consegue hidrolisar GTP a uma taxa significativa. A atividade de GTPase do EF-Tu é ativada quando ele se associa ao mesmo domínio da subunidade maior do ribossomo que ativa a GTPase do IF2 quando essa subunidade se incorpora ao complexo de início. Esse domínio é conhecido como **centro de ligação do fator**. O EF-Tu interage com o centro de ligação do fator apenas após o ingresso do tRNA no sítio A e o pareamento códon-anticódon correto. Nesta fase, o EF-Tu hidrolisa sua ligação com GTP e é liberado do ribossomo (Fig. 15-30). Como será discutido a seguir, o controle da hidrólise do GTP pelo EF-Tu é fundamental para a especificidade da tradução.

O ribossomo utiliza diversos mecanismos de seleção contra aminoacil-tRNAs incorretos

A taxa de erro da tradução está entre 10^{-3} e 10^{-4}. Isto é, no máximo, um aminoácido incorreto a cada 1.000 aminoácidos incorporados em proteínas. O pareamento entre as bases do tRNA carregado e do códon exibido no sítio A do ribossomo é fundamental para a seleção do aminoacil-tRNA correto. Apesar disso, a diferença de energia entre um par códon-anticódon correto e um pareamento "imperfeito" não é capaz de garantir este grau de precisão. Muitas vezes, apenas um dos três pares de bases da interação códon-anticódon está errado. Mesmo assim, raramente o ribossomo permite que um aminoacil-tRNA com esse malpareamento continue no processo de tradução. Pelo menos três mecanismos diferentes contribuem para essa especificidade (ver Fig. 15-31). Todos eles fazem uma seleção *contra* pareamentos códon-anticódon incorretos.

Um mecanismo que contribui para a fidelidade do reconhecimento do códon envolve dois resíduos de adenina adjacentes no componente de rRNA 16S, localizado no sítio A da subunidade menor. Essas bases formam ligações

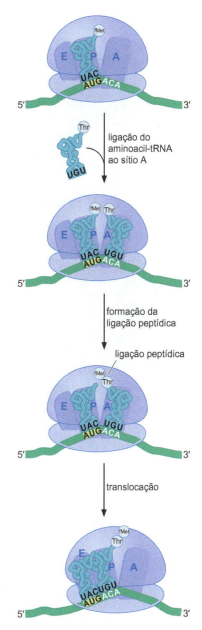

FIGURA 15-29 Resumo das fases do alongamento da tradução.

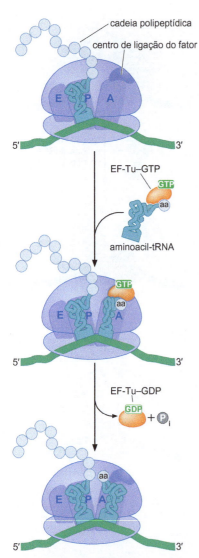

FIGURA 15-30 O EF-Tu escolta o aminoacil-tRNA até o sítio A do ribossomo. Quando interagem com o sítio A do ribossomo, os tRNAs carregados estão ligados a EF-Tu—GTP. Quando ocorre a interação códon-anticódon correta, o EF-Tu interage com o centro de ligação do fator, hidrolisa sua ligação com GTP e é liberado do tRNA e do ribossomo. Após a liberação de EF-Tu, o tRNA gira no centro da peptidiltransferase do ribossomo (processo chamado acomodação).

de hidrogênio com a fenda menor de cada par de bases corretamente formado entre o anticódon e as duas primeiras bases do códon no sítio A (Fig. 15-31a). Deve-se ter em mente (ver Cap. 6, Fig. 6-14) que as propriedades das ligações de hidrogênio dos pares de bases Watson-Crick G:C e A:U são muito semelhantes na fenda menor. Assim, os resíduos de A adjacentes no rRNA 16S não discriminam entre os pares de bases G:C ou A:U, reconhecendo ambos como corretos. Os pares de bases que não são do tipo Watson-Crick, ao contrário, formam uma fenda menor não reconhecida pelas adeninas adjacentes, resultando em redução significativa de afinidade por tRNAs errados. O resultado final dessas interações é que os tRNAs corretamente pareados dissociam-se dos ribossomos em uma taxa muito mais baixa do que os tRNAs incorretamente pareados.

Um segundo mecanismo que ajuda a garantir o correto pareamento entre códon e anticódon envolve a atividade de GTPase de EF-Tu (ver Fig. 15-31b). Como foi descrito anteriormente, a liberação do EF-Tu do tRNA requer a hidrólise do GTP, que é altamente sensível ao pareamento correto entre o códon e o anticódon. Mesmo um único malpareamento entre as bases do códon e do anticódon altera a posição de EF-Tu, reduzindo sua capacidade de interagir com o centro de ligação do fator. Isso, por sua vez, leva a uma redução drástica na atividade de GTPase de EF-Tu. Esse mecanismo é um exemplo de seletividade cinética e está relacionado aos mecanismos utilizados para garantir o correto pareamento de bases durante a síntese de DNA (ver Cap. 9). Em ambas as situações, a formação das interações corretas de pareamentos de bases aumenta muito a velocidade de uma etapa bioquímica importante. No caso da DNA-polimerase, esta etapa era a formação da ligação fosfodiéster. Neste caso, é a hidrólise do GTP pelo EF-Tu.

Um terceiro mecanismo que garante a precisão do pareamento é um tipo de revisão que ocorre após a liberação do EF-Tu. Quando o tRNA carregado, complexado com EF-Tu e GTP, é introduzido no sítio A, sua extremidade 3' está distante do sítio de formação da ligação peptídica. Para uma participação bem-sucedida na reação da peptidiltransferase, o tRNA deve girar no centro da peptidiltransferase da subunidade maior, em um processo chamado **acomodação** (Fig. 15-31c). Durante a acomodação, a extremidade 3' do tRNA aminoacilado percorre quase 70 Å. Os tRNAs incorretamente pareados frequentemente se dissociam do ribossomo durante a acomodação. Acredita-se que a rotação do tRNA produz uma tensão na interação códon-anticódon, à qual apenas um anticódon corretamente pareado pode resistir. Assim, o mais provável é que os tRNAs mal-pareados se dissociem do ribossomo em vez de participar da reação da peptidiltransferase.

Em resumo, para garantir que o aminoacil-tRNA correto se ligue ao sítio A, além das interações entre códon e anticódon, o ribossomo explora interações com a fenda menor e duas fases da revisão de leitura. Cada um destes três mecanismos de seletividade adicionais inibe a retenção dos aminoacil-tRNAs que não formam interações códon-anticódon corretas.

O ribossomo é uma ribozima

Após o posicionamento do correto tRNA carregado no sítio A e sua rotação para o centro da peptidiltransferase, ocorre a formação da ligação peptídica. Esta reação é catalisada pelo RNA, especificamente, pelo rRNA 23S que compõe a subunidade maior. As primeiras evidências surgiram a partir de experimentos que demonstraram que uma subunidade maior praticamente livre de proteínas ainda era capaz de catalisar a formação de ligações peptídicas. Corroborando esta visão, estudos estruturais da subunidade maior do ribossomo de uma espécie procariótica mostraram que não havia aminoácido a 18 Å do sítio ativo (Fig. 15-32).

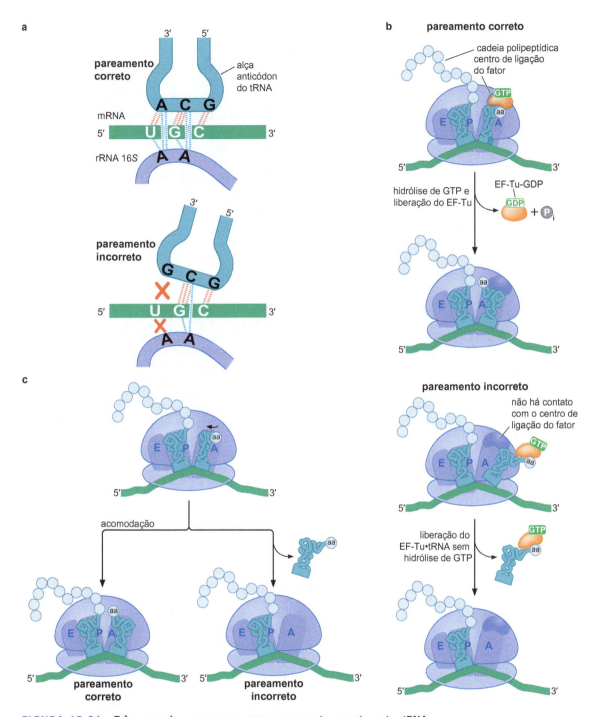

FIGURA 15-31 Três mecanismos asseguram o pareamento correto entre tRNA e mRNA. (a) As ligações de hidrogênio adicionais são formadas entre dois resíduos de adenina do rRNA 16S e a fenda menor de um par códon-anticódon apenas quando as duas primeiras bases do par códon-anticódon formam pares de base Watson-Crick corretamente. (b) O pareamento correto códon-anticódon facilita a interação do EF-Tu ligado ao aminoacil-tRNA com o centro de ligação do fator, induzindo a hidrólise de GTP e a liberação do EF-Tu. (c) Apenas os aminoacil-tRNAs com as bases pareadas corretamente permanecem associados ao ribossomo após a rotação que os posiciona para a formação da ligação peptídica. Essa rotação é chamada acomodação do tRNA.

FIGURA 15-32 O RNA circunda o centro da peptidiltransferase da subunidade ribossomal maior. A estrutura tridimensional da subunidade 50S bacteriana mostra os RNAs (cinza) e as proteínas ribossomais (roxo). As extremidades 3´ dos tRNAs nos sítios A e P, imediatamente adjacentes ao centro da peptidiltransferase, estão em verde e vermelho, respectivamente. (Yusupov M.M. et al. 2001. *Science* **292**: 883-896.) Imagem preparada com MolScript, BobScript e Raster3D.

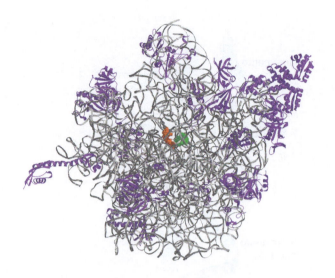

A estrutura tridimensional do ribossomo completo de *Escherichia coli*, ligado ao mRNA e a tRNAs, revelou que a extremidade aminoterminal de uma proteína (L27) alcança o sítio ativo. Esse achado sugere uma função para essa proteína na catálise. Para testar esta possibilidade, os nove aminoácidos na extremidade aminoterminal de L27, próximos ao sítio ativo, foram eliminados por mutação. As células resultantes produziram ribossomos com atividade de peptidiltransferase reduzida, porém, detectável, indicando claramente que esta região da proteína L27 contribui para a atividade da peptidiltransferase. Os ribossomos mutantes, entretanto, ainda sintetizavam proteínas com 30 a 50% dos níveis selvagens e as células que os continham continuavam a crescer e a dividir-se. O ribossomo promove um aumento de 10^7 vezes na taxa de formação de ligações peptídicas, em relação à taxa observada apenas com os substratos (aminoacil-tRNAs) em solução. Claramente, a maior parte do aumento é retida, mesmo sem a presença de L27 no sítio ativo. Assim, embora essa proteína facilite a formação de ligações peptídicas, ela não é essencial para a atividade da peptidiltransferase. Como outras proteínas ribossomais, o papel mais provável para L27 é o posicionamento correto de um ou mais componentes de RNA no sítio ativo. Como essa proteína é a única próxima o suficiente para atuar de maneira catalítica, o componente de rRNA do ribossomo deve ser responsável principalmente pela catalisação da formação da ligação peptídica.

Como o rRNA 23S catalisa a formação da ligação peptídica? O mecanismo exato ainda não foi determinado, mas algumas respostas começam a surgir. Primeiro, o pareamento de bases entre o rRNA 23S e as extremidades CCA dos tRNAs nos sítios A e P ajudam a posicionar o grupo α-amino do aminoacil- -tRNA para o ataque ao grupo carbonila do polipeptídeo crescente ligado ao peptidil-tRNA. Também é provável que essas interações estabilizem o aminoacil-tRNA após a acomodação. Este tipo de mecanismo catalítico é chamado de catálise entrópica. Isto é, a enzima atua pela aproximação dos substratos de maneira a estimular a catálise.

Como a simples aproximação dos substratos raramente é suficiente para gerar altos níveis de catálise, acredita-se que outros elementos do rRNA contribuam para o processo de catálise. De fato, alterações que eliminam a 2'-OH de um resíduo altamente conservado no rRNA 23S (A2451 no rRNA 23S de *E. coli*) reduzem as taxas de catálise em pelo menos 10 vezes. Estudos recentes implicaram um segundo e inesperado RNA como fundamental para a catálise: o tRNA do sítio P. Mutações que removem a 2'-OH do resíduo de A da extremidade 3' do tRNA do sítio P resultam em

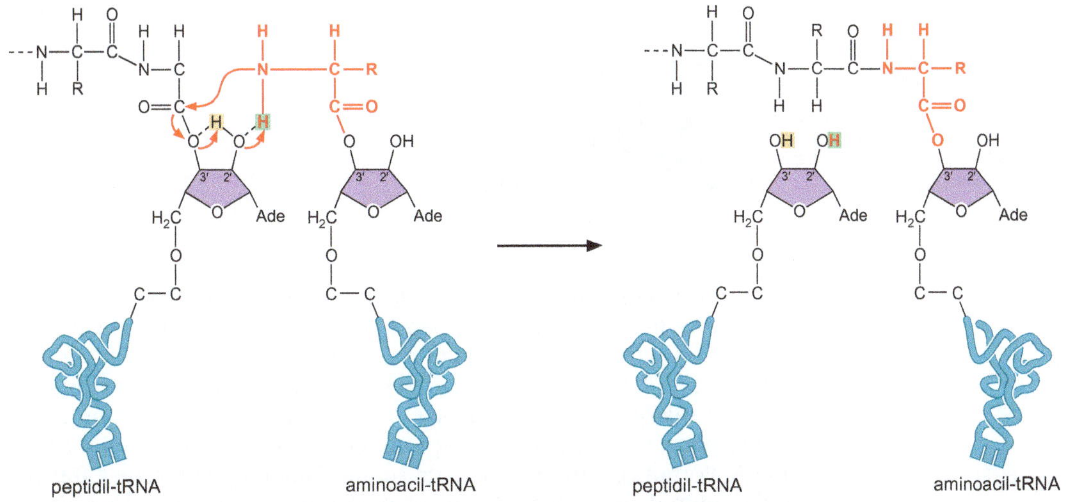

FIGURA 15-33 Papel proposto para a 2'-OH do tRNA do sítio P na formação da ligação peptídica. A 2'-OH do "A" final no peptidil-tRNA é essencial para a formação da ligação peptídica. Com base neste achado, propôs-se que o hidrogênio da 2'-OH participa de um "transportador de prótons", aqui ilustrado. Neste modelo, quando a ligação entre o peptidil-tRNA e a cadeia polipeptídica é rompida, o oxigênio 3' extrai um hidrogênio (destaque em amarelo) da 2'-OH, e o oxigênio 2', por sua vez, extrai um hidrogênio (destaque em verde) do aminoácido que ataca a carbonila. As setas em vermelho mostram a direção proposta para o movimento dos elétrons durante a formação da ligação peptídica.

uma redução de 10^6 vezes nas taxas de catálise. Esta "catálise auxiliada pelo substrato" é um achado particularmente interessante porque indica que as próprias peptidil-tRNAs carregam elementos catalíticos essenciais. Esse achado sugere que, antes da evolução do ribossomo, os tRNAs devem ter fornecido elementos básicos que os permitissem catalisar a síntese de proteínas por si.

Com base em várias considerações, propôs-se que a 2'-OH do tRNA do sítio P deve atuar como parte de um "transportador de prótons" (Fig. 15-33). Neste modelo, a 2'-OH doa um hidrogênio para a 3'-OH do peptidil-tRNA e recebe um próton do grupo α-amino do aminoácido ligado ao tRNA do sítio A. Ambos os achados corroboram fortemente a hipótese de que é o RNA, e não a proteína, que catalisa a formação da ligação peptídica. Ainda assim, há muito para aprender em relação a como o ribossomo catalisa a formação da ligação peptídica.

A formação da ligação peptídica inicia a translocação na subunidade maior

Após a ocorrência da reação da peptidiltransferase, o tRNA no sítio P está desacetilado (não está mais ligado a um aminoácido), e a cadeia polipeptídica crescente está ligada ao tRNA do sítio A. Para que um novo ciclo de alongamento da cadeia peptídica ocorra, o tRNA do sítio P deve deslocar-se para o sítio E, e o tRNA do sítio A deve deslocar-se para o sítio P. Ao mesmo tempo, o mRNA deve deslocar-se por três nucleotídeos para expor o próximo códon. Esses movimentos são coordenados no ribossomo e são coletivamente chamados de **translocação**.

As etapas iniciais da translocação estão vinculadas à reação da peptidiltransferase (Fig. 15-34). Após a transferência da cadeia peptídica crescente para o tRNA do sítio A, os tRNAs dos sítios A e P têm preferência pela ocu-

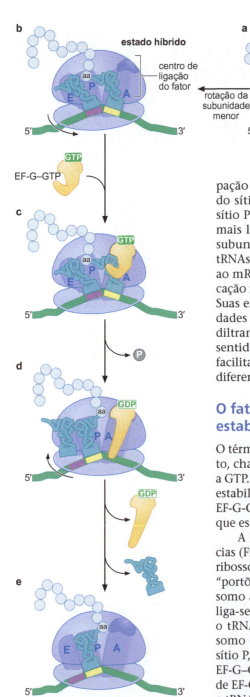

FIGURA 15-34 A estimulação da translocação pelo EF-G requer hidrólise de GTP.

pação de novas posições na subunidade maior. A extremidade 3' do tRNA do sítio A está ligada à cadeia polipeptídica crescente e prefere ligar-se ao sítio P da subunidade maior. O agora desacetilado tRNA do sítio P não está mais ligado à cadeia polipeptídica crescente e prefere ligar-se ao sítio E da subunidade maior. Em contrapartida, a esta altura, os anticódons destes tRNAs permanecem em sua localização inicial na subunidade menor ligada ao mRNA. Portanto, a translocação na subunidade maior precede a translocação na subunidade menor e diz-se que os tRNAs estão em "estado híbrido". Suas extremidades 3' foram deslocadas para um novo local, mas as extremidades com os anticódons continuam na posição anterior à ação da peptidiltransferase (Fig. 15-34b). Esta alteração está associada a uma rotação em sentido anti-horário da subunidade menor em relação à subunidade maior, facilitando a interação dos tRNAs com sítios de ligação a tRNAs distintos em diferentes subunidades.

O fator EF-G conduz a translocação pela estabilização de intermediários na translocação

O término da translocação requer a ação de um segundo fator de alongamento, chamado **EF-G**. Este pode ligar-se ao ribossomo apenas quando associado a GTP. Após a reação da peptidiltransferase, o EF-G–GTP liga-se ao ribossomo, estabilizando-o no estado híbrido após rotação (Fig. 15-34c). Ao se ligarem, EF-G-GTP interagem com o centro de ligação do fator da subunidade maior, que estimula a hidrólise de GTP.

A hidrólise de GTP altera a conformação de EF-G com duas consequências (Fig. 15-34d). Primeira, acredita-se que as interações entre EF-G–GDP e o ribossomo "desbloqueiem" o ribossomo. Estudos estruturais revelam que há "portões" que separam os sítios A, P e E, e o EF-G–GDP desbloquearia o ribossomo ao abrir esses portões. Segunda, a conformação alterada de EF-G–GDP liga-se ao sítio A do centro de decodificação. Esta interação compete com o tRNA pela ligação ao sítio A do centro de decodificação. Como o ribossomo está desbloqueado, o antigo tRNA do sítio A pode deslocar-se para o sítio P, permitindo que EF-G–GDP se ligue ao sítio A. Portanto, assim como o EF-G–GTP estabiliza o estado híbrido do ribossomo, a conformação alterada de EF-G–GDP liga-se mais fortemente ao ribossomo desbloqueado depois que o tRNA deixa o sítio A. Como dominós, o movimento do tRNA do sítio A para o sítio P força o tRNA do sítio P a deslocar-se para o sítio E. O pareamento de bases entre os tRNAs e o mRNA faz o mRNA se deslocar por 3 pb. Esta distância é ditada pelo tRNA, como demonstrado pelos raros tRNAs de "alteração de fase de leitura" que possuem anticódons com quatro nucleotídeos (e podem, portanto, compensar certas mutações de alteração de fase de leitura) e deslocam o mRNA por quatro nucleotídeos em vez de três.

A conclusão da translocação é acompanhada por uma rotação da subunidade menor em sentido horário, voltando à sua posição inicial. A estrutura ribossomal resultante possui afinidade drasticamente reduzida por EF-G–GDP. A liberação de EF-G resulta no retorno do ribossomo ao estado "bloqueado", no qual os tRNAs e o mRNA estão novamente associados fortemente ao centro de decodificação da subunidade menor, e os portões entre os sítios A, P e E estão fechados. Juntos, esses eventos resultam na translocação do tRNA do sítio A para o sítio P, do tRNA do sítio P para o sítio E, e no deslocamento do mRNA por exatamente 3 pb (Fig. 15-34e). Agora, o ribossomo está pronto para o início de um novo ciclo de adição de aminoácidos.

Como o EF-G–GDP interage de maneira tão eficiente com o sítio A do centro de decodificação? As estruturas cristalográficas de EF-G e EF-Tu ligadas ao tRNA fornecem uma resposta clara a essa pergunta. EF-G–GDP e EF-Tu–GTP–tRNA têm estruturas muito semelhantes (Fig. 15-35). Lembre-se de que o EF-Tu–GTP–tRNA também se liga ao centro de decodificação do sítio A. O fato mais impressionante desta semelhança é que, embora o EF-G seja composto por um único polipeptídeo, sua estrutura mimetiza a de um *tRNA* ligado a uma proteína. Esse é um exemplo de "mimetismo molecular" em que uma proteína assume a aparência de um tRNA para facilitar a associação ao mesmo sítio de ligação. Curiosamente, estudos estruturais do análogo eucariótico de EF-G (chamado eEF-2) identificaram duas conformações muito diferentes da proteína (e uma delas é ligada ao antibiótico sordarina). Uma das conformações é semelhante à estrutura de EF-G mostrada na Figura 15-35, enquanto a segunda conformação resulta de um movimento drástico da região mimética do tRNA em relação à região de ligação a GTP. A capacidade de alternar entre as duas conformações diferentes é essencial para a função de EF-G durante a translocação.

EF-Tu–GDP e EF-G–GDP precisam trocar GDP por GTP antes de participar de um novo ciclo de alongamento

EF-Tu e EF-G são proteínas catalíticas utilizadas apenas uma vez em cada ciclo de ingresso do tRNA no ribossomo, formação da ligação peptídica e translocação. Após a hidrólise do GTP, ambas as proteínas precisam liberar o GDP ligado e ligar-se a uma nova molécula de GTP. No caso do EF-G, isso é simples, uma vez que o GDP tem menor afinidade por EF-G do que GTP. Assim, após a hidrólise do GTP, GDP e fosfato são liberados e o EF-G não ligado interage rapidamente com uma nova molécula de GTP. No caso de EF-Tu, uma segunda proteína é necessária para trocar GDP por GTP. O fator de alongamento **EF-Ts** atua como **fator de alteração de GTP** para EF-Tu (Fig. 15-36). Após a liberação de EF-Tu–GDP do ribossomo, uma molécula de EF-Ts liga-se a EF-Tu, causando a remoção do GDP. A seguir, GTP liga-se ao complexo resultante EF-Tu–EF-Ts, causando sua dissociação em EF-Ts e EF-Tu–GTP. Finalmente, o EF-Tu–GTP liga-se a uma molécula de tRNA carregada, regenerando o complexo EF-Tu–GTP–aminoacil-tRNA que, novamente, está pronto para entregar um tRNA carregado ao ribossomo.

Um ciclo de formação de ligação peptídica consome duas moléculas de GTP e uma molécula de ATP

A discussão sobre alongamento é concluída considerando-se a energia gasta nesse processo. Quanto custa um ciclo de formação de ligação peptídica, em moléculas de nucleosídeos trifosfatados (ignorando a energia da biossíntese do aminoácido e a energia do início e do término)? Uma molécula de nucleosídeo trifosfato (ATP) é consumida pela aminoacil-tRNA sintetase ao formar a ligação acila de alta energia, que liga o aminoácido ao tRNA. O rompimento dessa ligação de alta energia promove a reação da peptidiltransferase, originando uma ligação peptídica. Uma segunda molécula de nucleosídeo trifosfato (GTP) é consumida na entrega, pelo EF-Tu, de um tRNA carregado para o sítio A do ribossomo e para assegurar que ocorreu o reconhecimento correto entre códon e anticódon. Finalmente, um terceiro nucleosídeo trifosfato é consumido no processo de translocação mediado por EF-G. Assim, fazer uma

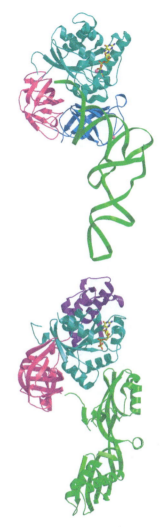

FIGURA 15-35 Comparação entre as estruturas dos fatores de alongamento. O EF-Tu–GDPNP–Phe–tRNA é mostrado na parte superior e o EF-G–GDP, na parte inferior. GDPNP é um análogo de GTP que não consegue ser hidrolisado e que é utilizado para bloquear a molécula na conformação ligada ao GTP durante a determinação da estrutura tridimensional. Observa-se a semelhança estrutural do domínio verde no EF-G e do tRNA ligado ao EF-Tu (também mostrado em verde). (Estrutura superior: Nissen P. et al. 1995. *Science* **270**: 1464-1472. Estrutura inferior: al-Karadaghi S. et al. 1996. *Structure* **4**: 555-565.) Imagens preparadas com MolScript, BobScript e Raster3D.

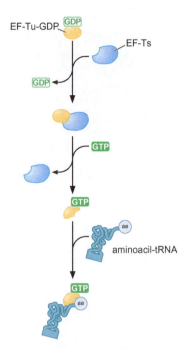

FIGURA 15-36 O EF-Ts estimula a liberação de GDP de EF-Tu. O GDP ligado ao EF-Tu é liberado vagarosamente em isolamento. O EF-Ts liga-se a EF-Tu–GDP e provoca a rápida liberação de GDP. A ligação de GTP ao EF-Tu no complexo EF-Tu–EF-Ts desloca o EF-Ts e deixa o EF-Tu–GTP, que pode ligar-se a um novo aminoacil-tRNA para ser entregue ao ribossomo.

ligação peptídica custa à célula duas moléculas de GTP e uma de ATP, com um nucleosídeo trifosfato sendo consumido para cada etapa do processo de alongamento da tradução. O interessante é que apenas uma dessas três moléculas (o ATP) está energeticamente conectada à formação da ligação peptídica. A energia das outras duas moléculas (GTP) é empregada para garantir a precisão e a ordem dos eventos durante a tradução (ver Quadro 15-4, Proteínas de ligação ao GTP, alterações conformacionais e fidelidade e ordenamento dos eventos de tradução).

Durante a discussão sobre o alongamento da tradução, não se fez distinção entre procariotos e eucariotos. Embora os fatores eucarióticos análogos a EF-Tu (eEF1) e EF-G (eEF2) recebam nomes diferentes, suas funções são notavelmente semelhantes às de seus homólogos procarióticos.

TÉRMINO DA TRADUÇÃO

Os fatores de liberação encerram a tradução em resposta a códons de término

O ciclo ribossomal de ligação ao aminoacil-tRNA, formação de ligação peptídica e translocação continua até que um dos três códons de término (ou de parada) entre no sítio A. Inicialmente, acreditava-se que haveria um ou mais tRNAs terminadores de cadeia que iriam reconhecer esses códons. Entretanto, não é isso que ocorre: os códons de término são reconhecidos por proteínas chamadas **fatores de liberação** (**RFs**, *release factors*) que ativam a hidrólise do polipeptídeo do peptidil-tRNA.

Existem duas classes de fatores de liberação. Fatores de liberação de classe I reconhecem os códons de término e desencadeiam a hidrólise da cadeia peptídica do tRNA no sítio P. Os procariotos possuem dois fatores de liberação de classe I, chamados RF1 e RF2. RF1 reconhece o códon de término UAG, e RF2 reconhece o códon de término UGA. O terceiro códon de término, UAA, é reconhecido por ambos. Em células eucarióticas, há um único fator de liberação de classe I, chamado eRF1, que reconhece os três códons de término. Os fatores de liberação de classe II estimulam a dissociação dos fatores de classe I do ribossomo, após a liberação da cadeia polipeptídica. Os procariotos e os eucariotos possuem apenas um fator de classe II, chamados, respectivamente, RF3 e eRF3. Assim como EF-G, IF2 e EF-Tu, os fatores de liberação de classe II são regulados pela ligação e pela hidrólise de GTP.

Regiões curtas dos fatores de liberação de classe I reconhecem os códons de término e desencadeiam a liberação da cadeia peptídica

Como os fatores de liberação reconhecem os códons de término? Os fatores de liberação são totalmente compostos por proteínas, portanto, o reconhecimento dos códons de término deve ser mediado por uma interação proteína-RNA. Experimentos nos quais pequenas regiões codificadoras eram geneticamente trocadas entre RF1 e RF2 (com especificidades por códons de término diferentes) identificaram uma sequência de três aminoácidos que é essencial para a especificidade do fator de liberação. A troca dos três aminoácidos entre RF1 e RF2 altera a especificidade de códon de término dos dois complexos. Por este motivo, esta sequência de três aminoácidos é chamada de anticódon *peptídico* e deve interagir com, e reconhecer, códons de término. Uma estrutura tridimensional de RF1 ligado ao ribossomo confirma que este fator se liga ao sítio A do ribossomo (Fig. 15-37a). Nesta estrutura, o anticódon peptídico está localizado muito próximo ao anticódon, mas é provável que existam proteínas adicionais que contribuem para o reconhecimento do códon (Fig. 15-37b).

Capítulo 15 Tradução 545

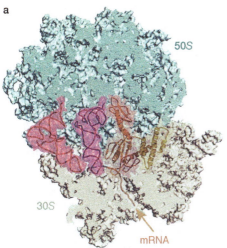

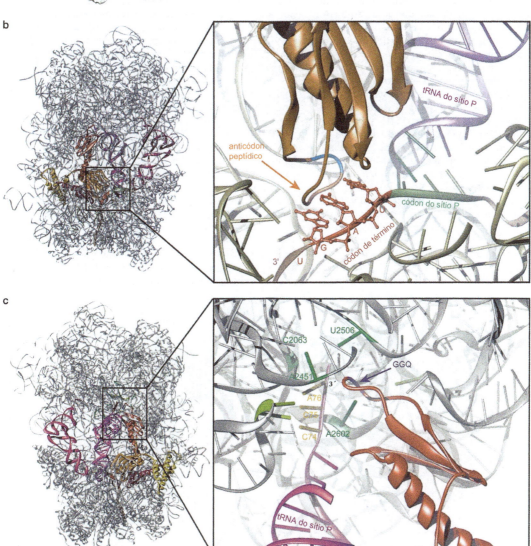

FIGURA 15-37 Estruturas tridimensionais de RF1 ligado ao ribossomo. (a) Esta imagem mostra a ligação de RF1 ao sítio A do ribossomo. (b) Esta estrutura mostra que o anticódon peptídico está localizado muito próximo ao anticódon. (c) Nesta imagem, a estrutura de RF1 ligado ao ribossomo mostra o motivo GGQ localizado próximo à extremidade 3' do tRNA do sítio P e do centro da peptidiltransferase. (Adaptada, com permissão, de Petry et al. 2005. *Cell* **123**: 1255-1266. © Elsevier.)

CONCEITOS AVANÇADOS

Quadro 15-4 Proteínas de ligação ao GTP, alterações conformacionais e fidelidade e ordenamento dos eventos de tradução

O GTP é utilizado para controlar eventos-chave durante toda a tradução. A energia da hidrólise de GTP não está vinculada a modificações químicas, como a do ATP, vinculada à ligação entre aminoácidos e tRNAs. A energia da hidrólise do GTP é utilizada para controlar a ordem e a fidelidade dos eventos durante a tradução. Como isso é realizado?

Uma característica essencial das proteínas de ligação ao GTP envolvidas na tradução é a alteração da sua conformação, dependendo do nucleotídeo de guanina (GDP *vs.* GTP) ao qual elas estão ligadas. Em relação ao EF-Tu, isso pode ser observado na Figura 1 deste quadro, que mostra a estrutura tridimensional do EF-Tu ligado a GTP ou a GDP. O EF-Tu sofre uma grande alteração conformacional quando se liga ao GTP, o que resulta na formação do sítio de ligação ao tRNA. Um domínio do EF-Tu (apresentado em cor-de-rosa na Fig. 1 deste quadro), em particular, sofre alteração de posição em relação aos demais domínios da proteína, dependendo do nucleotídeo ligado. Essa mudança de posição do domínio, bem como alterações de conformação em outros dois domínios (apresentados em azul-turquesa e azul-escuro), resulta na formação de uma nova superfície no EF-Tu, que se liga fortemente aos tRNAs carregados (na Fig. 15-35, pode-se ver o EF-Tu ligado a um tRNA). Assim, dependendo da forma do nucleotídeo de guanina ligado, esses fatores podem realizar funções diferentes ou ligar-se a diferentes proteínas e RNAs. Por exemplo, o EF-Tu—GTP é capaz de ligar-se a um aminoacil-tRNA, mas o EF-Tu—GDP não.

A associação da hidrólise de GTP com o término dos eventos centrais da tradução permite que a ordem desses eventos seja estritamente controlada. Para o EF-Tu, a associação GTP dependente do EF-Tu com os aminoacil-tRNAs assegura que a formação da ligação peptídica não ocorra antes do pareamento correto entre códon e anticódon. A formação dos pares de bases corretos desencadeia a hidrólise de GTP. Quando ligado a GDP, o EF-Tu é liberado do aminoacil-tRNA, permitindo que ocorra a formação da ligação peptídica.

O mecanismo que ativa a hidrólise de GTP é o mesmo para qualquer uma das proteínas auxiliares reguladas por GTP. Em qualquer caso, a atividade de GTPase é estimulada pela interação com um região específica da subunidade maior, chamada centro de ligação do fator. Essa interação não tem afinidade suficiente para ocorrer isoladamente. Em vez disso, cada fator de tradução controlado por GTP necessita realizar várias outras interações com o ribossomo para estabilizar a associação precisa com o centro de ligação do fator, que leva à ativação da GTPase. Na verdade, como se viu para EF-Tu, esta interação é altamente sensível à natureza exata das interações entre o EF-Tu, o aminoacil-tRNA, o mRNA e o ribossomo. Portanto, a interação com o centro de ligação do fator controla todas as outras interações dessas proteínas e dos RNAs com o ribossomo. O sítio de ligação a GTP do EF-Tu interage de maneira produtiva com o centro de ligação do fator apenas quando um pareamento códon-anticódon correto é realizado, levando à hidrólise de GTP e às alterações associadas na conformação proteica.

O uso de GTP durante a tradução é análogo ao uso de ATP pelos carregadores de grampo deslizante (ver Cap. 9, Quadro 9-3). Naquele caso, a ligação com o ATP era necessária para a formação do complexo inicial com o grampo deslizante, mas a hidrólise do ATP e a liberação do grampo só podiam ocorrer quando o carregador do grampo envolvia a junção iniciador:molde. Na tradução, o GTP é necessário para a associação inicial com o ribossomo (e, às vezes, com outros RNAs e proteínas) e a hidrólise do GTP só ocorre quando o fator tiver interagido corretamente com o ribossomo. Como no caso do grampo deslizante, a hidrólise de GTP geralmente resulta na liberação do fator do ribossomo.

a
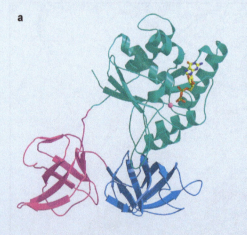

b
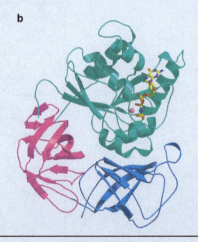

QUADRO 15-4 FIGURA 1 Comparação do EF-Tu ligado a GDP e GTP. (a) EF-Tu ligado a GDP. (b) EF-Tu ligado a GTP. O domínio de ligação ao GTP é mostrado em azul-turquesa. A rotação do domínio em cor-de-rosa e as alterações na estrutura dos domínios em azul-turquesa e azul-escuro levam à formação de um forte sítio de ligação ao tRNA quando GTP está ligado (ver Fig. 15-35). O GTP está representado por bastões. (a, Polekhina G. et al. 1996. *Structure* **4**: 1141-1151; b, Kjeldgard M. et al. 1993. *Structure* **1**: 35-50.) Imagens preparadas com MolScript, BobScript e Raster3D.

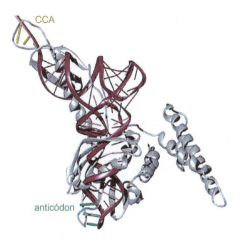

FIGURA 15-38 Comparação entre as estruturas de RF1 e de um tRNA. O tRNA (vermelho-escuro) e o RF1 (cinza) são mostrados ocupando o mesmo espaço. (Redesenhada, com permissão, de Petry et al. 2005. *Cell* **123**: 1255-1266, Fig. 3E. © Elsevier.)

Uma região que contribui para a liberação do polipeptídeo nos fatores de liberação de classe I também foi identificada. Todos os fatores de classe I compartilham uma sequência conservada de três aminoácidos (glicina-glicina-glutamina, GGQ), essencial para a liberação do polipeptídeo. Além disso, a estrutura do RF1 ligada ao ribossomo confirma que o motivo GGQ está localizado muito próximo ao centro da peptidiltransferase (Fig. 15-37c). Ainda não está claro se o motivo GGQ está diretamente envolvido na hidrólise do polipeptídeo do peptidil-tRNA ou se ele induz uma alteração no centro da peptidiltransferase, que permite que o próprio centro catalise a hidrólise. Estudos das bases conservadas adjacentes às extremidades CCA no centro da peptidiltransferase (p. ex., A2541 ou A2602) indicam que vários destes resíduos são necessários para a hidrólise do peptídeo. De fato, as bases parecem desempenhar um papel mais importante na liberação do peptídeo do que na formação da ligação peptídica. Uma provável explicação para esta diferença é que apenas resíduos proximais do RNA podem posicionar uma pequena molécula de água para hidrólise, mas resíduos de vários sítios no ribossomo podem ajudar a posicionar os tRNAs maiores para a catálise.

Juntos, esses estudos levaram à hipótese de que os fatores de liberação de classe I mimetizam funcionalmente o tRNA; eles possuem um anticódon peptídico que interage com o códon de término e um motivo GGQ que atinge o centro da peptidiltransferase. A comparação entre as estruturas de RF1 e de um tRNA revela como a proteína mimetiza funcionalmente um tRNA (Fig. 15-38). Assim como a extremidade 3' CCA e a alça do anticódon ocupam os extremos de cada tRNA, a sequência GGQ e a alça do anticódon peptídico ocupam as extremidades de RF1.

O intercâmbio entre GDP e GTP e a hidrólise de GTP controlam a função dos fatores de liberação de classe II

Logo que um fator de liberação de classe I desencadeia a hidrólise da ligação com a peptidil-tRNA, ele precisa ser removido do ribossomo (Fig. 15-39). Esta etapa é estimulada pelo fator de liberação de classe II, RF3. RF3 é uma proteína de ligação ao GTP, mas, diferentemente de outras proteínas de ligação ao GTP envolvidas na tradução, esse fator tem mais afinidade pelo GDP do que pelo GTP. Assim, o RF3 livre está predominantemente na forma ligada a GDP. A ligação de RF3-GDP ao ribossomo depende da presença de um fator de liberação de classe I. Depois que o fator de liberação de classe I estimula a

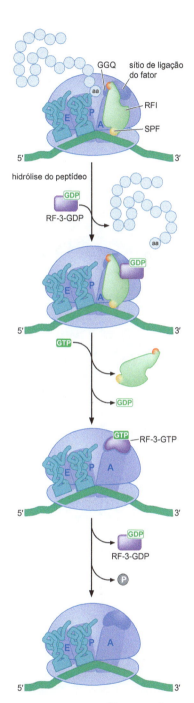

FIGURA 15-39 A liberação do polipeptídeo é catalisada por dois fatores de liberação. O fator de liberação de classe I (apresentado como RF1) reconhece o códon de término e estimula a liberação do polipeptídeo, por meio do motivo GGQ localizado próximo ao centro da peptidiltransferase. O fator de liberação de classe II (RF3) liga-se apenas após a liberação do polipeptídeo e promove a dissociação do fator de liberação de classe I.

liberação do polipeptídeo, uma alteração na conformação do ribossomo e do fator de liberação de classe I estimula o RF3 a trocar seu GDP ligado por um GTP. Ou seja, estes fatores atuam como fator de intercâmbio de GTP para RF3, de maneira semelhante a EF-Ts para EF-Tu. A ligação do GTP ao RF3 provoca a formação de uma interação de alta afinidade com o ribossomo, que favorece o estado híbrido discutido anteriormente como um intermediário da translocação. Esta alteração conformacional desloca o fator de classe I do ribossomo. Estas alterações também permitem que RF3 se associe ao centro de ligação do fator da subunidade maior. Como acontece com outras proteínas de ligação ao GTP envolvidas na tradução, essa interação estimula a hidrólise de GTP. Na ausência de um fator de classe I ligado, o RF3·GDP resultante tem menor afinidade pelo ribossomo e é liberado.

O fator de reciclagem do ribossomo mimetiza um tRNA

Após a liberação da cadeia polipeptídica e dos fatores de liberação, o ribossomo continua ligado ao mRNA e possui dois tRNAs desacetilados (nos sítios P e E). Para participar de um novo ciclo de síntese polipeptídica, os tRNAs e o mRNA precisam ser removidos do ribossomo, e este precisa dissociar-se em suas subunidades maior e menor. Esses eventos são chamados coletivamente de **reciclagem do ribossomo**.

Nas células procarióticas, um fator conhecido como **fator de reciclagem do ribossomo** (**RRF**, *ribosome recycling factor*) coopera com EF-G e IF3, reciclando os ribossomos após a liberação dos polipeptídeos (Fig. 15-40). O RRF liga-se ao sítio A vazio do ribossomo e ali mimetiza um tRNA. O RRF também recruta EF-G–GTP para o ribossomo e, em eventos que simulam a função do EF-G durante o alongamento, o EF-G estimula a liberação dos tRNAs não carregados, ligados aos sítios P e E. Embora não se saiba exatamente como, supõe-se que RRF seja deslocado do sítio A pelo EF-G, de modo semelhante ao deslocamento de um tRNA do sítio A durante o alongamento. Com a remoção dos tRNAs, o EF-G–GDP e o RRF são liberados do ribossomo junto com o mRNA. O IF3 (fator de início) também pode participar da liberação do mRNA e é necessário para a separação de duas subunidades ribossomais. O resultado final desses eventos é uma subunidade menor ligada ao IF3 (mas não a tRNA nem a mRNA) e uma subunidade maior livre. O ribossomo liberado agora pode participar de um novo ciclo de tradução.

Reforçando o ponto de que RRF mimetiza um tRNA, sua estrutura tridimensional assemelha-se a um tRNA. Entretanto, ele reage com o ribossomo de modo bem diferente que o tRNA. O RRF associa-se fortemente apenas com a parte do sítio A da subunidade maior. Pode-se pensar nessa diferença entre o fator de reciclagem e os tRNAs como segue. Se o fator de reciclagem do ribossomo mimetizasse perfeitamente um tRNA do sítio A, então o tRNA do sítio P seria deslocado para o sítio E por EF-G. Em vez disso, EF-G e o fator de reciclagem levam à liberação do tRNA do sítio P do ribossomo diretamente do sítio P. É provável que EF-G e o fator de reciclagem de ribossomo causem uma alteração mais drástica na estrutura do ribossomo do que normalmente ocorre durante a translocação, permitindo que mRNA e tRNAs sejam liberados.

Assim como o início e o alongamento, o término da tradução também é mediado por uma série ordenada de eventos interdependentes de ligação e liberação de fatores. Essa natureza organizada da tradução garante que nenhuma etapa ocorra antes do término da etapa anterior. Por exemplo, EF-Tu não pode escolher um novo tRNA ao sítio A até que o EF-G tenha completado a translocação. Da mesma maneira, o RF3 pode ligar-se ao ribossomo apenas

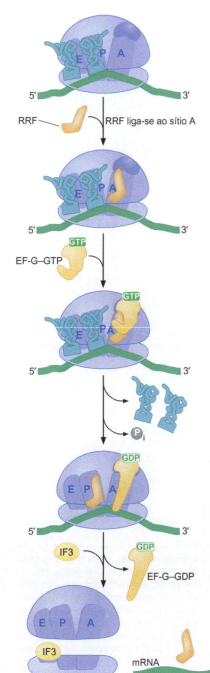

FIGURA 15-40 RRF e EF-G associam-se para estimular a liberação do tRNA e do mRNA de um ribossomo após o término do processo.

se um fator de liberação de classe I já tiver reconhecido um códon de término. Existe um ponto fraco nesta abordagem ordenada da tradução: se alguma das etapas não puder ser concluída, então o processo inteiro para. Os antibióticos exploram justamente este "calcanhar de Aquiles" quando atuam sobre o processo de tradução (ver Quadro 15-5, Os antibióticos interrompem a divisão celular ao bloquear etapas específicas da tradução).

Embora existam fatores de liberação de classes I e II em células eucarióticas, sua estrutura e sua sequência de aminoácidos não são relacionadas e apenas o fator de classe I atua de maneira análoga. Como RF1 e RF2, o eRF1 reconhece os três códons de término e traz um motivo GGQ para o centro da peptidiltransferase, levando à liberação do polipeptídeo. Ao contrário do RF3 procariótico, que catalisa a liberação de RF1/RF2, o eRF3 carrega o eRF1 para o ribossomo. O complexo eRF3·GTP liga-se ao eRF1 afastado do ribossomo e, como EF-Tu e um tRNA caregado, escolta eRF1 até o ribossomo (Fig. 15-41). Também como EF-Tu, se eRF1 reconhecer um códon de término, eRF3·GTP se ligará ao centro de ligação do fator, estimulando a hidrólise do GTP. eRF3·GDP é rapidamente liberado do ribossomo, e eRF1 desloca-se para o centro da peptidiltransferase de maneira análoga à acomodação do tRNA. É interessante notar que não há evidências para a existência de um fator de reciclagem de ribossomo em células eucarióticas, e o eEF2 (o EF-G eucariótico) não participa na reciclagem do ribossomo. Em vez disso, os modelos atuais sugerem que, após estimular a hidrólise do peptídeo do tRNA do sítio P, eRF1 (juntamente com uma ATPase chamada Rli1) também participa na reciclagem do ribossomo com base na semelhança entre eRF1 e eRF3 a duas proteínas que estimulam a desmontagem ribossomal em ribossomos bloqueados, chamadas Dom34 e Hbs1 (ver discussão a seguir).

REGULAÇÃO DA TRADUÇÃO

Embora a expressão de muitos genes seja regulada em nível de transcrição do mRNA, está se tornando cada vez mais claro que vários genes são também regulados em nível de síntese proteica. Uma vantagem do controle da tradução sobre a transcrição é a capacidade de responder rapidamente a um estímulo externo. A regulação em nível de síntese proteica elimina o tempo necessário para alterar os níveis de transcrição de mRNA (e em eucariotos, também o processamento e o transporte do mRNA para o citoplasma), permitindo, assim, uma alteração mais rápida nos níveis proteicos. Assim como em outros tipos de regulação, o controle traducional normalmente funciona em nível de início. Em geral, é mais eficiente regular uma via em uma etapa inicial do que iniciar um processo e depois interrompê-lo. No caso da tradução, a regulação em nível de início também elimina a produção de proteínas incompletas que poderiam ter sua função alterada.

Nesta seção, primeiramente serão descritos os mecanismos gerais utilizados em bactérias e células eucarióticas para regular a tradução. Depois, serão descritos exemplos específicos nos quais este tipo de regulação é utilizada.

A ligação de proteína ou RNA próximo ao sítio de ligação ao ribossomo regula negativamente o início da tradução bacteriana

O principal objetivo de reguladores do início bacteriano é interferir no reconhecimento do RBS pela subunidade 30S. Em geral, o mecanismo destes inibidores é associar-se a sequências próximas do RBS e inibir fisicamente o pareamento de bases entre o RBS e o rRNA 16S (Fig. 15-42a). Estes repressores são geralmente proteínas de ligação ao RNA que reconhecem estruturas do RNA que se formam nas adjacências do RBS. Embora não se liguem diretamente ao RBS, as proteínas ligadas são grandes o bastante para impedir

550 Parte 4 Expressão do Genoma

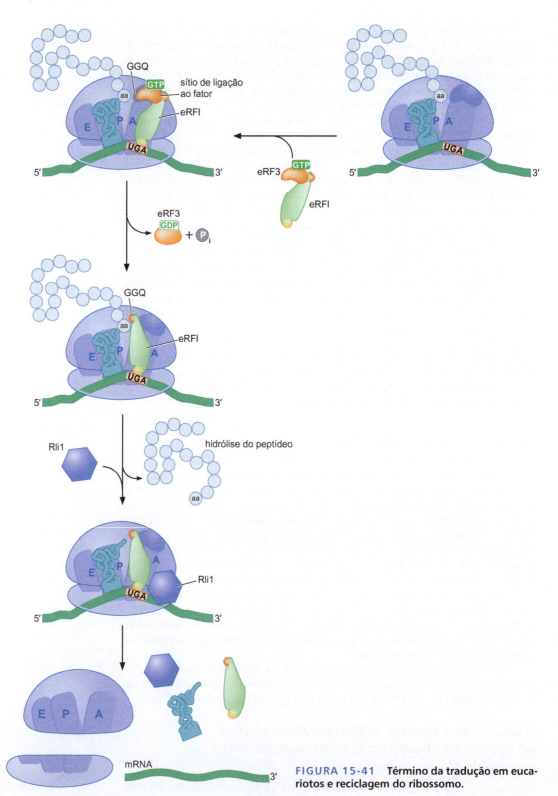

FIGURA 15-41 Término da tradução em eucariotos e reciclagem do ribossomo.

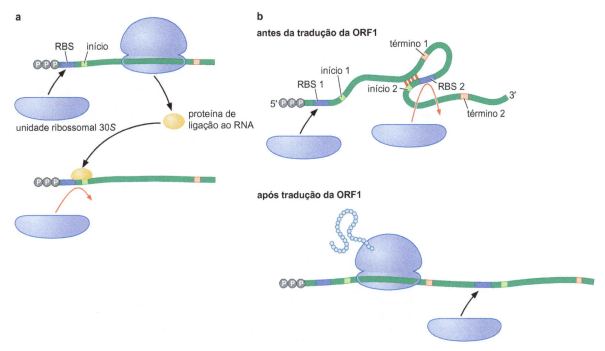

FIGURA 15-42 Regulação do início da tradução bacteriana pela inibição da ligação à subunidade 30S. (a) A ligação de proteínas a sítios próximos ao RBS previne o acesso do rRNA 16S ao RBS. Neste caso, a proteína codificada pelo mRNA se liga a seu próprio RBS. (b) O pareamento de bases intramoleculares do mRNA pode interferir no pareamento de bases pelo rRNA 16S. Em muitos casos, esta inibição é modulada pela tradução de outros genes no mesmo óperon. Se a região do mRNA que está pareando com a região proximal do RBS estiver dentro de uma ORF, quando esta ORF for traduzida, o pareamento de bases interferente será rompido, permitindo que um segundo ribossomo reconheça o RBS previamente bloqueado.

que a subunidade 30S tenha acesso ao RBS. De fato, é importante que os repressores não se liguem diretamente ao RBS, pois esta proteína correria o risco de inibir a tradução de uma grande proporção das proteínas de uma célula.

As moléculas de RNA também podem atuar como inibidores da tradução, usando mecanismos semelhantes. Esta regulação ocorre mais frequentemente quando um mRNA pareia com si mesmo, mascarando um ou mais RBSs (Fig. 15-42b). Esse mascaramento pode prevenir a tradução da ORF associada até que a interação seja interrompida. Em várias ocasiões, esta interrupção ocorre em consequência da tradução de outro gene do óperon. Neste caso, a região do mRNA que está interagindo com a região proximal do RBS está dentro de outra ORF, e a passagem do ribossomo rompe o pareamento de bases, permitindo, assim, que outro ribossomo reconheça o RBS revelado.

Regulação da tradução procariótica: as proteínas ribossomais são repressoras traducionais de sua própria síntese

Agora será apresentado um exemplo de regulação da tradução em bactérias que ilustra como a célula usa estes mecanismos para controlar a expressão correta dos genes de proteínas ribossomais. A coordenação da expressão das

CONEXÕES CLÍNICAS

Quadro 15-5 Os antibióticos interrompem a divisão celular ao bloquear etapas específicas da tradução

Os antibióticos são um instrumento eficaz de combate a doenças. Muitos dos antibióticos mais utilizados em medicina matam as bactérias, mas têm pouco ou nenhum efeito sobre células eucarióticas e, portanto, não são tóxicos para o paciente. Desde a sua descoberta, na primeira metade do último século, os antibióticos ajudaram a curar infecções antes sem tratamento, como tuberculose, pneumonia bacteriana, sífilis e gonorreia (embora o surgimento de bactérias resistentes a antibióticos esteja se tornando um obstáculo crescente ao tratamento efetivo). Os antibióticos possuem muitos tipos diferentes de alvos na célula bacteriana, mas ~40% dos antibióticos conhecidos são inibidores da maquinaria de tradução (Tab. 1 deste quadro). Em geral, esses antibióticos ligam-se a um componente do aparato de tradução e inibem seu funcionamento. Os antibióticos tornaram-se ferramentas importantes para estudos do mecanismo da síntese proteica porque diferentes antibióticos interrompem a tradução em etapas diferentes e o fazem de modo preciso (p. ex., imediatamente antes da liberação do EF-Tu). Portanto, além de seus benefícios médicos óbvios, os antibióticos passaram a ter o importante papel de auxiliar na compreensão do funcionamento da maquinaria de tradução.

A puromicina é um antibiótico comumente empregado em estudos da tradução. Ela liga-se à região do sítio A da subunidade maior. Uma vez ligada, ela pode substituir um aminoacil-tRNA na reação da peptidiltransferase (Fig. 1 deste quadro). Como a puromicina é muito pequena em comparação a um tRNA, sua ligação ao sítio A é insuficiente para reter a cadeia polipeptídica no ribossomo. Com isso, as cadeias peptídicas transferidas para a puromicina dissociam-se do ribossomo como um polipeptídeo incompleto ligado à puromicina. Em outras palavras, a puromicina causa o término prematuro da síntese polipeptídica. Outros antibióticos têm outros alvos no ribossomo, como o canal de saída do peptídeo, o centro da peptidiltransferase, o centro de ligação do fator, o centro de decodificação e regiões essenciais para a translocação (Tab. 1 deste quadro).

Existem, também, outros antibióticos que inibem os fatores de tradução. A quirromicina e o ácido fusídico, por exemplo, são inibidores dos fatores de alongamento EF-Tu e EF-G, respectivamente. Em ambos os casos, o antibiótico interage com a forma do fator ligada ao GTP e impede as alterações conformacionais que normalmente ocorreriam após a hidrólise do GTP. Assim, a quirromicina bloqueia os ribossomos por meio da ligação entre EF-Tu·GDP-aminoacil-tRNA. O ácido fusídico também sequestra ribossomos por meio da ligação com EF-G·GDP. Nos dois casos, a etapa seguinte da tradução é impedida pela não liberação do fator de alongamento.

QUADRO 15-5 TABELA 1 Antibióticos: alvos e consequências

Antibiótico/toxina	Células-alvo	Alvo molecular	Consequência
Tetraciclina	Células procarióticas	Sítio A da subunidade 30S	Inibe a ligação do aminoacil-tRNA ao sítio A
Higromicina B	Células procarióticas e eucarióticas	Próximo ao sítio A da subunidade 30S	Impede a translocação do tRNA do sítio A para o sítio P
Paromicina	Células procarióticas	Adjacente ao sítio da interação códon-anticódon, no sítio A da subunidade 30S	Aumenta a taxa de erros durante a tradução, pela diminuição da seletividade do pareamento entre códon e anticódon
Cloranfenicol	Células procarióticas	Centro da peptidiltransferase da subunidade 50S	Bloqueia o posicionamento correto do aminoacil-tRNA no sítio A para a reação de transferência do peptídeo
Puromicina	Células procarióticas e eucarióticas	Centro da peptidiltransferase na subunidade ribossomal maior	Terminador de cadeia; mimetiza a extremidade 3′ do aminoacil-tRNA no sítio A e age como aceptor para a cadeia polipeptídica nascente
Eritromicina	Células procarióticas	Canal de saída de peptídeo da subunidade 50S	Bloqueia a saída do polipeptídeo crescente do ribossomo; interrompe a tradução
Ácido fusídico	Células procarióticas	EF-G	Impede a liberação do EF-G—GDP do ribossomo
Tioestreptona	Células procarióticas	Centro de ligação do fator da subunidade 50S	Interfere na associação do IF2 e do EF-G com o centro de ligação do fator
Quirromicina		EF-Tu	Impede as alterações conformacionais associadas à hidrólise de GTP e, consequentemente, a liberação do EF-Tu
Ricina e α-sarcina (toxinas proteicas)	Células procarióticas e eucarióticas	Modificação química do RNA no centro de ligação do fator da subunidade ribossomal maior	Previne ativação de GTPases de fatores de tradução
Toxina diftérica	Células eucarióticas	Modificação química do EF-Tu	Inibe a função do EF-Tu
Ciclo-heximida	Células eucarióticas	Centro da peptidiltransferase da subunidade 60S	Inibe a atividade da peptidiltransferase

Quadro 15-5 (*Continuação*)

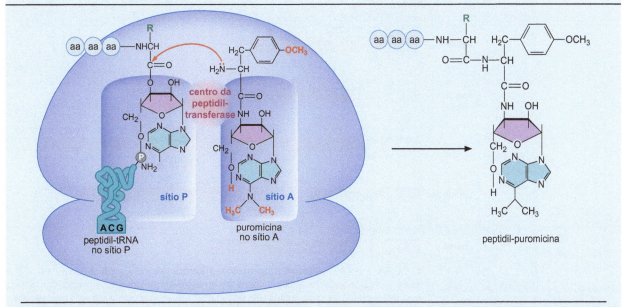

QUADRO 15-5 FIGURA 1 **A puromicina encerra a tradução pela mimetização de um tRNA no sítio A.** A puromicina liga-se ao sítio A e participa da formação da ligação peptídica. Uma vez concluída, a puromicina e qualquer polipeptídeo associado difundem-se para fora do ribossomo.

proteínas ribossomais com a expressão de rRNA cria um interessante problema de regulação para a célula. Como foi discutido anteriormente, cada ribossomo contém mais de 50 proteínas distintas que devem ser produzidas com a mesma frequência que os rRNAs aos quais elas se ligam. Além disso, a velocidade com a qual uma célula produz proteínas e o número de ribossomos de que ela precisa estão intimamente ligados à taxa de crescimento celular. Alterações nas condições de crescimento levam rapidamente a aumento ou diminuição na taxa de síntese de todos os componentes ribossomais. Como esta regulação coordenada é efetuada?

A regulação coordenada dos genes de proteínas ribossomais é simplificada por sua organização em vários óperons, cada um contendo genes para até 11 proteínas ribossomais (Fig. 15-43). Como ocorre em outros óperons, estes agrupamentos de genes são regulados em nível de síntese de RNA (como será discutido no Cap. 18); entretanto, o controle mais importante da síntese de proteínas ribossomais está em nível de *tradução* do mRNA. Isso pode ser ilustrado por um experimento simples. Quando cópias extras de um óperon de proteínas ribossomais são introduzidas em uma célula, a quantidade de mRNA aumenta de maneira proporcional, mas a síntese de proteínas ribossomais permanece praticamente a mesma. Portanto, a célula compensa o mRNA extra diminuindo seu uso como molde para a síntese proteica.

O forte controle da tradução de mRNAs de proteínas ribossomais é resultado da autorrepressão. Em cada óperon de proteína ribossomal, uma cópia da proteína ribossomal produzida (ou um complexo de duas) liga-se ao mRNA do óperon próximo à sequência de início da tradução de um dos primeiros genes proximais 5'. A ligação da proteína ribossomal inibe estericamente a associação da subunidade ribossomal menor ao RBS próximo, inibindo, assim, o início da tradução.

É fácil visualizar como a ligação da proteína ribossomal previne a tradução do gene inicial no óperon. Mas como isso afeta os genes a jusante

554 Parte 4 Expressão do Genoma

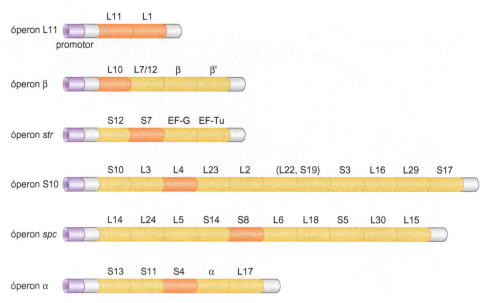

FIGURA 15-43 Óperons de proteínas ribossomais de *E. coli*. A proteína que atua como repressor traducional das outras proteínas está sombreada em vermelho. O promotor está representado em roxo, e cada ORF está marcada de acordo com a proteína ribossomal codificada (p. ex., L14 é a proteína ribossomal maior 14). (Adaptada, com permissão, de Nomura M. et al. 1984. *Annu. Rev. Biochem.* **53**: 75–117. © Annual Reviews.)

que, em alguns casos, possuem seus próprios RBSs? Estes efeitos "polares" podem ocorrer por vários mecanismos. Conforme se discutiu anteriormente neste capítulo, o acoplamento traducional pode ocorrer quando o códon de término de um gene a montante está localizado muito perto do códon de início de um gene a jusante. Essa proximidade pode criar uma situação na qual a tradução do gene a montante é necessária para que ocorra a tradução do gene a jusante. Um segundo mecanismo explora o dobramento dos mRNAs em determinadas estruturas. Os mRNAs do óperon das proteínas ribossomais geralmente se dobram em estruturas que permitem apenas o reconhecimento de RBSs internos se os genes iniciais do mRNA estiverem sendo traduzidos. Por exemplo, suponha que uma porção da região codificadora do primeiro gene do mRNA pareie com um sítio próximo ao RBS do segundo gene. Sob essas circunstâncias, o rRNA 16S poderia reconhecer o RBS apenas depois que o pareamento inibidor fosse rompido por um ribossomo que estivesse traduzindo a primeira região codificadora (Fig. 15-42b).

Como a expressão das proteínas ribossomais se acopla à quantidade de rRNA da célula? Em ambos os casos, a proteína ribossomal reguladora que se liga ao mRNA também reconhece um sítio de ligação muito forte no rRNA apropriado (Fig. 15-44). Se esse sítio de ligação estiver desocupado, a proteína ribossomal se ligará, preferencialmente, a ele. Por outro lado, se todos estes sítios de ligação em rRNA estiverem ocupados, a proteína reguladora se ligará ao segundo sítio de ligação, com afinidade mais baixa, em seu próprio mRNA. Assim, a proteína ribossomal se ligará a seu próprio mRNA apenas quando estiver presente em excesso em relação a seu rRNA-alvo. Este evento de ligação competitiva simples assegura que a síntese de proteína ribossomal seja inibida apenas quando a proteína ribossomal reguladora estiver em excesso.

Não surpreende que, em várias ocasiões, os dois sítios de ligação para a proteína reguladora ribossomal estejam relacionados um ao outro. No caso da proteína ribossomal S8, os dois sítios de ligação compartilham semelhanças

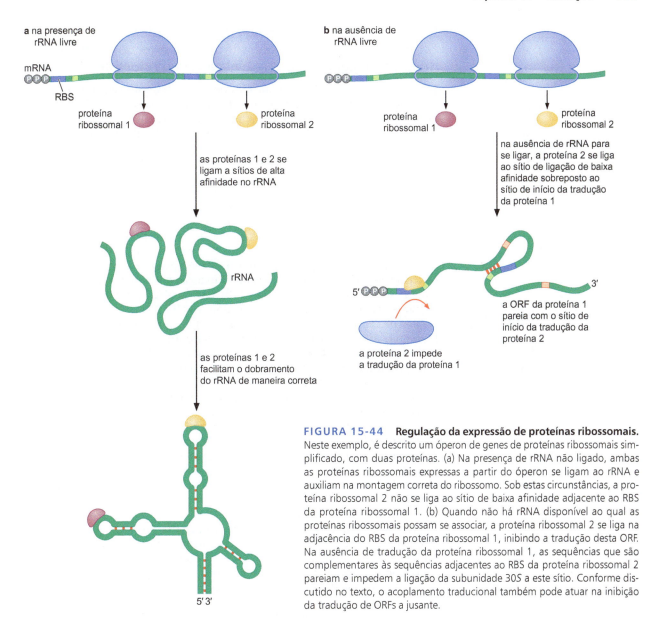

FIGURA 15-44 Regulação da expressão de proteínas ribossomais. Neste exemplo, é descrito um óperon de genes de proteínas ribossomais simplificado, com duas proteínas. (a) Na presença de rRNA não ligado, ambas as proteínas ribossomais expressas a partir do óperon se ligam ao rRNA e auxiliam na montagem correta do ribossomo. Sob estas circunstâncias, a proteína ribossomal 2 não se liga ao sítio de baixa afinidade adjacente ao RBS da proteína ribossomal 1. (b) Quando não há rRNA disponível ao qual as proteínas ribossomais possam se associar, a proteína ribossomal 2 se liga na adjacência do RBS da proteína ribossomal 1, inibindo a tradução desta ORF. Na ausência de tradução da proteína ribossomal 1, as sequências que são complementares às sequências adjacentes ao RBS da proteína ribossomal 2 pareiam e impedem a ligação da subunidade 30S a este sítio. Conforme discutido no texto, o acoplamento traducional também pode atuar na inibição da tradução de ORFs a jusante.

significativas (Fig. 15-45). A sequência do sítio de ligação no mRNA revela um mecanismo claro pelo qual a S8 inibe a tradução. Como o sítio de ligação no mensageiro inclui o AUG de início, o mRNA ligado a um excesso de proteína S8 (neste exemplo) não pode ligar-se aos ribossomos para iniciar a tradução. As diferenças entre os dois sítios de ligação explicam porque a ligação com o rRNA é mais forte do que a com o mRNA, de modo que a tradução será reprimida apenas quando toda a necessidade para a proteína S8 na formação dos ribossomos estiver suprida.

Esta estratégia de inibição traducional não está restrita às proteínas ribossomais. Outras proteínas de ligação ao RNA regulam sua expressão pela ligação a seus próprios mRNAs, incluindo algumas aminoacil-tRNA sintetases. Além disso, há situações nas quais os mRNAs se dobram em estruturas diferentes que favorecem ou inibem a tradução, dependendo das condições celulares (p. ex., temperatura ou níveis metabólicos) (ver Cap. 20).

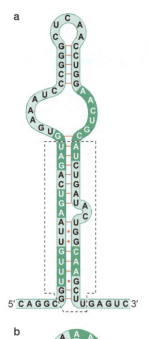

FIGURA 15-45 A proteína ribossomal S8 se liga ao rRNA 16S e a seu próprio mRNA. A comparação mostra as regiões dos dois RNAs ligados pela proteína ribossomal S8 (codificada pelo óperon *spc*) (Fig. 15-43). (a) Região do rRNA 16S ligada pela proteína S8. (b) Sítio de início da tradução da proteína ribossomal S8 que é ligado quando não há rRNA 16S disponível para ligação. Sequências compartilhadas estão sombreadas em verde-escuro. As linhas pontilhadas ressaltam a região do rRNA 16S protegida pela proteína S8. O AUG (em vermelho) e o sítio de ligação ao RBS (enquadrado) para o mRNA da proteína S8 estão indicados (b). (Adaptada, com permissão, de Cerretti D.P. et al. 1988. *J. Mol. Biol.* **204**: 309–329. ©Elsevier.)

Reguladores globais da tradução eucariótica têm como alvo fatores fundamentais necessários para o reconhecimento do mRNA e ligação do tRNA iniciador ao ribossomo

Sob condições de nutrientes reduzidos ou outros estresses celulares, em geral, é útil para as células eucarióticas reduzir globalmente a tradução. Nestes casos, duas etapas iniciais do início da tradução eucariótica são alvo para inibição: o reconhecimento do mRNA ou a ligação do tRNA iniciador à subunidade 40S. Deve-se ter em mente a discussão anterior sobre o início da tradução eucariótica, na qual se viu que estes eventos ocorrem de maneira independente um do outro, mas que a inibição de qualquer um deles abole a síntese de novas proteínas. Em ambos os casos, o mecanismo de inibição é controlado por fosforilação.

Um mecanismo comum de inibição é mediado pela fosforilação de eIF2. Lembre-se de que o eIF2 ligado ao GTP é necessário para direcionar o tRNA iniciador ao sítio P da subunidade 40S do ribossomo eucariótico. Várias proteínas quinases foram identificadas como atuantes na fosforilação da subunidade α de eIF2. A fosforilação dessa subunidade inibe a ação de um fator de troca de GTP para eIF2, chamado eIF2B, levando à redução dos níveis de eIF2–GTP. Com atuação semelhante ao EF-Ts sobre EF-Tu–GDP, o eIF2B estimula o eIF2–GDP a liberar seu GDP ligado e ligar-se a GTP. Como o eIF2 ligado ao GTP é necessário para escoltar o tRNA iniciador à subunidade 40S, níveis reduzidos de eIF2–GTP limitam o início da tradução. As conhecidas quinases eIF2α são ativadas por várias condições celulares diferentes, incluindo redução nos níveis de aminoácidos (ver discussão a seguir), infecção viral e temperatura elevada.

Um segundo mecanismo de inibição global do início da tradução tem como alvo a proteína de ligação ao *cap* 5': eIF4E. Após a ligação ao *cap* 5', eIF4E liga-se a eIF4G. O curto domínio de eIF4G que é reconhecido por eIF4E também é encontrado em uma pequena família de proteínas chamadas proteínas de ligação a eIF4E (4E-BPs). Essas proteínas competem com eIF4G pela ligação a eIF4E e, portanto, atuam como inibidores gerais do início da tradução (Fig. 15-46). Como eIF2, as 4E-BPs são também reguladas pela fosforilação. Em seu estado não fosforilado, as 4E-BPs ligam-se fortemente a eIF4E e inibem a tradução. Em contrapartida, a fosforilação das 4E-BPs inibe sua ligação a eIF4E (Fig. 15-46).

A fosforilação das 4E-BPs é mediada por uma proteína quinase celular essencial, chamada mTor. Fatores de crescimento, hormônios e outros fatores que estimulam a divisão celular ativam essa quinase e, portanto, aumentam a capacidade de tradução geral da célula. Essas observações levaram à hipótese de que o controle da capacidade de tradução é cuidadosamente coordenado com a proliferação celular. De fato, a superexpressão de eIF4E pode resultar em transformação cancerígena das células, e os inibidores de mTor (p. ex., rapamicina) são agentes quimioterápicos eficazes. Embora estes mecanismos reguladores tenham sido discutidos no contexto do controle global da tradução, ambos são também utilizados para regular a tradução de mRNAs específicos da célula, como será visto mais adiante.

Controle espacial da tradução por 4E-BPs mRNA-específicas

Além de regular globalmente a tradução, a ligação a eIF4E também é utilizada para regular a tradução de mRNAs específicos. Por exemplo, o estabelecimento correto do eixo anteroposterior do oócito (ovo) de *Drosophila melanogaster* e do embrião em desenvolvimento requer a correta localização de várias proteínas em um grande citoplasma compartilhado (ver Cap. 21 para uma descrição completa desses eventos). Em várias situações, a tradução espacialmente restrita destas proteínas reguladoras essenciais exerce um papel fundamental no controle de sua localização.

A proteína Oskar é cuidadosamente localizada nas regiões posteriores do oócito, antes de sua fertilização. Apesar disso, o mRNA de *Oskar* é sintetizado por células-enfermeiras (do inglês, *nurse cells*) anexas ao ovário da mosca-mãe

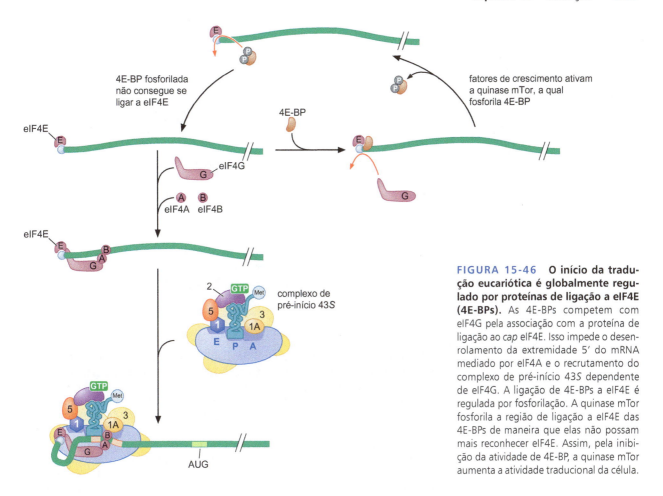

FIGURA 15-46 **O início da tradução eucariótica é globalmente regulado por proteínas de ligação a eIF4E (4E-BPs).** As 4E-BPs competem com eIF4G pela associação com a proteína de ligação ao *cap* eIF4E. Isso impede o desenrolamento da extremidade 5' do mRNA mediado por eIF4A e o recrutamento do complexo de pré-início 43S dependente de eIF4G. A ligação de 4E-BPs a eIF4E é regulada por fosforilação. A quinase mTor fosforila a região de ligação a eIF4E das 4E-BPs de maneira que elas não possam mais reconhecer eIF4E. Assim, pela inibição da atividade de 4E-BP, a quinase mTor aumenta a atividade traducional da célula.

e depositado na região *anterior* do oócito antes da fertilização. O mRNA de *Oskar* é, então, transportado para a região posterior do oócito. Para que a célula restrinja a expressão de Oskar à região posterior, é fundamental que o mRNA de *Oskar* não seja traduzido à medida que se desloca da região anterior para a posterior do oócito.

A atuação de uma 4E-BP chamada Cup é essencial para reprimir especificamente a tradução do mRNA de Oskar (Fig. 15-47). O mRNA de *Oskar* contém várias sequências na região 3'-UTR que se ligam especificamente a uma proteína chamada Bruno. Bruno, por sua vez, liga-se a Cup, recrutando esta 4E-BP para o mRNA de *Oskar*. Quando localizada no mRNA de *Oskar*, Cup sobrepõe-se a eIF4G na competição pela ligação a eIF4E, inibindo, assim, a tradução do mRNA. Cup não é abundante o suficiente para atuar de maneira geral em todas as traduções, como fazem as 4E-BPs descritas anteriormente. Ainda assim, quando localizada em um determinado mRNA, Cup torna-se um inibidor de tradução bastante efetivo. Esse mecanismo não é exclusivo de Oskar. A proteína Nanos, de *Drosophila*, também é regulada pelo recrutamento de Cup para seu mRNA. De maneira semelhante, uma proteína de ligação a mRNA chamada CPEB recruta uma 4E-BP chamada Maskin para alguns mRNAs cuja tradução é inibida durante o desenvolvimento do oócito de vertebrados.

Uma proteína de ligação ao RNA, regulada pelo ferro, controla a tradução da ferritina

A regulação dos níveis de ferro é essencial para o corpo humano. Muitas proteínas utilizam o ferro como cofator, incluindo as proteínas de transporte de

FIGURA 15-47 **A proteína de ligação a eIF4E, Cup, atua especificamente na inibição da tradução do mRNA de *Oskar*.** Quando o mRNA de *Oskar* é transportado da região anterior para a posterior do oócito de *Drosophila*, é importante que ele não seja traduzido. A inibição da tradução de Oskar é mediada por duas proteínas. A proteína de ligação ao RNA, Bruno, liga-se a múltiplas sequências na região 3'-UTR do mRNA de *Oskar*, chamadas elementos de resposta a Bruno (BREs, *Bruno response elements*). Bruno, então, recruta a proteína 4E-BP Cup para o mRNA. Quando localizada no mRNA, Cup sobrepõe-se a eIF4G pela ligação a eIF4E, inibindo a tradução deste mRNA.

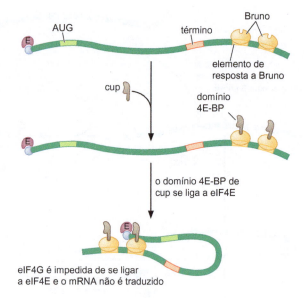

oxigênio, hemoglobina e mioglobina, bem como muitas das proteínas envolvidas na fosforilação oxidativa. Corroborando o importante papel do ferro no transporte de oxigênio e na produção de energia, uma escassez de ferro no corpo humano (chamada anemia) resulta em sensação geral de fraqueza. Por outro lado, o excesso de ferro é tóxico para as células e pode contribuir para danos no fígado, insuficiência cardíaca e diabetes.

A proteína de ligação ao ferro ferritina é o principal regulador dos níveis de ferro no corpo humano. A ferritina armazena e libera ferro de maneira controlada, mantendo, assim, uma homeostase adequada de ferro. Desta maneira, os níveis de ferritina devem responder rapidamente aos níveis de ferro livre no corpo. A necessidade de responder rapidamente a alterações nos níveis de ferro livre resultou na regulação da expressão de ferritina em nível de síntese proteica.

A tradução da ferritina é regulada por proteínas de ligação ao ferro chamadas proteínas reguladoras do ferro (IRPs, *iron regulatory proteins*). Essas proteínas são também proteínas de ligação ao RNA que reconhecem uma estrutura em grampo específica formada na extremidade 5' do mRNA da *ferritina*, chamada elemento regulador de ferro (IRE, *iron regulatory element*) (Fig. 15-48). É importante notar que a habilidade de essas proteínas reconhecerem o IRE é controlada pelos níveis de ferro na célula. Em células deficientes em ferro, a concentração de ferro é muito baixa para ligar-se às IRPs. Na ausência de ferro ligado, essas proteínas ligam-se fortemente ao IRE e inibem a habilidade de eIF4A/B desfazer a estrutura em grampo do IRE. A presença continuada do grampo atua como um bloqueio estérico para a ligação do mRNA ao complexo 43S. Em contrapartida, quando a concentração de ferro livre na célula for elevada, as IRPs ligam-se ao ferro. Quando ligadas ao ferro, as IRPs perdem sua habilidade de ligar-se ao IRE e, portanto, não conseguem inibir a tradução.

A tradução do ativador transcricional de levedura Gcn4 é controlada por curtas ORFs a montante e pela abundância de complexo ternário

O Gcn4 é um ativador transcricional de levedura que regula a expressão de genes codificadores das enzimas que promovem a biossíntese dos aminoácidos. Embora seja um ativador de transcrição, o próprio Gcn4 é regulado em nível de tradução. Na presença de baixos níveis de aminoácidos, o mRNA de *Gcn4* é traduzido (e, assim, as enzimas de biossíntese são expressas). Contudo,

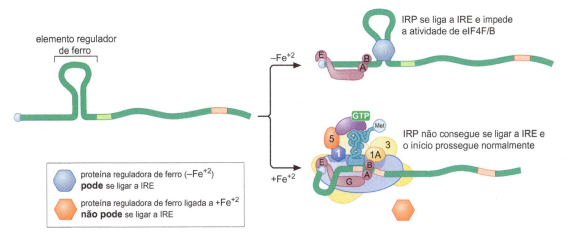

FIGURA 15-48 Regulação da tradução da Ferritina por ferro. A região 5'-UTR dos genes de *ferritina* inclui uma estrutura em haste-alça chamada de elemento regulador de ferro (IRE, *iron regulatory element*). A proteína reguladora de ferro (IRP, *iron regulatory protein*) se liga fortemente a este sítio quando não está ligada a Fe^{2+}. Ao estabilizar a estrutura de haste-alça de IRE, IRP impede que eIF4A remova esta estrutura da extremidade do mRNA da *ferritina*. Sob estas condições, a associação do complexo de pré-início 43S com o mRNA não pode ocorrer e os genes da *ferritina* não são traduzidos. Quando os níveis de ferro estão elevados e a proteína Ferritina é necessária, IRP se liga ao Fe^{2+}, o que inibe sua habilidade de se ligar a IRE e, portanto, permite a tradução da proteína Ferritina.

na presença de altos níveis de aminoácidos, o mRNA de *Gcn4* não é traduzido. Como essa regulação é atingida?

Ao contrário da típica estrutura do mensageiro eucariótico, o mRNA que codifica a proteína Gcn4 contém quatro pequenas fases de leitura abertas a montante da sequência codificadora (chamadas uORFs) de Gcn4. A ORF mais a montante delas (uORF1) é reconhecida de maneira eficiente por ribossomos que escaneiam o mensageiro a partir da extremidade 5'. Após a tradução da uORF1 pelos ribossomos, uma propriedade exclusiva dessa ORF permite que 50% das subunidades menores dos ribossomos continuem ligados ao RNA e prossigam em sua busca por códons de início (AUG) a jusante na mensagem (Fig. 15-49) (ver Quadro 15-3).

O controle de qual AUG a jusante é reconhecido pela subunidade menor é feito pela ligação da subunidade ao eIF2 complexado a um tRNA iniciador. Na ausência de um tRNA iniciador no sítio P, a subunidade 40S não consegue reconhecer uma sequência AUG no mRNA. Assim, antes de iniciar a tradução em qualquer ORF a jusante, a subunidade 40S precisa ligar-se ao eIF2·Met-tRNA$_i^{Met}$ (a partir deste momento chamado de TC, do inglês, *ternary complex* [complexo ternário]).

Quando os níveis de aminoácidos não são limitantes, o TC religa-se aos ribossomos logo após concluir a tradução da uORF1 (Fig. 15-49a). Uma vez religadas ao TC, as subunidades menores podem reconhecer um AUG e reiniciar a tradução em uma das outras uORFs (2, 3 ou 4). Ao contrário do que ocorre com a uORF1, após a tradução de qualquer uma destas uORFs, o ribossomo dissocia-se completamente do mRNA e não consegue alcançar a ORF de Gcn4. Portanto, a proteína Gcn4 não é produzida.

Sob baixo níveis de aminoácidos, uma combinação de eventos reduz a taxa na qual o TC se liga à subunidade 40S. Níveis limitados de aminoácidos levam a uma abundância de tRNAs não carregados, o que, por sua vez, ativa uma eIF2α quinase chamada Gcn2. Conforme descrito para o controle global da tradução por eIF2α quinases, quando Gcn2 fosforila eIF2, a população de eIF2-GTP é reduzida, porque a interação de eIF2 com o fator de troca de GTP, eIF2B, é inibida. Como eIF2 pode ligar-se a Met-tRNA$_i^{Met}$ apenas na presen-

a sem privação de aminoácidos

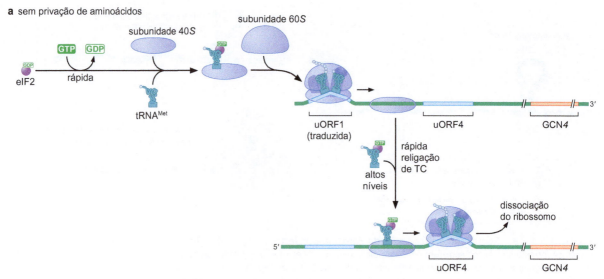

b em condições de privação de aminoácidos

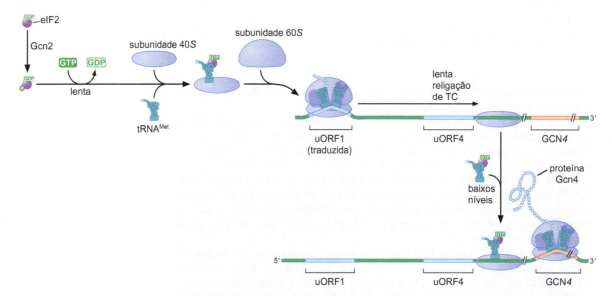

FIGURA 15-49 Controle traducional de Gcn4 em resposta à privação de aminoácidos. Conforme descrito em detalhes no texto, a ORF que codifica o ativador de levedura Gcn4 é precedida por quatro ORFs curtas chamadas uORFs (aqui, apenas uORF1 e uORF4 estão representadas). A primeira destas ORFs a montante é traduzida inicialmente e, devido a propriedades especiais desta ORF, aproximadamente metade das subunidades 40S é retida após o término da tradução para continuar escaneando o mRNA de *Gcn4*. (a) Quando há aminoácidos em abundância, eIF2B estimula eIF2 a trocar GDP por GTP rapidamente. Isso permite a rápida ligação de eIF2–GTP–Met-tRNA$_i^{Met}$ à subunidade 40S e a habilidade para reconhecer uma das outras três ORFs curtas. A tradução de qualquer uma destas uORFs resulta no término completo da tradução. (b) Sob condições de baixos níveis de nutrientes, a fosforilação de eIF2 pela quinase eIF2α, Gcn2, reduz a habilidade de eIF2B estimular a ligação de GTP a eIF2. Níveis reduzidos de eIF2-GTP resultam em ligação mais lenta de eIF2–GTP–Met-tRNA$_i^{Met}$ à subunidade 40S. Esta velocidade reduzida de ligação ao tRNA iniciador aumenta a chance de o ribossomo que está fazendo o escaneamento venha a passar pela uORF4 antes de conseguir reconhecer um AUG e, portanto, favorece a tradução de Gcn4. (Modificada, com permissão, de Hinnebusch A.G. 1997. *J. Biol. Cell* **272**: 21661–21664, Fig. 1. © American Society for Biochemistry & Molecular Biology.)

ça de GTP, essas condições levam a menos TC e reduzem a taxa de ligação de TC à subunidade 40S (Fig. 15-49b). A reduzida taxa de ligação significa que a subunidade 40S continua a escanear ainda mais longe no mRNA, sem a capacidade de reconhecer um AUG. Se o ribossomo escanear através dos AUGs para as uORFs 2 a 4 antes de religar-se ao TC, então essas ORFs não serão traduzidas. Os códons de início para as uORFs 2 a 4 estão relativamente próximos a uORF1, enquanto o AUG da ORF de Gcn4 está muito mais a jusante. Esta distância adicional fornece uma grande janela de tempo para que o TC se ligue à subunidade menor antes que a ORF de Gcn4 seja encontrada, aumentando as chances de o ribossomo traduzi-la. De fato, remover o RNA espaçador entre as uORFs e o códon de início de Gcn4 resulta na redução progressiva da expressão da proteína Gcn4. Assim, na presença do TC limitante, a Gcn4 é produzida e pode ativar os genes necessários para sintetizar novos aminoácidos na célula. O uso de tecnologias de sequenciamento de última geração para analisar padrões de tradução global – isto é, medir todos os mRNAs que estão sendo traduzidos – é descrito no Quadro 15-6, Perfil de ribossomo e polissomo.

▶ TÉCNICAS

Quadro 15-6 Perfil de ribossomo e polissomo

Existem várias maneiras para medir o nível de expressão gênica de uma célula. Muitos ensaios têm como enfoque a determinação da quantidade do produto primário da expressão gênica, o RNA. Por outro lado, a existência de um mRNA em uma célula não significa que a proteína codificada pelo mRNA esteja sendo expressa. Para determinar se uma proteína está realmente sendo sintetizada em uma célula, deve-se medir a tradução deste mRNA.

Estudos iniciais para determinar a extensão da tradução de um mRNA focavam na associação do mRNA com os polissomos. Nesses estudos, os pesquisadores adicionavam o fármaco ciclo-heximida às células para interromper a tradução no estágio de translocação. As células tratadas eram, então, rompidas, e o extrato celular resultante separado por centrifugação em um gradiente de sacarose (Fig. 1 deste quadro). Devido ao grande tamanho do ribossomo, os mRNAs associados a ele migram muito mais rapidamente durante a centrifugação em relação ao mRNA livre. Além disso, os mRNAs que fazem parte de um polissomo migram ainda mais rápido. A medida da proteína total por meio do gradiente revela vários picos correspondentes ao mRNA associado a números crescentes de ribossomos (i.e., em polissomos). A medida da presença de mRNA nestas frações (p. ex., por *Northern blot* ou RT-PCR) revela se o mRNA está sendo traduzido.

Mais recentemente, este ensaio foi adaptado para tirar vantagem das novas tecnologias de sequenciamento e obter uma medida global dos mRNAs que estão sendo traduzidos em uma população celular. Chamado de perfil ribossomal, assim como no ensaio de perfil de polissomo, este ensaio começa com o tratamento da população celular com ciclo-heximida e a obtenção de um extrato celular. A próxima etapa do ensaio tira vantagem do achado de que um ribossomo em alongamento protege o trecho de ~28 bases do mRNA que está no centro de decodificação contra a digestão por RNase I (Fig. 2a deste quadro). Assim, antes da centrifugação no gradiente de sacarose, o extrato celular é tratado com RNase I. Após a centrifugação, as frações contendo as partí-

culas 80S (ribossomo mais mRNA protegido) são isoladas e desnaturadas, e os RNAs de 28 bases associadas são isolados por purificação em gel. Após a conversão em DNA de dupla-fita, os RNAs são submetidos a sequenciamento. Analisan-

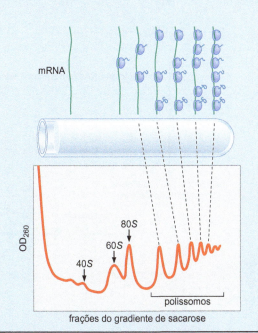

QUADRO 15-6 FIGURA 1 Perfil do polissomo. mRNAs com diferentes números de ribossomos associados (polissomos) podem ser separados do mRNA livre e de ribossomos e subunidades ribossomais, pela centrifugação em gradiente de sacarose. A presença de um mRNA na fração polissomal indica que o mRNA está sendo ativamente traduzido.

(continua)

Quadro 15-6 (*Continuação*)

do as sequências de DNA resultantes, pode-se determinar prontamente não apenas os mRNAs que estavam sendo ativamente traduzidos no momento do tratamento com cicloheximida, mas também exatamente onde cada ribossomo estava localizado. De fato, o método é preciso o suficiente para determinar quais códons estavam nos sítios A e P.

Esta abordagem tornou-se rapidamente um método importante para analisar a expressão gênica. Ao comparar os números das leituras de sequências de cada gene entre duas populações celulares, pode-se identificar as alterações nas proteínas que são produzidas nas duas populações celulares (p. ex., crescimento em níveis altos ou baixos de aminoácidos) (Fig. 2b deste quadro). Além disso, devido à sua precisão, este método pode revelar também atributos da tradução. Por exemplo, esta técnica foi utilizada para determinar que muitos dos sítios de pausa traducional em *E. coli* ocorrem devido à presença de uma sequência semelhante ao RBS nas ORFs.

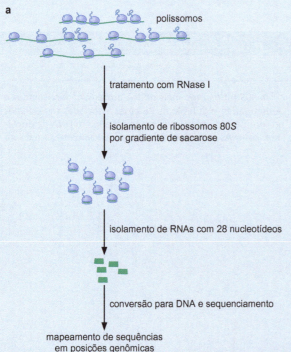

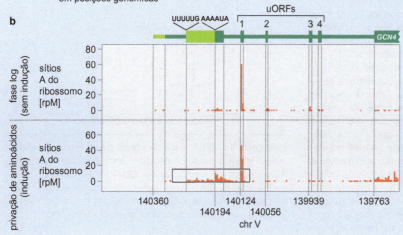

QUADRO 15-6 FIGURA 2   Perfil do ribossomo. (a) Polissomos tratados com RNase I são separados em um gradiente de sacarose para isolar monorribossomos (partículas 80S). Estes ribossomos possuem apenas 28 nucleotídeos de mRNA que estavam protegidos da degradação pelo ribossomo. Os fragmentos de mRNA resultantes são purificados em gel e convertidos em DNA (usando transcriptase reversa) e submetidos ao sequenciamento de DNA. As sequências resultantes são mapeadas na sequência genômica do organismo para revelar os sítios de contato com ribossomos, representando os sítios de tradução. Quanto maior o número de sequências isoladas de uma determinada região, mais ativamente ela está sendo traduzida. (b) Dados representativos do perfil ribossomal do gene *GCN4* de *S. cerevisiae* sob condições de crescimento em meio rico e com escassez de aminoácidos. O gráfico é um histograma de um número normalizado de vezes em que uma determinada sequência estava presente sob cada uma das condições (leituras por milhão de bases, ou rpM). Observam-se as diferentes taxas de tradução das uORFs e da ORF de Gcn4 nas duas condições.

REGULAÇÃO DEPENDENTE DE TRADUÇÃO DA ESTABILIDADE DO mRNA E DA PROTEÍNA

Com alguma frequência, serão produzidos mRNAs mutantes ou danificados. Esses mRNAs defectivos podem resultar de erros de transcrição ou de lesões ocorridas após a sua síntese. Por serem fitas simples, os mRNAs são, por exemplo, mais suscetíveis a quebras. Os mRNAs danificados podem produzir proteínas incompletas ou incorretas, que poderiam ter efeitos nocivos à célula. Em alguns casos, como nas mutações de ponto, que alteram um único aminoácido, pouco pode ser feito para eliminar o mRNA mutante ou seu produto proteico. Entretanto, em outros casos descritos mais adiante, o processo de tradução é utilizado para detectar mRNAs defeituosos e eliminá-los, bem como seus produtos proteicos.

O SsrA RNA resgata ribossomos que traduzem mRNAs danificados

Normalmente, é necessário um códon de término para dissociar um ribossomo de um mRNA. Mas o que acontece com um ribossomo que inicia a tradução de um fragmento de mRNA desprovido de um códon de término na fase de leitura adequada? Um mRNA assim pode ser gerado por transcrição incompleta ou pela ação de nucleases. A tradução deste tipo de mRNA pode iniciar normalmente e continuar até que sua extremidade 3' seja alcançada. Neste ponto, o ribossomo estará impedido de prosseguir. Não há qualquer códon a ser ligado ou mesmo um aminoacil-tRNA ou um fator de liberação. Sem que exista algum mecanismo que o libere deste mRNA defeituoso, o ribossomo permanecerá preso e não estará mais disponível para a síntese de polipeptídeos. Em células procarióticas, esses ribossomos estagnados são resgatados pela ação de uma molécula quimérica de RNA que é parte tRNA e parte mRNA, adequadamente chamada de **tmRNA**.

O SsrA é um tmRNA com 457 nucleotídeos que inclui uma região em sua extremidade 3' que lembra muito o tRNA^{Ala} (Fig. 15-50). Essa semelhança permite que o SsrA RNA seja carregado com alanina e que se ligue a EF-Tu–GTP. Quando um ribossomo fica estagnado na extremidade 3' de um mRNA, o complexo SsrA^{Ala}–EF-Tu–GTP liga-se ao sítio A do ribossomo e participa da reação da peptidiltransferase, como faria qualquer outro tRNA. A translocação do peptidil-SsrA RNA resulta na liberação do mRNA danificado. Notavelmente, a translocação do SsrA RNA também resulta na entrada de uma porção desse RNA no canal de ligação ao mRNA do ribossomo. Essa porção do SsrA RNA atua como mRNA e codifica 10 códons, seguidos por um códon de parada.

O resultado líquido da ligação de SsrA é que, quando o mRNA defeituoso é liberado do ribossomo, a proteína codificada pelo mRNA incompleto é fusionada a uma "etiqueta peptídica" de 10 aminoácidos em sua extremidade carboxiterminal, e o ribossomo é reciclado. Curiosamente, a etiqueta de 10 aminoácidos é reconhecida por proteases celulares que rapidamente degradam a etiqueta e o peptídeo truncado ao qual ela está ligada. Assim, os produtos de tradução que surgem de mRNAs danificados são rapidamente eliminados para evitar que estas proteínas defeituosas prejudiquem a célula.

Como o SsrA RNA se liga apenas a ribossomos estagnados? Devido a seu tamanho grande (mais de quatro vezes mais longo do que um tRNA-padrão), o SsrA RNA não consegue se ligar ao sítio A durante o alongamento normal. Em contrapartida, quando a extremidade 3' do mRNA não está presente, um espaço adicional é criado no sítio A para acomodar um RNA maior (Fig. 15-50). Assim, apenas ribossomos estagnados na, ou muito próximos à, extremidade 3' de um mRNA são sítios de ligação para o SsrA RNA. Recentemente, revelou-se que SsrA é o alvo de um dos fármacos utilizados em combinação para o tratamento da tuberculose (ver Quadro 15-7, Um fármaco de primeira linha no tratamento da tuberculose tem como alvo a etiqueta SsrA).

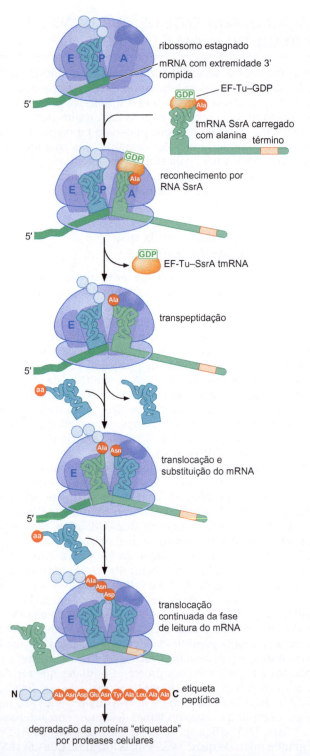

FIGURA 15-50   O tmRNA SsrA resgata ribossomos estagnados em mRNAs prematuramente terminados. O RNA de SsrA mimetiza um tRNA mas pode apenas se ligar a um ribossomo que está estagnado na extremidade 3' de um mRNA. Uma vez ligado, o RNA de SsrA substitui parte de sua sequência para atuar com um novo "mRNA."

▶ CONEXÕES CLÍNICAS

Quadro 15-7 Um fármaco de primeira linha no tratamento da tuberculose tem como alvo a etiqueta SsrA

Uma das maiores pragas da humanidade, a tuberculose, data da antiguidade, com evidências da doença sendo observadas em múmias egípcias. Seus graves sintomas incluem tosse crônica, sangue no escarro e perda de peso (daí o termo antigo "tísico", para denominar o doente). O patógeno que causa a tuberculose é a bactéria *Mycobacterium tuberculosis*. Acredita-se que um terço da população mundial esteja infectada com *M. tuberculosis*, mas na maioria destes indivíduos, a bactéria permanece em estado latente, e os indivíduos são saudáveis. Cerca de 10% dos indivíduos infectados desenvolvem a doença ao longo da vida, resultando em cerca de 8 milhões de pessoas com tuberculose e quase 1,5 milhão de mortes anuais. Indivíduos com síndrome da imunodeficiência adquirida (Aids) e outras imunodeficiências apresentam risco particularmente alto para tuberculose.

A tuberculose é tratada com uma combinação de quatro fármacos de primeira linha: rifampicina, isoniazida, etambutol e pirazinamida. O modo de ação de três destes fármacos é bem conhecido. A rifampicina é um inibidor das RNA-polimerases bacterianas (Cap. 18), e a isoniazida e o etambutol inibem a síntese de diferentes componentes do envelope celular de *M. tuberculosis*. O mecanismo de ação da pirazinamida, no entanto, permaneceu um mistério desde que seus efeitos terapêuticos foram descobertos, há mais de meio século. A pirazinamida é um profármaco convertido no agente ativo ácido pirazinoico por uma desaminase (pirazinamidase) (Fig. 1 deste quadro) ao entrar na célula bacteriana. Recentemente, uma equipe de cientistas dos Estados Unidos, da China e da Coreia do Sul identificou SsrA (ver texto e Fig. 15-50) como alvo do ácido pirazinoico.

Shi e colaboradores (2001) enfrentaram o problema de como o ácido pirazinoico atua, imobilizando-o em uma coluna e realizando cromatografia de afinidade para identificar proteínas de *M. tuberculosis* que se ligam ao fármaco. Uma das proteínas identificadas foi a maior proteína da subunidade menor do ribossomo, a proteína ribossomal S1 ou RpsA. A RpsA exerce um papel essencial na tradução, ligando-se ao mRNA a montante da sequência de Shine-Dalgarno e ajudando a ancorar o mRNA à subunidade menor durante o início da tradução. Mas a RpsA também está envolvida na etiquetagem de SsrA. O RNA de SsrA é entregue ao ribossomo estagnado em um complexo com uma proteína de ligação ao SsrA (SmpB) e, curiosamente, com RpsA (bem como com EF-Tu—GTP). Shi e colegas descobriram que mutantes que exibem resistência ao fármaco possuem RpsA alterada. Eles também observaram que o ácido pirazinoico bloqueia a ligação do RNA de SsrA à RpsA selvagem, mas não à RpsA mutante resistente ao ácido pirazinoico. Finalmente, e mais importante, eles viram que o fármaco inibe a etiquetagem com SsrA em um ensaio de síntese proteica *in vitro*, com um mRNA modificado que necessita da função de SsrA. Como controle, o ácido pirazinoico teve pouco efeito sobre a síntese proteica com um molde de mRNA normal, mostrando que ele não estava inibindo a função normal de RpsA.

A história da pirazinamida realça as crescentes conexões entre a biologia química e a biologia molecular na medicina moderna. Novos fármacos importantes são descobertos, às vezes, pela triagem de bibliotecas de pequenas moléculas em busca de atividades contra proteínas envolvidas em processos celulares importantes nas doenças. Por outro lado, fármacos descobertos simplesmente com base em seus efeitos terapêuticos podem levar a alvos não reconhecidos previamente que controlam o funcionamento da célula. Por fim, saber hoje que a pirazinamida exerce seu efeito terapêutico pela ligação ao RpsA abre portas para a descoberta de novas classes de compostos contra *M. tuberculosis* que possuem como alvo a etiquetagem por SsrA.

QUADRO 15-7 FIGURA 1 Conversão da pirazinamida em ácido pirazinoico.

As células eucarióticas degradam mRNAs incompletos ou com códons de término prematuros

Nas células eucarióticas, a tradução está estreitamente ligada ao processo de degradação do mRNA (Fig. 15-51). Essa ligação é explorada por dois mecanismos que monitoram a integridade dos mRNAs durante a tradução. Por exemplo, quando um mRNA possui um códon de término prematuro (conhecido como códon sem sentido ou *nonsense*) (ver Cap. 16), o mRNA é rapidamente degradado por um processo chamado **decaimento mediado por nonsense** (Fig. 15-51b). Em mamíferos, o reconhecimento de mRNAs com códons de término prematuros depende da associação de complexos proteicos na ORF do mRNA. Esses complexos de junção de éxons são formados no mRNA em consequência do processamento e estão localizados imediatamente a montante de cada limite entre éxons (ver Cap. 14). Normalmente, quando um primeiro ribossomo traduz um mRNA, esses complexos são removidos

FIGURA 15-51 mRNAs eucarióticos com códons de término prematuros são alvos de degradação. (a) A tradução de um mRNA normal desloca todos os complexos de junção de éxons. (b) Decaimento mediado por *nonsense*. A tradução de um mRNA com um códon de término prematuro não desloca um ou mais dos complexos de junção de éxons. Isso resulta no recrutamento das proteínas Upf1, Upf2 e Upf3 para o ribossomo. Uma vez ligadas ao ribossomo, estas proteínas ativam uma enzima de remoção de *cap* que remove o *cap* 5' e uma enzima de desadenilação que remove a cauda de poli(A) do mRNA. O mRNA desprovido de *cap* e desadenilado é, então, rapidamente degradado por exonucleases 5' para 3' (Xrn1) e 3'–5' (exossomo) que são normalmente incapazes de degradar o mRNA devido à presença do *cap* 5' e da cauda de poli(A).

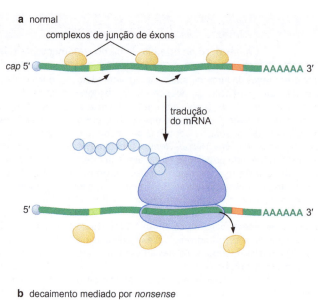

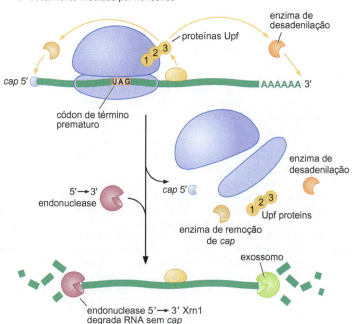

à medida que o mRNA ingressa no centro de decodificação do ribossomo. Entretanto, se houver um códon de término prematuro presente no mRNA (devido a uma mutação gênica ou a erros de transcrição ou de processamento), o ribossomo é liberado antes da remoção de todos os complexos de junção de éxons. Sob estas condições, os complexos de junção de éxons e o eRF3 que está ligado ao ribossomo de término prematuro recrutam um conjunto de proteínas para o ribossomo. Essas proteínas recrutam e/ou ativam múltiplas enzimas que clivam o mRNA, removem o *cap* 5' do mRNA ou removem a cauda poli(A) da extremidade 3'. Como o mRNA é normalmente protegido da degradação pelo *cap* 5' e pela cauda poli(A), qualquer um desses eventos resulta na exposição de extremidades 5' ou 3' desprotegidas, levando à rápida degradação do mRNA por exonucleases 5' → 3' e 3' → 5'.

Um processo diferente, chamado **decaimento de mRNAs sem interrupções**, resgata ribossomos que traduzem mRNAs desprovidos de um códon de término (Fig. 15-52a). Ao contrário de seus homólogos procarióticos, os mRNAs eucarióticos terminam com uma cauda poli(A). Quando um mRNA desprovido de códon de término é traduzido, o ribossomo traduz também a cauda poli(A) (porque não há códon de término para fazê-lo terminar antes de chegar à cauda). Isso resulta na adição de várias lisinas na extremidade da proteína (AAA é o códon da lisina) e no confinamento do ribossomo na extremidade do mRNA. O ribossomo estagnado é ligado a duas proteínas relacionadas a eRF1 e eRF3 (Dom34 e Hbs1) que estimulam a dissociação do ribossomo e a liberação do peptidil-tRNA e do mRNA. Um segundo fator relacionado a eRF3, Ski7, recruta uma exonuclease $3' \rightarrow 5'$ que degrada o mRNA sem códon de término. Além desses eventos, assim como no decaimento mediado por *nonsense*, o mRNA sem códon de término é clivado por uma endonuclease. As proteínas que derivam de mRNAs sem códons de término (e, portanto, contêm polilisina na sua extremidade carboxiterminal) são instáveis, o que leva à sua rápida degradação. Assim, como nos procariotos, as proteínas sintetizadas por mRNAs sem códons de término são rapidamente removidas da célula.

Um terceiro mecanismo de vigilância de mRNA relacionado à degradação de mRNAs sem códon de término é a degradação inútil (Fig. 15-52b). Esse mecanismo reconhece os ribossomos que estão estagnados em um mRNA. Isso pode ocorrer como resultado de uma estrutura secundária de mRNA estável na região codificadora do mRNA ou por conta de um trecho de códons para os quais há poucos tRNAs correspondentes na célula. Embora a razão para a estagnação do mRNA seja distinta da razão da degradação de mRNA sem códon de término, as consequências são muito semelhantes. Dom34 e Hbs1 ligam-se ao ribossomo estagnado e estimulam sua dissociação em subunidades menor e maior. Além disso, a clivagem endonucleolítica do mRNA também é observada. Assim como no decaimento mediado por *nonsense* e no decaimento de mRNAs sem interrupções, a identidade da endonuclease é desconhecida.

Uma característica interessante da degradação do mRNA mediada por *nonsense*, da degradação sem códon de término e da degradação inútil é que todos esses processos exigem a tradução do mRNA danificado, a detecção do defeito e posterior degradação do mRNA. Não havendo tradução, os mRNAs danificados não são rapidamente degradados e têm estabilidade normal. Portanto, as células eucarióticas embora indiretamente dependem da tradução como mecanismo de revisão de seus mRNAs.

RESUMO

As proteínas são sintetizadas a partir de moldes de RNA chamados RNAs mensageiros (mRNAs), em um processo conhecido como tradução. A tradução compreende a decodificação da informação contida em uma sequência nucleotídica para a sequência linear de aminoácidos de uma cadeia polipeptídica. A maquinaria para a síntese proteica é composta por quatro componentes principais: mRNA; RNAs adaptadores, conhecidos como RNAs transportadores (tRNAs); aminoacil-tRNA sintetases, que ligam os aminoácidos aos tRNAs; e ribossomo, um complexo com várias subunidades de proteínas e RNA, que catalisa a formação das ligações peptídicas.

O mRNA contém a sequência codificadora da proteína e os elementos de reconhecimento para o início e o término da tradução. A sequência codificadora é conhecida como fase aberta de leitura (ORF), consistindo em uma série de unidades consecutivas de três nucleotídeos cada, os códons. Uma ORF especifica uma cadeia polipeptídica única. Cada ORF inicia em um códon de início e termina em um códon de término.

O códon de início geralmente é AUG ou GUG em procariotos e sempre AUG em eucariotos. Nos procariotos, o códon de início é precedido por uma região complementar à sequência do rRNA 16S, componente do ribossomo, que é responsável pelo alinhamento do ribossomo com o códon de início. Nos eucariotos, o mRNA tem uma estrutura especial em sua extremidade 5', conhecida como *cap* 5', que é responsável pelo recrutamento do ribossomo. Os mRNAs eucarióticos terminam em uma repetição de resíduos de A, conhecida como cauda poli(A), que aumenta a eficiência da tradução. Frequentemente, os mRNAs de procariotos possuem duas ou mais ORFs, sendo chamados policistrônicos. Em geral, os mRNAs de eucariotos contêm apenas uma fase de leitura e são chamados monocistrônicos.

Os tRNAs são a interface física entre os códons do mRNA e os aminoácidos que são adicionados à cadeia polipeptídica crescente. Os tRNAs são moléculas em formato de L com uma alça em uma das extremidades que apresenta o anticódon e

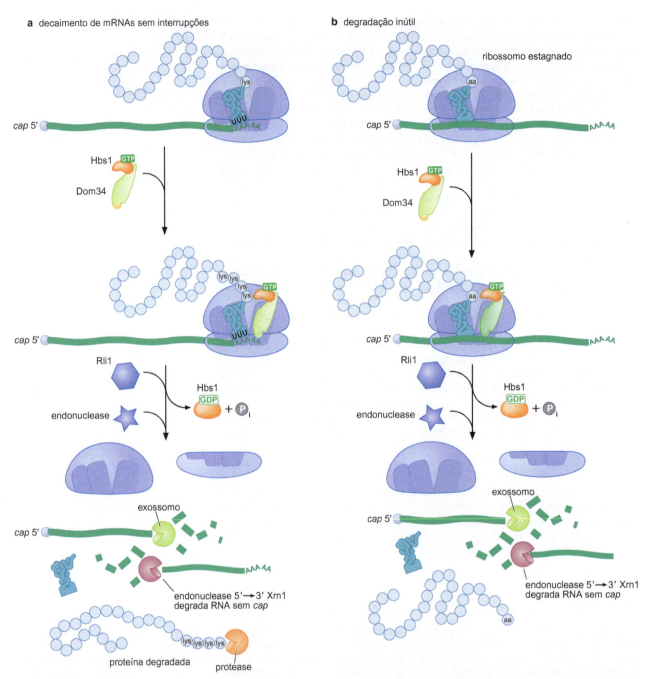

FIGURA 15-52 mRNAs eucarióticos com códons de término prematuros são alvos de degradação. (a) Decaimento de mRNAs sem interrupções. Na ausência de um códon de término, a cauda de poli(A) do mRNA é traduzida, levando à adição de polilisina (AAA codifica Lys) ao final da proteína. Ao alcançar a extremidade 3' do molde, o ribossomo estagnado é reconhecido por um complexo de Dom34 e Hbs1. Após entregar Dom34 ao ribossomo, Hbs1 hidrolisa GTP e é liberado. Em combinação com a ATPase Rli1, Dom34 atua na desmontagem do ribossomo em suas duas subunidades e recruta uma endonuclease que cliva o mRNA a montante do ribossomo. Os fragmentos de mRNA resultantes são degradados por exonucleases 5'→3' e 3'→5'. A proteína com a extremidade de polilisina também é submetida à proteólise. (b) Degradação inútil. Assim como no decaimento de mRNAs sem interrupções, a degradação inútil é iniciada quando o ribossomo fica bloqueado. Neste caso, a parada é induzida por uma estrutura secundária de RNA ou por um trecho de códons que necessitam de tRNAs carregados presentes em baixa concentração (geralmente chamados de códons raros). O ribossomo estagnado é reconhecido por Dom34 e Hbs1, o ribossomo é liberado e o mRNA é degradado de maneira semelhante ao decaimento de mRNAs sem interrupções.

uma sequência 5'-CCA-3' que se projeta para fora da extremidade 3'. O anticódon é complementar ao códon, que ele reconhece pelo pareamento de bases. Os aminoácidos são ligados ao resíduo aminoterminal de 5'-CCA-3' por uma ligação acila entre o grupo carbonila do aminoácido e a 2'-OH ou 3'-OH da ribose terminal.

As aminoacil-tRNA sintetases ligam os aminoácidos aos tRNAs, em um processo em duas etapas, chamado carregamento. A mesma aminoacil-tRNA sintetase é responsável pelo carregamento de todos os tRNAs correspondentes a um determinado aminoácido. As sintetases reconhecem os tRNAs corretos por interações com as duas extremidades dessas moléculas em formato de L. As sintetases são responsáveis pelo carregamento de seus tRNAs com o aminoácido correto, fazendo isso com alta fidelidade. Algumas aminoacil-tRNA sintetases têm precisão ainda maior, por meio de um mecanismo de revisão.

O ribossomo consiste em uma subunidade maior, que contém o sítio da formação da ligação peptídica (centro da peptidiltransferase), e em uma subunidade menor, que contém o sítio de decodificação do mRNA (centro de decodificação). Ambas as subunidades são compostas por um ou mais RNAs e por várias proteínas. Além de constituírem a principal característica estrutural das subunidades ribossomais, os RNAs são também os responsáveis pelas principais funções do ribossomo. O ribossomo completo contém três sítios de ligação ao tRNA entre as duas subunidades: o sítio A, onde o tRNA entra no ribossomo; o sítio P, que contém o peptidil-tRNA; e o sítio E, por onde os tRNAs desacetilados saem do ribossomo.

A tradução de uma proteína envolve um ciclo de associação e dissociação das subunidades maior e menor. Nesse ciclo ribossômico, as subunidades maior e menor juntam-se no início de uma ORF e dissociam-se em subunidades livres, quando a tradução da ORF foi completada. A tradução do mRNA começa na extremidade 5' da ORF, e a cadeia polipeptídica é sintetizada da direção aminoterminal para carboxiterminal.

A tradução ocorre em três fases principais: início, alongamento e término. Em procariotos, o início envolve o recrutamento da subunidade ribossomal menor para o mRNA, por meio da interação entre o sítio de ligação com o ribossomo (RBS) e o rRNA 16S. Essa interação é facilitada por três proteínas auxiliares (chamadas fatores de início IF1, IF2 e IF3), que ajudam a manter as duas subunidades separadas e recrutam um tRNA iniciador especial para o códon de início. O pareamento entre o anticódon do tRNA iniciador carregado e o códon de início desencadeia o recrutamento da subunidade maior, a liberação de fatores de início e o posicionamento do tRNA iniciador carregado no sítio P. Este é o complexo de início procariótico, e ele está pronto para receber um tRNA carregado no sítio A e realizar a formação da primeira ligação peptídica.

Os mRNAs eucarióticos recrutam a subunidade menor por meio do reconhecimento do *cap* 5' e da ação de diversos fatores de início auxiliares. Um conjunto de fatores atua da mesma forma que os fatores de início procarióticos, recrutando o tRNA iniciador para a subunidade menor. Um conjunto distinto de fatores, único às células eucarióticas, reconhece o *cap* 5' e prepara o mRNA para ligar-se à subunidade menor ligada ao fator de início (complexo de pré-início 43S). Após ligar-se ao mRNA, a subunidade menor desloca-se sobre o mRNA a jusante até encontrar um AUG, que ela reconhece como códon de início. Como nos procariotos, a subunidade ribossomal maior associa-se ao mRNA apenas após o reconhecimento do AUG de início.

A primeira etapa da fase de alongamento da tradução é a introdução de um tRNA carregado no sítio A. Isso é catalisado pela proteína de ligação a GTP, EF-Tu, em procariotos e sua equivalente em eucariotos. Vários mecanismos asseguram a constituição do pareamento correto entre os pares de bases do códon e do anticódon antes que o grupo aminoacil seja admitido no centro da peptidiltransferase. A seguir, a formação da ligação peptídica acontece pela transferência da cadeia peptídica do tRNA no sítio P para o aminoacil-tRNA no sítio A. A formação da ligação peptídica é catalisada por RNA no centro da peptidiltransferase da subunidade maior, bem como pelo 2'-OH do tRNA no sítio P. Esta ribozima estimula o ataque nucleofílico do grupo amino do aminoacil-tRNA do sítio A no grupo carbonila que liga a cadeia polipeptídica crescente ao tRNA no sítio P. Finalmente, o ribossomo transloca-se para o próximo códon livre em um processo dirigido pela reação da peptidiltransferase e pela ação do fator de alongamento EF-G (ou seu equivalente eucariótico). Em consequência da translocação, o tRNA desacilado no sítio P é transferido para o sítio E, para sair do ribossomo, e o peptidil-tRNA no sítio A é transferido para o sítio P, agora livre. O códon adjacente no mRNA é transferido para o sítio A livre, posicionado para aceitar o ingresso de um novo tRNA carregado trazido pelo EF-Tu.

A tradução termina quando o ribossomo encontra um códon de término, o qual é reconhecido por um dos dois fatores de liberação de classe I em procariotos, e um único fator de liberação de classe I em eucariotos. O fator de liberação desencadeia a hidrólise do polipeptídeo do peptidil-tRNA e, portanto, a liberação do polipeptídeo completo. Em procariotos, um fator de liberação de classe II, um fator de reciclagem do ribossomo e um fator de início (IF3 nos procariotos) completam o término, ao provocarem a liberação do mRNA e dos tRNAs desacilados e a dissociação do ribossomo em suas duas subunidades, maior e menor. Em eucariotos, o término da tradução requer que o eRF3 entregue o eRF1 ao ribossomo. O mecanismo de reciclagem do ribossomo ainda não está claro, mas provavelmente envolve eRF1 exercendo o papel que RRF exerce em células procarióticas. Agora, o ciclo ribossomal está completo e a subunidade menor está pronta para começar um novo ciclo de síntese de um polipeptídeo.

A maior parte da expressão gênica diferencial é regulada no nível do início da tradução. Em células bacterianas, essa regulação geralmente ocorre pela inibição da ligação da subunidade menor ao RBS. Essa inibição pode ser mediada pela ligação de proteína ou RNA a sequências de mRNA próximas ao RBS. Níveis globais de tradução eucariótica são regulados por proteínas 4E-BP, que se ligam ao eIF4E e competem por sua habilidade de ligar-se a eIF4G, e por quinases eIF2α, que inibem a habilidade de eIF2 trocar GDP por GTP. A regulação da tradução de mRNAs eucarióticos específicos é, às vezes, mediada por pequenas uORFs que limitam o acesso da subunidade menor a uma ORF a jusante. Versões modificadas de ambos os mecanismos são adaptadas para regular genes específicos.

A tradução também é utilizada nas bactérias e nas células eucarióticas para monitorar a integridade dos mRNAs e eliminar mRNAs mutantes e seus produtos proteicos. Os mRNAs desprovidos de códons de término resultam na síntese de proteínas que são reconhecidas por proteases celulares e degradadas. mRNAs eucarióticos com um códon de término prematuro, com um ribossomo estagnado ou desprovidos de códons de término são detectados e o mRNA associado é degradado.

BIBLIOGRAFIA

Livros
Mathews M.B., Sonenberg N., and Hershey J.W.B. 2007. *Translational control in biology and medicine*. Cold Spring Harbor Laboratory Press, Cold Spring Harbor, New York.

tRNA e aminoacil-tRNA sintetases
Arnez J.G. and Moras D. 1997. Structural and functional considerations of the aminoacylation reaction. *Trends Biochem. Sci.* **2**: 189–232.

Ling J., Reynolds N., and Ibba I. 2009. Aminoacyl-tRNA synthesis and translational quality control. *Annu. Rev. Microbiol.* **63**: 61–78.

Ribossomo
Dunkle J.A., Wang L., Feldman M.B., Pulk A., Chen V.B., Kapral G.J., Noeske J., Richardson J.S., Blanchard S.C., and Cate J.H.D. 2011. Structures of the bacterial ribosome in classical and hybrid states of tRNA binding. *Science* **332**: 981–984.

Frank J. and Gonzalez R.L. 2010. Structure and dynamics of a processive Brownian motor: The translating ribosome. *Annu. Rev. Biochem.* **79**: 381–412.

Koronstelev A., Trakhanov S., Laurberg M., and Noller H.F. 2006. Crystal structure of a 70S ribosome–tRNA complex reveals functional interactions and rearrangements. *Cell* **126**: 1065–1077.

Moore P.B. and Steitz T.A. 2005. The ribosome revealed. *Trends Biochem. Sci.* **30**: 281–283.

Poehlsgaard J. and Douthwaite S. 2005. The bacterial ribosome as a target for antibiotics. *Nat. Rev. Microbiol.* **3**: 870–881.

Ramakrishnan V. 2002. Ribosome structure and the mechanism of translation. *Cell* **108**: 557–572.

Rodnina M.V., Beringer M., and Wintermeyer W. 2006. How ribosomes make peptide bonds. *Trends Biochem. Sci.* **32**: 20–26.

Selmer M., Dunham C.M., Murphy F.V., Weixlbaumer A., Petry S., Kelley A.C., Weir J.R., and Ramakrishnan V. 2006. Structure of the 70S ribosome complexed with mRNA and tRNA. *Science* **313**: 1935–1942.

Tradução
Balvay L., Soto Rifo R., Ricci E.P., Decimo D., and Ohlmann T. 2009. Structural and functional diversity of viral IRESes. *Biochim. Biophys. Acta* **1789**: 542–557.

Broderson D.E. and Ramakrishnan V. 2003. Shapes can be seductive. *Nat. Struct. Biol.* **10**: 78–80.

Dever T.E. and Green R. 2012. The elongation, termination, and recycling phases of translation in eukaryotes. *Cold Spring Harb. Perspect. Biol.* **4**: a013706.

Hernández G. 2008. Was the initiation of translation in early eukaryotes IRES-driven? *Trends Biochem. Sci.* **33**: 58–64.

Laursen B.S., Sorenson H.P., Mortenson K.K., and Sperling-Peterson H.U. 2005. Initiation of protein synthesis in bacteria. *Microbiol. Mol. Biol. Rev.* **60**: 101–123.

Nilsson J. and Nissen P. 2005. Elongation factors on the ribosome. *Curr. Opin. Struct. Biol.* **15**: 349–354. Nissen P., Kjeldgaard M., and Nyborg J. 2000. Macromolecular mimicry. *EMBO J.* **19**: 489–495.

Sonenberg N. and Hinnebusch A.G. 2009. Regulation of translation initiation in eukaryotes: Mechanisms and biological targets. *Cell* **136**: 731–745.

Weinger J.S., Parnell K.M., Forner S., Green R., and Strobel S.A. 2004. Substrate-assisted catalysis of peptide bond formation by the ribosome. *Nat. Struct. Mol. Biol.* **11**: 1101–1106.

Regulação da tradução
Gebauer F. and Hentze M.W. 2004. Molecular mechanisms of translational control. *Nat. Rev. Mol. Cell Biol.* **5**: 827–835.

Ingolia N.T., Ghaemmaghami S., Newman J.R.S., and Weissman J.S. 2009. Genome-wide analysis in vivo of translation with nucleotide resolution using ribosome profiling. *Science* **324**: 218–223.

Janssen B.D. and Hayes C.S. 2012. The tmRNA ribosome-rescue system. *Adv. Protein Chem. Struct. Biol.* **86**: 151–191.

Richter J.D. and Sonenberg N. 2006. Regulation of cap-dependent translation by eIF4E inhibitory proteins. *Nature* **433**: 477–480.

Shi W., Zhang X., Jiang X., Yuan H., Lee J.S., Barry C.E. 3rd, Wang H., Zhang W., and Zhang Y. 2011. Pyrazinamide inhibits *trans*-translation in *Mycobacterium tuberculosis*. *Science* **333**: 1630–1632.

van Hoof A. and Wagner E.J. 2011. A brief survey of mRNA surveillance. *Trends Biochem. Sci.* **36**: 585–592.

QUESTÕES

Para respostas de questões de número par, ver Apêndice 2: Respostas.

Questão 1. Compare as características de um mRNA procariótico com as de um mRNA eucariótico.

Questão 2. Descreva o significado da sequência 5'-CCA-3' presente na extremidade 3' de cada tRNA.

Questão 3. Escreva as equações para a primeira e a segunda etapas do carregamento do tRNA usando o aminoácido treonina e a treonil-tRNA sintetase. Escreva também a equação geral.

Questão 4. Escreva a equação para a edição do Ser-tRNA^{Thr} pela treonil-tRNA sintetase.

Questão 5. Explique como a tirosil-tRNA sintetase distingue entre a tirosina e a fenilalanina para evitar um erro no carregamento.

Questão 6. Em qual tRNA sintetase você esperaria encontrar um bolso de edição para hidrolisar um aminoacil-tRNA malcarregado com glicina? Explique sua escolha.

Questão 7. Múltiplos ribossomos podem traduzir o mesmo mRNA ao mesmo tempo. Descreva a vantagem disto para a célula.

Questão 8. Descreva um experimento que corrobora a afirmação de que é um rRNA, e não um componente proteico do ribossomo, que catalisa a reação da peptidiltransferase.

Questão 9. Explique de onde vem a energia para a formação da ligação peptídica.

Questão 10. Explique como os estudos estruturais revelaram como dois complexos procarióticos diferentes, EF-G-GDP e EF-Tu-GTP-tRNA, interagem com o sítio A do centro de decodificação em diferentes pontos durante o alongamento.

Questão 11. Calcule o gasto energético de nucleosídeos trifosfatos consumidos durante um ciclo de alongamento, após a conclusão do início. Descreva como o nucleosídeo trifosfato é utilizado.

Questão 12. Descreva um mecanismo geral para o modo como os antibióticos inibem a tradução e como eles têm células bacterianas como alvo específico.

Questão 13. Descreva dois mecanismos das células procarióticas para inibir o início da tradução como forma de regular a tradução.

Questão 14. A valil-tRNA sintetase (ValRS) normalmente adenilila e transfere valina para o tRNA^{Val}. Com alguma frequência, ValRS carrega erroneamente o tRNA^{Val} com treonina. Pesquisadores quiseram determinar quais aminoácidos do bolso de edição de ValRS eram importantes para editar o Thr-tRNA^{Val} malcarregado.

A. Por que a ValRS carrega erroneamente o tRNA^{Val} com treonina, em vez de outro aminoácido?

Para estudar os resíduos críticos do bolso de edição, os pesquisadores fizeram substituições de aminoácidos em diferentes posições do bolso de edição. Eles mediram a quantidade de Thr-tRNA^{Val} sintetizado ou de ATP consumido em uma reação de carregamento *in vitro* que incluiu uma ValRS mutante ou selvagem (WT, do inglês, *wild-type*). O mutante marcado F264A significa que a ValRS inclui uma alanina na posição 264, em vez de fenilalanina. Os dados estão apresentados a seguir.

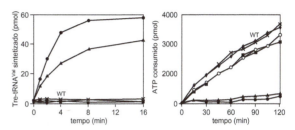

Atividades de enzimas de ValRS mutante. Selvagem, ◆; D279A, ●; K270A, ▲; outros mutantes mostrados como ■, ○, × e *. (Adaptada, com permissão, de Fukunaga R. e Yokoyama S. 2005. *J. Biol. Chem.* **280**: 29937-29945, Fig. 5 B,C, p. 29943. © The American Society for Biochemistry and Molecular Biology.)

B. Considerando os dados à esquerda, qual(is) mutante(s) provavelmente apresenta(m) perda(s) mais significativa(s) de função de edição em relação à ValRS selvagem? Por quê?

C. Explique por que o consumo de ATP é maior na ValRS selvagem em comparação à K270A ValRS.

CAPÍTULO 16

Código Genético

O CONCEITO DA TRANSFERÊNCIA DA INFORMAÇÃO DE UMA SEQUÊNCIA LINEAR na cadeia polinucleotídica, escrita em um alfabeto de quatro letras para a linguagem de 20 aminoácidos da cadeia polipeptídica, está no âmago do Dogma Central. Como já foi visto, a tradução da informação genética em sequências de aminoácidos ocorre nos ribossomos e é mediada por moléculas adaptadoras especiais chamadas RNAs transportadores (tRNAs). Esses tRNAs reconhecem grupos de três nucleotídeos consecutivos, conhecidos como códons. Como existem quatro nucleotídeos possíveis para cada posição, o número total de permutações para essas trincas é 64 ($4 \times 4 \times 4$), um valor excessivo em relação ao número de aminoácidos. Quais desses códons são responsáveis pela especificação de quais aminoácidos, e quais são as regras que controlam seu uso? Neste capítulo, os tópicos discutidos serão a natureza do código genético e a lógica subjacente, como o código foi "decifrado" e os efeitos das mutações sobre a capacidade codificadora do RNA mensageiro.

SUMÁRIO

O Código é Degenerado, 573

Três Regras Controlam o Código Genético, 582

As Mutações Supressoras Podem Estar no Mesmo Gene ou em Genes Diferentes, 584

O Código Genético é Quase Universal, 587

O CÓDIGO É DEGENERADO

A Tabela 16-1 lista todas as 64 permutações, sendo que a coluna da esquerda indica a base que está na extremidade 5' da trinca, a linha superior especifica a base do meio e a coluna da direita identifica a base na posição 3'. Uma das características mais notáveis do código é que 61 das 64 trincas possíveis especificam aminoácidos, e as três trincas restantes são sinais de término de cadeia (ver discussão a seguir). Isso quer dizer que muitos aminoácidos são especificados por mais de um códon, fenômeno chamado **degeneração**. Os códons que especificam um mesmo aminoácido são **sinônimos**. Por exemplo, UUU e UUC são sinônimos para a fenilalanina, enquanto a serina é codificada pelos sinônimos UCU, UCC, UCA, UCG, AGU e AGC. Na verdade, quando os dois primeiros nucleotídeos de dois códons são idênticos, o terceiro nucleotídeo pode ser uma citosina ou uma uracila, e o códon codificará o mesmo aminoácido. Frequentemente, a adenina e a guanina também são intercambiáveis. Entretanto, nem toda a degeneração baseia-se na equivalência dos dois primeiros nucleotídeos. A leucina, por exemplo, é codificada por UUA e UUG e também por CUU, CUC, CUA e CUG (Fig. 16-1). A degeneração dos códons, sobretudo a frequente equivalência da terceira base, da citosina com a uracila, e da guanina com a adenina, explica por que pode haver grande variação nas proporções AT/GC no DNA de diferentes organismos sem uma grande variação correspondente na proporção relativa dos aminoácidos de suas proteínas. (Por exemplo, os genomas de certas bactérias apresentam proporções AT/GC muito distintas e, no entanto, são

574 Parte 4 Expressão do Genoma

TABELA 16-1 Código genético

primeira posição (extremidade 5')	segunda posição U	segunda posição C	segunda posição A	segunda posição G	terceira posição (extremidade 3')
U	UUU Phe / UUC Phe / UUA Leu / UUG Leu	UCU / UCC / UCA / UCG Ser	UAU Tyr / UAC Tyr / UAA* término / UAG* término	UGU Cys / UGC Cys / UGA* término / UGG Trp	U / C / A / G
C	CUU / CUC / CUA / CUG Leu	CCU / CCC / CCA / CCG Pro	CAU His / CAC His / CAA Gln / CAG Gln	CGU / CGC / CGA / CGG Arg	U / C / A / G
A	AUU / AUC / AUA Ile / AUG† Met	ACU / ACC / ACA / ACG Thr	AAU Asn / AAC Asn / AAA Lys / AAG Lys	AGU Ser / AGC Ser / AGA Arg / AGG Arg	U / C / A / G
G	GUU / GUC / GUA / GUG Val	GCU / GCC / GCA / GCG Ala	GAU Asp / GAC Asp / GAA Glu / GAG Glu	GGU / GGC / GGA / GGG Gly	U / C / A / G

* Término da cadeia ou códons *nonsense*.
† Também usado em bactérias para especificar o iniciador formil-Met-tRNA^{fMet}.

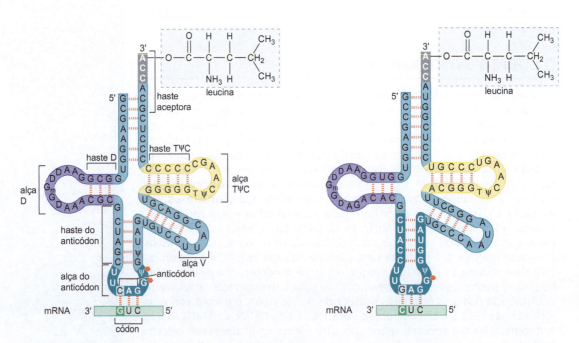

FIGURA 16-1 Pareamento códon-anticódon de duas moléculas de tRNA^{Leu}. As regiões principais das hastes e das alças da estrutura do tRNA (ver Cap. 14) são indicadas. Os pequenos hexágonos em vermelho, ligados à base G (à 3' do anticódon), denotam metilação nas posições N1 da base. Observa-se que o códon é apresentado na orientação 3' para 5'.

suficientemente relacionadas para codificar proteínas com sequências de aminoácidos extremamente semelhantes.)

Percepção da ordem na constituição do código

A observação da distribuição dos códons no código genético sugere que ele evoluiu de modo a minimizar os efeitos prejudiciais das mutações. Por exemplo, mutações na primeira posição do códon frequentemente resultarão em um aminoácido semelhante (ou até no mesmo). Além disso, os códons que possuem pirimidinas na segunda posição especificam, principalmente, aminoácidos hidrofóbicos, enquanto os que apresentam purinas na segunda posição correspondem, em sua maioria, a aminoácidos polares (ver Tab. 16-1 e Cap. 5, Fig. 5-4). Consequentemente, sendo as transições (substituições de A:T por G:C ou G:C por A:T) o tipo mais comum de mutações de ponto, uma alteração na segunda posição de um códon geralmente substituirá um aminoácido por outro muito semelhante. Finalmente, se um códon sofre uma mutação de transição na terceira posição, dificilmente será especificado um aminoácido diferente. Nesta posição, mesmo uma mutação de transversão não terá consequência em metade das vezes.

Outro aspecto engenhoso do código é que sempre que as duas primeiras posições de um códon forem ocupadas por G ou C, o aminoácido especificado será o mesmo, independentemente do nucleotídeo na terceira posição (como ocorre com prolina, alanina, arginina ou glicina). Por outo lado, sempre que as duas primeiras posições do códon forem ambas ocupadas por A ou U, a identidade do terceiro nucleotídeo será relevante para a codificação do aminoácido. Visto que pares de base G:C são mais fortes do que pares de base A:U, malpareamentos na terceira base do códon são frequentemente tolerados se as duas primeiras posições fizerem um pareamento G:C forte. Assim, o fato de qualquer um dos quatro nucleotídeos na terceira posição especificar o mesmo aminoácido pode ter evoluído como um mecanismo de segurança, para minimizar os erros de leitura de tais códons.

Oscilação no anticódon

Inicialmente, foi proposto que existiria um anticódon de tRNA específico para cada códon. Se assim fosse, haveria pelo menos 61 tRNAs diferentes e, possivelmente, mais três para os códons de término de cadeia. Entretanto, surgiram evidências de que espécies de tRNAs altamente purificados e com sequências conhecidas podiam reconhecer vários códons diferentes. Também foram descobertos alguns casos de anticódons contendo uma base incomum, a inosina, diferente das quatro bases usuais. Assim como todas as outras bases minoritárias do tRNA, a inosina é produzida por modificação enzimática de uma base presente em uma cadeia de tRNA já pronta. A inosina é formada pela desaminação do carbono 6 da adenina, gerando o grupo 6-ceto da inosina. (Na verdade, a inosina é um nucleosídeo composto por ribose e pela base hipoxantina, mas acabou por ser referida comumente como base, e será tratada aqui como tal.)

Em 1966, Francis Crick definiu o **conceito da oscilação** para explicar essas observações. Esse conceito afirma que a base da extremidade 5' do anticódon não está espacialmente tão restrita como as outras duas, o que lhe permite formar ligações de hidrogênio com diferentes bases localizadas na extremidade 3' de um códon. Nem todas as combinações são possíveis, estando os pareamentos restritos àqueles mostrados na Tabela 16-2. Por exemplo, na posição de oscilação, a base U pode parear com adenina ou guanina, enquanto a I pode parear com U, C ou A (Fig. 16-2). Os pareamentos permitidos pelas regras da oscilação são os que apresentam distância entre as duas riboses semelhante à distância observada nos pareamentos-padrão A:U ou G:C. Pares de purina-purina (com exceção de pares I:A) ou de pirimidina-pi-

TABELA 16-2 Combinações de pareamento de acordo com o conceito de oscilação

Base no anticódon	Base no códon
G	U ou C
C	G
A	U
U	A ou G
I	A, U ou C

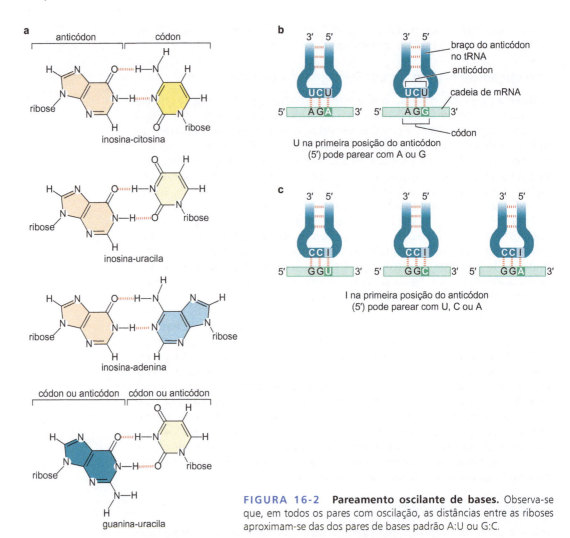

FIGURA 16-2 Pareamento oscilante de bases. Observa-se que, em todos os pares com oscilação, as distâncias entre as riboses aproximam-se das dos pares de bases padrão A:U ou G:C.

rimidina apresentariam, respectivamente, distâncias muito longas ou muito curtas entre as riboses.

As regras da oscilação não permitem que uma única molécula de tRNA reconheça quatro códons diferentes. Três códons podem ser reconhecidos, mas apenas quando a inosina ocupar a primeira posição (5') do anticódon.

Quase todas as evidências compiladas desde 1966 sustentam o conceito de oscilação. Por exemplo, o conceito previu, acertadamente, a existência de pelo menos três tRNAs para os seis códons de serina (UCU, UCC, UCA, UCG, AGU e AGC). Os outros dois aminoácidos (leucina e arginina) codificados por seis códons também possuem diferentes tRNAs para os conjuntos de códons que diferem na primeira ou na segunda posição.

Na estrutura tridimensional do tRNA, as três bases do anticódon – bem como as duas bases seguintes na alça do anticódon (3') – apontam, aproximadamente, para a mesma direção, e suas conformações exatas são determinadas em grande parte por interações de empilhamento entre as superfícies planares das bases (Fig. 16-3). Portanto, a primeira base do anticódon (5') está no fim do empilhamento e, talvez, apresente menos restrições de movimento do que as outras duas bases do anticódon – daí a oscilação na terceira posição (3') do códon. Em contrapartida, a terceira base do anticódon (3') não apenas está no meio do empilhamento, como também vizinha a um resíduo volumoso de

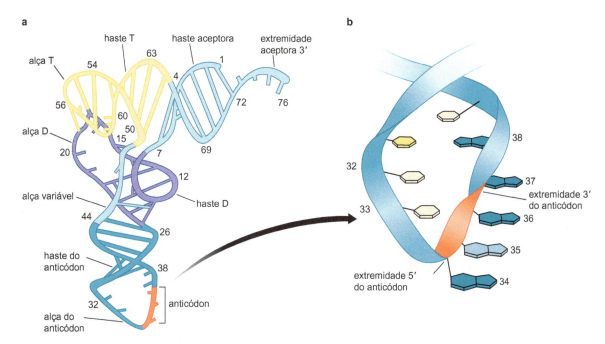

FIGURA 16-3 **Estrutura do tRNA^{Phe} de leveduras.** (a) Imagem da molécula em formato de L com base em dados de difração de raios X. (b) Detalhe da alça do anticódon. Bases do anticódon (34 a 36) são mostradas em vermelho. O anticódon e as duas bases seguintes (37 e 38) do lado 3' estão parcialmente empilhadas. Observa-se que a base na extremidade 5' do anticódon está mais livre para oscilar do que a base completamente limitada na extremidade 3' do anticódon. (Adaptada de Kim S.H. et al. 1974. *Proc. Natl. Acad. Sci.* 71: 4970.)

purina modificada. Por isso, a restrição de seus movimentos explica por que a oscilação na primeira posição (5') do códon não ocorre.

Três códons determinam o término da cadeia

Viu-se que três códons não têm correspondência com aminoácidos. Em vez disso, eles determinam o término da cadeia. Como foi discutido no Capítulo 14, os códons de término de cadeia, UAA, UAG e UGA, não são lidos por tRNAs especiais, mas por proteínas específicas conhecidas como fatores de liberação (RF1 e RF2 em bactérias e eRF1 em eucariotos). Os fatores de liberação entram no sítio A do ribossomo e promovem a hidrólise do peptidil-tRNA, que ocupa o sítio P, resultando na liberação da proteína recém-sintetizada.

Como o código foi decifrado

A atribuição de aminoácidos a códons específicos é uma das maiores conquistas da história da biologia molecular (ver Cap. 2 para uma narrativa histórica). Como essas atribuições foram feitas? Por volta de 1960, havia sido estabelecido um panorama geral de como o RNA mensageiro (mRNA) participa da síntese proteica. Entretanto, havia pouco otimismo quanto à obtenção rápida de um conhecimento detalhado sobre o código genético em si. Acreditava-se que a identificação dos códons para um determinado aminoácido exigiria o conhecimento exato das sequências nucleotídicas de um gene e da ordem correspondente dos aminoácidos no seu produto proteico. Na época, embora o processo de elucidação da sequência de aminoácidos em uma proteína fosse trabalhoso, era muito eficiente. Os métodos de determinação de sequências de DNA então existentes, por outro lado, eram muito primitivos. Felizmente, esse aparente obstáculo não bloqueou o progresso dessas descobertas. Em 1961, apenas um ano após a descoberta do mRNA, o uso de RNAs mensageiros artificiais e a disponibilidade de sistemas livres de células para síntese proteica possibilitaram o início da decifragem do código (ver Cap. 2).

Estimulação da incorporação de aminoácidos por mRNAs sintéticos

Alguns bioquímicos verificaram que os extratos preparados a partir de células de *Escherichia coli* ativamente envolvidas em síntese proteica eram capazes de incorporar aminoácidos radioativamente marcados às proteínas. Nesses extratos, a síntese proteica ocorria rapidamente por alguns minutos e depois diminuía, gradualmente, até cessar. Durante este período, havia perda correspondente de mRNA, por ação de enzimas de degradação presentes no extrato. Entretanto, a adição de novos mRNAs aos extratos que haviam cessado a síntese de proteínas provocavam imediata restauração da síntese.

A dependência da adição de mRNAs externos apresentada pelos extratos celulares proporcionou uma oportunidade para elucidar a natureza do código, por meio do uso de polirribonucleotídeos sintéticos. Estes moldes sintéticos foram criados por meio da utilização da enzima polinucleotídeo fosforilase, que catalisa a reação

$$[XMP]_n + XDP \rightleftharpoons [XMP]_{n+1} + ⓟ,$$ [Equação 16-1]

em que X representa a base e $[XMP]_n$ representa um RNA com n nucleotídeos de comprimento.

Normalmente, a polinucleotídeo fosforilase é responsável pela degradação do RNA e, em condições fisiológicas, favorece sua degradação em nucleosídeos difosfatos. Entretanto, em altas concentrações de nucleosídeos difosfatos, essa enzima pode catalisar a formação de ligações fosfodiéster 3' → 5' entre nucleotídeos, produzindo moléculas de RNA (Fig. 16-4). Na síntese de RNA por essa enzima, não são necessários moldes de DNA ou de RNA; a composição de bases do produto sintético depende inteiramente da proporção dos diferentes ribonucleotídeos difosfatos presentes na reação. Por exemplo, quando se usa apenas o difosfato de adenosina, o RNA resultante contém apenas o ácido adenílico e, por isso, é chamado de **ácido poliadenílico** ou **poli(A)**. Da mesma maneira, é possível fazer poli(U), poli(C) e poli(G). A adição de dois ou mais difosfatos diferentes produz copolímeros mistos, como poli(AU), poli(AC), poli(CU) e poli(AGCU). Em todos eles, as sequências das bases são relativamente aleatórias, sendo as frequências dos vizinhos mais próximos determinadas apenas pelas con-

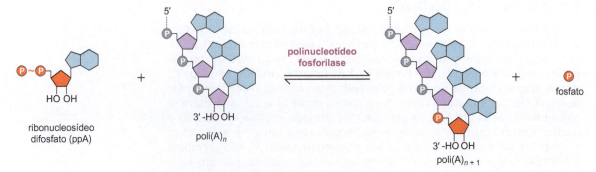

FIGURA 16-4 Reação de polinucleotídeo fosforilase. A figura apresenta as reações reversíveis de síntese e degradação do ácido poliadenílico, catalisadas pela enzima polinucleotídeo fosforilase.

centrações relativas dos reagentes. Por exemplo, as moléculas de poli(AU) contendo o dobro de concentração de As do que de Us terão sequências como UAAUAUAAAUAAUAAAAUAUU....

Uma poli(U) codifica uma polifenilalanina

Sob condições adequadas, *in vitro*, quase todos os polímeros sintéticos se ligarão a ribossomos e funcionarão como moldes. Por sorte, nos primeiros experimentos foram usadas altas concentrações de magnésio. Isso dispensa a necessidade de fatores de início e do iniciador especial fMet-tRNA, permitindo que a formação de cadeia ocorra sem a presença dos sinais adequados no mRNA. Uma sequência poli(U) foi o primeiro polirribonucleotídeo sintético a ter sua atividade de mRNA desvendada. Ela seleciona somente moléculas de fenilalanil-tRNA, formando uma cadeia polipeptídica composta apenas por fenilalaninas (uma polifenilalanina). Portanto, um códon de fenilalanina é composto por um grupo de três resíduos de ácido uridílico, UUU. (Por meio de experimentos genéticos, já se sabia que um códon é formado por três nucleotídeos, conforme indicado nos Caps. 2 e 7, e a seguir.) Com base em experimentos análogos com poli(C) e poli(A), o CCC foi identificado como códon da prolina e o AAA, como códon da lisina. Infelizmente, este tipo de experimento não revelou o aminoácido especificado por GGG. Na poli(G), os resíduos de guanina fazem ligações de hidrogênio muito firmes entre si, formando hélices com fitas triplas que não se ligam a ribossomos.

Os copolímeros mistos permitiram a identificação de códons adicionais

As moléculas de poli(AC) podem conter oito códons diferentes – CCC, CCA, CAC, ACC, CAA, ACA, AAC e AAA –, cujas proporções variam conforme a razão A/C. Quando os copolímeros AC se ligam aos ribossomos, determinam a incorporação de asparagina, glutamina, histidina e treonina – além da prolina, previamente atribuída ao códon CCC, e da lisina, previamente atribuída ao códon AAA. As proporções dos aminoácidos incorporadas ao produto polipeptídico dependem da proporção A/C. Desta maneira, um copolímero AC contendo muito mais As do que Cs promove a incorporação de diversos resíduos de asparagina a mais do que de histidina, levando à conclusão de que a asparagina é codificada por duas As e uma C e de que a histidina é codificada por duas Cs e uma A (Tab. 16-3). Experimentos similares com outros copolímeros permitiram várias outras identificações. Esses experimentos, entretanto, não revelavam a ordem dos diversos nucleotídeos no códon. Não há como saber, por meio de copolímeros formados ao acaso, se o códon de histidina que contém duas Cs e uma A está ordenado como CCA, CAC ou ACC.

Ligação do RNA transportador a códons definidos de trinucleotídeos

Um método direto de ordenar os nucleotídeos dentro de alguns códons foi desenvolvido em 1964. Esse método baseava-se no fato de que, mesmo na ausência dos fatores necessários para a síntese proteica, determinadas moléculas de aminoacil-tRNA podem ligar-se aos complexos ribossomo-mRNA. A poli(U), por exemplo, quando misturada a ribossomos, resulta na ligação do fenilalanil-tRNA, apenas. Da mesma maneira, a poli(C) promove a ligação do prolil-tRNA. O mais importante é que essa ligação específica não exige a presença de longas moléculas de mRNA. Na verdade, basta que um trinucleotídeo se ligue a um ribossomo. A adição do trinucleotídeo UUU resulta na ligação do fenilalanil-tRNA, enquanto a adição de AAA resulta na ligação específica apenas do lisil-tRNA aos ribossomos. A descoberta desse efeito dos

TABELA 16-3 Incorporação dos aminoácidos em proteínas

Aminoácido	Incorporação de aminoácido observada	Tentativas de atribuição de códons	Frequência de trincas calculada				Soma da frequência de trincas calculada
			3A	2A1C	1A1C	3C	
Poli(AC) (5:1)							
Asparagina	24	2A1C		20			20
Glutamina	24	2A1C		20			20
Histidina	6	1A2C			4,0		4
Lisina	100	3A	100				100
Prolina	7	1A2C, 3C			4,0	0,8	4,8
Treonina	26	2A1C, 1A2C		20	4,0		24
Poli(AC) (1:5)							
Asparagina	5	2A1C		3,3			3,3
Glutamina	5	2A1C		3,3			3,3
Histidina	23	1A2C			16,7		16,7
Lisina	1	3A	0,7				0,7
Prolina	100	1A2C, 3C			16,7	83,3	100
Treonina	21	2A1C, 1A2C		3,3	16,7		20

A incorporação de aminoácidos em proteínas foi observada após a adição de copolímeros aleatórios de A e C em um extrato livre de células. A incorporação é dada como uma porcentagem da incorporação máxima de um único aminoácido. A proporção de copolímeros foi, então, usada para calcular a frequência com a qual um dado códon apareceria no produto polinucleotídico. As frequências relativas dos códons são uma função da probabilidade de que um determinado nucleotídeo ocorrerá em uma dada posição de um códon. Por exemplo, quando a proporção de A/C for de 5:1, a proporção de AAA/AAC = 5 × 5 × 5:5 × 5 × 1 = 125:25. Se for atribuída ao códon 3A uma frequência de 100, então os códons 2A e 1C terão uma frequência atribuída de 20. Ao correlacionar as frequências relativas de incorporação de aminoácidos com as frequências calculadas com as quais determinados códons aparecem, pode-se fazer tentativas de atribuição de códons.

trinucleotídeos permitiu a determinação da ordem dos nucleotídeos em muitos códons, de maneira relativamente fácil. Por exemplo, o trinucleotídeo 5'-GUU-3' promove a ligação do valil-tRNA, o 5'-UGU-3', do cisteinil-tRNA e o 5'-UUG-3' causa a ligação de leucil-tRNA (Tab. 16-4). Apesar de todos os 64 trinucleotídeos possíveis terem sido sintetizados, na expectativa de identificar definitivamente a ordem em cada códon, nem todos os códons puderam ser identificados assim. Alguns trinucleotídeos ligam-se aos ribossomos com eficiência muito menor do que UUU ou GUU, tornando impossível saber se eles codificam aminoácidos específicos.

TABELA 16-4 Ligação de moléculas de aminoacil-tRNA a complexos trinucleotídeo-ribossomo

Trinucleotídeo						AA-tRNA ligados
5'-UUU-3'	UUC					Fenilalanina
UUA	UUG	CUU	CUC	CUA	CUG	Leucina
AAU	AUC	AUA				Isoleucina
AUG						Metionina
GUU	GUC	GUA	GUG	UCU[a]		Valina
UCU	UCC	UCA	UCG			Serina
CCU	CCC	CCA	CCG			Prolina
AAA	AAG					Lisina
UGU	UGC					Cisteína
GAA	GAG					Ácido glutâmico

AA, aminoacil.
[a]Observa-se que este códon foi mal atribuído por este método.

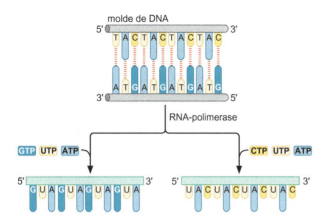

FIGURA 16-5 Preparação de oligorribonucleotídeos. Combinando a síntese orgânica com a síntese de DNA pela DNA-polimerase I, é gerado um DNA de dupla-fita com sequências de repetição simples. A partir dele, a RNA-polimerase sintetizará longos polirribonucleotídeos, correspondentes a uma das fitas de DNA, dependendo do ribonucleotídeo trifosfatado escolhido para ser adicionado à mistura reagente.

Identificação de códons por meio de copolímeros de repetição

Ao mesmo tempo em que a técnica de ligação de trinucleotídeos tornava-se disponível, técnicas enzimáticas e de química inorgânica também estavam sendo usadas para preparar polirribonucleotídeos sintéticos com sequências de repetição conhecidas (Fig. 16-5). Os ribossomos começam a síntese proteica em pontos aleatórios ao longo desses copolímeros regulares; apesar disso, eles incorporam os aminoácidos específicos aos polipeptídeos. Por exemplo, a sequência repetida CUCUCUCU... é o mensageiro de um polipeptídeo regular composto por resíduos alternados de leucina e serina. Igualmente, UGUGUG... promove a síntese de um polipeptídeo contendo dois aminoácidos alternados, cisteína e valina. E ACACAC... resulta na síntese de um polipeptídeo que alterna treonina e histidina. O copolímero formado pela sequência trinucleotídica AAG (AAGAAGAAG) dirige a síntese de três tipos de polipeptídeos: polilisina, poliarginina e ácido poliglutâmico. A poli(AUC) comporta-se da mesma maneira, atuando como molde para poli-isoleucina, polisserina e poli-histidina (Tab. 16-5). Outras identificações foram obtidas com sequências repetidas de tetranucleotídeos.

TABELA 16-5 Atribuição de códons usando copolímeros repetidos construídos a partir de dois ou três nucleotídeos

Copolímero	Códons reconhecidos	Aminoácidos incorporados ou polipeptídeo gerado	Atribuição de códon
(CU)$_n$	CUC|UCU|CUC...	Leucina	5'-CUC-3'
		Serina	UCU
(UG)$_n$	UGU|GUG|UGU...	Cisteína	UGU
		Valina	GUG
(AC)$_n$	ACA|CAC|ACA...	Treonina	ACA
		Histidina	CAC
(AG)$_n$	AGA|GAG|AGA...	Arginina	AGA
		Glutamina	GAG
(AUC)$_n$	AUC|AUC|AUC...	Poli-isoleucina	AUC
	UCA|UCA|UCA...	Polisserina	UCA
	CAU|CAU|CAU...	Poli-histidina	CAU

A soma de todas essas observações permitiu a especificação dos aminoácidos correspondentes a 61 dos 64 códons possíveis (ver Tab. 16-1), sendo que os três códons de término de cadeia remanescentes – UAG, UAA e UGA – não especificavam aminoácidos. (Observa-se que, como discutido no capítulo anterior, no contexto especial do início da tradução de *E. coli*, o AUG usado como códon de início especifica uma N-formil metionina em vez de sua codificação comum de metionina.)

TRÊS REGRAS CONTROLAM O CÓDIGO GENÉTICO

O código genético está sujeito a três regras que regulam a organização e o uso dos códons no RNA mensageiro. A primeira regra sustenta que os códons são lidos da direção 5' para 3'. Assim, em princípio e como exemplo, a sequência codificadora do dipeptídeo NH_2-Thr-Arg-COOH poderia ser escrita como 5'-ACGCGA-3' (onde 5'-ACG-3' é um códon de treonina e 5'-CGA-3' é um códon de arginina) ou como 3'-GCAAGC-5', onde os códons estão escritos na mesma ordem que antes, mas com orientação oposta à original. Entretanto, como o RNA mensageiro é traduzido na direção 5' para 3', apenas a primeira sequência codificadora está correta; se a outra fosse traduzida na direção 5' para 3', o peptídeo resultante seria NH_2-Arg-Thr-COOH e não NH_2-Thr-Arg-COOH.

A segunda regra estabelece que os códons não são sobrepostos e a mensagem não contém interrupções. Isso quer dizer que os códons sucessivos são representados por trinucleotídeos adjacentes, em ordem. Assim, a sequência codificadora do tripeptídeo NH_2-Thr-Arg-Ser-COOH é representada por três trincas contínuas e não sobrepostas na sequência 5'-ACGCGAUCU-3'.

A terceira regra estabelece que a mensagem é traduzida em uma fase de leitura fixa, determinada pelo códon de início. Relembrando o Capítulo 14, a tradução tem início em um códon de início, localizado na extremidade 5' de uma sequência codificadora. Como os códons não se sobrepõem e consistem em três nucleotídeos consecutivos, um segmento de nucleotídeos poderia, em princípio, ser traduzido em qualquer uma das três fases de leitura. A fase que será utilizada para síntese da proteína é determinada pelo códon de início. Assim, a sequência 5'...ACGACGACGACGACGACG...3', por exemplo, poderia ser traduzida como uma série de códons de treonina (5'-ACG-3'), uma série de códons de arginina (5'-CGA-3') ou uma série de códons de aspartato (5'-GAC-3'), dependendo da fase do códon de início a montante.

Três tipos de mutações de ponto alteram o código genético

Agora que já foi abordada a natureza do código genético, será revista a questão de como a sequência codificadora de um gene é alterada por mutações pontuais (ver Cap. 9). Uma alteração que modifica um códon específico de um aminoácido para um códon específico de outro aminoácido é chamada **mutação de troca de sentido** (do inglês, *missense*). Consequentemente, um gene portador de uma mutação de troca de sentido produz uma proteína na qual um único aminoácido foi substituído por outro, como no clássico exemplo da doença genética humana anemia falciforme, na qual o glutamato da posição 6 da cadeia de β-globina, uma das subunidades da hemoglobina, foi substituído por uma valina.

Um efeito mais drástico resulta de uma alteração que provoca a formação de um códon de término, conhecida como **mutação sem sentido** (do inglês, *nonsense*) ou **de término**. Quando surge uma mutação sem sentido no meio de uma mensagem genética, um polipeptídeo incompleto devido ao término prematuro da cadeia é liberado do ribossomo. O tamanho da cadeia polipeptídica incompleta depende da localização da mutação sem sentido. As mutações que ocorrem mais próximas ao início do gene resultam em polipeptídeos muito curtos, enquanto as mutações mais próximas do fim produzem cadeias polipeptídicas com comprimentos quase normais. Como foi visto no Capítulo 14, nas células eucarióticas, os mRNAs que contêm um códon de término prematuro são rapidamente degradados por um processo conhecido como decaimento do mRNA mediado por *nonsense*.

O terceiro tipo de mutação de ponto é a **mutação de alteração de fase**. Estas são inserções ou deleções de um ou alguns pares de bases que alteram a fase de leitura. Considere-se uma repetição consecutiva da sequência GCU, em uma fase que seria lida como uma sucessão de códons de alanina (para melhor entendimento, os códons foram artificialmente separados por um espaço, mas, em um RNA mensageiro de verdade, eles seriam naturalmente contínuos):

```
      Ala  Ala  Ala  Ala  Ala  Ala  Ala  Ala
5'- GCU  GCU  GCU  GCU  GCU  GCU  GCU  GCU-3'
```

Agora imagine a inserção de uma A na mensagem, que produzirá um códon de serina (AGC) no sítio da inserção. A alteração de fase faz as trincas a jusante da inserção serem lidas como cisteínas:

```
      Ala  Ala  Ser  Cys  Cys  Cys  Cys  Cys
5'- GCU  GCU  AGC  UGC  UGC  UGC  UGC  UGC-3'
```

Portanto, a inserção (ou, da mesma forma, a deleção) de uma única base altera drasticamente a capacidade de codificação da mensagem, não apenas no local da inserção, como também na mensagem após a mutação, como um todo. Da mesma maneira, a inserção (ou a deleção) de duas bases causaria o deslocamento de toda a sequência codificadora a partir das inserções, para uma fase de leitura diferente.

Finalmente, considere-se o caso de uma inserção de três bases extras em uma mensagem, em posições próximas. É obvio que o trecho da mensagem abrangido pelas três inserções será drasticamente alterado, mas, como o código é lido em unidades de três, o mRNA a jusante das três bases inseridas estará em sua fase de leitura correta e, portanto, completamente inalterado:

```
     Ala  Ala  Ser  Cys  Met  Leu  His  Ala  Ala  Ala
5'- GCU  GCU  AGC  UGC  AUG  CUG  CAU  GCU  GCU  GCU-3'
```

A prova genética de que o código é lido em unidades de três

O exemplo precedente é a lógica de um experimento clássico de Francis Crick, Sydney Brenner e colaboradores, com o bacteriófago T4. Esse experimento estabeleceu, com base exclusivamente genética (i.e., sem qualquer evidência bioquímica ou molecular), que o códon é lido em unidades de três. Foram realizados cruzamentos genéticos para criar um fago mutante contendo três mutações de inserção de um par de base cada, em posições próximas e no mesmo gene. Naturalmente, as três inserções alterariam um pequeno segmento de códons, mas a proteína codificada pelo gene em questão (chamado *rII*) era capaz de tolerar essa alteração local em sua sequência de aminoácidos. Esse achado indicava que a capacidade codificadora geral do gene tinha permanecido essencialmente inalterada apesar da presença de três mutações, sendo que, cada uma delas sozinha, ou cada duas delas juntas, teriam alterado gravemente a fase de leitura da mensagem genética (e inativado seu produto proteico). Como o gene conseguia tolerar três inserções, mas não uma nem duas (e também não quatro), o código genético tem de ser lido em unidades de três. Ver Capítulos 2 e 22 para uma discussão sobre as figuras históricas que demonstraram que o código é lido em conjuntos de três unidades e para a descrição do papel do bacteriófago T4 como sistema-modelo para a elucidação da natureza do código.

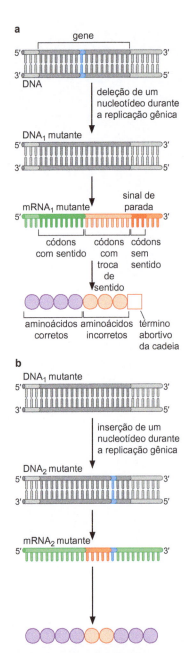

FIGURA 16-6 Supressão de mutações de alteração de fase. (a) Uma deleção em uma sequência nucleotídica codificadora pode resultar em uma cadeia polipeptídica incompleta e inativa. (b) O efeito da deleção, apresentado no painel a, pode ser anulado por uma segunda mutação, uma inserção na sequência codificadora. Essa inserção resulta na produção de uma cadeia polipeptídica completa, com duas substituições de aminoácidos. Conforme a alteração na sequência, a proteína pode ser parcial ou completamente ativa.

AS MUTAÇÕES SUPRESSORAS PODEM ESTAR NO MESMO GENE OU EM GENES DIFERENTES

Frequentemente, os efeitos de mutações prejudiciais podem ser revertidos por uma segunda alteração genética. Algumas dessas mutações subsequentes são fáceis de entender, sendo simples **mutações reversas** (**de retorno**), que fazem uma sequência nucleotídica alterada retornar ao seu arranjo original. Mais difíceis de entender são as mutações que ocorrem em diferentes lugares do cromossomo que suprimem a alteração devido a uma mutação no sítio A, ao produzir uma alteração genética adicional no sítio B. Estas **mutações supressoras** dividem-se em duas categorias: as que ocorrem no mesmo gene que a mutação original, mas em um sítio diferente do gene (**supressão intragênica**), e as que ocorrem em outro gene (**supressão intergênica**). Os genes que causam supressão de mutações em outros genes são denominados **genes supressores**. Ambos os tipos de supressão considerados aqui resultam na produção de cópias ativas (ou parcialmente ativas) da proteína inativada por uma mutação prejudicial original. Por exemplo, se a primeira mutação tiver causado a produção de cópias inativas de uma das enzimas envolvidas na síntese de arginina, a mutação supressora permite que a arginina seja produzida, restaurando a síntese de algumas cópias ativas dessa mesma enzima. Entretanto, os mecanismos pelos quais as mutações supressoras intergênicas e intragênicas causam a restauração da síntese são completamente diferentes.

Como exemplo de supressão intragênica, considere-se o caso de uma mutação de troca de sentido. Às vezes, seu efeito pode ser revertido por outra mutação de troca de sentido no mesmo gene. Nestes casos, a perda da atividade enzimática original é devida a uma alteração na configuração tridimensional original, resultante da presença de um aminoácido incorreto na sequência proteica. Uma segunda mutação de troca de sentido no mesmo gene pode restaurar a configuração original na área da parte funcional da molécula e, assim, restabelecer a atividade biológica. A Figura 16-6 apresenta outro exemplo de supressão intragênica, desta vez em um caso de mutação de alteração de fase.

A supressão intergênica envolve tRNAs mutantes

Os genes supressores não agem alterando a sequência nucleotídica de um gene mutante. Em vez disso, eles modificam a maneira como o molde de mRNA é lido. Um dos exemplos mais bem conhecidos de mutações supressoras são os genes mutantes de tRNA que suprimem os efeitos das mutações sem sentido em genes que codificam proteínas (embora tRNAs mutantes que suprimem as mutações de troca de sentido e de alteração de fase também sejam conhecidos). Em *E. coli*, há genes supressores conhecidos para cada um dos três códons de término. Eles atuam lendo um códon de término como se fosse um sinal para um aminoácido específico. Por exemplo, existem três genes bem-caracterizados que suprimem o códon UAG. Um deles insere a serina, outro, a glutamina e o terceiro, a tirosina na posição do códon sem sentido. Em cada um desses três mutantes supressores de UAG, o anticódon do tRNA específico para cada um desses aminoácidos foi alterado. Por exemplo, a tirosina supressora deriva de uma mutação no gene do tRNA^{Tyr}, cujo anticódon muda de GUA (3'-AUG-5') para CUA (3'-AUC-5'), o que lhe permite reconhecer os códons UAG (Fig. 16-7). Os tRNAs supressores de serina e glutamina também surgem por alterações de uma base em seus anticódons.

A descoberta de que células com supressores sem sentido continham tRNAs alterados por mutações levou à seguinte questão: como os códons correspondentes aos tRNAs alterados poderiam continuar sendo lidos normalmente? No caso do supressor UAG da tirosina, a resposta provém da descoberta de que há três genes diferentes que codificam o tRNA^{Tyr}. Um deles codifica o tipo principal do tRNA^{Tyr}, enquanto os outros dois são genes duplicados, que

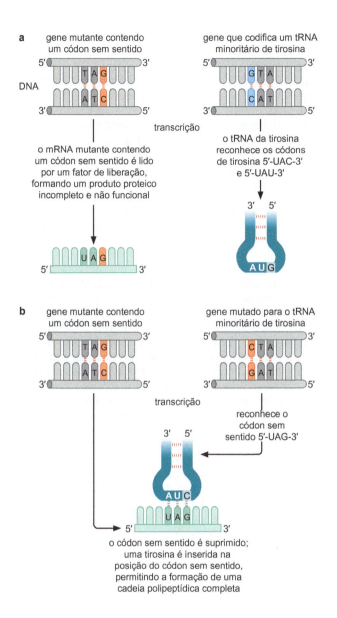

FIGURA 16-7 Supressão de mutação sem sentido. A figura demonstra como um tipo minoritário de tRNA para tirosina atua para suprimir um códon sem sentido no mRNA.

codificam tipos presentes em menores quantidades. Um dos dois genes duplicados é sempre o sítio da mutação supressora. Esse dilema não existe na supressão de UGA, mediada por uma forma mutante do tRNA^{Trp}; o supressor tRNA^{Trp} conserva sua capacidade de ler os códons UGG (triptofano) e também é capaz de reconhecer o códon de término UGA. Isso é possível porque o anticódon foi alterado de CCA (3'-ACC-5') no tipo selvagem, para UCA (3'-ACU-5') no tRNA^{Trp} mutante e, como se viu, as leis da oscilação permitem que uma U na posição 5' do anticódon reconheça A ou G na posição 3' do códon.

Os supressores de mutações sem sentido também leem os sinais normais de término

A supressão da falta de sentido pode ser vista como uma competição entre o tRNA supressor e o fator de liberação. Quando um códon de término ocupa o sítio A do ribossomo, poderá ocorrer a continuidade da leitura ou o término da cadeia polipeptídica, dependendo de qual molécula chegar primeiro. A supressão dos códons UAG é eficiente. Na presença do tRNA supressor, mais de metade dos sinais de término de cadeia são lidos como códons que especificam aminoácidos. *E. coli* é capaz de tolerar a leitura incorreta do códon de término UAG, porque ele é pouco usado como terminador de cadeia no fim de fases abertas de leitura. A supressão do códon UAA, ao contrário, geralmente tem incidência de 1 a 5% e as células mutantes que produzem tRNAs supressores de UAA apresentam baixa proliferação. Isso é esperado, uma vez que UAA é frequentemente usado como códon de término de cadeia, e seu reconhecimento por um tRNA supressor resultaria na produção de diversos polipeptídeos aberrantes, excessivamente longos.

Confirmação da validade do código genético

Como foi visto, o código foi desvendado por meio de métodos bioquímicos que utilizavam sistemas livres de células para sintetizar proteínas. Mas os biólogos moleculares geralmente duvidam dos resultados de métodos baseados apenas em análises *in vitro*. Como se pode ter certeza de que o código apresentado na Tabela 16-1 é verdadeiro para células vivas? Obviamente, na era do sequenciamento de DNA em larga escala, em que foram determinadas as sequências nucleotídicas inteiras dos genomas de diversos organismos, desde bactérias até o ser humano, o código genético não só foi validado como também provou ser praticamente universal (ver discussão a seguir). De qualquer modo, um experimento clássico e esclarecedor, realizado em 1966, ajudou a validar o código genético bem antes de o sequenciamento de DNA ser possível. Esse experimento baseava-se na construção, por recombinação genética, de um gene mutante do fago T4 contendo um par mutuamente supressor de mutações por inserção e por deleção (semelhante ao exemplo mostrado na Fig. 16-6). O gene em questão codificava uma enzima de degradação da parede celular chamada lisozima, escolhida por ser pequena, fácil de purificar e por apresentar uma sequência de aminoácidos conhecida. A estratégia experimental era comparar a sequência de aminoácidos da proteína duplamente mutante com a da lisozima selvagem.

Quando as sequências de aminoácidos das proteínas de tipos mutante (...NH$_2$—Thr Lys **Val His His Leu Met** Ala Ala Lys—COOH...) e selvagem (...NH$_2$—Thr Lys **Ser Pro Ser Leu Asn** Ala Ala Lys—COOH...) foram comparadas, observou-se que diferiam em um trecho de cinco aminoácidos (realçados em negrito). Esta observação sugeria que as mutações de inserção e deleção haviam embaralhado um trecho curto de códons no mensageiro do mutante. O conhecimento do consequente efeito dos códons embaralhados sobre a sequência de aminoácidos da proteína estabelecia restrições importantes à natureza do código genético. Especificamente, se o código genético conforme elucidado por experimentos bioquímicos é válido, então deveria ser possível identificar um conjunto de códons na sequência selvagem Ser Pro Ser Leu Asn que, estando alinhado adequadamente e contendo uma inserção em uma das extremidades e uma deleção na outra, especificaria a sequência de aminoácidos mutante. De fato, esta solução existe e requer uma deleção de um nucleotídeo na extremidade 5' da sequência codificadora e a inserção de um nucleotídeo na extremidade 3':

NH$_2$—Lys	**Ser**	**Pro**	**Ser**	**Leu**	**Asn**	Ala—COOH
5'—AAA	AGU	CCA	UCA	CUU	AAU	GC—3'
5'—AAA	GUC	CAU	CAC	UUA	AUG	GC—3'
NH$_2$—Lys	**Val**	**His**	**His**	**Leu**	**Met**	Ala—COOH

Como se pode ver, a solução verifica várias atribuições de códons e demonstra que mais de um códon sinônimo é usado para especificar o mesmo aminoácido *in vivo* (p. ex., 5'-CAU-3' e 5'-CAC-3' para histidina). Por último, e também importante, essa solução confirma que a tradução ocorre na direção 5' para 3'. (Sugestão: veja se você consegue obter as duas sequências de aminoácidos na ordem NH_2 para COOH, alinhando cada códon de sua solução na orientação 3' para 5'.)

O CÓDIGO GENÉTICO É QUASE UNIVERSAL

Os resultados dos sequenciamentos em grande escala de diversos genomas confirmaram a esperada universalidade do código genético. Isso teve enorme impacto sobre a compreensão acerca da evolução, pois possibilita a comparação direta de sequências codificadoras de proteínas em quaisquer organismos que tenham alguma sequência genômica disponível. Como será visto no Capítulo 21, dispõe-se de programas de computador poderosos, capazes de pesquisar e identificar similaridades entre possíveis sequências codificadoras, em uma ampla variedade de organismos. A universalidade do código também ajudou na criação da engenharia genética, ao tornar possível a expressão de cópias clonadas de genes que codificam produtos proteicos benéficos em organismos hospedeiros substitutos, como a produção da insulina humana em bactérias (ver Cap. 21).

Para compreender a natureza conservativa do código, considere o que aconteceria se uma mutação alterasse o código genético. Essa mutação poderia, por exemplo, alterar a sequência da molécula do tRNA da serina correspondente a UCU, fazendo ela passar a reconhecer sequências UUU. Em células haploides, com um único gene dirigindo a produção de $tRNA^{Ser}$, essa mutação seria letal, porque a serina não seria inserida em muitas posições normais das proteínas. Mesmo que houvesse mais de um gene para $tRNA^{Ser}$ (como nas células diploides), este tipo de mutação continuaria sendo letal, porque causaria a substituição simultânea de diversos resíduos de fenilalanina por serina nas proteínas da célula.

Tendo em vista o que foi discutido anteriormente, foi completamente inesperada a descoberta de que em certas organelas subcelulares o código genético é, de fato, um pouco diferente do padrão. Essa constatação veio durante a elucidação da sequência inteira de DNA do genoma mitocondrial humano, com 16.569 pb, mas é observada nas mitocôndrias de levedura, mosca-da-fruta e plantas complexas. As sequências das regiões que sabidamente especificam proteínas revelaram as seguintes diferenças entre o código genético padrão e o mitocondrial (Tab. 16-6).

- UGA não é um códon de término, mas de triptofano. Assim, o anticódon do $tRNA^{Trp}$ mitocondrial reconhece tanto UGG quanto UGA, como se obedecesse às regras tradicionais da oscilação.

- A metionina interna é codificada por AUG e AUA.

- Nas mitocôndrias de mamíferos, AGA e AGG não são códons de arginina (para a qual existem seis no código "universal"), mas determinam término de cadeia. Portanto, existem quatro códons de término no código mitocondrial de mamíferos (UAA, UAG, AGA e AGG).

- Nas mitocôndrias de *Drosophila*, os códons AGA e AGG também não correspondem à arginina, mas sim, à serina.

Não é surpresa, talvez, que os tRNAs mitocondriais também sejam incomuns quanto às regras de decodificação das mensagens mitocondriais. Existem apenas 22 tRNAs nas mitocôndrias de mamíferos, enquanto um mínimo de 32 moléculas de tRNA são necessárias para decodificar o código "universal", de acordo com as regras da oscilação. Consequentemente, quando um aminoácido é especificado por quatro códons (com as mesmas primeira e segunda posições), apenas um tRNA mitocondrial é envolvido. (Deve-se lembrar de que, em sistemas não mitocondriais, pelo menos dois tRNAs seriam

TABELA 16-6 Código genético das mitocôndrias de mamíferos

	U	C	A	G	
U	UUU Phe (GAA)† UUC UUA Leu (UAA) UUG	UCU UCC Ser (UGA) UCA UCG	UAU Tyr (GUA) UAC **UAA** término **UAG** término	UGU Cys (GCA) UGC **UGA** Trp (UCA) UGG	U C A G
C	CUU CUC Leu (UAG) CUA CUG	CCU CCC Pro (UGG) CCA CCG	CAU His (GUG) CAC CAA Gln (UUG) CAG	CGU CGC Arg (UCG) CGA CGG	U C A G
A	AUU Ile (GAU) AUC **AUA** Met (CAU)‡ AUG	ACU ACC Thr (UGU) ACA ACG	AAU Asn (GUU) AAC AAA Lys (UUU) AAG	AGU Ser (GCU) AGC **AGA** término **AGG** término	U C A G
G	GUU GUC Val (UAC) GUA GUG	GCU GCC Ala (UGC) GCA GCG	GAU Asp (GUC) GAC GAA Glu (UUC) GAG	GGU GGC Gly (UCC) GGA GGG	U C A G

(segunda posição; primeira posição extremidade 5'; terceira posição extremidade 3')

* Diferenças entre os códigos genéticos mitocondrial e "universal" (Tab. 16-1) são mostrados sombreados em verde.

† Cada grupo de códons é sombreado em cinza e é lido por um único tRNA cujo anticódon, escrito de 5' → 3', está entre parênteses. Cada grupo de quatro códons é lido por um tRNA que possui uma U na primeira posição (5') do anticódon. Grupos de dois códons que terminam em U/C ou A/G são lidos com a oscilação GU pelos tRNAs, com G ou U, respectivamente, na primeira posição do anticódon. Os anticódons geralmente contêm bases modificadas.

‡ Observa-se que a C na primeira posição do anticódon realiza pareamentos incomuns.

necessários.) Todos esses tRNAs mitocondriais possuem um resíduo de U na posição 5' (posição de oscilação) de seus anticódons, capaz de parear com qualquer um dos quatro nucleotídeos da terceira posição do códon. Nos casos em que as purinas na terceira posição do códon correspondem a diferentes aminoácidos de pirimidinas, uma U modificada na primeira posição do anticódon do tRNA mitocondrial limita a oscilação, permitindo o pareamento apenas com as duas purinas.

As exceções ao código "universal" não se limitam às mitocôndrias, sendo também encontradas em alguns genomas de procariotos e genomas nucleares de certos eucariotos. A bactéria *Mycoplasma capricolum* usa o UGA como códon de triptofano em vez de códon de término. Da mesma maneira, alguns protozoários unicelulares usam UAA e UAG, os quais são códons de término no código "universal", como códons para glutamina. Finalmente, um códon (CUG) de um aminoácido (leucina) no código "universal" tornou-se o códon de outro aminoácido (serina) na levedura *Candida*.

Acabou-se de ver que podem ocorrer variações no código genético que são peculiares a certas organelas e organismos. Mas diferenças no código podem também acontecer com a introdução de novos aminoácidos em sequências proteicas que servem, na verdade, para expandir o código. No Quadro 16-1, considera-se como esses aminoácidos podem surgir, por meios naturais ou artificiais, e como eles são incorporados nas proteínas por meio de impressionantes feitos da engenharia.

CONCEITOS AVANÇADOS

Quadro 16-1 Expansão do código genético

Como foi visto, 61 dos 64 códons do código genético especificam os 20 aminoácidos mais comumente encontrados nas proteínas. Algumas proteínas, entretanto, possuem aminoácidos incomuns que não são especificados pelo código. Por exemplo, o colágeno contém o aminoácido hidroxiprolina, que é criado pela hidroxilação da prolina após sua incorporação na cadeia polipeptídica. E algumas proteínas contêm selenocisteína, que é gerada em um tRNA especializado carregado com serina. A serina é convertida em selenocisteína pela incorporação enzimática de selênio. O tRNA especializado, carregado com selenocisteína, entra no ribossomo em um códon UGA especial que é flanqueado por uma sequência do mRNA reconhecida por um fator de alongamento específico. O fator de alongamento introduz o tRNA carregado com selenocisteinil no sítio A, onde o aminoácido contendo o metal é incorporado à cadeia polipeptídica crescente. Estes e outros casos de aminoácidos modificados envolvem mecanismos especializados para a introdução de aminoácidos alterados em proteínas sem a violação da (quase) universalidade do código genético. Mas e se fosse possível expandir o código genético, por meio da engenharia genética, para especificar aminoácidos artificiais? Haveria a possibilidade de fazer isso de maneira a permitir a incorporação de aminoácidos customizados em determinados sítios das proteínas e, assim, gerar novas proteínas e até mesmo organismos inteiros com propriedades úteis?

A convergência de duas linhas de pesquisa trouxe essas possibilidades para a realidade. Em uma delas, foi criado um tRNA que reconhece UAG, mas que não é substrato para nenhuma das aminoacil-tRNA sintetases conhecidas em *E. coli*. Em vez disso, sintetases cognatas foram geradas por uma estratégia de evolução iterativa que reconhece o tRNA característico e o carrega com um determinado aminoácido artificial. Desta maneira, desenvolveu-se uma série de sintetases que reconhecem e carregam o tRNA cognato com um dos vários aminoácidos artificiais com características úteis, como sítios de ligação a metais pesados (para facilitar os estudos de difração de raios X), grupos fluorescentes (para microscopia de fluorescência), sítios de fotocruzamento ou grupos quimicamente reativos (Fig. 1 deste quadro). Linhagens de *E. coli* produzindo o tRNA de reconhecimento a UAG e uma das novas sintetases são capazes de captar um aminoácido artificial cognato do meio de cultivo e incorporá-lo em proteínas nos sítios UAG do mRNA. Por exemplo, se quiser introduzir um sítio de fotocruzamento em uma determinada posição de uma proteína de interesse, introduz-se um códon TAG na sequência codificadora desta proteína e expressa-se o gene contendo TAG em células de *E. coli* projetadas para introduzir o aminoácido artificial nos códons UAG.

Enquanto isso, em uma segunda linha de pesquisa, está sendo criada uma linhagem de *E. coli* na qual todos os códons de término 314 TAG (UAG) do genoma estão sendo substituídos por códons de término TAA (UAA). Isso é realizado em duas etapas. Na primeira delas, uma abordagem multiplex conhecida como MAGE (do inglês, *multiplex automated genome engineering*) foi usada para criar 32 linhagens nas

QUADRO 16-1 FIGURA 1 Exemplos de aminoácidos artificiais desenvolvidos para incorporação por um código genético expandido. (Adaptada de http://schultz.scripps.edu/research.php, cortesia de Peter Schultz.)

(continua)

> **Quadro 16-1** *(Continuação)*
>
> quais diferentes conjuntos de códons TAG foram substituídos pelo códon de término sinônimo. Depois disto, uma estratégia baseada em conjugação genética hierárquica, conhecida como CAGE (do inglês, *conjugative assembly genome engineering*) está sendo empregada para fundir todas as 314 substituições de códon em uma única linhagem. Esta estratégia promete culminar em uma linhagem de *E. coli* na qual o códon TAG foi liberado para a incorporação de aminoácidos customizados. No futuro, estratégias como estas poderão ser aplicadas a outros microrganismos, como leveduras. Libertadas da restrição dos 20 aminoácidos naturais, *E. coli* e leveduras projetadas para ter um códon que especifica um 21º aminoácido podem ter uma maior capacidade para desenvolver características úteis sob condições laboratoriais controladas do que seus ancestrais não modificados.

RESUMO

No código genético "universal" usado por todos os organismos, de bactérias a seres humanos, 61 códons determinam aminoácidos específicos; os três restantes são códons de término de cadeia. O código é altamente degenerado, com vários códons (sinônimos) correspondendo a um mesmo aminoácido. Às vezes, um determinado tRNA pode reconhecer especificamente vários códons. Essa capacidade decorre da oscilação da base na extremidade 5' do anticódon. Os códons de término UAA, UAG e UGA são lidos por proteínas específicas e não por moléculas especializadas de tRNA.

O código genético obedece a três regras principais: os códons são lidos na direção 5' para 3', os códons não são sobrepostos e a mensagem não tem interrupções, e a mensagem é traduzida em uma fase de leitura fixa (constante) determinada pelo códon de início.

O código genético foi desvendado por estudos de síntese proteica em extratos livres de células. A adição de um novo mRNA a um extrato desprovido de seu mensageiro original resulta na produção de novas proteínas, cujas sequências de aminoácidos são determinadas pelo mRNA adicionado. O primeiro passo (e, provavelmente, o mais importante) para desvendar o código foi a descoberta de que o polirribonucleotídeo sintético poli(U) codificava, especificamente, uma polifenilalanina. A seguir, o uso de outros polirribonucleotídeos sintéticos homogêneos (poli[C] e assim por diante) e mistos (poli[AU] e assim por diante) permitiu a identificação de códons dos vários aminoácidos. A subsequente determinação da ordem exata dos nucleotídeos nos códons foi alcançada por meio de estudos sobre interações específicas entre trinucleotídeo-tRNA-ribossomo e do uso de copolímeros regulares como mensageiros.

As mutações de ponto que alteram os códons são: mutações de troca de sentido, em que há alteração do códon de um aminoácido para um códon de outro aminoácido; mutações sem sentido, que causam o término prematuro da síntese proteica; e mutações de alteração de fase, que alteram a fase de leitura da mensagem. Em alguns casos, os efeitos das mutações de troca de sentido, sem sentido e de alteração de fase podem ser parcialmente suprimidos por supressores extragênicos. Por exemplo, tRNAs mutantes capazes de ler códons de término gerados por mutações sem sentido como se fossem códons de um aminoácido específico.

Um código genético levemente diferente é empregado nas mitocôndrias e nos genomas principais de alguns procariotos e protozoários, e inclui, por exemplo, o uso de UGA como códon para triptofano, enquanto no "código universal" ele é um códon de término.

BIBLIOGRAFIA

Livros

Celis J.E. and Smith J.D., eds. 1979. *Nonsense mutations and tRNA suppressors*. Academic Press, New York.

Clark B. and Petersen H., eds. 1984. Gene expression: The translational step and its control. *Alfred Benzon Symposium*, vol. 19. Copenhagen, Munksgaard.

Cold Spring Harbor Symposia on Quantitative Biology. 1966. Volume 31: *The genetic code*. Cold Spring Harbor Laboratory, Cold Spring Harbor, New York.

Söll D.G., Abelson J.N., and Schimmel P.R., eds. 1980. *Transfer RNA: Biological aspects*. Cold Spring Harbor Laboratory, Cold Spring Harbor, New York.

Ycas M. 1969. *The biological code*. Wiley (Interscience), New York.

Características do código genético

Crick F.H.C. 1966. Codon–anticodon pairing: The wobble hypothesis. *J. Mol. Biol.* **19:** 548–555.

Kohli J. and Grosjean H. 1981. Usage of the three termination codons: Compilation and analysis of the known eukaryotic and prokaryotic translation termination sequences. *Mol. Gen. Genet.* **182:** 430–439.

Lagerkvist U. 1981. Unorthodox codon reading and the evolution of the genetic code. *Cell* **23:** 305–306.

Como o código foi decifrado

Crick F.H.C. 1963. The recent excitement in the coding problem. *Prog. Nucleic Acid Res.* **1:** 164.

Khorana H.G. 1968. *Polynucleotide synthesis and the genetic code. Harvey Lecture Series 1966–1967*. Vol. 62. Academic Press, New York.

Nirenberg M. and Leder P. 1964. The effect of trinucleotides upon the binding of sRNA to ribosomes. *Science* **145:** 1399–1407.

Speyer J.F., Lengyel P., Basilio C., Wahba A.J., Gardner R.S., and Ochoa S. 1963. Synthetic polynucleotides and the amino acid code. *Cold Spring Harbor Symp. Quant. Biol.* **28:** 559–568.

Três regras do código genético

Brenner S., Stretton A.O.W., and Kaplan S. 1965. Genetic code: The nonsense triplets for chain termination and their suppression. *Nature* **206**: 994–998.

Crick F.H.C., Barnett L., Brenner S., and Watts-Tobin R.J. 1961. General nature of the genetic code for proteins. *Nature* **192**: 1227–1232.

Garen A. 1968. Sense and nonsense in the genetic code. *Science* **160**: 149–159.

Terzaghi E., Okada Y., Streisinger G., Emrich J., Inouye M., and Tsugita A. 1966. Change of a sequence of amino acids in phage T4 lysozyme by acridine-induced mutations. *Proc. Natl. Acad. Sci.* **56**: 500–507.

Supressão

Buckingham R.H. and Kurland C.G. 1980. Interactions between UGA-suppressor tRNA P_0 and the ribosome: Mechanisms of tRNA selection. In *Transfer R.N.A: Biological aspects* (ed. D. Soll, et al.), pp. 421–426. Cold Spring Harbor Laboratory, Cold Spring Harbor, New York.

Ozeki H., Inokuchi H., Yamao F., Kodaira M., Sakano H., Ikemura T., and Shimura Y. 1980. Genetics of nonsense suppressor of tRNAs in *Escherichia coli*. In *Transfer R.N.A: Biological aspects* (ed. D. Soll, etal.), pp. 341–349. Cold Spring Harbor Laboratory, Cold Spring Harbor, New York.

Steege D.A. and Soll D.G. 1979. Suppression. In *Biological regulation and development I* (ed. R.F. Goldberger), pp. 433–486. Plenum, New York.

Expansão do código genético

Isaacs F.J., Carr P.A., Wang H.H., Lajoie M.J., Sterling B., Kraal L., Tolonen A.C., Gianoulis T.A., Goodman D.B., Reppas N.B., et al. 2011. Precise manipulation of chromosomes in vivo enables genome-wide codon replacement. *Science* **333**: 348–353.

Noren C.J., Anthony-Cahill S.J., Griffith M.C., and Schultz P.G. 1989. A general method for site-specific incorporation of unnatural amino acids into proteins. *Science* **192**: 1227–1232.

QUESTÕES

Para respostas de questões de número par, ver Apêndice 2: Respostas.

Questão 1. Cite dois aminoácidos que não apresentam código degenerado. Explique o porquê.

Questão 2. Explique a vantagem celular do códon 5'-AAG-3' para codificar lisina e do códon 5'-AGG-3' para codificar arginina.

Questão 3. Considere o códon de mRNA 5'-ACU-3'. Qual é o aminoácido codificado por esse códon? Qual é a sequência de DNA que codifica esse códon? Forneça a sequência do anticódon de tRNA que reconhece esse códon.

Questão 4. Seguindo a convenção de escrever as sequências nucleotídicas na direção 5' → 3', indique (marcando sim ou não) se os seguintes códons de mRNA podem ser reconhecidos pelo anticódon de tRNA ICG.

_____ A. UGC
_____ B. CGA
_____ C. UGA
_____ D. CGU
_____ E. GCG

Questão 5. Considerando os experimentos iniciais realizados por bioquímicos para desvendar o código genético usando sequências de RNA como poli(U), qual é a condição essencial que permitiu ao ribossomo traduzir as sequências do polímero *in vitro*?

Questão 6. Você quer testar se o códon 5'-GUG-3' codifica valina. Qual sequência de dinucleotídeo de RNA repetida você usaria para obter suporte de que esse códon codifica valina? Quando o ribossomo traduzir a sequência de dinucleotídeo repetida, qual outro aminoácido você espera encontrar na sequência polipeptídica?

Questão 7. Você recebe a seguinte sequência de DNA, localizada no meio de um gene de *E. coli*: 5'-ACCGTTTCGGCTAGG-3'. Esta representa a fita codificadora. Quais são as três regras do código genético que você precisa conhecer para traduzir corretamente essa sequência em um polipeptídeo?

Questão 8. Você recebe a seguinte sequência de DNA, localizada no meio de um gene de *E. coli*: 5'-ACCGTTTCGGCTAGG-3'. Esta representa a fita codificadora. Cite os três possíveis polipeptídeos codificados por essa sequência.

Questão 9. A seguir, está representada uma porção de uma sequência de DNA selvagem que codifica os últimos aminoácidos de uma proteína de 270 aminoácidos. Os três primeiros pares de base em negrito indicam a fase de leitura e incluem a região codificadora.

5'...**GCT**AAGTATTGCTCAAGATTAGGATGATAAATAACTGG3'

3'...**CGA**TTCATAACGAGTTCTAATCCTACTATTTATTGACC5'

A. Qual delas é a fita-molde para a transcrição deste gene? Explique brevemente sua escolha.

B. Uma *inserção* de *um* par de bases provoca a *diminuição* da proteína em *sete* aminoácidos. Com relação à sequência fornecida anteriormente, onde ocorre a inserção?

C. Uma *alteração* em *um* par de bases leva ao *aumento* da proteína em *um* aminoácido. Com relação à sequência fornecida anteriormente, qual par de bases você alteraria, e por qual par de bases você o trocaria para que a proteína aumentasse em um aminoácido?

Questão 10. Considerando as sequências selvagens a seguir, identifique a mutação em cada sequência alterada de acordo com os seguintes tipos: mutação com troca de sentido, mutação sem sentido, mutação de alteração de fase de leitura, mutação reversa, mutação de supressão intragênica, ou mutação de supressão intergênica. Para cada sequência alterada, mais de uma resposta é possível. Esta sequência de DNA codifica os últimos aminoácidos de uma proteína que contém 270 aminoácidos. Os três primeiros pares de bases em negrito indicam a fase de leitura e incluem a região codificadora. Os nucleotídeos inseridos estão em itálico.

Sequência do tipo selvagem:
5'...**GCT**AAGTATTGCTCAAGATTAGGATGATAAATAACTGG3'
3'...**CGA**TTCATAACGAGTTCTAATCCTACTATTTATTGACC5'

A. Sequência alterada 1:
5'...**GCT**AAGTATTGCTCAA*CC*GATTAGGATGATAAATAACTGG3'
3'...**CGA**TTCATAACGAGTT*GG*CTAATCCTACTATTTATTGACC5'

B. Sequência alterada 2 – a partir da sequência alterada 1:
5'...**GCT**AAGTATTGCTCA*CC*GATTAGGATGATAAATAACTGG3'
3'...**CGA**TTCATAACGAGT*GG*CTAATCCTACTATTTATTGACC5'

C. Sequência alterada 3 – a partir da sequência alterada 1:
5'...**GCT**AAGTATTGCTC*CC*GATTAGGATGATAAATAACTGG3'
3'...**CGA**TTCATAACGAG*GG*CTAATCCTACTATTTATTGACC5'

Questão 11. Pesquisadores observaram que uma única alteração de aminoácido em uma proteína transmembrana, de cisteína para triptofano, causa degeneração da retina. Forneça a sequência relevante do mRNA que codifica esta substituição. Forneça a(s) sequência(s) de mRNA selvagem(ns) e a sequência mutada. A substituição de aminoácido é causada por uma mutação de transição ou de transversão no DNA?

Questão 12. Descreva a universalidade do código genético. Como se explica a ocorrência de exceções à universalidade?

Questão 13. Você está clonando um gene de *Candida albicans* que você quer expressar em *E. coli* para posterior purificação. Você quer que as células de *E. coli* produzam uma proteína com a sequência exata de aminoácidos de *Candida albicans*. Como você poderia mutar a sequência de DNA de seu gene de interesse para garantir que o códon 5'-CUG-3' codifique serina em vez de leucina?

Questão 14. Você está fazendo uma triagem em *E. coli* para buscar mutações supressoras para um mutante de seu gene de interesse. A mutação que atualmente provoca a ausência de expressão da proteína codificada por seu gene é uma mutação sem sentido. Uma mutação supressora está localizada no gene que codifica um tRNA^{Leu} menos comum.

A. Qual tipo de mutação supressora está descrita anteriormente?

B. Por que é mais provável que um tRNA^{Leu} menos comum possua uma mutação supressora do que um tRNA^{Leu} mais comumente usado?

C. Se a mutação supressora envolver apenas uma mutação de ponto e puder traduzir o códon de término 5'-UAG-3', forneça a sequência do anticódon no tRNA^{Leu} mutado e no tRNA^{Leu} selvagem.

D. Por que a supressão de códons 5'-UAG-3' é mais eficiente do que a supressão de outros códons de término?

Questão 15. Você está clonando o *Gene X* de *S. cerevisiae* em um plasmídeo, e quer incluir a sequência de 1 kb a montante e a jusante da fase aberta de leitura para tentar expressar o gene sob seu próprio promotor. Para esta determinada região do genoma, não há outros códons AUG esperados a montante da fase aberta de leitura no *Gene X*. Para garantir que a proteína está sendo expressa, você tenta complementar a linhagem desprovida do *Gene X* com sua versão plasmidial do *Gene X*, mas não está conseguindo (não houve retorno para o fenótipo selvagem). Você não está preocupado com as questões de processamento em *S. cerevisiae*, e suspeita de que há uma mutação em seu *Gene X* clonado. O laboratório de sequenciamento não está funcionando esta semana, mas você tem acesso a um sistema de tradução *in vitro* em seu laboratório. Você traduz o *Gene X* selvagem e o gene X clonado usando este sistema, e separa seus produtos por SDS-PAGE seguida por coloração com azul de Coomassie (dados apresentados a seguir). Você espera encontrar uma proteína pequena, por isso usa um marcador de massa molecular baixo.

A. Você acha que o *gene X* clonado possui uma mutação? Se sim, de que tipo (troca de sentido, sem sentido, alteração de fase de leitura)? Explique sua resposta com base nos dados.

B. Por que você acha que o gene clonado não está complementando a linhagem deletada? Explique sua resposta com base nos dados.

CAPÍTULO 17

Origem e Evolução Inicial da Vida

O FUNCIONAMENTO DA CÉLULA É MEDIADO pela ação orquestrada de um grande número de máquinas moleculares. Com poucas exceções, essas máquinas são compostas principalmente por proteínas, executando coletivamente quase todas as tarefas da vida da célula. Estas incluem muitos dos processos discutidos neste livro, como a replicação e o reparo do genoma, o controle da expressão gênica, a divisão celular e a segregação cromossômica. Além disso, o metabolismo, a produção de energia e a fotossíntese são mediados por proteínas, embora geralmente atuando em conjunto com pequenas moléculas de cofatores. Resumidamente, vive-se em um "Mundo de Proteínas" no qual a base da vida consiste amplamente na ação combinada de polímeros de aminoácidos. Assim sendo, convém perguntar como isso se estabeleceu. De fato, e indiscutivelmente, nenhum assunto é mais profundo do que a questão de como a vida baseada em proteínas surgiu na Terra, se, de fato, ela surgiu neste planeta. Qual sequência de eventos químicos e físicos foi seguida para que a vida surgisse e evoluísse até o mundo contemporâneo, baseado em proteínas, dos seres vivos?

A questão da origem da vida representa um enigma. Se a maquinaria para replicar o DNA e traduzir a informação genética em proteínas é feita de proteínas, então como a duplicação e a expressão do material genético poderiam ter ocorrido antes da existência das proteínas? Assumindo, por um momento, que um material genético baseado em ácidos nucleicos poderia, de alguma maneira, ter surgido em uma sopa primordial, como ele poderia dirigir a produção das proteínas de que ele mesmo necessitaria para propagar-se, antes que houvesse proteínas? E esta propagação poderia ter ocorrido antes da existência de células primordiais (**protocélulas**), como as vesículas envoltas por membranas que serão consideradas mais adiante, para abrigar a maquinaria de replicação, e como poderiam ter surgido estas protocélulas? Para além dos problemas conceituais colocados por estas questões, está o grande desafio de fazer perguntas históricas. Não se pode voltar no tempo para revisitar os eventos da origem da vida, e têm-se poucos ou nenhum vestígio no registro fóssil. No entanto, e apesar destes obstáculos, a biologia molecular permite formular hipóteses a respeito de como a vida poderia ter surgido e a possibilidade, se não ainda uma realidade, de criar vida em um tubo de ensaio como prova de conceito.

O que se quer dizer com vida, exatamente? É difícil definir vida, porque ela é um processo, e não uma coisa. Ainda assim, até mesmo uma criança consegue distinguir um objeto inanimado de algo que está vivo. Aqui, e para os objetivos deste capítulo, é utilizada a seguinte definição minimalista que melhor se aplica às formas de vida iniciais: a vida contemporânea surgiu a

SUMÁRIO

Quando Surgiu a Vida na Terra?, 594

•

Qual Foi a Base da Química Orgânica Pré-biótica?, 595

•

A Vida Evoluiu a Partir de um Mundo de RNA?, 599

•

As Ribozimas Autorreplicativas Podem ser Criadas por Evolução Dirigida?, 599

•

A Evolução Darwiniana Necessita de Protocélulas Autorreplicativas?, 603

•

A Vida Surgiu na Terra?, 606

partir de um sistema que tinha capacidade autorreplicativa e que estava sujeito à evolução darwiniana. **Autorreplicação** significa que o sistema dependia apenas de pequenas moléculas e de energia para sua propagação. **Evolução darwiniana** refere-se ao fato de que o sistema estava sujeito a mutações e modificações, possibilitando o surgimento e a seleção de sistemas variantes mais complexos, que se propagavam de maneira mais eficiente.

Dentre as formas de vida contemporâneas, os organismos mais simples, de vida livre, são os membros do gênero *Mycoplasma*. Estas bactérias são desprovidas de parede celular e possuem genomas pequenos, como exemplificado pela espécie *Mycoplasma genitalium*, com um genoma de 580 quilobases (kb), representando 500 genes codificadores de proteínas. Os vírus são ainda mais simples do que os micoplasmas, mas estes pequenos agentes infecciosos não são considerados seres vivos porque não possuem uma estrutura celular, não se propagam por divisão celular e dependem de suas células hospedeiras para ter mais do que pequenas moléculas e energia. Além disso, também mais simples do que os micoplasmas são pequenos simbiontes de insetos, como *Hodgkinia cicadicola*, simbionte da cigarra, que possui um genoma com apenas 144 kb. Ao contrário dos micoplasmas, no entanto, esses simbiontes conseguem sobreviver apenas dentro das células de seus insetos hospedeiros, dos quais são inteiramente dependentes para seu metabolismo e propagação.

Os micoplasmas consistem simplesmente em uma membrana citoplasmática e na maquinaria para citocinese, replicação e segregação cromossômicas, síntese proteica e metabolismo, representando uma lista de atributos mínimos para a vida baseada em proteínas. (Apesar de sua simplicidade, os micoplasmas não são descendentes diretos das primeiras formas de vida. Em vez disso, eles originaram-se de bactérias mais complexas, com paredes celulares e genomas maiores, por meio da perda de genes e funcionalidades.) Curiosamente, é possível até mesmo avançar um passo no laboratório e gerar bactérias sem parede celular, conhecidas como **formas L**, que lembram os micoplasmas mas são desprovidas de maquinaria para citocinese. Em vez disso, as formas L dividem-se por um processo semelhante a um brotamento espontâneo parecido com o das protocélulas, que serão discutidas adiante neste capítulo. Assim, a lista de atributos mínimos para a vida contemporânea não necessita incluir a maquinaria para **citocinese**.

Como os micoplasmas possuem genomas muito pequenos, recentemente tornou-se possível sintetizar o genoma inteiro da espécie *Mycoplasma mycoides* e criar uma célula viva com um genoma artificial. O genoma de 1 milhão de pares de bases (Mb) de *M. mycoides* foi criado a partir de unidades de 1 kb quimicamente sintetizadas, que foram montadas em um genoma completo por etapas e propagadas em leveduras como hospedeiro substituto (Fig. 17-1). Em uma etapa final, o genoma sintético de *M. mycoides* foi recuperado das células de levedura e transplantado no citoplasma de outra espécie de *Mycoplasma*, substituindo, assim, o genoma da bactéria. Esse transplante resultou em uma bactéria de vida livre cujo genoma foi inteiramente criado por meios sintéticos (Fig. 17-2).

O objetivo deste capítulo é abordar como e sob quais circunstâncias os sistemas moleculares encapsulados simples, capazes de fazer autorreplicação, devem ter surgido e como estes sistemas primitivos, por meio de evolução darwiniana, podem ter dado origem aos ancestrais dos organismos unicelulares contemporâneos. Ao contrário da maioria dos outros tópicos abordados neste livro, o conhecimento sobre a origem da vida está ainda no estágio das hipóteses. Portanto, este tópico será explorado por meio de uma série de perguntas.

QUANDO SURGIU A VIDA NA TERRA?

Supondo agora que a vida surgiu na Terra (e não que tenha sido semeada aqui a partir de outro lugar do universo), pode-se presumir que ela não poderia ter

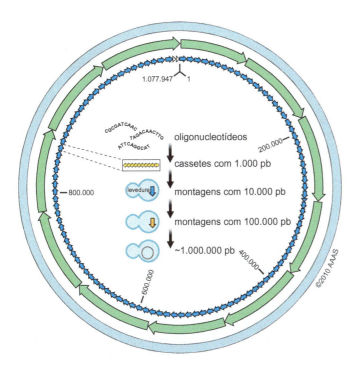

FIGURA 17-1 Criação de um genoma sintético. O esquema mostra a estratégia usada para a síntese química de um genoma completo de *Mycobacterium mycoides*. Cassetes com cerca de 1.000 pb (setas amarelas) foram montados por etapas em unidades cada vez maiores e, finalmente, deram origem a um cromossomo artificial completo usando levedura como célula hospedeira. (Adaptada, com permissão, de Gibson D.G. et al. 2010. *Science* **329**: 52-56. © AAAS.)

surgido antes do aparecimento de água líquida. A Terra formou-se ao longo de dezenas de milhões de anos, com sua lua tendo surgido a partir de uma colisão com um projétil gigantesco. Essa colisão marcou o fim da principal fase de crescimento do planeta há cerca de 4,5 bilhões de anos (4,5 Ga, ou giga-ano). A energia do impacto teria derretido o manto da Terra e, assim, a água no estado líquido não teria existido até que um resfriamento adequado tivesse ocorrido para permitir que nuvens de água se formassem. O éon geológico da formação da Terra até cerca de 3,8 Ga, correspondente à idade das rochas sedimentares mais antigas e bem-preservadas, é o **Hadeano**. Ele é seguido pelo **éon Arqueano**, que terminou há 2,5 Ga, correspondendo aproximadamente ao advento de uma atmosfera contendo oxigênio (Fig. 17-3). Estudos de isótopos do mineral zircônio indicam que os oceanos começaram a formar-se em torno de 4,4 Ga, resultando em uma hidrosfera estável em torno de 4,2 Ga no **éon Hadeano**, fixando um limite inicial para os eventos que levaram à origem da vida.

Quando surgiu a vida, após a formação de uma hidrosfera estável? É difícil identificar formas iniciais de vida com segurança. Ainda assim, os estromatólitos (estruturas em camadas) formados no registro fóssil, a partir do aprisionamento de comunidades microbianas em sedimentos físicos, e evidências isotópicas que datam o surgimento dos ciclos biológicos de carbono e enxofre indicam que existia vida já em 3,5 Ga no éon Arqueano. Evidentemente, então, a vida surgiu durante o éon Hadeano ou no início do éon Arqueano, mas ainda não se sabe precisamente quando. Uma complicação na datação da origem da vida é que a vida pode ter surgido de maneira independente em múltiplas ocasiões. Entretanto, apenas uma forma de vida tornou-se o que se chama de **Último Ancestral Comum Universal** da vida contemporânea. Esse Último Ancestral Comum Universal pode ter surgido antes ou consideravelmente mais tarde do que os primeiros fósseis.

FIGURA 17-2 Bactérias vivas com genoma sintético. O cromossomo artificial completo, construído conforme descrito na Figura 17-1, foi removido das células de levedura e usado para deslocar o cromossomo natural de outra espécie de *Mycoplasma*. Aqui, é mostrada uma micrografia eletrônica de varredura de um grupo de bactérias *Mycoplasma mycoides* JCVI-Syn1.0., cada uma delas portando o genoma sintético. Cada bactéria possui cerca de 500 nm de diâmetro. (Imagem de Thomas Deerinck e Mark Ellisman, NCMIR, UCSD e John Glass, JCVI.)

QUAL FOI A BASE DA QUÍMICA ORGÂNICA PRÉ-BIÓTICA?

Os tijolos para a construção da vida são **moléculas orgânicas**. Se a vida surgiu espontaneamente na Terra, então isso deve ter ocorrido a partir de mo-

596 Parte 4 Expressão do Genoma

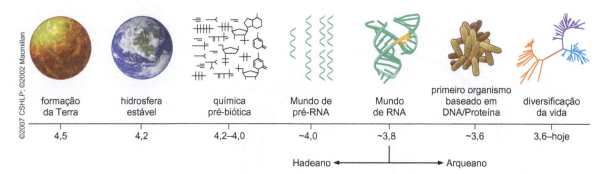

FIGURA 17-3 Linha do tempo geológico para a Terra inicial e o surgimento da vida. É mostrada a sequência de eventos desde a formação da Terra por meio dos éons Hadeano e Arqueano, e os eventos correspondentes na origem da vida de acordo com a hipótese do Mundo de RNA. (Modificada, com permissão, de Barton N.H. et al. 2007. *Evolution*, Fig. 4.4, p. 91. © Cold Spring Harbor Laboratory Press. Originalmente, com permissão, de Joyce G.F. 2002. *Nature* **418**: 214-221. © Macmillan.)

léculas orgânicas semelhantes às que constituem a vida contemporânea. Em nosso Mundo de Proteínas, aminoácidos, açúcares, nucleotídeos e lipídeos são produzidos por enzimas em rotas biossintéticas complexas e de múltiplas etapas. De onde os tijolos orgânicos para a construção da vida vieram antes da existência de vida?

O ano de 1953 é reconhecido na história da biologia molecular pela descoberta revolucionária da estrutura do DNA por James D. Watson e Francis H. Crick. Mas 1953 também é celebrado pelo clássico experimento de Stanley Miller e Harold Urey, da University of Chicago, que investigou se as condições da Terra primitiva poderiam ter sustentado as reações químicas capazes de criar moléculas orgânicas a partir de precursores inorgânicos. Miller e Urey

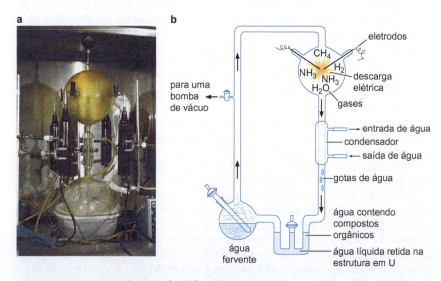

FIGURA 17-4 Experimento de Miller-Urey. O experimento mostrou que os aminoácidos poderiam ser criados a partir de água, metano, amônia e hidrogênio. (a) Aqui, apresenta-se uma recriação do aparato original do experimento. (Foto por cortesia da NASA.) (b) O diagrama do aparato mostra a sequência de etapas. Ferveu-se água em um frasco de 500 mL, direcionando o vapor e os gases para cima através de uma descarga elétrica criada por eletrodos de tungstênio em um frasco de 5 L. O vapor e gases do frasco maior foram resfriados no condensador, originando água no estado líquido, que foi coletada na estrutura em formato de U na parte inferior, juntamente com os produtos químicos gerados pela descarga.

submeteram água, metano, amônia e hidrogênio a descargas elétricas em frascos lacrados (Fig. 17-4). Após uma semana, uma porção significativa do metano havia sido convertida em moléculas orgânicas, incluindo uma mistura racêmica de 11 aminoácidos. Análises dos conteúdos dos frascos lacrados de alguns experimentos posteriores de Miller, nos quais ele incluiu sulfeto de hidrogênio, revelaram a presença de todos os 20 aminoácidos encontrados nas proteínas contemporâneas, bem como de vários outros aminoácidos. Notavelmente, essas análises foram realizadas por outros pesquisadores mais de meio século após Miller ter realizado os experimentos originais e lacrado os frascos. Na época, acreditava-se que as condições de Miller simulavam a atmosfera inicial da Terra, que supunha-se ser redutora e rica em metano. Mas o pensamento atual é de que o metano era pouco abundante na atmosfera inicial (exceto, talvez, por breves períodos), com a maior parte do carbono na forma de dióxido de carbono. Ainda assim, moléculas orgânicas também são geradas quando dióxido de carbono, nitrogênio e água são submetidos a descargas elétricas, radiação ionizante e luz ultravioleta.

Apesar do sucesso dos icônicos experimentos de Miller e Urey, esforços para mimetizar as condições da **química pré-biótica** conseguiram apenas recentemente gerar polinucleotídeos. Abordagens anteriores e malsucedidas eram baseadas na reação de fosfato, ribose e nucleobases em um esforço para gerar nucleotídeos. Entretanto, nucleotídeos foram agora gerados por meio de uma nova abordagem envolvendo quatro moléculas orgânicas simples (cianamida, cianoacetileno, glicolaldeído e gliceraldeído) que são facilmente obtidas sob condições pré-bióticas plausíveis (Fig. 17-5). Por exemplo, o

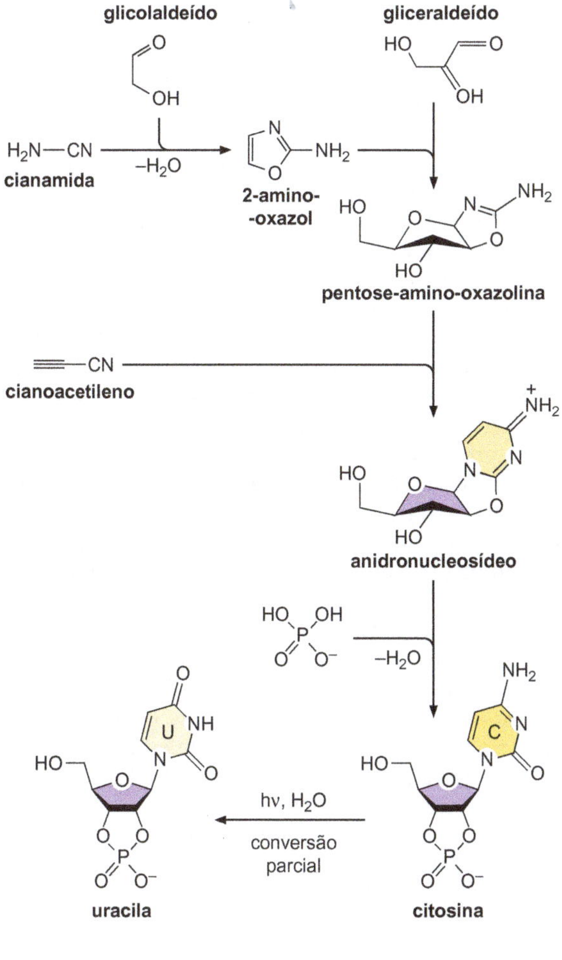

FIGURA 17-5 Geração de nucleotídeos pirimidínicos a partir de moléculas orgânicas simples. É mostrada uma rota recém-descoberta para a síntese de um nucleotídeo pirimidínico a partir de moléculas orgânicas simples. Os blocos de construção glicolaldeído e cianamida reagem criando 2-amino-oxazol, o qual pode ser considerado parte de um anel de pentose e parte de um anel de pirimidina. A adição de gliceraldeído completa a pentose, gerando a pentose-amino-oxazolina, e a adição de cianoacetileno completa a pirimidina, criando um anidronucleosídeo. Rearranjos e reação com fosfato convertem o anidronucleosídeo em uma mistura de citosina (C) e uracila (U). (Adaptada, com permissão, de Sutherland J.D. 2010. Ribonucleotides. Em *The origins of life* (ed. Deamer D. e Szostak J.W.), pp. 109-121, Fig. 2, p. 114. © Cold Spring Harbor Laboratory Press.)

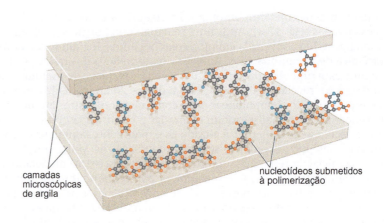

FIGURA 17-6 **Papel postulado para a argila na síntese de polirribonucleotídeos.** Minerais da argila promovem a formação de ligações fosfodiéster pela ligação e concentração de nucleotídeos. Camadas microscópicas de minerais da argila podem ter exercido um papel semelhante na origem da vida, durante a formação dos primeiros polirribonucleotídeos. (Adaptada, com permissão, de Ricardo A. e Szostak J.W. 2009. *Sci. Am.* **301**: 54-61. © Andrew Swift MS CM1.)

cianoacetileno é um dos principais produtos da reação de metano e nitrogênio quando submetidos a uma descarga elétrica. O principal novo achado é que glicolaldeído, cianamida e fosfato (atuando como tampão e como catalisador acidobásico) reagem para formar um intermediário (2-amino-oxazol) que faz parte de um anel pirimidínico e de uma pentose (Fig. 17-5). Reações posteriores envolvendo cianoacetileno, gliceraldeído e fosfato convertem 2-amino-oxazol em nucleotídeos pirimidínicos (na forma de citidina e uridina 2',3'-monofosfatos cíclicos). Assim, em vez de tentar unir fosfato, ribose e nucleobases, a nova estratégia cria nucleotídeos por meio de um intermediário que não é uma ribose nem uma nucleobase.

Outro trabalho mostrou que os nucleotídeos podem reagir para formar oligonucleotídeos em argila. Camadas microscópicas de argila absorvem e concentram nucleotídeos, permitindo-os reagir uns com os outros para formar cadeias ribonucleotídicas (Fig. 17-6). Em conjunto, esses novos achados preenchem potencialmente uma lacuna importante no conhecimento sobre a origem da vida, porque as ideias mais convincentes a respeito do início da vida apontam para o surgimento espontâneo de moléculas de RNA autorreplicantes na Terra pré-biótica (como será explicado adiante).

Finalmente, observa-se que as moléculas orgânicas pré-bióticas podem não ter surgido somente a partir de reações envolvendo o carbono atmosférico. Outra potencial fonte de moléculas orgânicas foram cometas e meteoritos derivados do impacto da formação da Lua. Certos meteoritos conhecidos como condritos (que não sofreram derretimento durante sua formação) às vezes apresentam carbono (condritos carbonáceos). Análises químicas revelaram a presença de misturas racêmicas nesses condritos carbonáceos (contendo as moléculas de quiralidade L e D) de vários aminoácidos, incluindo os encontrados em proteínas contemporâneas. Um grande e bem-estudado condrito carbonáceo, o **meteorito de Murchison**, que caiu em Murchison, na Austrália, em 1969, é particularmente rico em moléculas orgânicas (Fig. 17-7). Curiosamente, entre os aminoácidos identificados no meteorito de Murchison e em outros condritos carbonáceos, estão alguns, como a isovalina, que são recuperados com excesso enantiomérico de quiralidade L para D. De fato, apenas excessos de L-aminoácidos (e não de D-aminoácidos) foram encontrados em materiais de condritos carbonáceos. Talvez a homoquiralidade de L-aminoácido (surgindo talvez pela amplificação de um excesso de L para D) tenha sido uma característica da origem da vida desde seu período inicial. Outra descoberta empolgante do meteorito de Murchison foi a presença de certas nucleobases, incluindo a uracila. Assim, o transporte de aminoácidos e de nucleobases em condritos carbonáceos para a Terra pode ter contribuído para a sopa química primordial que gerou os primeiros sistemas vivos.

FIGURA 17-7 **Meteorito de Murchison.** Este meteorito pode ser encontrado no National Museum of Natural History, em Washington, D.C. O peso total do meteorito é 100 kg. (http://en.wikipedia.org/wiki/File: Murchison_crop.jpg.)

A VIDA EVOLUIU A PARTIR DE UM MUNDO DE RNA?

Como foi visto no Capítulo 5, o RNA apresenta grande diversidade em estrutura e função, incluindo sua capacidade de atuar como enzima. A descoberta de enzimas de RNA – as **ribozimas** – forneceu uma potencial solução para o dilema apresentado no início deste capítulo. Assim, se o RNA pode servir como carregador de informações e simultaneamente como autorreplicase, então a vida poderia, em princípio, ter iniciado sem a necessidade de proteínas. Nesta visão, a mutação e a seleção natural teriam eventualmente permitido o desenvolvimento de sistemas que tinham a capacidade de catalisar a formação de ligações peptídicas, sendo dirigidos por informações de sequências de ácidos nucleicos. A ideia de que a vida contemporânea baseada em proteínas teria surgido a partir de formas de vida anteriores baseadas em RNA ou moléculas relacionadas é conhecida como **hipótese do Mundo de RNA**. De acordo com essa hipótese, o Mundo de Proteínas teria evoluído a partir de um Mundo de RNA primordial (Fig. 17-3).

Se isso for verdade, quais evidências temos de que a vida inicial era baseada em RNA? A maior parte da evidência vem da existência de possíveis relíquias de um Mundo de RNA. Estas incluem íntrons capazes de autoprocessamento, ribozimas e *riboswitches*, ou interruptores de RNA (ver Cap. 20), além de cofatores enzimáticos contendo nucleotídeos, como coenzima A, e os dinucleotídeos adenina flavina e adenina nicotinamida. Além disso, o fato de os desoxirribonucleotídeos serem biossinteticamente derivados dos ribonucleotídeos corrobora a noção de que o RNA precedeu o DNA. Embora a maior parte destas evidências seja circunstancial, tem-se um exemplo impressionante de um aparente remanescente da vida inicial: a catálise da formação da ligação peptídica por um componente de RNA do ribossomo.

Como observado no Capítulo 5 e discutido de maneira detalhada no Capítulo 15, no centro do ribossomo está uma **ribozima**, a subunidade grande de RNA (23*S* em bactérias) da subunidade maior, que é responsável por catalisar a formação da ligação peptídica ao transferir a cadeia polipeptídica crescente ao aminoácido do tRNA carregado que chega ao ribossomo. A evidência estrutural apresentada no Capítulo 15 mostra que esta reação é inteiramente catalisada por RNA, sem a participação aparente de componentes proteicos do ribossomo cujas cadeias laterais não se estendem até o centro catalítico. Ao contrário de outras ribozimas de ocorrência natural, que atuam em centros de fósforos, a ribozima do ribossomo atua em um centro de carbono para criar a ligação peptídica (Fig. 17-8). Assim, a reação química mais fundamental no Mundo de Proteína é catalisada por uma molécula de RNA. É tentador acreditar, portanto, que a ribozima ribossomal é um fóssil molecular de uma forma de vida inicial, quando várias ou todas as transações macromoleculares eram executadas por RNAs.

Com o perdão da licença poética, podemos dizer que, com o RNA, muitas regras podem ser desconsideradas. Se o DNA é conservador e uniforme, o RNA é liberal e audacioso. O RNA é o dissidente. Ele cedeu a primazia como depósito da informação genética para o DNA, mas ganhou versatilidade. Ele é um excelente arquiteto, formando estruturas tridimensionais complexas, e pode realizar catálise, um truque que aprendeu bem antes que as proteínas aprendessem a ser enzimas. Em resumo, a vida provavelmente evoluiu a partir de um Mundo de RNA.

AS RIBOZIMAS AUTORREPLICATIVAS PODEM SER CRIADAS POR EVOLUÇÃO DIRIGIDA?

Embora não seja possível voltar no tempo para identificar as hipotéticas ribozimas RNA-polimerases da vida primordial, talvez se possa criar uma

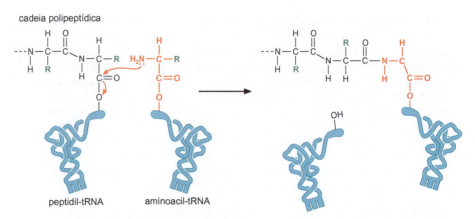

FIGURA 17-8 A peptidiltransferase atua em um centro de carbono para criar a ligação peptídica. A formação da ligação peptídica ocorre pelo ataque nucleofílico do grupo amino de um aminoácido sendo incorporado (transportado por um tRNA carregado) ao centro de carbono do grupo carboxila na extremidade da cadeia polipeptídica crescente. O ataque nucleofílico resulta na transferência da cadeia polipeptídica crescente a um aminoácido sendo incorporado. A reação é catalisada pelo maior componente de RNA da subunidade grande do ribossomo (ver Cap. 15).

ribozima autorreplicativa no laboratório, por **evolução dirigida**. Caso isso seja possível, a criação de uma ribozima RNA-polimerase iria mostrar que a vida poderia, a princípio, ter iniciado com uma replicase não proteica. Geralmente se pensa no RNA como uma molécula de fita simples, mas uma ribozima autorreplicativa iria gerar RNA de dupla-fita pela polimerização dos ribonucleotídeos em um molde de RNA complementar. Ainda não foi possível criar uma ribozima RNA-polimerase capaz de fazer autorreplicação completa. Ainda assim, as ribozimas RNA-polimerases capazes de polimerizar precisamente ribonucleotídeos em moldes de RNA foram criadas em laboratório.

Como foi discutido no Capítulo 5, pode-se gerar novas espécies de RNA que possuem propriedades específicas pela síntese de moléculas de RNA com sequências aleatórias, seguida por ciclos de seleção e diversificação de sequências até que a propriedade desejada seja obtida (ver discussão sobre Evolução dirigida e Fig. 5-8). Esta estratégia, conhecida como Evolução Sistemática de Ligantes por Enriquecimento Exponencial (SELEX, *Systematic Evolution of Ligands by Exponential Enrichment*), aproveita-se da enorme diversidade de sequência gerada por sequências de RNA aleatórias. No caso das ribozimas RNA-polimerases, a evolução dirigida foi realizada em dois estágios (Fig. 17-9). No primeiro estágio, foram selecionadas as ribozimas

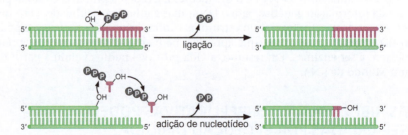

FIGURA 17-9 Comparação entre ligação de RNA e adição de nucleotídeo de RNA. Na ligação, a 3'-OH de um RNA é ligada à extremidade 5' de outro RNA via formação de ligação fosfodiéster e liberação de pirofosfato. A adição de nucleotídeo envolve a mesma reação química, mas a 3'-OH é unida a um nucleotídeo em vez de a um RNA.

capazes de ligar a 3'-hidroxila de uma molécula de RNA ao 5'-trifosfato de outro RNA, em um molde de RNA complementar a ambos os RNAs. Esta estratégia de ligação foi usada no primeiro estágio porque a química da formação da ligação fosfodiéster é a mesma da adição de um nucleosídeo trifosfato à 3'-hidroxila de uma molécula de RNA. Ainda, as moléculas a serem ligadas poderiam ser facilmente alinhadas umas às outras pelo anelamento a um molde de RNA complementar. No segundo estágio, uma ribozima ligase foi submetida a ciclos de diversificação de sequência, mas desta vez a seleção foi para moléculas de RNA capazes de ligar nucleotídeos às suas extremidades 3'. A seleção aproveitou-se do fato de que o alongamento na extremidade 3' causaria o crescimento da ribozima. Foram selecionadas moléculas nas quais a adição de nucleotídeos ocorria de maneira dependente de um molde de RNA. Ciclos sucessivos de seleção geraram polimerases com eficiências progressivamente maiores, e o uso de uma variedade de moldes assegurou que a sequência dos nucleotídeos incorporados fosse determinada pela sequência do molde, em vez de por uma propriedade intrínseca da ribozima.

Esta estratégia culminou na criação de uma ribozima RNA-polimerase com cerca de 200 nucleotídeos, capaz de estender sua extremidade 3' de maneira precisa e dependente de molde por pelo menos 20 nucleotídeos, representando quase duas voltas de uma hélice. Recentemente, outras estratégias de seleção geraram uma ribozima RNA-polimerase capaz de gerar RNAs com até 95 nucleotídeos (embora com baixa eficiência). Neste exemplo recente, a ribozima RNA-polimerase é capaz de estender um iniciador ligado a um molde separado de RNA. Um fato incrível, ela é capaz de copiar inteiramente um molde para a ribozima cabeça de martelo, que foi discutida no Capítulo 5, resultando em um produto de RNA que é enzimaticamente ativo por si. A ribozima cabeça-de-martelo, gerada pela ribozima, conseguiu clivar precisamente um substrato separado de RNA.

Qual é a aparência destas ribozimas RNA-polimerases, e como elas funcionam? Ainda não se sabe, mas uma pista vem da estrutura de uma ribozima ligase com 120 nucleotídeos, semelhante à utilizada como ponto de partida para a evolução dirigida das ribozimas RNA-polimerases. A estrutura terciária da ribozima consiste em três domínios helicoidais que lembram um tripé, com o centro catalítico identificado em amarelo (Fig. 17-10). Os nucleotídeos importantes para a catálise foram identificados em experimentos envolvendo modificações químicas e a substituição de nucleotí-

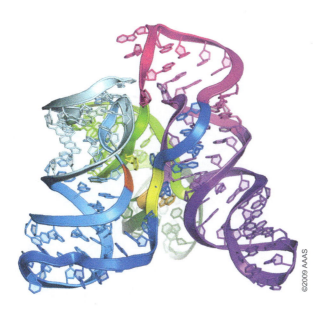

FIGURA 17-10 Estrutura de uma ribozima RNA-ligase evoluída. A estrutura cristalográfica semelhante a um tripé mostra os três domínios em azul, cor-de-rosa e roxo, com o centro catalítico (amarelo) e o sítio de ligação (vermelho). (Adaptada, com permissão, de Shechner D.M. et al. 2009. *Science* **326**: 1271-1275, Fig. 1C. © AAAS; gentilmente fornecida por D.M. Shechner.)

deos específicos. Esta evidência atribui um papel crucial para uma citosina em especial do sítio ativo, levando ao modelo no qual a amina exocíclica da base estabiliza a carga negativa em desenvolvimento no pirofosfato que deixa o grupo durante a formação da ligação fosfodiéster. (Ver Cap. 9 para uma discussão sobre o mecanismo de formação da ligação fosfodiéster por polimerases proteicas.)

Apesar destes experimentos bem-sucedidos, ainda estamos longe de uma ribozima que seja capaz de copiar-se inteiramente. É necessária uma ribozima que produza uma cópia completa e separada de si. Isso leva a outro problema conceitual. Parece difícil imaginar que uma única molécula de RNA possa servir simultaneamente como molde para sua própria duplicação e como a polimerase que está fazendo a cópia. Em vez disso, é provável que a **ribozima replicase** primordial tenha tido que fazer uma cópia de uma molécula-irmã. Isso teria gerado temporariamente um dúplex RNA-RNA com duas fitas complementares, uma sendo a replicase e a outra, o complemento da replicase (Fig. 17-11). Ciclos adicionais de cópia do complemento teriam gerado mais replicases, enquanto ciclos adicionais de cópias da fita da replicase teriam gerado mais cópias do complemento que, por sua vez, serviriam como moldes para gerar replicases adicionais.

Embora ainda não se tenha uma ribozima RNA-polimerase completamente autorreplicativa, foi obtida a replicação autossustentada de uma ribozima que liga moléculas de RNA. Este sistema autorreplicativo consiste em ribozimas ligases complementares que ligam pares de substratos de RNA complementares uns aos outros (Fig. 17-12). Neste sistema, uma ribozima ligase chamada de E (em verde-claro na figura) catalisa a ligação, mediada pelo molde, de duas moléculas de RNA (A e B) que são complementares à ribozima. Isso gera um RNA complementar chamado de E' (em verde-escuro no centro da figura) que é, ele próprio, uma ribozima ligase para dois RNAs que são complementares a ele (A' e B', na base da figura). Este ciclo de ligação cria uma nova molécula de E (em verde-claro, no centro da figura).

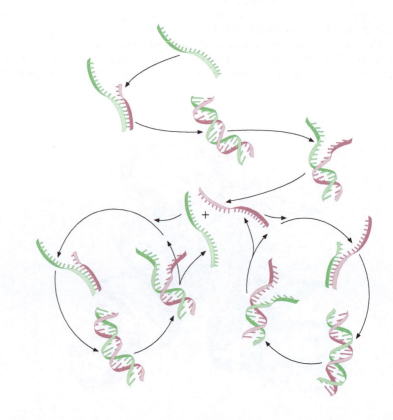

FIGURA 17-11 A ribozima replicase primordial teria copiado seu complemento. Como o produto da replicase (replicase original mostrada em verde) seria um complemento de si, a fita recém-sintetizada (mostrada em cor-de-rosa) não seria uma replicase. Em vez disso, seria complementar à replicase. Este complemento poderia, por sua vez, servir como molde para a síntese de replicases adicionais. Assim, a ribozima replicase primordial provavelmente teria gerado um produto de dupla-fita que, em um passo subsequente, teria se dissociado nas fitas replicase e complementar. A cópia da fita da replicase geraria fitas-moldes adicionais, e a cópia da fita complementar geraria replicases adicionais. Na figura, as fitas de replicase são mostradas em verde e as fitas complementares, em cor-de-rosa. (Adaptada, com permissão, de Ricardo A. e Szostak J.W. 2009. *Sci. Am.* **301**: 54-61. © AAAS.)

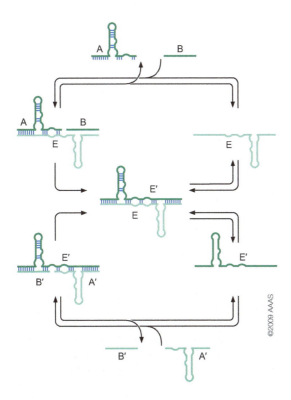

FIGURA 17-12 **Ribozima replicativa autossustentável.** A ribozima ligase (E) une duas moléculas de RNA (A e B), cada uma delas complementar a uma parte de E, produzindo, assim, a ribozima complementar E'. Ver texto para mais detalhes. (Adaptada, com permissão, de Lincoln T.A. e Joyce G.F. 2009. *Science* **323**: 1229-1232. Fig. 1A, p. 7. © AAAS.)

Assim, a replicação consiste em dois ciclos interconectados: um catalisado por E e mostrado na metade superior da figura, que gera E' a partir de A e B, e um catalisado por E' e mostrado na metade inferior da figura, que gera E a partir de A' e B'. Notavelmente, E e E' catalisam múltiplos ciclos de ligação a partir de um conjunto comum de quatro substratos de RNA (dois complementares a E – A e B – e dois complementares a E' – A' e B'), culminando na amplificação de E e E' e na depleção dos substratos. Curiosamente, diferentes ribozimas ligases mostraram ser capazes de competir umas com as outras por um conjunto limitado de substratos, representando um exemplo primitivo de seleção genética. Assim, uma ribozima pode, de fato, ser autorreplicativa, mas, até o momento, apenas com RNAs como substrato, não com ribonucleotídeos.

A EVOLUÇÃO DARWINIANA NECESSITA DE PROTOCÉLULAS AUTORREPLICATIVAS?

Ainda resta outro enigma: mesmo se imaginarmos um Mundo de RNA no qual as mesmas moléculas de RNA servissem como material genético e como ribozimas replicases, um sistema assim teria indiscutivelmente uma capacidade limitada de sofrer evolução darwiniana. Considere uma sopa primordial repleta de ribozimas replicases, e imagine que uma mutação surge em uma das replicases, permitindo-a replicar de maneira mais eficiente do que suas semelhantes. Se, conforme argumentado anteriormente, cada replicase tivesse de copiar outra replicase, então a replicase aprimorada ficaria limitada tão somente a fazer cópias de moléculas semelhantes não aprimoradas, na sopa primordial, e sua própria propagação dependeria da ação dessas moléculas. (A probabilidade de que duas replicases aprimoradas estivessem próximas para copiar uma à outra teria sido, presumivelmente, muito pequena [Fig. 17-13].) Assim, neste cenário, uma replicase mutante aprimorada não teria oportunidade para amplificar-se mais rapidamente do que suas seme-

FIGURA 17-13 Ribozimas replicases mutantes aprimoradas não teriam vantagem seletiva na sopa primordial. Considere-se uma sopa primordial sem compartimentos, contendo uma população de ribozimas replicases (em verde) e uma replicase mutante rara (em cor de laranja) com eficiência de replicação aprimorada. Após uma rodada de replicação na qual as ribozimas replicases copiam-se aleatoriamente, não há enriquecimento em ribozima replicase aprimorada em relação às não aprimoradas pelo seguinte motivo: as replicases não aprimoradas têm a mesma probabilidade tanto de replicar-se quanto de replicar a replicase aprimorada. E após a duplicação de uma replicase aprimorada, as replicases-filhas têm maior probabilidade de encontrar e copiar replicases não aprimoradas do que uma semelhante, devido à difusão.

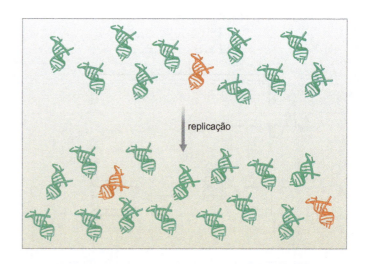

lhantes não aprimoradas. Estas considerações levaram à ideia de que a vida inicial não apenas necessitava de ribozimas replicases, mas também, como será explicado agora, de protocélulas para abrigar as replicases.

Imagine que as replicases fossem encapsuladas em protocélulas com membranas que podiam crescer e dividir-se pela absorção de lipídeos. Em vez de uma sopa primordial com uma grande quantidade de replicases idênticas, um pequeno número de replicases poderia ser agrupado (armazenado) nas protocélulas, isoladas de outras replicases (Fig. 17-14). Agora imagine que, em uma dessas protocélulas, surge uma replicase mutante rara, que é superior às suas semelhantes. Como há um pequeno número de replicases na protocélula, a replicase aprimorada teria chance considerável de ser copiada por uma molécula semelhante não aprimorada, resultando em mais de uma cópia da replicase mutante aprimorada no mesmo compartimento. (Para simplificar, ignora-se a complicação introduzida anteriormente de que a replicação possui uma etapa intermediária que envolve uma cópia complementar da ribozima.) Agora, quando a protocélula dividir-se, uma das células-filhas poderá "herdar" *aleatoriamente* duas cópias da replicase mutante. Desta maneira, nesta célula-filha, replicases mutantes aprimoradas poderão fazer cópias umas das outras e, assim, nesta protocélula, a replicação ocorrerá mais rapidamente do que nas demais.

FIGURA 17-14 A compartimentalização permite a ocorrência de seleção darwiniana. (Parte inferior) A consequência de armazenar replicases em protocélulas com pequenos números de replicases. Devido ao acaso, é provável o surgimento de uma protocélula que herdou duas ou mais cópias de uma replicase aprimorada (em vermelho). Agora, a probabilidade de as replicases aprimoradas copiarem umas às outras é alta. Além disso, a rápida replicação irá dirigir o crescimento e a divisão da protocélula, permitindo a ocorrência de seleção das protocélulas que abrigam replicases aprimoradas. Também devido ao acaso, algumas protocélulas podem herdar apenas uma ou nenhuma replicase. Neste caso, nenhuma propagação posterior será possível, como indicado pelos Xs. (Cortesia de Jack W. Szostak.)

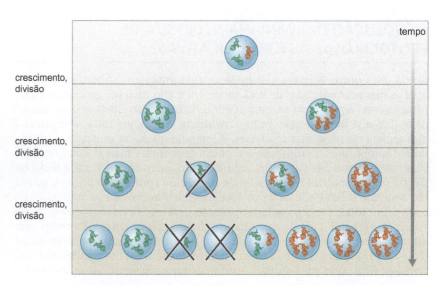

Ribozimas replicases superiores poderiam conferir vantagem de crescimento para a protocélula por meio do seguinte mecanismo osmótico. As ribozimas replicases seriam replicadas pela polimerização de nucleotídeos que entrariam na protocélula por difusão através da membrana. Esta incorporação de nucleotídeos em uma molécula de RNA não passível de difusão, dirigida pela ribozima, aumentaria a osmolaridade da protocélula à medida que a água se difundisse para dentro para equalizar suas concentrações interna e externa. A entrada de água criaria uma tensão na membrana, fazendo a protocélula inchar pela absorção de lipídeos da sopa primordial circundante. O crescimento da protocélula iria, por sua vez, torná-la instável, eventualmente provocando a sua divisão. Portanto, a protocélula contendo replicases mutantes aprimoradas teria vantagens seletivas de crescimento e divisão sobre outras protocélulas, resultando na amplificação desproporcional da nova e aprimorada replicase. Em outras palavras, o uso de compartimentos delimitados por membranas para distribuir ribozimas replicases permite que a inovação genética seja recompensada pela seleção darwiniana.

Notavelmente, compartimentos semelhantes a células com as propriedades requeridas para a vida inicial são relativamente fáceis de gerar no laboratório. Lipídeos simples, como os ácidos graxos (e outros anfifílicos), que são componentes dos fosfolipídeos encontrados na membrana das células contemporâneas, possuem a capacidade de formar, de maneira espontânea, pequenos sacos topologicamente fechados, chamados de vesículas, em ambientes aquosos (Fig. 17-15). Resumidamente, este é um exemplo do efeito hidrofóbico no qual a formação de vesículas é dirigida pela energia livre favorável do empilhamento das caudas gordurosas dos lipídeos umas contra as outras em camadas. As camadas, por sua vez, fecham-se espontaneamente em sacos para minimizar a interação com as moléculas de água em suas bordas. Além disso, estas vesículas podem crescer pela adição de novas moléculas de ácidos graxos. Com o crescimento, as vesículas tornam-se instáveis e fragmentam-se espontaneamente em vesículas-filhas sob agitação moderada (Fig. 17-16). Assim, ao contrário dos polinucleotídeos, que podem ter dependido de minerais da argila para catalisar seu surgimento inicial, compartimentos semelhantes a células para abrigar polirribonucleotídeos poderiam ter-se formado espontaneamente a partir da autoaglomeração de ácidos graxos. Finalmente, e pertinente ao crescimento e à divisão das protocélulas dirigidos por osmose como postulado anteriormente, vesículas compostas por lipídeos simples como ácidos graxos não são impermeáveis a nucleotídeos. Em vez disso, elas permitem que os nucleotídeos se difundam através de suas membranas. Essa difusão ocorre provavelmente porque os ácidos graxos (em comparação aos fosfolipídeos) estão relativamente desordenados na bicamada da membrana, o que a torna permeável a pequenas moléculas, como os nucleotídeos (Fig. 17-15). Assim, protocélulas contendo replicases e compostas por ácidos graxos poderiam, em princípio, obter nucleotídeos substratos do meio externo por meio de difusão simples.

Finalmente, têm-se os ingredientes necessários para a célula primordial que está de acordo com a definição da vida inicial: depender de pequenas moléculas para reprodução (nucleotídeos e ácidos graxos) e ser capaz de sofrer evolução darwiniana (Fig. 17-17). De acordo com a hipótese do Mundo de RNA, a célula primordial possuía um genoma de RNA que também era uma ribozima replicase e propagava-se em protocélulas semelhantes a vesículas. Forças osmóticas geradas a partir da absorção de nucleotídeos em polinucleotídeos teriam dirigido as protocélulas para crescer e, então, espontaneamente dividir-se em protocélulas-filhas. Além disso, como pequenos grupos de ribozimas replicases estavam distribuídas em compartimentos, mutantes raras com capacidade aprimorada para replicar-se teriam tido uma vantagem seletiva, permitindo a ocorrência de evolução darwiniana.

Com o tempo, as ribozimas teriam desenvolvido o truque posterior de catalisar reações metabólicas (de fato, isso pode ter precedido o surgimento

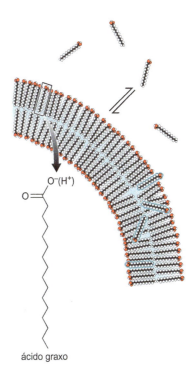

FIGURA 17-15 **Os ácidos graxos formam espontaneamente vesículas com bicamadas.** Ácidos graxos são lipídeos simples, com uma cadeia lateral polar e um grupo carboxilado, que se unem espontaneamente para formar vesículas. Como os grupos carboxilados são facilmente neutralizados, os ácidos graxos ficam desordenados na bicamada, permitindo às membranas ser permeáveis a pequenas moléculas como os nucleotídeos. (Redesenhada de Budin I. e Szostak J.W. 2010. *Annu. Rev. Biophys.* **39**: 245-263, Fig. 4. © Annual Reviews, Inc.)

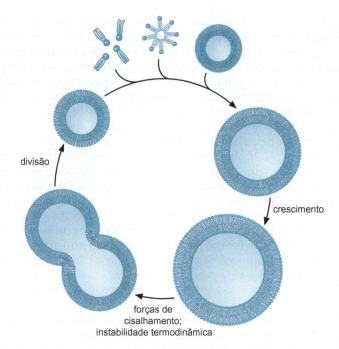

FIGURA 17-16 Crescimento e divisão de vesículas lipídicas. (Cortesia de Jack W. Szostak.)

da ribozima replicase) e, em última análise, a formação de ligações peptídicas (imortalizada na ribozima peptidiltransferase contemporânea), dando início ao Mundo de Proteína. Logicamente, a jornada desde a ribozima replicase até o ribossomo é misteriosa e deve ter envolvido várias etapas. Estas incluem a evolução de progenitores dos RNAs transportadores (tRNAs), a capacidade para sintetizar peptídeos, primeiro, de maneira não codificada e, depois, de maneira codificada com a invenção de RNAs mensageiros (mRNAs), o ribossomo de duas subunidades com seus componentes de RNA e proteína e, por fim, a capacidade para sintetizar peptídeos longos que pudessem adotar estruturas terciárias complexas.

A VIDA SURGIU NA TERRA?

A discussão anterior foi necessariamente bastante especulativa. Não se sabe onde e como a vida surgiu, e estamos bem longe de criar vida em um tubo de ensaio. Mesmo assim, os conceitos de que o RNA era o material genético e a replicase e de que a compartimentalização teria permitido a ocorrência de evolução darwiniana representam avanços importantes no entendimento de como a vida teria surgido. Ainda assim, alguns pesquisadores consideraram substâncias químicas alternativas ao RNA e visões alternativas a respeito da origem da vida, com base em evolução metabólica e não em evolução genética. De fato, alguns pesquisadores consideram as dificuldades envolvidas na geração de vida na Terra tão formidáveis a ponto de duvidar da premissa de que a vida surgiu neste planeta. Dentre os céticos famosos, estava Francis Crick (embora, sejamos justos, anterior à invenção das ribozimas RNA-polimerases). Crick e outros pesquisadores acreditavam que a vida havia sido semeada na Terra a partir de outro planeta, talvez tendo sido carregada para cá em um meteoro. Logicamente, mesmo que a (improvável) teoria de que a vida foi semeada na Terra seja verdadeira, ela levanta a questão de como a vida teria surgido, onde quer que isso tenha ocorrido, trazendo de volta as mesmas questões com as quais este capítulo iniciou.

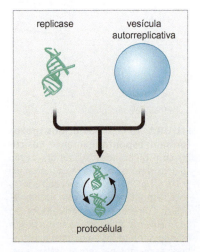

FIGURA 17-17 Célula primordial hipotética que combina ribozimas autorreplicativas e vesículas autorreplicativas. (Cortesia de Jack W. Szostak.)

RESUMO

A vida surgiu entre 4,4 Ga, quando a água líquida surgiu na Terra, e 3,5 Ga, quando a vida já estava presente de acordo com evidências isotópicas e fósseis. A vida, em sua forma mais simples, é um sistema capaz de autorreplicação e que está sujeito à evolução darwiniana. A descoberta de que alguns RNAs (ribozimas) catalisam reações enzimáticas levou à hipótese do Mundo de RNA, que diz que a vida baseada em proteínas surgiu a partir de uma forma de vida primordial na qual o RNA servia tanto como portador de informações quanto como uma ribozima RNA-polimerase capaz de autorreplicação. Com o tempo, moléculas de RNA autorreplicativas teriam desenvolvido a capacidade de produzir proteínas, originando o Mundo de Proteínas contemporâneo. A ribozima peptidiltransferase contemporânea, que catalisa a formação da ligação peptídica no ribossomo, pode ser um fóssil molecular do Mundo de RNA.

Como prova de conceito para a hipótese do Mundo de RNA, os pesquisadores tentaram criar ribozimas capazes de fazer autorreplicação utilizando métodos de evolução dirigida. Até o momento, estes esforços culminaram na criação de ribozimas RNA-polimerases capazes de sintetizar cadeias de RNA com até 95 nucleotídeos de maneira dependente de molde. Entretanto, a criação de uma ribozima replicase capaz de duplicar-se ainda não foi alcançada.

Um sistema autorreplicativo que também está sujeito à evolução darwiniana deve ter necessitado de compartimentos semelhantes a células que eram capazes de crescer e dividir-se. Tais protocélulas podem ter surgido a partir de vesículas lipídicas compostas por ácidos graxos ou outros anfifilos, que podem crescem pela agregação de ácidos graxos e fragmentar-se em protocélulas-filhas. Assim, a forma de vida mais antiga pode ter envolvido compartimentos semelhantes a vesículas que encapsulavam ribozimas replicases e que eram capazes de evoluir por meio de mutação e seleção natural para protocélulas de propagação mais rápida.

BIBLIOGRAFIA

Deamer D. and Szostak J.W. eds. 2010. *The origins of life*. Cold Spring Harbor Laboratory Press, Cold Spring Harbor, New York.

Johnston W.K., Unrau P.J., Lawrence M.S., Glasner M.E., and Bartel D.P. 2001. RNA-catalyzed RNA polymerization: Accurate and general. *Science* **292:** 1319–1325.

Lincoln T.A. and Joyce G.F. 2009. Self-sustained replication of an RNA enzyme. *Science* **323:** 1229–1232.

Mansy S.S. and Szostak J.W. 2009. Reconstructing the emergence of cellular life through the synthesis of model protocells. *Cold Spring Harb. Symp. Quant. Biol.* **74:** 47–54.

Powner M.W., Gerland B, and Sutherland J.D. 2009. Synthesis of activated pyrimidine ribonucleotides in prebiotically plausible conditions. *Nature* **459:** 239–242.

Ricardo A. and Szostak J.W. 2009. Origin of life on earth. *Sci. Am.* **301:** 54–61.

Shechner D.M., Grant R.A., Bagby S.C., Koldobskaya Y., Piccirilli J.A., and Bartel D.P. 2009. Crystal structure of the catalytic core of an RNApolymerase ribozyme. *Science* **326:** 1271–1275.

Wochner A., Attwater J., Coulson A., and Holliger P. 2011. Ribozyme-catalyzed transcription of an active ribozyme. *Science* **332:** 209–212.

Zaher H.S. and Unrau P.J. 2007. Selection of an improved RNA polymerase ribozyme with superior extension and fidelity. *RNA* **13:** 1017–1026.

Zhu T.F., Schrum J.P., and Szostak J.W. 2010. The origins of cellular life. *Cold Spring Harb. Perspect. Biol.* **2:** a002212.

QUESTÕES

Para respostas de questões de número par, ver Apêndice 2: Respostas.

Questão 1. Cite duas características fundamentais que definem vida no contexto da origem da vida.

Questão 2. Explique por que as bactérias como *Mycoplasma genitalium* são consideradas seres vivos, ao contrário dos vírus e do simbionte *Hodgkinia cicadicola*.

Questão 3. Considere o experimento de Miller e Urey. Qual impacto seus resultados tiveram sobre o estudo da origem da vida? Qual é uma desvantagem dos resultados?

Questão 4. Cite um exemplo específico de um RNA catalítico crucial para as células atuais. Como este exemplo ajuda a corroborar a hipótese do Mundo de RNA para a origem da vida?

Questão 5. A hipótese mais provável é a de que a vida teria evoluído a partir de um Mundo de RNA. Forneça razões pelas quais uma hipótese centrada em proteínas não é favorecida. Forneça razões pelas quais uma hipótese centrada em DNA não é favorecida.

Questão 6. Para cada uma das alternativas a seguir, cite a enzima ou ribozima que realiza a função.

i. Transcrição do RNA a partir de um molde de DNA.

ii. Síntese de uma fita de DNA complementar a partir de um molde de RNA.

iii. Replicação do DNA a partir de um molde de DNA.

iv. Replicação do RNA a partir de um molde de RNA.

Questão 7. Liste os passos fundamentais necessários para selecionar uma ribozima com atividade de ligase utilizando o método SELEX. Suponha que você realizará múltiplos ciclos de seleção e que você quer diversificar o conjunto a cada ciclo. Você adiciona uma molécula de RNA que inclui uma etiqueta de sequência à mistura de suas potenciais ribozimas. Se uma ribozima ligar a etiqueta à sua própria extremidade 5', a ribozima ligante pode ser purificada a partir da mistura.

Questão 8. Explique como a compartimentalização em uma protocélula aumenta a propagação de uma RNA-replicase mutante mais eficiente em relação às outras RNA-replicases.

Questão 9. Descreva a membrana de um modelo de protocélula de laboratório. Como esse modelo de protocélula cresce e se divide?

Questão 10. Os pesquisadores acham que os polinucleotídeos surgiram a partir de uma reação entre fosfato, ribose e uma nucleobase, ou a partir de uma reação entre intermediários derivados de reações entre moléculas orgânicas presentes na Terra primitiva? Explique sua resposta.

Questão 11. Explique como o pirofosfato é estabilizado no mecanismo de formação da ligação fosfodiéster *versus* modelo para a formação de ligação fosfodiéster com base em ribozima.

Questão 12. Liste os componentes da reação e a função da ribozima necessários para a autorreplicação por uma ribozima.

Questão 13. Descreva a diferença entre ligação de RNA e polimerização de RNA.

Questão 14. Você está estudando as propriedades de uma ribozima RNA-polimerase usando um ensaio de extensão de iniciadores. Esta ribozima em particular possui atividade aprimorada em comparação a uma versão prévia. A diferença entre elas é que a ribozima aprimorada possui um domínio adicional na extremidade 5'. Em cada reação de extensão de iniciador, você inclui a sua ribozima, seu iniciador radioativamente marcado em 5' ligado a um molde de RNA, e rNTPs com um tampão adequado. Na reação 2, você alterou a sequência do molde de RNA. Na reação 3, você alterou a sequência do molde de RNA e a sequência do novo domínio da ribozima. Você separa seus produtos por eletroforese em gel de poliacrilamida e visualiza as bandas em uma autorradiografia (apresentada a seguir).

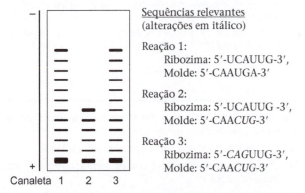

Sequências relevantes
(alterações em itálico)

Reação 1:
    Ribozima: 5'-UCAUUG-3',
    Molde: 5'-CAAUGA-3'

Reação 2:
    Ribozima: 5'-UCAUUG -3',
    Molde: 5'-CAA*CUG*-3'

Reação 3:
    Ribozima: 5'-*CAG*UUG-3',
    Molde: 5'-CAA*CUG*-3'

A. Com base nos dados, descreva as diferenças relativas na atividade da ribozima replicase entre as três reações.

B. Formule uma hipótese explicando por que os produtos na canaleta 3 possuem um padrão de migração semelhante aos produtos da canaleta 1.

Dados adaptados de Wochner et al. (2011. *Science* **332**: 209-212).

Questão 15. Pesquisadores estudaram a permeabilidade de vesículas de ácidos graxos como modelos de protocélulas.

A. Explique por que as propriedades de permeabilidade de membrana são importantes quando consideramos a hipótese do Mundo de RNA.

B. Em um dos experimentos, os pesquisadores encapsularam nucleotídeos em vesículas de ácidos graxos. Em vez de medir a permeabilidade pela detecção de nucleotídeos entrando na vesícula, eles mediram o percentual de nucleotídeos de dentro da vesícula que saíam dela. Eles encontraram perdas não significativas de AMP, ADP e ATP das vesículas em um período de 24 horas. Na presença de Mg^{+2}, eles observaram que AMP e ADP vazavam lentamente das vesículas, mas não o ATP. Proponha uma hipótese explicando por que o AMP e o ADP conseguem atravessar a membrana na presença de Mg^{+2}. O que a incapacidade do ATP em atravessar a membrana na presença de Mg^{+2} sugere a respeito da permeabilidade das protocélulas iniciais?

Dados adaptados de Mansy et al. (2008. *Nature* **454**: 122-125).

PARTE 5

REGULAÇÃO

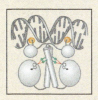
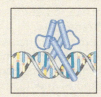
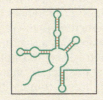

SUMÁRIO

CAPÍTULO 18
Regulação Transcricional em Procariotos, 615

CAPÍTULO 19
Regulação Transcricional em Eucariotos, 657

CAPÍTULO 20
RNAs Reguladores, 701

CAPÍTULO 21
Regulação Gênica no Desenvolvimento e na Evolução, 733

CAPÍTULO 22
Biologia de Sistemas, 775

Na Parte 4, considerou-se como a informação genética codificada no DNA é expressa. Isso envolve a transcrição das sequências de DNA em sequências de RNA, que é, então, a forma utilizada como molde para a tradução em proteínas.

No entanto, nem todos os genes são expressos em todas as células o tempo todo. Na verdade, grande parte da vida depende da capacidade de as células expressarem os seus genes em combinações diferentes, em momentos diferentes e em locais diferentes. Até mesmo uma bactéria menos complexa expressa apenas alguns de seus genes em um dado momento – assegurando sua capacidade de, por exemplo, produzir as enzimas necessárias para metabolizar os nutrientes disponíveis e, ao mesmo tempo, não sintetizar enzimas para outros nutrientes. O desenvolvimento dos organismos multicelulares oferece um ainda mais extraordinário exemplo da chamada "expressão gênica diferencial". Todas as células humanas contêm basicamente os mesmos genes, mas o conjunto de genes expressos para a formação de um tipo celular é diferente do conjunto expresso para a formação de outro. Assim, uma célula muscular expressa um conjunto de genes diferente (pelo menos em parte) do conjunto expresso por um neurônio, uma célula epitelial e assim por diante. Em geral, essas diferenças ocorrem sobretudo no nível da transcrição – mais frequentemente, no início da transcrição.

Nos capítulos a seguir, aborda-se, principalmente, como a transcrição é regulada. Inicia-se no Capítulo 18, vendo como isso acontece nas bactérias. Nesses organismos, os mecanismos básicos podem ser mais bem apreciados. Portanto, lida-se com casos simples que ilustram os diferentes mecanismos da regulação transcricional. Estes incluem o caso do óperon *lac*, um grupo de genes que codifica proteínas necessárias para o metabolismo do açúcar lactose – expressos somente quando esse açúcar está disponível no meio de cultura. Neste caso, aprende-se como os genes podem ser ativados (ligados) ou reprimidos (desligados) em resposta a diferentes sinais. Depois, são vistos outros exemplos: alguns em que a regulação é semelhante à do óperon *lac*, e outros que ilustram mecanismos um tanto diferentes de regulação transcricional. Por fim, descreve-se como a regulação transcricional de conjuntos alternativos de genes do fago λ sustenta a capacidade de este vírus escolher entre vias alternativas de desenvolvimento durante a infecção de uma célula bacteriana.

No Capítulo 19, são discutidos os mecanismos básicos da regulação transcricional em eucariotos, desde as leveduras até eucariotos complexos. Os mecanismos de ativação e de repressão da transcrição são comparados aos bacterianos, assinalando os aspectos conservados e suas características adicionais – mais especialmente os efeitos do posicionamento, da remodelação e da modificação do nucleossomo, discutidos no Capítulo 8. Também são discutidos o significado e os mecanismos da chamada regulação epigenética.

Até o momento, a regulação que foi discutida é dirigida por proteínas reguladoras – ativadores e repressores, e proteínas que eles recrutam para os genes. No Capítulo 20, são discutidos os RNAs reguladores. Aqui, descreve-se como as moléculas de RNA podem ativar, ou mais comumente, reprimir, a expressão de genes em bactérias e eucariotos. Isso inclui mecanismos conhecidos há bastante tempo, como a atenuação do óperon triptofano, e também mecanismos descobertos mais recentemente, como a interferência do RNA e o papel dos micro-RNAs em eucariotos complexos.

No Capítulo 21, trata-se da regulação gênica no contexto da biologia do desenvolvimento e da evolução. Discute-se como os genes são regulados para conferir especificidade (diferenciação) e determinação do padrão (morfogênese) de um tipo celular, em um grupo de células geneticamente idênticas – por exemplo, as células de um embrião em desenvolvimento. Também é examinada a diversidade entre organismos intimamente relacionados e verifica-se como, em muitos deles, as diferenças morfológicas e comportamentais não são resultado de alterações nos genes, mas sim, de diferenças de "quando" e "onde" os genes são expressos em cada organismo durante o seu desenvolvimento. A descoberta mais impressionante gerada por sequências de genomas completos é a de que a maioria dos animais (por exemplo) possui essencialmente os mesmos genes – sejam eles camundongos, seres humanos ou até mesmo moscas. Esta observação realça novamente o papel geral da regulação gênica – principalmente a regulação transcricional – na definição do que cada genoma produz.

A discussão sobre as redes de regulação gênica durante o desenvolvimento leva ao último capítulo desta parte do livro – o Capítulo 22, Biologia de Sistemas. Este é um campo ainda pouco definido e parece englobar uma gama de áreas diferentes, mas no contexto atual o foco são as redes de regulação gênica. Assim, são apresentadas a nomenclatura e as ideias básicas por trás de formas de pensar recém-definidas sobre como as redes gênicas são reguladas. Uma nova geração de biólogos moleculares – muitos deles com formação em computação ou em física – está descrevendo essas redes, usando suas próprias representações, em termos de lógica de fluxo de informação em vez de mecanismos moleculares subjacentes à sua operação.

FOTOGRAFIAS DOS ARQUIVOS DO COLD SPRING HARBOR LABORATORY

Mark Ptashne e Joseph Goldstein, 1988 Simpósio sobre biologia molecular da transdução de sinal. Ptashne foi fundamental para tomar as ideias iniciais de Jacob e Monod sobre como a expressão gênica é regulada e descrever como isso funciona em nível molecular, primeiramente no fago λ, e depois em leveduras (Caps. 18 e 19). Goldstein, juntamente com seu colaborador de longa data, Michael S. Brown, descreveu as vias de transdução de sinal (Cap. 19) que controlam a expressão de genes envolvidos no metabolismo do colesterol, trabalho pelo qual eles ganharam o Prêmio Nobel de Fisiologia ou Medicina em 1985.

Scott Emmons, Gary Ruvkun e Barbara Meyer, 2004 Simpósio sobre epigenética. Estudando a genética do desenvolvimento em vermes, Victor Ambros e Ruvkun identificaram o primeiro miRNA e seu gene-alvo (Cap. 20). A camiseta da NASA é uma pista para outro dentre os vários interesses de pesquisa de Ruvkun: a procura por vida em Marte. Emmons estuda o comportamento em vermes, em todos os níveis desde a expressão gênica até a neurobiologia, e Meyer, que contribuiu, enquanto aluna de graduação, para a elucidação do interruptor genético no fago λ (Cap. 18), trabalha agora com determinação sexual e compensação de dose em vermes (Cap. 20).

John Gurdon e Ann McLaren, 1985 Simpósio sobre biologia molecular do desenvolvimento. Gurdon realizou o primeiro experimento de clonagem animal, em 1962, quando transplantou o núcleo de uma célula de sapo adulto em um óvulo desprovido de núcleo, o qual gerou um girino completamente funcional (Cap. 21). Por este trabalho, ele dividiu com Shinya Yamanaka o Prêmio Nobel de Fisiologia ou Medicina em 2012. McLaren era especialista em genética e biologia reprodutiva de mamíferos, e sua pesquisa estabeleceu bases essenciais para o desenvolvimento posterior da fertilização *in vitro*, entre outras coisas. Seus conhecimentos em biologia reprodutiva levaram a participações também na política, inclusive como membro do altamente influente Comitê Warnock, no Reino Unido.

Christiane Nüsslein-Volhard, 1996 Encontro sobre desenvolvimento e genética do *zebrafish*. Triagens de mutantes realizadas em moscas-da-fruta por Nüsslein-Volhard e seu colega Eric F. Wieschaus identificaram vários genes essenciais para o desenvolvimento embrionário inicial deste organismo, e provavelmente para todos os animais (Cap. 21). Por este trabalho, os dois pesquisadores dividiram o Prêmio Nobel de Fisiologia ou Medicina em 1995 com Edward B. Lewis.

Sra. I.H. Herskowitz com os filhos, Ira e Joel, 1947 Simpósio sobre ácidos nucleicos e nucleoproteínas. Ira Herskowitz foi pioneiro no uso da levedura *Saccharomyces cerevisiae* como modelo experimental para biologia molecular (Apêndice 1) e fez grandes contribuições para ideias sobre a regulação gênica neste organismo, como ele havia feito anteriormente para o bacteriófago λ (Caps. 18 e 19). Seu pai, Irwin, mais tarde autor de um livro-texto sobre genética, assistiu ao simpósio em 1947.

Parte 5 Regulação 613

Richard Jorgensen e David Baulcombe, 2006 Simpósio sobre RNAs reguladores. Jorgensen descobriu que a superexpressão do gene de pigmento da petúnia podia gerar flores de cor branca em vez de roxa-escura (Cap. 20). Embora desconhecido na época, este efeito era causado por RNAi. Os pequenos RNAs de interferência – intermediários fundamentais neste processo – foram posteriormente identificados por Baulcombe (Cap. 20).

Jacques Monod e Leo Szilard, 1961 CSH Laboratory. Monod, juntamente com Françoise Jacob, formulou o modelo de óperon para a regulação da expressão gênica (Cap. 18). Os dois, juntamente com seu colega André Lwoff, dividiram o Prêmio Nobel de Fisiologia ou Medicina em 1965, por esta conquista. Leo Szilard era físico nuclear durante a guerra, e voltou-se para a biologia molecular depois de fazer um curso sobre fagos em Cold Spring Harbor em 1947. Ele dirigiu um laboratório em Chicago com Aaron Novick. (Cortesia de Esther Bubley.)

Shinya Yamanaka, 1994 Curso avançado do CSH Laboratory sobre hibridização *in situ* e imunocitoquímica. Yamanaka (terceiro da esquerda para a direita) frequentou este curso como aluno e aparece juntamente com os outros alunos e seus instrutores. Com John Gurdon, Yamanaka ganhou o Prêmio Nobel de Fisiologia ou Medicina em 2012, pela criação das células iPS. Ele mostrou que a expressão de apenas quatro fatores de transcrição específicos, que se ligam ao DNA, é suficiente para dirigir células diferenciadas para um estado desdiferenciado e pluripotente. Este experimento impressionante está descrito no Capítulo 21.

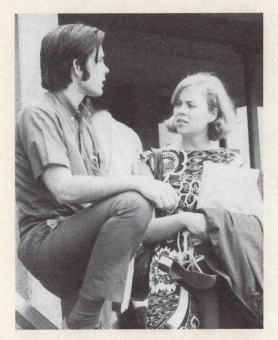

Jeffrey W. Roberts e Ann B. Burgess, 1970 Simpósio sobre a transcrição do material genético. A pesquisa de Roberts estava centrada nos reguladores da expressão gênica em bactérias e fagos, particularmente antiterminadores no fago λ (Cap. 18). Burgess tornou-se professora de biologia e está envolvida em esforços nacionais para melhorar a educação em ciência. Roberts foi um dos autores da quarta edição deste livro, e Burgess é prima de um dos autores desta edição (TB).

Craig Mello, 2004 Simpósio sobre epigenética. Juntamente com Andrew Fire, Mello descobriu que a simples introdução de dsRNAs nas células poderia silenciar genes homólogos aos RNAs. A partir desta observação, que foi por eles chamada de interferência do RNA, houve o surgimento de todo um novo campo, o RNAi (Cap. 20). Eles dividiram o Prêmio Nobel de Fisiologia ou Medicina em 2006 por seu trabalho.

Edward B. Lewis, Carl C. Lindegren, Alfred D. Hershey e Joshua Lederberg, 1951 Simpósio sobre genes e mutações. Lewis investigou a análise genética do desenvolvimento, usando a mosca-da-fruta como modelo (Cap. 21). Ele dividiu, com Eric F. Wieschaus e Christiane Nüsslein-Volhard, o Prêmio Nobel de Fisiologia ou Medicina em 1995 por seu trabalho. Lindegren foi pioneiro na genética de leveduras (Apêndice 1). Hershey foi, juntamente com Max Delbrück e Salvador E. Luria, o líder do grupo que usou o fago como modelo, no início da biologia molecular (Apêndice 1); os três pesquisadores dividiram o Prêmio Nobel de Fisiologia ou Medicina em 1969. Lederberg descobriu que o DNA podia ser transmitido entre bactérias por meio de um processo de cruzamento chamado conjugação (Apêndice 1), trabalho pelo qual ele dividiu, com George Beadle e Edward Tatum, o Prêmio Nobel de Fisiologia ou Medicina em 1958.

CAPÍTULO 18

Regulação Transcricional em Procariotos

No Capítulo 13, viu-se como o DNA é transcrito em RNA pela enzima RNA-polimerase. Também foram descritos os elementos de sequência que constituem um promotor – a região no início de um gene onde a enzima se liga e inicia a transcrição. Em bactérias, a forma mais comum de RNA-polimerase (a que contém σ^{70}) reconhece promotores formados a partir de vários elementos de sequência – os três principais deles são "–10", "–35" e "UP" – e viu-se que a força de um dado promotor é determinada pelos elementos que ele possui e pelo quão bem eles correspondem a sequências "consenso" ótimas. Na ausência de proteínas reguladoras, esses elementos determinam a eficiência com a qual a polimerase se liga ao promotor e, uma vez ligada, o quão prontamente ela inicia a transcrição.

Agora, a atenção é voltada para os mecanismos que regulam a expressão – isto é, os mecanismos que aumentam ou diminuem a expressão de um dado gene à medida que a necessidade de seu produto varia. Existem vários estágios nos quais a expressão de um gene pode ser regulada. O mais comum é o início da transcrição, e a maior parte deste capítulo tem como foco a regulação desta etapa em bactérias. Inicia-se com uma visão geral dos mecanismos e princípios gerais, e prossegue-se com alguns exemplos bem-estudados que demonstram como os mecanismos básicos são usados em várias combinações para controlar genes em contextos biológicos específicos. Também são considerados mecanismos de regulação transcricional que operam em etapas posteriores ao início, especificamente durante o alongamento e o término. Outros exemplos de regulação transcricional em procariotos – os mediados por RNA – são abordados no Capítulo 20, RNAs reguladores. Um exemplo de regulação de gene procariótico em nível de tradução foi discutido no Capítulo 15.

SUMÁRIO

Princípios da Regulação Transcricional, 615

•

Regulação do Início da Transcrição: Exemplos em Procariotos, 620

•

O Caso do Bacteriófago λ: Camadas de Regulação, 636

PRINCÍPIOS DA REGULAÇÃO TRANSCRICIONAL

A expressão gênica é controlada por proteínas reguladoras

Os genes são frequentemente controlados por sinais extracelulares; no caso das bactérias, isso normalmente significa moléculas presentes no meio de cultivo. Esses sinais são comunicados aos genes por proteínas reguladoras, que podem ser de dois tipos: reguladores positivos, ou **ativadores**, e reguladores negativos, ou **repressores**. Esses reguladores são, basicamente, proteínas de ligação ao DNA que reconhecem sítios específicos nos genes que elas controlam ou próximas dos genes. Um ativador aumenta a transcrição do gene que regula, e os repressores reduzem ou anulam a transcrição.

Como esses reguladores atuam? Deve-se ter em mente os passos do início da transcrição descritos no Capítulo 13 (ver Fig. 13-3). Primeiro, a RNA-polimerase liga-se ao promotor, formando um complexo fechado (no qual as fitas de DNA permanecem unidas). A seguir, o complexo polimerase-promotor sofre transição para complexo aberto, em que o DNA do sítio de início da transcrição é desenrolado e a polimerase é posicionada para iniciar a transcrição. O passo seguinte é o escape do promotor, no qual a polimerase deixa o promotor e começa a transcrever. A polimerase prossegue, então, para a fase de alongamento, antes de finalmente terminar. As etapas estimuladas por ativadores e inibidas por repressores dependem do promotor e dos reguladores em questão.

A maioria dos ativadores e dos repressores atua em nível de início da transcrição

Embora sejam vistos casos em que a expressão gênica é regulada em essencialmente qualquer uma das etapas, desde o gene até seu produto, a etapa mais comum na qual a regulação ocorre é o início da transcrição – o foco deste capítulo. Existem dois motivos pelos quais isso acontece. Primeiro, o início da transcrição é a etapa mais eficiente energeticamente para regular. Com isso se quer dizer que a decisão de expressar ou não um gene na primeira etapa garante que nenhuma energia ou recursos serão desperdiçados, fazendo, por exemplo, parte ou todo um mRNA que não será usado (p. ex., para ser traduzido). Segundo, a regulação nesta primeira etapa é mais fácil de ser feita corretamente. Existe apenas uma única cópia de cada gene (em um genoma haploide) e, portanto, normalmente apenas um único promotor em uma única molécula de DNA precisa ser regulado para controlar a expressão de um determinado gene. Ao contrário, para regular um gene na fase de tradução, por exemplo, é preciso controlar cada uma das várias moléculas de mRNA.

Por que, então, nem toda a regulação está centrada na etapa de início da transcrição? Regular etapas posteriores pode apresentar duas vantagens. Primeiro, isso permite mais entradas: se um gene for regulado em mais de uma etapa, mais sinais poderão modular sua expressão ou os mesmos sinais poderão fazê-lo de maneira mais eficiente. Segundo, a regulação em etapas posteriores pode reduzir o tempo de resposta. Assim, considere-se novamente o exemplo da regulação traducional (ver Fig. 15-44 para um exemplo). Se um sinal desligar a repressão desta etapa, o produto proteico codificado pelo gene será imediatamente produzido ao receber esse sinal. Este tempo de resposta reduzido pode ser obviamente vantajoso em algumas situações. Mas, como foi dito, é o início da transcrição que é mais frequentemente regulado, e agora será abordado, em termos gerais, como ativadores e repressores regulam o início da transcrição.

Muitos promotores são regulados por ativadores que auxiliam na ligação da RNA-polimerase ao DNA e por repressores que bloqueiam essa ligação

Na ausência de proteínas reguladoras, a RNA-polimerase liga-se fracamente a diversos promotores. Isso ocorre porque um ou mais dos elementos promotores discutidos anteriormente estão ausentes ou imperfeitos. Ocasionalmente,

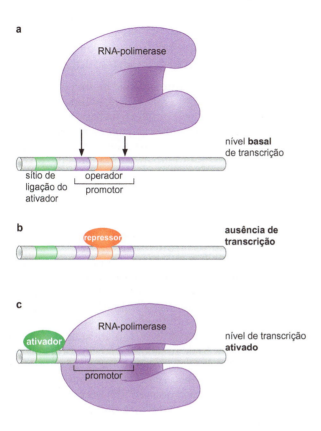

FIGURA 18-1 Ativação pelo recrutamento da RNA-polimerase. (a) Ocasionalmente, na ausência de ativadores ou repressores, a RNA-polimerase liga-se espontaneamente ao promotor e inicia uma transcrição em baixos níveis (nível basal). (b) A ligação do repressor à sequência do operador bloqueia a ligação da RNA-polimerase, inibindo a transcrição. (c) O recrutamento da RNA-polimerase pelo ativador produz altos níveis de transcrição. A RNA-polimerase está representada no complexo fechado (ver Fig. 13-3). Espontaneamente, ela sofre uma isomerização para complexo aberto e inicia a transcrição. Se tanto o ativador quanto o repressor estiverem presentes e funcionais, a ação do repressor supera a do ativador na maioria das vezes. (Esse caso não é apresentado na figura.)

porém, a polimerase consegue ligar-se e realizar uma transição espontânea para complexo aberto e iniciar a transcrição. Esta transcrição gera um baixo nível de expressão **constitutiva**, chamado nível **basal**. Neste caso, o fator limitante da taxa de transcrição é a ligação da RNA-polimerase (Fig. 18-1a).

Para controlar a expressão de um promotor desse tipo, um repressor precisa apenas ligar-se a um sítio que se sobreponha à região de ligação da polimerase. Deste modo, o repressor bloqueia a ligação da polimerase ao promotor, impedindo a transcrição (Fig. 18-1b), embora seja importante registrar que a repressão também pode funcionar de outras maneiras. O sítio do DNA ao qual o repressor se liga é chamado **operador**.

Para ativar a transcrição a partir desse promotor, um ativador pode simplesmente auxiliar na ligação da polimerase ao promotor. Em geral, isso é conseguido do seguinte modo: o ativador utiliza uma superfície para ligar-se a um sítio do DNA próximo ao promotor e, com outra superfície, ele interage simultaneamente com a RNA-polimerase, trazendo a enzima para o promotor (Fig. 18-1c). Este mecanismo, geralmente chamado de **recrutamento**, é um exemplo de **ligação cooperativa** de proteínas ao DNA (processo que será descrito de maneira detalhada adiante, particularmente no Quadro 18-4). As interações entre o ativador e a polimerase, e entre o ativador e o DNA, possuem apenas papéis "adesivos": a enzima está ativa e o ativador simplesmente a leva até o promotor mais próximo. Ali, de maneira espontânea, ela sofre isomerização para a forma de complexo aberto, e inicia a transcrição.

Os genes *lac* de *Escherichia coli* são transcritos a partir de um promotor regulado por um ativador e de um repressor, que atuam do modo básico recém-exposto. Mais adiante, neste capítulo, esse caso será descrito de maneira detalhada.

Alguns ativadores e repressores atuam por alosteria e regulam etapas posteriores à ligação da RNA-polimerase no início transcricional

Nem todos os promotores são controlados da mesma maneira. Assim, considera-se outra classe de promotores à qual a RNA-polimerase liga-se de maneira eficiente, sem auxílio, e forma um complexo fechado estável. Entretanto, esse complexo não sofre transição espontânea para complexo aberto (Fig. 18-2a). A presença de um ativador é necessária para estimular a transição de complexo fechado para aberto nesse promotor, porque a transição é a etapa limitante da velocidade.

Os ativadores que estimulam esse tipo de promotor funcionam pela indução de uma alteração conformacional na RNA-polimerase ou no DNA; ou seja, eles interagem com o complexo fechado estável e induzem uma alteração conformacional que provoca a transição para complexo aberto (Fig. 18-2b). Esse mecanismo é um exemplo de **alosteria**.

No Capítulo 6, viu-se que a alosteria é um mecanismo geral de controle de atividade em proteínas. Neste capítulo, serão vistos dois exemplos de ativadores da transcrição que atuam por alosteria. Em um dos casos (do promotor de *glnA*), o ativador (NtrC) interage com a RNA-polimerase ligada ao promotor em complexo fechado, estimulando a transição para complexo aberto. No outro exemplo (do promotor de *merT*), o ativador (MerR) tem o mesmo efeito, mas o faz pela indução de uma alteração conformacional no DNA do promotor. Em outra classe de promotores, o início da transcrição é limitado na etapa de escape do promotor (ver Fig. 12-3). Um exemplo deste tipo de promotor dirige a expressão do gene *malT*. Na ausência de um ativador, ele sofre início abortivo, e apenas na presença de um ativador ele escapará de maneira eficiente para o alongamento.

Os repressores, igualmente, podem atuar de outros modos além do simples bloqueio da ligação da RNA-polimerase. Alguns repressores, por exemplo, interagem com a polimerase no promotor e inibem a transição para o complexo aberto ou o escape do promotor. Serão vistos alguns exemplos (p. ex., repressor Gal) adiante, neste capítulo.

Atuação à distância e curvatura do DNA

Até agora, considerou-se que as proteínas de ligação ao DNA que interagem entre si ligam-se a sítios adjacentes (p. ex., RNA-polimerase e ativador, nas Figs. 18-1 e 18-2). Frequentemente, é isso que ocorre. Mas algumas proteínas

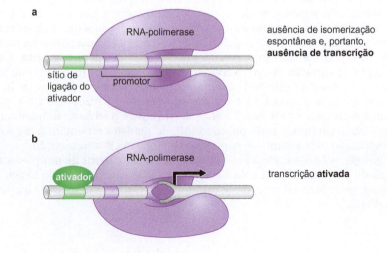

FIGURA 18-2 Ativação alostérica da RNA-polimerase. (a) Ligação da RNA-polimerase ao promotor em um complexo fechado estável. (b) O ativador interage com a polimerase, promovendo a transição para complexo aberto e níveis elevados de transcrição. As representações dos complexos fechado e aberto são apenas esquemáticas; para uma descrição mais completa desses estados, ver Capítulo 13, Figura 13-3.

interagem mesmo quando ligadas a sítios distantes no DNA. Para acomodar essa interação, o DNA sofre um dobramento entre os sítios, para aproximá-los (Fig. 18-3).

Exemplos deste tipo de interação são encontrados em bactérias. Serão considerados repressores que interagem, formando alças de até 3 kb. No próximo capítulo – sobre regulação transcricional em eucariotos –, haverá exemplos mais numerosos e mais marcantes da "ação à distância".

Sítios de DNA afastados podem ser aproximados para auxiliar na formação de alças. Em bactérias, por exemplo, há casos de proteínas que se ligam entre um sítio de ligação do ativador e o promotor, curvando o DNA, para auxiliar na interação do ativador com a polimerase (Fig. 18-4). Existem também casos nos quais uma proteína dificulta a formação e a ativação da alça promovendo a curvatura do DNA em uma direção desfavorável. Estas proteínas de "arquitetura" facilitam (ou impedem) as interações entre as proteínas em outros processos (p. ex., na recombinação sítio-específica; ver Cap. 12).

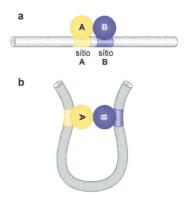

FIGURA 18-3 Interações entre proteínas ligadas ao DNA. (a) Ligação cooperativa de proteínas a sítios adjacentes. (b) Ligação cooperativa de proteínas a sítios afastados.

A ligação cooperativa e a alosteria têm muitas funções na regulação gênica

Já foi salientado que a ativação gênica pode ser mediada por ligação cooperativa simples: o ativador interage simultaneamente com o DNA e com a polimerase e, assim, recruta a enzima para o promotor. Também foi descrito como a ativação pode, em outros casos, ser mediada por eventos alostéricos: um ativador interage com a polimerase já ligada ao promotor e induz uma alteração conformacional na enzima ou no promotor, estimulando o início da transcrição. A ligação cooperativa e a alosteria apresentam ainda outros papéis na regulação gênica.

Por exemplo, com frequência, grupos de reguladores ligam-se cooperativamente ao DNA. Isto é, dois ou mais ativadores ou repressores interagem entre si e com o DNA e, deste modo, ajudam-se mutuamente na ligação a um gene próximo, regulado por todos. Este tipo de interação, como será visto, pode produzir um controle bastante sensível, formando interruptores que permitirão que um gene completamente inativo alcance a atividade máxima em resposta a uma pequena alteração nas condições. A ligação cooperativa de ativadores também pode servir para integrar sinais: alguns genes são ativados apenas quando múltiplos sinais (e, portanto, múltiplos reguladores) estão presentes de maneira simultânea. Um exemplo especialmente interessante e bem-compreendido de cooperação na regulação gênica é o do bacteriófago λ. Ao discutir-se este exemplo, adiante neste capítulo e também no Quadro 18-3, serão abordados o mecanismo básico e as consequências da ligação cooperativa com mais detalhes.

A alosteria, por sua vez, não é apenas um mecanismo de ativação gênica; frequentemente, é também o modo pelo qual os reguladores são controlados por seus sinais específicos. Assim, um regulador bacteriano típico pode

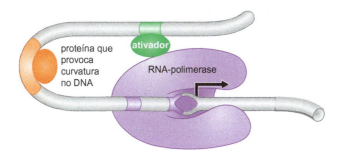

FIGURA 18-4 Uma proteína que provoca uma curvatura no DNA pode facilitar a interação entre proteínas de ligação ao DNA. Uma proteína que curva o DNA liga-se a um sítio localizado entre o sítio de ligação do ativador e o promotor. Se a direção da curvatura for favorável, isso aproxima espacialmente esses dois sítios, auxiliando na interação entre o ativador ligado ao DNA e a polimerase. Se a curvatura for desfavorável, ela terá o efeito oposto.

adotar duas conformações: em uma delas, ele consegue ligar-se ao DNA; na outra, não. A ligação de uma molécula-sinal retém a proteína reguladora em uma ou em outra conformação, determinando se ela exercerá ou não a sua função. Um exemplo disso foi visto no Capítulo 6 (Fig. 6-19), onde também foi abordado o mecanismo básico de alosteria com alguns detalhes. Neste e no próximo capítulos, serão vistos vários exemplos de controle alostérico de reguladores por seus sinais.

Antitérmino e além: nem sempre o alvo da regulação gênica é o início da transcrição

Como se afirmou no início deste capítulo, a maior parte da regulação gênica ocorre no início da transcrição. Isso é válido tanto para eucariotos quanto para bactérias. Mas, certamente, a regulação não está restrita a essa etapa em qualquer das classes de organismos. Neste capítulo, serão vistos exemplos em bactérias no nível do alongamento da regulação gênica e do término da transcrição. Outros exemplos de regulação gênica em bactérias são encontrados no Capítulo 15, onde foi discutido um exemplo de regulação de genes de proteínas ribossomais, e no Capítulo 20, onde serão abordados casos envolvendo a regulação por RNAs (p. ex., atenuação, ribocomutadores – interruptores – e pequenos RNAs). Alguns destes casos de RNA envolvem a regulação da transcrição e outros envolvem a regulação da tradução.

REGULAÇÃO DO INÍCIO DA TRANSCRIÇÃO: EXEMPLOS EM PROCARIOTOS

Após serem apresentados os princípios básicos da regulação transcricional, serão discutidos alguns exemplos que demonstram como eles atuam em casos reais. Primeiro, serão abordados os genes envolvidos no metabolismo de lactose em *E. coli*. Neste exemplo, será visto como um ativador e um repressor regulam a expressão em resposta a dois sinais. Também serão descritas algumas das estratégias experimentais que revelaram como esses reguladores funcionam.

Um ativador e um repressor, juntos, controlam os genes *lac*

Os três genes *lac* – *lacZ*, *lacY* e *lacA* – estão arranjados de maneira adjacente no genoma de *E. coli* e são conjuntamente chamados de **óperon *lac*** (Fig. 18-5). O promotor *lac*, localizado na extremidade 5' de *lacZ*, comanda a transcrição dos três genes originando um mRNA único (uma mensagem chamada policistrônica, porque inclui mais de um gene); este mRNA é traduzido, originando os três produtos proteicos. O gene *lacZ* codifica a enzi-

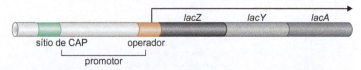

FIGURA 18-5 Óperon *lac*. Os três genes (*lacZ*, *lacY* e *lacA*) são transcritos a partir do promotor como um único mRNA (como indicado pela seta). O sítio de CAP e o operador (sítio ligado ao repressor Lac) possuem, cada um, cerca de 20 pb. O operador localiza-se na região de ligação do promotor à RNA-polimerase e o sítio de CAP está imediatamente a montante do promotor (ver Fig. 18-8 para mais detalhes sobre a disposição relativa desses sítios de ligação, e ver o texto para uma descrição das proteínas que se ligam a eles). A figura foi simplificada, existem outros dois operadores de *lac*, mais fracos, localizados próximos (ver Fig. 18-12), mas que não são considerados neste momento.

ma β-galactosidase, que cliva o açúcar lactose em galactose e glicose, usadas pelas células como fontes de energia. O gene *lacY* codifica a lactose-permease, uma proteína que se insere na membrana celular e transporta a lactose para dentro da célula. O gene *lacA* codifica a tiogalactosídeo-transacetilase, que inativa os tiogalactosídeos tóxicos que também são transportados para dentro da célula pelo *lacY*.

Esses genes são expressos em níveis elevados apenas quando a lactose está disponível e a glicose – a fonte energética preferencial – não está presente. Existem duas proteínas reguladoras envolvidas: uma é um ativador chamado **CAP** e a outra é um repressor chamado **repressor Lac**. Este repressor é codificado pelo gene *lacI*, localizado próximo dos outros genes *lac*, mas transcrito a partir de seu próprio promotor (expresso constitutivamente). O termo CAP significa proteína ativadora de catabólito (do inglês, *catabolite activator protein*), mas este ativador é também conhecido como **CRP** (do inglês, *cAMP receptor protein* [proteína receptora de cAMP], por motivos que serão posteriormente explicados). O gene que codifica a CAP localiza-se em outra região do cromossomo bacteriano que não está relacionada aos genes *lac*. A CAP e o repressor Lac são proteínas de ligação ao DNA e cada um se liga a um sítio específico no promotor *lac* ou próximo a ele (o sítio da CAP e o operador, respectivamente; ver Fig. 18-5).

Cada uma dessas proteínas reguladoras responde a um sinal ambiental, e o comunica aos genes *lac*. A CAP monitora o efeito da glicose, enquanto o repressor Lac promove o sinal da lactose. Este sistema regulador trabalha da seguinte forma (e como mostrado na Fig. 18-6). O repressor Lac só pode ligar-se ao DNA e reprimir a transcrição na ausência de lactose. Na presença desse açúcar, o repressor está inativo e os genes não estão reprimidos (há expressão). A CAP pode ligar-se ao DNA e ativar os genes *lac* apenas na *ausência* de glicose. Portanto, o efeito combinado desses dois reguladores garante que os genes sejam expressos em níveis significativos somente quando a lactose estiver presente e a glicose estiver ausente.

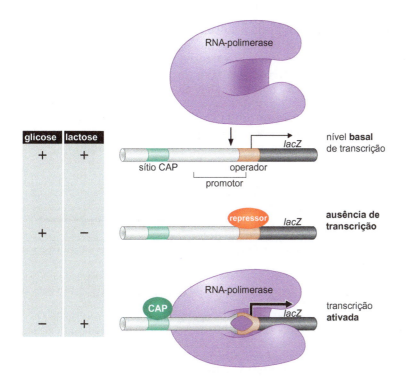

FIGURA 18-6 Expressão dos genes *lac*. A presença dos açúcares lactose e glicose controla o nível de expressão dos genes *lac*. Níveis de expressão elevados exigem a presença de lactose (e, portanto, a ausência do repressor Lac funcional) e a ausência da fonte energética preferencial, a glicose (e, portanto, a presença do ativador CAP). Quando ligado ao operador, o repressor Lac exclui a polimerase, independentemente da presença de CAP ativa. A CAP e o repressor Lac são representados como unidades simples, mas, na verdade, a CAP liga-se ao DNA como um dímero, e o repressor Lac liga-se como tetrâmero (ver Fig. 18-12). A CAP recruta a polimerase para o promotor *lac*, onde ela sofre isomerização espontânea para o complexo aberto (estado mostrado na linha inferior).

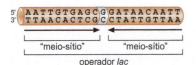

FIGURA 18-7 Meios-sítios simétricos do operador *lac*.

A CAP e o repressor Lac têm efeitos opostos na ligação da RNA-polimerase ao promotor *lac*

Como foi visto, o sítio de ligação do repressor Lac é chamado de **operador** *lac*. Esta sequência de 21 pb apresenta simetria dupla e é reconhecida pelas duas subunidades do repressor Lac, e cada uma delas se liga a um meio-sítio (ver Fig. 18-7). Mais adiante, neste capítulo, esta ligação será examinada de maneira mais detalhada, na seção A CAP e o repressor Lac ligam-se ao DNA usando um motivo estrutural comum. Como o repressor ligado ao operador impede a transcrição?

A região do operador *lac* sobrepõe-se à do promotor, de modo que quando o repressor está fisicamente ligado ao operador, impede a ligação da RNA-polimerase ao promotor e não há início da síntese de RNA (ver Fig. 18-8). Os sítios de ligação de proteínas ao DNA podem ser identificados e mapeados por meio de *footprinting* de DNA e ensaios de mobilidade em gel, como descrito no Capítulo 7.

Como foi visto, a RNA-polimerase liga-se muito fracamente ao promotor *lac* na ausência de CAP, mesmo sem a presença de um repressor ativo. Isso ocorre porque a sequência da região –35 do promotor *lac* não é uma sequência ótima para essa ligação, e o promotor não apresenta o elemento UP (ver Fig. 13-5, Quadro 13-1 e Fig. 18-8). Isso é típico de promotores controlados por ativadores.

A CAP liga-se ao DNA como um dímero, em um sítio que é semelhante ao do operador *lac* em comprimento, mas diferente em sequência. Esse sítio está localizado a cerca de 60 pb a montante do sítio de início da transcrição (ver Fig. 18-8). Quando a CAP se liga a esse sítio, o ativador auxilia a polimerase a se ligar ao promotor através de uma interação com a enzima e consequente recrutamento da enzima para o promotor (ver Fig. 18-6). Esta ligação cooperativa estabiliza a ligação entre a polimerase e o promotor. A seguir, a ativação mediada pela CAP será examinada em mais detalhes.

A CAP possui superfícies separadas para ativação e ligação ao DNA

Vários experimentos confirmam que CAP ativa os genes *lac* simplesmente recrutando a RNA-polimerase. Versões mutantes de CAP, capazes de se ligarem ao DNA, mas incapazes de ativar a transcrição, foram isoladas. A existência desses mutantes de **controle positivo** (*pc*, *positive control*) demonstra que a ativação da transcrição não resulta apenas da ligação do ativador ao DNA próximo ao promotor. Portanto, a ativação não resulta, por exemplo, apenas de uma alteração local na estrutura do DNA pelo ativador. Substituições de aminoácidos em mutantes de controle positivo identificam a região da CAP que interage com a polimerase, chamada **região de ativação**.

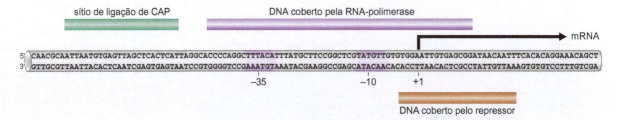

FIGURA 18-8 Região controladora do óperon *lac*. A sequência nucleotídica e a organização da região controladora do óperon *lac* estão representadas. As barras coloridas acima e abaixo do DNA mostram as regiões cobertas pela RNA-polimerase e por proteínas reguladoras. Note-se que o repressor Lac cobre uma extensão de DNA maior que a sequência definida como o sítio mínimo de ligação do operador e a RNA-polimerase abrange mais DNA do que a região definida pelas sequências que constituem o promotor.

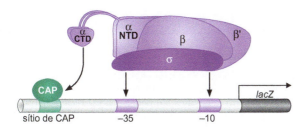

FIGURA 18-9 **Ativação do promotor *lac* pela CAP.** Ligação da RNA-polimerase ao promotor *lac* com auxílio de CAP. CAP é reconhecida pelos CTDs das subunidades α. Ao interagirem com CAP, os αCTDs também interagem com o DNA próximo ao sítio de CAP. Como discutido no Capítulo 13, utiliza-se esta representação da RNA-polimerase quando são indicados pontos específicos de contato entre um ativador e seu sítio-alvo na polimerase, ou entre regiões da polimerase e o promotor.

Onde a região de ativação da CAP interage com a RNA-polimerase para ativar os genes *lac*? Este sítio é revelado por formas mutantes de polimerase capazes de transcrever normalmente a maioria dos genes, mas que não podem ser ativadas pela CAP sobre os genes *lac*. Esses mutantes possuem substituições de aminoácidos no **domínio C-terminal** (CTD, *carboxy-terminal domain*) da **subunidade** α da RNA-polimerase. Como foi visto no Capítulo 13, esse domínio está ligado ao domínio N-terminal (NTD, *amino-terminal domain*) de α por meio de uma extensão flexível. O αNTD está inserido no corpo da enzima, mas o αCTD se projeta para fora e se liga ao elemento UP do promotor (quando este está presente) (ver Fig. 13-7).

No promotor *lac*, não há elemento UP, então o αCTD liga-se à CAP e ao DNA adjacente (Fig. 18-9). Esta interação foi confirmada pela estrutura cristalina de um complexo contendo CAP, αCTD, e um oligonucleotídeo de DNA de dupla-fita que contém um sítio de CAP e um elemento UP adjacente (Fig. 18-10). No Quadro 18-1, Experimentos que dispensam o ativador, há a descrição de um experimento que mostra que a ativação do promotor *lac* exige apenas o recrutamento da polimerase.

Agora que se viu como a CAP ativa a transcrição do óperon *lac*, e como o repressor Lac se opõe a tal efeito, será examinado como esses reguladores reconhecem seus sítios de ligação ao DNA.

A CAP e o repressor Lac ligam-se ao DNA usando um motivo estrutural comum

A cristalografia por raios X foi usada para determinar a base estrutural da ligação ao DNA para diversos ativadores e repressores bacterianos, incluindo a CAP e o repressor Lac. Embora os detalhes sejam diferentes, o mecanismo básico de reconhecimento do DNA é semelhante para a maioria dos reguladores bacterianos.

Em um caso típico, a proteína liga-se como homodímero a um sítio que é uma repetição invertida (ou quase). Um monômero liga-se a cada

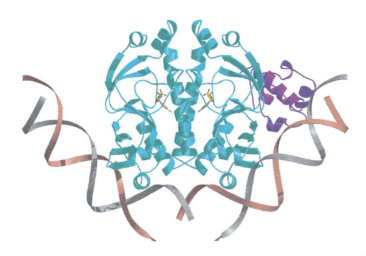

FIGURA 18-10 **Estrutura do complexo CAP-αCTD-DNA.** CAP é mostrada (em azul-turquesa) ligada como um dímero a seu sítio no DNA. Além disso, o αCTD da RNA-polimerase é mostrado (em roxo) ligado a um trecho adjacente de DNA e interagindo com CAP. O sítio de interação em cada proteína envolve os resíduos identificados geneticamente. Uma molécula de cAMP é mostrada ligada a cada monômero de CAP. (Benoff B. et al. 2002. *Science* 297: 1562.) Imagem preparada com MolScript, BobScript e Raster3D.

EXPERIMENTOS-CHAVE

Quadro 18-1 Experimentos que dispensam o ativador

Se um ativador deve apenas recrutar a polimerase para o gene, então outras maneiras de trazer a polimerase para o gene deveriam ser igualmente eficientes para a ativação. Isso é verdadeiro para os genes *lac*, como demonstrado pelos seguintes experimentos (Fig. 1 deste quadro).

Em um dos experimentos, outra interação entre proteínas foi empregada, em vez da interação entre a CAP e a polimerase. Isso é feito com duas proteínas que sabidamente interagem entre si, ligando-se uma a um sítio de ligação do DNA, e na outra, fazendo-se a substituição do domínio C-terminal da subunidade α da polimerase (αCTD). A polimerase modificada pode ser ativada pelo "ativador" substituto, desde que o sítio de ligação ao DNA adequado seja introduzido nas proximidades do promotor. Em outro experimento, o αCTD da polimerase é substituído por um domínio de ligação ao DNA (p. ex., o de CAP). A polimerase modificada inicia, de maneira eficaz, a transcrição a partir do promotor *lac* na ausência de qualquer ativador, contanto que o sítio adequado de ligação ao DNA seja introduzido nas proximidades. Um terceiro experimento é ainda mais simples: a polimerase pode transcrever os genes *lac* em altos níveis *in vitro* na ausência de qualquer ativador se a enzima estiver presente em alta concentração. Assim, vê-se que o recrutamento artificial da polimerase, ou sua presença em altas concentrações, é suficiente para produzir níveis altos de expressão dos genes *lac*. Esses experimentos confirmam a teoria de que o ativador atua apenas auxiliando a ligação entre a polimerase e o promotor. Para uma explicação sobre como o simples aumento da concentração de uma proteína (p. ex., a RNA-polimerase) auxilia em sua ligação a um sítio do DNA (neste caso, o promotor), ver Quadro 18-4. Os resultados discutidos neste quadro não seriam esperados se houvesse necessidade de o ativador induzir uma alteração alostérica específica no DNA ou na polimerase para ativar a transcrição.

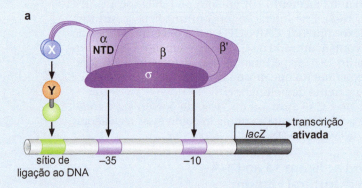

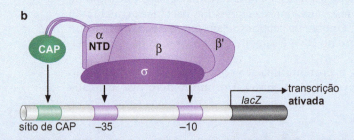

QUADRO 18-1 FIGURA 1 Dois experimentos que dispensam o ativador. (a) O αCTD é substituído por uma proteína X, que interage com a proteína Y. A proteína Y é fusionada a um domínio de ligação ao DNA, e o sítio reconhecido por este domínio é mostrado próximo aos genes *lac*. (b) O αCTD é substituído pela região da CAP que se liga ao DNA.

meio-sítio, com o eixo de simetria do dímero sobre o do sítio de ligação (como visto para o repressor Lac, Fig. 18-7). O reconhecimento das sequências específicas de DNA é efetuado por uma região conservada da estrutura secundária, chamada **hélice-volta-hélice** (Fig. 18-11). Esse domínio é composto por duas α-hélices, e uma delas – a **hélice de reconhecimento** – insere-se na fenda maior do DNA. Como discutido no Capítulo 6, uma α-hélice tem o tamanho exato para ocupar a fenda maior, permitindo que

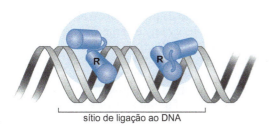

FIGURA 18-11 Ligação de uma proteína com um motivo de hélice-volta-hélice ao DNA. Como geralmente ocorre, a proteína liga-se como um dímero, e as duas subunidades estão indicadas pelos círculos sombreados. O motivo de hélice-volta-hélice está indicado em cada monômero; a "hélice de reconhecimento" está indicada por R.

os resíduos de aminoácidos na sua superfície externa interajam com os grupos químicos periféricos dos pares de bases. Já viu-se como cada par de bases apresenta um padrão característico de receptores e doadores de ligações de hidrogênio (Fig. 6-14). Assim, uma proteína consegue distinguir diferentes sequências de DNA, sem desenrolar o dúplex de DNA. A Figura 6-13 ilustra um exemplo das interações entre uma hélice de reconhecimento e seu sítio de ligação ao DNA.

A segunda hélice de um motivo hélice-volta-hélice posiciona-se na fenda maior e faz contato com o esqueleto do DNA, garantindo uma apresentação adequada da hélice de reconhecimento e, ao mesmo tempo, adicionando energia de ligação à interação global proteína-DNA.

Essa descrição é essencialmente válida não apenas para a CAP (ver Fig. 18-10) e o repressor Lac, mas também para vários outros reguladores bacterianos. Estes incluem o repressor do bacteriófago λ (exemplo mostrado na Fig. 6-13) e proteínas Cro λ que serão vistas em uma seção posterior, bem como os repressores de fagos lambdoides relacionados (p. ex., o fago 434). Apesar disto, há diferenças nos detalhes, como ilustram os exemplos a seguir.

- O repressor Lac liga-se como tetrâmero e não como dímero. No entanto, cada operador interage apenas com duas subunidades. Assim, a forma oligomérica diferente não altera o mecanismo de reconhecimento do DNA. Os outros dois monômeros do tetrâmero podem ligar-se a um dos outros dois operadores *lac*, situados 400 pb a jusante e 90 pb a montante do operador primário. Nestes casos, o DNA interveniente forma uma alça, acomodando a reação (Fig. 18-12).

- Em alguns casos, outras regiões da proteína, externas ao domínio hélice-volta-hélice, também interagem com o DNA. O repressor de λ, por exemplo, realiza contatos adicionais usando os braços N-terminais. Estes envolvem o DNA e interagem com a fenda menor, na superfície posterior da hélice.

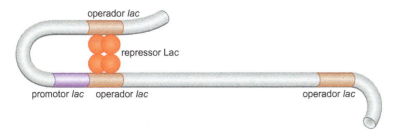

FIGURA 18-12 O repressor Lac liga-se como tetrâmero a dois operadores. A alça apresentada está entre o repressor Lac ligado ao operador primário e o operador auxiliar a montante. Alternativamente, uma alça semelhante pode ser formada com o operador a jusante. O operador primário – que aparece vizinho ao promotor – é o operador mencionado na discussão sobre a regulação da expressão do gene *lac*. Nesta figura, cada dímero de repressor é mostrado como dois círculos, em vez de ser mostrado em representação oval única (usada em figuras anteriores) para enfatizar sua estrutura oligomérica.

- Em muitos casos, a ligação da proteína não altera a estrutura do DNA. Em alguns casos, porém, observam-se várias distorções no complexo proteína-DNA. A CAP, por exemplo, induz um dobramento severo no DNA, enrolando-o parcialmente ao redor da proteína. Isso é causado por outras regiões da proteína, externas ao domínio hélice-volta-hélice, que interagem com sequências externas ao segmento de DNA reconhecido pelo domínio hélice-volta-hélice. Em outros casos, as ligações provocam torções no sítio do DNA.

Nem todos os repressores procarióticos ligam-se usando uma hélice-volta-hélice. Foram descritos alguns que empregam estratégias bastante diferentes. Um exemplo marcante é o repressor Arc do fago P22 (fago relacionado ao λ, mas que infecta *Salmonella*). O repressor Arc liga-se como dímero a um operador, que é uma repetição invertida; porém, este reconhece seu sítio de ligação por meio de duas fitas β antiparalelas inseridas na fenda maior, em vez de utilizar uma α-hélice.

As atividades do repressor Lac e da CAP são controladas alostericamente por seus sinais

Quando a lactose entra em uma célula, ela é convertida em alolactose. É a alolactose (e não a lactose) que controla o repressor Lac (Fig. 18-13). Paradoxalmente, a conversão da lactose em alolactose é catalisada pela β-galactosidase, ela mesma codificada por um dos genes *lac*. Como isso é possível?

A resposta é que a expressão dos genes *lac* apresenta um "escape": mesmo quando eles são reprimidos, ocasionalmente um transcrito é gerado. Isso acontece porque a polimerase de vez em quando consegue ligar-se ao promotor no lugar do repressor Lac. Esse "escape" garante um nível mínimo de β-galactosidase na célula, mesmo na ausência de lactose e, portanto, existe enzima capaz de catalisar a conversão de lactose em alolactose.

A alolactose liga-se ao repressor Lac e provoca uma alteração no formato (conformação) dessa proteína. Na ausência de alolactose, o repressor está presente na forma que liga seu sítio ao DNA (e assim mantém os genes *lac* desligados). Uma vez alterado pela alolactose, esse formato do repressor é incapaz de ligar-se ao DNA, de modo que os genes *lac* não estão mais reprimidos. No Capítulo 6, é descrita a base estrutural desta alteração alostérica no repressor Lac (Fig. 6-19). Um ponto importante a ser enfatizado é que a alolactose se liga a uma parte do repressor Lac que é diferente de seu domínio de ligação ao DNA.

A atividade da CAP é regulada de modo semelhante (Fig. 18-14). A glicose reduz a concentração intracelular de uma pequena molécula, cAMP.

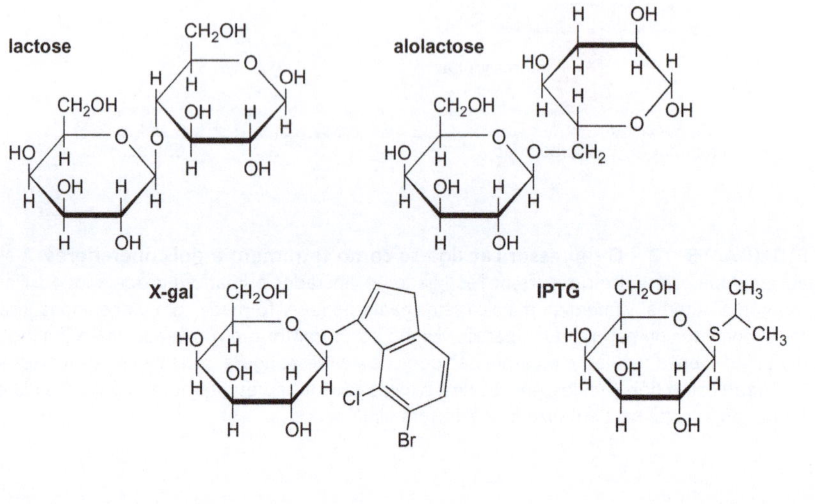

FIGURA 18-13 O indutor do óperon *lac* é a alolactose. A lactose é convertida em alolactose, e esta espécie é o indutor direto dos genes *lac* – a molécula que se liga ao repressor Lac e induz a alteração conformacional que impede sua ligação ao DNA (ver Fig. 6-20). Outras moléculas sintéticas também podem atuar como indutores, sobretudo (porque é geralmente usado) o IPTG (isopropil β-D-1-tiogalactopiranosídeo). Outras moléculas podem atuar como substratos para a β-galactosidase, mas não como indutores. A mais notável delas é o X-gal (5-bromo-4-cloro-3-indolil-β-D-galactopiranosídeo). Quando usado como substrato para a enzima, X-gal libera uma cor azul que o torna um substrato útil em ensaios.

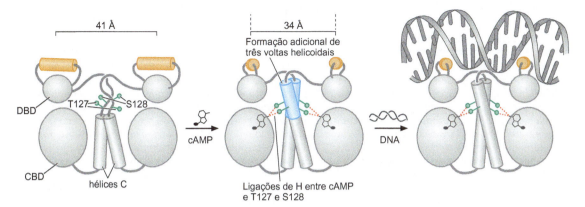

FIGURA 18-14 Mecanismo de controle alostérico de CAP. As estruturas cristalográficas de CAP em três estados foram determinadas: CAP sozinha, CAP ligada a cAMP e complexo CAP–cAMP–DNA. A partir destas, fica claro como a ligação de cAMP (aos domínios de ligação a cAMP [CBDs] de CAP) causa uma alteração estrutural na proteína que resulta no realinhamento de seus domínios de ligação ao DNA a uma configuração ótima para o reconhecimento do DNA. Isso ocorre porque o cAMP ligado aos CBDs também faz ligações de hidrogênio com dois resíduos em uma região enrolada da proteína, desencadeando a formação de uma hélice nesta região (mostrada em azul). As hélices de reconhecimento do domínio de ligação ao DNA de CAP estão mostradas em cor de laranja. (Adaptada, com permissão, de Popovych N. et al. 2009. *Proc. Natl. Acad. Sci.* **106**: 6927-6932, Fig. 7, p. 6931.)

Esta molécula é o efetor alostérico para CAP: a proteína adota uma conformação que se liga ao DNA apenas quando CAP está complexada com cAMP (o que explica também o nome alternativo de CAP, CRP [proteína receptora de cAMP]). Portanto, apenas quando há baixos níveis de glicose (e níveis altos de cAMP) a CAP é capaz de ligar-se ao DNA e ativar os genes *lac*. A região da CAP que se liga ao efetor cAMP é distinta da região da proteína que se liga ao DNA.

O óperon *lac* de *E. coli* foi um dos dois sistemas utilizados pelos biólogos franceses François Jacob e Jacques Monod para formular as primeiras teorias sobre regulação gênica. O Quadro 18-2 – Jacob, Monod e as ideias por trás da regulação gênica – apresenta uma breve descrição dos primeiros estudos e o porquê de suas teorias terem sido tão importantes.

Controle combinatório: CAP também controla outros genes

Os genes *lac* fornecem um exemplo de **integração de sinal**: sua expressão é controlada por dois sinais, e cada um deles é comunicado aos genes por um regulador separado – o repressor Lac e a CAP, respectivamente.

Considere-se outro conjunto de genes da *E. coli*, os genes *gal*. Estes genes codificam enzimas envolvidas no metabolismo da galactose. Assim como os genes *lac*, os genes *gal* são expressos apenas quando o açúcar que serve de substrato – a galactose, neste caso – está presente e a fonte energética preferencial – a glicose – está ausente. Mais uma vez, como no sistema *lac*, os dois sinais são comunicados aos genes por meio de dois reguladores – um ativador e um repressor. O repressor, codificado pelo gene *galR*, medeia os efeitos do indutor galactose, mas o ativador dos genes *gal* é CAP novamente. Assim, um regulador (CAP) atua com diferentes repressores em diferentes genes. Este é um exemplo de **controle combinatório**. Na verdade, CAP age sobre mais de 100 genes de *E. coli*, atuando com diversos parceiros.

O controle combinatório é característico da regulação gênica. Portanto, quando o mesmo sinal controla vários genes, ele é normalmente comunicado a cada um deles pela mesma proteína reguladora. Esse regulador comunicará somente um dos vários sinais possivelmente envolvidos na regulação de

EXPERIMENTOS-CHAVE

Quadro 18-2 Jacob, Monod e as ideias por trás da regulação gênica

A ideia de que a expressão de um gene pode ser controlada pelo produto de outro gene – de que existem genes reguladores cuja única função é a regulação da expressão de outros genes – foi uma das maiores concepções dos primeiros anos da biologia molecular. Ela foi proposta por um grupo de cientistas que trabalhava em Paris nas décadas de 1950 e 1960, particularmente François Jacob e Jacques Monod. Eles buscaram explicar dois fenômenos aparentemente não relacionados: o surgimento de β-galactosidase em *E. coli* cultivado com lactose, e o comportamento do vírus bacteriano (bacteriófago) λ após a infecção de *E. coli*. Seu trabalho culminou na publicação de seu modelo do óperon em 1961 (e o Prêmio Nobel de Fisiologia ou Medicina em 1965, que eles compartilharam com seu colega, Andre Lwoff).

Atualmente, estamos tão familiarizados com suas ideias e dispomos de tantos meios para testar diretamente os seus modelos, que é difícil avaliar a magnitude de sua realização. Para se colocar em perspectiva, considere o que sabia-se quando eles iniciaram seus experimentos clássicos: a atividade de β-galactosidase apareceu em células de *E. coli* apenas quando lactose era fornecida no meio de cultivo. Não estava claro se o surgimento dessa enzima envolvia uma alteração na expressão de um gene. De fato, uma explicação inicial era de que a célula continha uma enzima geral (genérica) e que esta enzima adquiria quaisquer propriedades necessárias de acordo com as circunstâncias. Assim, quando a lactose estivesse presente, a enzima genérica assumiria o formato apropriado para metabolizá-la, usando o próprio açúcar como molde.

Jacob, Monod e seus colegas dissecaram o problema geneticamente. Não entraremos em detalhes sobre os seus experimentos, mas um breve resumo dará uma ideia de sua engenhosidade.

Primeiro, eles isolaram mutantes de *E. coli* que produziam β-galactosidase independentemente da presença de lactose – isto é, mutantes em que a enzima era produzida **constitutivamente**. Havia dois tipos desses mutantes: em um deles, o gene que codificava o repressor Lac estava desativado; no outro, o sítio do operador era defeituoso. Essas duas classes poderiam ser distinguidas usando um teste *cis-trans*, como posteriormente descrito.

Jacob e Monod geraram células parcialmente diploides nas quais uma seção do cromossomo de uma célula selvagem portando os genes *lac* (i.e., o gene do repressor Lac, *LacI*, os genes do óperon *lac*, e seus elementos reguladores) foi introduzida (em um plasmídeo chamado F') em uma célula portadora de uma versão mutante dos genes *lac* em seu cromossomo. (Este truque genético é descrito de maneira detalhada na seção sobre Bactérias do Apêndice 1.) Essa transferência resultava na presença de duas cópias dos genes *lac* na célula, tornando possível verificar se a cópia do tipo selvagem era capaz de complementar uma cópia mutante. Quando os genes cromossomais eram constitutivamente expressos devido a uma mutação no gene *lacI* (codificando o repressor), a cópia selvagem do plasmídeo restabelecia a repressão (e a indutibilidade); ou seja, a β-galactosidase era novamente gerada apenas quando a lactose estava presente (Fig. 1 deste quadro). Isso ocorria porque o repressor produzido pelo gene *lacI* de tipo selvagem, localizado no plasmídeo, podia difundir-se e atuar no cromossomo – ou seja, podia atuar em *trans*.

Quando a mutação responsável pela expressão constitutiva dos genes cromossomais estava no operador *lac*, ela não podia ser complementada pelo tipo selvagem em *trans* (Fig. 2 deste quadro). O operador só funciona em *cis* (i.e., atua apenas sobre os genes diretamente ligados a ele na mesma molécula de DNA).

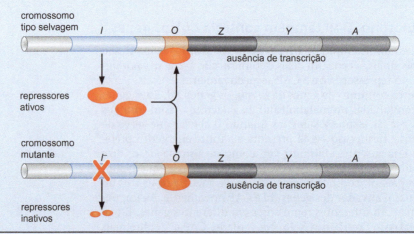

QUADRO 18-2 FIGURA 1 Células parcialmente diploides demonstram que os repressores funcionais atuam em *trans*. Na ausência de lactose, os genes *lac* não são expressos; portanto, essas células não produzem níveis significativos de β-galactosidase.

Quadro 18-2 (*Continuação*)

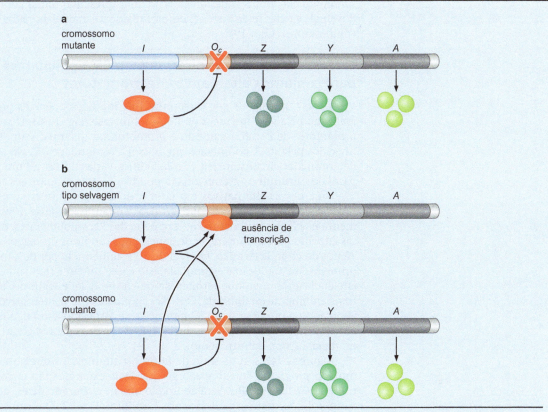

QUADRO 18-2 FIGURA 2 Células parcialmente diploides demonstram que o operador atua somente em *cis*. (a) Células haploides contendo um operador mutante (O_c). (b) Células parcialmente diploides contendo um operador normal (O) e um operador mutante (O_c). Os genes *lac* (Z, Y e A) ligados ao operador mutante continuam a ser expressos constitutivamente, mesmo na presença de um operador de tipo selvagem em outro cromossomo da mesma célula. Portanto, o operador só atua em *cis*.

Esses e outros resultados levaram Jacob e Monod a propor que os genes eram expressos a partir de sítios específicos, chamados promotores, localizados no início do gene, e que a expressão era regulada por repressores que agiam por meio de sítios operadores, localizados no DNA, junto ao promotor.

Mas esses experimentos com o sistema *lac* não foram feitos de maneira isolada; paralelamente, experimentos semelhantes eram feitos por Jacob e Monod no fago λ (um sistema que será abordado adiante, neste capítulo). O bacteriófago λ pode propagar-se por meio de dois tipos de ciclos vitais, definidos de acordo com os genes relevantes do fago que são expressos. Os cientistas franceses observaram que podiam ser isolados mutantes defectivos para o controle da expressão gênica neste sistema da mesma maneira que haviam feito no caso de *lac*. Novamente, esses mutantes definiram um repressor que atua em *trans*, por meio de sítios operadores agindo em *cis*. A semelhança entre esses dois sistemas de regulação (apesar de sua biologia muito diferente) convenceu Jacob e Monod de que eles haviam identificado um mecanismo fundamental de regulação gênica e que seu modelo podia ser aplicado para todos os organismos. Como será visto, embora sua descrição não estivesse completa – sobretudo porque eles não incluíram ativadores (como a CAP) em seus estudos –, o modelo básico proposto, de sítios reguladores em *cis* reconhecidos por fatores de regulação em *trans*, direcionou os experimentos subsequentes e a maneira de compreender a regulação gênica.

QUADRO 18-2 FIGURA 3 Este esboço, mostrando o óperon *lac* e sua regulação, foi feito por François Jacob, 2002. (Cortesia de Jan Witkowski.)

cada gene; cada um dos demais sinais, distintos na maioria dos casos, será comunicado por um regulador específico. Os organismos mais complexos – sobretudo eucariotos superiores – tendem a apresentar uma maior integração dos sinais e neles serão vistos exemplos maiores e mais elaborados de controle combinatório (Cap. 19).

Fatores σ alternativos direcionam a RNA-polimerase para conjuntos alternativos de promotores

Viu-se no Capítulo 13 que o reconhecimento das sequências promotoras é realizado pela subunidade σ da RNA-polimerase (Fig. 13-6). Diversos outros promotores de *E. coli*, incluindo o promotor *lac*, que foi discutido, são reconhecidos pela RNA-polimerase que possui a subunidade σ^{70}. No entanto, em determinadas circunstâncias, *E. coli* codifica várias outras subunidades σ, capazes de substituir σ^{70} e direcionar a polimerase para promotores alternativos.

Uma dessas alternativas é o fator σ do choque térmico, o σ^{32}. Quando *E. coli* é submetida a um choque térmico, a quantidade desse novo fator σ aumenta na célula, e substitui o σ^{70} em parte das RNA-polimerases, dirigindo essas enzimas para a transcrição de genes cujos produtos protegem a célula dos efeitos do choque térmico. O nível de σ^{32} é aumentado por dois mecanismos: primeiro, sua tradução é estimulada, isto é, seu mRNA é traduzido com maior eficiência após o choque térmico do que antes dele; e segundo, a proteína é transientemente estabilizada. Outro exemplo de fator σ alternativo, o σ^{54}, será abordado na próxima seção. O fator σ^{54} está associado a uma pequena fração das moléculas de polimerase e direciona essa enzima para os genes envolvidos no metabolismo do nitrogênio.

Algumas vezes, uma série de fatores σ alternativos direciona um determinado programa de expressão gênica. Dois exemplos são encontrados na bactéria *Bacillus subtilis*. Será abordado o mais elaborado deles, que controla a esporulação neste organismo, nos Capítulos 21 e 22. O outro será descrito aqui brevemente.

O bacteriófago SPO1 infecta *B. subtilis*, na qual se propaga em ciclo lítico, produzindo uma progênie de fagos. Este processo requer que o fago expresse seus genes em uma ordem cuidadosamente controlada. O controle é imposto sobre a polimerase, por meio de uma série de fatores σ alternativos. Deste modo, durante a infecção, a RNA-polimerase bacteriana (contendo a versão da σ^{70} em *B. subtilis*) reconhece os chamados promotores "precoces" do fago, que dirigem a transcrição dos genes que codificam as proteínas necessárias para o início da infecção. Um destes genes (denominado gene 28) codifica uma σ alternativa. Este σ alternativo do fago substitui o fator σ bacteriano e direciona a polimerase para um segundo conjunto de promotores do genoma do fago, associados aos genes chamados "intermediários". Um desses genes, por sua vez, codifica o fator σ para os genes "tardios" do fago (Fig. 18-15).

NtrC e MerR: ativadores de transcrição que atuam por alosteria em vez de atuar por recrutamento

Embora a maioria dos ativadores atue por recrutamento, existem algumas exceções. Dois exemplos de ativadores que não atuam por recrutamento, mas por mecanismos alostéricos, são NtrC e MerR. Relembre-se o conceito de mecanismo alostérico. Os ativadores que atuam por recrutamento simplesmente trazem uma forma ativa da RNA-polimerase para o promotor. No caso dos ativadores que atuam por mecanismos alostéricos, a polimerase liga-se inicialmente ao promotor formando um complexo inativo. Para ativar a transcrição, o ativador promove uma modificação alostérica nesse complexo.

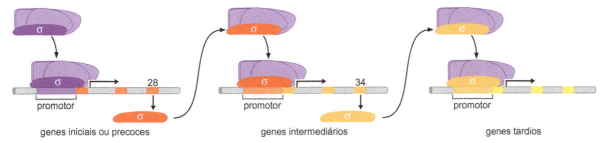

FIGURA 18-15 Fatores σ alternativos controlam a expressão ordenada dos genes de um vírus de bactéria. O fago bacteriano SPO1 utiliza três fatores σ, sucessivamente, para regular a expressão de seu genoma. Isso garante que os genes virais sejam expressos na ordem em que são necessários. (Adaptada, com permissão, de Alberts B. et al. 2002. *Molecular biology of the cell*, 4th ed., p. 415, Fig. 7-63. © Garland Science/Taylor & Francis LLC.)

O NtrC controla a expressão de genes envolvidos no metabolismo de nitrogênio pela indução de uma alteração conformacional em uma RNA-polimerase pré-ligada, desencadeando a transição para o complexo aberto. MerR controla a expressão de um gene envolvido na resistência a mercúrio. MerR também atua no complexo RNA-polimerase-promotor inativo; neste caso, porém, o efeito alostérico do ativador é sobre o DNA e não sobre a polimerase. A seguir, estes dois sistemas serão examinados em mais detalhes.

NtrC tem atividade ATPásica e atua a partir de sítios no DNA distantes do gene

Assim como CAP, o NtrC apresenta domínios separados de ativação e de ligação ao DNA e liga-se a este apenas na presença de um sinal específico. No caso do NtrC, esse sinal é dado por baixos níveis de nitrogênio. Sob estas condições, NtrC é fosforilado por uma quinase, NtrB, e como resultado, sofre uma alteração conformacional que revela o domínio de ligação ao DNA do ativador. Uma vez ativo, o NtrC liga-se a quatro sítios, localizados a cerca de 150 pb a montante do promotor (p. ex., o do gene *glnA*). O NtrC liga-se como dímero a cada sítio e, por meio de interações proteína-proteína entre os dímeros, liga-se aos quatro sítios de maneira altamente cooperativa.

A forma da RNA-polimerase que transcreve o gene *glnA* contém a subunidade σ^{54}. Na ausência de NtrC, essa enzima liga-se ao promotor do *glnA* como complexo fechado estável. Quando o NtrC está ativo (ligado em seus sítios a montante), interage diretamente com σ^{54}. Para acomodar essa interação, o DNA entre os sítios de ligação com o ativador e o promotor deve formar uma alça (Fig. 18-16). Mesmo se os sítios de ligação de NtrC forem movidos mais para montante (distâncias de 1 a 2 kb), o ativador ainda poderá funcionar.

O próprio NtrC possui uma atividade enzimática – ele é uma ATPase. Esta atividade fornece a energia necessária para induzir uma alteração conformacional na polimerase. Esta alteração conformacional desencadeia o início da transcrição pela polimerase. Especificamente, ela estimula a conversão do complexo fechado inativo estável para um complexo aberto ativo.

Em alguns genes controlados pelo NtrC, existe ainda um sítio de ligação para outra proteína, chamada IHF, localizado entre os sítios de ligação do NtrC e o promotor. Ao ligar-se ao DNA, IHF provoca uma curvatura no DNA. Quando o sítio de ligação da IHF – e, portanto, a curvatura do DNA – estão na disposição correta, há aumento na ativação pelo NtrC. A explicação é que, pela curvatura do DNA, a IHF aproxima mais o ativador ligado ao DNA e o

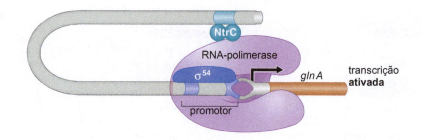

FIGURA 18-16 Ativação pelo NtrC. A sequência do promotor reconhecida pela holoenzima contendo σ^{54} é diferente da reconhecida pela holoenzima contendo σ^{70}. Embora não seja especificado na figura, NtrC interage com a subunidade σ^{54} da polimerase. NtrC está representado como um dímero, mas, na verdade, ele forma um complexo de ordem mais alta com o DNA.

promotor, ajudando na interação entre o ativador e a polimerase ligada (ver Fig. 18-4; ver Fig. 12-11 para mais detalhes sobre como a IHF induz uma curvatura no DNA).

MerR ativa a transcrição provocando uma torção no DNA do promotor

Quando ligado a um único sítio de ligação do DNA, na presença de mercúrio, MerR ativa o gene *merT*. Como a Figura 18-17 demonstra, MerR liga-se a uma sequência localizada entre as regiões –10 e –35 do promotor do *merT* (este gene é transcrito por uma polimerase contendo σ^{70}). MerR liga-se à superfície da hélice do DNA oposta à superfície ligada à RNA-polimerase, de modo que a polimerase é capaz de e efetivamente se liga ao promotor ao mesmo tempo que MerR.

O promotor do *merT* é incomum. A distância entre os elementos –10 e –35 é de 19 pb em vez dos 15 a 17 pb geralmente observados em um promotor σ^{70} eficiente (ver Cap. 13, Quadro 13-1). Consequentemente, esses dois elementos de sequência reconhecidos por σ não possuem um espaçamento ótimo nem estão alinhados; eles estão parcialmente torcidos um em relação ao outro, em torno da superfície da hélice. Além disso, a ligação do MerR (na ausência de Hg^{2+}) bloqueia o promotor em sua conformação imprópria: a polimerase pode ligar-se, mas não é capaz de iniciar a transcrição. Por isso, não há transcrição basal.

Entretanto, quando MerR se liga ao Hg^{2+}, a proteína sofre uma alteração conformacional que provoca uma torção na porção central do DNA do promotor. Essa torção estrutural torna a disposição das regiões –10 e –35 semelhante à encontrada em promotores fortes com σ^{70}. Nesta nova configuração, a RNA-polimerase pode iniciar a transcrição de maneira eficiente. As estruturas do DNA do promotor em seus estados "ativo" e "inativo" foram determinadas (para outro promotor, regulado desta mesma maneira) e são apresentadas na Figura 18-18.

É importante registrar que neste exemplo o ativador não interage com a RNA-polimerase para ativar a transcrição, mas sim, altera a conformação do DNA próximo à enzima previamente ligada. Assim, diferentemente dos

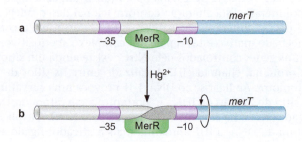

FIGURA 18-17 Ativação pelo MerR. Os elementos –10 e –35 do promotor de *merT* estão dispostos em lados quase opostos da hélice. (a) Na ausência de mercúrio, MerR liga-se e estabiliza a forma inativa do promotor. (b) Na presença de mercúrio, MerR faz uma torção no DNA, alinhando adequadamente os elementos do promotor.

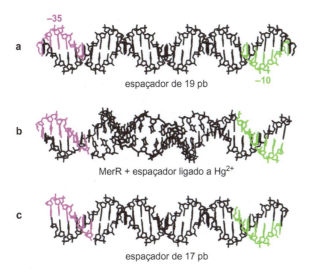

FIGURA 18-18 Estrutura de um promotor semelhante a *merT*. (a) Promotor com um espaçador de 19 pb. (b) Promotor com um espaçador de 19 pb complexado a um ativador ativado. (c) Promotor com um espaçador de 17 pb. O promotor apresentado nas partes a e b é do gene *bmr* de *B. subtilis*, que é controlado pelo regulador BmrR. BmrR atua como ativador quando complexado à substância tetrafenilfosfônio (TPP). Os elementos –35 (TTGACT) e –10 (TACAGT) de uma das fitas são apresentados em cor-de-rosa e verde, respectivamente. (Adaptada, com permissão, de Zheleznova Heldwein E.E. e Brennan R.G. 2001. *Nature* 409: 378; Fig. 3b–d. © Macmillan.)

casos anteriores, não há separação entre as regiões de ligação e de ativação do DNA: para MerR, a ligação ao DNA está intimamente ligada ao processo de ativação.

Alguns repressores retêm a RNA-polimerase no promotor ao invés de excluí-la

O repressor Lac atua da maneira mais simples possível: ele inibe a transcrição ligando-se a um sítio que encobre o promotor, bloqueando a ligação da RNA-polimerase. Muitos repressores atuam dessa maneira. No caso do MerR, vê-se uma forma de repressão diferente: a proteína mantém o promotor em uma conformação incompatível com o início da transcrição. Há outros modos de funcionamento de repressores, e um deles será abordado agora.

Alguns repressores atuam a partir de sítios de ligação que não se sobrepõem ao promotor. Eles não bloqueiam a ligação da polimerase – em vez disso, ligam-se a sítios ao lado do promotor, interagem com a polimerase ligada no promotor e inibem o início. Um deles é o repressor Gal de *E. coli*, mencionado anteriormente. Esse repressor controla os genes que codificam enzimas envolvidas no metabolismo da galactose e, na ausência de galactose, o repressor mantém os genes desligados. Neste caso, o repressor interage com a polimerase, de modo a inibir a transição de complexo fechado para complexo aberto.

Outro exemplo é fornecido pela proteína P_4 de um bacteriófago (φ29) que cresce na bactéria *B. subtilis*. Este regulador liga-se a um sítio adjacente a um promotor – um promotor fraco chamado P_{A3} – e, ao interagir com a polimerase, serve como ativador. A interação ocorre via αCTD, do mesmo modo que ocorre com CAP. Mas este ativador também se liga a outro promotor – um promotor forte chamado P_{A2c}. Nete caso, porém, apesar do mesmo modo de interação com a polimerase do promotor fraco, o resultado é repressão. Parece que, enquanto no caso anterior a energia extra da ligação auxilia no recrutamento da polimerase e na ativação do gene, no segundo caso, a energia total das ligações – fornecida pela forte interação entre a polimerase e o promotor e a interação adicional provida pelo ativador – é tão intensa que a polimerase é incapaz de escapar do promotor.

AraC e o controle do óperon *araBAD* por antiativação

O promotor do óperon *araBAD* de *E. coli*, ativado na presença de arabinose e na ausência de glicose, promove a expressão dos genes que codificam as enzimas necessárias ao metabolismo da arabinose. Ao contrário dos genes *lac* e *gal*, nos quais um repressor e um ativador atuam em conjunto, aqui dois ativadores atuam juntos: AraC e CAP. Quando a arabinose está presente, AraC liga-se a ela e adota uma configuração que permite a ligação ao DNA como dímero para os meios-sítios adjacentes, o *araI*$_1$ e o *araI*$_2$ (Fig. 18-19a). Logo a montante destes (mas não mostrado na figura) está um sítio de CAP: na ausência de glicose, CAP liga-se aqui e ajuda na ativação.

Os genes *araBAD* não são expressos na ausência de arabinose. Isso ocorre porque, quando não ligado à arabinose, AraC adota uma conformação diferente e liga-se ao DNA de maneira diferente: um monômero ainda se liga ao sítio *araI*$_1$, mas o outro monômero se liga em um meio-sítio distante chamado *araO*$_2$, como mostrado na Figura 18-19b. Como esses dois meios-sítios estão separados por 194 pb, o DNA entre eles forma uma alça quando AraC está ligado dessa maneira. Além disso, quando AraC está ligado dessa maneira, não há um monômero de AraC em *araI*$_2$, e como esta é a posição a partir da qual a ativação do promotor de *araBAD* é mediada, não há ativação nesta configuração.

A magnitude da indução do promotor de *araBAD* pela arabinose é muito grande e, por isso, esse promotor é frequentemente usado em **vetores de expressão**. Os vetores de expressão são construções de DNA em que uma síntese eficiente de qualquer proteína é assegurada pela fusão do gene da proteína em questão a um promotor forte (ver Cap. 7). Neste caso, a fusão de um gene ao promotor *araBAD* permite que a expressão seja controlada pela arabinose sozinha: o gene pode ser mantido desligado quando sua expressão não é desejada e, então, ser "desreprimido" e "induzido" quando seu produto é necessário, simplesmente pela adição de arabinose. Esta abordagem permite, inclusive, a expressão de genes cujos produtos são tóxicos às células bacterianas – isto é, genes que devem estar fortemente reprimidos na ausência de indução.

Agora, volta-se a atenção para redes reguladoras da transcrição mais complicadas e vê-se como elas são criadas por reiteração dos mecanismos simples já encontrados. O enfoque será dado ao caso do bacteriófago λ, no qual se

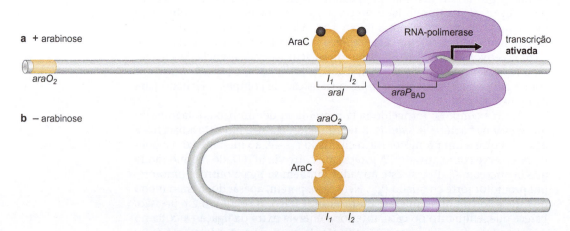

FIGURA 18-19 Controle do óperon *araBAD*. (a) A arabinose liga-se a AraC, alterando o formato deste ativador, de modo que ele se ligue como dímero a *araI*$_1$ e *araI*$_2$. Isso posiciona um monômero de AraC próximo ao promotor cuja transcrição pode ativar. (b) Em ausência de arabinose, o dímero de AraC adota uma conformação diferente e liga-se a *araO*$_2$ e a *araI*$_1$. Nesta posição, não há um monômero no sítio do *araI*$_2$, de modo que a proteína não pode ativar o promotor de *araBAD* (*araP*$_{BAD}$). Este promotor também é controlado pela CAP (não mostrada nesta figura).

observa como camadas de reguladores em várias combinações podem produzir circuitos de retroalimentação negativos e positivos que possibilitam que padrões alternativos de expressão gênica sejam estabelecidos e mantidos, cada um deles desencadeando uma resposta biológica bastante diferente. Um caso fascinante de circuito de retroalimentação mais simples envolvido no processo biológico chamado **sensoriamento de quórum** é descrito no Quadro 18-3. O sensoriamento de quórum é utilizado pelas bactérias em vários contextos, mas talvez o mais importante seja como parte de sua estratégia de patogênese.

> **CONEXÕES CLÍNICAS**
>
> **Quadro 18-3** Bloqueio da virulência por vias de silenciamento da comunicação intercelular
>
> No início dos estudos em microbiologia, as bactérias eram consideradas organismos associais que levavam vidas individualistas, que envolviam pouca interação umas com as outras. Entretanto, hoje se sabe que muitas bactérias podem e se comunicam umas com as outras por emissão, detecção e resposta a sinais químicos. Um modo prevalente de comunicação intercelular, conhecido como sensoriamento de quórum, permite às bactérias ativar genes de maneira sincronizada em resposta ao aumento na densidade de células na população. A expressão de certos genes, como os para bioluminescência, fatores de virulência, antibióticos, **formação de biofilme** e competência para a captação de DNA, é vantajosa para as bactérias apenas quando as células estão presentes em grande número. Por exemplo, a bactéria bioluminescente *Vibrio fischeri* produz a enzima emissora de luz **luciferase** quando chega a uma densidade populacional crítica no órgão de luz de seu hospedeiro, a lula. Não é vantajoso para *V. fischeri* produzir luciferase quando está sozinha como uma célula única. Da mesma maneira, o patógeno humano *Pseudomonas aeruginosa* produz e secreta fatores de virulência, como piocianina, cianeto e lipase, apenas em um estágio da infecção quando a ação conjunta de várias bactérias pode permitir que estes fatores se acumulem em altas concentrações. Em outra parte deste capítulo, discute-se como as bactérias ligam e desligam genes em resposta a sinais do ambiente. Aqui, o foco consiste nos mecanismos moleculares por meio dos quais as bactérias respondem a sinais químicos conhecidos como **autoindutores**, que elas mesmas produzem para se comunicar umas com as outras. Como será visto, o conhecimento destes mecanismos leva a novas estratégias para o tratamento de infecções por bactérias patogênicas com base no silenciamento químico da comunicação intercelular.
>
> O enfoque será dado a um tipo bastante difundido de molécula sinalizadora conhecida como acil-homosserina lactonas (AHLs) e seu reconhecimento pela família de proteínas reguladoras LuxR. As AHLs são moléculas orgânicas simples, constituídas por um anel de homosserina lactona ligado a uma cadeia acil de quatro a 18 carbonos. Espécies diferentes de bactérias produzem AHLs com caudas de diferentes tamanhos, cada espécie respondendo apenas ao tipo de molécula sinalizadora que ela mesma produz. Esta diversidade de sinais permite que bactérias capazes de sensoriamento de quórum tenham, efetivamente, conversas privadas com suas semelhantes. As AHLs são moléculas membrana-permeáveis. Elas são capazes de difundir-se para o interior das células onde se ligam a LuxR. LuxR é uma proteína ativadora que consegue ativar a transcrição apenas quando está complexada com seu ligante AHL. Assim, como o ativador CAP, que, como se viu, depende do ligante cAMP, LuxR liga-se à região promotora dos genes-alvo quando está complexado à sua AHL apropriada. Como a molécula sinalizadora entra na célula a partir do meio externo, o sensoriamento de quórum mediado por LuxR é um sistema de transdução de sinal extremamente simples no qual o ligante interage diretamente com o regulador transcricional. Neste sentido, LuxR é análogo a certas proteínas reguladoras eucarióticas, como o receptor de glucocorticoide, que são diretamente ativadas por um ligante membrana-permeável (um esterol) que se liga à, e assim ativa, sua proteína reguladora cognata (permitindo sua migração do citoplasma para o núcleo, no caso do receptor de glucocorticoide). Curiosamente, em alguns casos, AHLs atuam de maneira mais complicada, ligando-se a um receptor inserido na membrana citoplasmática, desencadeando a fosforilação e a ativação de uma proteína reguladora transcricional separada no citoplasma. Isso pode ser comparado a outro sistema eucariótico, a via STAT, que será descrita no próximo capítulo (Fig. 19-24).
>
> Ao complexar-se com AHL, LuxR liga-se à região promotora dos genes-alvo no cromossomo (o gene da luciferase, genes de fatores de virulência e outros genes de resposta ao sensoriamento de quórum, dependendo da bactéria). Um dos alvos, *luxI*, especifica a sintetase para AHL. Isso tem uma consequência importante, na medida em que cria um circuito de retroalimentação positivo, como explicado a seguir. Como *luxI* está sob o controle de LuxR, a ligação de AHL a LuxR simula a expressão de *luxI* e aumenta a produção de AHL. As moléculas adicionais de AHL difundem-se para fora da célula produtora e para outras células da população. Isso leva a uma maior ativação de LuxR que, por sua vez, promove ainda maior síntese de AHL, aumentando ainda mais a concentração extracelular de AHL. Este circuito de retroalimentação positivo funciona apenas quando as células estão em uma densidade populacional suficientemente alta para permitir que AHL alcance um limiar de concentração. Quando a densidade celular está abaixo deste limiar, a concentração extracelular de AHL é muito baixa para desencadear o circuito de retroalimentação positivo. Assim, genes sob o controle de LuxR só são expressos quando as células estão presentes em números adequados, um "quórum", para desencadear o circuito de retroalimentação positivo.
>
> *(continua)*

Quadro 18-3 (Continuação)

Este conhecimento foi usado em um esforço para desenvolver antagonistas do sensoriamento de quórum que bloqueiam a expressão de genes de virulência em bactérias patogênicas. Um destes patógenos é *Chromobacterium violaceum*, cujo fator de transcrição tipo LuxR é ativado por um autoindutor chamado N-hexanoil homosserina lactona com uma cadeia de seis carbonos de comprimento. Os fatores tipo LuxR são dímeros nos quais cada subunidade consiste em um domínio de ligação ao ligante e um domínio de ligação ao DNA. Estudos de cristalografia por raios X mostraram que a N-hexanoil homosserina lactona forma um complexo com seu fator LuxR cognato no qual as duas subunidades estão lado a lado, permitindo que os dois domínios de ligação ao DNA façam contato com o DNA (Fig. 1 deste quadro). O LuxR de *C. violaceum* é, no entanto, potencialmente inibido por um antagonista de clorolactona cuja estrutura está mostrada na figura. A clorolactona liga-se a LuxR, mas prende o fator de transcrição em uma conformação cruzada na qual o domínio de ligação ao ligante de uma subunidade está associado ao domínio de ligação ao DNA da outra. Nesta conformação inativa, o dímero não consegue se ligar ao DNA e é incapaz de ativar a transcrição. Experimentos com *Caenorhabditis elegans* como hospedeiro-modelo para a infecção por *C. violaceum* mostram que a clorolactona é, de fato, capaz de proteger o nematódeo da morte mediada por sensoriamento de quórum. Estes achados mostram como o conhecimento da estrutura e função de um fator de transcrição que possui papel central na patogênese pode ser explorado para o desenvolvimento de pequenas moléculas antagonistas que podem servir como terapias potenciais.

QUADRO 18-3 FIGURA 1 Antagonista de sensoriamento de quórum que atua pela estabilização de uma conformação inativa de LuxR. (Adaptada, com permissão, do resumo gráfico da Tabela de Conteúdos *online* de *Mol. Cell*, Vol. 42 [2011], artigo nas pp. 199-209.)

O CASO DO BACTERIÓFAGO λ: CAMADAS DE REGULAÇÃO

O bacteriófago λ é um vírus que infecta *E. coli*. Após a infecção, o fago pode propagar-se de duas formas: **liticamente** ou **lisogenicamente**, conforme ilustrado na Figura 18-20. O crescimento lítico requer a replicação do DNA do fago e a síntese de novas proteínas da capa. Esses componentes combinam-se, formando novas partículas fágicas que são liberadas pela lise da célula hospedeira. A lisogenia – a via alternativa de propagação – envolve a integração do DNA do fago no cromossomo bacteriano, onde ele será replicado passivamente a cada divisão celular, exatamente como se fosse uma parte legítima do genoma bacteriano.

Em circunstâncias normais, um lisógeno é extremamente estável, mas o fago dormente nele – o **prófago** – pode alterar seu estado para o crescimento lítico de maneira eficiente, se a célula for exposta a agentes que danificam o DNA (ameaçando, assim, a continuidade da existência da célula hospedeira). Esta alteração de crescimento lisogênico para lítico é chamada **indução lisogênica**.

A escolha da via de desenvolvimento depende de qual dos dois programas alternativos de expressão gênica é adotado pela célula. O programa responsável pelo estado lisogênico pode permanecer estável durante muitas gerações, mas, mediante indução, é alterado para o programa lítico com grande eficiência.

Padrões alternativos de expressão gênica controlam o crescimento lítico e lisogênico

O bacteriófago λ possui um genoma com 50 kb e cerca de 50 genes. A maioria destes codifica as proteínas da capa (ou carapaça), proteínas envolvidas na replicação do DNA, na recombinação e na lise (Fig. 18-21). Os produtos

Capítulo 18 Regulação Transcricional em Procariotos 637

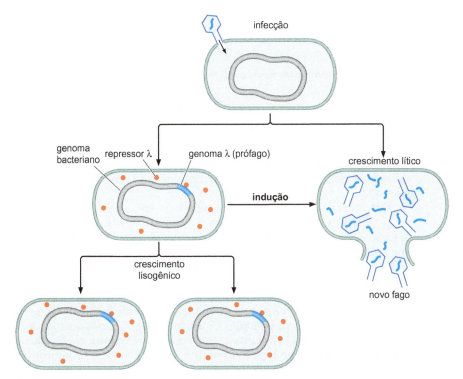

FIGURA 18-20 Crescimento e indução de lisógenos λ. Na infecção, o λ pode crescer pelas vias lítica ou lisogênica. Um lisógeno pode ser propagado de maneira estável por muitas gerações, ou pode ser induzido. Após a indução, os genes líticos são expressos em uma ordem apropriada, levando à produção de novas partículas de fago.

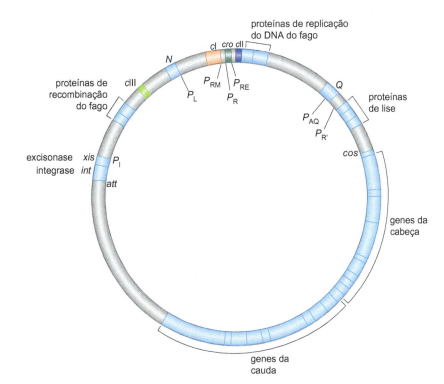

FIGURA 18-21 Mapa do bacteriófago λ na forma circular. O genoma de λ é linear na cabeça do fago, mas, após a infecção, ele circulariza no sítio *cos*. Quando integrado no cromossomo bacteriano, o genoma do fago é novamente linearizado, mas desta vez as extremidades estão no sítio *att* (ver Cap. 12, Fig. 12-10, para uma descrição da integração).

FIGURA 18-22 Promotores nas regiões de controle à direita e à esquerda do bacteriófago λ.

destes genes são importantes para gerar novas partículas fágicas durante o ciclo lítico, mas aqui a preocupação está restrita às proteínas reguladoras, e onde elas atuam. Podemos, portanto, concentrar-nos em apenas algumas delas e começar considerando uma área bem pequena do genoma, mostrada na Figura 18-22.

A região representada contém dois genes (cI e cro) e três promotores (P_R, P_L e P_{RM}). Todos os outros genes do fago (exceto um minoritário) estão fora desta região e são transcritos diretamente de P_R e P_L (que significam, respectivamente, promotor à direita [*rightward*] e promotor à esquerda [*leftward*]), ou a partir de outros promotores cujas atividades são controladas por produtos de genes transcritos a partir de P_R e P_L. O P_{RM} (promotor para manutenção de repressor) transcreve apenas o gene cI. P_R e P_L são promotores constitutivos fortes; ou seja, eles ligam-se de maneira eficiente à RNA-polimerase e dirigem a transcrição sem o auxílio de um ativador. P_{RM}, por outro lado, é um promotor fraco e dirige a transcrição de maneira eficiente apenas quando um ativador está ligado logo a montante. O P_{RM} lembra o promotor *lac*, neste sentido.

Dois arranjos de expressão gênica estão representados na Figura 18-23: um deles leva ao crescimento lítico, e o outro, ao lisogênico. O crescimento lítico se dá quando P_L e P_R estão ligados, enquanto P_{RM} é mantido desligado. O crescimento lisogênico, ao contrário, é consequência da inativação de P_L e P_R e da ativação de P_{RM}. Como esses promotores são controlados?

Proteínas reguladoras e seus sítios de ligação

O gene cI codifica o repressor de λ, uma proteína com dois domínios unidos por uma região de ligação flexível (Fig. 18-24). O domínio N-terminal contém a região de ligação ao DNA (um domínio hélice-volta-hélice, como visto anteriormente). Como ocorre na maioria das proteínas de ligação ao DNA, o repressor de λ liga-se como um dímero, e os principais contatos da dimerização são feitos entre os domínios C-terminais. Um único dímero reconhece uma sequência de DNA com 17 pb, sendo que cada monômero reconhece um meio-sítio, mais uma vez, do mesmo modo já visto no sistema *lac*. (Os detalhes do reconhecimento do DNA pelo repressor de λ já tinham sido examinados na Fig. 6-13.)

Apesar do nome, o repressor de λ pode tanto ativar quanto reprimir a transcrição. Quando está atuando como repressor, ele funciona da mesma maneira que o repressor Lac: liga-se aos sítios que se sobrepõem ao promotor e exclui a RNA-polimerase. Como um ativador, o repressor λ atua como

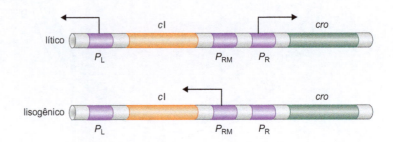

FIGURA 18-23 Transcrição nas regiões de controle de λ durante os crescimentos lítico e lisogênico. As setas indicam quais promotores estão ativos em períodos decisivos durante o crescimento lítico e lisogênico, respectivamente. As setas também mostram a direção da transcrição para cada promotor.

CAP— por recrutamento. A região de ativação do repressor de λ está situada no domínio N-terminal da proteína. Seu alvo na polimerase é uma região da subunidade σ adjacente à porção de σ que reconhece a região –35 do promotor (região 4, ver Cap. 13, Fig. 13-6).

Assim como o repressor Lac, Cro (do inglês, c*ontrol of r*epressor *and* o*ther things* [controle do repressor e outras coisas]) apenas reprime a transcrição. Cro é uma proteína com um único domínio e também se liga como dímero a sequências de DNA com 17 pb, usando um motivo hélice-volta-hélice.

Tanto o repressor de λ quanto Cro podem ligar-se a qualquer um de seis operadores. Esses sítios são reconhecidos por suas diferentes afinidades a cada uma dessas proteínas. Três deles encontram-se na região de controle da esquerda e as outras três, na da direita. Nosso foco é a ligação do repressor de λ e Cro aos sítios da região da direita mostrada na Figura 18-25. A ligação aos sítios na região de controle da esquerda segue um padrão semelhante.

Os três sítios de ligação com o operador à direita são chamados O_{R1}, O_{R2} e O_{R3}; eles têm sequências semelhantes, mas não idênticas e – se isolados dos demais e examinados separadamente – cada um pode ligar-se a um dímero de repressor ou a um dímero de Cro. Entretanto, as afinidades dessas várias interações não são iguais. Assim, o repressor liga-se 10 vezes melhor a O_{R1} do que a O_{R2}. Em outras palavras, são necessários 10 vezes mais repressor – uma concentração 10 vezes maior – para ligar a O_{R2} do que a O_{R1}. O_{R3} liga-se ao repressor com praticamente a mesma afinidade que O_{R2}. Por outro lado, Cro liga-se a O_{R3} com afinidade máxima e liga-se a O_{R2} e O_{R1} apenas quando presente em concentrações 10 vezes mais alta. O significado dessas diferenças ficará evidente a seguir.

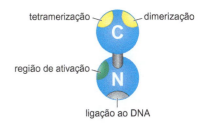

FIGURA 18-24 **Repressor de λ.** A figura mostra um monômero do repressor de λ, indicando várias superfícies envolvidas em diferentes atividades realizadas pela proteína. N indica o domínio amino, e C indica o domínio carboxila. "Tetramerização" indica a região onde dois dímeros interagem quando se ligam cooperativamente a sítios adjacentes no DNA. (Adaptada, com permissão, de Ptashne M. e Gann A. 2002. *Genes & signals*, p. 36, Fig. 1.17. © Cold Spring Harbor Laboratory Press.)

O repressor de λ liga-se cooperativamente aos sítios do operador

O repressor de λ liga-se ao DNA cooperativamente. Isso é essencial para sua função e ocorre da seguinte maneira. Considere-se o repressor ligando-se aos sítios de O_R. Além de fornecer os contatos da dimerização, o domínio C-terminal do repressor de λ promove as interações *entre* dímeros (o ponto de contato é indicado como "tetramerização" na Fig. 18-24). Deste modo, dois dímeros do repressor podem ligar-se cooperativamente a sítios adjacentes do DNA.

Por exemplo, o repressor em O_{R1} ajuda o repressor ligado ao sítio O_{R2}, de menor afinidade, por ligação cooperativa. Assim, o repressor liga-se a ambos os sítios simultaneamente, e faz isso em uma concentração tal que, se os dois sítios fossem avaliados separadamente, seria suficiente para ligá-lo apenas a

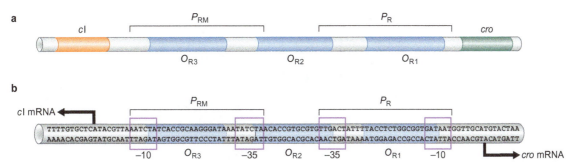

FIGURA 18-25 **Posições relativas dos sítios promotor e operador em O_R.** Observa-se que O_{R2} se sobrepõe à região −35 de P_R por 3 pb, e de P_{RM} por 2 pb. Esta diferença é suficiente para P_R ser reprimido e P_{RM} ser ativado pelo repressor ligado a O_{R2}. (b, Adaptada, com permissão, de Ptashne M. 1992. *A genetic switch: Phage and higher organisms*, 2nd ed. © Blackwell Science.)

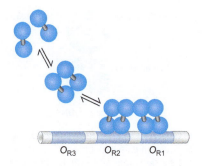

FIGURA 18-26 Ligação cooperativa do repressor de λ ao DNA. Os monômeros do repressor de λ interagem para formar dímeros, e estes dímeros interagem para formar tetrâmeros. Essas interações garantem que a ligação entre o repressor e o DNA seja cooperativa. Essa ligação cooperativa é auxiliada ainda pelas interações entre os tetrâmeros do repressor em O_R, interagindo com outros em O_L (ver adiante no texto e na Fig. 18-28).

O_{R1} (Fig. 18-26). (Sem a cooperação, seria necessária uma concentração 10 vezes maior de repressor para sua ligação a O_{R2}.) O_{R3} não está ligado: o repressor ligado cooperativamente em O_{R1} e O_{R2} não consegue, simultaneamente, fazer contato com um terceiro dímero em um sítio adjacente.

O conceito da ligação cooperativa já foi discutido, e foi visto um exemplo: a ativação dos genes *lac* pela CAP. Como neste caso, a ligação cooperativa de repressores é mera consequência do contato entre eles quando se ligam simultaneamente a sítios de uma mesma molécula de DNA.

Uma discussão mais detalhada sobre as causas e os efeitos da ligação cooperativa é apresentada no Quadro 18-4, Concentração, afinidade e ligação cooperativa. A ligação cooperativa de proteínas reguladoras assegura que as alterações no nível de expressão de um determinado gene possam ser marcantes, mesmo em resposta a pequenas alterações no sinal que controla o gene. A indução lisogênica de λ, discutida a seguir, fornece um excelente exemplo da sensibilidade desse controle. Em alguns sistemas, a ligação cooperativa entre ativadores também é a base da integração de sinais (ver discussão sobre β-interferon no Cap. 19).

O repressor e Cro ligam-se em padrões diferentes para controlar os crescimentos lítico e lisogênico

Como o repressor e Cro controlam os diferentes padrões de expressão gênica associados aos diferentes modos de replicação de λ? Como mostrado na Figura 18-27, no crescimento lítico, um único dímero de Cro liga-se a O_{R3}; este sítio sobrepõe-se a P_{RM} e, assim, Cro reprime este promotor (que, de qualquer maneira, na ausência de ativador só funcionaria em baixos níveis por ser um promotor fraco) (Fig. 18-27). Como nem o repressor nem Cro estão ligados a O_{R1} ou O_{R2}, P_R liga-se à RNA-polimerase e dirige a transcrição dos genes líticos; P_L atua da mesma maneira. P_R e P_L são promotores fortes que não necessitam de ativador.

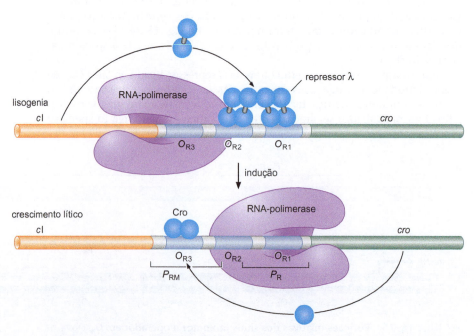

FIGURA 18-27 Ação do repressor de λ e Cro. O repressor ligado a O_{R1} e O_{R2} desliga a transcrição a partir de P_R. O repressor ligado a O_{R2} entra em contato com a RNA-polimerase no P_{RM}, ativando a expressão do gene *cl* (repressor). O_{R3} está dentro do P_{RM}; Cro aí ligado reprime a transcrição de *cl*. (Adaptada, com permissão, de Ptashne M. e Gann A. 2002. *Genes & signals*, p. 30, Fig. 1.13. © Cold Spring Harbor Laboratory Press.)

CONCEITOS AVANÇADOS

Quadro 18-4 Concentração, afinidade e ligação cooperativa

O que significa falar sobre sítios de ligação "fortes" e "fracos"? Dizer que duas moléculas se reconhecem ou interagem entre si – como uma proteína e seu sítio no DNA, por exemplo – significa que elas têm alguma afinidade entre si. O fato de essas moléculas serem encontradas efetivamente ligadas em algum momento depende (1) de quão alta é esta afinidade (i.e., quão fortemente elas interagem) e (2) da concentração das moléculas.

Como foi enfatizado no Capítulo 3, as interações moleculares que sustentam a regulação em sistemas biológicos são reversíveis: quando moléculas que interagem se encontram, elas permanecem juntas por um período de tempo e então se separam. Quanto maior a afinidade, mais intimamente as duas moléculas se unem e, em geral, mais longo é o tempo que permanecem unidas antes de se separar. Quanto maior sua concentração, mais frequentemente elas se encontrarão. Assim, maior afinidade e maior concentração possuem efeitos semelhantes: ambas resultam nas duas moléculas, em geral, passando mais tempo ligadas uma à outra.

Visualização da cooperação

A cooperação pode ser expressa em termos de afinidade aumentada. O repressor tem maior afinidade por O_{R1} do que por O_{R2}. Mas uma vez ligado a O_{R1}, o repressor pode ligar-se a O_{R2} mais fortemente porque ele interage não apenas com O_{R2}, mas também com o repressor ligado a O_{R1}. Isoladamente, nenhuma dessas interações é muito forte, mas, quando combinadas, aumentam substancialmente a afinidade da ligação do segundo repressor. Como discutido no Capítulo 3, a relação entre energia de ligação e equilíbrio é exponencial (ver Tab. 3-1). Por isso, a simples duplicação da energia de ligação aumenta a afinidade em uma ordem de magnitude.

Outro modo de visualizar o funcionamento da cooperação é considerá-la como uma força que aumenta a concentração local de repressor. Visualize o repressor cooperativamente ligado a O_{R1} ou O_{R2}. Embora o repressor em O_{R2} periodicamente se libere do DNA, ele está preso ao repressor em O_{R1} e, assim, permanece próximo de O_{R2}. Isso aumenta efetivamente a concentração local de repressor na vizinhança do sítio e garante que o repressor se religue com frequência.

Se dispensarmos a cooperatividade e apenas aumentarmos a concentração do repressor na célula, quando este for liberado de O_{R2}, ele não será mantido nas proximidades pelo repressor em O_{R1} e normalmente será descartado antes de poder religar-se a O_{R2}. Porém, em altas concentrações de repressor é provável que uma nova molécula de repressor se aproxime de O_{R2} e se ligue a ele. Portanto, mesmo que cada dímero do repressor fique em O_{R2} por um curto período de tempo, mantendo-o próximo ou aumentando o número de substituições possíveis, a probabilidade de o repressor ser ligado irá aumentar em um dado momento.

Outro modo de pensar sobre a ligação cooperativa é como um efeito entrópico. Quando uma proteína livre em solução altera sua condição para ligada e limitada a um sítio de ligação com o DNA, a entropia do sistema diminui. Entretanto, um repressor mantido próximo de O_{R2} pela interação com outro repressor em O_{R1} já está limitado, em comparação ao estado livre. A religação desse repressor restringido tem um custo entrópico menor do que a ligação de um repressor livre.

São vistos, portanto, três aspectos pelos quais a cooperação pode ser considerada. Também devem ser consideradas algumas consequências da ligação cooperativa que a tornam útil em biologia. Por exemplo, a cooperatividade não apenas permite que um sítio fraco seja preenchido em uma concentração de proteína menor do que sua afinidade inerente poderia prever, mas também muda a inclinação da curva que descreve o preenchimento do sítio com alterações em concentração. Para entender o que isso quer dizer, considere-se como exemplo uma proteína que se liga cooperativamente a dois sítios fracos, A e B. Estes sítios passarão de completamente vazios para quase completamente cheios ao longo de uma faixa de concentração de proteína muito mais estreita do que passaria um único sítio (Fig. 1 deste quadro). Na verdade, a cooperatividade no sistema λ é ainda maior do que o esperado porque grande parte do repressor livre (i.e., que não está ligado ao DNA) é encontrada como monômero na célula: em essência, é uma ligação cooperativa de quatro monômeros, em vez de dois dímeros estáveis, adicionando à natureza coordenada da formação de complexo no DNA e adicionando, assim, à inclinação da curva. Mas por que a cooperação torna a curva de ligação mais abrupta?

Já se viu como um sítio é preenchido em uma concentração de repressor mais baixa do que a sugerida por sua

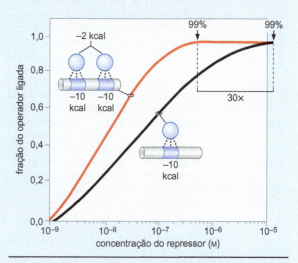

QUADRO 18-4 FIGURA 1 **Reação de ligação cooperativa.** A linha preta mostra a curva que descreve a ligação de uma proteína a um único sítio fraco no DNA, e a linha vermelha mostra a mesma reação quando a mesma proteína pode ligar-se cooperativamente a dois sítios idênticos lado a lado (a interação adiciona apenas 2 kcal/mol de energia de ligação extra). O eixo do *x* mostra uma escala em log da concentração de proteína, e o eixo do *y* mostra a ocupação dos sítios. Como mostrado, o sítio está 99% cheio em uma concentração de proteína 30 vezes menor quando a ligação é cooperativa. (Adaptada, com permissão, de Ptashne M. 2004. *A genetic switch: Phage lambda revisited.* © Cold Spring Harbor Laboratory Press.)

(continua)

Quadro 18-4 (Continuação)

afinidade, mas como a ligação diminui tão rapidamente à medida que a concentração de repressor diminui? Considere as interações entre componentes de qualquer sistema: à medida que a concentração dos componentes é reduzida, uma dada interação qualquer entre dois deles irá ocorrer com menor frequência. Se o sistema exigir interações múltiplas entre vários componentes diferentes, isso se tornará muito raro em baixas concentrações. Assim, a ligação de quatro monômeros de uma proteína a dois sítios exige várias interações (na verdade, sete); a chance de associação dos vários componentes individuais é drasticamente reduzida à medida que a concentração de cada um diminui.

Cooperatividade e especificidade da ligação ao DNA

Um aspecto final importante da ligação cooperativa é que ela impõe especificidade à ligação com o DNA. A ativação do promotor *lac* pela CAP demonstra isso. CAP recruta a RNA-polimerase para os promotores que contêm sítios específicos para CAP (em oposição a outros promotores de afinidade comparável, que não têm sítios de CAP). Da mesma maneira, o repressor de λ em O_{R1} dirige outra molécula de repressor para ligar-se ao sítio fraco adjacente a ele, não a outro sítio de igual afinidade em qualquer outro local da célula. Na verdade, a cooperatividade é vital para garantir que as proteínas possam ligar-se com especificidade suficiente para que a vida funcione como a conhecemos.

Para ilustrar esse fato, considere-se uma proteína ligada a um sítio de DNA. Essa proteína tem alta afinidade por seu sítio correto. No entanto, o DNA intracelular apresenta um grande número de sítios potenciais (embora incorretos) de ligação para essa proteína. Por isso, não é apenas a afinidade absoluta da proteína por seu sítio correto que é importante, mas sua afinidade por este sítio comparada com a afinidade pelos demais sítios incorretos. E deve-se ter em mente que os sítios incorretos estão em concentrações muito maiores do que o sítio correto (representando, como o fazem, todo o DNA da célula, exceto o sítio correto). Assim, mesmo que a afinidade pelos sítios incorretos seja menor do que a afinidade pelo sítio correto, a maior concentração deles assegura que a proteína os avalie frequentemente, enquanto tenta alcançar o sítio correto.

É necessária uma estratégia que aumente a afinidade pelo sítio correto, sem favorecer interações com sítios incorretos. Aumentar o número de contatos entre a proteína e seu sítio no DNA (p. ex., tornando a proteína maior) não resolve, porque também tende a aumentar a ligação aos sítios incorretos. Se a afinidade pelos sítios incorretos for muito grande, a proteína jamais encontrará seu sítio correto; ela gastará tempo demais experimentando sítios incorretos. Neste caso, um problema de cinética substitui o da especificidade, e pode ser igualmente destrutivo.

A cooperação resolve o problema. Ligando-se cooperativamente a dois sítios adjacentes, uma proteína aumenta enormemente sua afinidade por eles, sem aumentar a afinidade por outros sítios. A afinidade pelos sítios incorretos não aumenta, simplesmente porque a chance de duas moléculas de uma proteína se ligarem ao mesmo tempo a sítios incorretos muito próximos (permitindo que a cooperação estabilize essa ligação) é extremamente pequena. Apenas quando encontram seus sítios corretos é que elas permanecem ligadas por tempo suficiente para dar chance de uma segunda proteína ligar-se.

Cooperatividade e alosteria

Neste capítulo, o termo *cooperação* (ou cooperatividade) foi utilizado para definir um mecanismo específico de ligação cooperativa, porém, esse termo também é usado em outros contextos que aplicam diferentes mecanismos. Em geral, pode-se dizer que a cooperação descreve qualquer situação em que dois ligantes se ligam a uma terceira molécula, de modo que a ligação de um deles auxilia a ligação do outro. Com relação às proteínas de ligação ao DNA consideradas aqui, a cooperação é mediada por simples interações adesivas que promovem um aumento da energia de ligação, mas em outras situações a cooperação pode ser mediada por eventos alostéricos. O melhor exemplo disso talvez seja a ligação das moléculas de oxigênio à hemoglobina.

A hemoglobina é um homotetrâmero, e cada subunidade liga uma molécula de oxigênio. Essa ligação é cooperativa: quando o primeiro oxigênio se liga, provoca uma alteração conformacional que imobiliza o sítio de ligação para o próximo oxigênio em uma conformação de alta afinidade. Neste caso, portanto, não existe uma interação direta entre os ligantes, mas, ao desencadear uma transição alostérica, um ligante aumenta a afinidade do seguinte.

Durante a lisogenia, P_{RM} está ligado enquanto P_R e P_L estão desligados. O repressor ligado cooperativamente em O_{R1} e O_{R2} bloqueia a ligação da RNA-polimerase em P_R, reprimindo a transcrição a partir deste promotor (Fig. 18-27). No entanto, o repressor ligado em O_{R2} *ativa* a transcrição a partir de P_{RM}.

Retornemos brevemente à questão de como o fago escolhe entre essas vias alternativas. Primeiro, porém, consideremos a indução – como o estado lisogênico, esquematizado anteriormente, troca para a alternativa lítica quando a célula é ameaçada.

A indução lisogênica requer a clivagem proteolítica do repressor de λ

E. coli sente e responde a danos ao DNA, e faz isso pela ativação da função de uma proteína chamada RecA. Esta enzima está envolvida em recombinação (daí o seu nome; ver Cap. 11), mas tem outra função: estimular a autoclivagem proteolítica de determinadas proteínas. O substrato principal para essa atividade é uma proteína repressora bacteriana chamada LexA, que reprime os genes que codificam as enzimas de reparo do DNA. A RecA ativada estimula a autoclivagem de LexA, libertando esses genes da repressão. Esse mecanismo é chamado de resposta SOS (ver Cap. 10).

Se a célula for lisógena, o prófago tem o máximo interesse em escapar dessas circunstâncias ameaçadoras. Assim, o repressor de λ evoluiu para assemelhar-se a LexA, garantindo que ele também seja autoclivado em resposta ao RecA ativado. A reação de clivagem remove o domínio C-terminal do repressor, de modo que a capacidade de dimerização e cooperação são imediatamente perdidas. Como essas funções são essenciais para a ligação do repressor com O_{R1} e O_{R2} (nas concentrações de repressor encontradas no lisógeno), a perda da cooperação garante a dissociação do repressor desses sítios (e também de O_{L1} e O_{L2}). A perda da repressão desencadeia a transcrição a partir de P_R e de P_L, levando ao crescimento lítico. A transcrição a partir de P_R gera rapidamente Cro, o qual se liga a O_{R3} e bloqueia qualquer síntese posterior de repressor a partir de P_{RM}. Esta ação garante que a decisão de induzir seja irreversível.

Para que a indução ocorra de modo eficiente, o nível de repressor no lisógeno precisa ser rigorosamente regulado. Se os níveis forem baixos demais, em condições normais, o lisógeno pode sofrer indução espontânea; se os níveis forem altos demais, a indução apropriada seria ineficiente. Neste último caso, o motivo é que uma quantidade maior de repressor deve ser inativada (pela RecA) para que a concentração baixe o suficiente para liberar O_{R1} e O_{R2}. Já se viu como o repressor garante que seu nível nunca atinja níveis muito baixos: ele ativa sua própria expressão, um exemplo de **autorregulação positiva**. Mas como ele garante que os seus níveis nunca sejam elevados demais? O repressor também é capaz de regular-se negativamente.

A **autorregulação negativa** funciona da seguinte maneira. A Figura 18-27 mostra o P_{RM} sendo ativado pelo repressor (em O_{R2}) para produzir mais repressor. Se a concentração atingir níveis muito altos, porém, o repressor irá se ligar também a O_{R3} e reprimir P_{RM} (de maneira análoga à ligação de Cro a O_{R3} e à repressão de P_{RM}). Isso impede a síntese de mais moléculas de repressor até que a concentração diminua para um nível que libere O_{R3}.

É importante ressaltar que o termo "indução" é utilizado tanto para descrever a alteração do crescimento lisogênico para lítico em λ, quanto para a ativação dos genes *lac* em resposta à lactose. Esse uso comum origina-se do fato de os dois fenômenos terem sido estudados em paralelo por Jacob e Monod (ver Quadro 18-2). Também é importante notar que, assim como a lactose induz uma alteração conformacional no repressor Lac para aliviar a repressão nos genes *lac*, também os sinais de indução de λ agem causando uma alteração estrutural (no caso, uma clivagem proteolítica) no repressor de λ.

A autorregulação negativa do repressor exige interações de longa distância e uma grande alça de DNA

A ligação cooperativa de dímeros de repressor a operadores adjacentes como O_{R1} e O_{R2} já foi discutida. Existe um nível adicional de ligação cooperativa, observado no prófago de um lisógeno, essencial para a autorregulação negativa. Dímeros de repressor em O_{R1} e O_{R2} interagem com dímeros de repressor ligados cooperativamente em O_{L1} e O_{L2}. Estas interações produzem um octâmero de repressor. Cada dímero do octâmero é ligado a um ativador separado.

Para acomodar a interação de longa distância entre repressores em O_R e O_L, o DNA entre estas regiões operadoras (cerca de 3,5 kb, incluindo o próprio gene *cI*) deve formar uma alça (Fig. 18-28). Quando a alça é formada, O_{R3} é mantido próximo a O_{L3}. Isso permite que outros dois dímeros de repressor se liguem cooperativamente a esses dois sítios. Esta cooperatividade implica a ligação de O_{R3} ao repressor em uma concentração menor do que a normal – de

FIGURA 18-28 Interação dos repressores em O_R e O_L. Repressores em O_R e O_L interagem como mostrado. Estas interações estabilizam a ligação. Desta maneira, as interações aumentam a repressão de P_R e P_L e permitem a ligação do repressor a O_{R3} em concentração mais baixa do que seria possível normalmente. Os repressores ligados em O_{L3} e O_{R3} estão mostrados em cor mais clara para indicar que eles serão ligados apenas quando a concentração do repressor ultrapassar um certo nível, como descrito no texto. (Adaptada, com permissão, de Ptashne M. e Gann A. 2002. *Genes & signals*, p. 35, Fig. 1.16 © Cold Spring Harbor Laboratory Press.)

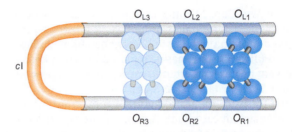

fato, em uma concentração apenas um pouco mais alta do que a necessária para ligar a O_{R1} e O_{R2}. Assim, a concentração de repressor é rigorosamente controlada: pequenos decréscimos são compensados por um aumento na expressão do gene e os acréscimos, pela desativação do gene. Isso explica por que a lisogenia pode ser tão estável ao mesmo tempo em que garante uma indução muito eficiente.

A estrutura do domínio carboxiterminal do repressor de λ, interpretada à luz de estudos genéticos iniciais, revela a base da formação de dímeros, mas também mostra como dois dímeros interagem para formar um tetrâmero (como ocorre quando o repressor está ligado cooperativamente a O_{R1} e O_{R2}). Além disso, a estrutura revela também a base da forma octamérica e demonstra que esta é a mais alta ordem de oligômeros que o repressor pode formar (Fig. 18-29).

No Quadro 18-5, Evolução do comutador de λ, discute-se como os circuitos de controle que controlam os crescimentos lisogênico e lítico, e o processo de indução, podem ter evoluído. Especificamente, discute-se como as interações entre repressor e Cro, seus sítios de ligação, e os promotores que eles regulam, podem ter evoluído até sua elaborada forma atual em pequenas etapas a partir de um sistema rudimentar ancestral.

Outro ativador, λ CII, controla a decisão entre os crescimentos lítico ou lisogênico no momento da infecção de um novo hospedeiro

Viu-se como o repressor de λ e Cro controlam os crescimentos lisogênico e lítico e a alteração de um estado para outro por meio da indução. Agora volta-se para os eventos iniciais da infecção, que determinam a via que o fago escolherá inicialmente. Os produtos de dois outros genes de λ, *c*II e *c*III, são fundamentais para esta escolha. É preciso expandir levemente o mapa da região re-

FIGURA 18-29 Interações entre o domínio C-terminal dos repressores de λ. A parte superior da figura mostra uma representação esquemática de dois dímeros do domínio C-terminal do repressor de λ. Estão indicados dois trechos, aqui chamados de B e R, na superfície do domínio que medeiam as interações entre dois dímeros para gerar um tetrâmero, em um primeiro momento e, então, entre dois tetrâmeros para gerar um octâmero (a forma encontrada quando o repressor está cooperativamente ligado aos quatro sítios, O_{R1}, O_{R2}, O_{L1} e O_{L2}). Assim que o octâmero é formado, não há espaço para outro dímero entrar no complexo e, portanto, o octâmero é a estrutura de mais alta ordem a se formar. (Modificada, com permissão, de Bell et al. 2000. *Cell* **101**: 801-811, Figs. 4a,b e 5a–c. © Elsevier.)

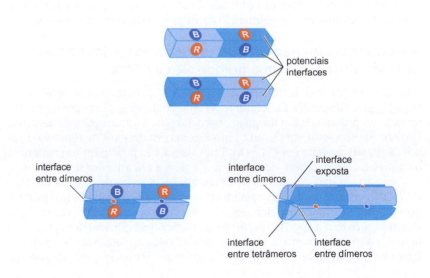

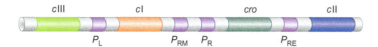

FIGURA 18-30 Genes e promotores envolvidos na decisão lítico/lisogênico. O gene N, situado entre P_L e cIII, não é apresentado aqui (ver Fig. 18-21).

guladora de λ para ver onde cII e cIII estão: cII está à direita de cI e é transcrito a partir de P_R; cIII, à esquerda de cI, é transcrito a partir de P_L (Fig. 18-30).

Como o repressor de λ, a proteína CII é um ativador transcricional. Ela liga-se a um sítio a montante do promotor, chamado P_{RE} (do inglês, *repressor stablishment* [estabelecimento do repressor]), e estimula a transcrição do gene cI

EXPERIMENTOS-CHAVE

Quadro 18-5 Evolução do comutador de λ

Foram enfatizados vários dos meandros que permeiam os mecanismos de tomada de decisão pelo bacteriófago λ: como ele escolhe entre os desenvolvimentos lítico e lisogênico, e como ele pode intercambiar de maneira eficiente do estágio de prófago estável para vírus de replicação lítica. Muitas das sutilezas que conferem estas características ao sistema foram discutidas: ligação cooperativa, regulações autopositiva e negativa, uso de repressores com efeitos opostos, e assim por diante. Enfatizar a intricada interação destas características, e quão interdependentes elas são no fago que se vê hoje, levanta a questão de como este sistema poderia ter evoluído em etapas simples a partir de uma versão primitiva inicial. Esta é uma questão importante quando são considerados todos os sistemas biológicos, e isso é abordado aqui para λ.

É apresentado um modelo proposto de passos para como o comutador de λ pode ter evoluído a partir de uma versão rudimentar (Fig. 1 deste quadro). Em cada passo, uma simples adição foi feita a um sistema que já é funcional, para produzir um sistema que funciona um pouco melhor.

Nos últimos anos, uma série de experimentos explorou as questões levantadas neste esquema. Estes estudos apontam para a facilidade relativa com a qual a evolução poderia ter moldado o comutador de λ. Assim, cada característica aparentemente crucial do comutador existente foi eliminada por mutação, tornando o fago deficiente em vários comportamentos; o fago mutante pode, por exemplo, lisogenizar com menor eficiência ou formar lisógenos que são instáveis, ou talvez estáveis demais, tornando a indução muito fácil ou muito difícil.

Outras mutações que compensavam o defeito original foram, então, encontradas em cada caso. Estes experimentos revelaram que, longe da complexidade irredutível que pode na superfície parecer existir para esse sistema, a perda de uma característica qualquer, individualmente "essencial", poderia ser compensada, ao menos parcialmente, pela alteração de outra. Por exemplo, a autorregulação positiva foi eliminada pela introdução de uma mutação pc no gene cI do fago. Uma mutação pc, como se discutiu anteriormente para CAP, elimina a função de ativação de um ativador. Assim, neste caso, o fago mutante geraria um repressor que ainda consegue ligar-se ao DNA e reprimir a transcrição, mas não consegue ativar a expressão de mais repressor a partir de P_{RM}. Este fago mutante pode formar lisógenos, mas eles são muito instáveis porque os níveis de repressor são baixos.

A introdução de outras alterações que fortalecem o promotor de P_{RM} compensa isso em grande parte, tornando os lisógenos mais estáveis e mais semelhantes aos produzidos pelo λ selvagem. O P_{RM} fortalecido pode dirigir a expressão de mais repressor sem ser ativado pelo repressor existente. Parece que ter regulação autopositiva do repressor fornece ao fago selvagem uma vantagem (explicando por que todos os fagos lambdoides conhecidos possuem esta característica), mas não é completamente essencial para que o sistema funcione bem. Assim, pode-se ver um passo intermediário na evolução do sistema moderno.

Em outro exemplo, a ligação cooperativa pelo repressor também mostrou ser uma característica que, embora vantajosa, não é completamente necessária para que o fago funcione em uma maneira rudimentar. Assim, a ligação cooperativa foi substancialmente enfraquecida pela introdução de mutações no gene repressor que haviam demonstrado interromper as interações cooperativas entre os dímeros de repressor. Fagos contendo este gene de repressor mutante não conseguiam formar lisógenos. Mas a adição de outras modificações – uma novamente fortalecendo o P_{RM}, e outra fortalecendo o sítio de ligação O_{R2} para o repressor – juntamente geraram um fago que agora poderia formar lisógenos, embora de maneira menos eficiente que o λ selvagem.

Em um conjunto posterior de experimentos, o comutador de λ foi desmontado e remontado para testar ideias cruciais acerca de como ele funciona e como ele surgiu. No mais recente e ambicioso experimento, o gene do repressor foi substituído por um gene de proteína repressora bacteriana, o repressor Tet, e no mesmo fago, o gene de Cro foi substituído por *lacI*, gene que codifica o repressor Lac. Além disso, sítios operadores do fago foram modificados para permitir que estes dois repressores bacterianos se ligassem com padrões que mimetizavam alguns dos padrões de ligação essenciais do repressor de λ e de Cro no λ selvagem.

Fagos gerados com estes trechos heterólogos podiam recapitular alguns dos comportamentos do λ selvagem. Como a ligação de ambos os repressores empregados no fago modificado pode ser precisamente titulada por pequenas moléculas (indutores de *lac* e *tet*), outras manipulações sutis podem agora ser utilizadas para investigações adicionais sobre o funcionamento e as possíveis origens do sistema de λ.

(continua)

Quadro 18-5 *(Continuação)*

Em conjunto, estas várias abordagens experimentais tornam dois pontos claros. Primeiro, o comutador de λ poderia ter facilmente evoluído por meio de uma série de etapas, cada uma delas adicionando um novo nível de regulação a um sistema que antes funcionava com menor eficiência, mas que funcionava. Isso é o que se esperaria de qualquer sistema que evoluísse por seleção natural. Segundo, há maneiras alternativas de alcançar um comportamento qualquer. Entender os detalhes da solução que finalmente surgiu pode tornar o problema de como ele evoluiu parecer muito mais difícil do que necessariamente era; ou seja, a solução final foi apenas uma dentre várias soluções que teriam funcionado se tivessem sido testadas.

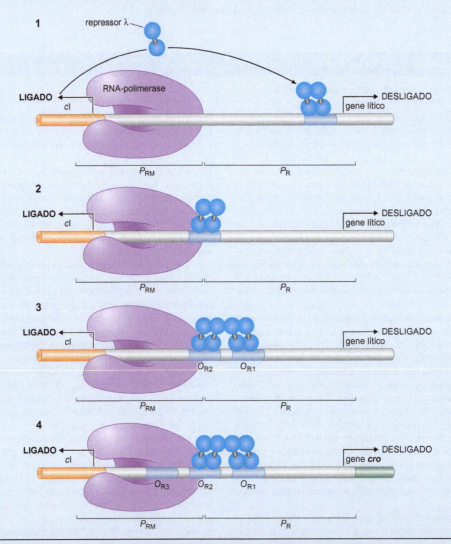

QUADRO 18-5 FIGURA 1 **Estágios hipotéticos da evolução do comutador de λ.** (Estágio 1) O genoma primitivo de λ possui dois promotores, um dirigindo a expressão dos genes líticos (P_R) e outro para o gene do repressor (P_{RM}). Um único sítio de ligação ao repressor λ sobrepõe-se a P_R; quando ligado a este sítio, o repressor desliga os genes líticos, mas sua própria síntese não é regulada. (Estágio 2) Aqui, o único sítio de ligação ao repressor foi movido para perto de P_{RM} (agora na posição de O_{R2}), de maneira que o repressor ligado contacta a polimerase em P_{RM} e, assim, estimula este promotor ao mesmo tempo em que reprime P_R. (Estágio 3) Um segundo sítio de ligação ao repressor foi introduzido (na posição de O_{R1}). Além disso, uma nova superfície de interação proteína-proteína foi introduzida, permitindo a ligação cooperativa de dímeros de repressor aos sítios adjacentes. Estas características contribuem com aspectos adicionais de cooperatividade para o sistema que aumentam a eficiência do mecanismo de comutador. (Estágio 4) O terceiro sítio de ligação ao repressor (O_{R3}) é introduzido. Quando ligado a este sítio, o repressor regula negativamente sua própria síntese de modo que sua concentração permanece abaixo de um nível crítico e garante um mecanismo de comutador eficiente. (Adaptada, com permissão, de Ptashne M. e Gann A. 1998. *Curr. Biol.* 8: R812-R822. © Elsevier.)

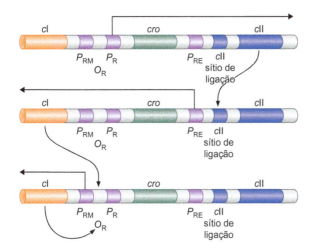

FIGURA 18-31 Estabelecimento da lisogenia. O gene cI é transcrito a partir de P_{RE} para estabelecer a lisogenia e a partir de P_{RM} para manter essa condição. O repressor ligado em O_{R1} e O_{R2} não só ativa o modo de manutenção, como também desativa o estabelecimento da expressão. Observa-se que P_R não apenas controla os genes líticos, mas também a expressão de cII e, por isso, é importante na lisogenia e no desenvolvimento lítico. Da mesma maneira, embora não mostrado na figura, P_L, que controla muitos genes líticos, também controla o gene cIII, que auxilia no estabelecimento da lisogenia (ver texto). (Adaptada, com permissão, de Ptashne M. e Gann A. 2002. *Genes & signals*, p. 31, Fig. 1.14. © Cold Spring Harbor Laboratory Press.)

(repressor) a partir desse promotor. Portanto, o gene repressor pode ser transcrito a partir de dois promotores diferentes (P_{RE} e P_{RM}).

P_{RE} é um promotor fraco, porque sua sequência –35 é muito pobre. A proteína CII liga-se a um sítio que se sobrepõe à região –35, mas está localizado na face oposta da hélice de DNA; interagindo diretamente com a polimerase, CII ajuda esta a ligar-se ao promotor.

Apenas quando repressor suficiente tiver sido gerado a partir de P_{RE}, este repressor poderá ligar-se a O_{R1} e O_{R2} e dirigir sua própria síntese a partir de P_{RM}. Portanto, vê-se que a síntese do repressor é **estabelecida** pela transcrição a partir de um promotor (estimulado por um ativador) e depois **mantida** pela transcrição a partir de outro promotor (sob seu próprio controle – autorregulação positiva).

Pode-se ver agora, em resumo, como o CII orquestra a decisão entre o desenvolvimento lítico e o lisogênico (Fig. 18-31). Durante a infecção, a transcrição é imediatamente iniciada a partir dos dois promotores constitutivos, P_R e P_L. O P_R dirige a síntese de Cro e de CII. A expressão de Cro favorece o desenvolvimento lítico: uma vez que Cro alcança um determinado nível, ele irá se ligar a O_{R3} e bloquear P_{RM}. A expressão de CII, por outro lado, favorece o crescimento lisogênico, porque promove a transcrição do gene repressor (Fig. 18-31). Para uma lisogenia bem-sucedida, o repressor deve, então, ligar-se a O_{R1} e O_{R2} e ativar P_{RM}.

A eficiência com a qual CII dirige a transcrição do gene cI e, portanto, a taxa com a qual o repressor é gerado, é a etapa crítica na decisão de como λ vai se desenvolver. O que determina a eficiência de CII em uma determinada infecção?

O número de partículas de fago que infecta uma dada célula determina se a infecção prossegue pela via lítica ou pela via lisogênica

Multiplicidade de infecção (moi) é uma medida de quantas partículas de fago infectam uma dada célula bacteriana em uma população. Se o número médio for um ou menos partículas de fago por célula, a infecção provavelmente resultará em lise. Se o número de partículas de fago for dois ou mais, há maior probabilidade de produzir lisogenia. À medida que o número de fagos por célula se torna menor, a tendência em direção à infecção lítica aumenta, e à medida que o número se torna maior, a probabilidade de lisogenia aumenta de maneira semelhante.

Mecanisticamente, isso faz sentido. Quanto maior o número de genomas de fago que entrar na célula e começar a transcrever a partir de P_R e P_L, mais CII e CIII será produzido, e maior será a chance de que pelo menos um destes genomas de fago estabeleça a síntese de repressor e se integre ao cromossomo bacteriano. Contanto que um fago infectante faça isso, os outros serão subsequentemente bloqueados de desenvolvimento lítico.

Pode-se especular por que λ está programado para responder desta maneira – por que ele escolhe desenvolver-se pela via lisogênica quando em uma população de muitos fagos e poucas bactérias, por exemplo. Se houver poucas células bacterianas, então a disponibilidade de hospedeiro para o próximo ciclo de infecção será limitada, e assim o fago poderá se beneficiar ao se tornar dormente em um lisógeno em vez de arriscar não encontrar mais células hospedeiras ao fim de uma infecção lítica. As condições de crescimento das células bacterianas também influenciam o resultado de uma infecção, como descrito a seguir.

As condições de crescimento de *E. coli* controlam a estabilidade da proteína CII e, portanto, a escolha lítica/lisogênica

Ao infectar uma população de bactérias saudáveis e em crescimento vigoroso, o fago tende a propagar-se liticamente, liberando sua progênie em um ambiente rico em células hospedeiras novas. Quando as condições para o crescimento bacteriano são pobres, o fago tem maior probabilidade de formar lisógenos e esperar: novamente, é provável que hajam poucas células hospedeiras na vizinhança para serem infectadas por uma progênie de fagos. Essas diferentes condições de crescimento influenciam CII como segue.

Em *E. coli*, CII é uma proteína muito instável; ela é degradada por uma protease específica chamada FtsH (HflB), codificada pelo gene *hfl*. Assim, a velocidade com que CII pode promover a síntese do repressor é determinada pela rapidez de sua degradação pela FtsH. Células desprovidas do gene *hfl* (e, portanto, de FtsH) quase sempre formam lisógenos ao serem infectadas por λ: na ausência da protease, CII é estável e dirige a síntese de repressor. A própria atividade de FtsH é regulada pelas condições de crescimento da célula bacteriana, e embora não se saiba exatamente como isso é realizado, pode-se afirmar o seguinte. Se o crescimento for bom, FtsH será bastante ativo, CII será destruído de maneira eficiente, o repressor não será gerado e o fago tenderá a crescer pela via lítica. Em condições precárias de crescimento ocorre o oposto: baixa atividade de FtsH, degradação lenta de CII, acúmulo de repressor e tendência para o crescimento lisogênico. Os níveis de CII também são modulados pela proteína CIII do fago. CIII estabiliza CII, provavelmente porque age como substrato alternativo para FtsH (como um substrato competidor).

Os genes *c*I, *c*II e *c*III foram isolados por triagens genéticas explicadas no Quadro 18-6, Abordagens genéticas que identificaram genes envolvidos na escolha lítico/lisogênico.

Um segundo promotor dependente da proteína CII, P_I, tem uma sequência semelhante à de P_{RE} e está localizado à frente do gene *int* do fago (ver Fig. 18-21); este gene codifica a enzima integrase, que catalisa a recombinação sítio-específica do DNA de λ no cromossomo bacteriano, para formar o prófago (ver Cap. 12). Um terceiro promotor dependente de CII, P_{AQ}, localizado na metade do gene Q, atua retardando o desenvolvimento lítico e, portanto, promove o desenvolvimento lisogênico. Isso ocorre porque o RNA do P_{AQ} age como uma mensagem *antisense*, que se liga à mensagem Q e promove sua degradação. O Q é outro regulador, e promove as etapas tardias do crescimento lítico, como será visto na próxima seção.

Antitérmino da transcrição no desenvolvimento de λ

No desenvolvimento de λ, existem dois exemplos de regulação da transcrição *após* o início, descritos a seguir. Inicia-se com um tipo de regulação positiva da transcrição, chamado **antitérmino**.

Capítulo 18 Regulação Transcricional em Procariotos

> **EXPERIMENTOS-CHAVE**
>
> **Quadro 18-6** Abordagens genéticas que identificaram genes envolvidos na escolha lítico/lisogênico
>
> Os genes envolvidos na escolha lítico/lisogênico foram identificados por triagens em mutantes de λ, que cresciam eficientemente apenas como líticos ou apenas como lisogênicos. Para entender como estes mutantes foram encontrados, deve-se considerar como os fagos são cultivados em laboratório (ver Apêndice 1). As células bacterianas podem crescer sobre uma placa de ágar, formando uma camada opaca de células confluentes. Um fago lítico desenvolvido nessa monocamada (ou tapete) produz placas claras, ou buracos (Fig. A-3). Normalmente, cada placa é iniciada por um único fago que infecta uma célula bacteriana. A progênie do fago dessa infecção infecta as células vizinhas, e assim por diante, causando a morte (lise) das células bacterianas vizinhas à célula originalmente infectada, e causando uma zona livre de células na monocamada opaca de células bacterianas.
>
> O bacteriófago λ também forma placas, mas elas são turvas (ou nubladas) – isto é, a região da placa é mais clara do que o tapete não infectado, mas apenas levemente. A razão disso é que o λ, diferentemente de um fago puramente lítico, lisa apenas uma proporção das células que infecta e as outras sobrevivem como lisógenas. As lisógenas são resistentes a infecções subsequentes, podendo crescer na placa sem serem afetadas pela massa de partículas fágicas presentes no meio. A razão desta "imunidade" é bastante simples: em um lisógeno, o DNA do fago integrado (prófago) continua gerando repressor a partir do P_{RM}. Qualquer novo genoma de λ que entrar na célula será imediatamente ligado ao repressor, o que não permitirá o crescimento lítico.
>
> Em um estudo clássico, foram isolados mutantes de λ que formavam placas claras. Esses fagos mutantes são incapazes de formar lisógenos, mas ainda crescem liticamente. Estas mutações claras de λ identificaram três genes do fago, chamados cI, cII e cIII (para claro I, II e III). Em outros estudos, foram isoladas mutações consideradas virulentas (vir). Elas definem os sítios do operador aos quais o repressor de λ se liga e foram isoladas com base no fato de que esse fago pode crescer em lisógenas. Por analogia ao sistema *lac*, os mutantes cI são comparáveis aos mutantes de repressor Lac (*lacI*); mutantes *vir* são equivalentes aos mutantes do operador *lac* (*lacO*) (ver Quadro 18-2). Outra mutação reveladora em um gene de hospedeiro foi identificada em um experimento diferente. O mutante é chamado de *hfl* (do inglês, *high frequency of lysogeny* [alta frequência de lisogenia]). Quando essa linhagem é infectada com λ de tipo selvagem, ela sempre forma lisógenas, e muito raramente permite que o fago cresça pela via lítica. Esta linhagem bacteriana é desprovida da protease que degrada a proteína CII de λ (ver texto).

Os transcritos controlados pelas proteínas N e Q de λ são iniciados perfeitamente bem na ausência desses reguladores. Entretanto, eles terminam de umas poucas centenas a um milhar de nucleotídeos a jusante do promotor caso a RNA-polimerase não tenha sido modificada pelo regulador. Por isso, as proteínas N e Q de λ são chamadas de antiterminadores.

A proteína N regula a expressão gênica inicial pela atuação em três terminadores: um à esquerda do próprio gene *N*, um à direita de *cro*, e outro entre os genes *P* e *Q* (Figs. 18-21 e 18-32). A proteína Q tem um alvo, um terminador localizado 200 nucleotídeos a jusante do gene promotor tardio, o $P_{R'}$, localizado entre os genes *Q* e *S* (ver Figs. 18-21 e 18-32). O óperon do gene tardio de λ, transcrito a partir de $P_{R'}$, é incrivelmente grande para uma unidade de transcrição procariótica: cerca de 26 kb, distância que a RNA-polimerase leva cerca de 10 minutos para percorrer.

A compreensão sobre o funcionamento dos antiterminadores é incompleta. Como outras proteínas reguladoras, N e Q atuam sobre genes que possuem sequências específicas a cada um dos reguladores. Assim, a pro-

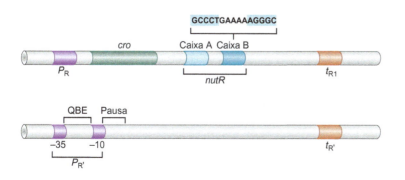

FIGURA 18-32 Sítios de reconhecimento e sítios de ação dos antiterminadores transcricionais N e Q de λ. A linha superior apresenta o promotor inicial à direita, P_R, e seu terminador inicial, t_{R1}. O sítio *nut* está dividido em duas regiões, chamadas Caixa A (7 pb) e Caixa B, separadas por uma região espaçadora de 8 pb. A sequência da Caixa B tem simetria dupla e, quando transcrita em RNA, forma uma estrutura em formato de grampo (haste-alça). A sequência da fita semelhante a RNA de *nutR* é mostrada acima. A linha inferior apresenta o promotor $P_{R'}$, as sequências essenciais ao funcionamento da proteína Q e o terminador sobre o qual a proteína Q atua.

teína N impede o término nos óperons iniciais de λ, mas não nos outros óperons bacterianos ou do fago. As sequências específicas de reconhecimento pelos antiterminadores não se localizam nos terminadores onde eles atuam, mas estão posicionadas em algum ponto entre o promotor e o terminador. Para N, estes sítios são chamados de sítios *nut* (*N utilization*), que estão a 60 e 200 nucleotídeos a jusante de P_L e P_R (ver Fig. 18-32). Contudo, N não se liga a essas sequências de DNA, mas sim, ao RNA transcrito a partir do DNA, que contém uma sequência *nut*. Portanto, uma vez que a RNA-polimerase tenha ultrapassado um sítio *nut*, N liga-se ao RNA e é carregado na própria polimerase. Neste estado, a polimerase é resistente aos terminadores que se encontram logo adiante dos genes *N* e *cro*. Em λ, N atua em conjunto com os produtos dos genes bacterianos *nusA*, *nusB*, *nusE* e *nusG*. A proteína NusA é um importante fator de transcrição celular. NusE é a proteína da subunidade ribossomal pequena S10, mas seu papel na função da proteína N é desconhecido. Nenhuma função celular da proteína NusB é conhecida. Essas proteínas formam um complexo com N no sítio *nut*, porém, se a concentração de N estiver muito elevada, esta pode atuar na ausência das outras, sugerindo que é a própria N que promove o antitérmino.

Diferentemente da proteína N, a proteína Q de λ reconhece as sequências de DNA (QBE) entre as regiões –10 e –35 do promotor tardio ($P_{R'}$) (ver Fig. 18-32). Na ausência de Q, a polimerase liga-se a $P_{R'}$ e inicia a transcrição, para interrompê-la logo após 16 ou 17 nucleotídeos; a seguir, continua, mas pausa quando chega ao terminador ($t_{R'}$), cerca de 200 pb a jusante. Quando presente, Q liga-se a QBE assim que a polimerase escapa do promotor e é transferida deste sítio para a polimerase pausada nas proximidades. Na presença de Q, a ela ligada, a polimerase é capaz de transcrever através de $t_{R'}$.

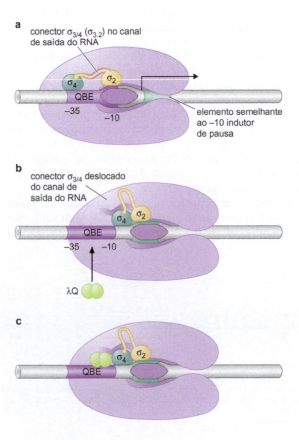

FIGURA 18-33 Como o Q de λ envolve a RNA-polimerase durante o início do alongamento. Sequência de eventos no P_R de λ. (a) A organização dos elementos da polimerase no complexo de início ligado ao P_R de λ. O conector $\sigma_{3/4}$ ($\sigma_{3.2}$) é mostrado no canal de saída do RNA. (b) O complexo pausado. O transcrito nascente (não mostrado) deslocou o conector $\sigma_{3/4}$ do canal de saída. Isso ocorre pouco antes da ligação do Q de λ. (c) O Q de λ é mostrado ligado ao complexo de alongamento pausado. Os detalhes dessa interação são descritos no texto. (Cortesia de Ann Hochschild.)

O fator σ da polimerase está envolvido na função Q (ver Fig. 18-33). Primeiro, a razão pela qual a polimerase pausa logo após o início em $P_{R'}$ é porque ela encontra uma sequência semelhante ao elemento "–10" de um promotor. A região 2 de σ normalmente reconhece esta sequência, ligando-se a pares de bases na fita que não atua como molde, como descrito na Figura 13-8. Ela faz o mesmo neste ponto de parada, interrompendo temporariamente o progresso da polimerase. Ao mesmo tempo, o transcrito nascente que está saindo pelo canal de RNA da enzima facilita rearranjos da interface entre σ e o núcleo da enzima, revelando parte da região 4 de σ que estava anteriormente escondida (como descrito no Cap. 13). Então, esta superfície de σ é ligada a Q.

Não se sabe ainda por que este novo complexo de polimerase e Q é impermeável ao terminador a jusante. Mas se vê que σ pode estar envolvido na regulação a jusante do início e que a região 4 de σ pode ser um alvo para reguladores que atuam no início e também após este período.

Retrorregulação: uma interação de controles na síntese e na estabilidade do RNA determina a expressão do gene *int*

A proteína CII ativa o promotor P_I, que dirige a expressão do gene *int*, bem como o promotor P_{RE}, responsável pela síntese do repressor (ver Fig. 18-21). A proteína Int é a enzima que promove a integração do genoma do fago ao da célula hospedeira durante a formação de uma lisógena (ver Cap. 12). Portanto, durante a infecção, as condições que favorecem a atividade da proteína CII dão origem a uma explosão de repressor e da enzima integrase.

Todavia, o gene *int* é transcrito tanto a partir de P_L como de P_I, o que levaria a pensar que a integrase deveria ser produzida mesmo na ausência da proteína CII. Isso não ocorre, porque o mRNA de *int* iniciado em P_L é degradado por nucleases celulares, enquanto o mRNA iniciado a partir de P_I é estável e traduzido na proteína integrase. Isso acontece porque as duas mensagens têm estruturas diferentes em suas extremidades 3'.

O RNA iniciado em P_I para no terminador, localizado cerca de 300 nucleotídeos após o fim do gene *int*; ele possui uma típica estrutura de haste-alça, seguida por seis nucleotídeos de uridina (Fig. 18-34; ver Cap. 13, Fig. 13-13). Por outro lado, quando a síntese de RNA é iniciada a partir de P_L, a RNA-polimerase é modificada pela proteína N e, assim, ultrapassa o terminador e vai adiante. Esse mRNA mais longo pode formar uma haste que é um substrato para nucleases. Como o sítio responsável por esta regulação negativa está a jusante do gene que ele afeta, e como a degradação ocorre em retrocesso ao longo do gene, este processo é chamado **retrorregulação**.

A função biológica da retrorregulação é clara. Quando a atividade de CII é baixa e o desenvolvimento lítico é favorecido, a enzima integrase não é necessária; por isso, seu mRNA é destruído. Porém, quando a atividade de CII é elevada e a lisogenia é favorecida, o gene *int* é expresso para promover a recombinação do DNA do fago reprimido com o cromossomo bacteriano.

Existe mais uma sutileza no mecanismo de regulação. Quando um prófago é induzido, ele precisa produzir integrase (juntamente com outra enzima chamada excisonase; ver Cap. 12) para catalisar a formação do DNA do fago livre por excisão do DNA bacteriano; ele deve fazer isso independentemente do nível de atividade de CII. Nestas circunstâncias, o fago precisa sintetizar mRNA de integrase estável a partir de P_L apesar da atividade de antitérmino da proteína N. Como isso é conseguido?

Quando o genoma do fago é integrado ao cromossomo bacteriano durante o estabelecimento da lisogenia, o sítio de ligação do fago no qual ocorre a recombinação está *entre* o fim do gene *int* e as sequências que codificam a haste estendida a partir da qual a degradação do mRNA é iniciada (ver Fig. 18-21). Assim, na forma integrada, o sítio que causa degradação é removido da extremidade do gene *int*, e o mRNA de *int* gerado a partir de P_L é estável.

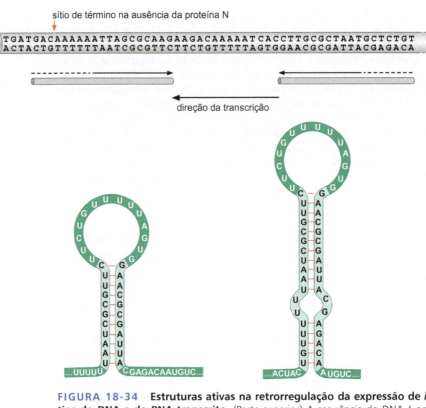

FIGURA 18-34 Estruturas ativas na retrorregulação da expressão de *int* nos sítios do DNA e do RNA transcrito. (Parte superior) A sequência do DNA é apresentada; os pequenos cilindros indicam as sequências simétricas que formam grampos no RNA. (Parte inferior) A estrutura à esquerda mostra o terminador formado no RNA transcrito a partir de P_I, sem antitérmino pela proteína N, que é resistente à degradação por nucleases. A estrutura à direita mostra uma alça estendida formada no RNA transcrito a partir de P_L sob a influência da proteína antiterminadora N, que é um alvo para a clivagem por RNase III e degradação por nucleases.

RESUMO

Em geral, um gene é ligado e desligado em resposta à necessidade de seu produto. Essa regulação ocorre predominantemente no nível do início da transcrição. Assim, em *E. coli*, por exemplo, um gene que codifica uma enzima que metaboliza a lactose é transcrito em níveis elevados apenas quando há lactose disponível no meio de cultura. Além disso, quando a glicose (uma fonte energética melhor) também está disponível, o gene não é expresso, mesmo na presença de lactose.

Os sinais, como a presença de um açúcar específico, são comunicados aos genes por proteínas reguladoras. Estas são de dois tipos: *ativadores*, reguladores positivos que "ligam" os genes, e *repressores*, reguladores negativos que "desligam" os genes. Esses reguladores são, basicamente, proteínas de ligação ao DNA que reconhecem sítios específicos nos genes que elas controlam ou próximo a eles.

Ativadores, nos casos mais simples (e mais comuns), atuam em promotores inerentemente fracos; isto é, na ausência de qualquer regulador, a RNA-polimerase liga-se fracamente ao promotor (e assim inicia a transcrição). Um ativador liga-se ao DNA com uma superfície e, com outra, liga-se à polimerase e a recruta para o promotor. Este processo é um exemplo de ligação cooperativa, e é suficiente para estimular a transcrição.

Os repressores podem inibir a transcrição ligando-se a um sítio que se sobepõe ao promotor, bloqueando a ligação da RNA-polimerase. Os repressores também podem atuar de outros modos, por exemplo, pela ligação a um sítio ao lado do promotor e interação com a ligação entre polimerase e promotor, inibindo o início.

Os genes *lac* de *E. coli* são controlados por um ativador e um repressor que atuam do modo mais simples explicado anteriormente. Na ausência de glicose, CAP liga-se ao DNA próximo ao promotor *lac* e, recrutando a polimerase para esse promotor, ativa a expressão desses genes. O repressor Lac liga-se a um sítio que se sobrepõe ao promotor e bloqueia a expressão na ausência de lactose.

Outro modo pelo qual a RNA-polimerase é recrutada para diferentes genes é por meio do uso de fatores σ alternativos. Diferentes fatores σ podem substituir o mais prevalente (σ^{70} em *E. coli*) e direcionar a enzima para promotores com diferentes sequências. Os exemplos incluem σ^{32}, que dirige a transcrição de genes em resposta ao choque térmico, e σ^{54}, que promove a transcrição de genes envolvidos no metabolismo do nitrogênio. O fago SPO1 utiliza uma série de σ alternativos para controlar a expressão ordenada de seus genes durante a infecção.

Em bactérias, há exemplos de outros tipos de ativação transcricional. A RNA-polimerase liga-se de maneira eficiente, e sem auxílio, a certos promotores, formando um complexo fechado estável, porém, inativo. Esse complexo fechado não sofre transição espontânea para complexo aberto e nem inicia a transcrição. Em um promotor desse tipo, a presença de um ativador é necessária para estimular a transição de complexo fechado para aberto.

Ativadores que estimulam este tipo de promotor atuam por alosteria; isto é, eles interagem com o complexo fechado estável, induzindo uma alteração de conformação que resulta na transição para complexo aberto. Neste capítulo, foram vistos dois exemplos de ativadores transcricionais que atuam por alosteria. Em um caso, o ativador (NtrC) interage com a RNA-polimerase (portadora de σ^{54}) ligada como complexo fechado estável ao promotor *glnA*, estimulando sua transição para complexo aberto. No outro exemplo, o ativador (MerR) induz uma alteração conformacional no DNA do promotor *merT*.

Em todos os casos considerados, os próprios reguladores são controlados alostericamente por sinais: o formato do regulador muda na presença de seu sinal. Em um estado, ele consegue ligar-se ao DNA, e no outro estado, não. Assim, por exemplo, o repressor Lac é controlado pelo ligante alolactose (um derivado da lactose). Quando a alolactose se liga ao repressor, induz uma alteração no formato desta proteína; neste estado, a proteína não pode ligar-se ao DNA.

A expressão gênica pode ser regulada em etapas posteriores ao início da transcrição. Por exemplo, a regulação pode ocorrer no nível do alongamento da transcrição. Exemplos considerados neste capítulo incluem a antiterminação pelas proteínas N e Q do bacteriófago λ. As proteínas N e Q de λ são carregadas nas RNA-polimerases que iniciam a transcrição em determinados promotores do genoma do fago. Quando sofre esse tipo de modificação, a enzima pode ultrapassar sítios terminadores da transcrição que, de outro modo, bloqueariam a expressão dos genes localizados a jusante.

Concluiu-se este capítulo com uma discussão detalhada sobre como o bacteriófago λ escolhe entre dois modos alternativos de propagação. Várias estratégias de regulação gênica encontradas neste sistema também atuam em outros sistemas, inclusive, como será visto em capítulos posteriores, nos sistemas que controlam o desenvolvimento de animais – por exemplo, o uso da ligação cooperativa para produzir comandos mais rigorosos de ligar/desligar e o uso de vias separadas para estabelecer e manter a expressão de genes. Também se considerou como redes gênicas complexas e intricadas como a encontrada em λ podem ter evoluído a partir de versões anteriores mais rudimentares.

BIBLIOGRAFIA

Livros

Echols H. 2001. *Operators and promoters: The study of molecular biology and its creators*. University of California Press, Berkeley, CA.

Müller-Hill B. 1996. *The lac operon*. de Gruyter, Berlin.

Ptashne M. 2005. *A genetic switch: Phage lambda revisited*, 3rd ed. Cold Spring Harbor Laboratory Press, Cold Spring Harbor, New York.

Ptashne M. and Gann A. 2002. *Genes & signals*. Cold Spring Harbor Laboratory Press, Cold Spring Harbor, New York.

Ativação e repressão

Dodd I.B., Shearwin K.E., and Egan J.B. 2005. Revisited gene regulation in bacteriophage λ. *Curr. Opin. Genet. Dev. Biol.* **15**: 145–152.

Dove S.L., Darst S.E., and Hochschild A. 2003. Region 4 of s as a target for transcription regulation. *Mol. Microbiol.* **48**: 863–874.

Gann A. 2010. Jacob and Monod: From operons to EvoDevo. *Curr. Biol.* **20**: R718–R723.

Gottesmann M. and Wesiberg R. 2004. Little lambda, who made thee? *Microbiol. Mol. Biol. Rev.* **68**: 796–813.

Hochschild A. and Dove S.L. 1998. Protein–protein contacts that activate and repress prokaryotic transcription. *Cell* **92**: 597–600.

Huffman J.L. and Brennan R.G. 2002. Prokaryotic transcription regulators: More than just the helix-turn-helix motif. *Curr. Opin. Struct. Biol.* **12**: 98–106.

Jacob F. and Monod J. 1961. Genetic regulatory mechanisms in the synthesis of proteins. *J. Mol. Biol.* **3**: 318–356.

Lawson C.L., Swigon D., Murakami K.S., Darst S.A., Berman H.M., and Ebright R.H. 2004. Catabolite activator protein: DNA binding and transcription activation. *Curr. Opin. Struct. Biol.* **14**: 10–20.

Little J. W. 2010. Evolution of complex gene regulatory circuits by addition of refinements. *Curr. Biol.* **20**: R724–R734.

Magasanik B. 2000. Global regulation of gene expression. *Proc. Natl. Acad. Sci.* **97**: 14044–14045.

Murray N.E. and Gann A. 2007. What has phage lambda ever done for us? *Curr. Biol.* **17**: R305–R312.

NgW. L. and Bassler B.L. 2009. Bacterial quorum-sensing network architectures. *Annu. Rev. Genet.* **43**: 197–222.

Oppenheim A.B., Oren Kobiler O., Stavans J., Court D.L., and Adhya S. 2005. Switches in bacteriophage lambda development. *Ann. Rev. Genet.* **39**: 409–429.

Payankaulam S, Li L.M., and Arnosti D.N. 2010. Transcriptional repression: Conserved and evolved features. *Curr. Biol.* **20**: R764–R771.

Ptashne M. 2006. Lambda's switch: Lesson from a module swap. *Curr. Biol.* **16**: R459–R462.

Rappas M., Bose D., and Zhang X. 2007. Bacterial enhancer-binding proteins: Unlocking s54-dependent gene transcription. *Curr. Opin. Struct. Biol.* **17**: 110–116.

Rojo F. 2001. Mechanisms of transcriptional repression. *Curr. Opin. Microbiol.* **4**: 145–151.

Roy S., Garges S., and Adhya S. 1998. Activation and repression of transcription by differential contact: Two sides of a coin. *J. Biol. Chem.* **273**: 14059–14062.

Schleif R. 2003. AraC protein: A love–hate relationship. *Bioessays* **25**: 274–282.

Summers A.O. 2009. Damage control: Regulating defenses against toxic metals and metalloids. *Curr. Opin. Microbiol.* **12**: 138–144.

Ligação do DNA, cooperatividade e alosteria

Hochschild A. 2002. The switch: cI closes the gap in autoregulation. *Curr. Biol.* **12**: R87–R89.

Lewis M. 2005. The lac repressor. *Crit. Rev. Biol.* **328**: 521–548.

Luscombe N.M., Austin S.E., Berman H.M., and Thornton J.M. 2000. An overview of the structures of protein–DNA complexes. *Genome Biol.* **1:** REVIEWS001.

Monod J. 1966. From enzymatic adaptation to allosteric transitions. *Science* **154:** 475–483.

Vilar J.M.G. and Saiz L. 2005. DNA looping in gene regulation: From the assembly of macromolecular complexes to the control of transcriptional noise. *Curr. Opin. Genet. Dev. Biol.* **15:** 136–144.

Antitérmino

Gottesman M. 1999. Bacteriophage l: The untold story. *J. Mol. Biol.* **293:** 177–180.

Roberts J.W., YarnellW., Bartlett E., Guo J., Marr M., Ko D.C., Sun H., and Roberts C.W. 1998. Antitermination by bacteriophage λ Q protein. *Cold Spring Harb. Symp. Quant. Biol.* **63:** 319–325.

Roberts J.W., Shankar S., and Filter J. J. 2008.RNApolymerase elongation factors. *Annu. Rev. Microbiol.* **62:** 211–233.

Santangelo T.J. and Artsimovitch I. 2011. Termination and antitermination: RNA polymerase runs a stop sign. *Nat. Rev. Microbiol.* **9:** 319–329.

QUESTÕES

Para respostas de questões de número par, ver Apêndice 2: Respostas.

Questão 1. O nível de regulação mais comum da expressão gênica ocorre no início da transcrição. Explique o porquê.

Questão 2. Forneça três exemplos de regulação alostérica discutidos neste capítulo.

Questão 3. A perda de repressão pelo óperon *lac* de *E. coli* necessita de β-galactosidase (codificada por *lacZ*).

A. Explique o papel da β-galactosidase na perda de repressão do óperon *lac*.

B. Na ausência de glicose e estando o óperon *lac* no estado reprimido, preveja como a β-galactosidase está presente para realizar a função necessária para acabar com a repressão do óperon *lac*.

Questão 4. Em uma triagem genética, pesquisadores isolaram mutantes de *E. coli* que expressam constitutivamente os genes do óperon *araBAD*.

A. Descreva o que significa expressão constitutiva em termos de óperon *araBAD*.

B. Dê um exemplo de uma mutação que poderia levar à expressão constitutiva dos genes *araBAD*. (Cite o nome da região do DNA ou do gene que codifica uma proteína específica.)

Questão 5. No laboratório, você quer purificar uma proteína que é normalmente tóxica para células de *E. coli*. Seu supervisor sugere clonar o gene que codifica sua proteína em um vetor de expressão que usa o promotor de *araBAD*. Por que é ideal usar o promotor de *araBAD* para a expressão de seu gene de interesse em células de *E. coli*?

Questão 6. Considerando os seguintes mutantes e condições, preveja a expressão do gene *lacZ* (ausência de expressão, nível de expressão basal, ou nível de expressão ativado).

A. Um mutante de *E. coli* que possui uma mutação no operador do óperon *lac* que impede a ligação do repressor

   a. na presença de glicose e ausência de lactose.

   b. na presença de glicose e presença de lactose.

   c. na ausência de glicose e ausência de lactose.

   d. na ausência de glicose e presença de lactose.

B. Um mutante de *E. coli* que possui uma mutação no promotor do óperon *lac* (para os genes *lacZ*, *lacY* e *lacA*) que impede a ligação da RNA-polimerase

   a. na presença de glicose e ausência de lactose.

   b. na presença de glicose e presença de lactose.

   c. na ausência de glicose e ausência de lactose.

   d. na ausência de glicose e presença de lactose.

Questão 7. Liste três mecanismos para repressão transcricional em procariotos e, em cada caso, dê um exemplo de uma proteína que usa o mecanismo.

Questão 8. Você está estudando a proteína ZntR de *E. coli*, homóloga a MerR, que responde a Zn(II) para regular a transcrição de *zntA*, gene que codifica uma proteína que auxilia na detoxificação de Zn(II). Formule duas perguntas para responder com seus experimentos que suportariam ou refutariam a hipótese de que ZntR usa um mecanismo semelhante a MerR para ativar a transcrição de *zntA*.

Questão 9. Considerando uma mutação de perda de função no domínio de tetramerização do repressor λ e usando a Figura 18-24, preveja o efeito funcional específico da mutação no repressor λ.

Questão 10.

A. Explique por que é vantajoso para o bacteriófago λ regular fortemente o nível de repressor λ produzido nas células lisogênicas de *E. coli*.

B. Descreva o mecanismo de autorregulação negativa pelo repressor λ.

Questão 11. Revise a Figura 1 do Quadro 18-4. Para as seguintes proteínas de ligação ao DNA, você espera que um gráfico da porcentagem de DNA ligado *versus* concentração de proteína seja parecido com a linha vermelha ou com a linha preta? Explique o porquê.

A. NtrC e DNA regulador a montante do gene *glnA*.

B. CAP na presença de RNA-polimerase e DNA a montante do operador *lac*.

C. Domínio amino do repressor λ (domínio carboxila removido) e sítios operadores do repressor de λ.

Questão 12. Você descobre um novo operador que é regulado por um repressor em uma espécie procariótica. Assumindo que o repressor se liga a um sítio operador, projete um experimento *in vitro* para identificar a região específica à qual o repressor se liga ao DNA sob condições semelhantes às normalmente encontradas para a repressão na célula.

Questão 13. Descreva como fatores σ alternativos atuam na regulação da transcrição em procariotos.

Questão 14. Pesquisadores estudando a ligação do repressor λ aos três sítios de ligação no operador à direita produziram os dados da tabela a seguir. No experimento, eles realizaram um ensaio de proteção com DNase I (ensaio de *footprinting*) usando DNA contendo os três sítios de ligação em uma gama de concentrações de repressor. Para isso, eles calcularam a concentração relativa de dímeros de repressor necessária para ocupar um sítio de ligação específico em metade das moléculas de DNA presentes (valores fornecidos na tabela).

	Concentração relativa de repressor para cada sítio		
DNA	O_{R3}	O_{R2}	O_{R1}
Tipo selvagem	25	2	1
Mutante X	5	5	-
Mutante Y	25	-	2

A. Com base nos dados para o DNA selvagem e as informações do Capítulo 18, explique por que as concentrações relativas para O_{R1} e O_{R2} são praticamente as mesmas, apesar de O_{R1} ter uma afinidade 10 vezes maior pelo repressor de λ do que O_{R2} (informações neste capítulo).

B. Com base nos dados para o DNA selvagem e as informações do Capítulo 18, explique por que a concentração relativa de repressor necessária para ligar O_{R3} é muito maior do que para O_{R1} e O_{R2}.

C. Com base nos dados para os DNAs mutantes X e Y, identifique o sítio de ligação (O_{R1}, O_{R2} ou O_{R3}) que inclui a mutação em cada mutante respectivo. Explique suas escolhas.

D. Considerando o que você sabe sobre este capítulo, explique por que a concentração relativa de repressor necessária para ligar O_{R3} cai para 5 no Mutante X em relação ao DNA selvagem em termos do mecanismo para a ligação do repressor de λ ao DNA.

Dados adaptados de Johnson et al. (1979. *Proc. Natl. Acad. Sci.* **76**: 5061-5065).

Questão 15. A regulação de um novo óperon em *E. coli* envolve dois operadores, entre os quais se encaixa um promotor e três genes estruturais. A RNA-polimerase transcreve os genes estruturais a partir do promotor, e um repressor específico reprime a transcrição a partir do promotor. Na presença do sinal relevante, a ligação do repressor ao DNA é rompida e a repressão é aliviada.

Para estudar o mecanismo de repressão, os pesquisadores criaram um repórter contendo o promotor, mas substituíram os operadores por sítios operadores *lac*. O repressor *lac* selvagem conseguiu reprimir a expressão deste construto na célula. *In vitro*, os pesquisadores visualizaram complexos proteína-DNA em micrografias eletrônicas usando o construto repórter após incubação com o repressor Lac selvagem ou um repressor Lac mutante que se liga a sítios operadores, dimeriza, mas não consegue tetramerizar. Os dados gerados a partir de suas observações estão na tabela a seguir.

	Complexos DNA-proteína observados			
Proteína	DNA livre	Ligação única	Ligação em *tandem*	Alça
Repressor Lac selvagem	53	29	3	15
Repressor Lac mutante	42	44	14	0

Além disso, mostrou-se que o repressor Lac mutante *não* conseguiu reprimir a expressão do construto repórter *in vivo*, embora ele tenha conseguido reprimir o óperon *lac* endógeno.

Considerando os dados da tabela, proponha um modelo para a repressão relatando como os dados suportam o seu modelo. Quais outras informações você gostaria de ter a respeito da nova proteína de repressão para corroborar este modelo?

Dados adaptados de Mandal et al. (1990. *Genes Dev.* **4**: 410-418).

CAPÍTULO 19

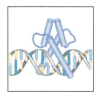

Regulação Transcricional em Eucariotos

NAS CÉLULAS EUCARIÓTICAS, A EXPRESSÃO DE UM GENE pode ser regulada em todas as etapas vistas para as bactérias e também em etapas adicionais. Estas etapas adicionais incluem o **processamento**, como visto no Capítulo 14. Em muitos casos, um determinado transcrito pode ser processado de modos alternativos, formando diferentes produtos, processo este que também pode ser regulado.

Mas, assim como nas bactérias, a etapa mais frequentemente regulada é o início da transcrição. Na verdade, muitos dos princípios discutidos na regulação da transcrição dos procariotos aplicam-se igualmente à regulação da transcrição dos eucariotos. Esses princípios estão expostos nas primeiras páginas do capítulo sobre regulação transcricional em procariotos (Cap. 18) e no resumo apresentado ao fim daquele capítulo. Solicita-se que os leitores que não leram o Capítulo 18 previamente (ou recentemente) examinem essas passagens, antes de continuar o presente capítulo.

Também já se viu que a maquinaria de transcrição dos eucariotos é mais elaborada do que a equivalente bacteriana (Cap. 13). Isso é especialmente verdadeiro para a maquinaria da RNA-polimerase II – que transcreve os genes que codificam proteínas e a maioria dos genes de RNA reguladores. Apesar dessa maior complexidade, também aqui a transcrição é regulada por ativadores e repressores – proteínas de ligação ao DNA que ajudam ou interferem no início da transcrição em genes específicos em resposta a sinais apropriados. Entretanto, existem características adicionais dos genes e das células eucarióticas que complicam as ações dessas proteínas reguladoras. A seguir, serão resumidas as características adicionais mais significativas deste processo.

Os nucleossomos e seus modificadores   Como visto no Capítulo 8, o genoma dos eucariotos está compactado junto a proteínas chamadas **histonas**, formando os **nucleossomos**. Por isso, a maquinaria de transcrição é apresentada a um substrato parcialmente encoberto. Essa condição reduz a expressão de muitos genes, na ausência das proteínas reguladoras. Células eucarióticas também possuem várias enzimas que rearranjam, ou modificam quimicamente, as histonas. Estas modificações alteram o nucleossomo de maneiras que afetam a facilidade com a qual a maquinaria transcricional – e as proteínas de ligação ao DNA em geral – consegue se ligar e operar. Portanto, os nucleossomos constituem um problema que não é encontrado nas bactérias, mas sua modificação

SUMÁRIO

Mecanismos de Regulação Transcricional Conservados de Leveduras a Mamíferos, 659

Recrutamento de Complexos Proteicos para os Genes Mediado por Ativadores Eucarióticos, 665

Integração de Sinais e Controle Combinatório, 675

Repressores Transcricionais, 681

Transdução de Sinais e Controle dos Reguladores da Transcrição, 682

"Silenciamento" Gênico por Modificação das Histonas e do DNA, 687

Regulação Gênica por Epigenética, 694

também oferece novas oportunidades de regulação. A capacidade dos fatores de transcrição ou da RNA-polimerase de interagir com DNAs reguladores geralmente requer o deslocamento dos nucleossomos posicionados.

Mais reguladores e sequências reguladoras mais extensas   Outra diferença entre eucariotos e procariotos é o número de proteínas reguladoras que controlam um gene típico, como refletido no número e arranjo de sítios de ligação ao regulador associados ao gene (Fig. 19-1). Como nas bactérias, os reguladores individuais ligam-se a sequências curtas, mas nos eucariotos, esses sítios de ligação frequentemente são mais numerosos e posicionados muito mais distantes do sítio de início da transcrição do que nas bactérias. A região do gene à qual a maquinaria de transcrição se liga é denominada **promotor**; os sítios individuais de ligação são chamados de **sítios de ligação ao regulador**; e o segmento de DNA que inclui todo o conjunto de sítios de ligação de um determinado gene é chamado **sequência reguladora**.

A expansão das sequências reguladoras – isto é, o aumento no número de sítios de ligação a reguladores, em um gene típico – é mais expressiva nos organismos pluricelulares, como a *Drosophila* e os mamíferos. Esta situação reflete a integração de sinal mais extensa observada nestes organismos – a tendência de mais sinais para regular um dado gene. Foram vistos exemplos de integração de sinais em bactérias (Cap. 18), porém, eles envolvem normalmente apenas dois reguladores diferentes, integrando dois sinais para controlar um gene (p. ex., glicose e lactose nos genes *lac*). Mas nem todos os eucariotos possuem integração extensiva de sinal: as leveduras possuem menos integração de sinais do que os organismos pluricelulares – na verdade, elas não diferem muito das bactérias nesse aspecto – e seus genes têm sequências reguladoras menos longas do que os genes de eucariotos multicelulares (Fig. 19-1). Ao contrário dos eucariotos mais complexos, as leveduras também são desprovidas de "ação à distância". Sequências reguladoras de leveduras estão geralmente localizadas a poucas centenas de pares de bases de seus promotores.

Em organismos multicelulares, as sequências reguladoras podem estar distribuídas a milhares de nucleotídeos do promotor – tanto a montante quanto a jusante – e podem ser constituídas por dezenas de sítios de ligação de reguladores. Muitas vezes, esses sítios estão agrupados em unidades chamadas **reforçadores** (ou *enhancers*) e um determinado reforçador interage com os reguladores responsáveis pela ativação do gene em um determinado tempo e lugar. Reforçadores alternativos ligam-se a diferentes grupos de reguladores e controlam a expressão do mesmo gene em diferentes momentos e locais, em resposta a diferentes sinais.

Possuir sequências reguladoras mais extensivas implica que alguns reguladores se liguem a sítios de ligação distantes dos genes que eles controlam,

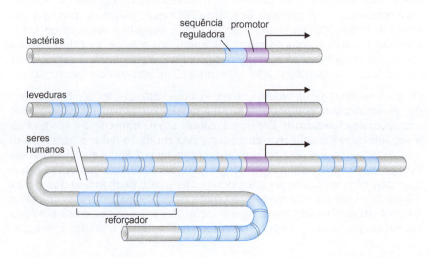

FIGURA 19-1 Elementos reguladores em genes de bactérias, leveduras e seres humanos. A ilustração mostra a crescente complexidade das sequências reguladoras, desde um simples gene bacteriano controlado por um repressor até um gene humano controlado por múltiplos ativadores e repressores. Em cada caso, um promotor é mostrado no sítio de início da transcrição. Embora isso seja preciso para o caso bacteriano, nos exemplos eucarióticos, a transcrição inicia um pouco a jusante de onde a maquinaria de transcrição se liga (ver Cap. 13). Alguns grupos de sítios de ligação de reguladores nas sequências reguladoras humanas representam reforçadores, conforme apresentado em um dos casos.

em alguns casos, centenas de quilobases ou mais. Na verdade, um reforçador crucial do gene Sonic hedgehog de mamíferos está mapeado a 1 Mb de distância do sítio de início da transcrição. Como os reguladores podem atuar nessas distâncias? Em bactérias, são encontradas proteínas de ligação do DNA que sinalizam a uma distância de algumas poucas quilobases: repressores de λ em O_R interagem com os repressores em O_L; e NtrC, que pode ativar o gene *glnA* a partir dos sítios localizados a 1 kb ou mais, a montante. Nesses exemplos de "ação à curta distância", o DNA intermediário forma alças para acomodar a interação entre as proteínas. O mesmo mecanismo também explica a ação à distância em muitos, talvez em todos, os casos de eucariotos, embora, em alguns casos, as distâncias são tão grandes que não está claro como ocorre a formação das alças. Em alguns casos, sequências de "captura" localizadas imediatamente a montante do promotor podem recrutar reforçadores distantes.

A ativação à distância apresenta outro problema. Quando um ativador está ligado a um reforçador, pode haver vários genes em sua zona de alcance, mas, em geral, um dado reforçador regula apenas um único gene. Outras sequências reguladoras – chamadas **isoladores** ou **elementos de limitação** – estão localizadas entre os reforçadores e alguns promotores. Esses isoladores bloqueiam a ativação do promotor por ativadores ligados ao reforçador. Embora esses elementos ainda não sejam compreendidos totalmente, eles asseguram que os ativadores não atuem indiscriminadamente.

MECANISMOS DE REGULAÇÃO TRANSCRICIONAL CONSERVADOS DE LEVEDURAS A MAMÍFEROS

Neste capítulo, considera-se a regulação transcricional em organismos que vão desde as leveduras unicelulares até os mamíferos. Todos eles possuem a maquinaria de transcrição mais elaborada e os nucleossomos e seus modificadores típicos dos eucariotos. Assim, não surpreende que muitos dos aspectos básicos da regulação gênica sejam os mesmos em todos os eucariotos. Como as leveduras são muito favoráveis a análises genéticas e bioquímicas, grande parte da informação sobre o mecanismo dos ativadores e repressores derivam desse organismo. Além disso, é importante para generalizar as conclusões obtidas que um ativador típico de leveduras possa estimular a transcrição quando expresso em uma célula de mamíferos. Isso é avaliado por meio da utilização de **gene repórter**. O gene repórter é composto por sítios de ligação para o ativador de levedura, inseridos a montante do promotor de um gene cujo nível de expressão pode ser facilmente medido (como será discutido a seguir).

Será visto que o típico ativador eucariótico atua de maneira semelhante à do caso bacteriano mais simples: ele possui regiões de ligação ao DNA e ativadora separadas e ativa a transcrição pelo recrutamento de complexos proteicos a genes específicos. Os repressores, em contrapartida, atuam de vários modos, alguns deles diferentes dos modos encontrados em bactérias. Estes novos mecanismos de repressão incluem exemplos do que se chama de **silenciamento gênico**, no qual modificadores de nucleossomos e DNA são recrutados para regiões do genoma onde atuam para manter os genes desligados, às vezes ao longo de grandes trechos de DNA. Existem também exemplos de repressão de "curto alcance", em que um repressor sequência-específico inibe ativadores ligados a sítios vizinhos dentro de um reforçador.

Apesar de terem muito em comum, nem todos os detalhes da regulação gênica são os mesmos para todos os eucariotos. Como já foi mencionado, um gene típico de levedura possui sequências reguladoras mais curtas do que os seus equivalentes multicelulares. Assim, a análise de organismos superiores é necessária para estudar como os mecanismos básicos da regulação gênica são ampliados para acomodar casos mais complicados de integração de sinais e de controle combinatório. Neste capítulo, a discussão é restrita à regulação transcricional mediada por proteínas (e suas modificações). No capítulo seguinte, será discutida a regulação da expressão gênica mediada por moléculas de RNA.

Os ativadores têm funções de ligação ao DNA e de ativação separadas

Em bactérias, viu-se que um ativador típico, como a CAP, tem funções separadas de ligação ao DNA e de ativação. Foi descrita a demonstração genética disso: os mutantes de controle positivo (ou *pc*) ligam-se normalmente ao DNA, mas são incapazes de realizar a ativação. Os ativadores eucarióticos também têm regiões separadas para a ligação ao DNA e para a ativação. Na verdade, neste caso, muito frequentemente as duas superfícies estão em domínios separados da proteína.

Como exemplo, tem-se o caso do ativador eucariótico mais estudado, o Gal4 (Fig. 19-2). Gal4 ativa a transcrição dos genes da galactose na levedura *Saccharomyces cerevisiae*. Esses genes, assim como seus equivalentes bacterianos, codificam as enzimas necessárias para o metabolismo da galactose. Um deles é chamado *GAL1*. Gal4 liga-se a quatro sítios localizados 275 pb a montante de *GAL1* (Fig. 19-3). Quando ligado aí, na presença de galactose, Gal4 ativa a transcrição do gene *GAL1* em 1.000 vezes.

A separação entre as regiões de ligação ao DNA e de ativação no Gal4 foi revelada em dois experimentos complementares. Em um deles, a expressão de um fragmento do gene *GAL4* – codificando o terço N-terminal do ativador – produziu uma proteína que se ligava normalmente ao DNA, mas era incapaz de ativar a transcrição. Essa proteína continha o domínio de ligação ao DNA, mas não possuía a região ativadora e, por isso, era comparável aos mutantes *pc* dos ativadores bacterianos (Fig. 19-4a).

Em um segundo experimento, foi construído um gene híbrido que codificava os dois terços C-terminais de Gal4 fusionados ao domínio de ligação ao DNA de uma proteína repressora bacteriana, a LexA. A proteína de fusão era expressa na levedura junto com um plasmídeo repórter contendo os sítios de ligação para LexA a montante do promotor de *GAL1*. A proteína híbrida era capaz de ativar a transcrição desse gene repórter (Fig. 19-4b). Este experimento mostra que a ativação não é mediada apenas pela ligação ao DNA, como ocorre em um dos mecanismos alternativos encontrados em bactérias – ativação por MerR (Cap. 18, Fig. 18-17). Em vez disso, o domínio de ligação ao DNA serve apenas para conectar a região de ativação ao promotor, do mesmo modo que no mecanismo mais comumente visto em bactérias.

Vários outros ativadores eucarióticos foram investigados em experimentos semelhantes e, sendo eles de leveduras, moscas ou mamíferos, a mesma história normalmente se repete: domínios de ligação ao DNA e regiões ativadoras podem ser separadas. Em alguns casos, elas estão até mesmo em polipeptídeos separados: um possui o domínio de ligação ao DNA, o outro possui uma região ativadora, e eles formam um complexo no DNA. Um exemplo dis-

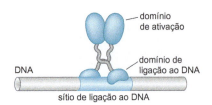

FIGURA 19-2 Gal4 ligado ao seu sítio no DNA. O ativador Gal4 de levedura liga-se como dímero a um sítio de DNA de 17 pb. O domínio de ligação da proteína ao DNA é separado da região da proteína que contém a região de ativação (domínio de ativação).

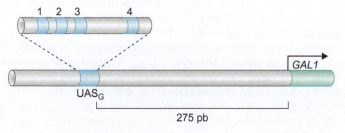

FIGURA 19-3 As sequências reguladoras do gene *GAL1* de leveduras. A sequência UAS$_G$ (do inglês, *upstream activating sequence for GAL* [sequências ativadoras de GAL a montante]) contém quatro sítios de ligação, e cada um deles se liga a um dímero de Gal4 como mostrado na Figura 19-2. Embora não representado aqui, há outro sítio entre estes e o gene *GAL1* que se liga a um repressor chamado Mig1, o qual é discutido mais adiante (ver Fig. 19-23).

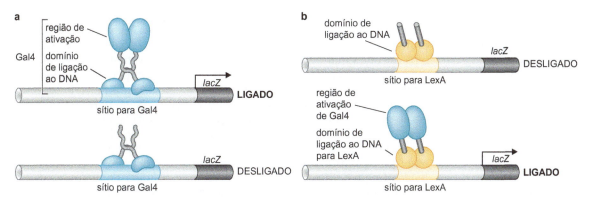

FIGURA 19-4 Experimento de permuta de domínios. (a) O domínio de ligação ao DNA da proteína Gal4 é capaz de ligar-se ao DNA, mesmo na ausência do domínio de ativação, mas é incapaz de ativar a transcrição. Em outro experimento (não apresentado), o domínio de ativação, sem o domínio de ligação ao DNA, também não ativa a transcrição. (b) A adição do domínio de ativação de Gal4 ao domínio de ligação ao DNA da proteína bacteriana LexA cria uma proteína híbrida capaz de ativar a transcrição de um gene de levedura, enquanto esse gene tiver um sítio de ligação para LexA. A expressão é medida utilizando-se um plasmídeo repórter no qual o promotor de *GAL1* está fundido com o gene *lacZ* de *E. coli*, cujo produto (a β-galactosidase) é facilmente testado em células de levedura. Por isso, os níveis de expressão do promotor de *GAL1*, em resposta a várias construções de ativadores, podem ser facilmente avaliados. Plasmídeos repórteres semelhantes são usados em muitos experimentos descritos neste capítulo.

so é o ativador VP16 do herpes-vírus, que interage com a proteína de ligação ao DNA Oct1 encontrada em células infectadas por este vírus. Outro exemplo é o ativador Notch de *Drosophila*, descrito no Capítulo 21. Nos ativadores eucarióticos, a natureza "separável" das regiões de ligação ao DNA e de ativação é a base de um método amplamente utilizado para detectar interações entre proteínas (ver Quadro 19-1, Teste duplo-híbrido).

Os reguladores eucarióticos usam vários domínios de ligação ao DNA, mas o reconhecimento do DNA envolve os mesmos princípios encontrados nas bactérias

Os experimentos descritos anteriormente demonstram que um domínio de ligação ao DNA bacteriano pode funcionar em lugar de um domínio de ligação ao DNA de um ativador eucariótico. Esse resultado sugere que não há diferença fundamental entre os modos de reconhecimento dos sítios de ligação ao DNA, pelas proteínas de ligação ao DNA, entre procariotos e eucariotos.

Lembre-se do capítulo anterior (e do Cap. 6) que a maioria dos reguladores bacterianos se liga como dímeros a sequências-alvo do DNA que são rotacionalmente simétricas: cada monômero insere uma α-hélice na fenda maior do DNA sobre metade do sítio e detecta as bordas dos pares de bases encontrados lá. Basicamente, a ligação não exige alterações significativas nem na estrutura da proteína nem na do DNA. A grande maioria das proteínas reguladoras bacterianas usa o motivo chamado hélice-volta-hélice. Como visto, esse motivo consiste em duas α-hélices separadas por uma pequena volta. Uma das hélices (a de reconhecimento) insere-se na fenda maior do DNA e reconhece pares de bases específicos. A outra hélice interage com o esqueleto de DNA, posicionando apropriadamente a hélice de reconhecimento e aumentando a força da ligação (ver Cap. 6, Figs. 6-13 e 6-14). Conforme discutido no Capítulo 21 (e mais adiante neste capítulo), os genes homeobox importantes para o desenvolvimento animal codificam proteínas de ligação ao DNA hélice-volta-hélice.

Os mesmos princípios básicos de reconhecimento do DNA são usados na maioria dos eucariotos, apesar de variações nos detalhes. Assim, as proteínas

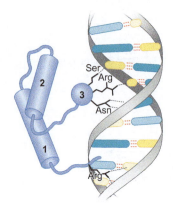

FIGURA 19-5 Reconhecimento do DNA por um homeodomínio. O homeodomínio consiste em três α-hélices, das quais duas (hélices 2 e 3 nesta figura) formam a estrutura semelhante ao motivo hélice-volta-hélice (comparar com a Fig. 6-13, p. ex.). Assim, a hélice 3 é a de reconhecimento e, como pode ser visto, está inserida na fenda maior do DNA. Os resíduos de aminoácidos interagem especificamente com os pares de bases ao longo de sua borda externa. No caso apresentado, o repressor transcricional α2 de leveduras, um braço estendendo-se da hélice 1 faz contatos adicionais com os pares de bases da fenda menor. (Adaptada, com permissão, de Wolberger C. et al. 1991. *Cell* **67**: 517-528. © Elsevier.)

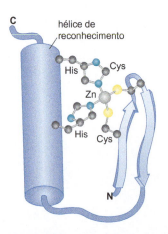

FIGURA 19-6 Domínio dedo de zinco. A α-hélice à esquerda da estrutura é a hélice de reconhecimento e é apresentada ao DNA pela folha β à direita. O zinco é coordenado pelos dois resíduos de histidina na α-hélice e pelos dois resíduos de cisteína na folha β, conforme apresentado. Essa disposição estabiliza a estrutura e é fundamental para a ligação ao DNA. Ver Figura 6-15 para mais detalhes. (Adaptada de Lee M.S. et al. 1989. *Science* **245**: 635-637.)

frequentemente se ligam como dímeros e reconhecem sequências específicas de DNA usando uma α-hélice inserida na fenda maior. Como acabamos de ver, proteínas homeobox apresentam a hélice de reconhecimento como parte de uma estrutura muito semelhante ao domínio hélice-volta-hélice; outras apresentam a hélice de reconhecimento como porções de domínios estruturais bastante diversos. Em uma variação que não é encontrada nos procariotos, várias proteínas reguladoras de eucariotos ligam-se ao DNA como **heterodímeros** e, em alguns casos, até como monômeros (em geral, somente quando se ligam cooperativamente a outras proteínas). Os heterodímeros ampliam as possibilidades de especificidades de ligação ao DNA disponíveis: quando cada monômero tem uma especificidade de ligação diferente ao DNA, o sítio reconhecido pelo heterodímero é diferente do reconhecido por qualquer homodímero. Segue uma breve revisão sobre alguns domínios de ligação ao DNA em eucariotos.

Proteínas de homeodomínio O **homeodomínio** é uma classe de domínio de ligação ao DNA, do tipo hélice-volta-hélice, que reconhece o DNA essencialmente do mesmo modo que as proteínas bacterianas (Fig. 19-5). Homeodomínios de diferentes proteínas são estruturalmente muito semelhantes: não apenas a hélice de reconhecimento é similar, mas também a estrutura proteica circundante que apresenta esta hélice ao DNA. Em contrapartida, como se viu no capítulo anterior, os detalhes estruturais dos domínios da hélice-volta-hélice variam muito. As proteínas de homeodomínio são encontradas em todos os eucariotos. Elas foram descobertas em *Drosophila*, onde controlam vários programas básicos de desenvolvimento, assim como o fazem em eucariotos mais complexos; suas funções são abordadas neste sentido no Capítulo 21. Proteínas de homeodomínio também são encontradas em leveduras; alguns dos genes de controle de tipo acasalante discutidos posteriormente codificam proteínas de homeodomínio. De fato, é a estrutura de uma delas que está representada na Figura 19-5. Várias proteínas de homeodomínio ligam-se ao DNA como heterodímeros.

Domínios de ligação ao DNA contendo zinco Existem várias formas de domínios de ligação ao DNA que incorporam átomo(s) de zinco. Estas incluem as clássicas proteínas de **dedo de zinco** (descritas e representadas no Cap. 6, Fig. 6-15) e o domínio relacionado de **agrupamento de zinco** encontrado no ativador de leveduras Gal4. O átomo de zinco interage com resíduos de cisteína e histidina e desempenha um papel estrutural essencial para a integridade do domínio de ligação ao DNA (Fig. 19-6). Novamente, o DNA é reconhecido por uma α-hélice inserida na fenda maior (Fig. 6-15b). Algumas proteínas contêm dois ou mais domínios de dedo de zinco ligados pelas extremidades. Cada dedo insere uma α-hélice na fenda maior, aumentando – a cada dedo adicional – o comprimento da sequência de DNA reconhecida e, portanto, a afinidade da ligação.

Existem outros domínios de ligação ao DNA que usam o zinco. Nestes casos, o zinco é coordenado por quatro resíduos de cisteína e estabiliza um motivo de reconhecimento de DNA bastante diferente, que se assemelha a uma hélice-volta-hélice. Um exemplo disso é encontrado no receptor de glicocorticoide, que regula genes em resposta a determinados hormônios, em mamíferos.

Motivo zíper de leucina Este motivo combina a dimerização e as superfícies de ligação ao DNA em uma só unidade estrutural. Como demonstrado na Figura 19-7, duas longas α-hélices formam uma estrutura em formato de pinça que segura o DNA, inserindo suas α-hélices na fenda maior a uma distância de meia volta entre elas. A dimerização é mediada por outra região dessas mesmas α-hélices: nesta região, elas formam um pequeno segmento com torção helicoidal, no qual as duas hélices são mantidas unidas por interações hidrofóbicas entre resíduos de leucinas (ou outros resíduos hidrofóbicos) com espaçamentos apropriados. A interação deste tipo entre as proteínas foi discutida em detalhes no Capítulo 6 (Fig. 6-9). Frequentemente, as proteínas contendo o zíper de leucina formam tanto heterodímeros quanto homodímeros. Isso também vale para a próxima categoria, as chamadas proteínas hélice-alça-hélice (proteínas HLH [*helix-loop-helix*]).

Proteínas hélice-alça-hélice Como no exemplo do zíper de leucina, uma longa região de cada um dos dois monômeros da α-hélice insere-se na fenda maior do DNA. Como mostrado na Figura 19-8, a superfície de dimerização é formada a partir de duas regiões helicoidais: a primeira é parte da mesma hélice envolvida no reconhecimento de DNA; a outra é uma pequena α-hélice. Essas duas hélices são separadas por uma alça flexível que permite sua compactação (e que dá o nome ao motivo). Proteínas com zíper de leucina e proteínas HLH são geralmente chamadas de **proteínas com zíper básico** e **proteínas HLH básicas**, porque a região da α-hélice que se liga ao DNA contém resíduos de aminoácidos básicos.

Proteínas HMG Proteínas HMG são incomuns porque interagem com a fenda menor da hélice de DNA, usando motivos peptídicos altamente conservados chamados **ganchos AT**. Ao contrário das outras proteínas de ligação ao DNA discutidas anteriormente, em geral, as proteínas HMG alteram drasticamente a conformação da hélice de DNA. Desta maneira, as proteínas HMG geralmente facilitam a formação de complexos proteína-DNA de ordem superior, como observado no reforçassomo, ou enhanceossomo, do interferon-β (o qual será descrito adiante neste capítulo [Fig. 19-18]). Elas também desempenham papéis importantes no desenvolvimento. Por exemplo, o regulador Sox2 que contém HMG é essencial para a pluripotência das células-tronco embrionárias (ver Cap. 21).

Anteriormente, foram vistos outros dois exemplos de proteínas que reconhecem seus sítios-alvo no DNA via fenda menor e dependem da flexibilidade da sequência de DNA para sua especificidade. São elas a proteína de ligação ao reforçador LEF-1 (Fig. 6-16) e o fator geral de transcrição TBP (Fig. 13-17).

As regiões de ativação não são estruturas bem-definidas

Ao contrário dos domínios de ligação ao DNA, as regiões de ativação nem sempre têm estruturas bem-definidas. Demonstrou-se que elas formam estruturas helicoidais quando interagem com seus alvos na maquinaria de transcrição, mas se acredita que essas estruturas são "induzidas" por essa ligação. Como será visto, a falta de estruturas definidas está em concordância com a ideia de que as regiões de ativação são superfícies adesivas capazes de interagir com várias outras superfícies proteicas.

Por isso, em vez de serem caracterizadas por sua estrutura, as regiões de ativação são agrupadas de acordo com seu conteúdo de aminoácidos. A região de ativação da Gal4, por exemplo, é chamada de região ativadora "ácida", refletindo a preponderância de aminoácidos ácidos. A importância destes resíduos ácidos foi indicada por mutações que aumentam a potência do ativador: tais mutações aumentam a acidez geral (carga negativa) da região ativadora. Contudo, apesar disso, a região de ativação contém resíduos hidrofóbicos igualmente importantes. Muitos outros ativadores apresentam regiões de ativação como o Gal4. Embora compartilhem poucas similaridades de sequências, elas retêm os padrões característicos dos resíduos ácidos e hidrofóbicos.

Acredita-se que as regiões de ativação consistem em pequenas unidades repetidas, cada uma delas contendo capacidade de ativação fraca. Cada unidade é uma sequência curta de aminoácidos. Quanto maior o número de unidades, mais forte será a região ativadora resultante. Isso vai ao encontro da ideia de que as regiões de ativação não apresentam estrutura geral e agem simplesmente como superfícies "adesivas" pouco diferenciadas. (Para entender esse raciocínio, imagine uma região de ativação que fosse dobrada, formando uma estrutura tridimensional exata e estável – comparável, por exemplo, a um domínio de ligação ao DNA. Nessas circunstâncias, não seria esperado que fragmentos desse domínio retivessem uma fração da atividade de ligação ao DNA do domínio intacto – ao contrário, o domínio inteiro é necessário

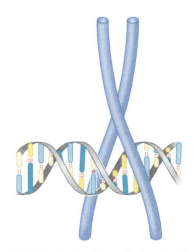

FIGURA 19-7 Zíper de leucina ligado ao DNA. Duas α-hélices grandes, uma de cada monômero, formam os domínios de dimerização e de ligação ao DNA, em seções diferentes ao longo do DNA. Deste modo, como mostrado na parte superior, as duas hélices interagem para formar um enrolamento helicoidal que mantém os monômeros unidos; mais abaixo, as hélices são separadas o suficiente para envolver o DNA, inserindo-se em lados opostos da fenda maior da hélice de DNA. Mais uma vez, a especificidade é obtida por meio da interação entre as cadeias laterais dos aminoácidos com as α-hélices e com a borda dos pares de bases na fenda maior. Um exemplo disso é encontrado no ativador transcricional de leveduras, GCN4. Como descrito no Capítulo 6, as regiões helicoidais que interagem com o DNA são desordenadas até se ligarem ao DNA (ver Fig. 6-9). (Adaptada, com permissão, de Ellenberger T.G. et al. 1992. *Cell* **71**: 1223. © Elsevier.)

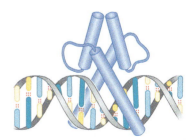

FIGURA 19-8 Motivo hélice-alça-hélice. Neste caso, vê-se novamente uma α-hélice longa envolvida tanto no reconhecimento do DNA como, em combinação com uma segunda α-hélice menor, na dimerização. (Adaptada, com permissão, de Ma P.C. et al. 1994. *Cell* **77**: 451, Fig. 2A. © Elsevier.)

TÉCNICAS

Quadro 19-1   Teste duplo-híbrido

Este teste é usado para identificar proteínas que interagem entre si. Assim, no caso apresentado na Figura 1 deste quadro, a ativação de um gene repórter depende da interação entre as proteínas A e B (mesmo que normalmente essas proteínas não precisem, elas mesmas, atuar na ativação da transcrição). A indicação para o teste baseia-se na descoberta, discutida no texto, de que o domínio de ligação ao DNA e a região de ativação podem estar localizados em proteínas diferentes, desde que haja interação entre as proteínase e que a região de ativação esteja ligada ao DNA nas proximidades do gene a ser ativado. Na prática, o teste é realizado da seguinte maneira. O gene que codifica uma proteína A é fusionado a um fragmento de DNA que codifica o domínio de ligação de DNA presente em Gal4. O gene de uma segunda proteína (B) é fusionado a um fragmento que codifica uma região de ativação. Nenhuma dessas proteínas, quando separadas, é capaz de ativar o gene repórter que contém os sítios de ligação a Gal4 na célula de levedura (como demonstrado nas duas primeiras partes da figura). Entretanto, quando os dois genes formam um híbrido e são expressos juntos em uma célula de levedura, a interação entre as proteínas A e B gera um ativador completo e o repórter é expresso (como demonstrado na parte inferior da figura). Em uma elaboração amplamente utilizada deste ensaio simples, o ensaio de duplo-híbrido é usado para triar uma biblioteca de candidatos para encontrar qualquer proteína que irá interagir com uma proteína inicial conhecida. Deste modo, a proteína A da figura seria a proteína de início (chamada de "**isca**"), enquanto a proteína B (a "**presa**") representa uma das muitas alternativas codificadas pela biblioteca (para a descrição de como as bibliotecas são construídas, ver Cap. 7). As células de leveduras são transfectadas com as construções gênicas que codificam a proteína A fusionada ao domínio de ligação ao DNA e com um segmento da biblioteca que codifica várias proteínas desconhecidas, fusionadas à região de ativação. Assim, cada célula de levedura contém a proteína A ligada ao DNA e a uma das alternativas de proteína B fusionada a uma região de ativação. Qualquer célula contendo uma combinação de A e B que seja interativa ativará o gene repórter. Essa célula formará uma colônia, identificada após o plaqueamento em um meio indicador adequado. Basicamente, o gene repórter seria o *lacZ*, e as colônias positivas (as correspondentes a células que expressam o gene repórter) seriam azuis em placas indicadoras apropriadas.

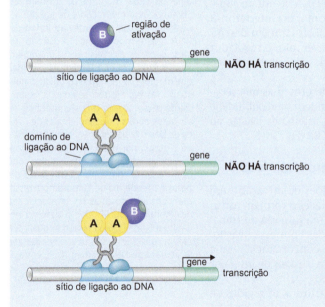

QUADRO 19-1 FIGURA 1   Como funciona o ensaio de duplo-híbrido. O gene repórter usado em um ensaio destes seria normalmente o *lacZ* ou algum outro gene que gera um produto facilmente detectável.

---

para uma atividade significativa. Mas se cada região ativadora é apenas uma superfície adesiva geral, é fácil imaginá-la composta por unidades menores, mais fracas. Regiões ativadoras e seus alvos não interagem da maneira "chave e fechadura".)

Recentemente, uma série de estudos estruturais de NMR investigou a natureza da interação entre uma região ativadora ácida do ativador de levedura, Gcn4, e um de seus alvos na proteína Gal11 (uma subunidade do Mediador; ver Cap. 13). A região ativadora forma uma estrutura helicoidal ao ligar-se a uma fenda do alvo. Mas esta estrutura é dinâmica e, de fato, pode ocorrer em várias conformações e orientações diferentes, com apenas uma única interação hidrofóbica entre um resíduo na região ativadora e o alvo sendo essencial e encontrado em todos os casos. Este tipo de "complexo difuso" pode explicar por que regiões ativadoras parecem ser capazes de interagir com várias proteínas-alvo diferentes quando ativam a transcrição, como será discutido na próxima seção.

Existem outros tipos de regiões ativadoras. Estas incluem regiões ativadoras ricas em glutamina como a encontrada no ativador de mamíferos SP1. Além disso, regiões ativadoras ricas em prolina foram descritas – por exemplo, em outro ativador de mamíferos, CTF1. Essas regiões também não têm estruturas definidas. De modo geral, enquanto as regiões ativadoras ácidas são tipicamente fortes e funcionam em todos os organismos eucarióticos em que foram testadas, outras regiões de ativação são mais fracas e apresentam um âmbito de atuação menos universal do que as da classe ácida.

RECRUTAMENTO DE COMPLEXOS PROTEICOS PARA OS GENES MEDIADO POR ATIVADORES EUCARIÓTICOS

Viu-se que nas bactérias, nos casos mais comuns, um ativador estimula a transcrição de um gene ligando-se ao DNA com uma de suas superfícies e interagindo com a RNA-polimerase, recrutando-a para o gene com outra superfície (ver Cap. 18, Fig. 18-1). Os ativadores eucarióticos também atuam desse modo, mas raramente, ou nunca, por meio da interação direta entre ativador e RNA-polimerase. Ao invés disso, o ativador recruta a polimerase indiretamente ou recruta outros fatores necessários após a polimerase ter-se ligado. Assim, o ativador interage com outras partes da maquinaria de transcrição que não a própria polimerase e, recrutando-as, recruta também a polimerase. Além disso, os ativadores recrutam modificadores de nucleossomos que alteram a cromatina nas proximidades de um promotor e, desta forma, auxiliam o início da transcrição. Finalmente, os ativadores podem recrutar fatores necessários para que a polimerase inicie ou alongue a transcrição. Em todas estas funções, o ativador está meramente recrutando proteínas para o promotor. Nas bactérias, a RNA-polimerase é a única proteína que necessita ser recrutada; este não é o caso em eucariotos. De fato, em eucariotos, um dado ativador pode agir de todas as três maneiras: recrutamento de modificadores e remodeladores de nucleossomo para "abrir" o promotor, recrutamento de complexos de fatores de transcrição gerais (p. ex., Mediador), e recrutamento de complexos proteicos que estimulam o início e o alongamento por Pol II (p. ex., complexo pTEFb/SEC). Primeiro, será abordado o recrutamento da maquinaria transcricional.

Os ativadores recrutam a maquinaria de transcrição para o gene

A maquinaria transcricional eucariótica contém várias proteínas além da RNA-polimerase, conforme visto no Capítulo 13. Muitas destas proteínas estão em complexos pré-formados como o **Mediador** e o **complexo TFIID** (ver Cap. 13, Tab. 13-2 e Fig. 13-20). Os ativadores interagem com um ou mais desses complexos e os recrutam para o gene (Fig. 19-9). Outros componentes, que não são diretamente recrutados pelo ativador, ligam-se cooperativamente com os recrutados.

Muitas proteínas da maquinaria transcricional mostraram ligar-se a regiões ativadoras *in vitro*. Por exemplo, uma região ativadora ácida pode interagir com componentes do Mediador e com subunidades do TFIID.

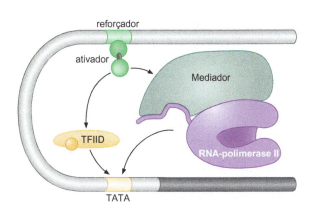

FIGURA 19-9 Ativação do início da transcrição em eucariotos por recrutamento da maquinaria de transcrição. Um único ativador é mostrado recrutando dois possíveis complexos-alvo: o Mediador e, através dele, a RNA-polimerase II, bem como o fator de transcrição geral TFIID. Outros fatores de transcrição geral são recrutados como parte dos complexos do Mediador, Pol II ou TFIID, ou são recrutados separadamente pelo ativador, ou podem ligar-se espontaneamente na presença de componentes recrutados. Estes não estão representados aqui. Na verdade, esse recrutamento seria geralmente mediado por mais de um ativador, ligado a montante do gene.

666 Parte 5 Regulação

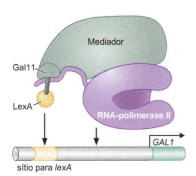

FIGURA 19-10 Ativação da transcrição por meio da ligação direta do Mediador ao DNA. Este é um exemplo de experimento que dispensa um ativador, como descrito no Capítulo 18, Quadro 18-1. Neste caso, o gene *GAL1* é ativado na ausência de seu ativador normal, o Gal4, por uma fusão do domínio de ligação ao DNA de LexA serem a um componente do complexo Mediador (Gal11/Med15) (ver Cap. 13, Fig. 13-20). A ativação depende dos sítios de ligação ao DNA de LexA serem inseridos a montante do gene. Outros componentes necessários para o início da transcrição – como o TFIID – são supostamente ligados junto com o Mediador e a Pol II.

O recrutamento pode ser visualizado usando a técnica chamada **imunoprecipitação de cromatina** (**ChIP**, *chromatin immunoprecipitation*), descrita no Capítulo 7. Esta técnica revela quando uma dada proteína se liga a uma região definida do DNA em uma célula. Elaborações deste método, como a ChIP-chip e, agora mais comumente usada, ChIP-Seq, são descritas no Quadro 19-2. Na maioria dos genes (embora não em todos, como será visto aqui), a maquinaria transcricional aparece no promotor apenas após a ativação do gene. Ou seja, a maquinaria não está pré-ligada, confirmando que o papel do ativador é recrutá-la.

Em bactérias, viu-se que os genes ativados pelo recrutamento (como os genes *lac*) podem ser ativados em experimentos que dispensam o ativador (Cap. 18, Quadro 18-1). No experimento, a ativação é observada quando a RNA-polimerase é recrutada ao promotor na ausência da interação natural entre o ativador e a polimerase. Experimentos similares funcionam em levedura. Assim, o gene *GAL1* (normalmente ativado por Gal4) pode ser ativado da mesma maneira por uma proteína de fusão contendo o domínio de ligação ao DNA da proteína bacteriana LexA, fusionado diretamente a um componente do complexo Mediador (Fig. 19-10).

É importante notar que esses experimentos não excluem a possibilidade de que pelo menos alguns ativadores não apenas recrutem partes da maquinaria transcricional como também induzam modificações alostéricas nelas. Essas modificações poderiam estimular a eficiência do início da transcrição. Entretanto, o recrutamento da maquinaria para um ou outro gene é a base da sua especificidade; isto é, a escolha do gene a ser ativado depende do gene que obteve sucesso no recrutamento da maquinaria para si. Além disso, o sucesso dos experimentos que dispensam o ativador sugerem que quaisquer eventos alostéricos que ocorrem durante o início não requerem que o ativador faça qualquer coisa além de recrutar proteínas para o gene.

▶ TÉCNICAS

Quadro 19-2 Os ensaios de ChIP-Chip e ChIP-Seq são os melhores métodos para a identificação de reforçadores

No Capítulo 7, foi descrito o método de imunoprecipitação de cromatina (ChIP). Este método permite ao pesquisador identificar a quais sequências específicas do DNA uma dada proteína está ligada no genoma de uma célula – e, de fato, com quais outras proteínas ela também interage. Como foi descrito, no procedimento de ChIP, células, tecidos, órgãos ou até mesmo embriões inteiros são tratados com formaldeído para fixar proteínas de ligação ao DNA com suas sequências de DNA e outras proteínas associadas. A cromatina fixada é clivada em pequenos fragmentos com cerca de 200 pb. Um anticorpo contra a proteína de ligação ao DNA de interesse é usado para isolar os fragmentos de DNA ligados à proteína. Na ChIP convencional, a fixação é revertida e o DNA imunoprecipitado é utilizado como molde para amplificação pela reação em cadeia da polimerase (PCR) com iniciadores de oligonucleotídeos correspondentes a determinados genes de interesse. Assim, a presença ou ausência de uma sequência amplificada revela se a proteína de interesse estava ou não ligada à sequência de DNA nas células a partir das quais a cromatina tratada com formaldeído foi isolada.

As técnicas derivadas deste método, ChIP-chip e ChIP-Seq, tornam-no muito mais poderoso. Em vez de testar apenas para ver se a proteína está ligada a sítios específicos previamente identificados, estes métodos possibilitam detectar cada sítio ao qual a proteína de interesse se liga no genoma, mesmo que a localização e a sequência destes sítios sejam desconhecidas.

No procedimento de ChIP-chip, após a reversão da fixação, todos os fragmentos de DNA imunoprecipitados são amplificados por uma PCR na qual um iniciador genérico é ligado de maneira inespecífica às extremidades de todos os fragmentos de DNA. Após a amplificação, as moléculas de DNA são fluorescentemente marcadas e, então, em um passo final crucial, hibridizadas a um arranjo do genoma inteiro contendo fragmentos individuais do genoma que, juntos, representam o genoma inteiro. Isso permite a identificação de onde estão os fragmentos de DNA ligados à proteína de interesse no genoma inteiro da célula.

A técnica de ChIP-chip tem sido utilizada para identificar a distribuição de várias proteínas reguladoras de interesse ao longo do genoma. Um exemplo do poder desta técnica é sua aplicação aos fatores de transcrição sequência-específicos Nanog, Sox2 e Oct4. Estas proteínas reguladoras são parcialmente responsáveis pelas propriedades distintas das células-tronco embrionárias humanas, como sua capacidade de autorrenovação e de gerar diversos tipos de células especializadas. Elas também são suficientes, quando expressas em células adultas diferenciadas, para induzir nestas células propriedades de células-tronco que as tornam pluripotentes – as chamadas células-tronco pluripotentes induzidas (células iPS, *induced pluripotent stem cells*) (para mais detalhes, ver Quadro 21-1).

Anticorpos contra Nanog, Sox2 e Oct4 têm sido utilizados para a identificação completa dos sítios de ligação *in vivo* para estas proteínas em células-tronco (Fig. 1 deste quadro).

Quadro 19-2 (*Continuação*)

Mais de 100 potenciais reforçadores-alvo foram identificados como conjuntamente regulados pelas três proteínas. Alguns destes reforçadores estão associados a genes reconhecida-

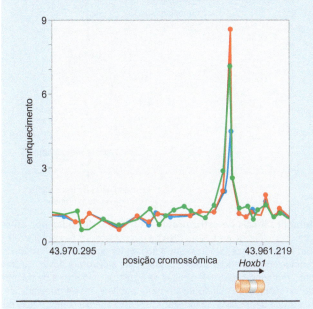

QUADRO 19-2 FIGURA 1 Identificação de reforçadores regulados por fatores de células-tronco pela técnica de ChIP-chip. Um arranjo do genoma humano inteiro tipo *tiling* foi hibridizado com fragmentos de DNA associados a Nanog (verde), Sox2 (vermelho) e Oct4 (azul). As três proteínas ligam-se a uma sequência flanqueadora 5' associada ao gene *Hoxb1*. (Adaptada, com permissão, de Boyer L.A. et al. 2005. *Cell* **122**: 947-956, Fig. 2b. © Elsevier.)

mente importantes como reguladores do desenvolvimento, como *Hoxb1*, o qual está relacionado aos genes homeóticos de *Drosophila* (ver Cap. 21).

A versão mais nova desta técnica, chamada de ChIP-Seq, é ainda mais poderosa e mais simples de executar. Uma vez que os fragmentos de DNA ligados à proteína de interesse são liberados pela reversão de sua fixação, eles são identificados pelo sequenciamento direto usando métodos de sequenciamento de última geração (ver Cap. 7). Desta maneira, a sequência exata e a abundância de cada sequência-alvo podem ser prontamente detectadas e medidas.

Outra extensão destes métodos é vista na captura de conformação cromossômica – ou 3C (descrita no Cap. 7). Esta técnica é usada para identificar quando proteínas reguladoras ligadas a um reforçador estão próximas à maquinaria transcricional em um determinado promotor – uma proximidade física interpretada para mostrar formação de alça entre um reforçador e o promotor.

Na 3C, o mesmo procedimento básico é seguido, como já foi descrito, mas neste caso, as proteínas ligadas ao reforçador são fixadas não apenas ao DNA, mas também a quaisquer outras proteínas com as quais interagem. Se isso incluir proteínas ligadas a outros sítios do DNA (p. ex., o promotor), então estes sítios de DNA também serão precipitados pelo anticorpo contra a proteína de interesse original. Antes de reverter a fixação e, assim, enquanto os vários fragmentos de DNA ligados à proteína são mantidos juntos, uma reação de ligação é realizada, unindo as extremidades dos fragmentos de DNA ligados à proteína original e as extremidades ligadas a quaisquer outras proteínas complexadas a ela. A presença de moléculas híbridas específicas pode ser identificada de várias formas e pode revelar os fragmentos de diferentes localizações no genoma (i.e., de um determinado reforçador e um promotor conhecido) que foram aproximados.

Os ativadores também recrutam modificadores de nucleossomos que auxiliam a maquinaria de transcrição a ligar-se ao promotor ou a iniciar a transcrição

Além do recrutamento direto da maquinaria de transcrição, o recrutamento dos modificadores dos nucleossomos pode ajudar a ativar um gene empacotado de forma inacessível na **cromatina**. Conforme foi discutido no Capítulo 8, há dois tipos de modificadores de nucleossomos: os que adicionam grupos químicos às caudas das histonas, como as **histonas acetiltransferases** (**HATs**), que adicionam grupos acetil; e os que deslocam (ou "remodelam") os nucleossomos, como a atividade dependente de ATP de **SWI/SNF**. Como essas modificações ajudam a ativar um gene? Dois modelos básicos explicam como as modificações nos nucleossomos podem auxiliar a ligação da maquinaria de transcrição ao promotor (Fig. 19-11).

Primeiro, o remodelamento e certas modificações podem expor sítios de ligação do DNA que de outro modo ficariam inacessíveis no interior do nucleossomo. Por exemplo, acredita-se que removendo ou aumentando a mobilidade dos nucleossomos, os remodeladores liberem sítios de ligação para reguladores e para a maquinaria de transcrição. Da mesma maneira, a adição de grupos acetil às caudas das histonas provoca uma alteração nas interações entre essas caudas e os nucleossomos adjacentes. Acredita-se que essa modificação "afrouxe" a estrutura de cromatina, liberando sítios no DNA (ver Cap. 8 para uma descrição mais completa).

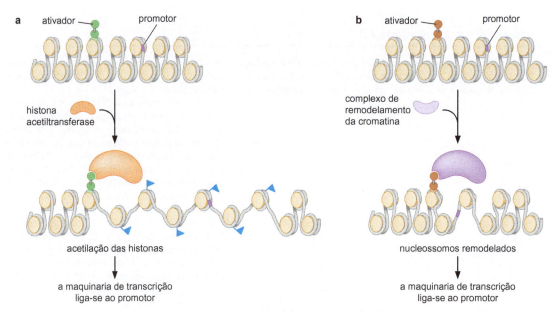

FIGURA 19-11 Alterações locais na estrutura da cromatina, dirigidas por ativadores. Os ativadores que podem ligar-se a sítios no DNA de um nucleossomo estão ilustrados ligados a montante de um promotor que está inacessível no interior da cromatina. (À direita) O ativador recruta um remodelador de nucleossomo, o qual altera a estrutura dos nucleossomos ao redor do promotor, tornando-o acessível e capaz de ligar-se à maquinaria de transcrição. (À esquerda) O ativador aparece recrutando uma histona acetilase. Essa enzima adiciona grupos acetil a resíduos da cauda das histonas (bandeiras azuis). Isso altera a compactação dos nucleossomos e também cria sítios de ligação para as proteínas portadoras de domínios de reconhecimento apropriados (bromodomínios) (Cap. 8, Figs. 8-41 e 8-42). Juntos, esses efeitos permitem a religação da maquinaria de transcrição ao promotor.

Contudo, a adição de grupos acetil também ajuda na ligação da maquinaria transcricional (e de outras proteínas) de outra maneira: ela cria sítios de ligação específicos nos nucleossomos para proteínas que possuem os chamados **bromodomínios** (Cap. 8, Fig. 8-41). Um componente do complexo TFIID contém bromodomínios e, por isso, liga-se melhor aos nucleossomos acetilados do que aos não acetilados. Assim, um gene que tenha nucleossomos acetilados em seu promotor apresenta maior probabilidade de ter maior afinidade pela maquinaria de transcrição do que um gene com nucleossomos não acetilados. Outras proteínas contêm **cromodomínios**: estes reconhecem nucleossomos metilados, cujos exemplos serão abordados posteriormente.

Quais partes da maquinaria de transcrição e quais modificadores de nucleossomos são necessários para transcrever um determinado gene? Quais componentes são diretamente recrutados por determinado ativador atuando em um determinado gene? Na maioria dos casos, as respostas a essas perguntas não são conhecidas, mas alguns componentes da maquinaria de transcrição são exigidos com maior rigor por alguns genes do que por outros, e isso também aplica-se aos modificadores de nucleossomos. Em muitos casos, essas diferenças não são absolutas. Assim, enquanto absolutamente todos os genes exigem a RNA-polimerase, um determinado gene pode depender, ou não, de algum outro componente da maquinaria de transcrição em particular ou de um modificador de nucleossomo. Em alguns casos, um componente da maquinaria de transcrição poderia auxiliar, mas não ser absolutamente exigido (i.e., na ausência de dado componente a ativação é reduzida, mas não eliminada). Além disso, os componentes necessários para a ativação de um determinado gene podem variar de acordo com as circunstâncias, como a fase do ciclo celular. Por exemplo, Gal4 geralmente ativa de maneira eficiente o gene *GAL1* na ausência de acetilases de histonas. Durante a mitose, porém, quando a cromatina está mais condensada (Cap. 8), essa ativação é eliminada, a menos que a acetilase seja recrutada para o gene.

Em leveduras, experimentos recentes forneceram boas evidências de interações particulares entre ativador e alvo em genes específicos. Como se observou anteriormente, o ativador ácido Gcn4 interage com Gal11 (Med15); ele também interage com a subunidade TAF12 de TFIID e outros complexos envolvidos na transcrição, incluindo o remodelador de nucleossomo SWI/SNF. Além disso, Gal4 parece fazer contato com pelo menos três componentes: o Mediador, o TFIID e um terceiro complexo chamado SAGA (Spt-Ada-Gcn5-acetiltransferase). O último destes complexos possui atividade de acetilação (ver Cap. 8, Tab. 8-7) e parece também ser capaz de interagir com a maquinaria transcricional. De fato, o SAGA, assim como TFIID, contém TAFs (fatores associados a TBP) (Cap. 13), e é necessário em alguns promotores, no lugar de TFIID. Gal4 também recruta SWI/SNF. A capacidade de um ativador ácido, como o Gal4, atuar em genes com diferentes necessidades (p. ex., nos que necessitam de TFIID e de Mediador, bem como em outros que necessitam de SAGA e de Mediador) pode ser explicada por sua habilidade de interagir com múltiplos alvos.

Observou-se que fusões de um domínio de ligação ao DNA com uma subunidade do Mediador podem ser suficientes para ativação (Fig. 19-10). Porém, embora a ativação alcance níveis normais nestes experimentos que dispensam ativador, ela é mais lenta, ou seja, leva mais tempo para que a expressão atinja níveis rapidamente alcançados por Gal4. Presumivelmente, níveis considerados de ativação são alcançados mais lentamente no experimento que dispensa o ativador devido à necessidade de outros componentes da maquinaria chegarem independentemente neste caso, em vez de serem diretamente recrutados como o são por Gal4.

Os ativadores recrutam fatores adicionais necessários para o início ou para o alongamento eficientes em alguns promotores

A elaborada maquinaria transcricional de uma célula eucariótica contém diversas proteínas necessárias para o início. Ela também contém proteínas que auxiliam no alongamento (ver Cap. 13). Alguns genes possuem sequências a jusante do promotor, que determinam pausas ou retardamentos da polimerase logo após o início. A presença ou ausência de certos fatores de alongamento nesses genes influencia muito o seu nível de expressão.

Um exemplo é o gene *HSP70* de *Drosophila*. Esse gene, ativado por choque térmico, é controlado por dois ativadores que atuam em conjunto. O fator de ligação ao GAGA parece recrutar o suficiente da maquinaria transcricional para o promotor, para o início da transcrição. Mas, na ausência de um segundo ativador, HSF, a polimerase que iniciou é retida a 25 a 50 pb a jusante do promotor. Em resposta a um choque térmico, HSF liga-se a sítios específicos no promotor e recruta uma quinase, a P-TEFb (do inglês, *positive transcription elongation factor* [fator positivo de alongamento de transcrição]), para as polimerases retidas. A quinase fosforila o domínio C-terminal (CTD) da subunidade maior da RNA-polimerase (a chamada "cauda" CTD; ver Cap. 13), liberando a enzima do bloqueio e permitindo a continuação da transcrição do gene. Estudos recentes sugerem que P-TEFb faz parte de um complexo maior, chamado SEC (do inglês, *super elongation complex* [complexo de superalongamento]), que libera a Pol II retida do promotor proximal. Curiosamente, várias das subunidades de SEC foram implicadas em leucemias infantis que surgem por translocações cromossômicas (Quadro 19-3).

No Capítulo 13, viu-se que a fosforilação da cauda CTD na Ser5 da série de repetições da sequência heptapeptídica é um passo importante nos estágios iniciais da transcrição de todos os genes, e que a quinase TFIIH pode realizar esta fosforilação. Não está claro se P-TEFb também é necessária para a maioria dos genes. P-TEFb parece estar envolvida na fosforilação da Ser2 da série de repetições da sequência heptapeptídica da cauda CTD, e esta mo-

> CONEXÕES CLÍNICAS

Quadro 19-3 Modificações de histonas, alongamento da transcrição e leucemia

Leucemia é um câncer sanguíneo caracterizado pelo aumento de leucócitos imaturos. Leucemias infantis são bastante comuns, observadas em uma a cada 2.000 crianças com menos de 15 anos. A forma mais comum é chamada de LLA, ou leucemia linfoblástica aguda. Aproximadamente três quartos das crianças diagnosticadas com LLA possuem rearranjos cromossômicos que resultam na síntese de proteínas de fusão MML. A MML (do inglês, *mixed lineage leukemia* [leucemia de linhagem mista]) está relacionada à proteína Trithorax de *Drosophila*, que é uma subunidade de um complexo modificador de histonas chamado Set1-COMPASS em leveduras. Estes complexos ativam regiões do promotor pela metilação da lisina 4 da histona H3 (trimetilação de H3K4, ou H3K4m3). Em *Drosophila*, o complexo de metilação H3K4 de Trithorax neutraliza os complexos de repressão Polycomb, responsáveis pela trimetilação de H3K27. Assim, os complexos MLL, Set1 e Trithorax são reguladores positivos da expressão gênica. Eles conferem um sinal "positivo" à cromatina (H3K4me3) nas regiões promotoras de genes programados para ativação.

Curiosamente, a maioria das proteínas de fusão MLL que resultam em leucemia linfoblástica aguda são fusões entre MLL e uma ou outra subunidade do complexo de superalongamento (SEC, *super elongation complex*), descrito no texto e envolvido no alongamento da Pol II. A proteína de fusão MLL mais comum é a MLL-AFF1, mas outras incluem MLL-ENL e outras subunidades de SEC. Portanto, parece que há um mecanismo molecular subjacente comum a várias leucemias infantis diferentes: a fusão entre dois dos principais complexos reguladores da transcrição, MLL (ou Set1, Trithorax) e SEC (ver Fig. 1 deste quadro).

Sugeriu-se que a fusão funcional destes dois complexos resulta na expressão gênica "descontrolada" nos leucócitos. A ideia é que os complexos MLL normalmente "marcam" certos genes para expressão eventual via H3K4me3 em suas regiões promotoras. Essas modificações geralmente resultam na ligação e pausa de Pol II, mas não são suficientes para ativar a expressão gênica. Entretanto, as fusões MLL provocam sua ativação imediata porque SEC é recrutado para estes genes, onde desencadeia a liberação da Pol II pausada do promotor.

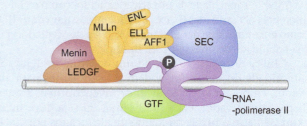

QUADRO 19-3 FIGURA 1 Fusão funcional de dois dos principais complexos reguladores da transcrição: quimeras de MLL. Como ilustrado aqui, a MLL associa-se a, ou fusiona-se a, uma das várias proteínas de SEC. Menin, um cofator oncogênico, une MLL e suas proteínas associadas a LEDGF (do inglês, *lens epithelium-derived growth factor* [fator de crescimento derivado do epitélio do cristalino]), um coativador transcricional. GTF, que se liga à Pol II, representa um fator de transcrição geral, como uma subunidade do complexo Mediador. (Figura gentilmente cedida por Ali Shilatifard.)

---

dificação está associada à liberação da Pol II ativada de sequências promotoras (Fig. 13-21). Um ativador ácido forte, como Gal4, é capaz de recrutar P-TEFb/SEC junto com o restante da maquinaria. É possível que apenas em determinados genes o recrutamento da maquinaria seja subdividido entre reguladores da maneira como se observa neste gene *HSP70*, permitindo uma camada extra de controle. Para uma visão geral da polimerase pausada e sua liberação, ver a Figura 19-12.

O vírus da imunodeficiência humana (HIV, *human immunodeficiency virus*), que causa a Aids, transcreve seus genes a partir de um promotor controlado por P-TEFb (e SEC). Mais uma vez, a polimerase inicia a transcrição no promotor sob controle do ativador SP1, mas para logo em seguida. Neste caso, P-TEFb é trazida até a polimerase parada por uma proteína de ligação ao RNA, e não ao DNA. A proteína responsável é chamada de TAT. TAT reconhece uma sequência específica, próxima do início do RNA de HIV e presente no transcrito nascente gerado pela polimerase bloqueada. Outro domínio de TAT interage com P-TEFb, recrutando-a para a polimerase parada. Isso resulta na liberação da polimerase, na transcrição do genoma viral e na infecção da célula hospedeira, geralmente um linfócito T.

Hoje se acredita que a polimerase pausada seja mais comum, sobretudo durante o desenvolvimento. Assim, estudos recentes em células-tronco embrionárias humanas e no embrião inicial de *Drosophila* sugerem que cerca de um terço de todos os genes codificadores de proteína contém Pol II pausada antes de sua ativação durante o desenvolvimento. Esses genes podem ser particularmente dependentes do recrutamento de SEC para sua expressão.

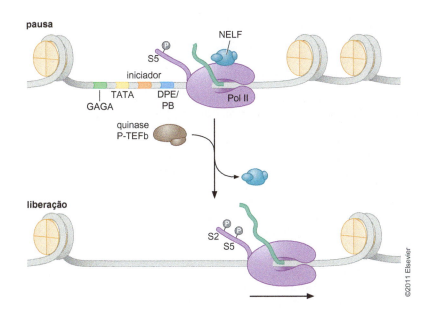

FIGURA 19-12 **Pausa e liberação de Pol II.** Após a fosforilação da Ser5 na "cauda" por TFIIH (ver Fig. 13-21), a polimerase inicia a transcrição, contudo, em alguns promotores (ver texto), ela para até que uma segunda fosforilação na Ser2 seja feita por meio do recrutamento (por um ativador) da quinase P-TEFb (que é encontrada no complexo SEC, como descrito no texto). A pausa é mediada pelo complexo chamado NELF, que, juntamente com outros fatores, é descartado após a liberação da pausa. (Redesenhada, com permissão, de Levine M. 2011. *Cell* **145**: 502-511, Fig. 3. © Elsevier.)

É possível que a Pol II pausada seja também uma forma de excluir nucleossomos inibidores da região promotora, tornando o promotor "engatilhado" para ativação rápida por sequências reguladoras a montante. Leveduras geralmente são desprovidas de Pol II pausada, mas parecem usar uma estratégia diferente para criar promotores engatilhados prontos ou "abertos". Especificamente, alguns promotores de leveduras contêm sequências ricas em AT que diminuem a formação de nucleossomos. Talvez a Pol II pausada e as sequências ricas em AT do promotor alcancem o mesmo objetivo: manter os promotores relativamente livres de nucleossomos e, portanto, prontos para uma rápida indução. Como já foi discutido em detalhes, Gal4 ativa o gene Gal1 em leveduras, ao ligar-se a seus sítios em UASg (ver Fig. 19-3). Existe, na verdade, uma segunda proteína (RSC) que se liga a sítios dentro desta região reguladora (Fig. 19-13). O papel de RSC é fixar e parcialmente desenrolar um nucleossomo sobre UASg. Esta ação tem dois efeitos: ao desenrolar parcialmente o DNA do nucleossomo, ela garante que os sítios de ligação a Gal4 estejam livres para sua ligação; e ao manter o nucleossomo em uma posição fixa, ela coloca os nucleossomos próximos em fase, assegurando que eles se liguem em locais definidos. Um destes está posicionado sobre o sítio de início de transcrição e, após a ativação, Gal4 recruta SWI/Snf,

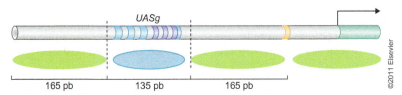

FIGURA 19-13 **O complexo RSC ajuda Gal4 a ativar de maneira eficiente na presença de nucleossomos.** Como visto na Figura 19-3, Gal4 liga-se a quatro sítios de UASg, a montante do gene Gal1. Outra proteína, a RSC, também se liga em sítios de UASg, conforme indicado (em roxo). A RSC mantém um nucleossomo parcialmente desenrolado, tornando os sítios de Gal4 disponíveis, e coloca os nucleossomos circundantes em fase. Estes suprimem a expressão basal mas são removidos, de maneira eficaz, após a ativação por SWI/snf recrutado por Gal4. As localizações dos nucleossomos e o comprimento do DNA que eles incluem estão indicados a seguir, em elipses verdes e azuis. (Redesenhada, com permissão, de Wang X. et al. 2011. *Trends Genet.* **27**: 487-492, Fig. 1. © Elsevier.)

como já foi discutido, o que remove de maneira eficiente este nucleossomo (ver Fig. 19-11), permitindo que o restante da maquinaria transcricional seja recrutada para o promotor e a transcrição seja iniciada (Fig. 19-13).

Ação à distância: alças e isoladores

Em eucariotos – sobretudo nos eucariotos superiores –, muitos ativadores atuam à distância. Nas células de mamíferos, por exemplo, os reforçadores podem ser encontrados a várias dezenas ou centenas de quilobases a montante (ou a jusante) dos genes que eles controlam. Viu-se que, nas bactérias, proteínas ligadas a sítios afastados no DNA podem interagir, pela formação de uma alça no DNA que acomoda essa reação. Porém, nestes casos, estavam sendo consideradas proteínas que se ligam com apenas poucas centenas de pares de bases de distância, suficientemente próximas umas das outras para permitir que sua chance de interação seja muito mais alta *no* DNA do que *fora* dele. Essa vantagem é perdida se os sítios aos quais elas se ligam estiverem separados por várias quilobases.

Existem mecanismos para auxiliar na comunicação entre as proteínas ligadas à distância. Lembre-se de uma das maneiras pelas quais isso pode ser feito em bactérias. A proteína "de arquitetura" IHF (do inglês, *integration host factor* [fator de integração do hospedeiro]) liga-se a sítios do DNA e provoca sua curvatura. Em alguns genes controlados por NtrC, os sítios IHF são encontrados entre os sítios de ligação do ativador e o promotor. Ao dobrar o DNA, o IHF ajuda o ativador ligado ao DNA a alcançar a RNA-polimerase no promotor (ver Cap. 12, Fig. 12-11).

Vários modelos foram propostos para explicar como as proteínas podem auxiliar na ativação nas células de eucariotos superiores, ligando-se entre os reforçadores e os promotores. Em *Drosophila*, o gene *cut* é ativado a partir de um reforçador a cerca de 100 kb de distância. Uma proteína chamada Chip (que não tem relação com a técnica que tem esse nome) auxilia na comunicação entre o reforçador e o gene. Assim, mutantes do gene que codifica Chip afetam a força da ativação. Ainda não está claro como Chip atua, mas um modelo propõe que ela se liga em múltiplos sítios do DNA entre o reforçador e o promotor e, interagindo consigo, forma várias pequenas alças no DNA interveniente, cujo efeito cumulativo resulta na aproximação do promotor e do reforçador. A **coesina**, um complexo proteico envolvido no pareamento de cromossomos homólogos durante a divisão celular (descrita no Cap. 8; ver Fig. 8-14), também foi implicada na estabilização de algumas alças de reforçador-promotor. A coesina é encontrada ligada ao Mediador e, em experimentos de ChIP-seq do genoma inteiro, é geralmente encontrada em associação com proteínas ligadas a reforçadores e promotores.

Existem outros modelos. Em eucariotos, o DNA está empacotado em nucleossomos, como visto anteriormente, e deste modo, sítios separados por muitos pares de bases podem não estar, efetivamente, tão distantes na célula quanto se poderia supor. A cromatina também pode, em alguns locais, formar estruturas especiais que aproximam ativamente os reforçadores e os promotores. Os reforçadores foram descobertos há mais de 30 anos e, ainda assim, a base das interações de longo alcance entre reforçador e promotor permanece um mistério central da regulação gênica.

Se um reforçador ativa um determinado gene a 400 kb de distância, o que o impede de ativar outros genes cujos promotores estão dentro dessa faixa de alcance? Em média, como há um gene a cada 100 a 200 kb em um típico genoma de vertebrado, o reforçador precisa "escolher" entre dois ou mais genes. Elementos específicos, chamados **isoladores**, controlam as ações dos ativadores. Quando colocado entre um reforçador e um promotor, o isolador inibe a ativação do gene pelo reforçador. Como demonstra a Figura 19-14, o isolador não inibe a ativação do mesmo gene por um reforçador diferente, colocado a jusante do promotor; nem impede o ativador original de atuar sobre um gene diferente. Assim, as proteínas que se ligam aos isoladores não

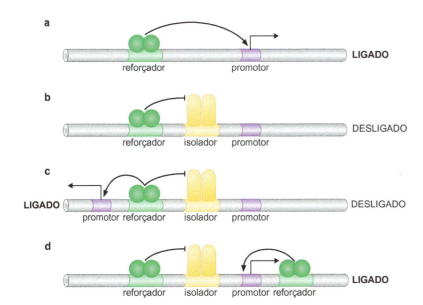

FIGURA 19-14 Os isoladores bloqueiam a ativação pelos reforçadores. (a) Promotor ativado por ativadores ligados a um reforçador. (b) Um isolador está colocado entre o reforçador e o promotor. Quando ligado a uma proteína de ligação ao isolador CTCF, a ativação do promotor pelo reforçador é bloqueada, independente de os ativadores estarem ligados ao reforçador. (c, d) Os ativadores no reforçador e o promotor não são desativados pela ação do isolador. Assim, o ativador pode ativar outro promotor próximo (c), e o promotor original pode ser ativado por outro reforçador, situado a jusante (d).

reprimem ativamente o promotor nem inibem as atividades dos ativadores. O que elas fazem é bloquear a comunicação entre os dois. Os isoladores geralmente se ligam a uma grande proteína com dedo de zinco chamada CTCF. Hoje, acredita-se que a CTCF também se ligue à coesina e que este complexo forme uma alça cromossômica com o promotor mais próximo, impedindo, assim, que reforçadores distantes do isolador formem uma alça semelhante.

Em outros experimentos, os isoladores também parecem ser capazes de inibir a disseminação das modificações na cromatina. Como visto, o estado modificado da cromatina local influencia a expressão dos genes. A seguir, será visto que a propagação de certas modificações repressoras de histonas em determinados segmentos da cromatina são fundamentais em um fenômeno chamado **silenciamento da transcrição**. O silenciamento é uma forma especializada de repressão, que pode espalhar-se ao longo da cromatina, desligando vários genes, sem a necessidade de sítios de ligação para repressores específicos em cada um. Os elementos isoladores podem bloquear essa expansão e, assim, os isoladores protegem os genes tanto de ativação quanto de repressão indiscriminada.

Essa situação impõe consequências a algumas manipulações experimentais. Um gene inserido ao acaso em um genoma de mamífero frequentemente é "silenciado", porque é incorporado a uma forma especialmente densa de cromatina, chamada **heterocromatina**. Entretanto, se forem colocados isoladores a montante e a jusante do gene, eles protegem-no do silenciamento.

A regulação apropriada de alguns grupos de genes exige regiões controladoras de *locus*

Os genes da globina humana são expressos nas hemácias dos adultos e em várias células da linhagem que as formam durante o desenvolvimento. Existem cinco genes de globina diferentes nos humanos (Fig. 19-15a) e, embora constituam um agrupamento, esses genes não são expressos todos ao mesmo tempo. Em vez disso, genes diferentes são expressos em diferentes estágios de desenvolvimento, começando com ε (no feto), então os genes γ, seguidos por δ e culminando com a expressão da β-globina após o nascimento. Como essa regulação é atingida?

Cada gene tem seu próprio repertório de sítios reguladores, necessários para ligá-lo no momento certo durante o desenvolvimento nos tecidos apropriados (no caso, em células sanguíneas em diferenciação). Assim, o gene

FIGURA 19-15 Regulação por LCRs. (a) Os genes de globina humanos e a região controladora de *locus* (LCR) que garante sua expressão ordenada. O gene da α-globina, que é expresso ao longo de todo o desenvolvimento, não está representado; seu produto combina-se com cada uma das globinas apresentadas aqui, produzindo diferentes formas de hemoglobina em diferentes estágios do desenvolvimento. (b) Genes de globina de camundongos, que também são regulados por uma LCR. (c) Agrupamento gênico *HoxD* do camundongo, controlado por um elemento chamado GCR que, como as LCRs, parece impor uma expressão ordenada no agrupamento gênico.

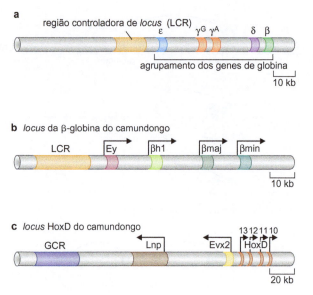

da β-*globina* (expresso na medula óssea adulta) tem dois reforçadores: um a montante e outro a jusante do promotor. Todos os reguladores corretos estão ativos e presentes nas concentrações apropriadas para ligar esses reforçadores apenas na medula óssea adulta. Mas é preciso mais do que isso para ligar os diversos genes das globinas na ordem correta.

Um grupo de elementos reguladores, coletivamente chamado de **região controladora de *locus* (LCR**, *locus control region*) é encontrado 30 a 50 kb a montante do agrupamento dos genes de globina. Uma situação semelhante é vista no agrupamento de genes *Hoxd* de camundongos. Estes genes estão envolvidos no padrão de desenvolvimento de membros e são expressos de maneira precisa no embrião (Cap. 21). Os genes *Hoxd* são controlados por um elemento chamado GCR (do inglês, *global control region* [região controladora global]) que atua como a LCR.

A LCR é constituída por múltiplos elementos. Alguns deles têm propriedades de reforçadores: isto é, se essas sequências forem ligadas experimentalmente a montante de um gene repórter, são capazes de ativá-lo. Outras regiões da LCR agem mais como elementos isoladores e outras parecem ter propriedades de promotores. Essa diversidade de elementos levou a numerosos modelos de funcionamento das LCRs. Foi proposto um modelo em que toda a maquinaria de transcrição é recrutada para a LCR e dali transcreve todo o *locus*, abrindo a cromatina à medida que progride, liberando os elementos locais de controle anteriores a cada gene. Então, cada um desses promotores produziria altos níveis de expressão de cada gene, de acordo com a necessidade.

Experimentos recentes utilizaram técnicas que permitem visualizar a localização celular do LCR e do promotor durante a ativação (p. ex., a captura da conformação de cromossomos; ver Quadro 19-2). Estes estudos foram realizados com vários genes controlados por LCRs e elementos semelhantes a LCRs. Em todos os casos, os resultados mostram que as proteínas reguladoras ligadas às sequências reguladoras a montante são encontradas bastante próximas ao promotor, quando este é ativado. Isso corrobora a ideia de que proteínas ligadas a LCRs interagem com outras no promotor e que o DNA interveniente forma uma alça para fora para acomodar a interação.

A ativação por LCR está associada a uma substancial modificação da cromatina. Ainda não está claro como isso está ligado à ativação. "Abrir" a cromatina em torno da própria LCR ou do promotor pode ajudar. Isso também pode alterar a cromatina entre os dois de uma maneira que ajude na formação da alça.

INTEGRAÇÃO DE SINAIS E CONTROLE COMBINATÓRIO

Os ativadores trabalham sinergicamente para integrar os sinais

Em bactérias, foram vistos exemplos de integração de sinais na regulação gênica. Lembre-se, por exemplo, que os genes *lac* da *Escherichia coli* são expressos de maneira eficiente apenas quando a lactose está presente e a glicose está ausente. Esses dois sinais são comunicados ao gene por dois reguladores separados: um deles é um ativador e o outro, um repressor. Nos organismos multicelulares, a integração de sinais é usada intensamente. Em alguns casos, são necessários diversos sinais para ligar um gene. Mas, assim como nas bactérias, cada sinal é transmitido ao gene por um regulador separado, de modo que, em muitos genes, vários ativadores precisam atuar em conjunto para ligá-los.

Quando vários ativadores funcionam juntos, eles fazem isso **sinergicamente**. Isto é, o efeito de dois ativadores atuando juntos, por exemplo, é maior (em geral, muito maior) do que a soma das ações de cada um deles isoladamente. A sinergia pode resultar de vários ativadores recrutando um único componente da maquinaria de transcrição; de vários ativadores, cada um recrutando um componente diferente; ou de vários ativadores auxiliando na ligação a seus sítios a montante do gene que eles controlam. Antes de dar exemplos, as três estratégias serão discutidas brevemente. Exemplos adicionais de sinergia transcricional estão descritos no Capítulo 21, Quadro 21-4.

Dois ativadores podem recrutar um único complexo – por exemplo, o Mediador –, interagindo com diferentes partes deste complexo. A energia de ligação combinada terá efeito exponencial no recrutamento (ver Cap. 3, Tab. 3-1). Nos casos em que os ativadores recrutam diferentes complexos (nenhum deles poderia ligar-se de maneira eficiente sem auxílio), a sinergia é ainda mais fácil de ser compreendida.

A sinergia também pode resultar do auxílio mútuo entre ativadores, promovendo sua ligação em condições em que a ligação de um depende da ligação do outro. Esta **cooperação** pode ser do tipo encontrado em bactérias, nas quais os dois ativadores interagem quando seus sítios se ligam ao DNA (p. ex., no caso do repressor de λ mostrado no Cap. 18, Fig. 18-26). Mas ela pode funcionar também de outras maneiras: um ativador pode recrutar algo que ajude o segundo ativador a ligar-se. A Figura 19-16 ilustra as diferentes formas pelas quais os ativadores ajudam uns aos outros a ligar-se ao DNA, incluindo a ligação cooperativa "clássica"; o recrutamento de um modificador por um ativador, para facilitar uma segunda ligação; e a ligação de um ativador ao DNA nucleossomal, expondo o sítio de ligação para outro.

A sinergia é essencial para a integração dos sinais pelos ativadores. Considere-se um gene cujo produto só é necessário quando forem recebidos dois sinais, e que cada sinal é comunicado ao gene por um ativador distinto. O gene deve ser expresso de maneira eficiente, quando ambos os ativadores estiverem presentes, mas deve ficar relativamente inacessível à ação isolada de cada ativador. Assim, o molde atua como uma matriz para a ação seletiva de múltiplos sinais.

Integração de sinais: o gene *HO* é controlado por dois reguladores – um recruta os modificadores de nucleossomos e o outro recruta o Mediador

A levedura *Saccharomyces cerevisiae* divide-se por brotamento: em vez de dividir-se para gerar duas células-filhas idênticas, a chamada célula-mãe brota para gerar uma célula-filha. Neste texto, o foco será a expressão do gene *HO*. (A função desse gene foi descrita no Cap. 12 e, portanto, não será abordada aqui.) O gene *HO* é expresso apenas nas células-mães, e somente em um determinado período

676 Parte 5 Regulação

FIGURA 19-16 Ligação cooperativa de ativadores. São apresentados quatro modos pelos quais a ligação de uma proteína a um sítio do DNA pode ajudar na ligação de outra proteína a um sítio vizinho. Em (a), é ilustrada a ligação cooperativa pela interação direta entre as duas proteínas, como se viu no repressor de λ no Capítulo 18, e como também será visto em muitos reguladores de eucariotos. Em (b), é obtido um efeito semelhante, pela interação das duas proteínas com uma terceira. Em (c) e (d), são demonstrados os efeitos indiretos em que a ligação de uma proteína a seu sítio no DNA dos nucleossomos auxilia na ligação de uma segunda proteína. Em (c), a primeira proteína recruta um remodelador de nucleossomo, cuja ação torna um sítio de ligação acessível para uma segunda proteína. Em (d), a ligação da primeira proteína ao seu sítio ocorre porque esse sítio situa-se exatamente no local de saída do DNA, no nucleossomo. A sua ligação afrouxa ligeiramente este DNA do nucleossomo, expondo o sítio de ligação da segunda proteína. Cada um desses mecanismos explica como um regulador auxilia os outros a se ligarem ou, de fato, como um ativador pode auxiliar a maquinaria de transcrição a ligar-se a um promotor.

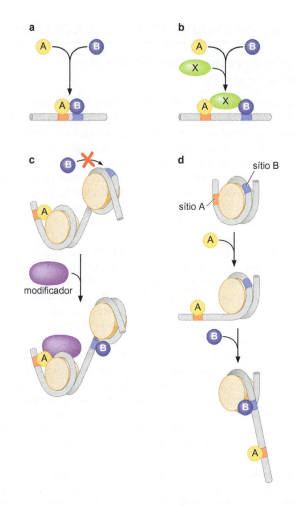

do ciclo celular (transição de G_1 para S). Essas duas condições são comunicadas ao gene por dois ativadores: SWI5 e SBF. SWI5 liga-se a diversos sítios, a alguma distância do gene; o mais próximo está a mais de 1 kb do promotor (Fig. 19-17). SBF também se liga a múltiplos sítios, mas eles estão localizados mais perto do promotor. Por que a expressão do gene depende dos dois ativadores?

O SBF (que é ativo apenas durante a transição de G_1 para S no ciclo celular) é incapaz de ligar-se a seus sítios sem auxílio; ele é impedido pela disposição desses sítios na cromatina. O SWI5 (que atua apenas na célula-mãe) consegue ligar-se a seu sítio sem auxílio, mas não consegue, a esta distância, ativar o gene *HO*. (Lembre que, em leveduras, os ativadores normalmente não atuam em longas distâncias.) O SWI5 consegue, no entanto, recrutar modificadores de nucleossomos (uma histona acetiltransferase e a enzima remodeladora SWI/SNF). Estes atuam sobre os sítios do SBF nos nucleossomos. Assim, se ambos os ativadores estiverem presentes e ativos, a ação do SWI5 permite que o SBF se ligue, e este, por sua vez, recruta a maquinaria de transcrição (ligando-se diretamente ao Mediador) e ativa a expressão do gene.

Integração de sinais: ligação cooperativa de ativadores no gene do interferon-β humano

O gene do interferon-β humano é ativado em células infectadas por vírus. A infecção desencadeia três ativadores: NF-κB, IRF e Jun/ATF. Essas proteínas ligam-se cooperativamente a sítios fortemente compactados de um

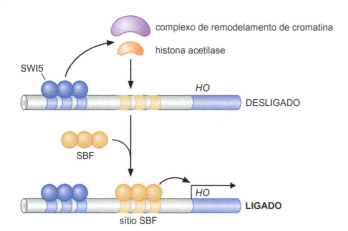

FIGURA 19-17 Controle do gene HO. O SWI5 é capaz de ligar-se sem auxílio a seus sítios na cromatina, mas o SBF não. Os remodeladores e as histonas acetilases recrutados pelo SWI5 alteram os nucleossomos que encobrem os sítios para SBF, permitindo que este ativador se ligue próximo ao promotor, ativando o gene. O SW15 está ativo apenas em células-mãe porque um repressor (Ash1), que é produzido apenas em células-filhas, liga-se ao promotor de HO e inibe a ação de SW15. Nesta figura, para simplificar, os nucleossomos não estão representados. (Adaptada, com permissão, de Ptashne M. e Gann A. 2002. *Genes & signals*, p. 95, Fig. 2.18. © Cold Spring Harbor Laboratory Press.)

reforçador localizado cerca de 1 kb a montante do promotor. Os ativadores ligam-se ao reforçador de maneira altamente cooperativa, formando uma estrutura chamada **reforçassomo** (Fig. 19-18). Os ativadores recrutam, então, um coativador, uma proteína chamada CBP (do inglês, *CREB-binding protein* [proteína de ligação a CREB]) ou seu parente próximo, p300. Esta proteína possui atividades modificadoras de histona e pode recrutar atividades remodeladoras de nucleossomo (p. ex., SWI/SNF), bem como a própria maquinaria transcricional.

Além dos ativadores listados anteriormente, outra proteína liga-se ao reforçador – HMGA1. Esta proteína liga-se à fenda menor na face oposta do DNA e ajuda na montagem do reforçassomo, embora ela provavelmente não faça parte da estrutura final. De fato, parece que seria impossível que ela permanecesse ligada uma vez que todos os ativadores estivessem presentes; o DNA estaria simplesmente lotado. A Figura 19-18 mostra como se acredita que o reforçassomo seja montado, e a Figura 19-19a mostra a estrutura cristalográfica dos domínios de ligação ao DNA de todos os ativadores ligados ao DNA do reforçador. Como mostra a Figura 19-18, o DNA do reforçador é curvado, mas quando os ativadores estão ligados ele fica relativamente reto; HMGA1 endireita o DNA e ajuda na formação da estrutura final.

Uma característica curiosa da estrutura é que essencialmente todas as bases do DNA dentro do reforçador estão envolvidas na ligação ao ativador, motivo pelo qual se acredita que não haja espaço para HMGA1 na estrutura final. Esse uso exaustivo da informação de sequência no reforçador provavelmente também explica por que este reforçador é tão altamente conservado dentre organismos tão diferentes como seres humanos, camundongos e equinos; de fato, ele é ainda mais altamente conservado do que a sequência codificadora do próprio gene (ver Fig. 19-19b).

Como se observou, os ativadores ligam-se – e o reforçassomo forma-se – de maneira altamente cooperativa, assegurando que todos os três ativadores estejam presentes. A seguir, são descritas três formas pelas quais os reguladores podem ligar-se cooperativamente: (1) por meio de interações diretas proteína-proteína entre eles; (2) por meio de alterações no DNA causadas pela ligação de uma proteína que auxilia na ligação de outra; e (3) pelo fato de todos os ativadores interagirem simultaneamente com o coativador, CBP. As três podem operar neste caso, embora seja difícil saber a extensão das interações proteína-proteína entre os ativadores: não há muitas evidências aparentes de interações diretas na estrutura, porém, apenas o domínio de ligação ao DNA dos ativadores está presente na estrutura, na maioria dos casos.

678 Parte 5 Regulação

FIGURA 19-18 Reforçassomo do interferon-β humano. A ligação cooperativa dos três ativadores, juntamente com a atividade da proteína de arquitetura HMGA1, ativa o gene do interferon-β.

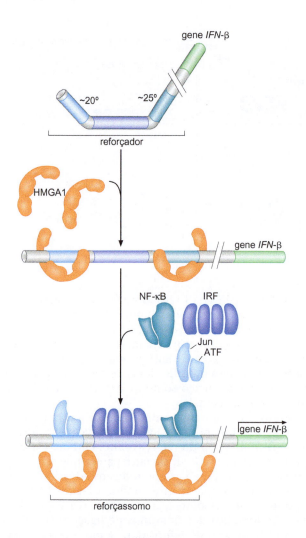

O controle combinatório tem papel central na complexidade e diversidade dos eucariotos

Nas bactérias, são encontrados casos simples de **controle combinatório**. A CAP, por exemplo, está envolvida na regulação de vários genes, em colaboração com outros reguladores. Nos genes *lac*, ela atua com o repressor Lac; nos genes *gal*, atua com o repressor Gal (ver Cap. 18).

Nos eucariotos, existe um extenso controle combinatório. Primeiro, será considerado um caso genérico (Fig. 19-20). Um gene *A* é controlado por quatro sinais (1, 2, 3 e 4), cada um deles atuando por meio de um ativador distinto (ativadores 1, 2, 3 e 4). O gene *B* é controlado por três sinais (3, 5 e 6), atuando por meio dos ativadores 3, 5 e 6. Observa-se que há um sinal em comum entre estes dois casos, e o ativador por meio do qual este sinal atua é o mesmo em ambos os genes. Em organismos pluricelulares complexos, como a *Drosophila* e os seres humanos, o controle combinatório envolve muito mais reguladores e genes do que os apresentados neste tipo de exemplo, e, naturalmente, assim como os ativadores, repressores também podem estar envolvidos. Como os reguladores podem misturar-se de maneira tão promíscua?

Como discutido anteriormente, os vários ativadores agem sinergicamente. Na verdade, até mesmo várias cópias de um mesmo ativador agem em sinergia, sugerindo que um mesmo ativador pode interagir com vários alvos (como

CAPÍTULO 19 Regulação Transcricional em Eucariotos

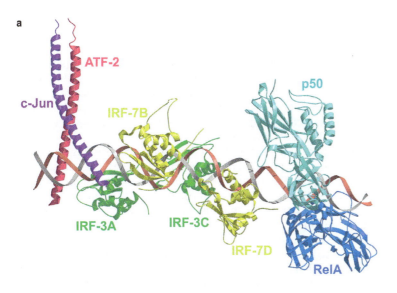

FIGURA 19-19 Estrutura e sequência do reforçassomo. (a) Estrutura cristalográfica do reforçassomo, revelando os domínios de ligação ao DNA dos ativadores ligados ao DNA do reforçador. (Panne D. et al. 2007. *Cell* **129**: 1111. Códigos PDB: 2O61, 2O6G.) (Esta imagem é uma combinação de estruturas montadas como modelo por Leemor Joshua-Tor. Imagem preparada com MolScript, BobScript e Raster3D.) (b) Conservação das sequências do DNA do reforçador de interferon-β ao longo de espécies separadas por mais de 100 milhões de anos. Estão também indicadas as sequências dentro do reforçador que são reconhecidas por cada ativador.

foi visto anteriormente). Isso explica por que diferentes reguladores podem atuar juntos em tantas combinações distintas: como cada um deles pode usar um arranjo de alvos, as combinações de atuação conjunta são ilimitadas.

Ambos os exemplos de integração de sinal considerados anteriormente – o do gene *HO* em levedura e o do gene do interferon-β humano – envolvem ativadores que também regulam outros genes em exemplos de controle combinatório. Assim, o SWI5, do exemplo da levedura, participa na regulação de vários outros genes. No caso dos mamíferos, NF-κB regula não apenas o gene do interferon-β, como também vários outros genes, incluindo o gene da cadeia leve κ da imunoglobulina em células B. Da mesma maneira, Jun/ATF atua com outros reguladores para controlar outros genes. Anteriormente, informou-se que algumas proteínas de ligação ao DNA ligam-se a parceiros alternativos na forma de heterodímeros. Isso oferece um nível adicional de controle combinatório.

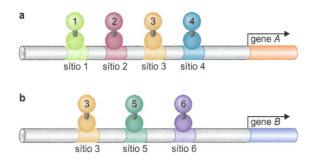

FIGURA 19-20 Controle combinatório. Dois genes estão representados, cada um deles controlado por múltiplos sinais – quatro no caso do gene *A* (a); três no caso do gene *B* (b). Cada sinal é comunicado a um gene por uma proteína reguladora. A proteína reguladora 3 atua sobre ambos os genes, em combinação com reguladores adicionais, diferentes nos dois casos.

O controle combinatório dos genes de tipos acasalantes de *S. cerevisiae*

A levedura *S. cerevisiae* existe em três formas: duas células haploides de diferentes tipos acasalantes – **a** e α – e a diploide formada quando uma célula **a** e uma α acasalam e se fundem. As células dos dois tipos acasalantes diferem porque expressam diferentes conjuntos de genes: genes específicos de **a** e de α. Esses genes são controlados por ativadores e repressores em várias combinações, como descrito brevemente a seguir.

A célula **a** e a célula α codificam reguladores específicos de tipo celular: células **a** produzem a proteína reguladora **a**1, e células α produzem as proteínas α1 e α2. Uma quarta proteína reguladora, chamada Mcm1, também está envolvida na regulação dos genes específicos de tipos acasalantes (e de muitos outros genes) e está presente em ambos os tipos celulares. Como esses vários reguladores atuam em conjunto para garantir que nas células **a** sejam ligados os genes específicos de **a** e os genes específicos de α sejam desligados; que nas células α ocorra o oposto; e que nas células diploides ambos os conjuntos permaneçam desligados?

A organização dos reguladores nos promotores dos genes específicos de **a** e de α é apresentada na Figura 19-21.

- Nas células **a**, os genes específicos de α estão desligados, porque não há ativadores ligados a eles, enquanto os genes específicos de **a** estão ativos, porque Mcm1 está ligado e os ativa.

- Nas células α, os genes específicos de α estão ativados, porque Mcm1 está ligado a montante, causando a sua ativação. Nesses genes, Mcm1 liga-se a um sítio fraco, e só pode fazê-lo quando se liga de forma cooperativa com um monômero da proteína α1. Isso garante que o Mcm1 ative esses genes somente nas células α. Os genes específicos de **a** são mantidos desligados nas células α pelo repressor α2. Nesses genes, este repressor liga-se cooperativamente ao Mcm1 como dímero. Duas propriedades de α2 garantem

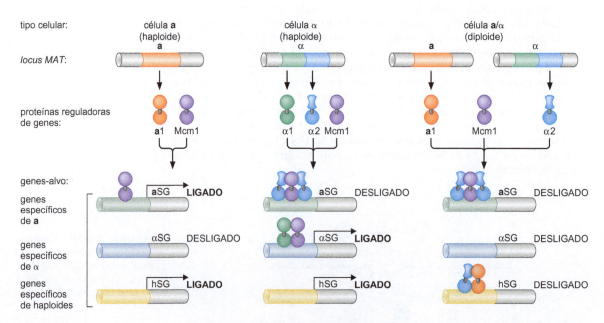

FIGURA 19-21 Controle de genes específicos do tipo celular em levedura. Como descrito em detalhes no texto, os três tipos celulares da levedura *S. cerevisiae* (as células haploides **a** e α, e a diploide **a**/α) são definidos pelos conjuntos de genes que expressam. Um regulador comum (Mcm1) e três reguladores específicos do tipo celular (**a**1, α1 e α2) regulam conjuntamente três classes de genes-alvo. O *locus MAT* é a região do genoma que codifica os reguladores do tipo acasalante (Cap. 12).

que genes específicos de **a** não sejam aqui expressos: ela cobre a região ativadora de Mcm1, impedindo que esta proteína atue como ativadora; ela também reprime ativamente os genes. O mecanismo por meio do qual o α2 atua como repressor será descrito na próxima seção.

- Nas células diploides, os genes específicos de **a** e de α estão desligados. Isso ocorre porque os genes específicos de **a** ligam-se a Mcm1 e α2 do mesmo modo que fazem nas células α. Isso os mantém desligados. Os genes específicos de α estão desligados porque, do mesmo modo que nas células **a**, não existem ativadores ligados a eles.

- Os dois tipos celulares haploides (**a** e α) expressam outra classe de genes, chamados **genes específicos de haploides**. Nas células diploides, esses genes são desligados pelo α2, que se liga como heterodímero com a proteína **a**1 a montante deles. Estes dois reguladores estão presentes simultaneamente apenas nas células diploides.

Os detalhes moleculares da regulação dos genes de tipos acasalantes são hoje conhecidos para outra espécie de leveduras. No Quadro 19-4, Evolução de um circuito regulador, compara-se como genes específicos de **a** e de α são regulados em *S. cerevisiae* e *Candida albicans*. A comparação revela como um circuito regulador gênico pode evoluir, assunto que será retomado em capítulos subsequentes.

REPRESSORES TRANSCRICIONAIS

Viu-se que, nas bactérias, muitos repressores funcionam ligando-se a sítios que encobrem o promotor, bloqueando, desse modo, a ligação da RNA-polimerase. Mas também foram vistos outros modos pelos quais eles podem atuar: podem ligar-se a sítios adjacentes aos promotores e, interagindo com a polimerase ligada, inibir o início da transcrição por essa enzima. Eles também podem interferir na ação dos ativadores.

Todos esses mecanismos, exceto o primeiro (ironicamente, o mais comum em bactérias), são encontrados nos eucariotos. Vê-se também outra forma de repressão, talvez a mais comum em eucariotos, que funciona da seguinte maneira. Assim como os ativadores, os repressores podem recrutar modificadores de nucleossomos, porém, neste caso, as enzimas têm efeito oposto àqueles recrutados pelos ativadores – elas compactam a cromatina ou removem grupos reconhecidos pela maquinaria de transcrição. Assim, as **histonas desacetilases**, por exemplo, reprimem a transcrição removendo grupos acetil das caudas das histonas em *S. cerevisiae*; como já se viu, a presença dos grupos acetil auxilia na transcrição. Paradoxalmente, a histona desacetilase Rpd3 também é recrutada para genes ativos para garantir a fidelidade da transcrição. Os nucleossomos são desacetilados atrás da Pol II em alongamento para evitar o uso de promotores "crípticos" dentro da unidade de transcrição.

Outras enzimas adicionam grupos metil a caudas de histonas, e isso frequentemente reprime a transcrição, embora em alguns casos esta edição esteja associada a um gene ativamente transcrito (ver Cap. 8). As modificações na histona (e no DNA) também constituem a base de um tipo de repressão chamado **silenciamento**, que será abordado em detalhes adiante, neste capítulo.

Estes vários exemplos de repressão são apresentados esquematicamente na Figura 19-22. Aqui será considerado apenas um exemplo específico, o repressor chamado Mig1 que, como Gal4, está envolvido no controle dos genes *GAL* da levedura *S. cerevisiae*.

A Figura 19-23 mostra os genes *GAL* como vistos anteriormente (ver Fig. 19-3), mas com a adição de um sítio entre os sítios de ligação a Gal4 e o promotor: este é o lugar em que, na presença de glicose, Mig1 liga-se e desliga os genes *GAL*. Portanto, do mesmo modo que ocorre em *E. coli*, a célula só produz as enzimas necessárias para metabolizar galactose se a fonte energética preferencial, a glicose, estiver ausente. Como Mig1 reprime os genes *GAL*?

FIGURA 19-22 Modos de funcionamento dos repressores eucarióticos. A transcrição dos genes eucarióticos pode ser reprimida de diversos modos. Entre eles, estão os quatro mecanismos apresentados na figura. Em (a), é demonstrado que um repressor pode inibir a ligação do ativador com um gene, bloqueando sua ação, pela ligação a um sítio de DNA que se sobrepõe ao sítio de ligação do ativador. Em uma variação deste modo, o repressor pode ser um derivativo da proteína do ativador, mas sem a região ativadora. Uma outra variação, um ativador que se liga ao DNA como dímero pode ser inibido por um derivativo que mantém a região da proteína necessária para a dimerização, mas não possui o domínio de ligação ao DNA. Esse derivativo forma, com o ativador, heterodímeros inativos. Em (b), um repressor liga-se a um sítio de DNA ao lado de um ativador e interage com ele, bloqueando sua região ativadora. Em (c), um repressor liga-se a um sítio a montante do gene e, por interação com a maquinaria de transcrição no promotor, inibe o início da transcrição de algum modo específico. Em (d), é demonstrada a repressão por recrutamento de modificadores de histonas que alteram os nucleossomos de modos que inibem a transcrição (p. ex., a desacetilação, demonstrada aqui, ou também pela metilação observada em alguns casos e, até mesmo, o remodelamento em alguns promotores).

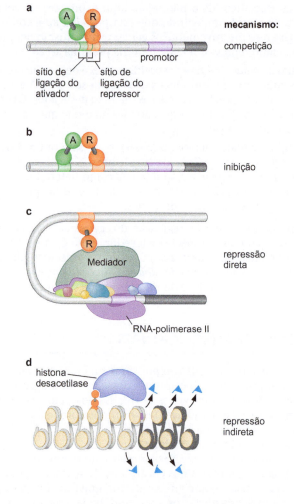

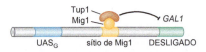

FIGURA 19-23 Repressão do gene *GAL1* em leveduras. Na presença de glicose, Mig1 liga-se a um sítio entre a UAS$_G$ e o promotor de *GAL1*. Ao recrutar o complexo repressor Tup1, Mig reprime a expressão de *GAL1*. A repressão é provavelmente o resultado da desacetilação dos nucleossomos locais (Tup 1 recruta uma desacetilase) e talvez também do contato direto e inibição da maquinaria transcricional. Em um experimento, não mostrado aqui, a fusão de Tup1 a um determinado domínio de ligação ao DNA provoca a repressão da expressão de um gene localizado a jusante do sítio ligado pela proteína de fusão com Tup1.

Mig1 recruta um "complexo de repressão" contendo a proteína Tup1. Esse complexo é recrutado por diversas proteínas repressoras de transcrição, que se ligam ao DNA de leveduras, inclusive a proteína α2 envolvida no controle dos genes específicos dos tipos acasalantes, descritos anteriormente. Tup1 também apresenta similares em células de mamíferos. Foram propostos dois mecanismos para explicar o efeito repressor de Tup1. Primeiro, Tup1 atua nos nucleossomos pelo recrutamento de histonas desacetilases e/ou pelo posicionamento de um nucleossomo sobre ou próximo ao sítio de início da transcrição. Segundo, Tup1 interage diretamente com a maquinaria de transcrição no promotor, inibindo o início.

TRANSDUÇÃO DE SINAIS E CONTROLE DOS REGULADORES DA TRANSCRIÇÃO

Frequentemente, os sinais são comunicados para os reguladores transcricionais através de vias de transdução de sinal

Como se viu, a expressão ou não de um gene depende, frequentemente, de sinais ambientais. Os sinais podem ter várias formas, como pequenas moléculas como açúcares, isso ocorre, em geral, em bactérias, mas podem

> **EXPERIMENTOS-CHAVE**

Quadro 19-4 Evolução de um circuito regulador

Conforme descrito no texto (e mostrado na Fig. 19-21), os diferentes tipos acasalantes da levedura *S. cerevisiae* expressam alguns de seus genes de maneira célula-específica. Assim, em células α, os genes específicos de α são expressos e os genes específicos de **a** não são expressos, enquanto em células **a**, os genes específicos de **a** são expressos e os genes de α não são expressos. Outra classe de genes – genes específicos de haploides (hsgs) – é expressa em ambos os tipos celulares (**a** e α) mas não na célula diploide **a**/α. Os produtos de hsgs são necessários para o acasalamento – algo que células **a** e α fazem, mas que células **a**/α (o produto do acasalamento) não fazem. Sabe-se, em detalhes, como estes programas são controlados por reguladores codificados pelos *loci MAT* atuando juntamente com o regulador Mcm1.

Estudos recentes fornecem um exemplo esclarecedor de como as redes reguladoras gênicas evoluem. Considere três espécies de leveduras, *S. cerevisiae*, *K. lactis* e *C. albicans*. *C. albicans* e *S. cerevisiae* compartilharam um ancestral comum entre 300 e 900 milhões de anos atrás. Se expressas em termos da divergência de proteínas conservadas, estas duas leveduras são mais divergentes do que peixes e mamíferos. *S. cerevisiae* é usada na fabricação de cervejas e pães, bem como em experimentos laboratoriais, enquanto *C. albicans* é um patógeno humano. Ainda assim, como ocorre em *S. cerevisiae*, *C. albicans* apresenta dois tipos acasalantes – **a** e α –, cada um deles caracterizado pela expressão de conjuntos distintos de genes (genes **a**-específicos em células **a**, genes α-específicos em células α, e hsgs em ambos os tipos celulares).

Ambas as espécies de leveduras compartilham um mecanismo comum para a repressão de hsgs em células diploides **a**/α (Fig. 1 deste quadro). Células diploides contêm ambas as proteínas reguladoras de homeodomínio, **a**1 e α2. Estas proteínas formam um heterodímero fraco ao se ligarem a regiões reguladoras de hsgs, e reprimem sua expressão. Em *S. cerevisiae*, heterodímeros **a**1/α2 também reprimem RME1, um gene que inibe a entrada de células diploides na meiose durante condições de baixa concentração de nutrientes.

A análise do acasalamento em uma terceira espécie (*K. lactis*) revela uma camada extra na regulação de hsgs pela "intercalação" de RME1 nesta rede reguladora (Fig. 1 deste quadro). Nesta espécie, RME1 é um ativador crucial de hsgs em células **a** e α. Em células diploides, o heterodímero **a**1/α2 reprime hsgs, como também o faz em *S. cerevisiae* e *C. albicans*. Porém, embora nestes casos a repressão seja direta, em *K. lactis* a repressão é indireta: **a**1/α2 reprime a expressão de RME1 e, assim, elimina a ativação de hsgs.

A evolução das redes por meio da intercalação de reguladores permite que novos sinais sejam adicionados a vias existentes. A intercalação de RME1 na rede de repressão de hsgs adiciona outro nível de regulação ao permitir que as condições nutricionais afetem a decisão de acasalar ou não das células **a** e α. Estes estudos também mostram a importância de investigar múltiplas espécies de uma filogenia para compreender como as redes reguladoras gênicas evoluem.

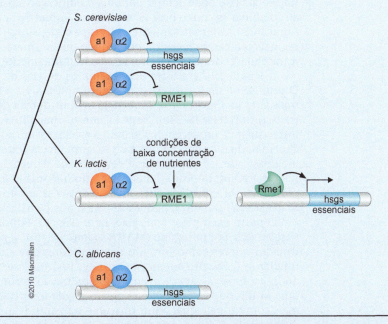

QUADRO 19-4 FIGURA 1 Modelo simplificado para a evolução da regulação de hsgs essenciais em três leveduras. As hsgs essenciais são reprimidas por **a**1-α2 nas três espécies; assim, elas estão LIGADAS em células **a** e α, e DESLIGADAS em células **a**/α. Em *S. cerevisiae* e *C. albicans*, a repressão é direta (**a**1-α2 liga-se aos promotores destes genes), mas em *Kluyveromyces lactis*, a repressão é indireta, por meio de Rme1. O circuito de conexão interligada na linhagem *K. lactis* resultou em um novo comportamento de acasalamento; esta espécie só consegue acasalar quando submetida a condições de baixa concentração de nutrientes. (Adaptada, com permissão, de Booth L. et al. 2010. *Nature* **468**: 959-965. Fig. 4. © Macmillan.)

também ser proteínas liberadas por uma célula e recebidas por outra. Isso é especialmente comum durante o desenvolvimento dos organismos pluricelulares (Cap. 21).

Há vários modos pelos quais os sinais são detectados por uma célula e comunicados para um gene. Em bactérias, viu-se que os sinais controlam as atividades dos reguladores por meio da indução de alterações alostéricas nestes reguladores. Frequentemente, este efeito é direto: um pequeno sinal molecular, como um açúcar, entra na célula e liga-se diretamente ao regulador transcricional. Entretanto, viu-se um exemplo em que o efeito do sinal é indireto (o controle do ativador NtrC). Neste caso, o sinal (baixos níveis de amônia) induz uma quinase, que fosforila o NtrC. Esse tipo de sinalização indireta é um exemplo de uma **via de transdução de sinal**.

O termo "**sinal**" refere-se ao próprio ligante de início – por exemplo, o açúcar ou a proteína. Foi assim que ele foi definido anteriormente. O termo também pode referir-se à "informação" sobre a detecção do ligante, transferida aos reguladores que controlam diretamente os genes – isto é, enquanto trafega por uma via de transdução de sinal. Nos casos mais simples, em bactérias, naturalmente não havia diferença, mas a diferença existe quando uma via de transdução de sinal está envolvida. Será visto, em eucariotos – sobretudo no Capítulo 21 –, que a maioria dos sinais é comunicada para os genes através de vias de transdução de sinais, às vezes muito elaboradas. Nesta seção, primeiro serão examinadas algumas vias de transdução de sinal em eucariotos. Depois será considerado, de modo mais geral, como os próprios sinais, emergindo dessas vias, controlam os reguladores da transcrição.

Em uma via de transdução de sinal, o ligante inicial é normalmente detectado por um **receptor de superfície celular** específico: o ligante liga-se a um domínio extracelular do receptor, e esta ligação é comunicada ao domínio intracelular. A seguir, o sinal é retransmitido para o regulador de transcrição relevante, frequentemente por meio de uma cascata de quinases. Como a ligação de um ligante ao domínio extracelular é comunicada ao domínio intracelular? Isso pode ocorrer por uma modificação alostérica no receptor que, ao combinar-se com o ligante, modifica o formato (e a atividade) do domínio intracelular. Alternativamente, o ligante pode, simplesmente, associar duas ou mais cadeias do receptor, permitindo que as interações entre os domínios intracelulares desses receptores se ativem mutuamente.

A Figura 19-24 mostra dois exemplos de vias de transdução de sinais. O primeiro é um caso relativamente simples, a via **STAT** (do inglês, *signal transducer and activator of transcription* [transdutora de sinal e ativadora de transcrição]) (Fig. 19-24a). Neste exemplo, uma quinase é ligada ao domínio intracelular de um receptor. Quando o receptor é ativado por seu ligante (uma citocina), duas cadeias receptoras são aproximadas fazendo a quinase de cada uma das cadeias fosforilar uma determinada sequência no domínio intracelular do receptor oposto. Então, este sítio fosforilado é reconhecido por uma proteína STAT específica que, uma vez ligada se autofosforila. Uma vez fosforilada, a STAT dimeriza, desloca-se para o núcleo e liga-se ao DNA.

O outro exemplo é mais elaborado (Fig. 19-24b): a via da proteína quinase ativada por mitógeno (**MAPK**, *mitogen-activated protein kinase*) que controla ativadores como Jun, um dos ativadores que atuam no reforçador do interferon-β descrito anteriormente (Fig. 19-18). Neste caso, o receptor ativado induz uma cascata de eventos de sinalização, terminando na ativação de uma MAPK que fosforila Jun (e outros reguladores transcricionais). A forma mais comum pela qual a informação é transmitida através de vias de transdução de sinais é por fosforilação, mas a proteólise, a desfosforilação e outras modificações também são utilizadas.

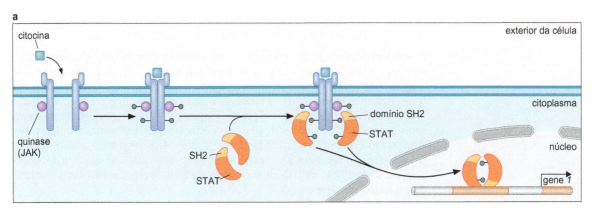

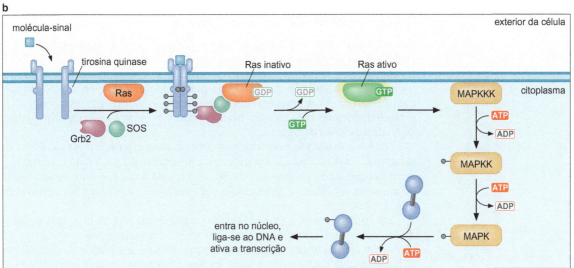

FIGURA 19-24 Duas vias de transdução de sinais em células de mamíferos. São apresentadas as vias STAT e Ras. (a) A ligação da citocina ao seu receptor causa a aproximação das duas cadeias deste receptor. Cada cadeia tem uma quinase, denominada JAK, ligada ao seu domínio intracelular. A junção das cadeias (acompanhada de uma provável alteração conformacional provocada pela ligação da citocina) leva à sua fosforilação pelas quinases JAK (que também são mutuamente fosforiladas, estimulando sua atividade de quinase). Os sítios fosforilados da cadeia do receptor são reconhecidos pelas proteínas citoplasmáticas chamadas STATs. Cada STAT possui um domínio chamado SH2. Estes domínios são encontrados em várias proteínas envolvidas na transdução de sinal. Eles reconhecem resíduos Tyr fosforilados em determinados contextos de sequências, sendo essa a base da especificidade desta via. Isto é, uma determinada STAT, recrutada por um dado receptor, determina quais genes serão ativados subsequentemente. Uma vez recrutada pelo receptor, a própria STAT é fosforilada pela quinase JAK. Isso permite que duas proteínas STAT formem um dímero (em que o domínio SH2 de uma STAT reconhece o sítio fosforilado da outra e vice-versa). O dímero desloca-se para o núcleo, onde se liga a sítios específicos do DNA (diferentes para diferentes STATs) e ativa a transcrição dos genes adjacentes. (b) Via Ras conduzindo para a via MAPK a jusante. Um fator de crescimento (como o fator de crescimento epidermal) liga-se ao seu receptor, aproximando as cadeias que, como no caso da STAT, fosforilam-se mutuamente. Isso recruta a proteína adaptadora Grb2, que tem um domínio SH2 que reconhece um resíduo de tirosina fosforilada no receptor ativado. A outra extremidade de Grb2 liga-se a SOS, um fator de permuta de guanina (Ras GEF). O SOS, por sua vez, liga-se à proteína Ras, que está ligada à superfície interna da membrana celular. Ras é uma pequena GTPase, proteína que adota uma conformação quando ligada a GTP e outra quando ligada a GDP; a interação com SOS desencadeia em Ras a permuta de sua GDP ligada por uma GTP, promovendo, assim, uma alteração conformacional. Nesta nova conformação, Ras ativa uma quinase do início da chamada cascata de MAPK. A primeira quinase dessa via é chamada quinase da quinase de MAPK (MAPKKK) (Raf); quando ativada pela Ras, ela fosforila os resíduos de serina e de treonina da quinase seguinte (a quinase de MAPK [MAPKK], chamada Mek). Isso ativa Mek que, por sua vez, fosforila e ativa MAPK (Erk). Esta MAPK, então, fosforila vários substratos, inclusive ativadores de transcrição (p. ex., Jun) que regulam vários genes específicos, incluindo interferon-β (Fig. 19-18).

Os sinais controlam as atividades dos reguladores de transcrição eucarióticos de vários modos

Como um sinal que foi comunicado, direta ou indiretamente, a um regulador de transcrição controla a atividade desse regulador? Nas bactérias, observa-se que, muitas vezes, as modificações alostéricas que controlam os reguladores de transcrição frequentemente alteram sua capacidade de ligação ao DNA. Isso é verdadeiro nos casos em que o próprio ligante de sinalização age diretamente sobre o regulador da transcrição e nos casos em que a presença do ligante de sinalização é comunicada ao regulador através de uma via de transmissão de sinais. Assim, o repressor Lac liga-se ao DNA apenas quando está livre de alolactose, e a fosforilação de NtrC desencadeia uma alteração alostérica que controla a ligação do ativador ao DNA.

Em eucariotos, os reguladores transcricionais normalmente não são controlados no nível da ligação ao DNA (embora existam exceções). Em geral, eles são controlados de dois modos básicos.

Exposição de uma região de ativação A exposição de uma região de ativação é feita por uma alteração conformacional no ativador ligado ao DNA, revelando uma região previamente escondida, ou pela liberação de uma proteína de mascaramento que interagia previamente com, e encobria, uma região ativadora. As alterações conformacionais necessárias nestes casos podem ser desencadeadas pela ligação direta do ligante, ou por meio de uma fosforilação dependente de ligante.

Gal4 é controlada por uma proteína de mascaramento. Na ausência de galactose, Gal4 está ligada a seus sítios a montante do gene *GAL1*, mas não o ativa porque outra proteína, a Gal80, está ligada à Gal4, ocluindo sua região de ativação. A galactose desencadeia a liberação da Gal80 e a ativação do gene (Fig. 19-25).

Em muitos casos, a proteína de mascaramento não só bloqueia a região de ativação, mas também reprime ativamente o gene, porque ela própria é (ou recruta) uma desacetilase. Um exemplo disso é o ativador de mamíferos, E2F, que se liga a sítios a montante de seus genes-alvo independente de estar ativando-os no momento. Uma segunda proteína – o repressor chamado Rb (proteína do retinoblastoma) – controla a atividade de E2F ligando-se a ele, bloqueando sua ativação e recrutando uma enzima desacetilase que reprime os genes-alvo. A fosforilação de Rb causa sua liberação do E2F e, deste modo, a ativação dos genes. O E2F controla os genes necessários para conduzir uma célula de mamífero pela fase S do ciclo celular (Cap. 9). Assim, a fosforilação de Rb controla a proliferação dessas células. As mutações que afetam essa via frequentemente estão associadas à proliferação celular descontrolada e ao câncer.

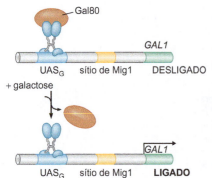

FIGURA 19-25 O ativador Gal4 de levedura é regulado pela proteína Gal80. Gal4 está ativo apenas na presença de galactose. No entanto, mesmo na ausência de galactose, Gal4 encontra-se ligado a seus sítios a montante do gene *GAL1*. Nessas circunstâncias, porém, ele não ativa esse gene porque a região de ativação está encoberta pela ligação de uma proteína chamada Gal80. Na presença de galactose, uma proteína chamada Gal3 liga-se a Gal80, desencadeia uma alteração conformacional e revela as regiões ativadoras de Gal4. Na figura, Gal80 aparece dissociada de Gal4, em presença de galactose. Na verdade, supõe-se que ela mude de posição e enfraqueça sua ligação, mas não se desprenda completamente. Como mostrado, Mig1 não está ligado a seu sítio porque não há glicose presente (ver Fig. 19-23).

Transporte para dentro e para fora do núcleo Muitos ativadores e repressores são mantidos no citoplasma quando não estão ativos. O ligante de sinalização provoca seu deslocamento para o núcleo, onde atuam. Há muitas variações deste tema. O regulador pode ser mantido no citoplasma por interação com uma proteína inibidora ou com a membrana celular, ou ele pode estar em uma conformação em que uma sequência-sinal necessária à importação para o núcleo esteja oculta.

A liberação e o transporte para o núcleo, em resposta a um sinal, podem ser mediados pela proteólise de um inibidor ou da região de ligação, ou por modificações alostéricas. Um exemplo disso será visto no Capítulo 21, em que será abordada a formação do eixo dorsoventral do embrião de *Drosophila*. Neste caso, Cactus é uma proteína inibidora que se liga ao regulador de transcrição Dorsal, no citoplasma. Em resposta a um sinal específico, Cactus é fosforilada e destruída, liberando Dorsal, que penetra no núcleo, liga-se a sítios específicos que fazem parte dos reforçadores adequados e regula a transcrição dos genes associados (Cap. 21, Fig. 21-12). Este mesmo mecanismo é utilizado para controlar a atividade de NF-κB, um dos reguladores do interferon-β, como discutido anteriormente. NF-κB é mantido no citoplasma por IκB; NF-κB está relacionado a Dorsal e IκB, a Cactus.

"SILENCIAMENTO" GÊNICO POR MODIFICAÇÃO DAS HISTONAS E DO DNA

Até aqui, abordou-se a regulação por ativadores e repressores que se ligam próximos a um gene e o controlam ("ligam" ou "desligam" os genes). Os efeitos são locais e as ações dos reguladores são, frequentemente, controladas por sinais extracelulares específicos. Agora, serão abordados os mecanismos de **silenciamento transcricional**. O silenciamento, neste contexto (este termo será visto aplicado a uma situação bastante diferente no Cap. 20), é um efeito de posição: um gene é silenciado devido à sua localização e não em resposta a um sinal ambiental específico. Além disso, o silenciamento também pode "estender-se" por longos segmentos de DNA, desligando vários genes, mesmo muito distantes do evento iniciador. Apesar dessas diferenças, não são necessários princípios completamente novos para entender o silenciamento, apenas extensões dos princípios já encontrados neste capítulo.

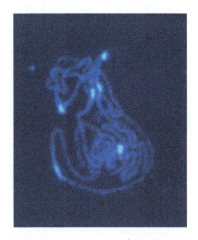

FIGURA 19-26 A coloração com DAPI mostra regiões de heterocromatina no genoma de *Arabidopsis*. O DAPI marca o DNA, e a marcação mais forte reflete onde a cromatina está mais condensada, sob a forma de heterocromatina. A marcação mais fraca corresponde à eucromatina. (Figura gentilmente cedida por Paul Fransz.)

A forma mais comum de silenciamento está associada a uma forma densa de cromatina chamada **heterocromatina**. A heterocromatina recebeu esse nome devido à sua aparência sob o microscópio óptico (Fig. 19-26) e representa regiões do cromossomo que permanecem densamente empacotadas, mesmo durante a interfase (Cap. 8). A heterocromatina está frequentemente associada a regiões específicas do cromossomo, sobretudo com os **telômeros** – as estruturas encontradas nas extremidades dos cromossomos – e com os **centrômeros**. Como discutido no Capítulo 8, os telômeros e os centrômeros são compostos basicamente por sequências repetitivas e contêm poucos ou nenhum gene codificador de proteínas. Se um gene for transferido para uma dessas regiões, experimentalmente, em geral ele será desligado. De fato, existem outras regiões do cromossomo que também estão em estado heterocromático e nas quais há genes, como no *locus* silencioso de tipos acasalantes em leveduras. Nas células de mamíferos, estima-se que cerca de 50% do genoma esteja em alguma forma de heterocromatina. Entretanto, há genes essenciais localizados na heterocromatina do genoma de *Drosophila*, incluindo o gene da quinase Rolled MAP. Esses genes geralmente necessitam de heterocromatina para suas atividades normais e apresentam comportamento errático quando translocados para eucromatina. Ainda assim, na maioria das vezes, os genes estão localizados na eucromatina e apresentam atividades diminuídas ou erráticas (variegação) quando colocados na heterocromatina (conforme discutido em detalhes adiante).

Viu-se que a densidade da cromatina pode ser alterada por enzimas que modificam quimicamente as caudas das histonas ou alteram o posicionamento dos nucleossomos. Essas modificações afetam o acesso ao DNA, afetando consequentemente processos como a replicação, a recombinação e a transcrição. Como já foi descrito, frequentemente a ativação e a repressão da transcrição envolvem a modificação de nucleossomos para alterar a acessibilidade de um gene à maquinaria de transcrição e a outras proteínas reguladoras. Também são encontradas proteínas que reconhecem os nucleossomos modificados e se ligam especificamente a eles. O silenciamento heterocromático pode ser entendido como uma extensão desses mesmos princípios e mecanismos.

A transcrição também pode ser silenciada pela metilação do DNA por enzimas chamadas **DNA metilases**. Este tipo de silenciamento não é encontrado nas leveduras, mas é comum nas células de mamíferos. A metilação de sequências de DNA pode inibir a ligação de proteínas, inclusive da maquinaria transcricional, bloqueando, assim, a expressão gênica. Mas a metilação também pode inibir a expressão de outro modo: algumas sequências de DNA são reconhecidas apenas quando metiladas por repressores específicos que desligam genes próximos, frequentemente por recrutamento de enzimas modificadoras de histonas.

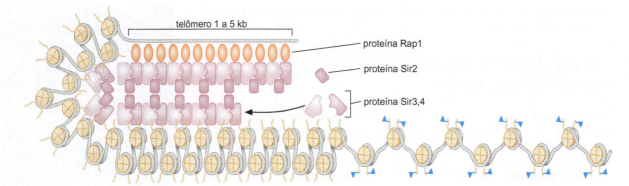

FIGURA 19-27 Silenciamento no telômero de leveduras. Rap1 recruta o complexo Sir para o telômero. Um componente desse complexo, Sir2, desacetila os nucleossomos adjacentes. Então, as próprias caudas desacetiladas ligam-se a Sir3 e Sir4, recrutando mais complexo Sir, permitindo que o Sir2 deste atue sobre os nucleossomos distantes, e assim por diante. Isso explica o alastramento do efeito de silenciamento produzido pela desacetilação. (Adaptada, com permissão, de Grunstein M. et al. 1998. *Cell* **93**: 325-328. © Elsevier.)

Em leveduras, o silenciamento é mediado pela desacetilação e metilação de histonas

Os telômeros, o *locus* de tipo acasalante silencioso, e os genes de rDNA são regiões "silenciosas" em *S. cerevisiae*. O telômero será considerado como exemplo.

O trecho final de 1 a 5 kb de cada cromossomo é encontrado em uma estrutura enovelada densa, conforme mostra a Figura 19-27. Genes retirados de outras localizações cromossômicas e colocados nesta região são geralmente silenciados, sobretudo se forem apenas fracamente expressos em sua localização normal. A cromatina do telômero é menos acetilada do que a encontrada na maior parte do restante do genoma – chamada **eucromatina** –, onde os genes se expressam mais facilmente.

Foram isoladas mutações nas quais o silenciamento é atenuado – isto é, em que um gene colocado no telômero se expressa em níveis mais elevados. Esses estudos implicaram três genes na codificação de reguladores do silenciamento, os genes *SIR2*, *SIR3* e *SIR4* (SIR provém de "Regulador de informação silenciada", do inglês, *silent information regulator*). As três proteínas codificadas por esses genes formam um complexo que se associa à cromatina silenciosa, sendo que a Sir2 é uma histona desacetilase.

O complexo de silenciamento é recrutado para o telômero por uma proteína de ligação ao DNA que reconhece as sequências repetidas do telômero. No *locus* de tipo acasalante silencioso, o recrutamento também é iniciado por uma proteína de ligação ao DNA específica. Em ambos os casos, o recrutamento de Sirs induz a desacetilação local das caudas das histonas. As histonas desacetiladas são, por sua vez, reconhecidas diretamente pelo complexo de silenciamento, de modo que a desacetilação local prontamente se expande ao longo da cromatina, de maneira autoperpetuante, produzindo uma extensa região de heterocromatina.

Ao contrário da repressão por Tup1, na qual o mecanismo ainda é desconhecido, aqui o silenciamento é claramente causado pela desacetilação das caudas das histonas: a perda de Sir2 alivia completamente o silenciamento, e a acetilação da cauda da histona apresenta um efeito semelhante. Toda a estrutura heterocromática depende da presença continuada da proteína de ligação ao DNA (Rap1) para permanecer intacta. Assim, apesar do reforço e do alastramento da desacetilação pelo reconhecimento de histonas desacetiladas por Sir, a proteína de ligação ao DNA continua tendo um papel essencial. Além disso, naturalmente, é a proteína de ligação ao DNA que fornece especificidade a todo o processo, ou seja, ela define onde se forma o complexo de silenciamento. Em alguns casos de silenciamento, moléculas de RNA, em vez de proteínas, fornecem esta especificidade crítica. No Capítulo 20, será discutido um caso destes, no qual a maquinaria de RNAi de outra levedura (*Schizosaccharomyces pombe*) é necessária para o silenciamento dos *loci* de tipo acasalante e dos centrômeros deste organismo.

Como o alastramento de regiões silenciadas é contido – isto é, como ele é limitado a regiões apropriadas e impedido de espalhar-se demais pelo genoma? Anteriormente, foi mencionado que os elementos chamados de isoladores podem bloquear o alastramento de modificações de histonas (Fig. 19-12). Outros tipos de modificações nas histonas bloqueiam a ligação das proteínas Sir2 e, assim, interrompem a expansão. Acredita-se que a metilação da cauda da histona H3 tenha essa função.

A metiltransferase de histonas liga grupos metil às caudas das histonas. Como visto no Capítulo 8, essas enzimas adicionam grupos metil a resíduos específicos de lisina presentes nas caudas das histonas H3 e H4. Recentemente, foram descritas metiltransferases de histonas de *S. cerevisiae*, que parecem auxiliar na repressão de alguns genes e, como recém-mencionado, bloqueiam a disseminação do silenciamento mediado por Sir2 em outros genes. As metilases de histona foram, no entanto, melhor caracterizadas em eucariotos superiores e na levedura *S. pombe*. Nesses organismos, o silenciamento está geralmente associado à cromatina que contém histonas não apenas desacetiladas, mas também metiladas. Assim, a metilação da lisina-9 na cauda de H3 (H3K9) é uma modificação associada à heterocromatina silenciada nesses organismos (Cap. 8, Tab. 8-7). Em contrapartida, outros sítios de metilação (p. ex., a lisina-4 da mesma cauda – H3K4) estão associados a um aumento na transcrição.

Em *Drosophila*, HP1 reconhece histonas metiladas e condensa a cromatina

Da mesma maneira que os resíduos acetilados das histonas são reconhecidos por proteínas com bromodomínios, os resíduos metilados ligam-se a proteínas que têm cromodomínios (ver Cap. 8, Fig. 8-41). Uma dessas proteínas é a HP1 de *Drosophila*, um componente da heterocromatina silenciosa deste organismo (que apresenta homólogos com função similar em outros organismos).

A proteína HP1 interage com a cromatina modificada contendo a histona H3 metilada. Esta modificação particular é produzida por uma enzima codificada por *Su(Var)3-9*, um supressor da chamada **variegação**. A variegação é observada em alguns casos quando um gene é movido para uma região de heterocromatina. Em vez de sempre ser silenciado em todas as células, o gene alterna entre os estados silenciado e expresso aparentemente ao acaso, "ligado" em algumas células e "desligado" em outras. A variegação é particularmente evidente para o chamado gene *white*, responsável pela pigmentação vermelha normal dos olhos das moscas adultas. O gene é chamado de *white* porque o fenótipo mutante é olhos brancos (ver Apêndice 1). Quando inserido na heterocromatina, a expressão do gene *white* torna-se "variegada",

FIGURA 19-28 Variegação por efeito de posição. Como descrito no texto, o gene *white* de *Drosophila* produz a cor vermelha do olho tipo selvagem (mostrado aqui à direita). Quando o gene é mutado, os olhos são brancos (daí o nome do gene [*white* é branco, em português]). Quando o gene selvagem é colocado adjacente à heterocromatina, a expressão é variegada, com algumas células expressando o gene e outras, não. Isso resulta na coloração manchada vista à esquerda. (Reproduzida, com permissão, de Lippman Z. e Martienssen R. 2004. *Nature* **431**: 364-370, Fig. 1a. © Macmillan.)

produzindo olhos com pigmentação vermelha salpicada (Fig. 19-28). Mutações no gene *Su(Var)3-9* suprimem esta variegação, produzindo olhos com pigmentação vermelha mais uniforme; a expressão do gene *white* não é mais silenciada em tantas células. A proteína Su(Var)3-9 é uma metiltransferase H3K9 (que modifica a lisina-9 de histonas H3). Por meio de mecanismos que não são atualmente compreendidos, a proteína Su(Var)3-9 é recrutada para a heterocromatina, onde liga grupos metil a caudas de histonas H3. Esta modificação é essencial para a ligação da proteína HP1, que, por sua vez, participa da compactação da heterocromatina. Acredita-se que a Su(Var)3-9 também possa ser recrutada para genes eucromáticos específicos por proteínas de ligação a sequências específicas do DNA, levando, assim, à metilação de histonas de genes específicos e à repressão transcricional por HP1 (ver Quadro 19-5, Existe um código de histonas?, para mais detalhes e uma figura).

A repressão por Polycomb também usa a metilação de histonas

A condensação cromossômica desencadeada pela metilação de histonas também é usada por **Polycomb** (Pc), um importante grupo de repressores de células animais. Repressores Pc são encontrados em dois importantes complexos proteicos, os complexos repressivos Polycomb 1 e 2 (PRC1 e PRC2). O complexo PRC2 é recrutado por proteínas de ligação ao DNA sequência-específicas (complexo repressivo Pho-RC) que interagem com os chamados elementos de resposta a Polycomb (PREs, *Polycomb Response Elements*) (Fig. 19-29). O PRC2 contém uma metiltransferase de histona (Reforçador de Zeste) que faz a trimetilação da lisina-27 (K27) das caudas da histona H3. Esta metilação leva ao recrutamento do complexo PRC1, que condensa a cromatina ou leva ao posicionamento de um nucleossomo em ou próximo ao sítio de início da transcrição. Acreditava-se que a repressão por Pc funcionava como a de HP1, com o alastramento da metilação de histonas e da condensação cromossômica por longas distâncias. Porém, hoje há evidências de que os PREs estão geralmente localizados próximos aos promotores. Ainda assim, a trimetilação de H3K9 está ligada ao silenciamento gênico por HP1, enquanto a trimetilação da H3K27 é subjacente ao silenciamento por Polycomb.

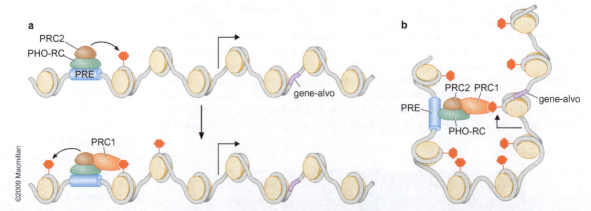

FIGURA 19-29 Potenciais papéis para a histona H3 trimetilada na Lys27 (H3K27me3) na função do grupo Polycomb. (a) O possível papel da histona H3 trimetilada na Lys27 (H3K27me3) no complexo repressivo Polycomb 1 (PRC1, *Polycomb repressive complex 1*) (ver texto para detalhes). (b) O potencial papel da H3K27me3 na formação de alças de cromatina. PRC1, ancorado no PRE, poderia interagir com H3K27me3 para estabilizar o contato com o gene. A alça de DNA resultante se justaporia aos complexos do grupo Polycomb e a região transcrita, onde PRC2 poderia espalhar ainda mais a metilação de H3K27, compactaria nucleossomos locais e/ou impediria a RNA-polimerase. (Adaptada, com permissão, de Simon J.A. e Kingston R. 2009. *Nat. Rev. Mol. Cell Biol.* **10**: 697-709, Fig. 3. © Macmillan.)

> CONCEITOS AVANÇADOS

Quadro 19-5   Existe um código de histonas?

Foi proposta a existência de um **código de histonas**. De acordo com esta ideia, diferentes padrões de modificações em caudas de histonas em um determinado gene poderiam ser "lidas" de maneira diferente (Cap. 8, Fig. 8-39). O "significado" resultaria do padrão particular de modificações em cada caso recrutando um conjunto diferente de proteínas; o conjunto específico dependeria do número, do tipo e da disposição dos domínios de reconhecimento apresentados por estas proteínas.

Já foram vistas proteínas que reconhecem "marcas" de acetilação ou metilação específicas nas histonas (p. ex., TFIID e HP1). Também há proteínas que fosforilam resíduos de serina nas caudas de H3 e H4 e proteínas que se ligam a essas modificações. Assim, múltiplas modificações em várias posições são possíveis nas caudas de histonas (Cap. 8, Fig. 8-39). Adicione-se a isso a observação de que muitas das proteínas portadoras de domínios de reconhecimento de modificações também são, elas próprias, enzimas que modificam adicionalmente as histonas e começa-se a revelar como pode ser obtido um processo de reconhecimento e de manutenção dos padrões de modificação.

Considere-se um caso simples – a lisina-9 na cauda da histona H3 (ver Cap. 8, Fig. 8-39). Diferentes estados de modificação desse resíduo apresentam significados diferentes. Assim, sua acetilação está associada à transcrição ativa de genes. Esse resíduo é reconhecido por várias acetilases de histonas portadoras de bromodomínios que estimulam a acetilação adicional de outros nucleossomos próximos. Quando a lisina-9 não está modificada, ela é associada a regiões silenciosas (como visto anteriormente para *S. cerevisiae*). Frequentemente, as histonas não acetiladas recrutam as enzimas desacetiladoras, reforçando e mantendo o estado desacetilado (como visto na expansão das regiões silenciadas em *S. cerevisiae*). Por fim, esta mesma lisina pode, em determinados organismos, ser metilada: neste caso, o resíduo modificado liga-se a proteínas (p. ex., HP1) que estabelecem e mantêm um estado heterocromático.

Mas as *combinações* de modificações podem ter significados distintos? Um exemplo de como uma modificação de histona pode aparentemente influenciar uma segunda modificação presente nas imediações é novamente ilustrado pela proteína HP1 de *Drosophila* (Fig. 1 deste quadro). Durante a metáfase, a proteína HP1 é temporariamente perdida dos cromossomos mitóticos, mesmo que retenham a "marca" essencial – metilação da lisina-9 da histona H3 (H3K9). A perda da ligação de HP1 está associada com a fosforilação do resíduo de serina vizinho na posição 10 de H3. Esta fosforilação é mediada por uma quinase de ciclo celular chamada Aurora B. Esta quinase torna-se ativa apenas durante a fase M do ciclo celular, causando a liberação de HP1 da heterocromatina de cromossomos metafásicos.

A dissociação de HP1 pela quinase Aurora B parece ser necessária para a ligação dos fusos mitóticos aos centrossomos e para a subsequente separação das cromátides-irmãs durante a citocinese. Quando este processo é concluído, a fosforilação da serina-10 é perdida devido à atividade diminuída da quinase Aurora B, e HP1 reassocia-se com o cromossomo para manter a heterocromatina. Corroborando este modelo, mutações que eliminam a quinase Aurora B levam à segregação aberrante.

Apesar destas observações, a existência de um código específico ainda é altamente controversa, com padrões complexos de modificações de histonas em um dado *locus* gerando uma leitura altamente específica. É provável que muitas das modificações vistas em um gene sejam apenas parte do processo pelo qual um gene é ativado ou reprimido, em vez de ser o sinal iniciador; ou seja, eles são uma *consequência* do fato de o gene estar "ligado" ou "desligado", e não a causa. De fato, um estudo recente sugere que linhagens aparentemente normais de *Drosophila* podem ser propagadas sem qualquer metilação de H3K4. Proteínas de ligação ao DNA sítio-específicas (ou, em alguns casos, como será visto no Cap. 20, moléculas de RNA) continuam sendo as maiores provedoras de especificidade, determinando quando um dado gene é expresso. Ainda assim, certas modificações de histonas estão geralmente associadas com um estado particular de atividade gênica. Por exemplo, a metilação H3K27 é vista em vários genes reprimidos, enquanto a metilação H3K4 está associada a genes ativos (ou "engatilhados").

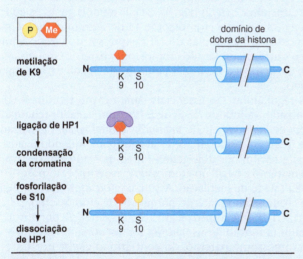

QUADRO 19-5 FIGURA 1   Influência de uma modificação da cromatina em outra. As modificações são apresentadas na cauda da histona H3. A metilação da lisina-9 (K9) recruta HP1, o que afeta a condensação da cromatina. A fosforilação do resíduo de serina adjacente (S10) desloca HP1 da lisina-9 metilada, sem remover o grupo metil.

Viu-se como tipos individuais de modificações podem estar envolvidas na regulação gênica. Mas o que ocorre quando múltiplas formas de modificações ocorrem no mesmo gene? Como suas influências interagem? Propôs-se que padrões complicados de modificações operam como um "código de histonas". As interações entre as modificações de histonas e a ideia de um código de histonas estão descritas no Quadro 19-5, Existe um código de histonas?.

Em células de mamíferos, a metilação do DNA está associada a genes silenciados

Alguns genes de mamíferos são mantidos silenciados pela metilação das sequências de DNA vizinhas (estamos agora falando sobre metilação do *DNA*, não sobre metilação das *histonas*). De fato, grandes regiões do genoma dos mamíferos são marcadas pela metilação de sequências de DNA e, frequentemente, a metilação de DNA é observada em regiões que também são heterocromáticas. Isso ocorre porque as sequências metiladas são frequentemente reconhecidas por proteínas de ligação ao DNA (como MeCP2), que recrutam desacetilases e metilases de histonas, responsáveis pela modificação da cromatina nas proximidades. Assim, a metilação do DNA pode marcar as regiões onde a heterocromatina será subsequentemente formada (Fig. 19-30).

A metilação do DNA é fundamental em um fenômeno chamado **memorização** (***imprinting***), descrito a seguir. Em uma célula diploide, há duas cópias da maioria dos genes: uma cópia em um cromossomo herdado do pai e outra cópia no cromossomo equivalente herdado da mãe. Na maior parte dos casos, os dois alelos são expressos em níveis comparáveis. Isso não surpreende – eles possuem as mesmas sequências reguladoras e estão na presença dos mesmos reguladores; eles também estão localizados na mesma posição de cromossomos homólogos. No entanto, existem alguns casos em que um dos exemplares do gene é expresso, enquanto o outro fica silenciado.

Dois exemplos bem-estudados são os genes humanos *H19* e fator de crescimento semelhante à insulina 2 (*Igf2*) (Fig. 19-31). Estes dois genes estão localizados próximos entre si, sobre o cromossomo 11 de seres humanos. Uma determinada célula possui um exemplar do *H19* expresso (do cromossomo materno), enquanto o outro exemplar (do cromossomo paterno) fica desligado; com *Igf2* ocorre o contrário – o exemplar paterno está ligado e o exemplar materno está desligado.

Duas sequências reguladoras são essenciais para a expressão diferencial destes genes: um reforçador (a jusante do gene *H19*) e um isolador (chamado de região controladora de *imprinting* [ICR, *imprinting control region*], localizada entre os genes *H19* e *Igf2*). Em princípio, o reforçador pode (quando ligado a ativadores) ativar qualquer um dos dois genes. Então, por que ele só ativa o *H19* no cromossomo materno e o *Igf2* no cromossomo paterno? A resposta está na função do ICR e seu estado de metilação. Assim, o reforçador não consegue ativar o gene *Igf2* no cromossomo materno porque, neste cromossomo, o ICR liga-se a uma proteína, CTCF, que impede a ativação do gene *Igf2* por ativadores ligados ao reforçador (a função dos isoladores foi discutida anteriormente, ver Fig. 19-14). No cromossomo paterno, ao contrário, o elemento ICR e o promotor de *H19* estão metilados. Nesta condição, a maquinaria de transcrição não pode se ligar ao promotor de *H19*, e CTCF não pode se ligar a ICR. Como resultado, o reforçador agora ativa o gene *Igf2*. O gene *H19* é ainda mais reprimido no cromossomo paterno, pela ligação de MeCP2 ao ICR metilado. Como se viu, isso recruta modificadores de histona que reprimem o promotor de *H19*.

O Quadro 19-6, Repressão transcricional e doenças humanas, descreve dois casos nos quais a perda de repressão causa doenças em humanos: um envolve MeCP2 e o outro, defeitos no *imprinting*.

CAPÍTULO 19   Regulação Transcricional em Eucariotos   693

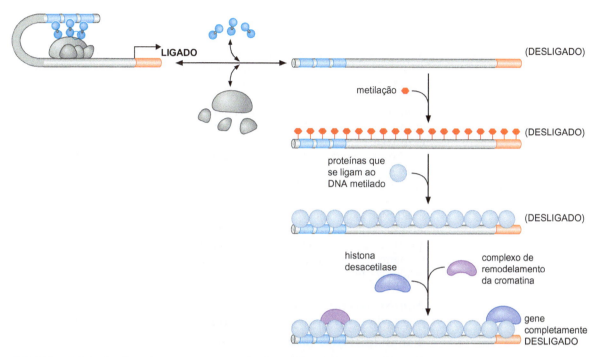

FIGURA 19-30   Desligando um gene por meio da metilação do DNA e da modificação de histonas. No estado não modificado, o gene de mamíferos, aqui representado, pode alterar facilmente entre ser ou não expresso na presença de ativadores e da maquinaria de transcrição, como se vê na parte superior. Nestas condições, a expressão nunca está completamente desligada – existe um "vazamento". Frequentemente, isso é insatisfatório; às vezes, um gene precisa ser completamente desligado e, em outras ocasiões, desligado permanentemente. Isso é obtido por meio da metilação do DNA e da modificação dos nucleossomos locais. Assim, quando um gene não está sendo expresso, uma DNA metiltransferase (uma metilase) pode ter acesso e metilar citosinas na sequência do promotor, no próprio gene e em sítios de ligação do ativador a montante do gene. O grupo metil é adicionado à posição 5´ do anel de citosina, originando a 5-metilcitosina (ver Cap. 4). Em alguns casos, essa modificação sozinha pode impedir as ligações da maquinaria de transcrição e dos ativadores. Entretanto, ela pode também aumentar a ligação de outras proteínas (p. ex., MeCP2) que reconhecem as sequências de DNA contendo metilcitosina. Essas proteínas, por sua vez, recrutam complexos que remodelam e modificam os nucleossomos locais, desligando completamente a expressão deste gene.

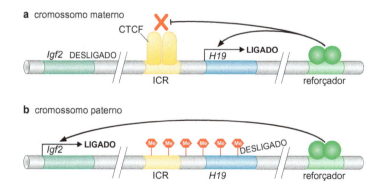

FIGURA 19-31   Memorização (*impriting*). São apresentados dois exemplos de genes controlados por *impriting* – os genes de mamíferos *Igf2* e *H19*. Como descrito no texto, em uma dada célula, o gene *H19* é expresso apenas a partir do cromossomo materno, e *Igf2* é expresso apenas a partir do cromossomo paterno. O estado de metilação do elemento isolador determina se a proteína de ligação ao ICR (CTCF) tem ou não a capacidade de ligar-se e bloquear a ativação do gene *H19* a partir do reforçador a jusante.

REGULAÇÃO GÊNICA POR EPIGENÉTICA

Às vezes, os padrões de expressão gênica têm de ser herdados. Durante o desenvolvimento, um sinal liberado por uma célula provoca a ativação de genes específicos nas células vizinhas. Alguns desses genes devem permanecer ativos nas células por muitas gerações celulares, mesmo que o sinal que os induziu tenha sido apenas fugaz. A herança dos padrões de expressão gênica na ausência de mutação ou de sinal iniciador é chamada de **regulação epigenética**.

Compare-o com alguns dos exemplos de regulação gênica discutidos. Se um gene é controlado por um ativador e esse ativador está ativo apenas em presença de determinado sinal, o gene permanecerá ligado apenas enquanto o sinal estiver presente. De fato, sob condições normais, os genes *lac* de *E. coli* serão expressos somente enquanto a lactose estiver presente e a glicose estiver ausente. Igualmente, os genes *GAL* de levedura são expressos somente enquanto a glicose estiver ausente e a galactose estiver presente, e o interferon-β humano só é produzido enquanto as células estiverem sendo estimuladas pela infecção viral.

Alguns estados de expressão gênica são herdados durante a divisão celular, mesmo que o sinal iniciador não esteja mais presente

Já foram encontrados exemplos de regulação gênica que podem ser herdados epigeneticamente. Considere-se a manutenção de um bacteriófago λ lisógeno (Cap. 18). Em um lisógeno, o fago está em estado dormente na bactéria hospedeira. Essa condição está associada a um padrão específico de expressão gênica e, sobretudo, à expressão continuada da proteína repressora de λ (ver Cap. 18, Fig. 18-27).

A expressão gênica lisogênica é estabelecida em uma célula infectada em resposta a condições insatisfatórias de desenvolvimento. Uma vez estabelecido, entretanto, o estado lisogênico é mantido estável apesar de melhoras nas condições de crescimento: mover um lisógeno para um meio de cultivo rico não leva à indução. Na verdade, a indução basicamente não ocorre enquanto não for recebido um sinal indutor adequado (como a luz UV).

Por isso, a manutenção do estado lisogênico por meio da divisão celular é um exemplo de regulação epigenética. Esse controle epigenético resulta de uma estratégia em duas etapas para controlar a síntese do repressor. Na primeira etapa, a síntese é estabelecida inicialmente pela ativação do gene repressor (*cI*) pelo ativador CII (que é sensível às condições de crescimento). Na segunda etapa, a síntese de repressor é mantida por autorregulação: o repressor ativa a expressão de seu próprio gene (ver Cap. 18, Fig. 18-31). Desse modo, quando a célula lisogênica se divide, cada célula-filha herda uma cópia do genoma do fago dormente e algumas moléculas da proteína repressora. Esse repressor é suficiente para estimular a síntese de repressor adicional, a partir dos genomas dos fagos, em ambas as células (Fig. 19-32). No desenvolvimento de organismos pluricelulares, grande parte da regulação gênica funciona exatamente desse modo. No Capítulo 21, serão vistos alguns exemplos.

Outro mecanismo conhecido de regulação epigenética é fornecido pela metilação do DNA, cujo exemplo foi visto na descrição de *imprinting*. A metilação do DNA é herdada eficazmente mesmo após divisão celular, como ilustrado na Figura 19-33. Certas DNA metilases podem metilar uma pequena proporção de DNA previamente não modificado; mas as chamadas **metilases de manutenção** modificam o DNA hemimetilado – o substrato resultante da replicação do DNA completamente metilado – com muito mais eficiência. Nas células de mamíferos, a metilação do DNA pode ser o marcador primário das regiões do genoma que estão silenciadas. A metilação inicial é provavelmente dirigida a sequências particulares por meio das ações de pro-

CAPÍTULO 19 Regulação Transcricional em Eucariotos   695

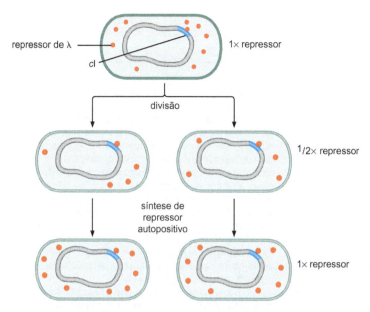

FIGURA 19-32 Controle epigenético da manutenção do estado lisogênico.

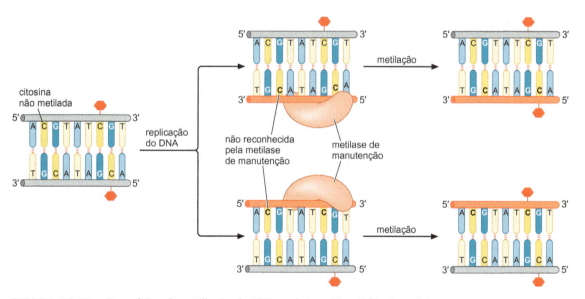

FIGURA 19-33 **Os padrões de metilação do DNA podem ser mantidos durante a divisão celular.** Como visto na Figura 19-26, o DNA envolvido na expressão de um gene de vertebrado pode ser metilado, desligando sua expressão. Esta metilação inicial é realizada por uma metilase *de novo*. Para que o desligamento mantenha um gene permanentemente desligado, o estado de metilação precisa ser herdado durante a divisão celular. Esta figura demonstra como isso é realizado. É apresentada uma sequência de DNA em que há duas citosinas presentes em cada fita, uma metilada e a outra não. Este padrão é mantido durante a divisão celular porque, na duplicação do DNA, uma metilase de manutenção reconhece o DNA hemimetilado e adiciona um grupo metil à citosina não metilada correspondente. A sequência completamente não metilada não é reconhecida por essa enzima e, por isso, permanece não metilada. Assim, ambos os dúplices de DNA-filhos acabam com o mesmo padrão de metilação que o parental. (Adaptada, com permissão, de Alberts B. et al. 2002. *Molecular biology of the cell*, 4th ed., p. 431, Fig. 7-81. © Garland Science/Taylor & Francis LLC.)

CONEXÕES CLÍNICAS

Quadro 19-6 Repressão transcricional e doenças humanas

Várias doenças humanas são causadas pela desrepressão de genes silenciados. Aqui, serão abordadas duas condições, cada uma delas causada pela perda de repressão de um gene cujo mecanismo de repressão está descrito no texto: primeiro, a síndrome de Rett, causada pela perda da proteína repressora MeCP2; e segundo, a síndrome de Beckwith-Weidemann, causada pela perda de sítios de ligação para CTCF no ICR do gene *Igf2*.

A **síndrome de Rett (RTT)** é um distúrbio grave do espectro do autismo, observada em 1:10.000 meninas. Esta condição é caracterizada pela perda das capacidades linguísticas e motoras no início da infância, microcefalia, convulsões, comportamentos estereotipados (como o torcer repetitivo das mãos) e hiperventilação intermitente. É uma causa comum do retardo mental esporádico. A RTT é causada por uma mutação no gene ligado ao X que codifica a proteína repressora MeCP2. Este regulador transcricional foi abordado anteriormente no texto; ele reconhece sequências de DNA metiladas e silencia a transcrição de genes próximos por meio do recrutamento de histonas desacetilases (Fig. 19-31). Camundongos portadores de um gene *MeCP2* interrompido possuem sintomas semelhantes aos dos pacientes com RTT, e isso é preservado em camundongos nos quais a perda de MeCP2 está restrita ao cérebro.

Como o gene *MeCP2* está no cromossomo X, as meninas com uma cópia defeituosa (as pacientes com RTT) são um mosaico: em células nas quais o cromossomo X portando a cópia (alelo) mutante do gene está inativado, MeCP2 selvagem é produzida; mas em células nas quais a cópia selvagem do gene está na cópia inativa do cromossomo X, MeCP2 não é produzida. Meninos portadores do gene mutante em seu (único) cromossomo X são desprovidos de MeCP2 em todas as suas células, e geralmente morrem por insuficiência respiratória com um a dois anos de idade.

A RTT é considerada uma condição de neurodesenvolvimento em vez de um distúrbio neurodegenerativo, porque os pacientes – e os camundongos nocaute – apresentam morfologia neuronal anormal, mas não morte neuronal. Mesmo assim, acreditava-se que a deficiência de MeCP2 era crucial em um determinado ponto durante o desenvolvimento, após o qual nem o restabelecimento de sua função reverteria o fenótipo. Recentemente, porém, desenvolveu-se um camundongo-modelo no qual a expressão de MeCP2 pode ser manipulada, permitindo que o camundongo cresça até a vida adulta sem a expressão de MeCP2, antes de ativar a expressão do regulador. Curiosamente, a produção de MeCP2 na vida adulta foi suficiente para reverter os efeitos de sua ausência ao longo do desenvolvimento inicial. Este achado empolgante torna a intervenção terapêutica em seres humanos mais viável, apesar de ainda difícil.

A ligação entre MeCP2 e os sintomas da RTT não é totalmente conhecida. Como se viu, MeCP2 é uma proteína repressora da expressão gênica, e um de seus genes-alvo codifica o fator neurotrófico derivado de cérebro (BDNF, *brain derived neurotrophic factor*). Esta proteína, um fator de crescimento, desempenha papéis no desenvolvimento do cérebro e nas alterações sinápticas associadas à aprendizagem e à memória. Recentemente, descobriu-se que a atividade neural leva à fosforilação de MeCP2, modificação que causa a dissociação do repressor do DNA, presumivelmente permitindo a expressão de seus genes-alvo. A perturbação destas atividades – expressão inapropriada de BDNF, por exemplo – possui apelo óbvio como uma explicação para, pelo menos, alguns dos sintomas cognitivos da RTT.

Existe uma pesquisa em andamento buscando as ligações entre MeCP2 e BDNF, e entre estas proteínas e a doença, assim como há para outros genes provavelmente relevantes, regulados por MeCP2. O amplo espectro de sintomas – do comprometimento cognitivo à marcha incomum – sugere que há provavelmente vários genes cuja má expressão é necessária para a expressão de todos os sintomas da doença.

A **síndrome de Beckwith-Wiedemann (BWS)** é um distúrbio de desenvolvimento que afeta 1:15.000. A condição é caracterizada pelo supercrescimento (crianças com esta condição nascem prematuramente e são maiores do que o normal) e maior suscetibilidade a uma variedade de cânceres infantis (incluindo tumor de Wilms). A síndrome também está associada com expressão interrompida de genes que estão sob *imprinting* no cromossomo 11p15.5, incluindo o gene do fator de crescimento semelhante à insulina2 (*Igf2, insulin-like growth factor 2*) discutido no texto (Fig. 19-31).

Conforme descrito, o gene *Igf2* é geralmente expresso como um monoalelo; ou seja, apenas um dos dois alelos (neste caso, o alelo paterno) é expresso como resultado do *imprinting* do outro. Ao mesmo tempo, o gene *H19* é expresso apenas a partir do alelo materno. Vários casos de BWS estão associados à expressão bialélica de *Igf2* e nenhuma expressão de *H19*, resultado de uma metilação do ICR em ambos os cromossomos. IGF2 é um fator de crescimento fetal, e H19 é um RNA regulador (ver Cap. 20) potencialmente envolvido na supressão de tumor e, assim, o fenótipo da condição – supercrescimento e sensibilidade tumoral – faz sentido.

Assim como na RTT, os sintomas da BWS são mimetizados em camundongos adequadamente manipulados: a superexpressão de *Igf2* produz supercrescimento geral dos camundongos e o surgimento de tumores específicos.

---

teínas de ligação ao DNA dos RNAs (Cap. 20). Após a replicação do DNA, os sítios hemimetilados em ambas as células-filhas são remetilados. Estes podem ser reconhecidos pelo repressor MeCP2 que, por sua vez, recruta desacetilases e metilases de histonas, restabelecendo o silenciamento (Fig. 19-30).

Modificações do nucleossomo poderiam, em princípio, fornecer a base para a herança epigenética, embora nenhum exemplo disso tenha ainda sido encontrado. Considere-se um gene que é desligado pela metilação das histonas locais. Quando essa região do cromossomo é replicada durante a divisão celular, as histonas metiladas da molécula de DNA parental acabam sendo distribuídas igualmente entre as duas dúplices-filhas (ver Cap. 8, Fig. 8-43). Assim, cada molécula-filha carrega alguns nucleossomos metilados e alguns não metilados. Os nucleossomos metilados recrutam proteínas com cromodomínios, inclusive a própria histona metilase, que metila os nucleossomos não modificados adjacentes. Desse modo, o estado de modificação da cromatina pode manter-se por gerações usando a mesma estratégia utilizada para o alastramento sobre o DNA. Embora este seja um modelo atraente, ele ainda não foi observado operando na ausência de direção pela metilação do DNA, por proteínas de ligação ao DNA ou por RNAs reguladores (Cap. 20) (i.e., na ausência de sinais específicos determinando quais células recrutam as enzimas de modificação).

RESUMO

Assim como nas bactérias, o início da transcrição é a etapa mais frequentemente regulada da expressão gênica nos eucariotos, apesar de, nesses organismos, haver etapas adicionais passíveis de regulação. Também como nas bactérias, o início da transcrição é caracteristicamente regulado por proteínas que se ligam a sequências específicas do DNA, próximas de um gene, ligando-o (os ativadores) ou desligando-o (os repressores). Essa conservação do mecanismo de regulação é mantida mesmo diante de várias complexidades da organização e da transcrição dos genes eucarióticos, não encontradas em bactérias.

Em uma célula eucariótica, o DNA está empacotado com histonas, formando os nucleossomos. Assim, as sequências de DNA às quais a maquinaria de transcrição e as proteínas reguladoras se ligam estão, em muitos casos, inacessíveis. Enzimas que modificam histonas, pela adição (ou remoção) de pequenos grupos químicos, alteram estas proteínas de duas maneiras: mudando a força com a qual os nucleossomos estão empacotados (e, portanto, o quão acessível está o DNA dentro dele) e formando (ou removendo) sítios de ligação para outras proteínas envolvidas na transcrição do gene. Outras enzimas "remodelam" os nucleossomos; elas usam a energia da hidrólise do ATP para deslocar os nucleossomos, alterando a disponibilidade das sequências. Um importante mecanismo de ativação transcricional é a remoção de nucleossomos no núcleo do promotor. É possível que formas inativas, porém, ligadas, de Pol II (Pol II pausada ou "engatilhada") mantenham as regiões promotoras em uma condição "aberta" ou livre de nucleossomo, promovendo, assim, a indução rápida e eficiente da expressão gênica quando sinais apropriados se tornam disponíveis.

Caracteristicamente, os genes dos eucariotos multicelulares são controlados por um número maior de proteínas reguladoras, algumas delas ligadas muito distantes do gene, em comparação a seus equivalentes bacterianos. Isso reflete o maior número de sinais fisiológicos que controlam um gene típico em organismos multicelulares.

A enzima RNA-polimerase é muito conservada entre as bactérias e os eucariotos (Cap. 13). No entanto, um promotor eucariótico típico possui cerca de 50 proteínas adicionais que se ligam junto com a polimerase. Muitas delas são conduzidas ao promotor em grandes complexos proteicos.

Assim como visto nas bactérias, os ativadores eucarióticos funcionam predominantemente por recrutamento. Entretanto, nesses organismos, eles não recrutam a polimerase diretamente ou sozinhos. Eles recrutam outros complexos proteicos necessários para iniciar a transcrição de um dado gene. A própria RNA-polimerase é trazida com esses outros complexos. O ativador também pode recrutar enzimas modificadoras de histonas, e os efeitos dessas modificações podem auxiliar na ligação da maquinaria de transcrição ao promotor ou iniciar uma transcrição eficiente.

Os ativadores podem interagir com um ou mais dos diversos componentes da maquinaria de transcrição ou dos modificadores de nucleossomos. Gal4, por exemplo, recruta Mediador, SAGA, Swi/Snf e TFIID para os promotores conforme necessário. Em outros casos, fatores necessários para início ou alongamento eficientes podem ser requeridos após a ligação da polimerase – estes também podem ser recrutados por ativadores. Isso explica como eles podem atuar juntos tão prontamente, em grande número e em várias combinações, e explica a generalização do uso da integração de sinais e do controle combinatório que se observa, sobretudo, em organismos pluricelulares.

Alguns ativadores atuam a partir de sítios distantes do gene, o que exige que o DNA forme uma alça entre os seus sítios de ligação e o promotor. Não está esclarecido como podem se formar alças em distâncias tão grandes como as que se tornam necessárias em alguns casos, mas, muito provavelmente, isso envolve alterações na estrutura da cromatina entre os sítios de ligação do ativador e do promotor, resultando na aproximação desses dois elementos, e o uso de coesinas para estabilizar as alças. Sequências de DNA, chamadas isoladores, ligam proteínas que interferem na interação entre os ativadores ligados a reforçadores distantes e os seus promotores. Eles poderiam funcionar por meio de mecanismos de inibição que facilitassem a formação das alças (como modificações na estrutura da cromatina). Os isoladores ajudam a assegurar que os ativadores atuem somente sobre os genes corretos.

Repressores eucarióticos atuam de várias maneiras. Entretanto, o mecanismo mais comum visto em bactérias – ligação do repressor a um sítio sobreposto ao promotor – não é normalmente observado em eucariotos. Em alguns casos, os repressores ligam-se próximos a ativadores em reforçadores e evitam que estes ativadores medeiem a aproximação do reforçador ao promotor via formação de alça. Além disso, os repressores eucarióticos funcionam por recrutamento de modificadores de histonas que diminuem a transcrição. Por exemplo, enquanto a histona acetilase está geralmente associada à ativação, a histona desacetilase – isto é, uma enzima que remove grupos acetila – age para reprimir um gene.

Em alguns casos, longos segmentos de DNA nucleossomal podem ser mantidos em estado relativamente inerte, devido a modificações apropriadas nos nucleossomos, mais notavelmente por desacetilação e metilação. Deste modo, grupos de genes podem ser mantidos em um estado "silencioso" sem necessidade da ligação de repressores específicos a cada gene.

Em alguns organismos eucarióticos, como os mamíferos, os genes silenciados também estão associados ao DNA metilado. As sequências metiladas podem bloquear a ligação da maquinaria de transcrição e dos ativadores ou essas sequências podem ligar-se especificamente a uma classe de repressores que recrutam enzimas modificadoras de histonas que reprimem os genes próximos. A metilação do DNA pode ser mantida durante a divisão celular, bem como os padrões de expressão gênica controlados por esta metilação.

Se a expressão de um gene for mantida em um estado ao longo da divisão celular – na ausência de uma mutação ou de um sinal que iniciou este padrão – diz-se que ele é epigeneticamente herdado. Alças de fatores de transcrição autorreguladores podem conseguir isso. Além disso, a metilação do DNA pode afetar a expressão gênica e ser facilmente herdada, como foi visto. A herança epigenética por meio do uso de modificações de histonas é geralmente discutida como uma possibilidade, mas permanece desconhecida a extensão com qual elas exercem este papel na ausência de influência das proteínas de ligação ao DNA, RNAs reguladores ou metilação do DNA.

BIBLIOGRAFIA

Livros

Allis C.D., Jenuwein T., Reinberg D., and Caparros M.-L. eds. 2007. *Epigenetics*. Cold Spring Harbor Laboratory Press, Cold Spring Harbor, New York.

Carey M., Smale S.T., and Pederson C.L. 2008. *Transcriptional regulation in eukaryotes: Concepts, strategies, and techniques*. Cold Spring Harbor Laboratory Press, Cold Spring Harbor, New York.

Ptashne M. and Gann A. 2002. *Genes and signals*. Cold Spring Harbor Laboratory Press, Cold Spring Harbor, New York.

Reconhecimento do DNA

Garvie C.W. andWolberger C. 2001. Recognition of specific DNA sequences. *Mol. Cell.* **8:** 937–946.

Harrison S.C. 1991. A structural taxonomy of DNA-binding domains. *Nature* **353:** 715–719.

Ativação

Bjorklund S. and Gustafsson C.M. 2005. The yeast Mediator complex and its regulation. *Trends Biochem. Sci.* **30:** 240–244.

FudaN.J., Ardehali M.B., and Lis J.T. 2009. Defining mechanisms that regulate RNA polymerase II transcription in vivo. *Nature* **461:** 186–192.

Jones K.A. and Kadonaga J.T. 2000. Exploring the transcription–chromatin interface. *Genes Dev.* **14:** 1992–1996.

Kim Y.J. and Lis J.T. 2005. Interactions between subunits of Drosophila Mediator and activator proteins. *Trends Biochem. Sci.* **30:** 245–249.

Kornberg R.D. 2005. Mediator and the mechanism of transcriptional activation. *Trends Biochem. Sci.* **30:** 235–239.

Levine M. 2011. Paused RNA polymerase II as a developmental checkpoint. *Cell* **145:** 502–511.

Luo Z., Lin C., and Shilatifard A. 2012. The super elongation complex (SEC) family in transcriptional control. *Nat. Rev. Mol. Cell Biol.* **13:** 543–547.

MalikS.andRoederR.G.2005.DynamicregulationofPol II transcriptionby themammalianMediator complex.*Trends Biochem. Sci.* **30:** 256–263.

Ptashne M. 2005. Regulation of transcription: From lambda to eukaryotes. *Trends Biochem. Sci.* **30:** 275–279.

Repressão

Liu Z. and Karmarkar V. 2008. Groucho/Tup1 family co-repressors in plant development. *Trends Plant Sci.* **13:** 137–144.

Simon J.A. and Kingston R.E. 2009. Mechanisms of Polycomb gene silencing: Knowns and unknowns. *Nat. Rev. Mol. Cell Biol.* **10:** 697–708.

Smith R.L. and Johnson A.D. 2000. Turning genes off by Ssn6-Tup1: A conserved system of transcriptional repression in eukaryotes. *Trends Biochem. Sci.* **25:** 325–330.

Modificadores de nucleossomo e regulação transcricional

Hargreaves D.C. and Crabtree G.R. 2011. ATP-dependent chromatin remodeling: Genetics, genomics and mechanisms. *Cell Res.* **21:** 396–420.

Henikoff S. and Shilatifard A. 2011. Histone modification: Cause or cog? *Trends Genet.* **27:** 389–396.

Jenuwein T. and Allis C.D. 2001. Translating the histone code. *Science* **293:** 1074–1080.

Narlikar G.J., Fan H.Y., and Kingston R.E. 2002. Cooperation between complexes that regulate chromatin structure and transcription. *Cell* **108:** 475–487.

Rando O.J. and Winston F. 2012. Chromatin and transcription in yeast. *Genetics* **190:** 351–387.

Shahbazian M.D. and Grunstein M. 2007. Functions of site-specific histone acetylation and deacetylation. *Annu. Rev. Biochem.* **76:** 75–100.

Wang X., Bai L., Bryant G.O., and Ptashne M. 2011. Nucleosomes and the accessibility problem. *Trends Genet.* **27:** 487–492.

Silenciamento, *imprinting* e epigenética

Gartenberg M.R. 2000. The Sir proteins of Saccharomyces cerevisiae: Mediators of transcriptional silencing and much more. *Curr. Opin. Microbiol.* **3:** 132–137.

Goldberg A.D., Allis C.D., and Bernstein E. 2007. Epigenetics: A landscape takes shape. *Cell* **128:** 635–638.

Gottschling D.E. 2004. Summary: Epigenetics—From phenomenon to field. *Cold Spring Harb. Symp. Quant. Biol.* **69:** 507–519.

Klose R.J. and Bird A.P. 2005. Genomic DNA methylation: The mark and its mediators. *Trends Biochem. Sci.* **31:** 89–97.

Ptashne M. 2007. On the use of the word "epigenetic" *Curr. Biol.* **17:** R233–R236.

Wood A.J. and Oakey R.J. 2006. Genomic imprinting in mammals: Emerging themes and established theories. *PloS Genet.* **2:** 1677–1685.

Reforçadores, controle combinatório e sinergia

Arnosti D.N. and Kulkarin M.M. 2005. Transcriptional enhancers: Intelligent enhanceosomes or flexible billboards? *J. Cell Biol.* **94:** 890–898.

Li H. and Johnson A.D. 2010. Evolution of transcription networks—Lessons from yeasts. *Curr. Biol.* **20:** R746–R753.

Merika M. and Thanos D. 2001. Enhanceosomes. *Curr. Opin. Genet. Dev.* **11:** 205–208.

Rokas A. 2006. Evolution: Different paths to the same end. *Nature* **443:** 401–402.

Interações de longo alcance

Buecker C. and Wysocka J. 2012. Enhancers as information integration hubs in development: Lessons from genomics. *Trends Genet.* **28:** 276–284.

Dean A. 2006. On a chromosome far, far away: LCRs and gene expression. *Trends Genet.* **22:** 38–45.

Dorsett D. and Strö"mL. 2012. The ancient and evolving roles of cohesin in gene expression and DNA repair. *Curr. Biol.* **22:** R240–R250.

Gaszner M. and Felsenfeld G. 2006. Insulators: Exploiting transcriptional and epigenetic mechanisms. *Nat. Rev. Genet.* **7:** 703–713.

Li Q., Barkess G., and Qian H. 2006. Chromatin looping and the probability of transcription. *Trends Genet.* **22:** 197–202.

Sinais e transdução de sinal

Bromberg J.F. 2001. Activation of STAT proteins and growth control. *Bioessays* **23:** 161–169.

Brown M.S., Ye J., Rawson R.B., and Goldstein J.L. 2000. Regulated intramembrane proteolysis:Acontrol mechanism conserved from bacteria to humans. *Cell* **100:** 391–398.

Pawson T. and Nash P. 2000. Protein–protein interactions define specificity in signal transduction. *Genes Dev.* **14:** 1027–1047.

Repressão e doenças

Gabellini D., Green M.R., and Tupler R. 2004. When enough is enough: Genetic diseases associated with transcriptional derepression. *Curr. Opin. Genet. Dev.* **14:** 301–307.

Kriaucianis S. and Bird A. 2003. DNA methylation and Rett syndrome. *Hum. Mol. Genet.* **12:** R221–R227.

Miller G. 2007. Medicine. Rett symptoms reversed in mice. *Science* **315:** 749.

QUESTÕES

Para respostas de questões de número par, ver Apêndice 2: Respostas.

Questão 1. O tipo mais comum de regulação da expressão gênica ocorre em nível de transcrição. Cite outros tipos de regulação da expressão gênica em células eucarióticas. Existe algum tipo de regulação única de células eucarióticas, quando comparada a células procarióticas?

Questão 2. Compare os elementos de sequência de DNA envolvidos na regulação da transcrição em células bacterianas e eucarióticas.

Questão 3. Explique por que o *lacZ* de *E. coli* é geralmente usado como um gene repórter em células de *S. cerevisiae*, mas não em células de *E. coli*.

Questão 4. A presença de um molde de DNA (p. ex., um produto de PCR), fatores gerais de transcrição e RNA-polimerase II permite o início da transcrição *in vitro*. Explique por que o início da transcrição não é possível tendo apenas fatores gerais de transcrição e RNA-polimerase II, usando o DNA genômico como molde.

Questão 5. Revise os princípios do ensaio de duplo-híbrido no Quadro 19-1. Em que local da célula a interação entre isca e presa deve ocorrer para que seja observada a ativação do gene repórter? Cite uma potencial desvantagem do ensaio de duplo-híbrido em relação a essa necessidade. Quais outras potenciais desvantagens desta técnica você consegue imaginar?

Questão 6.
A. Uma lista das etapas para a imunoprecipitação de cromatina (ChIP) na ordem incorreta é apresentada a seguir. Forneça a ordem adequada para as etapas da ChIP, listando a letra de cada etapa.
   a. Imunoprecipitar o complexo DNA-proteína.
   b. Amplificar o DNA por PCR.
   c. Adicionar anticorpo específico para uma proteína.
   d. Incubar proteínas com fragmentos de DNA.
   e. Remover proteínas.

B. Um pesquisador decidiu realizar um ensaio de ChIP usando um anticorpo contra a proteína X e iniciadores de PCR específicos para a região que inclui o *gene Y*. Dê um exemplo de pergunta feita pelo pesquisador que o teria levado a estas escolhas.

Questão 7. Lembre-se do uso do controle combinatório na regulação da expressão gênica específica de tipo acasalante de *S. cerevisiae*. Descreva como Mcm1 atua reprimindo e ativando a transcrição de genes-alvo em células *MAT* α haploides.

Questão 8.
A. Dê exemplos dos tipos de modificações covalentes de histonas discutidas no Capítulo 19 que influenciam na expressão gênica.
B. Explique por que a presença de uma dada modificação nem sempre está associada unicamente com ativação ou repressão.

Questão 9.
A. Descreva o papel da metilação do DNA na expressão gênica de células de mamíferos.
B. Como o papel da metilação do DNA nas células de mamíferos difere do papel da metilação do DNA em células de *E. coli*?

Questão 10. Os participantes de uma via de transdução de sinal podem ser classificados nas seguintes categorias: sinal, receptor, molécula de transmissão e resultado/produto. Classifique cada componente da via STAT ilustrada na Figura 19-22 de acordo com estes termos (eles podem ser usados mais de uma vez).

Questão 11. Formule uma hipótese abordando por que o *imprinting* leva à herança não mendeliana (traços segregando em um padrão que não se encaixa em um padrão mendeliano). Para revisar a genética mendeliana, veja o Capítulo 1.

Questão 12. Você decidiu estudar três proteínas – A, B e C – com potenciais papéis na regulação transcricional em células de mamíferos. Você faz um EMSA (do inglês, *electrophoretic mobility shift assay* [ensaio de alteração da mobilidade eletrofética]). Os dados estão apresentados a seguir. Para revisar esta técnica, veja o Capítulo 7. Todas as reações continham tampão de ligação e fragmentos de DNA marcados, incluindo a sequência do sítio de ligação ao DNA para a Proteína A, uma sequência a montante de um gene de mamífero. A(s) proteína(s) purificada(s) adicionada(s) está(ão) indicada(s) acima do gel.

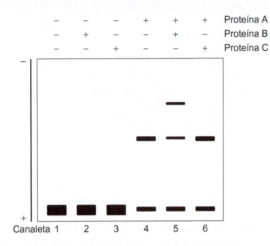

A. Com base nestes dados, a Proteína A liga-se ao DNA? Explique sua resposta.
B. Forneça uma explicação para o resultado observado na canaleta 5. Use também os dados da canaleta 2 em sua resposta.
C. Proponha um modelo de como a Proteína B potencialmente ativa a transcrição.

Questão 13. Você quer produzir uma linhagem transgênica do nematódeo *C. elegans*. O gene *xyz* é expresso em todas as células do embrião. Você fusiona o promotor (P*xyz*, 300 pb) do gene *xyz* ao gene que codifica a proteína fluorescente verde (GFP, *green fluorescent protein*) (900 pb). Você injeta o construto (ilustrado a seguir) no verme. O construto insere-se aleatoriamente no genoma e, então, é herdado de maneira estável por toda a progênie.

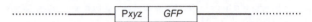

Embora *xyz* deva ser expresso em todas as células do embrião, a progênie deste adulto injetado não expressa GFP. Você confia em suas habilidades de injeção e acredita que o construto, de fato, integrou-se no genoma do verme injetado.

A. Você amplifica e sequencia o construto integrado e as regiões flanqueadoras em ambas as direções. Em um lado, seu construto está flanqueado por uma região de 5.000 pb de sequência aleatória. No outro lado, seu construto está flanqueado por 200 repetições "TAAGGC". *Com base nestes resultados*, proponha uma hipótese explicando por que seu construto não é expresso.

Você decide reinjetar o mesmo construto em outro verme adulto, em uma tentativa de integrar o construto em outro local do genoma. Você fica feliz ao observar que todos os embriões deste verme adulto apresentam expressão de GFP em todas as células (conforme observado no microscópio de fluorescência).

B. Você quer estudar a localização subcelular da proteína XYZ. Sugira uma modificação no construto da parte A que iria permitir o estudo da localização da proteína XYZ na célula. Explique seu raciocínio.

CAPÍTULO 20

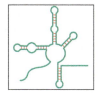

RNAs Reguladores

Nos dois últimos capítulos, discutiu-se como a transcrição é regulada em procariotos e eucariotos. Aprendeu-se que este controle é alcançado usando proteínas reguladoras – normalmente, proteínas de ligação ao DNA sequência-específicas que ativam ou reprimem a transcrição de genes próximos. Os detalhes mecanísticos da regulação gênica têm sido estudados desde que François Jacob e Jacques Monod propuseram seu modelo de repressão há mais de 50 anos (Cap. 18, Quadro 18-2). Naquela época, eles não sabiam se os fatores em *trans* (repressores) eram proteínas ou RNA. Transparecia que, nos casos que estudaram (e, de fato, na maioria dos casos), os reguladores eram proteínas que atuavam pela ligação a sítios operadores do DNA. Todavia, em seu artigo original, eles sugeriram que os reguladores poderiam facilmente ser moléculas de RNA – de fato, eles favoreciam esta possibilidade.

A ideia de que moléculas de RNA poderiam ser reguladores foi amplamente esquecida à medida que mais e mais proteínas reguladoras eram encontradas em procariotos e eucariotos. Mas, nos últimos anos, houve uma explosão no estudo de reguladores de RNA, particularmente em eucariotos, que operam em nível de transcrição e, sobretudo, tradução. Este novo campo emergiu a partir de duas fontes: a descoberta dos microRNAs, primeiramente descritos no início da década de 1990 e, então, a descoberta do fenômeno conhecido como RNA de interferência no fim da década de 1990. Antes de estas formas de regulação serem descritas – como elas funcionam e as aplicações que permitem aos cientistas –, serão abordados casos de regulação gênica mediada por RNA em bactérias.

REGULAÇÃO POR RNAs EM BACTÉRIAS

Pequenos RNAs têm sido reconhecidos em procariotos há muitos anos. Alguns deles estão envolvidos na regulação da replicação de plasmídeos, e outros estão envolvidos na regulação da expressão gênica (ver discussão sobre Tn*10* no Cap. 12). Alguns dos RNAs deste último grupo controlam a transcrição – o RNA 6S de *Escherichia coli*, por exemplo. Este RNA liga-se à subunidade σ^{70} da RNA-polimerase e controla negativamente a transcrição a partir de vários promotores de σ^{70}. O RNA 6S acumula-se em altos níveis na fase estacionária (fase de crescimento em que as bactérias entram quando os nutrientes se tornam escassos e as células param de se dividir). Na fase estacionária, um fator σ alternativo, σ^{S}, é produzido. Este σ compete com σ^{70} pelo núcleo da polimerase e dirige a enzima para promotores expressando genes para as múltiplas respostas a estresse necessárias para a sobrevivência na fase estacionária. Ao reduzir a transcrição a partir de promotores de σ^{70}, o RNA 6S ajuda neste redirecionamento de expressão para promotores σ^{S}.

SUMÁRIO

Regulação por RNAs em Bactérias, 701

Os RNAs Reguladores estão Amplamente Distribuídos em Eucariotos, 711

Síntese e Função das Moléculas de miRNA, 714

Silenciamento da Expressão Gênica por Pequenos RNAs, 718

RNAs Longos Não Codificadores e Inativação do X, 728

Nos últimos anos, a atenção tem sido voltada para pequenas moléculas de RNA de bactérias que regulam a tradução e a degradação de mRNA. O interesse nestes pequenos RNAs foi aumentado por sua semelhança a RNAs que regulam a expressão gênica em eucariotos – os pequenos RNAs de interferência e os microRNAs que serão discutidos na segunda metade deste capítulo.

Uma classe de RNAs reguladores bacterianos (chamados de **sRNAs**) atua em *trans* para controlar a tradução de genes-alvo, parecido com o que microRNAs fazem em eucariotos. No entanto, eles são maiores (80 a 110 nucleotídeos) do que os RNAs reguladores eucarióticos (que variam de 21 a 30 nucleotídeos) e, em geral, não são formados pelo processamento de precursores de RNA de dupla-fita (dsRNA) maiores (como o são os reguladores de RNA eucarióticos); em vez disso, eles são codificados em sua forma final por pequenos genes. Vários destes genes foram identificados por bioinformática, com mais de 100 sRNAs sendo descobertos em *E. coli*. A maioria dos sRNAs atua pelo pareamento de bases com sequências complementares nos mRNAs-alvo e dirigindo a destruição do mRNA, inibindo sua tradução ou até mesmo, em alguns casos, *estimulando* a tradução.

A ligação de um sRNA a seu mRNA-alvo é, na maioria dos casos, auxiliada pela proteína bacteriana Hfq. Esta chaperona de RNA é necessária porque a complementaridade entre os sRNAs e seus mRNAs-alvo é normalmente imperfeita e curta e, assim, sua interação é fraca. A Hfq facilita o pareamento de bases. Além disso, ao ligar-se aos sRNAs mesmo antes que eles estejam pareados com seus alvos, a Hfq aumenta a estabilidade destes reguladores.

Um sRNA bastante estudado de *E. coli* é o RNA RybB, com 81 nucleotídeos. Este sRNA liga-se a vários mRNAs-alvo e desencadeia sua destruição porque o trecho de dupla-fita do heterodúplex formado pelo pareamento é reconhecido como substrato pela nuclease RNase E. A maioria dos mRNAs-alvo de RybB codifica proteínas de armazenamento de ferro. Ferro livre é necessário para a célula sob certas condições, mas altos níveis são tóxicos. RybB regula os níveis de ferro livre pelo controle de proteínas de armazenamento de ferro. RybB é expresso a partir de um promotor reconhecido por um fator σ especial chamado σ^E (assim como σ^S, um fator σ de resposta ao estresse). A própria expressão do gene que codifica σ^E é regulada por RybB e, assim, este sRNA faz parte de um circuito regulador autonegativo para σ^E.

O fator σ de fase estacionária σ^S, mencionado anteriormente, é codificado pelo gene *rpoS* de *E. coli*. A tradução do mRNA de *rpoS* é estimulada por dois sRNAs: DsrA e RprA. A ativação é alcançada por uma troca no pareamento de bases de RNA alternativo: os pequenos RNAs ligam-se a uma região do mRNA que de outro modo parearia com o sítio de ligação ao ribossomo, inibindo a tradução. O gene *rpoS* também é controlado negativamente por outra pequena molécula, OxyS. A Figura 20-1 mostra estes dois mecanismos.

Outros exemplos de RNAs reguladores em bactérias atuam simplesmente como RNAs "antissenso": eles são codificados pela fita oposta à fita codificadora de um gene e atuam pelo pareamento de bases homólogas para inibir a expressão do mRNA produzido a partir do gene. Estes tendem a estar associados com genes que codificam produtos potencialmente tóxicos, e também na regulação de alguns genes de fago (como em λ) (ver Cap. 18). Em geral, diz-se que estes RNAs atuam em *cis* porque agem apenas no gene a partir do qual foram gerados (ao contrário dos sRNAs de atuação em *trans* descritos anteriormente).

Os RNAs reguladores de atuação em *trans* serão retomados na segunda metade deste capítulo, onde será abordado seu papel na regulação da expressão gênica em eucariotos. Mas antes de a atenção ser voltada para este tópico, serão abordados outros exemplos de regulação gênica mediada pelo pareamento de RNA alternativo em bactérias, que operam verdadeiramente em *cis*. Estes são elementos reguladores de RNA que controlam a expressão dos genes *em cujos mRNAs eles residem*. Os exemplos mais marcantes são os chamados **ribocomutadores**, que controlam óperons metabólicos e a **atenuação** em

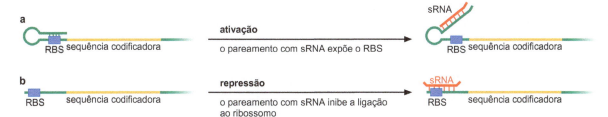

FIGURA 20-1 A ativação e a repressão da tradução por sRNAs. Quando o sítio de ligação ao ribossomo (RBS) está ocluído devido ao pareamento de bases com outra molécula de RNA (como ocorre em b) ou por pareamento com outra região da própria molécula de RNA (como ocorre em a), a tradução é inibida. (Adaptada, com permissão, de Gottesman S. et al. 2006. *Cold Spring Harbor Symp. Quant. Biol.* **71**: 1-11, Fig. 1. © Cold Spring Harbor Laboratory Press.)

óperons biossintéticos. Os genes *trp* de *E. coli* são o exemplo clássico deste último mecanismo e onde a regulação mediada por RNA foi descoberta (o caso será descrito em detalhes no Quadro 20-1).

Os ribocomutadores residem nos transcritos dos genes cuja expressão eles controlam por meio de alterações da estrutura secundária

Os ribocomutadores controlam a expressão gênica em resposta a alterações nas concentrações de pequenas moléculas. Estes elementos reguladores são normalmente encontrados nas regiões 5' não traduzidas (5'-UTRs) dos genes que eles controlam e podem regular a expressão em nível de transcrição ou tradução. Eles fazem isso por meio de alterações na estrutura secundária do RNA, como será visto.

Cada ribocomutador é constituído por dois componentes: o **aptâmero** e a **plataforma de expressão** (Fig. 20-2). O aptâmero liga-se à pequena molécula ligante e, em resposta, sofre uma alteração conformacional que, por sua vez, causa uma mudança na estrutura secundária da plataforma de expressão adjacente. Estas alterações conformacionais alteram a expressão do gene associado pela indução do término da transcrição ou pela inibição do início da tradução. Ambos os mecanismos estão ilustrados no exemplo apresentado na Figura 20-3, que será descrito agora.

Os ribocomutadores são normalmente encontrados, não surpreendentemente, a montante dos genes envolvidos na síntese do ligante metabólico reconhecido pelo ribocomutador em questão. Em *Bacillus subtilis*, por exemplo, muitos genes envolvidos no uso do aminoácido metionina possuem um RNA-líder não traduzido de 200 nucleotídeos que atua como ribocomutador sensor de SAM (*S*-adenosilmetionina). A RNA-polimerase inicia a transcrição no promotor e transcreve esta região-líder antes de entrar na sequência codificadora dos genes a jusante. Uma vez transcrita em RNA, a região-líder pode adotar estruturas alternativas por meio de padrões alternativos de pareamento de bases intramoleculares (Fig. 20-3a). Um destes arranjos inclui um

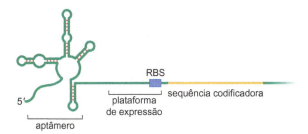

FIGURA 20-2 Organização dos RNAs ribocomutadores. Como descrito no texto, o aptâmero liga-se ao metabólito controlador, causando mudanças na estrutura da plataforma de expressão adjacente. Os aptâmeros identificados até o momento variam de tamanho entre 70 e 200 nucleotídeos; as plataformas de expressão são mais variadas, tanto em tamanho quanto em caráter.

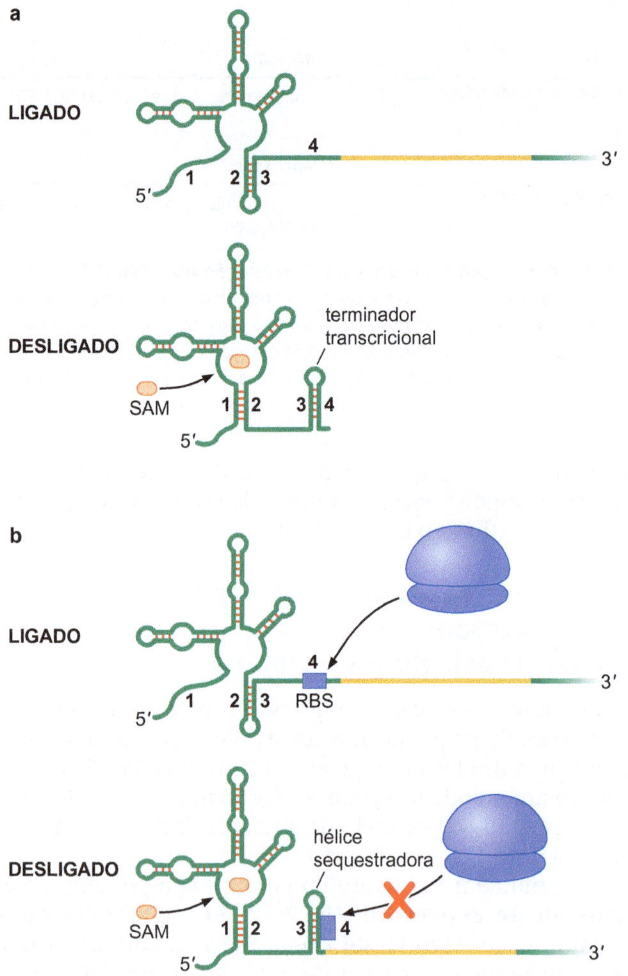

FIGURA 20-3 Os ribocomutadores regulam o término da transcrição ou o início da tradução. Dois exemplos de um ribocomutador sensor de SAM, em um caso (a) regulando o término da transcrição, em outro (b), o início da tradução. Os números 1 a 4 indicam diferentes elementos de sequência do RNA a montante da região codificadora (em amarelo). Na ausência de SAM, as regiões 2 e 3 formam uma haste-alça; na presença de SAM, as regiões 1 e 2 formam uma haste-alça, e as regiões 3 e 4 também. A consequência desta mudança de estrutura secundária controla a transcrição ou a tradução, como mostrado. (a) Uma haste-alça das regiões 3 e 4 produz um terminador transcricional, que faz a RNA-polimerase terminar a transcrição imediatamente após a transcrição destas regiões e antes de entrar na região codificadora a jusante. A haste-alça, neste caso, é seguida por um trecho de Us no mRNA, outra característica do terminador transcricional (Cap. 13, Fig. 13-13). (b) A haste-alça formada pelas regiões 3 e 4 inibe o início da tradução ao sequestrar o sítio de ligação ao ribossomo, como mostrado.

terminador transcricional haste-alça (ver Cap. 13). SAM – o ligante para este ribocomutador – liga-se ao aptâmero e estabiliza a estrutura secundária que inclui este terminador transcricional (como mostrado na base da Fig. 20-3a). Sob estas circunstâncias, a transcrição é terminada antes que a polimerase tenha a chance de transcrever o segmento codificador de proteína do gene a jusante. Esta forma de regulação transcricional é também chamada de **atenuação**. (Observa-se a semelhança mecanística com o sistema *trp* descrito no Quadro 20-1.) Em outro caso – em outro gene – um ribocomutador sensor de SAM pode atuar pela regulação da tradução. Neste caso, como mostrado na Figura 20-3b, a estrutura secundária alternativa estabilizada pela ligação de SAM ao aptâmero inclui uma haste-alça que, embora não seja um terminador transcricional, inclui o sítio de ligação ao ribossomo (RBS; na região 4). Esta alteração conformacional sequestra o RBS e bloqueia o início da tradução pelos ribossomos (ver Cap. 15). Esta forma de inibição da tradução é, portanto, essencialmente idêntica à descrita anteriormente para os sRNAs de atuação em *trans* (Fig. 20-1). Os detalhes das alterações na estrutura secundária do RNA induzidas pela ligação de SAM a um ribocomutador estão mostrados na Figura 20-4.

Vários ribocomutadores foram identificados, e resultados atuais de sequenciamento do genoma inteiro sugerem que há provavelmente centenas ou milhares deles em espécies de bactérias. Mesmo os exemplos bem-carac-

CAPÍTULO 20 RNAs Reguladores 705

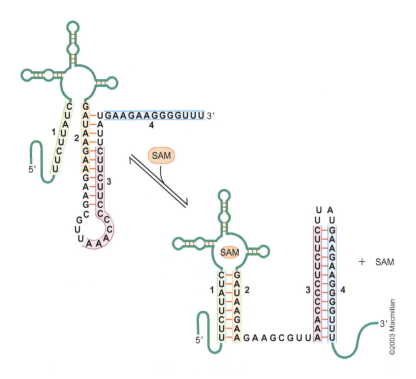

FIGURA 20-4 **Alterações da estrutura secundária de um ribocomutador sensor de SAM.** As sequências das regiões 1 a 4 (descritas na Fig. 20-3) são aqui mostradas em detalhes e em diferentes cores. Os pareamentos de bases encontrados nas duas estruturas secundárias alternativas – ou seja, com e sem SAM ligado – estão mostrados. (Adaptada, com permissão, de Winkler W.C. et al. 2003. *Nat. Struct. Biol.* **10**: 701-707, Fig. 5b. © Macmillan.)

terizados respondem a uma gama de diferentes metabólitos, incluindo lisina e outros aminoácidos, vitamina B12, coenzima pirofosfato de tiamina (TPP), mononucleotídeo de flavina (FMN) e guanina (Fig. 20-5).

Outro tipo de ribocomutador responde a tRNAs não carregados, em vez de a pequenas moléculas ligantes. Deste modo, determinados genes, sobretudo os genes de aminoacil-tRNA sintetases (ver Cap. 15), são controlados por atenuação mediada por um RNA-líder não traduzido, com 200 a 300 nucleotídeos de comprimento, que interage direta e especificamente com o tRNA correspondente, não carregado, pela sintetase: a forma carregada do tRNA não se encaixa no bolso de ligação fornecido pela estrutura secundária do RNA. A ligação do tRNA não carregado estabiliza o RNA-líder em sua estrutura de antitérmino, de modo que a transcrição do gene de sintetase adjacente pode prosseguir. A especificidade é alcançada, em parte, pela interação "códon--anticódon" entre o tRNA e o RNA-líder. Como apenas o tRNA não carregado é capaz de ligar-se ao líder, a leitura de todo o transcrito é estimulada apenas quando o aminoácido correspondente está escasso, e o nível do tRNA não carregado está aumentado na célula.

Os ribocomutadores, apesar de muito prevalente entre bactérias, são também encontrados em arquebactérias, fungos e plantas. Em alguns casos, nestes organismos mais complexos, os ribocomutadores estão envolvidos até mesmo no controle do processamento alternativo (Cap. 14). Assim, por exemplo, em um caso descrito no fungo *Neurospora crassa*, três aptâmeros de TPP foram identificados, e dois deles inibiram, e o terceiro estimulou, a expressão de genes por meio da regulação do processamento de RNA.

RNAs como agentes de defesa em procariotos e arquebactérias

Antes de abordar o papel dos RNAs reguladores em eucariotos, há outro sistema a ser considerado em bactérias. Embora ele não seja estritamente um exemplo de regulação gênica (é um sistema de defesa contra vírus e outros

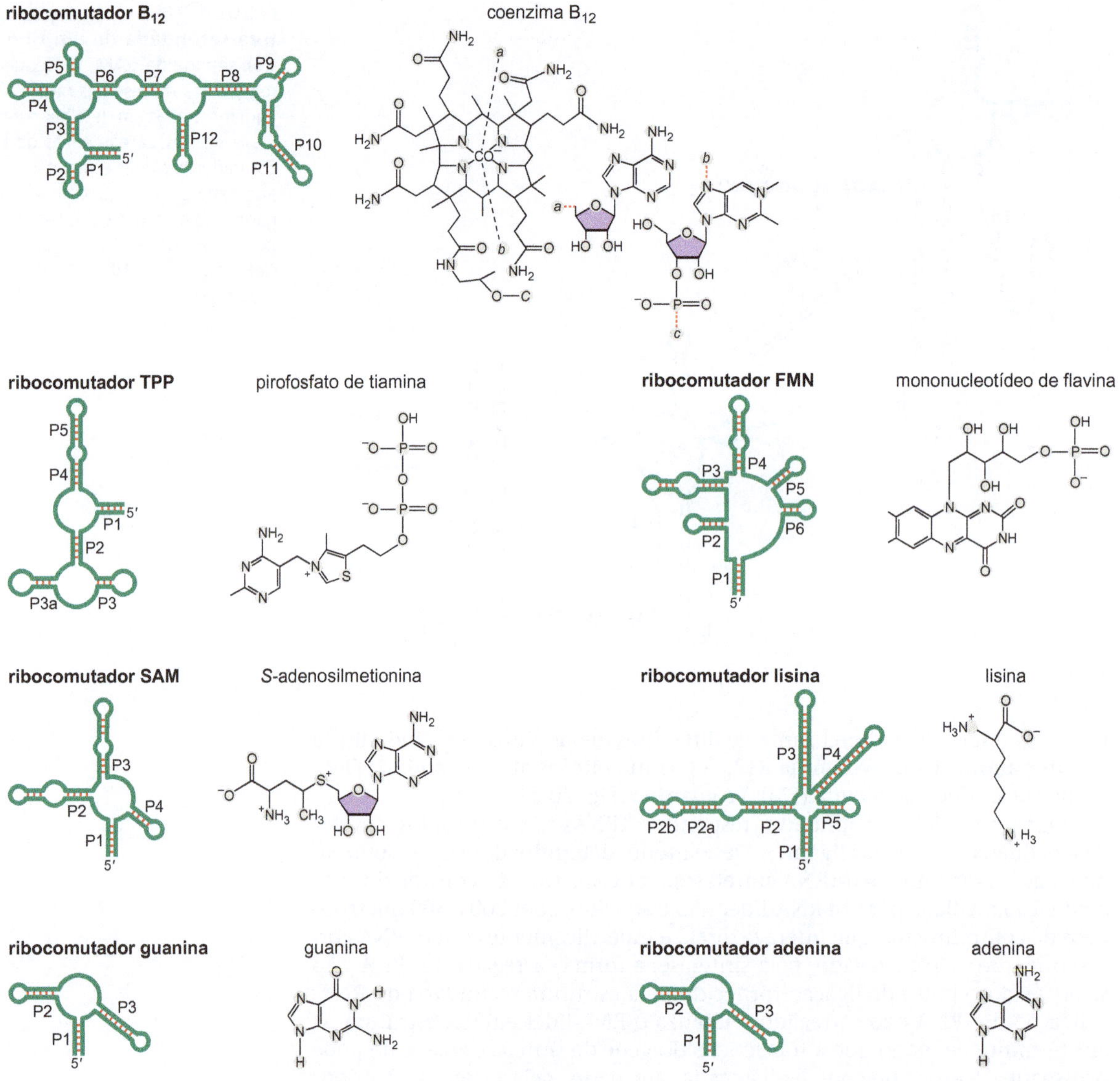

FIGURA 20-5 Ribocomutadores respondem a uma ampla gama de metabólitos. A estrutura secundária de sete ribocomutadores e os metabólitos aos quais eles são sensíveis são mostrados aqui. (Adaptada, com permissão, de Mandal M. et al. 2003. *Cell* **113**: 577-586, Fig. 7A. © Elsevier.)

invasores extracromossômicos), o mecanismo usado é bastante semelhante aos sistemas que serão encontrados em eucariotos, isto é, o RNAi.

CRISPRs são o registro de infecções sobrevividas e resistência adquirida

Anos antes de que qualquer função pudesse ser atribuída a eles, pequenos trechos de sequências incomuns mas caracteristicamente organizadas foram observados nos genomas de várias bactérias. O padrão distinto levou ao nome bastante complicado de Repetições Palindrômicas Curtas Agrupadas e Regularmente Intercaladas (ou **CRISPRs**, *Clustered Regularly Interspaced Short Palindromic Repeats*). As características gerais estão apresentadas na Figura 20-6 e consistem em **sequências repetidas** (cada uma com cerca de 30 pb e altamente conservadas em um dado agrupamento) intercaladas com **sequências**

▶ CONCEITOS AVANÇADOS

Quadro 20-1 Óperons biossintéticos de aminoácidos são controlados por atenuação

Em *E. coli*, os cinco genes contíguos *trp* codificam enzimas que sintetizam o aminoácido triptofano. Esses genes só são expressos de maneira eficiente quando o triptofano está em concentração limitante (Fig. 1 deste quadro). Estes genes são controlados por um repressor, assim como os genes *lac*, embora, neste caso, seja a *ausência* de seu ligante (o triptofano) que alivie a repressão.

O que é surpreendente, porém, é que depois de iniciar uma molécula de mRNA de *trp*, nem sempre a polimerase completa todo o transcrito. Assim como nos ribocomutadores, a decisão de produzir um transcrito completo é controlada por atenuação; neste caso, a maioria dos transcritos é prematuramente terminada, antes mesmo de incluírem o primeiro gene de *trp* (*trpE*). Contudo, a atenuação é superada se os níveis de triptofano forem baixos na célula; quando o triptofano é limitante, a polimerase não termina e, em vez disso, transcreve todos os genes *trp*. A ocorrência ou não de atenuação depende da habilidade de os RNAs formarem estruturas secundárias alternativas, assim como ocorre com os ribocomutadores. Neste caso, entretanto, a escolha entre estruturas alternativas formadas pelo RNA-líder não é controlada pela ligação do ligante diretamente ao RNA; em vez disso, a escolha de alternativas depende do acoplamento entre transcrição e tradução em bactérias.

A sequência da extremidade 5' do mRNA do óperon *trp* inclui uma sequência-líder de 161 nucleotídeos a montante do primeiro códon de *trpE* (Fig. 2 deste quadro). Próximo ao fim dessa sequência-líder, e antes do *trpE*, existe um terminador de transcrição, constituído por uma alça em grampo característica no RNA (formada pelas sequências das regiões 3 e 4 da Fig. 2 deste quadro), seguida por oito resíduos de uridina (ver Cap. 13, Fig. 13-13). A transcrição geralmente para após este terminador (e poderíamos pensar que a parada deveria ser obrigatória) produzindo um RNA-líder com 139 nucleotídeos. Esse RNA é produzido quando há altos níveis de triptofano.

Três características da sequência-líder permitem que o terminador seja transposto pela RNA-polimerase quando a concentração celular de triptofano está baixa. Primeira, um segundo grampo (além do grampo de término) pode ser formado entre as regiões 1 e 2 do líder (ver Fig. 2 deste quadro). Segunda, a região 2 também é complementar à região 3; podendo, portanto, ser formado mais um grampo com as regiões 2 e 3 e, quando isso ocorre, não há formação do grampo de término (3, 4). Terceira, o RNA do líder contém uma fase de leitura aberta que codifica um pequeno peptídeo-líder, com 14 aminoácidos, a qual é precedida por um forte sítio de ligação ao ribossomo (ver Fig. 2 deste quadro).

A sequência que codifica o peptídeo-líder tem uma característica muito interessante: dois códons de triptofano em sequência. Quando a concentração de triptofano é baixa, há muito pouco tRNA de triptofano carregado disponível, e o ribossomo para ao chegar aos dois códons de triptofano. Nestas circunstâncias, o RNA nas proximidades dos códons de triptofano está no interior do ribossomo e não pode participar do grampo. A consequência desse cenário é apresentada na Figura 3 deste quadro.

Um ribossomo parado nos códons de triptofano (parte b) encobre a região 1, deixando a região 2 livre para parear com a região 3; portanto, o grampo de término (formado pelas regiões 3 e 4) não será formado e a transcrição não é atenuada. Por outro lado, se houver triptofano suficiente (e, portanto, suficientes tRNAs carregados com Trp) para permitir o avanço do ribossomo por meio dos códons de triptofano, o ribossomo bloqueia a sequência 2 e, durante este período, as regiões de RNA 3 e 4 estarão sendo produzidas. Assim, o terminador forma-se, atenuando a transcrição, e os genes *trp* não são transcritos.

O óperon *trp* é controlado por repressão e atenuação, fornecendo uma resposta de dois estágios à redução progressivamente mais rigorosa dos níveis de triptofano. Contudo, a atenuação, por si, pode fornecer regulação robusta: outros óperons de aminoácidos, como *leu* e *his*, dependem totalmente da atenuação para seu controle. No caso da leucina, o peptídeo-líder do óperon da leucina tem quatro códons de leucina adjacentes, e o peptídeo-líder do óperon da histidina contém sete códons de histidina em sequência.

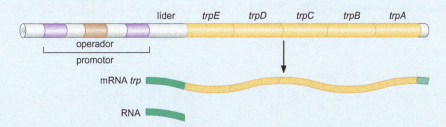

QUADRO 20-1 FIGURA 1   Óperon *trp*. O óperon do triptofano de *E. coli*, mostrando a relação do líder (ver texto) com os genes estruturais que codificam as enzimas do Trp. Os produtos gênicos são a antranilato-sintetase (produto do *trpE*), a fosforribosilantranilato-transferase (*trpD*), a fosforribosilantranilato-isomerase-indolglicerolfosfato-sintetase (*trpC*), a β-triptofano-sintetase (*trpB*) e a α-triptofano-sintetase (*trpA*).

(continua)

Quadro 20-1 *(Continuação)*

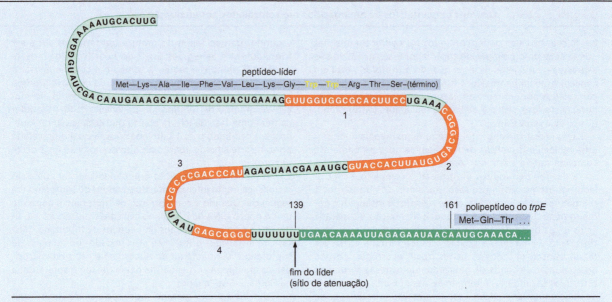

QUADRO 20-1 FIGURA 2 RNA-líder do operador de *trp*. Características da sequência nucleotídica do RNA-líder do óperon *trp*.

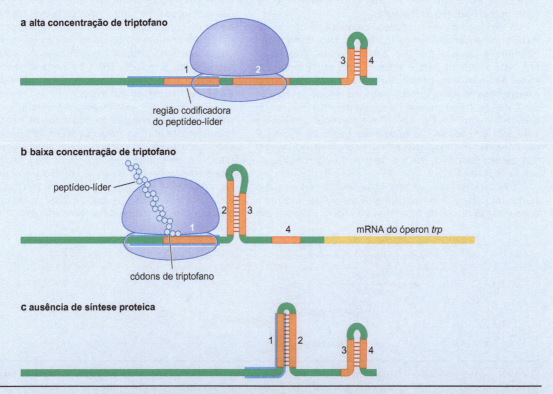

QUADRO 20-1 FIGURA 3 Término da transcrição no atenuador de *trp*. O término da transcrição no atenuador do óperon *trp* é controlado pela disponibilidade de triptofano. A caixa em roxo mostra a região codificadora do peptídeo-líder. (a) Condições de triptofano elevado: a sequência 3 pode parear com a sequência 4, formando um grampo de término de transcrição. (b) Condições de triptofano reduzido: o ribossomo para nos códons de triptofano adjacentes, deixando a sequência 2 livre para pareamento com a sequência 3, impedindo a formação do grampo de término 3-4. (c) Ausência de síntese proteica: se nenhum ribossomo iniciar a tradução do peptídeo-líder AUG, o grampo é formado pelo pareamento das sequências 1 e 2, impedindo a formação do grampo 2-3 e permitindo a formação do grampo de término com as sequências 3-4. As enzimas Trp não são expressas.

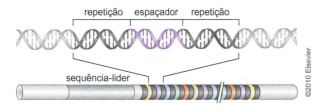

FIGURA 20-6 A organização do *locus* CRISPR. As sequências repetidas conservadas e o espaçador variável estão indicados na parte superior. Na parte inferior da figura, vê-se o arranjo destas sequências (o número delas é extremamente variável); a sequência-líder proximal também é apresentada. (Adaptada, com permissão, de Karginov F.V. e Hannon G.J. 2010. *Mol. Cell* **37**:7–19, Fig.1A,B, p. 8. © Elsevier.)

espaçadoras de comprimento semelhante mas com sequências altamente divergentes. Em uma das extremidades do arranjo está uma chamada sequência-líder, geralmente rica em A-T e com cerca de 500 pb de comprimento.

Estes agrupamentos não são raros – de fato, as CRISPRs foram encontradas em metade de todos os genomas bacterianos sequenciados, e essencialmente em todos os genomas de arquebactérias. Em muitos casos, há apenas um agrupamento por genoma, mas não é incomum haver mais, e o número pode chegar a 20 ou mais – e em um caso quase 400 foram detectados em uma espécie de *Chloroflexus*. Mas como eles surgem, e o que eles fazem?

A primeira pista de sua origem veio da curiosa observação (um achado puramente de bioinformática) de que um número significativo de sequências espaçadoras eram idênticas a regiões de fagos ou plasmídeos conhecidos. Isso levou rapidamente à proposta de que estes arranjos estavam envolvidos em algum tipo de mecanismo de defesa contra a entrada de ácidos nucleicos estranhos na célula.

O suporte experimental para este modelo veio quando células de bactérias resistentes que surgiam em populações desafiadas com um dado fago apresentaram sequências espaçadoras incorporadas derivadas do fago. Da mesma maneira, a sensibilidade reduzida a um fago poderia ser conferida ou anulada pela adição ou remoção das sequências espaçadoras relevantes. Além disso, as bactérias tornavam-se mais resistentes à infecção por um dado fago à medida que adquiriam mais sequências espaçadoras deste fago. Mostrou-se também que os vírus recuperam a capacidade de infectar estas células previamente resistentes quando adquirem mutações nestas regiões de seus genomas que doaram – e, portanto, são complementares – às sequências espaçadoras.

Um conjunto de genes codificadores de proteínas conservado está fortemente associado às sequências CRISPR. Os dois membros mais altamente conservados (*cas1* e *cas2*, significando *CRISPR associated* [associados a CRISPR]) são encontrados em todos os casos, mas outros genes *cas*, e genes mais distantemente relacionados, são menos frequentes. Estes genes codificam proteínas envolvidas em diferentes aspectos da função de CRISPR, como será discutido adiante. Um exemplo da complexidade observada em alguns casos reais é apresentado na Figura 20-7.

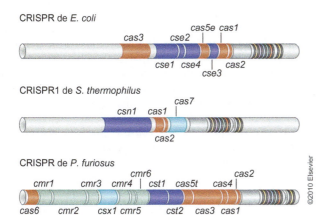

FIGURA 20-7 A organização dos genes *cas* em três *loci* CRISPR. Os diferentes números, orientações e tipos de genes *cas* são mostrados em três *loci* CRISPR bem-estudados. Os genes *cas* centrais são mostrados em vermelho. As sequências repetida e espaçadora mostradas na Figura 20-6 estão aqui na extremidade à direita. (Adaptada, com permissão, de Karginov F.V. e Hannon G.J. 2010. *Mol. Cell* **37**: 7-19, Fig. 1C, p. 8. © Elsevier.)

FIGURA 20-8 Mecanismo de aquisição de sequência espaçadora. Cada sequência espaçadora nova é inserida próxima à sequência-líder, resultando em um arranjo que é um registo temporal de aquisições passadas. A sequência destinada a tornar-se uma espaçadora é, no genoma do fago, conhecida como "protoespaçadora" e é adjacente a uma sequência PAM, como descrito no texto. (Adaptada, com permissão, de Karginov F.V. e Hannon G.J. 2010. *Mol. Cell* **37**: 7-19, Fig. 2B, p. 10. © Elsevier.)

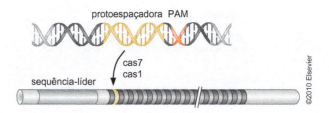

Sequências espaçadoras são adquiridas de vírus infectantes

Como já descrito anteriormente, a aquisição de sequências espaçadoras de um dado fago por uma célula confere sensibilidade diminuída a infecções posteriores por este fago. O processo básico está apresentado na Figura 20-8. A sequência do vírus que irá se tornar um novo espaçador é chamada de protoespaçador e é encontrada próxima à sequência PAM (do inglês, *proto-spacer adjacent motif* [motivo adjacente ao protoespaçador]). Quando um novo espaçador é adicionado a um arranjo CRISPR, ele é incorporado à extremidade proximal, próximo à sequência-líder.

Alguns dos genes *cas* codificam proteínas necessárias para o processo de aquisição. Assim, o mecanismo de defesa antiviral não é prejudicado por sua ausência, mas a célula não consegue adquirir resistência a novos vírus. Os produtos dos genes *cas1*, *cas2* e *cas4* estão nesta categoria. Cas1 é uma integrase putativa, enquanto Cas2 é uma ribonuclease. Ao contrário de outras proteínas Cas, a Cas6 está envolvida na expressão e processamento do agrupamento CRISPR e Cas3 está envolvida na interferência à infecção viral.

Uma CRISPR é transcrita como um RNA simples longo, o qual é então processado em espécies de RNA mais curtas que desencadeiam a destruição de DNA ou RNA invasores

A expressão de CRISPR de *E. coli* foi extensamente estudada. O promotor a partir do qual a expressão é iniciada está localizado na região-líder e gera um único transcrito de RNA chamado de pré-crRNA. No caso de *E. coli*, CRISPR está associada a oito genes cas, e os produtos de cinco deles formam um complexo chamado Cascade. Este complexo inclui uma subunidade que está implicada no processamento do longo transcrito em **crRNAs** individuais curtos, cada um deles tendo o comprimento de um espaçador e uma sequência repetida. Estes pequenos RNAs permanecem ligados ao complexo Cascade e o direcionam para os genomas de DNA de moléculas invasoras (Fig. 20-9a).

Cada crRNA contém oito nucleotídeos da repetição 5' seguidos pela região espaçadora completa e a maior parte da próxima repetição. As seções de repetição incluídas no crRNA são chamadas de "alavancas" 5' e 3', respectivamente, e representam partes conservadas de cada crRNA, sendo consideradas as regiões que se ligam às subunidades do complexo Cascade.

Em outros casos (p. ex., *Pyrococcus furiosus*), o processamento do pré-crRNA é realizado por uma enzima diferente (mas estruturalmente semelhante), e os crRNAs são ligados a um complexo proteico alternativo formado por um conjunto diferente de proteínas Cas. Neste caso, os crRNAs começam com as alavancas 5' e 3', mas a alavanca 3' é removida em um passo de processamento subsequente. Neste caso, o complexo crRNA-proteína é direcionado contra RNA exógeno, em vez de DNA.

Os mecanismos dos sistemas de *E. coli* e *P. furiosus* estão ilustrados na Figura 20-9. Adiante, será visto como estes se assemelham ao processo de RNAi observado em eucariotos, embora, em detalhes, operem de maneiras bastante diferentes.

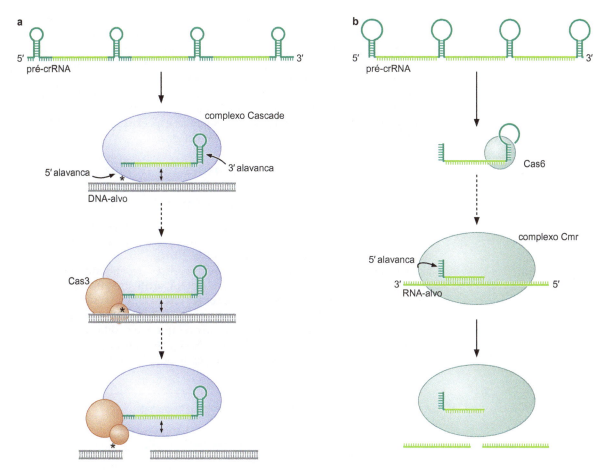

FIGURA 20-9 A operação antiviral dos *loci* CRISPR de *E. coli* e *P. furiosus*. O sistema de *E. coli* (a) tem o DNA exógeno como alvo, enquanto o de *P. furiosus* (b) tem o RNA como alvo. Embora semelhantes de várias maneiras, o mecanismo de processamento e a operação final dos dois sistemas são diferentes, como destacado no texto. Em a, o pré-crRNA é processado pela subunidade CasE do complexo Cascade (CasE é codificada pelo gene *cse3* na Fig. 20-7). crRNA e Cascade são então dirigidos para, e clivam, o DNA-alvo com auxílio de Cas3 de maneira ainda não totalmente esclarecida. Em b, Cas6 (ver Fig. 20-7) processa o pré-crRNA, e este, unido a um complexo diferente de Cascade, age sobre o RNA viral com um mecanismo análogo ao sistema de RNAi de eucariotos. (Adaptada de Jore M.M. et al. 2012. *Cold Spring Harb. Perspect. Biol.* **4**: a003657. © Cold Spring Harbor Laboratory Press.)

OS RNAs REGULADORES ESTÃO AMPLAMENTE DISTRIBUÍDOS EM EUCARIOTOS

Os RNAs reguladores eucarióticos existem em múltiplas formas, caracterizados por seu tamanho ("longo" ou "curto"), sua origem e os mecanismos pelos quais eles são gerados e regulam a expressão gênica. Hoje, se acredita que entre 30 e 70% dos genes em eucariotos complexos sejam regulados até certo ponto por RNAs, com papéis que vão desde o desenvolvimento (bem-estudado no nematódeo *C. elegans* e na planta *Arabidopsis*, descritos no Apêndice 1) até a homeostase celular e proteção das células contra vírus e transposons. Além disso, uma forma de regulação (RNA de interferência) foi adaptada para uso como uma poderosa ferramenta experimental para manipular a expressão gênica em vários organismos.

Começaremos esta seção olhando os vários pequenos reguladores RNAs curtos de RNA, e retornaremos a espécies mais longas no fim do capítulo.

Vários tipos de RNAs muito curtos reprimem, ou silenciam, a expressão de genes com homologia a estas sequências curtas de RNA. Dependendo da origem e do contexto, estes RNAs atuam inibindo a tradução do mRNA, destruindo o mRNA, ou mesmo silenciando a transcrição a partir do promotor que dirige a expressão do mRNA. Conforme será descrito adiante, estes RNAs curtos são geralmente produzidos por enzimas especiais a partir de RNAs de dupla-fita (dsRNAs) mais longos, de várias origens.

Pequenos RNAs que silenciam genes são produzidos a partir de uma variedade de fontes e dirigem o silenciamento de genes de três formas diferentes

Antes de descrever os aspectos da produção e função destes curtos RNAs silenciadores em mais detalhes, será fornecida uma visão geral de como este tipo de silenciamento funciona (ilustrado na Fig. 20-10).

Os pequenos RNAs possuem nomes diferentes dependendo de sua origem. Os gerados a partir de precursores de dsRNA, artificialmente ou *in vivo*, são chamados de **pequenos RNAs de interferência** (siRNAs, *small interfering RNAs*). Outro grupo de RNAs reguladores é o de **microRNAs** (**miRNAs**). Estes miRNAs são derivados de RNAs precursores que são codificados por genes expressos em células nas quais estes miRNAs possuem funções reguladoras específicas. Uma terceira classe de RNAs reguladores curtos são os **RNAs de**

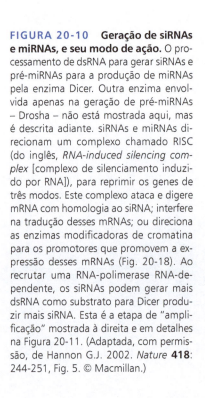

FIGURA 20-10 Geração de siRNAs e miRNAs, e seu modo de ação. O processamento de dsRNA para gerar siRNAs e pré-miRNAs para a produção de miRNAs pela enzima Dicer. Outra enzima envolvida apenas na geração de pré-miRNAs – Drosha – não está mostrada aqui, mas é descrita adiante. siRNAs e miRNAs direcionam um complexo chamado RISC (do inglês, *RNA-induced silencing complex* [complexo de silenciamento induzido por RNA]), para reprimir os genes de três modos. Este complexo ataca e digere mRNA com homologia ao siRNA; interfere na tradução desses mRNAs; ou direciona as enzimas modificadoras de cromatina para os promotores que promovem a expressão desses mRNAs (Fig. 20-18). Ao recrutar uma RNA-polimerase RNA-dependente, os siRNAs podem gerar mais dsRNA como substrato para Dicer produzir mais siRNA. Esta é a etapa de "amplificação" mostrada à direita e em detalhes na Figura 20-11. (Adaptada, com permissão, de Hannon G.J. 2002. *Nature* **418**: 244-251, Fig. 5. © Macmillan.)

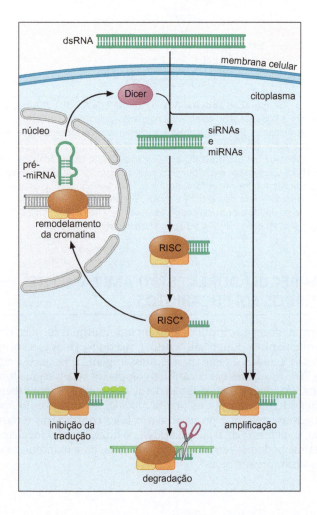

interação com *piwi* (**piRNAs**, *piwi-interaction RNAs*), que são expressos predominantemente na linhagem germinativa e possuem características distintas das de miRNAs.

siRNAs e miRNAs são gerados a partir de moléculas de RNA mais longas pela enzima **Dicer**, uma enzima semelhante à RNase III que reconhece e digere dsRNAs mais longos ou estruturas de haste-alça formadas por precursores de miRNA (ver discussão posterior). Os produtos de siRNA e miRNA possuem normalmente 21 a 23 nucleotídeos; sua produção está mostrada na etapa estimulada por Dicer no topo da Figura 20-10. Os piRNAs (que possuem 24 a 34 nucleotídeos) são derivados de uma forma que não envolve um precursor de dsRNA. Em vez disso, os piRNAs são gerados pelo processamento de transcritos longos de fita simples que abrangem os chamados agrupamentos de piRNA encontrados no genoma. Este processamento não necessita de Dicer.

Estes pequenos RNAs inibem a expressão de genes-alvo homólogos de três formas: eles desencadeiam a destruição do mRNA codificado pelo gene-alvo, eles inibem a tradução do mRNA ou eles induzem modificações da cromatina no gene-alvo e, assim, silenciam sua transcrição. Notavelmente, qualquer que seja a via empregada em determinado caso, grande parte da maquinaria necessária é a mesma. Esta maquinaria inclui um complexo chamado **complexo de silenciamento induzido pelo RNA** (**RISC**, *RNA-induced silencing complex*). Um RISC contém, além do pequeno RNA, várias proteínas incluindo um membro da família **Argonauta**.

O pequeno RNA deve ser desnaturado para originar um **RNA-guia** – a fita que fornece ao RISC especificidade, como será visto – e um **RNA passageiro**, que é geralmente descartado. O complexo resultante, o RISC maduro, é então dirigido para RNAs-alvo contendo sequências complementares ao RNA-guia. Estes RNAs-alvo são degradados ou sua tradução é inibida. Normalmente, a escolha depende em parte do grau de complementaridade entre o RNA-guia e o mRNA-alvo: se as sequências forem altamente complementares (como geralmente ocorre com os siRNAs), o alvo é degradado; se a correspondência não for tão boa (i.e., se houver vários malpareamentos de bases, como geralmente ocorre com os miRNAs), a resposta é, na maior parte das vezes, a inibição da tradução. Nos casos em que o RNA-alvo é degradado, a Argonauta é a subunidade catalítica que realiza a clivagem inicial do mRNA; por este motivo, a Argonauta é frequentemente chamada de ***Slicer*** ("fatiador") e a clivagem do mRNA, de *slicing* ("fatiamento").

Um RISC pode também ser direcionado para o núcleo, onde recruta outras proteínas que modificam a cromatina em torno do promotor do gene complementar ao RNA-guia (mostrado à esquerda na Fig. 20-10). Essa modificação resulta no silenciamento da transcrição (Cap. 19). O estabelecimento de silenciamento nas regiões centroméricas da levedura *Schizosaccharomyces pombe*, por exemplo, necessita da maquinaria de RNAi, conforme será visto adiante.

Uma distinção que vale fazer entre miRNAs e siRNAs é que os primeiros atuam como reguladores em *trans* tradicionais: eles são codificados por um gene mas atuam sobre outros (como os sRNAs encontrados em sistemas bacterianos). Ao contrário, os siRNAs são normalmente gerados por transcritos das regiões nas quais atuam (formalmente como os RNAs antissenso descritos em bactérias) e são, portanto, descritos como atuando em *cis*.

Outra característica importante no silenciamento por RNAi é a sua extrema eficiência. Quantidades muito pequenas de dsRNA são suficientes para induzir um quase completo desligamento dos genes-alvo. Um fator adicional à eficiência poderia ser a atuação de uma **RNA-polimerase RNA-dependente** (**RdRP**, *RNA-dependent RNA polymerase*), uma enzima adicional necessária em muitos casos de RNAi, incluindo o silenciamento centromérico em leveduras. Esta polimerase pode amplificar o sinal inibidor: a RdRP gera dsRNA após ser recrutada para o mRNA pelo siRNA original (como indicado

FIGURA 20-11 Amplificação do sinal de siRNA por RdRP. Como mostrado na Figura 20-10, o sinal de siRNA pode ser amplificado, gerando mais dsRNA para que Dicer processe em mais siRNAs. Isso é alcançado pelo recrutamento de uma RNA-polimerase dependente de RNA, pelo complexo siRNA-RISC, para o RNA-alvo, e siRNA atua como iniciador para que esta enzima transforme o alvo em dsRNA, que pode então, ele mesmo, ser processado por Dicer. As RdRPs são encontradas em plantas, vermes e na levedura *Schizosaccharomyces pombe* (*Saccharomyces cerevisiae* não possui a maquinaria de RNAi), e a importância desta etapa de amplificação será vista no caso do silenciamento do centrômero de *S. pombe* (Fig. 20-18).

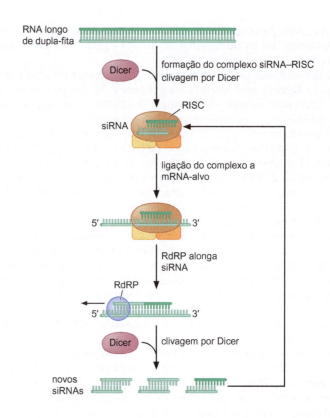

à direita na Fig. 20-10 e mostrado em detalhes na Fig. 20-11). Este processo de retroalimentação gera grandes quantidades de siRNA. A RdRP ainda não foi identificada em células de mamíferos, e sua alta eficiência provavelmente resulta do fato de que o fatiamento (ou *slicing*) é catalítico – isto é, cada RISC pode clivar vários mRNAs.

Assim, embora na primeira seção deste capítulo tenham sido vistos exemplos de pequenos RNAs regulando a expressão gênica em bactérias, os mecanismos de produção e atuação destes RNAs em eucariotos é bastante diferente.

SÍNTESE E FUNÇÃO DAS MOLÉCULAS DE miRNA

Os miRNAs possuem uma estrutura característica que ajuda na sua identificação e na de seus genes-alvo

Conforme mencionado anteriormente, os miRNAs estão codificados no genoma como segmentos de transcritos mais longos. Sua estrutura característica ajuda na sua identificação e na predição dos genes-alvo que eles podem regular.

A forma funcional de um miRNA é normalmente entre 21 ou 22 nucleotídeos (ela pode variar de 19 a 25 nucleotídeos). Estes RNAs curtos são gerados por duas reações de clivagem a partir de um transcrito de RNA mais longo (chamado de pri-miRNA, de "primário") que possui uma estrutura secundária em formato de grampo. A primeira clivagem libera a haste-alça, chamada de pré-miRNA; a segunda gera o miRNA maduro a partir do pré-miRNA. Um dos primeiros e mais bem caracterizados miRNAs a ser identificado é o *let-7*, que regula o desenvolvimento na transição de larva para adulto no verme *C. elegans* (ver Apêndice 1). As estruturas dos pré-miRNAs para *let-7* e alguns outros miRNAs naturais estão representadas na Figura 20-12.

Inicialmente, pensava-se que um "braço" da estrutura de haste-alça do pré-miRNA seria o miRNA regulador. Porém, numerosos exemplos fo-

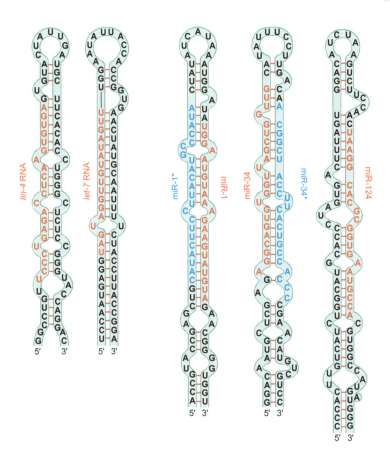

FIGURA 20-12 **Estrutura de alguns pré-miRNAs antes do processamento para gerar os miRNAs maduros.** As sequências em vermelho são miRNAs. Em alguns casos, ambos os "braços" de uma haste-alça podem gerar um miRNA funcional. Nestes casos, o segundo miRNA é mostrado em azul – por exemplo, miR-1 (vermelho) e miR-1* (azul), bem como em miR-34 (vermelho) e miR-34* (azul). Os miRNAs mostrados são todos de verme. *lin-4* e *let-7* foram geneticamente identificados; os chamados de miR foram encontrados por bioinformática. (Modificada, com permissão, de Lim L.P. et al. 2003. *Genes Dev.* **17**: 991, Fig. 6. © Cold Spring Harbor Laboratory Press.)

ram identificados nos quais ambos os braços da estrutura dão origem aos miRNAs funcionais, cada um deles com seu próprio conjunto de genes-alvo (nestes casos, os dois miRNAs são vermelho e azul na Fig. 20-12). Atualmente, considera-se que a produção de miRNAs a partir de ambos os braços é algo comum. Os pré-miRNAs podem ser codificados por qualquer parte de um transcrito: ou seja, eles podem estar em regiões codificadoras, em regiões-líder, ou em íntrons (Fig. 20-13).

A estrutura secundária característica de um transcrito primário portando um miRNA (pri-miRNA) tornou possível predizer sua presença com base no dobramento calculado da estrutura secundária da sequência de RNA. Além disso, em muitos casos, candidatos para os genes-alvo regulados podem também ser preditos, porque o silenciamento depende da complementaridade de sequência entre o alvo e o miRNA maduro. O pareamento de bases entre miRNA e o RNA-alvo é iniciado por interações dos chamados resíduos-semente – em geral, a sequência entre as bases 2 e 9 do miRNA de 22 nucleotídeos. Esta é a região de maior complementaridade e, assim, é a região mais útil na identificação de genes-alvo. Obviamente, estabelecer que um miRNA realmente existe requer que sua presença seja detectada em células (p. ex., por *northern blot*) e que a expressão gênica a partir dos mRNAs-alvo seja afetada por sua presença.

As duas reações de clivagem necessárias para gerar o miRNA a partir destes transcritos primários são mediadas por duas RNases distintas. Uma delas é Dicer, que já introduzimos e que também é necessária na geração de siRNAs. A outra, especificamente necessária para o processamento de miRNA, é **Drosha**. Uma característica destas enzimas é que elas reconhecem e clivam RNAs com base na estrutura de seus substratos, em vez de sua sequência específica. Agora a atenção será voltada para como estas enzimas funcionam.

FIGURA 20-13 Os miRNAs são codificados em íntrons e éxons do RNA. As sequências intrônicas estão mostradas em verde-claro. Os códons de início e término estão indicados em verde-limão e cor-de-rosa, respectivamente.

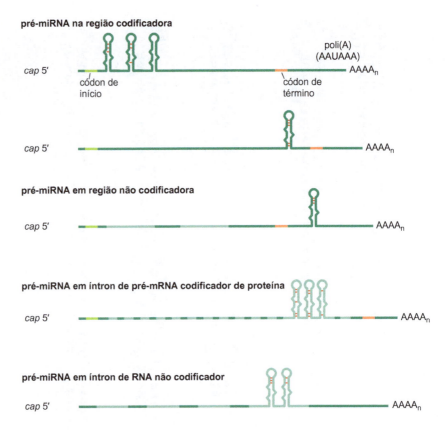

Um miRNA ativo é gerado por meio de um processamento nucleolítico de duas etapas

A primeira etapa é realizada pela enzima Drosha, membro da família de enzimas da RNase III. Drosha realiza duas clivagens que cortam a região da haste-alça do RNA (pré-miRNA) do transcrito primário de RNA (pri-miRNA). Esta enzima atua junto com uma proteína de subunidade de especificidade essencial (chamada Pasha em alguns organismos e DGCR8 em outros) e, juntas, estas duas proteínas formam um **complexo Microprocessador** ativo. O pré-miRNA gerado por Drosha possui geralmente de 65 a 70 nucleotídeos. Drosha reside no núcleo da célula, e o evento de clivagem catalisado por ela ocorre neste compartimento celular.

A haste pareada no pri-miRNA possui normalmente cerca de 33 pb (três voltas de hélice de dsRNA) e contém apenas alguns malpareamentos (Fig. 20-14). No "topo" da haste, há uma alça de tamanho variável (em geral, relativamente grande, com cerca de 10 nucleotídeos); a sequência desta região da alça não é crucial para as reações de processamento. É importante notar que, para o processamento por Drosha, um RNA de fita simples (ssRNA), desprovido de estrutura secundária significativa, é necessário no flanqueamento de cada extremidade (5' e 3') da haste-alça. As junções ssRNA-dsRNA são responsáveis por determinar, em grande parte, a especificidade de clivagem de Drosha.

A região da haste pode ser dividida em dois segmentos funcionais: uma haste inferior, com cerca de 11 pb, e uma haste superior, com cerca de 22 pb (Fig. 20-15). Drosha cliva a 11 pb de distância das junções dsRNA-ssRNA, ou seja, entre as hastes inferior e superior no pri-miRNA. Portanto, as duas clivagens geram o pré-miRNA com cerca de 65 nucleotídeos, composto pelos 22 pb (duas voltas de hélice) de dsRNA e a alça superior. As enzimas da família

CAPÍTULO 20 RNAs Reguladores 717

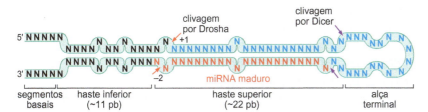

FIGURA 20-14 Visão geral da estrutura do pri-RNA mostrando os sítios de clivagem de Dicer e Drosha. A região em vermelho torna-se o miRNA maduro. Observa-se que os segmentos basais devem ser de fita simples para o reconhecimento adequado pelo complexo Drosha.

da RNase III são específicas para dsRNA e o clivam de maneira a deixar um trecho de dois nucleotídeos livres nas extremidades 3' do produto de dsRNA. Este trecho 3' não pareado é importante para o reconhecimento desta molécula de RNA pela próxima enzima da via, Dicer.

Dicer é a segunda enzima de clivagem de RNA envolvida na produção de miRNA e a única necessária para a produção de siRNA

O pré-miRNA liberado por Drosha é exportado para o citoplasma, onde a segunda reação de clivagem do RNA, realizada por Dicer, acontece. Assim como ocorre com Drosha, Dicer seleciona seus sítios de clivagem usando um mecanismo de medida, em vez de um mecanismo sequência-específico. Uma estrutura de alta resolução de Dicer fornece uma ideia de como isso provavelmente acontece.

Dicer é construída por três módulos: dois domínios de RNase III e um domínio de ligação a dsRNA chamado de domínio PAZ (que tem este nome devido a três proteínas que contêm este domínio: Piwi, Argonauta e Zwille).

A Figura 20-16a mostra um desenho com a organização da proteína Dicer e como se acredita que ela interaja com a molécula de dsRNA. No painel inferior, Figura 20-16b, é apresentada a estrutura de Dicer, modelada com um substrato de RNA. A proteína possui o formato de uma machadinha. O domínio PAZ está na parte inferior do cabo, onde forma um bolso de ligação para a extremidade 3' do substrato de dsRNA. O cabo da machadinha é formado por um domínio de conexão e contém uma superfície de ligação positivamente carregada para a molécula de RNA. A região superior, a "lâmina", compreende os dois domínios de RNase, arranjados em um dímero simétrico. Cada domínio de RNase carrega um sítio ativo e é responsável pela clivagem de uma das duas fitas do substrato de RNA. Portanto, Dicer irá atuar em qualquer dsRNA, independentemente de sua sequência, e irá clivar esta molécula a 22 nucleotídeos de sua extremidade. O domínio PAZ ancora a extremidade 3' terminal do substrato de RNA para posicionar os sítios ativos da enzima a cerca de 22 nucleotídeos de distância como se fosse uma régua (ver Fig. 20-16). De fato, a ocorrência de domínios PAZ de diferentes tamanhos está correlacionada com os diferentes tamanhos dos produtos de Dicer encontrados em diferentes organismos.

Como visto, apenas os miRNAs são produzidos a partir de grandes precursores em formato de grampo. Ao contrário, o RNA precursor para a via de siRNA é um dsRNA mais longo. Como consequência deste substrato inicial diferente, Drosha não é necessária para a geração de siRNAs. A clivagem por Dicer ainda é necessária, no entanto, e gera novamente um RNA com 21 a 22 nucleotídeos adequado para incorporação no RISC. Em plantas, até mesmo

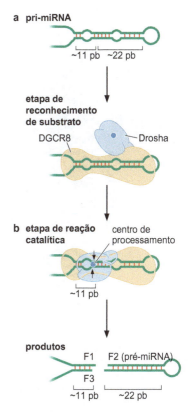

FIGURA 20-15 Reconhecimento e clivagem de pri-miRNA pelo complexo Microprocessador. Três fragmentos são gerados por clivagem, marcados como F1, F2 (pré-miRNA) e F3.

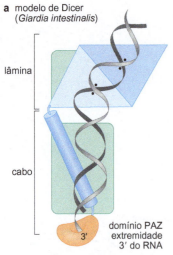

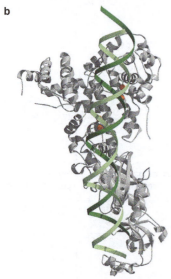

FIGURA 20-16 Estrutura e organização de Dicer. (a) O esquema mostra a organização de Dicer. (b) A estrutura de Dicer modelada com dsRNA revela como o comprimento é medido. A proteína é mostrada em cinza, com os sítios ativos da nuclease indicados por esferas vermelhas (e como pontos pretos na parte a). O RNA está em verde. A estrutura mostrada contém apenas os domínios de RNase III e PAZ. A proteína Dicer também contém ATPase e outros domínios. (b, MacRae I.J. et al. 2006. *Science* **311**: 195-198. Código PDB: 2FFL; observa-se que o RNA foi modelado na estrutura e não era parte da estrutura cristalográfica.) Imagem preparada com MolScript, BobScript e Raster3D.

os miRNAs são gerados apenas por Dicer; apesar de não estar claro como elas conseguem abrir mão da ação anterior de Drosha.

SILENCIAMENTO DA EXPRESSÃO GÊNICA POR PEQUENOS RNAs

Até o momento, vimos como os pequenos RNAs são gerados a partir de precursores de RNA de dupla-fita ou miRNA. Agora, a atenção é voltada para como estes pequenos RNAs silenciam a expressão de seus genes-alvo.

A incorporação de uma fita de RNA-guia no RISC torna o complexo maduro, pronto para silenciar a expressão gênica

A ação de Dicer gera a pequena molécula de RNA que irá determinar em que RNA-alvo irá atuar. A forma ativa do RNA regulador é de fita simples – neste estágio, chamado de **RNA-guia** – incorporado no complexo proteico RISC. Neste complexo, a fita de RNA-guia recruta RISC para um RNA-alvo. Argumenta-se que o comprimento de 22 nucleotídeos é longo o suficiente para especificar uma única sequência-alvo nos grandes genomas de eucariotos complexos usando o pareamento de bases RNA-RNA.

O componente central de RISC é uma proteína chamada **Argonauta**, que é, em muitos casos, uma enzima de clivagem de RNA. O mecanismo mais bem compreendido de silenciamento gênico é a clivagem (ou fatiamento [*slicing*]) do mRNA-alvo mediado por RISC. Entretanto, muitos organismos possuem múltiplos membros da família de proteínas Argonauta. Por exemplo, há oito Argonautas diferentes em seres humanos, mas nem todas elas, quando incorporadas em um complexo RISC, possuem atividade de fatiador. RISCs que contêm outras Argonautas devem silenciar a expressão gênica usando mecanismos independentes de fatiamento, como a repressão da tradução. Os piRNAs encontrados anteriormente, que não são gerados por Dicer, ainda assim se ligam a uma proteína relacionada a Argonauta, chamada PIWI, em um complexo semelhante ao RISC.

A geração do RISC ativo e o *slicing*, sob a orientação de um siRNA, ocorre da seguinte maneira. O dsRNA curto gerado pela Dicer é incorporado ao RISC, onde é desnaturado para fornecer as fitas-guia e passageira (que é descartada). O RISC resultante – chamado de RISC maduro – com seu RNA-guia de fita simples está agora pronto para reconhecer e fatiar o mRNA-alvo.

Como visto com Dicer, a estrutura de uma proteína Argonauta fornece um quadro para a compreensão do mecanismo de reconhecimento de RNA-alvo e clivagem por RISC (Fig. 20-17). Como Dicer, Argonauta possui um domínio PAZ e um domínio de RNase. O domínio PAZ reconhece especificamente a extremidade 3' do RNA-guia. O RNA-guia ligado é pareado ao RNA-alvo, e a arquitetura do complexo é tal que esta ligação posiciona o sítio ativo do domínio de RNase de maneira adequada para clivar a fita do RNA-alvo. A clivagem ocorre quase no meio do dúplex de RNA-guia–RNA-alvo, entre o 10º e o 11º nucleotídeos a partir da extremidade 5' do RNA-guia.

Como já foi mencionado, em alguns casos, o RISC maduro pode inibir a tradução em vez de fatiar o mRNA e, de fato, é assim que a maioria dos miRNAs parece atuar.

O mecanismo desta repressão traducional ainda está sob investigação, e há grande debate sobre a ordem dos eventos. Assim, embora a tradução seja certamente inibida, o mRNA também sofre declínio. Portanto, é difícil provar qual é a causa e qual é a consequência: se houver decaimento ou degradação do mRNA, não haverá, obviamente, tradução; da mesma maneira, quando a tradução de um mRNA é inibida (por qualquer mecanismo), a célula tende a destruir

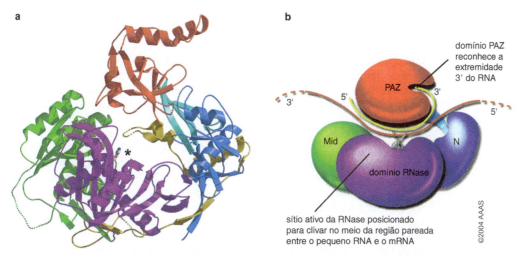

FIGURA 20-17 Estrutura de Argonauta, mostrando as regiões de ligação ao RNA e um domínio semelhante à nuclease RNase H. (a) Estrutura cristalográfica de Argonauta. Os domínios foram coloridos como na parte b, com o domínio em azul sendo a parte amino-terminal da proteína, e o domínio verde, no meio. (b) Ilustração dos domínios de Argonauta. A seta mostra o sítio ativo da RNase posicionado para clivar no meio da região pareada entre o pequeno RNA e mRNA. (a,b, Adaptadas, com permissão, de Song J.J. et al 2004. *Science* **305**: 1434-1437, Fig. 4C. Código PDB: Iu04. © AAAS.) Imagens preparadas com MolScript, BobScript e Raster3D.

esta molécula de mRNA. De qualquer forma, isso é diferente do mecanismo de fatiamento ativo desencadeado pelos siRNAs, descrito anteriormente.

O início da tradução é um mecanismo elaborado envolvendo uma série de fatores (ver Cap. 15) e permitindo muitas oportunidades para interferência. Qualquer que seja o mecanismo de inibição da tradução, parece que os miRNAs levam, em alguns casos, ao sequestro do mRNA nos chamados corpúsculos de processamento (corpúsculos P) no citoplasma, onde a tradução é reprimida.

Pequenos RNAs podem silenciar genes em nível transcricional pela coordenação de modificações na cromatina

Vimos agora como miRNAs e siRNAs podem silenciar genes pela inibição da tradução de mRNAs-alvo ou pela sua destruição. RNAs reguladores também podem atuar em nível de transcrição, desligando a expressão de genes-alvo pela modificação de histonas no promotor. Este mecanismo foi mais extensivamente estudado no silenciamento centromérico da levedura *S. pombe*.

No Capítulo 19, observou-se que, em leveduras, os genes posicionados em certas regiões do genoma são normalmente silenciados. No caso descrito em detalhes naquele capítulo, genes posicionados próximos aos telômeros em *Saccharomyces cerevisiae* foram silenciados. Genes no *locus* de tipo acasalante desta levedura e de *S. pombe* também são silenciados. Em *S. pombe*, os centrômeros são outra região silenciada do genoma. Em ambos os organismos, o silenciamento envolve modificações de histonas. Mas ao contrário dos casos de silenciamento em *S. cerevisiae*, desprovida de uma maquinaria de RNAi, o silenciamento centromérico em *S. pombe* necessita desta via.

Os centrômeros de *S. pombe* possuem uma organização de sequência mais semelhante à de eucariotos superiores (p. ex., moscas e seres humanos) do que à de *S. cerevisiae* (ver Cap. 8, Fig. 8-8). Cada centrômero possui uma região central, de sequências bastante características, flanqueada por uma série de repetições comuns a todos os centrômeros. As repetições são importantes para a função, e contribuem para a formação da heterocromatina e para o silenciamento transcricional associado com a região, como será visto adiante. As histonas na heterocromatina possuem marcadores de repressão: baixos níveis de acetilação e metilação na lisina-9 da cauda da histona H3 (H3K9).

S. pombe possui apenas um único gene para cada um dos principais componentes da via de RNAi – Dicer e Argonauta. Organismos mais complexos possuem múltiplos genes para Dicer e Argonauta, com funções parcialmente redundantes, tornando mais difícil a manipulação genética desta via. Além disso, ao contrário da situação em moscas e vermes, a perda da via de RNAi não é letal para *S. pombe*, embora isso prejudique o crescimento das células ao, por exemplo, perturbar a segregação cromossômica. Foi surpreendente, no entanto, descobrir que a perda de qualquer um dos componentes da via de RNAi levava à perda da metilação da histona H3K9 e à perda do silenciamento gênico nos centrômeros, sobretudo porque este silenciamento era reconhecidamente transcricional. Até esta descoberta, pensava-se que o RNAi atuava apenas pós-transcricionalmente.

O ponto-chave para entender este silenciamento transcricional parece ser as próprias repetições centroméricas; estes elementos de sequência são transcritos a partir de ambas as fitas pela RNA-polimerase II, produzindo transcritos complementares que podem hibridizar para formar dsRNAs – processo que é amplificado por RdRP (como se viu na Fig. 20-11). Os RNAs, por sua vez, sofrem a ação da maquinaria de RNAi para gerar siRNAs que, de alguma forma – que ainda permanece desconhecida – dirigem um complexo semelhante ao RISC contendo Argonauta (chamado de complexo de silenciamento transcricional induzido por RNA [RITS, *RNA-induced transcriptional silencing*]) para os centrômeros. Os siRNAs poderiam, teoricamente, fazer isso pelo reconhecimento do DNA nos centrômeros, por meio do pareamento de bases sequência-específico diretamente com o molde de DNA. Todavia, mais prováveis são modelos nos quais os siRNAs recrutam RITS para transcritos presos ao centrômero pela RNA-polimerase II. O recrutamento resulta no fatiamento dos transcritos centroméricos, que, por sua vez, é necessário para alastrar o aparato de modificação de histonas ao longo do centrômero (Fig. 20-18). Portanto, a própria transcrição pode alastrar o silenciamento quando os transcritos são alvos do RNAi.

Como foi mencionado anteriormente, os *loci* de tipo acasalante de *S. pombe* são também transcricionalmente silenciados, e aqui o silenciamento não é perdido em linhagens mutantes defectivas para RNAi. Acredita-se que o RNAi atue também neste caso, mas apenas no estabelecimento inicial do estado de silenciamento – ele não é necessário para a manutenção do silenciamento uma vez que este estiver estabelecido. Outros mecanismos baseados em proteínas mantêm o estado reprimido – assim como o fazem em *S. cerevisiae* (Cap. 19). Acredita-se também que o RNAi possua um papel no silenciamento da heterocromatina de outros organismos, abrangendo desde moscas até plantas. O silenciamento da transcrição indesejada de transposons também parece ser mediado por RNA, como descrevemos a seguir.

Uma série fascinante de observações e experimentos levou ao conhecimento atual sobre pequenos RNAs reguladores em eucariotos. Estes iniciaram no fim da década de 1980 com os resultados aparentemente incompreensíveis de tentativas de superexpressar genes de pigmentos em petúnias (para torná-las roxo mais profundo, mas resultando em flores brancas). Depois disso, houve a descoberta dos genes reguladores de vermes cujos produtos mostraram ser miRNAs e, então, experimentos mostrando que a introdução de dsRNAs em vermes silenciava a expressão de genes complementares. Esta história é descrita no Quadro 20-2, Descoberta de miRNAs e RNAi.

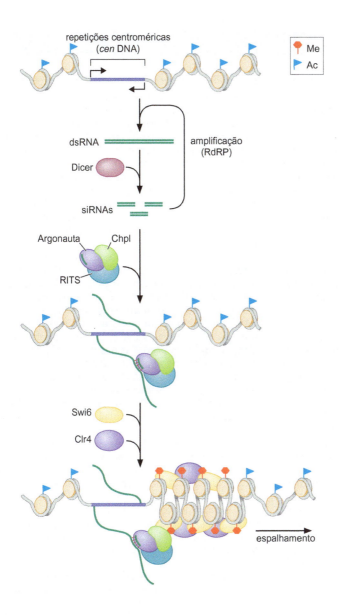

FIGURA 20-18 Modelo para o recrutamento de RITS e o silenciamento dos centrômeros. No topo, estão mostrados os nucleossomos em torno das sequências repetidas em um centrômero de *S. pombe*. As sequências repetidas (*cen* DNA) são transcritas pela RNA-polimerase II, gerando dsRNA que é substrato para Dicer. Os siRNAs produzidos desta maneira são carregados no complexo RITS contendo Argonauta. Como mostrado no centro, o complexo RITS contendo siRNA é recrutado para os transcritos ligados à Pol II sendo gerados pela transcrição continuada das repetições centroméricas, por meio da complementaridade entre o siRNA e o transcrito. Então, este complexo recruta alguns outros complexos: RDRC, que permite a produção de mais dsRNA por RdRP (ver Fig. 20-11), e Clr4 e Swi6, que modificam localmente os nucleossomos adicionando marcas de silenciamento H3K9. Outra subunidade de RITS, Chp1, contém um cromodomínio (Cap. 8, Fig. 8-41), que, ao ligar-se aos nucleossomos metilados, provavelmente estabiliza a ligação de RITS. Embora não representado na figura, o "fatiamento" dos transcritos por Argonauta (no interior do RITS) gera substratos de RNA para RdRP, que sintetiza uma fita complementar e gera mais substrato para Dicer. Este processo é necessário para a modificação do nucleossomo – e, assim, a região silenciada seja espalhada. (Redesenhada, com permissão, de Martienssen R. e Moazed D. 2007. *Epigenetics* [ed. D. Allis et al.], p. 157, Fig. 4. © Cold Spring Harbor Laboratory Press.)

O RNAi é um mecanismo de defesa que protege contra vírus e transposons

A maquinaria de RNAi está bastante difundida em eucariotos, embora não seja onipresente. Ela não ocorre em *S. cerevisiae*, por exemplo, como acabamos de ver. Acredita-se, no entanto, que pelo menos o sistema básico existia no ancestral comum mais recente a todos os eucariotos mas foi subsequentemente perdido em algumas linhagens.

Mas o que faz o RNAi, biologicamente? Existem os miRNAs, é claro – e a maquinaria de RNAi é necessária para produzir e usar estes reguladores – mas alguns organismos possuem a maquinaria de RNAi e nenhum miRNA (incluindo *S. pombe*). De fato, acredita-se que os miRNAs evoluíram para tirar proveito da existência da maquinaria de RNAi em vez de serem a razão pela qual a maquinaria existe. Uma função antiga que a maquinaria de RNAi pode ter tido (e ainda tem) é a proteção dos organismos contra transposons e vírus.

Anteriormente, foi descrito o sistema CRISPR-*cas* em bactérias (ver Fig. 20-9). Neste caso, sequências de DNA derivadas de material exógeno (fago ou plasmídeos) são acumuladas em regiões do genoma que podem ser

EXPERIMENTOS-CHAVE

Quadro 20-2 Descoberta de miRNAs e RNAi

Em 1989, Richard Jorgensen, que trabalhava na empresa de biotecnologia Advanced Genetic Sciences em Oakland, Califórnia, estava tentando gerar petúnias com flores de cor roxa mais profunda do que as linhagens existentes. A estratégia parecia simples: ele iria introduzir nas plantas uma cópia extra do gene de pigmento (que codifica a chalcona sintase) sob o controle de um promotor forte. Estas plantas iriam produzir mais chalcona sintase e as flores seriam mais roxas. O que ele conseguiu, na verdade, foi plantas com graus variados de flores mais pálidas, muitas malhadas – com regiões roxas e brancas – e até mesmo algumas completamente brancas (Fig. 1 deste quadro).

Embora decepcionantes, estes resultados foram intrigantes. Na tentativa de entender o que estava acontecendo, Jorgensen revelou várias características do fenômeno, chamado de **cossupressão** (porque tanto a expressão do transgene quanto a do gene endógeno era reprimida). Quanto maior a expressão do transgene, menor o nível de chalcona sintase; isso era válido quando a expressão aumentada resultava de múltiplas cópias do transgene ou do uso de promotores mais fortes dirigindo o transgene. Observou-se também que algumas plantas possuíam padrões variegados de pigmentação, e que diferentes padrões de variegação podiam ser encontrados em diferentes flores na mesma planta. Às vezes, estes padrões eram herdados, mas, em outras ocasiões, eram aparentemente alterados ao acaso. Estas observações sugeriram a Jorgensen e outros (particularmente Marjori Matzke, que também estava investigando este fenômeno) que eles estavam lidando com um fenômeno epigenético.

Outros pesquisadores estavam tentando tornar plantas resistentes à infecção viral. Para isso, uma abordagem consistia em superexpressar em plantas um derivado dominante-negativo de um fator de replicação viral comum: esperava-se que esta proteína fosse bloquear a replicação de qualquer vírus infectante que usasse este mecanismo de replicação comum. Embora o produto viral dominante-negativo bloqueasse a replicação do vírus da batata a partir do qual havia sido derivado, sua especificidade de ação era fortemente restrita ao vírus. Demonstrou-se também que a própria proteína não era necessária – apenas o RNA.

Enquanto isso, outros pesquisadores estavam usando RNA antissenso para abolir a expressão do gene *par-1* em vermes. Sua intenção era provar que este gene era responsável por um determinado fenótipo do desenvolvimento. O RNA antissenso produzido *in vitro* e injetado no verme em desenvolvimento efetivamente induzia o fenótipo previsto para a perda da expressão de *par-1*. Observou-se, porém, que o RNA *senso* apresentava o mesmo efeito. Este só havia sido incluído no experimento como um controle negativo, logicamente; não se esperava que tivesse qualquer efeito sobre a expressão. RNAs não relacionados ao gene *par-1* não apresentavam efeito.

A explicação para esta repressão gênica RNA-dependente foi fornecida por Andrew Fire e Craig Mello, em experimentos que lhes renderam o Prêmio Nobel de Fisiologia ou Medicina em 2006. Eles mostraram que, na verdade, não era o RNA senso nem o antissenso que silenciava o gene – era o dsRNA produzido por uma mistura dos dois. Acontece que as preparações de RNA senso ou antissenso estavam ambas contaminadas com pequenas quantidades da fita oposta, e era a população de dupla-fita resultante que causava o silenciamento. Quando dsRNAs eram deliberadamente preparados, mostravam ser bastante potentes na eliminação da expressão do gene-alvo. Portanto, o fenômeno do RNAi havia sido descoberto, achado que foi publicado em 1998.

Explicações sobre o funcionamento deste fenômeno surgiram de vários laboratórios. Primeiro, dsRNAs demonstraram desencadear a degradação de mRNAs homólogos em extratos de células de *Drosophila*, ensaio que levou à identificação de RISC. A identificação dos siRNAs – espécies que dirigem o RISC aos genes-alvo – foi relatada em plantas em 1999. Dicer, a nuclease que gera os siRNAs, foi descrita em 2001. E o último dos principais componentes da via, Slicer, foi identificado em 2005, quando a estrutura cristalográfica de Argonauta revelou que a proteína era uma RNase.

Além de ser necessária para gerar siRNAs, Dicer é também necessária para o funcionamento de miRNAs durante o desenvolvimento. O primeiro miRNA e seu alvo haviam sido descritos em 1993, por Victor Ambros e Gary Ruvkun, respectivamente. Na época, esta observação foi vista como um resultado correto, mas, ainda assim, estranho; o gene *lin-4* codificava um pequeno RNA que atuava em um gene-alvo, *lin-14*, por complementaridade de sequência entre o miRNA e as regiões da 3'-UTR dos genes-alvo (Fig. 2 deste quadro). Subsequentemente, outros miRNAs foram encontrados em vermes, alguns deles com homologia a genes semelhantes em animais e plantas, sugerindo que este mecanismo de regulação era mais disseminado. Assim, surgiu o quadro de um mundo de pequenos RNAs envolvidos na regulação gênica – alguns fornecidos de maneira exógena, outros gerados como parte dos programas de regulação gênica usados durante o desenvolvimento. O campo desenvolveu-se muito rapidamente, como as datas neste relato revelam, passando de um fenômeno obscuro a um Prêmio Nobel e exigindo seu próprio capítulo em livros-texto, em apenas 15 anos. O progresso acelerado talvez tenha sido, em grande parte, devido à gama de espécies (leveduras, plantas e vermes) estudadas e às abordagens (genética, bioquímica, estudos estruturais e bioinformática) utilizadas.

QUADRO 20-2 FIGURA 1 Flor da petúnia. Um exemplo dos efeitos da superexpressão do gene do pigmento chalcona sintase no que seria, no caso de expressão em nível normal, uma flor de petúnia completamente roxa. (Cortesia de Richard A. Jorgensen, University of Arizona.)

Quadro 20-2 (Continuação)

QUADRO 20-2 FIGURA 2 O microRNA *lin-4* liga-se à extremidade 3'-UTR de seu gene-alvo, *lin-14*. (a) O pré-miRNA *lin-4* antes do processamento por Dicer. A sequência do miRNA está mostrada em azul. (b) As sete sequências da 3'-UTR de *lin-4* que podem parear com o mRNA de *lin-4* em vários níveis, como mostrado na parte c. A biologia por trás dos eventos reguladores controlados por *lin-4*/*lin-14* é bastante intrigante. Serão vistos (no Cap. 21) exemplos de como a expressão gênica regula as decisões ao longo do desenvolvimento. Exemplos famosos incluem os genes Hox, cuja expressão define a identidade espacial; assim, membros e outras estruturas formam-se onde deveriam ao longo do eixo corporal, e não no local errado – por exemplo, uma perna não cresce na cabeça. Isso, porém, é o que de fato pode acontecer em mutantes desprovidos de certos genes Hox – como o famoso mutante homeótico de *Drosophila*, antenapédia, em que uma pata cresce na cabeça no lugar de uma antena. A proteína lin-14 é um exemplo de um regulador que controla a identidade diferencial *temporal*. Portanto, mutações nos chamados genes heterocrônicos resultam em transformações temporais em vez de espaciais. Ou seja, as células geralmente adotam destinos específicos a elas em estágios iniciais ou tardios do desenvolvimento. A expressão da proteína lin-14 é, obviamente, regulada pelo microRNA *lin-4*, como descrito no texto. (Modificada de Ha I. 1996. *Genes Dev.* **10**: 3041-3050, Fig. 1. © Cold Spring Harbor Laboratory Press.)

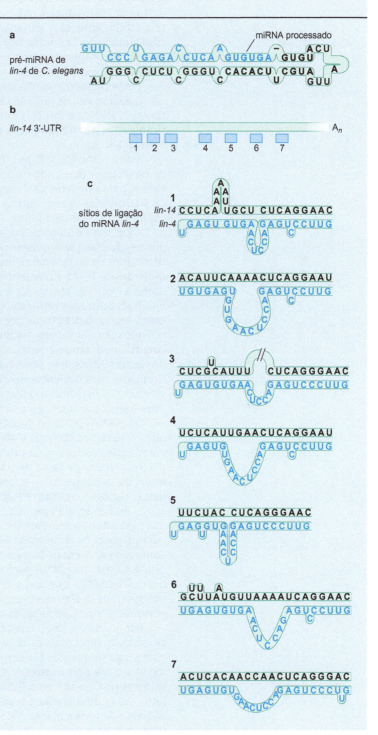

subsequentemente expressas na forma de pequenas moléculas de RNA que destroem ácidos nucleicos homólogos caso estes venham a invadir novamente a célula. Embora o sistema CRISPR não possua componentes em comum com a maquinaria eucariótica de RNAi (além do fato de usar pequenos RNAs para guiar complexos proteicos para destruir ácidos nucleicos alvos), a função e a lógica dos dois sistemas são notavelmente parecidas de muitas maneiras. Isso é especialmente verdadeiro para o sistema de piRNA.

Como se viu, os piRNAs são a terceira classe de pequenos RNAs reguladores (após siRNAs e miRNAs); eles surgem a partir de longos transcritos de fita simples dos **agrupamentos de piRNAs** no genoma, sem a necessidade da ação de Dicer.

Assim como CRISPR, os piRNAs parecem ter como alvo os ácidos nucleicos de parasitas – mas enquanto os principais alvos de CRISPR são fagos infecciosos, para um genoma de animal, as principais ameaças são **transposons**. Os transposons são encontrados essencialmente em todos os eucariotos e, em alguns casos, compõem uma quantidade substancial do genoma (ver Caps. 8 e 12). Em seres humanos, por exemplo, cerca de 45% do genoma é composto por sequências que um dia foram transposons. Os transposons são geralmente silenciados transcricionalmente e empacotados na heterocromatina. Em alguns mutantes de RNAi, no entanto, as modificações de histonas associadas com o silenciamento de transposons são perdidas. Além disso, em plantas e vermes, foram identificados vários siRNAs que correspondem a transposons. Em alguns casos, em ambos tipos de organismos, a perda de RNAi reativa transposons, fazendo com que saltem, levando a altos níveis de mutagênese espontânea. No entanto, nem tantos transposons são reativados como quanto são conhecidos por gerar siRNAs. Isso pode refletir uma situação semelhante à descrita anteriormente para o silenciamento do tipo acasalante em *S. pombe*: o RNAi pode ser essencial para iniciar o silenciamento de alguns transposons, mas o silenciamento se torna, então, autossustentável sem necessidade posterior de siRNAs.

Os piRNAs parecem particularmente dedicados à tarefa de proteger as células contra transposons e são predominantemente expressos na linhagem germinativa (células cuja proteção é mais importante). Os agrupamentos de piRNA contêm pedaços de transposons – eles foram descritos como "cemitérios de transposons" – e, assim, os piRNAs gerados a partir de transcritos destas regiões geralmente têm como alvo transcritos feitos por transposons ativos, inibindo sua ação. Como visto, o sistema CRISPR inclui um mecanismo para adquirir ativamente amostras de DNA exógeno invasor e usar isso para preparar os arranjos de CRISPR para produzir pequenos RNAs que terão como alvo as mesmas sequências caso elas venham a aparecer novamente na célula. O sistema piRNA parece ser desprovido desta característica, mas as sequências de DNA que acabam em agrupamentos de piRNA presumivelmente transportam-se elas mesmas para estas regiões, assim os agrupamentos serão enriquecidos para sequências de transposons (ver Fig. 20-19).

Em plantas, o RNAi é necessário para controlar transposons, como mencionado, assim como infeções virais. O efeito protetor do RNAi em infecções virais de plantas foi amplamente observado. De fato, os efeitos foram reconhecidos muito antes que o RNAi fosse reconhecido como o mecanismo subjacente. Quando uma folha de uma planta é infectada por um vírus, um fator capaz de silenciar a replicação do vírus é sistematicamente espalhado ao longo de toda a planta. Este fator não protege a folha originalmente infectada, mas impede que a infecção se espalhe. Em plantas mutadas nos genes de Argonauta ou Dicer, a infecção espalha-se livremente e a replicação viral é muito maior. O sinal protetor inclui siRNAs gerados a partir do próprio genoma viral. Os vírus revidaram: eles geralmente carregam genes cuja função é proteger o vírus infectante contra o RNAi do hospedeiro. Um exemplo disso é o HcPro do vírus Y da batata, que atua reduzindo a produção ou a estabilidade dos siRNAs. Outros produtos virais afetam outras etapas no mecanismo de defesa, incluindo o espalhamento sistêmico de siRNAs.

CAPÍTULO 20 RNAs Reguladores 725

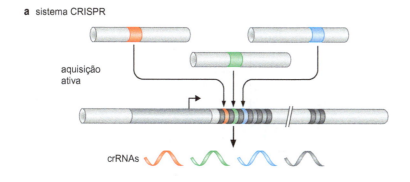

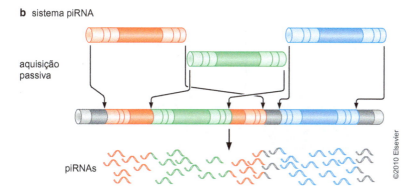

FIGURA 20-19 Comparação entre os sistemas de defesa CRISPR bacteriano (a) e piRNA animal (b). Embora muitas das características sejam análogas, os componentes moleculares não são conservados. Além disso, como discutido no texto, enquanto CRISPR adquire ativamente novas sequências espaçadoras de fagos infectantes (ver Fig. 20-8), as sequências de transposons que ativam o sistema piRNA chegam passivamente aos agrupamentos de piRNA. (Adaptada de Karginov F.V. e Hannon G.J. 2010. *Mol. Cell* **37**: 7-19, Fig. 5, p. 16. © Elsevier.)

Conexões entre miRNAs e doenças humanas estão descritas no Quadro 20-3, microRNAs e doenças humanas.

O RNAi tornou-se uma poderosa ferramenta para a manipulação da expressão gênica

A descoberta do RNAi surgiu de observações feitas por pesquisadores que tentavam manipular a expressão gênica (ver Quadro 20-2). Em ambos os casos de cossupressão em plantas e RNA antissenso em vermes, foram tentativas de entender falhas inesperadas nestas manipulações que levaram à descoberta do RNAi. Portanto, talvez não tenha sido uma surpresa que, uma vez compreendido, o RNAi tenha sido rapidamente explorado como ferramenta para manipular a expressão gênica. Em vermes, isso foi logo rotineiramente implementado. Bibliotecas que codificam dsRNAs que podem ter como alvo qualquer gene do genoma do verme e, portanto, podem ser usadas para triar vermes quanto às consequências da inibição da expressão de um dado gene qualquer. A maneira geral pela qual isso é feito está representada na Figura 20-20. Os vermes alimentam-se de bactérias. No laboratório, eles são alimentados com *E. coli*, e ocorre que a rota mais rápida para o genoma do verme é através de seu estômago: qualquer dsRNA desejado pode ser expresso em células de *E. coli* das quais o verme se alimenta, e isso fornece substrato suficiente para que a resposta de RNAi seja desencadeada nas células do verme, desligando genes homólogos ao dsRNA original.

Seria, logicamente, de grande interesse fazer uma triagem para genes desta mesma forma em células de mamíferos, em que as triagens genéticas tradicionais não são viáveis. Estabeleceu-se que siRNAs sintetizados artificialmente, produzidos *in vitro* e introduzidos em células de mamíferos em cultivo, desencadeiam uma resposta de RNAi e reduzem a expressão de genes-alvo adequados, mas a eficiência da transfecção (a entrada dos RNAs nas células) é baixa. Moléculas de dsRNA mais longas também são problemáticas porque

FIGURA 20-20 A interferência por RNA pode ser induzida em vermes ao alimentá-los com bactérias que expressam dsRNAs. Ver Capítulo 7 para detalhes da manipulação molecular necessária nas primeiras etapas deste esquema. A expressão do dsRNA a partir do plasmídeo está sob o controle de dois promotores, em orientações opostas, reconhecidos por uma única subunidade da RNA-polimerase de um fago chamado T7. O gene para esta polimerase é artificialmente expresso nas células usadas neste esquema, sob o controle do promotor *lac* (Cap. 18). Assim, a produção do dsRNA pode ser controlada usando um indutor do promotor *lac*.

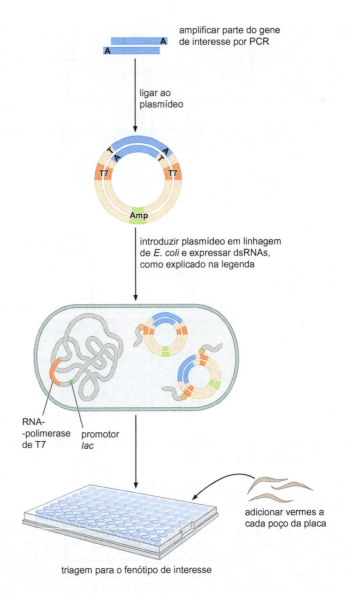

desencadeiam uma resposta que desliga toda a tradução na célula, resposta evoluída para bloquear a replicação viral, já que muitos vírus possuem genoma de RNA.

Em vez de tentar introduzir o dsRNA nas células, os pesquisadores acharam mais produtivo mimetizar miRNAs. Com este objetivo, foram geradas bibliotecas nas quais genes curtos são sintetizados como oligonucleotídeos e clonados em plasmídeos. Cada gene curto é projetado para gerar um transcrito que irá se enovelar em uma haste-alça. Estas são processadas por Dicer na célula, gerando um siRNA que irá dirigir o silenciamento de seus genes-alvo. Estes genes curtos sintéticos são chamados de genes de **grampos curtos de RNA** (**shRNAs**, *short hairpin RNA*). Usando um shRNA adequadamente projetado, qualquer gene individual do genoma pode ser um alvo. Ou, com uma biblioteca adequada, uma triagem genética pode ser realizada. Em uma biblioteca assim, por exemplo, cada plasmídeo iria codificar um shRNA dirigido contra um gene diferente. A biblioteca inteira é transfectada nas células de maneira que cada célula receba um shRNA diferente. Células com um fenótipo em particular são escolhidas, e o gene cuja repressão levou a este fenótipo pode ser identificado.

▶ CONEXÕES CLÍNICAS

Quadro 20-3 microRNAs e doenças humanas

Câncer

Uma redução geral dos níveis de vários miRNAs é frequentemente observada em cânceres. Esta diminuição foi tomada como indicação de que estes miRNAs possuem efeito supressor de tumor. Apesar desta tendência geral, outros miRNAs específicos são superexpressos em alguns cânceres. Análogos a genes codificadores de proteínas implicados em câncer, os miRNAs em questão são descritos como supressores de tumor (se sua ausência aumentar a incidência de câncer) ou oncogênicos (se sua expressão aumentada levar ao desenvolvimento de câncer). Seus alvos tendem a ser genes envolvidos na progressão do ciclo celular (proliferação) ou na apoptose.

Entre as centenas de miRNAs identificados em seres humanos, mais de metade está localizada em regiões do genoma geralmente alteradas em cânceres. Assim, em muitos cânceres, os genes para estes miRNAs estão deletados ou amplificados, dependendo da natureza do rearranjo cromossômico. Sendo assim, os miRNAs *miR-15* e *miR-16*, por exemplo, induzem a apoptose de células pela redução da expressão do gene *BCL2* (ver Fig. 1 deste quadro). A forma mais comum de leucemia adulta no hemisfério oeste é a leucemia linfocítica crônica (LLC), doença associada com deleções em uma região do cromossomo 13 (13q14). Esta região do genoma contém os genes dos miRNAs *miR-15a* e *miR-16a*; de fato, estes são os dois únicos genes incluídos nas menores deleções associadas a LLC. Assim, quando estes genes estão deletados, a apoptose é reduzida e os tumores podem surgir e desenvolver-se mais facilmente.

Em outra região do cromossomo 13 (13q31) está o *miR-17-92*, um miRNA oncogênico. Comparada ao tecido normal, a expressão deste gene está significativamente aumentada em vários cânceres, incluindo câncer de pulmão, sobretudo em suas formas mais agressivas (p. ex., câncer de pulmão de células pequenas). Além disso, a superexpressão deste miRNA em camundongos transgênicos induz tumorigênese. Entre os vários alvos preditos para *miR-17-92* estão dois genes supressores de tumor, *PTEN* e *RB2*. Um alvo definido é o regulador da progressão do ciclo celular, E2F1. Estes e outros exemplos de miRNAs em câncer estão mostrados na Figura 1 deste quadro.

Retardo mental associado ao X frágil

Por meio da análise bioquímica do complexo RISC, várias proteínas a ele associadas foram identificadas. Uma delas é a proteína do retardo mental associado ao X frágil (FMRP, *Fragile X mental retardation protein*). O gene que codifica esta proteína (*FMR1*) é ligado ao X, e sua mutação é a causa da mais comum das formas hereditárias de retardo mental. A FMRP é uma proteína de ligação ao RNA envolvida na regulação gênica; sabe-se que ela interage com alguns miRNAs associados com neuroplasticidade. Pacientes desprovidos de FMRP possuem uma gama de defeitos de desenvolvimento, bem como o retardo mental, devido à perturbação da expressão gênica.

Drosophila possui uma homóloga de FMRP. Em moscas deficientes para este gene, foram observadas conexões sinápticas incomuns entre neurônios e músculos. Uma das proteínas Argonauta de *Drosophila* foi associada à FMRP, enquanto estudos separados de Argonauta também descobriram que FMRP estava ligada a este componente da maquinaria de RNAi. Achados semelhantes foram relatados também em células humanas, indicando uma conexão intrigante entre a condição de X frágil e o amadurecimento e função de miRNA.

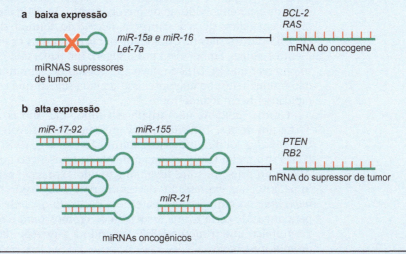

QUADRO 20-3 FIGURA 1 miRNAs como supressores de tumor ou oncogenes. (a) Neste modelo, um miRNA que normalmente reduz a expressão de um oncogene pode atuar como gene supressor de tumor. A perda de função do miRNA por mutação ou deleção, por exemplo, pode resultar em expressão anormal do oncogene-alvo, o que contribuiria para a formação de tumor. (b) Aqui, a amplificação ou a superexpressão de um miRNA que reduz a expressão de um supressor de tumor ou outros genes importantes envolvidos na diferenciação podem contribuir para a formação de tumor por estimulação da proliferação, da angiogênese e da invasão. (Redesenhada, com permissão, de Garzon R. et al. 2006. *Trends Mol. Med.* **12**: 580-587, Fig. 2. © Elsevier.)

RNAs LONGOS NÃO CODIFICADORES E INATIVAÇÃO DO X

Os RNAs longos não codificadores exercem vários papéis na regulação gênica, incluindo os efeitos em *cis* e *trans* da transcrição

Nos últimos anos, técnicas de sequenciamento de alto rendimento (descritas no Cap. 7) revelaram a presença de vários RNAs não codificadores expressos em células animais e vegetais. Até o momento, foram discutidos RNAs curtos, mas há também uma classe de RNAs não codificadores com mais de 200 nucleotídeos, conhecida como **RNAs longos não codificadores** (**lncRNAs**, *long non-coding RNAs*). Estes possuem vários papéis em processos que vão desde a tradução e o processamento até a regulação transcricional. O caso mais bem estudado deste último é o RNA de *Xist* envolvido no processo de inativação do X em mamíferos, que discutiremos a seguir. Mas antes disso, serão abordados outros dois lncRNAs reguladores com papéis no desenvolvimento.

Existe grande debate sobre exatamente o quão prevalente são os lncRNAs na célula. Como recém-mencionado, a maioria deles é detectada usando poderosos métodos de alto rendimento que podem detectar até mesmo espécies muito raras. Deve-se ter cuidado ao atribuir significado biológico a estes na ausência de testes diretos. Porém, alguns lncRNAs específicos (além de *Xist*) claramente têm funções reguladoras específicas, e alguns deles serão abordados aqui.

HOTAIR é um lncRNA cujo gene é encontrado no agrupamento *HoxC* de seres humanos, mas ele atua na regulação da expressão dos genes *HoxD* em outro cromossomo (em *trans*) ao recrutar o complexo repressivo Polycomb 2 (PRC2, *Polycomb Repressive Complex 2*; ver Cap. 19) para este *locus*. O PRC2 adiciona grupos trimetil à lisina-27 da histona H3, uma marca (H3K27me3) associada com expressão gênica reprimida (ver Fig. 19-29). *HOTAIR* também recruta um segundo complexo que remove modificações de histonas normalmente associadas a genes ativos. Estes dois complexos proteicos ligam-se a regiões separadas da molécula de RNA de *HOTAIR* e são presumivelmente direcionadas para o *locus* específico *HoxD* por meio de uma terceira região. Além de estar envolvido no desenvolvimento, *HOTAIR* também está superexpresso em alguns tipos de câncer. A deleção do domínio de ligação a PRC2 de *HOTAIR* destrói suas funções reguladoras em ambos os eventos, desenvolvimento e câncer. Embora isso possa sugerir um papel biológico crucial, é curioso observar que *HOTAIR* é pouco conservado no camundongo, e sua deleção não produz fenótipo aparente. Isso poderia sugerir que ele deve ter evoluído rapidamente em mamíferos.

Outros lncRNAs não atuam em *trans*, mas em *cis*. Como será visto, *Xist* é um destes. Todavia outros incluem RNAs envolvidos no *imprinting*. O *imprinting* foi discutido no Capítulo 19 (ver Fig. 19-31). O *locus* Igf2/H19 lá descrito inclui também uma unidade de transcrição que produz o lncRNA *AIR*. O próprio *AIR* sofre *imprinting*, sendo expresso apenas a partir do alelo paterno; sua expressão é necessária para a repressão de vários genes sob *imprinting* no cromossomo paterno a partir do qual ele é expresso. O RNA permanece de certa forma associado ao cromossomo e recruta um complexo proteico que trimetila H3K9, levando à repressão da transcrição nestes promotores-alvo.

A inativação do X gera indivíduos mosaicos

Agora será dada mais atenção à função do lncRNA chamado *Xist* e ao processo de inativação do X. Fêmeas de mamíferos possuem dois cromossomos X, enquanto machos possuem apenas um X e um cromossomo Y. Embora esta seja a base da determinação do sexo – o que permite que machos e fêmeas sejam diferentes – ela também gera um problema: qualquer gene codificado pelo cromossomo X seria, se não fosse controlado, expresso em dobro nas fêmeas, quando comparadas aos machos. Este desbalanço iria potencialmente causar distúrbios em processos metabólicos e celulares. Evitar estes problemas requer o que se chama de **compensação de dose**. Em mamíferos, isso é obtido pela **inativação** de uma das cópias do cromossomo X das fêmeas. Esta ação resulta na ausência da expressão de todos os genes da cópia do cromossomo. Em mamíferos placentados, a inativação ocorre no estágio de 32 para 64 células, e a escolha de qual cromossomo X será inativado – a cópia materna ou a paterna – é aparentemente feita ao acaso em cada célula. Uma vez selecionada em cada célula, a mesma cópia permanece inativada em todas as células descendentes.

FIGURA 20-21 Visualização da inativação do X: o gato cálico. As manchas de pelagem cor de laranja e preta fornecem uma visualização indireta da inativação do cromossomo X, como descrito no texto. (Cortesia de VG.)

Uma consequência de a inativação ser aleatória em cada célula é que as fêmeas são mosaicos – algumas de suas células expressam o cromossomo X paterno e outras, o materno. Isso geralmente não tem consequências significativas, embora possa influenciar na gravidade dos sintomas de doenças ligadas ao X, dependendo da proporção de células nas quais o gene mutado é expresso ou silenciado. Um exemplo mais familiar é o gato cálico (ou casco de tartaruga) (Fig. 20-21). Em gatos, um gene do cromossomo X determina se sua pelagem será cor de laranja ou preta – um alelo deste gene dá origem à pelagem cor de laranja e o outro, à pelagem preta. Em gatos heterozigotos para este gene, as diferentes manchas de pelagem preta ou cor de laranja revelam regiões compostas por células nas quais um ou outro cromossomo X foi inativado. Esta observação também explica porque os gatos cálicos são fêmeas. A pelagem branca vem do efeito de um gene autossômico.

Xist é um longo RNA não codificador que inativa um único cromossomo X em fêmeas de mamíferos

Como um cromossomo X é inativado, e como a inativação é herdada ao longo do desenvolvimento? O regulador inicial é uma molécula de RNA chamada *Xist*. Este RNA é codificado no *locus* reconhecidamente vital para a inativação do X, chamado *Xic* (do inglês, *X-inactivation center* [centro de inativação do X]), no cromossomo X. O RNA de *Xist* cobre o cromossomo X a partir do qual é expresso. Isso pode ser visto no resultado da hibridização *in situ* na Figura 20-22a. Não está claro o que causa esta cobertura nem como ela é restrita a um cromossomo X (i.e., porque ela atua apenas em *cis*). Sabe-se, no entanto, que a ação de *Xist* é central para a inativação e não necessita de outras sequências do cromossomo X além de *Xic*: quando expresso ectopicamente a partir de uma localização autossômica (i.e., a partir de um cromossomo não sexual), *Xist* pode, em graus diferentes, silenciar genes ao longo do cromossomo. Ou seja, ele "inativa" o autossomo a partir do qual é expresso.

O próprio RNA de *Xist* não causa silenciamento, mas recruta outros fatores que modificam e condensam a cromatina (PRC2, etc.) e que talvez também metilem o DNA (como já se viu em outros exemplos de silenciamento de mamíferos no Cap. 19). Mais tarde, há um acúmulo de uma variante rara de histona chamada MacroH2A, que está normalmente associada à cromatina compacta e silenciada. São estas modificações que causam o silenciamento e garantem que ele seja herdado: uma vez firmemente estabelecido, o próprio *Xist* não é mais necessário. Uma característica da modificação de histonas do cromossomo X inativado é mostrada na Figura 20-22b. Nesta, o cromossomo X inativado está muito menos acetilado do que o resto do genoma. Como foi visto em capítulos anteriores (Caps. 8 e 19), histonas desacetiladas estão associadas a regiões do genoma que não são transcritas.

Como uma célula escolhe qual cromossomo X será inativado? A resposta ainda é vaga, mas outro RNA regulador pode ser a chave. Este outro RNA também é codificado pelo *locus Xic* mas na fita oposta e sobreposto ao gene de *Xist*. Ele é chamado de *Tsix* (*Xist* escrito ao contrário) e atua como regulador negativo de *Xist* (Fig. 20-23). De fato, se *Tsix* for mutado em um dado

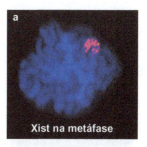
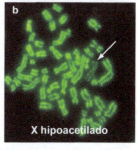

FIGURA 20-22 Visualização da inativação do X: marcadores moleculares. (a) Localização do RNA de *Xist* ao longo do cromossomo X inativo mostrada por hibridização *in situ* de células metafásicas. (b) Os cromossomos estão marcados para acetilação na histona H4. A seta indica cromossomo X inativado, que possui níveis muito mais baixos de acetilação do que outros cromossomos. (Reproduzida, com permissão, de Brockdorff N. e Turner B.M. 2007. *Epigenetics* [ed. D. Allis et al.], p. 327. © Cold Spring Harbor Laboratory Press.)

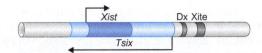

FIGURA 20-23 *Tsix* **antagoniza a expressão de** *Xist*. *Tsix* (sombreado em azul-claro) é expresso como um RNA antissenso de *Xist* (sombreado em azul-escuro) e é mais longo que *Xist*. O grau de sobreposição está indicado na região em azul-escuro. Xite e DxPas34 (Dx) são elementos reguladores que controlam a expressão dos genes. No início da inativação, *Xist* e *Tsix* são expressos a partir de ambos os cromossomos X, mas, após um tempo, o cromossomo que será inativado aumenta a expressão de *Xist*, enquanto a expressão a partir do cromossomo destinado a permanecer ativo diminui. Ainda não está claro como esta alteração nos níveis de *Xist* é regulada por *Tsix*, mas se *Tsix* for deletado de um dos cromossomos, será sempre esta cópia que se tornará inativa.

cromossomo X, este será o cromossomo escolhido para inativação. Assim, um balanço entre a produção e a estabilidade dos RNAs de *Xist* e *Tsix* pode inclinar o resultado para um lado ou para outro em cada célula.

A compensação de dose é necessária em todos os animais (p. ex., vermes e moscas), da mesma maneira como nos mamíferos. Em cada caso, porém, os mecanismos para atingir a compensação são diferentes. Por exemplo, em *Drosophila*, ela é alcançada pelo *aumento* da expressão de genes ligados ao X no macho (ao invés de sua diminuição na fêmea). Mas aqui o mecanismo também envolve RNAs reguladores não codificadores. Neste caso, os RNAs (chamados de *roX1* e *roX2*) estão envolvidos no recrutamento de complexos modificadores de cromatina para os genes do cromossomo X de machos, onde auxiliam a ativar a transcrição.

RESUMO

Apesar da proposta de que moléculas de RNA seriam provavelmente agentes de regulação gênica datar de 1961, foi apenas na última década que sua ocorrência e significância vieram à tona. Antes disso, a atenuação do óperon *trp* em *E. coli* era considerado um caso raro no qual se sabia que as sequências de RNA na região 5' de um mRNA controlavam a expressão dos genes a jusante. Neste caso, padrões alternativos de pareamento de bases intramoleculares nesta região do RNA dão origem a estruturas secundárias alternativas que comunicam diferentes destinos aos genes. Em uma conformação, a transcrição é terminada antes de entrar na região codificadora dos genes a jusante, enquanto em outra conformação, ela permite que a transcrição continue, e os genes são expressos.

Os ribocomutadores controlam genes de maneira semelhante: estruturas secundárias alternativas nas 5'-UTRs dos genes determinam se a transcrição destes genes continua (ou, em outros casos, se a tradução é iniciada). Com os ribocomutadores, a escolha da estrutura secundária alternativa depende da ligação direta ao RNA dos ligantes que controlam o gene em questão.

E. coli também codifica pequenos RNAs (sRNAs) que atuam em *trans* para regular genes. Assim, pequenos genes codificam RNAs curtos que pareiam com mRNAs portadores de sequências complementares. Esta situação inibe a tradução destes mRNAs-alvo, desencadeia sua destruição, ou até mesmo, em alguns casos, *estimula* sua tradução. As ações de pequenos RNAs bacterianos são semelhantes em várias maneiras às de sRNAs que regulam genes em células eucarióticas, embora a maquinaria usada para produzir estes reguladores de RNA e a maquinaria usada para alcançar seus efeitos em genes-alvos sejam bastante diferentes.

Um sistema bacteriano reflete mais de perto o que se vê em eucariotos, e este é o sistema CRISPR. Agrupamentos de sequências de DNA repetitivas características (diferentes em cada agrupamento) dão origem a uma classe especial de sRNAs que dirigem uma maquinaria proteica para destruir fagos e plasmídeos infecciosos – de fato, qualquer DNA exógeno que entra na célula. A habilidade para distinguir entre "próprio" e "não próprio" vem do fato de que as regiões CRISPR acumulam fragmentos de genomas de fago de infecções anteriores e estes determinam as sequências-alvo dos RNAs.

Os equivalentes mais próximos a CRISPR nos eucariotos são os chamados agrupamentos de piRNA. Estas regiões contêm fragmentos de transposons (e são, às vezes, chamadas de "cemitérios de transposons"). Os curtos piRNAs gerados a partir destas regiões silenciam transposons homólogos no genoma, particularmente na linhagem germinativa, garantindo que eles permaneçam inativos. Pequenos RNAs de interferência (siRNAs) e microRNAs (miRNAs) são as duas classes de RNAs reguladores curtos encontradas em eucariotos. Ao contrário dos piRNAs, os siRNAs e miRNAs são gerados a partir de regiões de RNA de dupla-fita por meio do processamento por uma enzima chamada Dicer. Os siRNAs são derivados diretamente de dsRNA endógeno ou exógeno em uma única etapa. Os miRNAs são codificados no genoma e seu caráter de dupla-fita deriva de regiões de estrutura secundária que são reconhecidas primeiramente por uma enzima chamada Drosha, que os processa até um estágio em que Dicer possa atuar. Em ambos os casos, as espécies de RNA regulador ativo geradas por Dicer possuem de 19 a 25 nucleotídeos. Drosha e Dicer possuem domínios de RNase e clivam seus substratos de RNA com base em tamanho e estrutura, em vez de sequência.

Uma vez produzidos, siRNAs e miRNAs atuam essencialmente da mesma maneira. Eles são incorporados em uma maquinaria chamada RISC, onde uma das fitas de RNA é selecionada como o chamado RNA-guia e dirige o complexo RISC maduro para RNAs-alvo complementares a este RNA-guia. Uma vez lá, RISC "fatia" o RNA (por meio de sua subunidade catalítica Argonauta, que inclui um domínio relacionado à RNase H) ou inibe a tradução do mRNA. A escolha da rota de silenciamento depende amplamente do grau de complementaridade entre o RNA-guia e o alvo – quanto maior a correspondência, maior a probabilidade de desencadear o fatiamento. O RNA-guia também pode dirigir o RISC associado a complexos modificadores de histonas para regiões promotoras, onde silencia transcricionalmente os genes ao modificar seus promotores. Mesmo nestes casos, o recrutamento para o promotor se dá por meio do pareamento de bases entre o RNA-guia e um mRNA, mas nesta situação, um que ainda assim será produzido e, portanto, ligado ao gene pela RNA-polimerase II.

Os miRNAs são codificados por genes em organismos nos quais eles normalmente atuam como reguladores de genes envolvidos no desenvolvimento – os de vermes e plantas são exemplos bem-estudados. miRNAs também foram associados ao câncer, com alguns miRNAs sendo classificados como supressores de tumor e outros, como oncogenes. Os dsRNAs que dão origem aos siRNAs podem surgir de várias fontes, indo desde vírus infecciosos e regiões repetitivas transcritas (centrômeros ou transposons), até dsRNA introduzido deliberadamente em uma célula por um pesquisador que quer reduzir a expressão de um determinado gene. Este último uso do RNAi tornou-se uma ferramenta regular e é particularmente útil em sistemas nos quais a genética tradicional não é viável.

Células animais e vegetais também contêm RNAs reguladores "longos" (com 200 nucleotídeos ou mais). Estes possuem papéis no desenvolvimento, como visto nos casos de HOTAIR e AIR e, embora seus mecanismos de ação detalhados não sejam conhecidos, eles parecem recrutar complexos proteicos que modificam a cromatina na vizinhança dos genes que regulam. Alguns destes RNAs longos atuam em *trans* e outros, em *cis*. O exemplo mais bem compreendido deste último é *Xist*, que dirige a inativação de um cromossomo X na compensação de dose de mamíferos. As fêmeas de muitas espécies animais possuem dois cromossomos X, enquanto os machos têm apenas um (e um cromossomo Y). Para garantir que ambos os gêneros expressem quantidades semelhantes de produtos gênicos do cromossomo X, um mecanismo de compensação de dose precisa corrigir este número desigual de cromossomos. Os mamíferos fazem isso inativando um de seus cromossomos X nas fêmeas. Uma molécula de RNA (*Xist*) codificada no cromossomo X regula este processo.

BIBLIOGRAFIA

Livros

Stillman B. and Stewart D., eds. 2006. *Regulatory RNAs*. Cold Spring Harbor Symposia on Quantitative Biology, Vol. 71. Cold Spring Harbor Laboratory Press, Cold Spring Harbor, New York.

Pequenos RNAs bacterianos

Gottesman S. and Storz G. 2011. Bacterial small RNA regulators: Versatile roles and rapidly evolving variations. *Cold Spring Harb. Perspect. Biol.* **3:** a003798.

Storz G., Vogel J., and Wassarman K.M. 2011. Regulation by small RNAs in bacteria: Expanding frontiers. *Mol. Cell* **43:** 880–891.

Waters L.S. and Storz G. 2009. Regulatory RNAs in bacteria. *Cell* **136:** 615–628.

Ribocomutadores e atenuação

Bastet L., Dubé A., Massé E., and Lafontaine D. A. 2011. New insights into riboswitch regulation mechanisms. *Mol. Microbiol.* **80:** 1148–1154.

Breaker R. R. 2011. Prospects for riboswitch discovery and analysis. *Mol. Cell* **43:** 867–879.

Gollnick P., Babitzke P., Antson A., and Yanofsky C. 2005. Complexity in regulation of tryptophan biosynthesis in *Bacillus subtilis*. *Annu. Rev. Genet.* **39:** 47–68.

Winkler W.C. 2005. Riboswitches and the role of noncoding RNAs in bacterial metabolic control. *Curr. Opin. Chem. Biol.* **9:** 594–602.

Winkler W.C. and Breaker R.R. 2005. Regulation of bacterial gene expression by riboswitches. *Annu. Rev. Microbiol.* **59:** 487–517.

Yanofsky C. 2000. Transcription attenuation: Once viewed as a novel regulatory strategy. *J. Bacteriol.* **182:** 1–8.

CRISPR

Bhaya D., Davison M., and Barrangou R. 2011. CRISPR-Cas systems in bacteria and archaea: Versatile small RNAs for adaptive defense and regulation. *Annu. Rev. Genet.* **45:** 273–297.

Karginov F.V. and Hannon G.J. 2010. The CRISPR system: Small RNAguided defense in bacteria and archaea. *Mol. Cell* **37:** 7–19.

Jore M.M., Brouns S.J.J., and van der Oost J. 2012. RNA in defense: CRISPRs protect prokaryotes against mobile genetic elements. *Cold Spring Harb. Perspect. Biol.* **4:** a003657.

Wiedenheft B., Sternberg S.H., and Doudna J.A. 2012. RNA-guided genetic silencing systems in bacteria and archaea. *Nature* **482:** 331–338.

Mecanismos de RNAi

Baulcombe D. 2005. RNA silencing. *Trends Biochem. Sci.* **30:** 290–293.

Czech B. and Hannon G. J. 2011. Small RNA sorting: Matchmaking for Argonautes. *Nat. Rev. Genet.* **12:** 19–31.

Farazi T.A., Juranek S.A., and Tuschl T. 2008. The growing catalog of small RNAs and their association with distinct Argonaute/Piwi family members. *Development* **135:** 1201–1214.

Joshua-Tor L. and Hannon G.J. 2011. Ancestral roles of small RNAs: An Ago-centric perspective. *Cold Spring Harb. Perspect. Biol.* **3:** a003772.

Liu Q. and Paroo Z. 2010. Biochemical principles of small RNA pathways. *Annu. Rev. Biochem.* **79:** 295–319.

Molnar A., Melnyk C., and Baulcombe D. C. 2011. Silencing signals in plants: A long journey for small RNAs. *Genome Biol.* **12:** 215.

Peters L. and Meister G. 2007. Argonaute proteins: Mediators of RNA silencing. *Mol. Cell* **26:** 611–623.

Tolia N.H. and Joshua-Tor L. 2007. Slicer and the Argonautes. *Nat. Chem. Biol.* **3:** 36–43.

Volpe T. and Martienssen R. A. 2011. RNA interference and heterochromatin assembly. *Cold Spring Harb. Perspect. Biol.* **3:** a003731.

Zaratiegui M., Irvine D.V., and Martienssen R.A. 2007. *Noncoding RNAs and gene silencing.* Cell **128:** 763–776.

siRNAs, miRNAs e piRNAs

Ambros V. 2011. MicroRNAs and developmental timing. *Curr. Opin. Genet. Dev.* **21:** 511–517.

Banisch T.U., Goudarzi M., and Raz E. 2012. Small RNAs in germ cell development. *Curr. Top. Dev. Biol.* **99:** 79–113.

Bushati N. and Cohen S.M. 2007. microRNA functions. *Annu. Rev. Cell Dev. Biol.* **23:** 175–205.

Ebert M.S. and Sharp P.A. 2012. Roles for microRNAs in conferring robustness to biological processes. *Cell* **149:** 515–524.

Esteller M. 2011. Non-coding RNAs in human disease. *Nat. Rev. Genet.* **12:** 861–874.

Fabian M.R. and Sonenberg N. 2012. The mechanics of miRNA-mediated gene silencing: A look under the hood of miRISC. *Nat. Struct. Mol. Biol.* **19:** 586–593.

Malone C.D. and Hannon G.J. 2009. Small RNAs as guardians of the genome. *Cell* **136:** 656–668.

Ruvkun G. 2008. The perfect storm of tiny RNAs. *Nat. Med.* **14:** 1041–1045.

RNAs longos não codificadores

Alexander M.K. and Panning B. 2005. Counting chromosomes: Not as easy as 1, 2, 3. *Curr. Biol.* **15:** R834–R836.

Augui S., Nora E.P., and Heard E. 2011. Regulation of X-chromosome inactivation by the X-inactivation centre. *Nat. Rev. Genet.* **12:** 429–442.

Brockdorff N. 2011. Chromosome silencing mechanisms in X-chromosome inactivation: Unknown unknowns. *Development* **138:** 5057–5065.

Deng X. and Meller V.K. 2006. Non-coding RNA in fly dosage compensation. *Trends Biochem. Sci.* **31:** 526–532.

Lee J.T. 2011. Gracefully ageing at 50, X-chromosome inactivation becomes a paradigm for RNA and chromatin control. *Nat. Rev. Mol. Cell Biol.* **12:** 815–826.

Ng K., Pullirsch D., Leeb M., and Wutz A. 2006. Xist and the order of silencing. *EMBO Rep.* **8:** 34–39.

Pauler F.M., Koerner M.V., and Barlow D.P. 2007. Silencing by imprinted noncoding RNAs: Is transcription the answer? *Trends Genet.* **23:** 284–292.

Ponting C.P., Oliver P.L., and Reik W. 2009. Evolution and functions of long noncoding RNAs. *Cell* **136:** 629–641.

Rinn J.L. and Chang H.Y. 2012. Genome regulation by long noncoding RNAs. *Annu. Rev. Biochem.* **81:** 145–166.

QUESTÕES

Para respostas de questões de número par, ver Apêndice 2: Respostas.

Questão 1. Usando exemplos de bactérias, explique a diferença entre um RNA regulador que atua em *cis* e um que atua em *trans*.

Questão 2. Preveja o nível de transcrição dos genes do óperon *trp* (baixo ou alto) na presença de baixos níveis de triptofano em células de *Escherichia coli* que possuem uma deleção, em fase, dos dois códons de *trp* que são geralmente encontrados no peptídeo-líder. Explique sua resposta.

Questão 3. Descreva como os genes bacterianos são regulados por ribocomutadores que respondem a metabólitos como S-adenosilmetionina (SAM).

Questão 4. Além da regulação da expressão gênica, qual outro propósito têm os RNAs reguladores encontrados em procariotos e arquebactérias?

Questão 5. Descreva, em linhas gerais, três mecanismos para o silenciamento da expressão por RNAs em eucariotos (siRNAs, miRNAs e piRNAs).

Questão 6. Como a fonte e a geração de miRNAs são diferentes da fonte e da geração de siRNAs?

Questão 7. Liste as etapas nas quais os miRNAs são gerados e atuam para silenciar a expressão gênica, e cite as principais enzimas envolvidas em cada etapa.

Questão 8. Marque a frase como verdadeira ou falsa. Os pré-miRNAs estão presentes apenas nos íntrons. Explique sua resposta.

Questão 9. Descreva as principais características dos piRNAs (*piwi-interacting RNAs*) encontrados em eucariotos.

Questão 10. Para usar RNAi como ferramenta experimental, os pesquisadores inicialmente introduziram dsRNA em vermes alimentando-os com *E. coli* modificada para expressar o dsRNA. Cite duas razões pelas quais a introdução direta do dsRNA não funciona de maneira tão eficiente em células de mamíferos e descreva como os pesquisadores resolveram este problema.

Questão 11. No esquema de alimentação de vermes com bactérias para induzir uma resposta de RNAi em vermes, explique o objetivo dos seguintes componentes: promotor *lac* incorporado no genoma de *E. coli*, gene T7 incorporado no genoma de *E. coli*, e promotor de T7 no plasmídeo introduzido em *E. coli*.

Questão 12. Como a expressão do lncRNA *Xist* silencia um dos cromossomos X em fêmeas de mamíferos?

Questão 13. Você quer silenciar a expressão de um gene-alvo usando um shRNA.

A. Cite vários ensaios possíveis para testar a expressão do gene-alvo.

B. Descreva os controles apropriados para um ensaio que testa os níveis de proteína do produto do gene-alvo e que prova que a redução da expressão é devida ao shRNA envolvido.

CAPÍTULO 21

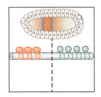

Regulação Gênica no Desenvolvimento e na Evolução

SUMÁRIO

Durante o Desenvolvimento, as Células são Instruídas a Expressar Conjuntos Específicos de Genes por meio de Três Estratégias, 735

•

Exemplos das Três Estratégias para o Estabelecimento da Expressão Gênica Diferencial, 738

•

Biologia Molecular da Embriogênese de *Drosophila*, 746

•

Genes Homeóticos: Uma Importante Classe de Reguladores do Desenvolvimento, 762

•

Evolução do Genoma e Origem dos Seres Humanos, 769

O DESENVOLVIMENTO ANIMAL DEPENDE DA expressão diferencial de um genoma constante para produzir tipos celulares diversos durante a embriogênese. Um genoma animal típico contém aproximadamente 20.000 genes. Isso vale não apenas para animais comparativamente simples, como vermes nematódeos, mas também para o "ápice" da evolução animal, o genoma humano.

A **expressão gênica diferencial** pode ser definida como a síntese de uma proteína (ou RNA, no caso de genes não codificadores) em um subconjunto das células que formam um embrião. A expressão diferencial geralmente depende da transcrição *de novo*. Assim, o gene da β-globina é seletivamente expresso nas hemácias em desenvolvimento, mas não em outros tecidos, porque o gene é transcrito apenas em células sanguíneas. Existem exemplos, no entanto, de mecanismos pós-transcricionais de expressão gênica diferencial. Por exemplo, os RNAs transcritos a partir do gene da segmentação, *hunchback*, são distribuídos por todo o embrião inicial de *Drosophila*, mas são traduzidos em proteínas funcionais apenas em regiões anteriores (cabeça e tórax), e não em posteriores (abdome).

Como se sabe que a expressão diferencial de um genoma constante é a chave para o desenvolvimento animal? Uma ampla variedade de estudos clássicos e contemporâneos mostrou que diferentes tipos celulares contêm o mesmo genoma. A primeira evidência conclusiva veio da clonagem do sapo *Xenopus laevis* nas décadas de 1960 e 1970. Estes estudos culminaram com a substituição do núcleo do óvulo pelo núcleo de uma célula do intestino de um sapo adulto. O núcleo da célula intestinal conseguiu sustentar a embriogênese, a formação do girino de *Xenopus*, e sua metamorfose em sapo adulto. O sapo resultante é considerado um "clone" do sapo que doou a célula do intestino, porque os dois são geneticamente idênticos. Estudos subsequentes no fim da década de 1990 e início dos anos 2000 estenderam a clonagem para a ovelha (Dolly), e hoje é possível, pelo menos em princípio, clonar a maioria dos animais.

A demonstração mais espetacular de "equivalência genética" entre os diferentes tecidos de um animal em desenvolvimento é a transformação de praticamente qualquer tipo celular em uma célula-tronco pluripotente induzida (iPS, *induced pluripotent stem cell*). A maioria dos embriões de mamíferos, incluindo o feto humano, contém um pequeno grupo de células, a massa interna de células (ICM, *inner cell mass*), que forma todos os tecidos e órgãos do adulto. As células da ICM são chamadas de "pluripotentes" porque podem gerar vários tipos celulares diferentes. A formação de células da ICM depende das atividades de três fatores de transcrição sequência-específicos – Oct4, Sox2 e Nanog. A expressão forçada destes três fatores em uma célula diferenciada, como o fibroblasto (tecido conectivo), é suficiente para transformá-la em células iPS, que possuem as propriedades das células da ICM (ver Quadro 21-1,

▶ CONEXÕES CLÍNICAS

Quadro 21-1 Formação de células iPS

As células ICM dos embriões de mamíferos seguem diversas vias de diferenciação e produzem todos os tecidos e órgãos dos adultos.

No início da década de 2000, quando o interesse pelas células-tronco atingiu a comunidade de pesquisa biomédica, pensava-se que o isolamento de células ICM seria o passo limitante para o uso de células-tronco em medicina regenerativa. Por exemplo, diabéticos insulinodependentes não possuem células β, células secretoras do pâncreas que produzem insulina em resposta a aumentos nos níveis de glicose sanguínea após uma refeição. Espera-se que um dia seja possível restaurar o compartimento com células β produzidas em laboratório usando células-tronco. O isolamento de células ICM a partir de fetos humanos, porém, apresentou um labirinto vertiginoso de desafios técnicos e éticos. Esta controvérsia, que se tornou bastante intensa e politizada, dissipou-se em obscuridade devido a uma marcante série de experimentos conduzidos por Takahashi e Yamanaka em 2006. Como pós-doutorando, Yamanaka havia identificado um gene que é seletivamente expresso em células ICM. Ele inseriu *lacZ* neste gene e utilizou-o como "marcador" para identificar fibroblastos murinos que haviam sido convertidos em células-tronco (estas células convertidas são chamadas de células-tronco pluripotentes induzidas [células iPS]). Em geral, o gene marcador não é expresso em fibroblastos mas é ativado quando as células são transformadas em células iPS. Vários grupos de pesquisa identificaram cerca de 30 diferentes fatores de transcrição (FTs) que apresentaram expressão em células-tronco de ICM cultivadas. Takahashi e Yamanaka forçaram sistematicamente a expressão destes diferentes FTs em fibroblastos, resultando na indução do gene marcador *lacZ*. Eles então coexpressaram diferentes combinações dos FTs e viram que três destes fatores —Oct4, Sox2 e Nanog— eram particularmente potentes na conversão ou reprogramação de fibroblastos em células iPS. Estas células reprogramadas possuem a maioria ou todas as propriedades de células genuínas de ICM. As células iPS podem ser induzidas para formar praticamente qualquer tipo celular, como, por exemplo, cardiomiócitos (músculo cardíaco). Em um notável experimento posterior, Yamanaka e colegas mostraram que era possível obter camundongos adultos a partir de células iPS injetadas em embriões. Os resultados revelados na Figura 1 deste quadro mostram que as características associadas às células iPS são transmitidas na linhagem germinativa da prole resultante.

A competência de diferentes tecidos adultos serem transformados em células iPS, as quais, por sua vez, podem ser induzidas para gerar qualquer tecido, é uma clara demonstração de equivalência genética. Estes estudos também levantam a possibilidade da "medicina de substituição", em que fibroblastos da pele de um indivíduo doente podem ser usados para produzir células iPS, que são subsequentemente programadas para gerar os tecidos ausentes que causam a doença, como os neurônios dopaminérgicos para os pacientes com doença de Parkinson ou as células β para diabéticos. Gurdon e Yamanaka receberam o Prêmio Nobel de Fisiologia ou Medicina em 2012 por sua descoberta de que células animais diferenciadas podem ser reprogramadas para gerar qualquer tecido.

QUADRO 21-1 FIGURA 1 Potencial de desenvolvimento de células iPS. (a) Células reprogramadas (iPS), derivadas de um camundongo com pelagem preta, foram injetadas no blastocisto (embrião em estágio inicial) de uma fêmea de pelagem branca, produzindo o camundongo adulto preto (um macho) mostrado aqui. Ao lado do adulto está sua prole, filhotes recém-nascidos resultantes do cruzamento entre o adulto iPs macho com uma fêmea branca. (b) Os filhotes recém-nascidos no painel a desenvolveram-se em camundongos jovens com coloração marrom, resultado típico visto quando um macho preto é cruzado com uma fêmea branca. (Reproduzida, com permissão, de Zhao X.Y. et al. 2009. *Nature* **461**: 86. © Macmillan. a e b são Fig. 2f e 2g, respectivamente.)

Formação de células iPS). De fato, as células iPS podem ser usadas para substituir as células ICM em um embrião e gerar camundongos adultos cujos tecidos são derivados unicamente das células iPS.

Neste capítulo, serão abordados os diferentes mecanismos para alcançar a expressão gênica diferencial durante o desenvolvimento animal. Na primeira metade deste capítulo, será descrito como as células se intercomunicam durante o desenvolvimento para garantir que cada uma expresse o conjunto específico de genes necessário para o seu desenvolvimento adequado. Então, são descritos exemplos simples de cada uma dessas estratégias. Na segunda metade deste capítulo, será discutido como essas estratégias são utilizadas junto com os mecanismos de regulação transcricional, descritos no Capítulo 19, para controlar o desenvolvimento de todo um organismo – neste caso, a mosca-da-fruta. Na parte final do capítulo, discute-se como as alterações na regulação gênica podem causar diversidade da morfologia animal durante a evolução. Uma classe particularmente importante de genes de controle do desenvolvimento, os genes homeóticos, é descrita.

DURANTE O DESENVOLVIMENTO, AS CÉLULAS SÃO INSTRUÍDAS A EXPRESSAR CONJUNTOS ESPECÍFICOS DE GENES POR MEIO DE TRÊS ESTRATÉGIAS

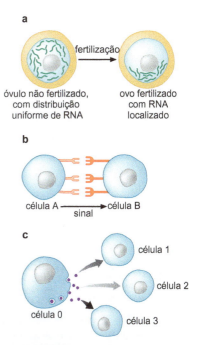

FIGURA 21-1 As três estratégias para início da atividade gênica diferencial durante o desenvolvimento. (a) Em alguns animais, certos RNAs "maternos" presentes no óvulo tornam-se localizados antes ou depois da fertilização. Neste exemplo, um mRNA específico (traços em verde) é localizado na região vegetativa (inferior), após a fertilização. (b) A célula A precisa interagir fisicamente com a célula B para estimular o receptor presente na superfície desta célula B. Isso ocorre porque o "ligante" produzido pela célula A está ligado à membrana citoplasmática. (c) Neste exemplo de sinalização à distância, a célula 0 secreta uma molécula sinalizadora que se difunde através da matriz extracelular. Diferentes células (1, 2, 3) recebem o sinal e, então, sofrem alterações em sua atividade gênica.

Já foi visto como a expressão gênica pode ser controlada pelos "sinais" que uma célula recebe de seu ambiente. Por exemplo, em *Escherichia coli*, o açúcar lactose ativa a transcrição do óperon *lac*, enquanto nos mamíferos, a infecção viral ativa a expressão do gene do interferon β. Neste capítulo, serão discutidas as estratégias usadas para instruir células geneticamente idênticas a expressarem diferentes conjuntos de genes e, assim, a se diferenciarem em diversos tipos celulares. As três estratégias principais são a **localização do mRNA**, o **contato célula a célula** e a **sinalização por meio da difusão de uma molécula sinalizadora secretada** (Fig. 21-1). Nas próximas seções, cada uma dessas estratégias será apresentada brevemente.

Alguns mRNAs localizam-se em regiões específicas nos ovos e embriões devido a uma polaridade intrínseca do citoesqueleto

Uma estratégia para estabelecer diferenças entre duas células geneticamente idênticas é distribuir assimetricamente uma molécula reguladora essencial durante a divisão celular, garantindo, assim, que as células-filhas recebam quantidades distintas desse regulador e, por isso, sigam diferentes vias de desenvolvimento. Em geral, essa molécula distribuída assimetricamente é um mRNA. Esses mRNAs podem codificar proteínas de ligação ao RNA ou moléculas de sinalização para as células, porém, mais frequentemente, codificam ativadores ou repressores transcricionais. Apesar da diversidade de funções de seus produtos proteicos, existe um mecanismo comum para a localização dos mRNAs. Eles são transportados por elementos do citoesqueleto, filamentos de actina ou microtúbulos. Nesse processo, a assimetria é dada pela assimetria intrínseca desses elementos.

Filamentos de actina e microtúbulos sofrem crescimento dirigido nas extremidades + (Fig. 21-2). Uma molécula de RNA pode ser transportada de uma extremidade da célula para outra por uma proteína "adaptadora", que se liga a uma sequência específica da **região não traduzida 3′** (**3′-UTR**) de um mRNA. As proteínas adaptadoras contêm dois domínios. Um reconhece a 3′-UTR do mRNA, enquanto o outro se associa com um componente específico do citoesqueleto, como a miosina. Dependendo do adaptador específico utilizado, o complexo mRNA-adaptador é "arrastado" deslizando ao longo de um filamento de actina ou move-se diretamente com a extremidade + de

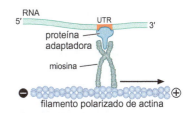

FIGURA 21-2 Uma proteína adaptadora liga-se às sequências específicas da 3′-UTR do mRNA. O adaptador também se liga à miosina, que "desliza" ao longo do filamento de actina, de modo dirigido, da extremidade "−" para a extremidade crescente "+" do filamento.

um microtúbulo em crescimento. Veremos como esse processo básico é usado para localizar determinantes de mRNA no ovo ou, após a mitose, para restringir um determinante a apenas uma das duas células-filhas.

Contatos célula a célula e moléculas secretadas de sinalização celular promovem alterações na expressão gênica de células vizinhas

Uma célula pode influenciar os genes a serem expressos nas células vizinhas, produzindo proteínas de sinalização extracelular. Essas proteínas são sintetizadas na primeira célula e depositadas na membrana citoplasmática da mesma célula ou secretadas para a matriz extracelular. Essas duas ações apresentam características em comum e, por isso, serão aqui consideradas em conjunto. Depois, será visto como os sinais secretados podem ser utilizados de outras maneiras.

Um determinado sinal (de qualquer tipo) geralmente é reconhecido por um receptor específico na superfície das células receptoras. Quando esse receptor se liga à molécula sinalizadora, desencadeia alterações na expressão gênica da célula receptora. Em geral, essa comunicação do receptor de superfície celular com o núcleo envolve as **vias de transdução de sinal**, como as abordadas no Capítulo 19. A seguir, são apresentadas resumidamente as características básicas destas vias.

Às vezes, as interações entre o ligante e o receptor induzem uma cascata enzimática que, ao fim, modifica as proteínas reguladoras já presentes no núcleo (Fig. 21-3a). Em outros casos, os receptores ativados provocam a liberação de proteínas de ligação ao DNA da superfície celular ou do citoplasma no núcleo (Fig. 21-3b). Essas proteínas reguladoras ligam-se às sequências específicas de reconhecimento de DNA e ativam ou reprimem a expressão gênica. A ligação desses ligantes também pode promover a clivagem proteolítica do receptor. Neste caso, após a clivagem, o domínio intracitoplasmático do receptor é liberado da superfície celular e entra no núcleo, onde se associa com as proteínas de ligação ao DNA e influencia o modo de regulação da transcrição dos genes aos quais estão associadas (Fig. 21-3c). Por exemplo, a proteína transportada poderia converter um repressor de transcrição em um ativador. Neste caso, os genes-alvo que eram reprimidos antes da sinalização são, agora, induzidos. Neste capítulo, serão considerados exemplos de cada uma dessas variações da sinalização celular.

As moléculas sinalizadoras que permanecem na superfície controlam apenas a expressão gênica nas células que estão em contato físico direto com a célula sinalizadora. Esse processo é referido como **contato célula a célula**. Em contrapartida, as moléculas sinalizadoras que são secretadas na matriz extracelular podem atuar a grandes distâncias. Algumas difundem-se a distâncias equivalentes a apenas 1 a 2 diâmetros celulares, mas outras podem atuar em um âmbito de 50 células ou mais. Às vezes, as moléculas de sinalização de longo alcance são responsáveis pela informação posicional, que será discutida na próxima seção.

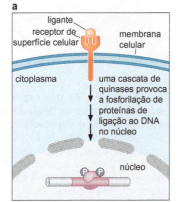
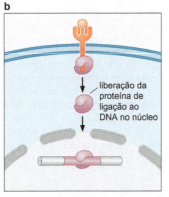
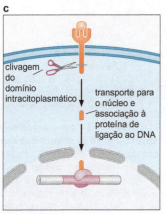

FIGURA 21-3 Diferentes mecanismos de transdução de sinais. Um ligante (ou "molécula sinalizadora") liga-se a um receptor de superfície celular. (a) O receptor ativado induz quinases celulares latentes levando à fosforilação de proteínas de ligação ao DNA, no núcleo. Essa fosforilação faz a proteína reguladora ativar (ou reprimir) a transcrição de genes específicos. (b) O receptor ativado libera no citoplasma uma proteína de ligação ao DNA dormente que, agora, pode entrar no núcleo. No núcleo, a proteína reguladora ativa (ou reprime) a transcrição de genes específicos. (c) O receptor ativado é clivado por proteases celulares e sua porção C-terminal entra no núcleo e interage com proteínas específicas de ligação ao DNA. O complexo proteico resultante ativa a transcrição de genes específicos.

Gradientes de moléculas de sinalização secretadas podem instruir as células a seguirem vias de desenvolvimento com base em sua localização

Um tema recorrente quando se estuda o desenvolvimento é a importância da posição de uma célula, em um embrião ou em um órgão em desenvolvimento, para a determinação do seu destino. As células localizadas na parte frontal de um embrião de *Drosophila* (i.e., nas regiões **anteriores**) formarão partes da cabeça do adulto, como a antena ou o cérebro, mas não se desenvolverão em estruturas **posteriores**, como o abdome ou a genitália. As células localizadas na superfície superior, ou **dorsal**, de um embrião de rã podem desenvolver-se em partes da coluna, no girino ou no adulto, mas não formam tecidos **ventrais**, ou "da barriga", como os intestinos. Esses exemplos ilustram o fato de que o destino de uma célula – o que ela será no adulto – é limitado pela sua localização no embrião em desenvolvimento. A influência da localização no desenvolvimento é chamada de **informação posicional**.

O modo mais comum de estabelecer a informação posicional envolve uma simples extensão de uma das estratégias já encontradas no Capítulo 19 – o uso de moléculas de sinalização secretadas (Fig. 21-4). Um pequeno grupo de células sintetiza e secreta uma molécula de sinalização, que será distribuída em um **gradiente extracelular** (Fig. 21-4a). As células localizadas perto da "fonte" recebem altas concentrações da proteína secretada e desenvolvem-se em um determinado tipo celular. As células localizadas progressivamente mais longe seguem diferentes vias de desenvolvimento, porque recebem concentrações mais baixas da molécula sinalizadora. Às vezes, as moléculas

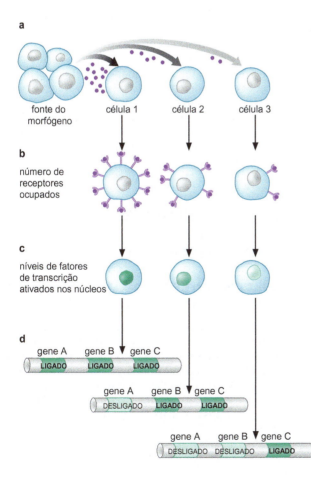

FIGURA 21-4 Um grupo de células produz uma molécula de sinalização, ou morfógeno, que se difunde pela matriz extracelular. (a) As células 1, 2 e 3 recebem quantidades progressivamente menores da molécula de sinalização por estarem progressivamente mais distantes da origem. (b) As células 1, 2 e 3 contêm progressivamente menos receptores de superfície ativados. (c) As três células contêm níveis diferentes de uma ou mais proteínas reguladoras. No panorama mais simples, há uma correlação linear entre receptores de superfície celular ativados e a quantidade de fator de regulação que ingressa no núcleo. (d) Os diferentes níveis de fator regulador levam à expressão de diferentes conjuntos de genes. A célula 1 expressa os genes A, B e C porque contém os níveis mais altos do fator de regulação. A célula 2 expressa os genes B e C, mas não A, porque contém níveis intermediários do fator regulador. Esses níveis são insuficientes para ativar o gene A. Finalmente, a célula 3 contém os níveis mais baixos do fator regulador e só expressa o gene C, porque a expressão dos genes A e B exige níveis mais elevados do fator.

de sinalização que controlam a informação sobre o posicionamento são chamadas **morfógenos**.

As células localizadas próximas à fonte do morfógeno recebem altas concentrações da molécula sinalizadora e, portanto, alcançam o pico da ativação dos receptores específicos da superfície celular que se ligam a ela. Em contrapartida, as células localizadas longe da origem recebem baixos níveis de sinal e, consequentemente, apenas uma pequena fração de seus receptores de superfície celular são ativados. Considere-se uma fileira com três células adjacentes à origem de um morfógeno secretado. Cerca de 1.000 receptores são ativados na primeira célula, enquanto 500 receptores são ativados na célula seguinte e apenas 200 na próxima (Fig. 21-4b). Esses diferentes níveis de ocupação dos receptores são diretamente responsáveis pela expressão gênica diferencial das células responsivas.

Como se viu, a ligação de moléculas sinalizadoras aos receptores de superfície celular resulta (de um modo ou de outro) no aumento da concentração de reguladores específicos da transcrição no núcleo celular na sua forma ativa. Cada receptor controla um regulador (ou mais) de transcrição específico, que por sua vez controla a expressão de determinados genes. O número de receptores de superfície celular ativados pela ligação de um morfógeno determina quantas moléculas da proteína reguladora aparecem no núcleo. A célula mais próxima da origem de morfógeno – contendo 1.000 receptores ativados – terá altas concentrações do ativador de transcrição em seu núcleo (Fig. 21-4c). Em contrapartida, as células mais afastadas da origem conterão níveis intermediários e baixos do ativador, respectivamente. Portanto, existe uma correlação entre o número de receptores ativados na superfície celular e a quantidade de regulador de transcrição presente no núcleo. Como esses níveis diferentes do mesmo regulador de transcrição são capazes de desencadear diferentes padrões de expressão gênica em diferentes células?

No Capítulo 18, aprendeu-se que uma pequena alteração nos níveis do repressor de λ determina se uma célula bacteriana infectada será lisada ou "lisogenizada". Da mesma maneira, pequenas alterações na quantidade do morfógeno e, portanto, pequenas diferenças nos níveis de um regulador de transcrição no núcleo determinam a identidade da célula. Células que contêm altas concentrações de um determinado regulador transcricional expressam vários genes-alvo que estão inativos nas células com níveis intermediários ou baixos do mesmo regulador (Fig. 21-4d). A regulação diferencial da expressão gênica por diferentes concentrações de uma proteína reguladora é um dos mecanismos mais importantes e disseminados encontrados na biologia do desenvolvimento. Ao longo deste capítulo, serão examinados vários exemplos.

EXEMPLOS DAS TRÊS ESTRATÉGIAS PARA O ESTABELECIMENTO DA EXPRESSÃO GÊNICA DIFERENCIAL

O repressor localizado Ash1 controla os tipos acasalantes, nas leveduras, pelo silenciamento do gene *HO*

Antes de descrever a localização do mRNA em embriões animais, será abordado um caso de um eucarioto unicelular relativamente simples, a levedura *Saccharomyces cerevisiae*. Esta levedura pode crescer como células haploides, que se dividem por brotamento (gemação) (Fig. 21-5). Os cromossomos replicados são distribuídos entre duas células assimétricas – uma célula maior, a genitora ou célula-mãe, e um broto, menor, ou célula-filha (Fig. 21-5a). Essas células podem ser de dois tipos acasalantes, chamados **a** e α, como discutido nos Capítulos 11 e 19.

CAPÍTULO 21 Regulação Gênica no Desenvolvimento e na Evolução

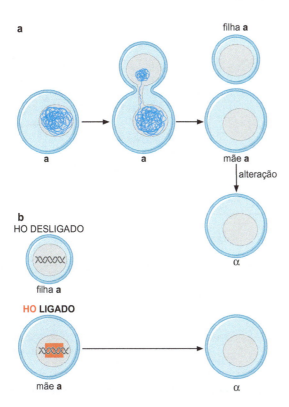

FIGURA 21-5 Uma célula haploide de levedura do tipo acasalante a sofre brotamento, produzindo uma célula-mãe e uma célula-filha menor. (a) Inicialmente, ambas as células são do tipo acasalante **a**, mas, às vezes, a célula-mãe pode sofrer uma alteração para o tipo α. (b) A célula-filha não pode sofrer alteração, porque não pode expressar o gene *HO*, devido ao repressor transcricional localizado Ash1. Em contrapartida, a célula-mãe pode sofrer alteração porque não tem Ash1 e pode expressar *HO*.

Uma célula-mãe e sua célula-filha podem apresentar tipos acasalantes diferentes. A diferença surge por meio de um processo chamado **alternância do tipo acasalante**. Após o brotamento para gerar uma célula-filha, a célula-mãe pode "mudar" de tipo acasalante. Assim, por exemplo, uma célula **a** pode originar uma célula-filha **a**, mas, subsequentemente, mudar para o tipo acasalante α (Fig. 21-5b).

Essa alteração é controlada pelo produto do gene *HO*. No Capítulo 11, viu-se que a proteína HO é uma endonuclease sequência-específica. Ela desencadeia a conversão gênica no *locus* do tipo acasalante, introduzindo uma quebra na dupla-fita de um dos dois cassetes silenciosos de tipos acasalantes. Também foi visto, no Capítulo 19, como HO é ativada na célula-mãe. Na célula-filha, HO é mantida silenciada devido à expressão seletiva de um repressor chamado Ash1 (Fig. 21-6), e é por isso que a célula-filha não altera seu tipo acasalante. O gene *ash1* é transcrito na célula-mãe antes do brotamento, mas o RNA codificado é localizado na célula-filha por meio do seguinte processo. Durante o brotamento, o mRNA de *ash1* liga-se às extremidades em crescimento dos microtúbulos. Várias proteínas atuam como "adaptadores" que se ligam à 3'-UTR do mRNA de *ash1* e também aos microtúbulos. Estes estendem-se do núcleo da célula-mãe até o local do brotamento e, por esta via, o mRNA de *ash1* é transportado para a célula-filha. Uma vez dentro da célula-filha, o mRNA de *ash1* é traduzido em uma proteína repressora, que se liga ao gene *HO* e inibe a transcrição deste. Esse silenciamento da expressão de *HO* na célula-filha impede que ela sofra alteração do tipo acasalante.

Na segunda metade deste capítulo, será vista a localização dos mRNAs usados no desenvolvimento do embrião de *Drosophila*. Mais uma vez, essa localização é mediada por proteínas adaptadoras que se ligam aos mRNAs, especificamente, às sequências encontradas nas 3'-UTRs (ver Quadro 21-2, Revisão sobre o citoesqueleto: assimetria e crescimento).

Um segundo princípio geral que emerge dos estudos sobre troca de tipo acasalante em leveduras é visto novamente quando se considera o desenvol-

740 Parte 5 Regulação

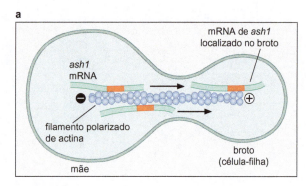

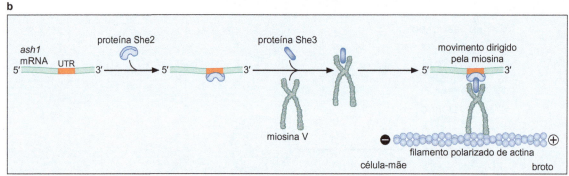

FIGURA 21-6 Localização do mRNA de *ash1* durante o brotamento. (a) O gene *ash1* é transcrito na célula-mãe durante o brotamento. O mRNA codificado move-se da célula-mãe para o broto, deslizando ao longo de filamentos polarizados de actina. O movimento é direcional e inicia na extremidade "–" do filamento, estendendo-se com o crescimento da extremidade "+". (b) O transporte do mRNA de *ash1* depende da ligação das proteínas adaptadoras She2 e She3 às sequências específicas contidas na 3´-UTR. Essas proteínas adaptadoras ligam-se à miosina, que "desliza" ao longo do filamento de actina e traz consigo o mRNA de *ash1*. (Adaptada, com permissão, de Alberts B. et al. 2002. *Molecular biology of the cell*, 4th ed., p. 971, Fig. 16-84a. © Garland Science/Taylor & Francis LLC.)

vimento de *Drosophila*: a interação entre ativadores amplamente distribuídos e repressores localizados para estabelecer padrões precisos de expressão gênica em células individuais. Em leveduras, a proteína SWI5 é responsável pela ativação da expressão do gene *HO* (ver Cap. 19). Este ativador está presente na célula-mãe e na célula-filha durante o brotamento, mas sua capacidade de ativar *HO* está restrita à célula-mãe, devido à presença do repressor Ash1 na célula-filha. Em outras palavras, Ash1 mantém o gene *HO* desligado na célula-filha, apesar da presença de SWI5.

Um mRNA localizado inicia a diferenciação muscular no embrião da ascídia

Os mRNAs localizados podem estabelecer a expressão gênica diferencial entre células geneticamente idênticas de um embrião em desenvolvimento. Assim como nas leveduras, em que o destino da célula-filha é limitado em função da herança do mRNA de *ash1*, as células de um embrião em desenvolvimento podem ser instruídas a seguir vias específicas de desenvolvimento por meio da herança de mRNAs localizados.

Como exemplo, é considerada a diferenciação muscular em embriões de ascídias. Macho-1 é um dos principais determinantes para programação de células para formar músculos da cauda em embriões iniciais de ascídias.

Inicialmente, o mRNA de Macho-1 está distribuído por todo o citoplasma dos óvulos não fertilizados, mas, logo após a fertilização, ele é restringido ao citoplasma do polo vegetativo (inferior) (Fig. 21-7). Finalmente, no embrião com apenas oito células, esse mRNA é herdado por apenas duas células, e essas células continuam a formação dos músculos caudais.

O mRNA de Macho-1 codifica uma proteína dedo de zinco, de ligação ao DNA, supostamente capaz de ativar a transcrição de genes específicos de músculos, como da tropomisina. Esses genes são expressos apenas nos músculos, porque o Macho-1 é produzido apenas nessas células. Na segunda parte deste capítulo, será visto como as proteínas reguladoras, sintetizadas por mRNAs localizados no embrião de *Drosophila*, ativam e reprimem a expressão gênica e controlam a formação de diferentes tipos celulares.

> **CONCEITOS AVANÇADOS**
>
> **Quadro 21-2** Revisão sobre o citoesqueleto: assimetria e crescimento
>
> O citoesqueleto é composto por três tipos de filamentos: filamentos intermediários, filamentos de actina e microtúbulos. Os filamentos de actina e os microtúbulos são usados para localizar mRNAs específicos em diversos tipos celulares diferentes, inclusive brotos de levedura e oócitos de *Drosophila*. Os filamentos de actina são formados por polímeros de actina. Estes são organizados em duas hélices paralelas que completam uma volta a cada 37 nm. Cada monômero de actina possui a mesma orientação no polímero, o que resulta em nítida polaridade. A extremidade mais (+) cresce mais rápido do que a extremidade menos (−) e, consequentemente, os mRNAs designados para localização deslocam-se junto com a extremidade crescente "+" (Fig. 1 deste quadro).
>
> Os microtúbulos são compostos por polímeros da proteína chamada **tubulina**, que é um heterodímero composto por cadeias α e β relacionadas. Os heterodímeros de tubulina formam protofilamentos longos e assimétricos. Todos os heterodímeros de tubulina têm a mesma orientação no protofilamento. Treze protofilamentos diferentes associam-se, formando um microtúbulo cilíndrico, e todos estão alinhados paralelamente. Portanto, assim como nos filamentos de actina, existe polaridade intrínseca nos microtúbulos, com a extremidade "+" crescendo rapidamente e a extremidade "−" mais estável (Fig. 2 deste quadro).
>
> A actina e a tubulina atuam como enzimas. A actina catalisa a hidrólise de ATP em ADP, enquanto a tubulina hidrolisa GTP em GDP. Essas atividades enzimáticas são responsáveis pelo crescimento dinâmico, ou "helicoidal", observado nos filamentos de actina e nos microtúbulos. Caracteristicamente, são as subunidades de actina ou tubulina da extremidade "−" do filamento que promovem a hidrólise do ATP ou do GTP e, por isso, essas subunidades são mais instáveis e soltas na extremidade "−". Em contrapartida, as subunidades recém-adicionadas à extremidade "+" não hidrolisaram ATP ou GTP, e isso torna-as os componentes mais estáveis do filamento.
>
> O crescimento dirigido de filamentos de actina ou microtúbulos nas extremidades "+" depende de uma variedade de proteínas que se associam ao citoesqueleto. Uma delas é a profilina, que interage com os monômeros de actina, aumentando sua incorporação na extremidade "+" de crescimento dos filamentos de actina. Demonstrou-se que outras proteínas estimulam o crescimento dos protofilamentos de tubulina nas extremidades "+" dos microtúbulos.
>
>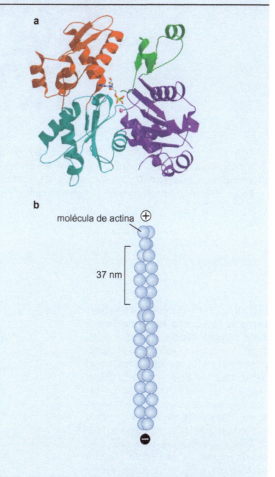
>
> **QUADRO 21-2 FIGURA 1 Estruturas do monômero e do filamento de actina.** Estrutura do cristal do monômero de actina. (a) Os quatro domínios do monômero estão mostrados, em cores diferentes, com ATP (em vermelho e amarelo) no centro. A extremidade "−" do monômero está na parte superior; a extremidade "+" está na parte inferior. (Otterbein L.R. et al. 2001. *Science* **293**: 708-711. Imagem preparada com MolScript, BobScript e Raster3D.) (b) Os monômeros são unidos, formando um filamento de hélice simples.
>
> *(continua)*

Quadro 21-2 *(Continuação)*

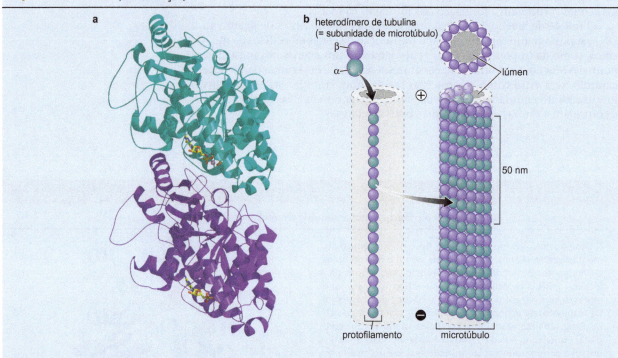

QUADRO 21-2 FIGURA 2 Estruturas do monômero e do filamento de tubulina. (a) Estrutura do cristal de tubulina monomérica com as suas subunidades α (em azul-turquesa) e β (em roxo). As moléculas de GTP em cada subunidade são vermelhas e amarelas. (De Lowe J. et al. 2001. *J. Mol. Biol.* **313**: 1045-1057. Imagem preparada com MolScript, BobScript e Raster3D.) (b) O protofilamento da tubulina consiste em monômeros adjacentes dispostos em uma mesma orientação.

FIGURA 21-7 O mRNA de Macho-1 torna-se localizado no óvulo fertilizado de uma ascídia. (a) Inicialmente, o mRNA está distribuído por todo o citoplasma dos óvulos não fertilizados. Ao ser fertilizado, o ovo é induzido a uma divisão altamente assimétrica, produzindo um pequeno corpúsculo polar (topo). Ao mesmo tempo, o mRNA de Macho-1 é localizado nas regiões inferiores (vegetativas). Pouco depois, e bem antes da primeira divisão do embrião de uma célula, o mRNA de Macho-1 sofre um segundo evento de localização. Isso ocorre durante a segunda divisão meiótica do ovo, também altamente assimétrica. (b) O mRNA de Macho-1 está localizado em um quadrante específico do embrião de uma célula, que corresponde aos futuros blastômeros B4.1. Essas células geram os músculos caudais. (a, Adaptada, com permissão, de Nishida H. e Sawada K. 2001. *Nature* **409**: 725, Fig. 1c-e. © Macmillan.)

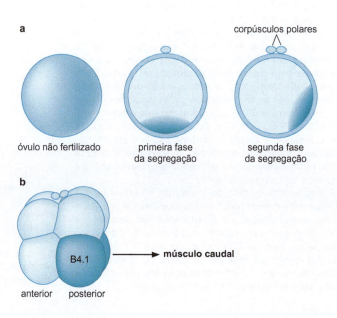

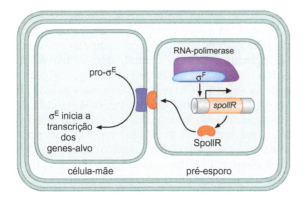

FIGURA 21-8 **A assimetria na atividade gênica da célula-mãe e do pré-esporo de *B. subtilis* depende da ativação de diferentes classes de fatores σ.** O gene *spoIIR* é ativado por σ^F no pré-esporo. A proteína codificada, SpoIIR, associa-se ao septo que separa a célula-mãe (à esquerda) e o pré-esporo (à direita). Ela desencadeia o processamento proteolítico de uma forma inativa de σ^E (pro-σ^E) na célula-mãe. A proteína σ^E ativada resulta no recrutamento da RNA-polimerase e na ativação de genes específicos na célula-mãe. (Redesenhada, com permissão, de Stragier P. e Losick R. 1996. *Annu. Rev. Genet.* **30**: 297-341, Fig. 3a. © Annual Reviews.)

O contato célula a célula provoca a expressão gênica diferencial na bactéria esporulada *Bacillus subtilis*

A segunda principal estratégia para estabelecer expressão gênica diferencial é o contato célula a célula. Novamente, a discussão é iniciada com um caso relativamente simples, o da bactéria *Bacillus subtilis*. Em condições adversas, *B. subtilis* pode formar esporos. A primeira etapa desse processo é a formação de um septo, localizado assimetricamente no esporângio, o genitor do esporo. O septo produz duas células de tamanhos diferentes, que permanecem ligadas através de membranas confinantes. A célula menor é chamada **pré-esporo**, e originará o esporo após uma série de eventos. A célula maior é chamada célula-mãe; ela auxilia no desenvolvimento do esporo (Fig. 21-8). O pré-esporo influencia a expressão dos genes da célula-mãe vizinha, da maneira descrita a seguir.

O pré-esporo contém uma forma ativa de um fator σ específico, o σ^F, que está inativo na célula-mãe. No Capítulo 18, viu-se como os fatores σ se associam à RNA-polimerase e selecionam promotores-alvo específicos para expressão. O fator σ^F ativa o gene *spoIIR*, que codifica uma proteína sinalizadora secretada. SpoIIR é secretada no espaço entre as membranas confinantes da célula-mãe e do pré-esporo, onde desencadeia o processamento proteolítico do pro-σ^E na célula-mãe. Pro-σ^E é um precursor inativo do fator σ^E. A proteína pro-σ^E possui um domínio inibidor N-terminal que bloqueia a atividade de σ^E e liga a proteína à membrana da célula-mãe (Fig. 21-8). SpoIIR induz a clivagem proteolítica do peptídeo aminoterminal e a liberação da forma madura e ativa de σ^E da membrana. σ^E ativa um conjunto de genes na célula-mãe diferente dos expressos no pré-esporo. Neste exemplo, SpoIIR atua como molécula sinalizadora que age na interface entre o pré-esporo e a célula-mãe, promovendo expressão gênica diferencial na célula-mãe confinada por meio do processamento de σ^E. A indução requer contato célula a célula porque o pré-esporo produz pequenas quantidades de SpoIIR que podem interagir com a célula-mãe confinada mas são insuficientes para desencadear o processamento de σ^E nas outras células da população.

O comutador da regulação nervo-pele no sistema nervoso central de insetos é controlado pela sinalização por Notch

Agora nos voltamos para um exemplo de contato célula a célula em um embrião de animal que é surpreendentemente semelhante ao recém-descrito em *B. subtilis*. No exemplo anterior, SpoIIR causa a ativação proteolítica de σ^E, que, em seu estado ativo, dirige a RNA-polimerase para sequências promotoras de genes específicos. No próximo exemplo, um receptor de superfície celular é clivado e o domínio intracitoplasmático é transferido para o núcleo, onde se liga a uma proteína de ligação ao DNA sequência-específica, que ativa a transcrição de genes selecionados.

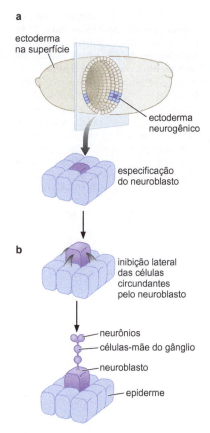

FIGURA 21-9 O ectoderma neurogênico forma dois tipos celulares principais: neurônios e células da pele (ou epiderme). (a) As células do ectoderma neurogênico inicial podem formar ambos tipos de células. Entretanto, quando uma das células começa a formar um neurônio ou "neuroblasto" (célula escura no centro da grade de células), ela inibe todas as células vizinhas com as quais tem contato direto. (b) Esta inibição faz a maioria das células permanecer na superfície do embrião e formar células da pele. Ao contrário, o neurônio em desenvolvimento move-se para a fenda do embrião e forma neurônios.

Para estudar esse exemplo, é necessário primeiro descrever brevemente o desenvolvimento do sistema nervoso ventral nos embriões de insetos (Fig. 21-9). Este sistema funciona de modo comparável à medula espinal de humanos. Ele é originado a partir de um folheto de células chamado **ectoderma neurogênico**. Esse tecido divide-se em duas populações de células: um grupo permanece na superfície do embrião e forma a pele ventral (ou epiderme); e a outra população se desloca para o interior do embrião, para formar os neurônios do sistema nervoso ventral (Fig. 21-9a). A decisão sobre tornar-se pele ou neurônio é reforçada pela sinalização entre as duas populações.

Os neurônios em desenvolvimento contêm uma molécula sinalizadora em sua superfície chamada **Delta**, que se liga a um receptor nas células da pele chamado **Notch** (Fig. 21-9b). A ativação do receptor de Notch por Delta impede que as células cutâneas se desenvolvam em neurônios. Isto ocorre porque a ativação promove a liberação do domínio intracitoplasmático de Notch (Notch^{IC}) da membrana celular, que entra no núcleo, onde se associa a uma proteína de ligação ao DNA chamada Su(H). O complexo Su(H)-Notch^{IC} resultante ativa genes que codificam repressores transcricionais que bloqueiam o desenvolvimento de neurônios.

A sinalização por Notch não causa apenas uma simples indução da proteína ativadora Su(H), mas também desencadeia uma comutação reguladora do tipo liga/desliga. Na ausência de sinalização, Su(H) está associada a várias proteínas, incluindo Hairless, CtBP e Groucho (Fig. 21-10). Su(H), complexada a qualquer uma dessas proteínas, reprime ativamente os genes-alvo de Notch. Quando Notch^{IC} entra no núcleo, desloca as proteínas repressoras complexadas com Su(H), transformando esta proteína em um ativador. Deste modo, agora Su(H) ativa exatamente os mesmos genes que antes reprimia.

A sinalização Delta-Notch depende do contato célula a célula. Para ativar a sinalização por Notch e inibir a diferenciação em neurônios, as células que apresentam o ligante Delta (as precursoras de neurônios) têm de estar em contato físico direto com as células que contêm os receptores de Notch (as de epiderme). Na próxima seção, será visto um exemplo de uma molécula de sinalização secretada que influencia a expressão gênica de células distantes das células que enviam o sinal.

Um gradiente do morfógeno Sonic hedgehog controla a formação de diferentes neurônios no tubo neural de vertebrados

Agora, será discutido o caso de uma molécula sinalizadora de longo alcance, um **morfógeno**, que impõe uma informação posicional sobre um órgão em desenvolvimento. Neste exemplo, continua a discussão sobre diferenciação neuronal, porém, no tubo neural de vertebrados. Em todos os embriões de vertebrados, há uma fase em que as células localizadas ao longo do futuro dorso – o ectoderma dorsal – deslocam-se de modo coordenado para as regiões internas do embrião e formam o tubo neural, o precursor da medula espinal do adulto.

As células localizadas na região mais ventral do tubo neural formam uma estrutura especializada, chamada **placa inferior** (*floorplate*). A placa inferior é o sítio da expressão de uma molécula sinalizadora secretada, chamada Sonic hedgehog (Shh), um morfógeno que atua em gradiente.

A molécula Shh é secretada pela placa inferior e forma um gradiente extracelular na metade ventral do tubo neural. Neste local, os neurônios desenvolvem-se nos diferentes tipos celulares, de acordo com a quantidade de proteína Shh que recebem. Isso é determinado por sua localização em relação à placa inferior; as células mais próximas recebem as concentrações mais altas de Shh, enquanto as mais distantes recebem níveis mais baixos. O gradiente extracelular de Shh leva à especificação de três tipos de células neuronais: V3, MN e V2. Estas células estão localizadas progressivamente mais distantes da

FIGURA 21-10 Comutador regulador Notch-Su(H). O neurônio em desenvolvimento (neuroblasto) não expressa genes repressores neuronais (topo). Estes genes são mantidos desligados por uma proteína de ligação ao DNA chamada Su(H) e proteínas correpressoras associadas (Hairless, CtBP, Groucho). O neuroblasto expressa uma molécula de sinalização chamada Delta, que se liga à superfície celular. Delta liga-se ao receptor de Notch das células vizinhas, que estão em contato físico direto com o neurônio. As interações Delta-Notch provocam a ativação do receptor de Notch nas células vizinhas, que se diferenciam em epiderme. O receptor de Notch ativado é clivado por proteases celulares ("tesouras"), e a região intracitoplasmática do receptor é liberada no núcleo. Essa parte da proteína Notch faz a proteína reguladora Su(H) atuar como ativador e não como repressor. Como consequência, os genes repressores neuronais ficam ativados nas células epidérmicas, de modo que elas não se desenvolvem em neurônios.

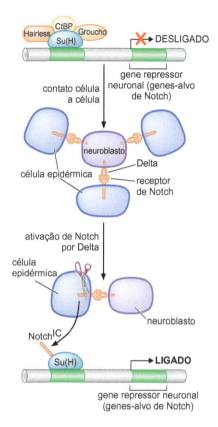

placa inferior do tubo neural e expressam diferencialmente três genes reguladores: Nkx2.2, Olig2 e Pax6, respectivamente (ver Fig. 21-11a).

Inicialmente, Pax6 é expresso em todo o presumível tubo neural (tempo t_0, Fig. 21-11b). Células localizadas próximas à placa inferior – que recebem as maiores concentrações de Shh – adquirem a maior atividade de Gli, o efetor transcricional da sinalização de Shh. Em estágios iniciais, tempo t_1, as concentrações iniciais do ativador Gli são suficientes para induzir a expressão de Olig2 (Fig. 21-11b). Em estágios subsequentes, a indução sustentada de Shh aumenta os níveis de Gli no tubo neural ventral, levando à ativação de Nkx2.2 (tempo t_2, Fig. 21-11b). Interações repressivas cruzadas mantêm a expressão sequencial de Nkx2.2, Olig2 e Pax6, levando à especificação de neurônios V3, MN e V2.

De acordo com um modelo simples de "gradiente de afinidade", os DNAs reguladores dos genes Olig2 e Nkx2.2 devem conter sítios de ligação a Gli com diferentes afinidades. Por exemplo, Olig2 deve ser ativado antes de Nkx2.2 porque ele contém sítios de ligação a Gli de alta afinidade que são ocupados por baixos níveis do ativador de Gli. Ao contrário, Nkx2.2 deve ser regulado por sítios de ligação a Gli de baixa afinidade, necessitando de níveis mais altos e sustentados de Shh e do ativador de Gli.

Estudos recentes sugerem uma visão alternativa: a expressão diferencial de Olig2 e Nkx2.2 seria controlada por uma rede de interações gênicas subjacentes à padronização do tubo neural (ver Fig. 21-11b). Após a ativação de Olig2 em regiões ventrais, ele reprime Pax6, criando uma "janela" para a indução de Nkx2.2. Pax6 é um potente repressor de Nkx2.2, mas não de Olig2. A repressão diferencial por Pax6 pode ser um mecanismo crítico para a expressão sequencial de Olig2 e Nkx2.2. Talvez os DNAs reguladores de Nkx2.2 contenham sítios de ligação para o repressor de Pax6, enquanto as sequências reguladoras de Olig2 sejam desprovidas destes sítios.

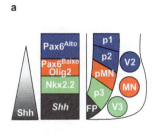
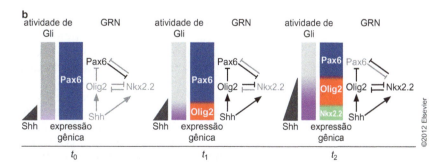

FIGURA 21-11 O gradiente extracelular de Shh leva à especificação de três tipos de células neuronais. (a) Shh forma um gradiente no tubo neural. (b) Modelo para estabelecimento de padrões mediado pela sinalização de Shh à medida que o desenvolvimento progride. (Adaptada, com permissão, de Balaskas N. et al. 2012. *Cell* **148**: 273-284; a parte a é a Fig. 1A, p. 274; a parte b é a Fig. 7A, p. 281. © Elsevier.)

BIOLOGIA MOLECULAR DA EMBRIOGÊNESE DE *DROSOPHILA*

Nesta seção, o foco será o desenvolvimento embrionário inicial da mosca-da-fruta, *Drosophila melanogaster*. Os detalhes moleculares sobre o modo de regulação do desenvolvimento são mais bem entendidos neste modelo do que em qualquer outro embrião animal. Os vários mecanismos de comunicação celular, discutidos na primeira metade deste capítulo, e de regulação gênica, discutidos nos capítulos anteriores, são reunidos neste exemplo.

mRNAs localizados e vias de sinalização celular são usados para estabelecer a informação posicional que resulta em gradientes de proteínas reguladoras que padronizam os eixos corporais anteroposterior (cabeça-cauda) e dorsoventral (costas-ventre). Essas proteínas reguladoras – ativadores e repressores – controlam a expressão de genes cujos produtos definem diferentes regiões do embrião. Um tema recorrente é o uso de DNAs reguladores complexos – sobretudo, reforçadores complexos – para o controle combinatório de padrões altamente definidos de expressão gênica ativa/inativa.

Uma visão geral da embriogênese de *Drosophila*

A vida da mosca-da-fruta começa do mesmo modo que a dos seres humanos: os machos adultos inseminam as fêmeas. Um único espermatozoide penetra no óvulo maduro e os núcleos haploides do espermatozoide e do óvulo fundem-se para formar um núcleo "zigótico" diploide. Este núcleo sofre uma série de divisões quase sincrônicas, na região central do ovo. Como não há membrana plasmática separando os núcleos, o embrião passa a ser o que se chama de **sincício** – isto é, uma só célula com vários núcleos. Na série subsequente de divisões, os núcleos iniciam a migração para o córtex, ou periferia, do ovo. Uma vez localizados no córtex, os núcleos sofrem outras três divisões, que levam à formação de uma camada única com aproximadamente 6.000 núcleos circundando o vitelo central. No período de 1 hora, da segunda à terceira hora após a fertilização, as membranas celulares são formadas entre os núcleos adjacentes.

As rápidas divisões nucleares que ocorrem durante as primeiras 2 horas da embriogênese de *Drosophila* impedem a expressão precoce de genes críticos de padronização. Considere-se o gene da gastrulação curta (*sog short gastrulation*) como exemplo. O gene *sog* codifica um inibidor da sinalização de BMP que é importante para a padronização do ectoderma dorsal durante 2,5 a 3 horas após a fertilização. A unidade de transcrição de *sog* possui 20 kb. A RNA-polimerase II (Pol II) possui uma taxa de alongamento bastante baixa – apenas 20 pb por segundo. Como resultado, leva aproximadamente 20 minutos para a transcrição completa de *sog* e a síntese do mRNA maduro completo. As primeiras 11 rodadas de divisões nucleares ocorrem com uma frequência de apenas 6 a 8 minutos e, consequentemente, não há tempo para a Pol II completar a transcrição do gene *sog* durante os breves períodos da interfase destes ciclos de divisão. Durante a mitose, Pol II é liberada do molde de cromatina e precisa reiniciar a transcrição no início do ciclo de divisão subsequente. Como resultado, nenhum mRNA significativo de *sog* pode ser sintetizado durante as primeiras 2 horas de embriogênese. Neste exemplo, o tamanho da unidade de transcrição de *sog* ajuda a assegurar que os produtos de *sog* não sejam sintetizados até que sejam necessários, 2,5 horas após a fertilização. Existem exemplos adicionais de tamanho gênico e ocorrência de grandes íntrons na cronologia da expressão gênica durante a embriogênese de *Drosophila*. Por exemplo, o gene homeótico *Ubx* possui mais de 80 kb de comprimento, e sua expressão é atrasada em mais de 1 hora em relação aos genes de segmentação coexpressos que contêm íntrons pequenos.

Antes da formação das membranas celulares, os núcleos são **totipotentes** ou não comprometidos: eles ainda não adquiriram uma identidade e ainda podem originar qualquer tipo celular. Logo após a formação das células individuais, porém, os núcleos tornaram-se irreversivelmente "**determinados**" (ou destinados) a diferenciar-se em tecidos específicos da mosca adulta. Este processo é descrito no Quadro 21-3, Visão geral do desenvolvimento de *Drosophila*. Os mecanismos moleculares responsáveis por este processo extraordinário de determinação são descritos nas seções seguintes deste capítulo.

Um gradiente regulador controla a padronização dorsoventral do embrião de *Drosophila*

A padronização dorsoventral do embrião precoce de *Drosophila* é controlada por uma proteína reguladora chamada Dorsal, inicialmente distribuída por todo o citoplasma do óvulo não fertilizado. Após a fertilização e após os núcleos chegarem ao córtex do embrião, a proteína Dorsal entra nos núcleos das regiões ventral e lateral, enquanto permanece no citoplasma nas regiões dorsais (Fig. 21-12). Em princípio, a formação do gradiente de Dorsal nos núcleos através do embrião é muito semelhante à formação do gradiente do ativador Gli nas células ventrais do tubo neural de vertebrados (ver Fig. 21-11).

O transporte regulado da proteína Dorsal no núcleo é controlado por uma molécula celular sinalizadora, chamada **Spätzle**. Este sinal está distribuído em um gradiente dorsoventral na matriz extracelular, entre a membrana citoplasmática e o invólucro externo do óvulo não fertilizado. Após a fertilização, Spätzle liga-se ao seu receptor de superfície, chamado Toll. Conforme a concentração de Spätzle e, portanto, o grau de ocupação dos receptores em determinada região do embrião sincicial, Toll é ativado em maior ou menor grau. A ativação de receptores Toll é máxima nas regiões ventrais – onde há maior concentração de Spätzle – e progressivamente menor nas regiões mais laterais. A sinalização de Toll provoca a degradação de um inibidor citoplas-

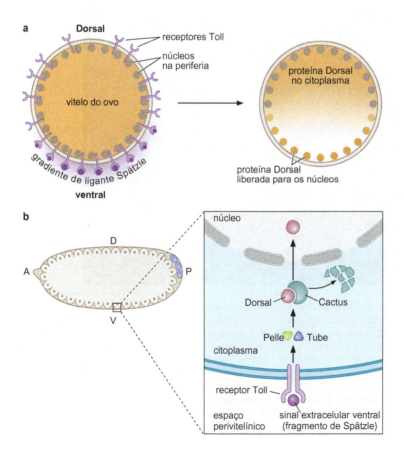

FIGURA 21-12 Gradientes de Spätzle-Toll e Dorsal. (a) Os círculos representam cortes transversais de embriões iniciais de *Drosophila*. O receptor Toll está distribuído uniformemente na membrana citoplasmática do embrião pré-celular. A molécula de sinalização Spätzle está distribuída em um gradiente com níveis máximos nas regiões mais ventrais. Em consequência, são ativados mais receptores Toll na região ventral do que nas regiões laterais e dorsal. Esse gradiente na sinalização de Toll gera um amplo gradiente nuclear de Dorsal. (b) Visão lateral do embrião com a superfície anterior para esquerda e dorsal para cima; detalhes da cascata de sinalização por Toll à direita. A ativação do receptor Toll leva à ativação da quinase Pelle no citoplasma. Pelle, direta ou indiretamente, fosforila a proteína Cactus, que se liga à proteína Dorsal, inibindo-a. A fosforilação de Cactus provoca sua degradação, de modo que Dorsal é liberada do citoplasma para o núcleo.

CONCEITOS AVANÇADOS

Quadro 21-3 Visão geral do desenvolvimento de *Drosophila*

Após a fusão dos núcleos haploides do espermatozoide e do óvulo, o núcleo diploide do zigoto sofre uma série de 10 clivagens, rápidas e quase sincrônicas, nas regiões vitelínicas centrais do ovo. Grandes arranjos de microtúbulos que emanam dos centríolos dos núcleos em divisão ajudam a direcioná-los das regiões centrais para a periferia do ovo (Fig. 1 deste quadro). Após oito clivagens, os 256 núcleos zigóticos começam a migrar para a periferia. Durante a migração, eles sofrem mais duas clivagens (Fig. 1 deste quadro, ciclo 9 de clivagem nuclear). A maioria, mas não todos, dos cerca de 1.000 núcleos resultantes entram nas regiões corticais do óvulo (Fig. 1 deste quadro, ciclo 10 de clivagem nuclear). Os restantes ("vitelófagos") permanecem nas regiões centrais, onde desempenham uma função um tanto obscura no desenvolvimento.

Após a chegada da maioria dos núcleos ao córtex, cerca de 90 minutos após a fertilização, eles adquirem, pela primeira vez, competência para transcrever os genes da Pol II. Assim como em muitos outros organismos, como *Xenopus*, parece haver uma "transição na metade da blástula", em que os blastômeros iniciais (ou núcleos) estão transcricionalmente silenciosos durante o curto período das mitoses. Embora as causas não estejam esclarecidas, parece que o DNA submetido a intensas explosões de replicação não consegue sustentar, simultaneamente, a transcrição. Estas e outras observações levaram à sugestão de que há uma competição entre os grandes complexos macromoleculares que promovem a replicação e a transcrição.

Depois de chegar ao córtex, os núcleos sofrem outros três ciclos de clivagens (totalizando 13 divisões após a fertilização), gerando uma densa compactação de cerca de 6.000 núcleos em formato colunar circundando o vitelo central (Fig. 1 deste quadro, ciclo 14 de clivagem nuclear). Tecnicamente, o embrião ainda é um sincício, embora a coloração histoquímica de embriões iniciais com anticorpos contra proteínas do citoesqueleto indique que uma malha altamente estruturada envolve cada núcleo. Durante um período de 1 hora, 2 a 3 horas após a fertilização, o embrião sofre um processo drástico de celularização, no qual as membranas celulares são formadas entre núcleos adjacentes (Fig. 1 deste quadro, ciclo 14 de clivagem nuclear). Cerca de 3 horas após a fertilização, o embrião foi transformado em um blastoderma celular comparável a uma "bola oca de células" que caracteriza a blástula da maioria dos embriões.

O recém-desenvolvido método de SPIM (do inglês, *single plane illumination microscopy* [microscopia de iluminação de plano único]) foi usado para preparar imagens detalhadas da embriogênese de *Drosophila*.

Quando os núcleos migram para o córtex do ovo, são totipotentes e podem formar qualquer tipo celular adulto.

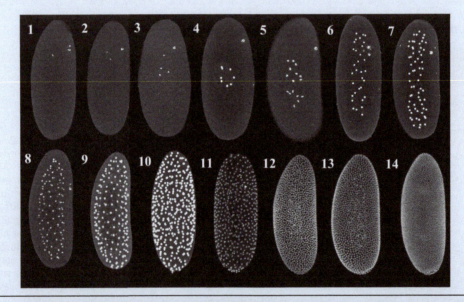

QUADRO 21-3 FIGURA 1 Embriogênese de *Drosophila*. Os embriões de *Drosophila* estão com as futuras cabeças orientadas para cima. Os números referem-se ao número de clivagens nucleares. Os núcleos do embrião estão corados em branco. Por exemplo, o estágio 1 contém o único núcleo zigótico resultante da fusão dos pronúcleos do espermatozoide e do óvulo. O material corado nas áreas superiores à direita dos estágios 1 a 7 são corpúsculos polares. O núcleo zigótico do estágio 1 e os núcleos dos estágios 2, 3, ..., estão nas regiões centrais do embrião. O estágio 2 contém dois núcleos, que surgem da primeira divisão do núcleo zigótico. No estágio 10, há cerca de 500 núcleos, a maioria deles arranjados em apenas uma camada, situada no córtex (a periferia do embrião). No ciclo de clivagem nuclear 14, há mais de 6.000 núcleos densamente compactados em uma monocamada no córtex. A celularização ocorre neste estágio. (Cortesia de W. Baker e G. Shubiger.)

Quadro 21-3 *(Continuação)*

Entretanto, a localização de cada núcleo é que, afinal, determina o seu destino. Os cerca de 30 núcleos que migram para a região posterior do córtex encontram determinantes proteicos localizados, como Oskar, que programam esses núcleos indiferenciados para formarem as células germinativas (Fig. 2 deste quadro). Entre os possíveis determinantes presentes no citoplasma polar estão grandes complexos nucleoproteicos, chamados grânulos polares. Os núcleos posteriores brotam do corpo principal do embrião junto com os grânulos polares, e as células polares resultantes diferenciam-se em espermatozoides ou óvulos, conforme o sexo do embrião. A microinjeção de plasma polar em locais anormais, como as regiões anterior e central, resulta na diferenciação de células polares supranumerárias.

Os núcleos corticais que não entram no plasma polar são destinados a formar os tecidos somáticos. Mais uma vez, esses núcleos são totipotentes e podem formar qualquer tipo celular do adulto. Entretanto, em um prazo muito curto (não mais de 1 hora), cada núcleo é rapidamente programado (ou especificado) para seguir uma via específica de diferenciação. Este processo de especificação ocorre durante o período de celularização, embora não haja motivos para acreditar que a deposição de membranas celulares entre núcleos vizinhos seja crucial para determinar o destino celular.

Núcleos diferentes exibem padrões diferentes de transcrição gênica antes do término da formação das células. Três horas após a fertilização, cada célula possui uma identidade posicional fixa, de maneira que as células localizadas nas regiões anteriores do embrião irão formar estruturas da cabeça na mosca adulta, enquanto as células localizadas nas regiões posteriores irão formar estruturas abdominais.

Triagens genéticas sistemáticas feitas por Eric Wieschaus e Christiane Nüsslein-Volhard identificaram aproximadamente 30 "genes de segmentação" que controlam a padronização inicial do embrião de *Drosophila*. Isso envolveu o exame de milhares de embriões mortos. Na metade da embriogênese, a pele ventral, ou epiderme, secreta uma cutícula que contém diversos pelos muito finos, ou dentículos. Cada segmento corporal do embrião contém um padrão característico de dentículos. Três classes diferentes de genes de segmentação foram identificadas com base nas interrupções específicas causadas nos padrões de dentículos de embriões mortos. As mutações nos chamados genes "gap" causam a deleção de vários segmentos adjacentes (Fig. 3 deste quadro). Por exemplo, mutações no gene gap chamado *knirps* provocam perdas do segundo até o sétimo segmentos abdominais (os embriões normais têm oito segmentos). Mutações nos genes "*pair-rule*" (ou "regra dos pares") causam a perda de segmentos alternados.

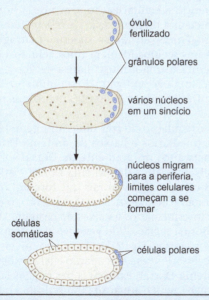

QUADRO 21-3 FIGURA 2 Desenvolvimento das células germinativas. Os grânulos polares localizados no citoplasma posterior do óvulo não fertilizado contêm determinantes de células germinativas e o mRNA Nanos, importante para o desenvolvimento dos segmentos abdominais. Os núcleos (pontos centrais) iniciam a migração em direção à periferia. Os núcleos que vão para as regiões posteriores sequestram os grânulos polares e formam as células polares, que formam as células germinativas. As células restantes (células somáticas) formam todos os demais tecidos da mosca adulta. (Adaptada, com permissão, de Schneiderman H.A. 1976. *Symp. R. Entomol. Soc. Lond.* **8**: 3-34. © Royal Entomological Society.)

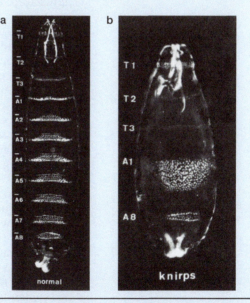

QUADRO 21-3 FIGURA 3 Imagens em campo escuro de cutículas normal e mutante. (a) O padrão de pelos dos dentículos do embrião normal difere ligeiramente entre os diferentes segmentos corporais (marcados T1 a A8 na imagem). (b) O mutante Knirps (que tem uma mutação no gene gap chamado *knirps*), apresentado aqui, não possui os segmentos abdominais 2 a 7. (Reproduzida, com permissão, de Nüsslein-Volhard C. e Wieschaus E. 1980. *Nature* **287**: 795-801. © Macmillan. Imagens cortesia de Eric Wieschaus, Princeton University.)

FIGURA 21-13 Três limiares e três tipos de DNAs reguladores. O DNA regulador a 5′ de *twist* contém dois sítios de ligação a Dorsal de baixa afinidade, que são ocupados apenas nos níveis máximos do gradiente de Dorsal. Em consequência, a expressão de *twist* fica restrita aos núcleos ventrais. O reforçador de 5′ do gene *rhomboid* contém um conjunto de sítios de ligação com Dorsal. Contudo, apenas um destes sítios possui a sequência ótima de reconhecimento de Dorsal, com alta afinidade. Essa mistura de sítios de alta e de baixa afinidades permite que níveis elevados e intermediários do gradiente de Dorsal ativem a expressão de *rhomboid* nas regiões ventrais laterais. Finalmente, o reforçador intrônico do gene *sog* contém quatro sítios ótimos de ligação a Dorsal, com espaçamentos iguais. Eles permitem que níveis altos, intermediários e baixos do gradiente de Dorsal ativem a expressão de *sog* nas regiões ventrais e laterais.

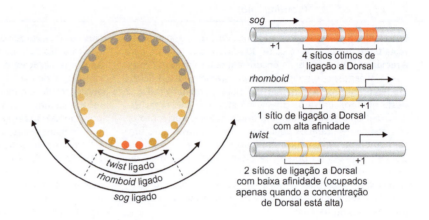

mático, Cactus, e a liberação da Dorsal do citoplasma para os núcleos. Isso leva à formação de um gradiente correspondente nuclear de Dorsal, na metade ventral do embrião precoce. Os núcleos localizados nas regiões ventrais do embrião contêm níveis máximos da proteína Dorsal, ao passo que os núcleos localizados nas regiões laterais contêm níveis mais baixos da proteína.

A ativação de alguns genes-alvo de Dorsal requer níveis elevados da proteína Dorsal, enquanto outros podem ser ativados por níveis intermediários e baixos, respectivamente. Neste sentido, o gradiente de Dorsal especifica três limiares principais de expressão gênica ao longo do eixo dorsoventral dos embriões que estão sofrendo a celularização, cerca de 2 horas após a fertilização. Estes limiares iniciam a diferenciação de três tecidos distintos: mesoderma, ectoderma neurogênico ventral e ectoderma neurogênico dorsal (Fig. 21-13). Cada um desses tecidos formará tipos celulares diferentes na mosca adulta. O mesoderma forma a musculatura de voo e os órgãos internos, como o corpo graxo, análogo ao fígado do ser humano. O ectoderma neurogênico dorsal e ventral forma os diferentes neurônios no sistema nervoso ventral.

Agora, será considerada a regulação de três diferentes genes-alvo ativados por níveis elevados, intermediários e baixos da proteína Dorsal: *twist*, *rhomboid* e *sog*. Os níveis mais altos do gradiente de Dorsal – isto é, nos núcleos submetidos aos níveis mais altos da proteína Dorsal – ativam a expressão do gene *twist* nas 18 células mais ventrais que formam o mesoderma (Fig. 21-13). O gene *twist* não é ativado nas regiões laterais, o ectoderma neurogênico, onde há níveis intermediários e baixos de proteína Dorsal. Isto ocorre porque o DNA regulador na região 5' do gene *twist* contém dois sítios de ligação de baixa afinidade a Dorsal (Fig. 21-13). Por isso, níveis máximos do gradiente de Dorsal são necessários para a ocupação eficiente desses sítios; os níveis mais baixos da proteína Dorsal, existentes nas regiões laterais, são insuficientes para ligar-se ao gene *twist* e ativar sua transcrição.

O gene *rhomboid* é ativado por níveis intermediários da proteína Dorsal, no ectoderma neurogênico ventral. A região 5' que flanqueia o gene *rhomboid* contém um reforçador de 300 pb, localizado a aproximadamente 1,5 kb a montante do sítio de início da transcrição (Fig. 21-14a). Este reforçador contém um conjunto de sítios de ligação para Dorsal, a maioria deles de baixa afinidade, como os da região reguladora 5' do *twist*. Entretanto, um dos sítios, pelo menos, é um sítio ótimo, de alta afinidade, que permite a ligação de níveis intermediários da proteína Dorsal – a quantidade presente nas regiões laterais. Em princípio, o reforçador de *rhomboid* pode ser ativado pelo alto nível da proteína Dorsal presente no mesoderma e pelo nível intermediário presente no ectoderma neurogênico ventral, mas é mantido desligado no mesoderma por um repressor transcricional chamado **Snail**. O repressor Snail

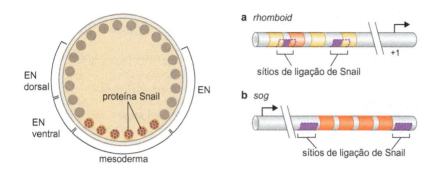

FIGURA 21-14 DNAs reguladores.
(a) O reforçador do gene *rhomboid* contém sítios de ligação para Dorsal e para o repressor Snail. Como a proteína Snail está presente apenas nas regiões ventrais (no mesoderma), *rhomboid* é mantido desligado no mesoderma e restrito às regiões ventrais do ectoderma neurogênico (EN ventral). (b) O reforçador intrônico *sog* também contém sítios para o repressor Snail. Eles mantêm a expressão de *sog* desligada no mesoderma e restrita às largas faixas laterais que abrangem as regiões ventral e dorsal do ectoderma neurogênico (EN).

é expresso apenas no mesoderma; portanto, não está presente no ectoderma neurogênico. O reforçador *rhomboid*, de 300 pb, contém sítios de ligação para o repressor Snail, além dos sítios de ligação para o ativador Dorsal. Essa interação entre o gradiente de Dorsal, de distribuição ampla, e o repressor Snail, localizado, resulta na expressão do gene *rhomboid* limitada ao ectoderma neurogênico ventral. Foi visto anteriormente como o repressor localizado Ash1 bloqueia a ação do ativador SWI5 na célula-filha no brotamento da levedura e, adiante, neste capítulo, será visto o extenso uso desse princípio em outros aspectos do desenvolvimento de *Drosophila*.

Os níveis mais baixos da proteína Dorsal nas regiões laterais do embrião precoce são suficientes para ativar o gene *sog* nas amplas faixas laterais, que abrangem o ectoderma neurogênico ventral e dorsal. A expressão de *sog* é regulada por um reforçador de 400 pb localizado no primeiro íntron do gene (Fig. 21-14b). Esse reforçador tem quatro sítios de ligação a Dorsal, de alta afinidade e com espaçamentos uniformes, que podem ser ocupados mesmo por níveis muito baixos da proteína Dorsal. Como acontece com *rhomboid*, a presença do repressor Snail impede a ativação da expressão do gene *sog* no mesoderma, apesar dos altos níveis de proteína Dorsal ali encontrados. Assim, a regulação diferencial da expressão gênica por diferentes limiares do gradiente de Dorsal depende de uma combinação do repressor Snail com as afinidades dos sítios de ligação a Dorsal.

A ocupação dos sítios de ligação a Dorsal não é determinada apenas pelas afinidades intrínsecas dos sítios, mas também depende das interações proteína-proteína entre Dorsal e outras proteínas reguladoras ligadas aos reforçadores-alvo. Viu-se, por exemplo, que no ectoderma neurogênico ventral, o reforçador de *rhomboid*, de 300 pb, é ativado por níveis intermediários do gradiente de Dorsal. Esse reforçador contém, principalmente, sítios de baixa afinidade de ligação com Dorsal. Entretanto, níveis intermediários de Dorsal são suficientes para a ligação, devido às interações proteína-proteína a outra proteína ativadora, chamada **Twist**. Entretanto, níveis intermediários de Dorsal são capazes de ligarem-se a estes sítios devido a interações proteína-proteína com ativadores adicionais que se ligam ao reforçador *rhomboid*. Diferentes mecanismos de interações cooperativas são discutidos no Capítulo 19 e no Quadro 21-4, Sinergia de ativadores.

A segmentação é iniciada por RNAs localizados nos polos anterior e posterior do óvulo não fertilizado

No momento da fertilização, o óvulo de *Drosophila* contém dois mRNAs localizados. Um, o mRNA de *bicoide*, localiza-se no polo anterior, enquanto o outro, o mRNA de *oskar*, está localizado no polo posterior (Fig. 21-15a). O mRNA de *oskar* codifica uma proteína de ligação ao RNA responsável pela reunião dos **grânulos polares**. Estes são grandes complexos macromoleculares compostos por várias proteínas e RNAs diferentes. Os grânulos polares controlam o desenvolvimento de tecidos que surgem a partir de regiões posteriores do

752 Parte 5 Regulação

> **EXPERIMENTOS-CHAVE**
>
> **Quadro 21-4** Sinergia de ativadores
>
> Proteínas reguladoras bacterianas, como *lac* e os repressores de λ, ligam-se como dímeros com alta afinidade. Em leveduras, o ativador Gal4 liga-se como dímero com alta afinidade para induzir a expressão de Gal1 e outros genes necessários para o metabolismo da galactose (ver Cap. 19). Em contrapartida, células animais tendem a ser desprovidas de tais fatores de transcrição "dedicados". Muitos ou a maioria destes fatores ligam-se ao DNA como monômeros com baixas afinidades. Como consequência, a regulação gênica é inerentemente mais combinatória em células animais do que em bactérias ou leveduras. Múltiplas proteínas ligando-se a múltiplos sítios são necessárias para alcançar a ativação ou a repressão da expressão gênica.
>
> O princípio do controle gênico combinatório é uma característica global do desenvolvimento animal. Frequentemente, os ativadores A e B atuam de maneira sinergística para delinear um padrão restrito de expressão gênica. Sozinhos, nem A nem B são suficientes para realizar a tarefa. Existem vários exemplos de sinergia de ativadores no desenvolvimento animal, mas o princípio foi ilustrado abordando a especificação do mesoderma cardíaco (células precursoras do coração) no embrião de ascídia.
>
> Um gene regulador chamado *MesP* é um determinante crucial do mesoderma cardíaco em ascídias e vertebrados. Ele é seletivamente ativado nos blastômeros B7.5 de embriões de 110 células (setas, Fig. 1 deste quadro). Estas células dão origem ao coração de ascídias adultas. MesP é ativado por dois fatores de transcrição, Tbx6b/c e Lhx3. Tbx6b/c é expresso em todos os músculos da cauda em desenvolvimento, bem como nos blastômeros B7.5 (setas, Fig. 1a deste quadro). Lhx3 é expresso em todo o futuro intestino, juntamente com blastômeros B7.5 (setas, Fig. 1b deste quadro). Apenas os blastômeros B7.5 contêm Tbx6b/c e Lhx3, e nestas células eles atuam sinergisticamente para ativar MesP (Fig. 1c deste quadro). Como nenhum dos fatores de transcrição é, sozinho, suficiente para a ativação, a expressão de MesP fica restrita a B7.5 e está inativa nos músculos da cauda e no intestino.
>
>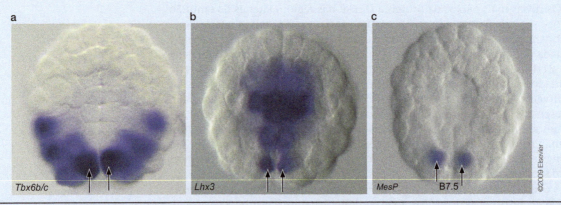
>
> **QUADRO 21-4 FIGURA 1** MesP é sinergisticamente ativado por dois fatores de transcrição. Células expressando cada uma das proteínas estão coradas em azul. (a) Expressão de *Tbx6b/c*. (b) Expressão de *Lhx3*. (c) Expressão de *MesP*. (Cortesia de Lionel Christiaen. Reproduzida, com permissão, de Christiaen L. et al. 2009. *Dev. Biol.* **328**: 552. Partes a, b e c são da Fig. 3A, 3B, p. 556 e da Fig. 6C, p. 558. © Elsevier.)

embrião inicial, incluindo o abdome e as células polares, que são as precursoras das células germinativas (Fig. 21-15b).

O mRNA de *oskar* é sintetizado pelo ovário da mosca-mãe. Primeiro, ele é inicialmente depositado na extremidade anterior do óvulo imaturo, ou **oócito**, por células "auxiliares" chamadas **células nutridoras**. O oócito e as células auxiliares surgem a partir de células-tronco especializadas do ovário (ver Quadro 21-5, Nicho da célula-tronco). À medida que o oócito aumenta de tamanho para formar o óvulo maduro, porém, o mRNA de *oskar* é transportado das regiões anteriores para as posteriores. Este processo de localização depende de sequências específicas presentes na região 3'-UTR do mRNA de *oskar* (Fig. 21-16). Já foi visto como a 3'-UTR do mRNA de *ash1* promove sua localização na célula-filha de leveduras, ao interagir com as extremidades dos microtúbulos em crescimento. Um processo notavelmente semelhante controla a localização do mRNA de *oskar* no oócito de *Drosophila*.

FIGURA 21-15 Localização dos mRNAs maternos no óvulo e no embrião de Drosophila. (a) O óvulo não fertilizado de Drosophila contém dois mRNAs localizados: bicoide nas regiões anteriores e oskar nas regiões posteriores. (b) A proteína Oskar auxilia a coordenar a formação dos grânulos polares no citoplasma posterior. Os núcleos que ingressam nessa região acumulam-se na extremidade posterior do embrião e formam as células polares. (c) Durante a formação do óvulo de Drosophila, os microtúbulos polarizados são formados, estendidos a partir do núcleo do oócito e crescem em direção ao citoplasma posterior. O mRNA de oskar liga-se a proteínas adaptadoras que interagem com os microtúbulos e transportam o RNA para o citoplasma posterior. Os símbolos "–" e "+" indicam a direção de crescimento dos filamentos dos microtúbulos.

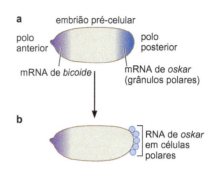
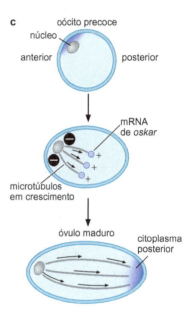

O oócito de Drosophila é altamente polarizado. O núcleo está localizado nas regiões anteriores; os microtúbulos em crescimento estendem-se do núcleo para o citoplasma posterior. O mRNA de *oskar* interage com proteínas adaptadoras associadas às extremidades "+" crescentes dos microtúbulos, sendo transportado para o citoplasma posterior, longe das regiões anteriores do óvulo, onde está o núcleo. Após a fertilização, as células que herdam o mRNA localizado de *oskar* (e grânulos polares) formam as células polares.

A localização do mRNA de *bicoide* nas regiões anteriores do óvulo não fertilizado também depende das sequências contidas em sua 3'-UTR. As sequências nucleotídicas dos mRNAs de *oskar* e *bicoide* são diferentes. Em consequência, elas interagem com diferentes proteínas adaptadoras e se localizarão em diferentes regiões do óvulo. A importância das 3'-UTRs na determinação da localização de cada mRNA é revelada pelo seguinte experimento. Se a 3'-UTR do mRNA de *oskar* for substituída pela de *bicoide*, o mRNA de *oskar* híbrido localiza-se nas regiões anteriores (como *bicoide* normalmente ficaria). Essa localização inversa é suficiente para induzir, no embrião precoce, a formação de células polares com localizações anormais (ver Fig. 21-16). Além disso, os grânulos polares mal-localizados suprimem a expressão de genes necessários para a diferenciação de tecidos da cabeça. Como consequência, as células embrionárias que normalmente formam tecidos da cabeça são transformadas em células germinativas.

Bicoide e Nanos regulam o gene *hunchback*

A proteína reguladora Bicoide é sintetizada antes do término da delimitação das células individuais. Como resultado, ela difunde-se de sua origem de síntese, no polo anterior, e distribui-se em um amplo gradiente de concentração por todo o embrião precoce. Concentrações altas e intermediárias de Bicoide são suficientes para ativar *hunckback*, que é essencial para a subdivisão do

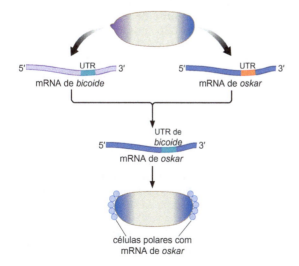

FIGURA 21-16 Os mRNAs de *bicoide* e de *oskar* contêm UTRs com sequências diferentes. A UTR de *bicoide* dirige sua localização no polo anterior, enquanto a UTR de *oskar*, com sequência diferente, direciona a localização para o citoplasma posterior. Uma molécula construída com o mRNA de *oskar* fusionado à UTR de *bicoide* irá localizar-se no polo anterior, como o mRNA de *bicoide* normal. Essa localização incorreta de *oskar* provoca a formação de células polares nas regiões anteriores. Células polares no polo posterior também serão formadas, devido à localização do mRNA de *oskar* normal no citoplasma posterior.

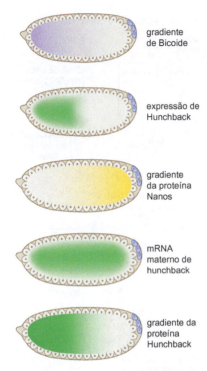

FIGURA 21-17 Gradiente da proteína Hunchback e inibição da tradução por Nanos. O amplo gradiente anteroposterior de proteína Bicoide produz um limiar preciso da expressão gênica de *hunchback*, à medida que *hunchback* é ativado por níveis altos e intermediários do gradiente de Bicoide. O mRNA de Nanos associa-se aos grânulos polares; após a sua tradução, a proteína difunde-se a partir das regiões posteriores formando um gradiente. O mRNA materno de *hunchback* está distribuído por todo o embrião precoce, mas sua tradução é impedida pela proteína Nanos, que se liga a sequências específicas da 3′-UTR de *hunchback*. Desse modo, o gradiente de Nanos leva à formação de um gradiente recíproco de Hunchback nas regiões anteriores.

embrião em uma série de segmentos (Fig. 21-17). O gene *hunchback* é, na verdade, transcrito a partir de dois promotores: um é ativado pelo gradiente de Bicoide, e o outro controla a expressão no oócito em desenvolvimento. Este último, um promotor "materno", resulta na síntese de mRNA de *hunchback*, distribuído igualmente pelo citoplasma dos óvulos não fertilizados. Nas regiões posteriores, a tradução desse transcrito materno está bloqueada por uma proteína de ligação ao RNA chamada **Nanos** (Fig. 21-17). Nanos, por sua vez, é encontrada apenas nas regiões posteriores, porque seu mRNA é localizado seletivamente nessa região, por meio de interações entre a sua 3′-UTR e os grânulos polares discutidos anteriormente.

A proteína Nanos liga-se a sequências específicas de RNA, NREs (do inglês, *Nanos response elements* [elementos de resposta a Nanos]), localizadas na 3′-UTR dos mRNAs de *hunchback* maternos, e esta ligação causa redução na cauda de poli(A) do *hunchback* que, por sua vez, desestabiliza o RNA e inibe sua tradução (ver Cap. 15). Assim, vê-se que o gradiente de Bicoide ativa o promotor zigótico de *hunchback* na metade anterior do embrião, enquanto Nanos inibe a tradução do mRNA de *hunchback* materno em regiões posteriores (ver Fig. 21-17). Essa regulação dupla da expressão de *hunchback* produz um gradiente acentuado da proteína Hunchback, cujas maiores concentrações estão localizadas na metade anterior do embrião, e níveis diminuídos na metade posterior. Considerações posteriores sobre gradientes e suas implicações no desenvolvimento são discutidas no Quadro 21-6, Limiares de gradiente.

Múltiplos reforçadores garantem a precisão da regulação de *hunchback*

Vários genes de padronização são regulados por reforçadores "redundantes" ou múltiplos. Como exemplo, considere-se a ativação inicial do gene *hunchback* pelo gradiente de Bicoide. Níveis altos e intermediários do gradiente ativam a expressão de *hunchback* na metade anterior do embrião (ver Fig. 21-17). A ativação é mediada por dois reforçadores separados, que possuem arranjos semelhantes de sítios de ligação a Bicoide e atividades reguladoras semelhantes (Fig. 21-18). Por que dois reforçadores em vez de um? Dois reforçadores produzem um padrão mais preciso de ativação gênica do que qualquer um deles sozinho. Além disso, dois reforçadores ajudam a garantir a ativação confiável do gene em grandes populações de embriões sujeitas a variações ambientais como mudanças de temperatura. Em alguns casos, múltiplos reforçadores com atividades sobrepostas evitam que estas variações alterem o desenvolvimento normal. Por exemplo, um gene regulador chamado *shavenbaby* é importante para o desenvolvimento de pequenos pelos sensoriais ao longo da superfície dorsal de embriões de estágio avançado. O gene *shavenbaby* é regulado por cinco reforçadores diferentes, distribuídos ao longo de um intervalo de 40 kb a montante do sítio de início da transcrição. Deleções de reforçadores individuais não causam defeitos significativos na morfologia dos pelos em temperaturas ótimas. Porém, sob condições adversas, como temperaturas altas (30°C) ou baixas (15°C), a remoção de um reforçador resulta em menor quantidade ou deformação dos pelos sensoriais.

O gradiente do repressor Hunchback estabelece diferentes limites de expressão dos genes gap

Hunchback funciona como repressor transcricional para estabelecer diferentes limites de expressão dos chamados genes gap: *Krüppel*, *knirps* e *giant* (discutidos no Quadro 21-3). A proteína Hunchback também atua junto com as proteínas codificadas por esses genes gap para produzir faixas de segmentação da expressão gênica, a primeira etapa da subdivisão do embrião em uma série repetida de segmentos corporais.

A proteína Hunchback está distribuída em um gradiente acentuado que se estende ao longo do futuro tórax e abdome. Altos níveis da proteína

CAPÍTULO 21 Regulação Gênica no Desenvolvimento e na Evolução

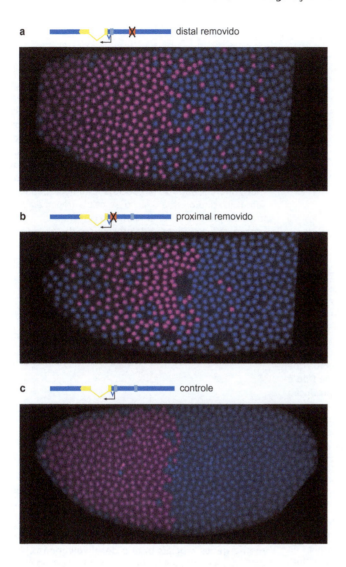

FIGURA 21-18 Hunchback é regulado por dois reforçadores com atividades semelhantes. (a) A ativação inicial da transcrição de Hunchback ocorre a partir de um transgene contendo apenas o reforçador proximal intacto. O reforçador-sombra distal foi inativado por uma mutação (indicada por X no diagrama). Observa-se que a expressão não está restrita à metade anterior (à esquerda) do embrião. (b) Este painel mostra a ativação obtida quando o reforçador proximal é inativado, deixando apenas o reforçador-sombra distal intacto. A expressão é esporádica nas regiões anteriores. (c) Ativação uniforme e uma borda precisa são observadas quando ambos os reforçadores estão intactos. (Cortesia de Mike Levine; descrita em Perry M.W. et al. 2011. *Proc. Natl. Acad. Sci.* **108**: 13570--13575, Fig. 2A-C, p. 13572.)

▸ CONEXÕES CLÍNICAS

Quadro 21-5 Nicho da célula-tronco

Em *Drosophila*, o óvulo ou oócito surge a partir de uma célula-tronco precursora chamada **célula-tronco de linhagem germinativa** (GSC, *germline stem cell*). Sabe-se bastante a respeito da transição de GSCs em oócitos no ovário de *Drosophila*, e é provável que muitos aspectos deste mecanismo se apliquem ao desenvolvimento de outras classes de células-tronco em moscas e seres humanos. Células-tronco proliferam apenas quando estão em contato físico direto com células especializadas, coletivamente conhecidas como "nicho", o qual produz um sinal que desencadeia proliferação. Quando as células-tronco se separam do nicho, a proliferação para e as células sofrem diferenciação em tipos celulares especializados. No exemplo de *Drosophila*, a separação de GSCs do nicho do ovário faz elas se desenvolverem em oócitos que não estão em divisão, em um processo mediado por repressão induzida por sinal. Este processo é hoje bem conhecido em nível molecular e funciona como explicado a seguir.

Células do nicho do ovário de *Drosophila*, chamadas de células Cap, secretam uma molécula sinalizadora que se difunde, chamada Dpp. A ativação do receptor de Dpp nas GSCs associadas resulta no silenciamento de um gene regulador crucial chamado *bam*: quando a transcrição de *bam* é bloqueada, as GSCs proliferam. Este silenciamento da expressão de *bam* depende do contato físico direto entre as células Cap e as GSCs, semelhante ao que ocorre no processo que resulta na ativação da sinalização de Notch durante a formação do sistema nervoso do inseto. À medida que as GSCs proliferam, algumas células-filhas separam-se das células Cap e, assim, não são mais alvo da sinalização de Dpp. Na ausência de sinalização, a transcrição de *bam* é ativada, e a célula para de proliferar; em vez disso, ela diferencia-se em um oócito (Fig. 1 deste quadro).

(continua)

Quadro 21-5 (Continuação)

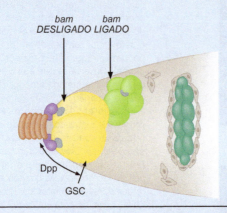

QUADRO 21-5 FIGURA 1 Expressão de *bam* em oócitos em desenvolvimento. O esquema representa os padrões de expressão e distribuição do mRNA e da proteína *bam*. Células Cap (em roxo) secretam Dpp, o qual ativa seu receptor em células-tronco da linhagem germinativa (GSCs, em amarelo), resultando em um processo de sinalização que em última análise reprime a expressão de *bam*. À medida que as GSCs se separam das células Cap, a sinalização de Dpp é perdida, e o mRNA de *bam* é expresso, levando à produção de altos níveis de sua proteína no citoplasma. Na presença da proteína Bam, as células-filhas separadas desenvolvem-se em células progenitoras de oócitos (em verde) e, depois, em cistos de oito células (em verde-escuro). (Adaptada, com permissão, de Chen D. e McKearin D.M. 2003. *Development* **130**: 1159-1170, Fig. 1. © Company of Biologists.)

Portanto, a escolha básica da célula-tronco entre proliferação e diferenciação em oócito depende da regulação da expressão (ativação/repressão) de bam. Hoje se sabe que esta regulação é mediada por um silenciador na região reguladora 5' de bam, com a sequência GRCGNC(N)$_5$GTCTG (Fig. 2 deste quadro). A sinalização por Dpp desencadeia o transporte nuclear de duas proteínas reguladoras Smad, chamadas Mad e Medea. Estas proteínas ligam-se aos dois meios-sítios do silenciador e recrutam um repressor transcricional, chamado ZF6-6 ou Schnurri, que previne a transcrição de bam. Este recrutamento de Schnurri e a consequente repressão de bam ocorre apenas em GSCs que permanecem em contato com as células Cap. Como resultado, estas células dividem-se para gerar mais células-tronco. Em contrapartida, em células-filhas de GSC que se separam das células Cap, bam é ativamente transcrito porque a via de sinalização que leva ao silenciamento do gene é rompida. Nestas células, o receptor de Dpp não é ativado (porque a sinalização é rompida), e Mad e Medea não são transportadas para o núcleo, não se ligando, portanto, ao silenciador 5' nem recrutando o repressor Schnurri. Sob estas condições, bam é expresso, e as células-filhas não proliferam mais, diferenciando-se em oócitos. Esta necessidade de contato físico direto entre o nicho e a célula-tronco e a repressão induzida por sinal resultante podem constituir um mecanismo geral para a continuação da proliferação da célula-tronco.

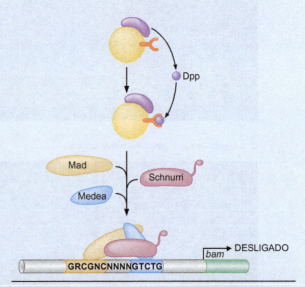

QUADRO 21-5 FIGURA 2 A via de Dpp reprime ativamente genes cruciais para o desenvolvimento. A ligação de Dpp, secretado pelas células Cap (em roxo), ao receptor de Dpp em células-tronco da linhagem germinativa (GSCs, em amarelo) inicia um sinal que induz o transporte de Mad (em cor de laranja) e Medea (em azul) para o núcleo. Genes-alvo reprimidos (aqui, *bam* é mostrado como exemplo) contêm um silenciador de atuação em *cis* que se liga a Mad e Medea, que juntos recrutam Schnurri (em cor-de-rosa) para bloquear efetivamente a transcrição. (Adaptada, com permissão, de Pyrowolakis G. et al. 2004. *Dev. Cell* **7**: 229-240, Fig. 7. © Elsevier.)

Hunchback reprimem a transcrição de *Krüppel*, enquanto níveis intermediários e baixos da proteína reprimem a expressão de *knirps* e *giant*, respectivamente (Fig. 21-19a). Viu-se que as afinidades de ligação do ativador Dorsal são responsáveis pela produção de diferentes limiares de expressão gênica. O gradiente do repressor Hunchback talvez não funcione desse modo. Em vez disso, o *número* de sítios de repressor Hunchback pode ser um determinante um pouco mais crítico para padrões distintos de expressão de *Krüppel*, *knirps* e *giant* (Fig. 21-19b). O reforçador de *Krüppel* possui apenas três sítios de ligação para Hunchback e é reprimido por níveis altos do gradiente de Hunchback. Em contrapartida, o reforçador de *giant* contém sete sítios para Hunchback

CAPÍTULO 21 Regulação Gênica no Desenvolvimento e na Evolução

> **CONCEITOS AVANÇADOS**
>
> **Quadro 21-6 Limiares de gradiente**
>
> Foram vistos vários exemplos de gradientes reguladores produzindo diferentes padrões de expressão gênica. Sonic hedgehog e seu efetor transcricional Gli estabelecem padrões diferenciais de expressão de Nkx2.2, Olig2 e Pax6 no tubo neural em desenvolvimento de embriões de vertebrados (Fig. 21-11). O gradiente Dorsal gera diferentes padrões de expressão gênica no mesoderma ventral, no ectoderma lateral (neurogênico) e no ectoderma dorsal de embriões de *Drosophila* pré-celulares (Fig. 21-12). O famoso gradiente Bicoide estabelece padrões sequenciais de expressão gênica de "gap" ao longo do eixo anteroposterior do embrião pré-celular (Quadro 21-3, Fig. 3).
>
> Até pouco tempo atrás, assumia-se que a afinidade dos sítios de ligação a Gli, Dorsal e Bicoide determinava os limites espaciais da expressão gênica. De fato, discutiu-se a evidência de que um mecanismo assim é usado para o gradiente de Dorsal. Porém, há novas evidências de que diferentes afinidades de ligação podem não ser suficientes para explicar os diferentes padrões de expressão gênica produzidos pelos gradientes de Gli e Bicoide. Por exemplo, recentemente mostrou-se que os genes-alvo de Bicoide ativados por altos níveis do gradiente de Bicoide contêm afinidades de ligação semelhantes aos regulados por baixos níveis do gradiente. Em contrapartida, um modelo de afinidade de ligação simples iria prever que os genes ativados por altos níveis do gradiente contivessem sítios de baixa afinidade, enquanto genes ativados por baixos níveis contivessem sítios de alta afinidade.
>
> Na verdade, parece que diferentes leituras de limiares do gradiente Bicoide dependem de gradientes de repressores opostos, incluindo o repressor Runt (Fig. 1 deste quadro). Os genes-alvo RT_1, RT_2 e RT_3 são ativados por níveis progressivamente baixos do gradiente de Bicoide. Mas RT_1 e RT_2 contêm sítios de ligação para Bicoide com afinidades semelhantes.
>
> Seus distintos limites de expressão parecem depender da repressão diferencial por Runt. RT_3 é reprimido por altos níveis do gradiente de Runt, enquanto RT_2 e RT_1 são reprimidos por níveis progressivamente mais baixos. Atualmente, não se sabe ao certo se estes genes-alvo contêm sítios de ligação a Runt semelhantes. Talvez suas respostas diferenciais dependam do diferente número de sítios, com RT_1 contendo mais sítios repressores de Runt do que RT_2 ou RT_3.
>
> Como discutido anteriormente, o gradiente ativador de Gli no tubo neural vertebrado também pode depender do uso de repressores transcricionais para gerar diferentes leituras do gradiente de Sonic hedgehog (ver Fig. 21-11).
>
>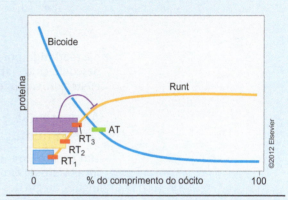
>
> **QUADRO 21-6 FIGURA 1   Cooperação de gradientes de ativador e repressor.** Ver texto para detalhes. (Adaptada, com permissão, de Roth S. e Lynch J. 2012. *Cell* **149**: 511, Fig. 1, p. 512. © Elsevier.)

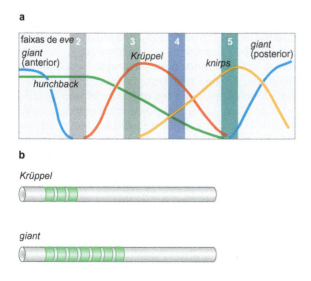

FIGURA 21-19 A expressão de *hunchback* forma padrões de expressão de gap sequenciais. (a) O gradiente anteroposterior do repressor Hunchback estabelece diferentes limites de expressão para *Krüppel*, *knirps* e *giant*. Para a repressão de *Krüppel*, são necessários níveis elevados de Hunchback, enquanto níveis baixos são suficientes para reprimir *giant*. (b) As regiões 5' reguladoras dos DNAs de *Krüppel* e *giant* contêm diferentes números de sítios repressores de Hunchback. Existem três sítios em *Krüppel*, mas sete sítios em *giant*. O número aumentado de sítios Hunchback no reforçador de *giant* pode ser responsável por sua repressão com baixos níveis no gradiente de Henchback. (a, Redesenhada, com permissão, de Gilbert S.E. 1997. *Developmental biology*, 5th ed., p. 565, Fig. 14-23. © Sinauer.)

FIGURA 21-20 **Expressão do gene *eve* no embrião em desenvolvimento.** (a) Padrão de expressão de *eve* no embrião inicial. (b) O *locus eve* contém mais de 12 kb de DNA regulador. A região reguladora 5' contém dois reforçadores, que controlam a expressão das faixas 2, 3 e 7. Cada reforçador possui 500 pb. A região reguladora 3' contém três reforçadores que controlam a expressão das faixas 4 e 6, faixa 1, e faixa 5, respectivamente. Os cinco reforçadores produzem sete faixas de expressão de *eve* no embrião inicial. (a, Imagem cortesia de Michael Levine.)

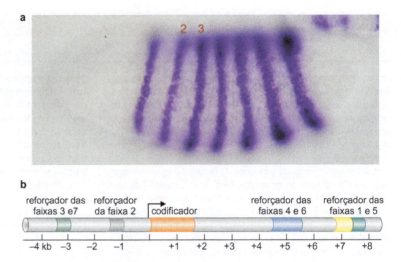

e é reprimido por níveis baixos desse gradiente. O mecanismo subjacente é desconhecido. Talvez limiares diferentes de repressão sejam produzidos por efeito aditivo dos domínios individuais de repressão de Hunchback.

As proteínas gap e Hunchback produzem faixas de segmentação de expressão gênica

Um evento importante na cascata de regulação, que inicia com os mRNAs localizados de *bicoide* e *oskar*, é a expressão de um gene "***pair-rule***" (em português, "regra dos pares") chamado *even-skipped* ou simplesmente *eve*. O gene *eve* é expresso em sete faixas alternadas, ou faixas da regra dos pares, distribuídas por todo o comprimento do embrião (Fig. 21-20). Cada faixa de *eve* é composta por quatro células, e as faixas vizinhas são separadas por regiões "interfaixas" – também com quatro células de largura – que expressam pouca ou nenhuma *eve*. Essas faixas adjacentes estabelecem a futura subdivisão do embrião em uma série repetida de segmentos corporais.

A sequência codificadora da proteína *eve* é relativamente pequena, com menos de 2 kb de comprimento. Em contrapartida, os DNAs reguladores flanqueadores que controlam a expressão de *eve* compreendem mais de 12 kb de DNA genômico: cerca de 4 kb localizados a 5' do sítio de início da transcrição de *eve*, e cerca de 8 kb na região flanqueadora 3' (ver Fig. 21-20). A região reguladora 5' é responsável por iniciar as faixas 2, 3 e 7, e a região 3' regula as faixas 1, 4, 5 e 6. Os 12 kb de DNA regulador possuem cinco reforçadores separados que juntos produzem as sete diferentes faixas de expressão de *eve* vistas no embrião inicial. Cada reforçador inicia a expressão de apenas uma ou duas faixas. (No Quadro 21-7, Sequências reguladoras em *cis* no desenvolvimento e evolução animal, são discutidos outros aspectos e exemplos da organização modular dos elementos reguladores nos genomas animais.) Agora, será abordada a regulação do reforçador que controla a expressão da faixa 2 de *eve*.

O reforçador da faixa 2 tem 500 pb de comprimento e está localizado a 1 kb a montante do sítio de início da transcrição de *eve*. Ele contém sítios de ligação para quatro diferentes proteínas reguladoras: Bicoide, Hunchback, Giant e Krüppel (Fig. 21-21). Viu-se que Hunchback atua como repressor quando controla a expressão dos genes gap; no contexto do reforçador da faixa 2 de *eve*, Hunchback atua como ativador. Em princípio, Bicoide e Hunchback podem ativar o reforçador da faixa 2 em toda a metade anterior do embrião, porque ambas as proteínas estão presentes nesta região, mas Giant e Krüppel funcionam como repressores que estabelecem os limites do padrão da faixa 2 – a borda anterior e a borda posterior, respectivamente (ver Fig. 21-21).

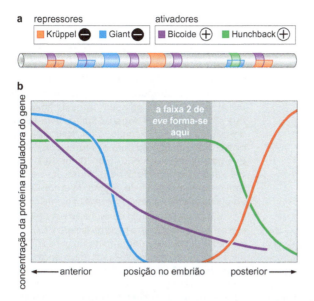

FIGURA 21-21 Regulação da faixa 2 de eve. (a) O reforçador de 500 pb contém um total de 12 sítios de ligação para as proteínas Bicoide, Hunchback, Krüppel e Giant. A distribuição destas proteínas reguladoras no embrião inicial de *Drosophila* está resumida no diagrama mostrado em b. Existem altos níveis de proteínas Bicoide e Hunchback nas células que expressam a faixa 2 de *eve*. As bordas das faixas são formadas pelos repressores Giant e Krüppel. (Giant é expressa nas regiões anterior e posterior. Apenas o padrão anterior é apresentado; o posterior, regulado por Hunchback, não é mostrado.) (Adaptada, com permissão, de Alberts B. et al. 2002. *Molecular biology of the cell*, 4th ed.: a, p. 409, Fig. 7-55; b, p. 410, Fig. 7-56. © Garland Science/Taylor & Francis LLC.)

▶ EXPERIMENTOS-CHAVE

Quadro 21-7 Sequências reguladoras em *cis* no desenvolvimento e evolução animal

As sequências reguladoras em *cis* estão organizadas de maneira modular nos genomas animais. Em geral, há reforçadores separados para componentes individuais de um padrão de expressão complexo. Considere-se um gene que é expresso em múltiplos órgãos e tecidos no embrião murino em desenvolvimento, como fígado, pâncreas e hipófise. Provavelmente, o gene possuirá reforçadores separados para cada um destes locais de expressão. Viu-se que o *locus eve* contém cinco reforçadores separados localizados nas regiões flanqueadoras 5′ e 3′ (ver Fig. 21-20). Cada reforçador dirige a expressão de apenas uma ou duas das sete faixas de *eve* no embrião inicial de *Drosophila*. Este tipo de organização modular facilita a diversidade morfológica pela evolução de sequências reguladoras em *cis*, como será discutido adiante.

A organização modular burla a pleiotropia

Como os padrões de expressão alteram-se durante a evolução? Existem evidências recentes de que alterações de nucleotídeos em sítios cruciais de ligação a ativadores eliminam a expressão gênica em um tecido específico ou tipo celular durante a evolução. Considere-se o exemplo das nadadeiras pélvicas do peixe esgana-gata. Existem variantes naturais deste peixe que são desprovidas de nadadeiras pélvicas. Quando acasaladas com indivíduos contendo nadadeiras, foi possível identificar um *locus* gênico principal responsável pela redução das nadadeiras. Ele está mapeado na região flanqueadora 5′ do gene *Pitx1*. Este é um gene de controle do desenvolvimento essencial para o desenvolvimento de vários tecidos murinos diferentes, incluindo timo, fenda olfativa e membros posteriores. Nos esgana-gatas, parece que as nadadeiras reduzidas resultam de mutações de ponto em sítios cruciais de ativadores no reforçador da nadadeira pélvica ("membro posterior") (Fig. 1 deste quadro). Estas mutações perturbam a expressão nas nadadeiras pélvicas em desenvolvimento, mas não interferem nas atividades de outros reforçadores necessários para a regulação de *Pitx1* no timo, na fenda olfativa e em outros tecidos onde o gene *Pitx1* está ativo.

Alterações específicas em uma região modular *cis*-reguladora são responsáveis também pela evolução de padrões de pigmentação distintos em diferentes espécies de *Drosophila*. O clássico *locus yellow* (*y*) é crucial para a pigmentação, e mutações simples no gene resultam em moscas com corpo de coloração amarela desprovidas de focos localizados de melanina. O gene *y* é regulado por reforçadores separados para a expressão em cerdas, asas e abdome, como será descrito a seguir.

Adultos de *D. melanogaster* (sobretudo machos) possuem pigmentação intensa nos segmentos abdominais posteriores. Esta pigmentação é devida à ativação direta do reforçador abdominal de *y* pela proteína Hox, Abd-B. Drosofilídeos desprovidos de segmentação abdominal, como *Drosophila kikkawai*, possuem mutações de ponto em um sítio crítico do ativador de Abd-B. Isso causa perda da expressão de *y* no abdome e a perda de pigmentação observada.

Um reforçador separado controla a expressão de *y* nas asas. Em algumas espécies de *Drosophila*, este reforçador

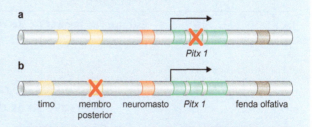

QUADRO 21-7 FIGURA 1 Gene de controle do desenvolvimento, *Pitx1*. (a) Estrutura do gene *Pitx1* com sequências 5′ a montante. Aqui está representada uma mutação nula letal (de um camundongo de laboratório) na região codificadora (segundo éxon) do gene. (b) No peixe esgana-gata selvagem, uma mutação reguladora viável na sequência 5′ a montante resulta em nadadeiras pélvicas de tamanho reduzido.

(continua)

Quadro 21-7 (Continuação)

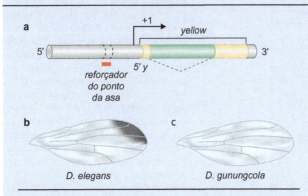

QUADRO 21-7 FIGURA 2 *Locus yellow* (*y*) de *Drosophila*. (a) O painel mostra a estrutura e as sequências reguladoras a montante (reforçadores) do gene *yellow*. (b) Pigmentação normal ("ponto de acasalamento") da asa do macho adulto em uma espécie de *Drosophila*. (c) Asa de uma espécie desprovida de pigmentação; esta espécie possui uma mutação no reforçador 5'do ponto.

especifica um ponto de pigmentação em um quadrante específico da asa do macho adulto (Fig. 2 deste quadro). Este ponto é um componente crucial do ritual de corte. Espécies desprovidas do ponto de acasalamento possuem mutações de ponto no reforçador da asa, causando a perda restrita da atividade do gene *y* sem comprometer sua função em outros tecidos como as cerdas e a cutícula abdominal.

Alterações em sítios repressores podem gerar grandes mudanças na expressão gênica

A simples perda de sítios críticos de ativadores em diferentes módulos de reforçadores pode explicar a perda localizada de atividade dos genes *Pitx1* e *y*. Novos padrões de expressão gênica podem surgir por meio da perda de elementos repressores.

A maioria ou todos os reforçadores ativos no embrião inicial de *Drosophila* possuem sítios de ligação a repressor que são responsáveis por criar limites bem-definidos de expressão gênica. Por exemplo, o reforçador da faixa 2 de *eve* possui sítios de ligação para os repressores Giant e Krüppel, que geram limites anterior e posterior de expressão gênica bem-definidos (ver Fig. 21-21). Mutações nestes sítios causam expansão drástica do padrão de expressão normal: uma ampla banda de expressão ao invés de uma faixa reduzida.

Um possível exemplo de evolução por meio de elementos repressores é visto para o gene da lactase (*LCT*) em populações humanas. Na maioria dos primatas, o gene *LCT* é expresso em altos níveis no intestino delgado de crianças, durante o período em que são amamentados por suas mães. Entretanto, o gene *LCT* é desligado após a adolescência. Certas populações de seres humanos retêm de maneira incomum a expressão do gene *LCT* na vida adulta. Esta persitência está correlacionada com sociedades pastoris que continuam a usar o leite na dieta mesmo depois do fim da amamentação. Populações individuais com expressão persistente de *LCT* possuem substituições de nucleotídeos em uma sequência intrônica do gene *MCM6*, localizado imediatamente a 5' do *LCT* (Fig. 3 deste quadro).

Estas alterações nucleotídicas podem danificar elementos repressores que normalmente se ligam a uma proteína silenciadora responsável por reprimir a expressão de *LCT* no intestino delgado de adolescentes e adultos. Esta perda de elementos *cis*-reguladores críticos poderia ser comparada à inativação do reforçador de membro posterior/nadadeira pélvica no gene *Pitx1* de peixes esgana-gatas ou à inativação dos reforçadores de abdome e asa no gene *y* de *Drosophila*. No caso do gene da lactase, porém, um novo padrão de expressão gênica está envolvido, persistência temporal da atividade de LCT, devido à perda de elementos de repressão.

QUADRO 21-7 FIGURA 3 Estrutura do gene *LCT* e sua região reguladora 5' a montante.

Gradientes de repressores de gap produzem diversas faixas de expressão gênica

A faixa 2 de *eve* é formada pela atuação conjunta e ordenada de ativadores com ampla distribuição (Bicoide e Hunchback) e de repressores localizados (Giant e Krüppel). O mesmo mecanismo básico também se aplica à regulação dos demais reforçadores de *eve*. Por exemplo, o reforçador que dirige a expressão da faixa 3 de *eve* pode ser ativado em todo o embrião inicial por ativadores de transcrição ubíquos. Os limites da faixa são definidos por repressores de gap localizados: Hunchback estabelece a fronteira anterior, enquanto Knirps especifica a fronteira posterior (Fig. 21-22).

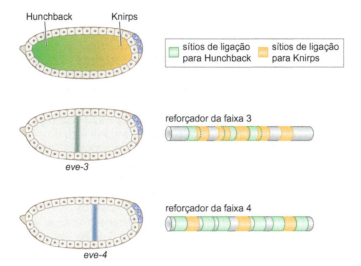

FIGURA 21-22 **Regulação diferencial dos reforçadores das faixas 3 e 4 por gradientes opostos de repressores Hunchback e Knirps.** As duas faixas estão posicionadas em regiões diferentes do embrião. O reforçador da faixa 3 de *eve* é reprimido por níveis altos do gradiente de Hunchback e baixos níveis do gradiente de Knirps. Em oposição, o reforçador da faixa 4 é reprimido por baixos níveis do gradiente do repressor Hunchback, mas por níveis altos de Knirps. O reforçador da faixa 3 contém poucos sítios de ligação para Hunchback e, por isso, são necessários altos níveis de Hunchback para sua repressão. O reforçador da faixa 3 contém muitos sítios de ligação para Knirps e, consequentemente, níveis baixos de Knirps são suficientes para sua repressão. O reforçador da faixa 4 apresenta a organização oposta de sítios de ligação ao repressor. Há muitos sítios para Hunchback, permitindo que níveis baixos do gradiente de Hunchback reprimam a expressão da faixa 4. O reforçador da faixa 4 contém poucos sítios para Knirps, de modo que são necessários altos níveis do gradiente de Knirps para a repressão. Observa-se que o reforçador da faixa 3 na verdade dirige a expressão de duas faixas, 3 e 7. O reforçador da faixa 4 dirige a expressão das faixas 4 e 6. Para simplificar, considera-se apenas uma das faixas para cada reforçador.

O reforçador que controla a expressão da faixa 4 de *eve* também é reprimido por Hunchback e Knirps. Entretanto, são necessárias diferentes concentrações desses repressores em cada caso. Níveis baixos do gradiente de Hunchback, insuficientes para reprimir o reforçador da faixa 3 de *eve*, são suficientes para reprimir o reforçador da faixa 4 (Fig. 21-22). Essa regulação diferencial de dois reforçadores pelo gradiente do repressor Hunchback produz diferenças nos padrões de expressão das bordas anteriores das faixas 3 e 4. A proteína Knirps também se distribui como um gradiente no embrião pré-celular. São necessários níveis mais elevados desse gradiente para reprimir o reforçador da faixa 4 do que para reprimir o reforçador da faixa 3. Essa diferença produz bordas posteriores distinguíveis nos padrões de expressão das faixas 3 e 4.

Viu-se que o gradiente do repressor Hunchback produz diferentes padrões de expressão de Krüppel, Knirps e Giant. Essa regulação diferencial pode ser devida ao número crescente de sítios de ligação a Hunchback nos reforçadores de Krüppel, Knirps e Giant. Um princípio semelhante aplica-se à regulação diferencial dos reforçadores das faixas 3 e 4 pelos gradientes de Hunchback e Knirps. O reforçador da faixa 3 de *eve* contém relativamente poucos sítios de ligação para Hunchback, mas muitos para Knirps, enquanto o reforçador da faixa 4 de *eve* contém muitos sítios para Hunchback, mas relativamente poucos para Knirps (ver Fig. 21-22). É provável que princípios semelhantes controlem a regulação dos demais reforçadores de faixas que controlam o padrão de expressão de *eve* (bem como outros genes com padrão de expressão "*pair-rule*").

Repressores transcricionais de curto alcance permitem que diferentes reforçadores atuem independentemente na complexa região reguladora de *eve*

Foi visto que a expressão de *eve* é regulada por cinco reforçadores independentes, no embrião inicial. De fato, existem reforçadores adicionais que controlam a expressão de *eve* no coração e no sistema nervoso central (SNC) de embriões mais tardios. Esse tipo de regulação complexa não é uma exclusividade de *eve*. Existem *loci* gênicos que contêm ainda mais reforçadores, distribuídos em distâncias ainda maiores. Por exemplo, vários desses genes são regulados por até 10 reforçadores diferentes, talvez mais, espalhados por distâncias próximas a 100 kb (como será discutido a seguir). Deste modo, os genes engajados em processos importantes do desenvolvimento são frequentemente regulados por múltiplos reforçadores. Como esses reforçadores atuam independentemente uns dos outros, produzindo padrões de expressão

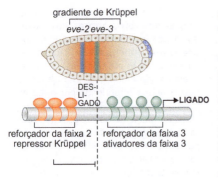

FIGURA 21-23 Repressão de curto alcance e autonomia do reforçador. Na região reguladora de *eve*, diferentes reforçadores atuam independentemente uns dos outros, devido à repressão transcricional de curto alcance. Os repressores que se ligam a um reforçador não interferem nos ativadores dos reforçadores vizinhos. Por exemplo, o repressor Krüppel liga-se ao reforçador da faixa 2 e mantém a faixa 2 desligada nas regiões centrais do embrião. O reforçador da faixa 3 de *eve* é expresso nessas regiões. Ele não é reprimido por Krüppel, por que não possui as sequências de DNA específicas reconhecidas pela proteína Krüppel. Além disso, os repressores Krüppel ligados ao reforçador da faixa 2 não interferem nos ativadores da faixa 3, porque estão muito distantes. Krüppel precisa ligar-se a menos de 100 pb dos ativadores a montante para bloquear sua capacidade de estimular a transcrição. Os reforçadores das faixas 2 e 3 estão separados por uma sequência espaçadora de 1,5 kb.

FIGURA 21-24 Uma mutação dominante no gene *Antp* resulta na transformação homeótica de antenas em patas. A mosca da direita é normal. Observa-se o conjunto de antenas rudimentares na extremidade frontal da cabeça. A mosca à esquerda é heterozigota para uma mutação *Antp* dominante (*AntpD/+*). Ela é completamente viável e praticamente normal em aparência, exceto pelo marcante conjunto de patas emanando da cabeça em vez de antenas. (Cortesia de Matthew Scott.)

gênica com efeitos aditivos? No caso de *eve*, cinco diferentes reforçadores produzem sete faixas diferentes.

A repressão transcricional de curto alcance é um mecanismo de garantia da autonomia do reforçador – a ação independente de vários reforçadores para gerar os padrões aditivos de expressão gênica. Isso significa que os repressores ligados a um reforçador não interferem nos ativadores ligados a outro reforçador da região reguladora do mesmo gene. Viu-se, por exemplo, que o repressor Krüppel se liga ao reforçador da faixa 2 de *eve* e estabelece o padrão da borda posterior dessa faixa. O repressor Krüppel só atua dentro dos limites dos 500 pb do reforçador da faixa 2. Ele não reprime o promotor central e nem os ativadores contidos no reforçador da faixa 3, ambos localizados a mais de 1 kb de distância dos sítios do repressor Krüppel, no reforçador da faixa 2 (Fig. 21-23). Se Krüppel fosse capaz de funcionar a longas distâncias, ou se fosse mapeado próximo ao promotor (como os repressores bacterianos), ele interferiria na expressão da faixa 3 de *eve*, porque altos níveis desse repressor estão presentes na região do embrião em que o reforçador da faixa 3 de *eve* está ativo.

GENES HOMEÓTICOS: UMA IMPORTANTE CLASSE DE REGULADORES DO DESENVOLVIMENTO

A análise genética do desenvolvimento de *Drosophila* levou à descoberta de uma importante classe de genes reguladores, os genes homeóticos, que causam a diversificação morfológica dos diferentes segmentos corporais. Alguns genes homeóticos controlam o desenvolvimento de partes da boca e antena a partir de segmentos da cabeça, enquanto outros controlam a formação de asas e halteres a partir de segmentos torácicos. Os dois genes homeóticos mais bem estudados são *Antp* e *Ubx*, responsáveis pela supressão do desenvolvimento de antenas e asas, respectivamente.

Antp (*Antennapedia*) controla o desenvolvimento do segmento central do tórax, o mesotórax. O mesotórax produz um par de patas que são morfologicamente diferentes das patas anteriores e posteriores. *Antp* codifica uma proteína reguladora com homeodomínio, normalmente expressa no mesotórax do embrião em desenvolvimento. O gene não é expresso, por exemplo, nos tecidos da cabeça em desenvolvimento. No entanto, uma mutação dominante em *Antp*, causada por uma inversão cromossômica, coloca a sequência codificadora da proteína Antp sob o controle de um DNA regulador "estranho", que promove a expressão gênica em tecidos da cabeça, inclusive das antenas (ver Fig. 21-24). Quando expresso erroneamente na cabeça, *Antp* provoca uma curiosa mudança morfológica: desenvolvem-se patas no lugar de antenas.

Ubx (*Ultrabithorax*) codifica uma proteína reguladora com homeodomínio que controla o desenvolvimento do terceiro segmento torácico, o metatórax. *Ubx* reprime especificamente a expressão de genes necessários ao desenvolvimento do segundo segmento torácico, ou mesotórax. De fato, *Antp* é um dos genes sob seu controle: Ubx reprime a expressão de *Antp* no metatórax e restringe sua expressão ao mesotórax de embriões em desenvolvimento. Os mutantes que não têm o repressor Ubx exibem um padrão anormal de expressão de *Antp*. O gene não se expressa apenas em seu local normal de ação, o mesotórax em desenvolvimento, mas também se expressa erroneamente no metatórax em desenvolvimento. Essa expressão indevida de *Antp* causa a transformação do metatórax em um mesotórax duplicado.

Em moscas adultas, o mesotórax contém um par de patas e asas, enquanto o metatórax contém um par de patas e halteres (ver Fig. 21-25). Os halteres são consideravelmente menores do que as asas e atuam como estruturas de equilíbrio durante o voo. Mutantes *Ubx* apresentam um fenótipo espetacular: eles possuem quatro asas totalmente desenvolvidas, devido à transformação dos halteres em asas.

A expressão de *Ubx* nos diferentes tecidos do metatórax depende de sequências reguladoras que abrangem mais de 80 kb de DNA genômico. Uma mutação chamada *Cbx* (*Contrabithorax*) perturba este DNA regulador de Ubx sem alterar a região codificadora da proteína *Ubx*. Além de ser expressa em seu sítio normal de expressão no metatórax, a mutação *Cbx* provoca a expressão incorreta do *Ubx* no mesotórax (Fig. 21-26). Neste local, Ubx reprime a expressão de *Antp*, bem como de outros genes necessários para o desenvolvimento normal do mesotórax. Como resultado, o mesotórax é transformado em uma duplicação do metatórax normal. Este é um fenótipo surpreendente: as asas são transformadas em halteres, e as moscas mutantes *Cbx* resultantes parecem formigas sem asas.

Alterações na expressão de genes homeóticos são responsáveis pela diversidade dos artrópodes

O campo interdisciplinar conhecido como "evo-devo" está na intersecção de duas áreas tradicionalmente isoladas: biologia evolutiva e biologia do desenvolvimento. O ímpeto pela pesquisa em evo-devo é que a análise genética do desenvolvimento em moscas, vermes nematódeos e outros modelos experimentais identificou os genes cruciais responsáveis pela diversidade evolutiva. Os genes homeóticos representam os primeiros exemplos destes genes.

Os oito genes homeóticos de *Drosophila* localizam-se em dois agrupamentos ou complexos gênicos: o complexo Antennapedia e o complexo Bithorax (ver Quadro 21-8, Os genes homeóticos de *Drosophila* são organizados em agrupamentos cromossômicos especiais). Um típico genoma de invertebrado contém entre 8 e 10 genes homeóticos, geralmente localizados em apenas um complexo. Os vertebrados duplicaram o complexo Hox ancestral e contêm quatro agrupamentos. Alterações na expressão e função de genes homeóticos individuais são responsáveis por alterar a morfologia dos membros em artrópodes e os esqueletos axiais de vertebrados. Posteriormente, será descrito como as alterações na atividade de Ubx produziram modificações evolutivas em insetos e outros artrópodes.

Alterações na expressão de *Ubx* explicam as modificações dos membros entre os crustáceos

Os crustáceos constituem a maioria dos artrópodes com capacidade de nadar. Alguns vivem nos oceanos, enquanto outros preferem a água doce. Eles incluem alguns de nossos pratos favoritos, como camarão, caranguejo e lagosta. Um dos grupos de crustáceos mais populares para estudo é o *Artemia*. Nos Estados Unidos, seus embriões, no estado dormente de esporos rígidos, podem ser comprados em lojas para cultivo em aquários, como um brinquedo pedagógico ou para a alimentação de peixes. A adição de água salgada rapidamente reabilita seu desenvolvimento.

As cabeças desses camarões apresentam apêndices para alimentação. O segmento torácico mais próximo da cabeça, o T1, tem apêndices natató-

FIGURA 21-25 **Mutantes *Ubx* causam a transformação do metatórax em um mesotórax duplicado.** (a) Mosca normal, que tem um par de asas proeminentes e um conjunto menor de halteres logo atrás das asas. (b) Um mutante homozigoto para uma mutação fraca no gene *Ubx* é mostrado. O metatórax é transformado em um mesotórax duplicado. Como resultado, a mosca possui dois pares de asas em vez de um conjunto de asas e um conjunto de halteres. (Cortesia de E.B. Lewis.)

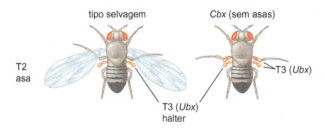

FIGURA 21-26 **A expressão incorreta de *Ubx* no mesotórax resulta em perda das asas.** A mutação *Cbx* interrompe a região reguladora de *Ubx*, provocando sua expressão incorreta no mesotórax e resultando na transformação do mesotórax em metatórax.

CONCEITOS AVANÇADOS

Quadro 21-8 Os genes homeóticos de *Drosophila* são organizados em agrupamentos cromossômicos especiais

Os genes *Antp* e *Ubx* são apenas dois dos oitos genes homeóticos do genoma de *Drosophila*. Os oito genes homeóticos de *Drosophila* localizam-se em dois agrupamentos, ou complexos gênicos. Cinco dos oito genes localizam-se no complexo Antennapedia e os três restantes, no complexo Bithorax (ver Fig. 1 deste quadro). Observa-se que esses são os nomes dos complexos e não dos genes individuais que compõem os complexos. Por exemplo, a denominação do complexo Antennapedia é uma homenagem ao gene *Antennapedia* (*Antp*), que foi o primeiro gene homeótico identificado no complexo. No complexo Antennapedia, existem outros quatro genes homeóticos: *labial* (*lab*), *proboscipedia* (*pb*), *Deformed* (*Dfd*) e *Sex combs reduced* (*Scr*). Da mesma maneira, o complexo Bithorax é assim denominado em homenagem ao gene *Ultrabithorax* (*Ubx*), mas há outros dois genes neste complexo: *abdominal-A* (*abd-A*) e *Abdominal-B* (*Abd-B*). Outro inseto, o besouro-castanho, contém um único complexo de genes homeóticos, que compreende homólogos de todos os oito genes homeóticos contidos nos complexos Antennapedia e Bithorax de *Drosophila*. Provavelmente, os dois complexos foram originados por um rearranjo cromossômico em um único complexo ancestral.

Existe uma correspondência colinear entre a ordem dos genes homeóticos no cromossomo e seus padrões de expressão ao longo do eixo anteroposterior dos embriões em desenvolvimento (ver Fig. 1 deste quadro). Por exemplo, o gene *lab*, localizado na posição 3´ mais extrema do complexo Antennapedia, é expresso nas regiões mais anteriores da cabeça do embrião de *Drosophila* em desenvolvimento. Em contrapartida, o gene *Abd-B*, que se localiza na posição mais a 5´ do complexo Bithorax, é expresso nas regiões mais posteriores (ver Fig. 1 deste quadro). O significado dessa colinearidade não foi estabelecido, mas deve ser importante porque ela é preservada em todos os grandes grupos de artrópodes (inclusive nos besouros-castanhos) e em todos os vertebrados já estudados, inclusive camundongos e seres humanos.

Complexos de genes Hox controlam a padronização anteroposterior de mamíferos

Os camundongos possuem 38 genes *Hox*, distribuídos em quatro agrupamentos (Hoxa, Hoxb, Hoxc, Hoxd). Cada agrupamento, ou complexo, tem 9 ou 10 genes *Hox* e corresponde ao complexo único de genes homeóticos dos insetos que formou os complexos Antennapedia e Bithorax em *Drosophila* (Fig. 2 deste quadro). Por exemplo, os genes *Hoxa-1* e *Hoxb-1* são relacionados ao gene *lab* de *Drosophila*, enquanto *Hoxa-9* e *Hoxb-9* – localizados na outra extremidade de seus respectivos complexos – são semelhantes ao gene *Abd-B*.

Além dessa homologia "seriada" entre os genes *Hox* de camundongos e moscas, cada complexo Hox de camundongos apresenta o mesmo tipo de colinearidade observado em *Drosophila*. Por exemplo, os genes *Hox* localizados na extremidade 3´ de cada complexo, como *Hoxa-1* e *Hoxb-1*, são expressos nas regiões mais anteriores dos embriões de camundongo em desenvolvimento (o futuro prosencéfalo). Em contrapartida, os genes *Hox* localizados próximo à extremidade 5´ de cada complexo, como *Hoxa-9* e *Hoxb-9*, são expressos nas regiões posteriores do embrião (regiões torácica e lombar da medula espinal em desenvolvimento). O complexo *Hoxd* apre-

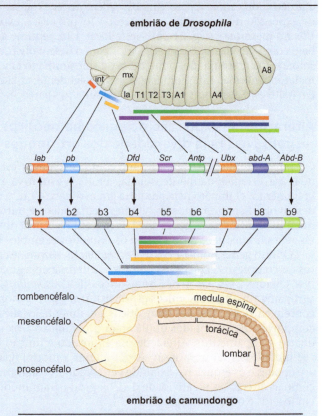

QUADRO 21-8 FIGURA 1 **Organização e expressão dos genes *Hox* em *Drosophila* e no camundongo.** A figura compara as sequências colineares e os padrões de transcrição dos genes *Hox* em *Drosophila* e no camundongo. (Adaptada, com permissão, de McGinnis W. e Krumlauf R. 1992. *Cell* **68**: 283-302, Fig. 2. © Elsevier.)

senta expressão sequencial ao longo do eixo anteroposterior dos membros em desenvolvimento. Não se observa um padrão comparável nos membros dos insetos, o que sugere que os genes *Hoxd* adquiriram "novos" DNAs reguladores durante a evolução dos vertebrados. De fato, já se viu no Capítulo 19 que uma região de controle global (GCR, *global control region*) especializada coordena a expressão dos genes *Hoxd* individuais nos membros em desenvolvimento.

Padrões alterados da expressão de Hox geram a diversidade morfológica nos vertebrados

As mutações nos genes *Hox* de mamíferos causam interrupções no esqueleto axial, que consiste na medula espinal e nas diversas vértebras da espinha dorsal. Essas alterações lembram algumas das alterações morfológicas vistas nos mutantes de *Antp* e *Ubx* em *Drosophila*.

Considere-se o gene *Hoxc-8* no camundongo, que é o mais relacionado ao gene *abd-A* do complexo Bithorax de *Drosophila*. Em geral, ele é expresso próximo à divisão entre a caixa torácica em desenvolvimento e a região lombar da co-

Quadro 21-8 (*Continuação*)

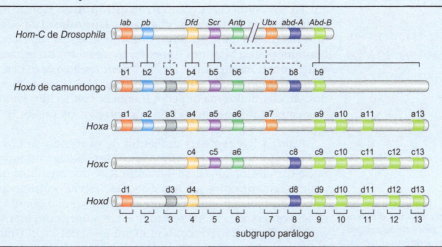

QUADRO 21-8 FIGURA 2 Conservação da organização e expressão dos complexos de genes homeóticos em *Drosophila* e no camundongo. (Adaptada, com permissão, de Gilbert S.E. 2000. *Developmental biology*, 6th ed., Fig. 11.36a. © Sinauer.)

luna vertebral, a "cauda" anterior. (O gene *abd-A* é expresso no abdome anterior do embrião de *Drosophila*.) Normalmente, a primeira vértebra lombar não tem costelas. Entretanto, embriões mutantes homozigotos para uma mutação nocaute que anula o gene *Hoxc-8* apresentam um fenótipo mutante drástico. A primeira vértebra lombar desenvolve um par de costelas vestigiais. Esse tipo de anomalia de desenvolvimento às vezes é chamado de transformação "homeótica", em que a estrutura apropriada se desenvolve no lugar errado. Neste caso, uma vértebra típica da região torácica posterior desenvolve-se na região lombar anterior.

Manutenção dos padrões de expressão dos genes Hox

Padrões localizados de expressão de genes *Hox* são estabelecidos nos embriões iniciais da mosca e do camundongo por combinações de ativadores e repressores transcricionais sequência-específicos. Algumas destas proteínas reguladoras são moduladas por vias de sinalização celular, como as vias FGF e Wnt. Em *Drosophila*, muitos dos mesmos repressores de gap que estabelecem faixas localizadas de expressão de *eve* também controlam os padrões iniciais de expressão de genes *Hox*. Estes padrões são mantidos ao longo do ciclo de vida depois que os repressores de gap são perdidos.

Considere-se, como exemplo, o gene *Hox Abd-B* em *Drosophila*. Ele é expresso especificamente no abdome posterior, incluindo os primórdios dos segmentos abdominais 5 a 8. A expressão de *Abd-B* é inicialmente reprimida pelos repressores de gap Hb, Kr e Kni na cabeça, no tórax e no abdome anterior do embrião inicial de *Drosophila*. Estes são os mesmos repressores que estabelecem faixas localizadas de expressão de *eve* (ver Figs. 21-19 e 21-20). Estes repressores restringem a expressão de *Abd-B* aos segmentos abdominais posteriores.

A manutenção da expressão de *Abd-B*, bem como a expressão da maioria dos outros genes *Hox* em moscas e mamíferos, depende de um grande complexo proteico, chamado complexo de repressão Polycomb (PRC, *Polycomb repression complex*). O PRC liga-se às sequências reguladoras de *Abd-B* nas células que falham em ativar o gene no embrião inicial: os progenitores da cabeça, do tórax e do abdome anterior. Em todas estas células, o PRC causa a metilação da lisina-27 da histona H3, e esta metilação correlaciona-se com a repressão da unidade de transcrição de *Abd-B* associada. Ao contrário, um complexo ativador ubíquo, o complexo Trithorax (TRC), liga-se às sequências reguladoras de *Abd-B* nas células que expressam o gene no embrião inicial (i.e., os segmentos abdominais posteriores). A ligação do TRC leva à metilação da lisina-4 na histona H3, e isso está correlacionado com a transcrição ativa de *Abd-B*.

Portanto, o PRC e o TRC mantêm estados ligado/desligado da expressão de genes *Hox* dependendo dos padrões de expressão iniciais destes genes no embrião inicial. Se um dado gene *Hox* é reprimido em uma determinada célula, PRC liga-se e mantém o gene desligado em todas as descendentes da célula. Ao contrário, se um dado gene *Hox* for ativado em uma determinada célula, então o TRC irá se ligar e garantir a expressão estável do gene em todas as suas descendentes. TRC e PRC servem para manter uma "memória" reguladora dos padrões de expressão dos genes *Hox*.

MicroRNAs modulam a atividade de Hox

Vários complexos de genes *Hox* contêm genes de microRNA (miRNA ou miR). Por exemplo, o *ANT-C* da mosca contém *miR-10*, e *BX-C* contém *miR-iab4*. Acredita-se que os miRNAs codificados inibam ou atenuem a síntese de diferentes proteínas Hox. O miRNA *iab4* inibe a síntese da proteína Ubx em tecidos abdominais. Complexos *Hox* de vertebrados também possuem genes de miR, incluindo *miR-10*. O gene *miR-196* está localizado em regiões 5′ de vários complexos *Hox* de vertebrados. Acredita-se que o miRNA codificado iniba a síntese da proteína Hoxb8 em regiões posteriores dos embriões murinos. Ver Capítulo 20 para mais detalhes a respeito de como os miRNAs bloqueiam ou atenuam a síntese proteica.

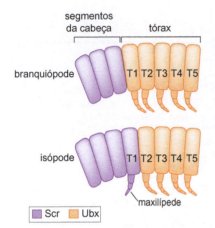

FIGURA 21-27 **Modificações na morfologia de dois grupos diferentes de crustáceos.** Nos branquiópodes, a expressão de *Scr* está restrita às regiões da cabeça, onde ele auxilia a promover o desenvolvimento dos apêndices de alimentação, enquanto *Ubx* é expresso no tórax, onde controla o desenvolvimento dos membros natatórios. Nos isópodes, detecta-se expressão do *Scr* na cabeça e no primeiro segmento torácico (T1) e, como consequência, o membro natatório em T1 é transformado em apêndice de alimentação (o maxilípede). Esta expansão posterior de Scr foi possível pela perda da expressão de *Ubx* em T1 visto que Ubx normalmente reprime a expressão de *Scr*. (Adaptada de Levine M. 2002. *Nature* **415**: 848-849, Fig. 2. © Macmillan.)

rios semelhantes aos dos outros segmentos do tórax (do segundo ao décimo primeiro segmentos torácicos, T2-T11). *Artemia* pertence a uma ordem de crustáceos conhecidos como **branquiópodes**. Considere-se uma ordem diferente de crustáceos, os chamados **isópodes**. Isópodes contêm membros natatórios do segundo ao oitavo segmentos torácicos, assim como os branquiópodes. Mas, nos isópodes, os membros do primeiro segmento torácico foram modificados. Eles são menores do que os demais e funcionam como membros para alimentação (Fig. 21-27). Esses membros modificados são chamados maxilípedes (também conhecidos como pés maxilares) e assemelham-se aos apêndices encontrados na cabeça (não mostrados na figura).

Padrões ligeiramente diferentes de expressão de *Ubx* são observados nos branquiópodes e nos isópodes. Esses padrões de expressão diferentes estão correlacionados com a modificação dos membros natatórios do primeiro segmento torácico dos isópodes. Talvez o último ancestral comum dos atuais branquiópodes e isópodes contivesse o arranjo de membros torácicos observado em *Artemia* (que é, ele próprio, um branquiópode): todos os segmentos torácicos contêm membros natatórios. Durante a divergência entre os branquiópodes e os isópodes, as sequências reguladoras de *Ubx* foram alteradas nos isópodes. Em consequência dessa mudança, a expressão de *Ubx* foi eliminada no primeiro segmento torácico e limitada aos segmentos T2-T8. Esta alteração na expressão de *Ubx* permitiu a formação de um maxilípede no lugar do membro natatório T1. De fato, em diferentes crustáceos, há uma estreita correlação entre a ausência da expressão de *Ubx* no tórax e o desenvolvimento dos apêndices de alimentação. Os embriões de lagosta, por exemplo, não expressam *Ubx* nos dois primeiros segmentos torácicos e têm dois pares de maxilípedes. Os camarões limpadores não expressam *Ubx* nos três primeiros segmentos torácicos e têm três pares de maxilípedes.

Como os insetos perderam seus membros abdominais

Todos os insetos têm seis patas, duas em cada um dos três segmentos torácicos; isso é válido para todas as espécies de insetos (cerca de 1 milhão). Em contrapartida, outros artrópodes, como os crustáceos, têm um número variável de membros. Alguns crustáceos apresentam membros em todos os segmentos do tórax e do abdome. Essa modificação evolutiva na morfologia, a perda de membros no abdome dos insetos, não se deve a alterações de expressão de genes determinantes de padrões, como visto para a formação dos maxilípedes nos isópodes. Ela deve-se a alterações funcionais na proteína reguladora Ubx.

Nos insetos, *Ubx* e *abd-A* reprimem a expressão de um gene essencial necessário para o desenvolvimento dos membros, chamado *Distal-less* (*Dll*). Durante o desenvolvimento dos embriões de *Drosophila*, *Ubx* é expresso em altos níveis no metatórax e nos segmentos abdominais anteriores; a expressão de *abd-A* estende-se até os segmentos abdominais mais posteriores. Juntos, *Ubx* e *abd-A* mantêm *Dll* desligado nos sete primeiros segmentos abdominais. Embora *Ubx* se expresse no metatórax, ele não interfere na expressão de *Dll* neste segmento, porque *Ubx* só é expresso nas patas em desenvolvimento em T3, depois que *Dll* é ativado. Consequentemente, *Ubx* não interfere no desenvolvimento dos membros em T3.

Nos crustáceos, como o branquiópode *Artemia* mencionado anteriormente, níveis elevados de *Ubx* e de *Dll* são encontrados em todos os 11 segmentos torácicos. A expressão de *Dll* promove o desenvolvimento de membros natatórios. Por que Ubx reprime a expressão de *Dll* nos segmentos abdominais dos insetos, mas não nos dos crustáceos? A resposta é que a proteína Ubx divergiu entre insetos e crustáceos. Isso foi demonstrado no experimento seguinte.

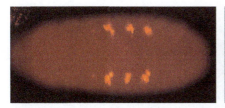  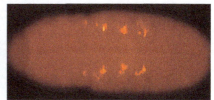

FIGURA 21-28 Alterações evolutivas na função da proteína Ubx. (a) O reforçador *Dll* (*Dll*/304) é normalmente ativado em três pares de "pontos" dos embriões de *Drosophila*. Estes pontos desenvolvem-se, formando os três pares de patas da mosca adulta. (b) A expressão indevida da proteína Ubx de *Drosophila* (DmUbxHA) suprime fortemente a expressão do reforçador de *Dll*. (c) Ao contrário, a má expressão da proteína Ubx do camarão de água salgada *Artemia* (AfUbxHA) provoca apenas uma leve supressão do reforçador *Dll*. (Adaptada, com permissão, de Ronshaugen M. et al. 2002. *Nature* **415**: 914-917, Fig. 2c. © Macmillan. Imagens cortesia de William McGinnis e Matt Ronshaugen.)

A expressão incorreta de *Ubx* em todos os tecidos que originarão o tórax dos embriões transgênicos de *Drosophila* suprime o desenvolvimento dos membros, devido à repressão de *Dll* (Fig. 21-28). Em contrapartida, a expressão incorreta da proteína Ubx de crustáceos em moscas transgênicas não interfere na expressão do gene *Dll* nem na formação dos membros torácicos. Essas observações indicam que a proteína Ubx de *Drosophila* é funcionalmente diferente da Ubx de crustáceos. A proteína da mosca reprime a expressão do gene *Dll*, enquanto a proteína Ubx de crustáceos, não.

Qual é a base dessa diferença funcional entre as duas proteínas Ubx? (Elas compartilham apenas 32% de identidade de aminoácidos, mas seus homeodomínios são praticamente idênticos – 59/60 de concordância.) O que ocorre é que a proteína de crustáceo tem um pequeno motivo, composto por 29 resíduos de aminoácidos, que bloqueiam a atividade repressora. Quando essa sequência é removida, a proteína Ubx de crustáceos é tão eficaz quanto a da mosca no bloqueio da expressão do gene *Dll* (Fig. 21-29).

As proteínas Ubx de mosca e de crustáceo contêm vários domínios de repressão. Como discutido no Capítulo 19, é provável que esses domínios interajam com um ou vários complexos de repressão transcricional. O peptídeo "antirrepressivo" presente na proteína Ubx de crustáceos poderia interferir na capacidade de recrutamento de tais complexos pelos domínios repressores. Quando esse peptídeo é ligado à proteína da mosca, a proteína híbrida comporta-se como a de crustáceo e não mais reprime *Dll*.

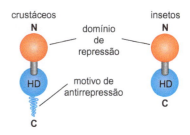

FIGURA 21-29 Comparação de Ubx em crustáceos e insetos. (À esquerda) Ubx em crustáceos. O peptídeo antirrepressão carboxiterminal bloqueia a atividade do domínio de repressão aminoterminal. (À direita) Ubx em insetos. O peptídeo antirrepressão carboxiterminal foi perdido por mutação. (Adaptada, com permissão, de Ronshaugen M. et al. 2002. *Nature* **415**: 914-917, Fig. 4b. © Macmillan.)

A modificação dos membros de voo pode ter surgido a partir da evolução de sequências reguladoras de DNA

Ubx dominou a discussão sobre modificação morfológica nos artrópodes. Nos crustáceos, as alterações no padrão de expressão de Ubx parecem ser as responsáveis pela transformação de membros natatórios em maxilípedes. Além disso, provavelmente, a perda do motivo de antirrepressão na proteína Ubx contribui para a supressão dos membros abdominais nos insetos. Nesta última seção sobre este tema, são revisadas as evidências de que as alterações nas sequências reguladoras dos genes-alvo de *Ubx* poderiam explicar as diferentes morfologias de asas encontradas nas moscas-da-fruta e nas borboletas.

Em *Drosophila*, *Ubx* é expresso nos halteres em desenvolvimento, onde atua como repressor do desenvolvimento das asas. Cinco a 10 genes-alvo são reprimidos por Ubx. Eles codificam proteínas cruciais para o crescimento e padronização das asas (Fig. 21-30), e todos são expressos na asa em desenvolvimento. Nos mutantes de *Ubx*, esses genes não são mais reprimidos nos halteres que, como consequência, desenvolvem-se em um segundo conjunto de asas.

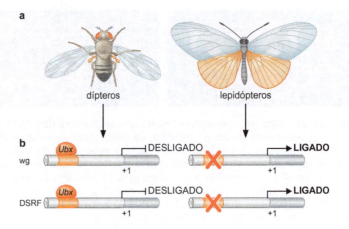

FIGURA 21-30 **Alterações no DNA regulador dos genes-alvo de *Ubx*.** (a) O repressor Ubx é expresso nos halteres dos dípteros e nas asas traseiras dos lepidópteros (em cor de laranja). (b) Em dípteros, diferentes genes-alvo contêm sítios para o repressor Ubx. Esses sítios foram perdidos nos lepidópteros.

As drosófilas são dípteros, e todos os membros dessa ordem apresentam um único par de asas e um conjunto de halteres. É provável que Ubx funcione como repressor do desenvolvimento de asas em todos os dípteros. As borboletas pertencem a uma ordem diferente de insetos, os lepidópteros. Todos os membros dessa ordem (que também inclui as mariposas) apresentam dois pares de asas, em vez de um só par de asas e um conjunto de halteres. Qual é a base das morfologias diferentes das asas dos dípteros e dos lepidópteros?

As duas ordens divergiram a partir de um ancestral comum, há mais de 250 milhões de anos. Este é mais ou menos o mesmo tempo que separa os humanos dos vertebrados não mamíferos, como os sapos. Parece um período suficiente para alterar a função do gene *Ubx* por meio de uma ou de todas as três estratégias discutidas. O mecanismo mais simples seria a modificação no padrão de expressão de *Ubx*, de modo que ele fosse perdido nos progenitores das asas traseiras dos lepidópteros. Tal perda permitiria que as asas traseiras em desenvolvimento expressassem todos os genes normalmente reprimidos por Ubx. A alteração de membros natatórios em maxilípedes, nos isópodes, constitui um claro precedente para tal mecanismo. Entretanto, não existe uma alteração óbvia no padrão de expressão de *Ubx* entre as moscas e as borboletas; *Ubx* é expresso em altos níveis no desenvolvimento das asas traseiras das borboletas.

Isso deixa duas possibilidades. A primeira é que a proteína Ubx seja funcionalmente distinta nas moscas e nas borboletas. A segunda é que ocorreram alterações nos DNAs reguladores de cada um dos 5 a 10 genes-alvo reprimidos por Ubx em *Drosophila*, de modo que eles não mais sejam reprimidos por Ubx nas borboletas (ver Fig. 21-30). Parece mais fácil modificar a atividade repressora do que alterar as sequências reguladoras de 5 a 10 diferentes genes controlados por *Ubx*.

Surpreendentemente, parece que a explicação menos provável – a alteração nas sequências reguladoras de vários genes-alvo de *Ubx* – é a responsável pelas diferentes morfologias das asas. A proteína Ubx parece funcionar do mesmo modo nas moscas-da-fruta e nas borboletas. Por exemplo, em borboletas, a perda de Ubx em conjuntos de células da asa posterior a transforma em estruturas da asa anterior (ver Fig. 21-30a para notar a diferença entre asas anteriores e posteriores). Essa observação sugere que a proteína Ubx da borboleta funciona como repressor, suprimindo o desenvolvimento das asas dianteiras. Embora isso não tenha sido provado, é possível que os DNAs reguladores dos genes de padronização da asa tenham perdido os sítios de ligação a Ubx (Fig. 21-30b) e não estejam mais reprimidos por Ubx na asa posterior em desenvolvimento.

EVOLUÇÃO DO GENOMA E ORIGEM DOS SERES HUMANOS

Agora, serão abordados exemplos específicos de análise comparativa de genomas, com foco particular na comparação de genomas animais. A discussão final da comparação do genoma Neandertal com os de chimpanzés e seres humanos fornece algumas ideias surpreendentes acerca das origens dos seres humanos.

Diversos animais possuem conjuntos de genes notavelmente semelhantes

Cerca de 100 diferentes genomas animais foram totalmente sequenciados e montados, mas a maioria destas sequências corresponde apenas a alguns poucos grupos animais, centrados em torno do genoma humano, bem como de modelos experimentais cruciais como a mosca-da-fruta, *Drosophila melanogaster*, e o verme nematódeo, *Caenorhabditis elegans*. Assim, vários genomas de primatas (chimpanzés, macaco rhesus, etc.) foram determinados para ajudar a identificar as características distintivas do genoma humano (ver discussão posterior). Doze espécies diferentes de *Drosophila* foram sequenciadas para ajudar a entender a diversificação de espécies distintas de moscas-da-fruta. Atualmente, apenas um terço de todos os filos animais estão representados por uma espécie-membro com uma montagem da sequência genômica completa.

A descoberta mais surpreendente a surgir da análise comparativa de genomas é o fato de que animais altamente divergentes, desde anêmonas-do-mar até seres humanos, possuem um conjunto de genes altamente conservados. Um típico genoma de invertebrado (p. ex., anêmona-do-mar, verme, inseto) contém cerca de 15.000 genes codificadores de proteínas. Os vertebrados possuem um número maior, com uma média de cerca de 25.000 genes. Entretanto, este maior número de genes geralmente não se deve à invenção de "novos" genes únicos em vertebrados; em vez disso, deve-se à duplicação de "velhos" genes já presentes em genomas de invertebrados. Por exemplo, os invertebrados contêm apenas algumas cópias de genes que codificam um fator de crescimento chamado fator de crescimento de fibroblastos (FGF, *fibroblast growth factor*), enquanto um genoma de vertebrado típico contém mais de 20 genes de FGF diferentes.

Um olhar sobre o conjunto de genes necessários para os atributos distintivos de todos os animais é fornecido pela montagem da sequência genômica de um eucarioto unicelular, um protozoário, chamado *Monosiga*. Este organismo é o parente vivo mais próximo dos animais modernos. Ainda assim, ele não possui muitos dos genes necessários para o desenvolvimento animal, incluindo os que codificam moléculas sinalizadoras, como Wingless, fator de transformação do crescimento β (TGF-β, *transforming growth factor*-β), Hedgehog e Notch. Ele também é desprovido de genes reguladores responsáveis pela atividade gênica diferencial nos embriões de animais em desenvolvimento, incluindo os genes *Hox* e os agrupamentos *Hox*. Assim, a transição evolutiva de eucariotos simples para animais modernos necessitou da criação de um grande número de genes novos não encontrados entre os organismos mais simples que viviam nos oceanos antigos há mais de 1 bilhão de anos.

Muitos animais possuem genes anômalos

Apesar do conjunto constante, ou "*kit* de ferramentas", de genes básicos para o desenvolvimento de todos os animais, cada genoma contém seu atributo distinto – e, às vezes, surpreendente. Considere-se o caso da ascídia. Ela contém um gene que codifica a celulose sintase (Fig. 21-31). Esta enzima é usada por plantas para produzir celulose, o principal biopolímero da madeira. Ela

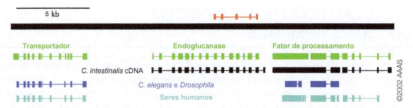

FIGURA 21-31 Um gene de plantas no genoma de *Ciona* comparado a sequências de outros animais. É apresentada uma região de 20 kb de uma estrutura de contigs de *Ciona*. Essa sequência contém um gene de endoglucanase, que codifica uma enzima envolvida na degradação e na síntese de celulose, um dos principais componentes das paredes celulares de plantas. Os retângulos vermelhos no topo representam o gene *Kerrigan-1* de *Arabidopsis*. O programa de busca de genes identificou 15 possíveis éxons no gene de *Ciona* indicados como retângulos verdes. Na verdade, existe um éxon a 5' presente no cDNA (retângulos pretos abaixo) não identificado pelo programa de computador. De mesma maneira, o programa identificou um pequeno íntron em uma grande região codificadora de um gene próximo, que codifica um fator de processamento de RNA, enquanto a sequência do cDNA sugere que tal íntron não existe. Existe, também, uma discrepância no tamanho do éxon mais a 5'. Os genes flanqueadores são conservados em vermes, moscas e seres humanos, enquanto o gene da endoglucanase é exclusivo de *Ciona*, que contém um revestimento de celulose. Observam-se diferenças nas estruturas detalhadas íntron-éxon dos outros genes entre diferentes genomas animais. (Reproduzida, com permissão, de Dehal et al. 2002. *Science* **298**: 2157-2167, Fig. 8. © AAAS.)

está ausente em praticamente todos os animais, então o que está fazendo na ascídia? O adulto é séssil e vive em poças, onde filtra a água do mar. Ele possui uma camada protetora como que emborrachada, composta por tunicina, um biopolímero relacionado à celulose vegetal. Entretanto, antes da montagem do genoma, não estava claro se a ascídia continha seu próprio gene de celulose sintase endógena ou se empregava um organismo simbiótico para produzir a camada de tunicina. De fato, há numerosos exemplos de animais que usam simbiontes simples para funções genéticas incomuns. Cupins e baratas que se alimentam de madeira, por exemplo, abrigam bactérias simbiontes em seus sistemas digestivos que contêm os genes necessários para digerir madeira.

Outra surpresa veio da análise do genoma do ouriço-do-mar; ele possui dois genes, *RAG1* e *RAG2*, necessários para o rearranjo dos genes de imunoglobulina em seres humanos e outros vertebrados (ver Cap. 12). Um dos atributos característicos dos vertebrados é a habilidade para montar uma resposta imunológica adaptativa após uma infecção ou um ferimento. Isso inclui a produção de anticorpos específicos que reconhecem antígenos externos com grande especificidade e precisão. Os invertebrados possuem imunidade inata geral, mas são desprovidos de capacidade para produzir uma resposta imunológica adaptativa. Antes da montagem do genoma do ouriço-do-mar, pensava-se que um ancestral dos vertebrados modernos havia adquirido um vírus ou transposon contendo os genes *RAG1* e *RAG2*. Entretanto, a identificação destes genes no ouriço-do-mar sugere que isso não é verdadeiro. Em vez disso, os genes *RAG* foram adquiridos por um ancestral muito mais distante, um progenitor dos chamados Deuterostômios, que divergiram em equinodermos modernos (p. ex., ouriços-do-mar) e cordados (p. ex., vertebrados) (ver Fig. 21-32). Aparentemente, vários descendentes deste ancestral hipotético, como as ascídias, perderam os genes *RAG*.

A sintenia é evolutivamente antiga

Uma das descobertas mais impressionantes das análises comparativas de genomas é o alto grau de **sintenia**, isto é, a conservação da ligação genética entre animais evolutivamente distantes. Existe sintenia extensa entre os camundongos e os seres humanos. Em muitos casos, essa ligação estende-se até mesmo ao peixe baiacu, que compartilhou um ancestral comum com os

CAPÍTULO 21 Regulação Gênica no Desenvolvimento e na Evolução

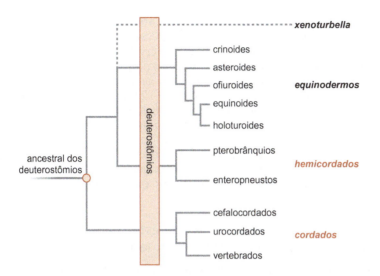

FIGURA 21-32 Filogenia dos deuterostômios. Os deuterostômios incluem quatro filos animais: Xenoturbellida, Echinodermata, Hemichordata e Chordata. Existem cinco classes de organismos nos equinodermos, duas classes de hemicordados e três classes de cordados. Observa-se que os parentes vivos mais próximos dos vertebrados são os urocordados, que incluem as ascídias (ver Quadro 19-3). (Adaptada, com permissão, de Gerhart J. 2006. *J. Cell Physiol.* **209**: 677-685. © Wiley-Liss, Inc.)

mamíferos há mais de 400 milhões de anos. O que é ainda mais marcante é o fato de algumas das relações de ligação serem conservadas entre seres humanos e invertebrados simples, como as anêmonas-do-mar, que compartilharam um ancestral comum há mais de 700 milhões de anos, bem antes da radiação Cambriana que produziu a maioria dos filos animais modernos (Fig. 21-33).

A ligação genética é essencial em procariotos, nos quais os genes ligados são corregulados em um óperon comum (Cap. 18). Esta ligação geralmente está ausente nos genomas de metazoários, embora o verme nematódeo *C. elegans* tenha alguns óperons. Em outras palavras, genes vizinhos não apresentam maior probabilidade de serem coexpressos (p. ex., em células sanguíneas) do que genes não ligados. Análises comparativas iniciais de genomas pareciam confirmar que a ligação genética não afetava a regulação gênica. Por exemplo, não há sintenia óbvia no arranjo de genes relacionados nos genomas de mamíferos (p. ex., camundongo e ser humano) e genomas de invertebrados como *C. elegans* e *Drosophila*. Entretanto, estão surgindo evidências de que os genomas de vermes nematódeos e moscas-da-fruta são altamente "derivados". Ou seja, sofreram rearranjos e alterações distintos não observados em outros genomas. Evidências para esta visão vêm da análise do genoma de *Nematostella*, uma simples anêmona-do-mar.

As anêmonas-do-mar são criaturas antigas. Elas aparecem nos fósseis do pré-Cambriano, antes do primeiro surgimento dos Artrópodes (p. ex., trilobitas) e anelídeos. Apesar de sua simplicidade e história antiga, elas contêm vários genes que foram perdidos em moscas e vermes. O que é ainda mais marcante é que cerca de metade das ligações genéticas vistas no genoma

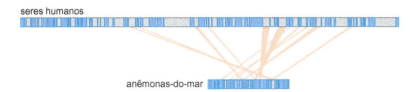

FIGURA 21-33 Conservação da ligação genética entre anêmonas-do-mar e seres humanos. O digrama do topo mostra a região de 4 Mb do cromossomo 10 humano (região q24). As linhas mostram o alinhamento entre 11 diferentes genes neste intervalo e as sequências correspondentes em uma região de 1 Mb de um cromossomo de anêmona-do-mar. Todos os 11 genes estão localizados juntos em ambos os cromossomos, mas a ordem exata dos genes mudou durante o curso dos cerca de 700 milhões de anos desde que os seres humanos e as anêmonas-do-mar compartilharam um ancestral comum.

humano é retida, embora em ordem um tanto embaralhada, no genoma de *Nematostella* (Fig. 21-33). Considere-se a região q24 do cromossomo 10 humano. Esta região contém 11 genes em um intervalo de 4 Mb, incluindo o gene para actina e *SLK*, que codifica uma quinase necessária para a divisão celular. No genoma menor de *Nematostella*, estes 11 genes não estão apenas presentes como também ligados em um intervalo de 1 Mb. A conservação desta sintenia local levanta a possibilidade de que a ligação possa influenciar a função gênica de alguma maneira sutil, que no momento não se consegue explicar. O sequenciamento de genomas animais adicionais, sobretudo os que representam criaturas antigas, como esponjas e vermes chatos, poderia possibilitar a reconstrução do cariótipo ancestral – o complemento cromossômico exato e as ligações genéticas do ancestral metazoário que gerou todos os filos animais modernos vistos hoje.

O sequenciamento em alta escala está sendo usado para explorar as origens humanas

A capacidade de sequenciar grandes quantidade de DNA de maneira rápida e barata criou uma oportunidade para realizar experimentos que eram impossíveis de imaginar até mesmo há um ano. Um exemplo recente disso é a análise do genoma Neandertal.

Os humanos modernos surgiram há aproximadamente 100 mil anos e compartilharam um ancestral comum com os Neandertais há cerca de 500 mil anos. Existem evidências de que os humanos modernos e os Neandertais coexistiram em certos locais antes do desaparecimento dos Neandertais há cerca de 30 mil anos. Sugeriu-se que os dois grupos acasalaram, resultando na ocorrência de pelo menos alguns "genes Neandertais" no genoma humano moderno. Para testar esta possibilidade, os cientistas determinaram recentemente a sequência completa do genoma Neandertal.

Amostras de DNA Neandertal foram obtidas a partir de fósseis bem-preservados. Entretanto, o DNA está altamente contaminado com bactérias e fungos. Ainda assim, a habilidade para gerar centenas de milhares de "leituras" de curtas sequências de DNA (ver Cap. 7) permite a identificação de DNA Neandertal autêntico entre a mistura de DNAs contaminantes. Na verdade, apenas 2 a 3% do DNA total obtido a partir de um fóssil de Neandertal bem-preservado correspondem a DNA Neandertal autêntico correlacionado a sequências de genoma referências de chimpanzés e seres humanos. A comparação detalhada destas sequências Neandertais com os genomas de chimpanzés e seres humanos sugere que de fato houve mistura entre Neandertais e humanos modernos. É incrível pensar que os genomas de organismos extintos podem ser "ressuscitados".

RESUMO

As células de um embrião em desenvolvimento seguem vias divergentes de desenvolvimento, pela expressão de diferentes conjuntos de genes. A maior parte da expressão gênica diferencial é regulada no nível de início da transcrição. Há três estratégias principais: a localização do mRNA, o contato célula a célula e a difusão de moléculas sinalizadoras secretadas.

A localização do mRNA é realizada pela ligação de sequências 3'-UTR específicas às extremidades crescentes dos microtúbulos. Esse mecanismo é usado para localizar o mRNA de *ash1* nas células-filhas de leveduras em brotamento. Ele também é usado para localizar o mRNA de *oskar* no citoplasma posterior do óvulo não fertilizado de *Drosophila*.

No contato célula a célula, uma molécula sinalizadora liga-se à membrana e altera a expressão gênica das células vizinhas por meio da ativação de uma via de sinalização celular. Em alguns casos, um ativador transcricional dormente, ou proteína coativadora, é liberado da superfície celular para o núcleo. Em outros casos, um fator de transcrição quiescente (ou um repressor transcricional), já presente no núcleo, é modificado de modo a ativar a expressão gênica. O contato célula a célula é usado por *B. subtilis* para estabelecer diferentes programas de expressão gênica na célula-mãe e no pré-esporo. Um mecanismo semelhante é usado para evitar que as células cutâneas se transformem em neurônios durante o desenvolvimento do sistema nervoso central dos insetos.

Os gradientes extracelulares de moléculas de sinalização celular secretadas podem estabelecer múltiplos tipos celulares durante o desenvolvimento de um tecido ou órgão complexos. Esses gradientes produzem gradientes intracelulares de fatores de transcrição ativados que, por sua vez, controlam a expressão gênica de modo dependente da concentração. O gradiente extracelular do Sonic hedgehog produz um gradiente do ativador Gli na metade ventral do tubo neural dos vertebrados. Níveis diferentes de Gli regulam conjuntos diferentes de genes-alvo e, assim, produzem diferentes tipos de células neuronais. Da mesma maneira, o gradiente de Dorsal no embrião inicial de *Drosophila* determina diferentes padrões de expressão gênica ao longo do eixo dorsoventral. Essa regulação diferencial depende das afinidades de ligação de Dorsal aos sítios de ligação nos reforçadores-alvo.

A segmentação do embrião de *Drosophila* depende de uma combinação de mRNAs localizados e gradientes de fatores de regulação. Os mRNAs de *bicoide* e *oskar*, localizados respectivamente no polo anterior e no polo posterior, resultam na formação de um gradiente acentuado do repressor Hunchback ao longo do eixo anteroposterior. Esse gradiente estabelece padrões sequenciais na expressão de Krüppel, Knirps e Giant nas regiões que originarão o tórax e o abdome. Em conjunto, essas quatro proteínas são chamadas de proteínas gap; elas atuam como repressoras transcricionais que estabelecem faixas localizadas de expressão gênica de acordo com a regra dos pares. As faixas individuais são reguladas por diferentes reforçadores localizados nas regiões reguladoras dos genes da regra dos pares, como *eve*. Cada reforçador contém vários sítios de ligação, tanto para ativadores quanto para repressores de gap. É a interação entre ativadores com distribuição ampla, como Bicoide, e os repressores de gap, localizados, que estabelece o limite anterior e o posterior de cada faixa de regra dos pares. Para produzir o padrão composto, com sete faixas de expressão de regra dos pares, os reforçadores das diferentes faixas agem independentemente uns dos outros. Essa autonomia de reforçadores é devida, em parte, à repressão da transcrição de curto alcance. Um repressor de gap ligado a um reforçador não interfere nas atividades de um reforçador de uma faixa vizinha, localizado no mesmo gene.

Genes homeóticos codificam proteínas reguladoras responsáveis por tornar os segmentos corporais individuais distintos uns dos outros. Os dois genes homeóticos mais bem estudados, *Antp* e *Ubx*, controlam o desenvolvimento do segundo e terceiro segmentos torácicos, respectivamente, da mosca-da-fruta. A má expressão de *Ubx* nas asas em desenvolvimento causa o desenvolvimento de moscas sem asas, enquanto a má expressão de *Antp* na cabeça causa transformação de antenas em patas.

Os artrópodes podem ser considerados o filo animal mais bem-sucedido de todos, em números absolutos e em diversidade. Sabe-se mais sobre a base molecular da diversidade dos artrópodes do que sobre qualquer outro grupo animal. Por exemplo, as alterações no perfil de expressão do gene *Ubx* estão correlacionadas com a conversão de membros natatórios em maxilípedes em diferentes grupos de crustáceos. As alterações na função da proteína Ubx poderiam ser responsáveis pela repressão dos membros abdominais nos insetos. Finalmente, as alterações nos reforçadores-alvo de Ubx poderiam explicar as diferentes morfologias dos halteres, nos dípteros, e das asas traseiras, nas borboletas.

Montagens de genomas inteiros de diversos grupos animais revelam uma marcante conservação do "*kit* de ferramentas genéticas" central. A maioria dos genomas animais contém um conjunto semelhante de genes, e a maioria das diferenças resulta da duplicação e divergência de genes "antigos" em vez da invenção de novos genes. A maioria dos genes não está apenas conservada na maioria dos grupos, mas há também conservação da ligação genética, ou sintenia. Cerca de metade de todos os genes no genoma humano está localizada próxima dos mesmos vizinhos em grupos animais altamente divergentes como anêmonas-do-mar. Montagens de genomas inteiros estão sendo usadas para obter informações sobre nossas próprias origens humanas. Uma comparação dos genomas de chimpanzé e Neandertal sugere que os humanos modernos possuem contribuições significativas dos "extintos" Neandertais.

BIBLIOGRAFIA

Livros

Carroll S.B., Grenier J.K., and Weatherbee S.D. 2005. *From DNA to diverty: Molecular genetics and the evolution of animal design*, 2nd ed. Blackwell, Malden, Massachusetts.

Gilbert S.F. 2010. *Developmental biology*, 9th ed. Sinauer Associates, Sunderland, Massachusetts.

Wolpert L. and Tickle C. 2010. *Principles of development*, 4th ed. Oxford University Press, New York.

Localização do mRNA

Macdonald P.M. 2011. mRNA localization: Assembly of transport complexes and their incorporation into particles. *Curr. Opin. Genet. Dev.* **21:** 407–413.

Martin K.C. and Ephrussi A. 2009. mRNA localization: Gene expression in the spatial dimension. *Cell* **136:** 719–730.

Medioni C., Mowry K., and Besse F. 2012. Principes and roles of mRNA localization in animal development. *Development* **139:** 3263–3276.

Contato célula a célula

Barad O., Hornstein E., and Barkai N. 2011. Robust selection of sensory organ precursors by the Notch-Delta pathway. *Curr. Opin. Cell Biol.* **23:** 663–667.

Schweisguth F. 2004. Notch signaling activity. *Curr. Biol.* **14:** R129–R138.

Shapiro L., McAdams H.H., and Losick R. 2002. Generating and exploiting polarity in bacteria. *Science* **298:** 1942–1946.

Morfógenos

Ashe H.L. and Briscoe J. 2006. The interpretation of morphogen gradients. *Development* **133:** 385–394.

Rogers K.W. and Schier A.F. 2011. Morphogen gradients: From generation to interpretation. *Annu. Rev. Cell Dev. Biol.* **27:** 377–407.

Roth S. and Lynch J. 2012. Does the Bicoid gradient matter? *Cell* **149:** 511–512.

Reforçadores de desenvolvimento

Arnosti D.N. and Kulkarni M.M. 2005. Transcriptional enhancers: Intelligent enhanceosomes or flexible billboards? *J. Cell Biochem.* **94:** 890–898.

Jaeger J. and Reinitz J. 2006. On the dynamic nature of positional information. *BioEssays* **28:** 1102–1111.

Levine M. 2010. Transcriptional enhancers in animal development and evolution. *Curr. Biol.* **20:** R754–R763.

Segmentação

Lemons D. and McGinnis W. 2006. Genomic evolution of Hox gene clusters. *Science* **313**: 1918–1922.

Lewis E.B. 1978. A gene complex controlling segmentation in *Drosophila*. *Nature* **276**: 565–570.

Tschopp P. and Duboule D. 2011. A genetic approach to the transcriptional regulation of Hox gene clusters. *Ann. Rev. Genet.* **45**: 145–166.

QUESTÕES

Para respostas de questões de número par, ver Apêndice 2: Respostas.

Questão 1. Defina expressão gênica diferencial.

Questão 2. Explique a importância de células-tronco pluripotentes induzidas (iPS) que atuam de forma semelhante a células da massa interna de células (ICM).

Questão 3. Descreva as três estratégias para o estabelecimento de expressão gênica diferencial durante o desenvolvimento.

Questão 4. Resuma as etapas gerais da expressão gênica diferencial induzida por morfógenos dependentes de concentração.

Questão 5. Qual estratégia para expressão gênica diferencial é utilizada pelas células de *Saccharomyces cerevisiae* na regulação da troca de tipo acasalante? Cite o mRNA ou proteína relevante usado na estratégia.

Questão 6. Qual estratégia para expressão gênica diferencial é utilizada pelas células de *Bacillus subtilis* quando o pré-esporo influencia a expressão gênica na célula-mãe? Cite o mRNA ou proteína relevante usado na estratégia.

Questão 7. A proteína Dorsal controla a padronização dorsoventral do embrião inicial de *Drosophila melanogaster*. Explique como o número e tipo de sítios de ligação a Dorsal nos DNAs reguladores 5' estão relacionados aos limiares de expressão gênica.

Questão 8. Descreva um experimento que mostrou que a 3'-UTR dos mRNAs de *bicoide* e *oskar* é necessária para a localização adequada no oócito de *Drosophila*.

Questão 9. Explique como Bicoide e Nanos estabelecem um gradiente da proteína Hunchback no embrião para garantir a divisão adequada do embrião em segmentos.

Questão 10. Considere as faixas 1 a 7 de *eve*. Sugira um ensaio-repórter para testar se o reforçador para a faixa 2 na região reguladora 5' do gene *eve* é necessário e suficiente para a expressão adequada da faixa 2.

Questão 11. Revise a Figura 21-20 para a expressão selvagem das faixas *eve*. Se o reforçador para as faixas 3 e 7 de *eve* na região reguladora 5' do gene *eve* for deletado, qual será o padrão de faixas *eve* no embrião?

Questão 12. Revise a Figura 21-21. Por que a concentração de Bicoide e Giant apresenta queda acentuada em vez de gradual da posição anterior para a posterior ao longo do embrião?

Questão 13. Explique como patas de *Drosophila* podem ser expressas em vez de antenas.

Questão 14. Por que muitas das proteínas sinalizadoras são consideradas como importantes genes do "*kit* de ferramentas"?

Questão 15. O mRNA de *bicoide* é maternalmente derivado e localizado na parte anterior dos embriões iniciais de *Drosophila*. A proteína Bicoide é um ativador transcricional do gene *hunchback*, dependente de concentração.

A seguir, estão representados embriões nos quais um repórter é expresso sob o controle do promotor do *hunchback* selvagem. As regiões escurecidas indicam a expressão do repórter. Use estes padrões para responder às questões seguintes.

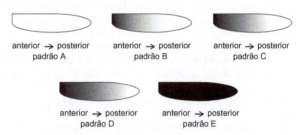

A. Qual padrão de expressão você esperaria em embriões de uma mãe que não expressa o mRNA de *bicoide*? Explique.

B. As moscas *Drosophila* são organismos diploides. Isso resulta em um padrão de expressão de repórter que se assemelha mais ao padrão C. Você esperaria que este padrão mudasse se a mãe tivesse apenas uma cópia do gene *bicoide*? Se não, explique por que não. Se sim, explique e selecione o padrão de expressão mais provável dentre os apresentados acima.

C. O promotor de *hunchback* possui sítios de ligação de alta e baixa afinidades para a proteína Bicoide. Qual padrão de expressão você esperaria se o promotor de *hunchback* fosse mutado de maneira a conter apenas os sítios de baixa afinidade para a proteína Bicoide e a mãe tivesse duas cópias do gene *bicoide*? Explique sua escolha.

CAPÍTULO 22

Biologia de Sistemas

Os avanços tecnológicos transformaram a natureza da biologia molecular. Hoje, é possível identificar cada componente – cada gene e proteína – envolvido em um processo celular complexo como a diferenciação de uma célula-tronco em músculo cardíaco. Antes do advento das tecnologias de sequenciamento de DNA em larga escala e métodos de proteômica, os biólogos moleculares buscavam obter princípios gerais a partir da dissecação sistemática de apenas um subconjunto dos componentes totais – os considerados agentes reguladores limitantes cruciais do processo em estudo. A capacidade para identificar e caracterizar cada componente de um processo fornece a oportunidade para uma nova linha de pesquisa: quais são os princípios de *design* subjacentes? Neste capítulo, será discutida a disciplina emergente da biologia de sistemas, que surgiu da união entre a biologia molecular experimental tradicional e a análise computacional.

A biologia molecular deve seu sucesso à abordagem de sistemas relativamente simples, permitindo investigar os mecanismos subjacentes em detalhes. Esta abordagem tradicional começou a dar espaço, no entanto, a estratégias mais ambiciosas e holísticas, nas quais níveis maiores e mais complexos de organização biológica são examinados por uma combinação de medidas quantitativas e de alto rendimento, modelagem, reconstrução e teoria. Esta linha de investigação interdisciplinar veio para definir o campo emergente da biologia de sistemas. A biologia de sistemas baseia-se em matemática, engenharia, física e ciência da computação, bem como biologia molecular e biologia celular. O objetivo é descrever as propriedades emergentes da rede de interações que controlam as funções dos organismos vivos, fazendo isso de maneira quantitativa e preditiva. Esta abordagem pode ser aplicada a sistemas biológicos operando em vários níveis, como transferência de informação, transdução de sinal, divisão celular e dinâmica de citoesqueleto. Aqui, como é apropriado para um texto sobre biologia molecular do gene, o foco é a biologia de sistemas dos circuitos reguladores gênicos. Espera-se que esta abordagem revele princípios de controle gênico que não podem ser compreendidos a partir do estudo de componentes individuais de maneira isolada.

A biologia de sistemas está intimamente ligada a outro campo, a **biologia sintética**. Como a biologia de sistemas, a biologia sintética busca elucidar princípios de *design* dos circuitos biológicos. Entretanto, a biologia sintética tenta fazê-lo pela criação de redes artificiais que mimetizam as características das rotas naturais de controle gênico. Esta abordagem permite testar os modelos de como os sistemas reguladores funcionam. Devido à sua relativa simplicidade, tais redes artificiais podem ser analisadas de maneira mais quantitativa do que os circuitos reguladores geralmente mais complexos encontrados em sistemas naturais.

SUMÁRIO

Circuitos Reguladores, 776

•

Autorregulação, 776

•

Biestabilidade, 780

•

Circuitos de *Feed-forward*, 784

•

Circuitos Oscilantes, 786

A biologia de sistemas é de alto interesse não apenas em relação ao que revela sobre a lógica do controle gênico, mas também no contexto da evolução. A principal força motriz na evolução de organismos mais complexos está, como foi visto no Capítulo 19, nas alterações das redes que controlam a expressão gênica, e não nos genes propriamente ditos. Por exemplo, os animais possuem um conjunto de genes semelhante, mas expressam estes genes em diferentes locais e em momentos diferentes (às vezes, muito diferentes). Em outras palavras, as redes reguladoras são relativamente plásticas na evolução, enquanto os genes que elas controlam são relativamente estáticos.

Aqui, será apresentada uma breve introdução à biologia de sistemas e à biologia sintética com ênfase particular em circuitos de controle gênico naturais e reconstruídos. A atenção é voltada aos princípios do *design* dos circuitos genéticos e em uma compreensão intuitiva do comportamento de diagramas de conexão alternativos para o controle gênico, mas não à matemática detalhada subjacente a uma grande parte deste campo. A biologia de sistemas é um novo campo, mas, como será visto, alguns de seus princípios derivam de estudos clássicos de controle gênico, sobretudo os apresentados no Capítulo 18. Neste capítulo, entretanto, será introduzida a linguagem formalizada que ajuda a estender estes simples exemplos a uma gama de sistemas reguladores biologicamente diversos.

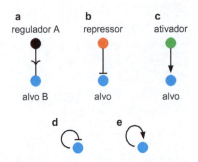

FIGURA 22-1 Redes simples formadas por nós e bordas. (a) Comutador simples. Duas versões do comutador são apresentadas com sinais negativo (b) e positivo (c). (d) Autorregulação negativa; (e) autorregulação positiva.

CIRCUITOS REGULADORES

Circuitos reguladores podem ser descritos como redes simples que consistem em **nós** e **bordas**. Os nós são os genes e estão representados por pontos; as bordas representam a regulação de um gene pelo produto de outro e estão representadas por linhas (Fig. 22-1a). As bordas podem demonstrar direcionalidade para indicar se A regula B ou vice-versa. As bordas também podem ter sinais para indicar se a regulação é negativa ou positiva. Assim, uma linha terminando com um "⊥", estendendo-se do gene A ao gene B, indica que o produto do gene A é um regulador negativo do gene B (Fig. 22-1b). Inversamente, uma linha com uma seta estendendo-se do gene A para o gene B indica que o produto do gene A atua positivamente sobre a expressão do gene B (Fig. 22-1c).

Inicia-se com um comutador simples de dois nós no qual o produto do gene A controla a expressão do gene B (Fig. 22-1a). Assim, em resposta a um sinal, a proteína reguladora codificada pelo gene A desencadeia a expressão do gene B. A proteína reguladora pode ser um repressor; neste caso, a transcrição é desencadeada pela presença de um indutor, que inativa o repressor (Fig. 22-1b). Alternativamente, o regulador pode ser um ativador cuja habilidade de desencadear a transcrição ocorre em resposta a uma molécula sinalizadora (Fig. 22-1c).

O óperon da lactose (descrito no Cap. 18, Fig. 18-6) é controlado por duas proteínas reguladoras e fornece exemplos entrelaçados de ambos os tipos de regulação: a transcrição é desencadeada pela presença de um indutor, que inativa o repressor Lac, e por um aumento na concentração de cAMP, que promove a ligação do ativador CAP (do inglês, *catabolite activator protein* [proteína ativadora de catabólito]) ao DNA. Assim, o óperon da lactose não é um comutador simples: sua expressão requer a ausência de repressor e a presença de CAP ligado a seu ligante, cAMP. Esta é a lógica de uma "porta AND" (do inglês, em que AND é a conjunção coordenativa aditiva "e"), termo da engenharia elétrica que indica que duas condições de entrada devem ser cumpridas para que haja uma saída. Aqui, as condições são liberação da repressão e ativação positiva. As portas AND estão representadas pelo símbolo mostrado na Figura 22-2.

AUTORREGULAÇÃO

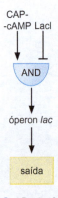

FIGURA 22-2 Porta AND. O óperon da lactose está sujeito à lógica de uma porta AND na qual a saída (transcrição do óperon) requer a presença de CAP-cAMP e (*AND*) a ausência do repressor LacI.

Geralmente, genes reguladores controlam sua própria transcrição, bem como a transcrição de outros genes-alvo. Este controle é conhecido como **autorre-**

gulação, e seu sinal pode ser negativo ou positivo, cada um deles com suas próprias características peculiares (Fig. 22-1d,e).

A autorregulação negativa abafa o ruído e permite um rápido tempo de resposta

Primeiramente, será abordada a autorregulação negativa; neste caso, o gene de um repressor é negativamente controlado por seu próprio produto. Um exemplo clássico de autorregulação negativa é o gene *cI* do bacteriófago λ, discutido no Capítulo 18. (Lembre-se de que *cI* também é um exemplo de autorregulação positiva, como será discutido adiante.) Assim, a ligação do repressor CI ao sítio operador O_{R3} bloqueia a transcrição de seu próprio gene (Cap. 18, Fig. 18-27).

Qual é o significado biológico da autorregulação negativa, e por que ela foi repetidamente selecionada durante a evolução? Uma explicação foi apresentada no Capítulo 18: a autorregulação negativa é um mecanismo de homeostase que garante que o nível da proteína reguladora seja mantido em nível constante. Assim, se o nível de CI cair o suficiente para aliviar a repressão de *cI* e outros genes-alvo, o consequente aumento de transcrição aumentaria a concentração celular de repressor e restabeleceria a repressão. Inversamente, se a expressão do gene for superior e gerar mais repressor do que o necessário, a autorregulação negativa irá garantir que o gene seja mantido silenciado até que o nível de repressor seja diluído durante o crescimento e divisão celulares, ou por degradação proteolítica, ou por ambos.

A autorregulação negativa apresenta outro benefício, talvez menos óbvio: rápido tempo de resposta. Considere os imperativos opostos de produzir repressor o mais rápido possível, mas não de maneira a produzir repressor em excesso. O uso de um promotor forte garantiria a rápida produção, mas, em estado de repouso, levaria à sobreacumulação; por outro lado, o uso de um promotor comparativamente fraco poderia atingir o nível adequado de repressor, mas levaria mais tempo para fazê-lo. A autorregulação negativa permite o melhor dos dois mundos: um promotor relativamente forte pode ser usado para dirigir a rápida acumulação da proteína reguladora, enquanto a autoinibição da transcrição desliga o excesso de acumulação quando o nível adequado de repressor é atingido. Tanto modelos matemáticos quanto experimentos confirmaram que a autorregulação negativa permite uma resposta mais rápida para o mesmo nível de acúmulo de proteína do que a regulação simples (Fig. 22-3).

A expressão gênica está sujeita a muito ruído

O conceito de *ruído* na expressão gênica está implícito na discussão sobre o papel da autorregulação negativa na homeostase. Até pouco tempo, assumia-se que o nível de expressão de um gene em uma população homogênea de células era relativamente constante de célula para célula. Hoje, no entanto,

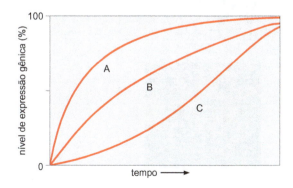

FIGURA 22-3 Cinética em resposta a um indutor. Um comutador simples (B), um comutador autorregulador negativo (A) e um comutador autorregulador positivo (C) respondem com diferentes cinéticas a um sinal indutor.

é reconhecido que os níveis de expressão gênica variam substancialmente entre os indivíduos de uma população e, inclusive, entre duas cópias do mesmo gene na mesma célula. Define-se, portanto, **ruído** como a variação na expressão gênica sob condições aparentemente uniformes. A existência de ruído indica que a estocasticidade influencia o nível de expressão de genes individuais. **Estocasticidade** indica que um processo é caracterizado, até certo ponto, por aleatoriedade. Como será visto mais tarde, alguns motivos reguladores são projetados para lidar com o ruído, e outros motivos são projetados para explorá-lo.

O ruído na expressão gênica vem de duas fontes: intrínseca e extrínseca; ambas levam a diferenças na expressão gênica em uma população. O **ruído intrínseco** refere-se à variação no nível de expressão de genes individuais de uma célula e deve-se a eventos estocásticos na maquinaria de expressão gênica. Um experimento clássico que demonstra o ruído intrínseco usa células de *Escherichia coli* contendo duas cópias do mesmo gene. Uma cópia do gene é unida a um repórter que codifica uma proteína fluorescente vermelha e a outra, a um repórter que codifica uma proteína fluorescente verde. Se o ruído intrínseco estiver ausente, ambas as cópias do gene deverão produzir quantidades iguais de proteínas fluorescentes vermelha e verde e, assim, as células deverão ser amarelas. Em vez disso, o que se observa é que muitas células são nitidamente vermelhas e outras, nitidamente verdes (Fig. 22-4a). Assim, o nível de expressão de cada gene não é idêntico em nenhuma célula. Ou seja, em algumas células, uma cópia do gene (p. ex., a cópia marcada com a proteína fluorescente verde) é mais ativamente expressa que a outra cópia (a cópia marcada com a proteína fluorescente vermelha); em outras células, acontece o contrário.

O **ruído extrínseco** refere-se a diferenças na expressão gênica entre células em uma população aparentemente homogênea ou a alterações na expressão gênica na mesma célula, ao longo do tempo. Este ruído é provavelmente causado por micro-heterogeneidade no ambiente da célula individual ou por flutuações na capacidade de as células realizarem a transcrição ou a

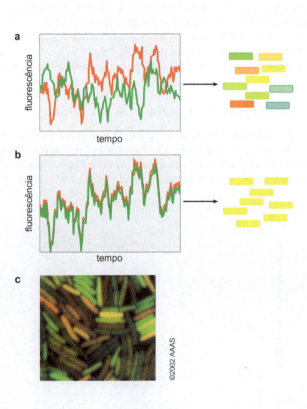

FIGURA 22-4 Ruídos intrínseco versus extrínseco. Células de *E. coli* contendo duas cópias do mesmo gene – em um caso, fusionado a um repórter gerando uma proteína fluorescente vermelha e no outro, um repórter gerando uma proteína fluorescente verde. (a) Resultados previstos se ambos os genes variassem em expressão ao longo do tempo e entre indivíduos dentro da mesma célula (ruído intrínseco). (b) Resultados previstos se o nível de expressão de ambos os genes variasse em sincronia ao longo do tempo devido ao ruído extrínseco. (c) Micrografia fluorescente documentando o ruído intrínseco a partir da observação de que, além das células amarelas, algumas células são vermelhas e outras são verdes. (Reproduzida, com permissão, de Elowitz M.B. et al. 2002. *Science* **297**: 1184--1186. © AAAS.)

síntese proteica ao longo do tempo. Um exemplo de ruído extrínseco está ilustrado na Figura 22-4b, na qual se observa que o nível de expressão de ambos os genes varia ao longo do tempo. Neste caso, o nível de expressão de ambos os genes em uma célula individual varia em uníssono, aumentando por um período e, então, diminuindo. Isso significa que a capacidade geral de as células individuais suportarem a expressão de alguns ou de todos os genes flutua com o tempo. Na micrografia de fluorescência mostrada na Figura 22-4c, observa-se que algumas células são amarelas (indicando que expressam os genes-repórteres vermelho e verde), enquanto outras são vermelhas (indicando que expressam apenas o gene-repórter vermelho) ou verdes (indicando que expressam apenas o gene-repórter verde), como resultado do ruído intrínseco.

Voltando para a autorregulação negativa, vê-se que este motivo regulador ajuda as células a lidarem com o ruído ao permitir que elas compensem variações no nível de expressão do gene autorregulado. O circuito autorregulador negativo que controla a síntese de CI do bacteriófago λ é, portanto, chamado de "robusto". **Robustez** indica que a saída de um circuito regulador é insensível a um determinado parâmetro. Assim, a habilidade de o circuito autorregulador de CI atingir um nível basal de repressor é robusta em relação ao ruído na expressão do gene cI. Como será visto adiante, outros motivos reguladores também ajudam as células a superarem o desafio de lidar com diferentes fontes de estocasticidade, como as flutuações em sinais que desencadeiam a expressão gênica.

A estocasticidade não é uma peculiaridade de *E. coli*. De fato, é provável que ela seja bastante difundida entre os organismos vivos. Por exemplo, o padrão da pelagem de um gato clonado por transferência de um núcleo somático para uma célula-tronco embrionária não é idêntica à do gato a partir do qual seu genoma foi derivado. Como o clone e o gato do qual ele foi derivado são geneticamente idênticos, esperaria-se que os gatos tivessem pelagens de padrão idêntico. O fato de isso não ocorrer sugere que a cascata de eventos genéticos que controla o padrão da pelagem não está completamente gravada e deve envolver processos estocásticos. Como segundo exemplo, as impressões digitais de gêmeos idênticos não são idênticas.

A autorregulação positiva retarda a expressão gênica

A autorregulação positiva ocorre quando uma proteína ativadora estimula a transcrição de seu próprio gene (Fig. 22-1e). Novamente, o gene cI do bacteriófago λ fornece um exemplo clássico, porém, complexo: sob baixas concentrações celulares, o repressor CI ocupa preferencialmente os operadores O_{R2} ou O_{R1} que estão a montante do promotor (P_{RM}) que dirige a transcrição de cI (Cap. 18, Fig. 18-26). A proteína CI ligada a O_{R2} contacta a RNA-polimerase para estimular a transcrição, promovendo mais síntese de CI. Obviamente, e como já foi visto, quando CI atinge altos níveis, ela também ocupa O_{R3} para reprimir a transcrição. Portanto, o gene cI está sujeito a ambos os tipos de autorregulação, positiva e negativa.

Agora, será abordado o caso de um gene de uma proteína ativadora que está sujeito apenas à autorregulação positiva (ver Fig. 22-1e). O acúmulo do produto gênico em estado de repouso ocorre quando a taxa de síntese da proteína está em equilíbrio com a perda da proteína por degradação (se ela for instável) ou por diluição por meio de crescimento e divisão da célula. Assim, "**estado de repouso**" refere-se a uma condição na qual o nível do produto gênico apresenta variação não significativa ao longo do tempo. O ponto importante é que o tempo necessário para alcançar o estado de repouso depois que um gene é ativado é mais longo para o caso da autorregulação positiva do que para o caso da autorregulação negativa, ou para a ausência total de retroalimentação (Fig. 22-3). Ou, para ser mais exato, o tempo em que a metade do acúmulo máximo ocorre é mais longo para a autorregulação positiva do que para os comutadores reguladores alternativos. Isso ocorre porque a taxa de produção, que aumenta ao longo do tempo, depende primeiramente do acúmulo do ativador.

A autorregulação positiva pode ser útil em processos biológicos que se desenrolam lentamente, como o desenvolvimento, que podem beneficiar-se do acúmulo lento de proteínas envolvidas na morfogênese. Por exemplo, no processo de desenvolvimento antigo (ou primordial) da esporulação na bactéria *Bacillus subtilis* (a qual será retomada mais tarde), as principais proteínas reguladoras que controlam os eventos tardios na formação do esporo (os fatores σ alternativos da RNA-polimerase, σ^G e σ^K) estimulam a transcrição de seus próprios genes estruturais, bem como dos genes para proteínas morfogenéticas. Assim, os fatores σ, bem como os produtos dos genes que eles controlam, acumulam-se lentamente porque a produção de σ^G e σ^K depende de sua própria síntese.

A autorregulação positiva possui um benefício adicional. Ela é a base para um tipo extremo de comutador regulador conhecido como "comutador biestável", como será explicado adiante.

BIESTABILIDADE

Todos os circuitos reguladores abordados até o momento são reversíveis no sentido de que, uma vez que o sinal que ativou (LIGOU) um gene (ou genes) é removido, o circuito volta ao estado desativado (DESLIGADO). Em alguns casos, no entanto, quando o gene é ativado (LIGADO), ele permanece bloqueado (LIGADO) por períodos de tempo relativamente longos. Isso é conhecido como **comutador biestável**.

Alguns circuitos reguladores persistem em estados estáveis alternativos

Um exemplo bem-estudado de comutador biestável é o circuito que controla se *B. subtilis* irá ou não tornar-se geneticamente competente. A **competência** é um estado especializado no qual a bactéria parou de crescer e adquiriu a capacidade para captar DNA nu e incorporar sequências homólogas em seu genoma por recombinação genética. O regulador-mestre da competência é a proteína de ligação ao DNA, ComK, um ativador de aproximadamente 100 genes, incluindo ele próprio (Fig. 22-5). O que torna o comutador estável é a cooperatividade na ligação de múltiplas moléculas de ComK à região promotora de *comK*. Como foi visto no Capítulo 18, Quadro 18-4, no caso do

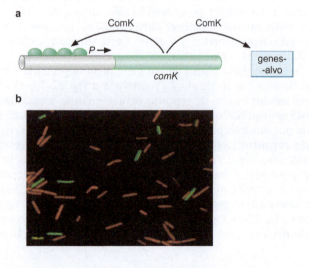

FIGURA 22-5 Biestabilidade. (a) A biestabilidade é controlada por um comutador autorregulador positivo no qual a proteína reguladora ComK estimula a transcrição a partir do próprio gene *comK*, bem como de genes-alvo. A cooperação entre moléculas de ComK ligadas ao promotor cria uma resposta não linear, que é hipersensível a pequenas alterações estocásticas no nível de ComK. O comutador está posicionado no limite entre os estados LIGADO e DESLIGADO. (b) Um exemplo clássico de biestabilidade no qual uma população de células de *B. subtilis* (vermelho) está ativada (LIGADA) (verde) ou desativada (DESLIGADA) para a expressão de um gene-repórter sob o controle de um promotor ativado pelo regulador de competência ComK. O repórter codifica uma proteína verde fluorescente. (b, Reproduzida, com permissão, de Dubnau D. e Losick R. 2006. *Mol. Microbiol.* **61**: 564-572. © Blackwell Science.)

repressor de λ (que é ele próprio responsável por um exemplo clássico de biestabilidade que será retomado adiante), a cooperatividade deste tipo confere não linearidade à saída do comutador, como uma função da concentração do ativador. Em outras palavras, a saída é altamente sensível a alterações no nível de ComK (o oposto da robustez).

O potencial celular para ativar *comK* é controlado por uma via reguladora que opera em nível de estabilidade proteolítica da proteína ComK. Ainda assim, a decisão final de ativar *comK* é estocástica. Isto é, sob condições nas quais ComK não está sujeita à degradação, apenas algumas das células da população tornam-se competentes. Isso pode ser observado claramente usando células que abrigam um repórter fluorescente (o gene para a proteína fluorescente verde) para a atividade gênica dirigida por ComK. A Figura 22-5 mostra que as células bifurcam em uma subpopulação na qual *comK* está ativo (LIGADO) e uma subpopulação na qual ele está inativo (DESLIGADO). Isso ocorre porque o circuito de retroalimentação positiva está posicionado no limiar entre ter ComK insuficiente para ativar *comK* e o suficiente apenas (uma quantidade-limiar) para desencadear o circuito autorregulador positivo necessário para ativar genes controlados por ComK (ver Quadro 22-1, Biestabilidade e histerese). Assim, o ruído na expressão do gene de *comK* resultando em pequenas variações nos níveis de ComK entre as células permite que o ativador alcance uma concentração-limiar em algumas células e não em outras. Este exemplo de autorregulação positiva ilustra como o ruído na expressão gênica pode ser explorado para dirigir as células a estados alternativos.

A autorregulação positiva não é apenas a base da biestabilidade. Um comutador que é estável em dois estados alternativos também é alcançado pelo uso de repressores mutuamente reprimidos, ou seja, dois repressores que controlam negativamente a transcrição um do outro. Como mencionado anteriormente, o bacteriófago λ fornece um exemplo clássico de comutador biestável, mas este é baseado em um circuito regulador duplo-negativo ao invés de autorregulação positiva; as ações mutuamente antagonistas dos repressores CI e Cro juntamente com a cooperatividade travam os estados alternativos lisogênico e lítico do vírus (Cap. 18). Voltando à linguagem da biologia de sistemas, seria possível dizer que o bacteriófago λ possui um comutador de dois nós conectado em ambas as direções por bordas negativas.

Embora numerosos exemplos de comutadores biestáveis sejam encontrados em bactérias, a biestabilidade não está, de maneira alguma, limitada aos micróbios. Assim, por exemplo, durante a embriogênese, o nematódeo *Caenorhabditis elegans* produz neurônios gustativos bilateralmente simétricos chamados "ASE esquerdo" e "ASE direito" que expressam genes para receptores gustativos alternativos. Um circuito de retroalimentação duplo-negativo que pode ser mantido de maneira estável em um ou outro estado dita se uma célula precursora comum irá expressar um ou outro conjunto de receptores. Neste caso, o comutador não é lançado estocasticamente. Em vez disso, sinais a montante ditam em que direção o comutador será lançado, enquanto o circuito de retroalimentação duplo-negativo subsequentemente trava o comutador em seu estado predeterminado.

Comutadores bimodais variam em sua persistência

Como se viu, comutadores biestáveis são bimodais porque podem persistir por extensos períodos de tempo em estados estáveis alternativos. No caso da competência genética e do comutador genético do fago λ, a base para a biestabilidade são circuitos reguladores autorreforçadores acoplados à ligação cooperativa de proteínas reguladoras ao DNA. Alguns circuitos reguladores que apresentam bimodalidade são ditos excitáveis porque não persistem em estados estáveis alternativos. Como os sistemas biestáveis, os sistemas excitáveis envolvem um circuito autorreforçador que causa grande resposta estereotipada a uma pequena perturbação. Em sistemas

EXPERIMENTOS-CHAVE

Quadro 22-1 Biestabilidade e histerese

Um experimento mostrando que a autorregulação positiva é a base para a biestabilidade do comutador *comK* é baseado no uso de uma cópia modificada de *comK* que foi posta sob o controle de um promotor cuja atividade pode ser modulada para cima ou para baixo em resposta a um indutor (Fig. 1a deste quadro). Em células que possuem apenas o gene modificado, não se observa biestabilidade, e o nível de expressão gênica dirigida por ComK aumenta de maneira mais ou menos uniforme em resposta a níveis crescentes de indutor, mostrando distribuição unimodal de níveis de expressão entre as células na população em qualquer concentração de indutor (Fig. 1b deste quadro). Entretanto, nas células que possuem o gene modificado e o gene autorregulado normal, concentrações crescentes de indutor fazem as células bifurcarem em uma subpopulação mostrando baixo nível de atividade de ComK e em uma subpopulação mostrando alto nível de atividade de ComK (Fig. 1c deste quadro). Em outras palavras, a produção de ComK a partir do gene modificado "prepara a bomba" para o gene autorregulado, provocando a ligação do comutador em mais e mais células à medida que o nível de ComK aumenta.

Em sentido estrito, o uso do termo "biestabilidade" requer que um comutador apresente uma propriedade chamada **histerese**. Histerese é um tipo de memória que implica que um comutador que tiver sido ligado sob um determinado conjunto de condições não seja imediatamente desligado quando estas condições forem removidas ou revertidas. Considere, por exemplo, as propriedades histeréticas do material ferromagnético. Quando exposto a um campo magnético, o material torna-se magnetizado e, é importante notar, permanece assim mesmo quando o campo magnético externo é removido. Agora vamos voltar ao exemplo de células que possuem ComK e uma cópia modificada de ComK que responde a um indutor. Como foi visto, adicionar mais e mais indutor faz o nível de ComK aumentar até exceder o limiar, causando a ligação do comutador autorregulador. Agora considere o que acontece quando é diminuído o nível de indutor de maneira que menos e menos ComK seja produzido a partir da cópia do gene modificado. Observa-se que, à medida que o nível de indutor é reduzido, ComK permanece ligado mesmo sob concentrações de indutor que eram insuficientes para ligar o comutador quando a quantidade do indutor estava aumentando. Em outras palavras, ComK lembra que está no estado ligado mesmo quando as condições originais que o ligaram são revertidas.

O comutador que controla a decisão entre os modos de propagação lisogênico e lítico do bacteriófago λ também é histerético. Quando o prófago é induzido em resposta a uma breve exposição das células lisogênicas a um agente de dano ao DNA, o fago entra irreversivelmente no modo de crescimento lítico. Ou seja, o fago não reinicia o estado lisogênico (volta a produzir repressor CI) mesmo depois que o fator indutor (o agente de dano ao DNA) é removido. Como exemplo contrário, quando o óperon da lactose é ligado pela presença de lactose, o óperon retorna a seu estado desligado quando o indutor é removido do meio.

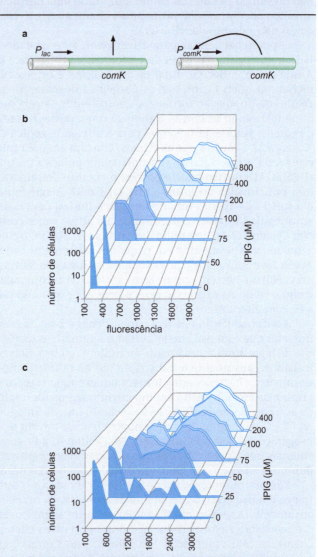

QUADRO 22-1 FIGURA 1 **Biestabilidade do comutador de *comK*.** (a) O experimento mostra que a autorregulação positiva causa biestabilidade. O painel mostra um gene de *comK* modificado no qual o promotor de *comK* é substituído por um promotor que responde ao indutor IPTG (o do óperon *lac*). (b) Uma resposta gradual ocorre quando *comK* está sob o controle de um promotor induzível por IPTG em células que possuem apenas o gene *comK* modificado. (c) Uma distribuição bimodal é vista quando a autorregulação positiva é mantida intacta e o sistema é preparado com uma cópia induzível por lactose de *comK*. Observa-se que as células em a e b abrigavam uma fusão do gene da proteína verde fluorescente e um promotor sob o controle de ComK. (b,c, reproduzidas, com permissão, de Maamar H. e Dubnau D. 2005. *Mol. Microbiol.* **56**: 615-624, Fig. 4E, J. © Blackwell Science.)

excitáveis, entretanto, a mudança para um estado alternativo é transiente e facilmente reversível.

Um exemplo clássico de um sistema excitável em biologia é o potencial de ação de um neurônio. Os neurônios apresentam um potencial de repouso (em geral, –70 mV) no qual a concentração de cátions é levemente maior fora do que dentro da célula, resultando em uma carga negativa líquida no citoplasma. Se o potencial de repouso aumentar acima de um limiar (–55 mV), os canais de proteína da membrana, conhecidos como canais iônicos dependentes de voltagem, abrem-se, permitindo que íons sódio fluam para dentro da célula. Este fluxo de entrada de íons positivos faz o potencial de membrana aumentar ainda mais, desencadeando canais adicionais que não haviam sido abertos para permitir a entrada de íons sódio na célula. Por fim, esta cascata de abertura de canais culmina em um pico de voltagem positiva (+40 mV) dentro da célula. A alta voltagem, por sua vez, causa o fechamento dos canais de sódio. Os íons sódio em excesso são então bombeados para fora do neurônio, e a membrana retorna a seu estado de repouso original. Assim, uma pequena perturbação no potencial de membrana desencadeia uma grande resposta programada, porém, uma resposta que desencadeia a sua própria reversão rápida ao estado de repouso original.

Da mesma maneira, podem ser considerados excitáveis os circuitos reguladores autorreforçadores que não conseguem manter estados alternativos por extensos períodos de tempo ou que desencadeiam uma cadeia de eventos que causa a reversão do circuito. Assim sendo, o sistema de competência genética discutido anteriormente pode ser considerado excitável. A autorregulação positiva por ComK cria um comutador biestável que poderia manter ComK em altos níveis por um período de tempo prolongado. Entretanto, sobreposto à síntese autorreforçadora de ComK está um circuito de retroalimentação negativo que, por fim, leva à destruição proteolítica da proteína ativadora. Este circuito de retroalimentação negativo permite que células competentes saiam de seu estado competente de não crescimento e retornem a um estado vegetativo proliferativo. O comutador genético do fago λ, ao contrário, pode manter o estado lisogênico por muitas gerações e, portanto, é mais apropriadamente considerado biestável.

A competência é um evento de baixa probabilidade. Sob condições de indução de competência, apenas uma pequena proporção de células entra no estado de não crescimento no qual pode captar DNA. Um exemplo muito mais robusto de excitabilidade é apresentado pela mesma bactéria quando está crescendo ativamente. Sob condições de crescimento estável, as células de *B. subtilis* existem em estados alternativos: células individuais livres em suspensão e cadeias de células sésseis. É importante notar que os dois tipos de células mudam de um para outro estado de maneira estocástica com uma frequência de dezenas de gerações celulares. Por que *B. subtilis* produz uma população mista de dois tipos celulares muito diferentes? Uma hipótese é que a bactéria evoluiu para proteger suas apostas, sem saber por quanto tempo as condições favoráveis presentes poderão durar. As cadeias sésseis podem ser consideradas colonizadores que se aderem às superfícies e exploram um microambiente atualmente favorável, enquanto as formas livres são retirantes que buscam novos ambientes favoráveis.

Como as células mudam de um estado para outro? No centro desta mudança estão duas proteínas reguladoras chamadas SinR e SlrR (Fig. 22-6a). Assim como o comutador CI/Cro do fago λ, abordado no Capítulo 18, as proteínas SinR e SlrR fazem parte de um circuito duplo-negativo. Ao contrário do circuito do fago λ, entretanto, no qual ambas as proteínas reguladoras são repressoras dos genes uma da outra, SinR é um repressor do gene de SlrR, mas SlrR é um inibidor de SinR que prende o repressor em um complexo (o complexo SlrR-SinR) no qual ele não consegue reprimir o gene de SlrR. Assim, um braço do circuito duplo-negativo opera em nível de transcrição gênica e o outro braço, em nível de interação proteína-proteína. O comutador

FIGURA 22-6 Circuito excitável que controla a troca entre estados celulares alternativos. (a) Desenho do circuito duplo-negativo que controla motilidade e formação de cadeias. Para simplificar, SlrR e SinR foram abreviados como Slr e R, respectivamente. No estado de SlrR^{BAIXO}, SinR reprime o gene para SlrR (braço esquerdo do circuito), mantendo os níveis de SlrR baixos (sombreado). No estado de SlrR^{ALTO}, SlrR, que está com níveis altos (em negrito), sequestra SinR em um complexo, desreprimindo o gene para SlrR. (b) Canal microfluídico fechado na base e aberto no topo, como indicado pelo desenho à esquerda. À medida que as células crescem e se dividem, elas saem pelo canal no topo. O quimógrafo à direita mostra uma série de micrografias de *time-lapse* tiradas em intervalos de 5 minutos. Uma célula móvel (em verde) na parte inferior, à esquerda, troca para um estado de formação de cadeia (em vermelho), originando progênie que mantém este estado. Finalmente, uma célula que forma cadeias, na parte inferior, retorna ao estado móvel (em verde), originando progênie que mantém o estado de motilidade. (Painel b gentilmente cedido por T. Norman.)

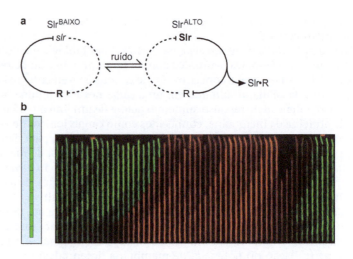

existe em dois estados autorreforçadores: um estado SlrR^{BAIXO}, no qual o gene para SlrR está reprimido por SinR, e um estado SlrR^{ALTO}, no qual o gene para SlrR está desreprimido e SinR é mantido inativo por SlrR. Células no estado SlrR^{BAIXO} expressam genes para motilidade e separação celular e são, portanto, formas livres em suspensão. Células no estado SlrR^{ALTO}, por outro lado, são reprimidas para genes de motilidade e separação celular, crescendo, portanto, como cadeias sésseis. Células no estado SlrR^{ALTO} também expressam genes para uma matriz extracelular que torna as cadeias passíveis de agregação.

Esta comutação pode ser visualizada em tempo real usando um dispositivo de microfluidos, no qual as células são incorporadas em canais longos, cada um deles da largura de uma bactéria. As células carregam um repórter fluorescente para um gene de motilidade (verde) e para um gene de matriz (vermelho) que é característico do estado de cadeias. O quimógrafo da Figura 22-6b mostra uma série de micrografias de *time-lapse* de um único canal tiradas em intervalos de 5 minutos. Uma célula móvel (verde) na base do canal deu origem à uma progênie que expressava genes de estado de cadeia (vermelho). Subsequentemente, uma célula no estado de cadeia próxima à base volta ao estado de célula que expressa genes de motilidade (verde). A coleta de dados a partir de grandes números de experimentos de *time-lapse* mostra que as células persistem por múltiplas gerações em cada estado e mudam de um para outro de maneira estocástica.

CIRCUITOS DE *FEED-FORWARD*

Uma contribuição importante do campo da biologia de sistemas é o achado de que dentre a miríade de tipos de circuitos reguladores simples que são teoricamente possíveis, apenas um pequeno número é comumente encontrado na natureza. Evidentemente, certos circuitos possuem propriedades benéficas que são favorecidas pela seleção natural.

Circuitos de *feed-forward* são redes com três nós que possuem propriedades benéficas

Um exemplo impressionante é fornecido por redes que consistem em três nós (Fig. 22-7a). Existem 13 maneiras possíveis de conectar três nós com bordas. Estas podem ser distinguidas umas das outras pela direção das bordas, se as bordas conectam dois ou todos os três nós, e se pares de nós são conectados por uma ou duas bordas. Curiosamente, um dos 13 padrões, conhecido como **circuito de *feed-forward*** (Fig. 22-7b), é altamente super-

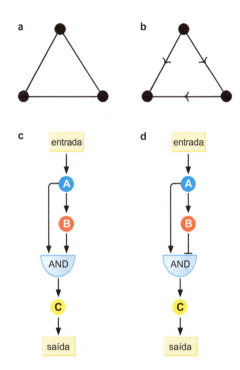

FIGURA 22-7 **Tipos de redes.** (a) Uma rede de "três nós" na qual cada nó é um gene, e os genes estão unidos uns aos outros por bordas. (b) Circuito de *feed-forward*, a rede de três nós mais comum encontrada na natureza. (c) Forma "coerente" de circuito de *feed-forward* na qual as bordas direta e indireta que levam ao gene-alvo possuem sinal positivo. (d) Forma "incoerente" do circuito na qual a borda direta possui um sinal positivo e a indireta, um sinal negativo.

-representado na natureza. Ele é referido como "motivo de rede" porque é um tema recorrente em circuitos genéticos. O motivo de rede *feed-forward* consiste em um fator de transcrição A que controla o gene para um segundo fator de transcrição B (Fig. 22-7b). Ambos os fatores de transcrição, por sua vez, controlam o terceiro gene no motivo C. Observa-se que a Figura 22-7b simplesmente transmite o *sentido* da regulação (p. ex., o nó A controla o nó B), e não o sinal.

Se sinais (controle positivo *vs.* negativo) forem atribuídos às bordas direcionais, então oito tipos de circuitos de *feed-forward* poderão ser distinguidos. Novamente, a seleção natural favoreceu dois que são encontrados mais frequentemente do que os outros. Em um dos motivos de circuito de *feed-forward* (conhecido como "motivo coerente"), as vias direta e indireta que levam ao gene-alvo, representando a saída, possuem o mesmo sinal (i.e., A e B são ativadores) (Fig. 22-7c). No outro motivo favorecido (conhecido como motivo incoerente), as duas vias possuem sinais diferentes, com o gene-alvo C sujeito ao controle positivo por A na via direta e controle negativo por B na via indireta (Fig. 22-7d). Em ambos os casos, a expressão do gene-alvo está sujeita à lógica de uma porta AND; isto é, a transcrição de C requer A "*AND*" B (A e B) na primeira e A "*AND NOT*" B (A, mas não B), na última.

Como ambos os motivos são favorecidos entre todos os outros circuitos de *feed-forward* e, de fato, dentre as possíveis redes de três nós, faz sentido esperar que eles tenham propriedades favoráveis que têm sido a base para sua seleção na evolução. Na verdade, a modelagem computacional e a experimentação revelaram que cada motivo possui características que os tornam úteis nos circuitos reguladores. Por exemplo, o circuito de *feed-forward* coerente possui a propriedade de requerer uma entrada sustentada para que o gene-alvo C seja transcrito (Fig. 22-7c). Em outras palavras, este tipo de circuito de *feed-forward* é um detector de persistência que responde apenas a um sinal que tem vida longa ou é persistente. Esta propriedade deriva do fato de que a ativação do gene-alvo depende do ativador primário A e do acúmulo suficiente do ativador secundário B. Assim, o sinal de entrada deve permanecer por tempo suficiente para que o ativador secundário B alcance a concentração-limiar necessária para ativar o gene-alvo C. Em outras palavras, ao impor um atraso na resposta a uma entrada, o circuito de *feed-forward* coerente ajuda a célula a distinguir entre um sinal sustentado verdadeiro e uma flutuação estocástica (ruído) na intensidade do sinal.

O motivo de *feed-forward* incoerente possui a sua própria característica benéfica (Fig. 22-7d). Ele é um gerador de pulso que provoca a ligação da expressão gênica e, então, seu desligamento. Assim, o ativador A liga o gene-alvo C, mas ao longo do tempo o acúmulo do repressor B causa o desligamento do gene-alvo. Desta maneira, o circuito de *feed-forward* incoerente é útil quando a expressão gênica é necessária apenas por um breve período de tempo.

Circuitos de *feed-forward* são utilizados no desenvolvimento

Estes *insights* revelam princípios de *design* simplificadores em vias complexas de controle gênico. Em alguns casos, uma combinação de circuitos coerentes e incoerentes é usada para produzir padrões elaborados de atividade gênica. Um exemplo drástico disso vem do processo de esporulação citado anteriormente, cujo circuito regulador é uma série conectada de circuitos de *feed-forward* coerentes e incoerentes (Fig. 22-8). Os circuitos coerentes garantem que a entrada para o circuito seja persistente e, portanto, que o desenvolvimento não seja desencadeado no momento ou local errados. Da mesma maneira, os circuitos incoerentes são usados para gerar pulsos sucessivos de expressão gênica ao longo do curso da morfogênese.

Outro exemplo é visto nos mecanismos que controlam a padronização dorsoventral no embrião de *Drosophila*. Como discutido no Capítulo 21, este processo é iniciado pela proteína reguladora materna Dorsal, que se encontra distribuída em um amplo gradiente. Um alvo direto da Dorsal é o gene *twist*, que é ativado entre níveis intermediários e altos da proteína reguladora. Twist também é uma proteína reguladora, e atua em conjunto com Dorsal para ativar uma ampla variedade de genes-alvo, como *snail*. Este motivo regulador é, portanto, um claro exemplo de um circuito de *feed-forward* coerente. Além disso, porém, *snail* codifica um repressor transcricional, e vários genes-alvo de Dorsal e Twist também são reprimidos por Snail. Portanto, esses genes-alvo são regulados por um circuito de *feed-forward* incoerente. Assim, a rede de *dorsal*, *twist*, *snail* e genes a jusante consiste, como no caso da esporulação bacteriana, em circuitos de *feed-forward* coerentes e incoerentes ligados. No caso da embriogênese de *Drosophila*, os circuitos de *feed-forward* são usados para controlar a padronização dorsoventral. Assim, no mesoderma, onde os níveis de Dorsal (e de Twist) e, portanto, de Snail, são altos, alvos da repressão mediada por Snail estão DESLIGADOS, enquanto no ectoderma neurogênico, onde os níveis de Dorsal e, portanto, de Snail, são baixos, estes genes estão LIGADOS.

CIRCUITOS OSCILANTES

Em geral, pensa-se em regulação em termos de genes LIGADOS ou DESLIGADOS ou de ajuste de seus níveis de expressão. Entretanto, outro tipo de controle gênico de grande importância na biologia é a oscilação na qual a expressão de grandes números de genes é periodicamente ativada e, então, desativada em intervalos regulares ao longo do tempo. A elucidação do circuito que controla este comportamento oscilatório, e fazê-lo de maneira quantitativa, é um dos principais desafios da biologia de sistemas.

Alguns circuitos geram padrões oscilantes de expressão gênica

Um exemplo relativamente simples de circuito regulador oscilante é o ciclo celular da bactéria *Caulobacter crescentus* (Fig. 22-9). Aqui, os reguladores-mes-

CAPÍTULO 22 Biologia de Sistemas 787

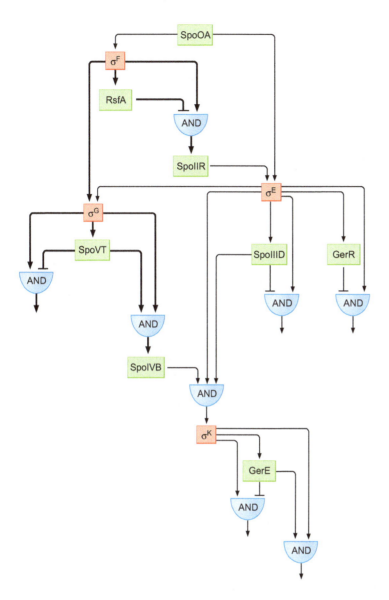

FIGURA 22-8 **Os circuitos que controlam a formação de esporos são uma série de circuitos de *feed-forward* conectados.** Os nomes referem-se a proteínas reguladoras ou sinalizadoras. Para simplificar, não está representado que os fatores σ^G e σ^K estão sujeitos à autorregulação positiva. (Redesenhada, com permissão, de Wang S.T. et al. 2006. *J. Mol. Biol.* **358**: 16-37, Fig. 5. © Elsevier.)

tres CtrA e GcrA aumentam e diminuem em abundância fora de fase um com o outro de maneira periódica. Sua presença alternada dirige a expressão gênica em um padrão oscilatório ao longo do curso do ciclo celular.

Um exemplo bem-conhecido de comportamento oscilatório é o relógio que dirige a expressão periódica de grandes números de genes em diferentes períodos durante o ciclo de dia e noite. Em moscas e mamíferos, este ritmo circadiano é controlado em parte por um circuito de retroalimentação negativo envolvendo as proteínas ativadoras Clock e Cycle e o autorrepressor Per (Period). As proteínas Clock e Cycle ligam-se à região reguladora do gene *per*, e estimulam sua transcrição. Quando a proteína Per se acumula em nível crítico, ela consegue contrapor-se à ação de Clock e Cycle e desligar sua própria síntese. Quando *per* é desativado desta maneira, a proteína Per, que é proteoliticamente instável, é depletada da célula. Isso leva a um nível sublimiar do autorrepressor, que é insuficiente para bloquear a ativação por Clock e Cycle. O gene *per* é, portanto, reativado. Este ciclo de ativação/desativação da expressão de *per* ajuda a definir o ciclo de 24 horas da atividade gênica. Ele é criticamente dependente do tempo de síntese e degradação da proteína Per. Mudanças na estabilidade da proteína Per podem alterar a

FIGURA 22-9 Os reguladores CtrA e GcrA aumentam e diminuem em abundância fora de fase um com o outro durante o ciclo celular de *Caulobacter*. (Adaptada, com permissão, de Holtzendorff J. et al. 2004. *Science* **304**: 983-987, Fig. 3B,C. © AAAS.)

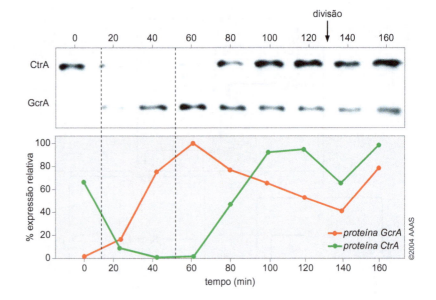

frequência das oscilações para produzir ciclos de ativação/desativação aberrantes a cada 22 ou 26 horas, no lugar do ciclo normal de 24 horas. Ainda assim, como o relógio circadiano mantém seu ciclo de 24 horas e faz isso de maneira robusta não é totalmente compreendido e, sem dúvida, envolve mecanismos adicionais a serem elucidados.

Curiosamente, a autorregulação negativa também parece estar envolvida em outro exemplo não relacionado de expressão gênica periódica: a formação dos somitos nos embriões vertebrados. Os somitos são blocos condensados de células do mesoderma que formam os segmentos musculares repetidos e as vértebras da coluna vertebral (Fig. 22-10a). Eles formam-se da cabeça à cauda e – pelo menos no *zebrafish* – dependem da atividade oscilatória LIGADA/DESLIGADA dos genes reguladores *her1* e *her7*. Estes genes são expressos de maneira cíclica em futuras células de somitos, até o momento em que estas células estejam prontas para diferenciar-se e formar um somito físico. À medida que cada novo lote de células amadurece, ele interrompe sua oscilação, de maneira que algumas células ficam paradas no máximo de seu ciclo de oscilação e outras, no mínimo, em uma ordem espacial regular que marca o padrão do somito em formação. Logo atrás de cada novo somito está o próximo grupo de futuras células de somitos que passam pelo mesmo processo, envolvendo outro ciclo de ativação/desativação de atividade gênica, produzindo, assim, um novo somito.

A expressão oscilatória LIGADA/DESLIGADA de *her1* e *her7* no *zebrafish* foi submetida à modelagem matemática e a simulações de computador. Her1 e Her7 são proteínas autorrepressoras que se ligam a regiões reguladoras dos genes *her1* e *her7*, desligando a transcrição. Este estado reprimido, porém, dura pouco: quando os níveis das proteínas repressoras Her1 e Her7 diminuem abaixo de um ponto crítico devido à sua depleção por proteólise, o bloqueio da transcrição é aliviado e um novo ciclo de síntese de proteína começa, restaurando o estado reprimido, e assim por diante, em ciclos repetidos. Os níveis oscilantes dos produtos dos genes repressores regulam a expressão de outros genes para definir o padrão de cada novo somito. No *zebrafish*, um novo somito forma-se a cada 30 minutos, aproximadamente. A principal característica do modelo que explica o tempo da formação do somito é o atraso entre o período em que os genes *her1* e *her7* estão ligados e o acúmulo dos autorrepressores em concentração suficiente para desligar sua própria síntese (Fig. 22-10b).

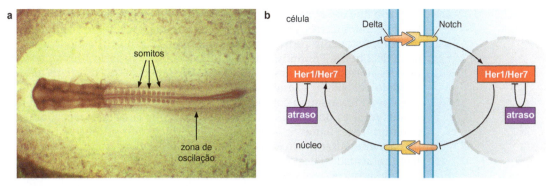

FIGURA 22-10 **Expressão de genes de somitos no desenvolvimento dos vertebrados.** (a) Somitos no embrião de galinha em desenvolvimento são mostrados aqui. As setas identificam os somitos e a zona de expressão gênica oscilatória na qual os futuros somitos serão gerados. (Imagem gentilmente cedida por Julian Lewis.) (b) Aqui, está apresentado o modelo para geração e sincronização da expressão oscilatória de genes de somitos no *zebrafish*. A expressão gênica oscilatória é controlada por um circuito de retroalimentação negativo envolvendo os autorrepressores Her1 e Her7. A sincronização das oscilações entre as células é alcançada pela sinalização Delta/Notch. Her1/Her7 inibem a produção do ligante Delta. Ao contrário, a sinalização de Notch estimula a produção das proteínas Her. (Adaptada de uma figura gentilmente cedida por Julian Lewis.)

O circuito autorregulador Her1/Her7 explica bem como os genes de somitos são expressos em um ciclo LIGADO/DESLIGADO em células individuais, mas como a expressão gênica oscilatória em uma célula é mantida em sincronia com a expressão das células vizinhas no futuro somito? A sincronização é alcançada por uma via intercelular de sinalização célula a célula. Além de reprimir seus próprios genes, Her1 e Her7 inibem a expressão de um gene que codifica uma proteína de superfície celular chamada Delta. Delta liga-se à proteína receptora Notch nas células vizinhas (ver Cap. 21). Quando ativado pelo ligante Delta, o sistema de sinalização Notch, por sua vez, estimula a expressão dos genes para Her1 e Her7. Quando os níveis de proteína Her são altos no ciclo LIGADO/DESLIGADO (e, portanto, a expressão do gene *her* é baixa), a produção do ligante Delta é baixa (Fig. 22-10b). Como consequência, a sinalização Notch e, portanto, a expressão dos genes *her* em células adjacentes também são baixas. Em contrapartida, quando os níveis de Her1 e Her7 são baixos (e, portanto, a expressão do gene *her* é alta), os níveis de Delta aumentam e estimulam a expressão do gene *her* em células adjacentes. Em cada caso, o sinal emitido do vizinho via Notch colabora com Her1 e Her7 internos da célula para manter a célula e suas vizinhas oscilando em sincronia. Assim, ciclos sobrepostos de autorregulação negativa e sinalização intercelular geram e coordenam o comportamento oscilatório entre as células que dão origem ao somito.

Circuitos sintéticos mimetizam algumas das características das redes reguladoras naturais

Uma abordagem complementar para entender os princípios do *design* que controlam as redes reguladoras consiste em construir circuitos relativamente simples que mimetizam as características dos sistemas naturais, o objetivo do campo da biologia sintética. Um exemplo drástico de *design* de circuito bem-sucedido é o "repressilador". O repressilador é uma rede de três nós que foi criada em *E. coli* e que consiste em três proteínas reguladoras ligadas umas às outras de maneira circular na qual o sinal de todas as bordas é negativo. O repressilador consiste em genes para os repressores bacterianos λCI, LacI e TetR, de modo que CI reprime o gene para LacI, o qual, por sua vez, reprime o gene para TetR, que, para completar a rede, reprime o gene para CI. Poderia ser antecipado que um circuito de três nós resultaria em baixo nível de transcrição basal de todos os três genes. Em vez disso, entretanto, o repressilador mostra um impressionante padrão oscilatório de transcrição com periodicidade de cerca de 2 horas. Presumivelmente, flutuações nos níveis dos três repressores devidas ao ruído na expressão de seus genes impedem que o sistema alcance o estado de repouso e resulta, em vez disso, em um padrão oscilatório de expressão. Ainda assim, o comportamento oscilatório do repressilador é muito menos robusto do que o comportamento dos sistemas naturais abordados anteriormente, o que ressalta o fato de que o circuito sintético é inadequado para mimetizar os circuitos mais complexos (porém, ainda não completamente elucidados) dos osciladores naturais.

Várias outras redes criadas sinteticamente mostram diversos padrões estereotipados de comportamento. Um exemplo disso é uma biblioteca de circuitos artificiais criada a partir de múltiplos fatores de transcrição e múltiplos promotores em uma variedade de combinações. Membros desta biblioteca de circuitos respondem diferencialmente a combinações diferentes de sinais de entrada. Outro exemplo vem da construção de linhagens "remetentes" e "respondentes" que criam padrões bandeados de expressão gênica em placas de ágar. A linhagem remetente está no centro da placa e produz uma molécula sinalizadora que se difunde a partir do centro, criando um gradiente. Cada uma das duas linhagens respondentes, que estão presentes em toda a placa, responde de maneira diferente a concentrações altas e baixas da molécula sinalizadora pela produção de proteínas-repórter cromogênicas distinguíveis. Como resultado, uma linhagem respondente produz cor em padrão de halo que está próximo das células remetentes, e a outra produz um halo que está distante das células remetentes.

RESUMO

A biologia de sistemas é um campo emergente que busca descrever níveis complexos de organização biológica pelo uso de uma combinação de medidas quantitativas e de alto rendimento, modelagem, reconstrução e teoria. Quando aplicada a circuitos reguladores, a biologia de sistemas procura revelar os princípios do controle gênico que não podem ser compreendidos a partir do estudo de componentes individuais isolados. O campo complementar da biologia sintética também tem como objetivo elucidar os princípios do *design*, mas procura fazer isso por meio da criação de redes reguladoras artificiais que mimetizam características dos circuitos naturais.

As redes de transcrição consistem em nós, que representam genes, e bordas, que representam a regulação de um gene por outro. Em um motivo regulador simples de dois nós, um gene controla a expressão de outro, e esta regulação pode ser negativa ou positiva. Outro motivo simples é a autorregulação, na qual um gene regula sua própria expressão. A autorregulação negativa, na qual um gene reprime sua própria expressão, possui a propriedade de tamponar o ruído, que é a variação na expressão gênica sob condições aparentemente uniformes. A autorregulação positiva possui a propriedade de permitir que a expressão basal seja alcançada lentamente. Uma forma extrema de autorregulação positiva é o comutador biestável no qual um gene pode estar DESLIGADO ou LIGADO por longos períodos de tempo.

Outro motivo comum nas redes reguladoras é o circuito de *feed-forward*. Um circuito de *feed-forward* é um motivo de três nós no qual um gene regulador (gene A) controla a expressão de um gene-alvo e a expressão de um segundo gene regulador (gene B). Este segundo gene regulador também controla a expressão do gene-alvo. Assim, em um circuito de *feed-forward*, o gene A controla a expressão do gene-alvo tanto direta quanto indiretamente, via gene B. A expressão do alvo está sujeita a uma porta AND em que a expressão depende de duas condições: em um caso, a presença de ambos os ativadores e no outro, a presença do ativador e a ausência do repressor.

Alguns circuitos reguladores na natureza geram ciclos oscilantes de expressão gênica, como observado no ciclo celular, no desenvolvimento e nos ritmos circadianos. O *design* destes circuitos é tal que o surgimento de uma proteína reguladora leva a seu próprio desaparecimento e ao surgimento de uma segunda proteína reguladora. Esta segunda proteína reguladora, por sua vez, causa seu próprio desaparecimento e o ressurgimento da primeira proteína reguladora, gerando, assim, um ciclo LIGADO/DESLIGADO contínuo de expressão gênica. Uma rede sintética formada por três repressores ligados em *tandem* em um circuito circular mimetiza osciladores naturais, pois gera um padrão cíclico de expressão gênica, porém, não com a robustez dos osciladores naturais.

Os métodos usados na biologia de sistemas permitem a identificação sistemática de cada componente envolvido em um processo celular complexo. A capacidade para obter tais informações está levando a uma mudança de paradigma na maneira como os biólogos analisam dados. Em vez de perguntar *como* um processo funciona, é possível hoje perguntar *por que* ele está organizado de determinada maneira. Olhando para o futuro, os *insights* obtidos a partir da biologia de sistemas em combinação com a crescente sofisticação da biologia sintética poderão algum dia tornar possível a criação de células artificiais contendo um conjunto mínimo de circuitos para autopropagação. Nesse caso, o futuro também verá a criação de células artificiais com características customizadas, como a capacidade de metabolizar poluentes de maneira eficiente, reciclar resíduos, converter energia solar em combustível ou combater doenças humanas.

BIBLIOGRAFIA

Livros

Alon U. 2006. *An introduction to systems biology: Design principles of biological circuits.* Chapman & Hall/CRC, Boca Raton, Florida.

Biologia de sistemas

Alon U. 2007. Network motifs: Theory and experimental approaches. *Nat. Rev. Genet.* **8:** 450–461.

Bintu L., Buchler N.E., Garcia H.G., Gerland U., Hwa T., Kondev J., and Phillips R. 2005. Transcriptional regulation by the numbers: Models. *Curr. Opin. Genet. Dev.* **15:** 116–124.

Bintu L., Buchler N.E., Garcia H.G., Gerland U., Hwa T., Kondev J., Kuhlman T., and Phillips R. 2005. Transcriptional regulation by the numbers: Applications. *Curr. Opin. Genet. Dev.* **15:** 125–135.

Crosson S., McAdams H., and Shapiro L. 2004. A genetic oscillator and the regulation of cell cycle progression in *Caulobacter crescentus*. *Cell Cycle* **3:** 1252–1254.

Dubnau D. and Losick R. 2006. Bistability in bacteria. *Mol. Microbiol.* **61:** 564–572.

Endy D. 2005. Foundations for engineering biology. *Nature* **438:** 449–453.

McAdams H.H., Srinivasan B., and Arkin A.P. 2004. The evolution of genetic regulatory systems in bacteria. *Nat. Rev. Genet.* **5:** 169–178.

McGrath P.T., Viollier P., and McAdams H.H. 2004. Setting the pace: Mechanisms tying *Caulobacter cell-cycle* progression to macroscopic cellular events. *Curr. Opin. Microbiol.* **7:** 192–197.

Raser J.M. and O'Shea E.K. 2005. Noise in gene expression: Origins, consequences, and control. *Science* **309:** 2010–2013.

Sprinzak D. and Elowitz M.B. 2005. Reconstruction of genetic circuits. *Nature* **438:** 443–448.

Vilar J.M., Guet C.C., and Leibler S. 2003. Modeling network dynamics: The lac operon, a case study. *J. Cell Biol.* **161:** 471–476.

QUESTÕES

Para respostas de questões de número par, ver Apêndice 2: Respostas.

Questão 1. O que representam os nós e bordas em circuitos reguladores? Como eles são representados?

Questão 2. Explique o que significa o termo "porta AND" em termos de regulação.

Questão 3. Descreva o gráfico para autorregulação negativa (nível de expressão gênica [%] ao longo do tempo) mostrado na Figura 22-3. Explique por que a regulação negativa é selecionada a favor na evolução.

Questão 4. Descreva a relação entre ruído e estocasticidade.

Questão 5. Considere o experimento no qual a expressão de duas cópias do mesmo gene é medida usando a proteína fluorescente verde como repórter para a primeira cópia do gene e a proteína fluorescente vermelha para a segunda cópia, em células de *E. coli*. Forneça um exemplo de ruído intrínseco *versus* extrínseco observado neste sistema.

Questão 6. Explique por que um circuito regulador sob autorregulação negativa é descrito como robusto.

Questão 7. Na Figura 22-3, que porção da curva de autorregulação positiva representa o momento em que a saída alcança o estado de repouso? Explique como o estado de repouso é alcançado quando a expressão gênica está sujeita à autorregulação positiva.

Questão 8. Qual propriedade da ligação de ComK ao promotor para *comK* faz este circuito regulador ser um comutador biestável?

Questão 9. Qual tipo de circuito regulador controla a alternância entre os estados de células individuais livres e cadeias de células em *Bacillus subtilis*? Por quanto tempo as células persistem nos estados de célula livre ou em cadeia?

Questão 10. Considere um gene ativado por luz. Na presença de luz persistente, o gene é ativado e, logo após, é desativado. Qual tipo de circuito de *feed-forward* você espera que controle este gene? Explique sua escolha.

Questão 11. O que é um ritmo circadiano e como ele é regulado?

Questão 12. Usando bordas e nós, cite e desenhe um circuito regulador que representa a expressão de uma proteína reguladora quando ativada rapidamente e mantida em nível constante.

Questão 13. Usando bordas e nós, desenhe um circuito regulador que represente o repressilador sintético. Cite os genes nos nós e descreva o padrão de expressão a partir do repressilador.

Questão 14. O óperon *ara* controla a expressão de vários genes, incluindo *araC*. Na presença do açúcar arabinose e da proteína de ligação ao DNA AraC, a expressão gênica é ativada. A proteína AraC está envolvida em autorregulação positiva.

Como representado a seguir, os pesquisadores construíram um circuito que consiste em uma série de promotores artificiais (cada um deles contendo um sítio de ligação para AraC e um operador *lac*). Lembre-se de que a presença da arabinose e de AraC promove a transcrição dos genes a jusante, *lacI* codifica o repressor LacI, e a ligação de LacI ao operador *lac* desliga a transcrição (mesmo na presença de arabinose e de AraC).

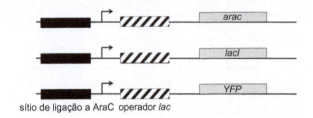

A. Se a arabinose for adicionada à cultura de bactérias contendo todos os três construtos, um padrão oscilatório de expressão de YFP é observado. Assuma que uma pequena quantidade de AraC está presente. Explique brevemente como a expressão de YFP é ativada após a adição de arabinose.

B. Após o aumento inicial na produção de YFP seguindo a adição de arabinose, como YFP é desativado?

C. Uma vez desligada, como a expressão de YFP é novamente ativada?

D. Como a oscilação seria afetada se uma *pequena* quantidade de IPTG (um indutor do óperon *lac*) fosse adicionada ao meio juntamente com a arabinose?

E. Desenhe o circuito de três nós, marcando os nós (AraC, LacI e YFP) e incluindo as bordas apropriadas (⟶ representando ativação e ⊣ representando repressão).

PARTE 6

APÊNDICES

SUMÁRIO

APÊNDICE 1
Organismos-modelo, 797

APÊNDICE 2
Respostas, 831

FOTOGRAFIAS DOS ARQUIVOS DO COLD SPRING HARBOR LABORATORY

Robert Horvitz, 1990 Simpósio sobre o cérebro. Horvitz (à esquerda) começou a trabalhar com o verme *Caenorhabditis elegans* durante um pós-doutorado no laboratório de Sydney Brenner, em Cambridge, em meados da década de 1970, antes de continuar o trabalho com este organismo experimental em seu próprio laboratório, no MIT. Em 2002, o Prêmio Nobel de Fisiologia ou Medicina foi concedido pelo trabalho com o verme, e foi dividido por Horvitz (por seu trabalho na definição dos genes que controlavam a morte celular programada) com o próprio Brenner, que estabeleceu o sistema, e outro de seus pós-doutorandos, John Sulston. Nesta fotografia, Horvitz aparece com dois membros de seu laboratório na época, Elizabeth Sawin (hoje codiretora da Climate Interactive) e Asa Abeliovich (neurobiólogo em Columbia).

Mary Lyon e Rudolf Jaenisch, 1985 Simpósio sobre biologia molecular do desenvolvimento. Lyon e Jaenisch trabalham com camundongos. Lyon descobriu o fenômeno da inativação do cromossomo X em mamíferos, mecanismo pelo qual as células de fêmeas de mamíferos alcançam a compensação de dose (Cap. 20). Jaenisch teve influência no desenvolvimento de técnicas para criar camundongos transgênicos e também de técnicas para a clonagem terapêutica.

Parte 6 Apêndices 795

Michael Ashburner, 1970 Simpósio sobre transcrição do material genético. Ashburner é um campeão de longa data do modelo experimental *Drosophila*, com interesses de pesquisa cobrindo vários aspectos da estrutura e da função do genoma de *Drosophila*. Ele fez parte do consórcio que sequenciou o genoma da mosca juntamente com a empresa de Craig Venter, Celera Genomics, experiência sobre a qual ele escreveu um curto livro chamado *Won for All*. Aqui, ele foi fotografado beijando a mão de Barbara Hamkalo, na época, pós-doutoranda em Harvard e, hoje, professora de biologia molecular na University of California, em Irvine, e interessada na estrutura da heterocromatina (Cap. 8).

Dale Kaiser, 1985 Simpósio sobre biologia molecular do desenvolvimento. Kaiser contribuiu bastante para os estudos iniciais sobre a propagação do fago λ (Cap. 18). Um aspecto deste trabalho levou-o a reconhecer que as moléculas com extremidades de fita simples complementares podem ser facilmente unidas, uma descoberta crucial para o desenvolvimento das tecnologias de DNA recombinante.

Barbara McClintock e Harriet Creighton, 1956 Simpósio sobre mecanismos genéticos: estrutura e função. McClintock, a geneticista do milho, apareceu em uma foto anterior, na abertura da Parte 3. Creighton trabalhou com McClintock como aluna e, juntas, elas publicaram um importante artigo correlacionando o *crossing over* cromossômico durante a meiose com a permuta de material genético. Creighton passou os últimos 30 anos de sua carreira lecionando Botânica na Wellesley College, onde ela mesma havia se graduado em 1929.

APÊNDICE 1

Organismos-modelo

U M DITADO MUITO CONHECIDO NA BIOLOGIA MOLECULAR é que os problemas fundamentais são resolvidos com mais facilidade nos sistemas mais simples e acessíveis aos quais o problema possa ser aplicado. Por este motivo, os biólogos moleculares voltaram sua atenção, ao longo dos anos, para um número relativamente pequeno de organismos experimentais. Entre os mais importantes, em ordem de complexidade crescente, estão *Escherichia coli* e seus fagos, o fago T e o fago λ; o fermento de pão ou levedura, *Saccharomyces cerevisiae*; a erva daninha semelhante à mostarda, *Arabidopsis thaliana*; o nematódeo *Caenorhabditis elegans*; a mosca-da-fruta *Drosophila melanogaster*; e o camundongo doméstico *Mus musculus*.

O que esses sistemas experimentais têm em comum? Uma característica importante de todos os sistemas experimentais é que eles podem ser geneticamente manipulados e estudados com o uso de várias ferramentas tradicionais e novas da genética molecular. Uma segunda característica comum é que o estudo de cada organismo atraiu uma massa crítica de investigadores. Isso significa que ideias, métodos, ferramentas e linhagens podem ser compartilhados entre os cientistas que estão investigando o mesmo organismo, facilitando um progresso rápido.

Por exemplo, no início da década de 1940, um círculo de cientistas reuniu-se em torno de Max Delbrück, Salvador Luria e Alfred D. Hershey, passando os verões nos Laboratórios da Cold Spring Harbor, em Nova Iorque, estudando a multiplicação do fago T em *E. coli*. Estes cientistas, que compunham o chamado Grupo do Fago, estavam entre os que foram importantes para o estabelecimento do campo da biologia molecular. Muitos membros do Grupo do Fago eram médicos, atraídos pelo fago não apenas por sua relativa simplicidade, mas porque o grande número de fagos que poderia ser estudado em cada experimento gerava resultados que eram quantitativa e estatisticamente significativos. Ao fim da década de 1950, Cold Spring Harbor passou a oferecer um curso anual sobre fagos, no qual um número sempre crescente de pesquisadores aprendeu sobre esse novo sistema. Esse foi um exemplo em que a concentração de esforços sobre um mesmo organismo experimental garantiu um progresso mais rápido do que teria ocorrido se esses indivíduos tivessem estudado muitos organismos diferentes.

A escolha de um organismo experimental depende da pergunta que está sendo formulada. Em geral, é conveniente estudar organismos unicelulares ou vírus para responder às questões fundamentais da biologia molecular. Esses organismos crescem rapidamente e em grandes quantidades e, normalmente, permitem a combinação de abordagens genéticas e bioquímicas. Outras perguntas, como as relacionadas ao desenvolvimento, muitas vezes só podem ser respondidas se for utilizado um organismo experimental mais complicado.

SUMÁRIO

Bacteriófagos, 798

•

Bactérias, 802

•

O Fermento de Pão,
Saccharomyces Cerevisiae, 808

•

Arabidopsis, 811

•

O Verme Nematódeo,
Caenorhabditis Elegans, 816

•

A Mosca-da-fruta, *Drosophila Melanogaster*, 819

•

O Camundongo Doméstico,
Mus Musculus, 825

Assim, o fago T (e seu membro mais bem conhecido, T4, em especial) mostrou ser um sistema ideal para estudar aspectos fundamentais da natureza do gene e da transferência da informação. Enquanto isso, a levedura, com seu sistema acasalante ótimo para a análise genética, tornou-se o principal sistema para elucidar aspectos fundamentais das células eucarióticas. A conservação evolutiva das proteínas e dos mecanismos gerais de regulação de fungos até as células superiores permite que as descobertas realizadas nas leveduras, frequentemente, sejam válidas também para os seres humanos. O nematódeo e a mosca-da-fruta também oferecem sistemas genéticos bem-desenvolvidos para a pesquisa de problemas que não podem ser adequadamente observados nos organismos inferiores, como o desenvolvimento e o comportamento. Finalmente, o camundongo, embora mais complexo de ser estudado do que os nematódeos e as moscas-da-fruta, é um mamífero e, portanto, o organismo experimental mais adequado para a compreensão da biologia humana e das doenças humanas.

Neste capítulo, serão descritos alguns dos organismos experimentais mais estudados, apresentando as principais características e vantagens de cada um como sistema experimental. Também serão considerados os tipos de ferramentas experimentais disponíveis para o estudo de cada organismo e alguns dos problemas biológicos que foram estudados em cada caso. Este capítulo não tem como objetivo fornecer uma descrição completa de todos os organismos experimentais que tiveram impacto na biologia molecular.

BACTERIÓFAGOS

Os bacteriófagos (e os vírus em geral) oferecem o sistema mais simples para examinar os processos básicos da hereditariedade. Seus genomas, em geral pequenos, são replicados – e os genes que eles codificam são expressos – somente após terem sido injetados em uma célula hospedeira (no caso de um fago, uma célula bacteriana). O genoma também pode sofrer recombinação durante as infecções.

Devido à relativa simplicidade do sistema, os fagos foram muito utilizados no início da biologia molecular – de fato, eles foram essenciais para o desenvolvimento dessa área. Mesmo hoje, eles continuam a ser um sistema de escolha para o estudo dos mecanismos básicos da replicação do DNA, da expressão gênica e da recombinação. Além disso, eles são importantes como vetores na tecnologia do DNA recombinante (Cap. 7) e são utilizados em experimentos para avaliação de atividade mutagênica de vários compostos.

Em geral, um fago consiste em um genoma (mais frequentemente DNA, mas também RNA) envolvido por uma capa, ou invólucro, formada por subunidades proteicas, algumas delas formam a estrutura de cabeça (na qual o genoma é armazenado) e outras formam a estrutura de cauda. A cauda conecta a partícula fágica à superfície externa de uma célula bacteriana hospedeira, permitindo que o genoma do fago seja introduzido na célula. Esse processo envolve especificidade: cada fago liga-se a uma molécula específica da superfície celular (normalmente, uma proteína) e, portanto, apenas as células que contêm esse "receptor" podem ser infectadas por um determinado fago.

Os fagos podem ser classificados em dois tipos básicos – o **lítico** e o **temperado**, termos que descrevem seu modo de replicação. O primeiro exemplo inclui o fago T, que se multiplica apenas de maneira lítica. Ou seja, como mostrado na Figura A-1, quando o fago infecta uma célula bacteriana, seu DNA é replicado, produzindo múltiplas cópias de seu genoma (até várias centenas de cópias), e os genes que codificam novas proteínas do invólucro são expressos. Esses eventos são altamente coordenados para garantir que as novas partículas fágicas sejam formadas antes da lise da célula hospedeira que irá liberá-las. A progênie de fago é, assim, liberada para infectar outras células hospedeiras.

Os fagos temperados (como o fago λ) também podem replicar de maneira lítica. Entretanto, eles podem adotar um sistema de desenvolvimento alternativo, chamado **lisogenia** (Fig. A-2). Na lisogenia, em vez de ser replicado, o genoma do fago é integrado ao genoma bacteriano, e os genes das proteínas

Apêndice 1 Organismos-modelo 799

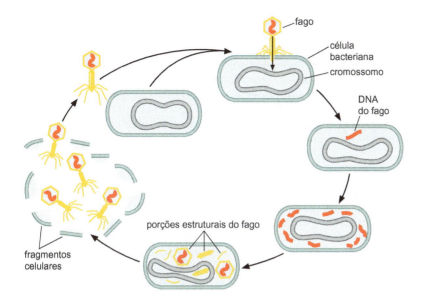

FIGURA A-1 Ciclo lítico de multiplicação de um bacteriófago. A partícula de fago liga-se à superfície externa de uma célula hospedeira bacteriana adequada (que apresente o receptor apropriado) e injeta o seu genoma, normalmente uma molécula de DNA. Esse DNA é replicado e os genes são expressos, produzindo um grande número de fagos novos. Uma vez que a progênie de fago esteja empacotada sob a forma de partículas maduras, a célula bacteriana é lisada e a progênie é liberada para infectar outras células hospedeiras.

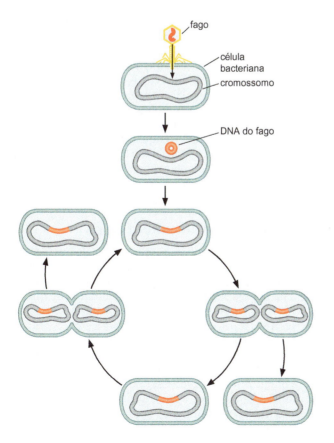

FIGURA A-2 Ciclo lisogênico de um bacteriófago. As etapas iniciais de infecção são as mesmas apresentadas no caso lítico (ver Fig. A-1). Entretanto, uma vez que o DNA tenha sido introduzido na célula, ele é integrado no cromossomo bacteriano, onde é passivamente replicado como parte desse genoma. Além disso, os genes que codificam as proteínas do invólucro ou capa são mantidos no estado inativo. A forma integrada do fago é chamada prófago. O lisógeno pode ser mantido estável por muitas gerações, mas também pode passar para o ciclo lítico de maneira eficiente, sob circunstâncias apropriadas. Ver Capítulo 18 para uma descrição completa deste tema.

do invólucro não são expressos. Nesse estado integrado e reprimido, o fago é chamado de **prófago**. O prófago é replicado de forma passiva, como parte do cromossomo bacteriano, durante a divisão celular e, assim, ambas as células-filhas são lisógenas. O estado lisogênico pode ser mantido por muitas gerações, mas também pode ser alterado para o estado lítico a qualquer momento. Essa alteração do sistema lisogênico para o lítico é chamada de **indução** e envolve a excisão do DNA do prófago do genoma bacteriano, sua replicação e a ativação dos genes necessários para a síntese das proteínas do invólucro e dos reguladores da multiplicação lítica (mostrada na Fig. 18-20).

Experimentos de multiplicação de fagos

Para que os bacteriófagos sejam úteis como sistema experimental, são necessários métodos para sua propagação e quantificação. A propagação é necessária para gerar material – suspensões de fagos com altos títulos para serem utilizados nos experimentos, ou para a extração de DNA. Normalmente, os fagos propagam-se pela multiplicação em uma bactéria hospedeira em cultura líquida. Assim, por exemplo, células bacterianas em multiplicação vigorosa incubadas em um frasco podem ser infectadas com o fago. Após um período adequado, as células são lisadas, formando uma suspensão líquida e clara de partículas de fago.

Para quantificar os números de partículas de fagos em uma solução, um ensaio de placa é usado (Fig. A-3). Este processo funciona como segue: os fagos são misturados com, e adsorvidos a, células bacterianas nas quais eles injetam seu DNA. A mistura é, então, diluída e adicionada ao "ágar semissólido" que contém muitas células bacterianas (não infectadas). Essa mistura é vertida sobre uma base de ágar sólido em uma placa de petri, onde o ágar semissólido forma uma camada superficial gelatinosa, na qual as células bacterianas ficam suspensas; algumas estão infectadas, mas a maioria ainda não. As placas são, então, incubadas por várias horas para permitir a multiplicação bacteriana e a infecção do fago.

Cada célula infectada (a partir da mistura original) será lisada durante a incubação em ágar semissólido. A consistência do ágar permite que a progênie do fago se difunda, mas não para longe, de maneira que ela infecta apenas as células bacterianas mais próximas. Essas células, por sua vez, serão lisadas, liberando mais progênie, a qual, novamente, infectará as células próximas e assim por diante. O resultado de muitos ciclos de infecção é a formação de uma **placa de lise**, uma clareira circular identificada na camada opaca de células bacterianas não infectadas que se multiplicaram intensamente. Isso ocorre porque as células bacterianas não infectadas se multiplicam, formando uma população densa no ágar semissólido, enquanto as células bacterianas localizadas nas áreas em torno da infecção inicial são lisadas, deixando uma área clara. O número de fagos na suspensão original pode ser calculado pela contagem do número de placas de lise em uma placa levando-se em consideração o fator de diluição usado no plaqueamento.

Curva de crescimento de uma única etapa

Esse experimento clássico desvendou o ciclo de vida de um fago lítico típico e abriu caminho para muitos experimentos subsequentes que examinaram esse ciclo em detalhes. A característica essencial desse procedimento é a infecção sincrônica de uma população de bactérias e a eliminação de qualquer reinfecção pela progênie. Isso permite que o progresso de um único ciclo de infecção seja seguido (Fig. A-4).

Os fagos são misturados às células bacterianas durante 10 minutos. Esse tempo é longo o suficiente para que os fagos sejam adsorvidos às células bacterianas, mas é muito curto para que a infecção apresente grande progressão. Essa mistura é então diluída (com meio de cultura novo) em um fator de 10.000. Essa diluição garante que apenas as células nas quais os fagos se ligaram na incubação inicial componham a população infectada; ela também ga-

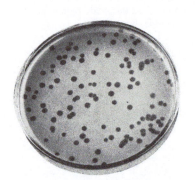

FIGURA A-3 Placas de lise formadas pela infecção de um fago em um tapete (camada) de células bacterianas. No caso apresentado, as placas são produzidas por um fago T lítico. (Reproduzida, com permissão, de Stent G.S. 1963. *Molecular biology of bacterial viruses*, Fig. 1. © W.H. Freeman.)

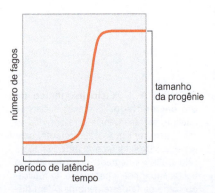

FIGURA A-4 Curva de crescimento de uma única etapa. Como descrito no texto, a curva de crescimento de uma única etapa revela o tempo necessário para um fago sofrer um ciclo lítico de multiplicação e também o número de progênies de fago produzido por cada célula infectada. Esses são o período de latência e o tamanho da progênie, respectivamente.

rante que a progênie de fago produzida pelas infecções não encontre células hospedeiras para infectar.

A população diluída de células infectadas é, então, incubada para permitir que a infecção prossiga. Em intervalos determinados, uma amostra é removida da mistura e o número de fagos livres é contado pelo experimento de placa. Inicialmente, esse número é muito baixo (incluindo apenas os fagos da infecção inicial que não infectaram uma célula antes da diluição).

Uma vez que tenha transcorrido tempo suficiente para permitir a lise das células infectadas e liberação das suas progênies, é detectado grande aumento no número de fagos livres. (Este período é de cerca de 30 minutos para o ciclo lítico do fago T4.) O tempo decorrido entre a infecção e a liberação da progênie é chamado **período de latência**, e o número de fagos liberados é denominado **tamanho da progênie**.

Cruzamentos com fagos e testes de complementação

A possibilidade de quantificar os fagos em uma população permite que os pesquisadores avaliem se um determinado fago é capaz de multiplicar-se em uma determinada célula bacteriana hospedeira (e a eficiência com a qual ele a infecta – p. ex., o tamanho da progênie). O ensaio de placa também permite que determinados tipos de derivativos de fagos sejam distinguidos, devido às diferenças nas morfologias das placas de lise que eles produzem. As diferenças nos hospedeiros-alvo e na morfologia das placas de lise resultam, muitas vezes, de diferenças genéticas entre fagos que, em outros aspectos, são idênticos. No início da biologia molecular, isso forneceu marcadores genéticos em um sistema no qual eles poderiam ser analisados, permitindo que os pesquisadores questionassem como a informação genética estava codificada e seu funcionamento.

A capacidade de realizar infecções mistas – em que uma única célula é infectada por duas partículas de fago ao mesmo tempo – torna possível a análise genética de duas maneiras. Primeiro, ela permite a realização de cruzamentos entre fagos. Assim, se dois mutantes diferentes do mesmo fago (e, portanto, contendo cromossomos homólogos) coinfectarem uma célula, a recombinação – e, portanto, a permuta genética – poderá ocorrer entre os genomas. A frequência dessa permuta genética pode ser utilizada para ordenar os genes no genoma. Uma elevada frequência de recombinação indica que as mutações estão relativamente distantes, enquanto uma baixa frequência indica que as mutações estão localizadas próximas umas das outras. O grande número de partículas de fagos que pode ser utilizado em experimentos desse tipo garante que mesmo eventos muito raros ocorram (a recombinação entre duas mutações localizadas muito próximas) desde que existam maneiras de identificar – ou melhor ainda, de selecionar – os eventos raros. Segundo, a coinfecção também permite a correlação de mutações a grupos de complementação; ou seja, identificar quando duas ou mais mutações estão no mesmo gene ou em genes diferentes. Assim, caso dois fagos mutantes diferentes sejam utilizados para coinfectar a mesma célula e, como resultado, cada um desempenhe a função que estava faltando no outro, as duas mutações devem estar em genes diferentes (grupos de complementação). Se, por outro lado, os dois mutantes não se complementarem, isso pode ser considerado uma evidência de que, provavelmente, as duas mutações estejam localizadas no mesmo gene.

Transdução e DNA recombinante

Os cruzamentos com fagos e os testes de complementação permitem que a genética dos fagos seja analisada. Contudo, esses mesmos vetores e técnicas podem ser utilizados também na investigação da genética de outros sistemas. Inicialmente, essas observações estavam restritas aos genes bacterianos inadvertidamente isolados durante uma infecção (como descrito a seguir). Com o surgimento das técnicas de DNA recombinante na década de 1970, entretanto, esses estudos foram estendidos para o DNA de qualquer organismo.

Durante a infecção, ocasionalmente (e acidentalmente), um fago pode incorporar um fragmento do DNA bacteriano. A maneira mais comum para esta incorporação de DNA da célula hospedeira é quando um prófago sofre excisão do cromossomo bacteriano durante a indução de um lisógeno. Esse processo envolve um evento de recombinação sítio-específica (ver Cap. 12) e, se esse evento ocorrer em uma posição incorreta, algum DNA de fago é perdido e o DNA bacteriano é incluído. Desde que essa permuta não elimine uma porção do genoma do fago necessária para a propagação, o fago recombinante resultante ainda é capaz de multiplicar-se e pode ser utilizado para transferir o DNA bacteriano de uma bactéria hospedeira para outra. Esse processo é conhecido como **transdução especializada**. O DNA da bactéria incluído no fago que realiza a transdução especializada está disponível para o mesmo tipo de análises genéticas realizadas para os fagos propriamente ditos.

Devido à sua capacidade de promover a transdução especializada, o fago λ foi, naturalmente, escolhido como um dos vetores de clonagem originais (Cap. 7). Assim, após eliminar diversos sítios para uma determinada enzima de restrição e deixar apenas um (no vetor de inserção) ou dois (no vetor de substituição) em uma região do fago não essencial para o seu ciclo lítico, o fago λ pode aceitar a inserção (*in vitro*) de um segmento de DNA de qualquer origem. Esse DNA pode ser propagado e analisado muito mais facilmente do que se estivesse no organismo de origem. Os sítios para as endonucleases de restrição em λ foram eliminados pela seleção repetida de fagos com eficiência de formação de placas cada vez mais elevada em linhagens que expressavam o sistema de restrição em questão. Enriquecendo, desse modo, a resistência à endonuclease e pelo mapeamento *in vitro* dos sítios que foram perdidos e dos que foram mantidos, o fago derivativo desejado era identificado.

Muitos vetores de λ diferentes foram desenvolvidos, todos diferindo nos sítios de restrição utilizados e no modo de identificação do fago recombinante. Um sistema de seleção atua do seguinte modo: foi desenvolvido um derivativo de λ, no qual um único sítio de restrição foi mantido no gene *c*I, o gene que codifica o repressor (ver Cap. 18). No vetor parental, entretanto, esse gene está intacto e o fago pode formar um lisógeno; o fago, portanto, forma placas de lise turvas. Quando um segmento de DNA é inserido nesse sítio, porém, o fago recombinante resultante possui um gene *c*I interrompido e não pode formar lisógenos, formando apenas placas de lise claras.

Essa alteração na morfologia das placas de lise fornece uma maneira fácil para diferenciar os fagos recombinantes dos não recombinantes. Além disso, essa abordagem pode ser realizada para uma seleção (em vez de uma triagem), caso a linhagem bacteriana utilizada seja uma linhagem *hfl* (ver Quadro 16-5). Nessa linhagem, qualquer fago capaz de formar um lisógeno faz isso invariavelmente. Assim, apenas os fagos recombinantes produzem placas de lise em linhagens *hfl*.

BACTÉRIAS

O fascínio de bactérias, como *E. coli* ou *Bacillus subtilis*, como sistemas experimentais é que elas são células relativamente simples e podem ser multiplicadas e manipuladas com relativa facilidade. As bactérias são organismos unicelulares, nos quais toda a maquinaria para a síntese de DNA, RNA e proteínas está contida no mesmo compartimento celular (as bactérias não possuem núcleo).

As bactérias normalmente têm um único cromossomo – em geral muito menor do que o genoma de organismos superiores. Além disso, as bactérias apresentam um tempo de geração curto (o ciclo celular pode ter apenas 20 minutos), e pode-se produzir facilmente uma população de células geneticamente homogênea (um clone) a partir de uma única célula. Finalmente, as bactérias são convenientes para o estudo genético porque, por um lado, elas são haploides (i.e., o fenótipo de mutações, mesmo mutações recessivas, manifesta-se facilmente) e, por outro lado, porque o material genético pode ser convenientemente permutado entre bactérias.

A biologia molecular deve a sua origem aos experimentos com sistemas experimentais de bactérias e fagos. Até os famosos experimentos de análises de flutuação de Luria e Delbrück em 1943, o estudo das bactérias (bacteriologia) havia permanecido amplamente à margem do reino da genética tradicional. Por meio de uma abordagem estatística, Luria e Delbrück demonstraram que as bactérias podiam sofrer uma alteração na qual se tornavam resistentes à infecção por um determinado fago. Essencialmente, eles demonstraram que essa alteração surgia de maneira espontânea, em vez de ser uma resposta (adaptação) ao fago. Assim, como outros organismos, as bactérias podiam herdar características (p. ex., sensibilidade ou resistência ao fago) e, ocasionalmente, essa herança poderia sofrer uma alteração espontânea (mutação) para um estado hereditário alternativo. Os experimentos de Luria e Delbrück demonstraram que, como outros organismos, as bactérias exibiam características determinadas geneticamente. Mas devido à sua simplicidade, as bactérias seriam sistemas experimentais ideais nos quais elucidar a natureza do material genético e os fatores (genes) determinantes de características de Gregor Mendel.

Experimentos de multiplicação bacteriana

As bactérias podem multiplicar-se em meios líquidos e sólidos (ágar). As células bacterianas são grandes o bastante (cerca de 2 μm de comprimento) para dispersar luz, permitindo que o crescimento de uma cultura bacteriana seja monitorado, de maneira conveniente, em cultura líquida, pelo aumento na densidade óptica. Bactérias em crescimento ativo, que estão se dividindo com tempo de geração constante, aumentam exponencialmente em número. Diz-se que estão em **fase de crescimento exponencial**. À medida que a população aumenta para um número muito elevado de células, a taxa de multiplicação diminui e as bactérias entram na **fase estacionária** (Fig. A-5).

O número de bactérias pode ser determinado pela diluição da cultura e pelo plaqueamento das células em meio sólido (ágar) em uma placa de petri. As células isoladas multiplicam-se, formando colônias macroscópicas, compostas por milhões de células, em um período de tempo relativamente curto. Pela contagem do número de colônias em uma placa e levando-se em consideração o fator de diluição da cultura, é possível calcular a concentração de células na cultura original.

As bactérias permutam DNA por conjugação sexual, transdução mediada por fagos e transformação mediada por DNA

Uma vantagem fundamental das bactérias como sistema experimental na biologia molecular é a disponibilidade de sistemas facilitados para permuta de material genético. As permutas genéticas possibilitam o mapeamento de mutações, a construção de linhagens com múltiplas mutações e a obtenção de linhagens parcialmente diploides para a distinção de mutações recessivas e dominantes ou para a realização de análises *cis-trans*.

As bactérias frequentemente abrigam elementos de DNA que se replicam de maneira autônoma, conhecidos como **plasmídeos** (Fig. A-6). Alguns desses plasmídeos, como o plasmídeo de fertilidade de *E. coli* (conhecido como **fator F**), podem fazer autotransferência de uma célula para outra. Assim, uma célula contendo um fator F (chamada de F^+) pode transferir o plasmídeo para uma célula F^-. A conjugação mediada pelo fator F é um processo replicativo. Desta maneira, a célula F^+ transfere uma cópia do fator F e ainda retém uma cópia, de forma que os produtos da conjugação são duas células F^+. Algumas vezes, o fator F integra-se no cromossomo e, como consequência, mobiliza a transferência conjugativa do cromossomo hospedeiro para uma célula F^-. Uma linhagem contendo esse tipo de fator F integrado é chamada **linhagem Hfr** (do inglês, *high frequency recombinant* [alta frequência de recombinantes]) e é extremamente útil para a realização de permutas genéticas.

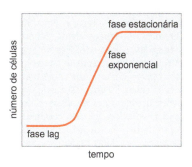

FIGURA A-5 Curva de crescimento bacteriano. Como descrito no texto, as células bacterianas, como *E. coli*, podem multiplicar-se muito rápido quando são propagadas em um meio rico e bem-oxigenado que não esteja superpovoado. Essa fase de multiplicação é chamada de fase exponencial, porque as células estão replicando de maneira exponencial. Uma vez que o número de células chega a um nível muito elevado e a cultura se torna muito densa, a multiplicação é reduzida para a chamada fase estacionária. Células retiradas da fase estacionária e diluídas para uma baixa densidade em um meio fresco entrarão, novamente, em fase de multiplicação exponencial, mas apenas após uma fase de adaptação (lag). A taxa de aumento no número de células em cada uma dessas fases está ilustrada.

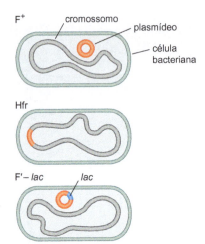

FIGURA A-6 As três formas das células portadoras do plasmídeo F. Células F⁺ abrigam uma cópia única do plasmídeo F, que se replica como um minicromossomo independente. Em uma linhagem Hfr, o plasmídeo F está integrado ao cromossomo bacteriano e é replicado como parte dessa longa molécula. Em uma linhagem F′, um plasmídeo F previamente integrado no cromossomo hospedeiro é removido, levando com ele uma região do DNA hospedeiro adjacente. Os três tipos de células podem ser transferidos para uma célula F⁻ receptora. Se a célula doadora for de uma linhagem F⁺, ela copia e transfere apenas o plasmídeo F; se for de uma linhagem F′, ela copia e transfere o plasmídeo F junto com o DNA hospedeiro incorporado; se for de uma linhagem Hfr, ela copia e transfere quantidades e partes variáveis do cromossomo hospedeiro, dependendo do sítio de integração e da duração do acasalamento. Uma vez na célula receptora, o DNA cromossômico da célula hospedeira está disponível para recombinação e, portanto, para permuta genética, com o genoma da célula receptora.

As porções exatas do cromossomo hospedeiro que são transferidas durante um determinado evento dessa permuta variam por duas razões. A primeira é que diferentes linhagens Hfr possuem o plasmídeo F integrado em locais diferentes do cromossomo hospedeiro. A transferência do cromossomo hospedeiro para a célula receptora ocorre de maneira linear, a partir da região do cromossomo mais próxima a uma das extremidades do plasmídeo F integrado. Assim, o local onde o plasmídeo está integrado determina qual parte do cromossomo será transferida primeiro. Além disso, é muito raro que o cromossomo inteiro seja transferido antes da interrupção da conjugação. Assim, genes afastados do ponto inicial de transferência são transferidos com baixa frequência, e genes muito distantes podem nunca sofrer transferência em uma determinada conjugação. Observa-se que uma cópia completa do fator F integrado será transferida em último lugar, caso isso ocorra.

Uma terceira e extremamente importante forma do fator F é o plasmídeo F′. F′ é um plasmídeo de fertilidade que contém um pequeno segmento de DNA cromossômico, o qual é transferido juntamente com o plasmídeo de uma célula para outra com alta frequência. Por exemplo, um F′ de importância histórica é o F′-*lac*, um fator F que contém o óperon da lactose. Os fatores F′ podem ser utilizados para criar linhagens parcialmente diploides, contendo duas cópias de uma determinada região do cromossomo. Foi exatamente assim que François Jacob e Jacques Monod criaram linhagens parcialmente diploides para realizar as análises *cis-trans* de mutações no gene do repressor do óperon da lactose e no sítio do operador ao qual o repressor se liga (ver Quadro 18-3).

O fator F pode conjugar apenas com outras linhagens de *E. coli*; entretanto, alguns outros plasmídeos conjugativos são promíscuos e podem transferir DNA para uma grande variedade de linhagens não relacionadas – mesmo para leveduras. Esses plasmídeos conjugativos promíscuos proporcionam um meio conveniente para introduzir DNA, incluindo DNAs modificados pela tecnologia de DNA recombinante, em linhagens bacterianas que não apresentam sistemas de permuta genética próprios.

Outra ferramenta valiosa para a permuta genética é a transdução mediada por fagos (Fig. A-7). A **transdução generalizada** é mediada por fagos que, ocasionalmente, empacotam um fragmento de DNA cromossômico durante a maturação do vírus, em vez do DNA viral. Quando tal partícula de fago infecta uma célula, ela introduz o segmento de DNA cromossômico de seu hospedeiro anterior em vez de DNA viral. O DNA cromossômico introduzido pode recombinar com o cromossomo da célula hospedeira infectada, promovendo a transferência permanente de informação genética de uma célula para outra. Esse tipo de transdução é chamado de transdução generalizada porque qualquer segmento do DNA cromossômico hospedeiro pode ser transferido de uma célula para outra. Dependendo do tamanho do virion, alguns fagos de transdução generalizada transferem apenas poucas quilobases de DNA cromossômico, enquanto outros transferem até mais de 100 kb de DNA.

Outro tipo de transdução mediada por fagos é a **transdução especializada**, como já foi mencionado. Esse processo envolve um fago lisogênico, como o λ, que tenha incorporado um segmento de DNA cromossômico em vez de um segmento de DNA do fago. Um fago de transdução especializada pode, após a infecção, transferir esse segmento de DNA bacteriano para uma nova célula bacteriana hospedeira.

Finalmente, existe o caso de transformação mediada por DNA descrito no Capítulo 7. Determinadas espécies bacterianas experimentalmente importantes (como *B. subtilis*, mas não *E. coli*) têm um sistema natural de permuta de material genético que permite a aquisição e a incorporação de DNA linear exposto (liberado ou obtido a partir de células-irmãs) em seu próprio cromossomo por recombinação. Frequentemente, as células devem estar em um estado especializado conhecido como "competência genética" para adquirir e incorporar DNA do ambiente. A competência genética é especialmente útil, uma vez que é possível utilizar a tecnologia de DNA recombinante para modificar um segmento de DNA cromossômico clonado e, então, incorporá-lo em cromossomos de células receptoras competentes.

Plasmídeos bacterianos podem ser utilizados como vetores de clonagem

Como se viu, as bactérias frequentemente abrigam elementos de DNA circular, os plasmídeos, capazes de replicação autônoma. Os plasmídeos podem servir como vetores convenientes para DNAs bacterianos, assim como para DNAs exógenos. De fato, as tentativas iniciais (e bem-sucedidas) de clonar DNA recombinante envolveram um plasmídeo (pSC101) de *E. coli* que contém um sítio único de restrição para *Eco*RI no qual DNA poderia ser inserido sem prejudicar a capacidade de replicação do plasmídeo (Cap. 7).

Os transposons podem ser utilizados para gerar mutações por inserção e fusões de genes e óperons

Como discutido no Capítulo 12, os **transposons** não são apenas elementos genéticos fascinantes por si, mas são também ferramentas extremamente úteis para a realização de manipulações genéticas moleculares em bactérias. Por exemplo, os transposons que se integram a um cromossomo com baixa especificidade de sequência (i.e., com elevado grau de aleatoriedade), como Tn5 e Mu, podem ser utilizados para gerar uma biblioteca de mutações por inserção com base em todo o genoma (Fig. A-8).

Essas mutações apresentam duas vantagens importantes sobre as mutações tradicionais, induzidas pela mutagênese química. Uma vantagem é que a inserção de um transposon em um gene tem mais chances de resultar na inativação completa (uma mutação nula) desse gene (quando isso é desejado) quando comparada a simples alteração de nucleotídeos, criada por uma mutação. A segunda vantagem é que uma vez que o gene tenha sido inativado, a presença do DNA inserido torna o isolamento e a clonagem desse gene mais fácil. Ainda mais simples, com iniciadores de DNA apropriados, a identidade do gene pode ser determinada pela análise da sequência de DNA a partir do DNA cromossômico que contém a inserção do transposon.

Os transposons também podem ser utilizados para criar fusões de genes e de óperons por todo o genoma. Foram criados transposons modificados contendo um gene-repórter, como o *lacZ*, sem a região promotora (p. ex., Tn5*lac*). Quando o transposon se insere em um cromossomo (em uma orientação apropriada), a transcrição do gene-repórter é mantida sob o controle do gene-alvo interrompido. Uma fusão desse tipo é conhecida como fusão de óperon ou fusão transcricional (Fig. A-9).

Foram criados outros transposons que produzem fusão, contendo um gene-repórter que não apresenta nem uma sequência promotora nem as sequências para o início da tradução. Nestes casos, a expressão do gene-repórter

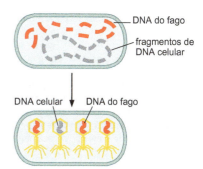

FIGURA A-7 Transdução generalizada mediada por fagos. Como descrito no texto, durante algumas infecções por fago, o cromossomo hospedeiro é fragmentado e segmentos desses DNAs podem ser empacotados nas partículas fágicas, em vez do DNA do fago replicado. Desta maneira, esse DNA hospedeiro será transferido para outra célula, assim como ocorreria com o genoma do fago. Uma vez na nova célula hospedeira, o DNA pode sofrer recombinação com o cromossomo lá presente, promovendo permuta genética.

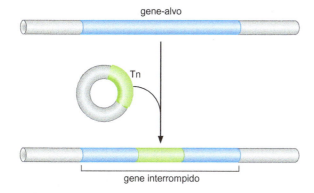

FIGURA A-8 Mutagênese insercional mediada por transposon. O transposon, inserido em uma célula por meio de um plasmídeo, pode transpor-se do plasmídeo para o genoma da célula hospedeira. Devido à elevada densidade de regiões codificadoras (genes) em um cromossomo bacteriano típico, há grande chance de o transposon inserir-se dentro de um gene. Um marcador presente no transposon (como resistência a um antibiótico) permite o isolamento de células que tenham inserções. Conhecendo a sequência das extremidades do transposon e do genoma no qual ele se inseriu, a identificação de sua localização torna-se muito precisa.

FIGURA A-9 Fusões *lacZ* mediadas por transposon. O método de mutagênese por transposons, descrito na Figura A-8, pode ser modificado para permitir a inserção de um gene-repórter (p. ex., *lacZ*) em qualquer região do genoma. Isso permite que a expressão de um gene do hospedeiro (no qual a fusão *lacZ*-transposon está inserida) seja analisada simplesmente medindo-se o nível de expressão de *lacZ* nessa linhagem.

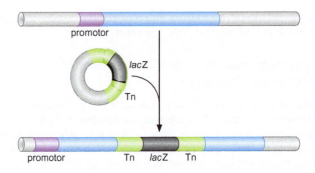

requer que ele esteja sob o controle transcricional do gene-alvo e, ainda, que ele seja introduzido na mesma fase de leitura do gene-alvo para que possa ser traduzido de maneira adequada. Uma fusão na qual o repórter está unido ao gene-alvo, tanto em nível de transcrição como em nível de tradução, é conhecida como fusão gênica.

Estudos de biologia molecular de bactérias têm sido reforçados por tecnologias de DNA recombinante, sequenciamento de genomas completos e perfil de transcrição

Com o advento do DNA recombinante, tecnologias como a clonagem de DNA, a disponibilidade de sequências genômicas completas e os métodos para estudar a transcrição gênica em nível do genoma completo revolucionaram, obviamente, os estudos de biologia molecular nas células superiores. Entretanto, essa mesma tecnologia também teve impacto sobre o estudo de sistemas experimentais bacterianos, sobretudo quando utilizadas em conjunto com as ferramentas tradicionais da genética bacteriana. Por exemplo, o desenvolvimento de derivados de transposons feitos "sob medida" para a criação de fusões gênicas é facilitado pela metodologia de DNA recombinante. Outro exemplo é a utilização da competência genética associada aos métodos de recombinação para a criação de mutações e fusões gênicas precisas, que expandiram o número e os tipos de manipulações genéticas moleculares. A disponibilidade de microarranjos representando todos os genes de uma bactéria tornou possível o estudo da expressão gênica em todo o genoma. Em combinação com as ferramentas descritas anteriormente, o funcionamento de genes identificados como expressos em um conjunto particular de condições pode ser rápida e convenientemente elucidado. Os métodos de identificação rápida das proteínas que interagem entre si (como nas análises de duplos-híbridos; ver Quadro 19-1), os quais tiveram grande impacto em leveduras e outros sistemas eucarióticos, também são valiosas ferramentas para a elucidação das redes de interações entre as proteínas bacterianas. A disponibilidade de sequências genômicas inteiras e de plasmídeos conjugativos promíscuos tem permitido a realização de manipulações genéticas moleculares em espécies de bactérias que não apresentaram características plausíveis para manipulação pelos métodos genéticos tradicionais.

A análise bioquímica é especialmente eficaz em células simples, com ferramentas bem-desenvolvidas de genética tradicional e molecular

Desde o início da biologia molecular, as bactérias ocuparam o lugar central dos estudos bioquímicos sobre a maquinaria para a replicação de DNA, a transferência de informação e a regulação gênica, entre muitos outros tópicos. Existem várias razões para isso. A primeira é que grandes quantidades de células bacterianas podem ser multiplicadas em um estado fisiológico homogêneo e definido. Segunda, as ferramentas da genética tradicional e molecular possibilitaram a purificação de complexos proteicos contendo alterações manipuladas com precisão, ou a superexpressão, permitindo a obtenção de proteínas individuais em grandes quantidades. Terceira, e de grande importância, a maquinaria para a realização de replicação de DNA, transcrição gênica, síntese proteica e assim por diante é muito mais simples (apresenta um número muito menor de componentes) em bactérias do que em células superiores, como tem sido visto repetidamente neste livro. Assim, a elucidação de mecanismos fundamentais prossegue de maneira mais rápida em bactérias, nas quais poucas proteínas necessitam ser isoladas e os mecanismos são geralmente mais simplificados do que nas células superiores.

As bactérias podem ser estudadas por análise citológica

Apesar da sua aparente simplicidade e ausência de compartimentos celulares envolvidos por membranas (p. ex., um núcleo e uma mitocôndria), as bactérias não são simplesmente sacos de enzimas, como se pensou por muitas décadas. Em vez disso, como se sabe hoje, as proteínas e os complexos proteicos apresentam localizações características dentro da célula. Mesmo o cromossomo é altamente organizado dentro da bactéria. Apesar de seu pequeno tamanho, as bactérias são acessíveis às ferramentas de citologia, como microscopia de imunofluorescência para localizar proteínas com anticorpos específicos em células fixadas, microscopia de fluorescência com a proteína verde fluorescente para a localização de proteínas em células vivas e hibridização fluorescente *in situ* (FISH) para localização de regiões cromossômicas e plasmídeos dentro das células. A aplicação desses métodos forneceu informações inestimáveis sobre vários processos moleculares considerados neste livro. Por exemplo, sabe-se agora que a maquinaria de replicação da célula bacteriana é relativamente estacionária e está localizada no centro da célula (Cap. 9). Essa descoberta informou que o DNA-molde é introduzido em uma "fábrica" de replicação relativamente estacionária durante a sua duplicação, em oposição à visão tradicional, na qual a DNA-polimerase se deslocava ao longo do molde, como um trem sobre os trilhos. Outro exemplo é que a aplicação de métodos citológicos tem ensinado (novamente em oposição à visão tradicional) que, durante a replicação, as duas regiões de origem recém-duplicadas do cromossomo migram em direções opostas para os polos da célula. Os métodos citológicos são uma parte importante do arsenal para os estudos moleculares nas células bacterianas.

Os fagos e as bactérias revelaram os aspectos mais fundamentais sobre o gene

A biologia molecular deve a sua origem aos experimentos com sistemas experimentais de bactérias e fagos. De fato, como foi visto no Capítulo 2, os trabalhos pioneiros com a bactéria pneumococo resultaram na descoberta de que o material genético era o DNA. Desde então, os experimentos com *E. coli* e seus fagos têm indicado o caminho, como se pode ver em todo este livro. Por exemplo, o experimento de Hershey e Martha Chase convenceu os pesquisadores de que o material genético do fago é o DNA; o experimento de Matthew Meselson e Franklin W. Stahl provou que o DNA é replicado de maneira semiconservativa em *E. coli*; os cruzamentos com fagos de Francis H. Crick e Sydney Brenner (Cap. 16) revelaram que o código genético é constituído por trincas, os códons; o notável estudo genético realizado por Charles Yanofsky em *E. coli* demonstrou a colinearidade genética, e o trabalho de Jacob e Monod (ver Quadro 18-2) desvendou as estratégias fundamentais da regulação gênica. Existem incontáveis outros exemplos em que, ao escolher o sistema mais simples, os processos fundamentais da vida foram entendidos.

Um importante exemplo vem do clássico trabalho de Seymour Benzer, que examinou intensamente um único *locus* gênico no fago T4, chamado *r*II. O tipo selvagem do fago T4 é capaz de multiplicar-se em duas linhagens de *E. coli* conhecidas como B e K, mas os mutantes *r*II podem multiplicar-se apenas na linhagem B. Isso torna possível a detecção do fago de tipo selvagem (que surgiu, p. ex., da recombinação entre dois mutantes *r*II diferentes) em frequências menores do que 0,01%. Ou seja, um único fago de tipo selvagem pode ser detectado entre 10.000 fagos mutantes *r*II, quando é plaqueado sobre uma camada de bactérias da linhagem K, onde apenas o recombinante raro irá formar uma placa de lise.

Aproveitando essa aparentemente enigmática propriedade das mutações *r*II, Benzer realizou experimentos de recombinação entre pares de mutantes *r*II e conseguiu, desta maneira, mapear a ordem destas mutações com alto nível de resolução (aproximando-se ou alcançando o nível de um par de nucleotídeos). Ele também desenvolveu um teste de "complementação" (discutido anteriormente) para demonstrar que o *locus r*II compreende dois genes adjacentes. Benzer introduziu o termo **cístron** para descrever o gene (com base nas palavras *cis* e *trans*). Como aparte, é interessante notar que foi este trabalho que permitiu que este mesmo *locus* fosse explorado por Crick e Brenner em seus estudos sobre o código genético.

Circuitos sintéticos e ruído regulador

Em anos recentes, *E. coli* e outras espécies de bactérias tornaram-se modelos para o estudo de novos aspectos da expressão gênica. Particularmente, o ruído na regulação dos circuitos genéticos foi identificado pela observação da expressão em várias células individuais dentro de populações geneticamente idênticas. As variações observadas e as consequências biológicas destas variações permitiram um melhor entendimento das vantagens, bem como dos problemas do ruído em redes gênicas. Estes estudos são auxiliados por avanços em tecnologias repórter e de imagens, mas também dependem das vantagens básicas da escala e do ciclo de vida bacterianos. (Ver Cap. 22 para exemplos a partir de *Bacillus subtilis*.)

Tecnologias biológicas sintéticas também foram amplamente pioneiras em sistemas bacterianos. Vários circuitos reguladores gênicos novos foram construídos e possibilitaram novas formas para o estudo de características básicas destas redes, bem como ofereceram o potencial para projetar novas linhagens com funções úteis – como células capazes de degradar vazamentos de óleo. Recentemente, demonstrou-se que um genoma bacteriano inteiro poderia ser artificialmente construído a partir de numerosos fragmentos sintetizados e, uma vez construído, poderia funcionar suficientemente bem a ponto de manter uma célula viva.

O FERMENTO DE PÃO, *SACCHAROMYCES CEREVISIAE*

Os eucariotos unicelulares oferecem muitas vantagens como sistemas experimentais modelo. Eles têm genomas relativamente pequenos, se comparados aos demais eucariotos (ver Cap. 8) e, de modo similar, um menor número de genes. Como *E. coli*, eles podem ser multiplicados rapidamente em laboratório (aproximadamente 90 minutos por divisão celular sob condições ideais), permitindo que populações clonadas sejam propagadas a partir de uma única célula precursora. Apesar dessa simplicidade, as células de leveduras têm as características essenciais de todas as células eucarióticas. Elas contêm um núcleo separado, com diversos cromossomos lineares empacotados formando a cromatina, e seus citoplasmas incluem um espectro completo de organelas intracelulares (como as mitocôndrias) e estruturas do citoesqueleto (como os filamentos de actina).

O eucarioto mais bem estudado é a levedura *S. cerevisiae*. Frequentemente denominada levedura do cervejeiro ou do padeiro, devido à sua utilização como agente de fermentação, *S. cerevisiae* foi extensivamente estudada por mais de 100 anos. Em experimentos na década de 1860, Louis Pasteur identificou esta levedura como o catalisador da fermentação (antes do trabalho de Pasteur, acreditava-se que o açúcar se desmembrava espontaneamente em álcool e dióxido de carbono). Esses estudos levaram à identificação das primeiras enzimas e ao desenvolvimento da bioquímica como abordagem experimental. A genética da *S. cerevisiae* tem sido estudada desde os anos 1930, resultando na caracterização de muitos de seus genes. Assim, como *E. coli*, *S. cerevisiae* permite o estudo de problemas fundamentais de biologia, utilizando abordagens genéticas e bioquímicas.

A existência de células haploides e diploides facilita a análise genética de *S. cerevisiae*

As células de *S. cerevisiae* podem multiplicar-se tanto no estado haploide (uma cópia de cada cromossomo), como no estado diploide (duas cópias de cada cromossomo) (Fig. A-10). A conversão entre os estados haploide e diploide é mediada pelo acasalamento (haploide para diploide) e esporulação (diploide para haploide). Existem dois tipos de células haploides, denominadas células **a** e células α. Quando cultivadas juntas, essas células acasalam-se, formando células diploides **a**/α. Em condições de escassez de nutrientes, as células diploides **a**/α sofrem divisão meiótica (ver Cap. 8), gerando uma estrutura conhecida como asco, que contém quatro esporos haploides (dois esporos **a** e dois esporos α). Quando as condições de crescimento melhoram, esses esporos podem germinar e multiplicar-se como células haploides ou podem acasalar-se e restaurar as células diploides **a**/α.

No laboratório, esses tipos celulares podem ser manipulados para a realização de uma enorme variedade de experimentos genéticos. A complementação genética pode ser realizada por meio do simples acasalamento de duas linhagens haploides, cada uma contendo uma de duas mutações, cuja complementação está sendo avaliada. Se as mutações forem complementares uma à outra, o diploide será do tipo selvagem para o fenótipo mutante. Para testar a função de um gene individual, as mutações podem ser produzidas em células haploides, nas quais existe uma única cópia desse gene. Por exemplo, para investigar se um determinado gene é essencial para a multiplicação celular, o gene pode ser removido em um haploide. Apenas as deleções de genes não essenciais são toleradas pelas células haploides.

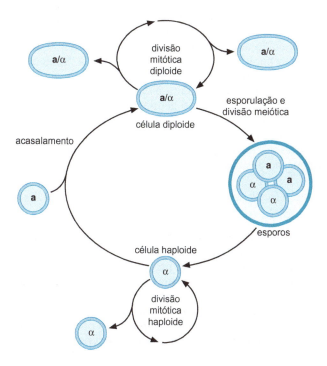

FIGURA A-10 Ciclo de vida da levedura *S. cerevisiae*. *S. cerevisiae* existe sob três formas. Dois tipos celulares haploides, **a** e α, e o produto diploide do acasalamento entre os dois primeiros. A replicação, o acasalamento e a esporulação desses tipos celulares diferentes estão mostrados.

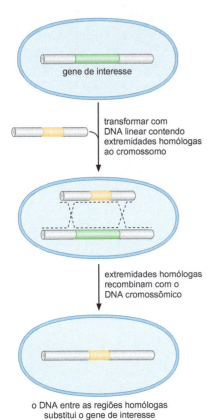

FIGURA A-11 Transformação recombinacional em levedura. Qualquer região do genoma da levedura pode ser facilmente substituída por uma sequência de sua escolha. O DNA a ser inserido é flanqueado por pequenas sequências de DNA homólogas às que flanqueiam a região no cromossomo a ser substituída. Quando os fragmentos doadores são introduzidos na célula, os altos níveis de recombinação homóloga nesse organismo asseguram alta frequência de recombinação com o cromossomo, resultando na permuta genética mostrada. O DNA inserido pode diferir da sequência residente em apenas um único par de bases, ou no outro extremo, pode ser muito diferente em tamanho e sequência. Assim, modificações genéticas bastante elaboradas podem ser realizadas.

A produção de mutações precisas em leveduras é fácil

A análise genética de *S. cerevisiae* é ainda melhorada pela disponibilidade de técnicas utilizadas para modificar precisa e rapidamente genes individuais. Quando um DNA linear com extremidades homólogas a uma determinada região do genoma é introduzido nas células de *S. cerevisiae*, altas taxas de recombinação homóloga são observadas, resultando na substituição de sequências cromossômicas pelo DNA utilizado na transformação (Fig. A-11). Essa propriedade pode ser explorada para realizar alterações precisas no genoma. Essa abordagem pode ser utilizada para a remoção da região codificadora de um gene inteiro, para alterar um códon específico em uma fase aberta de leitura ou mesmo para alterar um par de bases específico em um promotor. A capacidade para realizar essas alterações no genoma com precisão permite que questões bastante detalhadas em relação à função de genes específicos ou suas sequências reguladoras sejam exploradas com relativa facilidade.

S. cerevisiae tem um genoma pequeno e bem-caracterizado

Devido à sua rica história de estudos genéticos e ao seu genoma relativamente pequeno, *S. cerevisiae* foi escolhido como o primeiro organismo eucarioto (não viral) a ter o seu genoma completamente sequenciado. Esse marco foi alcançado em 1996. A análise da sequência ($1,3 \times 10^6$ pb) identificou aproximadamente 6.000 genes e forneceu a primeira perspectiva da complexidade genética necessária para dirigir a formação de um organismo eucariótico.

A disponibilidade da sequência genômica completa de *S. cerevisiae* permitiu abordagens "de genoma total" para estudar esse organismo. Por exemplo, microarranjos de DNA que incluem sequências de cada um dos aproximadamente 6.000 genes de *S. cerevisiae* foram utilizados extensivamente para caracterizar os padrões de expressão gênica sob diferentes condições fisiológicas. De fato, os níveis de expressão gênica em células de *S. cerevisiae* foram testados em centenas de condições diferentes, incluindo diferentes fontes de carbono (como glicose *vs.* galactose), tipos celulares e temperaturas de crescimento. Além de serem úteis para determinar a expressão de genes individuais, essas descobertas também têm conduzido ao agrupamento de genes em conjuntos coordenadamente regulados, em que todos os genes do agrupamento respondem de maneira similar às alterações nas condições.

Outros recursos genômicos incluem uma biblioteca de 6.000 linhagens, cada uma com a deleção de apenas um gene. Mais de 5.000 dessas linhagens são viáveis como haploides, indicando que a maioria dos genes de levedura não é essencial sob condições ideais de crescimento em laboratório. Essa coleção de linhagens tem possibilitado o desenvolvimento de novas triagens genéticas, nas quais cada gene no genoma de *S. cerevisiae* pode ser testado individualmente quanto à sua função em um determinado processo. A utilização de microarranjos também permitiu o mapeamento de sítios de ligação para reguladores da transcrição em todo o genoma, por meio de técnicas de imunoprecipitação de cromatina (ver Cap. 7).

As células de *S. cerevisiae* alteram sua forma à medida que crescem

À medida que as células de *S. cerevisiae* progridem pelo ciclo celular, elas sofrem alterações características no formato (Fig. A-12). Imediatamente após uma nova célula ser liberada de sua progenitora, a célula-filha apresenta um formato levemente elíptico. Conforme a célula avança pelo ciclo celular, ela forma um pequeno "broto", que irá formar uma célula separada. O broto cresce até alcançar um tamanho aproximadamente igual ao da célula "mãe", a partir da qual ele foi originado. Neste momento, o broto é liberado da célula-mãe e ambas as células iniciam o processo novamente.

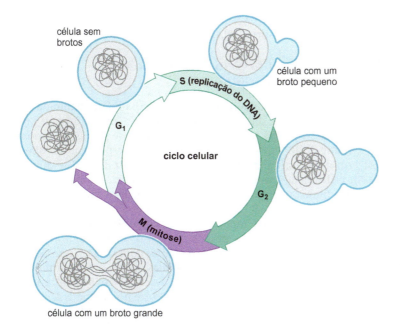

FIGURA A-12 **Ciclo celular mitótico em leveduras.** *S. cerevisiae* divide-se por brotamento. O desenvolvimento de um broto ao longo do ciclo mitótico é mostrado e está descrito no texto.

A simples observação microscópica do formato da célula de *S. cerevisiae* oferece muitas informações a respeito dos eventos que estão ocorrendo na célula. Uma célula que não possui um broto ainda não iniciou a replicação de seu genoma. Isso ocorre porque, em uma célula de tipo selvagem de *S. cerevisiae*, o surgimento de um novo broto está altamente coordenado ao início da replicação do DNA. De maneira similar, uma célula em multiplicação com um grande brotamento geralmente está executando a segregação cromossômica.

As poderosas ferramentas da genética, da bioquímica e da genômica para estudar *S. cerevisiae* fizeram desse o organismo favorito para as análises de questões moleculares básicas de biologia celular. Os estudos em *S. cerevisiae* deram contribuições fundamentais para a compreensão da transcrição e da regulação gênica eucariótica, da replicação de DNA, da recombinação, da tradução e do processamento. Os estudos genéticos na levedura identificaram as proteínas que participam em todos esses eventos. Talvez ainda mais importante seja o fato de as proteínas e genes identificados como críticos para estes eventos fundamentais em *S. cerevisiae* serem quase sempre bem conservados em outros eucariotos, incluindo seres humanos. Assim, o que se aprende com este eucarioto experimental simples é quase sempre relevante para os mesmos eventos nos organismos mais complexos.

ARABIDOPSIS

A ciência das plantas possui a história mais longa dentre todas as ciências da vida, com suas raízes na agricultura e na medicina botânica: por Mendel, a ciência das plantas lançou as bases para a genética; e por Charles Darwin, Barbara McClintock, William Bateson e outros, para a citogenética, o desenvolvimento, a fisiologia e a evolução. A ciência das plantas continua a fazer avanços importantes em áreas fundamentais, como RNA de interferência, ao mesmo tempo em que continua a ter impacto na economia e no meio ambiente. Nas últimas décadas, a erva daninha semelhante à mostarda, *A. thaliana*, emergiu como organismo-modelo em paralelo à *Drosophila*, *C. elegans* e ao camundongo. Até mais do que seus correspondentes animais, *Arabidopsis* ilustra a maioria dos aspectos da biologia vegetal, sobretudo entre as angiospermas (plantas com flores). E assim como o milho revolucionou a genética vegetal no século XX, *Arabidopsis* promete revolucionar a genômica vegetal e a maioria dos aspectos da biologia vegetal no futuro.

Arabidopsis possui um ciclo de vida rápido, com fases haploide e diploide

Assim como as leveduras, a maioria das plantas possui fases haploide e diploide em seus ciclos de vida, que são denominadas de acordo com seus produtos – a fase diploide (como na levedura) suporta a meiose para gerar esporos e é, portanto, chamada de "esporófito" (planta contendo esporo). Estes esporos haploides germinam e originam a fase haploide, a partir da qual se diferenciam gametas de cada um dos gêneros e, assim, a fase haploide é conhecida como gametófito masculino ou feminino. Os gametas fundem-se durante a fertilização, gerando zigotos diploides. O tamanho relativo destas fases varia – os musgos passam a maior parte de seu tempo na fase de gametófito, enquanto *Arabidopsis* e outras plantas mais complexas passam seu tempo como esporófitos, e as samambaias ficam em um meio termo. Em plantas com flores, a fase de gametófito é bastante curta, consistindo apenas de duas ou três divisões mitóticas, e a linhagem germinativa surge das flores que se desenvolvem na planta adulta em vez de serem sequestradas no embrião como ocorre nos animais. A maioria das plantas (como *Arabidopsis*) é hermafrodita e origina gametófitos haploides de ambos os sexos a partir de flores diferenciadas ou partes florais onde as meioses masculina e feminina ocorrem (ver Fig. A-13). No entanto, algumas plantas são dioicas (com gêneros individuais) e podem até mesmo ter cromossomos sexuais diferenciados, embora estas espécies sejam raras.

Plantas com sementes, como *Arabidopsis*, passam por fases adicionais após a fertilização – embriogênese e dormência, dando origem à semente. Assim como nos mamíferos, o embrião é nutrido por tecidos extraembrionários, que se diferenciam terminalmente e não avançam. Mas ao contrário dos animais, estes tecidos extraembrionários (conhecidos como " semente interna" do endosperma) são o produto de uma fertilização independente, entre uma

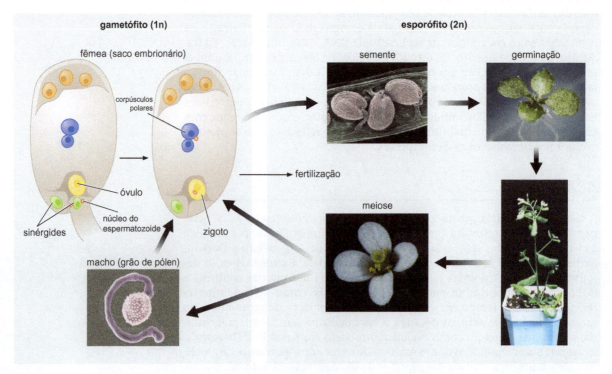

FIGURA A-13 Fases do ciclo de vida de *Arabidopsis*. (Cortesia de Rob Martienssen.)

segunda célula espermática haploide e a célula "central" diploide no lado feminino, a qual por sua vez é formada pela fusão de duas irmãs haploides do óvulo. A rápida divisão do núcleo triploide é seguida pela celularização e pelo acúmulo de amido e proteína, que fornecem nutrientes importantes para o embrião. O endosperma é efêmero em várias plantas (como *Arabidopsis*), sendo devorado pelo embrião à medida que ele cresce, mas pode sobreviver até a germinação em outras plantas, fornecendo amido em culturas básicas como o trigo e o milho.

Arabidopsis é facilmente transformada por genética reversa

A infecção com a bactéria do solo, *Agrobacterium tumefaciens*, e outras relacionadas leva à indução de crescimentos tumorais (galhas) devida à transferência de genes da biossíntese de hormônios do plasmídeo bacteriano Ti (do inglês, *tumor-inducing* [indutor de tumor]) para o DNA cromossômico da planta hospedeira. Os genes indutores de tumor são encontrados na porção de DNA de transferência (T-DNA) do plasmídeo, flanqueados por sequências diretamente repetidas necessárias para a transferência. Ao substituir os genes indutores de tumor por genes de interesse, é possível transformar as plantas. *Arabidopsis* pode ser transformada simplesmente pela pulverização das plantas com, ou pela imersão das plantas em, uma cultura concentrada de *Agrobacterium* em uma solução surfactante para promover a infecção. A infecção transiente ocorre quase imediatamente e é útil para estudos de expressão transiente, mas acredita-se que ocorra transformação estável após vários dias ou semanas, possivelmente na infecção do gametófito feminino, antes da fertilização. Ao incluir um gene marcador de seleção (para vários tipos de resistência a herbicidas), é possível selecionar as plantas transformadas pela germinação da semente em meio, ou solo, contendo herbicidas.

A eficiência da transformação de *Arabidopsis* é tão alta que pode ser usada para mutagênese; a inserção aleatória de centenas de milhares de T-DNAs em plantas individuais, seguida pela amplificação e pelo sequenciamento dos sítios de inserção, resultou em numerosas coleções de plantas com interrupções na maioria dos genes do genoma. Estas inserções podem ser usadas para genética "reversa", da mesma maneira que as deleções são usadas em leveduras. Além disso, ao incluir genes-repórter, ou reforçadores (*enhancers*) fortes, no T-DNA, estas inserções podem ser usadas para identificar a expressão dos genes nos quais elas se integraram ou então ativá-los em células nas quais eles não são normalmente expressos. Ao incluir elementos transponíveis no T-DNA, é possível gerar grandes números de saltos de transposons sem a necessidade de transformação adicional e gerar alelos derivados, revertentes e mosaicos. Como a transformação era muito mais difícil em arroz e milho, os transposons têm sido a principal ferramenta para esta abordagem de "genética reversa" nestas plantas.

Arabidopsis possui um genoma pequeno que é facilmente manipulado

O genoma de *Arabidopsis* inclui apenas 105 Mb de DNA eucromático, cerca de 15 Mb de heterocromatina sequenciada e 15 a 25 Mb adicionais de repetições-satélite e rDNA, perfazendo um total de cerca de 140 Mb. A maior parte da heterocromatina sequenciada flanqueia cada um dos cinco centrômeros, embora regiões menores de heterocromatina (botões) sejam encontradas nos braços dos cromossomos. O sequenciamento da porção de eucromatina e de grande parte da heterocromatina resultou na sequência de 99% dos 29.000 genes de *Arabidopsis*. O sequenciamento de vários outros genomas de plantas revelou que várias rodadas de duplicação do genoma (poliploidia) ocorreram nas eudicotiledôneas, um dos principais ramos da árvore evolutiva dos angiospermas, que inclui *Arabidopsis*. A duplicação mais recente ocorreu apenas há poucos milhões de anos, de maneira que cerca de 25% dos genes de

Arabidopsis mantiveram um homólogo funcional, resultando em substancial redundância genética e complicando as estratégias de genética reversa. Por outro lado, a genética direta tem sido bastante poderosa em *Arabidopsis*, talvez em parte devido à redundância, que permite que altas doses de mutagênicos (como o etilmetano sulfato [EMS], a etilnitrosureia [ENS], ou a irradiação) sejam usadas sem matar as plantas, de maneira que números pequenos de sementes mutadas possam atingir saturação. As sementes podem ser diretamente mutadas e mutações recessivas podem ser recuperadas simplesmente ao permitir que a semente germine e faça autopolinização.

A disponibilidade da sequência genômica e de várias linhagens polimórficas tornou a clonagem posicional de mutações identificadas por genética direta extremamente simples. A mutagênese por EMS pode até mesmo ser usada em uma estratégia de genética reversa, conhecida como **tiling**, na qual o DNA de plantas mutadas é triado em busca de mutações de ponto em genes de interesse. Com a emergência de métodos de sequenciamento de alto rendimento, esta estratégia provavelmente se tornará mais prática e poderá recuperar um espectro completo de variação alélica em cada gene. A disponibilidade da sequência genômica permitiu uma série de outras tecnologias, como os microarranjos, a localização de proteínas de alto rendimento e as tecnologias de proteômica, para citar apenas algumas.

O RNA de interferência via pequenos RNAs (19 a 30 nucleotídeos) é um mecanismo endógeno e exógeno importante para regular genes e foi inicialmente descrito em plantas (ver Cap. 19). Em *Arabidopsis*, pelo menos três classes de pequenos RNAs – microRNA (miRNA); RNA de interferência curto atuando em *trans* (tasiRNA); e siRNA associado a repetições – diferem em tamanho e biogênese, mas todos podem regular genes ao combinar com suas sequências e promover seu "fatiamento" por atividade de endonuclease, parada traducional ou modificação de cromatina e DNA. Estes pequenos RNAs são derivados de estruturas em "grampo" de fita simples precursoras ou de RNA de dupla-fita que é o produto da RNA-polimerase dependente de RNA. A metodologia genômica usando RNA de interferência em *Arabidopsis* inclui VIGS (do inglês, *virally induced gene silencing* [silenciamento gênico induzido por vírus]), cossupressão, silenciamento de grampo e miRNA artificial.

Epigenética

A variação epigenética é geralmente definida como "mutações" que são herdadas cromossomicamente, mas não envolvem uma alteração da sequência nucleotídica. Estas "epimutações" são geralmente reversíveis em uma frequência significativamente mais alta do que as mutações regulares e estão associadas com modificações químicas do DNA e suas proteínas associadas (especialmente histonas). As plantas têm estado na vanguarda da pesquisa epigenética há várias décadas, e *Arabidopsis* não é exceção. Como os genomas de mamíferos, mas ao contrário dos de levedura, vermes e moscas, os genomas vegetais são altamente modificados pela metilação de citosinas, que, juntamente com a modificação de histonas, possui consequências epigenéticas para a expressão de genes e elementos repetidos encontrados no genoma. Estas modificações são guiadas por uma variedade de fatores, incluindo RNA de interferência, resultando no fenômeno de metilação do DNA dependente de RNA, primeiramente descrito em plantas, e modificação de histona dependente de RNA, que também ocorre em leveduras e outros organismos.

Quando o silenciamento de um dado gene difere entre linhagens germinativas feminina e masculina, o *imprinting* resulta (geralmente) na expressão do alelo herdado da mãe. A expressão que sofre a ação do *imprinting* é prevalente no tecido extraembrionário do endosperma, reminiscente do *imprinting* na placenta de mamíferos. Nestes exemplos bem-estudados, a desmetilação de genes envolvidos no *imprinting* ocorre na célula central, resultando em expressão materna no endosperma.

Efeitos epigenéticos são geralmente influenciados pelo ambiente, e em um exemplo extremo, as plantas "lembram" do frio do inverno ao florescer na primavera seguinte. Esta memória é induzida pelo frio, retida por células propagadas de maneira clonal, mas apagadas pela meiose, resultando no hábito familiar de floração de culturas como o trigo de inverno. Em *Arabidopsis*, este processo (vernalização) é regulado pelo processamento do RNA e por modificação de histonas e envolve o complexo *polycomb*, também envolvido na memória celular em mamíferos.

As plantas respondem ao ambiente

Ao contrário dos animais, as plantas estão enraizadas em um local e não podem fugir de agressões ambientais, resultando em propriedades normalmente não encontradas em animais – como a tolerância ao pastejo. O sistema imunológico inato, primeiramente caracterizado em nível molecular como a resposta "gene por gene" em plantas, inclui vários componentes conservados em animais, mas é altamente diversificado e pode reconhecer vírus, micróbios, vermes, insetos e até outras plantas. Além deste estresse "biótico", as plantas precisam suportar e responder ao estresse "abiótico", incluindo alterações na intensidade da luz, ritmo circadiano, nutrientes e estresse de sal e água, para citar apenas alguns. Muitos destes gatilhos ambientais possuem efeitos profundos no desenvolvimento – por exemplo, induzindo ou atrasando a floração para otimizar a produção de sementes.

A luz exerce um papel crucial na biologia vegetal, devido ao cloroplasto fotossintético, derivado de um procarioto simbiótico ancestral e responsável pela maior parte do carbono orgânico fixado na biosfera. Até mesmo na pesquisa fotossintética, *Arabidopsis* está substituindo modelos fisiológicos clássicos – como tabaco e espinafre – devido à facilidade de manipulação genética e genômica.

Desenvolvimento e formação de padrão

O desenvolvimento vegetal influenciou na domesticação e na reprodução de culturas e, portanto, na história humana, mais do que qualquer outro aspecto da biologia vegetal, com inovações cruciais afetando a arquitetura da inflorescência, a degranação das sementes e o formato das folhas, selecionados por agricultores ancestrais e também por pesquisadores em melhoramento vegetal atuais. A couve-flor, o milho de pipoca e a couve diferem apenas por alguns genes de espécies progenitoras que seriam consideradas ervas daninhas pelos agricultores modernos. Como as plantas com flores constituem um grupo evolutivo recente, muitos de seus genes têm sido identificados usando *Arabidopsis* como modelo.

Em geral, plantas e animais teriam divergido a partir de um ancestral unicelular comum, de maneira que o desenvolvimento multicelular teria evoluído independentemente em cada reino. Portanto, vê-se que princípios gerais essenciais, como a importância central de fatores de transcrição e de hierarquias de sinalização (peptídeos, hormônios e receptores), são reconhecidos e estão presentes em cada reino, enquanto moléculas específicas são raramente conservadas. Alguns mecanismos, como ciclo celular e cascatas de MAP (do inglês, *mitogen-activated protein* [proteína ativada por mitógeno]) quinases, são bastante familiares, mas a maioria deles é distinta. Por exemplo, as identidades homeótica e heterocrônica são especificadas por fatores de transcrição e miRNA em ambas as linhagens, mas as moléculas não são conservadas, envolvendo principalmente fatores de transcrição do tipo MADS (*MCM1, agamous, deficiens,* e *serum response*) em plantas e genes *Hox* em animais. A comunicação intercelular envolve hormônios em ambos os reinos, mas estes possuem apenas semelhanças gerais (com exceção, talvez, dos esteroides vegetais e animais). De fato, o sistema vascular supracelular altamente conectado das plantas permite que macromoléculas, como mRNA, pequenos RNAs e os próprios fatores de transcrição passem diretamente entre as células, enquanto este fenômeno é raramente observado em animais.

Portanto, é provável que mecanismos comuns de desenvolvimento tenham tido uma função em ancestrais unicelulares ou oligocelulares e podem ter sido adotados de maneira independente para exercer funções semelhantes. Talvez os mecanismos epigenéticos conservados, como o sistema Polycomb, tivessem funções na organização do genoma, na defesa do genoma, na biologia cromossômica e na diferenciação celular, em vez de atuar na memória transcricional multicelular, no eucarioto unicelular ancestral. *Arabidopsis* está exercendo um papel crucial na identificação destas funções conservadas dentro e entre os reinos.

O VERME NEMATÓDEO, *CAENORHABDITIS ELEGANS*

Brenner, após ter feito contribuições de grande importância para a genética molecular, identificou um pequeno metazoário no qual estudar questões importantes sobre o desenvolvimento e a base molecular do comportamento. Tendo aprendido com os estudos bem-sucedidos em genética molecular realizados em fagos e bactérias, Brenner buscava o organismo mais simples possível, que apresentasse tipos celulares diferenciados, mas que também fosse, assim como as bactérias e vírus, adequado a análises genéticas. Em 1965, ele definiu-se pelo pequeno verme nematódeo *C. elegans* porque este continha uma variedade de características adequadas. Estas incluem rápido tempo de geração para permitir triagens genéticas, reprodução hermafrodita produzindo centenas de "autoprogênies", de maneira que um grande número de animais pudesse ser gerado por clonagem, reprodução sexuada, de forma que estoques genéticos pudessem ser construídos por acasalamento, e um pequeno número de células transparentes, permitindo que o desenvolvimento fosse diretamente acompanhado.

Brenner estabeleceu dois objetivos iniciais ambiciosos, que seriam essenciais para o sucesso em longo prazo deste esforço. Um deles era o mapeamento físico completo de todas as células (e das interações célula-célula) pela reconstrução de secções seriais de micrografias eletrônicas (completada por John White em 1986). O segundo objetivo era mapear toda a linhagem celular do animal (completado por John Sulston em 1983). Isso revelou como cada célula do verme adulto surgia durante o desenvolvimento e mostrou como as células descendentes estavam relacionadas umas com as outras no animal diferenciado. Sete anos depois, Brenner estabeleceu a genética do novo organismo-modelo com o isolamento de mais de 300 mutantes de morfologia e de comportamento. Estes definiram mais de 100 grupos de complementação mapeados em seis grupos de ligação. Aproximadamente 30 anos depois, há 400 laboratórios em todo o mundo que estudam *C. elegans*. Devido a sua simplicidade e acessibilidade experimental, ele é hoje o metazoário melhor compreendido.

C. elegans tem um ciclo de vida muito rápido

C. elegans é cultivado em placas de petri e alimentado com uma dieta muito simples de bactérias. Eles crescem bem em uma faixa de temperaturas, crescendo duas vezes mais rápido a 25°C do que a 15°C. A 25°C, embriões fertilizados completam seu desenvolvimento em 12 horas e eclodem como animais de vida livre capazes de comportamentos complexos. O verme-filhote passa por quatro estágios juvenis (L1 a L4) durante um período de 40 horas, para então tornar-se um adulto sexualmente maduro (Fig. A-14).

O adulto hermafrodita pode produzir até 300 autoprogênies durante o período de cerca de 4 dias, ou pode ser acasalado com machos raros, para produzir até 1.000 progênies híbridas. O verme adulto vive cerca de 15 dias. Sob condições estressantes (pouca comida, elevação da temperatura ou alta densidade populacional), o animal no estágio L1 pode entrar em um estágio de desenvolvimento alternativo, no qual ele assume a chamada forma **dauer**. As larvas dauer são resistentes aos estresses ambientais e podem viver por

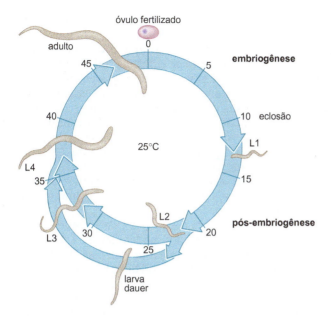

FIGURA A-14 Ciclo de vida do verme nematódeo, *C. elegans*. O ciclo de vida está mostrado em horas de desenvolvimento, desde o primeiro estágio juvenil até o adulto, como descrito no texto. O estágio alternativo do desenvolvimento – a larva dauer – também está representado.

muitos meses, enquanto aguardam uma melhoria nas condições ambientais. O estudo de mutantes incapazes de entrar no estágio dauer, ou que entram de maneira inapropriada, identificou genes expressos em neurônios específicos que funcionam na percepção das condições ambientais, genes expressos por todo o animal, que controlam o crescimento do corpo e genes que controlam o tempo de vida. A ativação desses últimos genes, no adulto, pode estender a duração da vida do animal de maneira drástica, e homólogos a esses genes estão envolvidos na extensão da vida em mamíferos.

C. elegans é composto por relativamente poucas e bem-estudadas linhagens celulares

C. elegans tem um plano corporal simples (Fig. A-15). O órgão proeminente no adulto hermafrodita é a gônada, que contém as células germinativas em proliferação e diferenciação (espermatozoide e ovócitos), a câmara de fertilização (espermateca) e o útero, para o armazenamento temporário dos

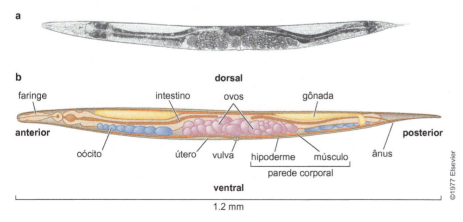

FIGURA A-15 Plano corporal de *C. elegans*. (a) Um verme hermafrodita adulto é mostrado em corte. (b) Os vários órgãos estão identificados no desenho e estão descritos no texto. (a, Reproduzida, com permissão, de Sulston J.E. e Horvitz H.R. 1977. *Dev. Biol.* **56**: 110-156. © Elsevier.)

embriões jovens. Os embriões passam do útero para o meio externo através da vulva, uma estrutura formada depois do período embrionário a partir de 22 células epidérmicas. As mutações que interrompem a formação da vulva não interferem na produção de embriões, mas impedem a postura dos ovos. Consequentemente, os embriões desenvolvem-se e os ovos eclodem no interior do útero. Os vermes liberados no útero, então, devoram a mãe e ficam presos dentro da sua pele (camada de cutícula), formando um "saco de vermes". Esse fenótipo facilmente identificável permitiu o isolamento de inúmeros mutantes sem vulva, identificando os grupos de genes que atuam no controle da formação, especificação e diferenciação das células da vulva, indicando que a construção deste "orgão" simplificado requer dezenas a centenas de genes. Entre esses genes, estão componentes de uma via de sinalização altamente conservada de receptores tirosina quinase, que controlam a proliferação celular.

Vários homólogos mamíferos destes genes são oncogenes e genes supressores de tumor que, quando alterados, podem levar ao desenvolvimento de câncer. Em *C. elegans*, as mutações que inativam essa via eliminam o desenvolvimento da vulva, uma vez que essas células nunca serão produzidas, enquanto as mutações que ativam essa via provocam a superproliferação das células precursoras da vulva, resultando em um fenótipo de múltiplas vulvas. Como o animal é transparente e a vulva é originada a partir de apenas 22 células, é possível descrever o defeito mutante com uma resolução celular tal que o tipo de mutação pode ser associado a uma transformação celular específica. Além disso, a função celular autônoma *versus* não autônoma de determinados produtos gênicos pode ser distinguida.

A via de morte celular foi descoberta em *C. elegans*

Embora o processo de morte celular tenha sido reconhecido em uma variedade de contextos de desenvolvimento (p. ex., a formação de dígitos e a perda das caudas dos girinos), a demonstração de que a morte celular é um processo "programado" e geneticamente regulado foram descobertas cruciais fornecidas pela flexibilidade genética e experimental de *C. elegans*. Análises iniciais de linhagens celulares observaram que os mesmos conjuntos de células morriam em todos os animais, sugerindo que a morte celular estava sob controle genético. Os primeiros mutantes defectivos para morte celular (*ced* [*cell death defective*]) isolados apresentavam defeitos no consumo das células mortas pelas células vizinhas; assim, nos mutantes, as células mortas persistiam no organismo por várias horas. Usando estes mutantes *ced*, H. Robert Horvitz e seus colegas isolaram vários outros mutantes *ced* que não apresentavam essa persistência das células mortas. Esses mutantes apresentavam defeitos na inicialização do programa de morte celular. A análise de mutantes *ced* mostrou que, em todos os casos, exceto um, a morte celular programada durante o desenvolvimento é autônoma entre as células, ou seja, a célula comete suicídio. Nos vermes machos, uma célula conhecida como célula de ligação é morta por sua vizinha. A identificação molecular dos genes *ced* forneceu o meio para identificar proteínas de mamíferos que exercem essencialmente reações bioquímicas idênticas para controlar a morte celular em todos os animais; na verdade, a expressão de homólogos humanos em *C. elegans* pode substituir um gene *ced* mutante. A morte celular é tão importante quanto a proliferação celular no desenvolvimento e na doença e é um foco de intensas pesquisas para o desenvolvimento de processos terapêuticos para o controle do câncer e das doenças neurodegenerativas.

O RNAi foi descoberto em *C. elegans*

Em 1998, uma descoberta notável foi anunciada. A introdução de uma molécula de RNA de dupla-fita (dsRNA) em *C. elegans* silenciou o gene homólogo ao dsRNA (para uma discussão completa sobre silenciamento gênico, ver Cap. 20). Embora este fenômeno tenha sido reconhecido também em outros organismos-modelos, a facilidade de manipulação da genética e do desenvolvimento de *C. elegans* (p. ex., a geração de mutantes incapazes de realizar o silenciamento) garantiu que ele estivesse na vanguarda da elucidação desta forma de silenciamento gênico. Essa descoberta inesperada e a análise subsequente da interferência por RNA (RNAi) são significativas em três aspectos. O primeiro é que o RNAi parece ser universal, porque a introdução de dsRNA em praticamente todas as células animais, fúngicas ou vegetais leva à degradação do mRNA dirigida por homologia. De fato, muito do que se sabe sobre RNAi partiu de estudos em plantas (Cap. 20). O segundo foi a rapidez com a qual a investigação experimental deste misterioso processo revelou os mecanismos moleculares (ver Fig. 20-10). O terceiro aspecto significativo do RNAi é o quão amplamente explorado ele se tornou para manipular a expressão gênica em múltiplos organismos. Isso oferece uma "estratégia sistemática" para identificar genes envolvidos em um determinado processo em vez de fazê-lo por meio da genética tradicional. Assim, uma biblioteca de RNAs de interferência pode ser direcionada contra todos os genes de um organismo, e pela correlação de fenótipos específicos com determinados RNAs da biblioteca é possível rastrear os genes que exercem um papel neste fenótipo. Esta abordagem pode ser aplicada mesmo em organismos não adequados para a genética tradicional. Essa pesquisa correlaciona-se com a análise de outro processo de regulação gênica mediado por RNA, que envolve pequenas quantidades de miRNAs endógenos que regulam a expressão gênica em plantas e animais, coordenam os rearranjos genômicos em ciliados e regulam a estrutura da cromatina em leveduras. Os primeiros dois miRNAs foram descobertos em triagens genéticas em *C. elegans*. Uma fração desses miRNAs do verme é conservada em moscas e mamíferos, onde suas funções estão apenas começando a ser reveladas. Estudos recentes sugerem que o genoma humano pode conter milhares de genes de miRNAs.

A MOSCA-DA-FRUTA, *DROSOPHILA MELANOGASTER*

Não faz muito tempo comemoramos o centésimo aniversário da mosca-da-fruta como um organismo-modelo para os estudos da genética e da biologia do desenvolvimento. Em 1908, Thomas Hunt Morgan e seus pesquisadores associados na Columbia University colocaram frutas apodrecidas na beira da janela de seu laboratório em Schermerhorn Hall. Seu objetivo era isolar um animal pequeno de reprodução rápida, capaz de ser cultivado em laboratório e utilizado para estudar a herança de características quantitativas, como a cor dos olhos. Entre a mistura variada de criaturas que foram capturadas, a mosca-da-fruta emergiu como o animal de escolha. Os adultos produziram um grande número de progênie em apenas duas semanas. A cultura era feita em potes de leite reciclados, utilizando uma preparação barata de leveduras e ágar.

Drosophila tem um ciclo de vida rápido

As características marcantes do ciclo de vida de *Drosophila* são: período muito rápido de embriogênese, seguido por três períodos de crescimento larval antes da metamorfose (Fig. A-16). A embriogênese é finalizada 24 horas após a fertilização e culmina com a liberação da larva de primeiro instar. Como discutido no Capítulo 21, os períodos iniciais do desenvolvimento embrionário de *Drosophila* exibem as clivagens nucleares mais rápidas conhecidas em qualquer animal. A larva de primeiro instar cresce por 24 horas e, então, muda para uma larva maior de segundo instar. O processo é repetido para criar uma larva de terceiro instar, que se alimenta e cresce por dois a três dias.

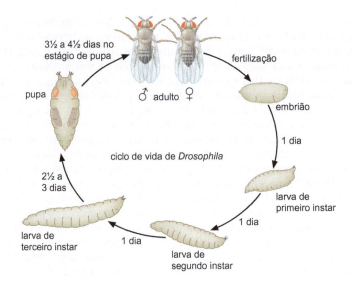

FIGURA A-16 **Ciclo de vida de Drosophila.** Os vários estágios de desenvolvimento da mosca, mostrados aqui, estão descritos no texto.

Um dos processos fundamentais que ocorre durante o desenvolvimento larval é o crescimento dos discos imaginais, os quais aparecem a partir de invaginações da epiderme em embriões de médio-estágio (Fig. A-17). Existe um par de discos para cada conjunto de apêndices (p. ex., um conjunto de discos imaginais para as pernas dianteiras e um conjunto de discos imaginais para as asas). Existem, também, discos imaginais para olhos, antenas, partes da boca e genitália. Os discos são inicialmente pequenos e compostos por menos de 100 células no embrião, mas contêm centenas de milhares de células na larva madura. O desenvolvimento dos discos imaginais das asas tornou-se um sistema experimental importante para o entendimento de como os gradientes de moléculas sinalizadoras secretadas, como Hedgehog e Dpp (TGF-β), controlam processos complexos de determinação do padrão. Os discos imaginais diferenciam-se em suas estruturas adultas apropriadas durante a metamorfose (ou pupação).

Os primeiros mapas genômicos foram produzidos em *Drosophila*

Em 1910, o laboratório de Morgan identificou um indivíduo macho mutante espontâneo com olhos brancos em vez dos olhos vermelhos brilhantes observados nas linhagens normais. Essa simples mosca iniciou uma série deci-

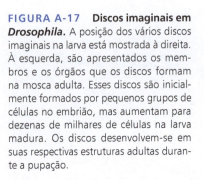

FIGURA A-17 **Discos imaginais em Drosophila.** A posição dos vários discos imaginais na larva está mostrada à direita. À esquerda, são apresentados os membros e os órgãos que os discos formam na mosca adulta. Esses discos são inicialmente formados por pequenos grupos de células no embrião, mas aumentam para dezenas de milhares de células na larva madura. Os discos desenvolvem-se em suas respectivas estruturas adultas durante a pupação.

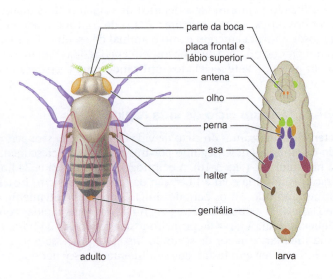

siva de estudos genéticos que resultaram em duas importantes descobertas: os genes estão localizados nos cromossomos, e cada gene é composto por dois alelos que são distribuídos de maneira independente durante a meiose (ver a primeira lei de Mendel; Cap. 1). A identificação de outras mutações levou à demonstração de que os genes localizados em cromossomos separados segregam de forma independente (segunda lei de Mendel), enquanto os genes ligados no mesmo cromossomo, não.

Um estudante de graduação da Columbia University, Alfred H. Sturtevant (membro do laboratório de Morgan), desenvolveu um algoritmo matemático simples para o mapeamento das distâncias entre genes ligados com base nas frequências de recombinação. A simplicidade e o poder deste trabalho tiveram um enorme impacto que fundamentalmente mudou a genética e forneceu a primeira demonstração de que os genes são entidades fisicamente definidas e ordenadas ao longo dos cromossomos. Na década de 1930, diversos mapas genéticos tinham sido produzidos e identificavam as posições relativas de numerosos genes que controlavam várias características físicas do adulto, como o formato e o tamanho da asa e a cor e o formato do olho.

Hermann J. Muller, outro cientista treinado no laboratório de Morgan, forneceu a primeira evidência de que fatores ambientais, como a radiação ionizante, podem causar rearranjos cromossômicos e mutações genéticas. As "triagens genéticas" em larga escala foram rotineiramente realizadas por meio da alimentação de machos adultos com um agente mutagênico, como EMS, e o subsequente cruzamento desses machos com fêmeas normais. A progênie F_1 era heterozigota e continha um cromossomo normal e um com uma mutação aleatória. Vários métodos são utilizados para estudar essas mutações, como descrito a seguir.

Além da sua notável fecundidade (uma única fêmea pode produzir milhares de ovos) e da rapidez do ciclo de vida, a mosca-da-fruta apresenta várias características muito úteis, que garantiram seu papel firme e permanente na pesquisa experimental. Ela contém apenas quatro cromossomos: dois grandes cromossomos autossômicos, 2 e 3, um pequeno cromossomo X (que determina o sexo) e um quarto cromossomo muito pequeno. Calvin B. Bridges – outro colega de Muller – descobriu que determinados tecidos na larva de *Drosophila* sofrem uma extensiva endorreplicação, sem mitose. Na glândula salivar, esse processo produz cromossomos gigantes, compostos por aproximadamente 1.000 cópias de cada cromátide. Bridges utilizou esses **cromossomos politênicos** para determinar um mapa físico do genoma de *Drosophila* (o primeiro produzido para qualquer organismo) (Fig. A-18).

Bridges identificou um total de aproximadamente 5.000 "bandas" nos quatro cromossomos e estabeleceu uma correlação entre muitas dessas bandas e as localizações dos *loci* genéticos identificados nos mapas clássicos de recombinação. Por exemplo, as moscas-da-fruta fêmeas heterozigotas para a mutação recessiva *white* exibem olhos vermelhos normais. Entretanto, fêmeas similares que contêm a mutação *white* e uma pequena deleção no outro cromossomo

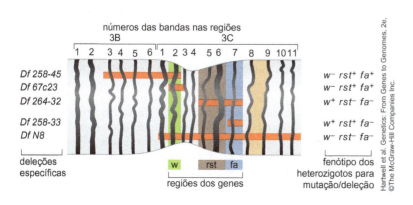

FIGURA A-18 Mapas genéticos, cromossomos politênicos e mapeamento de deficiências. A endorreplicação na ausência de mitose gera cromossomos aumentados em alguns tecidos da mosca, sobretudo nas glândulas salivares, onde esses cromossomos gigantes são compostos por cerca de 1.000 cromátides. Foi possível, pela primeira vez, correlacionar a ocorrência de genes para determinadas características com determinados segmentos físicos do cromossomo. Por exemplo, olhos brancos foram correlacionados com deleções na região 3C do cromossomo X. (Com permissão de Hartwell L. et al. 2004. *Genetics: From genes to genomes*, 2nd ed., p. 816, Fig. D-4. © McGraw-Hill.)

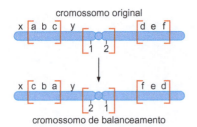

FIGURA A-19 Cromossomo de balanceamento. Os cromossomos de balanceamento (painel inferior) contêm uma série de inversões quando comparados ao cromossomo parental original (painel superior). Neste diagrama, um cromossomo hipotético tem dois braços. O braço esquerdo do cromossomo de balanceamento possui uma inversão interna que altera a ordem dos genes a, b e c do cromossomo original. De maneira semelhante, o braço à direita no cromossomo de balanceamento possui uma inversão que reverte a ordem dos genes d, e e f. Além disso, pode haver uma inversão centrada em torno do centrômero, revertendo, neste caso, a ordem dos genes 1 e 2. Portanto, o cromossomo de balanceamento possui uma ordem significativamente diferente dos genes quando comparado ao original. Como resultado, existe uma supressão de recombinação entre os cromossomos nos heterozigotos que contêm uma cópia de cada.

X, responsável pela remoção das bandas politênicas 3C2 a 3C3, exibem olhos brancos. Isso ocorre porque a cópia normal e dominante do gene não existe mais. Esse tipo de análise levou à conclusão de que o gene *white* está localizado em algum local entre as bandas politênicas 3C2 e 3C3 no cromossomo X.

Muitos outros métodos genéticos foram criados para estabelecer a mosca-da-fruta como o principal organismo experimental para os estudos de herança animal. Por exemplo, foram criados os **cromossomos de balanceamento**, os quais contêm uma série de inversões em relação à organização do cromossomo nativo (Fig. A-19). Esses cromossomos de balanceamento não podem sofrer recombinação com o cromossomo nativo durante a meiose. Como resultado, é possível manter culturas permanentes de moscas-da-fruta que contêm mutações recessivas letais. Considere-se uma mutação nula no gene *even-skipped* (*eve*), discutido no Capítulo 21. Embriões homozigotos para esta mutação morrem e não conseguem produzir larvas e adultos viáveis. O *locus eve* está mapeado no cromossomo 2 (na banda politênica 46C). A mutação nula pode ser mantida em uma população que seja heterozigota para um cromossomo "normal" contendo o alelo nulo de *eve* e um segundo cromossomo de balanceamento, que contém uma cópia normal do gene. Uma vez que o alelo nulo de *eve* é rigorosamente recessivo, essas moscas são completamente viáveis. Entretanto, apenas os heterozigotos são mantidos na progênie adulta em gerações sucessivas. Os embriões que contêm duas cópias do cromossomo de balanceamento morrem, porque algumas das inversões produzem interrupções recessivas em genes essenciais. Além disso, os embriões contendo duas cópias do cromossomo normal também morrem, porque são homozigotos para a mutação nula *eve*.

Mosaicos genéticos permitem a análise de genes letais em moscas adultas

Os **mosaicos** são animais que contêm pequenas porções de tecidos mutantes presentes em um constituição genética geralmente "normal". Essas pequenas regiões não inviabilizam o indivíduo, uma vez que a maior parte dos tecidos do organismo é normal. Por exemplo, pequenas porções de tecido mutante homozigoto *engrailed/engrailed* podem ser produzidas pela indução de recombinação mitótica em larvas em desenvolvimento usando raios X. Quando estas regiões são criadas em regiões posteriores das asas em desenvolvimento, as moscas resultantes apresentam asas anormais que possuem estruturas anteriores duplicadas em vez das estruturas posteriores normais. A análise de mosaicos genéticos forneceu a primeira evidência de que a proteína Engrailed é necessária para subdividir os apêndices e segmentos das moscas em compartimentos anterior e posterior.

Os mosaicos genéticos mais espetaculares são os ginandromorfos (Fig. A-20), moscas que são literalmente metade macho e metade fêmea. A identidade sexual em moscas é determinada pelo número de cromossomos X. Indivíduos com dois cromossomos X são fêmeas, enquanto os com apenas um cromossomo X são machos. (O cromossomo Y não define a identidade sexual em moscas como ocorre em camundongos e seres humanos: em moscas, o Y é necessário apenas para a produção de espermatozoides.) Em um evento raro, um dos dois cromossomos X é perdido na primeira divisão mitótica, após a fusão pronuclear do espermatozoide e do óvulo no embrião XX recém-fertilizado.

Essa instabilidade do X ocorre apenas na primeira divisão. Em todas as divisões subsequentes, os núcleos contendo dois cromossomos X geram núcleos-filhos com dois cromossomos X, enquanto os núcleos com apenas um cromossomo X geram núcleos-filhos contendo um único X. Como discutido no Capítulo 21, esses núcleos sofrem uma série de clivagens rápidas, sem membranas celulares e, então, migram para a periferia do ovo. Esta migração é consistente e há pouca ou nenhuma mistura de núcleos contendo um cromossomo X com núcleos contendo dois cromossomos X. Assim, metade do embrião é macho e metade é fêmea, embora a "linha" que separa os tecidos masculino e feminino seja aleatória. Sua posição exata depende da orientação dos dois núcleos-filhos após a primeira clivagem. Essa delimitação às vezes divide o adulto em uma metade esquerda que é fêmea e uma metade direita que é macho. Suponha que um dos cromossomos X contenha o alelo recessivo *white*. Caso o cromossomo X de tipo selvagem seja perdido na primeira divisão, a metade direita da mosca – a metade macho – terá olhos brancos (a metade macho possui apenas o cromossomo X mutante), enquanto a metade esquerda – o lado fêmea – tem olhos vermelhos. (Lembre-se de que a metade fêmea possui os dois cromossomos X e de que um destes é o alelo de tipo selvagem dominante.)

A recombinase FLP de leveduras permite a produção eficiente de mosaicos genéticos

O que não estava previsto na era clássica da análise genética é o fato de que *Drosophila* possui vários atributos favoráveis para estudos moleculares e análises de genoma inteiro. De forma notável, o genoma é relativamente pequeno. Ele é composto por apenas cerca de 150 Mb e contém menos de 14.000 genes codificadores de proteínas. Isso representa apenas 5% da quantidade de DNA presente nos genomas humano e de camundongos. À medida que a mosca-da-fruta entrou na era moderna, foram criados vários métodos que melhoraram algumas das técnicas antigas de manipulação genética e também levaram a métodos experimentais completamente novos, como a produção de linhagens transgênicas estáveis contendo DNAs recombinantes.

Como já foi discutido, os mosaicos genéticos são produzidos pela recombinação mitótica em tecidos somáticos. Inicialmente, os raios X eram utilizados para induzir a recombinação, embora esse método fosse ineficiente e produzisse pequenas regiões de tecido mutante. Mais recentemente, a frequência de recombinação mitótica foi muito aumentada pela utilização da recombinase FLP de leveduras (Fig. A-21). A FLP reconhece um motivo de sequência simples – FRT – e catalisa rearranjos de DNA (ver Cap. 12). Sequências FRT foram inseridas próximas ao centrômero de cada um dos quatro cromossomos usando o elemento P para transformação (ver discussão posterior). Então, moscas heterozigotas são geradas com um alelo nulo no gene Z em um cromossomo e uma cópia selvagem deste gene no cromossomo homólogo. Ambos os cromossomos contêm sequências FRT. Essas moscas são estáveis e viáveis, uma vez que não existe uma recombinase FLP endógena em *Drosophila*. No entanto, é possível introduzir a recombinase em linhagens transgênicas que possuem a sequência codificadora da proteína FLP de levedura sob o controle do promotor induzível pelo calor, hsp70. Assim, a síntese de FLP é desencadeada por choque térmico em todas as células. A FLP liga-se aos motivos FRT nos dois homólogos contendo o gene Z e catalisa a recombinação mitótica (Fig. A-21). Esse método é bastante eficiente. De fato, pequenos pulsos de choque térmico são frequentemente eficientes para produzir a recombinase FLP em quantidade suficiente para gerar grandes porções de tecido z^-/z^- em diferentes regiões de uma mosca adulta. Sequências de

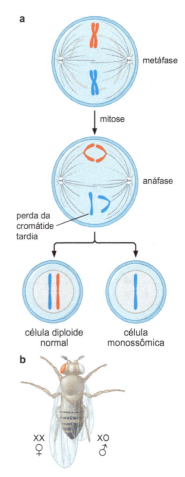

FIGURA A-20 Ginandromorfos. Mutantes ginandromorfos são uma forma particularmente interessante de mosaicos genéticos. (a) O cromossomo X azul contém a mutação recessiva (*white*), enquanto o cromossomo X vermelho tem a cópia dominante normal do gene. O mutante é o resultado da perda do cromossomo X na primeira divisão mitótica em moscas fêmeas (XX), como descrito no texto. (b) No mutante resultante, uma metade da mosca é fêmea, a outra é macho.

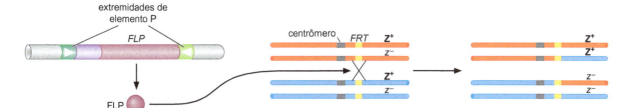

FIGURA A-21 FLP-FRT. A utilização deste sistema de recombinação sítio-específica da levedura (descrito no Cap. 12) promove elevados níveis de recombinação mitótica nas moscas. A recombinação é controlada pela expressão da recombinase, nas moscas, apenas quando necessário.

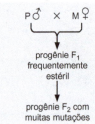

FIGURA A-22 Disgenesia do híbrido. Elementos transposons P residem passivamente em linhagens P porque elas expressam um repressor que mantém os transposons silenciados. Quando as linhagens P são acasaladas com linhagens M que não possuem o repressor, os transposons são mobilizados dentro das células polares e, frequentemente, integram-se nos genes necessários à formação da linhagem germinativa. Isso explica a alta taxa de esterilidade na progênie destes cruzamentos.

reconhecimento de FRT foram inseridas ao longo do genoma de *Drosophila* por transformação com P. Agora é possível criar pequenas deleções em praticamente qualquer gene pela indução de rearranjos entre os sítios FRT que flanqueiam o gene de interesse usando a recombinase FLP.

É fácil produzir moscas-da-fruta transgênicas contendo DNA exógeno

Os elementos P são segmentos transponíveis de DNA que causam um fenômeno genético chamado **disgenesia do híbrido** (Fig. A-22). Considere as consequências do cruzamento de fêmeas da linhagem "M" de *D. melanogaster* com machos da linhagem "P" (mesma espécie, mas populações diferentes). A progênie F_1 é frequentemente estéril. O motivo é que a linhagem P contém várias cópias do transposon elemento P que são mobilizadas em embriões derivados de óvulos M. Estes óvulos não possuem uma proteína repressora que inibe a mobilização do elemento P. A excisão e a inserção do elemento P são limitadas às células polares, progenitoras dos gametas (espermatozoides nos machos e óvulos nas fêmeas). Às vezes, os elementos P inserem-se em genes essenciais para o desenvolvimento destas células germinativas e, como resultado, as moscas adultas derivadas destes cruzamentos são estéreis.

Os elementos P são utilizados como vetores de transformação para a introdução de DNAs recombinantes em linhagens de moscas normais (Fig. A-23). Um elemento P completo possui 3 kb. Ele contém repetições invertidas nas extremidades que são essenciais para excisão e inserção. O DNA interveniente codifica um repressor da transposição e uma transposase que promove a mobilização. O repressor é expresso nos óvulos em desenvolvimento de linhagens P. Consequentemente, não há movimentação de elementos P em embriões derivados de fêmeas da linhagem P (estes contêm elementos P). O deslocamento é observado apenas nos embriões derivados de óvulos produzidos por fêmeas da linhagem M, que não possuem os elementos P.

Um DNA recombinante é inserido em elementos P defectivos que não possuem os genes internos que codificam o repressor e a transposase. Esse DNA é injetado em regiões posteriores de embriões iniciais pré-celulares (como foi visto no Capítulo 21, essa é a região que contém os grânulos polares). A transposase é injetada com o vetor de elemento P recombinante. À medida que os núcleos clivados deslocam-se para a região posterior, eles incorporam os grânulos polares e o DNA de elemento P recombinante junto com a transposase. As células polares brotam a partir do citoplasma polar e os elementos P recombinantes inserem-se em posições aleatórias nas células polares. Células polares diferentes contêm diferentes eventos de inserção do elemento P. A quantidade de DNA de elemento P recombinante e de transposase é calibrada de maneira que uma determinada célula polar receba, em média, apenas um único elemento P integrado. Os embriões desenvolvem-se em adultos e, então, são cruzados com linhagens de testes apropriadas.

O elemento P recombinante contém um gene "marcador", como *white*$^+$, e a linhagem utilizada para as injeções é um mutante *white*$^-$. As linhagens de teste também são *white*$^-$, de maneira que qualquer mosca de F_2 que tenha olhos vermelhos deve conter uma cópia do elemento P recombinante. Esse método de transformação por elemento P é rotineiramente utilizado para a identificação de sequências reguladoras, como as sequências que dirigem a expressão da faixa 2 de *eve* (discutida no Cap. 21). Além disso, essa estratégia é utilizada para examinar os genes codificadores de proteínas em diferentes composições genéticas.

Em resumo, *Drosophila* oferece muitas das sofisticadas ferramentas de genética clássica e molecular que, como vimos, estão disponíveis em sistemas experimentais microbianos. Uma exceção óbvia era a ausência de métodos para a manipulação precisa do genoma pela recombinação homóloga com DNA recombinante, como na criação de deleções gênicas. Entretanto, tais métodos foram recentemente desenvolvidos e estão sendo aperfeiçoados para a utilização rotineira. Ironicamente, essas manipulações já estão disponíveis, como

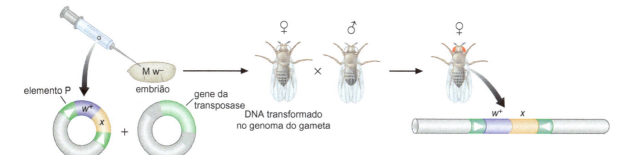

FIGURA A-23 Transformação por elemento P. Elementos P podem ser usados como vetores para a transformação de embriões de moscas. Assim, conforme discutido no texto, as sequências de interesse podem ser inseridas em elementos P modificados. Uma única cópia dessa molécula recombinante é incorporada estavelmente em um único local de um cromossomo da mosca.

será visto, no sistema experimental mais complicado, o camundongo. Apesar disso, devido à profusão de ferramentas genéticas disponíveis em *Drosophila* e ao extenso nível de conhecimento sobre esse organismo, compilado em décadas de investigação, a mosca-da-fruta continua sendo um dos principais sistemas experimentais para o estudo do desenvolvimento e do comportamento.

O CAMUNDONGO DOMÉSTICO, *MUS MUSCULUS*

Pelos padrões de *C. elegans* e *Drosophila*, o ciclo de vida do camundongo é lento e complicado. O desenvolvimento embriogênico, ou gestação, consome um período de 3 semanas, e o camundongo recém-nascido só atinge a puberdade após mais 5 a 6 semanas. Assim, o ciclo de vida efetivo é de aproximadamente 8 a 9 semanas, mais de cinco vezes mais longo do que o de *Drosophila*. O camundongo, no entanto, possui um *status* especial devido à sua posição na árvore evolutiva: ele é um mamífero e, portanto, relacionado aos seres humanos. Obviamente, os chimpanzés e outros primatas superiores são mais próximos dos seres humanos do que o camundongo, mas não são adequados às várias manipulações experimentais que podem ser realizadas nos camundongos.

Assim, o camundongo fornece a ligação entre os princípios básicos, descobertos em organismos mais simples, como vermes e moscas, e as doenças humanas. Por exemplo, o gene *patched* de *Drosophila* codifica um componente crítico do receptor Hedgehog (Cap. 21). Os embriões mutantes de moscas que não possuem a atividade gênica selvagem de *patched* exibem vários defeitos de estabelecimento de padrões. Os genes ortólogos no camundongo também são importantes no desenvolvimento. Surpreendentemente, no entanto, determinados mutantes *patched* provocam vários cânceres, como o câncer de pele, em camundongos e em humanos. Nenhum tipo de análise em moscas revelaria uma função desse tipo. Além disso, foram desenvolvidos métodos que permitem a remoção eficiente de genes específicos de animais que, exceto por essa remoção, seriam normais. Essa tecnologia de "nocaute" gênico tem um impacto enorme na compreensão dos mecanismos básicos que controlam o desenvolvimento, o comportamento e as doenças dos seres humanos. Serão revistas brevemente as características mais marcantes do camundongo como sistema experimental.

O complemento cromossômico do camundongo é semelhante ao observado nos seres humanos: há 19 autossomos nos camundongos (22 em seres humanos), bem como cromossomos sexuais X e Y. Existe uma extensiva sintenia entre camundongos e seres humanos: extensas regiões de um determinado cromossomo de camundongo contêm os mesmos conjuntos de genes (na mesma ordem) que as regiões "homólogas" dos cromossomos humanos correspondentes. O genoma do camundongo foi sequenciado e montado.

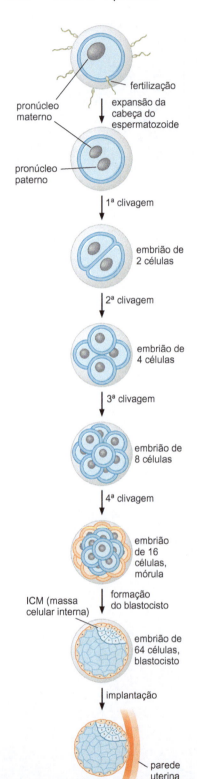

FIGURA A-24 Visão geral da embriogênese murina.

Como discutido no Capítulo 21, o camundongo tem aproximadamente o mesmo conjunto de genes presente no genoma humano: cada um contém aproximadamente 25.000 genes, e há uma correspondência de um para um para mais de 85% destes genes. A maioria das diferenças, se não todas, entre os genomas murino e humano vem da duplicação seletiva de certas famílias gênicas em uma linhagem ou na outra. Análises genômicas comparativas confirmam o que já se sabe há algum tempo: o camundongo é um excelente modelo para o desenvolvimento e as doenças de seres humanos.

O desenvolvimento embrionário do camundongo depende de células-tronco

Os ovócitos de camundongos são pequenos e difíceis de manipular. Como os ovócitos humanos, eles têm apenas 100 mícrons de diâmetro. Seu pequeno tamanho exclui a possibilidade de experimentos com enxertos, como os realizados no *zebrafish* e em sapos, mas foram desenvolvidos métodos de microinjeção para a introdução de DNA recombinante em linhagens celulares de camundongos, a fim de criar linhagens transgênicas, como discutido a seguir. Além disso, é possível obter uma grande quantidade de embriões de camundongo, mesmo nos estágios mais iniciais, para experimentos de hibridização *in situ* e para a visualização de padrões específicos de expressão gênica. Esses métodos de visualização podem ser aplicados a embriões normais e a embriões mutantes que contêm interrupções em *loci* genéticos definidos.

A Figura A-24 apresenta uma visão geral da embriogênese de camundongos. As primeiras divisões do embrião inicial de camundongo são muito lentas e ocorrem com frequência média de apenas uma a cada 12 a 24 horas. A primeira diversificação óbvia de tipos celulares é observada no estágio de 16 células, chamado de **mórula** (Fig. A-24, painel 6). As células localizadas nas regiões mais externas formam tecidos que não contribuem para o embrião, e desenvolvem-se formando a placenta. As células localizadas nas regiões mais internas geram a massa celular interna (ICM). No estágio de 64 células, existem apenas 13 células ICM, que formam todos os tecidos do camundongo adulto. A ICM é a principal fonte de células-tronco embrionárias, as quais podem ser cultivadas e induzidas a originar qualquer tipo celular adulto, pela adição de fatores de crescimento apropriados. Células-tronco humanas tornaram-se objeto de considerável controvérsia social, mas oferecem a promessa de fornecer uma fonte renovável de tecidos que podem ser usados para substituir células defeituosas em uma variedade de doenças degenerativas como diabetes e doença de Alzheimer.

No estágio de 64 células (cerca de 3 a 4 dias após a fertilização), o embrião de camundongo, agora chamado de **blastocisto**, está finalmente pronto para a implantação. As interações entre o blastocisto e a parede uterina levam à formação da placenta, uma característica de todos os mamíferos, com exceção do primitivo ornitorrinco, que é ovíparo. Após a formação da placenta, o embrião entra na gastrulação, na qual a ICM forma todas as três camadas germinativas: endoderme, mesoderme e ectoderme. Logo a seguir, pode-se observar um feto, o qual contém um cérebro, uma medula espinal e órgãos internos, como o coração e o fígado.

O primeiro estágio da gastrulação murina é a subdivisão da ICM em duas camadas celulares: um hipoblasto interno e um epiblasto externo, que formarão a endoderme e a ectoderme, respectivamente. Uma fenda denominada **fenda primitiva** forma-se ao longo do comprimento da camada epiblástica, e as células que migram para dentro dessa fenda formam a mesoderme interna. A extremidade anterior da fenda primitiva é chamada de **nó** e é a fonte de várias moléculas de sinalização que são utilizadas para modelar o eixo anteroposterior do embrião, incluindo dois inibidores secretados da sinalização por TGF-β, Cordina e Nogina. Os embriões de camundongos duplos-mutantes que não possuem esses genes originam fetos que não apresentam estruturas da cabeça, como o prosencéfalo e o nariz.

É fácil introduzir DNA exógeno em embriões de camundongo

Foram desenvolvidos métodos de microinjeção para a expressão eficiente de DNA recombinante em linhagens transgênicas de camundongo. O DNA é injetado no pronúcleo de ovos, e os embriões são colocados no oviduto de uma fêmea de camundongo, onde eles têm a possibilidade de ser implantados e desenvolver-se. O DNA injetado integra-se em posições aleatórias no genoma (Fig. A-25). A eficiência da integração é bastante elevada e normalmente ocorre durante os estágios iniciais do desenvolvimento, frequentemente em embriões de uma única célula. Como resultado, a fusão gênica insere-se na maioria ou em todas as células do embrião, incluindo as células ICM que formam os tecidos somáticos e a linhagem germinativa do camundongo adulto. Aproximadamente 50% dos camundongos transgênicos que são produzidos por meio da utilização desse método simples de microinjeção exibem **transformação da linhagem germinativa**; ou seja, seus descendentes também contêm o DNA recombinante exógeno.

Considere como exemplo uma fusão gênica contendo o reforçador do gene *Hoxb2* ligado ao gene-repórter *lacZ*. Os embriões e fetos podem ser obtidos a partir de linhagens transgênicas contendo esse repórter e corados para revelar o padrão de expressão de *lacZ*. Neste caso, a coloração é observada na parte posterior do cérebro (Fig. A-26). Camundongos transgênicos foram usados para caracterizar várias sequências reguladoras, incluindo as que regulam os genes de β-globina e os genes *HoxD*. Ambos os *loci* são complexos e apresentam elementos reguladores de longa distância (LCR e GCR, respectivamente) que coordenam a expressão de diferentes genes a distâncias de várias centenas de quilobases (ver Cap. 19).

A recombinação homóloga permite a remoção seletiva de genes individuais

O método individual mais eficiente da transgênese de camundongos é a capacidade para anular, ou "nocautear", *loci* gênicos únicos. Isso permite a criação de modelos experimentais de camundongos para doenças humanas. Por exemplo, o gene *p53* codifica uma proteína reguladora que ativa a expressão de genes necessários ao reparo de DNA. O *p53* está envolvido em vários cânceres humanos. Quando a função de *p53* é perdida, as células cancerosas tornam-se altamente invasivas devido ao rápido acúmulo de mutações no DNA. Foi estabelecida uma linhagem de camundongos completamente normal, com exceção da ausência do gene *p53*. Esses camundongos, que são altamente suscetíveis ao câncer, morrem jovens. Espera-se que esses camundongos possam ser utilizados para a avaliação de novos fármacos potenciais e agentes anticancerígenos para a utilização em seres humanos. Embora *Drosophila* apresente um gene *p53* e mutantes tenham sido isolados, ela não fornece a mesma oportunidade para a descoberta de fármacos, como ocorre com o modelo de camundongos.

Experimentos de disrupção gênica são realizados em células-tronco embrionárias (ES) (Fig. A-27). Essas células são obtidas pelo cultivo de blastocistos de camundongos, de maneira que as células ICM proliferam sem sofrer diferenciação. Um DNA recombinante é gerado, contendo uma forma mutante do gene de interesse (células ES também podem ser geradas a partir de células

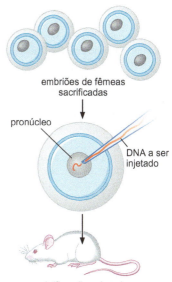

FIGURA A-25 Criação de camundongos transgênicos pela microinjeção de DNA no pronúcleo do óvulo. Os embriões de uma célula são obtidos a partir de um camundongo fêmea recém-acasalado. O DNA recombinante é injetado no núcleo e, a seguir, o embrião é implantado no oviduto de uma mãe substituta. Após vários dias, o embrião implanta-se e forma um feto que contém cópias do DNA recombinante integradas ao genoma.

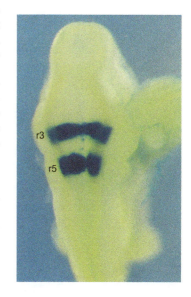

FIGURA A-26 Padrões de expressão *in situ* de embriões obtidos a partir de camundongos transgênicos. Uma linhagem de camundongos transgênicos contendo um segmento da região reguladora de *Hoxb2* ligada ao gene-repórter *lacZ* foi criada. Os embriões foram obtidos de fêmeas transgênicas e corados para revelar os sítios de atividade de β-galactosidase (LacZ). Existem duas bandas proeminentes de coloração detectadas na região do cérebro posterior de embriões com 10,5 dias. O embrião é apresentado com a cabeça para cima e a cauda para baixo. (Nonchev et al. 1996. *Proc. Natl. Acad. Sci.* **93**: 9339-9345, Fig. 1c.)

FIGURA A-27 Nocaute gênico via recombinação homóloga. A figura resume o método utilizado para criar uma linhagem celular que não apresente um determinado gene. A recombinação homóloga que ocorre no gene-alvo (mostrado em verde) resulta na incorporação de NEO e na interrupção desse gene. A recombinação não homóloga, ou aleatória, pode resultar na incorporação do gene interrompido pelo gene NEO, junto com o gene que codifica a timidina quinase (TK). Clones portadores de ambos os construtos sobrevivem à exposição à neomicina, mas clones também portando TK são posteriormente selecionados negativamente pelo crescimento em ganciclovir (GANC). Clones contendo a inserção NEO via recombinação homóloga são os únicos sobreviventes. Uma vez produzidas, essas células podem ser clonadas para gerar um camundongo completo que não possui esse mesmo gene (ver Fig. A-25).

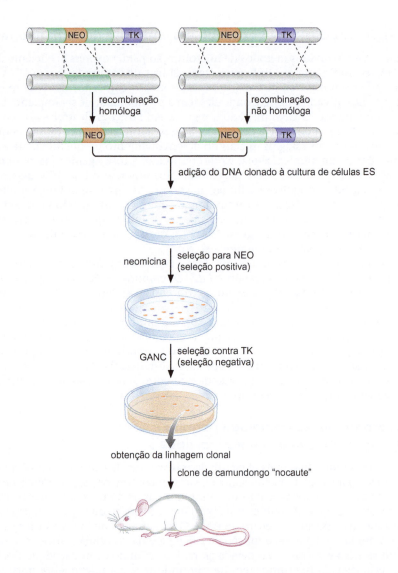

somáticas por um procedimento recém-desenvolvido, envolvendo reprogramação com um pequeno número de fatores de transcrição [ver Cap. 21, Quadro 21-1]). Por exemplo, a região codificadora de uma proteína de um determinado gene-alvo é modificada por meio da remoção de uma pequena região próxima ao início do gene, que remove códons de aminoácidos essenciais da proteína codificada e provoca uma alteração de fase de leitura na sequência codificadora subsequente. A forma modificada do gene-alvo é ligada a um gene de resistência a fármacos, como NEO, que confere resistência à neomicina. Apenas as células ES que possuem o transgene conseguem crescer em meio que contém o antibiótico. O gene NEO é colocado a jusante do gene-alvo modificado, mas a montante da região flanqueadora de homologia ao cromossomo, de maneira que uma recombinação dupla com o cromossomo irá resultar na substituição do gene-alvo pelo gene mutante com o gene de resistência ao fármaco. (Alternativamente, o gene NEO pode ser inserido no gene-alvo.)

Entretanto, existe alta incidência de recombinação não homóloga, na qual a recombinação ocorre de maneira aleatória em sítios diferentes dos sítios do gene endógeno. Para favorecer os eventos de recombinação homóloga, o vetor recombinante também deve conter um marcador – o gene da enzima timidina quinase (TK) – que pode ser submetido a uma seleção negativa pela utilização do fármaco ganciclovir, que é convertido em um composto tóxico pela quinase. O gene da timidina quinase é inserido no vetor, em uma região externa à região de homologia com o cromossomo. Assim, os transformantes nos quais o gene mutante foi incorporado no cromossomo por recombinação homóloga não apresentarão o gene de timidina quinase, enquanto os transformantes nos quais a incorporação no cromossomo ocorreu por recombinação não homóloga aleatória, em geral, apresentarão o vetor inteiro, incluindo o gene de timidina quinase, e, portanto, sofrerão o efeito da seleção negativa.

Como resultado desse procedimento, são obtidas células ES recombinantes, nas quais uma cópia do gene-alvo corresponde ao alelo mutante. Essas células ES recombinantes são reunidas e injetadas dentro da ICM de blastocistos normais. Os embriões híbridos são inseridos no oviduto de um camundongo hospedeiro, onde o desenvolvimento prossegue até o fim. Alguns dos adultos formados a partir dos embriões híbridos têm uma linhagem germinativa transformada e, portanto, produzem gametas haploides contendo a forma mutante do gene-alvo. As células ES utilizadas na transformação original e nos experimentos de recombinação homóloga originam tanto tecidos somáticos como a linhagem germinativa. Uma vez obtidos, esses camundongos contendo células germinativas transformadas são acasalados entre irmãos para produzir mutantes homozigotos. Algumas vezes, esses mutantes devem ser analisados como embriões, devido à letalidade. Com outros genes, os embriões mutantes desenvolvem-se em camundongos adultos, os quais podem ser examinados por meio de várias técnicas.

Camundongos exibem herança epigenética

Estudos em embriões de camundongos manipulados levaram à descoberta de um mecanismo muito curioso de herança não mendeliana, ou epigenética. Esse fenômeno é conhecido como **memorização** (ou *imprinting* parental) (Fig. A-28). A ideia básica é que apenas um dos dois alelos para determinados genes está ativo. Isso ocorre porque a outra cópia é seletivamente inativada, ou no desenvolvimento da célula do espermatozoide ou no desenvolvimento do óvulo. Considere o caso do gene *Igf2*, que codifica um fator de crescimento semelhante à insulina, expresso no intestino e no fígado de fetos em desenvolvimento. Apenas o alelo *Igf2* herdado do pai é ativamente expresso no embrião. A outra cópia, embora perfeitamente normal em sequência, é inativa. As atividades diferenciais das cópias materna e paterna do gene *Igf2* surgem a partir da metilação de um DNA silenciador associado, que reprime a expressão de *Igf2*. Durante a espermiogênese, o DNA é metilado e, como resultado, o gene *Igf2* pode ser ativado no feto em desenvolvimento. A metilação inativa o silenciador. Em contrapartida, o DNA silenciador não é metilado durante o desenvolvimento do ovócito. Portanto, o alelo *Igf2* herdado da fêmea está silenciado. Em outras palavras, a cópia paterna do gene sofreu "*imprinting*" e está marcada – neste caso, metilada – para a expressão futura no embrião. Esse exemplo específico é discutido em detalhes no Capítulo 19.

Existem aproximadamente 30 genes marcados pelo *imprinting* parental em camundongos e seres humanos. Muitos desses genes, incluindo o exemplo anterior de *Igf2*, controlam o crescimento do feto em desenvolvimento. Sugeriu-se que o *imprinting* tenha evoluído de modo a proteger a mãe de seu próprio feto. A proteína Igf2 promove o crescimento do feto. A mãe tenta limitar esse crescimento pela inativação da cópia materna do gene.

Consideramos como cada organismo deve manter e duplicar o seu DNA para sobreviver, adaptar-se e multiplicar-se. As estratégias gerais para atingir esses objetivos biológicos básicos são similares na grande maioria dos organismos e, portanto, podem ser examinadas com sucesso em organismos mais simples. No entanto, está claro que os processos mais complexos, encontrados em organismos superiores, como a diferenciação e o desenvolvimento, exigem sistemas mais elaborados de regulação da expressão gênica, os quais podem ser estudados apenas em organismos mais complexos. Uma ampla classe de técnicas experimentais eficientes pode ser utilizada com sucesso

FIGURA A-28 *Imprinting* no camundongo. Silenciamento permanente de um alelo de um determinado gene em um camundongo. Como destacado no texto e descrito em detalhes no Capítulo 19, o *imprinting* assegura que apenas uma cópia do gene *Igf2* de camundongo seja expressa em cada célula, que é sempre a cópia fornecida pelo cromossomo paterno.

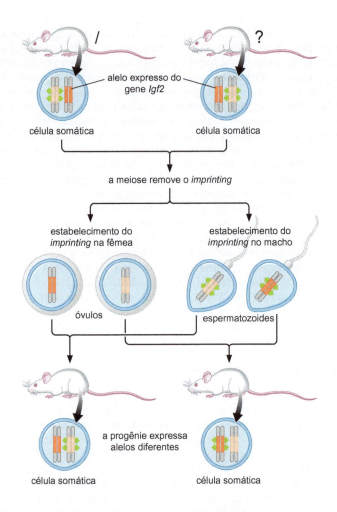

na manipulação de camundongos, explorando vários problemas biológicos complexos. Como resultado, o camundongo tem servido como um excelente modelo para o estudo de processos genéticos, bioquímicos e de desenvolvimento, que, provavelmente, ocorrem nos mamíferos mais evoluídos. As publicações recentes e a anotação do genoma do camundongo têm ressaltado a importância do camundongo como modelo para pesquisas adicionais e para a compreensão de problemas relacionados a doenças e ao desenvolvimento em seres humanos.

BIBLIOGRAFIA

Burke D., Dawson D., and Stearns T. 2000. *Methods in yeast genetics*. Cold Spring Harbor Laboratory Press, Cold Spring Harbor, New York.

Hartwell L.H., Hood L., Goldberg M.L., Reynolds A.E., Silver L.S., and Veres R.C. 2004. *Genetics: From genes to genomes*, 2nd ed. McGraw–Hill, New York.

Miller J.H. 1972. *Experiments in molecular genetics*. Cold Spring Harbor Laboratory Press, Cold Spring Harbor, New York.

Nagy A., Gertsenstein M., Vintersten K., and Behringer R. 2003. *Manipulating the mouse embryo*, 3rd ed. Cold Spring Harbor Laboratory Press, Cold Spring Harbor, New York.

Sambrook J. and Russell D.W. 2001. *Molecular cloning: A laboratory manual*, 3rd ed. Cold Spring Harbor Laboratory Press, Cold Spring Harbor, New York.

Snustad D.P. and Simmons M.J. 2002. *Principles of genetics*, 3rd ed. John Wiley and Sons, New York.

Stent G.S. and Calendar R. 1978. *Molecular genetics: An introductory narrative*. W.H. Freeman and Co., San Francisco.

Sullivan W., Ashburner M., and Hawley R.S. 2000. *Drosophila protocols*. Cold Spring Harbor Laboratory Press, Cold Spring Harbor, New York.

Wolpert L., Beddington R., Lawrence P., Meyerowitz E., Smith J., and Jessell T.M. 2002. *Principles of development*, 2nd ed. Oxford University Press, Oxford.

APÊNDICE 2

Respostas

CAPÍTULO 1

Questão 2. Falso. Um gene pode ter mais de dois alelos. Pode-se determinar as relações entre todos os alelos (p. ex., por cruzamentos genéticos e mapeamento ou sequenciamento).

Questão 4. Falso. Alguns alelos apresentam dominância incompleta, como os alelos da flor boca-de-leão. A geração F_1 mostra um fenótipo intermediário quando flores puras vermelhas e brancas são cruzadas. Um gene pode ter mais de um alelo, e a relação entre eles deve ser determinada.

Questão 6.
- **A.** Todas as ervilhas com sementes amarelas. Todas as plantas devem ser heterozigotas (Yy) para o gene de cor de semente. Se sementes amarelas forem dominantes, apenas o fenótipo de semente amarela será observado.
- **B.** 3 com sementes amarelas: 1 com semente verde.
- **C.** 1 YY: 2 Yy: 1 yy.
- **D.** 2 heterozigotos (Yy): 2 homozigotos (YY e yy) ou, simplificando, 1:1.

Questão 8.

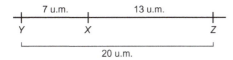

Questão 10. Com estas informações, pode-se dizer que L e M estão ligados e separados por 5 u.m. em um cromossomo. Uma frequência de recombinação de 50% indica que os genes não estão ligados – estão distantes um do outro no mesmo cromossomo, ou estão em cromossomos diferentes. Assim, o gene N está > 50 u.m. de distância de L e M ou em um cromossomo diferente.

Questão 12. Uma mutação é uma alteração na sequência de DNA que é hereditária. Uma baixa taxa de mutação permite a adaptação dos organismos a alterações em seu ambiente ao longo do tempo. Mutações que aumentam a capacidade de sobrevivência do organismo em um novo ambiente seriam transmitidas para a nova geração.

Questão 14. O valor 15 deve ser o mais baixo para a descendência recombinante observada, uma vez que um *crossing over* duplo é o evento menos provável. A partir das informações fornecidas, sabemos que *pk* está entre *y* e *tri*, portanto, 15 representa a recombinação total observada entre *y* e *pk*, e *pk* e *tri*.

Para calcular o percentual de recombinação (ou u.m.), divide-se o número de recombinantes específicos observados em um *crossing over* entre dois genes de interesse pelo número total de descendentes. Para os recombinantes observados, adiciona-se o valor de *crossing overs* duplos porque o *crossing over* simples ocorreu nestes descendentes.

Distância entre *y* e *pk* = ((X + 15) / 1.000) * 100 = 23,0% ou 23,0 u.m.

X = 215 = valor esperado para o número total de descendentes recombinantes representando um *crossing over* entre *y* e *pk*.

Distância entre *pk* e *tri* = ((X + 15) / 1.000) * 100 = 18,4% ou 18,4 u.m.

X = 169 = valor esperado para o número total de descendentes recombinantes representando um *crossing over* entre *pk* e *tri*.

CAPÍTULO 2

Questão 2. O esqueleto de DNA consiste em grupos de açúcar-fosfato. Portanto, o esqueleto é marcado com ^{32}P. Certos aminoácidos contêm enxofre (cisteína e metionina). Portanto, a proteína é marcada com ^{35}S. A marcação reversa não é possível. Não há enxofre no DNA e nem fósforo nos aminoácidos.

Questão 4. As bases são citosina, timina, adenina e guanina no DNA. As bases nitrogenadas possuem uma estrutura de anel pirimidínico (citosina e timina) ou purínico (adenina e guanina). Os nucleosídeos incluem uma base nitrogenada ligada a um açúcar (ribose no RNA, desoxirribose no DNA).

Os nucleotídeos incluem uma base nitrogenada ligada a uma ribose ou a uma desoxirribose, que é ligada a um, dois ou três grupos fosfato (mono-, di- ou trifosfato).

Questão 6.

A. Seguindo uma rodada de replicação pelo modelo dispersivo, todo DNA deveria conter metade de ^{15}N e metade de ^{14}N. Assim, a banda resultante após a ultracentrifugação em um gradiente de cloreto de césio corresponderia a uma banda intermediária.

B. Seguindo uma rodada de replicação pelo modelo conservativo, metade das moléculas de DNA de dupla-fita teria ^{15}N e a outra metade teria ^{14}N. Assim, as bandas resultantes após a ultracentrifugação em um gradiente de cloreto de césio corresponderiam a uma banda pesada e uma banda leve.

C. O modelo conservativo de replicação pode ser eliminado em uma rodada de replicação bacteriana, mas são necessárias duas rodadas de replicação para distinguir entre os modelos dispersivo e semiconservativo. Uma rodada de replicação sob o modelo conservativo resultaria em dois produtos de dupla-fita, um inteiramente marcado com ^{15}N e outro, com ^{14}N, apresentados como duas bandas diferentes (HH e LL) após a centrifugação, o que não é observado. Contudo, uma rodada de replicação, pelo modelo dispersivo ou pelo semiconservativo, produziria uma única banda no gradiente (HL). Uma segunda rodada de replicação, de acordo com o modelo semiconservativo, produziria duas bandas (LL e HL), que são, de fato, observadas; enquanto, pelo modelo distributivo, teríamos apenas bandas intermediárias, com cada fita contendo uma mistura de sequências leves (maioria) e algumas pesadas. Assim, o modelo semiconservativo é confirmado na segunda rodada de replicação.

Questão 8. O RNA (mas não o DNA) está localizado no citoplasma, onde ocorre a síntese proteica. A estrutura química do RNA é semelhante à do DNA (ribose em vez de desoxirribose, uracila em vez de timina). O RNA é sintetizado a partir de um molde de DNA.

Questão 10. O termo polirribossomo descreve um grupo de ribossomos traduzindo o mesmo mRNA ao mesmo tempo. Por meio dos polirribossomos, a tradução de uma proteína específica é aumentada e o tempo para alcançar um certo nível da proteína é reduzido. Isso permite que um mRNA atue como molde para múltiplas cópias da proteína, que podem ser feitas ao mesmo tempo. Isso é útil porque o mRNA pode não estar presente em altos níveis ou pode ter curto tempo de meia-vida (vida curta).

Questão 12.

duplicação ⟲ DNA $\xrightarrow{transcrição}$ RNA $\xrightarrow{tradução}$ proteína

A DNA-polimerase é responsável pela duplicação do DNA ou pela síntese do DNA no núcleo. A RNA-polimerase transcreve o DNA em mRNA no núcleo. O ribossomo é responsável pela tradução do RNA em proteína no citoplasma. O mRNA é o produto da transcrição e o molde para a síntese de proteína (tradução). O tRNA atua como os adaptadores durante a tradução ao ler o molde e trazer o aminoácido apropriado. O rRNA atua como componente estrutural do ribossomo bem como componente catalítico para a formação da ligação peptídica na tradução.

Questão 14.

A. A síntese proteica é inibida pela adição de DNase em cerca de metade do nível na ausência de DNase. A adição de mais DNase não aumenta o efeito.

B. Embora o DNA não seja o molde direto para a síntese proteica, os dois processos estão conectados por meio do mRNA no Dogma Central. Na presença de DNase, o DNA é destruído. Sem DNA, a RNA-polimerase não possui molde para gerar novos mRNAs. Os mRNAs servem como molde para a síntese proteica. O mRNA pode ter vida curta, portanto, o nível global de mRNA diminui indiretamente como resultado da adição de DNase. Algum mRNA precisa estar presente para que se veja o nível observado de síntese proteica na presença de DNase.

CAPÍTULO 3

Questão 2. Falso. As enzimas reduzem a energia de ativação de uma reação. (O ΔG permanece o mesmo.)

Questão 4. Falso. A 25°C, uma alteração de 10 vezes na K_{eq} corresponde a uma alteração de cerca de 1,4 vez no ΔG.

Questão 6.

A. Ligações de hidrogênio entre as bases do DNA.

B. Ligação covalente (ligação peptídica).

Questão 8. Moléculas polares possuem um momento de dipolo, enquanto moléculas apolares não possuem um momento de dipolo. Forças de van der Waals podem incluir moléculas polares *e* apolares.

Questão 10.
$K_{eq} = ([A] \times [B]) / [AB] = ([A] \times 2\ mM) / (0,5\ mM) = 8,0 \times 10^5\ mM$, $[A] = 2,0 \times 10^5\ mM$.

Questão 12. Sim. ATP + H_2O ⇔ ADP + P_i $\Delta G = -7$ kcal/mol (Tab. 3-5).

Acoplar a reação à hidrólise de ATP gera um valor total negativo de ΔG.

Reação geral: Glutamato + NH_3 + ATP ⇔ glutamina + ADP + P_i $\Delta G = -3,6$ kcal/mol.

Questão 14.

A. A cadeia lateral do triptofano não inclui doadores ou aceptores de ligações de hidrogênio.

B. A cadeia lateral do glutamato inclui um ácido carboxílico capaz de participar nas ligações de hidrogênio.

C. Embora os números sejam pequenos, há tendência de formação de ligações de hidrogênio entre arginina e guanina nos complexos proteína-DNA.

CAPÍTULO 4

Questão 2.

A. 10 pares de bases por volta de hélice × 4 voltas de hélice = aproximadamente 40 pares de bases em 4 voltas de hélice.

Em solução: 10,5 pares de bases por volta de hélice × 4 voltas de hélice = aproximadamente 42 pares de bases em 4 voltas de hélice.

Tamanho = 3,4 nm por volta de hélice × 4 voltas de hélice = 13,6 nm.

B. 11 pares de bases/volta de hélice × 4 voltas de hélice = aproximadamente 44 pares de bases em 4 voltas de hélice.

Questão 4.

fenda maior G:C *versus* C:G

O padrão de grupo químico para a fenda maior de um par de bases G:C é AADH, enquanto o padrão para a fenda maior de um par C:G é HDAA. O padrão da fenda menor é o mesmo (ADA) para ambos os pares de bases.

A, aceptor de ligação de hidrogênio; D, doador de ligação de hidrogênio; H, hidrogênios apolares; M, grupos metil.

ambos A:T *versus* G:C

O padrão de grupo químico para a fenda maior de um par de bases A:T é ADAM, enquanto o padrão para a fenda maior de um par de bases G:C é AADH. O padrão da fenda menor de um par de bases A:T é AHA, enquanto o padrão da fenda menor de um par de bases G:C é ADA.

fenda maior A:T *versus* T:A

O padrão de grupo químico para a fenda maior de um par de bases A:T é ADAM, enquanto o padrão para a fenda maior de um par T:A é MADA. O padrão da fenda menor é o mesmo (AHA) para ambos os pares de bases.

Questão 6.

Ai. Ligação fosfodiéster. (O tratamento leve com DNase I irá quebrar o DNA pela clivagem do esqueleto de açúcar-fosfato do DNA.)

Aii. O DNA é originalmente supertorcido. Após o tratamento com DNase I, o DNA não está mais na forma de cccDNA e se torna relaxado.

B. O tratamento com DNA-ligase religa a quebra, permitindo a formação de um cccDNA novamente. O valor de Lk^0 não é um número inteiro (10.000/10,5). Lk, que é sempre um número inteiro, não se iguala a Lk^0. Portanto, deve haver alguma leve supertorção.

Questão 8. N A Z X E

As linhas do padrão de difração são perpendiculares às linhas da letra.

CAPÍTULO 5

Questão 2. O método mais direto para determinar se o material genético é DNA ou RNA é procurar pela presença de uracila na sequência. Se ela estiver presente, o vírus possui RNA como seu material genético. Se não, o material genético é o DNA. Para determinar se o material genético é de fita simples ou dupla-fita, examine as porcentagens de cada base. Se a porcentagem de G for igual à porcentagem de C, e a porcentagem de A, igual à de T, então a molécula é DNA de dupla-fita. No RNA de dupla-fita, a porcentagem de G = C e a de A = U. Se as porcentagens não apresentarem nenhum destes padrões, então o material genético provavelmente é de fita simples.

Questão 4. A uracila difere da timina pela ausência de um grupo metil no quinto carbono. Uracila e timina pareiam com a adenina. No DNA, a desaminação espontânea da citosina comumente resulta na geração de uracila. Se a replicação ocorrer e a uracila permanecer, isso gerará uma mutação no DNA (C:G para T:A). Se a uracila fosse naturalmente encontrada no DNA, ela não seria reconhecida por proteínas de reparo do DNA como incorreta, e mutações iriam ocorrer.

Questão 6. Estrutura secundária: haste, grampos (haste e alça) e alça interna. Pares de bases não canônicos: G:U e U:U.

Questão 8. Um RNA classificado como ribozima verdadeira possui um sítio de ligação para um substrato específico, um sítio de ligação para um cofator, um sítio ativo para catálise e a promoção de mais de uma reação por sítio ativo, semelhante a uma proteína classificada como enzima.

Questão 10. A molécula cabeça de martelo deve ser dividida em duas partes separadas. Uma parte é capaz de completar a catálise, enquanto a outra secção do RNA é o substrato. Como o substrato não está ligado à porção catalítica da molécula, o substrato pode ser liberado para permitir a ligação de uma nova molécula. A cabeça de martelo é agora uma ribozima verdadeira, capaz de completar vários ciclos da reação.

Questão 12.

A. Adenosina.

B. Este análogo de nucleotídeo não está sujeito à hidrólise em uma fita de RNA como os outros nucleosídeos. Um grupo metil é adicionado à 2'-OH da ribose presente na adenosina. Quando o grupo metil está presente, o oxigênio não pode mais ser desprotonado em um pH alto e atacar o fosfato na posição 3' da ribose na fita de RNA.

Questão 14.

A. O RNA é o catalisador ou ribozima. A porção proteica ou a porção de RNA, sozinhas, não clivam o substrato (reações 2 e 3), mas a reação prossegue na presença de proteína e RNA. Como o substrato é clivado (reação 6) na presença da porção de RNA e de espermidina (um peptídeo não específico), o RNA deve conseguir atuar como catalisador. A porção proteica e a espermidina não conseguem completar a catálise sem a porção de RNA (reação 5). A porção proteica e a espermidina ajudam o RNA a completar a catálise.

B. A espermidina, com carga positiva, ajuda a proteger a repulsão entre o RNA catalisador e o substrato de RNA, ambos negativamente carregados, durante a reação.

CAPÍTULO 6

Questão 2. Ligações iônicas formam-se entre grupos com cargas opostas. Uma ligação iônica pode formar-se entre a cadeia lateral de um aminoácido acídico (ácido aspártico ou ácido glutâmico) e um aminoácido básico (lisina, arginina ou histidina).

Questão 4. Na formação da ligação peptídica, o grupo carboxila de um aminoácido liga-se covalentemente ao grupo amino de outro aminoácido por meio da eliminação de água. Como duas moléculas formam uma ligação com a perda de água, a reação é chamada de reação de condensação ou de desidratação (específica para a perda de água).

Questão 6. Estrutura quaternária. A mioglobina monomérica não possui estrutura quaternária; a hemoglobina tetramérica possui estrutura quaternária, que é crucial para sua função fisiológica. Ambas são proteínas globulares, e suas subunidades enoveladas são amplamente α-helicoidais; suas estruturas secundária e terciária são semelhantes. A estrutura primária determina as estruturas secundária e terciária; as estruturas primárias da mioglobina e da hemoglobina são, portanto, provavelmente semelhantes. (Observe que mesmo as cadeias polipeptídicas com estruturas primárias bastante diferentes podem ter estruturas secundária e terciária semelhantes [p. ex., as hemoglobinas vegetal e humana]; mas os domínios proteicos com sequências relacionadas sempre possuem as mesmas estruturas enoveladas, desde que a semelhança de sequência se estenda por todo o domínio.)

Questão 8.
A. Rompida, ligação não covalente.
B. Rompida, ligação não covalente.
C. Íntegra, ligação covalente.
D. Íntegra, ligação covalente. Uma fita β é uma unidade simples de uma estrutura secundária; um sanduíche β é um exemplo de estrutura terciária proteica (um determinado tipo de domínio enovelado).
E. Rompida, ligação não covalente.

Questão 10. As duas histidinas e as duas cisteínas são cruciais para a coordenação do Zn^{2+}, que, por sua vez, é um elemento estabilizador crítico para o domínio de dedo de zinco, muito pequeno. A substituição da alanina por qualquer um destes quatro resíduos irá eliminar a ligação de Zn^{2+} e desestabilizar o domínio, levando à perda de função.

Questão 12. As enzimas catalisam (i.e., aumentam a taxa de) uma reação pela redução da energia necessária para formar o estado de transição, reduzindo, assim, a barreira energética entre os reagentes e os produtos. As enzimas fazem isso em vários casos porque seus sítios ativos são complementares às conformações dos estados de transição dos reagentes, em vez de às conformações basais – ou seja, há interações não covalentes favoráveis entre a enzima e as formas de transição de seus substratos.

Questão 14.
A. Os RRMs (i.e., os motivos de sequência característicos de um tipo de domínio de ligação ao RNA) são sequências de 80 a 90 resíduos de aminoácidos enovelados em um domínio que reconhece um RNA específico. (Observe que o termo "RRM" é frequentemente mal empregado para designar o domínio; ver Quadro 6-2, Glossário de termos, para o uso correto dos termos "motivo" e "domínio".)
B. Os dados mostram que o RRM aminoterminal e as três primeiras repetições são suficientes para uma complementação completa. O RRM mais uma repetição ou as sete repetições mais a região carboxiterminal não são adequados para conferir um crescimento do tipo selvagem a 37°C.
C. Os resultados estão de acordo com o ensaio de complementação, mas eles sugerem que, *in vitro*, três repetições não são suficientes para uma atividade total. Além disso, a forma com RRM truncado, mas com as sete repetições e a região carboxiterminal intactas, não apresentou atividade *in vitro*, mas restaurou o crescimento parcial *in vivo*. Estas discrepâncias sugerem alguma redundância de função entre os domínios Tif3 ou com outros componentes do complexo de início da tradução.

CAPÍTULO 7

Questão 2.
A. Para uma enzima de restrição que reconhece uma sequência de 6 pb, a frequência para encontrar esta sequência em um dado genoma é de 1 em 4^6 ou 1 em 4.096 pb.
B. Sim. Embora as sequências de reconhecimento sejam diferentes para XhoI e SalI, as extremidades coesivas podem parear umas com as outras porque as regiões de fita simples são complementares umas às outras.

Questão 4. Ao realizar um *Southern blot*, você detecta uma sequência de DNA específica com uma sonda de DNA. Ao realizar um *northern blot*, você detecta uma sequência de mRNA específica com uma sonda de DNA. Ao realizar um *Southern blot*, você digere o DNA genômico com uma enzima de restrição, separa os fragmentos de DNA por eletroforese em gel, transfere o DNA para uma membrana positivamente carregada e detecta um fragmento de DNA que contém o seu DNA de interesse com a sonda. Você realiza um conjunto de etapas semelhante para um *northern blot*, mas não digere a população de mRNA. Em um *northern blot*, você pode detectar a quantidade de um determinado tipo de mRNA e pode compará-la a outra amostra produzida sob diferentes condições experimentais.

Questão 6. Uma biblioteca genômica consiste em um conjunto completo de fragmentos de DNA, gerados por digestão do genoma inteiro com endonucleases de restrição. Uma biblioteca de cDNA, que é formada apenas por sequências expressas do DNA genômico, é gerada pela transcrição reversa de todos os mRNAs da célula. Nos dois casos, os fragmentos de DNA resultantes são ligados em vetores plasmidiais. O genoma humano inclui uma grande proporção de DNA não codificador, incluindo sequências que codificam íntrons que são removidos do mRNA. As bibliotecas de cDNA são úteis para o estudo e para a expressão destas sequências gênicas codificadoras.

Questão 8. A cromatografia de troca iônica separa proteínas com base em sua carga. A cromatografia por gel-filtração separa proteínas com base em seu tamanho. A cromatografia de afinidade separa proteínas com base nas interações com uma molécula, proteína ou ácido nucleico específico, que é acoplado(a) às microesferas.

Questão 10.

A. Apenas uma extremidade (fita) do DNA é marcada de maneira que a digestão por nuclease do fragmento de DNA ligado irá produzir, após a eletroforese em gel, uma escada visível de fragmentos se estendendo a partir de uma única extremidade marcada. A digestão de uma fita marcada em ambas as extremidades iria complicar o padrão e obscurecer a "pegada" (*footprint*). Além disso, se a proteína se ligar de maneira assimétrica, o padrão torna-se ainda mais complicado.

B. Para determinar se uma região específica está ligada à proteína, são utilizados iniciadores específicos para as sequências, para amplificá-las e comparar os resultados com os controles necessários. Outra opção é usar um microarranjo de DNA tipo *tiling* para identificar várias sequências diferentes.

Questão 12.

A. O *western blot* detectou uma banda para a Proteína Z nas canaletas do embrião e do adulto. O *northern blot* indica que há dois transcritos para o Gene Z nos embriões das moscas, mas apenas um transcrito na mosca adulta. Uma possível hipótese é que o anticorpo usado no *western blot* não reconhece a forma da proteína traduzida pelo transcrito de migração mais rápida porque ele pode não ter a região codificadora para o domínio carboxiterminal em razão de processamento alternativo do RNA.

B. Para a hipótese dada, você poderia usar um novo anticorpo contra a Proteína Z no *western blot*. Este anticorpo poderia ser policlonal para toda a proteína ou ser monoclonal contra uma região central ou aminoterminal da proteína. Se você observar uma segunda banda no *western blot* na canaleta do embrião ao usar um novo anticorpo, os dados suportariam a hipótese proposta na parte A.

CAPÍTULO 8

Questão 2. O DNA cromossômico está localizado dentro do nucleoide em células procarióticas, e dentro do núcleo em células eucarióticas. O núcleo, ao contrário do nucleoide, está separado do restante da célula por uma membrana e normalmente ocupa uma pequena fração do volume celular.

Questão 4. As sequências intergênicas podem ter surgido a partir de eventos de transposição. Elas podem codificar miRNAs, podem servir como sequências reguladoras para a transcrição, ou podem simplesmente ser sequências não funcionais, como os pseudogenes.

Questão 6. A coesão mantém as cromátides-irmãs unidas durante a fase S e os estágios iniciais da mitose. Durante o fim da mitose (anáfase), a coesão é eliminada de maneira que os microtúbulos ligados ao cinetocoros que são montados no centrômero separam os pares de cromátides-irmãs nas células-filhas.

Questão 8. Todas as células que crescem e se dividem (células somáticas e germinativas) usam a mitose. Apenas células que produzem óvulos e espermatozoides (células germinativas) sofrem meiose.

Questão 10. Ligações de hidrogênio são formadas principalmente entre as histonas e o esqueleto de fosfodiéster próximo à fenda menor e adicionalmente entre as bases da fenda menor. Estas interações não são sequência-específicas. Em todo o genoma, o DNA enovela-se em torno de histonas. As proteínas que interagem com a fenda menor do DNA têm probabilidade muito menor de interagir de maneira sequência-específica. Em contrapartida, interações com a fenda maior do DNA geralmente fazem interações sequência-específicas (Cap. 4).

Questão 12. O bromodomínio reconhece acetilação. Os cromodomínios, os domínios TUDOR e os dedos de PHD reconhecem metilação. (Os domínios SANT reconhecem caudas de histonas não modificadas.)

Questão 14.

A. A histona desacetilase liga-se ao DNA ligado ao nucleossomo (canaletas 1, 2, 3 e 4 comparadas à canaleta 5). Assumindo que a histona desacetilase seja um monômero, duas desacetilases são capazes de se ligar ao DNA ligado ao nucleossomo ao mesmo tempo (duas bandas de migração mais alta nas canaletas 2, 3 e 4). A histona desacetilase parece reconhecer melhor os nucleossomos que estão metilados na lisina 36 da histona H3 do que nucleossomos não metilados (canaletas 1 e 2 *vs*. 3 e 4).

B. Com base nestes dados, a histona desacetilase provavelmente possui um cromodomínio para interagir com a histona H3 metilada.

CAPÍTULO 9

Questão 2. O mecanismo básico de síntese de DNA começa com a interação entre o nucleotídeo a ser incorporado e o molde de DNA, de maneira dependente de ligação de hidrogênio. Após a formação de um par de bases adequado, a extremidade 3'-OH do iniciador começa um ataque nucleofílico no fosfato-α do nucleotídeo a ser incorporado. Há liberação de pirofosfato, que é hidrolisado em duas fosfatases pela pirofosfatase. O nucleotídeo que entra agora está pareado ao molde e ligado de maneira covalente à fita de DNA do iniciador.

Questão 4.

A. Desoxiguanosina.

B. Sem o grupo trifosfato, o aciclovir não consegue incorporar-se a uma cadeia crescente de DNA. Quinases fosforilam seu substrato. A quinase adiciona os grupos fosfato que o aciclovir não possui.

Questão 6. Algumas DNA-polimerases são usadas somente durante processos especiais como o reparo do DNA. Elas tendem a ser não muito processivas e não realizam a maior parte da síntese de DNA da célula. Portanto, a revisão é menos importante para estas DNA-polimerases, que irão inserir um pequeno número de nucleotídeos quando comparadas às DNA-polimerases das fitas líder e tardia.

Questão 8.

A. Ambas. A replicação irá ocorrer em ambas as direções.

B. A inferior. A fita inferior serve como molde para a fita-líder no lado direito. A extensão da extremidade 3' do iniciador de RNA anelado a esta fita pela DNA-polimerase consegue replicar de maneira contínua até o fim do molde.

C. Inferior. A DNA-ligase é necessária para criar ligações fosfodiéster entre os fragmentos de Okazaki da fita tardia durante a síntese de DNA. A fita inferior serve como molde para a fita tardia no lado esquerdo, porque a síntese de DNA precisa ser descontínua.

Questão 10.

A. Células de *E. coli* iniciam a replicação apenas uma vez a cada divisão celular, mas, quando *E. coli* se divide rapidamente, o início do próximo ciclo de replicação começa antes do fim do ciclo de replicação anterior. Nestas condições, o tempo para a divisão celular pode ser de apenas 20 minutos.

B. O genoma circular de *E. coli* não possui extremidades como os cromossomos lineares. Nestas condições, as células de *E. coli* não têm o problema de encurtamento dos cromossomos após cada ciclo de replicação, na ausência de telomerase, porque a maquinaria de replicação pode replicar completamente o genoma circular.

Questão 12. A atividade de exonuclease 3' de cada DNA-polimerase confere à enzima a habilidade de remover nucleotídeos incorretos durante a síntese de DNA. A DNA-polimerase I possui a atividade adicional de exonuclease 5' para remover nucleotídeos à frente da DNA-polimerase. Especificamente, esta função ajuda a DNA-polimerase a remover os iniciadores de RNA da fita tardia.

Questão 14.

A. O fosfato-α é incorporado à fita de DNA recém-sintetizada por meio do ataque nucleofílico pela 3'-OH. Os fosfatos β ou γ tornam-se pirofosfato, que é posteriormente hidrolisado e nunca incorporado na fita crescente de DNA.

B. A eletroforese em gel separa moléculas por tamanho. Os dNTPs marcados com ^{32}P são muito menores do que o DNA recém-sintetizado e migram muito mais rapidamente do que qualquer fita longa de DNA.

C. Um exemplo de controle negativo é realizar o mesmo ensaio de síntese de DNA, mas na ausência de DNA-polimerase. Sem nova síntese de DNA, a junção iniciador:molde não será marcada. Se você filtrar adequadamente a reação contendo a junção iniciador:molde e os dNTPs marcados com ^{32}P em uma membrana carregada positivamente, verá que a radioatividade não é mantida no filtro. Você pode comparar isso à mesma reação contendo a DNA-polimerase. Se estiver preocupado com qualquer possível efeito da ligação dos dNTPs marcados com ^{32}P à DNA-polimerase, você pode tratar a reação com protease antes de filtrar.

CAPÍTULO 10

Questão 2. A desaminação da citosina origina uracila. Uma glicosilase específica para o reparo por excisão de base reconhece a uracila como estranha ao DNA. Se a uracila permanecer, uma mutação poderia ocorrer após o próximo ciclo de replicação. A desaminação da 5-metilcitosina produz timina, que não é reconhecida como um erro pela via de reparo do DNA. Seguindo a próxima rodada de replicação, a timina produzida a partir da desaminação da 5-metilcitosina pareia com adenina, gerando uma mutação do tipo transição. Portanto, a célula remove a uracila para prevenir mutações, mas não remove as timinas produzidas por desaminação.

Questão 4.

Ordem correta	MMR	BER	NER
Reconhecimento	MutS (MutH determina a fita)	DNA glicosilase	UvrA
Excisão	MutH (ativada por MutL) e Exo VII, RecJ ou Exo I	DNA glicosilase, AP endonuclease e exonuclease	UvrC e UvrD (ajuda da bolha induzida por UvrB)
Síntese de DNA	DNA Pol III	DNA Pol I	DNA Pol I
Ligação	DNA-ligase	DNA-ligase	DNA-ligase

Questão 6. Sem uma Dam metilase funcional, a fita parental não seria metilada durante a replicação. Sem esta metilação, MutH não consegue distinguir entre as fitas parental e recém-sintetizada. MutH irá clivar a fita incorreta com alguma frequência. O reparo de malpareamento da fita parental levaria a aumento na mutagênese espontânea (não induzida por agente exógeno).

Questão 8. Uma ligação entre duas guaninas distorce a hélice de DNA de maneira semelhante a um dímero de timina. Isso permite que proteínas NER reconheçam a distorção para excisar o trecho de DNA contendo a ligação induzida por cisplatina. O reparo por excisão de base remove apenas um nucleotídeo. Além disso, uma DNA glicosilase específica precisa reconhecer a lesão no DNA. Nenhuma glicosilase reconhece ligações induzidas por cisplatina.

Questão 10. O reparo por junção de extremidades não homólogas (NHEJ, *nonhomologous end joining*) repara quebras de dupla-fita (DSBs, *double-strand breaks*) com o custo da introdução de mutações. As enzimas NHEJ processam as extremidades livres de uma DSB. Por meio deste processamento, a sequência de DNA é perdida ou adicionada antes que as duas fitas sejam unidas.

Questão 12.

Via mutante	Lesão no DNA	Porcentagem de sobrevivência	Mutagênese
NER	Aumenta	Diminui	Aumenta
Síntese translesão	Permanece igual	Diminui	Diminui

Em relação ao tipo selvagem, a quantidade de lesões no DNA aumenta para um mutante NER porque os dímeros de timina não estão sendo reparados de maneira eficiente. A tolerância aos danos no DNA por meio da síntese translesão não repara as lesões, de maneira que os níveis de lesões no DNA permanecem os mesmos, embora a perda de tolerância leve a mais morte celular. Isso também ocorre na NER. Com mais lesões no DNA nas células mutantes NER, ocorre mais mutagênese. Menos mutagênese ocorre se a via de síntese translesão for perturbada, porque as polimerases da síntese translesão contribuem normalmente para a mutagênese.

Questão 14.
A. O meio deve ser desprovido de histidina para seleção. Apenas outra mutação de ponto no exato local da mutação original no gene *HisG* pode levar a uma reversão. Esta mutação deve alterar a sequência de volta à sequência selvagem do gene, que permite que as células cresçam na ausência de histidina.
B. Radicais livres na célula podem danificar o DNA, o que pode causar mutações que podem levar a uma reversão. Outros processos comuns, como erros de replicação e ataque hidrolítico de bases, também alteram o DNA.
C. Substância química A. Há mais revertentes indicando maior frequência de mutações induzidas pela Substância química A (em relação à sobrevivência) do que pelo controle (sem adição de substância química).
D. Substância química C. Há menos revertentes indicando menor frequência de mutações induzidas pela Substância química C (em relação à sobrevivência) do que pelo controle (sem adição de substância química).

CAPÍTULO 11

Questão 2. Os alelos diferem um do outro por pequenas variações de sequência. A maior parte da sequência do gene permanece a mesma, assim os alelos são homólogos.

Questão 4. A terceira etapa mostra a invasão de uma extremidade 5'. Isso é um problema porque a DNA-polimerase precisa de uma 3'-OH na junção iniciador-molde para fazer a extensão. Para corrigir o problema, a terceira etapa deveria mostrar a invasão de uma extremidade 3' e o pareamento de bases com a fita azul adequada.

Questão 6. RecBCD possui atividades de DNA-helicase e de nuclease. Especificamente, RecB atua como uma DNA-helicase de 3' para 5' e como uma nuclease. RecD atua como uma DNA-helicase de 5' para 3'. RecC ajuda a melhorar a eficiência de RecB e RecD. RecC reconhece e liga-se ao sítio χ, parando a atividade da nuclease na cauda 3'. RecBCD exerce um papel crítico no processamento do DNA de dupla-fita em uma quebra para gerar DNA de fita simples para invasão.

Questão 8. O substrato de DNA pode ser analisado pelo uso de um ensaio de EMSA (ensaio de alteração de mobilidade eletroforética), da seguinte maneira. A proteína RuvA é incubada com o substrato de DNA marcado na extremidade, e os produtos são submetidos à corrida em um gel não desnaturante. Duas bandas devem ser visíveis no gel: a banda de migração mais rápida é o substrato de DNA sozinho, e a banda de migração mais lenta corresponde ao DNA ligado à RuvA. Uma das fitas de DNA na junção (marcada na extremidade com 5'-^{32}P) pode servir como controle negativo no experimento. Aqui, como RuvA não irá se ligar à fita simples, apenas a banda de migração mais rápida será visível.

Questão 10. Spo11 medeia a clivagem do DNA de dupla-fita. Uma tirosina em Spo11 ataca o esqueleto de fosfodiéster para clivar o DNA. Spo11 armazena a energia da quebra da ligação fosfodiéster pela formação de um intermediário covalente de alta energia com o DNA clivado.

Questão 12. Assim como o reparo de DSB por recombinação homóloga, o SDSA começa com uma DSB no sítio de recombinação, ressecção de 5' para 3', e invasão da extremidade 3' para servir como iniciador para a síntese de DNA. O SDSA difere do reparo de DSB por recombinação homóloga porque não há resolução via clivagem de uma junção de Holliday. Após a invasão da fita, uma forquilha de replicação completa forma-se no SDSA. A extremidade 3' que não participa da invasão é removida no SDSA. A fita de DNA recém-sintetizada é deslocada, e um segundo evento de síntese de DNA completa o processo, resultando em conversão gênica.

Questão 14.
A. A canaleta 2 revela que a Proteína X cliva o substrato de DNA semelhante a uma junção de Holliday. Como apenas uma fita do DNA está marcada, apenas uma banda é visível na autorradiografia. Como o substrato de DNA completo possui 60 nt e o produto clivado, 31 nt, a clivagem provavelmente ocorre no centro da fita, próximo ao ângulo de 90°C da "junção". A canaleta 3 revela que RecA (como esperado) não cliva o substrato de DNA.
B. A função da proteína X lembra a função de RuvC. Em *E. coli*, RuvC cliva a junção de Holliday da maneira observada para a Proteína X.

CAPÍTULO 12

Questão 2. As recombinases armazenam energia da ligação fosfodiéster rompida por meio de um intermediário covalente de proteína-DNA. Então, a recombinase religa as fitas de DNA quebradas, quando uma fita clivada ataca a ligação covalente proteína-DNA.

Questão 4. Ambas as recombinases formam intermediários covalentes recombinase-DNA, usam quatro fitas de DNA de dois dúplices, catalisam reações reversíveis e incluem quatro subunidades que reconhecem e se ligam a quatro sítios específicos no DNA. Nenhuma recombinase requer energia externa para catalisar estes processos.

As serinas recombinases clivam as quatro fitas na primeira etapa. As tirosinas recombinases clivam e religam primeiramente apenas duas fitas de DNA e, então, clivam e religam as duas fitas restantes. O primeiro evento de clivagem e religação produz uma junção de Holliday que não é formada durante o mecanismo da serino recombinase. O mecanismo das serino recombinases inclui uma rotação de 180°C dos dímeros do complexo proteína-DNA. Este tipo de rotação proteína-DNA não ocorre no mecanismo para tirosinas recombinases.

Questão 6. λInt atua tanto na recombinação integrativa quanto na excisiva. λInt é uma tirosino recombinase que catalisa a recombinação por meio de sítios *att*. A λInt também catalisa a excisão com assistência crucial de Xis e IHF.

Questão 8. Transposons de DNA permanecem como DNA ao longo de todo o ciclo, enquanto os retrotransposons incluem um intermediário de RNA em seu ciclo de propagação.

Questão 10. A inserção de transposons como o Tn5 no genoma hospedeiro geralmente não é sequência-específica. Por meio do mecanismo de corte e colagem, o Tn5 insere-se praticamente de maneira aleatória no genoma do hospedeiro. Dependendo do local da inserção, este processo pode perturbar a sequência codificadora de um gene ou de um elemento de DNA a montante importante para a expressão gênica. Um pesquisador pode triar células em busca de um determinado fenótipo e identificar o gene interrompido porque a sequência do transposon é conhecida. Em uma triagem usando mutagênese química, é muito mais difícil identificar as pequenas mutações de ponto que são geralmente produzidas.

Questão 12. No mecanismo de corte e colagem, o transpososomo excisa-se de sua localização genômica original. O DNA do transposon ataca e insere-se, por meio de um mecanismo de transferência de fita de DNA, em outro local do DNA. No mecanismo replicativo, o transpososomo quebra uma fita em cada um dos lados do transposon. As fitas quebradas atacam e unem-se ao DNA-alvo em outro local do genoma, formando uma estrutura duplamente ramificada. Após a replicação, o resultado do processamento deste intermediário é um cointegrado circular que inclui dois transposons.

Questão 14.
A. A digestão da amostra da mãe com SstI não apresenta uma banda correspondente a um fragmento de 5,5 kb, mas inclui uma banda correspondente a um fragmento de 3,2 kb. Apenas fragmentos incluindo o éxon 14 diferem. Todos os outros fragmentos parecem ter o mesmo tamanho.

B. A digestão da amostra do paciente com KpnI não apresenta uma banda correspondente a um fragmento de 7,3 kb, mas inclui bandas correspondentes a fragmentos de 5,3 e 4,3 kb. Apenas fragmentos incluindo o éxon 14 diferem. Todos os outros fragmentos parecem ter o mesmo tamanho.

C. Como apenas os fragmentos incluindo o éxon 14 diferem entre o paciente e sua mãe, é provável que o transposon tenha se inserido no éxon 14. Com base na digestão da amostra com SstI, o paciente possuía um fragmento 2,3 kb maior do que o fragmento de 3,2 kb da mãe. Com base na digestão com KpnI, o paciente possuía dois fragmentos menores em vez do fragmento de 7,3 kb da mãe, mas a soma dos fragmentos menores é 9,6 kb. Estas observações podem ser explicadas por uma inserção de transposon (éxon 14), e o próprio DNA do transposon inclui um sítio de reconhecimento para KpnI.

CAPÍTULO 13

Questão 2. A RNA-polimerase liga-se inicialmente à sequência promotora. Uma vez ligada, alterações estruturais ocorrem no complexo promotor-RNA-polimerase para iniciar a transcrição. Para prevenir a transcrição ou aumentar a transcrição de um determinado gene, é mais direto inibir ou amplificar o início por meio do promotor.

Questão 4. Um ensaio de *footprint* de DNA é a melhor escolha. Este ensaio irá mostrar uma "pegada" (*footprint*) em torno das posições se a RNA-polimerase ligar-se ao promotor. Um ensaio de EMSA também irá testar a ligação da proteína ao DNA. Você poderia ver um resultado quando a RNA-polimerase se liga ao promotor por EMSA, mas não saberá se a ligação estará centrada nos sítios −35 ou −10. Também é possível fazer ChIP, mas o *footprint* de DNA é mais relevante quando consideramos apenas uma sequência específica de DNA.

Questão 6. Resultados experimentais suportam o modelo de "triturador". Estes experimentos indicam que a RNA-polimerase permanece ligada ao promotor, enquanto o DNA é desenrolado e puxado para a RNA-polimerase durante a transcrição inicial.

Questão 8. Os nucleotídeos em negrito estão em regiões que pareiam umas com as outras para formar o grampo de término. Se um destes nucleotídeos for mutado, o pareamento de bases é rompido, evitando a formação do grampo e impedindo o término. Para testar este modelo, você poderia mutar um destes nucleotídeos, conforme anteriormente descrito, a fim de interferir com o término. Depois, poderia mutar o nucleotídeo do outro braço da alça-haste de maneira que restabelecesse o pareamento de bases com a mutação inicial. O duplo mutante iria restaurar o término.

Questão 10. A fosforilação de resíduos de serina na cauda CTD da Pol II é necessária para o escape do promotor e para o alongamento eficiente. Além disso, diferentes padrões de fosforilação permitem que a cauda recrute fatores necessários também para o processamento do RNA. Assim, a regulação da fosforilação da cauda garante que estes eventos sejam adequadamente coordenados.

Questão 12. A poli(A) polimerase não necessita de um molde de DNA e adiciona até 200 As à extremidade 3' dos mRNAs. A RNA-polimerase necessita de um molde de DNA e incorpora os quatro tipos de NTPs para RNA.

Questão 14.
A. A reação de entrada inclui todo o DNA (cromatina) das células. Todas as regiões do DNA devem estar presentes em níveis iguais na entrada. A amplificação por PCR usando um conjunto qualquer de iniciadores funcionou.

B. Ligação proeminente da reação de PCR usando iniciadores específicos para a amplificação do DNA a 3' da sequência que codifica a sequência-sinal da poli(A) (reação na canaleta 3, banda superior). Isso mostra que Rat1 deve estar nesta região do gene *ADH1*.

C. No modelo de torpedo, Rat1 degrada (na direção 5' para 3') o RNA transcrito a jusante do sítio de poli(A). Isso desloca a RNA-polimerase do DNA. Os resultados deste experimento são consistentes com o modelo porque eles mostram que Rat1 se associa à maquinaria de transcrição predominantemente a 3' do gene, no local previsto se houvesse a junção do transcrito clivado imediatamente após a poliadenilação, como previsto pelo modelo.

CAPÍTULO 14

Questão 2. Os sítios de *splicing* 5' e 3' são nomeados em relação ao íntron. O sítio de *splicing* 5' está localizado na extremidade 5' do íntron, onde encontra a extremidade 3' do éxon a montante. O sítio de *splicing* 3' é encontrado na extremidade 3' do íntron, onde encontra a extremidade 5' do outro éxon. O ponto de ramificação A, localizado dentro do íntron, também é necessário para a reação de *splicing*. Um trecho de polipirimidina segue o sítio de ramificação.

Questão 4. *In vivo*, Prp22 remove rapidamente o mRNA processado do spliceossomo e desmonta o spliceossomo. Além disso, o laço de RNA é rapidamente degradado.

Questão 6. A snRNP U1 liga-se à sequência 5'-GUAAGU-3' tendo complementaridade perfeita com a sequência do snRNA U1, 5'-ACUUAC-3'. A mutação provavelmente irá causar diminuição na ligação de U1 ao sítio de *splicing* 5', mas não irá interromper completamente esta ligação, já que permanecem cinco pares de bases potenciais. O snRNA U6 (sequência relevante 5'-ACAGAG-3') pode formar três pares de bases com a sequência 5'-GUAAGU-3', e quatro pares de bases com 5'-GUAUGU-3'. Isso provavelmente aumentará a ligação de snRNP U6 ao sítio de *splicing* 5'.

Questão 8. O produto final irá incluir um pedaço da sequência do íntron retida entre os dois éxons. Durante a tradução, este RNA irá codificar aminoácidos não previstos inicialmente, ou introduzir um códon de término prematuro. Esta inserção de sequência extra no mRNA também poderia causar uma alteração da fase de leitura para os códons a jusante da sequência inserida. Estas alterações serão quase inevitavelmente prejudiciais para a proteína.

Questão 10. O decaimento mediado por *nonsense* degrada os mRNAs que possuem um códon de término prematuro. Isso fornece à célula um mecanismo que assegura o processamento alternativo em uma classe de genes. Assim, em um determinado gene, de dois éxons alternativos, apenas um ou o outro – nunca ambos – será incluído no mRNA processado final. Isso funciona porque, embora cada um dos éxons alternativos possua uma fase aberta de leitura que se encaixa no resto do mensageiro, a sequência dos dois éxons resulta em um códon de término prematuro se ambos forem incluídos no mRNA maduro.

Questão 12.
A: Íntron que necessita de spliceossomo. Na presença de extrato nuclear, vê-se uma banda para o laço e o produto processado. Na ausência de extrato nuclear, vê-se apenas o pré-mRNA.

B: Íntron do grupo II. O processamento ocorre na ausência e na presença de extrato nuclear e, portanto, a reação é autoprocessada. Os produtos migram da mesma maneira que na reação que necessita de spliceossomo, portanto, este deve ser um íntron de grupo II.

C: Íntron do grupo I. O processamento ocorre na ausência e na presença de extrato nuclear e, portanto, novamente, a reação é autoprocessada. Um produto migra mais rapidamente do que o produto em laço das reações A e B, então, ele deve ser linear, uma característica-chave de um íntron do grupo I.

CAPÍTULO 15

Questão 2. O tRNA é acoplado ao aminoácido cognato em sua extremidade 3'. A ligação acil de alta energia forma-se entre o aminoácido e a 3'-OH ou 2'-OH de 5'-CCA-3'. Todos os tRNAs terminam com esta sequência.

Questão 4.
Ser-tRNA^{Thr} → tRNA^{Thr} + Ser

Questão 6. A alanil-tRNA sintetase possui um bolso de edição que hidrolisa Gly-tRNA^{Ala}. A cadeia lateral da alanina (grupo metil) é um pouco maior do que o hidrogênio encontrado na glicina. Assim, o sítio ativo da alanil-tRNA sintetase pode acomodar a glicina e carregar o tRNA^{Ala} erroneamente com glicina. A alanil-tRNA sintetase possui um bolso de edição que pode se encaixar (e, portanto, remover) a glicina – mas não a alanina acoplada ao tRNA^{Ala}.

Questão 8. O experimento mais simples é tratar o ribossomo com uma protease e verificar se o ribossomo resultante ainda consegue sintetizar novas proteínas. Depois deste tratamento, viu-se que, mesmo após a remoção da maior parte da proteína, a formação de ligação peptídica ainda podia ocorrer. Estudos estruturais posteriores confirmaram que o RNA podia catalisar a formação de ligação peptídica porque nenhum aminoácido está presente a uma distância de 18 Å do sítio ativo.

Questão 10. As estruturas de cada complexo são muito semelhantes. Uma porção da proteína EF-G adota um formato semelhante ao tRNA no complexo EF-Tu-GTP-tRNA. Isso ajuda a explicar como ambos se ligam ao sítio A do ribossomo.

Questão 12. Antibióticos atuam sobre e inibem uma das etapas da tradução ao ligar-se a uma posição específica do ribossomo ou EF-Tu ou EF-G. A inibição de uma etapa da tradução irá interromper todas as etapas. A tradução deve funcionar para que a célula sobreviva. Os componentes exatos de proteína e rRNA do ribossomo diferem em células procarióticas *versus* células eucarióticas. Portanto, os antibióticos ligam-se especificamente a um componente encontrado em ribossomos procarióticos *versus* ribossomos eucarióticos.

Questão 14.
A. A estrutura da treonina é muito semelhante em tamanho à da valina e poderia encaixar-se no sítio ativo do ValRS.

A treonina possui uma hidroxila onde a valina possui apenas um grupo metil.

OH O
  \ ‖
   \—treonina
    \
     OH
    /
  NH₂

OH O
  \ ‖
   \—valina
    \
     OH
    /
  NH₂

B. Grande parte do Thr-tRNA^Val é produzida na presença dos mutantes K270A e D279A (trocando a lisina na posição 270 por alanina, e o ácido aspártico na posição 279 por alanina). Esta informação indica um problema potencial com a edição.

C. Cada ciclo de malpareamento e edição consome uma molécula de ATP. O ATP é consumido porque um aminoácido é hidrolisado a partir do tRNA, e o novo aminoácido deve ser adenililado e transferido. Se o mutante ValRS não fizer edição, a quantidade de Thr-tRNA^Val aumentaria e a quantidade de ATP consumido diminuiria. Isso é o que observamos para os mutantes ValRS K270A e D279A.

CAPÍTULO 16

Questão 2. A mutação mais comum é a transição A:T para G:C ou G:C para A:T. Se o DNA que codifica o nucleotídeo central do códon sofresse uma transição, a lisina substituiria a arginina ou vice-versa. Estes dois aminoácidos são positivamente carregados. Esta substituição de aminoácido em uma proteína é mais conservativa do que outras opções e oferece à célula a melhor chance de não alterar a estrutura ou a função proteica.

Questão 4.
  Não **A.** UGC
  Sim **B.** CGA
  Não **C.** UGA
  Sim **D.** CGU
  Não **E.** GCG

Questão 6. Use a sequência de dinucleotídeo repetida GU. 5'-GUGUGUGUGUGUGU...-3' codifica um polipeptídeo com valina (5'-GUG-3') e cisteína (5'-UGU-3') alternadas.

Questão 8. A fita codificadora possui a mesma sequência do mRNA, exceto pelo fato de o mRNA possuir U em vez de T.

Usando a primeira fase de leitura (começando com o primeiro nucleotídeo na extremidade 5'), NH₂ – treonina – valina – serina – alanina – arginina – COOH.

Usando a segunda fase de leitura (começando com o segundo nucleotídeo na extremidade 5'), NH₂ – prolina – fenilalanina – arginina – leucina – COOH.

Usando a terceira fase de leitura (começando com o terceiro nucleotídeo na extremidade 5'), NH₂ – arginina – fenilalanina – glicina – (códon de término) COOH. Como esta sequência está no meio de um gene, é pouco provável que esta fase de leitura seja usada.

Questão 10.

A. Inserção de 2 pares de bases – mutação de mudança de fase de leitura. A mudança de fase de leitura faz os códons a jusante codificarem uma sequência diferente de aminoácidos.

B. Inserção de 2 pares de bases da sequência alterada 1, deleção de um par de bases imediatamente antes dos pares de bases inseridos – permanece uma mudança de fase de leitura – altera a fase de leitura em um. A mudança de fase de leitura faz os códons a jusante codificarem uma sequência diferente de aminoácidos.

C. Inserção de 2 pares de bases da sequência alterada 1, deleção de dois pares de bases imediatamente antes dos pares de bases inseridos – elimina a mudança de fase de leitura. Assim, este é um exemplo de mutação supressora intragênica (dentro do próprio gene) que retorna a sequência de aminoácidos para o tipo selvagem, mesmo que a sequência de DNA não seja idêntica à selvagem.

Questão 12. A universalidade refere-se à conservação do código genético entre todos os organismos. Em quase todos os casos, os organismos usam o mesmo código genético. Existem variações do código genético padrão para alguns códons específicos ou aminoácidos. As mitocôndrias de mamíferos, *Candida albicans* e *Mycoplasma capricolum* usam um código genético que contém exceções.

Questão 14.

A. A mutação supressora é uma supressora sem sentido intergênica – intergênica porque a mutação está em um gene diferente do gene de interesse.

B. Se um tRNA^Leu comumente usado portar uma mutação supressora, vários genes da célula terão problemas para codificar leucinas que necessitam deste tRNA específico.

C. O códon de término 5'-UAG-3' é reconhecido pelo anticódon 5'-CUA-3'. 5'-UAG-3' possui apenas um nucleotídeo diferente do códon de leucina 5'-UUG-3'. Portanto, a sequência do anticódon mutado é 5'-CUA-3', e a sequência do anticódon selvagem é 5'-CAA-3'.

D. O códon 5'-UAG-3' é raramente usado como códon de término em *E. coli*. Portanto, a inserção de um aminoácido em vez de terminar a tradução de uma proteína não causa muitos problemas para outras proteínas de *E. coli*, o que normalmente faria as células morrerem ou crescerem lentamente. A inserção de um aminoácido em cada códon 5'-UAG-3' como resultado de uma mutação supressora iria afetar principalmente a tradução da proteína mutante de interesse.

Para mais informações, ver Thorbjarnardöttir et al. (1985. *J. Bacteriol.* **161**: 219-222).

CAPÍTULO 17

Questão 2. Apesar do pequeno genoma de *Mycoplasma genitalium*, ela possui estrutura celular, sofre divisão celular e não depende de um hospedeiro como os vírus. De maneira semelhante, o simbionte *Hodgkinia cicadicola* depende de células hospedeiras para sobreviver e não é considerada um ser vivo.

Questão 4. O exemplo mais proeminente é o componente de RNA da subunidade maior do ribossomo, que catalisa a ligação peptídica. Outros exemplos são possíveis. Como a reação primária que ocorre na síntese de proteínas necessita de RNA, a ideia de que o RNA antecedeu a proteína na hipótese do Mundo de RNA parece mais plausível. O RNA catalítico no ribossomo pode ser um fóssil molecular do Mundo de RNA.

Questão 6.
i. RNA-polimerase.
ii. Transcriptase reversa.
iii. DNA-polimerase.
iv. RNA-replicase, uma ribozima. (Observe que algumas RNA-polimerases dependentes de RNA também existem.)

Questão 8. Quando várias RNA-replicases se tornam ligadas à membrana, a chance de uma replicase menos eficiente copiar a replicase mutante aumenta. Quando a protocélula se divide, há uma chance razoável de duas ou mais replicases mutantes serem armazenadas em uma protocélula. Ao longo do tempo, a propagação das protocélulas contendo a replicase mutante mais eficiente irá ultrapassar, por competição, as protocélulas com replicases menos eficientes.

Questão 10. Pesquisadores geraram pirimidinas usando moléculas orgânicas possivelmente presentes na Terra primitiva como materiais iniciais. Os experimentos que tentavam criar um nucleotídeo a partir de fosfato, ribose e nucleobase sob condições pré-bióticas não funcionaram. Por isso, os pesquisadores não apoiam esta hipótese.

Questão 12. A ribozima RNA-replicase deve ser capaz de catalisar a formação de ligação fosfodiéster mais do que apenas uma vez. A ribozima replicase também necessita de ribonucleotídeos livres para usar na catálise. A sequência da ribozima replicase e seu complemento também devem servir de molde. A replicação da sequência da replicase gera uma sequência complementar. A replicação da sequência complementar gera outra cópia da RNA-replicase.

Questão 14.
A. A ribozima é capaz de sintetizar produtos de RNA mais longos nas reações 1 e 3 do que na reação 2.
B. A alteração na sequência do molde na reação 2 teve efeito deletério. A alteração na sequência do molde e da ribozima restabeleceu a capacidade catalítica da ribozima para níveis do tipo selvagem. A sequência da ribozima 5'-UCAUUG-3' é complementar à sequência do molde 5'-CAAUGA-3'. Na reação 3, a alteração na sequência da ribozima e do molde restabelece a complementaridade entre as sequências. A ribozima provavelmente pareia com o molde de RNA durante a síntese.

CAPÍTULO 18

Questão 2. A alolactose liga-se ao repressor Lac em uma região separada de seu domínio de ligação ao DNA. Uma vez ligada, a alolactose promove uma alteração de formato do repressor Lac e sua liberação do DNA, interrompendo a repressão. De maneira semelhante, há efetores alostéricos que regulam os óperons *araBAD* e *gal*. Na presença de baixas concentrações de glicose, cAMP liga-se a CAP para introduzir uma alteração de formato em CAP que permite que este se ligue ao DNA para ativação. Por meio de alosteria, NtrC e MerR ativam a transcrição dos genes *glnA* e *merT*, respectivamente. Respostas adicionais são possíveis.

Questão 4.
A. A expressão constitutiva significa que os genes no óperon *araBAD* são expressos na presença ou ausência de arabinose. Ou seja, a regulação é perdida, e os genes são expressos.
B. Uma mutação no gene que codifica AraC poderia levar à expressão constitutiva do óperon *araBAD*. A mutação deve impedir a formação da alça de DNA induzida por AraC, formada na ausência de arabinose. Além disso, a eliminação por mutação do sítio *araO*$_2$ poderia levar à expressão constitutiva.

Para mais informações, ver Englesberg et al. (1965. *J. Bacteriol.* **90**: 946-957).

Questão 6.
Aa. Nível basal de expressão. Na presença de glicose, não há ligação de CAP. A mutação evita a ligação do repressor *lac* e, portanto, há expressão basal de *lacZ*.

Ab. Nível basal de expressão. Na presença de glicose, não há ligação de CAP. O repressor não se liga na presença ou ausência de lactose neste mutante, permitindo a expressão basal de *lacZ*.

Ac. Nível de expressão ativada. Na ausência de glicose, há ligação de CAP. O repressor não se liga na presença ou ausência de lactose neste mutante, permitindo nível ativado de expressão de *lacZ*.

Ad. Nível de expressão ativada. Na ausência de glicose, há ligação de CAP. O repressor não se liga na presença ou ausência de lactose neste mutante, permitindo nível ativado de expressão de *lacZ*.

Ba. Ausência de expressão. Com uma mutação no promotor que evita que a RNA-polimerase se ligue, *lacZ* nunca é expresso, mesmo que o repressor não esteja ligado ao operador e CAP esteja ligado (aplica-se às alternativas **a** a **d**).

Bb. Ausência de expressão.

Bc. Ausência de expressão.

Bd. Ausência de expressão.

Questão 8. ZntR liga-se a Zn(II)? O espaçamento entre as regiões –10 e –35 do promotor não são consenso? ZntR liga-se à região promotora de *zntA*? A adição de Zn(II) provoca um padrão diferente de ligação de ZntR ao promotor? A adição de Zn(II) provoca distorção do DNA ligado a ZntR? Questões adicionais são possíveis como respostas adequadas.

Para mais informações, ver Outten et al. (1999. *J. Biol. Chem.* **274**: 37517-37524).

Questão 10.
A. Se os níveis do repressor caírem muito, as células podem induzir o ciclo lítico sem que o bacteriófago esteja pronto para liberação. Se os níveis do repressor aumentarem para um nível muito alto, a indução seria ineficiente, já que maior quantidade de repressor precisaria ser inativada antes que o repressor desocupasse O_{R1} ou O_{R2} e o crescimento lítico fosse induzido.
B. Quando a concentração de repressor λ é muito alta, este previne a própria transcrição pela ligação a O_{R3}. Isso inibe a RNA-polimerase de ligar-se a P_{RM}.

Questão 12. Para encontrar a região específica à qual o repressor se liga, deve-se realizar um ensaio de *footprint* de DNA (ver Cap. 7 para mais informações). Se a presença de um indutor parar a repressão, as reações não deverão incluir um indutor na reação experimental. A presença de um indutor poderia ser usada em um controle. Para o DNA, use um segmento a montante dos genes estruturais do óperon. Se o promotor for conhecido, assegure-se de incluir esta região. Marque o DNA radioativamente em apenas uma das extremidades. Para a reação experimental, incube o DNA com o repressor e, então, trate brevemente com DNase I. Corra os produtos em um gel desnaturante para encontrar a região ligada ao repressor durante o tratamento com DNase I. Como potencial controle negativo, inclua indutor com repressor durante a primeira incubação. Outro controle negativo é a incubação do DNA com a DNase I primeiro e, então, incubar com o repressor. Em vez de DNase I, você pode tentar substâncias químicas específicas que clivam o DNA não protegido.

Questão 14.
A. O repressor de λ ligado em O_{R1} auxilia na ligação do repressor a O_{R2} por meio de cooperatividade. Isso permite que o repressor em O_{R2} se ligue em concentração mais baixa do que aquela necessária devido à baixa afinidade de O_{R2}.
B. De acordo com o Capítulo 18, o repressor de λ liga-se a O_{R1} e O_{R2} cooperativamente em baixa concentração. Quando estes dois sítios estão ligados cooperativamente, o repressor não consegue ligar-se cooperativamente a O_{R3}. Se as concentrações do repressor de λ foram muito altas, ele liga-se a O_{R3}.
C. O Mutante X é um DNA com uma mutação em O_{R1}. De acordo com os dados da tabela, os pesquisadores não detectaram a ligação a O_{R1} com o Mutante X. A mutação provavelmente interrompeu a capacidade de o repressor se ligar à sequência. O Mutante Y é um DNA com uma mutação em O_{R2}. De acordo com os dados da tabela, os pesquisadores não detectaram a ligação a O_{R2} com o Mutante Y. A mutação provavelmente interrompeu a capacidade de o repressor se ligar à sequência.
D. O repressor de λ liga-se ao DNA cooperativamente. Na ausência de O_{R1}, o repressor de λ liga-se a O_{R2} e O_{R3} cooperativamente. Isso diminui a concentração relativa necessária para preencher O_{R3}.

CAPÍTULO 19

Questão 2. Células bacterianas e eucarióticas incluem sequências promotoras no DNA a montante da sequência codificadora de um gene. Células bacterianas e eucarióticas também incluem sítios de ligação ao DNA para proteínas reguladoras como repressores ou ativadores. Um ativador e/ou um repressor normalmente controlam genes bacterianos, enquanto os elementos reguladores dos genes eucarióticos podem ser mais elaborados. Em células eucarióticas, pode haver mais elementos reguladores, que podem estar presentes a montante ou a jusante do promotor, e os elementos reguladores podem incluir sítios de ligação para múltiplos ativadores e/ou repressores. Múltiplos elementos reguladores são agrupados como reforçadores em organismos multicelulares, e isoladores ou elementos de borda podem estar presentes. Os elementos reguladores dos genes eucarióticos também podem estar localizados em distâncias muito maiores do gene que regulam do que no caso das bactérias.

Questão 4. O DNA genômico está empacotado em nucleossomos. O início da transcrição envolve o remodelamento ou a remoção dos nucleossomos em uma área específica do genoma. Este processo necessita de proteínas adicionais. Moldes de DNA como os gerados por PCR não possuem nucleossomos.

Questão 6.
A. Ordem correta: d, c, a, e, b. Revise a ordem na Figura 7-35 do Capítulo 7.

B. O pesquisador deve suspeitar ou saber que a proteína X liga-se ao DNA e está perguntando se a proteína X se liga ao *gene Y* ou à região promotora do *gene Y*. O pesquisador também pode estar testando a interação sob certas condições (p. ex., na presença de lesões no DNA, na presença de um açúcar específico).

Questão 8.
A. Metilação, acetilação e fosforilação.
B. Modificações dos resíduos nas caudas das histonas estão geralmente associadas com perfis de expressão específicos em um determinado gene. Assim, a acetilação está, em geral, associada a genes ativamente transcritos. Outras modificações (p. ex., metilação) podem estar associadas tanto com a ativação quanto com a repressão da expressão gênica. Portanto, a metilação de diferentes resíduos das caudas das histonas pode ter diferentes efeitos, ou o contexto de uma determinada modificação (i.e., que outras modificações também estão presentes) pode afetar o resultado de qualquer modificação nos níveis de expressão.

Questão 10. Citocina – sinal. Receptor de citocina – receptor. JAK – molécula de transmissão.
STAT – molécula de transmissão. Expressão transcricional de genes específicos – produto.

Questão 12.

A. A proteína A se liga ao DNA, especificamente ao fragmento de DNA incluído neste EMSA. A canaleta 4 mostra o resultado para a reação incluindo a proteína A e o fragmento de DNA contendo o sítio de ligação para a Proteína A. A banda de migração mais lenta representa o fragmento de DNA ligado à Proteína A. O excesso de DNA não ligado está na parte inferior do gel, como na canaleta 1.

B. As proteínas A e B ligam-se ao fragmento de DNA. Com base nos dados das canaletas 2 e 5, a Proteína B não se liga ao fragmento de DNA sozinha (canaleta 2). A Proteína B provavelmente se liga à Proteína A quando esta está ligada ao DNA. A banda de migração lenta mais alta na canaleta 5 representa o complexo de Proteína A, Proteína B e fragmento de DNA. A próxima banda representa a Proteína A ligada ao fragmento de DNA. A banda de migração mais rápida representa o DNA não ligado.

C. A proteína B não se liga ao fragmento de DNA sozinha, mas se liga a ele se a Proteína A estiver ligada. A Proteína A e a Proteína B poderiam servir como um complexo ativador para recrutar a maquinaria transcricional a montante de um gene específico ou a Proteína B sozinha é o ativador, mas necessita da Proteína A para levá-la ao DNA ou ligar-se a ele de maneira cooperativa.

CAPÍTULO 20

Questão 2. Baixa transcrição. O ribossomo irá ler e traduzir a sequência de mRNA que codifica o peptídeo-líder do óperon *trp* sem pausar na presença de baixo nível de triptofano. Sem os dois códons de *trp*, o ribossomo traduz facilmente o peptídeo-líder. O atenuador 3:4 forma-se para evitar a transcrição dos genes do óperon *trp*.

Questão 4. As repetições do tipo CRISPRs (do inglês, *clustered regularly interspaced short palindromic repeats* [repetições palindrômicas curtas agrupadas e regularmente espaçadas]) do genoma dos procariotos e Archaea protegem o organismo contra infecções virais. Sequências espaçadoras são adicionadas aos arranjos e aumentam a resistência a futuras infecções pelo mesmo vírus.

Questão 6. O genoma codifica pri-miRNAs que formam uma estrutura secundária (haste-alça) após serem transcritos. Os pri-miRNAs são processados por Drosha para a clivagem entre as hastes inferior e superior, e estes pré-miRNAs podem ser posteriormente processados por Dicer para liberar miRNAs maduros. Os siRNAs surgem a partir de RNAs de dupla-fita que se formam quando dois RNAs complementares pareiam. Após o processamento por Dicer, eles se assemelham aos miRNAs processados e inibem a expressão gênica de maneira similar.

Questão 8. Falso. Sequências de pré-miRNAs podem ser encontradas em íntrons, éxons ou regiões não codificadoras de transcritos.

Questão 10. A eficiência da transfecção do dsRNA longo em células de mamíferos é baixa. Além disso, as células de mamíferos podem interromper a tradução de maneira não específica quando o dsRNA entra nas células porque o dsRNA desencadeia a mesma resposta que uma infecção viral. Para superar isso, os pesquisadores usam genes de pequenos grampos de RNA (shRNAs) para expressar um transcrito que se dobra em uma haste-alça processada por Dicer, resultando em um siRNA.

Questão 12. *Xist* recruta proteínas para o cromossomo X para a remodelação da cromatina, como metilases, desacetilases e enzimas que condensam o genoma.

CAPÍTULO 21

Questão 2. A capacidade de transformar uma célula diferenciada em uma célula iPS demonstra que todos os tipos celulares são geneticamente equivalentes. A célula iPS pode diferenciar-se em qualquer tipo celular. Este conceito possui grande potencial para aplicação médica.

Questão 4.

1. Uma ou mais células sintetizam e liberam o morfógeno ou molécula sinalizadora.

2. A distribuição do morfógeno liberado estabelece um gradiente de concentração extracelular.

3. O morfógeno liga-se a receptores na superfície de outras células. O percentual de ocupação do morfógeno diminui à medida que aumenta a distância entre a célula-fonte e a célula receptora.

4. Por meio de uma via de sinalização, o receptor ativado leva a aumento na expressão de um regulador transcricional que controla a expressão de vários genes.

Questão 6. Células de *B. subtilis* utilizam o contato célula a célula para que o precursor do esporo influencie a expressão gênica da célula-mãe. σ^F no precursor do esporo ativa a expressão de SpoIIR. A secreção local de SpoIIR desencadeia a clivagem de pró-σ^E em σ^E ativo na célula-mãe.

Questão 8. Pesquisadores projetaram um mRNA que possuía a 3'-UTR de um mRNA de *oskar* substituída pela 3'-UTR de um mRNA de *bicoide*. Eles observaram a localização do mRNA de *oskar* no polo anterior como normalmente se observa para o mRNA de *bicoide*. Isso é suficiente para induzir a formação de polos celulares nos lugares errados.

Questão 10. Você pode fusionar o reforçador para a faixa 2 ao gene *lacZ* de *E. coli*. Se a expressão de LacZ for observada na mesma posição, o reforçador para a faixa 2 é suficiente para a expressão da faixa 2. Você pode fusionar o gene *lacZ* ao gene *eve* na localização endógena e deletar o reforçador para a faixa 2 na região reguladora 5' do gene *eve* para testar se ele é necessário. Se ele for necessário, a faixa 2 não deverá ser observada na ausência do reforçador para a faixa 2. O reforçador para a faixa 2 é necessário e suficiente para a expressão da faixa 2.

Questão 12. A ligação cooperativa permite mudanças bruscas nas concentrações de proteínas das regiões anterior para posterior do embrião.

CAPÍTULO 22

Questão 2. Um circuito regulador que segue a lógica de uma "porta AND" exige que duas condições de entrada sejam preenchidas, em vez de operar como um simples comutador de liga e desliga.

Questão 4. A estocasticidade significa que um sistema está sujeito a algum grau de aleatoriedade. Esta aleatoriedade na regulação da expressão gênica gera ruído ou variação na expressão gênica sob condições aparentemente idênticas.

Questão 6. A autorregulação negativa permite que a saída do circuito regulador seja insensível a um parâmetro que causa ruído enquanto mantém a homeostase.

Questão 8. ComK liga-se cooperativamente ao promotor de *comK*. A resposta na autorregulação positiva é altamente sensível a pequenas mudanças nos níveis proteicos de ComK e, portanto, a saída não é linear quando o limite é alcançado. Diz-se que o comutador encontra-se "em cima do muro", entre os estados LIGADO e DESLIGADO.

Questão 10. A regulação do gene está sob uma alça incoerente de *feed-forward* porque há um pulso de expressão gênica, ou saída. A entrada de luz leva à produção de um ativador que ativa diretamente a saída. Além disso, o ativador leva à produção de um repressor que bloqueia a saída. A expressão do gene ocorre no breve período de tempo antes de o repressor ser gerado, mas após a produção do ativador.

Questão 12.

Autorregulação negativa.

Questão 14.
A. AraC, na presença de arabinose, irá se ligar ao sítio de ligação a AraC e ativar a transcrição dos genes *araC*, *lacI* e *YFP*, ativando, assim, a produção de seus produtos proteicos.
B. LacI também é produzido na presença de arabinose; portanto, ele liga-se agora a todos os sítios operadores de *lac* para desligar a transcrição dos três genes, e assim, YFP não é mais produzido.
C. LacI desliga sua própria síntese, mas eventualmente seus níveis caem abaixo do necessário para a repressão como resultado da diluição que se segue após rodadas de divisão celular e/ou degradação. Na presença de arabinose e da pequena quantidade restante de AraC, mais AraC será produzida para ativar a produção de YFP novamente.
D. O sinal YFP irá persistir por mais tempo após a adição inicial de arabinose. Como o IPTG previne a ligação de LacI, mais LacI ou um período de tempo maior será necessário antes que o sistema desligue a expressão de YFP.

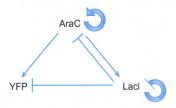

Índice

Números de páginas seguidos por "f" indicam figuras; seguidos por "q" indicam quadros ; e seguidos por "t" indicam tabelas.

A

(*abd-A*) Gene *abdominal-A* (*Drosophila*), 764q, 766
(*Abd-B*) Gene *Abdominal-B* (*Drosophila*), 764q, 765q
Absorbância do DNA, 89–90
Ac (elemento ativador), 408q
Ação de massa, 53, 65, 74
Aceptor de ligação de hidrogênio, 85–86
Acetilação, histona, 242, 242f–244f, 244–245, 248–249, 248t
Acetil-CoA, ligação de enxofre de alta energia em, 66
Acetiltransferases de histonas (HATs), 248, 248t, 249, 667, 668f
Aciclovir, 268q
Ácido fusídico, 552q
Ácido poliadenílico (poli[A]), 578
Ácidos nucleicos
    hidrólise, 71
    síntese, 71–72, 73f
Acil-homosserina lactonas (AHLs), 635q
Acomodação, 538, 539f
Acoplamento traducional, 512
Acridina, 324, 324f
αCTD, 438, 438f
ADAR (adenosina desaminase que atua no RNA), 500–501, 501f
Adenililação de aminoácidos, 515, 516f
Adenina
    estrutura, 25f, 27f, 79f, 80, 80f
    ligação à timina, 24
    pareamento de bases, 81–82, 81f
    regras de Chargaff, 26
Adenosina, desaminação, 320–321, 500–501, 501f
Adenovírus, 471q–472q
Adesão seletiva, 61
Agassiz, Jean L., 5
Agentes anticancerígenos, 268q
Agentes antivirais, 268q
Agentes intercalantes, 323–324, 324f
Agrobacterium tumefaciens
    composição cromossômica, 201t
    densidade gênica, 203t
    plasmídeo Ti, 813
    tamanho do genoma, 203t
Água
    estrutura da, 55, 55f
    estrutura proteica, efeito sobre, 124–126
    gelo, 125–126f
    ligações de hidrogênio na, 59, 59f, 124–125, 125–126f
α-Hélice, 26, 128f, 437
AIR, 728
Alanina, estereoisômeros de, 61

Alanina-tRNA^{Lys}, 519, 519f
Alça D do tRNA, 514–515, 514f, 515f
Alça de RNA, 108–109, 109f
Alça do anticódon do tRNA, 514, 514f, 515f, 517–518, 517f, 525
Alça R, mapeamento, 471q–472q
Alça t, 309, 310f
Alças internas, RNA, 108, 109f
Alelos
    definidos, 7, 343
    dominantes, 6–7
    recessivos, 6–7
Alinhamento, ferramentas de, 171–172
Alolactose, 626–627, 626f
Alongamento
    tradução, 535–544
    transcrição, 432, 433f, 434, 442–445, 444f, 455–457, 455f, 458f
Alosteria
    ativação da RNA-polimerase, 618, 618f
    ativadores e, 618, 618f, 630–633, 632f
    controle do óperon *lac* e, 626–627, 627f
    cooperatividade e, 642q
    papéis na regulação gênica, 619–620
Alquilação do DNA, 321–322, 321–322f
Alterações conformacionais em proteínas, 136–137
Ambros, Victor, 722q
Ames, Bruce, 320–321q
Aminoácidos
    ativação pela ligação de AMP, 70–71
    cadeias laterais hidrofóbica e hidrofílica, 124–125
    código genético para, 37–38, 38t
    com propriedades conformacionais especiais, 123–125, 124–125f
    estereoisômeros, 61
    estrutura de, 121–122, 122f
    incomuns, 589q–590q
    incorporação por mRNAs sintéticos, 578
    ligação ao tRNA, 515–519, 516f
    ligações hidrofóbicas, 61–63, 61f
    no meteorito de Murchison, 598
    predição da estrutura proteica a partir da sequência de aminoácidos, 135–136
Aminoacil sintetases, 70–71
Aminoacil-tRNA sintetases, 515–519
    bolso de edição, 518–519
    carregamento de tRNA, 515–519, 516f
    classes de, 515, 516t
    descrição, 510

estrutura, 518f
   precisão de, 518–519
   reconhecimento do tRNA correto, 517–518
Aminoacil-tRNAs
   formação, 518
   ligação ao sítio A do ribossomo, 536–537, 537f
   reação da peptidiltransferase, 524, 524f
   transferência ao sítio A pelo fator de alongamento EF-Tu, 537, 538f
Aminopeptidases, 529
AMP, ativação de aminoácido pela ligação de, 70–71
Amplificador de processamento exônico (ESE), 482, 491
Amplificador de processamento intrônico (ISE), 491
Anáfase, 216f, 217
Anáfase II, 218f, 219
Análise citológica de bactérias, 807
Análise de microarranjos, 153, 153f
   microarranjos tipo *tiling* de genoma inteiro, 169–171, 170f
Análise forense, reação em cadeia da polimerase (PCR) e, 160–161q
Análise genômica comparativa, 769–773
Análogos de base, 323, 324f
Análogos de nucleotídeos, 268q
Anelamento de fita dependente de síntese (SDSA), 371, 372f
Anemia falciforme, 31
Anêmonas-do-mar, 771–772, 771f
Ângulo de ligação, 52
Ângulos de torção, cadeia polipeptídica, 123–124, 123–124f
Anotação, 169
Antiativação, 634
Antibióticos, tradução como alvo de, 552q–553q
Anticódons
   conceito de oscilação e, 575–577, 575t, 576f
   descrição, 576–577, 577f
   pareamento de códon, 574f
Anticorpos, 133q, 416–418
Antígeno T de SV40, processamento alternativo do, 485, 485f
Antitérmino, 620, 648–651, 649f
Antp (*Antennapedia*) (*Drosophila*), 762, 762f, 764q
APOBEC1 (*apolipoprotein-B editing enzyme, catalytic polypeptide-like 1*), 503q
APOBEC3G (A3G), 503q
Apoptose em *C. elegans*, 818
Aptâmero, 114, 115
   ribocomutador, 703, 703f, 704
Arabidopsis thaliana
   ciclo de vida, 812–813, 812f
   como modelo experimental, 811–816
   composição cromossômica, 201t
   densidade gênica, 203t, 205t
   desenvolvimento, 815–816
   DNA repetitivo, 205t
   epigenética, 815–816
   fases haploide e diploide, 812–813, 812f
   formação de padrão, 815
   genética reversa, 813
   genoma, 813–814
   mutagênese, 814
   resposta ambiental, 815
   RNA de interferência, 814
   tamanho do genoma, 203t
   transformação, 813
Arabinose, 634, 634f
AraC, 268q, 634, 634f
Arcabouço nuclear, 231q, 234, 235f

Arcabouços, 165–167
Archaea, RNA-polimerases, 431t, 432f, 435f
Archaeoglobus fulgidus, 360f
Arco Y, 291q–292q
Argila, 598, 598f
Arranjo tipo *tiling* de genoma inteiro, 169–171, 170f
Arranjos tipo *tiling* de genoma inteiro, 169–171, 170f
Artemia, 766
Artemis, 332, 333f
Articulações, proteína, 133
Ascídias, 740–741, 742f, 769–770, 770f
Astbury, William, 24
Atenuação, 702, 704–705, 707q–708q
Ativação de grupo, 70–71
Ativador CTF1, 664
Ativador do herpes-vírus VP16, 661
Ativador Gal4, 660, 661f, 664q, 668, 669, 671, 671f, 672, 686, 686f
Ativador Gli, 747, 757q
Ativador SP1, 316q, 664, 670
Ativadores, 453–454, 453f
   alça de DNA e, 618–619, 619f
   alosteria e, 618, 618f, 630–633, 632f
   descrição, 616
   ligação cooperativa e, 619–620
   proteína CII de bacteriófago λ, 645, 647, 648, 651
   regulação de promotor por, 616–618, 617f, 618f
   sinergia no desenvolvimento, 752q
Ativadores eucarióticos
   ativação à distância, 672–673
   controle combinatório e, 678–681, 679f, 680f
   ligação cooperativa, 674–677, 676f, 677f, 678f
   recrutamento da maquinaria transcricional para gene, 665–666, 665f
   recrutamento de fatores de alongamento, 669–672
   recrutamento de modificadores de nucleossomos, 667–669, 668f
   regiões ativadoras, 660–661, 660f, 661f, 663–665, 686
   regiões de ligação ao DNA, 660–663
      domínios contendo zinco, 662, 662f
      Gal4, 660, 660f, 661f
      hélice-alça-hélice, 663, 663f
      heterodímeros, 662
      homeodomínio, 662, 662f
      motivo zíper de leucina, 662, 663f
   sinergismo, 675
Átomos eletronegativos, 55
Átomos eletropositivos, 55
ATP (trifosfato de adenosina)
   carregamento de grampo de DNA deslizante, controle de, 281, 282q–283q, 283
   como doador de energia, 69
   como precursor de poli(A), 459
   DNA-helicase e, 273
   em reações de transferência de grupo, 70–74
   ligações de alta energia, 66
   movimento do DNA nos nucleossomos, 236–238, 239f, 240t
   usado na tradução, 543–544
ATPase
   FtsK, 392q
   MuB, 413q
   NtrC, 631
   TFIIH, 453
Atrofia muscular espinal, 496q–498q

Índice

Autoindutores, 635q–636q
Autorradiograma, 152
Autorregulação
  descrição, 776–777
  negativa, 643–644, 777, 777f
  positiva, 643, 777f, 779–780, 780f, 782q
  ruído, 777–779, 778f
Autorregulação negativa, 643–644, 777, 777f
Autorregulação positiva, 643, 777f, 779–780, 780f, 782q, 783f
Autorreplicação, 594
Avery, Oswald T., 23
Azidotimidina (AZT), 268q
Azul-brilhante de Coomassie, 176–177

B

BAC (cromossomo artificial de bactérias), 154, 167
Bacillus subtilis
  bacteriófago φ29, 633
  infecção com bacteriófago SPO1, 630, 631f
  gene *bmr*, 633f
  competência, 780, 783
  junção de extremidades não homólogas (NHEJ), 332–333
  ribocomutadores, 703
  esporulação em, 743, 743f, 780
Bactérias. *Ver também espécies específicas*
  como organismo experimental, 802–808
    análise bioquímica, 806–807
    análise citológica, 807
    circuitos sintéticos e ruído regulador, 808
    clonagem plasmidial, 805
    ensaios de crescimento, 803, 803f
    estudos de biologia molecular, 806
    estudos genéticos, 807–808
    mutagênese insercional mediada por transposon, 805–806, 806f
    permuta genética, 803–805
      conjugação, 803–804, 804f
      transdução, 804, 805f
  compactação do DNA, 200
  cromossomos circulares de, 92
  elementos reguladores de, 658f
  junção de extremidades não homólogas (NHEJ), 332–333
  recombinação homóloga, 342, 349–361, 351t
  regulação por RNA em, 701–711
  RNA-polimerases, 431, 431t
  transcrição em, 434–447
Bacteriófago. *Ver também fagos específicos*
  como organismo experimental, 798–802
  cruzamentos, 801
  curva de crescimento de etapa única, 800–801, 800f
  DNA recombinante, 801–802
  ensaios de crescimento, 800
  experimentos de Hershey-Chase, 23, 24f
  genoma, 798
  indução, 800
  lisogenia, 798, 799f, 800
  lítico, 798, 799f
  prófago, 799f, 800
  temperado, 798
  testes de complementação, 801
  transdução, 802, 804, 805f
Bacteriófago λ
  antitérmino, 648–651, 649f
  comutador biestável, 781
  comutador λ, evolução de, 645q–646q
  condições de crescimento de *E. coli*, efeito de, 648
  crescimento lítico, 386, 636–649, 637f
  excisão do cromossomo hospedeiro, 388f, 389
  experimentos de Jacob e Monod com, 628q–629q
  formas linear e circular de DNA, 92
  gene *cI*, 777, 779
  integração no cromossomo hospedeiro, 378, 379f, 386–389, 388f
  lisogenia, 386–387, 636–649, 637f, 694, 695f, 804
  mapa do, 637f
  multiplicidade de infecção (moi), 647–648
  operadores, 639–640, 639f, 640f, 642–644, 647, 647f
  placas, 649q
  promotores, 638, 638f, 639f, 640, 642–643, 645, 645f, 647, 647f, 650–651
  proteína CII, 647, 648, 651
  regulação da expressão gênica, 636–652
  repressor, 137, 138f, 139
    autorregulação negativa, 643–644
    clivagem de, 642–643
    estrutura, 638, 639f, 644
    função, 638, 640, 640f, 642
    ligação ao DNA por, 625–626
    ligação cooperativa, 639–640, 640f, 641q–642q, 643–644, 644f
    sítios de ligação, 639, 639f, 640
  repressor Cro, 639, 640, 643, 647
  retrorregulação, 651, 652f
  vetores, 802
Bacteriófago Mu, 411, 805
Bacteriófago P22, 626
Bacteriófago PM2, 96f
Bacteriófago SPO1, 630, 631f
Bacteriófago T4
  grampo de DNA deslizante, 281f
  locus rII, 808
Bacteriófago T7, RNA-polimerase, 443q
Bacteriófago φ29, 633
Bam, gene, 755q–756q
Barril TIM, 131f
Base
  dano hidrolítico, 320–322, 320f
  ligação glicosídica com açúcar, 78
  modificações, 320–322, 320–322f
  pirimidinas, 80, 80f
  purinas, 80, 80f
  RNA, 107
  tautômeros, 80–81, 81f
Base de dados CATH, 132
Basic Local Alignment Search Tool (BLAST), 171
BBP (proteína de ligação ao ponto de ramificação), 474
BCNU (bis-cloroetilnitrosureia), 268q
BDNF (fator neurotrófico derivado de cérebro), 696q
Beadle, George W., 16, 21
Benzer, Seymour, 808
β-Galactosidase, 143, 621, 626, 628q
β-globulina, gene da, 673–674, 674f
Biblioteca
  cDNA, 156, 157f
  construção, 154, 156–157, 156f, 157f
  de genoma inteiro, 164–165, 164–165f
  genômica, 156
  triagem de clone específico, 156–157

Biblioteca genômica, 156
Bicoide, mRNA, 751, 753, 753f
Bicoide, proteína, 753-754, 754f, 757q
Biestabilidade, 780-784, 780f, 782q, 784f
Biologia de sistemas, 775-791
   autorregulação
      negativa, 777, 777f
      positiva, 777f, 779-780, 780f, 782q
   circuitos de *feed-forward*, 784-786, 785f, 787f
   circuitos reguladores, 776-790
   circuitos sintéticos, 789-790
   comutadores biestáveis, 780-784, 780f, 782q, 784f
   estocasticidade, 778, 779
   lógica da porta AND, 776, 776f
   nós e bordas, 776, 776f
   oscilante, 786-790, 788f
   robustez, 779
   ruído, 777-779, 778f
   visão geral, 775-776
Biologia sintética, 775
Bis-cloroetilnitrosureia (BCNU), 268q
BLAST (*Basic Local Alignment Search Tool*), 171
Blastocisto, 826, 826f
Bleomicina, 323
BmrR, 633f
Boca-de-leão, herança da cor da flor em, 8, 8f
Bolha de replicação, 290q-292q
Bolha de transcrição, 432
Bordas em circuitos reguladores, 776
Brachet, Jean, 32
Branquiópodes, 766, 766f
Brenner, Sydney, 37-38, 288, 583, 807, 808, 816
Bridges, Calvin B., 10, 13, 821
Bromodomínios, 244, 245, 248, 668
5-Bromouracila, 323, 324f
Brotamento em levedura, 738-740, 739f, 740f
Bruno, 558f
β-Talassemia, 496-497q
BWS (síndrome de Beckwith-Wiedemann), 696q

C

C9 do complemento, gene de, 499, 499f
Cadeia polipeptídica, 122, 123-124, 510
Cadeia polirribonucleotídica, 32f
Cadeias laterais de aminoácidos expostas, 129-130
Cadeias laterais de aminoácidos ocultas, 129-130
Cadeias polinucleotídicas, 78-79, 78f, 80f, 81
Caenorhabditis elegans
   ciclo de vida, 816-817, 817f
   como organismo experimental, 816-819
   composição cromossômica, 201t
   comutador biestável, 781
   dauer, 816, 817f
   densidade gênica, 203t, 205t
   elementos Tc, 411
   miRNAs, 714, 722q
   mutações de vulva, 818
   plano corporal, 817-818, 817f
   repetitivo, 205t
   RNA de interferência, 722q, 725, 726f, 818-819
   RNA-polimerase II, 450
   tamanho do genoma, 203t
   *trans*processamento em, 482-483
   via de morte celular, 818

CAF-I, 253, 254f
CAGE (*conjugative assembly genome engineering*), 590q
Calcona sintase, 722q
Calor, energia livre e, 54, 66, 69
Caloria, 53
Camundongo (*Mus musculus*)
   ciclo de vida, 825
   como organismos experimentais, 825-830
      camundongos transgênicos, criação de, 827, 827f
      desenvolvimento embrionário, 826, 826f
      epigenética, 829, 830f
      microinjeção, 827, 827f
      nocaute, 827-829, 828f
      sintenia com seres humanos, 826
   composição cromossômica, 201t
   densidade gênica, 203t
   genes *Hox*, 764q-765q
   genoma, 825-826
   mutantes *patched*, 825
   tamanho do genoma, 203t
Câncer
   agentes quimioterapêuticos, 268q
   atividade de telomerase e, 307q
   leucemia, 670q
   RNAi e, 727q
Candida albicans, 588, 683q
CAP (proteína ativadora de catabólito)
   alosteria e, 627, 627f
   controle combinatório, 627
   descrição, 776
   efeito na ligação à RNA-polimerase, 621f, 622
   em experimentos de desvio de ativador, 624q
   ligação ao DNA, 621, 622-626
   localização gênica, 621
   motivo hélice-volta-hélice, 624-626
   mutantes de controle positivo (*pc*), 622
   óperon *araBAD* e, 634
   região ativadora, 622-623
   resposta à glicose, 621, 627
   sítio de ligação, 621f, 622, 622f
Cap 5', 530-532
Capeamento. *Ver Capping*
Capping, 458, 459f
Carbono α de aminoácidos, 121, 122f
Carregador da DNA-helicase, 293, 295, 296f
Carregadores de grampos deslizantes, 281, 282q-283q, 283, 295, 334f, 336, 337
Cas, genes/proteínas, 709, 710
Caspersson, Torbjörn, 24, 32
Cassetes silenciosos, 370
Catalisador, 64
Catálise auxiliada pelo substrato, 541
Catenano, 303
Cauda poli(A), eficiência de tradução e, 513, 535
Caulobacter crescentus, 786, 786f
CBP (proteína de ligação a CREB), 677
Cbx (*Contrabithorax*) (*Drosophila*), 763
cccDNA. *Ver* DNA circular covalentemente fechado
Cdc13, 308
Cdc45, 299, 300f
Cdc6, 298, 299f
CDK (quinase dependente de ciclina), 299, 301, 302f
cDNA (DNA complementar)
   biblioteca, 156, 157f

retrotransposon, 403, 404f
retroviral, 403, 404f
transcriptase reversa e, 206
Cdt1, 298, 299f
Ced, mutantes, 818
Células "auxiliares", 752
Células Cap (*Drosophila*), 755, 756q
Células parcialmente diploides, 628q, 629f
Células permissivas, 503q
Células-tronco
  de linhagem germinativa (GSCs), 755q–756q
  embriogênese murina e, 826
  pluripotentes induzidas (iPS), 666q, 733–735, 734q
Células-tronco embrionárias (ES), 827–829
Células-tronco pluripotentes induzidas (iPS), 666q, 733–735, 734q
Célula-tronco de linhagem germinativa (GSC), 755q–756q
Celulose sintase, 769–770, 770f
CENP-A (variante de histona), 235–236, 236f
Centro de ligação ao fator, ribossomo, 537, 538f, 546q
Centro de peptidiltransferase, ribossomo, 118, 521, 525–527, 538, 540f, 547
Centro decodificador do ribossomo, 521, 525, 527
Centrômeros, 687
  DNA repetitivo nos, 209, 211f
  na divisão celular, 209, 210f
  posição, 208f
  silenciamento em *Schizosaccharomyces pombe*, 713, 719–720, 721f
  tamanho, 209, 211f
Centros organizadores de microtúbulos, 211–214, 216f, 217
Centrossomos, 211
Cernunnos-XLF, 332, 333f
Chaperona, 129–130q, 134, 253, 253t, 254f
Chaperonas de enovelamento, 134
Chargaff, Erwin, 26
Chase, Martha, 23, 807
Chave-fechadura, 58–59
ChIP. *Ver* Imunoprecipitação de cromatina (ChIP)
Chloroflexus, 709
Chromobacterium violaceum, 636q
CI, gene, 638, 638f, 694, 777, 779, 802
Ciclo celular
  definido, 210–211
  em leveduras, 810–811
  fases de intervalo, 211–212f, 217
  meiótico, 217–219, 218f
  mitótico, 211–217, 212–213f, 215f, 216f
  replicação cromossômica, 297, 297f, 300–301
Ciclo celular meiótico, 217–219, 218f
Ciclo do ribossomo, 522–523, 523f
Ciclobutano, 321–322, 321–322f
CII, ativador, 694
CII, proteína, 645, 647, 648, 651
CIII, proteína, 648
Cinetocoro, 208f, 209, 211, 212–213f, 214, 219
Ciona, 203t, 770f
Circuito regulador oscilante, 786–790, 788f
Circuitos de *feed-forward*, 784–786, 785f, 787f
Circuitos reguladores, 776–790
  autorregulação negativa, 777, 777f
  autorregulação positiva, 777f, 779–780, 780f, 782q
  circuitos de *feed-forward*, 784–786, 785f, 787f
  circuitos sintéticos, 789–790

comutadores biestáveis, 780–784, 780f, 782q, 784f
  estocasticidade, 778, 779
  evolução dos, 683q
  lógica da porta AND, 776, 776f
  nós e bordas, 776, 776f
  oscilantes, 786–790, 788f
  robustez, 779
  ruído, 777–779, 778f
Circuitos sintéticos, 789–790
Cisplatina, 268q
Cisteína, 123–125, 124–125f, 519, 519f, 520q
Cisteína-tRNA^{Cis}, 519, 519f
Cistina, 123–124, 124–125f
Cístron, 808
Citidina desaminase, 500, 501f
Citocinese, 216f, 217, 594
Citoesqueleto, 735, 741q–742q
Citosina
  desaminação da, 107–108, 320, 320f, 500–501, 501f, 503q
  estrutura, 25f, 27f, 80–81, 80f, 81f
  ligação à guanina, 24
  metilação, em *Arabidopsis,* 814
  pareamento de bases, 81–82, 81f
  regras de Chargaff, 26
Citosina arabinosídeo, 268q
Clastogênico, 323
Clock, proteína, 787
Clonagem. *Ver* Clonagem de DNA
Clonagem de DNA
  construção de biblioteca, 156–157, 157f
  descrição, 154
  em vetores plasmidiais, 154–155, 155f
  identificação de clone por hibridização, 156–157
  transformação, 155
Coativador, 677
Cobertura de sequência, 10×, 162–163
Cochran, William, 24
Código de histonas, 691q
Código genético, 573–590
  conceito de oscilação, 575–577, 575t, 576f
  das mitocôndrias de mamíferos, 587–588, 588t
  degenerado, 573–577
  desvendando o, 37–38, 577–582
  expandido, 589q–590q
  mutações de ponto, 582–583
  mutações supressoras, 584–587
  ordem na composição do, 575
  regras que controlam o, 582–583
  tabela do, 38t, 574t, 588t
  universalidade, 587–590
  validade, 586–587
Códon AUG, 40, 528, 530, 533q, 535, 536f, 559. *Ver também* Códon de início
Códon de início, 510, 528, 530, 533q, 535
Códon UAA, 500, 544, 577, 586, 588
Códon UAG, 544, 577, 584–585, 586, 588
Códon UGA, 544, 577, 585, 587, 588
Códons. *Ver também* Código genético
  atribuições, 579–582, 580t–581t
  AUG (início), 40, 528, 530, 533q, 535, 536f, 559
  código genético, 37–38, 38t
  conceito de oscilação, 575–577, 575t, 576f
  de término (término de cadeia), 40, 510, 554, 577, 583, 584–585, 585f, 587–588

descrição, 38, 510
nonsense, 40
sinônimos, 573, 586-587
Códons de término, 40, 510, 554, 583, 584-586, 585f, 587-588
Códons sem sentido, 40
Coesão de cromátides-irmãs, 211-214, 217, 219
Coesina, 211, 214, 215f, 672
Colágeno de galinha, *proα2*, gene do, 467
Cold Spring Harbor Laboratories, 797
Colinearidade, 37-38
Comando da regulação nervo-pele, 743-744, 744f
Comando regulador Notch-Su(H), 744, 745f
ComK, 780-781, 780f, 782q, 783
Compensação de dose, 729
Competência, 155, 780-781, 783, 804
Competência genética, 155, 804
Complementação
  C. elegans, 816
  em *Saccharomyces cerevisiae*, 809
  fago, 801
Complexo A, 476
Complexo aberto, 433f, 434, 438-440, 440f
Complexo Antennapedia, 763, 764q
Complexo B, 476
Complexo Bithorax, 763
Complexo C, 476
Complexo cascata, 710, 711f
Complexo de início 70S, 530, 530f
Complexo de início 80S, 535
Complexo de poro nuclear, 504
Complexo de pré-início 43S, 48S, 449, 450f, 453f, 531, 531f, 532, 532f, 535, 536f
Complexo de reconhecimento de origem (ORC), 293, 298, 301
Complexo de silenciamento induzido pelo RNA (RISC), 713-714, 714f, 718
Complexo de silenciamento transcricional induzido por RNA (RITS), 720, 721f
Complexo de transcrição inicial, 434
Complexo fechado, 433f, 434, 438
Complexo inicial (E), 474
Complexo Mediador, 453-454, 453f, 454f, 665, 665f, 666f, 669
Complexo microprocessador, 716, 717f
Complexo proteína do spliceossomo-RNA, 141f
Complexo repressivo Polycomb (PRC), 690, 690f, 728, 765q, 815
Complexo RITS (complexo de silenciamento transcricional induzido por RNA), 720, 721f
Complexo RuvAB, 359-360, 360f
Complexo SAGA (Spt-Ada-Gcn5-acetiltransferase), 452, 669
Complexo sináptico, 377, 397, 398f, 405
Complexo ternário, 531, 559, 561
Complexo Trithorax (TRC), 765q
Complexos antígeno-anticorpo, ligação em, 57, 57f
Complexos de remodelamento de cromatina, 250f
Complexos remodeladores de nucleossomos, 236-238, 236-237f, 242, 237-238f, 240t
Comutador
  biestável, 780-784, 780f, 784f
  de dois nós, 776
  nós e bordas, 776, 776f
Concatenação, 98-99, 99f
Conceito de oscilação, 575-577, 575t, 576f
Concentração de equilíbrio, 54
Condensação cromossômica, 212-213

Condensina, 214, 215f
Conformação *anti*, ligação glicosídica, 87, 89, 89f
Conformação de cadeia polipeptídica, 123
Conformação *Syn*, ligação glicosídica, 87, 89, 89f
Conjunto haploide de cromossomos, 199
Constante de equilíbrio, 53, 54, 54t, 65, 65t, 68
Contato célula a célula, 735f, 736, 743, 743f
Conteúdo de G:C, 90, 92f
Contigs, 165-167, 165-166f
Controle combinatório, 627, 630, 678-681, 679f, 680f, 752q
Controle do número de cópias de transposons, 408, 409-410
Conversão gênica
  a partir do reparo por DSB, 349, 373-374, 374f
  alternância de tipos acasalantes, 370-371
  descrição, 368-369
  durante a recombinação meiótica, 373
  recombinação sem *crossing over*, 368
Corpúsculos polares do fuso, 211
Correns, Karl, 6
Cossupressão, 722q
CoxII, gene (tripanossoma), 501, 502f
CPEB, proteína, 557
CPSF (fator de especificidade de clivagem e poliadenilação), 459, 460f
Creighton, Harriet B., 11, 11f
Crescimento lítico
  bacteriófago λ, 386, 636-649, 637f
  fago Mu, 411
Crick, Francis H.
  código genético e, 38, 807, 808
  conceito de oscilação, 575
  dogma central, 33
  estrutura do DNA, 24, 88, 596
  hipótese do adaptor, 34, 509
  semeadura da vida na Terra, 606
CRISPRs (Repetições Palindrômicas Curtas Agrupadas e Regularmente Intercaladas), 706, 709-710, 709f
Cro (controle do repressor e outras coisas), 639, 640, 643, 647
Cromátide, 211
Cromátides-irmãs, 211, 363, 363f
Cromatina
  acessibilidade, 200
  alterações de estrutura durante os ciclos celulares, 212-213f
  ativadores e, 666-669, 668f
  definida, 199
  estrutura de ordem superior, 229-236, 233f, 235f
  eucromatina, 229, 232, 687, 688
  heterocromatina, 229, 232, 673, 687, 687f
  microscopia, 219-220, 220f
  reforçadores e, 672
  regulação da estrutura, 236-249
  silenciamento gênico pela modificação da, 719-720, 721f
  transcrição impedida pela, 457
Cromatografia
  cromatografia de afinidade, 175-177
  cromatografia de filtração em gel, 174-176, 174f
  cromatografia de troca iônica, 174, 174f
  em coluna, 174-177, 174f
  géis de poliacrilamida, 176-177, 176-177f
  líquida de alto desempenho (HPLC), 177-179
  por afinidade a metal imobilizado (IMAC), 182
Cromatografia de afinidade, 175-177
Cromatografia de filtração em gel, 174-176, 174f
Cromatografia de papel, 26

Cromatografia de troca iônica, 174, 174f
Cromatografia em coluna, 174–177, 174f
Cromatografia líquida com espectrometria de massa (LC-MS), 179, 180f, 181, 181f, 182
Cromatografia líquida de alto desempenho (HPLC), 177–179
Cromatografia por afinidade a metal imobilizado (IMAC), 182
Cromatografia por imunoafinidade, 175–177
Cromodomínios, 244–245, 248, 668
Cromossomo X, genes do, 10
Cromossomos
  balanceadores, 822, 822f
  centrômeros, 208–209, 208f
  circulares, 92, 200–201
  condensação, 212–213
  definição, 199
  densidade gênica, 203t, 204–206, 204f, 205t
  diversidade, 200–202, 201t
  duplicação e segregação, 208–219
  função, 199
  hot spots de mutação, 315
  microscopia, 219–220, 220f
  origens de replicação, 204, 208f, 209
  ploidia, 201–202
  politênicos, 821–822, 821f
  quebra, 209, 210f, 297f
  sequências intergênicas, 205–208
  telômeros, 208f, 209, 211f
Cromossomos balanceadores, 822, 822f
Cromossomos homólogos, *crossing over* entre, 11, 11f
Cromossomos politênicos, 821–822, 821f
Cromossomos-irmãos, 209
Crossing over
  consequências do, 363
  descrição, 9, 11, 341
  mapeamento cromossômico, 11–13
  visão citológica, 363f
CRP (proteína receptora de cAMP), 621, 627
CrRnas, 710
Crustáceos
  apêndices de, 766, 766f
  gene *Ubx* em, 763, 766, 766f, 767
Cruzamentos de três fatores para atribuir ordem gênica, 12, 12f
CSSR. *Ver* Recombinação sítio-específica conservativa (CSSR)
CSTF (fator de estímulo da clivagem), 459, 460f
CtBP, 744, 745f
CTCF, proteína, 673, 692
CtrA, 787, 788f
Cup, 557, 558f
Curva de crescimento
  bacteriana, 803, 803f
  de etapa única, 800–801, 800f
Curva de crescimento de etapa única, 800–801, 800f
Curvatura do DNA, 618–619, 619f, 643, 644f, 672
Cuzin, Jacques, 288

D

D'Souza, Victoria, 112
Dam metilase, 318–319, 319f
Dam metiltransferase, 294q
Dano ao DNA, 320–324
  agentes intercalantes, 323–324, 324f
  alquilação, 321–322, 321–322f
  análogos de base, 323, 324f
  depurinação, 320f, 320–321
  desaminação, 320–322, 320f
  hidrólise, 320–322, 320f
  oxidação, 321–322
  quantificação de, 323q
  radiação, 321–323
Darwin, Charles, 5
Dauer, 816, 817f
DCE (elemento central a montante), 448, 448f, 449
DDK (quinase dependente de Dbf4), 294q
De Vries, Hugo, 6
Decaimento mediado por ausência de códon de término, 567, 568f
Decaimento mediado por *nonsense* (NMD), 486–487, 487f, 565–567, 566f
Dedo de zinco, 139–140, 139f, 662, 662f, 741
Dedos de PHD (homeodomínio de planta), 244, 245
Deficiência de hormônio de crescimento tipo II isolada familial, 496–497q
Definição de éxon, 476, 482
Deformed (Dfd), gene (*Drosophila*), 764q
Deformilase, 529
Degeneração do código genético, 573
Degradação de Edman, 177–179, 178–179f
Degradação inútil, 567, 568f
Delbrück, Max, 797, 803
Deleções
  por recombinação sítio-específica, 379, 379f
  por transposição, 403
Densidade gênica, 203t, 204–206, 204f, 205t
Densidade óptica do DNA, 90
Densidade super-helicoidal, 96, 229, 230q–231q
Depurinação, 320f, 320–321
Desacetilação de histona, 688, 688f
Desacetilase de histona, 248, 248t, 681–682, 682f, 688
Desaminação, 107–108, 320–322, 320f
  edição de RNA por, 500–501, 501f, 503q
  infecção por HIV e, 503q
Desconcatenação, 98–99, 99f, 303, 303f
Desenovelamento de proteína, 134, 135q
Desenvolvimento
  Arabidopsis, 815–816
  camundongo, 826, 826f
  circuitos de *feed-forward* usados em, 786
  Drosophila, 746–769, 819–820, 820f
    eve gene, 758, 758f, 759f, 761–762, 761f–762f
    expressão de gene gap, 754
    faixas de expressão gênica, 758, 758f, 759f, 761, 761f
    genes homeóticos, 762–769, 762f–768f, 764q–765q
    hunchback gene, 753–754, 754f
    membros de voo, 767–769, 768f
    padrão dorsoventral, 747, 747f, 750–751, 750f
    perda de membro abdominal, 766–767, 767f
    segmentação, 751–753
    sequências reguladoras em *cis*, 759q–760q
    sinergia de ativador, 752q, 756–757
    visão geral da embriogênese, 746–747, 748q–749q
  estratégias para iniciar atividade gênica diferencial
    contato célula a célula, 735f, 736, 743, 743f
    localização do mRNA, 735–736, 735f, 740–741
    secreção de moléculas sinalizadoras, 735f, 737–738, 737f
    visão geral, 735f
  exemplos
    controle do tipo acasalante pelo repressor Ash1, 738–740, 739f, 740f

diferenciação muscular em ascídia, 740–741, 742f
esporulação em bactérias, 743, 743f
sinalização por Notch, 743–744, 744f, 745f
tubo neural de vertebrados, 744–745, 745f
regulação gênica em, 733–773
sequências reguladoras em *cis*, 759q–760q
Desenvolvimento do tubo neural, 744–745, 745f
Deslizamento do DNA, 236–238, 237–238f
Deslocamento de base, 83, 83f, 327
Desmetilases de histonas, 248, 248t, 249
Desnaturação, 134, 135q
  definida, 129–130q
  DNA, 89–91, 91f, 92f
Desnaturantes, 134, 135q
Desoxinucleosídeos trifosfato, 258, 258f, 260, 261q–262q
Desoxirribonuclease, 23
Desoxirribose, 33, 33f, 78, 79f
DGCR8, 716
"Diagramas em fitas", 129–130q, 131f
Dicer, 715, 717f, 718, 718f, 720, 726
Didesoxinucleotídeos usados no sequenciamento do DNA, 160–162, 160–161f
Diferença de ligação, 95–96, 103
Diferenciação muscular no embrião de ascídia, 740–741, 742f
Di-hidrofolato redutase, gene da, 467
Di-hidrouridina, 514, 514f
Dímeros de pirimidinas, 325
Dímeros de timina, 321–322, 321–322f, 323q, 326f
Dintzis, Howard M., 524
Diploide, 201
Discos imaginais, 820, 820f
Discriminador, 435f, 437f, 467, 518
Disgenesia do híbrido, 824, 824f
Distal-less (*Dll*), 766–767, 767f
Distribuição independente, princípio da, 8, 9f
Distrofia muscular adulta (miotônica), 316q
Distúrbio, 54
Divisão celular mitótica, 211–217, 211–213f, 215f, 216f
Divisões celulares mitóticas, 211–217, 211–213f, 215f, 216f, 811f
Dmc1, 365f, 366, 366f
DNA
  absorbância, 89–90
  accessibilidade, 200, 236–237, 236–237f, 249, 250f
  clivagem por enzima de restrição, 149–151, 150f, 150t, 151f
  como portador da informação genética
    experimento de Griffith, 22–23, 22f
    experimentos de Avery, MacLeod e McCarty, 23, 23f
    experimentos de Hershey-Chase, 23, 24f
    sequência nucleotídica e, 30–31
  compactação, 200, 221, 232–234
  curvatura, 618–619, 619f, 643, 644f, 672
  dano ao (*ver* Dano ao DNA)
  estrutura (*ver* Estrutura do DNA)
  hibridização, 151–153
  isolamento de segmentos específicos, 153–154
  lixo, 208
  marcação, 152
  microssatélite de, 207
  padrão de difração de raios X, 24, 24f, 86, 88
  pareamento de bases complementares, 24
  ponto de fusão, 90, 92f
  precursores de, 71–72
  reconhecimento proteico da sequência de DNA, 137, 139–140
    fator ativador de linfócitos-1 (LEF-1), 140, 140f
    GCN4, 137
    proteínas com dedo de zinco, 139–140, 139f
    repressor do bacteriófago λ, 137, 138f, 139
  reparo (*ver* Reparo do DNA)
  repetitivo, 207–208, 209, 211f
  replicação (*ver* Replicação do DNA)
  separação por eletroforese em gel, 148–149, 148f, 149f
  sequenciamento (*ver* Sequenciamento do DNA)
  síntese (*ver* Síntese de DNA)
  topologia (*ver* Topologia do DNA)
  transposição (*ver* Transposição do DNA)
DNA central, 220, 221f
DNA cheio de nós, 98–99
DNA circular covalentemente fechado (cccDNA)
  desconcatenação do, 98, 99f
  migração durante a eletroforese em gel, 102, 102f, 103
  montagem do nucleossomo, 230q–231q
  propriedades topológicas do, 93–96, 94f, 95f
DNA circular multimérico, 391, 391f
DNA complementar. *Ver* cDNA
DNA de dupla-fita durante a meiose, 363–365, 364f, 365f
DNA de fita simples (ssDNA)
  no processo de recombinação homóloga, 346, 349, 351, 354
  Rad51 e, 370
  RecA, 354, 355–358, 358f, 359f, 367
DNA de ligação, 220–221, 221f, 221t, 232–233, 233f
DNA de Neandertal, 772
DNA de transferência (T-DNA), 813
DNA fluorescentemente marcado, 151, 170, 170f
DNA-fotoliase, 325, 326f
DNA hospedeiro flanqueador, 397, 398f, 401
DNA-metilases, 687, 693f, 694, 695f
DNA-polimerase de T7, 264f
DNA radioativamente marcado, 152
DNA recombinante, bacteriófago, 801–802
DNA relaxado, 95–96, 95f
DNA repetitivo, 207–208
  nos telômeros, 209, 211f
DNA-topoisomerases
  definidas, 102
  separação por eletroforese, 102, 102f
DNA-translocase, 236–237
DNA Z, 87f, 89, 89f, 90t
DnaA, 289, 293, 294q, 295q, 296f
DNA-alvo, de transposons, 397
DnaB, 293, 295, 296f
DnaC, 293, 296f
DNA-girase, 97
DNA-helicase
  ação da, 271, 272–273, 272f
  DnaB, 293, 295, 296f
  estrutura, 272, 273, 274f
  helicase/nuclease RecBCD, 351–355, 352f–354f
  interação com DNA-polimerase, 284, 285f, 286, 287f
  interação com primase, 271, 284, 285f, 286, 287
  no reparo de malpareamento, 316
  polaridade, 272f, 273
  processividade, 272
  RecQ, 367, 368q
  supertorção produzida por, 275, 276f
  UvrD, 316, 328–329, 329f

DNA-ligase
  Ligase IV, 332, 333f
  na clonagem de DNA, 155, 155f
  no processo de replicação do DNA, 271, 271f
  no processo de transposição do DNA, 399
  no reparo de malpareamento, 316
  no reparo por excisão de nucleotídeo, 329, 329f
DNA-lixo, 208
DNA-polimerase
  associação de grampo deslizante, 278–280, 279f, 280f
  catálise, 260, 261f, 263–266, 265f, 266f
  DNA Pol , 278, 278t, 279f, 286, 299
  DNA Pol α/primase, 278, 278t, 279f, 286, 299, 300f
  DNA Pol δ, 278, 278t, 279f, 286, 299
  DNA Pol η, 330q, 335, 337f
  DNA Pol I, 277, 278t
    identificação de, 26–27
    no reparo por excisão de nucleotídeo, 329, 329f
    papel da, 26–27, 28f
  DNA Pol II, 670, 671f
  DNA Pol III, 277, 278t, 284, 286
    holoenzima, 277, 284, 284f, 285f, 286, 287f, 296f
    na síntese de DNA translesão, 330q, 334f
    no reparo de malpareamento, 316, 319, 320f
  DNA Pol κ, 335, 337f
  ensaio de medida de atividade por incorporação, 261q–262q
  especialização, 277–283
  estrutura, 263–265, 264f, 265f
  família Y, 334, 335, 336q
  inibidores de, 268q
  interação com DNA-helicase, 284, 285f, 286, 287f
  mecanismo de, 260–269
  modelo de trombone para a coordenação da replicação, 285f, 286
  na forquilha de replicação, 270, 270f, 275–277
  necessidade de iniciador, 270–272
  pausa e liberação de, 670, 671f
  precisão, 267–269, 277
  processividade, 265–267, 267f, 277–281, 281f
  reparo de gap, 271, 271f
  revisão, 260, 267–269, 269f
  revisão cinética, 260
  ribonucleosídeos trifosfatos (rNTPs), exclusão estérica de, 260, 262, 263f
  sítio ativo, 260, 262, 265f
  telomerase, 305–309, 306f, 307f
  transcriptase reversa, 396
  translesão, 334, 334f, 335–336, 335f, 337f, 338
  troca durante a replicação do DNA, 278, 279f
DNase
  footprinting com proteção por nuclease, 184, 184f
  no experimento de mica, 84
  uso para relaxar o DNA, 95, 95f
Doador de ligação de hidrogênio, 85–86
Dobra (topologia), 129–130q, 132q
Dobzhansky, Theodosius, 15
Dodecil sulfato de sódio (SDS), 176–177, 176–177f
Doença de Huntington, 316q
Dogma central, 33–34, 573
Dominante, definido, 6–7
Domínio de agrupamento de zinco, 662
Domínio de enovelamento de histona, 222, 222f, 234
Domínio PAZ, 717, 718f

Domínio RNase
  de Argonauta, 718, 719f
  de Dicer, 717, 718f
Domínio RS, 492
Domínio SANT, 244
Domínios (ou proteínas) homólogos, 129–130q
Domínios, 129–134, 131f
  classes de, 132, 132f
  conectores e articulações, 133
  definidos, 129–130q
  embaralhamento de éxons e, 498, 498f
  exemplo da imunoglobulina G, 133–134
  fechamento de, 136f
  modificações pós-traducionais, 133–134
  tamanho dos, 129–130
Domínios TUDOR, 244
Dormência, em *Arabidopsis*, 812
Double-sex (*Drosophila*), gene 493, 494, 495f
DPE (elemento do promotor a jusante), 448–449, 448f
Dpn (Deadpan), 493, 494f
Dpp, proteína, 755q–756q
Drosha, 715–717, 717f
Drosophila. Ver também genes específicos
  arranjos tipo *tiling* de genoma inteiro, 170, 170f
  ciclo de vida, 819–820, 820f
  como organismo experimental, 819–825
    cromossomos balanceadores, 822, 822f
    disgenesia do híbrido, 824, 824f
    estudos com recombinase FLP, 823–824, 823f
    estudos de disco imaginal, 820, 820f
    mapas genômicos, 820–822, 821f
    mosaicos genéticos, 822–823f
    moscas transgênicas, 824
  composição cromossômica, 201t
  cromossomos politênicos, 821–822, 821f
  Cup, proteína, 557, 558f
  densidade gênica, 203t, 204f, 205t
  desaminação em, 501
  desenvolvimento, 746–769
    expressão de gene gap, 754
    faixas de expressão gênica, 758, 758f, 759f, 761, 761f
    gene *eve*, 758, 758f, 759f, 761–762, 761f, 762f
    gene *hunchback*, 753–754, 754f
    genes homeóticos, 762–769, 762f–768f, 764q–765q
    membros de voo, 767–769, 768f
    padrão dorsoventral, 750–751, 750f
    perda de membro abdominal, 766–767, 767f
    segmentação, 751–753
    sequências reguladoras em *cis*, 759q–760q
    sinergia de ativador, 752q
    visão geral da embriogênese, 746–747, 748q–749q
  desenvolvimento embrionário, 686
  determinação do sexo, 493–494, 494f, 495f
  DNA repetitivo, 205t
  elemento *Mariner*, 411
  embriogênese, 786
  engrailed, 822
  eve (*even-skipped*), gene, 758, 758f, 759f, 761–762, 761f, 762f, 822
  gene *patched*, 825
  genes ligados em, 9, 10
  genes mutantes relatados em 1915, 14t
  HP1, 689, 690, 691q

HSP70, gene, 669-670
locus vnd, 169f
locus yellow (y), 759q-760q
mapa genético do cromossomo 2 de, 15f
Nanos, proteína, 557
ocorrência e distribuição de transposons, 394f
processamento alternativo, 483
regulação da tradução do mRNA de Oskar, 556-557, 558f
RNA-polimerase II, 450
sequências reguladoras em *cis*, 759q-760q
sítios de ancoragem e sequências seletoras, 490q-491q
TAFs (fatores associados à TBP), 452
tamanho do genoma, 203t
tamanho e composição do centrômero, 211f
DSBs. *Ver* Quebras de dupla-fita
Dscam (*Down syndrome cell-adhesion molecule*) (*Drosophila*), gene, 487-489, 487f
DsRNA. *Ver* RNA de dupla-fita (dsRNA)
Dupla-hélice
　descoberta da, 24-25, 77
　ligações de hidrogênio e, 82-83
　orientação antiparalela, 81
　periodicidade, 84, 89, 103
　RNA, 108-110, 109f, 110f
Duplicações de sítios-alvo, 395f, 396, 403

E

E2F, 686
EcoRI, 149-150, 150f, 150t, 151f, 151t
Ectoderma neurogênico, 744, 744f
Ectodomínio, 129-130q
Edição de RNA
　desaminação, 500-501, 503q
　RNAs-guias, 501-503, 502f
Edição do genoma, 172-173
Edição hidrolítica, pela RNA-polimerase, 444-445
Edição pirofosforolítica, 444
EF-G, 542-544, 542f, 548, 548f
EF-Ts, 543, 544f
EF-Tu, 537-538, 538f, 539f, 543, 544, 544f, 546q
EGF (fator de crescimento epidérmico), 499, 499f
EIF1, 530, 531f, 535
EIF1A, 531, 531f, 535
EIF2, 531, 531f, 535, 556, 559, 560f
EIF3, 531, 531f
EIF4A, 531f, 532
EIF4B, 531f, 532
EIF4E, 532, 534q, 556
EIF4G, 531f, 532, 532f, 533q, 534q, 556
EIF5, 531, 535
EIF5B, 535
Eixo díade, 224
Elemento de reconhecimento TFIIB (BRE), 448, 448f
Elemento de resposta a Polycomb (PRE), 690, 690f
Elemento Ds (dissociador), 408q
Elemento regulador de ferro (IRE), 558, 559f
Elemento *Sleeping Beauty*, 414
Elementos de contorno, 449, 659
Elementos P, 824, 824f, 825f
Elementos proximais do promotor, 449
Elementos *Tam*, 408f
Elementos transponíveis
　classes/tipos, 395, 395f, 409t
　como mutagênicos, 393

　como sequências de DNA repetitivo, 207-208
　descoberta de, 393, 408q
　descrição, 377, 393
　elementos P em *Drosophila*, 824, 824f, 825f
　em estudos de transformação com *Arabidopsis*, 813
　exemplos, 406-416
　　fago Mu, 405f, 411, 412f, 413q
　　Hermes, 400f, 401, 408q
　　LINES, 414-416, 415f
　　tabela de, 409t
　　Tc1/*mariner*, 411-414
　　Tn*10*, 400, 400f, 409-410, 409f, 410f
　　Tn*7*, 399-400, 400f
　　Ty elementos, 414, 414f, 415f
　ocorrência e distribuição no genoma, 393-394, 394f
　organização genética, 395f
　regulação, 406-416
　　controle de número de cópias, 408, 409-410
　　escolha de sítio-alvo, 408-409
　retrotransposons com poli(A)
　　mecanismo de processamento reverso, 405-406, 407f
　　organização genética, 395f, 396-397
　retrotransposons semelhantes a vírus
　　mecanismo de transposição, 403, 404f
　　organização genética, 395f, 396
　transposons de DNA
　　corte e colagem, mecanismo de, 397-401, 398f, 400f, 409, 412
　　duplicações de sítio-alvo, 395f, 396
　　mecanismo de transposição replicativa, 401-403, 402f
　　organização genética, 395-396, 395f
　　transposons autônomos e não autônomos, 396
　ubiquidade de, 393, 406
Eletroforese
　em gel de agarose, 148-149, 149f
　poliacrilamida SDS para separação de proteínas, 176-177, 176-177f
Eletroforese em gel
　com SDS, 176-177, 176-177f
　de agarose, 148-149, 148f, 149f
　de campo pulsado, 149, 149f
　de topoisômeros de DNA, 102, 102f, 103
　intercalação de brometo de etídeo no DNA, efeito da, 102-103
Eletroforese em gel com SDS, 176-177, 176-177f
Eletroforese em gel de agarose, 148-149, 148f, 149f
Eletroforese em gel de campo pulsado, 149, 149f
Embaralhamento de éxons, 496-500, 499f
Embriogênese, 748q-749q
　camundongo, 826, 826f
　em *Arabidopsis*, 812
　em *Drosophila*, 819
Empilhamento de bases, 82, 108, 109, 109f
EMS (etilmetano sulfato), 814, 821
EMSA (ensaio de alteração de mobilidade eletroforética), 183-184, 183f
Endonuclease
　de restrição, 149-151, 150f, 150t, 151f, 151t
　de retrotransposons com poli(A), 396, 406
　HO, 369f, 370, 371, 372f
　MutH, 316, 317f, 318-320, 319f, 320f
　RuvC, 361, 361f
　Uvr(A)BC, 445
Endonuclease HO, 369f, 370, 371, 372f

Endonucleases de restrição, 149–151, 150–152, 150f, 150t, 151f
Endosperma, 812–813
Energia
    de ativação, 64–65, 64f, 65f
    de ligações fracas, 55
    formação de ligação química e, 53
    hidrólise, 66
    livre, 54, 65, 66–69
    primeira lei da termodinâmica, 53
    segunda lei da termodinâmica, 54
Energia de ativação, 64–65, 64f, 65f
Energia livre
    descrição, 54
    em biomoléculas, 66–67
    enzimas e, 65
    hidrólise, 70–71
    na síntese de ácido nucleico, 72
    na síntese de DNA, 260
    rotas biossintéticas, 67–69, 68f
    rotas degradativas, 66
Engenharia genética, aplicação da recombinação sítio-epecífica na, 386q
engrailed, 822
Enovelamento proteico
    domínios, 129–134, 131f
    experimento de Anfinsen, 134, 135q
Ensaio ChIP-chip, 666q–667q
Ensaio ChIP-Seq, 666q–667q
Ensaio de alteração de banda, 183–184, 183f
Ensaio de alteração de gel, 183–184, 183f
Ensaio de alteração de mobilidade eletroforética (EMSA), 183–184, 183f
Ensaio de captura de conformação, 187–189, 188f
Ensaio de captura de conformação cromossômica, 187–189, 188f, 667q
Ensaio de duplo-híbrido, 664q
Ensaio de duplo-híbrido em levedura, 182
Ensaio de incorporação, para medir a síntese de DNA, 261q–262q
Ensaio de placa, 800, 800f
Entropia, 54, 66, 68
ENU (etilnitrosureia), 185, 814
Envelhecimento, hipótese dos telômeros e, 307q
Enzima central, RNA-polimerase, 431, 431f, 434, 438f
Enzimas
    estrutura, 141–142
    função das, 65
    ligação ao ligante, 142–143
    ligação ao substrato, 62–63
    processividade de, 265–267, 267f
    redução da energia de ativação por, 65, 65f
    regulação alostérica, 142f, 143
    ribozimas, 114, 116–118, 116f, 117f
Enzimas que adicionam CCA, 513q
Éon Arqueano, 595, 596f
Éon Hadeano, 595, 596f
Ephrussin, Boris, 16
Epigenética
    em *Arabidopsis*, 814–815
    em camundongos, 829, 830f
    regulação gênica, 694–697, 695f
Epítopos, 175–177
Erros inatos do metabolismo, 16
Escaneamento (ou rastreamento), 530, 535

Escape do promotor, 434, 442, 449–451, 633
Escherichia coli. Ver também genes/proteínas específicos
    compactação do DNA, 200
    composição cromossômica, 201t
    controle combinatório, 627
    CRISPR, 710, 711f
    cromossomo circular, 92
    Dam metilase, 318–319, 319f
    densidade gênica, 203–204, 203t, 204f, 205t
    densidade super-helicoidal, 229
    DNA repetitivo, 205, 208
    DnaA, 289, 293, 294q–295q, 296f
    DNA-polimerases, 277, 278t, 284, 285f, 286
    enzimas da forquilha de replicação, 277t
    fatores que catalisam etapas de recombinação, 351t
    fatores σ, 434–438, 435f, 437f–440f, 442
    genes *gal*, 627
    grampo deslizante de DNA, 285f
    início da replicação do DNA, 293–295, 296f
    ocorrência e distribuição de transposons, 394f
    óperon *araBAD*, 634, 634f
    óperon do triptofano de, 707q–708q
    óperons de proteínas ribossomais, 554f
    origem de replicação, 204, 288, 289, 293, 294q–295q
    primase, 271
    RecA, 355–359, 355f–359f
    regulação da replicação por níveis de DnaA-ATP e SeqA, 294q–295q
    reparo de DSB, 349–355
    reparo por excisão de nucleotídeos em, 328–329
    replissomo, 287–288
    repressor Gal, 633
    RNA 6S, 701
    ruído na expressão gênica, 778, 779f
    síntese translesão, 334
    sistema de reparo de malpareamento, 316–320, 317f–320f
    sistema *lac*, 620–627, 628q–629q
    sRNAs, 701–702
    tamanho do genoma, 203t
    via de RecBCD, 349–355, 352f–354f
ESE (amplificador de processamento exônico), 482, 491
Espectrometria de massa
    análise de LC-MS, 179, 180f, 181–182, 181f
    em *tandem* (MS/MS), 178–179, 180f
Espectrometria de massa em *tandem* (MS/MS), 178–179, 180f
Espirais aleatórias, 125–126
Espirais enroladas, 127–129, 127–129f, 214
Esporófito, 812, 812f
Esporulação, 743, 743f
ESS (silenciador de processamento exônico), 491
EST (etiqueta de sequências expressas), 169
Estado ativado, 64–65, 64f
Estado de transição, 141–142
Estado estável, 779
Estados tautoméricos, das bases do DNA, 80–81, 81f
Estereoisômeros, de aminoácidos, 61
Estocasticidade, 778, 779
Estratégia de "mutar e mapear", para predição da estrutura do RNA, 113
Estresse, resposta das plantas ao, 815
Estrutura complementar, interações fracas e, 58–59
Estrutura de laço, 470, 470f, 477, 478, 478f
Estrutura do DNA, 77–104
    bases, 80–81, 80f

cadeias polinucleotídicas, 78–79, 78f, 80f, 81
circular, 92
comparada à estrutura do RNA, 32–33, 33f, 107–108
complexidade na, 77
conformações, 86–87, 87f, 89, 89f
deslocamento de base, 83, 83f
desnaturação, 89–91, 91f, 92f
dupla-hélice, 77, 78, 78f
    descoberta da , 24–25
    fenda maior, 84–86, 85f, 138f
    fenda menor, 84–86, 85f, 138f
    forma A, 86, 87f, 90t
    forma B, 86–87, 87f, 89f, 90t
    forma Z, 87f, 89, 89f, 90t
    hélice de torção, 86, 87f
    pares de bases por volta, 84
    periodicidade, 84, 89, 103
    separação e reassociação de fitas, 89–91, 91f
    voltada para a direita, 83, 83f
    voltada para a esquerda, 87, 89
ligações fosfodiéster, 24, 25f
modelo de preenchimento de espaço, 78f
modelo esquemático, 78f
orientação antiparalela, 81
padrão de difração de raios X, 24, 24f, 88
pareamento de bases, 81–83, 81f, 83f
polaridade das cadeias, 79
regras de Chargaff, 25, 26
topologia, 93–103
Estrutura do RNA, 107–118, 108f
    características de, 107–108, 108f
    características de dupla-hélice, 108–110
        estruturas de haste-alça, 108–109, 109f, 110f
        pareamento de bases G:U, 109, 110f
        pseudonó, 109, 110f, 112
        tetra-alça, 109, 109f
    comparada à estrutura do DNA, 107–108
    de ribozimas, 114, 116–118, 116f, 117f
    descrição, 32–33, 33f
    estruturas terciárias, 110–111, 111f
    predição de, 111–114, 113f
Estrutura primária, proteína, definida, 125–126, 129–130q
Estrutura proteica, 121–144
    alterações conformacionais, 136–137
    aminoácidos
        cadeias laterais hidrofílicas e hidrofóbicas, 124–125
        com propriedades conformacionais especiais, 123–125, 124–125f
        estrutura dos, 121–122, 122f
    cadeias polipeptídicas, 123–124, 123–124q
    domínios, 129–134, 131f
        classes de, 132, 132f
        conectores e articulações, 133
        exemplo da imunoglobulina G, 133–134
        fechamento, 136f
        modificações pós-traducionais, 133–134
    efeito da água sobre, 124–126
    enovelamento, 134, 135f
    enzima, 141–142
    espirais aleatórias, 125–126
    gráfico de Ramachandran, 123–124q
    ligação peptídica, 122–123, 123f
    níveis de, 125–129, 126–127f
        estrutura primária, 125–126, 126–127f

        estrutura quaternária, 126–129, 127–129f
        estrutura secundária, 125–127, 126–128f
        estrutura terciária, 126–127, 126–127f
    pontes dissulfeto, 123–125, 123–124q
    predição a partir da sequência de aminoácidos, 135–136
    reconhecimento molecular e, 137–141
        interfaces proteína-proteína, 140–141, 140f
        reconhecimento do DNA, 137, 138f, 139–140, 139f, 140f
        reconhecimento do RNA, 141, 141f
    regulação da atividade e, 142–143, 142f
    supertorção interenrolada, 127–129, 127–129f
Estrutura quaternária, proteína, 127–129, 127–129f, 129–130q
Estrutura secundária, proteína, 125–127, 126–127f
    α-hélice, 125–126, 128f
    definida, 129–130q
    folha β, 125–127, 128f
Estrutura terciária, proteína, 126–127, 126–127f, 129–130q
Estruturas de haste-alça, 108–109, 109f, 110f
Etídeo, 102–103, 102f, 148, 324, 324f
Etilmetano sulfato (EMS), 814, 821
Etilnitrosureia, 185, 814
Etiqueta de sequências expressas (EST), 169
Eucariotos
    composição cromossômica, 201–202, 201t
    densidade gênica, 205
    DNA-polimerases, 277–278, 278t, 286
    estrutura cromossômica, 208–209, 208f
    fatores que catalisam etapas de recombinação, 351t
    início da replicação, 297–302
    início da tradução, 530–535, 530f–534f
    recombinação homóloga, 342, 351t, 362–369
    regulação da tradução, 556–561
    regulação transcricional em, 657–698
    RNA mensageiro, 511, 511f, 512–513
    RNA-polimerases, 431, 431t, 432f
    RNAs reguladores em, 711–730
    sistemas de reparo de malpareamento, 319–320
    tamanho do genoma, 203, 203t
    transcrição em, 448–463
Eucromatina, 229, 232, 687, 688
Eve (even-skipped), gene, 758, 758f, 759f, 760–762, 761f, 762f, 822
Evo-devo (biologia evolutiva e biologia do desenvolvimento), 763
Evolução
    análise comparativa de genomas, 769–773
    biologia de sistemas, 775–776
    capacidade de um circuito regulador evoluir, 683q
    catálise de RNA e, 479–480
    de membros de voo, 767–769, 768f
    do comutador λ, 645q–646q
    genes anômalos, 769–770
    genes conservados, 769
    genes homeóticos e, 763
    origens humanas, 772
    processamento do RNA, 479
    RNA de interferência, 721
    sintenia e, 770–772
Evolução darwiniana
    descrição, 594
    protocélulas autorreplicativas, 603–606
Evolução dirigida
    de RNAs, 114, 114f, 115
    ribozimas autorreplicativas, 599–603

Evolução sistemática de ligantes por enriquecimento exponencial (SELEX), 600
Éxon estendido, 485, 485f
Éxons, 467-468, 468f
 cassete, 485-486
 identificação de, 169
Éxons em cassetes, 485-486
Exonuclease
 de revisão, 268-269, 269f, 315
 no malpareamento de DNA, 318-319
Exonuclease de revisão, 268-269, 269f, 315
Exonuclease I, 319
Exonuclease VII, 318
Expansão de repetição de trinca, 316q
Experimento de "pulso e caça", 37
Experimento de Anfinsen, 134, 135q
Experimento de mica, 84
Experimento de Miller-Urey, 596-597, 596f
Experimento de troca de domínio, 661f
Experimentos de desvio de ativador, 624q
Expressão constitutiva, 617, 628
Expressão de genes dos somitos, 788-789, 789f
Expressão gênica
 diferencial, 733, 738-745
 regulação da tradução, 549-561
 ruído na, 777-779, 778f
Expressão gênica diferencial, 733, 738-745
Extratos celulares, 173-174

F

Fábricas de recombinação, 366, 366f
FACT (facilita a transcrição de cromatina), 457, 458f
Fago. *Ver* Bacteriófago
Fago lítico, 798, 799f
Fago temperado, 798
Família Argonauta, 713, 718, 719f, 720
Família de ribonucleoproteínas nucleares heterogêneas (hnRNPs), 492
Família de transposons *hAT*, 401, 408q
Família de transposons IS*3*, 401
Família de transposons IS*4*, 409-410
Família ELL, 456
Família Y de DNA-polimerase, 334, 335, 336q
Fase aberta de leitura (ORF), 169, 510-512, 533q, 559, 560f, 561
Fase de crescimento exponencial, 803, 803f
Fase estacionária, do crescimento bacteriano, 803, 803f
Fase G1, 211-212f, 217
Fase G2, 211-212f, 217
Fase M. *Ver* Mitose
Fase S, 297
Fases de leitura, 510-511, 511f
Fases Gap, 211-212f, 217
Fator ativador de linfócitos-1 (LEF-1), 140, 140f
Fator de choque térmico σ, $σ^{32}$, 630
Fator de crescimento de fibroblastos (FGF), 769
Fator de crescimento epidérmico (EGF), 499, 499f
Fator de integração do hospedeiro (IHF), 388-389, 388f, 414, 631-632, 672
Fator de ligação GAGA, 669
Fator de permuta de GTP, 543
Fator de reciclagem do ribossomo (RRF), 548, 548f
Fator de transcrição PrfA, 110, 111f
Fator F, 803-804, 804f

Fator neurotrófico derivado de cérebro (BDNF), 696q
Fator para inversão de estimulação (Fis), 390-391, 390f
Fatores de alongamento, 455-456, 537. *Ver também proteínas específicas*
Fatores de início
 eucarióticos, 530-535, 531f, 532f, 536f
 procarióticos, 529-530, 530f
Fatores de início da tradução, 529-535, 530f, 531f, 532f, 534f, 536f
Fatores de liberação (RFs), 544, 545f, 547-549, 547f, 577
Fatores de transcrição
 em *Arabidopsis*, 815
 MADS, 815
Fatores de transcrição MADS (MCM1, agamous, deficiens, e serum response), 815
Fatores gerais de transcrição (GTFs), 448, 449
Fatores σ, 434-438, 435f, 437f-440f, 442
 alternativos, 630, 631f, 701
 autorregulação, 780, 787f
 choque térmico, 630
Fenda maior, do DNA, 84-86, 85f, 138f
Fenda menor, do DNA, 84-86, 85f, 138f, 227, 227f, 451
Fenda primitiva, 826
Fenilalanina, 16, 518, 518f, 579
Fenil-isotiocianato (PITC), 177-178, 178-179f
Fenótipo, definido, 7
Ferritina, tradução da, 558, 559f
Fertilização, em *Arabidopsis*, 812-813, 812f
FGF (fator de crescimento de fibroblastos), 769
Fibra de 30 nm, 232-234, 233f, 234f, 244
Filamentos de actina, 735, 735f, 741q
Filogenia de deuterostômios, 771f
Fingerprint, DNA, 160-161q
Fingerprinting de DNA, 160-161q
Fire, Andrew, 722q
Fisher, Ronald A., 15
Fita β, 125-127, 128f
Fita tardia, 270, 270f, 284, 285f, 286
Fita-líder, 270, 270f, 284, 285f, 286
Fitas não transferidas, na transposição do DNA, 399-401, 400f
Flagelina, 389-390
Flagelos, 389, 389f
fliAB, 389, 390f
5-Fluoruracil (5-FU), 268q
fMet (*N*-formil metionina), 529, 529f
fMet-tRNA, 579
fMet-tRNA$_i^{fMet}$, 529, 530
FMRP (proteína do retardo mental do X frágil), 727q
Folha β
 na DNA-polimerase, 263
 na proteína de ligação ao TATA (TBP), 451
Footprinting, 184-185, 184f
Footprinting com interferência química, 184-185
Footprinting com proteção química, 184
Footprinting de DNA, 184-185, 184f
Footprinting por proteção com nuclease, 184, 184f
Forças de van der Waals
 descrição, 52, 56-57, 56f, 56t, 57f
 hidrofóbicas, 60-63, 61f
Forças eletrostáticas, 53
Forma A do DNA, 86, 87f, 90t
Forma B do DNA, 86-87, 87f, 88, 89f, 90t
Formação de biofilme, 635q
Formação de padrão, em *Arabidopsis*, 815

Formas L, 594
Forquilha de replicação, 269-277
    ação da topoisomerase na, 275, 276f
    descrição, 269-270, 270f
    desenrolamento do DNA, 272-273, 272f, 275, 276f, 287f
    enzimas ativas na, 275-277, 277t
    estabilização do ssDNA, 273-274, 275f
    fita tardia, 270, 270f, 284, 285f, 286
    fita-líder, 270, 270f, 284, 285f, 286
    início de nova fita, 270-271
    metilação Dam na, 319f
    remoção de iniciador, 271-272, 271f
    síntese de DNA na, 283-288
    síntese de iniciador, 270-271
Fosfoamidinas, 157, 158-159f
Fosfoamidinas protonadas, 158-159f
Fosfoproteoma, 182
Fosforilação
    da RNA-polimerase II, 450-451, 450f
    de cadeia lateral de aminoácido, 134
    histona, 242, 242f, 243f
Fotorreativação, 325, 325t, 326f
Fotossíntese, 66
FOXP1, 495-496, 496f
Fragmentos de Okazaki, 270, 270f, 271, 285f, 286, 287, 303, 319
Fragmentos gênicos, 206, 206f
Franklin, Rosalind, 24, 88
Fritillaria assyriaca
    densidade gênica, 203t
    tamanho do genoma, 203t
FtsH, 648
FtsK, 392q
Fugu rubripes
    composição cromossômica, 201t
    densidade gênica, 203t, 205t
    DNA repetitivo, 205t
    tamanho do genoma, 203t
Fusão gênica gerada por transposon, 805-806, 806f
Fuso mitótico, 208f, 211

G

Gal, genes, 627, 681, 682f
GAL1, gene, 660, 660f, 666, 666f, 668, 682f, 686, 686f
Gal11, proteína, 664, 669
Gal80, 686, 686f
GalR, gene, 627
Gametas, em *Arabidopsis*, 812-813, 812f
Gametófito, 812, 812f
Ganchos AT, 663
Gap, genes, 749q, 754, 757q
Garrod, Archibald E., 16, 21
Gato cálico, 729, 729f
Gcn2, 559, 560f
Gcn4, 127-129f, 137, 558-559, 560f, 561, 664, 669
GCR (região controladora global), 674
GcrA, 787, 788f
Géis de poliacrilamida, separação de proteínas em, 176-177, 176-177f
Gene *BRCA2*, 367, 367q
Gene *cut* (*Drosophila*), 672
Gene da apolipoproteína-B, 500, 501f, 503q
Gene da *distrofina* (ser humano), 468
Gene da regra dos pares, 749q, 758

Gene do fator de crescimento semelhante à insulina 2 (*Igf2*), 692, 693f, 696q, 829, 830f
Gene *Krüppel*, 754, 756, 757f
Gene ligado ao sexo, 10
Gene marcador da timidina quinase (TK), 828
Gene selvagem, definido, 10
Gene(s)
    definidos, 7
    especulações iniciais acerca da natureza dos, 15-16
    ligados, 9-11
    representação por letras ou símbolos, 7
Gene/proteína Su(Var)3-9, 689-690
Gene-repórter, 659, 805-806
Genes de virulência, bacterianos, 110, 111f
Genes homeóticos, 762-769, 762f-768f, 764q-765q
Genes ligados, 9-11
Genes mutantes, 10
Genes supressores, 584
Genética direta, em *Arabidopsis*, 814
Genética reversa
    em *Arabidopsis*, 813
    estratégias de *tiling*, 814
Genoma
    Arabidopsis, 813-814
    bacteriófago, 798
    camundongo, 825-826
    densidade gênica, 203-204, 203t, 204f, 205t
    Drosophila, 821
    duplicação, 813
    elementos transponíveis no, 393-394
    Escherichia coli, 204
    Saccharomyces cerevisiae, 810
    sequências intergênicas, 205-208, 205t
    sintético, 594, 595f
Genoma humano
    DNA repetitivo, 207-208
    elementos transponíveis no, 207-208
    organização e conteúdo do, 206f
    sequenciamento, 164-168
    sequências intergênicas, 206
    tamanho, 203t
Genômica, 168-173
    anotação, 169
    arranjos tipo *tiling* de genoma inteiro, 169-171, 170f
    edição do genoma, 172-173
    sequências regulatórias de DNA, 171-172, 172f, 173f
    visão geral da, 40-41
Genômica comparativa, 40-41
Genótipo, definido, 7
Gibbs, Josiah, 54
Ginandromorfos, 822-823, 823f
GINS, 299, 300f
Girase, 229
Girase reversa, 229
Glicina, 57f, 123-124
Glicoproteína, 134
Glicose, estrutura da, 52f
Glicosilação
    da cadeia lateral de aminoácidos, 134
    definida, 129-130q
Glicosilase, 326-328, 327f, 328f
Glioxal, 149
GlnA, gene, 618, 631, 632f, 659
Glutaminil aminoacil-tRNA sintetases, 518f

Goff, Stephen, 112
Gradiente extracelular, 737
Gráfico de Ramachandran, 123–124q
Grampo curto de RNA (shRNA), 726
Grampo de DNA, 400–401, 400f, 409, 419, 419f
Grampo deslizante de DNA, 278–283, 279f–281f, 295, 296f
Grampos
    DNA, 400–401, 400f, 409, 419, 419f
    em terminadores da transcrição, 447, 447f
    RNA, 108, 109f
Grânulos polares, 751, 753
Gre, fatores, 445, 456
GreB, 456, 457f
Griffith, Frederick, 22
Groucho, 744, 745f
Grupo 5-metil, 107
Grupo do Fago, 797
Grupo R, aminoácido, 121, 122f
GSC (célula-tronco de linhagem germinativa), 755q–756q
GTFs (fatores gerais de transcrição), 448, 449
GTP, uso na tradução, 543–544, 546q, 556
GTPase
    EF-Tu, 537–538, 538f
    IF2, 529
    Ran, 505
Guaniliiltransferase, 459f
Guanina
    alquilação, 321–322, 321–322f
    cap 5', 512
    depurinação da, 320f, 320–321
    desaminação da, 320–321, 321–322f
    estrutura, 25f, 80–81, 80f, 81f
    ligação à citosina, 24
    oxidação da, 321–322, 321–322f, 327f, 328
    pareamento de bases, 81–82, 81f
    regras de Chargaff, 26
GUG, como códon de início, 528

H

H19, gene, 692, 693f, 696q
Haeckel, Ernst, 6
Haemophilus influenzae, sequenciamento do genoma de, 162–163
Hairless, 744, 745f
Haldane, John Burden Sanderson, 15, 16
Halteres, 767–768, 768f
Hammarsten, Ola, 24
Haploide, 201
HATs (acetiltransferases de histonas), 248–249, 248t, 667, 668f
Hayflick, Leonard, 307q
HcPro, 724
Helicase. *Ver também* DNA-helicase
    eIF4A, 532, 535
    Mcm2-7, 298, 299f, 300f
    proteínas carregadoras, 293, 295, 296f, 298–300, 299f, 300f
Helicase hexamérica E1 de papilomavírus bovino, 274f
Helicase/nuclease RecBCD, 349, 351–355, 352f–354f
Helicases de DEAD-box, 474, 477
Helicases RecQ, 367, 368f
Hélice de reconhecimento, 137, 624–625, 625f
Hélice torcida, na estrutura do DNA, 86, 87f
Hemimetilação, 318–319
Hemoglobina
    anemia falciforme, 31
    ligação cooperativa e, 642q

Her1, proteína, 788–789, 789f
Her7, proteína, 788–789, 789f
Hereditariedade
    leis de Mendel, 6–8, 7f, 9f
    teoria cromossômica da, 8
Hermafroditas, 812, 817, 817f
Hershey, Alfred D., 23, 797, 807
Heterocromatina, 229, 232, 673, 687, 687f, 813
Heterodímeros, 662
Heterodúplex, 344, 345f, 374
Heterozigoto, definido, 7
Hexoquinase, 136, 136f
Hfl (alta frequência de lisogenia), 648, 802
Hfq, proteína, 702
Hfr (alta frequência de recombinantes), 803–804, 804f
Hibridização
    colônia, 156–157
    definida, 89
    DNA, 151–153, 152f
    na análise de microarranjos, 153, 153f
    para identificar um clone específico em uma biblioteca de DNA, 156–157
    por *northern blot*, 152–153
    por *Southern blot*, 152–153, 152f
    reanelamento e, 91f
Hibridização de colônia, 156–157
Híbridos de RNA:RNA, 474f
Hidrofílicas
    cadeia lateral de aminoácido, 124–126
    moléculas, 60
Hidrofóbicas
    cadeia lateral de aminoácido, 124–126
    ligações, 60–63, 61f
    moléculas, 60
Hidrolases, 69
Hidrólise
    ácidos nucleicos, 71
    dano ao DNA a partir da, 320–322, 320f
    de ligações peptídicas, 68
    descrição, 66
    do pirofosfato, 259f, 260
    energia livre da, 70–71
    GTP, 538, 539f, 547–548
    hidrolases, 69
    reações de transferência de grupo, 69
HindIII, 150, 150f
Hipercromicidade, 90
Hipótese de um gene – uma enzima, 21
Hipótese do adaptador de Crick, 34
Hipótese do Mundo de RNA, 118, 599
Hipoxantina, 320–321, 514
Histerese, 782q
Histona de ligação, 221–222, 222t
Histonas. *Ver também* Nucleossomos
    caudas, 224, 227–228, 228f, 234, 234f, 241–244, 242f, 243f, 244f
    chaperonas, 253, 253t, 254f
    de ligação, 221–222, 222t
    definidas, 199
    desacetilação, 688, 688f
    efeito na transcrição, 456–457, 458f
    envoltório do DNA e super-helicoidização negativa, 228–229
    estrutura, 221–224, 222f
    herança, 251, 252f, 253

ligação ao DNA, 224, 225f, 226-229, 227f, 232, 232f, 233f, 234f, 241-242f, 235f
metilação, 689-690, 691q, 696-697
modificações, 224, 241-245, 242f-244f, 248-249, 248t, 720
montagem de nucleossomo e, 222-224, 223f
núcleo, 221-222, 222f, 222t
propriedades das, 222, 222t
regulação transcricional e, 657
replicação do DNA e, 249-253, 251f, 252f, 253t, 254f
silenciamento gênico e, 720
variantes e função do nucleossomo, 234-236, 236f
Histonas centrais, 221-222, 222f, 222t
HIV. *Ver* Vírus da imunodeficiência humana
HMG, proteínas, 663
hnRNP1, 492, 493, 493f
HO, gene, 675-676, 677f, 739-740
Hoagland, Mahlon B., 34, 509
Holoenzima, 434, 435f
Homo sapiens. Ver Ser humano
Homólogos, 201, 217, 219, 363
Homozigoto, definido, 7
Horvitz, Robert, 818
HOTAIR, 728
Hox, genes, 188-189, 764q-765q, 769
Hoxb-2, gene, 827, 827f
HoxD, genes, 674
HP1, proteína, 689, 690, 691q
HpaI, 150, 150f
HPLC (cromatografia líquida de alto rendimento), 177-179
HPLC. *Ver* Cromatografia líquida de alto rendimento.
Hrp36, 490, 492
HSF, 669
HSP70 (*Drosophila*), gene, 669-670
hSPT5, 458
Hunchback, gene, 753-754, 754f
Hunchback, proteína, 754, 755f, 756, 757f, 758, 759f, 760-761
Hurwitz, Jerard, 36
Huxley, Julian, 15
Huxley, Thomas H., 5

I

ICR (região controladora de *imprinting*), 692, 693f, 696q
IF1, 529-530, 530f
IF2, 529-530, 530f
IF3, 529-530, 530f
Igf2, gene, 692, 693f, 696q, 829, 830f
IHF (fator de integração do hospedeiro), 388-389, 388f, 414, 631-632, 672
Iminoácido, 123-124
Immunoblotting, 176-178, 177-178f
Impedimento estérico, no processamento mutuamente exclusivo, 486, 486f
Imprinting, 692, 693f, 814, 829, 830f
Imprinting parental em camundongos, 829, 830f
Imunidade do alvo de transposição, 409, 411, 413q
Imunidade-alvo, transposição, 409, 411, 413q
Imunoglobulina G (IgG), domínios proteicos da, 133q
Imunoprecipitação, 176-177
Imunoprecipitação, cromatina. *Ver* Imunoprecipitação de cromatina (ChIP)
Imunoprecipitação de cromatina (ChIP)
descrição, 185-187, 186f
ensaio ChIP-chip, 666q-667q

ensaio ChIP-Seq, 666q-667q
recrutamento por ativadores, visualização de, 666
Inativação do X, 728-730, 729f, 730f
Indução, da via lítica do fago, 800
Indução lisogênica, 636, 642-643
Indutor, 143
Informação posicional, 737
Ingram, Vernon M., 31
Iniciador
na PCR, 158-159, 159f
na replicação do DNA
estrutura do, 258-259
extensão do, 259
remoção, 271-272, 271f
síntese, 270-271
proteína iniciadora, 303
Iniciador (Inr), 448-449, 448f
Iniciador de RNA
remoção pela RNase H, 271-272, 271f
síntese pela primase, 271
Início
tradução, 528-535
transcrição, 432, 433f, 434, 440-442, 441f, 449-454, 450f
Inserção
mutação de alteração de fase de leitura a partir de, 583
por recombinação sítio-específica, 379, 379f
Insetos, perda de membros de voo em, 766-767, 767f
Int, gene, 651, 652f
Integração
do bacteriófago λ, 378, 379f, 386-389, 388f
elementos Ty, 414, 415f
retrotransposons e retrovírus, 403, 404f
Integração de sinal, 627, 675-676, 677f
Integrases
descrição, 395
domínio catalítico, 404-405, 405f
estrutura, 404-405, 405f
reconhecimento de cDNA por, 403
retrovirais, 403, 405, 405f
Interações DNA-proteína
ligação cooperativa nas, 617, 619f
ligações fracas em, 62-63
no início da replicação, 293, 295
Interações proteína-DNA
ligação cooperativa nas, 617, 619f
ligações fracas nas, 62-63
no início da replicação, 293, 295
Interações proteína-proteína
ensaio de duplo-híbrido em leveduras para determinar, 182
interatomas, 182, 183f
ligações fracas nas, 62-63
na forquilha de replicação, 286-288
no início da replicação, 293, 295
Interatoma, 182, 183f
Interfaces proteína-proteína, 140-141, 140f
Interfase, 212-213, 212-213f, 216f
Interferência, 13
Interferon-β, gene do, 676-677, 678f
Íntrons. *Ver também* Processamento do RNA
AT-AC, 483
autoprocessamento, 477-480, 478t, 479q, 480f
descrição, 467-468, 468f
grupo I, 477, 477t, 478-480, 479qf
grupo II, 477, 477t, 478f, 479, 480, 480f

identificação de, 169
número por gene, 467, 468f
remoção por ribozimas, 116
tamanho, 467
tamanho do genoma, contribuição para, 205, 205t
Íntrons de autoprocessamento, 477–480, 478f, 479q, 480f
Íntrons de grupo I, 477, 477t, 478–480, 478f, 479q
Íntrons de grupo II, 477, 477t, 478f, 479, 480, 480f
Invasão de fita, 344, 345f, 365f, 370, 372f
Inversões
  por recombinação sítio-específica, 379, 379f, 389–391, 390f
  por transposição, 403
Íons metálicos, na DNA-polimerase, 263, 264, 265f
iPS (células-tronco pluripotentes induzidas), 495, 666q, 733–735, 734q
IPTG, 626f
IRESs (sítios internos de acesso do ribossomo), 533q–534q
IS (sequência de inserção), 410
Isca, 664q
ISE (amplificador de processamento intrônico), 491
Isoformas, 469, 487–488
Isoladores, 449, 659, 672–673, 673f, 692
Isoleucil-tRNA sintetase, 519
Isoleucina, 518, 518f
Isomerização, da RNA-polimerase, 438–440
Isópodes, 766
ISS (silenciador de processamento intrônico), 491

J

Jacob, François, 288, 628q–629q, 804, 807
Janssens, F.A., 9, 11
JNK1 (ser humano), gene, 486
Jorgensen, Richard, 722q
Jun, 676, 678f, 684
Junção de extremidades não homólogas (NHEJ), 331–333, 332q, 333f
Junção de Holliday
  clivagem, 346, 347f, 350q, 361
  descrição, 344
  geração, 344, 345f
  helicases RecQ e, 368q
  intermediário de recombinação, 348f, 350q
  na recombinação sítio-específica por tirosina recombinase, 383, 385f, 392q
  reconhecimento pelo complexo RuvAB, 360, 360f
  resolução de, 344, 346, 347f, 350q, 361
  RuvC, 361, 361f
Junção iniciador:molde, 258–259, 258f, 263–265, 264f, 267, 285f, 286
Junções de RNA, 108, 109f

K

Kendrew, John, 24
Khorana, Har Gobind, 38
Kluyveromyces lactis, 683q
Knirps (*Drosophila*), gene, 749q, 754, 756, 757f
Knirps, proteína, 760–761, 761f
Kornberg, Arthur, 26
Kozak, Marilyn, 512
Ku70, 332, 333f
Ku80, 332, 333f
Kuhn, A., 16

L

Labial (*lab*) (*Drosophila*), gene, 764q
Lac, gene
  descrição, 620–621, 620f
  expressão, 621, 621f, 626–627
LacA, gene, 620, 620f
lacI, Gene, 621, 628q
Lactase (*LCT*) (ser humano), gene da, 760q
Lactose-permease, 621, 626f
LacY, gene, 620, 620f, 621
LacZ, gene, 620, 620f, 621, 661f, 805, 806f, 827, 827f
LCR (região controladora de *locus*), 671–672, 671f, 673–674, 674f
Leis de Mendel
  distribuição independente, 8, 9f
  história, 6
  segregação independente, 6–7, 7f
Lepidópteros, asas de, 768, 768f
Lesões no DNA, 314
Leucemia, 670q
Leucemia linfocítica crônica (LLC), 727q
Leucina
  códons, 573
  tRNA, 574f
Leveduras
  comparação dos mapas genético e físico, 373f
  complexo SAGA, 452
  controle combinatório dos genes de alternância de tipo acasalante, 680–681, 680f
  elementos reguladores de, 658f
  elementos Ty, 414, 414f, 415f
  ensaio de duplo-híbrido, 664q
  evolução do circuito regulador, 683q
  Gcn4, 127–129f, 137, 558–559, 560f, 561
  gene *HO*, 675–676, 677f
  genes *GAL*, 681, 682f
  mediador, 454, 454f
  promotores, 671
  RNA-polimerases, 431, 432f, 455, 457f
  silenciamento em, 688–689, 688f
LexA, 335, 643, 660, 661f
Liberdade de rotação, 52, 52f
Ligação acil, 66, 515
Ligação amida, 122
Ligação bivalente, 214, 216f, 217
Ligação cooperativa
  de ativadores, 674–677, 677f, 678f
  descrição de, 641q–642q
  proteínas de ligação ao DNA de fita simples, 274
  recrutamento da RNA-polimerase, 617, 619f
  regulação por, 619–620
  repressor de λ, 639–640, 640f, 641q–642q, 643–644, 644f
Ligação éster, 515
Ligação fosfodiéster
  clivagem e formação no processamento do RNA, 470
  clivagem por recombinase, 380–381
  energia na, 71–72, 74–75
  formação de, 259
  no DNA, 24, 25f, 79, 80f
Ligação fosfotirosina, 99, 100f
Ligação glicosídica, 78, 89, 89f
Ligação monovalente, 214, 216f, 218, 219
Ligação peptídica
  definida, 122

estrutura, 122–123, 123f
formação de, 122, 123f, 599, 600f
formação no ribossomo, 524, 524f, 538, 540–541, 541f
formato planar da, 52f
hidrólise, 68
Ligações. *Ver* Ligações químicas
Ligações carbonil, 64
Ligações covalentes
  ângulo de ligação, 52
  energia de ligação, 63–64
  força, 51, 54
  liberdade de rotação, 52, 52f
  mecânica quântica, 53
Ligações de alta energia
  classes de, 67t
  definidas, 63, 66
  em reações biossintéticas, 67–69
  energia livre e, 66–67
  hidrólise, 66
  na síntese de ácidos nucleicos, 71–74, 73f
  no ATP, 66
  reações de transferência de grupo, 69–74
  símbolo para, 66
Ligações de hidrogênio
  descrição, 57–59
  em moléculas orgânicas solúveis em água, 60
  em nucleossomos, 227
  entre moléculas de água, 59, 59f
  estruturas moleculares complementares, 58–59
  exemplos em moléculas biológicas, 58–59f, 58–59t
  ligações iônicas como, 58–59
  na água, 124–125, 125–126f
  na estrutura secundária das proteínas, 125–127, 126–128f
  no DNA, 24
  pareamento de bases e, 81f, 82–83, 83f
  propriedades direcionais, 58–59, 59f
  tamanhos das ligações, 58–59t
Ligações de pirofosfatase, 66, 67t, 73–74, 259f, 260
Ligações iônicas, 58–59
Ligações químicas, 51–75
  características das, 51–53
    ângulo de ligação, 52
    constante de equilíbrio, 53, 54, 54t
    força, 52
    liberdade de rotação, 52, 52f
    mecânica quântica, 52–53
    troca de energia, 53, 54
    valência, 52
  descrição, 51
  força, 51, 52, 54
  fracas, 51, 52, 55–63
    energias de, 55
    entre moléculas em soluções aquosas, 59–60
    força, 55
    ligações de hidrogênio, 57–60, 58–59t, 58–59f
    ligações hidrofóbicas, 60–63, 61f
    na interação enzima-substrato, 62–63
    na interação proteína-DNA, 62–63
    na interação proteína-proteína, 62–63
    van der Waals, 56–57, 56f, 57f, 57t
Ligante, 142–143
Ligase IV, 332, 333f
Limiares de gradientes, 757q
Limite de Hayflick, 307q

Lin-14, gene, 722q–723q
Lin-4, gene, 722q–723q
LINE (elemento nuclear intercalado longo), 414–416, 415f
Linha do tempo geológico, 596f
Lisogenia
  bacteriófago, 798, 799f, 800, 802, 804
  bacteriófago λ, 386–387, 636–649, 637f, 694, 695f
  fago Mu, 411
Lisozima, 586
Listeria monocytogenes, 110, 111f
Lk^0, 94–96
LLC (leucemia linfocítica crônica), 727q
Locus do tipo acasalante (*locus MAT*), 369–371, 369f, 372f, 680–681, 680f
*Locus r*II, de T4, 808
Locus vnd, em *Drosophila*, 169f
Locus yellow (y) (*Drosophila*), 759q–760q
Locusta migratoria
  densidade gênica, 203t
  tamanho do genoma, 203t
Luciferase, 635q
Luria, Salvador, 797, 803
LuxR, 635q–636q
Luz ultravioleta, dano ao DNA por, 321–322, 321–322f, 326f

M

Macho-1, 740–741, 742f
MacLeod, Colin M., 23
Macromutações, 15
Mad, 756q
MAGE (*multiplex automated genome engineering*), 589q
MalT, gene, 618
Mapa genético
  descrição, 11–13, 15f
  em *Drosophila*, 820–822, 821f
  recombinação homóloga e, 373, 373f
Mapas genômicos, em *Drosophila*, 820–822, 821f
Mapeamento cromossômico, 11–13
Marcação de DNA, 152
Marcação pulsada, 39
Massa celular interna, 733–734, 734q, 826, 826f
Matriz de gel, 148
Matriz de peso posicional (PWM), 172
Matriz extracelular, 737f
Matthaei, Heinrich, 38
Matzke, Marjori, 722q
Malpareamento T:G, 328
Malpareamento U:G, 325
Maxilípedes, 766, 766f
Mayr, Ernst, 15
McCarty, Maclyn, 23
McClintock, Barbara, 11, 11f, 408q
Mcm1, 680–681, 680f
Mecânica quântica, 52–53
MeCP2, 692, 696, 696q
Medea, 756q
Megacariócitos, 202
Meganucleases, 173
Meio ambiente, resposta da planta ao, 815
Meiose
  fase, 218f, 219
  redução de número cromossômico, 217–219
  segregação cromossômica, 362–363, 362f
Meiose I, 218f, 219

Meiose II, 218f, 219
Mello, Craig, 722q
Membros de voo, evolução de, 767–769, 768f
Memorização. *Ver Imprinting*
Mendel, Gregor, 6–8, 803
Mercaptoetanol, 176–177
6-Mercaptopurina (6-MP), 268q
MerR, 618, 630–631, 632–633, 632f
MerT, gene, 632
Meselson, Matthew, 27–30, 342, 807
MesP, 752q
Metáfase, 216f, 217
Metáfase II, 218f, 219
Meteorito de Murchison, 598, 598f
Metilação
  de DNA, 814
    efeito em enzimas de restrição, 150
    no processo de reparo de malpareamento, 318–319, 319f
    regulação epigenética e, 694, 695f, 696–697
    silenciamento por, 692, 693f
  de DNA dependente de RNA, 814
  de histonas, 242, 242f–244f, 244–245, 248–249, 248t, 689–690, 691q, 696–697
Metilação do DNA
  imprinting, 692, 693f
  regulação epigenética, 694, 695f, 696–697
  silenciamento por, 692, 693f
Metilases de manutenção, 694, 695f
Metilcitosina, 320–321
Metilguanina, 514
Metiltransferase, no reparo do DNA, 325–326, 326f
Metiltransferases de histonas, 248, 248t, 249, 689, 690
5-metil-uracila, 107
Metionina, 528–529, 529f
Microarranjos de DNA, ChIP e, 186–187
Microinjeção, em camundongos, 827, 827f
MicroRNA (miRNA), 712–718, 712f, 715f–717f, 717q, 722q–723q
  como sequências intergênicas, 206–207
  doenças humanas e, 727q
  em *Arabidopsis*, 814
  em *C. elegans*, 819
  estrutura, 714–716, 715f
  genes de, 170–171
  modulação da atividade de *Hox*, 765q
  produção de, 716–718
Microssatélite de DNA, 207
Microssatélites de DNA, repetições CA em, 315
Microtúbulos, 209, 211, 214, 216f, 735, 741q–742q
Mig1, 681–682, 682f
Migração de ramificação, 344, 345f
Milho. *Ver Zea mays*
Miller, Stanley, 596–597
Mimetismo molecular, 440, 543
Miosina, 735f
miRNA. *Ver microRNA*
miRNA *let-7*, 714
Mitocôndrias, código genético de, 587–588, 588f
Mitose (fase M), 211, 212–213f
MNase (nuclease de micrococos), 226q, 245q–247q
Modelagem de homologia, 129–130q, 136
Modelo alostérico de término, 461f, 462
Modelo de "lagarta", 441, 441f
Modelo de "triturador", 441–442, 441f

Modelo de excursões transientes, 441, 441f
Modelo de replicon, 288, 288f
Modelo de solenoide, nucleossomo, 232–233, 233f
Modelo de torpedo para o término, 461, 461f
Modelo de trombone, 285f, 286
Modelo de zigue-zague, nucleossomo, 232, 233, 233f, 234f
Modelo inicial dos íntrons, 496–498
Modelo tardio dos íntrons, 498
Modificações pós-traducionais, 133–134
Modificadores de nucleossomos, 453, 453f, 454, 657–658, 667–669, 668f
Moi (multiplicidade de infecção), 647–648
Molde, para síntese de DNA, 258, 266f
Molécula ativada, 70–71
Molécula de junção, 358
Moléculas, descritas, 51
Moléculas apolares, 55–56
Moléculas orgânicas
  no meteorito de Murchison, 598
  pré-bióticas, 595–598
Moléculas polares, 55–56, 60
Moléculas sinalizadoras
  contato célula a célula e, 736, 736f
  secretadas, 735f, 737–738, 737f
Momento dipolo, 55
Monod, Jacques, 628q–629q, 804, 807
Monosiga, 769
Morfógeno, 737f, 738, 744
Morgan, Thomas Hunt, 10, 11–13, 819, 820–821
Mórula, 826, 826f
Mosaicos, 728–729, 822–823, 823f
Motivo (de sequência), 129–130q
Motivo (estrutural), 129–130q
Motivo de ligação a ATP de proteínas iniciadoras, 289
Motivo de ligação ao DNA do fator σ, 437
Motivo de proteína ribonuclear (RNP), 141
Motivo de reconhecimento de RNA (RRM), 141, 492
Motivo GGQ, 547
Motivo hélice-volta-hélice, 137, 437, 624–626, 625f, 661, 662f
mRNA. *Ver RNA mensageiro (mRNA)*
mRNA monocistrônico, 511, 511f
mRNA policistrônico, 511, 511f
MRX, 364–365, 365f, 370
MS/MS, 178–179, 180f
MTE (*motif ten element*), 448
mTor, 556
MuA, proteína, 411, 413q
MuB, proteína, 411, 413q
Muller, Hermann J., 10, 13, 16, 821
Multiplicidade de infecção (moi), 647–648
Mutação
  a partir da transposição, 393
  a partir de análogos de bases e agentes intercalantes, 323–324, 324f
  a partir de dano ao DNA, 320–324
  a partir de erros de replicação, 314–320, 315f, 317f
  complementação, 801, 809
  consequências de, 314
  de alteração de fase de leitura, 583, 584, 584f
  de ponto, 582–583
  de troca de sentido, 582, 584
  defeitos de processamento, 496q–498q
  descrita, 13, 314
  em levedura, 810

fontes de, 313
hot spots do cromossomo, 315
induzida por raios X, 16
macromutações, 15
nula, 805
origem da variabilidade genética, 13, 15
reversa, 584
sem sentido (*nonsense*), 582-583
supressora, 584-587, 584f, 585f
teste de Ames, 320-321q
tipos
    expansão de repetições em trincas, 316q
    mutações de ponto, 314
    transições, 314, 314f
    transversões, 314, 314f
transformação recombinacional, 810
transição, 575
transversão, 575
variação epigenética, 815
Mutação de término, 582
Mutação de transversão, 575
Mutação nula, 805
Mutações de alteração de quadro de leitura, 583, 584, 584f
Mutações de ponto, 314, 582-583
Mutações de troca de sentido, 582, 584
Mutações reversas, 584
Mutações sem sentido, 582
Mutações supressoras, 584-587, 584f, 585f
    de mutação de alteração de fase de leitura, 584f
    sem sentido, 584-586, 585f
    supressão intergênica, 584-585
    supressão intragênica, 584, 584f
Mutagênese, 323, 335
    EMS, 814, 821
    insercional
        em *Arabidopsis*, 814
        gerada por transposon, 414, 805-806, 806f
    sítio-dirigida, 157
    Sleeping Beauty, 414
Mutagênese insercional
    em *Arabidopsis*, 814
    gerada por transposon, 805-806, 806f
Mutagênese sítio-dirigida, 157
Mutagênicos, 320, 320-321q
Mutantes de controle positivo (*pc*), 622
MutH, 316, 317f, 318-320, 319f, 320f
MutL, 316, 317f, 318-319, 320f
MutS, 316, 317f, 318, 318f, 320f
Mycoplasma, 594
    M. capricolum, 588
    M. genitalium
        composição cromossômica, 201t
        densidade gênica, 203t
        tamanho do genoma, 203t

N

N de λ, proteína, 649-650
NANOG, proteína, 495, 496
Nanos, proteína, 557, 754, 754f
Não disjunção, 363
Nematostella, 771-772
Neurospora crassa, ribocomutadores em, 705
NF-κB, 676, 678f, 686

N-formil metionina (fMet), 529, 529f
NHEJ (junção de extremidades não homólogas, 331-333, 332q, 333f
Nirenberg, Marshall, 38
Nitrosaminas, 321-322
Nível basal de transcrição, 617, 617f
NMD (decaimento mediado por *nonsense*), 486-487, 487f, 565-567, 566f
Nó, da fenda primitiva, 826
Northern blot, 152-153
Nós, em circuitos reguladores, 776
Notch, 744, 745f, 789
NotI, 150, 150t
NREs (elementos de resposta a Nanos), 754
NtrC, 618, 630-632, 632f, 684
Nuclease. *Ver também* Endonuclease; Exonuclease
    helicase/nuclease RecBCD, 351-355, 352f-354f
Nuclease de micrococos (MNase), 226q, 245q-247q
Nucleases dedo de zinco, 173
Nucleases efetoras semelhantes a ativadores transcricionais (TALENs), 173
Núcleo, cromossomos no, 202, 202f
Nucleoide, 201, 202f
Núcleos determinados, 747
Nucleosídeo, 78
Nucleosídeos fosfatos, 71
Nucleosídeos trifosfatos, 72, 73f, 258-260, 258f
Nucleossomos
    acesso do DNA, 236-237, 236-237f, 249
    acetilados, 668
    arranjos, 232-233, 236-237
    densidade super-helicoidal, 230q-231q
    descrição, 200
    desprovidos de H2A e H2B, 227f
    DNA central, 220, 221f
    DNA de ligação, 220, 221, 221f, 221t, 232-233, 233f
    eixo de simetria, 224, 225f
    estrutura atômica, 224
    fibra de 30 nm, 232-234, 233f, 234f, 244
    herança epigenética e, 696-697
    histonas
        caudas, 224, 227-228, 228f, 234, 234f, 241-244, 242f, 243f, 244f
        de ligação, 221-222, 222t
        estrutura, 221-224, 222f
        interação/ligação com DNA, 224, 225f, 226-229, 227f, 232, 233f, 234f, 236-237, 241-242f
        núcleo, 221-222, 222f, 222t
        variantes, 234-236, 236f
    modificação, 688f, 696-697
    montagem, 222-224, 223f, 230q-231q, 249-253, 254f
    movimento, 236-238, 237-239f, 240t
    papel regulador de, 200
    posicionamento, 240-242, 240-242f, 245q-247q
    regulação transcricional e, 657
    super-helicoidização negativa, 230q
    supertorção negativa, 96-97
    transcrição e, 457, 458f
    tratamento com nuclease de micrococos (MNase), 222q
Nucleotídeos
    código genético, 37-38, 38t
    descrição no DNA, 27f
    DNA e RNA comparados, 32-33, 33f
    formação de, 78-79, 79f

geração a partir de moléculas orgânicas simples, 597–598, 597f
ligação fosfodiéster, 79, 80f
sequência como fonte de informação genética, 30–31
Nucleotídeos terminadores de cadeia, 160–163, 163–164q
Nucleotídeos terminadores de cadeia fluorescentes, 161–162, 163–164q
Número de ligação (LK), 93–96, 94f, 97, 98f, 101–102, 229, 230q–231q
Número de supertorções (Wr), 94, 94f, 103
Número de torções (Tw), 94, 94f, 103
Nus, proteína, 445, 456
Nüsslein-Volhard, Christiane, 749q
Nut (*N utilization*), 650

O

Oligômero, proteína, 127–129
Oligonucleotídeos
  definidos, 157
  iniciadores para PCR, 158–159, 159f
  sintetizados quimicamente, 157–159
Oligorribonucleotídeos, preparação de, 581f
Omissão de éxon, 484f, 485
Oncogenes, miRNAs como supressores de tumor de, 727q
Oócito, 752
Operador, 143
  bacteriófago λ, 639–640, 639f, 640f, 642–644, 647, 647f
  gene *cI*, 777, 779
  lac, 620f–622f, 622, 625
  ligação ao repressor, 617
Operador *lac*
  descrição, 620f–622f, 622, 625
  mutação em, 628q–629q
Óperon
  araBAD, 634, 634f
  lac
    controle alostérico, 626–627, 627f
    descrição, 620–621, 620f
    experimentos de Jacob e Monod, 628q–629q
    expressão de genes *lac*, 621, 621f, 626–627
    lógica da porta AND, 776, 776f
    região de controle, 622f
  proteínas ribossomais, 553–554, 554f
  trp, 707q–708q
Óperon *araBAD*, 634, 634f
Óperon *lac*
  controle alostérico, 626–627, 627f
  descrição, 620–621, 620f
  experimentos de Jacob e Monod, 628q–629q
  expressão de genes *lac*, 621, 621f, 626–627
  lógica da porta AND, 776, 776f
  região de controle, 622f
Óperon *trp*, 707q–708q
Ordem gênica, cruzamentos de três fatores para atribuir, 12, 12f
ORFs a montante (uORFs), 533q, 559, 560f, 561
Organismos experimentais, 797–830
  Arabidopsis, 811–816
  bactérias, 802–808
  bacteriófago, 798–802
  Caenorhabditis elegans, 816–819
  camundongo (*Mus musculus*), 825–830
  Drosophila melanogaster, 819–825
  escolha de, 797–798
  levedura do pão (*Saccharomyces cerevisiae*), 808–811

OriC, 289, 289f, 293, 294q–295q
Orientação antiparalela do DNA, 81
Origem de replicação
  de eucariotos, 297, 298f
  definida, 288
  Escherichia coli, 204, 288, 289, 294q–295q
  função da, 209
  identificação da, 290q–292q
  localização, 208f, 209
Oryza sativa
  densidade gênica, 203t, 205t
  repetitivo, 205t
  tamanho do genoma, 203t
Oskar, 556–557, 558f
Oskar, mRNA de, 751–753, 753f
Ouriço-do-mar, genoma, 770
Oxidação do DNA, 321–322
OxoG, 321–322, 326, 327f, 328

P

P53, gene, 827
P73, 496–497q
Padrão de difração de raios X do DNA, 24, 24f, 86, 88
Padrão dorsoventral do embrião de *Drosophila*, 747, 747f, 750–751, 750f
Paige, Jeremy, 115
Par de base G:U, 109, 110f
Par-1, gene, 722q
"Paradoxo do número de ligação do nucleossomo", 231q
Pareamento códon-anticódon, 537, 538f, 574f
Pareamento de bases
  especificidade do, 83, 83f
  G:U, 109, 110f
  ligações de hidrogênio no, 81f, 82–83, 83f
  natureza complementar do, 81–82, 81f
  orientação antiparalela e, 81
  Watson-Crick, 81–82, 81f
Pareamento de bases de Watson-Crick, 81–82, 81f
Partícula do núcleo do nucleossomo, 224, 226q
Partícula tri-snRNP, 476
Pasha, 716
Pasteur, Louis, 808–809
Patched, gene, 825
Pauling, Linus, 24
PCNA, 253, 254f, 280, 281f, 320, 336
PCR. *Ver* Reação em cadeia da polimerase
PCR2, 728
Peptidiltransferase, 600f
Peptidil-tRNA, 524, 524f, 537
Pequenas proteínas ribonucleares (snRNPs), 473–474, 474f, 475f, 476
Pequenos RNAs (sRNAs), 701–702, 703f. *Ver também tipos específicos*
Pequenos RNAs de interferência (siRNAs), 431, 712–714, 712f, 714f, 725, 814
Per, gene, 787–788
Perfil do DNA, 160–161q
Perfil do polissomo, 561q–562q
Perfil do ribossomo, 561q–562q
Período de latência, 801
Permuta de fita, substratos para, 355f
Perutz, Max, 24
Petúnia, 722q
Pirazinamida, 565q

Pirimidinas, 80, 80f, 597f
Pirofosfatase, 259f, 260
Piruvato quinase, 131f
PITC (fenil-isotiocianato), 177–178, 178–179f
Pitx1, gene, 759q–760q
Placa, 649q, 800, 800f
Placa ventral do tubo neural, 744–745
Plantas. *Ver também Arabidopsis thaliana*
   desenvolvimento e formação de padrão, 815–816
   resposta ambiental, 815
   RNAi em, 722q, 724
   RNA-polimerases, 431
Plasmídeo Ti (indutor de tumor), 813
Plasmídeo-repórter, 660, 661f
Plasmídeos
   como elementos genéticos circulares, 92
   como vetores de clonagem, 805
   comparados a cromossomos, 201
   conjugação, 803–804, 804f
   descrição, 154
Plataforma de expressão, ribocomutador, 703, 703f
Pluripotência, 495–496, 496f
Pluripotente, 734
Pol I, II ou III. *Ver* DNA-polimerase
Polaridade, da DNA-helicase, 272f, 273
Poliacrilamida, 148
Poliadenilação, 458–460, 460f
Polifenilalanina, 579
Polimerase. *Ver também* DNA-polimerase; RNA-polimerase
   translesão, 325
   troca de, 278, 279f
Polimerase poli(A), 459, 460f, 513
Polimerase translesão, 325
Polimorfismo, repetições CA, 315
Polinucleotídeo fosforilase, 578, 578f
Poliploide, 201–202
Polirribossomos (polissomos), 35–36, 36f, 522–523, 523f
Ponte dissulfeto, 123–125, 124–125f
Ponto de fusão, do DNA, 90, 92f
Pontos de verificação do ciclo celular, 217
Porta AND, 776, 776f, 785
POT1, 308, 308f
PRC (complexo repressivo Polycomb), 690, 690f, 765q, 815
Pré-esporo, 743, 743f
Pré-mRNA
   descrição, 468
   processamento de, 468–469, 468f, 480f, 484f
Presa, 664q
Primase, 271
   interação com a DNA-helicase, 271, 284, 285f, 286, 287
pri-miRNA, 715–717, 717f
Princípio da distribuição independente, 8, 9f
Princípio da segregação independente, 6–7, 7f
Problema da replicação de extremidades, 303–305, 304f
Proboscipedia (pb) (*Drosophila*), gene, 764q
Procariotos. *Ver também* Bactérias; *espécies específicas*
   acoplamento de transcrição e tradução, 520–521, 520f
   compactação do DNA, 200
   densidade gênica, 204
   diversidade cromossômica, 200, 201t
   DNA-girase de, 97
   DNA-polimerases, 278t
   fatores que catalisam etapas de recombinação, 351t
   início da tradução, 528–530, 530f
   regulação da tradução, 549–555, 551f, 554f, 555f
   regulação transcricional em, 615–653
   ribossomo, 521–522, 522f
   RNA mensageiro, 511f, 512
   RNA-polimerases, 431, 431t, 432f
   supertorção do DNA, 230q–231q
   tamanho do genoma, 203, 203t
Procedimento SHAPE (*selective 2'-hydroxyl acylation analyzed by primer extension*), 113
Processamento. *Ver* Processamento do RNA
Processamento alternativo, 483–496
   antígeno T de SV40, 485f
   descrição, 469, 482
   determinação do sexo e, 493–494, 494f, 495f
   gene *Dscam*, 487–489, 487f, 489f
   gene troponina T, 484, 484f
   isoformas, 469, 487–488
   pluripotência e, 495–496, 496f
   processamento mutuamente exclusivo, 486–490, 486f, 487f, 489f
   regulação de, 491–496
   visão geral, 484–486, 484f
Processamento do RNA, 457–460
   adição de *cap*, 458, 459f
   poliadenilação, 458–460, 460f
   remoção de íntrons, 457
Processamento do RNA, 467–500
   classes de, 477t
   de adenovírus, 471q–472q
   de pré-mRNAs, 468–469, 468f, 480f, 484f
   defeitos, 496q–498q
   descoberta do, 471q–472q
   descrição, 205, 457, 468, 468f
   embaralhamento de éxons, 496–500
   erros no, 481, 481f
   esquema do, 205f (*Ver também* Íntrons)
   papel da ribozima no, 116
   por íntrons de autoprocessamento, 477–480, 478f, 479q, 480f
   processamento alternativo, 469, 483–496
   química de, 469–470, 473
      reação de processamento, 470, 470f, 471f, 473, 474f
      sítios de processamento, 469–470, 469f
      transesterificação, 470, 480
   spliceossomo
      alternativo (minoritário), 483, 483f, 486, 487f
      estrutura, 473–474
      reação de processamento e, 474–476, 475f
      seleção de sítio de processamento, 480–482, 481f, 482f
   variantes, 482
   vias, 474–482
Processamento em *cis*, 482
Processividade
   DNA-helicase, 272
   DNA-polimerase, 265–267, 267f, 277–281, 281f
   grau de, 265
Produto de *crossing over*, 346, 347f
Produtos de recombinação por processamento, 346, 347f
Produtos emendados, 346, 347f
Produtos sem *crossing over*, 346, 347f
Prófago, 636, 798, 799f, 800
Prófase, 214, 216f
Proflavina, 324, 324f
Prolina, 123–124

Promotor
    alternativo, 485, 630, 631f
    bacteriano, 434-442, 435f-440f
    bacteriófago λ, 638, 638f, 639f, 640, 642-643, 645, 645f, 647, 647f, 650-651
    centro eucariótico, 448, 448f
    descrição, 432, 658
    deslocamento por recombinação sítio-específica, 389
    expressão constitutiva, 617
    fago, 630, 631f, 633
    hsp70, 823
    lac, 620-623, 620f-623f
    ligação da RNA-polimerase, 432, 437-438
    LTR, 403
    MerR, torção do DNA, 632-633, 632f
    Pol I, 462, 462f
    Pol III, 463, 463f
    promotor *merT*, 618
    região -10, 435-438, 435f, 436q, 438f-441f
    região -35, 435-438, 435f, 436q, 438f-441f
    regulação por ativador do, 616-618, 617f, 618f
    sequência consenso, 435-436, 436q
    Tn*10*, 410, 410f
Promotor hsp70, 823
Promotor *lac*, 620-623, 620f-623f
Promotor *merT*, 618, 632, 632f, 633
Proteína AAA⁺, 282q, 289, 295, 298
Proteína Cactus, 686, 747f, 750
Proteína CD4, 131f
Proteína Chip, 672
Proteína de ciclo, 787
Proteína de ligação a poli(A), 532, 532f
Proteína de ligação ao ponto de ramificação (BBP), 474
Proteína de ligação ao trato de polipirimidinas (Py), 493, 493f
Proteína Delta, 744, 745f, 789
Proteína do retardo mental do X frágil (FMRP), 727q
Proteína Dorsal (*Drosophila*), 686, 747, 747f, 750-751, 750f, 786
Proteína Fis, 390-391, 390f
Proteína fluorescente verde (GFP), 115, 115f
Proteína Half-pint, 492
Proteína iniciadora, 288-289, 288f, 293
Proteína Krüppel, 758, 760-761, 762, 762f
Proteína λ-integrase (λInt), 387-389, 388f
Proteína Maskin, 557
Proteína OCT4, 495, 496
Proteína Snail, 750-751
Proteína U1A, 141, 141f
Proteína(s)
    controle gênico sobre a sequência de aminoácidos em, 31
    de fusão, 154
    estados de modificação, 181-182
    estrutura (*ver* Estrutura proteica)
    hidrólise de ligações peptídicas, 68
    síntese
        controle da, por ribocomutador, 112
        direção da, 38-39
        hipótese do adaptador de Crick, 34
        ribossomos como localização para, 34, 34f
    técnicas, 173-179
        immunoblotting, 176-178, 177-178f
        purificação a partir de extratos celulares, 173-174
        separação
            cromatografia de afinidade, 175-177
            cromatografia de filtração em gel, 174-176, 174f
            cromatografia de troca iônica, 174, 174f
            géis de poliacrilamida, 176-177, 176-177f
        sequenciamento, 177-179, 178-179f
            degradação de Edman, 177-179, 178-179f
            espectrometria de massa em *tandem* (MS/MS), 178-179, 180f
Proteínas adaptadoras, 735, 735f
Proteínas de arquitetura, 386
Proteínas de fusão, 154
Proteínas de homeodomínio, 662, 662f
Proteínas de ligação, 133
Proteínas de ligação a eIF4E (4E-BPs), 532, 556-557, 557f, 558f
Proteínas de ligação a GTP, 546q
Proteínas de ligação ao DNA. *Ver também proteínas específicas*
    curvatura do DNA para interação entre, 618-619, 619f
    hélice de reconhecimento, 624-625, 625f
    ligação cooperativa e, 617, 619-620, 619f
    posicionamento do nucleossomo e, 240-242
    proteínas de ligação ao ssDNA, 273-274, 275f
    proteínas iniciadoras, 288
    sequência consenso do sítio de ligação, 436q
    sequência-específicas, 274
Proteínas de ligação ao DNA de fita simples (SSBs), 273-274, 275f, 354
Proteínas de ligação ao telômero, 307-309, 308f, 309f
Proteínas de manutenção estrutural do cromossomo (SMC), 214, 215f, 234
Proteínas de permuta de fita, 344, 355, 359
Proteínas hélice-alça-hélice, 663, 663f
Proteínas HLH básicas, 663
Proteínas homólogas, 132
Proteínas HU, 391
Proteínas não histônicas, 199
Proteínas reguladoras do ferro (IRPs), 558, 559f
Proteínas ribossomais, regulação da tradução, 551, 553-555, 554f, 555f, 556f
Proteínas SMC, 214, 215f, 234
Proteínas SR, 482, 482f, 491-492, 504
Protocélulas, 593
    autorreplicativas, 603-606
Protuberância, estrutura do RNA, 108, 109f
Prp22, 477
Pseudogenes, 206, 206f, 207f, 416
Pseudogenes processados, 416
Pseudonós, 109, 110f, 112
Pseudouridina (ψU), 514, 514f
Pseudouridina, alça (alça ψU), do tRNA, 514-515, 514f, 515f
PstI, 150, 150f
P-TEF (*positive transcription elongation factor*), 669-670, 671f
PTEN, 727q
Purificação, proteína, 173-174
Purinas, 80, 80f
Puromicina, 552q-553q

Q

Q, proteínas, 649-651
Quebras de dupla-fita (DSBs), 173
    formação durante a replicação do DNA, 343f
    pela transposição do DNA, 399
    por serinas recombinases, 382, 382f
Química pré-biótica, 597
Quimioterapia, inibidores de telomerase como, 307q
Quinase Aurora B, 691q

Quinase dependente de ciclina. *Ver* CDK
Quirromicina, 552q

R

Rad51, 359, 360f, 365f, 366–367, 366f, 367q, 370
Rad52, 366–367, 370
RadA, 359, 359f
Radiação, dano ao DNA por, 321–323
Radiação γ, dano ao DNA por, 321–322
Radiação ionizante, dano ao DNA por, 323
Radicais livres, 321–322
RAG1, 332q, 418, 419, 420, 770
RAG2, 332q, 418, 770
Raio de van der Waals, 56–57, 56t, 57f
Raios X
  dano ao DNA por, 321–322
  mutação induzida por, 16
Ran, 505
Rap1, 688, 688f
Rat1, 461
Rb (proteína retinoblastoma), 686
RB2, 727q
RBS. *Ver* Sítio de ligação ao ribossomo
RdRP (RNA-polimerase RNA-dependente), 713–714
Reação acoplada, 69, 71
Reação da peptidiltransferase, 524, 524f, 537, 540
Reação em cadeia da polimerase (PCR)
  no ensaio de ChIP, 186, 186f
  procedimento, 158–159, 159f
  uso forense, 160–161q
Reação química, taxa de, 65
Reações biossintéticas, quebra de pirofosfato e, 73–74
Reações de transferência de grupo, 69–74, 71f
Reagentes seletivos, 177–178
Rearranjos programados, 389
RecA, 355–359
  cobertura do ssDNA, 354
  estimulação da autoclivagem proteolítica por, 642–643
  estrutura, 355–356, 356f, 358f, 359f
  homólogos, 359, 360f
  junção de moléculas, 358
  mecanismo de ação, 356–359, 357f
  montagem, 355–356, 357f
  na resposta SOS, 335
  parcerias de pareamento de bases na, 356–359
  substratos para, 355f
Receptor da lipoproteína de baixa densidade (LDL), gene do, 499, 499f
Receptor de superfície celular, 684, 736, 736f, 738
Receptores de células T, 416
Recessivo, 6–7
Recombinação
  hot e *cold spots*, 373
  alternância de tipos acasalantes, 369–371, 369f, 372f
  bacteriófago, 802
  classes de, 378f
  meiótica, 363–369, 363f, 366f, 373
  sistema FLP-FRT, 823–824, 823f
  sítio-específica, 377–393
  transposição, 377, 393–416
  V(D)J, 416–420
Recombinação. *Ver Crossing over*

Recombinação homóloga, 341–375
  alternância de tipos acasalantes, 369–371, 369f, 372f
  consequências genéticas da, 371, 373–374, 373f, 374f
  durante a meiose, 362–369, 362f–366f
  em bactérias, 342, 349–361, 351t
  em eucariotos, 342, 351t, 362–369
  etapas-chave, 343–346
    DNA heterodúplex, 344, 345f
    invasão de fita, 344, 345f
    junção de Holliday, 344, 345f, 346, 350q, 347f, 359–361, 360f, 361f
    migração de ramificação, 344, 345f
    resolução, 344, 346, 347f, 350q, 361
  levedura, 810
  máquinas proteicas, 349–361
    RecA, 355–359, 357f–360f
    RecBCD, 349–355, 352f–354f
  modelos para, 342–349
    junção de Holliday, 344, 345f, 346, 347f
    reparo de quebras de dupla-fita, 346, 348f, 349
  nocaute gênico via, 827–829, 828f
  reparo de quebra de dupla-fita (DSB), 331, 342, 346, 348f, 349
  segregação cromossômica e, 362–363, 362f
  visão geral, 341
Recombinação meiótica, 363–369, 363f–366f, 373
Recombinação sítio-específica conservativa (CSSR), 377–393
  aplicações na engenharia genética, 386q
  estruturas envolvidas em, 379, 380f
  excisão do bacteriófago λ, 388f, 389
  integração do bacteriófago λ, 378, 379f, 386–389, 388f
  mecanismo, 380–381, 381f, 384–385, 387f
  multimérica, conversão de DNA circular em monômeros, 391, 391f
  papéis biológicos da, 377, 386–393
  por recombinase Cre, 384–385, 386q, 387f
  por recombinase Hin de *Salmonella*, 389–391, 390f
  por serinas recombinases, 380, 381f, 381t, 382–383, 382f, 384f
  por tirosinas recombinases, 380, 381f, 381t, 383–385, 385f
  proteínas de arquitetura, papel de, 386
  rearranjos programados, 389
  recombinase Xer, 391f, 392q
  reforçadores, 390–391, 390f
  sítios de recombinação, 378–379, 378f, 379f, 380f
  tipos de rearranjos de DNA, 379, 379f
    deleção, 379, 379f
    inserção, 378f, 379, 379f
    inversão, 379, 379f, 389–391, 390f
Recombinação sítio-específica *Ver* Recombinação sítio-específica conservativa (CSSR)
Recombinação transposicional, 377. *Ver também* Transposição
Recombinação V(D)J, 332q, 416–420, 417f–419f
Recombinantes
  definidos, 8
  mapeamento cromossômico, 11–13, 12f
Recombinase Cre, 384–385, 386q, 387f
Recombinase FLP, uso em *Drosophila*, 823–824, 823f
Recombinase Hin, 389–391, 390f
Recombinase XerCD, 391f, 392q
Recombinases
  descrição, 377
  formação de intermediário covalente, 380–381, 381f
  Hin, 389–391, 390f

λ-integrase, 387–389, 388f
  mecanismo de ação, 380–381, 381f
  proteínas transposase/integrase com motivo DDE, 404
  serina, 380, 381f, 381t, 382–383, 382f, 384f
  tirosina, 380, 381f, 381t, 383–385, 385f
  XerCD, 391f, 392q
Reconhecimento de peptídeo, 140, 140f
Recrutamento, da RNA-polimerase, 617, 617f
Rede de três nós, 784–786, 785f
Reenovelamento de proteína, 134, 135q
Reforçador *giant*, 754, 756, 757f
Reforçador HMGA1, 677
Reforçadores, 171–172, 173f, 390–391, 390f
  amplificadores de processamento exônico (ESEs), 482
  descrição, 449, 658–659
  do gene *H19*, 692, 693f
  eve, 758, 758f, 759f, 760–762, 761f, 762f
  identificação de, 666q–667q
  isoladores, efeito de, 672–673, 673f
  localização, 672
  múltiplos, 754
  rhomboid, 750–751, 750f, 751f
Reforçassomo, 677, 678f, 679f
Refúgios seguros, para transposons, 409, 414
Região ativadora, de CAP, 622–623
Região controladora de *imprinting* (ICR), 692, 693f, 696q
Região controladora de *locus* (LCR), 673–674, 674f
Região de *crossing over*, 379, 380f
Região não traduzida 3' (3' UTR), 735, 735f
Regras de Chargaff, 25, 26
Regulação alostérica, 129–130q, 142f, 143
Regulação da estabilidade do mRNA e de proteínas dependente de tradução, 563–567
Regulação gênica
  circuitos reguladores, 776–790
    autorregulação negativa, 777, 777f
    autorregulação positiva, 777f, 779–780, 780f, 782q
    circuitos de *feed-forward*, 784–786, 785f, 787f
    circuitos sintéticos, 789–790
    comutadores biestáveis, 780–784, 780f, 782q, 784f
    estocasticidade, 778, 779
    lógica da porta AND, 776, 776f
    nós e bordas, 776, 776f
    oscilantes, 786–790, 788f
    robustez, 779
    ruído, 777–779, 778f
  no desenvolvimento e na evolução, 733–773
Regulação por RNA, 701–731
  em bactérias, 701–711
    atenuação, 702, 704–705, 707q–708q
    CRISPRs, 706, 709–710
    pequenos RNAs (sRNAs), 701–702, 703f
    ribocomutadores, 703–705, 703f–706f
  em eucariotos, 711–730
    inativação do X, 728–730, 729f, 730f
    miRNAs, 712–718, 712f, 715f–717f, 722q–723q, 727q
    modificação de cromatina, 719–720, 721f
    RNA de interferência (RNAi)
      como ferramenta para manipulação da expressão gênica, 725–726, 726f
      doenças humanas e, 727q
      eficiência do, 713
      evolução do, 721
      história do, 722q–723q
      visão geral, 712–714, 712f
    RNAs longos não codificadores (lncRNAs), 728
    siRNA, 712–714, 712f, 714f, 718, 725
Regulação transcricional
  bacteriófago λ, 636–652
  circuitos, 776, 776f
  em eucariotos, 657–698
    alça no DNA, 672
    controle combinatório, 678–681, 679f, 680f
    doenças humanas e, 696q
    em procariotos comparados à, 657–659, 658f
    integração de sinal, 675–677
    isoladores, 672–673, 673f
    mecanismos conservados, 659–665
      domínios de ligação ao DNA, 660–663, 661f–663f
      regiões ativadoras, 660–661, 661f, 663–665
    modificadores de nucleossomo, 657–658, 667–669, 668f
    recrutamento de complexos proteicos por ativadores, 665–672
    região controladora de *locus* (LCR), 673–674, 674f
    regulação epigenética, 694–697, 695f
    repressores, 681–682, 682f
    silenciamento gênico, 687–693, 688f–690f, 693f
    transdução de sinal, 682–686, 685f
    visão geral, 657–659
  em procariotos, 615–653
    início da transcrição, regulação da, 620–636
      fatores σ alternativos, 630, 631f
      MerR, 630–631, 632–633, 632f
      NtrC, 630–632, 632f
      óperon araBAD de *E. coli*, 634, 634f
      proteína P4 do bacteriófago 29, 633
      repressor Gal
      sistema *lac* de *E. coli*, 620–627, 628q–629q
    princípios gerais, 615–620
      alça no DNA, 618–619, 619f
      alosteria, 618, 618f, 619–620
      ativação de promotor, 616–618, 617f, 618f
      ligação cooperativa, 617, 619–620, 619f
      recrutamento da RNA--polimerase, 617, 617f
Regulador de processamento SF2/ASF, 485, 492
Relação gene-enzima, 16
Renaturação, do DNA, 90
Reparo acoplado à transcrição, 329, 330f, 445
Reparo de lacuna, na transposição por corte e colagem, 398–399
Reparo de quebra de dupla-fita (DSB)
  descrição, 325, 325t, 330–333
  recombinação homóloga, 342, 346, 348f, 349
Reparo do DNA
  conversão gênica, 373–374, 374f
  de dano ao DNA, 324–338
    fotorreativação, 325, 325t, 326f
    junção de extremidades não homólogas (NHEJ), 331–333, 332q, 333f
    reparo de DNA acoplado à transcrição, 329, 330f
    reparo de quebra de dupla-fita (DSB), 325, 325t, 330–333
    reparo por excisão de base, 325t, 326–328, 327f, 328f
    reparo por excisão de nucleotídeo, 325t, 328–329, 329f, 330q, 330f
    reparo recombinacional, 325, 330–331

síntese de DNA translesão, 325t, 333-338, 334f, 335f, 337f
visão geral, 324-325, 325t
exonuclease de revisão, 315
sistema de reparo de malpareamento, 316-321, 317f-320f, 325t
Reparo por excisão de base, 325t, 326-328, 327f, 328f
Reparo por excisão de nucleotídeo, 325t, 328-329, 329f, 330q, 330f
Reparo recombinacional, 325, 330-331
Repetição de trinca CAG, 316q
Repetição de trinca CGG, 316q
Repetição direta, recombinação sítio-específica e, 380
Repetições amplamente distribuídas no genoma, 207
Repetições CA, 315
Repetições invertidas
  de transposons, 395, 395f, 396
  recombinação sítio-específica e, 379
Repetições terminais longas (LTRs), 395, 396, 403, 404f
Replicação do DNA, 257-311. *Ver também* DNA-polimerase
  como alvo para fármacos quimioterapêuticos, 268q
  como processo semiconservativo, 29-30, 30f
  comparada à transcrição, 429-430
  desenrolamento do DNA pela topoisomerase, 98
  DNA-polimerase, papel da (*ver* DNA-polimerase)
  dupla-hélice e, 25f
  erros, 314-320, 315f, 317f, 331
  formação de quebra de dupla-fita durante a, 343f
  incompleta, 297f
  início, 288-302
    em *Escherichia coli*, 293-295, 296f
    em eucariotos, 297-302, 297f-301f
    modelo de replicon, 288, 288f
    proteínas iniciadoras, 288-289, 288f
    replicadores, 288, 289, 289f, 290q, 292, 297, 297f
  montagem de nucleossomo e, 249-253, 251f, 252f, 253t, 254f
  na fase S do ciclo celular, 211, 211-212f
  na forquilha de replicação, 269-277
    descrição geral, 269-270, 270f
    desenrolamento do DNA, 272-273, 272f, 275, 276f, 287f
    enzimas ativas na, 275-277, 277t
    estabilização de ssDNA, 273-274, 275f
    fita tardia, 270, 270f, 284, 285f, 286
    fita-líder, 270, 270f, 284, 285f, 286
    início de fita, 270-271
    modelo de trombone para a coordenação das polimerases, 285f, 286
    remoção de iniciador, 271-272, 271f
    replissomo de *E. coli*, 287-288
    síntese de iniciador, 270-271
  precisão, 315
  problema da replicação das extremidades, 303-305, 304f
  resumo, 310-311
  revisão, 315
  separação das fitas, evidência de, 27-30, 29f
  síntese de DNA, química da, 258-260, 258f, 259f
  término, 302-310
    cromossomos circulares, 302, 303, 303f
    cromossomos lineares, 303-309, 304f, 306f-310f
  troca de DNA-polimerase durante, 278, 279f
  velocidade da, 520
Replicador, 288, 289, 289f, 290q, 292, 297, 297f
Replissomo, 287-288
Repressilador, 789-790

Repressor Arc, 626
Repressor Ash1, 738-741, 739f, 740f
Repressor Gal, 633
Repressor *lac*, 142f, 143
  alosteria e, 626-627
  como tetrâmero, 625, 625f
  efeito sobre a ligação da RNA--polimerase, 621, 621f, 633
  localização gênica, 620
  motivo de hélice-volta-hélice, 624-626, 625f
  resposta à lactose, 621, 626-627
Repressor Runt, 757q
Repressor(es). *Ver também repressores específicos*
  alosteria e, 618
  autorregulação negativa, 643-644
  autorregulação positiva, 643
  da transcrição, 616
  descrição, 616
  do bacteriófago λ, 137, 138f, 139
  efeito sobre a RNA-polimerase, 633
  eucariótico(s), 681-682, 682f
  Hunchback, 754, 755f, 756, 757f, 758, 759f, 760-761
  Krüppel, 762, 762f
  ligação ao operador, 617
  Runt, 757q
  Snail, 750-751
  transcricional(is) de curto alcance, 761-762
Resíduos de aminoácidos de cadeia polipeptídica, 122
Resolução, na recombinação homóloga, 344, 346, 347f, 350q, 361
Resolvases, 391
Resposta "gene a gene", 815
Resposta SOS, 335, 643
Ressonância magnética nuclear (RMN), para predição da estrutura do RNA, 111, 112
Retinite pigmentosa, 496-497q
Retrorregulação, 651, 652f
Retrotransposons
  com poli(A)
    mecanismo de processamento reverso, 405-406, 407f
    organização genética, 395f, 396-397
  semelhantes a vírus
    mecanismo de transposição, 403, 404f
    organização genética, 395f, 396
Retrotransposons não virais. *Ver* Retrotransposons poli(A)
Retrotransposons poli(A), 395f, 396, 405-406, 407f
Retrovírus
  comparados a retrotransposons semelhantes a vírus, 396
  formação de cDNA, 403, 404f
  integração de, 403, 404f
  vírus da leucemia murina (MLV), 112
Revisão, 315
  pela DNA-polimerase, 260, 267-269, 269f
  pelo ribossomo, 537-538
  por aminoacil-tRNA sintetases, 518-519
RFs (fatores de liberação), 544, 545f, 547-549, 547f
Rho, fator, 445-446, 446f
Rhomboid, gene, 750-751, 750f, 751f
Ribocomutador, 702, 703-705, 703f-706f
  controle da síntese proteica pelo vírus da leucemia murina, 112
  descrito, 114
  predição de estrutura, 113-114, 113f

Ribocomutador sensorial de SAM (*S*-adenosilmetionina), 703–704, 704f, 705f
Ribonuclease, 23
Ribonuclease A, 134, 135q
Ribose, 33, 33f, 107
Ribossomo eucariótico, 521, 522f
Ribossomos, 519–528
   bloqueados ou pausados, 563, 564f
   canais, 527, 527f
   centro de ligação ao fator, 537, 538f
   centro de peptidiltransferase, 521, 525–527, 547
   centro decodificador, 521, 525, 527
   ciclo, 522–523, 523f
   ciclo de associação e dissociação, 522–523, 523f
   como ribozima, 538, 540–541
   como sítio de síntese proteica, 34, 34f
   descrição, 510, 519–521
   distinção de aminoacil-tRNAs, 519, 537–538, 539f
   distinção de tRNA, 519
   entrega e ligação de aminoacil-tRNA, 537, 538f
   escaneamento por, 512, 530, 535
   estrutura, 35–36, 521–522, 522f, 524–527, 525f–528f
   formação de ligação peptídica, 524, 524f, 538, 540–541, 541f
   funções do rRNA, 525
   polirribossomos, 35–36, 36f, 522–523, 523f
   reciclagem, 548–549, 550f
   recrutamento de mRNA procariótico para, 528, 528f
   recrutamento para o mRNA por *cap* 5', 530–532
   revisão, 537–538
   ribozima peptidiltransferase, 118
   RNA em, 108
   sítios de ligação ao tRNA, 525–527, 525f–528f
   translocação, 522, 537, 541–543, 542f
   velocidade de sedimentação, 521, 521f
Ribozima, 114, 116–118, 116f, 117f, 479q, 538, 540–541
   autorreplicadora, 599–603
   descoberta da, 599
   replicase, 602, 603–606, 604f
Ribozima *hammerhead* (cabeça-de-martelo), 116–117, 117f
Ribozima ligase, 601, 601f, 602–603, 603f
Ribozima replicase, 602, 603–606, 604f
Ribozima RNA-ligase, 601, 601f
Ribozima RNA-polimerase, 599–603
Ribozimas autorreplicadoras, 599–603
Richardson, Jane, 129–130q, 131f
Ricina, 110
RISC. *Ver* Complexo de silenciamento induzido pelo RNA (RISC)
RMN (ressonância magnética nuclear), para predição da estrutura do RNA, 111, 112
RNA
   comparado ao DNA, 32–33, 33f
   estrutura (*ver* Estrutura do RNA)
   evolução dirigida, 114, 114f, 115
   funções do, 108, 115
   funções reguladoras (*ver* Regulação por RNA)
   precursores de, 71–72
   reconhecimento proteico do, 141, 141f
   separação por eletroforese, 149
   síntese, local de, 35–37, 38f
   transcrição (*ver* Transcrição)
RNA 6S, 701
RNA antissenso, 171, 410, 410f, 702, 722q
RNA de dupla-fita (dsRNA), 712, 712f, 713, 714f, 716, 716f, 717, 720, 720q, 722q, 725–726, 726f, 818–819

RNA de interferência (RNAi)
   como ferramenta para manipular a expressão gênica, 725–726, 726f
   descoberta do, 722q–723q
   doenças humanas e, 727q
   eficiência do, 713
   em *Arabidopsis*, 814
   em *C. elegans*, 818–819
   em *Schizosaccharomyces pombe*, 713, 719–720, 721f
   evolução do, 721, 724
   visão geral, 712–714, 712f
RNA de interferência curto atuando em *trans* (tasiRNA), em *Arabidopsis*, 814
RNA mensageiro (mRNA)
   cap 5', 512
   cauda poli(A), 513
   decaimento mediado por ausência de códon de término, 567, 568f
   decaimento mediado por *nonsense*, 565–567, 566f
   descoberta do, 35–36
   descrição, 510
   entrada/saída do ribossomo, 527
   estrutura, 511f
   eucariótico, 511, 512–513
   eucariótico, circularização do, 532, 532f, 535
   fase aberta de leitura (ORF), 510–512
   função do, 108
   hibridização por *northern blot*, 152–153
   localização, 735, 740–741
   monocistrônico, 511, 511f
   policistrônico, 511, 511f
   procariótico, 511f, 512
   quebrado, 563, 564f
   recrutamento do ribossomo eucariótico para o, 530–532, 531f
   recrutamento para o ribossomo em procariotos, 528, 528f
   regulação da estabilidade dependente da tradução, 563–567
   sintético, incorporação de aminoácido em, 578
   sítio de ligação ao ribossomo (RBS), 511f, 512, 528, 528f, 549, 551, 553, 554
   tradução e, 510–513, 511f
   transporte, 503–505, 504f
RNA nuclear pequeno (snRNA) U1, 141, 141f
RNA passageiro, 713
RNA-polimerase RNA-dependente (RdRP), 713–714
RNA ribossomal (rRNA), 35–36, 525, 528
RNA RybB, 702
RNA transportador (tRNA), 513–519
   alteração de fase de leitura, 542
   base discriminadora, 518
   bases modificadas no, 513–514, 514f
   carregado, 515–519, 516f, 524, 528
   como adaptadores entre códons e aminoácidos, 513–514
   descoberta, 34, 509
   descrição, 510
   discriminação ribossomal, 519, 537–538, 539f
   enzimas que adicionam CCA, 513q
   estrutura, 35–36f, 513–515, 514f, 515f, 517f
   fator de reciclagem de ribossomo como simulador de, 548
   função do, 108
   iniciador, 528–529, 530, 538
   isoaceptor, 517
   ligação a códons de trinucleotídeos definidos, 579–580, 580t
   ligação ao aminoácido, 515–517, 516f

872 Índice

mitocondrial, 587–588
não carregado, 515, 705
porcentagem de RNA celular total, 34
sítios de ligação ao ribossomo para, 525–527, 525f–528f
supressão intergênica por tRNA mutante, 584–585
RNA-polimerase
  ação da, 36–37, 37f
  alosteria e, 618, 618f, 631
  bacteriófago T7, 443q
  bloqueada ou pausada, 669
  de subunidade única, 443q
  descoberta da, 36
  domínio carboxiterminal, 623, 623f, 624q
  estrutura, 430–432, 431t, 432f
  eucariótica, 431, 431t, 432f
  fatores σ, 434–438, 435f, 437f–440f, 442
  fosforilação, 669
  holoenzima, 434, 435f
  início da cadeia de RNA, 440–441, 441f
  início da transcrição, 429
  isomerização, 438–440
  ligação ao promotor, 432, 437–438
  modelos de translocação, 441–442, 441f
  no processo de transcrição, 432, 433f, 434
  óperon *lac* e, 622–623, 623f
  primase, 271
  procariótica, 431, 431t, 432f, 435f
  processividade, 442
  recrutamento, 617, 617f
  reparo acoplado à transcrição, 329, 330f
  revisão, 444–445, 456
  RNA-polimerase I (Pol I), 431, 431t, 462–463, 462f
  RNA-polimerase II (Pol II), 431, 431t, 448–462
  RNA-polimerase III (Pol III), 431, 431t
  RNA-polimerase III (Pol III), enzima, 414, 431, 431t, 462, 463, 463f
  RNA-polimerase IV (Pol IV), 431
  RNA-polimerase V (Pol V), 431
  síntese abortiva, 442
RNAs atuando em *trans*, 702, 713
RNAs de interação com *piwi* (piRNAs), 713, 718, 724
RNAs longos não codificadores (lncRNAs), 728
RNAs não codificadores intervenientes longos (lincRNAs), 207
RNAs nucleares pequenos (snRNAs), 473–474, 476
RNAs precursores (pri-RNAs), 170–171
RNase H, 271, 271f
RNAse III, família, 717
RNase P, 114, 116, 116f
RNAs-guias, 501–503, 502f, 713, 718
Robustez, 779
RPA, 366
Rpd3, 681
RpoS (*Escherichia coli*), gene, 702
RpsA, 565q
RRF (fator de reciclagem do ribossomo), 548, 548f
rRNA (RNA ribossomal), 35–36, 525, 528
RSC, 671, 671f
Rtt103, 461
Ruído
  definido, 778
  extrínseco, 778–779, 778f
  intrínseco, 778, 778f
RuvC, 361, 361f
Ruvkun, Gary, 722q

S

Saccharomyces cerevisiae
  alternância de tipos acasalantes, 369–371, 369f, 372f
  ciclo de vida, 808, 809f
  como organismo experimental, 808–811
    análise genética, 809
    estado diploide, 809, 809f
    estado haploide, 809, 809f
    geração de mutação, 810
    mudanças no formato da célula, 810–811, 811f
    tamanho e caracterização do genoma, 810
  composição cromossômica, 201t
  controle combinatório dos genes de tipos acasalantes, 680–681, 680f
  densidade gênica, 203t, 204, 204f, 205t
  DNA repetitivo, 205t, 208
  elementos Ty, 414, 414f, 415f
  enzimas da forquilha de replicação, 277t
  Gal4, 660, 660f, 661f
  gene *HO*, 675–676, 677f
  genes *GAL*, 681, 682f
  interatoma, 182, 183f
  íntrons, 205
  ocorrência e distribuição de transposons, 394f
  posicionamento de nucleossomo, 241–242
  proteínas de ligação ao telômero, 307–308, 308f
  replicador, 288, 288f, 292
  RNA-polimerase, 432f
  silenciamento em, 688–689, 688f
  tamanho do genoma, 203t, 810
  tamanho e composição do centrômero, 211f
  tipo acasalante, 738–740, 739f, 740f
Salmonella
  flagelos, 389, 389f
  no teste de Ames, 320–321q
  recombinase Hin, 389–391, 390f
Sanduíche β, 132
Sau3A1, 150, 150t
SBF, 675–676, 677f
SC35, 492, 493f
Schizosaccharomyces pombe
  composição cromossômica, 201t
  densidade gênica, 203t
  RNAi em, 713, 719–720, 721f
  tamanho do genoma, 203t
  tamanho e composição do centrômero, 211f
Schnurri, 756q
Scott-Moncrieff, Rose, 16
Scr, gene, 764q
SDSA (anelamento de fita dependente de síntese), 371, 372f
SEC (complexo de superalongamento), 669, 670q
Segregação cromossômica, 211, 214, 217, 219, 362–363, 362f
Segregação independente, princípio da, 6–7, 7f
Seleção darwiniana, compartimentalização e, 604f
Seleção de sítio de processamento, 480–482, 481f, 482f
Seleção *in vitro*, 189, 189f
Selenocisteína, 520q
SELEX (evolução sistemática de ligantes por enriquecimento exponencial), 114, 114f, 115, 189, 189f
Sensor de próton, 112
Sensores de metabólitos, 115, 115f
Sensoriamento de quórum, 635, 635q
Separação de cromátides-irmãs, 211–212, 212–213f
SeqA, 294q

Sequência *Alu*, 415
Sequência consenso
   limites íntron-éxon, 469f
   promotor, 435–436, 436q, 449
Sequência de inserção (IS), 410
Sequência de Kozak, 512
Sequência de Shine-Dalgarno, 512
Sequência palindrômica, 137
Sequência poli(A), 396, 415
Sequência QBE, 650, 650f
Sequência seletora, 489f, 490, 490q–491q
Sequenciador 454 Life Sciences, 167–168, 167f
Sequenciadores (Sequenators), 162–163, 163–164q, 168
Sequenciadores, 162–163, 163–164q, 167–168, 167f
Sequenciamento
   do DNA
      arcabouços, 165–167
      cobertura de sequência (10×, 162–163
      contigs, 165–167, 165–166ff
      de alto rendimento, 163–164q
      do genoma humano, 164–168
      estratégia de extremidades pareadas, 165–167, 166f
      gel, 162–163f
      leitura de sequência, 163–164f
      método de término de cadeia, 160–163, 161–162f, 163–164q
      princípio dos subconjuntos de fragmentos, 159–163
      sequenciador 454 Life Sciences, 167–168, 167f
      Sequenciadores, 162–163, 163–164q, 168
      shotgun, 162–167, 164f–166f
   proteínas, 177–179, 178–179f
      degradação de Edman, 177–179, 178–179f
      espectrometria de massa em *tandem* (MS/MS), 178–179, 180f
Sequenciamento 454, 167–168, 167f
Sequenciamento de alto rendimento, 163–164q
Sequenciamento de extremidade pareada, 165–167, 166f
Sequenciamento do DNA
   alto rendimento, 163–164q
   arcabouços, 165–167
   cobertura de sequência (10×, 162–163
   conjuntos de fragmentos aninhados, 159–163
   contigs, 165–167, 165–166ff
   estratégia de pareamento de extremidades, 165–167, 166f
   gel, 162–163f
   genoma humano, 164–168
   leitura de sequência, 163–164f
   método de término de cadeia, 160–163, 161–162f, 163–164q
   sequenciador 454 Life Sciences, 167–168, 167f
   shotgun, 162–167, 164f–166f
Sequenciamento genômico
   Haemophilus influenzae, 162–163
   sequenciamento *shotgun*, 162–167, 164f–166ff
Sequenciamento *shotgun*, 162–167, 164f–166f
Sequências ativadoras a montante (UASs), 449
Sequências de reconhecimento da recombinase, 379, 380f
Sequências de replicação autônomas (ARSs), 290q
Sequências espaçadoras, 709, 710, 710f
Sequências intergênicas, 205–208
Sequências reguladoras de DNA
   descrição, 206, 658
   identificação de, 171–172
   transcrição, 449
Sequências repetidas, 709

Sequências-sinais de recombinação, 418–420, 418f
Ser humano
   alça t do telômero, 309, 310f
   composição cromossômica, 201t
   defeitos de processamento, 496q–498q
   densidade gênica, 203t, 204f, 205–206, 205t
   DNA repetitivo, 205t
   doença, RNAi e, 727q
   elementos reguladores, 658f
   enzimas da forquilha de replicação, 277t
   gene do interferon-β, 676–677, 678f
   mediador, 454, 454f
   ocorrência e distribuição de transposons, 393–394, 394f
   origens, 772
   processamento alternativo, 483
   proteínas de ligação ao telômero, 308, 308f
   Rad51, 360f
   tamanho e composição do centrômero, 211f
   tradução da ferritina, controle da, 558, 559f
Serina, tRNAs para, 518
Serinas recombinases, 380, 381f, 381t, 382–383, 382f, 384f
   recombinase Hin, 389–391, 390f
Serina-tRNA sintetase, 520q
Sex combs reduced (*Scr*) (*Drosophila*), gene, 764q
Sex-lethal (*Sxl*) (*Drosophila*), gene, 493–494, 494f, 495f
Shavenbaby, gene, 754
Shh (Sonic hedgehog), 744–745, 745f
Silenciador de processamento exônico (ESS), 491
Silenciador de processamento intrônico (ISS), 491
Silenciadores, 449
Silenciamento
   em leveduras, 688–689, 688f
   heterocromático, 673, 687
   por metilação do DNA, 692, 693f
   por modificação de histonas, 681, 688–690, 688f, 690f, 691q
   RNA de interferência, 712–714, 718–726
Silenciamento gênico, 659, 687–693. *Ver também* Silenciamento
Silenciamento transcricional, 673, 687
Simpson, George Gaylord, 15
Sinais poli(A), 459
Sinapse, 9, 11, 11f
Sincício, 746
Síndrome de Beckwith-Wiedemann (BWS), 696q
Síndrome de Frasier, 496–497q
Síndrome de Rett, 696q
Síndrome do X frágil, 316q, 727q
SINE (elemento nuclear intercalado curto), 415, 415f
Sinergia, de ativadores, 675
Sinônimos, códons como, 573
Sinorhizobium meliloti
   composição cromossômica, 201t
   densidade gênica, 203t
   tamanho do genoma, 203t
SinR, 783, 784f
Sintenia, 770–772, 826
Síntese (fase S), 211, 211–212f
Síntese de DNA. *Ver também* Replicação do DNA
   hidrólise de pirofosfato, 259f, 260
   início de fita, 270–271
   livre de célula, 26–27
   mecanismo, 259–260, 259f
   na forquilha de replicação, 283–288
   precisão, 267–269

síntese química de oligonucleotídeos, 157-159
substratos, 258-259, 258f
taxa de, 265-266
translesão, 325t, 333-338, 334f, 335f, 337f
Síntese de DNA translesão, 325t, 333-338, 334f, 335f, 337f
SIR (*silent information regulator*), 688
Sir2, 688-689, 688f
siRNA, 431, 712-714, 712f, 714f, 725, 814
Sistema de reparo de malpareamento
conversão gênica, 374, 374f
descrição, 316-321, 317f-320f
Sistema imunológico, 416
Sistemas de reparo por excisão
descrição, 325
reparo por excisão de base, 325t, 326-328, 327f, 328f
reparo por excisão de nucleotídeo, 325t, 328-329, 329f, 330q, 330f
Sítio A, 525-527, 525f-528f, 528, 529, 531, 531f, 535, 536, 537f-540f, 538, 540-543
Sítio ativo (sítio catalítico), 129-130q, 141-142
Sítio de ancoragem, 488, 489f, 490, 490q
Sítio de ligação ao antígeno, 416
Sítio de ligação ao ribossomo (RBS), 511f, 512, 528, 528f, 549, 551, 551f, 553, 554, 704
estrutura secundária do RNA e, 110, 111f
Sítio de processamento 3', 469-470, 469f, 474, 476, 486
Sítio de processamento 5', 469-470, 469f, 473, 474, 476, 486
Sítio de ramificação, 469, 474, 486
Sítio doador, 469
Sítio E, 525-526, 525f-528f, 541, 542, 548
Sítio P, 525-527, 525f-528f, 528, 529, 531, 531f, 535, 537, 537f-540f, 540-543
Sítios aceptores, 469
Sítios *attP* e *attB*, 387-389, 388f
Sítios Chi, 351-355, 354f
Sítios de ligação a tRNA, ribossomo, 525-527, 525f-528f
Sítios de ligação ao regulador, 658
Sítios de processamento, 469-470, 469f, 474, 476, 486
Sítios de recombinação, 378-379, 378f, 379f, 380f
Sítios *dif*, 392q
Sítios *hix*, 389-391, 390f
Sítios internos de acesso do ribossomo (IRESs), 533q-534q
Sítios *lox*, 385
Sítios Rut, 445
SL1, 462f, 463
Slicer, 713, 722q
Slo (ser humano), gene, 484
SlrR, 783-784, 784f
SMN (survival motor neuron), 496q-498q
Snail (*Drosophila*), gene, 786
Sog, gene, 746, 750, 750f, 751f
Soluções aquosas, ligações fracas entre moléculas em, 59-60
Sonda, hibridização, 151-153, 152f
Sondas de hibridização, 151-153, 152f
Sonic hedgehog (Shh), 744-745, 745f
Southern, Edward, 152
Southern blot, 152-153, 152f
Sox2, 663
SoxB2, gene, 172f
Spätzle, 747, 747f
Spinach, 115
Spliceossomo
alternativo (minoritário), 483, 483f, 486, 487f
estrutura, 473-474

montagem/desmontagem, 476-477
reação de processamento e, 474-476, 475f
seleção de sítio de processamento, 480-482, 481f, 482f
Spliceossomo alternativo, 483, 483f, 486, 487f
Spliceossomo AT-AC, 483, 483f
Spliceossomo minoritário, 483, 483f, 486, 487f
SPO11, 363-365, 364f, 365f
Spt16, 457
SPT5, 456, 458
sRNAs (pequenos RNAs), 701-702, 703f
SSBs. *Ver* Proteínas de ligação ao DNA de fita simples
ssDNA. *Ver* DNA de fita simples
SsrA RNA, 563, 564f, 565q
SSRP1, 457
Stadler, L.J., 16
Stahl, Franklin W., 27-30, 342, 807
Streptococcus pneumonia
densidade gênica, 203t
tamanho do genoma, 203t
Sturtevant, Alfred H., 10, 13, 821
Su(H), 744, 745f
Su(Var) gene/proteína 3-9, 689-690
Sulston, John E., 816
Superfamília de transposases DDE, 404, 412
Super-helicoidização negativa, 228-229, 230q, 231q
Supertorção, 93-95, 96-97, 230q
Supertorção, 94
cccDNA torcido, 95f
diferença de ligação, 95-96
migração do DNA na eletroforese em gel, 102, 102f
negativa, 94f, 96, 228-229, 230q
positiva, 96, 229, 230q
produção de DNA-helicase, 275, 276f
redução pela topoisomerase na forquilha de replicação, 275, 276f
remoção da, 95, 97
Supertorção espiral, 94, 96
Supertorção interenrolada, 94, 230q
Supertorção plectonêmica, 94
Supressão intergênica, 584-585
Supressão intragênica, 584, 584f
Supressores de mutações sem sentido, 585-586, 585f
Sutton, Walter S., 8
SV40, 289f
Svedberg (*S*), 521
Svedberg, Theodor, 521
SWI/SNF, 669, 672, 676
SWI5, 675-676, 677f

T

TAFII30, 316q
TAFs (fatores associados à TBP), 449, 452, 452t, 669
Tamanho da progênie, 801
Tamanho do genoma, 769
complexidade do organismo e, 202-203, 203t
Tamanho gênico, 205
*Tasi*RNA (RNA de interferência curto atuando em *trans*), em *Arabidopsis*, 814
TAT, proteína, 670
TATA (ou TATA *box*), elemento, 448-449, 448f, 450f, 452, 452f, 462
TAT-SF1, 458
Tatum, Edward, 21
Tautômeros, 267, 267f

TBP (proteína de ligação ao TATA), 448f, 449, 451, 452f, 452t, 462–463
Tc1/*mariner*, elementos, 411–414
T-DNA (DNA de transferência), 813
Técnicas de ácidos nucleicos, 148–168
    biblioteca de DNA, 156–157, 156f, 157f
    clonagem de DNA, 154–157, 155f
    eletroforese, 148–149, 148f, 149f
    endonucleases de restrição, 149–151, 150f, 150t, 151f
    hibridização do DNA, 151–153, 152f, 156–157
    isolamento de sequência de DNA, 153–154
    reação em cadeia da polimerase (PCR), 158–159, 159f, 160–161q
    sequenciamento do DNA, 158–168
    síntese de oligonucleotídeos, 157–159
    transformação, 155, 155f
    vetores plasmidiais, 154–155, 155f
Técnicas de biologia molecular, 147–189
    ácido nucleico, 148–168
        biblioteca de DNA, 156–157, 156f, 157f
        clonagem de DNA, 154–157, 155f
        eletroforese, 148–149, 148f, 149f
        endonucleases de restrição, 149–151, 150f, 150t, 151f
        hibridização de DNA, 151–153, 152f, 156–157
        isolamento de segmento de DNA, 153–154
        reação em cadeia da polimerase (PCR), 158–159, 159f, 160–161q
        sequenciamento do DNA, 158–168
        síntese de oligonucleotídeos, 157–159
        transformação, 155, 155f
        vetores plasmidiais, 154–155, 155f
    interações ácido nucleico-proteína, 182–189
        ensaio de alteração de mobilidade eletroforética, 183–184, 183f
        ensaio de captura de conformação cromossômica, 187–189, 188f
        footprinting, 184–185, 184f
        imunoprecipitação de cromatina, 185–187, 186f
        seleção *in vitro* (SELEX), 189, 189f
    proteínas, 173–179
        immunoblotting, 176–178, 177–178f
        purificação a partir de extratos celulares, 173–174
        separação
            cromatografia de filtração em gel, 174–176, 174f
            cromatografia de troca iônica, 174, 174f
            cromatografia por afinidade, 175–177
            géis de poliacrilamida, 176–177, 176–177f
        sequenciamento, 177–179, 178–179f
            degradação de Edman, 177–179, 178–179f
            espectrometria de massa em *tandem* (MS/MS), 178–179, 180f
    proteômica, 179–182, 180f, 181f, 183f
Telófase, 216f, 217
Telomerase, 209, 305–309, 306f, 307f
Telômeros
    descrição dos, 209, 211f, 304
    DNA repetitivo nos, 209, 211f
    envelhecimento celular e, 307q
    localização, 208f, 209
    proteção dos, 308–309, 310f
    regulação do comprimento, 307–308, 309f
    replicação, 304–306, 306f, 307f
    silenciamento em leveduras, 688, 688f
Teoria cromossômica da hereditariedade, 8

TER, 305
Terminadores, 445–446, 446f, 447f
Terminadores dependentes de Rho, 445–446, 446f, 447f
Terminadores independentes de Rho, 445–447, 446f, 447f
Terminadores intrínsecos, 446–447
Terminal 3' uridilil transferase (TUTase), 503
Término
    da tradução, 544–549
    da transcrição, 432, 433f, 434, 445–446, 447f, 460–462, 461f
Término de cadeia, 577, 581, 587–588
Termodinâmica
    primeira lei da, 53
    segunda lei da, 54
Termófilos
    girase reversa, 229
    supertorção negativa, 229
    supertorção positiva do DNA, 96
Terra
    quando a vida surgiu na, 594–595, 596f
    semeadura da vida na, 606–607
TERT (transcriptase reversa da telomerase), 305
Teste de Ames, 320–321q
Tetra-alça, 109, 109f
Tetrahymena
    composição cromossômica, 200, 201t
    densidade gênica, 203t
    tamanho do genoma, 203t
TFIIA, 449, 452t
TFIIB, 449, 452–453, 452f, 452t
TFIID, 316q, 448f, 449, 453, 665f, 668–669
TFIIE, 449, 452t, 453
TFIIF, 449, 452–453, 452t
TFIIH, 329, 449, 451, 452t, 453, 454, 669
TFIIIA, 463
TFIIIB, 463, 463f
TFIIIC, 463, 463f
TFIIS, 445, 455, 456, 457f
Thermus aquaticus, RNA-polimerase de, 432f, 435f
Tiling, 814
Timina
    a partir da desaminação da 5-metilcitosina, 320f, 321–322
    análogo de base, 323, 324f
    estrutura, 25f, 27f, 80, 80f
    ligação à adenina, 24
    no tRNA, 514
    pareamento de bases, 81–82, 81f
    regras de Chargaff, 26
Tiogalactosídeo transacetilase, 621
Tirosil-tRNA sintetase, 518
Tirosina, 518, 518f
Tirosinas recombinases
    descrição, 380, 381f, 381t, 383–385, 385f
    λ-integrase, 387–389, 388f
    XerCD, 392q
Titin (ser humano), gene, 467
TK (timidina quinase), gene marcador, 828
tmRNA, 563, 564f
Tn*10*, 400, 400f, 409–410, 409f, 410f
Tn*5*, 400f, 405, 405f, 406f, 805
Tn*7*, 399–400, 400f
TnsA, 400
Todd, Alexander, 24
Toll, 747, 747f, 750

876 Índice

Topoisomerases, 97–101, 97f–101f
  alteração do número de ligação por, 97, 98f, 101
  arcabouço nuclear e, 231q, 234
  clivagem do DNA por, 99–101, 100f
  concatenação/desconcatenação, 98–99, 99f
  desconcatenação, 303, 303f
  DNA cheio de nós, ação sobre o, 98–99
  DNA-girase, 97
  girase, 229
  montagem do nucleossomo, 228–229, 230q–231q
  na forquilha de replicação, 275, 276f
  passagem de fita, 100–101
  relaxamento do DNA, 97, 100–101
  religação do DNA por, 99, 101
  tipo I, 97–101, 98f, 99f, 100f, 101f
  tipo II, 97–101, 97f, 99f, 234, 276f, 303, 303f
Topologia (enovelamento), 129–130q, 132
Topologia do DNA, 93–103
  ação da topoisomerase e, 97–102, 97f–101ff, 98f, 100f
  DNA relaxado, 95–96, 95f
  do DNA circular, 93–96, 94f–95f
  nodoso, 98–99
  nucleossomos e, 96–97
  número de ligação, 93–96, 94f, 97, 98f, 101–102
  supertorção, 94–97, 94f, 95f
Torção toroide, 94, 96, 230q
Totipotente, 746
Tra (*Drosophila*), gene, 494, 495f
Tradução, 509–569
  acoplamento de transcrição e tradução, 520–521, 520f
  alongamento, 535–544
  códon de início, 510
  códon de término, 510
  como alvo para antibióticos, 552q–553q
  descrição, 36f, 509–510
  direcionalidade, 524
  fase de leitura, 510–512, 511f
  gasto energético da, 509
  início, 528–535, 528f
    controle de ribocomutador, 703, 704, 704f
    em eucariotos, 530–535, 530f–534f
    em procariotos, 528–530, 530f
    em sítios internos de acesso do ribossomo (IRESs), 533q–534q
  mRNA, 510–513
    eucariótico, 511, 511f, 512–513
    fases abertas de leitura, 510–512
    procariótico, 511, 511f
  no dogma central, 34
  regulação, 549–561
    controle espacial por 4E-BPs mRNA-específicas, 556–557, 558f
    da ferritina, 558, 559f
    de Gcn4 de levedura, 558–559, 560f, 561
    de proteínas ribossomais em bactérias, 551, 553–555, 555f
    do início bacteriano pela inibição da ligação à subunidade 30S, 549, 551, 551f
    em eucariotos, 556–561
    em procariotos, 549–555, 551f, 554f, 555f
    encobrindo o sítio de ligação ao ribossomo (RBS), 549, 551
    reguladores globais, 556, 557f
  ribossomo, 519–528
  taxa de erro, 537
  término, 544–549

tRNAs, 513–519
  estrutura, 513–515, 514f, 515f, 517f
  ligação de aminoácido, 515–517, 516f
  uso de energia, 543–544
  velocidade da, 520
Transcrição, 429–464, 430f
  acoplamento de transcrição e tradução, 520–521, 520f
  comparada à replicação do DNA, 429–430
  descrição, 36f
  em bactérias, 434–447
    alongamento, 442–445
    características do promotor, 434–437, 435f
    escape do promotor, 442
    início, 440–442, 441f
    interrupção da transcrição, 445
    isomerização, 438–440
    ligação mediada pelo fator σ, 437–438, 437f, 438f
    modelos de translocação da polimerase, 441–442, 441f
    término, 445–446, 446f, 447f
  em eucariotos, 448–463
    alongamento, 455–457, 455f, 458f
    complexo de pré-início, 449, 450f, 453f
    complexo Mediador, 453–454, 453f, 454f
    escape do promotor, 449–451
    início, 449–454, 450f
    por Pol I, 462–463, 462f
    por Pol II, 448–462
    por Pol III, 462, 463, 463f
    processamento do RNA, 457–460, 459f, 460f
    remoção e substituição de histonas, 456–457, 458f
    término, 460–462, 461f
  estrutura da RNA-polimerase, 430–432, 431t, 432f
  etapas
    alongamento, 432, 433f, 434, 442–445, 444f, 455–457, 455f, 458f
    início, 432, 433f, 434, 440–442, 441f, 449–454, 450f
    término, 432, 433f, 434, 445–446, 446f, 447f, 460–462, 461f
    término, ribocomutadores e, 703–704, 704f
  início
    atividade de ativador e repressor, 616
    em bactérias, 440–442, 441f
    em eucariotos, 449–454, 450f
    regulação do, em procariotos, 620–636
  mecanismo, 429–464
  no dogma central, 34
  precisão, 429–430
  velocidade da, 521
Transcrição reversa
  de retrotransposons e retrovírus, 403, 406, 407f
  iniciada pelo sítio-alvo, 405–406, 407f
Transcrição reversa iniciada por sítio-alvo, 405–406, 407f
Transcriptase reversa, 396
  de retrotransposons e retrovírus, 396
  na construção de bibliotecas de cDNA, 156, 157f
  pseudogenes e, 206, 207f
  TERT (transcriptase reversa da telomerase), 305
Transcriptase reversa da telomerase (TERT), 305
Transcriptoma, 170
Transdução, 802
  especializada, 804
  generalizada, 802, 804, 805f
Transdução especializada, 802, 804
Transdução generalizada, 804, 805f

Transesterificação, 400f, 401, 470, 479q, 480
Transferases, 69
Transferência de fitas de DNA, 397
Transformação
   Arabidopsis, 813
   bactérias, 804–805
   de vetor de DNA no organismo hospedeiro, 155, 155f
   elemento P, 824, 824f, 825f
   em camundongos, 827
   experimentos de Frederick Griffith, 22–23, 22f
   homeótica, 765q
   linhagem germinativa, 827
   mediada por DNA, 804–805
   recombinacional em levedura, 810, 810f
Transformação da linhagem germinativa, 827
Transformação recombinacional em levedura, 810, 810f
Transib, 420
Transição de bolha para Y, 292q
Transições, 314, 314f, 575
Translocação, ribossomo, 522, 537, 541–543, 542f
Translocação do DNA, 236–238
Transporte de prótons, 541, 541f
Transposase Mu, 405f
Transposases, 399–401
   descrição, 395
   domínio catalítico, 404–405, 405f
   estrutura, 404–405, 405f
Transposição, 393–416
   descrição, 207–208
   imunidade do alvo, 409, 411, 413q
   mecanismos
      corte e colagem, 397–401, 398f, 399f, 400f
      de processamento reverso, 405–406, 407f
      de retrotransposons semelhantes a vírus e de retrovírus, 403, 404f
      replicativos, 401–403, 402f
      visão geral, 393f
   visão geral, 393–394, 393f
Transposição do DNA
   clivagem de fita não transferida, 399–401, 400f
   footprints, 414
   mecanismo de corte e colagem, 397–401, 398f, 399f, 400f, 409, 412
   por mecanismo replicativo, 401–403, 402f
   reparo de gap, 398–399
Transposição por corte e colagem, 397–401, 398f, 399f, 400f, 409, 412
Transposição replicativa, 401–403, 402f
Transposon *Hermes*, 400f, 401, 408q
Transposons, 313. *Ver também* Elementos transponíveis
   alteração de ordem gênica, 341
   compostos, 409–410
   descoberta de, 408q
   descrição, 393
   mutagênese insercional, 805–806, 806f
   silenciamento por RNAi, 724
Transposons autônomos, 396
Transposons compostos, 409–410
Transposons de DNA
   Ds, 408q
   duplicações do sítio-alvo, 395f, 396
   elementos Tc1/*mariner*, 411–414
   mecanismo de corte e colagem, 397–401, 398f, 399f, 400f, 409, 412

   mecanismo de transposição replicativa, 401–403, 402f
   organização genética, 395–396, 395f
   transposons autônomos e não autônomos, 396
Transposons não autônomos, 396
Transposossomo, 397, 401, 405
*Trans*processamento, 482–483, 482f
Transversões, 314, 314f
Trato de polipirimidinas (Py), 469, 474
TRCF, 445
Triose fosfato isomerase, 131f
Tripanossomas, edição de RNA em, 502f
Triplos de bases, 110, 111f
Triticum aestivum
   densidade gênica, 203t
   tamanho do genoma, 203t
tRNA. *Ver* RNA transportador
tRNA iniciador, 528–529, 530, 532
tRNA sintetases. *Ver* Aminoacil-tRNA sintetases
tRNA^{Gln}, 517, 518f
tRNA^{Phe}, 577f
tRNAs isoaceptores, 517
tRNA^{Ser}, 587
tRNA^{Trp}, 585, 587
tRNA^{Tyr}, 584–585
Troca de tipo acasalante, 369–371, 372f, 738–740, 739f, 740f
Troponina T, 484, 484f
Tsix, 729–730
Tuberculose, 565q
Tubulina, 741q–742q
Tup1, proteína, 682, 682f
TUTase (terminal 3'-uridilil transferase), 503
twist (*Drosophila*), gene, 750, 750f, 786
Twist, proteína, 93–95, 751
Ty, elementos, 414, 414f, 415f

U

U1, 473, 474, 474f, 475f, 476, 482, 483, 486, 491, 491f
U11, 483, 483f
U12, 483, 483f
U2, 473, 474f, 475f, 476, 478f, 486
U2AF (fator auxiliar U2), 474, 482, 492
U4, 475f, 476, 478f
U5, 475f, 476, 478f, 483
U6, 473, 474f, 475f, 476, 478f
UBF, 462f, 463
Ubiquitina, 336
Ubiquitinação, do grampo deslizante, 336
Ubx (*Ultrabithorax*) (*Drosophila*), 762–763, 763f, 766–769, 766f–768f
UCE (elemento de controle a montante), 462–463, 462f
Último Ancestral Comum Universal, 595
UmuC, 334, 335
UmuD, 334, 335
Unidades de mapa, 13
UP, elemento, 435f, 436, 437, 438f
Uracila
   a partir da desaminação da citosina, 320–321, 320f
   descrição, 33
   estrutura, 107, 108f
   inserção, mediada por RNA-guia, 501–503, 502f
   pareamento com adenina, 107, 108f
Uracilglicosilase, 326, 327f
Urey, Harold, 596–597
Uridina, 514, 514f

UvrA, 328-329, 329f
UvrABC, 445
UvrB, 328-329, 329f
UvrC, 328-329, 329f
UvrD, 316, 328-329, 329f

V

Valência, 52
Valil-tRNA sintetase, 518
Valina, 518, 518f, 528
Vand, Vladimir, 24
Variabilidade genética, origem por meio de mutações, 13, 15
Variegação, 689-690, 689f
Vernalização, 815
Vesículas lipídicas, 605, 605f, 606f
Vesículas lipídicas, 605, 605f, 606f
Vetor plasmidial, 154-155, 155f
Vetores de expressão, 155, 634
Vetores plasmidiais, 154-155, 155f, 805
Via biossintética, energia livre e, 67-69, 68f
Via da proteína quinase ativada por mitógeno (MAPK), 684, 685f
Via de morte celular em *C. elegans*, 818
Via de transdução de sinal, 682-686, 685f, 736, 736f
Via STAT (transdutor de sinal e ativador de transcrição), 684, 685f
Vias degradativas, troca de energia livre, 66
Vida
  origem e evolução inicial da, 593-607
  semeando a Terra com, 606-607
Vif (fator de infectividade viral), 503q
VIGS (silenciamento gênico induzido por vírus), 814
Viroides, ribozima cabeça-de-martelo em, 116-117
Virulência, bloqueio, 635q-636q
Vírus
  ácidos nucleicos como material genético, 23, 24f
  densidade gênica em, 204
  sequências espaçadoras de, 710, 710f
Vírus da batata, Y, 724
Vírus da imunodeficiência humana (HIV)
  desaminases e, 503q
  pré-RNA *tat*, 492
  promotor, 670

Vírus da leucemia murina (MLV), 112
VISTA (programa), 171
Vizinhos mais próximos, 59
Von Tschermak-Seysenegg, Erich, 6

W

Wallace, Alfred R., 5
Watson, James D., 24, 168, 596
Weiss, Samuel B., 36
Western blot, 177-178
White, em *Drosophila*, mutação, 689-690, 689f, 821-822, 824
White, John, 816
Wieschaus, Eric, 749q
Wilkins, Maurice, 24
Wright, Sewall, 15

X

Xantina, 320-321
Xeroderma pigmentoso, 329, 330q
X-gal, 626f
Xic (centro de inativação do X), 729
Xis, proteína, 389
Xisf, 467
Xist, 728, 729, 729f, 730, 730f
XP, genes/proteínas, 329, 330q
XRCC4, 332, 333f
Xrn2, 461

Y

YACs (cromossomos artificiais de leveduras), 154
Yanofsky, Charles, 37, 807

Z

Zamecnik, Paul C., 34, 509
Zea mays
  crossing over, 11, 11f
  densidade gênica, 203t
  tamanho do genoma, 203t
  transposons, 394f, 408q
Zebrafish, proteínas Her1 e Her7 de, 788-789, 789f
Zíper básico, 663
Zíper de leucina, 662, 663f